DAS LERNPROGRAMM FÜR DIE BESCHLEUNIGTE GRUNDQUALIFIKATION PERSONENKRAFTVERKEHR

- Immer und überall: Online lernen mit stets neuen Inhalten
- Perfekt vorbereitet mit den originalen DIHK-Prüfungsfragen gemäß aktuellen Prüfungskalatog
- Einfache Bedienung
- Kennzeichnung der Prüfungsreife
- Umfangreiche Lernfunktionen
- Prüfungssimulationen
- Individuelle Fragenfilter
- Falschantworten-Wiedervorlage
- Freitextfragen
- Bildfragen-Training
- Themenauswahl speziell für Quereinsteiger & Umsteiger möglich

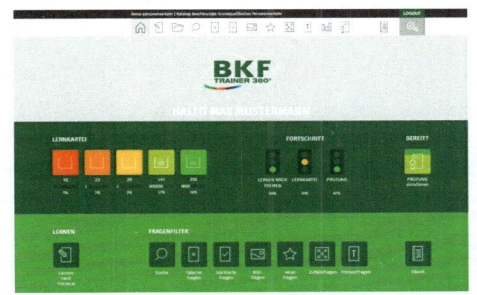

SO EINFACH GEHT'S:

1. Rufen Sie **www.bkf-trainer-360.de** auf.

2. Klicken Sie auf „Registrieren" und geben Sie Ihre Daten und den Lizenzcode ein:

BGP-C61E9EEE

Bestätigen Sie die Eingabe des Lizenzcodes mit einem Klick auf „Prüfen".

3. Der Fahrschulcode verbindet Sie mit Ihrer Fahrschule (z.B. Lernstandskontrolle):

AD970F

4. Akzeptieren Sie abschließend noch die Datenschutzbestimmungen.

5. Die Registrierung ist mit einem Klick auf „Senden" bestätigt. Sie können sich dann mit Ihrem Benutzernamen und Ihrem Passwort jederzeit anmelden.

HINWEIS/SYSTEMVORAUSSETZUNGEN:
Sie benötigen einen aktuellen Internet Browser für dieses Programm. Es wird eine Bildschirmauflösung von mindestens 1024 x 768 Pixeln empfohlen.

SUPPORT:
Sie haben Fragen oder Anmerkungen zum **BKF-Trainer 360°**?

Innerhalb des Programms haben Sie die Möglichkeit, mit unserem Support-Team Kontakt aufnehmen. Oder schicken Sie eine E-Mail an **helpdesk@bkf-trainer-360.info**

Das kommerzielle Verleihen der Zugangsdaten entgeltlich oder unentgeltlich ist ein Verstoß gegen das Urheberrecht. Dies ist daher gesetzlich verboten und wird geahndet. Es besteht ein zeitlich begrenztes Nutzungsrecht. Sie können diese Software 6 Monate ab Zeitpunkt der Registrierung nutzen.

BESCHLEUNIGTE GRUNDQUALIFIKATION PERSONENKRAFTVERKEHR

Das Aus- und Weiterbildungssystem für EU-Berufskraftfahrer

Auflage 8a, Februar 2023

DEGENER Verlag GmbH
Sydney Garden 7, 30539 Hannover
Tel. 0511/96360-0
Fax 0511/635122

Alle Rechte vorbehalten.
Jede Verwertung ohne Zustimmung des Verlages verstößt gegen das Urheberrecht und wird gerichtlich verfolgt. Das gilt insbesondere für Vervielfältigungen jeder Art, Übersetzungen, Mikroverfilmung und die Einspeicherung in elektronische Systeme einschließlich Weiterverarbeitung.

Haftungsausschluss:
Gesetzliche Änderungen vorbehalten. Eine Haftung, die über den Ersatz fehlerhafter Druckexemplare hinausgeht, ist ausgeschlossen.

ISBN 978-3-936071-51-1
Artikel-Nr. 41151

Liebe Berufskraftfahrerin, lieber Berufskraftfahrer,

dieses Fachbuch **„Beschleunigte Grundqualifikation"** wurde speziell für die Aus- und Fortbildung von Teilnehmerinnen und Teilnehmern zum Erwerb der beschleunigten Grundqualifikation entwickelt, die die 130 Theoriestunden plus 10 Praxisstunden absolvieren müssen.

Die Themen sind genau abgestimmt auf die Liste der Kenntnisbereiche gemäß der Anlage 1, laut Paragraph 2 des Berufskraftfahrerqualifikationsgesetzes und der Berufskraftfahrer-qualifikationsverordnung. Jedes Kapitel ist farbig gekennzeichnet und beinhaltet zu Beginn ein eigenes Inhaltsverzeichnis zur besseren Orientierung.

Das Lernen soll Ihnen Spaß machen. Aus diesem Grund haben unsere BKF-Fachautoren alles daran gesetzt, fundiertes Fachwissen mit sehr viel Praxiserfahrung so zu kombinieren, sodass auch schwer zu vermittelnde Gesetzestexte und technische Zusammenhänge leicht zu verstehen sind. Die DEGENER-Redaktion hat jedes Kapitel mit zahlreichen Grafiken und großformatigen Bildern versehen, damit die Texte noch verständlicher werden. Arbeitsaufgaben und Arbeitsblätter bereichern die fachlichen Inhalte und festigen das Wissen.

Das Werk ist immer auf dem aktuellsten Stand, so dass Sie zuversichtlich Ihrer IHK-Prüfung entgegen sehen können. Mit dieser kontinuierlichen Vorbereitung auf Ihre Prüfung werden Sie weniger Schwierigkeiten haben, als Sie vielleicht noch zu Beginn Ihrer Ausbildung dachten. Seien Sie offen für neue Themen, verwenden Sie dieses Werk auch zu Haus und benutzen Sie es gleichzeitig als Wissensspeicher und Ratgeber.

Wir bedanken uns, dass wir Sie auf Ihrem Weg durch die Ausbildung zur Berufskraftfahrerin oder zum Berufskraftfahrer begleiten dürfen!

Der DEGENER Verlag aus Hannover wünscht Ihnen viel Spaß und viel Erfolg beim Lernen.

Ihr DEGENER-Redaktionsteam

Besuchen Sie uns im Internet unter **www.degener.de.**

INHALTSVERZEICHNIS

Band 1 – Gesundheit & Fitness
1. Gesundheitsvorsorge
2. Ergonomie – Gesundheitsgerechte Bewegungen und Haltungen
3. Physische Kondition und individueller Schutz
4. Gute körperliche und geistige Verfassung
5. Auswirkung von Alkohol, Medikamenten, Drogen und anderen Stoffen
6. Müdigkeit
7. Stress

Band 2 – Kinematische Kette, Energie & Umwelt
1. Allgemeines zum Thema Nutzfahrzeuge
2. Motor
3. Kraftübertragung
4. Fahrwerk
5. Wirtschaftliches Fahren
6. Streckenplanung

Band 2.1 – Risikobewusstsein und Verhalten
1. Einleitung
2. Risiken erkennen und ihnen entgegenwirken

Band – 3 Bremsanlagen
1. Grundbegriffe
2. Arten der Bremsanlagen
3. Druckluftbeschaffungsanlage
4. Betriebsbremse – Zweikreis-Bremsanlage
5. Arbeitsweise der Druckluftbremse
6. Dauerbremsen
7. Bremsanlagen bei Lastzügen und Gelenkomnibussen
8. Elektronische Bremsunterstützung
9. Fahrerassistenzsysteme
10. Kontrolle, Wartung, Pflege

Band 4P – Sicherheit der Fahrgäste
1. Sicherheit und Komfort
2. Rechtliche Grundlagen
3. Physikalische Grundlagen
4. Arten der Ladungssicherung
5. Gesamtmasse und Achslasten
6. Berechnung der Nutzlast und des zulässigen Gesamtgewichts
7. Beispiele zur Ladungssicherung

INHALTSVERZEICHNIS

Band 5 – Sozialvorschriften
1. Sozialvorschriften
2. Kontrollgeräte im Straßenverkehr
3. Arbeitszeit – 2002/15/EG – ArbZG
4. Kontrollrichtlinie
5. Sonntagsfahrverbot
6. Ferienreiseverordnung
7. Rechte und Pflichten des Berufskraftfahrers im Bereich der Grundqualifikation und Weiterbildung

Band 6P – Vorschriften für den Personenkraftverkehr
1. Personenbeförderungsgesetz – PbefG (nationales Recht)
2. EG/EU-Regelungen (Gemeinschaftsrecht)
3. Interbus-Übereinkommen (Internationales Recht)
4. Abkommen Schweiz/EG über den Güter- und Personenkraftverkehr
5. Europäischer Wirtschaftsraum – EWR-Abkommen
6. EG-Bus-Durchführungsverordnung (EGBusDV)
7. Weiterführende Vorschriften
8. Der Kraftomnibus in der Straßenverkehrs-Zulassungsordnung (StVZO)
9. Besondere Formen der Personenbeförderung

Band 7 – Pannen, Unfälle, Notfälle und Kriminalität
1. Kriminalität und Schleusung illegaler Einwanderer
2. Risiken und Arbeitsunfälle
3. Pannen, Unfälle und Notfälle
4. Ersthelfer-Ausbildung
5. Fahrsicherheit und Sicherheitssysteme

Band 8P – Unternehmensbild und Marktordnung im Personenkraftverkehr
1. Unternehmensbild und Marktordnung im Personenkraftverkehr
2. Kommerzielle und finanzielle Konsequenzen eines Rechtsstreits
3. Gesundheit und Fitness

Band 9 – Fahrpraktische Übungen, Wartung & Pflege
1. Fahrpraktische Übungen im Güterkraftverkehr
2. Fahrpraktische Übungen im Personenkraftverkehr
3. Wartung und Fahrzeugpflege

Anhang
1. Rahmenplan-Übersicht für die beschleunigte Grundqualifikation Personenkraftverkehr
2. Liste der Kenntnisbereiche

BAND 1

Nicole Eckelmann | Olaf Köhler | Egon Matthias | Harald Westdörp

GESUNDHEIT & FITNESS

Bildnachweis –
wir danken folgenden Firmen und Institutionen für ihre Unterstützung:

aid-Infodienst
Berufsgenossenschaft für Transport und Verkehrswirtschaft
Dr. Richard Herrmann Unternehmensgruppe
MAN Nutzfahrzeuge AG
Pixelio.de
Scania
xWell – Praxis für Ernährungsberatung
Fotolia
AOK-Archiv
DEGENER-Archiv
Christian Bayer
Dagmar Bucher
Tayfun Eser
Mike Frajese
Götz Friedrich
Marion Löffler
Yvonne Mathies
Paul-Georg Meister
Ralf Möller
Verena N. native.picture
Edith Ochs
N. Schmitz

Autoren: Nicole Eckelmann, Harald Westdörp, Olaf Köhler,
Egon Matthias, Hans-Dieter Pauli
Lektorat und Beratung: Rolf Kroth

GESUNDHEIT & FITNESS

Inhalt

Die Berufskraftfahrer sind im Rahmen ihrer Tätigkeit großen Belastungen ausgesetzt, müssen aber nicht ständig körperlich schwer arbeiten. In diesem Band erfährt der Fahrer, was er für die Erhaltung seiner Gesundheit im Alltag unternehmen kann und wie er Gesundheitsschäden vermeidet.

Die Autoren

Nicole Eckelmann, Jahrgang 1969, Diplom-Ökotrophologin Ernährungswissenschaft). Seit 1995 Ernährungstherapeutin und Dozentin für Ernährung, Gesundheit und Betriebliches Gesundheitsmanagement u. a. für die AOK Niedersachsen. Fachautorin für Berufsschullehrbücher.

Olaf Köhler, Jahrgang 1963, Diplom-Sportlehrer und Physiotherapeut. Physiotherapeutische Ausbildung, Studium der Sportwissenschaft und der Arbeitswissenschaft. Langjährige Berufserfahrung als Sportpädagoge. Seit 1995 für die AOK Niedersachsen in den Handlungsfeldern Prävention, Gesundheitsförderung und Gesundheitsmanagement, sowie in der Selbsthilfe tätig.

Egon Matthias, Jahrgang 1942, Ausbildung zum Techniker für Kraftfahrzeugtechnik, Studium zum Dipl.-Ing. für Kraftfahrzeugtechnik und Ingenieur für Arbeitssicherheit. Langjährige Berufserfahrung u. a. in der Ausbildung von Fahrschülern, Berufskraftfahrern und Fahrlehrern. Moderator im Auftrag der BGF in Omnibusbetrieben zu Gesundheit und Sicherheit am Arbeitsplatz Omnibus.

Hans-Dieter Pauli, Jahrgang 1944, Verw. Oberrat und Berater für Betriebliches Gesundheitsmanagement bei der AOK Niedersachsen. Begann seine berufliche Laufbahn bei der AOK in Niedersachsen. Sein Engagement für den Aufbau von Gesundheitsprogrammen führte ihn in das AOK-Institut für Gesundheitsconsulting, innerhalb dessen er bis zur Pensionierung zahlreiche Gesundheitsprojekte in kleineren wie größeren Betrieben beratend begleitet hat.

Harald Westdörp, Jahrgang 1954, Diplom-Soziologe, Studium der Soziologie, Psychologie und Politik. Langjährige Berufserfahrung als Berater für Betriebliches Gesundheitsmanagement bei der AOK – Die Gesundheitskasse. Coaching, Supervision, Therapie und Organisation in einer psychotherapeutischen Praxis.

Legende

» **PARAGRAPH**
Originaltext aus dem Gesetz

» **FRAGE**
Fragen aus der Praxis

» **INFO**
Merksätze

» **PRAXISTIPP/PRAXISWISSEN**
Tipps aus der Praxis

» **BUCH**
Verweise auf weitere Lektüre/Nachschlagemöglichkeiten

» **ARBEITSBLATT**
Zur Wiederholung und Vertiefung von gelernten Inhalten

INHALTSVERZEICHNIS

Gesundheitsvorsorge
1.1 Besondere Belastungen der Berufskraftfahrer 7
1.2 Gesundheitliche Anforderungen an den Fahrer und Maßnahmen des Arbeitsschutzes 7
1.2.1 Gesetzliche Voraussetzungen 8
1.2.2 Gesetzliche Unfallversicherung 9
1.2.3 Angebote 10
1.3 Gesundheitsvorsorge in der gesetzlichen Krankenversicherung 11
1.3.1 Früherkennungs- und Vorsorgeuntersuchungen 11
1.3.2 Impfschutz 12
1.3.3 Krankenversicherung 12
Arbeitsblatt 1 – Gesundheitsvorsorge 14

Ergonomie – Gesundheitsgerechte Bewegungen und Haltungen
2.1 Die Wirbelsäule 15
2.2 Körperhaltung 18
2.3 Körperliche Arbeit und Ergonomie 19
2.3.1 Sitzende Tätigkeit 19
2.3.2 Fahrersitz richtig einstellen 21
2.4 Umgang mit Lasten 24

Physische Konditionen und individueller Schutz
3.1 Übungen 27
3.1.1 Übungen im Fahrzeug 27
3.1.2 Übungen außerhalb des Fahrzeugs 32
3.1.3 Übungen für zu Hause oder im Hotelzimmer 35
3.2 Sportliche Betätigung 39
3.3 Individueller Schutz 41
Arbeitsblatt 2 – Ergonomie 42
Arbeitsblatt 3 – Ergonomie 43

Gute körperliche und geistige Verfassung
4.1 Grundsätze einer gesunden und ausgewogenen Ernährung 44
4.2 Ernährung unterwegs 44
4.3 Energie aus der Nahrung 48
4.4 Wichtige Nährstoffe 50
4.5 Zehn Regeln der Deutschen Gesellschaft für Ernährung (DGE) 54
4.6 Zusammenfassung 57
Arbeitsblatt 4 – Ernährung 58
Arbeitsblatt 5 – Ernährung 59
Arbeitsblatt 6 – Ernährung 60

Auswirkungen von Alkohol, Medikamenten, Drogen und anderen Stoffen
5.1 Illegale Drogen 61
5.2 Legale Drogen 61
5.2.1 Nikotin 62
5.2.2 Medikamente 62
5.2.3 Alkohol 63
5.2.4 Koffein 65
5.3 Rechtliche Grundlagen 66

INHALTSVERZEICHNIS

Müdigkeit
6.1 Ursachen, Symptome und Auswirkungen 68
6.2 Zyklus von Aktivität und Ruhezeit 70

Stress
7.1 Einleitung 70
7.2 Drei Phasen der Stressreaktion 71
7.3 Belastungsfaktoren 72
7.4 Symptome 73
7.5 Stresstreppe 76
7.6 Wenn der Akku dauerhaft leer ist – das „Burn-out-Syndrom" 77
7.7 Stressvorbeugung 80
    Arbeitsblatt 7 – Stress 81
    Arbeitsblatt 8 – Stress 82

Lösungen Arbeitsblätter 83
Glossar 91
Schlagwortverzeichnis 93

GESUNDHEITSVORSORGE

1. Gesundheitsvorsorge

„Gesundheit ist nicht alles, aber ohne Gesundheit ist alles nichts"
(Arthur Schopenhauer)

Nichts ist uns so wichtig wie die Gesundheit. Jeder Geburtstagswunsch verbindet sich mit Gesundheit. Was heißt das aber für Sie als Berufskraftfahrer? Bekanntermaßen ist Ihr Beruf besonders belastend. Um den Belastungen des Berufskraftfahrers gewachsen zu sein, ist es wichtig, dass Sie fit und gesund sind. Deshalb müssen Sie die gesundheitsbeeinträchtigenden Faktoren kennen und wissen, wie Sie Gesundheitsschäden vorbeugen können, fit bleiben und wie Sie gegebenenfalls die richtigen Gegenmaßnahmen ergreifen können.
Ohne Ihr eigenes Wollen geht nichts!

1.1 Besondere Belastungen der Berufskraftfahrer

Besondere Belastungen der Berufskraftfahrer werden deutlich, wenn man sich die Daten über Krankenstände ansieht. So zeigt sich, dass mit fortschreitendem Alter die Krankentage stark ansteigen. In den vergangenen Jahren ist in allen Altersgruppen und insgesamt bei den Berufskraftfahrern ein Anstieg des Krankenstandes zu verzeichnen.

In den jüngeren Altersgruppen überwiegen eher Krankheitsausfallzeiten durch Erkrankungen der Atmungsorgane (Erkältungskrankheiten) und Verletzungen, aber schon in der Altersgruppe der bis 29-Jährigen dominieren, neben Krankheitstagen durch Verletzungen, die Muskel-/Skeletterkrankungen. Durchschnittlich sind 24,7 % der Arbeitsunfähigkeitstage auf Muskel-/Skeletterkrankungen zurückzuführen.

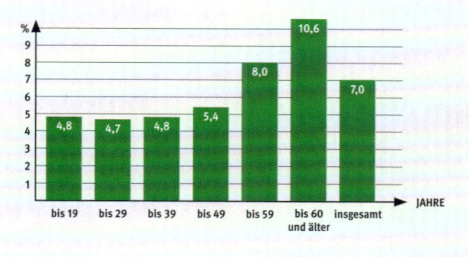

AOK-Versicherte Berufskraftfahrer 2020: Krankenstände nach Altersgruppen in %

1.2 Gesundheitliche Anforderungen an den Fahrer und Maßnahmen des Arbeitsschutzes

Seit Langem beschäftigt auch den Gesetzgeber, wie den Berufskraftfahrern geholfen werden kann, ihre Gesundheit zu erhalten. Im folgenden Teil wird Ihnen vermittelt, welche Untersuchungen gesetzlich vorgeschrieben sind, und welche zusätzlichen Maßnahmen Ihnen als Berufskraftfahrer empfohlen werden.
Gleichzeitig müssen Sie wissen, auf welche Art und Weise der Gesetzgeber und der Unternehmer für Ihre Gesundheit Verantwortung tragen. In den nachfolgenden Auszügen von Gesetzen, Verordnungen und Angeboten lernen Sie die verschiedenen Ansätze zur Erhaltung Ihrer Gesundheit als Berufskraftfahrer kennen.

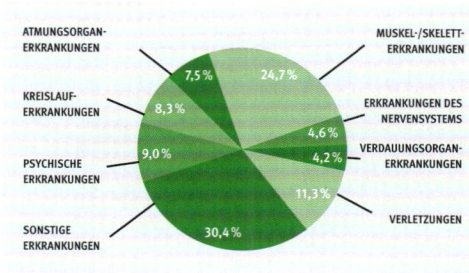

AOK-Versicherte Berufskraftfahrer 2020: Verteilung der Arbeitsunfähigkeitstage – Quelle: WIdO Berlin

GESUNDHEITSVORSORGE

1.2.1 Gesetzliche Voraussetzungen

> **§ 2 Abs. 4 Satz 1 StVG**
>
> Geeignet zum Führen von Kraftfahrzeugen ist, wer die notwendigen körperlichen und geistigen Anforderungen erfüllt und nicht erheblich oder nicht wiederholt gegen verkehrsrechtliche Vorschriften oder gegen Strafgesetze verstoßen hat."

Diese hier allgemein gehaltene Forderung wird in der Fahrerlaubnisverordnung (FeV) weiter präzisiert: Nach der FeV hat sich jeder Bewerber und Inhaber einer Fahrerlaubnis der Klassen C, C1, D1 und der zugehörigen Anhängerklasse E sowie der Fahrerlaubnis zur Fahrgastbeförderung einer Eignungsuntersuchung und einer Untersuchung des Sehvermögens zu unterziehen. In der Eignungsuntersuchung werden folgende Daten über Sie und Ihren Gesundheitszustand erfasst:

- Personalien
- Krankengeschichte
- allgemeiner Gesundheitszustand
- Körperbehinderungen
- Herz/Kreislauf
- Blut
- Erkrankungen der Niere
- Zuckerkrankheiten (endokrine Störungen)
- Nervensystem
- psychischen Erkrankungen
- Gehör

Für die Beurteilung des Sehvermögens reicht ein Sehtest beim Optiker nicht aus. Die Untersuchung muss durch einen Augenarzt oder einen anderen dazu befähigten Arzt erfolgen (FeV Anlage 6, 2.1).
Geprüft werden:

- Tagessehschärfe
- Gesichtsfeld
- Farbensehen
- Stereosehen
- Beweglichkeit

Bei Korrekturen des Sehens mit Gläsern von mehr als plus 8,0 Dioptrien (sphärisches Äquivalent) wird eine Fahrerlaubnis der Klassen C und D nicht erteilt.

Bewerber um die Erteilung oder Verlängerung einer Fahrerlaubnis der Klassen D, D1, DE, D1E sowie einer Fahrerlaubnis zur Fahrgastbeförderung müssen außerdem besondere Anforderungen erfüllen. (FeV Anl. 5 Nr.2) Die Prüfung dieser Anforderungen wird allgemein als „Reaktionstest" bezeichnet:

- Belastbarkeit
- Orientierungsleistung
- Konzentrationsleistung
- Aufmerksamkeitsleistung
- Reaktionsfähigkeit

Die Nachweise dürfen bei Antragstellung nicht älter als ein Jahr sein, der Nachweis über das Sehvermögen nicht älter als 2 Jahre. Bei Antragstellung zur Verlängerung der Fahrerlaubnis, alle fünf Jahre, müssen diese neu erbracht werden. Die hier genannten Untersuchungen, die für Sie als Berufskraftfahrer gesetzlich festgelegt sind, dienen in erster Linie der Verkehrssicherheit. Durch die regelmäßige Untersuchung erfahren Sie, ob sich Ihr Gesundheitszustand verändert hat. Dabei geht es nicht nur darum, ob Grenzwerte überschritten wurden. Wichtig ist auch, dass Sie frühzeitig geringfügige Veränderungen erkennen und rechtzeitig Gegenmaßnahmen ergreifen.

> **» INFO**
>
> Diese Untersuchung darf nur von bestimmten Ärzten durchgeführt werden. Bei Nichtbestehen kann der Test in der Regel wiederholt werden.

GESUNDHEITSVORSORGE

1.2.2 Gesetzliche Unfallversicherung

Die Berufsgenossenschaften sind die Träger der gesetzlichen Unfallversicherung. Das ist im VII. Buch des Sozialgesetzbuchs geregelt. Die Berufsgenossenschaften haben folgende Aufgaben:

- **Verhütung von Arbeitsunfällen**
  Arbeitsunfälle sind Unfälle, die Sie als Versicherter infolge Ihrer Tätigkeit als Berufskraftfahrer erleiden. Versichert ist auch der unmittelbare Weg von Ihrer Wohnung zum Arbeitsort und zurück.

- **Vorbeugung von Berufskrankheiten**
  Berufskrankheiten sind Krankheiten, die in der Berufskrankheiten-Verordnung verzeichnet sind und die Sie sich während Ihrer beruflichen Tätigkeit zugezogen haben, z. B. bandscheibenbedingte Erkrankung der Lendenwirbelsäule bei Fahrern von Baustellen-Lkw.

- **Heilbehandlung und Rehabilitation**
  Bei Verletzungen durch Arbeitsunfälle und bei Berufskrankheiten leistet die Berufsgenossenschaft Heilbehandlung mit dem Ziel, den durch den Unfall verursachten Gesundheitsschaden zu beseitigen oder zu bessern, seine Verschlimmerung zu verhüten und seine Folgen zu mindern.

- **Durchführung von Präventionsmaßnahmen**
  Technische Prävention und Prävention, z. B. durch Aufklärung und Schulung.

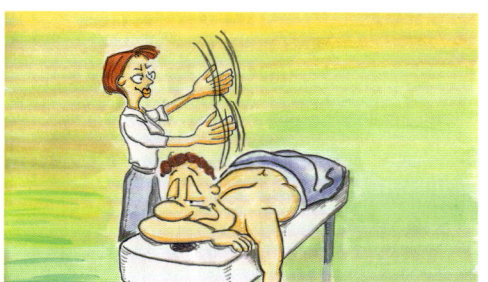

- **Entschädigung durch Geldleistungen**
  Leistungen an den Versicherten sind z. B.:
  » Verletztengeld bei Arbeitsunfähigkeit
  » Übergangsgeld während der Berufshilfe
  » Versichertenrente
  » Hinterbliebenenbeihilfe

Jedes Unternehmen ist Mitglied einer branchenspezifischen Berufsgenossenschaft. Fragen Sie Ihren Arbeitgeber nach der zuständigen Berufsgenossenschaft.
Jeder Arbeitnehmer ist demzufolge automatisch bei der Berufsgenossenschaft gegen das Risiko von Arbeitsunfällen versichert.

Für Sie als Berufskraftfahrer ist in den meisten Fällen die Berufsgenossenschaft für Transport und Verkehrswirtschaft (BG Verkehr) zuständig.

GESUNDHEITSVORSORGE

1.2.3 Angebote

Eine wichtige Aufgabe der gesetzlichen Unfallversicherung ist die Verhinderung von Arbeitsunfällen und Berufskrankheiten sowie arbeitsbedingten Erkrankungen.

Arbeitssicherheitsgesetz
Das Arbeitssicherheitsgesetz verpflichtet den Unternehmer zur Bestellung eines Betriebsarztes. Dieser sorgt sich um Ihre arbeitsmedizinische Betreuung und um den Gesundheitsschutz an Ihrem Arbeitsplatz.

Arbeitsschutzgesetz
Das Arbeitsschutzgesetz verpflichtet den Unternehmer, seinen Arbeitnehmern eine regelmäßige arbeitsmedizinische Untersuchung anzubieten. Er trägt die Verantwortung für den Gesundheitsschutz seiner Arbeitnehmer am Arbeitsplatz.

> **§ 3 ArbMedVV Allgemeine Pflichten des Arbeitgebers**
>
> (1) Der Arbeitgeber hat (...) für eine angemessene arbeitsmedizinische Vorsorge zu sorgen. (...) Für Berufskraftfahrer kommen in erster Linie Untersuchungen nach dem berufsgenossenschaftlichen Grundsatz 25 (G 25) für Fahr-, Steuer- und Überwachungstätigkeiten in Betracht. Diese Untersuchungen sind für Sie freiwillig. Es ist aber möglich, dass in einigen Unternehmen in den Arbeitsverträgen oder im Tarifvertrag die Teilnahme an den Vorsorgeuntersuchungen festgeschrieben ist. Sie sind alle drei Jahre zu wiederholen, um Veränderungen im Gesundheitszustand rechtzeitig zu erkennen und Maßnahmen zum Schutz Ihrer Gesundheit einzuleiten.
>
> (3) Arbeitsmedizinische Vorsorgeuntersuchungen sollen während der Arbeitszeit stattfinden. Sie sollen nicht zusammen mit Untersuchungen zur Feststellung der Eignung für berufliche Anforderungen (...) durchgeführt werden, es sei denn, betriebliche Gründe erfordern dies; in diesem Falle sind die unterschiedlichen Zwecke der Untersuchungen offenzulegen. Diese Vorsorgeuntersuchungen werden von dazu ermächtigten Ärzten durchgeführt. Die Kosten dafür trägt der Unternehmer.

GESUNDHEITSVORSORGE

1.3 Gesundheitsvorsorge in der gesetzlichen Krankenversicherung

1.3.1 Früherkennungs- und Vorsorgeuntersuchungen

Der Gesunderhaltung dienen auch Früherkennungsuntersuchungen und allgemeine Gesundheitsvorsorgeuntersuchungen, die die Krankenkassen anbieten. Versicherte haben nach Vollendung des 35. Lebensjahrs jedes zweite Jahr Anspruch auf eine ärztliche Gesundheitsuntersuchung zur Früherkennung von Krankheiten, insbesondere zur Früherkennung von Herz-, Kreislauf- und Nierenerkrankungen sowie Zuckerkrankheit. Einmal jährlich haben Sie Anspruch auf eine Untersuchung zur Früherkennung von Krebserkrankungen, Frauen frühestens vom 20. Lebensjahr an, Männer frühestens vom Beginn des 45. Lebensjahres an.

Diese Labortest gehören dazu:
- Blutzuckerwerte
- Cholesterinspiegel
- Urinwerte (Eiweiß, Zucker, rote und weiße Blutkörperchen, Nitrit)

Weitere Untersuchungen sind:
- Blutdruckmessen
- Inspektion von Mundhöhle und Rachen
- Tastuntersuchung des Körpers
- Abhören der Lunge und des Herzens
- Prüfung der Reflexe

» **INFO**

Diese Leistungen erhalten Sie als gesetzlich Versicherter kostenlos. Hier gilt der Grundsatz, dass früh erkannte Krankheiten grundsätzlich besser heilbar sind. Deshalb ist es sinnvoll, regelmäßig zur Vorsorgeuntersuchung zu gehen.

UNTERSUCHUNG	FRAUEN	MÄNNER	WIE OFT
Krebsfrüherkennung – Gebärmutterhals – Brust (Tastuntersuchung)	ab 20 ab 30		jedes Jahr jedes Jahr
Gesundheits-Check-up Schwerpunkte: Herz-, Kreislauf- und Nierenerkrankungen sowie Diabetes	ab 35	ab 35	alle 2 Jahre
Prostatakrebs		ab 45	jedes Jahr
Darmkrebs – Blut im Stuhl – Darmspiegelung*	von 50 bis 54 ab 55*	von 50 bis 54 ab 55*	jedes Jahr Wiederholung nach 10 Jahren
Brustkrebs Mammographie	von 50 bis 69		alle 2 Jahre

*Ab 55 kann zwischen einer Darmspiegelung oder einem zweijährlichem Stuhlbluttest gewählt werden.

Vorsorgekalender

GESUNDHEITSVORSORGE

1.3.2 Impfschutz

Auch im Erwachsenenalter ist ein umfassender Impfschutz wichtig, vor allem, wenn Sie öfter im Ausland sind. Prüfen Sie doch einmal Ihren Impfschutz. Ist Ihr Impfbuch auf dem neuesten Stand? Auch nach den neuesten Empfehlungen der Impfkommission sollten Sie z. B. einen Impfschutz gegen Wundstarrkrampf (Tetanus), Masern und Scharlach haben. Auch empfehlen sich unter bestimmten Umständen Impfungen gegen Hepatitis A und B.

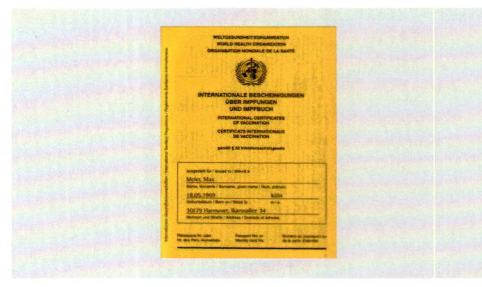

> » **PRAXISTIPP**
>
> Seit dem 1.4.2007 haben Sie bei bestimmten Impfungen, die die Impfkommission empfohlen hat, Anspruch auf Kostenübernahme durch Ihre Krankenkasse. Am besten fragen Sie Ihren Arzt.

> » **PRAXISTIPP**
>
> Innerhalb Deutschlands und bei Reisen ins Ausland sind gültige COVID-Impfzertifikate nachzuweisen. Bitte prüfen Sie die Gültigkeit ihrer Zertifikate. Hinweise zur aktuellen Gültigkeit ihrer Impfnachweise nach abgeschlossenen Impfzyklus erhalten sie unter z.B. www.bundesregierung.de.

1.3.3 Krankenversicherung

Gesetzliche Vorschriften regeln nicht nur Verpflichtungen, sondern sichern auch Ansprüche. Sie als Versicherter einer gesetzlichen Krankenkasse haben nach dem Sozialgesetzbuch Teil V Anspruch auf Gesundheitsleistungen.

Die Krankenkassen arbeiten mit den Berufsgenossenschaften zur Verhütung von arbeitsbedingten Gesundheitsgefahren zusammen. Sie können in ihrer Satzung bestimmte Leistungen zur Gesundheitsvorbeugung im betrieblichen Zusammenhang vorschreiben. Im § 20 des Sozialgesetzbuches V sind die zu erbringenden Leistungen der Krankenversicherungen zur Prävention und Gesundheitsförderung beschrieben. Mit diesem Hintergrund bieten verschiedene Krankenkassen Maßnahmen der betrieblichen Gesundheitsförderung und des Gesundheitsmanagements an. Betriebe können unter fachkundiger Begleitung von Beratern für betriebliches Gesundheitsmanagement Projekte durchführen, die in einer umfassenden Analyse die betriebsspezifischen Belastungen erkunden und dann gezielt Maßnahmen entwickeln und umsetzen. Dabei gehen sie davon aus, dass die Ursachen von Krankheiten nicht nur in körperlichen Belastungen oder nicht gesundheitsgerechtem Verhalten begründet sind, sondern auch betriebliche Umstände und Arbeitsbedingungen, z. B. das Betriebsklima, Einfluss ausüben.

GESUNDHEITSVORSORGE

Folgende Gesundheitsfördermaßnahmen sind denkbar:

- Durchführung von Gesundheitsförderaktionen im engeren Sinne wie z. B. Workshops „Ergonomie und Motorik", Rückenzirkel, Fitnesstests, Ergonomieschulung am Arbeitsplatz, Stressbewältigungsseminare, Ernährungsberatung „Richtige Ernährung am Arbeitsplatz".

- Verbesserung der Zusammenarbeit in Arbeitsgruppen („Teamentwicklung").

- Schulung von Führungskräften hinsichtlich eines kooperativen und gesundheitsförderlichen Führungsstils.

Wenn Sie interessiert sind und Sie Ihrem Arbeitgeber Anregungen zur Durchführung solcher Maßnahmen geben wollen, sprechen Sie mit Ihrer Krankenkasse. Die AOK bietet solche Projekte und weitere betriebliche Gesundheitsfördermaßnahmen an.

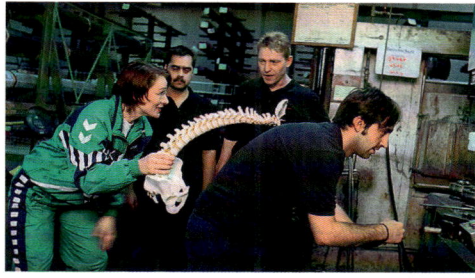

Den AOK-Bundesverband erreichen Sie unter nachfolgender Adresse:

AOK-Bundesverband
Rosenthaler Straße 31
10178 Berlin
Tel.: (030) 34646-2228, (030) 34646-2348, (030) 34646-2671

AOK Baden-Württemberg
Presselstraße 19
70191 Stuttgart
Tel.: (0771) 2593-0

AOK Bayern
Carl-Wery-Straße 28
81739 München
Tel.: (089) 62730-0

AOK Bremen/Bremerhaven
Bürgermeister-Schmidt-Straße 95
28195 Bremen
Tel.: (0421) 1761-0

AOK NordWest
Kopenhagener Straße 1
44269 Dortmund
Tel.: (0231) 4193-0

AOK PLUS
Sternplatz 7
01067 Dresden
Tel.: (0351) 8149-0

AOK Nordost
Behlertstraße 33a
14467 Potsdam
Tel.: (0800) 2650800

AOK Landesdirektion Schleswig-Holstein
Edisonstraße 70
24145 Kiel
Tel.: (0431) 605-0

AOK Rheinland-Pfalz/Saarland
Virchowstraße 30
67304 Eisenberg
Tel.: (06351) 403-0

AOK Sachsen-Anhalt
Lüneburger Straße 4
39106 Magdeburg
Tel.: (0391) 2878-0

AOK Niedersachsen
Hildesheimer Straße 273
30519 Hannover
Tel.: (0511) 8701-0

AOK Rheinland/Hamburg
Kasernenstraße 61
40213 Düsseldorf
Tel.: (02211) 8791-0

AOK Hessen
Basler Straße 2
61352 Bad Homburg
Tel.: (06172) 272-0

Stand: Januar 2021

GESUNDHEITSVORSORGE

» **Arbeitsblatt 1**
Gesundheitsvorsorge – Gesundheitliche Anforderungen an den Berufskraftfahrer

1 Wo sehen Sie besondere gesundheitliche Belastungen für Berufskraftfahrer?

1 _____
2 _____
3 _____
4 _____

2 Welche gesetzlichen Bestimmungen kennen Sie, die gesundheitliche Anforderungen an den Fahrer und Maßnahmen des Arbeitsschutzes regeln?

1 _____
2 _____
3 _____
4 _____

3 Was wird bei der Eignungsuntersuchung augenärztlich neben dem Sehvermögen zusätzlich untersucht? Nennen Sie vier Punkte!

1 _____
2 _____
3 _____
4 _____

4 Bewerber um die Erteilung oder Verlängerung einer Fahrerlaubnis müssen einen so genannten Reaktionstest machen. Was wird dort untersucht? Nennen Sie drei Punkte!

1 _____
2 _____
3 _____

ERGONOMIE – GESUNDHEITSGERECHTE BEWEGUNGEN UND HALTUNGEN

2. Ergonomie – Gesundheitsgerechte Bewegungen und Haltungen

Die Zahl der Menschen mit Rückenschmerzen und Rückenerkrankungen steigt seit vielen Jahren weiter an. Jede fünfte Krankschreibung erfolgt auf Grund von Rückenproblemen, bei Berufskraftfahrern sogar jede Vierte. Der Rückenschmerz stellt für den Betroffenen eine Einschränkung von Lebensqualität in Beruf und Alltag dar. Für das Gesundheitssystem entstehen enorme Kosten.

Hauptgründe von Rückenschmerzen sind u. a.:
- allgemeiner Bewegungsmangel
- schlechte Körperhaltung
- ungenügende Rumpfmuskulatur
- muskuläre Dysbalancen
- psychische Dauerbelastungen
- eingeschränkte Erholungszeiten

Durch einen sensibleren Umgang mit dem eigenen Körper, z. B. Heben mit geradem Rücken und eine ergonomische Anpassung des Arbeitsplatzes, können Belastungsspitzen abgebaut werden. Stress und psychische Dauerbelastungen können die Schmerzwahrnehmung verstärken. Deshalb belastenden Stress abbauen, z. B. durch die konsequente Einhaltung der gesetzlich vorgeschriebenen Pausen.

> **INFO**

Die meiste Zeit verbringen Sie als Berufskraftfahrer angespannt sitzend. Beim Lenken müssen Sie hochkonzentriert sein und sind Schwingungen u. Stößen ausgesetzt, die Muskeln und Gelenke belasten. Auch Heben, Tragen und Transportieren bilden einen wichtigen Bestandteil Ihrer Arbeit – ein rückenschonender Umgang mit Lasten erleichtert Ihren Berufsalltag somit erheblich.

2.1 Die Wirbelsäule

Bau und Funktion
Die Wirbelsäule sorgt für eine aufrechte und stabile Körperhaltung und ermöglicht gleichzeitig vielseitige Bewegungen: Neigung des Oberkörpers nach vorne, nach hinten und zur Seite sowie die Drehung des Rumpfes. Sie schützt das Rückenmark, das alle Nervenimpulse vom Gehirn in den Körper überträgt.

Die Wirbelsäule besteht aus 24 beweglichen Wirbeln mit zwischengelagerten Bandscheiben. Sie ist harmonisch geschwungen, was sie beweglich macht. Dadurch können Erschütterungen, Sprünge und Stöße abgefangen werden. Unsere Wirbelsäule besteht aus folgenden Abschnitten:
- Halswirbelsäule (HWS) mit sieben Wirbeln
- Brustwirbelsäule (BWS) mit zwölf Wirbeln
- Lendenwirbelsäule (LWS) mit fünf Wirbeln
- Kreuz- und Steißbein (knöchern zusammengewachsen)

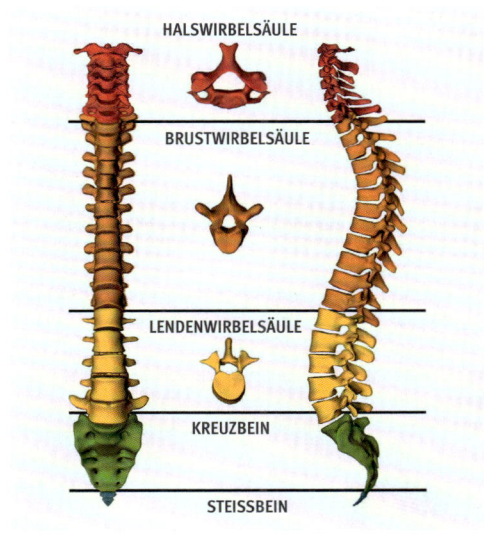

Schematische Darstellung der Wirbelsäule

ERGONOMIE – GESUNDHEITSGERECHTE BEWEGUNGEN UND HALTUNGEN

Wirbel
Der einzelne Wirbel besteht aus dem Körper, der das Gewicht des Menschen und Zusatzlasten trägt, und dem nach hinten folgendem Wirbelbogen. Am Wirbelbogen befinden sich die Querfortsätze und der Dornfortsatz, an ihnen setzen Bänder und Muskeln an.
Des Weiteren befinden sich dort die Gelenkfortsätze, die die Wirbelkörper beweglich miteinander verbinden. Zwischen dem Wirbelkörper und dem Wirbelbogen befindet sich der Wirbelkanal, in dem sich das Rückenmark befindet. Aus den Zwischenwirbellöchern treten die Spinalnerven zur Versorgung der einzelnen Muskeln hervor.

Bandapparat
Der Bandapparat der Wirbelsäule, z. B. das vordere und hintere Längsband, verbindet alle Wirbel miteinander und ist für die Stabilität der Wirbelsäule wichtig.

Muskeln
Neben den Wirbeln und dem Bandapparat spielt die Muskulatur zur Stabilisierung der Wirbelsäule eine wichtige Rolle. Die bauchwärts und rückenwärts liegenden Muskeln bilden ein muskuläres Korsett. Durch Bewegungsmangel und Fehlbelastungen verkürzen sich einige Muskeln oder werden abgeschwächt. Muskuläre Dysbalancen sind die Folge. Ein Ungleichgewicht der Muskeln im Schultergürtelbereich ergibt als äußeres Erscheinungsbild meist einen Rundrücken. Eine Dysbalance im unteren Rücken und im Becken-Hüftbereich führt zur Beckenkippung nach vorn und zu einem verstärkten Hohlkreuz. Die Folge sind Fehlbelastungen und beginnende Beschwerden. Durch geeignete Kräftigungs-, Dehnungs- sowie Lockerungsübungen kann man ein muskuläres Gleichgewicht und gut entwickeltes Muskelkorsett wiederherstellen.

Der Beckenboden
Eine wichtige Muskelgruppe des menschlichen Körpers ist der Beckenboden, der auch Auswirkungen auf die Wirbelsäule und die Körperhaltung hat. Er schließt den knöchernen umrahmten Ausgang der Beckenhöhle ab, vom Schambein zum Steißbein und zu den Sitzbeinhöckern. Seine Funktionen bestehen im Stützen der inneren Organe und im reflektorischen Gegenhalten beim Husten, Niesen, Lachen, Hüpfen und Tragen von schweren Lasten. Des Weiteren im Schließen und Entspannen von After, Scheide und Harnröhre, sowie im Erweitern, z. B. beim Geburtsvorgang. Beckenbödenübungen gehören somit in jedes Haltungs- und Bewegungsprogramm.

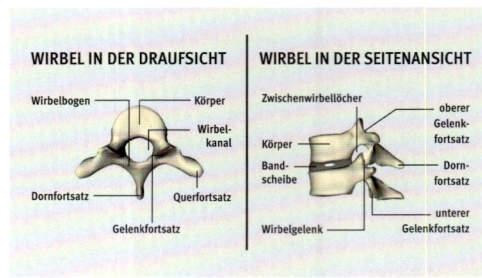

Wirbel

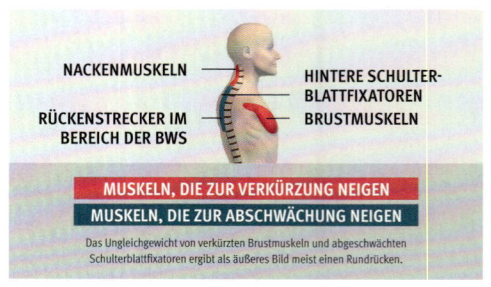

Ausgewählte Muskeln, die auf die Halswirbelsäule und Schultergürtel wirken.

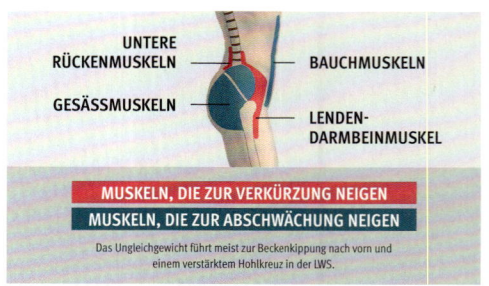

Ausgewählte Muskeln, die auf die Lendenwirbelsäule, Becken und Hüftgelenke wirken.

ERGONOMIE – GESUNDHEITSGERECHTE BEWEGUNGEN UND HALTUNGEN

Bandscheiben

Die Bandscheiben liegen wie Polster zwischen den Wirbelkörpern. Durch ihre Beschaffenheit können sie bei jeder Bewegung elastisch nachgeben. Sie bestehen aus einem Gallertkern und einem Faserring. Zur optimalen Ernährung der Bandscheiben ist ein ständiger Wechsel von Be- und Entlastung notwendig.

Die menschliche Bandscheibe lebt also von abwechslungsreicher Bewegung und ausreichenden Entlastungsphasen. In der Entlastungsphase gelangen Nährstoffe und Flüssigkeit in den Gallertkern. Einseitige Zwangshaltungen und dauerhafte Belastungen sind für die Bandscheibenversorgung schädlich.

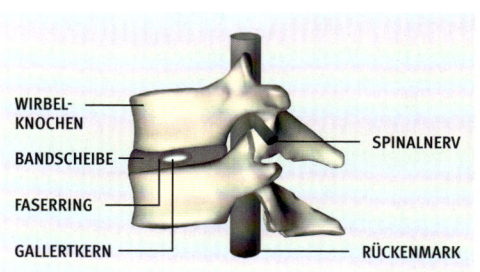

System Wirbel und Bandscheibe

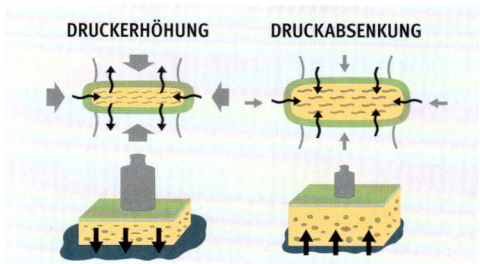

Das Schwammsystem

ERGONOMIE – GESUNDHEITSGERECHTE BEWEGUNGEN UND HALTUNGEN

2.2 Körperhaltung

Eine schlechte Körperhaltung kann zur Entstehung von Rückenschmerzen beitragen. Die menschliche Wirbelsäule ist von der Seite gesehen doppelt S-förmig. Die Biegung der Hals- und Lendenwirbelsäule nach innen wird als Lordose bezeichnet, die Biegung der Brustwirbelsäule nach außen heißt Kyphose. Nur in dieser Krümmungsform, also in der aufrechten Körperhaltung, ist die Wirbelsäule maximal belastbar.

Schlüssel für eine optimale Körperhaltung ist die Stellung des Beckens. Eine verstärkte Beckenkippung (bauchwärts) führt zu einem Hohlkreuz bzw. eine zu starke Beckenaufrichtung (rückenwärts) hat einen Rundrücken zur Folge.
Nur eine aufrechte Körperhaltung belastet die Bandscheiben gleichmäßig, eine abweichende Körperhaltung geht mit einer stärkeren Belastung der Wirbelsäule und Bandscheiben einher.

Unterschiedliche Haltungen belasten die Wirbelsäule auch unterschiedlich. Beim Liegen wird die Wirbelsäule entlastet, beim Anheben von Lasten mit rundem Rücken sind die Bandscheiben einer erheblichen Druckbelastung ausgesetzt.

Ziel muss also sein, die aufrechte Körperhaltung möglichst häufig einzunehmen, um eine zu starke Belastung für Bandscheiben und Wirbelsäule und daraus eventuell entstehende Rückenschäden zu verhindern.

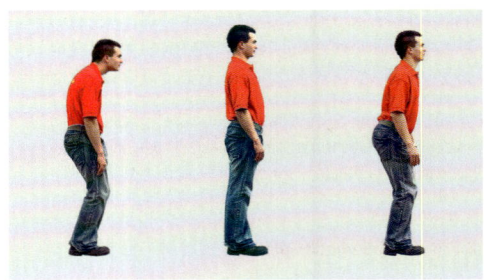

Haltungstypen von links: Rundrücken, aufrechte Körperhaltung, Hohlkreuz

Körperhaltung und Bandscheibenbelastung, nach Wilke, Universität Ulm (1998)

ERGONOMIE – GESUNDHEITSGERECHTE BEWEGUNGEN UND HALTUNGEN

2.3 Körperliche Arbeit und Ergonomie

In vielen Berufen ist trotz modernster Technik noch Körperkraft gefragt. Starke und einseitige Belastungen wie häufiges schweres Heben und Tragen, starke Erschütterungen oder auch das Arbeiten in Zwangshaltungen, z. B. Dauersitzen, können zu Abnutzungserscheinungen an Gelenken und Wirbelsäule führen. Umso wichtiger ist die ergonomische Gestaltung des Arbeitsplatzes. Der Arbeitsplatz muss an die Körpermaße des Benutzers angepasst werden.

2.3.1 Sitzende Tätigkeit

„So sitze ich richtig, das ist bequem so." So oder ähnlich lauten sehr oft die Antworten der Kraftfahrer, wenn sie nach der richtigen Sitzposition gefragt werden. Dabei beziehen sie sich in der Regel nur auf den Moment der Befragung, ohne daran zu denken, dass sie in dieser Position bis zu viereinhalb Stunden verharren müssen. Natürlich beeinflussen auch die Nebentätigkeiten der Fahrer die Sitzdauer, die je nach Einsatz sehr unterschiedlich sind (Lieferverkehr, Güterfernverkehr, Reiseverkehr, Linienverkehr). Dennoch bestimmt das Sitzen mit einem überwiegenden Zeitanteil Ihre Berufskraftfahrertätigkeit. Bequem sitzen bedeutet nicht, immer auch rückengerecht und belastungsarm sitzen.

Wie Sie aus der Funktion der Wirbelsäule erkennen konnten, stützt diese den Körper um eine aufrechte Haltung einzunehmen. Bei einer vermeintlich bequemen, entspannten Sitzhaltung verlässt Ihre Wirbelsäule die Idealform und die Bandscheiben werden stärker belastet. Sie muss also mit Hilfsmitteln wie Becken- und Lendenstütze wieder in Form gebracht werden. Das ist die Grundvoraussetzung dafür, dass Sie Ihre Bandscheiben gleichmäßig belasten, und Vorsorge, um Schädigungen der Wirbelsäule zu vermeiden.
Eine aufrechte, wirbelsäulengerechte Sitzhaltung kann also nur auf einem entsprechenden Fahrersitz eingenommen werden, der über die notwendigen Einstellmöglichkeiten verfügt.
Das allein reicht aber nicht aus, um für eine längere Zeit beschwerdefrei sitzen zu können.
Genauso wichtig ist es, die richtigen Winkel zwischen den unterschiedlichen Körperbereichen einzuhalten. Wer entspannt und sicher fahren will, muss entspannt und sicher sitzen können!

Die günstigsten Winkel zwischen
- Kopf und Rumpf,
- Oberarm und Unterarm,
- Oberarm und Rumpf,
- Oberschenkel und Rumpf,
- Oberschenkel und Unterschenkel,
- Unterschenkel und Fuß

sind in vielen Untersuchungen ermittelt worden. Sie bringen den Körper in die ergonomisch günstigste Position.

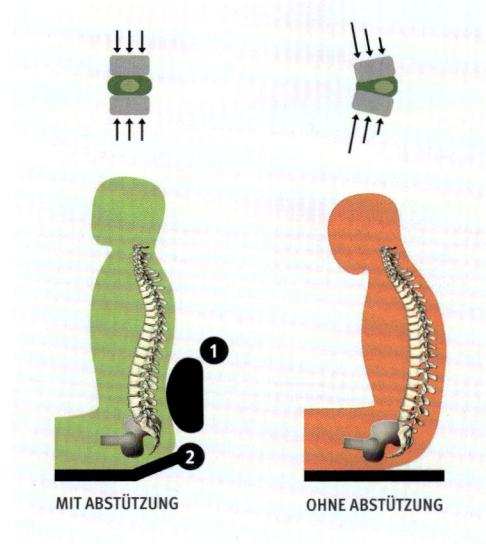

Wirbelsäule in verschiedenen Sitzpositionen
1 Lendenstütze in der Lehne
2 Beckenstütze in der Sitzfläche

ERGONOMIE – GESUNDHEITSGERECHTE BEWEGUNGEN UND HALTUNGEN

Die Berufsgenossenschaft für Transport und Verkehrswirtschaft hat dafür eine Sitzschablone entwickelt, mit der Sie Ihre Sitzposition einfach bestimmen können. Sehr viele Sitzkonstruktionen gestatten es heute, den Sitz auf Ihr Gewicht einzustellen.

Das ist wichtig, um kritische, mechanische Schwingungen, die auf den Fahrersitz wirken, soweit wie möglich auszugleichen.

Der beste Sitz ist der, von dem Sie auch nach viereinhalb Stunden ununterbrochener Fahrt ohne Beschwerden aufstehen können. Leicht zurückgelehnt und entspannt soll Ihre Sitzposition sein. Richten Sie sich von Anfang an nach diesen Einstellwinkeln, sie ermöglichen Ihnen ein optimales Sitzen.

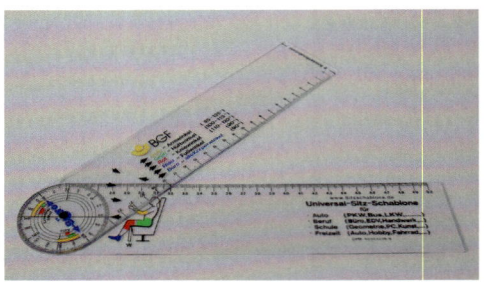
Sitzschablone der Berufsgenossenschaft

Durch eine längere und einseitige Belastung können sich die Muskeln zu sehr verspannen und verringern somit die Blutzirkulation in den Gefäßen. Eine schnellere Ermüdung und Einschränkung der Leistungsfähigkeit ist die Folge.
Beim Unter- bzw. Überschreiten dieser Sitzwinkelbereiche können in Abhängigkeit von der Sitzdauer Beschwerden entstehen durch:
– Behinderung des Blutstroms
– Belastung der Wirbelsäule durch Einnahme eines Rundrückens,
– Muskelverspannungen im Hals- und Schultergürtelbereich bis hin zu Kopfschmerzen durch vorn übergeneigte Haltung
– Erschlaffung der Bauchmuskeln
– Druck auf innere Organe (u. a. Atmungs- und Verdauungsorgane)

Optimale Sitzposition

Negative Folgen einer falschen Sitzhaltung

ERGONOMIE – GESUNDHEITSGERECHTE BEWEGUNGEN UND HALTUNGEN

2.3.2 Fahrersitz richtig einstellen

Beim Einstellen des Sitzes empfiehlt sich ein schrittweises Vorgehen. Ausgangsstellung: Lenkrad und Instrumententräger in vorderer Position. Da diese Position das Ein- und Aussteigen mit geschwenktem Sitz wesentlich erleichtert, sollte sie auch beim Verlassen des Arbeitsplatzes eingestellt werden.

1 Sitzflächentiefe
2 Neigung der Sitzfläche
3 Neigung der Rückenlehne
4 Pedalwinkel
5 Sitzhöhe und Sitzlängsverstellung
6 Kniewinkel
7 Lage der Oberschenkel
8 Lenkrad und Instrumententräger
9 Lendenwirbelstütze
10 Kopfstütze

1. Sitzflächentiefe (= Länge der Sitzfläche) einstellen
   » Abstand zur Kniekehle etwa eine halbe Handbreite.

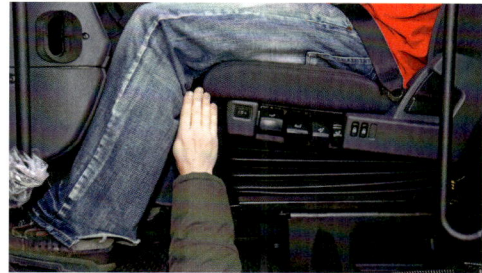

2. Neigung der Sitzfläche einstellen
   » Ca. 5 Grad leicht nach hinten abfallend.

3. Auf den Sitz ganz nach hinten setzen, Neigung der Rückenlehne einstellen
   » Ca. 15 – 20 Grad.
   » Rücken soll ganz an der Rückenlehne anliegen.
   » Winkel zwischen Oberkörper und Oberschenkel im neuen Linienbus: 100 – 105 Grad, im Reisebus und im Lkw: 100 – 115 Grad.
   Kein Druckgefühl und keine Beengtheit im Bauchbereich.

ERGONOMIE – GESUNDHEITSGERECHTE BEWEGUNGEN UND HALTUNGEN

4. Mittleren Pedalwinkel zwischen Ruhestellung und Vollausschlag bestimmen
   » Ferse soll aufstehen
   » Fußwinkel 90 Grad
   » Fuß muss beim Betätigen auf der gesamten Pedalfläche aufstehen

5. Sitzhöhe und Sitzlängsverstellung (= Abstand zu Pedale) einstellen
   » Pedale müssen gut erreichbar sein.
   » Oberschenkel sollen auf der Sitzvorderkante aufliegen.

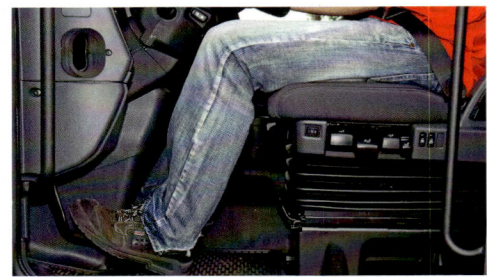

6. Kniewinkel überprüfen
   » Reisebus und Lkw: 110 – 120 Grad
   » neuer Linienbus: 110 – 130 Grad; falls nötig Sitzhöhe und Längseinstellung korrigieren

7. Lage der Oberschenkel überprüfen
   » Oberschenkel liegen leicht auf der Sitzvorderkante auf.
   » Kein Druck der Vorderkante auf die Oberschenkel, falls nötig, zuerst Sitztiefe, dann nochmals Sitzhöhe und Längseinstellung überprüfen.

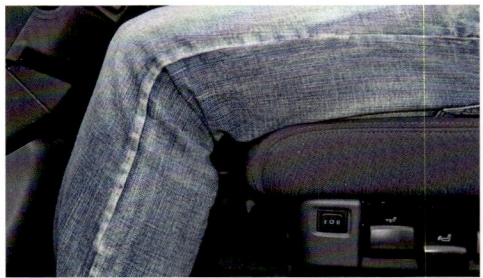

8. Lenkrad und Instrumententräger richtig einstellen
   » Leicht angewinkelte Arme beim Lenken.

ERGONOMIE – GESUNDHEITSGERECHTE BEWEGUNGEN UND HALTUNGEN

9   Lendenwirbelstütze einstellen
    » Fühlbare Stützwirkung ohne unangenehmen Druck.

10. Kopfstütze einstellen (falls möglich)
    » Oberkante über Augenhöhe (keine „Nackenstütze").

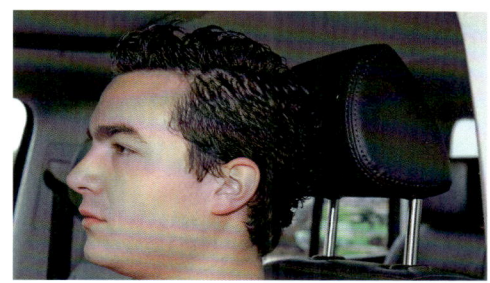

Zusammenfassung

Der menschliche Organismus ist für Bewegung konzipiert, d. h. für den Wechsel zwischen sitzender, stehender, liegender und laufender Körperhaltung. Sie sollten Ihre Haupttätigkeit, das Sitzen, möglichst durch kleine Pausen unterbrechen und aktiv mit Bewegungsübungen auflockern. Ein aktiver Bewegungsausgleich in der Freizeit ist darüber hinaus zu empfehlen. Ein wesentlicher Faktor in der Vorbeugung von Rückenerkrankungen ist die richtige Einstellung Ihres Arbeitsplatzes.

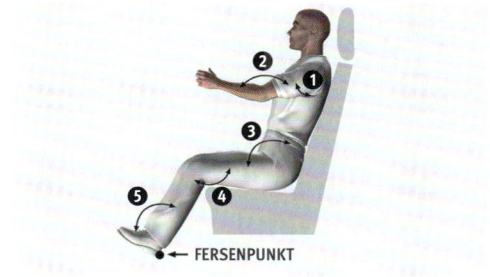

Ergonomisch günstige Winkel
1   Oberarmwinkel 10–40°
2   Ellenbogenwinkel 95–135°
3   Hüftwinkel 100–105°
4   Kniewinkel 110–130°
5   Fußgelenkwinkel 90°

ERGONOMIE – GESUNDHEITSGERECHTE BEWEGUNGEN UND HALTUNGEN

2.4 Umgang mit Lasten

Bücken, Heben und Tragen sind Tätigkeiten, die von Ihnen zusätzliche Anstrengungen zu Ihrer eigentlichen Arbeit, dem Führen von Fahrzeugen, erfordern. Natürlich kommt hier der Linienbusfahrer besser weg als alle anderen. Fahrer bei Möbelspeditionen haben sicherlich die schwereren Lasten zu tragen. Sie sind aber meistens mit bester Hebetechnik vertraut und geübt.

Rückenbeschwerden und vorzeitiger Verschleiß können neben langem, einseitigem und unbequemem Sitzen auch durch falsches Bücken, Heben und Tragen entstehen. So wirkt beim Heben eines Gewichts mit Rundrücken ein Vielfaches des Körpergewichts auf die untere Lendenbandscheibe. Durch die Krümmung der Wirbelsäule und des Zusatzgewichtes wird der vordere Anteil der Bandscheibe überlastet und regelrecht zusammengequetscht.

Beachten Sie daher die folgenden Grundregeln:
1. Alle Lasten möglichst aus der Hocke aufnehmen und somit mit Hilfe der Beinmuskulatur heben.
2. Den Rücken beim Anheben gerade halten und die Bauchmuskeln anspannen sowie den Blick nach vorne richten.

3. Die Last langsam und nicht ruckartig anheben.
4. Die Last nahe am Körper halten und tragen.
5. Kein Hohlkreuz bilden.

ERGONOMIE – GESUNDHEITSGERECHTE BEWEGUNGEN UND HALTUNGEN

6. Den Oberkörper nicht zur Seite drehen, Wirbelsäulenrotationen unter Belastung meiden.

7. Den ganzen Körper mit den Füßen drehen.

8. Das Gewicht nach Möglichkeit gleichmäßig rechts und links verteilen oder abwechselnd rechts/links tragen.

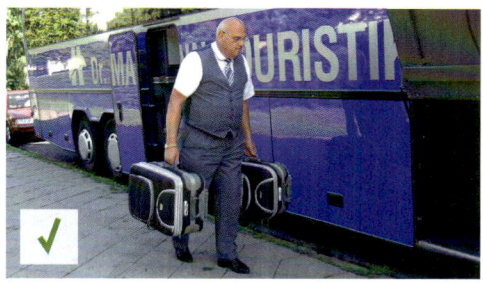

9. Nutzen Sie beim Heben und Tragen technische Hilfsmittel.

ERGONOMIE – GESUNDHEITSGERECHTE BEWEGUNGEN UND HALTUNGEN

Heben und tragen Sie Gewichte mit geradem Rücken, so dass die Bandscheiben gleichmäßig und deutlich geringer belastet werden. Der Gallertkern bleibt so auch in der Mitte der Bandscheibe liegen. Bei geradem Rücken ist die Belastung im Vergleich zum runden Rücken deutlich geringer, während gleichzeitig die Belastbarkeit am größten ist. Ziel muss also sein, möglichst häufig eine aufrechte Arbeitshaltung, vor allem unter Belastung, einzunehmen und eine zu starke Belastung der Bandscheiben und Wirbelsäule zu verhindern.

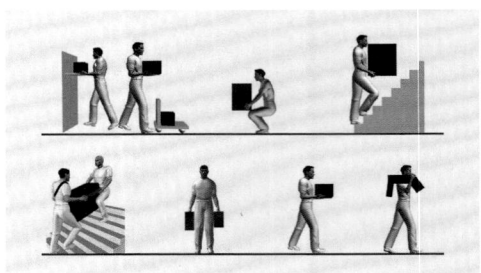

Die wichtigsten Regeln beim Tragen von Lasten

Als Folge der hohen Druckentwicklung im vorderen Bandscheibenbereich wird der Gallertkern nach hinten verschoben, was einen Hexenschuss oder sogar einen Bandscheibenvorfall auslösen kann.
Ein Hexenschuss ist ein plötzlich einschießender Schmerz mit einhergehender starker Muskelverspannung und -verhärtung, so dass der Betroffene sich kaum bewegen kann. Beim Bandscheibenvorfall reißt der äußere Faserring der Bandscheibe und das gallertartige Material fließt aus und verengt den Spinalkanal und drückt auf den Nerv. Folgen können starke Schmerzen, Bewegungseinschränkungen, Taubheitsgefühle und sogar Lähmungserscheinungen sein.

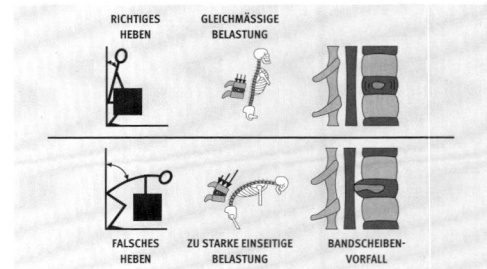

Hebetechnik

PHYSISCHE KONDITION UND INDIVIDUELLER SCHUTZ

3. Physische Kondition und individueller Schutz

Unter physischer Kondition versteht man die Ausdauer und Körperkraft, die zur Bewältigung einer Arbeitstätigkeit notwendig ist. Eine gute Fitness ist daher Voraussetzung für das Ausüben beruflicher Tätigkeiten. Ihre verantwortungsvolle Aufgabe des Führens von Fahrzeugen erfordert ein hohes Maß an körperlichem und geistigem Wohlbefinden.

Halten Sie sich fit!
Nutzen Sie jede Gelegenheit, um sich in den Pausen an der frischen Luft zu bewegen, sich zu dehnen, zu strecken oder einfach ein wenig zu gehen. Mit Entspannungsübungen in den Pausen können Sie Anspannung und Stress abbauen. Um den Kreislauf anzuregen, genügen schon kurze Übungen, die Sie mehrmals wiederholen können.

3.1 Übungen

3.1.1 Übungen im Fahrzeug

Entspannungsübungen im Sitzen
- **Atemübung:**
  Nehmen Sie eine angenehme Sitzposition ein und schließen Sie die Augen. Legen Sie die Hände auf den Bauch und spüren Sie den Bauchbewegungen beim Ein- und Ausatmen nach, lassen Sie ihre Atmung fließen. Genießen Sie für einige Minuten ihre Atembewegungen.

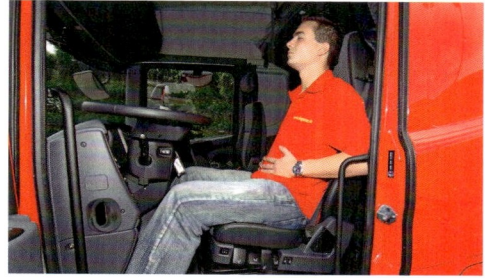

- **Progressive Muskelentspannung im Sitzen:**
  Setzen Sie sich entspannt hin, atmen Sie tief ein und aus, schließen Sie die Augen. Nun spannen Sie wechselweise einzelne Körperpartien an, atmen dreimal ruhig ein und aus und spüren die Anspannung. Danach lösen Sie die Muskelkontraktion und folgen der Muskelentspannung. Lassen Sie sich für die Entspannungsphase ca. 40 Sekunden Zeit.

PHYSISCHE KONDITION UND INDIVIDUELLER SCHUTZ

- Beginnen Sie mit dem Drücken des Kopfes gegen die Kopfstütze und ziehen Sie die Schultern zu den Ohren an. Spüren Sie die Anspannung in Hals- und Schultermuskulatur, anschließend wieder entspannen. Sie können die An- und Entspannungsphase jeder Muskelregion zwei- bis dreimal wiederholen.

- Drücken Sie den Rücken in die Sitzlehne, ziehen Sie dabei Ihren Bauch ein und spüren die Anspannung in Bauch- und Gesäßmuskulatur. Danach folgt wieder die Entspannungsphase.

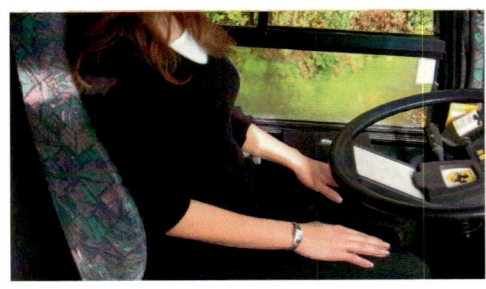

- Als nächstes ballen Sie Ihre Hände zu Fäusten und drücken die Unterarme gegen Ihre Oberschenkel und spüren die Anspannung in Hand- und Armmuskeln, danach wieder die Muskelkontraktion lösen.

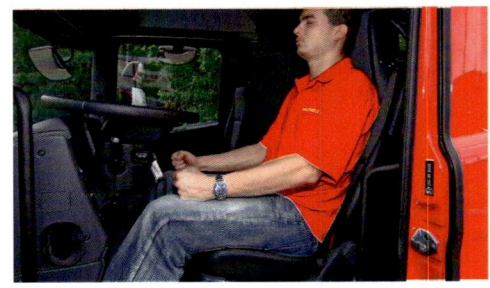

- Zum Abschluss ziehen Sie die Fußspitzen zu den Schienbeinen und drücken die Fersen in den Boden und spüren die Anspannung in Bein- und Gesäßmuskeln, danach folgt wieder die Entspannungsphase.

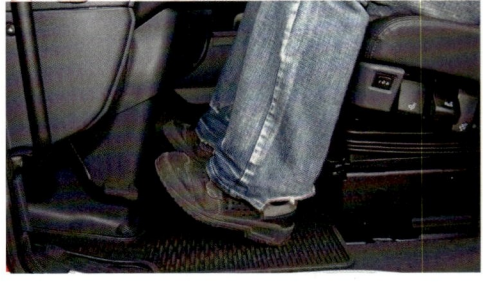

» Lassen Sie sich Zeit beim Üben. Sie müssen bei Zeitknappheit nicht alle vier Körperregionen trainieren.

PHYSISCHE KONDITION UND INDIVIDUELLER SCHUTZ

Entlastungsübungen für die Augen

– **Palmieren (Augenentspannung):**
Palmieren bedeutet, beide Augen mindestens eine Minute lang mit den Handflächen zu bedecken. Setzen Sie sich bequem hin, entspannen Sie sich und atmen Sie zwei- bis dreimal ruhig durch. Legen Sie dann Ihre Hände so über die Augen, dass diese unter den Handflächen liegen. Die Finger kreuzen sich dabei über der Stirn, die Handkanten liegen an der Nase. So bilden die Innenflächen Ihrer Hände eine Höhle für die Augen, ohne sie zu berühren. Schließen Sie die Augen und lassen Sie sie in der Dunkelheit ruhen. Atmen Sie entspannt weiter und genießen Sie den Unterschied zu Licht, Farben und Kontrasten. Wenn Sie nach einer oder mehreren Minuten die Übung beenden, öffnen Sie zuerst die Augen, nehmen dann ganz langsam die Hände immer weiter nach vorne und folgen diesen mit den Augen. Bewegen Sie die Hände so langsam, dass Sie zu keinem Zeitpunkt eine unangenehme Blendung verspüren.

– **Augenwandern**
Schauen Sie in die Ferne und suchen Sie sich einen feststehenden Gegenstand, zum Beispiel einen Baum, Schornstein oder Fensterrahmen. Schauen Sie diesen Gegenstand nun für einige Sekunden an und folgen Sie dann mit den Augen möglichst genau seinen Konturen, als wollten Sie ihn mit den Augen nachzeichnen. Diese Übung sollten Sie mehrmals täglich durchführen – suchen Sie sich immer wieder neue Gegenstände.

– **Fingertrommeln**
Schließen Sie Ihre Augen und trommeln Sie mit den Fingerspitzen beider Hände ganz sanft und leicht über Ihr Gesicht. Stellen Sie sich das Trommeln als dicke, warme, weiche Regentropfen vor. Beginnen Sie mit dem Trommeln über Ihren Augenbrauen, führen Sie es langsam um das Auge herum und trommeln Sie weiter über Ihre Schläfen in Richtung Kiefergelenk. Dehnen Sie das Trommeln mehr und mehr auf Ihr ganzes Gesicht aus und achten Sie darauf, an welchen Stellen es das größte Wohlbefinden nach sich zieht. Zum Schluss streichen Sie leicht mit den Händen von der Mitte nach außen über Ihr Gesicht.

– **Malerübung**
Schließen Sie Ihre Augen und stellen Sie sich vor, dass an Ihrer Nase ein langer Pinsel befestigt ist. Nachdem Sie den Pinsel in einen Farbtopf getaucht haben, bemalen Sie eine Wand mit waagrechten und senkrechten Pinselstrichen. Lassen Sie Ihren anfänglich kleinen Bewegungen nach und nach immer größer werden. Malen Sie nun von innen nach außen Spiralen auf Ihre Wand. Verfolgen Sie den Pinselstrich dann wieder von außen nach innen bis die Bewegungen kaum mehr spürbar sind. Gönnen Sie sich noch ein paar Sekunden Pause, bevor Sie erfrischt weiterarbeiten.

PHYSISCHE KONDITION UND INDIVIDUELLER SCHUTZ

Lockerungsübungen im Sitzen
Jeweils 10 – 20 Wiederholungen

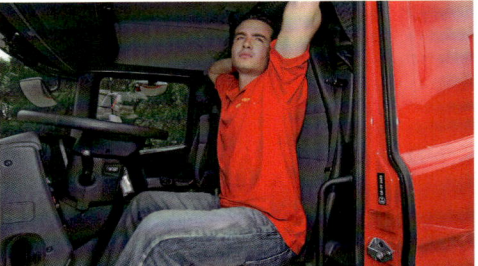

Halbkreisbewegungen des Kopfes langsam von links nach rechts und zurück.

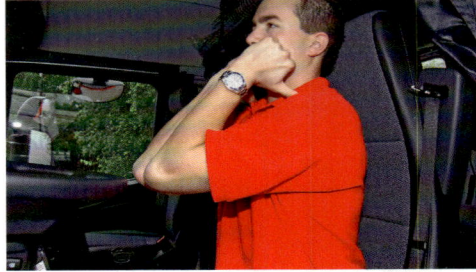

Schulterkreisen rückwärts

Beckenkreisen und Achterkreisen im Uhrzeigersinn und anschließend in die andere Richtung.

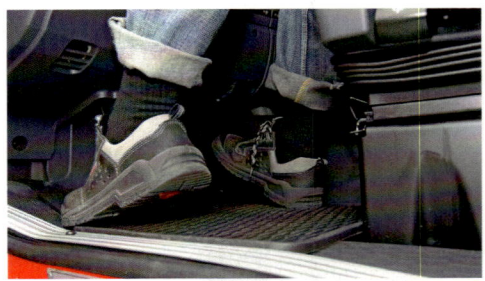

Abwechselnd Fußspitzen und Fersen belasten und danach die Beine ausschütteln.

PHYSISCHE KONDITION UND INDIVIDUELLER SCHUTZ

Dehnungsübungen im Sitzen

In allen Endpositionen mindestens dreimal tief ein- und ausatmen, danach langsam diese Position wieder verlassen.

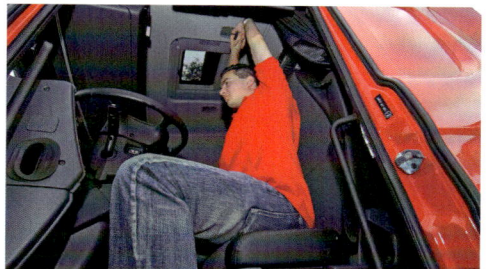

Streckübung, Arme über den Kopf, Hände gefaltet, Handflächen zeigen zum Himmel, nach oben lang strecken.

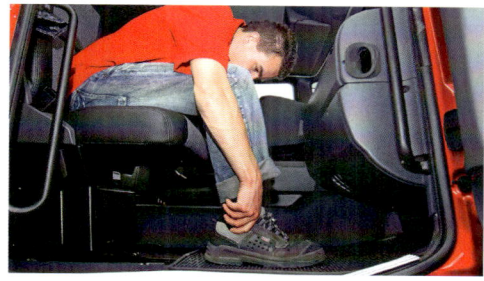

Paketsitz, Arme umfassen die Fußknöchel außen, Brustkorb ruht auf den Oberschenkeln, Kopf locker hängen lassen.

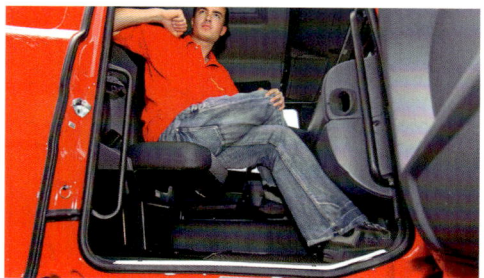

Rotationssitz, rechtes Bein überschlägt linkes Knie, linke Hand hält rechtes Knie, Oberkörper nach rechts drehen, rechte Hand stützt auf dem Sitz, Position halten; danach Seitenwechsel.

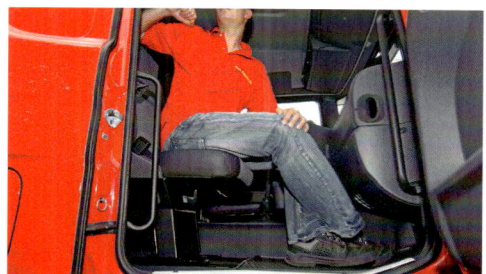

Rotationssitz, einfache Variante

PHYSISCHE KONDITION UND INDIVIDUELLER SCHUTZ

3.1.2 Übungen außerhalb des Fahrzeugs

Lockerungsübungen im Stehen
Jeweils 10 – 20 Wiederholungen

Im Stehen Armschwungübungen mit leichten Kniebeugebewegungen.

Im Stehen Armschwungübungen mit leichten Kniebeugebewegungen.

Im Einbeinstand kombiniertes diagonales Bein- und Armschwingen.

Im Einbeinstand kombiniertes Arm-Schultergelenks- und Bein-Hüftgelenkskreisen.

PHYSISCHE KONDITION UND INDIVIDUELLER SCHUTZ

Kräftigungsübungen aus dem Stand
Jeweils 7 – 15 Wiederholungen

Kniebeugen mit Festhalten am Fahrzeug.   *Ausfallkniebeuge mit Armbewegungen.*

Liegestützbewegungen in 45°-Position.

PHYSISCHE KONDITION UND INDIVIDUELLER SCHUTZ

Dehnungsübungen im Stand
Halten Sie die Endpositionen mindestens 7 Sekunden und atmen Sie bewusst dreimal ein und aus.

Dehnung der Muskeln der Oberschenkelrückseite.

Dehnung der Oberschenkelinnenseite.

Dehnung der Brust- und Wirbelsäulenmuskulatur mit überkreuzten Beinen.

Dehnung der Nackenmuskulatur

PHYSISCHE KONDITION UND INDIVIDUELLER SCHUTZ

3.1.3 Übungen für zu Hause oder im Hotelzimmer

Päckchenlage bauch- und rückenwärts

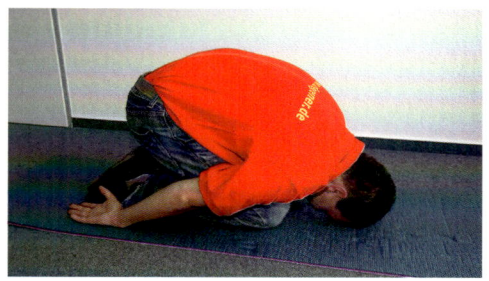
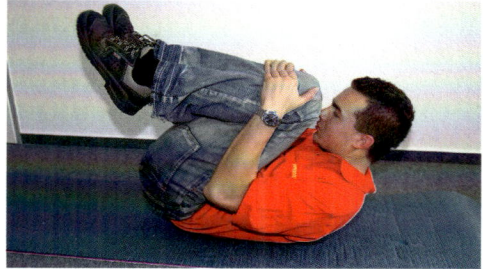

Sphinxposition

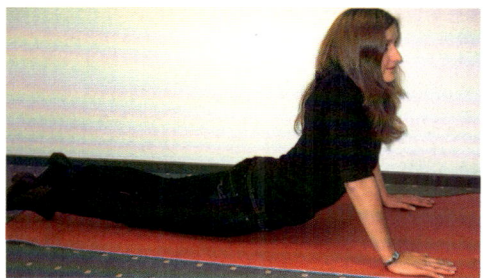

Drehdehnlage
Halten Sie die Positionen und atmen Sie bewusst dreimal tief ein und aus.

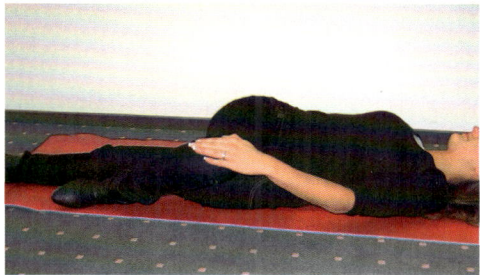

PHYSISCHE KONDITION UND INDIVIDUELLER SCHUTZ

Unterarmstütz

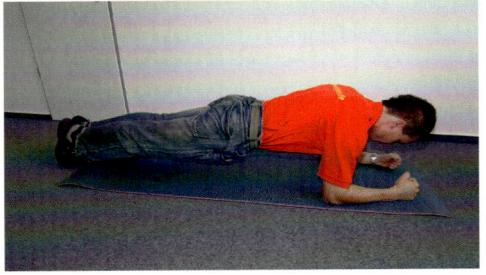

Bridging beid- und einbeinig
Führen Sie die Bewegung in den Stütz langsam durch und halten Sie die Position 1 bis 2 Sekunden, wiederholen Sie jeweils drei- bis fünfmal die Übung.

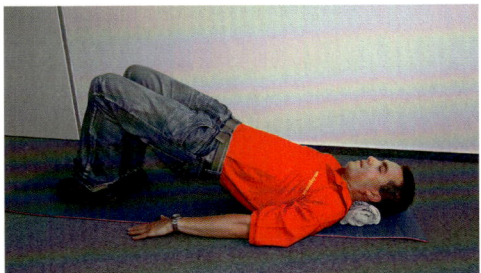

Seitlagenstütz

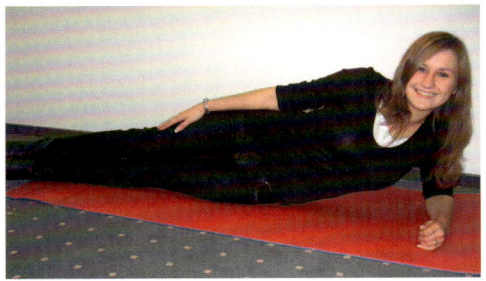 

PHYSISCHE KONDITION UND INDIVIDUELLER SCHUTZ

Käfer rückenwärts

Käfer bauchwärts

PHYSISCHE KONDITION UND INDIVIDUELLER SCHUTZ

Libelle

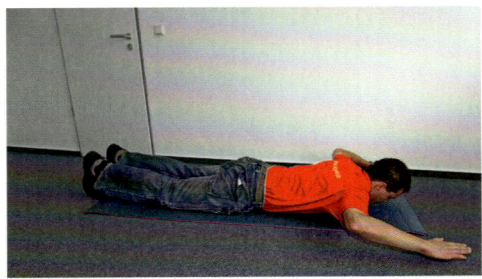
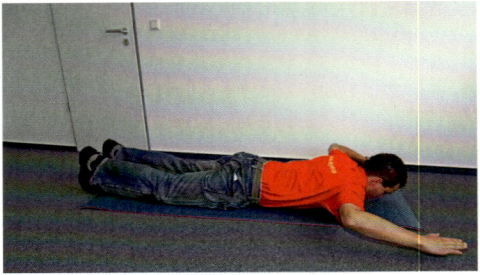
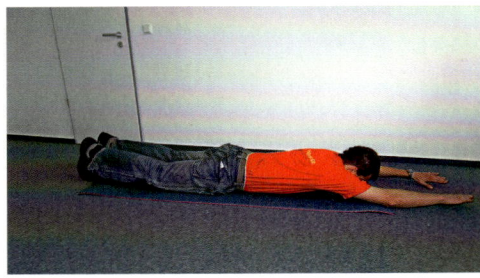

Halbe Situps
Jeweils 7 – 15 Wiederholungen

> » **PRAXISTIPP**
>
> Weniger ist mehr, suchen Sie sich anfangs nur drei oder vier Übungen aus und trainieren Sie diese bewusst. Ein zwei- bis dreimaliges Üben in der Woche mit einem Umfang von 10 bis 15 Minuten ist ein guter Einstieg.

PHYSISCHE KONDITION UND INDIVIDUELLER SCHUTZ

3.2 Sportliche Betätigung

Darüber hinaus empfehlen Mediziner und Sportwissenschaftler dreimal wöchentlich Herz und Kreislauf je 30 Minuten zu trainieren. Das Amerikanische College für Sportmedizin (ACSM) empfiehlt allerdings folgendes Mindestmaß an körperlichen Aktivitäten, um gesund und fit zu bleiben:

- 5 x Ausdauertätigkeiten pro Woche (insgesamt 2,5 Stunden)
- 2 x Krafttraining pro Woche (insgesamt 1 Stunde)
- 2 x Beweglichkeitsübungen pro Woche (insgesamt 0,5 Stunden)

Das bedeutet, dass Sie als Berufskraftfahrer 5-mal pro Woche eine halbe Stunde eine Bewegung bzw. Tätigkeit dauerhaft ausführen sollten, die Sie leicht ins Schwitzen bringt. Neben schnellem Gehen kann das auch Treppen steigen, Holz hacken, Gartenarbeit oder Ähnliches sein. Falls es mal eine halbe Stunde am Stück nicht klappt, können Sie diese auch in drei Teile splitten. Frühmorgens 10 Minuten strammes Gehen zu Ihrem Kraftfahrzeug, möglicherweise mit einem kleinen Umweg, in der gesetzlich vorgeschriebenen Pause wiederum 10 Minuten Gehen, danach erst essen und nach Abstellen ihres Kraftfahrzeuges wiederum 10 Minuten schnelles Gehen. Für das Krafttraining eignen sich hervorragend Übungen mit dem eigenen Körpergewicht. Bauen Sie also Bewegung in Ihren Alltag ein. Legen Sie z. B. eine möglichst große Strecke des Wegs zur Arbeit zu Fuß oder mit dem Fahrrad zurück. Erledigen Sie auch kleine Besorgungen mit dem Fahrrad. Machen Sie einen Bogen um Fahrstühle und Rolltreppen, gehen Sie zu Fuß und treiben Sie regelmäßig Sport. Folgende Sportarten sind besonders fitnessorientiert und rückenfreundlich:

- **Für das Herz-Kreislauftraining**
  » Walken
  » Laufen
  » Wandern
  » Schwimmen
  » Radfahren
  » Reiten
  » Tanzen
  » Skilanglauf
  » Inline-Skaten
  » Low-Impact Aerobic (Aerobic ohne Sprünge)

- **Für Kraftausdauer- und Körperbalancetraining**
  » Wirbelsäulengymnastik
  » Wassergymnastik
  » medizinisches bzw. physiotherapeutisches Krafttraining

© Kzenon/Fotolia

PHYSISCHE KONDITION UND INDIVIDUELLER SCHUTZ

- **Entspannungsübungen**
    - » Autogenes Training
    - » Progressive Muskelentspannung
    - » Feldenkrais
    - » Yoga
    - » Pilates
    - » Tai Chi und Qi Gong

© WavebreakMediaMicro/Fotolia

Folgende Sportarten sind rücken- und gelenkbelastend und für Sporteinsteiger oder Neustarter zunächst nicht zu empfehlen
- Sportarten, in denen Maximalkraft gefragt wird (z. B. Gewichtheben)
- Schnellkraftsportarten wie Sprintläufe, sowie Übungen, die Sprünge (z. B. Weitsprung) beinhalten
- Spiele, die schnelle Richtungswechsel (u. a. Fußball) erfordern
- gelenkbelastende Sportarten (z. B. Fallschirmspringen)
- Sportarten mit starkem Verletzungsrisiko (z. B. Rugby)

Weitere Sportangebote
Wollen Sie in Ihrer Freizeit noch aktiver werden, ist es ratsam, in einer Gruppe zu trainieren. Mit Freunden oder im Sportverein macht es mehr Spaß. Folglich sind Sie auch motivierter. Darüber hinaus bieten Krankenkassen, Berufsgenossenschaften, Volkshochschulen und andere Institutionen eine Vielzahl von Bewegungskursen an, in denen Sie ohne viel Aufwand die Muskelgruppen, die speziell durch Ihre Berufstätigkeit beansprucht werden, in Form halten können. In Rückenschulen erlangen Sie in einem meist zehnwöchigen Kurs Inspirationen zu rückengerechtem Verhalten in allen Lebenslagen:
- Ihre Körperwahrnehmung verbessert sich.
- Sie trainieren in der Gruppe gemeinsam Gymnastik u. Entspannung.
- Sie tauschen sich mit den Teilnehmern zu alternativen Entlastungstechniken aus.

© Monkey Business/Fotolia

PHYSISCHE KONDITION UND INDIVIDUELLER SCHUTZ

3.3 Individueller Schutz

Empfehlungen zur Vorbeugung von Rückenbeschwerden nochmals in Kürze: Eine gute Präventionsmaßnahme besteht darin, die arbeitsbedingten Bewegungsabläufe möglichst rückengerecht und belastungsarm zu gestalten. Genügend kurze Pausen, in denen sich der Körper erholen kann, und ausreichend ausgleichende Bewegung in der Freizeit sind ebenfalls besonders wichtig.

Je besser Ihr Körpergefühl und je kräftiger Ihre Rumpfmuskulatur ist, desto wirkungsvoller können Sie Rückenverschleiß vorbeugen.

Führen Sie Ausgleichsübungen durch, die Ihnen auch Spaß bereiten, aber übertreiben Sie es nicht:

1. Bewegen Sie sich so oft es geht rückengerecht und meiden Sie dauerhaft belastungsstarke Bewegungen und Haltungen.
2. Trainieren Sie gymnastische Ausgleichsübungen. Mit speziellen Lockerungs-, Dehnungs- und Kräftigungsübungen halten Sie Ihre Muskeln und ihren Körper in Balance.
3. Vermeiden Sie dauerhafte Zwangshaltungen. Bewegen Sie sich auch während Ihrer Arbeitstätigkeit so gut es geht ausreichend. Halten Sie sich in der Freizeit mit Herz-Kreislauftraining und/oder Entspannungsübungen fit.
4. Nutzen Sie am Arbeitsplatz alle ergonomischen Einstellmöglichkeiten, damit Ihre Rückenbelastung so gering wie möglich ist.
5. Bei körperlich schweren Tätigkeiten nutzen Sie technische Hilfsmittel und Hebehilfen.

Einseitige Tätigkeiten und Belastungen im Beruf erfordern wohldosierte, abwechslungsreiche und regelmäßige körperliche Betätigungen in der Freizeit. Bewegung unterstützt die lebenswichtigen Umbauprozesse, die fortlaufend im Körper stattfinden, um alle Körperregionen problemlos mit Sauerstoff und Nährstoffen zu versorgen. Zudem werden durch Sport vermehrt Kalorien verbraucht, die helfen, das eigene Körpergewicht zu halten oder sogar zu verringern. Durch regelmäßige Muskelbetätigung kann Stress abgebaut, das körperliche und seelische Wohlbefinden gesteigert und letztendlich die Leistungs- und Arbeitsfähigkeit verbessert werden.

Führen Sie pro Woche folgendes Mindestmaß an Bewegung durch:
1. 2,5 Stunden ausdauerorientierte Tätigkeiten mit leichtem Schwitzen
2. 1 Stunde Krafttraining
3. 0,5 Stunden Beweglichkeitsübungen

Teilen Sie die 4 Stunden in mindestens drei Bewegungseinheiten pro Woche auf.

» **PRAXISTIPP**

Sportanfänger über 35 Jahre und Untrainierte mit chronischen Krankheiten sollten ihren Hausarzt aufsuchen und sich beraten lassen, bevor sie mit Bewegungstraining beginnen.

PHYSISCHE KONDITION UND INDIVIDUELLER SCHUTZ

» **Arbeitsblatt 2**
   Ergonomie – Pausengestaltung

1. Welche Übungen zur aktiven Pausengestaltung können Sie im Fahrzeug während einer Ruhezeit durchführen?

   _____
   _____
   _____
   _____

2. Beschreiben Sie mögliche Folgen und Beschwerden einer eher ungünstigen, nicht ergonomischen Sitzposition!

   1 _____
     _____

   2 _____
     _____

   3 _____
     _____

   4 _____
     _____

PHYSISCHE KONDITION UND INDIVIDUELLER SCHUTZ

» **Arbeitsblatt 3**
   Ergonomie – Freizeit

1a Wie gestalten Sie aktiv (bewegt/sportlich) Ihre Freizeit?

1b Was finden Sie gut und haben Sie schon ausprobiert? Was wollen Sie an Ihrer Freizeitgestaltung beibehalten?
Diskutieren Sie über Ihre Freizeitaktivitäten mit den anderen Teilnehmern!

1c Was würden Sie gern mehr in Ihrer Freizeit unternehmen? Was wollen Sie an Ihren Freizeitgewohnheiten ändern?
Wann können Sie beginnen? Haben Sie einen Ansprechpartner, mit dem Sie Ihre Ideen und Aktivitäten reflektieren können?

2 Betrachten Sie nachfolgende Fotos und diskutieren Sie in der Teilnehmergruppe, wie Sie die unten dargestellten Arbeissituationen cleverer und belastungsärmer gestalten können! Notieren Sie Ihre Ergebnisse.

GUTE KÖRPERLICHE UND GEISTIGE VERFASSUNG

4. Gute körperliche und geistige Verfassung

In diesem Kapitel erfahren Sie, wie und warum Sie sich wohler fühlen, wenn Sie sich gut ernähren, welche Auswirkungen eine falsche Ernährung hat und wie Sie Ihre Essgewohnheiten an die ganz speziellen Erfordernisse Ihrer Tätigkeit als Berufskraftfahrer anpassen können. Sie erhalten Hinweise für eine gesunde Ernährung beim Fahren und für Ihre Freizeit. Im zweiten Teil erfahren Sie, wie berauschende Mittel Änderungen Ihres Verhaltens bewirken.
Zum Schluss lernen Sie, den Rhythmus zwischen Arbeit und Ruhezeit bewusst so zu gestalten, dass negative Auswirkungen auf die Lebensqualität deutlich vermindert werden. Sie lernen verschiedene Stressoren kennen und verschiedene Wege, Stress zu vermeiden, zu reduzieren oder zu bewältigen.

4.1 Grundsätze einer gesunden und ausgewogenen Ernährung

„Essen und Trinken hält Leib und Seele zusammen." „Wenn der Mensch etwas leisten soll, dann braucht er etwas zum Beißen." Diese und ähnliche Sprichwörter bergen, wie alle anderen auch, eine Volksweisheit in sich, die auf Lebenserfahrungen beruht. Sie müssen also essen und trinken, um zu leben und um eine Leistung zu erbringen.

4.2 Ernährung unterwegs

Sie als Berufskraftfahrer im Güterverkehr oder im Personenverkehr haben nicht immer gute Möglichkeiten, entsprechend den Ernährungsregeln zu essen. Fahrpläne, Schichtzeiten, Anlieferdruck bei Sammelfahrten, Reiserouten, Termine zur Bahnverladung oder auf Fähren und mangelnde Parkmöglichkeiten stehen einer geregelten Nahrungsaufnahme oftmals entgegen.

Da gesunde Ernährung und ausreichende Flüssigkeitsaufnahme sehr wichtig sind, sorgen Sie schon vor Antritt der Fahrt dafür, dass Sie während der Fahrt ausgewogen essen und trinken können.

GUTE KÖRPERLICHE UND GEISTIGE VERFASSUNG

Frühstück

Wie Sie in den Tag starten, können Sie oft selbst bestimmen. Mit einem kohlenhydratreichen Frühstück können Sie die über Nacht geleerten Energiespeicher füllen. Je größer der Anteil an Vollkornprodukten ist, desto länger wird Sie das Frühstück sättigen. Daher sollten Vollkornbrote oder Müsli einen festen Platz am Frühstückstisch haben. Um das Eisen in den Produkten gut verwerten zu können, ergänzen Sie das Frühstück mit frischen Früchten oder einem Glas Fruchtsaft. Mit Milchprodukten wie einem Joghurt können Sie gut gestärkt in Ihren Alltag starten. Können Sie morgens nicht ausgiebig frühstücken, trinken Sie zumindest ein Glas Fruchtsaft oder Milch und nehmen sich ein fettarm belegtes Vollkornbrot, Obst oder Gemüse und einen Joghurt für eine spätere Pause mit, oder bereiten Sie das Frühstück ggf. am Abend vorher zu.

Zwischenmahlzeit

Zwischenmahlzeiten am Morgen bzw. am Nachmittag helfen Ihnen, Leistungstiefs zu vermeiden und konzentriert und leistungsfähig zu bleiben.

Es ist von Vorteil, die erste Zwischenmahlzeit schon zu Hause vorzubereiten. Dadurch sind Sie nicht auf das Imbissangebot angewiesen und können dann etwas zu sich nehmen, wenn Sie Hunger haben, z. B. während einer kleinen Pause am Endhaltepunkt.

- Obst und Gemüsestreifen lassen sich in einer Kunststoffbox gut und frisch lagern.
- Milchprodukte wie Buttermilch, Kefir oder Joghurt sind für die erste Pause noch ausreichend gekühlt. Für spätere Pausen brauchen Sie für diese Snacks eine Kühlmöglichkeit.
- Nüsse oder Laugengebäck wie z. B. Salzstangen sind ebenfalls als kleine Zwischenmahlzeit geeignet. (Vorsicht: Nüsse sind sehr fett- und kalorienreich, daher nur eine Handvoll essen.)

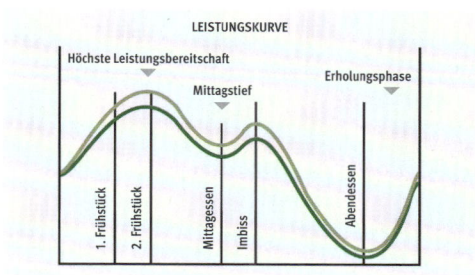

Mit Zwischenmahlzeit   *Ohne Zwischenmahlzeit*

GUTE KÖRPERLICHE UND GEISTIGE VERFASSUNG

Mittags

Mittags haben Sie es nicht immer in der Hand, das geeignete Essen auszusuchen, sondern sind auf das Angebot der Kantinen, Autobahnraststätten oder „Imbissbuden" angewiesen. Dabei ist gerade ein „Kraftfahrerteller" oft nicht geeignet, weil er meist fettreich und zu üppig ist. Nach einem schweren Essen neigen Sie zu Müdigkeit und die Konzentration lässt nach. Wenn möglich, stellen Sie sich die einzelnen Komponenten selbst zusammen.

Folgende Tipps erleichtern Ihnen die Zusammenstellung einer ausgewogenen Hauptmahlzeit außer Haus:
– Unpaniertes Fleisch oder Fisch in der Größe Ihres Handtellers, gegrillt oder gedünstet.
– Sichtbares Fett können Sie einfach wegschneiden. Lassen Sie sich die Soße in einem Extraschälchen geben, damit Sie selber die Menge bestimmen können.
– Dazu kommt eine sättigende Beilage wie Nudeln, Reis oder Kartoffeln. Geben Sie dabei Salz- oder Pellkartoffeln den Vorzug und vermeiden Sie die zusätzliche Fettportion in gebratenen, überbackenen oder frittierten Varianten.
– Eine große Portion können Sie sich bei Gemüse oder Salat gönnen, wobei ebenfalls die Zubereitung entscheidend für die Ausgewogenheit des Essens ist. Pures Gemüse oder mit nur wenig Soße ist dem Rahmgemüse gegenüber vorzuziehen.
– Einen großen Salat können Sie mit einem Vollkornbrot ergänzen.

Sind Sie auf Fast-Food-Produkte angewiesen, können Sie die Qualität des oft einseitigen und fettreichen Imbisses durch
– Salat,
– Obst,
– Fruchtsaft oder
– Vollkornbrot
ergänzen.

Reduzieren Sie den Anteil an Remouladensoße, Mayonnaise oder anderen fetten Soßen. Wenn Sie die Soßen nicht weglassen können, versuchen Sie, möglichst wenig davon zu essen und lassen den Rest auf dem Teller. Eine gute Alternative sind oft Suppen mit einem Vollkornbrot und/oder Salat als Ergänzung.

Als Nachtisch bieten sich Obst oder fettarme Desserts an. In Schwung kommen Sie besonders gut, wenn Sie nach dem Essen noch ein wenig Zeit für etwas Bewegung im Freien haben.

GUTE KÖRPERLICHE UND GEISTIGE VERFASSUNG

Abends

Am Abend können Sie das ausgleichen, was den Tag über zu kurz gekommen ist. Haben Sie bisher wenig Obst oder Gemüse gegessen, ergänzen Sie Ihr Vollkornbrot durch
- Salat,
- Tomaten- oder Gurkenscheiben.

Sind Milchprodukte zu kurz gekommen, bieten sich
- Quark,
- Frischkäse oder
- anderer Käse

als Brotbelag an.

Falls Sie noch keine warme Mahlzeit hatten, können Sie am Abend eine leichte Mahlzeit essen. Am Abend kurz über die Ernährung vom Tag nachzudenken, hilft dabei sehr. Schon kleine Änderungen der Essgewohnheiten haben eine große Wirkung.

Grundsätzlich sollten Sie zu jeder Mahlzeit und immer wieder zwischendurch etwas trinken, um genügend Flüssigkeit aufzunehmen. Essen Sie nicht nebenbei, sondern genießen Sie Ihr Essen und nehmen Sie sich dafür Zeit. Sie werden sonst dazu verleitet, zu schnell, zu fettreich und zu viel zu essen.

© karepa/Fotolia

© sebra/Fotolia

GUTE KÖRPERLICHE UND GEISTIGE VERFASSUNG

4.3 Energie aus der Nahrung

Der Motor Ihres Fahrzeuges braucht Energie, um Leistung zu erbringen. Diese bezieht er aus dem Kraftstoff. Ihr eigener Kraftstoff ist die Nahrung, die Ihnen die Energie zuführt.

Eine gesunde Ernährung und ausreichendes Trinken versorgen Ihren Körper mit Energie und allen Nährstoffen. So erhält er alles, was er braucht, damit Sie gesund und fit bleiben. Ihr Wohlbefinden hängt davon ab und natürlich auch Ihre Leistungs- und Konzentrationsfähigkeit.

Stoffwechselvorgang
Die Energie, die Sie über die Nahrung aufnehmen, ist nicht sofort nutzbar. Das Essen muss erst verdaut, in die Blutbahn abgegeben und in den Körperzellen in Wärme und Energie umgewandelt werden. Dabei wird die Nahrung im Magen-Darm-Trakt so abgebaut, dass der Körper die Nährstoffe aufnehmen und verarbeiten kann. Dadurch entsteht Energie, die Ihr Körper für Bewegung, Wachstum oder die Erhaltung von Körperfunktionen wie eine konstante Körpertemperatur nutzen kann.

Wie viel Energie benötigen Sie?
Den größten Teil der Energie verbrauchen Sie, um die lebensnotwendigen Körperfunktionen wie Atmung, Herz- oder Verdauungstätigkeit in Gang zu halten (Grund- oder Ruheumsatz). Darüber hinaus benötigen Sie Energie, um körperliche Leistungen im Beruf und in der Freizeit zu erbringen (Leistungsumsatz).

Grundumsatz
Männer verbrauchen mehr Energie als Frauen bei gleichem Körpergewicht. Der Bedarf ist abhängig:
- von der Körpergröße,
- vom Alter,
- von der körperlichen Aktivität,
- vom Gesundheitszustand,
- von der genetischen Veranlagung.

Der Verbrauch an Energie wird in Kilokalorien (kcal) angegeben.

So verbraucht ein Mann im Alter zwischen 25 und 51 Jahren ca. 1740 kcal innerhalb von 24 Stunden. Eine Frau gleichen Alters benötigt im selben Zeitraum nur ca. 1340 kcal.

> » **INFO**
> Grundumsatz + Leistungsumsatz = Gesamtenergiebedarf

GUTE KÖRPERLICHE UND GEISTIGE VERFASSUNG

Leistungsumsatz
Zum Grundumsatz kommt der Energieverbrauch für jede körperliche Aktivität. Das betrifft berufliche ebenso wie alltägliche Tätigkeiten. Je nach Berufsgruppe sind zusätzlich zwischen 600 und 1600 kcal anzurechnen. In Abhängigkeit von der speziellen Tätigkeit am Arbeitsplatz variiert der Energieverbrauch zwischen den einzelnen Berufen erheblich.

Der Leistungsumsatz ist abhängig von:
– Aktivität der Muskeln (z. B. Sport, gehen, Fahrrad fahren)
– Wachstum (bei Kindern und Jugendlichen)
– Aufrechterhaltung einer konstanten Körpertemperatur (bei Kälte oder Hitze)
– Ausmaß von Verdauungstätigkeiten (nach einer Mahlzeit größer)
– geistiger Tätigkeiten (geringfügiger Einfluss)

Ihre Tätigkeit als Berufskraftfahrer – unabhängig davon, ob Sie im Güterverkehr oder im Personenverkehr eingesetzt sind – zählt nicht zu den Tätigkeiten mit einem hohen Energieverbrauch wie zum Beispiel bei einem Stahlwerker, Waldarbeiter oder Fliesenleger. Natürlich gibt es auch Unterschiede bei den Berufskraftfahrern. Ein Busfahrer im modernen Reisebus übt eine leichte Tätigkeit aus, während der Energieverbrauch eines Kraftfahrers im Lieferverkehr, zu dessen Aufgaben auch das Be- und Entladen gehört, eher einer mittelschweren Tätigkeit entspricht.

Zu viel Energie begünstigt Übergewicht
Da Sie als Berufskraftfahrer im Verhältnis zu den oben genannten Arbeitern keinen besonders hohen Energieverbrauch haben, ist die Wahrscheinlichkeit einer Überversorgung an Energie sehr groß. Sie würden schnell mehr Energie aufnehmen, als Sie benötigen. Der Überschuss wird dann als Reserve in Fettzellen gelagert. Übergewicht wird sichtbar! Übergewicht ist eines der Hauptprobleme in Deutschland, das auch viele Berufskraftfahrer betrifft. Ein hohes Körpergewicht belastet die Gelenke und ist ein Risiko u. a. für
– Herz-Kreislauferkrankungen,
– Bluthochdruck,
– Diabetes Typ II,
– Fettstoffwechselstörungen.

Für einen Berufskraftfahrer kann es bedeuten, dass er seinen Beruf nicht so lange ausüben kann wie bei Normalgewicht. Deshalb gilt:
Werden Sie sich Ihrer Essgewohnheiten bewusst!

Überlegen Sie,
– was Sie essen,
– wann Sie essen und
– wie viel Sie essen.

LEICHTE TÄTIGKEIT	MITTELSCHWERE TÄTIGKEIT
Büroangestellte	Schlosser
Hausfrau	Maler
Lehrer	Gärtner
Schneider	Verkäufer
Berufskraftfahrer	Autoschlosser

SCHWERE TÄTIGKEIT	SCHWERSTE TÄTIGKEIT
Maurer	Hochofenarbeiter
Leistungssportler	Arbeiter im Steinkohlebau
Masseur	Hochleistungssportler
Dachdecker	Waldarbeiter
Zimmermann	Stahlarbeiter

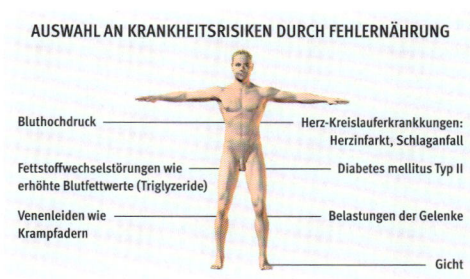

AUSWAHL AN KRANKHEITSRISIKEN DURCH FEHLERNÄHRUNG

GUTE KÖRPERLICHE UND GEISTIGE VERFASSUNG

4.4 Wichtige Nährstoffe

Nährstoffe
Die Nährstoffe werden über die Nahrung aufgenommen. Die Zusammensetzung der Nahrung ist dabei für die Menge der Energie und Nährstoffe entscheidend. Die wichtigsten Nährstoffe sind:
- Flüssigkeit
- Kohlenhydrate
- Ballaststoffe
- Fette
- Proteine
- Vitamine
- Mineralstoffe

Flüssigkeit
Der Mensch kann eine gewisse Zeit ohne Nahrung auskommen, aber ohne eine ausreichende Flüssigkeitszufuhr kommt es bereits nach wenigen Tagen zu gesundheitlichen Schäden. Erste Anzeichen für einen Flüssigkeitsmangel sind Müdigkeit, Konzentrationsschwäche, Kopfschmerzen sowie eine verminderte Leistungsfähigkeit.

Wasser ist also ein wichtiger Nährstoff. Bis zu 2,5 l Flüssigkeit innerhalb von 24 Stunden sind erforderlich, um eine einwandfreie Funktion der Körperorgane zu gewährleisten. Das Wasser, das wir über Haut, Lunge, Urin und Stuhl ständig abgeben, muss ersetzt werden. Trinken hat eine zentrale Bedeutung für Ihre körperliche und geistige Leistungsfähigkeit. Warten Sie daher nicht, bis Sie Durst haben, sondern trinken Sie zu jeder Mahlzeit und zwischendurch. Gerade bei Stress verspüren Sie meist keinen Durst, deshalb ist es wichtig, dass Sie feste Trinkgewohnheiten haben.
Entscheidend ist aber auch, was Sie trinken. Zuckerreiche Getränke wie Cola, Limonade oder Eistee liefern viel Energie und führen zu Übergewicht. Besser sind zuckerarme Durstlöscher wie Wasser, Fruchtsaftschorle oder Früchtetees. Softdrinks leisten einen nicht zu unterschätzenden Beitrag für Übergewicht!

Kohlenhydrate
Kohlenhydrate sind vor allem in Getreideprodukten, Obst, Gemüse und Kartoffeln enthalten. Besonders Getreideprodukte aus Vollkorn geben ihre Energie langsam ab und sorgen für einen gleichmäßigen Blutzuckerspiegel. So können Sie sich gut konzentrieren und sind leistungsfähig. Gleichzeitig sind Getreideprodukte meist ballaststoffreich und machen lange satt. Ungünstige Quellen für Kohlenhydrate sind Süßwaren und Limonaden. Aus einem Gramm Kohlenhydrate werden ca. vier Kilokalorien gewonnen.

UNGESUND	ALTERNATIVE
Limo, Cola und Eistee	Wasser, Saftschorle und Früchtetee

» **INFO**

Energiegehalt (Kalorien) ausgewählter Getränke (je 200 ml)
- Wasser — 0
- Früchtetee — 0
- Saftschorle — 46
- Fruchtsaft (100 % Fruchtgehalt) — 92
- Fruchtsaftgetränk (20 % Fruchtgehalt) — 98
- Cola, Limonade, Eistee — 95
- Bier — 94
- Wein — 140

» **INFO**

Energiegehalt einzelner Hauptnährstoffe
- 1 g Kohlenhydrate — 4,1 kcal
- 1 g Proteine — 4,1 kcal
- 1 g Fett — 9 kcal
- 1 g Alkohol — 7 kcal

GUTE KÖRPERLICHE UND GEISTIGE VERFASSUNG

Ballaststoffe

Ballaststoffe sind unverdauliche Bestandteile in pflanzlicher Nahrung. Sie besitzen keinen Nährwert, erfüllen jedoch wichtige Funktionen im Verdauungstrakt, sättigen lange, senken den Cholesterinspiegel und helfen bei der Vorbeugung bestimmter Krankheiten wie Darmkrebs. Sie sind vor allem in Obst und Gemüse und in Vollkornprodukten enthalten. Empfohlen wird eine tägliche Ballaststoffzufuhr von ca. 30 Gramm. Damit die Ballaststoffe gut quellen und so ihre Funktion erfüllen können, ist es unbedingt notwendig, viel zu trinken.

Fette

Fette sind die langfristigen Energiespeicher des Körpers und enthalten die meisten Kalorien. Ein Gramm Fett erzeugt ca. neun Kilokalorien. Gehen Sie deshalb sparsam mit der Verwendung von Fett um und bevorzugen Sie fettarme Lebensmittel. Versteckt kommt Fett besonders in verarbeiteten Lebensmitteln vor, wie in vielen Wurst- und Käsesorten, Soßen, frittierten Speisen, Kuchen oder Fertiggerichten wie Pizza.

Pflanzliche Fette sind den tierischen vorzuziehen. Sie enthalten positive ungesättigte Fettsäuren. Ein gutes Pflanzenöl ist z. B. das Rapsöl, das Sie für Salate ebenso wie zum Braten verwenden können. Ernährungsrichtlinien empfehlen einen Fettanteil in der Nahrung von nicht mehr als 30 %.

» INFO

Ballaststoffe in Lebensmitteln

– Vollkornbrot (1 Scheibe)	4 g
– Haferflocken (1 Esslöffel)	1 – 1,5 g
– Feige (1 Stück)	3 g
– Apfel (1 Stück)	3 g
– Kartoffeln (1 Stück)	2 g
– Brokkoli (1 Portion)	5 – 6 g
– Erbsen (1 Portion)	8 g
– Weizenkeime (1 Esslöffel)	5 – 6 g
– Leinsamen (1 Esslöffel)	4 – 5 g

ANSTATT	FETT (IN G)	ALTERNATIVE	FETT (IN G)
1 Bratwurst, 150 g	42	1 Putenbrust, 150 g	1,5
1 Scheibe Fleischwurst	30	1 Scheibe roher Schinken	1,7
1 Portion Pommes frites oder 1 Portion Bratkartoffeln, je 200 g	13,5 oder 14	1 Portion Pellkartoffeln oder 1 Portion Kartoffelpüree	0 oder 0,5*
1 Stück Käsesahnetorte, 100 g	14	1 Stück Obstkuchen aus Hefeteig	6,5
1 Becher Joghurt, 3,5 % Fett	5	1 Becher Joghurt, 1,5 % Fett	2
1 Portion Kartoffelchips, 50 g	20	1 Portion Salzstangen, 50 g	0,3

Fettreiche Lebensmittel und ihre Alternativen

UNGESUND		ALTERNATIVE	
© ExQuisine/Fotolia	Pommes frites, Reibekuchen, Bratkartoffeln, Kroketten	© VRD/Fotolia	Salz- oder Pellkartoffeln, Blechkartoffeln mit wenig Fett

GUTE KÖRPERLICHE UND GEISTIGE VERFASSUNG

Proteine

Proteine sind Eiweiße, die in der Nahrung vorhanden sind, und in erster Linie zum Aufbau und Erhalt von Zellen dienen. Sie sind in tierischen und pflanzlichen Produkten enthalten.
Hochwertige Proteinquellen sind fettarme Milch- und Milchprodukte, Fleisch- und Fleischwaren, Fisch sowie Eier. In pflanzlichen Produkten sind sie in Getreideprodukten, Kartoffeln und Hülsenfrüchten zu finden.

Etwa 10 bis 15 Prozent des täglichen Energiebedarfs sollten Sie als Proteine zu sich nehmen.

Hochwertige pflanzliche Proteinquellen sind z. B.
- Kartoffeln und Ei (z. B. Senfeier mit Kartoffeln)
- Kartoffeln und Milchprodukte (z. B. Pellkartoffeln mit Kräuterquark)
- Getreide und Hülsenfrüchte (z. B. Bohneneintopf mit Brot)
- Getreide und Milchprodukte (z. B. Vollkornbrot mit Käse)

> **» INFO**
>
> **Lebensmittel mit viel Proteinen**
> - 1 Glas Vollmilch — 7 g
> - 1 Becher Joghurt — 5 g
> - 1 Scheibe Käse — 7 – 8 g
> - 1 Portion Kartoffeln — 4 – 5 g
> - 1 Portion Bohnen — 3 – 4 g
> - 1 Portion Seefisch (Lachs) — 25 g

Vitamine

Vitamine sind für uns lebensnotwendig, weil unser Körper sie nicht selber herstellen kann. Sie werden für den Stoffwechsel im Energiehaushalt, Zellaufbau und -schutz sowie für das Nervensystem benötigt. Viele Vitamine sind empfindlich gegen Wärme. Am günstigsten ist es, sie als Rohkost (Obst, Gemüse) zu sich zu nehmen.
Dabei sind saisonale und regionale Produkte besonders wertvoll. Eine gute Alternative im Winter können auch Tiefkühlprodukte sein.

> **» INFO**
>
> Vitaminreiche Lebensmittel sind z. B. Spinat, Brokkoli, Blattsalate, Tomate, Gurken, verschiedene Kohlsorten, Orangen, Kartoffeln, Vollkornprodukte, Weizenkeime, Sojabohnen, Fleisch, Milchprodukte

Mineralstoffe

Zu den Mineralstoffen, die der Körper für einen reibungslosen Stoffwechsel braucht, gehören u. a. Eisen, Calcium, Magnesium, Jod und weitere so genannte Spurenelemente.
Sie sind in verschiedenen Lebensmitteln wie Fleisch, Fisch, Gemüse, Obst, Hülsenfrüchte und in Milchprodukten enthalten.

> **» INFO**
>
> **Gute Quellen für kritische* Mineralstoffe & Spurenelemente**
> - **Eisen** (zusammen mit Vitamin C-Quelle bessere Aufnahme): Fleisch, Innereien, Vollkornprodukte, Hülsenfrüchte und bestimmte Gemüsesorten wie Spinat
> - **Calcium**: Milch und Milchprodukte, calciumreiches Mineralwasser, Gemüse und Samen, calciumangereicherte Sojaprodukte oder Orangensaft
> - **Jod**: Seefisch, Milchprodukte, Ei, Jodsalz
>
> *Mineralstoffe, die häufig zu wenig aufgenommen werden

GUTE KÖRPERLICHE UND GEISTIGE VERFASSUNG

Ernährungspyramide

Aus der Ernährungspyramide können Sie entnehmen, wie Sie eine ausgewogene Ernährung gestalten können. Sie stellt eine verlässliche Grundorientierung für die Lebensmittelauswahl dar. Die Basis bildet der Baustein Getränke mit einer empfohlenen Menge von sechs Gläsern pro Tag (davon ein Saft), gefolgt von Obst bzw. Gemüse mit fünf und Getreide mit vier Portionen.

Tierische Lebensmittel wie Milch und Milchprodukte haben einen wichtigen Platz in der Pyramide. Sie sollten sie aber nicht mehr als dreimal am Tag essen. Die anderen tierischen Lebensmittel werden pro Woche betrachtet:
– 2 – 3 Portionen Fleisch und Wurst
– 1 – 3 Eier und
– 1 – 2 Portionen Fisch

Die Spitze der Pyramide bilden die Streichfette und Öle mit zwei Portionen und Süßigkeiten, Kuchen o. ä. mit einer Portion pro Tag.

Ernährungspyramide gemäß der Bundeszentrale für Ernährung (BZfE)

Anhand der Ampelfarben erkennen Sie leicht, welche Lebensmittel für Ihre ausgewogene Ernährung günstig sind:
– **Sparsam**
  Fette und fettreiche Lebensmittel zum Genießen und Verfeinern.
– *Mäßig*
  Tierische (fettarme) Produkte zum maßvollen Genuss
– **Reichlich**
  Pflanzliche Lebensmittel u. Getränke zum Sattessen u. Durstlöschen.

GUTE KÖRPERLICHE UND GEISTIGE VERFASSUNG

4.5 Zehn Regeln der Deutschen Gesellschaft für Ernährung (DGE)

Die Deutsche Gesellschaft für Ernährung hat die folgenden zehn Regeln für eine vollwertige Ernährung aufgestellt, die Sie ohne Mühe in Ihr Essverhalten einbauen können.

1. **Vielseitig essen**
   Genießen Sie die Lebensmittelvielfalt. Merkmale einer ausgewogenen Ernährung sind abwechslungsreiche Auswahl, geeignete Kombination und angemessene Menge nährstoffreicher und energiearmer Lebensmittel.

2. **Reichlich Getreideprodukte und Kartoffeln**
   Brot, Nudeln, Reis, Getreideflocken, am besten aus Vollkorn, sowie Kartoffeln enthalten kaum Fett, aber reichlich Vitamine, Mineralstoffe, Spurenelemente sowie Ballaststoffe und sekundäre Pflanzenstoffe. Verzehren Sie diese Lebensmittel möglichst frisch und mit fettarmen Zutaten zubereitet.

3. **Gemüse und Obst - Nimm „5 am Tag"**
   Genießen Sie 5 Portionen Gemüse und Obst am Tag, möglichst frisch, nur kurz gegart, – idealerweise zu jeder Hauptmahlzeit und auch als Zwischenmahlzeit: Damit werden Sie reichlich mit Vitaminen, Mineralstoffen sowie Ballaststoffen und sekundären Pflanzenstoffen (z. B. Carotinoiden, Flavonoiden) versorgt.
   Eine Portion Obst können Sie auch in Form von frisch gepresstem Saft genießen. Das ist das Beste, was Sie für Ihre Gesundheit tun können.

GUTE KÖRPERLICHE UND GEISTIGE VERFASSUNG

4. **Täglich Milch und Milchprodukte; ein- bis zweimal in der Woche Fisch; Fleisch, Wurstwaren sowie Eier in Maßen**
Diese Lebensmittel enthalten wertvolle Nährstoffe wie z. B. Calcium in Milch, Jod in Seefisch. Fleisch ist wegen des hohen Eisenanteils und wegen der Vitamine B1, B6 und B12 vorteilhaft.
Mengen von 300 – 600 g Fleisch und Wurst pro Woche reichen aus. Bevorzugen Sie fettarme Produkte, vor allem bei Fleischerzeugnissen (z. B. Bratenaufschnitt, Kasseler roh oder gekochter Schinken) und Milchprodukten (z. B. fettarmer Joghurt, Buttermilch oder Magerquark).

5. **Wenig Fett und fettreiche Lebensmittel**
Fett liefert lebensnotwendige Fettsäuren und fetthaltige Lebensmittel enthalten auch fettlösliche Vitamine. Fett ist aber auch besonders energiereich, daher kann zu viel Nahrungsfett Übergewicht fördern. Zu viele gesättigte Fettsäuren fördern langfristig die Entstehung von Herz-Kreislauf-Krankheiten. Bevorzugen Sie pflanzliche Öle und Fette (z. B. Raps- und Olivenöl und daraus hergestellte Streichfette). Achten Sie auf unsichtbares Fett, das meist in Fleischerzeugnissen, Milchprodukten, Gebäck und Süßwaren sowie in Fast-Food- und Fertigprodukten enthalten ist. Insgesamt 70 – 90 g Fett pro Tag reichen aus. Meist liegt der tatsächliche Verbrauch bei 110 – 180 g. Nehmen Sie pro Tag nicht mehr als 1,5 – 2 EL Butter oder Margarine und 1,5 – 5 EL Pflanzenöl zu sich.

© karepa/Fotolia

GUTE KÖRPERLICHE UND GEISTIGE VERFASSUNG

6. **Zucker und Salz in Maßen**
   Verzehren Sie Zucker und Lebensmittel bzw. Getränke, die mit verschiedenen Zuckerarten (z. B. Glucosesirup) hergestellt wurden, nur gelegentlich. Würzen Sie kreativ mit Kräutern und Gewürzen und wenig Salz. Bevorzugen Sie jodiertes Speisesalz.

© Nataliia Pyzhova /Fotolia

7. **Reichlich Flüssigkeit**
   Wasser ist absolut lebensnotwendig. Trinken Sie rund 1,5 l Flüssigkeit jeden Tag. Bevorzugen Sie Wasser und andere kalorienarme Getränke. Alkoholische Getränke sollten nur gelegentlich und nur in kleinen Mengen konsumiert werden.

© sebra/Fotolia

8. **Schmackhaft und schonend zubereiten**
   Garen Sie die jeweiligen Speisen bei möglichst niedrigen Temperaturen, soweit es geht kurz, mit wenig Wasser und wenig Fett – das erhält den natürlichen Geschmack, schont die Nährstoffe und verhindert die Bildung schädlicher Verbindungen.

» PRAXISTIPP

- Beim Garen können Nährstoffe verloren gehen, daher schonend garen (dünsten) oder als Rohkost essen.
- Möglichst frisch verwerten (wenig Lagerung)
- Saisonale Sorten bevorzugen,
  Alternative: Tiefkühlprodukte (ohne Zusätze)
- Erst gründlich waschen, dann schälen und schneiden
- Obst und Gemüse als Zwischenmahlzeit einplanen

GUTE KÖRPERLICHE UND GEISTIGE VERFASSUNG

9. **Nehmen Sie sich Zeit, genießen Sie Ihr Essen**
   Bewusstes Essen hilft, richtig zu essen. Auch das Auge isst mit. Lassen Sie sich Zeit beim Essen. Das macht Spaß, regt an vielseitig zuzugreifen und fördert das Sättigungsempfinden.

10. **Achten Sie auf Ihr Gewicht und bleiben Sie in Bewegung**
    Ausgewogene Ernährung, viel körperliche Bewegung und Sport (30 bis 40 Minuten pro Tag) gehören zusammen. Mit dem richtigen Körpergewicht fühlen Sie sich wohl und fördern Ihre Gesundheit.

Essen Sie also wenig Fette wie Margarine, Butter, Öl und Süßigkeiten, maßvoll Proteine wie Fleisch, Eier, Milch und Milchprodukte wie Käse, Joghurt und ausreichend Fisch, viele Kohlenhydrate wie Vollkornerzeugnisse (Brot, Reis, Nudeln) und trinken Sie viele gesunde Getränke!

4.6 Zusammenfassung

Versuchen Sie morgens vor der Arbeit zu frühstücken oder planen Sie eine Frühstückspause ein. Es ist immer gut, für die erste Zwischenmahlzeit schon zu Hause vorzusorgen. Dadurch sind Sie nicht auf das Imbissangebot angewiesen und können dann etwas zu sich nehmen, wenn der Magen Ihnen das Signal dazu gibt. Prüfen Sie, ob der „Kraftfahrerteller" auch wirklich als Hauptmahlzeit für Sie geeignet ist. Es ist immer besser, sich selbst das „Menü" zusammenzustellen, was in den meisten Raststätten durchaus möglich ist. Wählen Sie anstelle von paniertem besser unpaniert gebratenes Fleisch. An Bratwurst, Currywurst, Mayonnaise, Pommes frites, Salami, Vollfettkäse und Sahnesoßen gehen Sie lieber vorbei. Nehmen Sie dafür Nudeln, Kartoffeln, Reis, Gemüse und Salate oder Brötchen mit magerem Belag, z. B. Schinken. Als Getränke sind Limonaden nicht geeignet. Wasser oder Obstsäfte eignen sich besser, um den Durst zu löschen. Auch Früchte- und Kräutertee in verschiedenen Varianten ist zu empfehlen. Beim Abendessen können Sie gezielt bei den Lebensmittelgruppen zugreifen, die während des Tages zu kurz gekommen sind.

GUTE KÖRPERLICHE UND GEISTIGE VERFASSUNG

 » **Arbeitsblatt 4**
   Ernährung

1 Beschriften Sie die Ernährungspyramide.

1 _____
2 _____
3 _____
4 _____
5 _____
6 _____

2 Ordnen Sie die Lebensmittel den empfohlenen Portionsgrößen zu (Mehrfachnennungen möglich):
Portionsgrößen: 2 Hände, 1 Glas, handvoll, Handteller, ganze Hand

BROT   FLEISCH   GETRÄNKE   SALAT   NUDELN   OBST

GUTE KÖRPERLICHE UND GEISTIGE VERFASSUNG

» **Arbeitsblatt 5**
   Ernährung

BEISPIEL:
- **Frühstück:** 2 Scheiben Brot mit Käse und Wurst, 1 Becher Kaffee
- **Mittagessen:** 2 Teller Spaghetti mit Champignonsoße, Eis, 1 Glas Sprite
- **Nachmittags:** 1 Apfel, 1 Joghurt, 1 Glas Saftschorle
- **Abendessen:** 4 Scheiben Brot mit Wurst und Käse, 1 Glas Mineralwasser

Antwort:
Weniger tierische Lebensmittel (Fleisch/Wurst) und Getreide
(Kohlenhydrate), dafür mehr Obst/Gemüse und Getränke.

3 Überlegen Sie, was Sie gestern gegessen haben & tragen Sie es in der Pyramide ein. Streichen Sie gemeinsam mit einem Partner die Portionskästen der jeweiligen Ernährungspyramide ab, malen Sie ggf. Kästen dazu und entscheiden Sie zusammen, wie Sie den Tagesplan verbessern können.

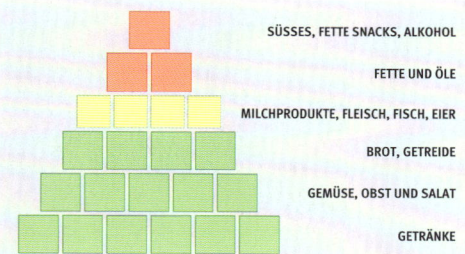

4 Wie beurteilen Sie folgende Tagespläne? Sind sie ausgewogen, die Portionen ausreichend/zu viel, genügend Zwischenmahlzeiten und Getränke enthalten? Streichen Sie gemeinsam mit einem Partner die Portionskästen der jeweiligen Ernährungspyramide ab, malen Sie ggf. Kästen dazu und entscheiden Sie zusammen, wie Sie den Tagesplan verbessern können.

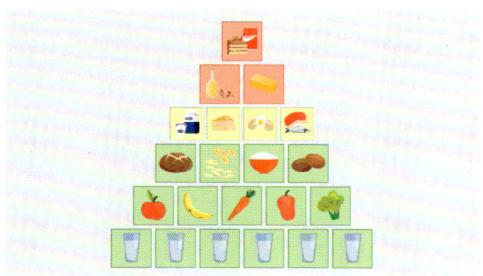

- **Frühstück:** 2 Tassen Kaffee
- **Mittagessen:** 1 großes Schnitzel, 2 Portionen Pommes, 1 kleine Portion Erbsen, 2 Cola
- **Abendessen:** 4 Scheiben Brot mit Salami, Leberwurst
- **Abends:** Bier, 1 Joghurt

- **Frühstück:** 1 Scheibe Brot mit Käse, 1 Becher Kaffee, 1 Glas Fruchtsaft
- **Vormittags:** Obst, Snickers, 1 Glas Mineralwasser
- **Mittagessen:** 1 Portion Kartoffelauflauf mit Salat, 1 Glas Saftschorle
- **Abendessen:** 2 Strammer Max mit 1 Glas Mineralwasser
- **Abends:** 1 Joghurt, Nüsse

GUTE KÖRPERLICHE UND GEISTIGE VERFASSUNG

» **Arbeitsblatt 6**
Ernährung – Typische Menüauswahl in Rasthöfen

Speisekarte

Warme Speisen

HAUSGEMACHTE GULASCHSUPPE mit Brot	3,30
LEBERKNÖDELSUPPE	3,70
CREMIGE KARTOFFELSUPPE mit Wursteinlage	4,20
PIZZA MARGHERITA	6,20
PIZZA SALAMI	6,50
SPAGHETTI mit Tomatensoße	5,60
SPAGHETTI BOLOGNESE	6,30
SCHNITZEL NATUR mit Gemüse und Kartoffeln	8,40
SCHNITZEL PANIERT mit Jägersoße und Pommes frites	8,80
BRUMMITELLER	8,80
FLEISCH AN PIKANTER SOSSE Gemüse, Bratkartoffeln	8,80
FERNFAHRERPFANNE Schweinelendchen auf Bratkartoffeln, Rahmchampignons mit Speck	8,80
FUHRMANNSPLATTE Fleisch, Wurst, Bauchspeck, Grilltomate, Pommes frites	8,80
HÄHNCHENSCHNITZEL auf Tomatenspaghetti	8,80
TOAST HAWAII	8,50
FISCHFILET mit Kartoffelsalat	8,80
BOCKWURST mit Senf	8,50
SCHNITZEL	8,80

Beilagen

POMMES FRITES	2,10
REIS, NUDELN	2,10
KARTOFFELPÜREE	2,10
KARTOFFELSALAT	2,20
FRISCHES MARKTGEMÜSE	3,10
SALAT	2,90

Getränke

Softdrinks

COCA COLA, COCA COLA LIGHT, FANTA, SPRITE	0,33 l	2,20
SPEZI	0,20 l	1,80
MINERALWASSER	0,20 l	1,40
APFELSCHORLE	0,20 l	1,80
BITTER LEMON	0,20 l	2,00
GINGER ALE	0,20 l	2,00
FRUCHTSAFT (APFEL, ORANGE, TRAUBE)	0,20 l	2,00

Heisse Getränke

KAFFEE	TASSE	1,80
CAPPUCCINO		2,00
ESPRESSO		1,80
TEE	GLAS	1,80
KAKAO MIT SAHNE	TASSE	2,10
GLÜHWEIN	0,20 l	2,10

Bier

GILDE PILSENER	0,33 l	2,10
KÖLSCH	0,20 l	1,60
WEIZENBIER	0,50 l	3,50
RADLER	0,30 l	2,10
ALKOHOLFREIES BIER	0,33 l	2,10

Spirituosen

KORN	2 cl	1,52
OBSTLER	2 cl	1,50
KÜMMERLING	2 cl	2,00
JÄGERMEISTER	2 cl	2,00

---

1 Wie würden Sie wählen

...wie Sie es normalerweise machen würden?

_____

...wenn es ausgewogen sein soll?

_____

2 Was könnte Ihnen eine gesunde Auswahl erschweren? Wie können Sie trotzdem eine ausgewogene Zusammenstellung wählen?

_____
_____
_____
_____

5. Auswirkungen von Alkohol, Medikamenten, Drogen und anderen Stoffen

Berauschende Mittel, welcher Art auch immer, gelangen über das Blut zum Gehirn, beeinflussen die Informationsübertragungen zwischen den Nervenzellen und stören dadurch Funktionen unseres Nervensystems im Gehirn.

Die Wurzeln (oder Ursachen) des Verlangens nach Mitteln, die einen schwierigen Gefühlszustand eines Menschen zum vermeintlichen besseren führen, können vielseitig sein.

In der Hauptsache liegen sie
- in demotivierenden Arbeitsbedingungen (Überforderung, Unterforderung, Überstunden, wenig Anerkennung, geringe Gratifikationen),
- im sozialen Umfeld, das geprägt ist von Ereignissen, mit denen Eltern, Geschwister und nahe Verwandte überfordert wurden,
- in der Persönlichkeit des Einzelnen, wenn ihm nicht gelehrt wurde, wie man aus schwierigen Situationen wieder zurückfindet zur Normalität im Leben.

5.1 Illegale Drogen

Die Einnahme von Drogen und die gleichzeitige Teilnahme am Straßenverkehr schließen einander aus. Illegale Drogen beeinträchtigen auch in kleinsten Mengen die Fahrtüchtigkeit.

- **Aufputschmittel**
  Kokain, Amphetamine, Ecstasy, Crack, Designerdrogen
- **Halluzinogene**
  Cannabis, Marihuana, Haschisch, LSD, Designerdrogen
- **Opiate**
  Opium, Heroin, Designerdrogen

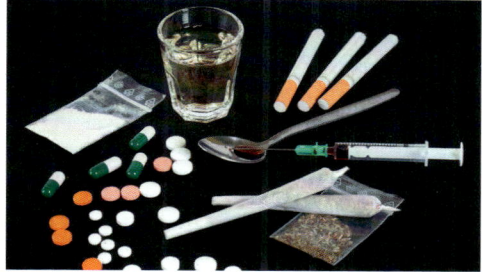

© eyetronic/Fotolia

5.2 Legale Drogen

Zu den Drogen zählen nicht nur die illegalen, sondern auch jene, die in die Gesellschaft integriert sind und deren Gebrauch nicht strafbar ist. Wenn sie aber missbräuchlich genutzt werden, können sie abhängig machen. Dazu gehören:
- Nikotin
- Arzneimittel/Medikamente
- Alkohol
- Koffein

© Photographee.eu/Fotolia

AUSWIRKUNGEN VON ALKOHOL, MEDIKAMENTEN, DROGEN UND ANDEREN STOFFEN

5.2.1 Nikotin

Nikotin ist der chemisch aktive Hauptbestandteil des Tabaks.

Wirkungen
Nikotin wirkt in kleinen Dosen auf das zentrale Nervensystem anregend und lähmt in größerer Menge das vegetative Nervensystem.

Risiken
- Schwächegefühl
- Herzklopfen
- Übelkeit
- Schweißausbrüche

Langzeitfolgen
- Schädigungen des Herzkreislaufsystems
- Schädigung der Atmungsorgane, Lungenkrebs und andere Krebsarten
- Verminderte körperliche Leistungsfähigkeit
- Verminderte geistige Leistungsfähigkeit

5.2.2 Medikamente

Arzneimittel oder Medikamente dienen zur Vorbeugung und Behandlung von Krankheiten. Medikamente, die über das zentrale Nervensystem die seelische und körperliche Verfassung des Menschen beeinflussen, beeinträchtigen auch die Fahrtüchtigkeit. Sie stellen außerdem eine hohe Missbrauchs- und Suchtgefahr dar. Dazu gehören nicht nur rezeptpflichtige, sondern auch rezeptfreie Medikamente.

Die Einnahme von Beruhigungs- und Schlafmitteln führt häufig zu verminderter Leistungsfähigkeit.
Dauerhafter missbräuchlicher Konsum von Schmerzmitteln kann zu individuellen psychischen Veränderungen führen, z. B.:
- Wahnideen,
- verminderter Denkfähigkeit,
- mangelndem Selbstvertrauen,
- akut auftretenden Psychosen.

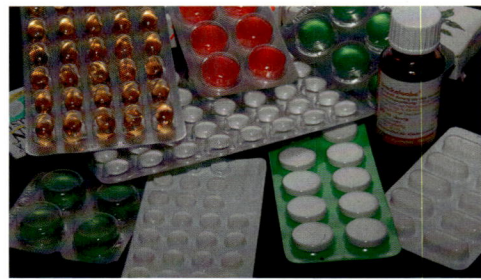

AUSWIRKUNGEN VON ALKOHOL, MEDIKAMENTEN, DROGEN UND ANDEREN STOFFEN

5.2.3 Alkohol

Unbedenkliche Mengen

Maximal 10 g Alkohol täglich bei Frauen und 20 g bei Männern gelten als gesundheitlich verträglich. Trinken Frauen mehr als 20 g und Männer mehr als 40 g regelmäßig pro Tag, steigt das Risiko einer alkoholischen Schädigung der Leber, aber auch anderer Organe wie Bauchspeicheldrüse, Herz und Gehirn deutlich an.

Bei Missbrauch sind die Risiken:
- erhöhte Unfallgefahr
- Vergiftungen
- Atemstillstand
- Gewaltbereitschaft durch niedrige Hemmschwelle

Langzeitfolgen

Bei regelmäßigem und langfristigem Missbrauch drohen massive Gesundheitsschäden vor allem an Gehirn und Leber.

Beeinträchtigung des Fahrverhaltens

Aus den vorherigen Kapiteln kennen Sie die Einflüsse von verschiedenen Mitteln auf das Gehirn und auf den Körper. Das Führen eines Fahrzeuges erfordert komplexe Handlungen. Aus wahrgenommenen Informationen müssen die für das Verhalten im Straßenverkehr und für die richtige Bedienung des Fahrzeuges notwendigen Reaktionen entstehen.

Über 90 % der Informationen nehmen Sie mit den Augen wahr.

Unter dem Einfluss von berauschenden Mitteln ist die Funktionstüchtigkeit des Auges stark beeinträchtigt. Die Augenmuskulatur ist erschlafft, die Pupillen weiten und verengen sich nur langsam. Das heißt, dass bereits die Aufnahme von Informationen, die an das Gehirn weitergeleitet und dort verarbeitet werden müssen, entscheidend gestört wird.

Daraus ergeben sich Fehlsteuerungen des Sehvermögens wie:
- „Tunnelblick"
- Doppelsehen
- Rotlichtschwäche
- Gesichts- und Blickfeldeinschränkung
- verstärkte Blendung
- eingeschränkte Nachtsichtfähigkeit
- verzögerter Nachführmechanismus
- Verlust der räumlichen Wahrnehmung

» **INFO**

Alkoholgehalt in Gramm bei „gängigen" Getränken

− Bier (0,5 l) mit 5 Vol. %	20 g
− Bier (0,3 l) mit 5 Vol. %	12 g
− Wein (0,2 l) mit 11,5 Vol. %	18,4 g
− Sekt (0,5 l) mit 9,6 Vol. %	15,4 g
− Doppelkorn (0,02 l) mit 38 Vol. %	6,08 g
− Doppelter Whisky (0,04 l) mit 40 Vol. %	12,8 g

» **INFO**

Verkehrsteilnahme trotz alkoholbedingter Verkehrsuntüchtigkeit ist sehr gefährlich. Mindestens 30 % aller tödlichen Verkehrsunfälle sind Alkoholunfälle.

AUSWIRKUNGEN VON ALKOHOL, MEDIKAMENTEN, DROGEN UND ANDEREN STOFFEN

Im Folgenden erhalten Sie einen Überblick darüber, wie sich die Störungen im Gehirn auf für den Straßenverkehr relevante Verhaltensweisen auswirken können:

– **0,3 Promille**
Das Wahrnehmungsvermögen für bewegte Lichtquellen verschlechtert sich. Sie können nachts die Entfernungen entgegenkommender Fahrzeuge nicht mehr ausreichend sicher abschätzen. Die Raumtiefenschätzung wird beeinträchtigt. Sie beurteilen Entfernungen nicht mehr richtig.

– **0,5 Promille**
Bei diesem Wert ist die Gefährlichkeit des alkoholisierten Kraftfahrers gegenüber dem Nüchternen bereits auf das Doppelte angestiegen. Anvisierte Objekte liegen für Sie weiter entfernt als in Wirklichkeit. Dadurch sehen Sie den Beginn einer Kurve weiter entfernt, als er tatsächlich ist. Die Empfindlichkeit der Augen für rotes Licht lässt nach, die Rotschwäche tritt ein. Die Umstellung von einem optischen Reiz zum anderen geht langsamer vor sich. Es fällt Ihnen schwerer, sich den unterschiedlichen Lichtverhältnissen anzupassen. Die Reaktionsfähigkeit und die Aufmerksamkeit lassen bereits erheblich nach, der Anhalteweg wird länger. Gleichgewichtsstörungen treten ein.

– **0,8 Promille**
Verminderung der Sehleistung um ca. 20 – 25 %, besonders das räumliche Sehvermögen ist eingeschränkt, die Blickfeldverengung beginnt. Die Konzentrationsfähigkeit lässt deutlich nach und die Reaktionszeit verlängert sich um bis zu 50 %.

Alkoholabbau und Restalkohol
Der aufgenommene Alkohol wird im Körper wieder abgebaut. Diese Aufgabe übernimmt zu 95 – 98 % die Leber. 2 – 5 % des Alkohols werden über Atemluft, Schweiß und Urin ausgeschieden. Durch Kaffee, Cola, Tee oder andere Hausmittel sowie durch pharmazeutische Präparate wird der Alkoholabbau nicht beeinflusst.

Im Durchschnitt verbrennt die gesunde Leber ca. 0,15 ‰ je Stunde. Das bedeutet, dass nur die Zeit der wesentliche Faktor ist, der wieder nüchtern macht.
Da der Abbau des Alkohols im Körper wesentlich langsamer vor sich geht als die Alkoholaufnahme im Blut, haben zwar nach einer bestimmten Zeit die Ausfallserscheinungen abgenommen, die Leistungsfähigkeit jedoch reicht nicht aus, um sicher am Straßenverkehr teilnehmen zu können.
Schuld daran ist der Restalkohol, der durch Schlafen nicht beseitigt wird. Wenn Sie sich mit 1,0 ‰ schlafen legen, benötigen Sie ca. 7 Stunden (7 x 0,15 ‰ = 1,05), um wieder nüchtern zu sein.
Warten Sie also, bis Ihr Körper die Entgiftung abgeschlossen hat.

» **INFO**

Die Einnahme von bestimmten Medikamenten entspricht einem durchschnittlichen BAK-Wert von 0,3 – 0,4 ‰. Mit einem Glas Bier kann man also schon die 0,4 ‰ Grenze erreichen.

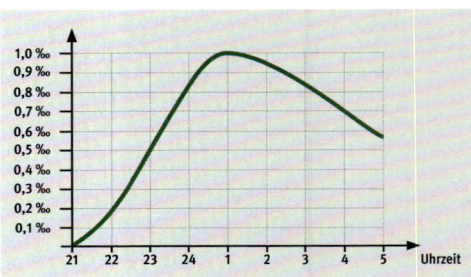

Resorptionsphase

21 Uhr	Trinkbeginn
24 Uhr	Trinkende
1 Uhr	Ende der Alkoholaufnahme im Blut
5 Uhr	Fahrt zur Arbeit mit Kfz nicht zu empfehlen (0,55 Restalkohol)
7 Uhr	Nüchternheit eingetreten

5.2.4 Koffein

Kaffee hat sich als Getränk zum Frühstück, am Nachmittag oder nach Mahlzeiten fest etabliert und ist als Genussmittel kaum wegzudenken. Koffein ist in Kaffee, Tee und einigen Kaltgetränken enthalten.

Wirkungen
Koffein
- regt das Atem- und Kreislaufzentrum an,
- verbessert die Durchblutung im Gehirn,
- steigert die Aufmerksamkeit,
- erhöht die Konzentrationsfähigkeit,
- steigert die Stimmung.

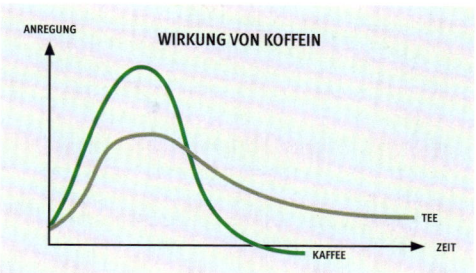

Wirkung von Koffein

Diese positiven Wirkungen sind jedoch nur von kurzer Dauer. Danach fällt die Leistungskurve stark ab, da die Wirkung des Koffeins nachlässt. Auch schwarzer Tee enthält Koffein (Tein). Seine anregende Wirkung tritt jedoch später ein, da es langsamer auf das Gehirn und damit auf das Nervensystem wirkt. Tein ist in seiner Wirkung milder. Meiden Sie die Aufnahme von koffeinhaltigen Getränken ab dem späten Nachmittag. Kaffee oder andere koffeinhaltige Getränke oder Speisen sind nicht geeignet, um der Müdigkeit entgegen zu wirken.

AUSWIRKUNGEN VON ALKOHOL, MEDIKAMENTEN, DROGEN UND ANDEREN STOFFEN

5.3 Rechtliche Grundlagen

§ 316 StGB
Trunkenheit im Verkehr
(1) Wer im Verkehr (§§ 315 bis 315e) ein Fahrzeug führt, obwohl er infolge des Genusses alkoholischer Getränke oder anderer berauschender Mittel nicht in der Lage ist, das Fahrzeug sicher zu führen, wird mit Freiheitsstrafe bis zu einem Jahr oder mit Geldstrafe bestraft, wenn die Tat nicht in § 315a oder § 315c mit Strafe bedroht ist.
(2) Nach Absatz 1 wird auch bestraft, wer die Tat fahrlässig begeht.

§ 315c StGB
Gefährdung des Straßenverkehrs
(1) Wer im Straßenverkehr
  1. ein Fahrzeug führt, obwohl er
     a) infolge des Genusses alkoholischer Getränke oder anderer berauschender Mittel (...) nicht in der Lage ist, das Fahrzeug sicher zu führen (...) und dadurch Leib oder Leben eines anderen Menschen oder fremde Sachen von bedeutendem Wert gefährdet, wird mit Freiheitsstrafe bis zu fünf Jahren oder mit Geldstrafe bestraft.
(2) In den Fällen des Absatz 1 Nr. 1 ist der Versuch strafbar.

§ 323a StGB
Vollrausch
(1) Wer sich vorsätzlich oder fahrlässig durch alkoholische Getränke oder andere berauschende Mittel in einen Rausch versetzt, wird mit Freiheitsstrafe bis zu fünf Jahren oder mit Geldstrafe bestraft, wenn er in diesem Zustand eine rechtswidrige Tat begeht und ihretwegen nicht bestraft werden kann, weil er infolge des Rausches schuldunfähig war oder weil dies nicht auszuschließen ist.

§ 24a StVG
0,5 Promille-Grenze
(1) Ordnungswidrig handelt, wer im Straßenverkehr ein Kraftfahrzeug führt, obwohl er 0,25 mg/l oder mehr Alkohol in der Atemluft oder 0,5 Promille oder mehr Alkohol im Blut oder eine Alkoholmenge im Körper hat, die zu einer solchen Atem- oder Blutalkoholkonzentration führt.
(2) Ordnungswidrig handelt, wer unter der Wirkung eines in der Anlage zu dieser Vorschrift genannten berauschenden Mittels im Straßenverkehr ein Kraftfahrzeug führt. Eine solche Wirkung liegt vor, wenn eine in dieser Anlage genannte Substanz im Blut nachgewiesen wird. Satz 1 gilt nicht, wenn die Substanz aus der bestimmungsgemäßen Einnahme eines für einen konkreten Krankheitsfall verschriebenen Arzneimittels herrührt.

§ 40 FeV Anlage 13 (Auszug)
Punktbewertung nach dem Punktsystem.
Drei Punkte für folgende Straftaten:
– Gefährdung des Straßenverkehrs (§ 315c StGB),
– Trunkenheit im Verkehr (§ 316 StGB),
– Vollrausch (§ 323a StGB).
Zwei Punkte für folgende Ordnungswidrigkeiten:
– Kraftfahrzeug geführt mit einer Atemalkoholkonzentration von 0,25 mg/l oder mehr oder einer Blutalkoholkonzentration von 0,5 Promille oder mehr oder einer Alkoholmenge im Körper, die zu einer solchen Atem- oder Blutalkoholkonzentration geführt hat,
– Kraftfahrzeug geführt unter der Wirkung eines in der Anlage zu § 24a des Straßenverkehrsgesetzes genannten berauschenden Mittels.

» BUCH
Weiter Informationen sind im DEGENER-Teilnehmerband „Recht Stress und Gesundheitsbalance" zu finden.

AUSWIRKUNGEN VON ALKOHOL, MEDIKAMENTEN, DROGEN UND ANDEREN STOFFEN

§ 44 StGB
Fahrverbot
(1) Wird jemand wegen einer Straftat zu einer Freiheitsstrafe oder einer Geldstrafe verurteilt, so kann ihm das Gericht für die Dauer von einem Monat bis zu sechs Monaten verbieten, im Straßenverkehr Kraftfahrzeuge jeder oder einer bestimmten Art zu führen.

§ 29 BtMG
Verkehr mit Betäubungsmitteln
(1) Mit Freiheitsstrafe bis zu fünf Jahren oder mit Geldstrafe wird bestraft, wer
1. Betäubungsmittel unerlaubt anbaut, herstellt, mit ihnen Handel treibt, sie, ohne Handel zu treiben, einführt, ausführt, veräußert, abgibt, sonst in den Verkehr bringt, erwirbt oder sich in sonstiger Weise verschafft,
2. (...)
3. Betäubungsmittel besitzt, ohne zugleich im Besitz einer schriftlichen Erlaubnis für den Erwerb zu sein, (...)

§ 8 (3) BOKraft
Verhalten im Fahrdienst
(3) Im Obusverkehr sowie im Linienverkehr mit Kraftfahrzeugen ist dem im Fahrdienst eingesetzten Betriebspersonal untersagt,
1. während des Dienstes und der Dienstbereitschaft alkoholische Getränke oder andere die dienstliche Tätigkeit beeinträchtigende Mittel zu sich zu nehmen oder die Fahrt anzutreten, obwohl es unter der Wirkung solcher Getränke oder Mittel steht,
(4) Im Gelegenheitsverkehr mit Kraftomnibussen finden die Vorschriften des Absatzes 3 Nr. 1 (...) entsprechende Anwendung.

§ 37 GGVSEB
Ordnungswidrigkeiten
(1) Ordnungswidrig im Sinne des § 10 Absatz 1 Nummer 1 Buchstabe b des Gefahrgutbeförderungsgesetzes handelt, wer vorsätzlich oder fahrlässig (...) 20. entgegen § 28 (...) m) Nummer 13 die Einnahme alkoholischer Getränke nicht unterlässt oder die Fahrt unter der dort genannten Wirkung solcher Getränke antritt, (...)

§ 28 GGVSEB
Pflichten des Fahrzeugführers im Straßenverkehr
Der Fahrzeugführer im Straßenverkehr hat (...)
13. während der Teilnahme am Straßenverkehr mit kennzeichnungspflichtigen Beförderungseinheiten die Einnahme von alkoholischen Getränken zu unterlassen und die Fahrt mit diesen Gütern nicht anzutreten, wenn er unter der Wirkung solcher Getränke mit einer Wirkung bis 0,249 mg/l AAK oder 0,49 Promille BAK steht; (...)

MÜDIGKEIT

6. Müdigkeit

6.1 Ursachen, Symptome und Auswirkungen

Ermüdungserscheinungen, die Ihnen als Berufskraftfahrer begegnen können, sind in erster Linie:
- Augenermüdung,
- Ermüdung durch Eintönigkeit,
- körperliche Ermüdung.

Ursachen
Nicht jeder Berufskraftfahrer hat eine regelmäßige Arbeitszeit zwischen 08.00 und 18.00 Uhr, um anschließend in die ganz normale Erholungsphase übergehen zu können. Nachtfahrten sind im Transportgewerbe und auch im Reiseverkehr mit Omnibussen an der Tagesordnung. Schichtarbeit im öffentlichen Personenverkehr ist Normalität. Auch in den Zeiten mit eingeschränkter Leistungsfähigkeit müssen Sie Ihr Fahrzeug sicher beherrschen.

Die Auffassung vieler Fahrzeugführer, lieber in den Abendstunden oder nachts zu fahren, weil zu dieser Zeit mit weniger Verkehr zu rechnen ist und man gut vorankommt, hat jedoch den Nachteil, dass Ihre biologische Uhr, Ihr Tagesrhythmus, durcheinander kommt. Die Nacht ist für den Körper als Erholungsphase im Gehirn programmiert. Demzufolge ist Müdigkeit die natürliche Reaktion des Körpers.

Dauernachtarbeit führt häufig zu Erkrankungen. Der Körper kann sich an Nachtarbeit nicht vollständig gewöhnen. Die Leistungsfähigkeitskurven fallen von Mensch zu Mensch unterschiedlich aus: Morgentypen sind am leistungsfähigsten in der Zeit von 6:00 bis 16:00 Uhr, Abendtypen von 10:00 bis 20:00 Uhr.

Ursache für die Müdigkeit ist aber nicht nur die Verlagerung der Arbeitszeit in die Nachtstunden. Eine Vielzahl verschiedenster Faktoren, die sich in ihrer Wirkung addieren, fordert letztendlich die Erholungsphase, wenn die Energiereserven erschöpft sind. Dazu zählen:
- Arbeitszeit (Wochenbeginn oder am Ende der Woche, welcher Tagesabschnitt, Schichtarbeit, Lenkzeit ausgenutzt)
- Bedingungen im Verkehr (Verkehrsdichte, Stau, Autobahn, Landstraße, Großstadt, Wetterbedingungen)
- Umgebungsbedingungen (Temperatur, Lärm, Gegenlicht, Fahrgäste, Monotonie, Straßenverhältnisse)
- körperlicher Zustand (Ernährung, Schmerzen, ausgeruht)
- seelischer Zustand (Sorgen in der Familie, Verantwortung, Arbeitsklima im Unternehmen)

» **INFO**

Wenn Sie ständig starkem Lärm ausgesetzt sind, werden Sie ihn mit der Zeit weniger wahrnehmen, weil das Innenohr ermüdet. Langzeitfolgen: Herz-Kreislauf-Erkrankungen bis hin zum Herzinfarkt.

» **INFO**

Wenn Sie länger auf eine rote Fläche starren, ohne die Augen zu bewegen, ermüdet die Netzhaut und Sie erkennen die Farbe nicht mehr als rot, sie erscheint Ihnen grau.

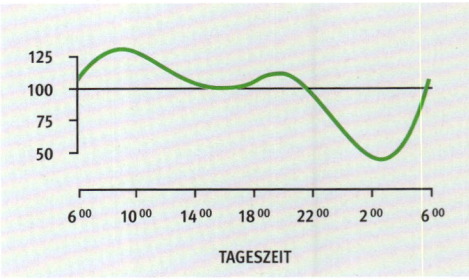

Leistungsfähigkeit (% vom Tagesdurchschnitt)

MÜDIGKEIT

Symptome und Auswirkungen
Jeder Fahrzeugführer, ob im Pkw, Lkw oder KOM, hat Situationen erlebt, in denen er Müdigkeit empfunden hat.

Im Folgenden ist eine Auswahl von Symptomen und Auswirkungen aufgeführt, die Ihnen Müdigkeit signalisieren:
- Gähnen
- brennende Augenlider
- Blendempfindlichkeit
- häufiges Augenzwinkern
- Verspannungen der Schulter- und Rückenmuskulatur
- leichte Kopfschmerzen
- erhöhte Reizbarkeit
- Blickstarre (Bilder laufen wie im Film ab)
- tunnelförmige Einengung des Blickfeldes
- Wahrnehmungsfehler bis hin zu Halluzinationen
- schlechtes Abschätzen von Abständen zur Seite und zum vorausfahrenden Fahrzeug
- permanentes Fahren am oder auf der Leitlinie
- ruckartige und unnötige Lenkbewegungen
- häufiges Verschalten
- unangemessen heftige Bremsmanöver
- verlangsamte Reaktionen
- Entscheidungsunfreudigkeit
- Konzentrations- und Orientierungsschwierigkeiten
- übermäßige Euphorie

Nehmen Sie auch nur eines dieser Symptome wahr, machen Sie sofort eine Pause!

Wenn Ihre Augen brennen, Sie plötzlich hochschrecken, Trugbilder vor sich sehen, ständig gähnen, stellt sich der „Sekundenschlaf" umgehend ein. Ihr Körper gibt kurzzeitig dem Verlangen nach, sich zu entspannen, zu schlafen, um danach wieder aufzuschrecken. Ihre Fahrt war eine Blindfahrt – bei eingeschaltetem Tempomat sogar mit gleichbleibender Geschwindigkeit!

Übermüdung steht bei Unfällen mit Lkw und KOM in den Statistiken an vorderster Stelle. Besonders problematisch sind dabei die Nachtfahrten.

Befragungen unter Berufskraftfahrern haben ergeben, dass sich innerhalb eines Zeitraumes von drei Monaten ca. 68 % mehr als einmal „schläfrig" gefühlt haben. Dabei spürten Sie die stärksten Folgen der Übermüdung in den Abend- und Nachtstunden in der Zeit zwischen 0:00 und 04:00 Uhr, die geringsten zwischen 20:00 – 24:00 Uhr.

So genannte „Wachmacher" wie Kaffee, Rauchen, Energy-Drinks, Traubenzucker, Fenster öffnen, laute Musik und Aufputschmittel können nur kurzzeitig gegensteuern. Bestimmte Maßnahmen im Verlauf der Fahrtätigkeit können individuell allenfalls den Ermüdungsprozess verlangsamen. Hier sind einige Empfehlungen:
- Legen Sie alle 2 Stunden eine Pause ein.
- Bewegen Sie sich in der Pause.
- Trinken Sie viel Wasser.
- Setzen Sie Entspannungstechniken ein.

Was ist zu tun, um sich zu erholen? Die Antwort ist einfach: Schlafen, schlafen, schlafen! Nur so erholt sich der gesamte Organismus. Das Schlafbedürfnis des Einzelnen ist unterschiedlich. Das allgemeine Schlafbedürfnis des erwachsenen Menschen liegt zwischen sieben und acht Stunden und konzentriert sich auf die Zeit zwischen 23:00 und 07:00 Uhr.

STRESS

6.2 Zyklus von Aktivität und Ruhezeit

Ohne ausreichende Ruhezeit schaffen Sie es nicht, die in ihrem Beruf erforderlichen Leistungen zu erbringen. Der Körper braucht diese Zeit, um verbrauchte Energiereserven wieder aufzufüllen.
Ruhezeit in diesem Sinne bedeutet nicht, sich nur auszuruhen.
Es bedeutet in erster Linie, zu schlafen. Schlafen ist ein biologisches Bedürfnis und damit unverzichtbar.

Der Rhythmus von Aktivität und Ruhezeit richtet sich im Grundsatz nach der biologischen Uhr des Menschen. Im Einklang mit der Natur ist er nach dem Tag-Nacht-Rhythmus ausgerichtet. Fehlt Schlaf, geht Ihre „innere Uhr" nicht richtig.
Die heutige Industriegesellschaft mit ihren zeitlichen Zwängen macht es Ihnen als Lkw- oder Busfahrer nicht immer leicht, das Gleichgewicht zu halten. Durch Schichtarbeit im ÖPNV, aber auch im Güter- und Reiseverkehr bleiben Nachtfahrten nicht aus. Dadurch kann der normale Rhythmus oftmals nicht eingehalten werden. Umso wichtiger ist es für Sie, alle Möglichkeiten zu nutzen, bei der Dienstplanung im ÖPNV oder bei der Planung von Reiserouten Ihre eigenen Erfahrungen mit einzubringen.
Die Schichtfolge „Frühschicht – Spätschicht – Nachtschicht" ist für den Rhythmuswechsel folglich besser geeignet als die umgekehrte Reihenfolge.

Das Arbeitszeitgesetz fordert im § 5 (1): „Die Arbeitnehmer müssen nach Beendigung der täglichen Arbeitszeit eine ununterbrochene Ruhezeit von mindestens elf Stunden haben."

Diese Forderung sichert zwar die Erholungsphase zur Regenerierung, aber nicht die Einhaltung des natürlichen Tagesablaufes. Deshalb sind alle am Transport beteiligten Personen gefragt, die Entscheidungen zugunsten eines ausgeglichenen Zyklus von Aktivität und Ruhezeit zu treffen haben. Führen Sie ein Leben gegen Ihre innere Uhr, vermindern Sie Ihre Leistungsfähigkeit.

- Versuchen Sie nach Möglichkeit immer, ungefähr zur gleichen Zeit schlafen zu gehen.
- Halten Sie Ihre biologische Uhr im Rhythmus, indem Sie sich einen regelmäßigen Tagesablauf zulegen.

Sie werden nicht immer alle Hinweise beachten können. Ihre Tätigkeit als Kraftfahrer wird Sie zu Kompromissen zwingen. Überprüfen Sie Ihre Schlafgewohnheiten anhand der gemachten Aussagen und versuchen Sie, diese so weit wie möglich in Ihren Lebensrhythmus einzubauen.

7. Stress

7.1 Einleitung

Ein straffer Zeitplan, Baustellen, Stau – Stress pur. Aber auch eine berufliche Beförderung oder Hochzeit sind wissenschaftlich gesehen „Stress", jedoch auf eine positive, angenehme Weise. Eines haben beide Energiephänomene gemeinsam: Stress bringt uns immer aus dem Gleichgewicht.
Das seit Jahrhunderten gleich ablaufende „Überlebensprogramm Stress" kann unser Leben retten. Noch immer spult unser Körper exakt dasselbe Notfall-Reaktionsmuster wie zu Zeiten der Höhlenmenschen ab. Verändert haben sich vor allem die Auslöser, die „Stressoren". Termindruck, viele Aufgaben auf einmal, Vorgesetzte und Kollegen oder schwierige Kunden haben die Raubtiere der Höhlenmenschen ersetzt.

STRESS

7.2 Drei Phasen der Stressreaktion

Stress lässt sich in drei Phasen unterteilen:
- **Alarmreaktion**
  Der Körper erkennt die Stresssituation und „rüstet auf", um zu handeln. Hormone werden ausgeschüttet.
  Körperreaktionen, die für das unmittelbare Überleben unwichtig sind wie z. B. die Verdauung, werden heruntergefahren.
  Alle Signale stehen auf „Abwehr" und der Mensch ist zur Höchstleistung bereit – zum Kampf oder zur Flucht.
- **Widerstandsphase**
  Die in der Alarmbereitschaft ausgeschütteten Stresshormone müssen wieder abgebaut werden. Kann die Stresssituation nicht entschärft werden, können schädliche Folgen auftreten und der Körper bleibt im Alarmzustand. Dauert der Widerstand an, tritt die dritte Phase ein.
- **Erschöpfung**
  Wenn dem Körper nicht die Möglichkeit gegeben wird, den „Akku" aufzuladen, kann eine stressbedingte Gesundheitsstörung entstehen.

Stress kann in allen Lebensbereichen auftreten, im Gegensatz zu früher tritt er auch dann auf, wenn gar keine akute Notfallsituation vorliegt. Ob der Chef oder die Kollegen im Büro, Arbeiten am Fließband oder der Verkehr auf der Straße – all diese Stressoren können uns aus dem Gleichgewicht bringen und „stressen". Ist der Akku dauerhaft leer, droht die „Burn-out-Spirale". Im Extremfall kann sogar der Tod eintreten.

KÖRPERREGION	FOLGEN VON DAUERSTRESS
Herz-Kreislauf	Essentielle Hypertonie (Bluthochdruck) Koronare Herzerkrankung, Herzinfarkt
Muskulatur	Kopf-, Rückenschmerzen "Weichteilrheumatismus"
Verdauung	Störung der Verdauung Magen-Darm-Geschwüre
Stoffwechsel	Erhöhter Blutzuckerspiegel/Diabetes Erhöhter Cholesterinspiegel
Immunsystem	Verminderte Immunkompetenz gegenüber Einflüssen von außen (Infektionen) und innen (Krebs) Übersteigerte Immunreaktion gegenüber Einflüssen von außen (Allergien) und innen (Autoimmunkrankheiten)
Schmerz	Verringerte Schmerztoleranz
Sexualität	Libidoverlust, Zyklusstörungen Impotenz, Störungen der Samenreifung, Infernalität

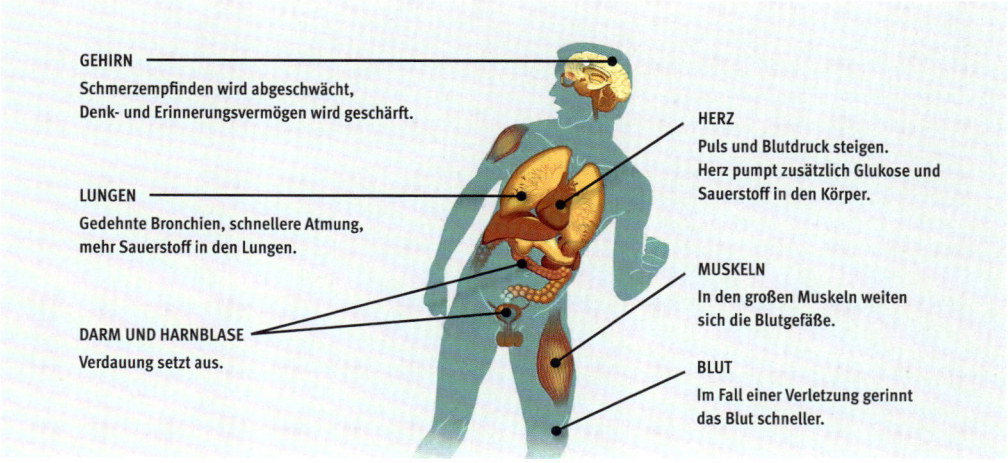

Körperliche Alarmreaktionen in Stresssituationen

STRESS

7.3 Belastungsfaktoren

Störende und stressige Faktoren können überall auftreten. Als Berufskraftfahrer haben sie es vor allem mit Stressoren von außen zu tun, zum Beispiel:
- aus dem Verkehrsalltag,
- aus der Arbeitsorganisation im Betrieb,
- aus dem Zusammentreffen mit Personen,
- aus der Familiensituation.

Auch psychosoziale Belastungen im Arbeitsumfeld spielen eine Rolle:
- Fehlende oder unzureichende Informationen durch Vorgesetzte und Kollegen
- Unklare Zielvorgaben
- Mangelnde Anerkennung der Leistung
- Mit Aufgaben überhäuft werden, ohne Prioritäten setzen zu können
- Keine oder zu wenig Gespräche
- Unvorhergesehene Änderungen ohne vorherige Absprache
- Bei wichtigen Entscheidungen vor „vollendete Tatsachen gestellt werden"
- Mangelndes Verständnis von Vorgesetzten oder Kollegen für Schwierigkeiten im beruflichen und privaten Bereich

Zusammengefasst gelten für Sie als Berufskraftfahrer vor allem folgende Stressoren:
- Stressoren im Verkehrsalltag, z. B.
  » Stau/Baustelle/Umleitungen
  » Verkehrsdichte
  » Suchfahrten
  » Wetterbedingungen
  » rückstichtslose Verkehrsteilnehmer
  » Konttrollen der Polizei und BAG
  » zugeparkte Haltestellen/Busspur
  » Abgase

- Stressoren in der Arbeitsorganisation, z. B.
  » schlecht geplante Touren,
  » unnötige Umladungen
  » eng kalkulierte Reisen
  » überraschende Schichtplanwechsel
  » Fahrpläne
  » Fahrzeugwechsel (ungewohnte Typen)

- Stressoren personeller Art, z. B.
  » Fahrgäste/Nörgler/Hotelpersonal
  » Lager- und Verladepersonal
  » ungeduldige Kunden
  » Ärger mit Kollegen/Mitarbeitern
  » Druck durch den Unternehmer
  » Telefon/Betriebs- und Verkehrsfunk
  » Ärger in der Familie

LKW	REISEBUS	LINIENBUS
Fahrtätigkeit		
Ausführung von Zusatztätigkeiten		
Umgebungseinflüsse (Lärm, Klima)		
Unregelmäßige Arbeitszeiten	Unregelmäßige Arbeitszeiten	Schichtdienst
Zeitdruck (Rush Hour, Stau, Anlieferzeiten)	Zeitdruck (Rush Hour)	Fahrplan einhalten
Verantwortung/Gefahrenabwendung		
Unzulänglichkeiten des Fahrerarbeitsplatzes		
Monotonie		
–	Kommunikation mit Fahrgästen	Kommunikation mit Fahrgästen
Wachsende Konkurrenz	–	–
Berufsbedingte soziale Situation		

Stressauslöser für Berufskraftfahrer

» **INFO**

„Ob etwas Gift oder Heilmittel ist, bestimmt allein die Dosis." (Hippokrates) Wenn Sie genügend Ressourcen haben, werden Sie diese Anforderungen bewältigen können. Denn dann sind Stressoren und Ressourcen im Gleichgewicht.

STRESS

7.4 Symptome

Wenn Ihr Körper die Stresssituation nicht bereinigen kann, weil seine persönlichen Ressourcen nicht ausreichend aufgebaut wurden, können körperliche Symptome auftreten. Körperliche Symptome wie Übelkeit, Kreislaufprobleme, Verspannungen oder Kopfschmerz und Stress bedingen sich gegenseitig – sie führen in einer Spirale abwärts, bis hin zu einem Dauer-Erschöpfungszustand.

Gerade im Straßenverkehr steigt das Gefährdungspotenzial, wenn Sie Informationen unter Stress nicht mehr genügend analysieren können. Die Folge sind Fehlreaktionen. Erkennungsfehler und Entscheidungsfehler. Es sind Alarmsignale, derer Sie sich in den meisten Fällen jedoch nicht bewusst sind.

Daraus entstehen Verhaltensweisen, die das Entstehen von Aggressionen begünstigen.

Bestimmte Handlungsmuster und „Denkstile" verschärfen den Stress zusätzlich. Zum Beispiel:
- Selektive Wahrnehmung von negativen Ereignissen/Erfahrungen
- Selektive Verallgemeinerung von negativen Ereignissen/Erfahrungen
- „Katastrophisieren": Folgen negativer Ereignisse werden überbewertet
- Personalisieren: Alles auf sich beziehen
- Muss-Denken: Wünsche werden zu absoluten Forderungen übersteigert

Bestimmte Persönlichkeitsmuster tragen ebenfalls zur Verstärkung des Stresses bei:
- Eigene Grenzen missachten: Alles auf einmal wollen
- Perfektionismus
- „Einzelkämpfer"-Mentalität
- „Feste" Vorstellungen: „Es ist eine Katastrophe, wenn die Welt nicht so ist, wie sie sein sollte."
- „Das brave Kind": „Es allen recht machen wollen."
- Unrealistische Erwartungen an andere Menschen
- Einstellungen der Hilflosigkeit und Hoffnungslosigkeit („Opferhaltung")
- Der Anspruch, alles selbst machen zu wollen
- Auf der Flucht: Stress als Ablenkung von innerer Leere, vor Gefühlen der Sinnlosigkeit und Einsamkeit

Stress wirkt sich wie bereits erwähnt auf den gesamten Menschen aus. Stress zeigt sich auf der Ebene des Denkens (ich muss das schaffen), in Form von körperlichen Symptomen sowie auf der Ebene des Fühlens (ich fühle mich hilflos). Wie ausgeprägt die Stresssymptome auf den jeweiligen Ebenen sind, hängt von Ihren persönlichen Schwachstellen und Stärken ab. Anhand der „Stress-Ampel" (siehe Seite 81) können Sie nachvollziehen, wo Ihre persönlichen „Stressoren" liegen und wie Sie mit ihnen umgehen.

» **INFO**

Stressreaktionen wirken immer auf den ganzen Menschen – das Denken, das Handeln, den Körper!

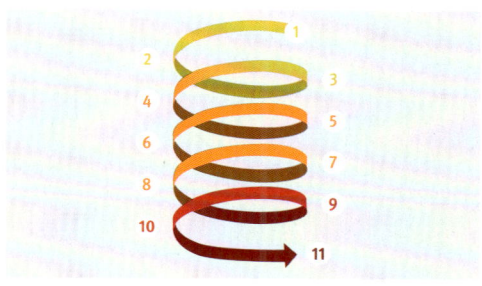

Stressspirale: Körperliche Symptome verstärken den Stress und umgekehrt

1 Mensch hat Stress
2 Negativ-Energie
3 Angst verstärkt Stress – Stress verstärkt Angst
4 Verspannungen der Nackenmuskulatur
5 Spüren der Schmerzen
6 Eingeschränkte körperliche Belastbarkeit
7 Erlernte Hilflosigkeit
8 Depression, Wut, Frust
9 Schlechte Kondition
10 Immunsystem geschwächt
11 Stress hat Mensch

STRESS

In einer Stresssituation beschränken sich Denk- und Wahrnehmungsprozesse auf die Reize, die den Stress ausgelöst haben.

Symptome der **kognitiven Ebene:**
- Akut kann es zu einem Black-Out kommen
- Denkblockaden und Gedächtnisstörungen
- Sich im Kreise drehende Gedanken
- Konzentrationsstörungen
- „Scheuklappeneffekt" durch eingeschränkte Wahrnehmung
- Albträume

Unter Stress steht der Körper unter „Hochspannung".
Symptome auf der **muskulären Ebene:**
- Nackenverspannungen
- Rückenschmerzen
- Spannungskopfschmerzen
- Zähneknirschen
- Zucken des Lidwinkels oder anderer Körperteile
- Fuß- oder Beinwippen

Auch das Nervensystem und die Hormone spielen in einer Stresssituation eine große Rolle. Diese Körperreaktionen können Sie nicht willkürlich kontrollieren. Symptome auf der **vegetativ-hormonellen Ebene:**
- Flaues Gefühl in der Magengegend bis hin zur Übelkeit mit Erbrechen und Durchfall
- Magenschleimhautentzündungen und Auftreten von Magen-Darm-Geschwüren
- Kloß oder Frosch im Hals
- Weiche Knie, als wenn der Boden unter den Füßen verschwindet
- Herzklopfen, Herzrhythmusstörungen
- Trockener Mund
- Schwitzen
- Kurzatmigkeit
- Schwindelanfälle
- Infektanfälligkeit

STRESS

Was passiert bei Ihnen, wenn Sie in eine Stresssituation geraten? Was denken, fühlen Sie? Anhand der Stressampel können Sie selbst analysieren, welche Reaktion auf welcher Ebene dem Stress folgt.

Um zu signalisieren, dass etwas nicht in Ordnung ist, sendet unser Körper SOS-Signale. Übersetzt bedeutet SOS „Save our souls", rettet unsere Gefühle. Denn nur wenn wir auf sie hören, können wir die Abwärtsspirale „umkehren" in eine Aufwärtsspirale.

Aufwärtsspirale. Die Stress-Schmerz-Situation kann durch das Akzeptieren der Situation unterbrochen werden. „Es ist so wie es ist."

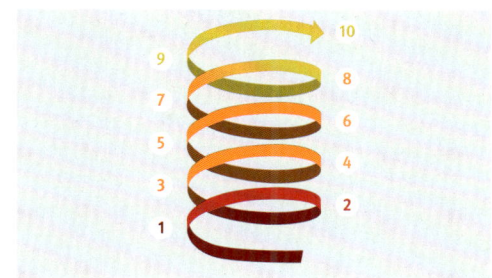

1. Direktes unterbrechen der Spirale durch Akzeptanz der Ist-Situation
2. Raus aus dem Selbstmitleid und rein in die Eigen-Verantwortung
3. Verstehen, dass Schmerzen die Folge von Stress sind
4. Entspannung – dadurch verringern des Schmerzes
5. Transformation der Gedanken. Optimismus, Erleichterung, Energie
6. Wiederaufnahme körperlicher Aktivitäten, raus aus der Schonhaltung
7. Schmerzlinderung
8. Stärkung der positiven Emotionen und Gedanken
9. Stärkung der Abwehrkraft und Gesundheit
10. Raus aus der Stressspirale

STRESS

7.5 Stresstreppe

Stress und Aggression stehen in engem Zusammenhang. Die Stressreaktion des Körpers schafft durch übermäßige Ausschüttung von Adrenalin Angriffsimpulse, die durch das Fehlen der Erholungsphasen nicht abgebaut werden. Der Straßenverkehr bringt Staus, Fahrzeugschlangen, Lärm, Abgase und die unterschiedlichsten Charaktere der Fahrzeugführer auf viel zu engem Raum mit, das bedingt die Entstehung von Aggressionshandlungen. Das folgende Beispiel zeigt, wie sich eine harmlose Situation aufschaukeln kann:

Stufe 1

Es ist Freitagmorgen, ein anstrengender Tag wartet auf mich. Aber heute Abend treffe ich mich mit Freunden zum Fußball. Jetzt erstmal in Ruhe frühstücken und Zeitung lesen. Doch die Zeitung ist nicht im Briefkasten. Ich bin schon etwas geladen. Der Verkehr ist eine einzige Katastrophe: Regen, dichter Verkehr und die Ampeln haben sich auch noch alle gegen mich verschworen. Obwohl ich rechtzeitig losgefahren bin, gerate ich langsam unter Zeitdruck. Am Betrieb angekommen erfahre ich, dass mein Fahrzeug in der Nacht eine Panne hatte und ich auf ein Ersatzfahrzeug ausweichen muss, das auf einem anderen Parkplatz steht.

Stufe 2

Darüber hätte man mich schon früher informieren können. Nun habe ich schon eine halbe Stunde verloren, obwohl ich noch gar nicht losgefahren bin. Glücklicherweise ist die Autobahn frei und ich komme noch rechtzeitig bei der Ladestelle an. Dort fahre ich mein Fahrzeug an die Rampe und trinke einen Kaffee in der Kantine. Als ich zu meinem Fahrzeug zurückkomme, trifft mich fast der Schlag. Wer hat denn die Paletten gepackt? So kann ich die Ladung jedenfalls nicht sichern und auch nicht dafür sorgen, dass sie unbeschadet beim Kunden ankommt. Sie muss umgepackt werden!

Stufe 3

Mit einer Stunde Verspätung fahre ich vom Hof. Wie soll ich das wieder reinholen? Bei der Abladestelle komme ich verspätet an und habe deshalb noch drei andere Lkw vor mir. Es dauert ewig, bis ich abladen kann. Und einen blöden Kommentar darf ich mir auch noch anhören. Als ich losfahren will, ruft der Disponent an. Er hat für mich noch einen wichtigen Auftrag eines guten Kunden. Auf der Rückfahrt ist die Autobahn dicht, Auffahrunfall in einer Baustelle. Zum Fußball schaffe ich es nicht mehr. Ich bin schon richtig sauer. Wenn jetzt nicht alles beim Abladen der Ladung klappt, dann …

Gefühlswelt – Emotionen

» INFO

Am grünen Pfeil müssen Sie spätestens etwas tun, sonst nimmt das Unheil seinen Lauf. Wenden Sie hierzu Entspannungstechniken an, z. B. eine Atemübung. Wenn der rote Pfeil erreicht ist, ist es für Maßnahmen meist zu spät. Sie Stresshormone haben sich aufgebaut und es dauert mehrere Stunden, bis sie wieder abgebaut sind.

STRESS

7.6 Wenn der Akku dauerhaft leer ist – das „Burn-out-Syndrom"

Burn-out, der Körper und die Psyche sind ausgebrannt, es gibt keine Erholungsphasen mehr. Als Burn-out-Syndrom wird eine extreme Form von Dauerstress bezeichnet, eine Selbstausbeutung über die Grenzen einer einfachen Gesundheitsschädigung hinaus. Die Lust an Unternehmungen mit der Familie oder mit Freunden fehlt, jedes Telefonklingeln wird als zu viel empfunden. Burn-out-Betroffene beuten sich weiter aus, bis nichts mehr geht. Rien ne va plus – der Akku ist leer, ausgebrannt. Der Prozess vom Stress zum „Burn-out" vollzieht sich schleichend. Betroffene geraten in eine Abwärtsspirale, deren Windungen nicht klar voneinander abgegrenzt sind. Aber in der Burn-out-Spirale gibt es für Betroffene ohne fremde Hilfe oft nur einen Weg – abwärts.

Burn-out-Spirale: Vom Frust zur Depression
Anhand der Aussagen können Sie die einzelnen Windungen der Burn-out-Spirale nach Burisch, Koch und Kühn ableiten. Nicht jede Windung muss zwangsläufig durchlaufen werden. Einige verharren länger in der Rückzugsphase in zynischer, depressiver Verstimmung. Aber alle Burn-out-Betroffenen fahren auf der Rolltreppe unweigerlich nach unten. Je tiefer, desto schwieriger wird es, den Prozess der Selbstzerstörung wieder umzukehren.

Der Einstieg in die Spirale erfolgt oft schleichend und ist im Nachhinein schwierig nachzuvollziehen. Kennzeichnend ist jedoch, dass alle Betroffenen trotz chronischer Müdigkeit und Erschöpfung weitermachen, das Gefühl haben nicht aufhören zu können, für nichts Zeit zu haben und unentbehrlich zu sein.

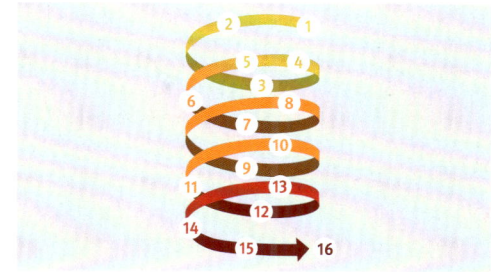

1 Ich hab keine Lust
2 Heute Abend kann ich nicht
3 Für heute muss ich mich krank melden
4 Du bist schuld
5 Das klappt sowieso nicht
6 Warum immer ich
7 Da hab ich zeitgleich noch einen anderen Termin
8 Mist, das Meeting habe ich vergessen
9 Das kann doch wer anders machen
10 Fußball? Ich bin zu müde
11 Das ist sowieso langweilig
12 Magen-Darm-Probleme
13 Kopfschmerzen
14 Mir hilft doch eh keiner
15 Ich will nicht mehr
16 Ich kann nicht mehr

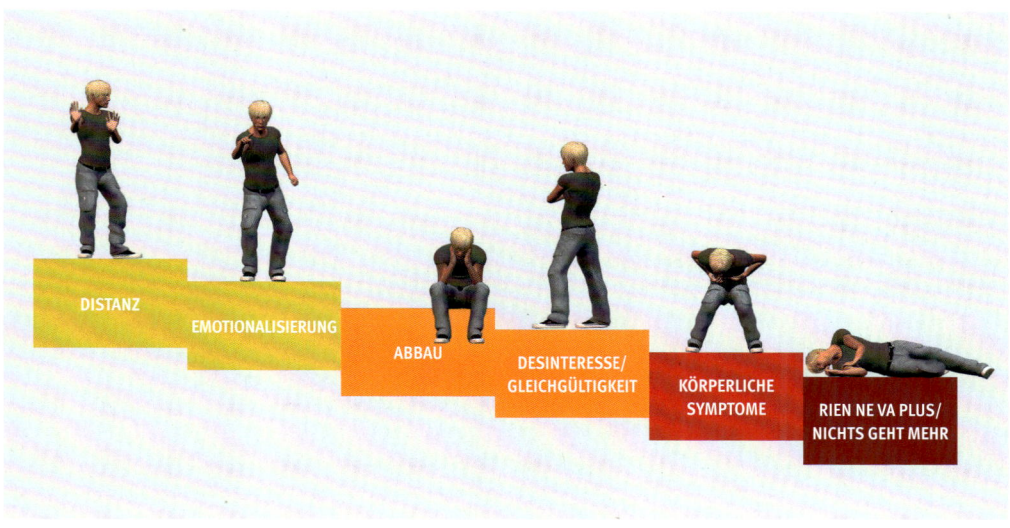

STRESS

Der Weg nach unten – die einzelnen Windungen

Windung 1 – Distanz
Ernüchterung und Widerwillen am Arbeitsplatz setzen ein. Überlange Pausen und Fehlzeiten werden häufiger. Die Emotionen im Umgang mit Kollegen verflachen, Kontakte werden ganz gemieden.

Windung 2 – Emotionalisierung
Betroffene in dieser Phase sind einerseits aggressiv und reizbar. Sie geben anderen die Schuld und machen Vorwürfe. Andererseits sind sie launenhaft. Gefühle wie Selbstmitleid, Abstumpfung, Leergefühl, Angst und Depressionen begleiten diese Phase des Burn-outs.

Windung 3 – Abbau (körperlich, seelisch, geistig)
Es wird nur noch das Nötigste erledigt, die Konzentrations- und Merkfähigkeit schwindet. Kreativität und Initiative bleiben auf der Strecke.

Windung 4 – Desinteresse/Gleichgültigkeit
Ist mir egal – an privaten Unternehmungen besteht kein Interesse mehr, Hobbys werden aufgegeben. Die Emotionen sind auf dem Nullpunkt.

Windung 5 – Körperliche Symptome
Alle Körperregionen können betroffen sein. Ohrgeräusche, Schlafstörungen, Muskelschmerzen, Magen- und Darmprobleme, Sehstörungen, Schwindel, Herzrhythmusstörungen, Enge-Gefühl in der Brust, veränderte Essgewohnheiten – all diese Symptome können durch ein Burn-out-Syndrom hervorgerufen werden.

Windung 6 – Rien ne va plus – nichts geht mehr
Es geht nicht mehr weiter, ein Ausweg ist für den Betroffenen nicht mehr in Sicht. Sinnlosigkeit, Angst, Verzweiflung können sogar in den Suizid treiben.

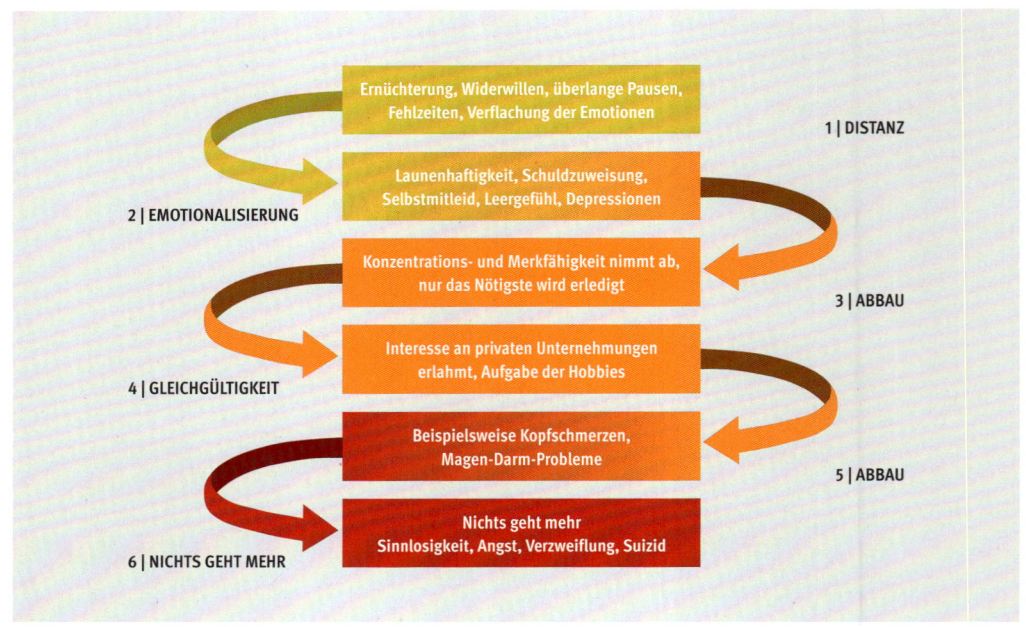

STRESS

Bestimmte Wertvorstellungen und Einstellungen verstärken die Gefahr, in das Burn-out zu rutschen. Besonders gefährdet sind:
- Perfektionisten
- Menschen, die sich mehr vornehmen, als sie eigentlich schaffen können
- Personen, die die Messlatte der Ansprüche an sich selbst und andere viel zu hoch legen
- Persönlichkeiten, die sehr starr und dogmatisch in ihren Ansichten sind
- Menschen, die nie NEIN sagen können und sich für andere aufopfern
- Menschen, die überoptimistisch in die Zukunft sehen und so die Aussichten auf Erfolge zu hoch einschätzen, ohne Risiken realistisch mit einzubeziehen

Stress zeichnet sich immer durch ein Ungleichgewicht aus, durch das Gefühl, dass Leben sei außer „Balance" geraten. Vier Bereiche bestimmen unser Leben.
- **Sinn** – Selbstverwirklichung, Erfüllung, Philosophie, Zukunftsfragen, Religion, Liebe
- **Körper** – Gesundheit, Ernährung, Erholung, Entspannung, Fitness, Lebenserwartung
- **Leistung, Arbeit** – Schöner Beruf, Geld, Erfolg, Karriere, Wohlstand, Vermögen
- **Kontakt** – Freunde, Familie, Zuwendung, Anerkennung

Wie die Gewichte auf einer Waage sind die einzelnen Lebensbereiche voneinander abhängig. Wird der eine zu stark betont, entstehen in allen anderen zwangsläufig Probleme. Die Waage wird einseitig belastet und gerät aus dem Gleichgewicht – es entsteht Stress.

STRESS

Der Arzt und Psychotherapeut Nossrath Peseschkian unterteilt die vier Lebensbereiche in eine klare Rangordnung:

Rang 1 – Die Leistung
Engagement, Verantwortungsgefühl und der Wunsch nach beruflicher Weiterentwicklung gehören im Berufsleben dazu und führen allein noch nicht zu einer Stresssituation. Keine oder unrealistische Planung, „sich verzetteln", Zeitdruck und ein schlechtes Gewissen verhindern den „Feierabend nach Dienstschluss". Der Berufsalltag wird mit nach Hause genommen und die erholsame Freizeit bleibt auf der Strecke.

Rang 2 – Die Gesundheit
Wie wichtig Gesundheit ist, merken wir meist erst dann, wenn sie uns im Stich lässt. Gesund zu sein und auch zu bleiben kostet Zeit, die wir uns nehmen müssen.

Rang 3 – Die Kontakte
Flucht in die Arbeit, Überstunden, Sport und Computer- oder Fernsehsitzungen sind Zeitfresser und nagen an unserer Kontaktpflege.

Rang 4 – Warum und wieso?
Was möchten wir in unserem Leben noch erreichen? Woran glauben wir? Wie wird unsere Welt in Zukunft aussehen? Fragen, mit denen wir uns beschäftigen wollen und müssen.

Alle vier Bereiche kosten Zeit – mit ganzheitlichem Zeit-Management können Sie Ihre Zeit effektiv nutzen und Ihr Leben in Balance halten. Eine Überbetonung zum Beispiel des Berufs kann zu psychosomatischen Störungen und Konflikten im sozialen Umfeld führen. Wer sich sehr auf die Leistung und den Körper konzentriert, läuft Gefahr zu vereinsamen. Und wer permanent nach dem Sinn des Lebens sucht, wird ihn irgendwann in Frage stellen.

Schon der römische Philosoph Seneca wusste bereits vor 2000 Jahren: „Es ist nicht die Zeit, die uns fehlt – es ist die, die wir nicht nutzen." Oder wir nutzen sie für die falschen Dinge. Ziele, die uns wirklich wichtig sind, können wir auch umsetzen. Anhand des Arbeitsblattes 7 können Sie Ihre persönlichen Ziele formulieren. Halten Sie sich vor Augen, was Sie erreichen wollen und wie.
Ausbalanciert zu leben heißt nicht, in starre Prinzipien zu verfallen. Eine junge Mutter wird dem Bereich „Kontakte" mehr Zeit einräumen als ein junger Berufskraftfahrer direkt nach der Ausbildung. Das Gleichgewicht richtet sich vor allem auch nach Ihren persönlichen Zielen und Wertvorstellungen im Leben.

7.7 Stressvorbeugung

20 Tipps zur ganz persönlichen Stressvorbeugung:
- Organisieren Sie sich und Ihre Arbeit.
- Behalten Sie Ihre Ziele im Auge.
- Seien Sie vorsichtig mit E-Mails, sie dürfen nicht zum Treiber werden.
- Setzen Sie Prioritäten.
- Machen Sie das, was Sie am besten können. Delegieren Sie das, was andere besser können.
- Nehmen Sie nicht jede Einladung an.
- Bleiben Sie gelassen – auch bei Hektik.
- Setzen Sie klare Erwartungen.
- Machen Sie nichts, nur weil Sie sich verpflichtet fühlen.
- Lernen Sie, NEIN zu sagen.
- Haben Sie den Mut, andere auch mal zu enttäuschen.
- Bleiben Sie dran, wenn Sie zu etwas JA gesagt haben.
- Respektieren Sie das NEIN anderer.
- Sagen Sie NEIN zur Sache, nicht zur Person.
- Überdenken Sie Ihre Ansprüche.
- Schaffen Sie Zeiträume für sich selbst („stille Stunden").
- Drosseln Sie Kaffee-, Alkohol- und Zigarettenkonsum.
- Achten Sie darauf, nicht zum Workaholic zu werden (freie Abende, Wochenenden schaffen).
- Schlafen Sie regelmäßig und ausreichend.
- Machen Sie Pausen, auch kurze Pausen bringen enorm viel.

Was Sie noch tun können, um dem Stress wirkungsvoll zu begegnen:
- Erlernen einer Entspannungsmethode wie zum Beispiel „Autogenes Training" oder „Progressive Muskelentspannung nach Jacobson"
- Yoga-Kurs besuchen (z. B. an der VHS)
- die eigenen „Antreiber" erkennen (z. B. „ich gebe immer 100 Prozent!" „Ich muss alles aushalten können – immer stark sein") und verändern. Sagen Sie sich, gut ist gut genug. Gestehen Sie sich ein, wie jeder Mensch Schwächen zu haben und diese auch zeigen zu dürfen. Entsprechende Seminare zum Beispiel an der Volkshochschule oder Trainings bei einem entsprechenden Coach (zum Beispiel Harald Westdörp) helfen Ihnen dabei.

STRESS

» **Arbeitsblatt 7**
  Die Stress-Ampel

Füllen Sie die Kästchen in der Stress-Ampel aus.
- **Rot:** Eine Situation, die bei Ihnen Stress auslöst. Beispiel: Ärger mit dem Disponenten.
- **Gelb:** Was denken und fühlen Sie? Was passiert in Ihrem Körper? (Ich werde rot und unsicher, mir wird übel)
- **Grün:** Was tun Sie dann? (Brüllen, schreien, schimpfen, mit dem Kollegen sprechen)

STRESSOREN (ÄUSSERE FAKTOREN)
Ich gerate in Stress, wenn ...

KÖRPERREAKTION

GEDANKEN

GEFÜHLE

STRESSOREN (ÄUSSERE FAKTOREN)
Wodurch verstärkt sich der Stress?

KÖRPERREAKTION

GEDANKEN

GEFÜHLE

STRESSREAKTIONEN (LANGFRISTIG)
Wenn ich im Stress bin, dann ...

STRESS

 » **Arbeitsblatt 8**
Stress

Was können Sie persönlich für Ihre Gesundheit tun? Formulieren Sie ein realistisches Ziel, z. B. joggen. Was bringt Ihnen das? Was könnte Ihnen im Weg stehen? Wie schaffen Sie es, Ihr Ziel auch wirklich zu erreichen? Und wer könnte Ihnen dabei helfen?

PERSÖNLICHES GESUNDHEITSPROJEKT
MEIN ZIEL: (BITTE MÖGLICHST KONKRET FORMULIEREN)

_____

_____

_____

VORTEILE:	HINDERNISSE:
1	1
2	2
3	3
4	4
5	5

DIE NÄCHSTEN SCHRITTE: WAS?	(BIS) WANN?
1	1
2	2
3	3
4	4

WER KÖNNTE MEIN „COACH" SEIN?

_____

LÖSUNGEN

» Arbeitsblatt 1
Gesundheitsvorsorge – Gesundheitliche Anforderungen an den Berufskraftfahrer

1 Wo sehen Sie besondere gesundheitliche Belastungen für Berufskraftfahrer?

1. *sitzende Tätigkeit und daraus resultierendewr Bewegungsmangel*

2. *Stress, Termindruck, Müdigkeit*

3. *Zwangshaltungen (falsch eingestellter Fahrersitz)*

4. *unausgewogene Ernährung*

2 Welche gesetzlichen Bestimmungen kennen Sie, die gesundheitliche Anforderungen an den Fahrer und Maßnahmen des Arbeitsschutzes regeln?

1. *Straßenverkehrsgesetz*

2. *Gesetzliche Unfallversicherung*

3. *Arbeitssicherheitsgesetz*

4. *Arbeitsschutzgesetz*

3 Was wird bei der Eignungsuntersuchung augenärztlich neben dem Sehvermögen zusätzlich untersucht? Nennen Sie vier Punkte!

1. *Tagessehschärfe*

2. *Gesichtsfeld*

3. *Farbensehen*

4. *Stereosehen*

5. *Beweglichkeit*

4 Bewerber um die Erteilung oder Verlängerung einer Fahrerlaubnis müssen einen so genannten Reaktionstest machen. Was wird dort untersucht? Nennen Sie drei Punkte!

1. *Belastbarkeit*

2. *Orientierungsleistung*

3. *Aufmerksamkeitsleistung*

4. *Reaktionsfähigkeit*

LÖSUNGEN

» **Arbeitsblatt 2**
   Ergonomie – Pausengestaltung

1 Welche Übungen zur aktiven Pausengestaltung können Sie im Fahrzeug während einer Ruhezeit durchführen?

Atemübungen, Progressive Muskelentspannung im Sitzen, Augenübungen, Lockerungsübungen im Sitzen, Dehnungsübungen im Sitzen

2 Beschreiben Sie mögliche Folgen und Beschwerden einer eher ungünstigen, nicht ergonomischen Sitzposition!

1 *Durch nach vorn übergeneigte Kopfhaltung können Muskelverspannungen im Hals- und Schultergürtelbereich, Nackenschmerzen bis zu Kopfschmerzen entstehen.*

2 *Durch die Einnahme eines Rundrückens wird die Wirbelsäule belastet und es kann zu Rückenbeschwerden kommen.*

3 *Durch das nicht rückengerechte Sitzen werden innere Organe (Atmungs- und Verdauungsorgane) gedrückt und können nicht optimal arbeiten. Ein eingeklemmter Magen z. B. und möglicherweise Verdauungsstörungen können die Folge sein.*

4 *Durch beengtes Sitzen und Druckstellen am Oberschenkel kann die Blutversorgung, der Blutstrom, sowohl arteriell als auch nervös, behindert werden.*

LÖSUNGEN

» **Arbeitsblatt 3**
   Ergonomie – Freizeit

1a Wie gestalten Sie aktiv (bewegt/sportlich) Ihre Freizeit?

z. B. Fußball spielen, Spaziergang mit Hund, sehe viel fern

1b Was finden Sie gut und haben Sie schon ausprobiert? Was wollen Sie an Ihrer Freizeitgestaltung beibehalten?
Diskutieren Sie über Ihre Freizeitaktivitäten mit den anderen Teilnehmern!

Ich möchte weiter Fußball spielen, aber weniger fernsehen.

1c Was würden Sie gern mehr in Ihrer Freizeit unternehmen? Was wollen Sie an Ihren Freizeitgewohnheiten ändern?
Wann können Sie beginnen? Haben Sie einen Ansprechpartner, mit dem Sie Ihre Ideen und Aktivitäten reflektieren können?

z. B. mehr schwimmen, Rad fahren, 2 mal statt 1 mal in der Woche trainieren

2 Betrachten Sie nachfolgende Fotos und diskutieren Sie in der Teilnehmergruppe, wie Sie die unten dargestellten Arbeitssituationen cleverer und belastungsärmer gestalten können! Notieren Sie Ihre Ergebnisse.

1

Er hat eine ungünstige Haltung.

Richtig: aufrechter sitzen, Sitz anpassen, ...

2

Er hebt mit rundem Rücken.

Richtig: gestreckte Beine, in die Knie gehen

3

Er dreht nur den Rücken.

Richtig: ganzen Körper einschließlich Beine drehen

LÖSUNGEN

 » **Arbeitsblatt 4**
Ernährung

1 Beschriften Sie die Ernährungspyramide.

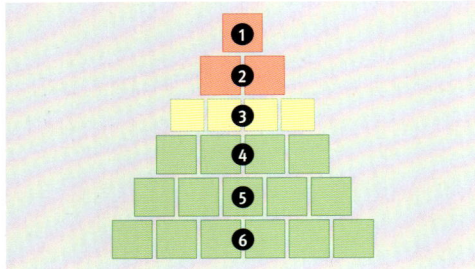

1 *Süßes, fette Snacks, Alkohol*

2 *Fette und Öle*

3 *Milchprodukte, Fleisch, Fisch, Eier*

4 *Brot, Getreide*

5 *Gemüse, Obst und Salat*

6 *Getränke*

2 Ordnen Sie die Lebensmittel den empfohlenen Portionsgrößen zu (Mehrfachnennungen möglich):
Portionsgrößen: 2 Hände, 1 Glas, handvoll, Handteller, ganze Hand

BROT	FLEISCH	GETRÄNKE	SALAT	NUDELN	OBST
ganze Hand	*Handteller*	*1 Glas*	*2 Hände*	*handvoll*	*handvoll*

LÖSUNGEN

» **Arbeitsblatt 5**
  Ernährung

BEISPIEL:
- **Frühstück:** 2 Scheiben Brot mit Käse und Wurst, 1 Becher Kaffee
- **Mittagessen:** 2 Teller Spaghetti mit Champignonsoße, Eis, 1 Glas Sprite
- **Nachmittags:** 1 Apfel, 1 Joghurt, 1 Glas Saftschorle
- **Abendessen:** 4 Scheiben Brot mit Wurst und Käse, 1 Glas Mineralwasser

Antwort:

Weniger tierische Lebensmittel (Fleisch/Wurst) und Getreide

(Kohlenhydrate), dafür mehr Obst/Gemüse und Getränke.

3 Überlegen Sie, was Sie gestern gegessen haben & tragen Sie es in der Pyramide ein. Streichen Sie gemeinsam mit einem Partner die Portionskästen der jeweiligen Ernährungspyramide ab, malen Sie ggf. Kästen dazu und entscheiden Sie zusammen, wie Sie den Tagesplan verbessern können.

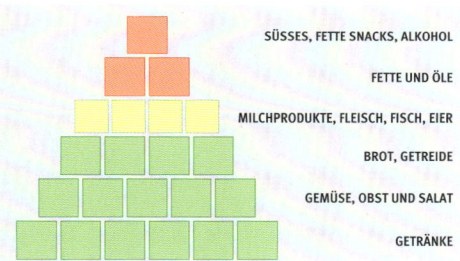

Frühstück: 2 Scheiben Brot mit Käse und Wurst, 1 Becher Kaffee

Mittagessen: 2 Teller Spaghetti mit Champignonsoße, Eis, 1 Glas Sprite

Nachmittags: 1 Apfel, 1 Joghurt, 1 Glas Saftschorle

Abendessen: 4 Scheiben Brot mit Wurst und Käse, 1 Glas Mineralwasser

weniger tierische Lebensmittel (Fleisch/Wurst) und Getreide

(Kohlenhydrate), dafür mehr Obst/Gemüse und Getränke

4 Wie beurteilen Sie folgende Tagespläne? Sind sie ausgewogen, die Portionen ausreichend/zu viel, genügend Zwischenmahlzeiten und Getränke enthalten? Streichen Sie gemeinsam mit einem Partner die Portionskästen der jeweiligen Ernährungspyramide ab, malen Sie ggf. Kästen dazu und entscheiden Sie zusammen, wie Sie den Tagesplan verbessern können.

- **Frühstück:** 2 Tassen Kaffee
- **Mittagessen:** 1 großes Schnitzel, 2 Portionen Pommes, 1 kleine Portion Erbsen, 2 Cola
- **Abendessen:** 4 Scheiben Brot mit Salami, Leberwurst
- **Abends:** Bier, 1 Joghurt

mehr Frühstück, weniger Softgetränke, Pommes zählen extra!, mehr

sinnvolle Getränke, mehr Obst/Gemüse, weniger Wurst

- **Frühstück:** 1 Scheibe Brot mit Käse, 1 Becher Kaffee, 1 Glas Fruchtsaft
- **Vormittags:** Obst, Snickers, 1 Glas Mineralwasser
- **Mittagessen:** 1 Portion Kartoffelauflauf mit Salat, 1 Glas Saftschorle
- **Abendessen:** 2 Strammer Max mit 1 Glas Mineralwasser
- **Abends:** 1 Joghurt, Nüsse

abends noch ein Getränk mehr

LÖSUNGEN

» **Arbeitsblatt 6**
Ernährung – Typische Menüsauswahl in Rasthöfen

Speisekarte

Warme Speisen

HAUSGEMACHTE GULASCHSUPPE mit Brot	3,30
LEBERKNÖDELSUPPE	3,70
CREMIGE KARTOFFELSUPPE mit Wursteinlage	4,20
PIZZA MARGHERITA	6,20
PIZZA SALAMI	6,50
SPAGHETTI mit Tomatensoße	5,60
SPAGHETTI BOLOGNESE	6,30
SCHNITZEL NATUR mit Gemüse und Kartoffeln	8,40
SCHNITZEL PANIERT mit Jägersoße und Pommes frites	8,80
BRUMMITELLER	8,80
FLEISCH AN PIKANTER SOSSE Gemüse, Bratkartoffeln	8,80
FERNFAHRERPFANNE Schweinelendchen auf Bratkartoffeln, Rahmchampignons mit Speck	8,80
FUHRMANNSPLATTE Fleisch, Wurst, Bauchspeck, Grilltomate, Pommes frites	8,80
HÄHNCHENSCHNITZEL auf Tomatenspaghetti	8,80
TOAST HAWAII	8,50
FISCHFILET mit Kartoffelsalat	8,80
BOCKWURST mit Senf	8,50
SCHNITZEL	8,50

Beilagen

POMMES FRITES	2,10
REIS, NUDELN	2,10
KARTOFFELPÜREE	2,10
KARTOFFELSALAT	2,20
FRISCHES MARKTGEMÜSE	3,10
SALAT	2,90

Getränke

Softdrinks

COCA COLA, COCA COLA LIGHT, FANTA, SPRITE	0,33 l	2,20
SPEZI	0,20 l	1,80
MINERALWASSER	0,20 l	1,40
APFELSCHORLE	0,20 l	1,80
BITTER LEMON	0,20 l	2,00
GINGER ALE	0,20 l	2,00
FRUCHTSAFT (APFEL, ORANGE, TRAUBE)	0,20 l	2,00

Heisse Getränke

KAFFEE	TASSE	1,80
CAPPUCCINO		2,00
ESPRESSO		1,80
TEE	GLAS	1,80
KAKAO MIT SAHNE	TASSE	2,10
GLÜHWEIN	0,20 l	2,10

Bier

GILDE PILSENER	0,33 l	2,10
KÖLSCH	0,20 l	1,60
WEIZENBIER	0,50 l	3,50
RADLER	0,30 l	2,10
ALKOHOLFREIES BIER	0,33 l	2,10

Spirituosen

KORN	2 cl	1,52
OBSTLER	2 cl	1,50
KÜMMERLING	2 cl	2,00
JÄGERMEISTER	2 cl	2,00

1 Wie würden Sie wählen

...wie Sie es normalerweise machen würden?

Trucker Toni bestellt Schnitzel paniert mit Jägersoße und Pommes, Cola

...wenn es ausgewogen sein soll?

Besser wäre Schnitzel natur mit Gemüse und Kartoffeln, Saftschorle

2 Was könnte Ihnen eine gesunde Auswahl erschweren? Wie können Sie trotzdem eine ausgewogene Zusammenstellung wählen?

Ich stehe unter Zeitdruck, eine Currywurst geht am schnellsten.

Ich esse lieber, was ich gewohnt bin, z. B. Schnitzel.

Nehmen Sie sich die Zeit und portionieren Sie Soßen selbst.

Kartoffeln statt Pommes, Wasser oder Saftschorle statt Cola oder Sprite.

LÖSUNGEN

» Arbeitsblatt 7
Die Stress-Ampel

Füllen Sie die Kästchen in der Stress-Ampel aus.
- **Rot:** Eine Situation, die bei Ihnen Stress auslöst. Beispiel: Ärger mit dem Disponenten.
- **Gelb:** Was denken und fühlen Sie? Was passiert in Ihrem Körper? (Ich werde rot und unsicher, mir wird übel)
- **Grün:** Was tun Sie dann? (Brüllen, schreien, schimpfen, mit dem Kollegen sprechen)

STRESSOREN (ÄUSSERE FAKTOREN)
Ich gerate in Stress, wenn ...

...ich merke, dass ich meinen Zeitplan nicht einhalten kann.

Ich stelle mir vor, wie der Chef wieder tobt,

obwohl ich nichts dafür kann.

KÖRPERREAKTION

GEDANKEN

GEFÜHLE

STRESSOREN (ÄUSSERE FAKTOREN)
Wodurch verstärkt sich der Stress?

Gedanken: Mein Chef ist doch völlig unfähig.

Der kann einfach nichts organisieren.

Gefühle: Ich bin stinksauer auf ihn.

Körper: Ich fühle mich total angespannt.

KÖRPERREAKTION

GEDANKEN

GEFÜHLE

STRESSREAKTIONEN (LANGFRISTIG)
Wenn ich im Stress bin, dann ...

... brülle ich meinen Gesprächspartner an, auch am Telefon.

...kann ich keinen klaren Gedanken fassen.

LÖSUNGEN

 **» Arbeitsblatt 8
Stress**

Was können Sie persönlich für Ihre Gesundheit tun? Formulieren Sie ein realistisches Ziel, z. B. joggen. Was bringt Ihnen das? Was könnte Ihnen im Weg stehen? Wie schaffen Sie es, Ihr Ziel auch wirklich zu erreichen? Und wer könnte Ihnen dabei helfen?

PERSÖNLICHES GESUNDHEITSPROJEKT

MEIN ZIEL: (BITTE MÖGLICHST KONKRET FORMULIEREN)

Zweimal pro Woche joggen gehen.

VORTEILE:	HINDERNISSE:
1 fit fühlen	1 keine Zeit
2 Abwechslung/Entspannung	2 fühle mich abends müde
3 an der frischen Luft sein	3 bei Regen gehe ich nicht gerne raus
4 abnehmen	4 unregelmäßige Arbeitszeiten
5 Abwehrkräfte steigern	5 morgens noch früher aufstehen?

DIE NÄCHSTEN SCHRITTE: WAS?	(BIS) WANN?
1 Schuhe und Kleidung kaufen	1 Ende des Monats
2 Laufstrecke aussuchen	2 Ende des Monats
3 ggf. Arzt zur Kontrolle	3 nächste Woche
4 1. Lauf	4 Anfang nächster Monat

WER KÖNNTE MEIN „COACH" SEIN?

Mein Kumpel Peter Meier

GLOSSAR

Adrenalin (Stresshormon)	Stresshormon, das bei Aufregung oder emotionalen Belastungen in größerer Menge durch die Nebenniere ausgeschüttet wird und den Körper auf Anstrengungen vorbereitet.	**Ermüdungssyndrom CFS**	CFS – chronic fatigue syndrome Erkrankung, die sich durch anhaltende oder ständig wiederkehrende Müdigkeit äußert.
Aggression	Verhaltensweise, bei der Menschen oder Tiere einen oder mehrere Menschen oder Tiere bedrohen.	**FeV (Fahrerlaubnis-Verordnung)**	Verordnung über die Zulassung von Personen im Straßenverkehr
Arbeitszeitgesetz	Gesetzliche Grundlage der Arbeits- und Pausenzeiten zum Schutz der Arbeitnehmer.	**GGVSEB**	Gefahrgutverordnung Straße, Eisenbahn und Binnenschifffahrt
ArbSchG (Arbeitsschutzgesetz)	Gesetz über die Durchführungen von Maßnahmen des Arbeitsschutzes zur Verbesserung der Sicherheit und des Gesundheitsschutzes der Beschäftigten bei der Arbeit.	**Kleinhirn**	Das Kleinhirn ist verantwortlich u. a. für das Gleichgewicht und für alle Tätigkeiten unserer Gliedmaßen. Für den Griff zum Schalthebel genauso wie für den Tritt auf das Bremspedal oder auf das Kupplungspedal.
Autogenes Training	Meditative Konzentrationsübungen, die zur Entspannung führen.	**Motorik**	Bewegungsabläufe, Muskelanspannungen, alle Bewegungen der Gliedmaße und anderer Körperteile.
BGV	Berufsgenossenschaftliche Vorschriften	**Nachführ-mechanismus**	Das Auge kann einen Punkt noch fixieren, obwohl der Kopf sich schon weiterbewegt hat. Unter Alkoholeinfluss verzögert sich dieser Prozess, und führt zu einer Sinnestäuschung.
Biologische Uhr	Physiologisches System, mit dem der Mensch z. B. im Einklang mit dem Rhythmus von Tag und Nacht lebt.		
Blutalkohol-konzentration (BAK)	Die im Blut festgestellte Alkoholmenge. Sie wird in Promille angegeben, was der Alkoholmenge in Gramm pro 1000 g Blut entspricht.	**Nervensystem**	Ein System miteinander verbundener Neuronen, das für die Aufnahme und für die Weiterleitung von Signalen für die Aufrechterhaltung der Organfunktionen, die Aktivierung der Muskeln und für die Erregungsverarbeitung verantwortlich ist.
BZfE	Bundeszentrale für Ernährung		
Burn-out-Syndrom	Ausgebrannt sein; stressbedingte Gesundheitsstörung, wovon Personen betroffen sind, die im Beruf einem sehr hohen Leistungsdruck ausgesetzt sind (Termindruck, Nachtfahrten, Schichtdienst, extreme Belastung).	**Opiate**	Stark wirkende Schmerz- und Betäubungsmittel mit hohem Suchtpotenzial.
		Persönliche Ressourcen	– Belastbarkeit bei Unregelmäßigkeiten im Arbeitsablauf – Erfahrungen aus dem Arbeitsleben – Koordinierungsvermögen – Situationen vorhersehen zu können
Disstress	Negativer Stress; wird meistens mit Stress gleichgesetzt.	**Physiologie**	Lehre von den physikalischen und chemischen Prozessen, die im Organismus ablaufen.
Entzugssymptome	Die beim Absetzen einer zur Abhängigkeit führenden Substanz auftretenden körperlichen und psychischen Erscheinungen.		
Eustress	Positiver Stress		
Ergonomie	Lehre von der Belastung der Arbeit. Hier: Körpergerechte Gestaltung des Arbeitsplatzes.		

GLOSSAR

Progressive Muskelentspannung	Entspannungsverfahren, bei dem man in einer bestimmten Reihenfolge einzelne Muskelgruppen anspannt und anschließend wieder entspannt.	**Synapse**	Der Bereich zwischen zwei Nervenzellen, in dem Signale von einer Nervenzelle zu einer anderen übertragen werden.
Psychosen	Seelische Störungen, die oft mit Angst und Horrorvorstellungen einhergehen.	**Vegetatives Nervensystem**	Ein System miteinander verbundener Neuronen, das für die Aufnahme und für die Weiterleitung von Signalen für die Aufrechterhaltung wichtiger Organfunktionen verantwortlich ist.
Rehabilitation	Wiederherstellung, Wiedereingliederung in den Arbeitsprozess und in die Gesellschaft z. B. nach Unfällen (Verkehrsunfälle/Arbeitsunfälle).	**Volumenprozent**	Anzahl der in 100 cm^3 einer Lösung enthaltenen cm^3 eines gelösten Stoffes.
Resorption	Die Aufnahme von Alkohol in das Blut. Sie dauert ca. 30 bis 60 Minuten. Sie ist unter anderem abhängig vom Füllungszustand des Magens und von der Alkoholkonzentration in den Getränken.	**Wahrnehmung**	Verarbeitungsprozess der von den Sinneskanälen Sehen, Hören, Riechen und Tasten aufgenommenen Informationen.
		Zyklus	Kreislauf, immer wiederkehrendes Geschehen in bestimmten Abständen
Ressourcen	Zentraler Begriff für alles, was der Organismus in verschiedensten Formen verbraucht oder für sich nutzt.		
SGB (Sozialgesetzbuch)	Das SGB fasst die einzelnen Gesetze des Sozialrechts zusammen. Es besteht aus mehreren Teilen. Gesetze, die noch nicht im SGB enthalten sind, sind in besondere Bücher des SGB eingebettet, z. B. VII. Buch (Unfallversicherung), V. Buch (Krankenversicherung).		
Sinnesorgane	Organe, die Signale in Form von Reizen aus der Umwelt empfangen und an das Nervensystem weiterleiten.		
Spinalnerven	Nerven, die aus dem Rückenmark entspringen und zwischen den einzelnen Wirbeln austreten.		
StGB (Strafgesetzbuch)	Das StGB fasst die wesentlichen Gesetze des Strafrechts zusammen. Es besteht aus einem „allgemeinen Teil" und einem „besonderen Teil".		
Stressbedingte Gesundheitsstörungen	Krankheiten, die durch psychologischen Stress verursacht oder verschlimmert werden. Dazu gehören hoher Blutdruck, Magengeschwüre, bestimmte Kopfschmerzen, das Burn-out-Syndrom und andere.		
Symptome	Anzeichen, Kennzeichen, Merkmale oder Vorboten für eine kommende Entwicklung.		

SCHLAGWORTVERZEICHNIS

Aktivität	39, 48, 49, 70
Alarmreaktion	71
Alkohol	50, 61, 63, 64, 80, 91
Arbeitsschutzgesetz	10, 91
Arbeitssicherheitsgesetz	10
Arbeitsunfälle	9, 10
Ballaststoffe	50, 51, 54
Bandscheiben	15, 17, 18, 19, 26
Belastungsfaktoren	72
Berufskrankheiten	9, 10
Burn-out-Syndrom	77, 78, 91, 92
Depressionen	78
Drogen	61 – 67
Energie aus der Nahrung	48
Entspannungsübungen	27, 40, 41
Entspannungsverfahren	92
Ergonomie	13 – 26, 91
Erschöpfung	71, 77
Fahrersitz	19, 20, 21
Fette	50, 53, 55, 57
Flüssigkeit	17, 44, 47, 50, 56
Frühstück	45, 57, 65
Gesetzliche Unfallversicherung	9
Gesundheitsschäden	7, 9, 63
Gesundheitsvorsorge	7, 11
Herz-Kreislauftraining	39, 41, 49
Impfschutz	12
Koffein	61, 65
Kohlenhydrate	50, 57
Körperbalancetraining	39
Körperhaltung	15, 16, 18, 23
Krankenversicherung	11, 12
Lockerungsübungen	16, 30, 32
Mineralstoffe	50, 52, 54
Nährstoffe	17, 48, 50, 55, 56
Nikotin	61, 62
Physische Kondition	27ff
Präventionsmaßnahmen	9
Proteine	50, 52, 54
Rehabilitation	9
Ruhezeit	44, 70
Sitzende Tätigkeit	19
Sportliche Betätigung	39
Stoffwechselvorgang	48
Stress-Ampel	75, 83, 91
Stressreaktion	71, 73, 81, 89
Stresstreppe	76
Umgang mit Lasten	15, 24
Vitamine	50, 52, 54, 55
Vorsorgeuntersuchungen	10, 11
Wirbelkörper	16, 17
Wirbelsäule	15, 16, 18, 19, 20, 24, 26
Zwischenmahlzeit	45, 54, 57

BAND 2

Jochen Seifert

KINEMATISCHE KETTE ENERGIE & UMWELT

Bildnachweis –
wir danken folgenden Firmen und Institutionen für ihre Unterstützung:

Alcoa Wheel Products Europe
Baumot AG
Bosch GmbH
Braunschweiger Verkehrs GmbH
Continental AG
Daimler AG
Eberspächer GmbH
EDAG Engineering GmbH
Erlau AG
IAV GmbH
MAN Nutzfahrzeuge AG
Motorpresse
Mutschler media-office
NEOPLAN Bus GmbH, Plauen
Fa. RUD Ketten
Scania Deutschland GmbH
Siemens AG
Tessloff Verlag, Nürnberg
VDO Automotive AG (Continental-Konzern)
Vergölst GmbH
Vieweg Verlag
Volvo
WABCO
Zahnradfabrik Friedrichshafen AG

Titelbild: © Daimler AG

Autor: Jochen Seifert

KINEMATISCHE KETTE, ENERGIE & UMWELT

Inhalt

Das Grundwissen über die Technik Ihres Fahrzeugs gehört ebenso zum Handwerkszeug des Berufskraftfahrers wie die Kenntnisse über energiesparende Fahrweise und Umweltschutz.

Dieser Band beinhaltet neben der grundlegenden Nutzfahrzeugtechnik auch aktuelle Entwicklungen in Technik und Gesetzgebung, insbesondere im Bereich Kraftstoffe und Emissionen.
Der Bereich Energie & Umwelt vermittelt Kenntnisse, wie der Kraftstoffverbrauch optimiert werden kann, wie der Drehmomentverlauf des Motors zu verstehen ist und wie das Fahrzeug im Hinblick auf den Umweltschutz richtig bedient wird.

Abschließend wird das Thema Streckenplanung, Lesen von Straßenkarten und Navigation behandelt.

Der Autor

Jochen Seifert, geboren 1960, studierte Allgemeinen Maschinenbau in Karlsruhe und trat anschliessend als Trainee bei der Daimler AG ein. Im Laufe seiner achtzehnjährigen Betriebszugehörigkeit lernte er die Nutzfahrzeuge aus den Blickwinkeln Produktionsvorbereitung, Produktion, Qualitätsmanagement und Versuch/Entwicklung intensiv kennen. So war er u.a. in der Entwicklungsverantwortung für Schlüsselkomponenten der SCR-Abgasreinigungstechnologie. Zu seinen beruflichen Stationen gehörten mehrjährige Einsätze in den neuen Bundesländern (nach der Einheit) und in der Türkei. Seit 2006 ist Jochen Seifert Geschäftsführer des EDAG Kompetenzzentrum, vormals Rücker Nutzfahrzeuge in Arbon (Schweiz). Dort werden für verschiedene Hersteller anspruchsvolle Chassis-Konzepte und Nfz-Komponenten entwickelt. Jochen Seifert hat einen CE-Führerschein und fährt zeitweise selbst begeistert Lkw. Er ist weiter Autor des WAS IST WAS-Buches Lkw, Bagger und Traktoren (Band 129), leitet eine Nutzfahrzeug-Jahrestagung und hält öffentliche Vorträge um die Wahrnehmung von Nutzfahrzeugen zu verbessern.

Legende

» **PARAGRAPH**
Originaltext aus dem Gesetz

» **FRAGE**
Fragen aus der Praxis

» **INFO**
Merksätze

» **PRAXISTIPP/PRAXISWISSEN**
Tipps aus der Praxis

» **BUCH**
Verweise auf weitere Lektüre/Nachschlagemöglichkeiten

» **ARBEITSBLATT**
Zur Wiederholung und Vertiefung von gelernten Inhalten

INHALTSVERZEICHNIS

Allgemeines zum Thema Nutzfahrzeuge
1.1 Der Güterverkehr 9
1.2 Wichtige Neuerungen von Seiten des Gesetzgebers 10
1.3 Technik: Entwicklungen und Trends 11
1.4 Definition der Nutzfahrzeuge 12
1.5 Anforderung an Nutzfahrzeuge 13
1.6 Das Gesamtpaket entscheidet: TCO 14
1.7 Die kinematische Kette 14

Motor
2.1 Einleitung 16
2.2 Dieselmotor 18
2.2.1 Technische Daten eines Dieselmotors 19
2.2.2 Aufbau eines Dieselmotors 21
2.2.3 Arbeitsweise eines Viertakt-Motors 25
2.2.4 Einspritzverfahren 26
2.2.5 AdBlue-Anlage („Diesel Exhaust Fluid" (DEF) 27
2.2.6 Kraftstoffanlage 28
2.2.7 Aufladung der Motoren 33
2.2.8 Luftfilter 34
2.2.9 Motorkühlung 35
2.2.10 Motorschmierung 38
2.2.11 Abgasanlage 41
2.2.12 Motorsteuerung (Motormanagement) 42
2.2.13 Nebenverbraucher 43
2.3 Alternative Antriebe 43
2.3.1 Erdgasmotor 43
2.3.2 Wasserstoffmotor 44
2.3.3 Brennstoffzellenantrieb 44
2.3.4 Hybridantrieb 44
2.3.5 Elektromobilität 45
2.4 Motorkennlinien 46
2.4.1 Volllastkennlinien 46
2.5 Eigenschaften und Arten von Kraftstoffen 48
2.5.1 Diesel-Kraftstoffe 48
2.5.2 Benzin-Kraftstoffe 49
2.5.3 Alternative Kraftstoffe 49
2.6 Emissionen 51
2.6.1 Abgaszusammensetzung 51
2.6.2 Abgas- und Diagnosegesetzgebung 52
2.6.3 Abgasreinigung beim Diesel-Nutzfahrzeugmotor 59
2.6.4 Strategien zur Abgasnachbehandlung 63

INHALTSVERZEICHNIS

Kraftübertragung

3.1	Antriebskonzeptionen	64
3.1.1	Radformel – Antriebskombinationen	64
3.2	Kupplung	65
3.2.1	Funktion	65
3.2.2	Störungen und Fehler an der Kupplung	66
3.2.3	Wandler	66
3.3	Getriebe	67
3.3.1	Aufbau eines 4-Gang-Wechsel-Getriebes (Schaltmuffengetriebe)	68
3.3.2	Getriebebauarten	70
3.3.3	Getriebeschaltungen	73
3.3.4	Automatisierte Schaltgetriebe	75
3.3.5	Automatikgetriebe	76
3.4	Gelenkwelle, Achsantrieb, Radantrieb	76
3.4.1	Gelenkwelle	76
3.4.2	Achsantrieb	77
3.4.3	Radantrieb	79

Fahrwerk

4.1	Fahrwerk	80
4.1.1	Rahmen im Lkw-Bau	80
4.1.2	Rahmen und Fahrgestelle im Omnibusbau	81
4.1.3	Radaufhängung	83
4.1.4	Rad- und Achsstellungen	85
4.1.5	Federung und Dämpfung	87
4.2	Lenkung	91
4.2.1	Funktion der Hilfskraftlenkung (Servolenkung)	92
4.2.2	Überprüfung und Wartung	93
4.3	Räder und Reifen	94
4.3.1	Räder	94
4.3.2	Reifen	96
4.3.3	Reifenkennzeichnungen	98
4.3.4	Überprüfung von Rädern und Reifen	100
4.3.5	Reifenschäden	102
4.3.6	Radwechsel	104
4.3.7	Radabdeckungen	105
4.3.8	Schneeketten	106

INHALTSVERZEICHNIS

Wirtschaftliches Fahren
5.1 Einleitung 107
5.2 Optimierung des Kraftstoffverbrauchs 108
5.2.1 Kenntnisse über den Drehmomentverlauf des Motors 108
5.2.2 Energiesparende Fahrweise 111
5.2.3 Fahrzeugbedienung 113
5.2.4 Nutzfahrzeuge und Umweltschutz 115

Streckenplanung
6.1 Straßenkarten lesen 119
6.2 Fahrtplanung – Streckenplanung – Zeitplanung 122

Schlusswort 124
Schlagwortverzeichnis 127

1. Allgemeines zum Thema Nutzfahrzeuge

1.1 Der Güterverkehr

Unser tägliches Leben ist ohne einen zuverlässigen und flexiblen Güteraustausch nicht denkbar. Der weltweite Warenverkehr ist in den letzten 50 Jahren auf das 70-fache angestiegen und aktuelle Prognosen deuten auf dessen weitere Zunahme hin. Gründe dafür sind neben dem steigenden Lebensstandard die Globalisierung der Wirtschaft, der Wegfall von Handelsschranken innerhalb der EU, der internationale Fertigungsverbund sowie der boomende e-commerce (Internet-Handel).

Neben der Luftfracht sind als Hauptverkehrsträger das Binnenschiff, die Bahn und der Lkw zu nennen. Die „Punkt zu Punkt"-Eigenschaft des Lastwagen und der mit den Lkw kombinierte flexible Einsatz wendiger Transporter auf der sogenannten „letzten Meile" zum Endverbraucher machen den Individualverkehr auf Rädern absolut unschlagbar. Er ist anpassungsfähig hinsichtlich Fahrzeiten, Ladungsmenge/-art sowie der Be- und Entladeorte und erreicht eine vergleichsweise hohe Durchschnittsgeschwindigkeit. Es kann auch festgestellt werden, dass der Lastwagen „seine Hausaufgaben" gründlich gemacht hat. In Sachen Kraftstoffverbrauch, Schadstoffausstoß, Transporteffizienz und Sicherheit hat er heute einen hervorragenden Platz eingenommen. Eine hohe Transporteffizienz, der niedrige Verbrauch pro Tonnen-Kilometer und die bestmögliche Abgasqualität moderner Euro 6 Motoren zeigen den erreichten Entwicklungsstand eindrucksvoll auf. Das ist leider in der öffentlichen Wahrnehmung noch nicht überall angekommen. Die Forderung „Güter auf die Bahn" ist jedoch oft Wunschdenken und wird meist reflexartig ausgesprochen. Auf bestimmten Strecken jedoch oder bei der Durchquerung extrem langer Tunnel (NEAT) macht eine Bahnverladung durchaus Sinn. Auch im intermodalen Verkehr (Lkw/Bahn) gibt es aktuell Fortschritte und Innovationen zu beobachten. Aber vor allem muss es gelingen, den Anteil der teilausgeladenen Fahrten oder Leerfahrten zu reduzieren und die Logistikprozesse noch flexibler zu vernetzen.

So hat der Güterkraftverkehr in seiner Kombination mit andern Verkehrsträgern eine aussichtsreiche Zukunft vor sich. Werfen wir hier einen kurzen Blick auf die jüngste und in den nächsten Jahren zu erwartende Entwicklung aus Sicht Gesetzgebung und Technik.

ALLGEMEINES ZUM THEMA NUTZFAHRZEUGE

1.2 Wichtige Neuerungen von Seiten des Gesetzgebers

Der Europäische Rat hat Anfang 2015 Anpassungen an der Richtlinie über die zulässigen Abmessungen und Gewichte von Nutzfahrzeugen angenommen. Zuvor hatte das Europäische Parlament dem unten erläuterten Gesetzesvorschlag zugestimmt. Die EU-Mitgliedstaaten müssen diesen jetzt bis zum 7. Mai 2017 auf nationaler Ebene umsetzen. Die Richtlinie erlaubt die Verlängerung von Fahrerkabinen, um dadurch eine bessere Aerodynamik und einen reduzierten Kraftstoffverbrauch (= geringerer CO_2-Ausstoss) zu erreichen. Durch die damit möglichen konstruktiven Änderungen an der Kabine kann auch das Sichtfeld der Fahrer vergrößert werden um schwächere Verkehrsteilnehmer wie Radfahrer und Fußgänger besser zu schützen. Weiter machen es Ausnahmeregelungen möglich, einziehbare oder ausklappbarer aerodynamische Luftleiteinrichtungen am Fahrzeugheck (Rear Flaps) anzubringen, um damit die Aerodynamik des Lastzuges weiter zu verbessern. Auch für den Lang-Lkw (im Volksmund Giga-Liner genannt) wurde nach Abschluss des Feldversuches eine eingeschränkte Verkehrsfreigabe erteilt. Diese Fahrzeugkombinationen dürfen ab dem 1. Januar 2017 mit einer Länge von bis zu 25,25 m im streckenbezogenen Dauerbetrieb auf Basis einer definierten Streckenliste verkehren. Das Streckennetz erstreckt sich aktuell über 15 Bundesländer und wird laufend angepasst. Für den intermodalen Container-Verkehr (Lkw-Bahn) gilt, dass Auflieger für 45-Fuß-Container im Rahmen des multimodalen Betriebs 15 Zentimeter länger sein können. Dies ermöglicht eine bessere Vernetzung unter den Verkehrsträgern Lkw und Bahn. Um alternative Antriebsarten zu fördern wurde weiter beschlossen, dass bei Fahrzeugen, die ganz oder teilweise mit einem alternativen Kraftstoff (Strom, Wasserstoff, Erdgas einschließlich Biomethan, Flüssiggas, Hybrid) betrieben werden, das höchstzulässige Gesamtgewicht um maximal eine Tonne erhöht werden darf um das Mehrgewicht der zusätzlichen technischen Ausrüstung zu kompensieren.

Eine Anhebung des höchstzulässigen Gesamtgewichts für zweiachsige Reisebusse von 18 auf 19,5 Tonnen wird in Deutschland diskutiert und ist in vielen europäischen Ländern bereits umgesetzt. Wegen der über die Jahre zunehmenden technischen Fahrzeugausrüstung sowie dem steigenden Gewicht von Fahrgästen und deren Gepäck müsste sonst die ursprüngliche Beförderungskapazität pro Bus reduziert werden.

Seit November 2015 sind automatische Notbremsassistenten in neuen LKWs über 8 Tonnen zulässigem Gesamtgewicht gesetzlich vorgeschrieben. Derzeit müssen diese Systeme im Notfall aber lediglich eine Geschwindigkeitsverringerung um 10 km/h bewirken.

Ab November 2018 muss diese Technologie die Geschwindigkeit im Notfall um 20 km/h drosseln können. Aufgrund der sich immer wieder ereignenden dramatischen Auffahrunfälle mit Lkws fordern diverse Institutionen und die Medien neben einer weiteren Verschärfung dieser Werte auch eine technische Anpassung, durch welche sich die Notbremsassistenten grundsätzlich nicht abschalten lassen, beziehungsweise nach manueller Deaktivierung selbstständig wieder zuschalten müssen. In Zukunft wird sich die Gesetzgebung verstärkt mit den Themenkreis des (teil-)autonomen Fahrzeugbetriebs auseinandersetzen. Erste Schritte in diese Richtung sind durch das sogenannte „Platooning" vorgezeichnet (Platoon: engl. Kolonne). Es handelt sich hierbei um ein einen eng aufgeschlossenen Zug von mehreren Fahrzeugen, wobei nur der Fahrer des ersten Fahrzeuges steuert. Die anderen Fahrzeuge sind über eine „virtuelle Deichsel" elektronisch zusammengekoppelt und fahren im Platoon autonom.

Vorteil des Platoons ist eine signifikannte Kraftstoffeinsparung für alle Fahrzeuge. Erste Versuche mit dem Platooning-Betrieb laufen schon. Auf Betriebshöfen, auf dem Hafengelände oder auf Flugfeldern werden schon heute (Nutz-)fahrzeuge und Maschinen teilautonom betrieben. Denkbar ist zukünftig, dass der Fahrer seinen Lastzug an der Pforte einer zu beliefernden Firma „abgibt" und dieser vollständig autonom auf dem Gelände rangiert und ent-/beladen wird. Er würde ihn dann wieder zur Weiterfahrt an der Pforte in Empfang nehmen und zuvor seine Ruhezeit nehmen. Auf bestimmten Autobahnstrecken ist zwischen großen Logistikcentern in Autobahnnähe (Hub to Hub) in weiterer Zukunft auch ein völlig fahrerloser Verkehr denkbar. Diese Lkw bräuchten dann keine Fahrerhäuser mehr. Für alle diese zukünftigen Visionen ist natürlich der flächendeckende breitbandige Ausbau einer digitalen Infrastruktur (5G) unerlässlich.

ALLGEMEINES ZUM THEMA NUTZFAHRZEUGE

1.3 Technik: Entwicklungen und Trends

Die Luftqualität im Zentrum größerer und großer Städte hat sich in den letzten Jahren durch das gestiegene Verkehrsaufkommen aber auch durch die Hausfeuerungen stark verschlechtert (Stichwort Feinstaubalarm). Aus diesem Grund sind Bestrebungen im Gang, in Innenstädten künftig möglichst emissionsfrei zu verkehren. Selbstverständlich werden die Emissionen nur verlagert, denn die Energie für diese Fahrzeuge muss ja auch erzeugt werden (sollten hier nicht regenerative Energiequellen zum Einsatz kommen). Neben dem Individualverkehr sind damit auch neuartige Nutzfahrzeugkonzepte gefragt. Vollelektrische Antriebsstränge benötigen in letzter Konsequenz auch andere Chassis-Konzepte wie den bisherigen Leiterrahmen. Auch müssen neben der Reichweitenfrage und der Ladeinfrastruktur Themen wie Einsatz von Nebenabtrieben und die Gewährleistung der Motorbremsfunktionen bei Wegfall des Dieselmotors beachtet werden.

Da die Abgasreinigung bei Lkw mit der Einführung der Euro 6-Grenzwerte eine sehr hohe Wirksamkeit erreicht hat, konzentrieren sich die die weiteren technischen Bemühungen auf eine Reduzierung der CO_2-Emmisonen (Kohlendioxyd), welches ein Treibhausgas darstellt. CO_2 lässt sich anders als Partikel oder Stickoxyd (NO_x) nicht durch einen Katalysator umwandeln oder wegfiltern. Die Emisonen stehen in direkter Relation zum Kraftstoffverbrauch. Werden beispielsweise durch eine moderne Zugmaschine pro Jahr 1.100 Liter Kraftstoff weniger verbraucht, erspart dieses der Umwelt rund drei Tonnen des Treibhausgases CO_2. Daher ist derzeit die Reduzierung des Kraftstoffverbrauchs ein vordringliches Thema um die globalen CO_2-Ziele zu erreichen. Denn die EU-Klimapolitik sieht vor, bis 2050 in der EU die Treibhausgasemissionen um 80 % gegenüber dem Stand von 1990 zu senken.

Mit der Zielsetzung der Kraftstoffeinsparung sind moderne Fahrzeuge mit folgenden technischen Eigenschaften entwickelt worden:
- Reduzierung des Rollwiderstandes durch spezielle Leichtlauf-Reifen und Eco-Roll-Getriebe
- Reduzierung von Verlusten durch geringere innere Reibung in Motor, Getriebe und angetriebene Achsen durch fortschrittliche Materialpaarungen und Leichtlauföle
- Bedarfsgerechte Steuerung von Motor-Nebenverbrauchern wie Luftpresser, Wasser-/Lenkölpumpe, Klimakompressor
- Absenkung des Drehzahlniveaus durch eine längere Achsübersetzung bei zugleich höheren Antriebs-Drehmomenten
- Höhere Einspritzdrücke, stärkere Verdichtung, effizientere Turbolader, Feinschliff an Kolben und Einspritzdüsen
- Einsatz von „Rückgewinnungskomponenten" am Motor wie Turbo-Compound-Systeme
- Vorschlag einer kraftstoffsparenden Fahrstrategie z. B. durch einen vorrausschauenden Tempomat (predictive cruise control)
- Aerodynamischer Feinschliff an Zugfahrzeug und der gesammten Zug-Kombination.
- Hybrid-Komponenten im Antriebsstrang, die eine Rückgewinnung (Rekuperation) von Energie z. B. bei Bergabfahrten oder beim Bremsen/Ausrollen ermöglichen

Dazu kommen noch weitere, durch den Fahrer zu beeinflussende Maßnahmen, die später ausführlich erläutert werden. Ein ganz wichtiger Stellhebel für die Reduzierung des Kraftstoffverbrauchs pro Tonnen-Kilometer ist das Zusammenspiel des drei „T´s" (Truck-Trailer-Tire). Die Hersteller der gezogenen Einheiten gestalten das Zusammenspiel des kompletten Lastzugs in Sachen Konnektivität und Emissionsverminderung zum Wohle des Gesamtsystems der Logistik aber auch der Umwelt in hohem Maße mit. Weiter sind Telematiksysteme einer völlig neuen Schlagkraft nötig, um die Ausladungsquote von derzeit nur ca. 25 % weiter zu steigern, denn 100 km Leerfahrtvermeidung entspricht einer Verbrauchsoptimierung von 3 %. Die Lösung liegt in einem nahtlosen Logistikprozess dank umfassender und durchgängiger Digitalisierung.

ALLGEMEINES ZUM THEMA NUTZFAHRZEUGE

1.4 Definition von Nutzfahrzeugen

Die Europäische Gemeinschaft definiert die Fahrzeugklassen durch die Richtlinie 2007/46/EG in Verbindung mit der EU Verordnung 2011/678/EU von Juli 2011. Diese bilden die Grundlage für die Anwendung entsprechender EG-Vorschriften (z. B. Beleuchtungs- und Abgasvorschriften), nach welchen Nutzfahrzeuge entwickelt und für den Verkehr zugelassen werden dürfen. Auch das Fahrerlaubnisrecht bezieht sich auf diese Einteilung. Hier eine grobe Übersicht der in diesem Band behandelten Fahrzeugklassen:

- **Busse:**
  » Klasse M2: Fahrzeuge zur Personenbeförderung mit mehr als acht Sitzplätzen außer dem Fahrersitz und einer zulässigen Gesamtmasse bis zu 5 Tonnen (Kleinbusse)
  » Klasse M3: Fahrzeuge zur Personenbeförderung mit mehr als acht Sitzplätzen außer dem Fahrersitz und einer zulässigen Gesamtmasse von mehr als 5 Tonnen (übrige Busse)

- **Lastwagen:**
  » Klasse N1: Fahrzeuge zur Güterbeförderung mit einer zulässigen Gesamtmasse bis zu 3,5 Tonnen (leichte bis schwere Transporter).
  » Klasse N2: Fahrzeuge zur Güterbeförderung mit einer zulässigen Gesamtmasse von mehr als 3,5 Tonnen bis zu 12 Tonnen (leichte bis mittelschwere Lkw)
  » Klasse N3: Fahrzeuge zur Güterbeförderung mit einer zulässigen Gesamtmasse von mehr als 12 Tonnen (schwere Lkw)
  » Nur der Vollständigkeit halber:
  Klasse O: Anhänger, einschließlich Sattelanhänger

> » **INFO**

Als Nutzfahrzeuge werden oft auch Betonpumpen, Mobilkrane, Übertragungswagen, Schienenreinigungsfahrzeuge und Hebebühnenfahrzeuge (Steiger) bezeichnet. Diese Fahrzeuge sind jedoch selbstfahrende Arbeitsmaschinen, da sie keine wechselnde Nutzlast (Transportgut) befördern.

> » **INFO**

Im vorliegenden Band bezeichnen wir Nutzfahrzeuge nur dann als solche, wenn sie dem Transport von Gütern und Personen dienen und hauptsächlich auf öffentlichen Straßen fahren (On-Highway-Fahrzeuge im Gegensatz zu Off-Highway-Fahrzeuge wie z. B. Dumper, Bulldozer oder Radlader).

ALLGEMEINES ZUM THEMA NUTZFAHRZEUGE

1.5 Anforderungen an Nutzfahrzeuge

Die wesentlichen Anforderungen an ein Nutzfahrzeug sind:
- Zuverlässigkeit
- Wirtschaftlichkeit (hier: geringe Gesamtkosten über die gesamte Lebensdauer, siehe TCO)
- Hohe Nutzlast (Effizienz)
- Attraktiver Fahrerarbeitsplatz
- Sicherheit und Partnerschutz bei Unfällen

Die Anforderungen an Wirtschaftlichkeit und Zuverlässigkeit können nur durch eine konsequente Anpassung des Fahrgestelles und des Antriebsstranges (der kinematischen Kette) an die spätere Transportaufgabe des Lkw (sein Einsatzgebiet) erfüllt werden.
Daher sind alle Lastwagen „Maßanzüge", entwickelt und speziell gebaut für ihren jeweiligen Verwendungszweck. Die großen Lkw-Hersteller produzieren mehrere hundert Fahrzeuge pro Tag und keines davon gleicht dem anderen. Wenn man es dem Lastwagen auch nicht ansieht, es handelt sich um einen komplett anderen Antriebsstrang, wenn ein Lkw zum Beispiel Pflanzen von Holland nach Frankreich befördert oder Stahl-Coils aus Deutschland nach Italien. Einige Hersteller bieten mittlerweile konsequent auf das jeweilige Einsatzgebiet abgestimmte Grundbaumuster an und orientieren sich noch zusätzlich mit darauf abgestimmten Ausstattungspaketen an den drei Profilen:
- „Loader": maximale Gewichtszuladung bei kleinem Ladungsvolumen (z. B. Coils, Profilstahl, Baustoffe) › spezielle Achskonfiguration, Leichtbaukonzepte für hohe Nutzlast
- „Volumer": maximales Ladungsvolumen bei niedriger Gewichtszuladung (z. B. Dämmstoffe, Möbel) › Voll-Luft-Federung, Niederquerschnittsbereifung, Niedrigrahmenkonzepte z. B. für AMX-Container
- „Grounder": kompromisslose Auslegung für leichten bis schweren Baustelleneinsatz › Robustheit, Allrad, Bodenfreiheit, Geländefahrwerk

Die Bezeichnungen sind Beispiele von Mercedes-Benz Trucks.

Durch diese in der Automobilwelt einzigartige Anpassung an den Einsatzzweck und die daraus entstehenden Varianten (die auch in der Entwicklung und der Produktion beherrscht werden müssen), können Lastwagen eine hohe Laufleistung bei enormer Zuverlässigkeit erreichen. Diese ist aufgrund der heutigen Abhängigkeit der Produktionsprozesse (just in time) von einer pünktlichen Belieferung seine wichtigste Eigenschaft.

Eine natürlich jederzeit angestrebte hohe Nutzlast kann bei einem gesetzlich vorgegeben maximalen Gesamtgewicht nur durch eine geringe Leermasse des Fahrzeugs erreicht werden. Hierfür werden bei der Entwicklung Leichtbaukonzepte verfolgt und neuartige Werkstoffe eingesetzt. Diese erreichen trotz eines geringeren Gewichts dennoch die geforderte Festigkeit.

Auch im Hinblick auf elektrische Antriebskonzepte mit schweren Batterien werden Leichtbauansätze immer wichtiger. Abschließend lasst sich sagen, dass ein Lastwagen im Hinblick auf seine Entwicklung und seine Produktion ein sehr anspruchsvolles Fahrzeug ist. Viele bahnbrechende Innovationen haben vor allem über das Nutzfahrzeug ihren Weg auf die Straße gefunden wie z. B. ABS und Notbremsassistent).

ALLGEMEINES ZUM THEMA NUTZFAHRZEUGE

1.6 Das Gesamtpaket entscheidet: TCO

Egal, ob Sie als „Selbstfahrender Eigentümer" (engl. owner operator) Besitzer eines stolzen Lastzuges oder Reisebusses sind und diesen selbst chauffieren, oder ob Ihnen Ihr Arbeitgeber sein wertvolles Fahrzeug anvertraut hat. Es interessieren im gewerblichen Kraftverkehr immer die „Total Costs of Ownership" (TCO). Das sind die Gesamtkosten eines Fahrzeuges betrachtet über seine gesamte Lebensdauer. Diese Gesamtkosten setzen sich aus mehreren unterschiedlichen Kostenarten zusammen: Anschaffungspreis/Kapitalkosten, Unterhaltskosten wie Kraftstoff, AdBlue®, Schmierstoffe und Reifen, Wartung und Reparaturen (Ersatzteilverfügbarkeit, geringe Arbeitswerte), Fahrerlöhne, Fahrzeugmanagement, Steuern und Versicherung sowie Maut. So kann ein in der Anschaffung vergleichsweise teurer Lkw durch geringen Kraftstoffverbrauch, lange Wartungsintervalle und geringe Reparaturanfälligkeit unter dem Strich das wirtschaftlichere Fahrzeug sein.

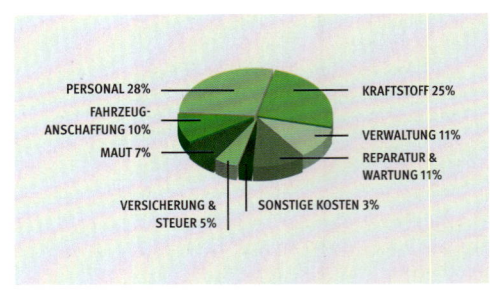

Zusammensetzung der TCO bei Lastwagen im deutschen Marktumfeld

1.7 Die kinematische Kette

Der Motor ist das Herzstück jedes Kraftfahrzeuges. Er stellt die zur Fortbewegung benötigte Leistung zur Verfügung. Auch Nebenantriebe für Klimakompressoren und Hydraulikpumpen für beispielsweise Fahrmischerantriebe werden durch ihn angetrieben.

Die vom Motor abgegebene Leistung P, (engl. power) wird gemessen in Kilowatt (kW). Sie wird jedoch in der Nfz-Branche noch „inoffiziell" mit PS angegeben und ist das Produkt aus der Drehzahl n, (Umdrehungen/Minute) und dem Drehmoment M (Newton x Meter, Nm). Während man sich den Begriff der Drehzahl gut vorstellen kann, hilft zum Verständnis des Drehmoments folgendes Bild: Ein Mechaniker versucht mit einem Radschlüssel eine Radmutter zu lösen. Es findet zwar kurz vor dem Losbrechen der Mutter an dieser „keine Drehzahl statt", aber es wird dort ein hohes Drehmoment aufgebracht. Das Drehmoment könnte man daher stark vereinfacht mit „die Kraft etwas gegen einen Widerstand zu drehen" bezeichnen. Sobald die Mutter sich löst beginnt sie sich zu drehen und die Kraft im Radschlüssel nimmt ab. Ein Motor kann die gleiche Leistung abgeben, wenn er entweder schnell und mit wenig Durchzugsvermögen läuft (Beispiel Motorrad, es sind viele Schaltvorgänge nötig, um die Drehzahl hoch zu halten) oder eher langsam dreht aber dafür eine hohe Durchzugskraft hat (zum Beispiel ein Dieselmotor, den man untertourig fahren kann). Der Motor steht am Anfang der Kinematischen Kette, welche auch als Kraftstrang, Antriebsstrang oder engl. powertrain bezeichnet wird. An deren Ende sind die Räder, welche die Antriebsleistung an die Fahrbahn weitergeben und das Fahrzeug letztendlich in Fahrt bringen. Ein Verbrennungsmotor (engl. engine oder motor), und einen solchen Typ betrachten wir jetzt wegen seiner überwiegenden Verwendung in Kraftfahrzeugen, kann aus dem Stillstand heraus nicht arbeiten. Er muss sich bei Betrieb mindestens mit seiner Leerlaufdrehzahl (engl. idle oder idle speed) drehen.

ALLGEMEINES ZUM THEMA NUTZFAHRZEUGE

In der kinematischen Kette braucht es daher zunächst:

- Die **Kupplung** (engl. clutch), mit welcher die Kurbelwelle des Motors vom restlichen Antriebsstrang getrennt werden kann. Gefühlvoll betätigt, verbindet sie Motor und Getriebe, ohne dass der Motor abrupt abgewürgt wird. Wie beim Schalten der Gänge gleicht die Kupplung beim „einkuppeln" die unterschiedlichen Drehzahlen an.

- Das **Getriebe** (engl. gearbox oder transmission) ist durch die Auswahl bestimmter Zahnradkombinationen in der Lage, unterschiedliche Drehzahlen zwischen Motor und dem restlichen Antriebsstrang einzustellen. Für die jeweilige Fahrsituation und den benötigten Zugkraftbedarf kann der Fahrer die für ihn günstigste Motordrehzahl durch das Einlegen der entsprechenden Gänge wählen. (hohe Drehzahl bei geringerem Drehmoment oder umgekehrt). Durch ein Zwischenrad im Schaltgetriebe wird auch das Rückwärtsfahren ermöglicht, da die Motordrehrichtung im Getriebe umgekehrt wird. Allradfahrzeuge haben nach dem Schaltgetriebe zusätzlich ein Verteilergetriebe (engl. transfer box), welches nicht schaltbar ist. Es verteilt die eingehende Leistung auf zwei „Ausgänge" für jeweils die Vorder- und Hinterachse (engl. front axle, rear axle).

- Die **Gelenkwelle/Kardan-Welle** (engl. prop shaft) überträgt die Motorleistung vom Getriebe zur Hinterachse oder bei Allradfahrzeugen zum Verteilergetriebe. Ihre kardanischen Gelenke (Kreuzgelenke) machen sie flexibel und ermöglichen während der Kraftübertragung ein Federn des Fahrzeugs oder ein Verschränken dessen Achsen bei unebener Fahrbahn. In manchen Situationen darf beim Abschleppen eines Lkw das Getriebe nicht durch die mitlaufende Hinterachse angerieben werden. Dazu trennt man den Antriebsstrang am Einfachsten durch das Abflanschen der Gelenkwelle an der Hinterachse.

- Der **Achsantrieb** (engl. axle drive) im Hinterachsgehäuse lenkt den Kraftfluss vom Motor kommend rechtwinklig auf die Antriebsräder um. Hierzu werden ein Ritzel und ein Tellerrad eingesetzt, die meist eine spezielle geräuscharme (Hypoid)Verzahnung aufweisen. Wenn zum Beispiel bei Baustellenfahrzeugen (Kippern) beide Hinterachsen angetrieben werden, befindet sich im Achsantrieb der ersten Hinterachse noch ein Durchtrieb. Eine kurze Gelenkwelle verbindet diesen dann mit dem Achsantrieb der zweiten Hinterachse.

- Das **Differential** (-getriebe) (engl. differential) sitzt ebenfalls direkt hinter dem Achsantrieb, im Achsgehäuse und gleicht die unterschiedlichen Drehzahlen der angetriebenen Räder bei der Kurvenfahrt aus. Eine Kurve kann nur gefahren werden, wenn sich das kurvenäußere Rad schneller dreht als das kurveninnere.

So gesehen ist das Differential eine Art stufenloser Leistungsverteiler und notwendig in allen angetriebenen Achsen. Im Verteilergetriebe der Allradfahrzeuge gibt es ebenfalls ein Differential (Längsdifferential) um bei Kurvenfahrten auftretende Drehzahlunterschiede an der Vorder- und Hinterachse auszugleichen. Im schweren Geländeeinsatz, wenn aufgrund des rutschigen Untergrunds an jedem angetrieben Rad Zugkraft ankommen soll, können Längs- und Querdifferentiale einzeln und zusammen mechanisch gesperrt, also unwirksam gemacht werden (Differentialsperre). Auf griffiger Fahrbahn würde eine eingelegte Differentialsperre allerdings bei der Kurvenfahrt schnell zur Beschädigung des Antriebsstrangs führen.

- Die **Steckachsen/Achswellen** (engl. axle shaft) übertragen die Leistung vom Differential kommend (ähnlich wie die Gelenkwellen) zu den Rädern. Weil sie sich innerhalb des Achsgehäuses nicht verschränken müssen, brauchen sie keine Kreuzgelenke.

- Das **Außenplanetengetriebe** (engl. planetary gear) oder der Radantrieb an der gleichnamigen Außenplaneten-Hinterachse ist vor allem bei Baustellenfahrzeugen unmittelbar an der Radaufnahme (Wheelend) angeordnet. Durch ein untersetzendes Planetengetriebe werden die vom Achsantrieb per Achswellen ankommenden Drehzahlen direkt am Rad in ein hohes Antriebsdrehmoment „umgewandelt". Vorteil: Der ganze Antriebsstrang kann bis unmittelbar vor die Räder verhältnismäßig leicht ausgelegt werden (keine hohen Drehmomente). Es „kommen dafür höhere Drehzahlen an den Rädern an". Das am Rad benötigte hohe Drehmoment wird direkt am „Einsatzort" durch eine Untersetzung erzeugt. Ein weiterer Vorteil liegt darin, dass der vorgelagerte Achsantrieb weniger stark untersetzt werden muss und dadurch kleinere Tellerräder verwendet werden können. Das führt zu einem kleiner bauenden Hinterachsgehäuse und zu besserer Bodenfreiheit im Gelände.

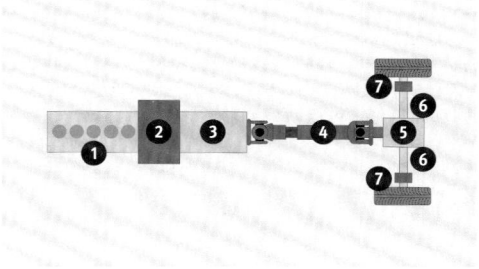

1	Motor	4	Gelenkwelle
2	Kupplung	5	Achsantrieb und Differential
3	Schaltgetriebe/ Automatikgetriebe	6	Steckachsen/Achswellen
		7	Außenplanetengetriebe

MOTOR

2. Motor

2.1 Einleitung

Beim Nutzfahrzeug hat sich seit den 30er Jahren der Dieselmotor durchgesetzt. Er ist robust, langlebig und braucht für die gleiche Leistung weniger und billigeren Kraftstoff, als ein Benzin- (Otto-) Motor. Durch das Fehlen einer seinerzeit noch anfälligen Zündanlage war er für robuste Anwendungen gut geeignet. Er weist auch einen für Nutzfahrzeuganwendungen günstigen Drehmomentverlauf auf. Schon bei niedrigen Drehzahlen stellt er ein hohes Drehmoment zur Verfügung und hält dieses über einen breiten Drehzahlbereich annähernd konstant.

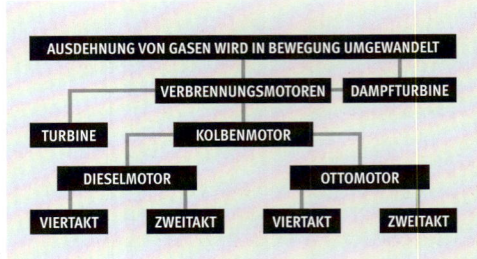

Der Dieselmotor ist eine Wärmekraftmaschine, in der chemische Energie (Kraftstoff) durch Verbrennung in mechanische Energie (Drehzahl, Drehmoment) umgewandelt wird. Die Vollständigkeit dieser Umwandlung wird mit dem Wirkungsgrad angegeben. Leider kann nicht die komplette chemische Energie für den Antrieb ausgenutzt werden. Es entstehen bei der Umwandlung (der Verbrennung) Verluste, die sowohl das Kühlwasser aufheizen und auch mit dem heißen Abgas überwiegend ungenutzt entweichen. Moderne 4-Takt-Dieselmotoren haben einen Wirkungsgrad von 0,44. D. h. es kommen pro Liter Dieselöl nur 0,44 l dem Antrieb zugute. 0,25 l werden durch die Kühlanlage abgeführt und 0,31 l entweichen mit der Abgaswärme. Zum Vergleich: Ottomotoren erreichen einen noch günstigeren Wirkungsgrad von 0,3.

LEISTUNG	DREHMOMENT
310 kW (421 PS) bei 1600 U/min.	2100 Nm bei 1100 U/min.
330 kW (449 PS) bei 1600 U/min.	2200 Nm bei 1100 U/min.
350 kW (476 PS) bei 1600 U/min.	2300 Nm bei 1100 U/min.
375 kW (510 PS) bei 1600 U/min.	2500 Nm bei 1100 U/min.
390 kW (530 PS) bei 1600 U/min.	2600 Nm bei 1100 U/min.

Bei der Verbrennung des Kraftstoff-Luftgemisches dehnt sich dieses explosionsartig aus und treibt dadurch die Kolben in den Zylindern an. Diese sind mit dem Pleuel mit der Kurbelwelle verbunden. Die Kurbelwelle wandelt die Auf- und Abbewegung der Kolben in eine Drehbewegung um.

Moderne Motorengenerationen in der 12- bis 13-Liter-Klasse weisen heute ein beeindruckendes Drehmoment bei niedriger Drehzahl auf. Hier werden Leistung und Drehmoment für unterschiedliche Leistungsstufen einer aktuellen Motorengeneration gezeigt.

MOTOR

Spitzenmotorisierungen erreichen somit hubraumbezogene Kenngrößen wie 30,5 kW (41,4 PS) pro Liter Hubraum als auch ein Drehmoment von 203 Nm pro Liter Hubraum. In der letzten Zeit ist der Dieselmotor im Hinblick auf sein Abgasverhalten in der Öffentlichkeit stark kritisiert worden. Sogar Einfahrverbote von Dieselfahrzeugen in Innenstädte werden gefordert. Es ist hierzu zu sagen, dass heute sämtliche schwere Lkw-Dieselantriebe mit einer leistungsfähigen Abgasreinigung ausgerüstet sind (SCR-Technologie mit AdBlue®). Der erreichte und vom Gesetzgeber vorgeschriebene Euro 6-Emmissionsstandard macht den im Lkw und Bus eingesetzten Dieselmotor zukunftssicher. Die aktuellen Diskussionen betreffen daher ausschließlich Dieselmotoren in Pkw.

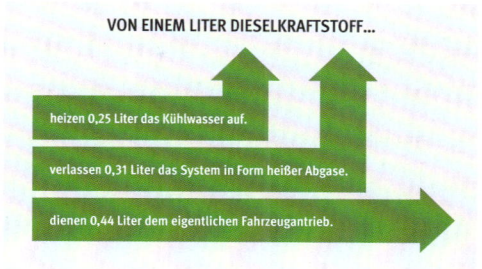

Neben den Dieselmotoren werden in einigen Nutzfahrzeugen auch eingebaut:

- **Gasmotoren** für den Betrieb durch LPG, CNG (Liquefied Petroleum Gas, Compressed Natural Gas). Das sind Hubkolbenmotoren nach dem Otto-Prinzip, die eine Zündanlage (!) benötigen. Durch ein günstiges Abgasverhalten und durch ihren leisen Lauf (fehlende Einspritzung) eignen sich diese Antriebe gut für den innerstädtischen Verteilerverkehr.
- In Stadtbussen: **Wasserstoffmotoren**. Das sind ebenfalls gasbetriebene Kolbenmotoren mit Zündungsanlage.
- Selten bei Stadtbussen: Brennstoffzellen mit **Elektromotoren**.
- Verteilerverkehr in Ballungsräumen: **Hybrid-Antrieb** (Kombination von Verbrennungs- und Elektromotoren).

MOTOR

2.2 Dieselmotor

Neben den zuvor beschrieben Eigenschaften wie
- **Wirtschaftlichkeit** durch
- **geringen spezifischen Kraftstoffverbrauch**, sowie
- **Robustheit/Zuverlässigkeit**,
- **günstiger Drehmomentverlauf**, sind es auch die
- **hohe Lebensdauer** und der
- in Verbindung mit einer Abgasreinigungsanlage geringe **Schadstoffausstoß**, die den Dieselmotor für Nutzfahrzeuge trotz der stürmischen Entwicklung des Elektroantriebs noch für lange Zeit so attraktiv machen und ist auch hinsichtlich seines Potentials den Kraftstoffverbrauch zu reduzieren noch nicht am Ende. Hierbei sind in der Nutzfahrzeugbranche langfristige Fortschritte von etwa 1,0 bis 1,5 Prozent im Jahr üblich.

Anmerkung
In Verbindung mit der modernsten Euro 6-Abgasreinigungsnalage sind die Abgaswerte eines modernen Dieselmotors für Stickoxide (NO_x) und Partikel kaum noch messbar. Allerdings stößt jeder Verbrennungsmotor das Treibhausgas CO_2 aus, welches sich nicht wegfiltern lässt. Die ausgestoßene CO_2-Menge steht in einem festen Verhältnis zum Kraftstoffverbrauch und lässt sich daher nur durch verbrauchssenkende Maßnahmen mindern. „Stellschrauben" für Halter und Fahrer, um Ressourcen und Umwelt zu schonen:
- optimalen Fahr- und Schaltstrategie
- richtig eingestellte (und ständig überwachter) Reifenluftdruck
- korrekte Einstellung des Dachspoilers
- stets fest gespannte, nicht flatternde Plane
- optimal eingestelltes Fahrwerk
  (kein „Dackellauf", kein Schräglauf einzelner Achsen)

Downsizing (engl. für Verkleinerung, Verringerung, Schrumpfung)
Der Begriff „Downsizing" ist in der Automobilbranche mittlerweile häufig zu hören. Ein Ansatz dabei ist, den Hubraum der Motoren zu verkleinern, dessen Zylinderanzahl zu verringern und durch effizienzsteigernde Maßnahmen in etwa die gleiche Leistung zu erreichen, wie bei den größeren Motoren zuvor. Maßnahmen können sein:
- Verbesserungen der Motorsteuerung,
- Bedarfsgerechte Steuerung von Motor-Nebenverbrauchern wie Luftpresser, Wasser-/Lenkölpumpe, Klimakompressor
- Absenkung des Drehzahlniveaus durch eine längere Achsübersetzung bei zugleich höheren Antriebs-Drehmomenten
- Höhere Einspritzdrücke, stärkere Verdichtung, effizientere Turbolader, Feinschliff an Kolben und Einspritzdüsen
- Verringerung der inneren Reibung von Motorenteilen,
- Verringerung der bewegten Massen
  (z. B. leichtere Pleuelstangen oder Nockenwellen),
- Reduktion der Zylinderanzahl. Heute findet man im schweren Lkw überwiegend 6-Zylinder-Reihenmotoren. Früher wurden die oberen Leistungsklassen mit V8-Motoren abgedeckt.

Der Verbrauch eines Verbrennungsmotors hängt bei gleicher Belastung überwiegend von seinem Hubraum ab. Ein kleinerer Hubraum hat eine kleinere Oberfläche, über die geringere Energieverluste durch Abwärme entstehen. Ebenso sinken die Reibungsverluste mit sinkendem Hubraum. Wenn im Teillastbetrieb Zylinder abgeschaltet werden, spricht man von dynamischem Downsizing. Darüber hinaus ist ein kleinerer Motor zumeist auch leichter. Da sich folglich das Gesamtgewicht des Fahrzeugs entsprechend verringert, sinkt die Belastung des Motors. Das Fahrzeug kommt mit weniger Motorleistung auf vergleichbare Fahrleistungen.

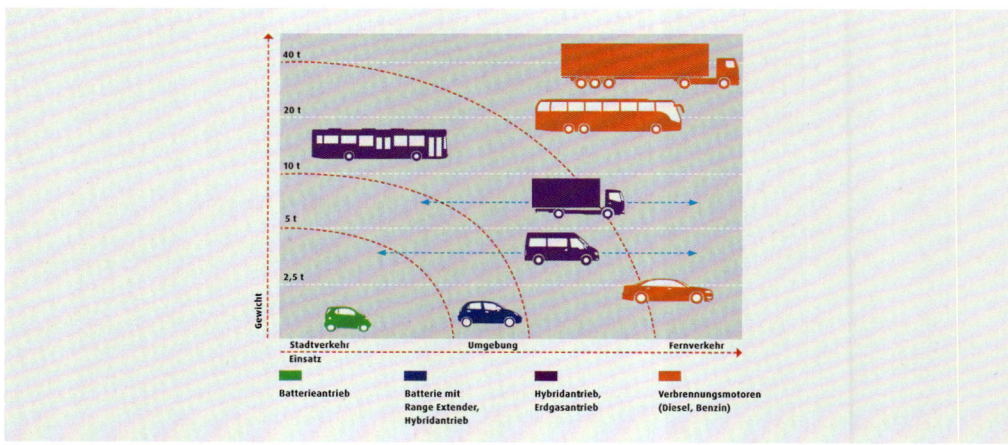

Illustration von Johannes Blendinger aus WAS IST WAS Bd. 129, Lkw, Bagger und Traktoren, Copyright © 2010 TESSLOFF VERLAG, Nürnberg
Diese Grafik zeigt den aktuell sinnvollen Einsatz von Antriebskonzepten im Zusammenhang des Gesamtfahrzeuggewichts und der Transportaufgabe.

MOTOR

2.2.1 Technische Daten eines Dieselmotors

Hubraum (engl. displacement)
Der Hubraum V_H ist der Raum zwischen dem oberen und unteren Totpunkt eines Zylinders. (OT, UT) Der gesamte Hubraum V_H eines Motors ist der addierte Hubraum aller einzelnen Zylinder V_h. Der Hubraum eines Motors bestimmt dessen mögliche Motorleistung maßgeblich. Der Hubraum wird in Litern angegeben. V_c ist der Verdichtungsraum.

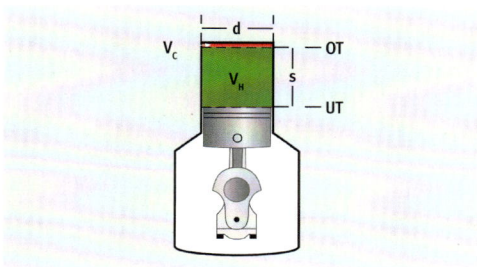

Formel

$$V_H = \frac{d^2 \cdot \pi \cdot s \cdot z}{4} \; [cm^3]$$

d = Bohrung, Durchmesser des Zylinders
s = Hub, Weg des Kolbens zwischen den Totpunkten
z = Anzahl der Zylinder
π = 3,14 (Kreiskonstante Pi)

Beispiel
Ein 6-Zylinder-Dieselmotor hat folgende Daten:
Bohrung d = 128 mm
Hub s = 166 mm
z = 6 Zylinder

$$V_H = \frac{(128 \text{ mm})^2 \cdot 3{,}14 \cdot 166 \text{ mm} \cdot 6}{4}$$

V_H = 12809994 mm³
V_H = 12809,9 cm³
V_H = 12,8 l

Verdichtungsverhältnis
Unter dem Verdichtungsverhältnis versteht man das Verhältnis zweier Räume eines Zylinders. Der gesamte Zylinderinhalt, bestehend aus Hubraum plus Verdichtungsraum, wird in das Verhältnis zum Verdichtungsraum gesetzt. Je größer der Zylinderinhalt im Verhältnis zum Verdichtungsraum ist, umso höher ist das Verdichtungsverhältnis. Ein höheres Verdichtungsverhältnis bedeutet auch einen besseren Wirkungsgrad des Motors. Ergänzung: Das Verdichtungsverhältnis hängt eng zusammen mit dem Kompressionsdruck – aber ein Verdichtungsverhältnis von zum Beispiel 10:1 bedeutet nicht, dass die eingebrachte Luft genau auf den zehnfachen Druck komprimiert wird, da mit der Kompression auch die Temperatur stark steigt und zur weiteren Ausdehnung der Luft führt. Bei Dieselmotoren liegt das Verdichtungsverhältnis ohne Auflading bei etwa 19:1 bis 23:1. Aufgeladene Motoren sind meist niedriger verdichtet, etwa 14:1 bis 18:1.

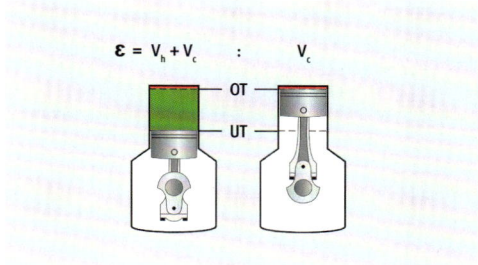

Formel

$$\varepsilon = \frac{V_h + V_c}{V_c}$$

V_h = Hubraum eines Zylinders
V_c = Verdichtungsraum eines Zylinders
 (wird ausgeliitert, also messtechnisch bestimmt)

Beispiel
Hubraum V_h = 2134 cm³
Verdichtungsraum V_c = 130 cm³ (ausgeliitert)

$$\varepsilon = \frac{2134 \text{ cm}^3 + 130 \text{ cm}^3}{130 \text{ cm}^3}$$

ε = 17,4

Das Verdichtungsverhältnis beträgt 17,4 : 1.

MOTOR

Drehmoment (M) (engl. torque)
Zur Berechnung des Drehmoments multipliziert man die Kraft [F] mit dem Hebelarm r. Das Drehmoment entsteht an der Kurbelwelle des Motors. Die Kraft [F] des abwärtsgehenden Kolbens wirkt durch die Pleuel auf die Hubzapfen (auch Kurbelzapfen) und die Kurbelwangen der Kurbelwelle, die einen Hebelarm bilden. Das Drehmoment wird in Newtonmeter [Nm] angegeben. Das Drehmoment eines Motors wird an einem Prüfstand gemessen und verändert sich über die Motordrehzahl. Nutzfahrzeug-Dieselmotoren haben über einen weiten Drehzahlbereich einen annähernd gleichen und hohen Drehmomentverlauf. Dadurch können sie sich bei Steigungen „am Berg festbeißen" und den Lastzug auch dort noch konstant kräftig antreiben.

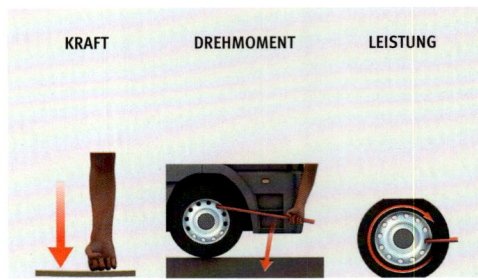

Leistung (P) (engl. power)
Leistung ist Arbeit in einer bestimmten Zeit und wird in Watt [W] oder Kilowatt [kW] angegeben. Die Leistung wird aus dem Drehmoment und der Drehzahl errechnet. Die frühere Messeinheit für die Leistung war Pferdestärke „PS". Allerdings werden auch heute noch in der LKW-Branche Leistungsangaben, obwohl nicht „normgerecht", immer noch in PS angegeben. Auch in der Typenbezeichnung vieler Hersteller findet sich diese Einheit wieder. Beispielsweise bedeutet bei Mercedes der Typ 1844: 18t zul. Zug-Gesamtgewicht bei 440 PS Motorleistung.

1 PS = 0,736 kW oder 1 kW = 1,36 PS

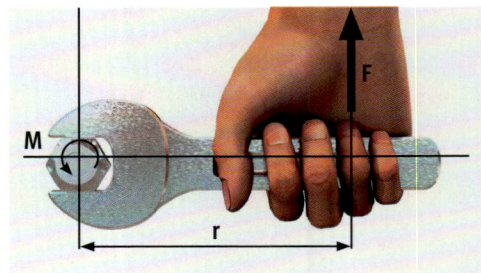

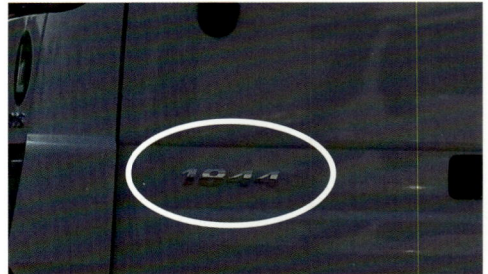

MOTOR

2.2.2 Aufbau eines Dieselmotors

Kurbeltrieb

Der Kurbeltrieb setzt die Auf- und Abwärtsbewegung des Kolbens in eine Drehbewegung der Kurbelwelle um.

Bauteile des Kurbeltriebes

1 **Kolben mit Kolbenringen (engl. piston, piston ring)**
   Auf den Kolben wirkt die Kraft, die aus dem Explosionsdruck im Brennraum resultiert. Die Kolbenringe bilden eine bewegliche Abdichtung gegen über der Zylinderwand und leiten den größten Teil der vom Kolbenboden aufgenommenen Wärme an den Zylinder weiter.

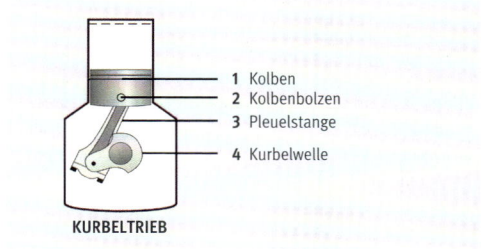

1 Kolben
2 Kolbenbolzen
3 Pleuelstange
4 Kurbelwelle

KURBELTRIEB

2 **Kolbenbolzen**
   Der Kolbenbolzen bildet zusammen mit dem Pleuel das erste Gelenk im Kurbeltrieb. Die Achse des Kolbenbolzens ist konstruktiv um ca. 0,5–1,5 mm aus der Kolbenmitte zur druckbelasteten Seite hin versetzt. Ohne diese sogenannte Desachsierung würde der Kolben seine ständig wechselnde Anlageseite zur Zylinderwand nach Durchlauf des Oberen Totpunkts (OT) also unter vollem Verbrennungsdruck wechseln. Infolge der Desachsierung tut er dies bereits vor dem OT, wenn der Kompressionsdruck erst im Aufbau ist. Das verringert den Verschleiß des Kolbens und reduziert die Motorgeräusche.

3 **Pleuel (engl. con rod, piston rod)**
   Das Pleuel überträgt die Kraft auf die Kurbelwelle. Es besteht aus oberen und unteren Pleuelauge sowie der Pleuelstange. Das untere Pleuelauge bildet mit dem Hubzapfen der Kurbelwelle das zweite Gelenk.

Kurbeltrieb bestehend aus Kurbelwelle, Pleuel und Zylinder eines 6-Zylindermotors

4 **Kurbelwelle (engl. crank shaft) mit Gegengewichten und Schwungrad**
   Die Kurbelwelle bildet mit ihren Kurbelarmen (Hubzapfen und Wangen) den Hebelarm, an dem die Kraft des Kolbens angreift. Die Kolbenkraft wird hier in ein Drehmoment umgesetzt (Kraft · Hebelarm = Drehmoment). Die Kurbelwelle ist mit ihren Wellenzapfen in mehreren Gleitlagern im Motorblock gelagert (Hauptlager). Die Gegengewichte sorgen für einen schwingungsfreien Lauf. Sie gleichen die Masse der versetzt angeordneten Hubzapfen und Kurbelwangen aus. Das an ihrem Ende montierte Schwungrad (Schwungscheibe) überwindet die Leertakte und die Totpunkte und sorgt für die Laufruhe des Motors.

MOTOR

Zylinder (engl. cylinder)
In den Zylindern laufen die Kolben auf und ab. Den oberen Abschluss der Zylinder bildet die Unterseite des Zylinderkopfes. In dem von Kolbenoberseite, Zylinderwand und Zylinderkopf gebildeten Raum findet die Verbrennung statt. Meist kommen Zylinder mit einer eingepressten Laufbuchse im Motorblock zum Einsatz. D. h. in die Motorblöcke aus Grauguss oder Leichtmetalllegierungen werden Laufbuchsen aus hochwertigem Material eingezogen. Sogenannte „nasse" Laufbuchsen werden seitlich vom Kühlmittel umströmt. Bei „trockenen" Laufbuchsen befindet sich zwischen dieser und dem Kühlmantel des Kühlkreislaufs noch eine Wand des Motorblocks.

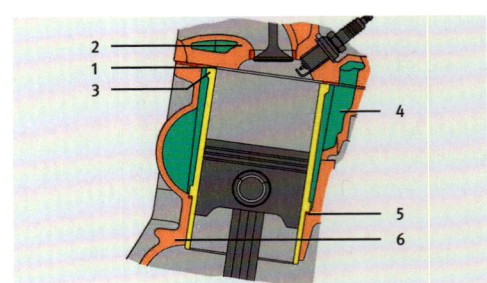

„*Nasse" Laufbuchse*
1 Zylinderkopfdichtung
2 Zylinderkopf
3 Zylinderlaufbuchsen
4 Kühlmittel
5 Kupferscheibe
6 Motorblock

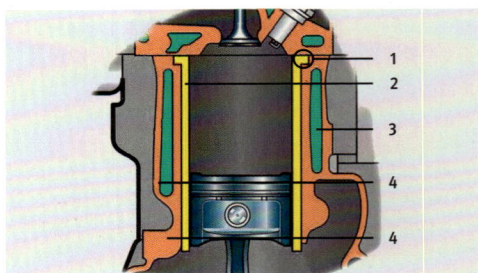

„*Trockene" Laufbuchse*
1 Bund
2 Zylinderlaufbuchse
3 Kühlmittel
4 Motorblock

MOTOR

Zylinderanordnung
- **Reihenmotoren**
  2, 3, 4, 5 oder 6 Zylinder werden in einer Reihe angeordnet.

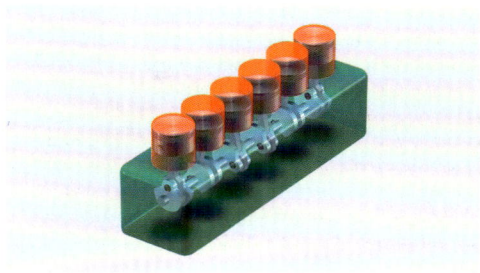

- **V-Motoren**
  Die Anordnung erfolgt in zwei Ebenen, die häufig in einem Winkel von 90° zueinander stehen. 6, 8, 10 oder 12 Zylinder sind üblich. Jeweils zwei Pleuel wirken auf einen gemeinsamen Kurbelzapfen.

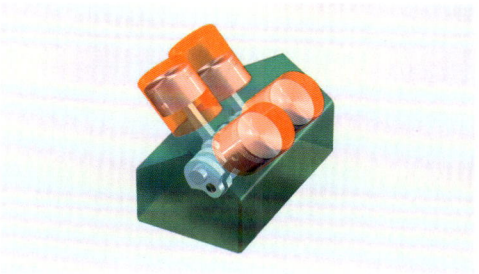

- **Boxermotor**
  Die Zylinder liegen einander gegenüber. Jeder Pleuel wirkt auf einen eigenen Kurbelzapfen. Sie „boxen" beim Lauf miteinander.

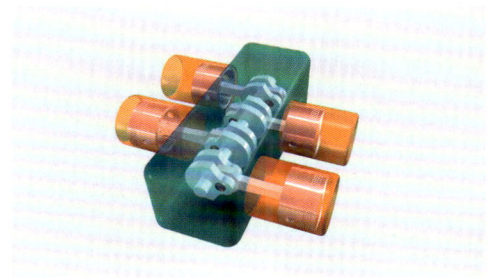

MOTOR

Ventiltrieb (engl. valve train)
Der Ventiltrieb steuert die Ein- und Auslassventile des Motors.

Bauteile
- **Nockenwellenantrieb**
  Die Nockenwelle wird beim Lkw meist über Zahnräder durch die Kurbelwelle angetrieben (beim Pkw durch eine Kette bzw. Zahnriemen) und läuft synchron mit dieser, aber mit doppelter Drehzahl. Sie muss beim 4-Takt-Motor die Ventilstellungen für zwei Takte pro Kurbelwellenumdrehung steuern.
- **Nockenwelle (engl. camshaft)**
  Mit den entsprechend zueinander versetzten Nocken öffnet die drehende Welle abwechselnd die Ventile gegen die Schließkraft der Ventilfedern. Moderne Nockenwellen werden nicht aus einem Werkstoff gegossen und dann geschliffen, sondern aus verschiedenen Werkstoffen zusammengesetzt, also „gebaut". Vorteile gebauter Nockenwellen sind geringere Kosten, niedrigeres Gewicht und höherfeste Nockenwerkstoffe. Aber auch neue Nockengeometrien wie etwa negative Radien der Nocken sind einfacher umzusetzen.
- **Ventilstößel und Kipphebel (engl. valve tappet, rockerarm)**
  Sie übertragen die Kräfte vom Nocken zu den Ventilen.
- **Ein- und Auslassventile (engl. inlet valve, outlet valve)**
  Über das Einlassventil gelangt die Frischluft in den Zylinder. Über das Auslassventil verlassen die verbrannten Gase den Brennraum.

Um den Füllungsgrad im Zylinder zu erhöhen und um einen schnelleren Gaswechsel zu erreichen, wird in modernen Motoren die 4-Ventiltechnik eingesetzt. Die Füllung erfolgt über zwei Einlassventile. Über zwei Auslassventile strömen die verbrannten Gase durch das Abgasrohr in die Abgasreinigungsanlage.

Je nach der Lage der Nockenwelle und der Ventilansteuerung werden die Motoren bezeichnet als:
- **OHV Motor** (**O**ver**h**ead **V**alves)
  Eine unten liegende Nockenwelle (engl. camshaft) steuert über Stoßstangen und Kipphebel im Zylinderkopf hängende Ventile
- **OHC Motor** (**O**ver**h**ead **C**amshaft)
  Eine oben liegende Nockenwelle steuert hängende Ventile an.
- **DOHC Motor** (**D**ouble **O**ver**h**ead **C**amshaft)
  Zwei oben liegende Nockenwellen steuern je eine Ventilreihe an. Moderne Bauweise.

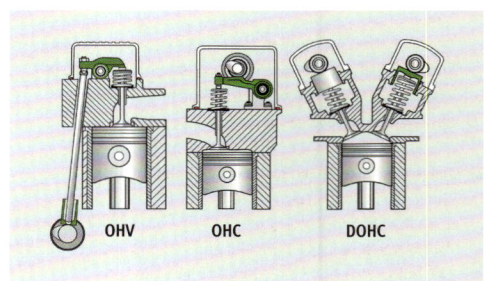

MOTOR

2.2.3 Arbeitsweise eines Viertakt-Motors

Alle vier Takte laufen während zweier Umdrehungen der Kurbelwelle ab.

1 Erster Takt – Ansaugen
Der Kolben bewegt sich abwärts. Das Auslassventil ist geschlossen. Über das geöffnete Einlassventil wird reine Luft in den Zylinder gesaugt.

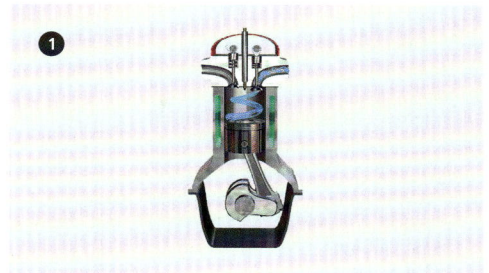

2 Zweiter Takt – Verdichten
Der Kolben hat den unteren Totpunkt durchlaufen und bewegt sich aufwärts. Einlass- und Auslassventil sind jetzt geschlossen. Die angesaugte Luft wird auf ca. 50 bar verdichtet. Durch das Zusammenpressen erhitzt sie sich auf ca. 800 °C (Fahrradpumpen-Effekt). Der Kolben durchläuft den Oberen Totpunkt.

3 Dritter Takt – Arbeiten
Unmittelbar danach wird Dieselkraftstoff mit hohem Druck (aktuell mit max. 2700 bar) in den Verbrennungsraum eingespritzt. Der Kraftstoff entzündet sich selbstständig und explosionsartig an der heißen Luft. Daher auch die Bezeichnung „Selbstzündermotor", denn es sind keine Zündkerzen notwendig. Die bei der Verbrennung entstehende Wärme bewirkt einen raschen Druckanstieg im Zylinder. Der Kolben wird kraftvoll abwärts geschoben, und übt über den Pleuel (Pleuelstange) eine große Kraft auf den Hebelarm der Kurbelwelle aus. Es entsteht ein Drehmoment, und die Kurbelwelle dreht sich. Die Zeit vom Einspritzbeginn bis zum ersten Druckanstieg durch die Zündung des Kraftstoffes wird als Zündverzug bezeichnet. Ein Zündverzug von 0,001 Sekunden ist wünschenswert, da hierdurch ein ruhiger Motorlauf gewährleistet ist. Bei 0,002 Sekunden Zündverzug ist der Motorlauf hart (z. B. Nageln im Kaltlauf). Extremer Zündverzug kann Motorschäden verursachen. Der Viertakt-Dieselmotor hat nur bei jeder zweiten Kurbelwellenumdrehung einen Arbeitstakt.

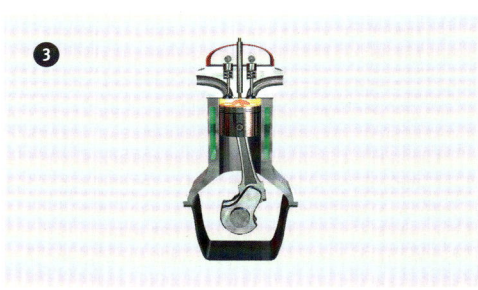

4 Vierter Takt – Ausstoßen
Der Kolben bewegt sich nach dem unteren Totpunkt von der Kurbelwelle angetrieben wieder aufwärts. Das Einlassventil ist geschlossen. Das Auslassventil ist geöffnet. Die verbrannten Gase werden in die Abgasanlage hinausgepresst.

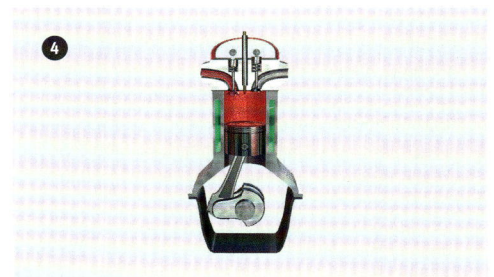

Zündfolgen bei Motoren mit mehreren Zylindern
Die Zündfolge ist die Reihenfolge, in der in den Zylindern nacheinander die Zündung erfolgt.
– Übliche Zündfolgen bei:
Vierzylinder-Reihenmotoren: 1-3-4-2 oder 1-2-4-3
Sechszylinder-Reihenmotoren: 1-5-3-6-2-4 oder 1-2-4-6-5-3
Sechszylinder-V-Motoren: 1-4-2-5-3-6
Achtzylinder-V-Motoren: 1-5-7-2-6-3-4-8

MOTOR

2.2.4 Einspritzverfahren

Dieselmotoren werden unter anderem nach der Form des Brennraums unterschieden. Es gibt Motoren mit direkter oder indirekter Einspritzung.

- **Direkte Einspritzung**
  Die Einspritzung erfolgt direkt in den Brennraum. Bei Nutzfahrzeugen haben sich Motoren mit direkter Einspritzung durchgesetzt. Direkteinspritzer haben zwar ein lautes Verbrennungsgeräusch, sind aber sparsam im Verbrauch und haben einen einfachen Aufbau.
- **Indirekte Einspritzung** (Wirbelkammer, Vorkammer)
  Motoren mit indirekter Einspritzung (Wirbelkammer, Vorkammer) benötigen mehr Kraftstoff als solche mit direkter Einspritzung. Sie haben darüber hinaus schlechtere Kaltstarteigenschaften. Mit der Verfügbarkeit moderner Einspritzsysteme mit Drücken bis 2200 bar hat die indirekte Einspritzung beim Nutzfahrzeug stark an Bedeutung verloren. Bei niedrigen Außentemperaturen verschlechtert sich generell das Startverhalten des Dieselmotors.

Daher müssen fremde Wärmequellen oder der Zusatz eines zündwilligen Mittels sein Startverhalten verbessern. Solche Kaltstarthilfen sind:
- Glühstiftkerzen,
- Heizflansch,
- Flammstartanlage,
- Motor-Standheizung
- Startpilot.

Glühsysteme bestehen aus:
- Glühstiftkerzen,
- Glühzeitsteuergerät,
- Glühsoftware in der Motorsteuerung.

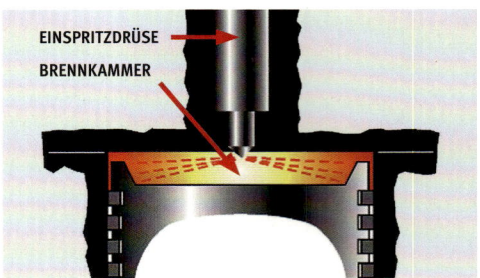

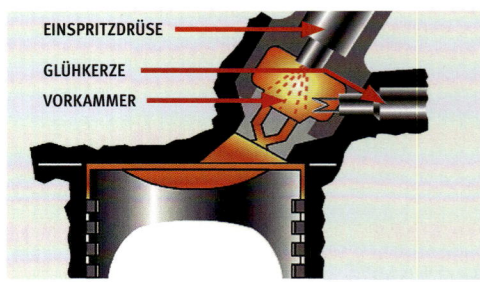

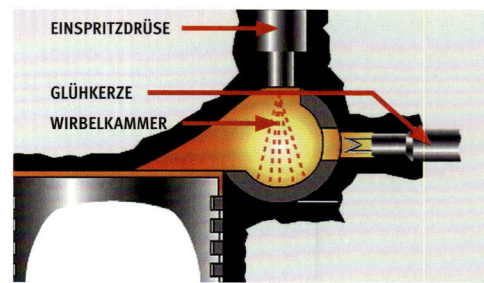

> » **PRAXISTIPP**

Achten Sie bei der Benutzung der Kaltstarthilfen unbedingt auf die Angaben in der Betriebsanleitung Ihres Fahrzeugs! In der Startphase muss das Glühsystem die Glühstiftkerzen (engl. glow plug, heater plug) in kurzer Zeit auf ca. 850 °C erwärmen, um ein sicheres Anspringen des Motors zu gewährleisten.

MOTOR

Turbo Compound-System

Ein Turbo-Compound-Motor ist ein Verbrennungsmotor, bei welchem die Energie des Abgases außer zum Antrieb des Turboladers über die Abgasturbine auch noch durch eine nachgeschaltete Nutzturbine verwertet wird. Beim Öffnen der Auslassventile hat das Abgas einen höheren Druck als die Umgebungsluft. Bei einem Turbomotor wird ein Teil dieses Druckgefälles zum Antrieb eines Turboladers genutzt, der mit dieser Energie die Luft im Ansaugtrakt des Motors komprimiert. Bei einem Turbo-Compound-Motor wird das Abgas zusätzlich von einer zweiten Turbine genutzt, welche die erhaltene Energie über ein mechanisches oder hydraulisches Getriebe mit einer Untersetzung von etwa 20:1 bis 30:1 auf die Kurbelwelle überträgt. Dies führt durch die Ausnutzung der Wärmeenergie im Abgas zu einer Erhöhung des Motor-Wirkungsgrades.

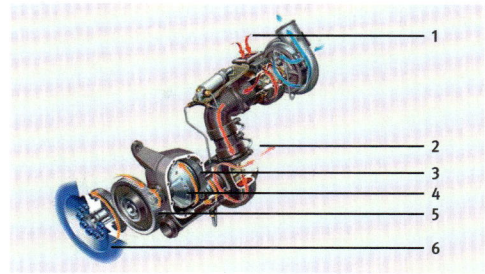

1 Abgas verdichten über Turbolader der Ansaugluft
2 Weiterleitung der Abgase zur zweiten Gasturbine (50.000 U/min.)
3 Gasturbine wirkt nach Untersetzung
4 auf hydronamischen Wandler,
5 der über Untersetzungsgetriebe
6 auf die Kurbelwelle wirkt.

2.2.5 AdBlue-Anlage („Diesel Exhaust Fluid" (DEF))

AdBlue®-Tanks und ELAFIX-Magnetadapter

Der für die Abgasnachbehandlung benötigte Harnstoff wird in separate Behälter getankt. Sie sind häufig in Kunststoff aufgeführt, immer beheizt und eisdruckfest ausgelegt. Manchmal befindet sich auch im Gehäuse des Diesel-Haupttanks eine zusätzliche Tankblase für AdBlue®. Um eine Dieselbetankung in diese Behälter zu verhindern, sind sie mit einem blauen Verschlussdeckel versehen und es ist ein hülsenformiger ELAFIX-Magnetadapter im Tankstutzen integriert. Das AdBlue®-Zapfventil lässt die Befüllung der Harnstofftanks nur in Verbindung mit dem Magnetadapter zu. Das definierte Magnetfeld im Adapter betätigt einen Magnetschalter im Auslaufrohr der Zapfpistole und gibt dadurch den Austritt des Harnstoffs frei. Auch ist umgekehrt eine Befüllung von Dieseltanks mit AdBlue® unmöglich, da der Austritt der Dieselzapfpistole nicht in den engeren ELAFIX-Magnetadapter passt.

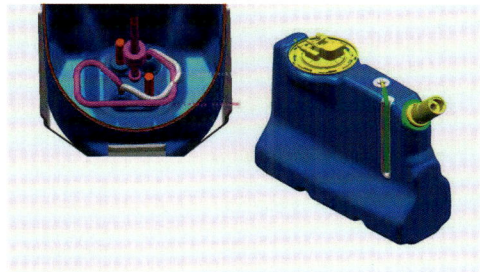

Schnittbild zeigt aufgeschnittenen AdBlue®-Tank mit Tankheizung

Kombitank: Rechter Tankdeckel (blau): AdBlue® Linker Tankdeckel: Diesel

MOTOR

2.2.6 Kraftstoffanlage (engl. fuel system)

Aufbau

- der Förderpumpe mit dem Vorfilter (**1**), die den Kraftstoff zum Einspritzsystem fördert,
- der Filteranlage (**2**) mit Haupt- und Feinfilter. Es sind Filter mit besonders hohem Abscheidegrad notwendig, damit sich die Präzisionsteile der Einspritzanlage nicht vorzeitig abnutzen. Eine zweite wesentliche Funktion des Diesel-Kraftstofffilters ist die Abscheidung von Wasser zur Verhinderung von Korrosionsschäden im Einspritzsystem.
- das Einspritzsystem (**3**), welches den Einspritzdruck erzeugt, die Einspritzabfolge und die Einspritzmenge bestimmt und den Einspritzzeitpunkt festlegt,
- dem Drehzahlbegrenzer (**4**), der verhindert, dass die Drehzahl unbegrenzt bis hin zur Selbstzerstörung des Motors ansteigt,
- dem Spritzzeitversteller (**5**), der den Einspritzbeginn entsprechend der Drehzahl anpasst,
- den Einspritzdüsen (**6**), die den Kraftstoff in den Verbrennungsraum einspritzen,
- dem Überlauf (**7**), der den überflüssigen Kraftstoff aus der Filteranlage und aus den Einspritzdüsen in den Tank zurückbringt,
- dem Kraftstofftank (**8**) als Vorratsbehälter.

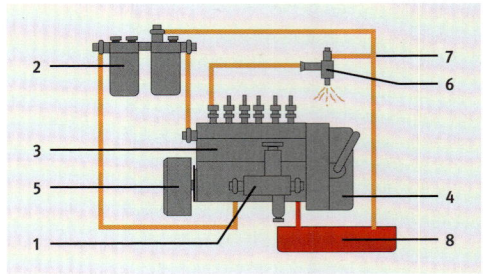

Die Kraftstofftanks sind häufig aus Stahlblech gefertigt. Im Rahmen der Gewichtsoptimierung der Fahrzeuge werden vermehrt Aluminium- oder bei kleineren Typen Kunststoffbehälter eingesetzt. Größere Kraftstoffbehälter sind durch gelochte Trennwände (Schwallwände) in mehrere Raume unterteilt. Diese Bauweise verhindert eine plötzliche Kraftstoffverlagerung (schwappen) beim Anfahren, Bremsen und bei Kurvenfahrten.

MOTOR

Arten der Einspritzpumpen (engl. fuel injection pump)
- **Reiheneinspritzpumpe (REP)**
  Bei einer Reiheneinspritzpumpe sind die, den jeweiligen Zylindern zugeordneten Pumpenelemente in einem Gehäuse zusammengefasst. Die REP regelt Drehzahl, Einspritzmenge und Einspritzzeitpunkt (Spritzversteller). Die einzelnen Pumpenelemente sind als Hubkolbenpumpen gebaut, deren Hub nicht änderbar ist. Um eine variable Einspritzmenge zu erreichen sind die Kolben im laufenden Betrieb simultan drehbar ausgeführt (Zahnstange). Der Zylindermantel des Pumpenkolbens ist mit schraubenlinienförmigen Vertiefungen versehen, die - je nach Drehungsstellung des Kolbens früher bzw. später - die Zulaufbohrung in der Pumpenzylinderwand überfährt und verschließt. Der Verschluss der Zulaufbohrung ist der Förderbeginn des Pumpenelements. Die REP benötigt eine externe Schmierung, die meist durch die Anbindung an den Motorölkreislauf gewährleistet wird. Durch die Trennung von Schmierung und gefördertem Diesel gelten REP gegenüber Verteilereinspritzpumpen (VEP) als robuster in Bezug auf Verschleiß und Kraftstoffqualität. Die REP ist in modernen Dieselmotoren weitestgehend durch Common-Rail-, Pumpe-Leitung-Düse- oder Pumpe-Düse-Systeme abgelöst worden.

- **Verteilereinspritzpumpe (VEP)**
  Verteilereinspritzpumpen bestehen aus einem kompakten Aggregat, in dem Förderpumpe, Hochdruckpumpe und Regelung integriert sind. Wegen ihrer kleinen Bauform ist die VEP für Anwendungen in Pkw, leichten Nutzfahrzeugen, Bau- und Landmaschinen geeignet. Axialkolben-Verteilereinspritzpumpen für Motoren mit indirekter Einspritzung (IDI) erzeugen Drücke bis 350 bar an der Einspritzdüse. Für Motoren mit direkter Einspritzung (DI) werden sowohl Axial- als auch Radialkolben-Verteilereinspritzpumpen mit Spitzendrücken von ca. 1950 bar eingesetzt. Verteilereinspritzpumpen werden mit Kraftstoff geschmiert und sind wartungsfrei.

MOTOR

Pumpe-Düse-Einheit (PDE oder UIS)
Einspritzpumpe und Einspritzdüse sind zu einem Modul zusammengefasst (Unit Injector System -UIS) und eignet sich für Pkw leichte Lkw bis rd. 300 PS. Jede Einheit ist einem Zylinder zugeordnet. Das Pumpenelement wird von der Motornockenwelle angetrieben. Ein elektronisches Steuergerat steuert ein schnell schaltendes Magnetventil an. Dadurch werden der Einspritzbeginn und die Spritzdauer bestimmt. Es sind Einspritzdrücke bis zu 2.000 bar möglich. Durch die Direktmontage in den Motorblock wird bei der Einspritzung ein niedriges Geräuschniveau erreicht.

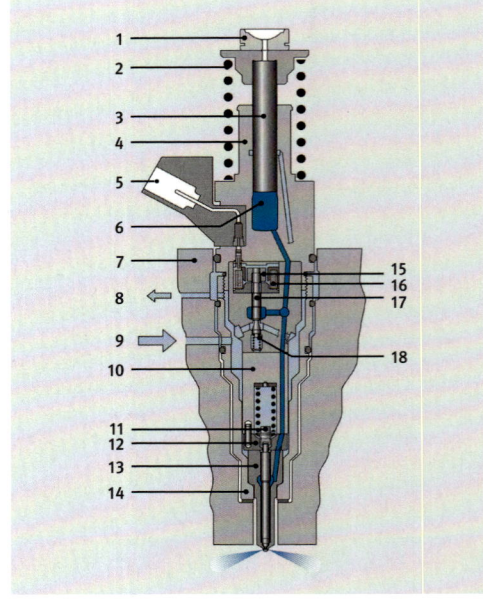

Legende:
1 Gleitscheibe
2 Rückstellfeder
3 Pumpenkolben
4 Pumpenkörper
5 Stecker
6 Hochdruckraum (Elementraum)
7 Zylinderkopf
8 Kraftstoffrücklauf
9 Kraftstoffzulauf
10 Federhalter
11 Druckbolzen
12 Zwischenscheibe
13 Integrierte Einspritzdüse
14 Spannmutter
15 Anker
16 Spule des Elektromagneten
17 Magnetventilnadel
18 Magnetventilfeder

Unit Injector (UI) für Lkw.   *Quelle: Bosch*

Pumpe-Leitung-Düse-Einheit (PLD bzw. UPS)
Beim Pumpe-Leitung-Düse-System (engl. Unit Pump System) ist jedem Zylinder eine durch die Nockenwelle betätigte, einzelne Einspritzpumpe zugeordnet. Über eine kurze Leitung wird der Kraftstoff von der Pumpe in das Einspritzventil geführt, während die Pumpe-Düse-Einheit PDE ohne Verbindungsleitung auskommt. Der Unterschied zur Einzelpumpe bei REP und VEP liegt wiederum darin, dass bei PLD die Pumpe über ein zusätzliches Magnetventil verfügt, welches die Einspritzdauer gegenüber einem rein nockengesteuerten System variabel verkürzen oder auch unterbrechen kann. Auch die PLD-Systeme wurden weitgehend durch Common-Rail verdrängt.

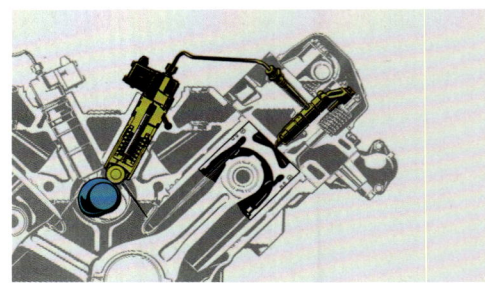

Unit Pump System (UPS)   *Quelle: Bosch*

Legende:
1 Zylinderkopf
2 Düsenhalter
3 Düse
4 Magnetventil
5 Zulauf
6 Hochdruckpumpe
7 Nocken

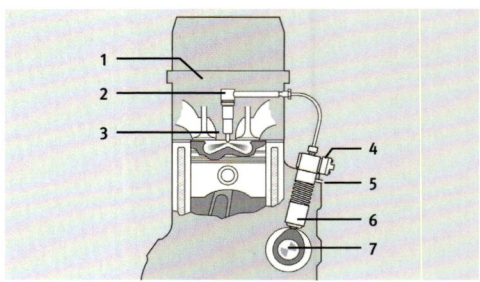

Unit Pump System (UPS)   *Quelle: Bosch*

MOTOR

- **Common-Rail-System**
(CDI-Technologie, heute bei modernen Motoren gebräuchlich)
Diese Systeme sind modular aufgebaut. Die Druckerzeugung und die Einspritzung sind getrennt. Alle Zylinder werden über eine gemeinsame („common") Verteilerschiene („rail") mit Kraftstoff versorgt. Eine Hochdruckpumpe (bis 2.200 bar) (**1**) erzeugt den Einspritzdruck, der in der Verteilerschiene (**2**) als Systemdruck ständig allen Einspritzdüsen (Injektoren) (**3**) zur Verfügung steht. Der Einspritzdruck wird unabhängig von der Drehzahl und der Einspritzmenge „auf Vorrat" erzeugt. Die Elektronik (**4**) öffnet das Magnetventil der jeweiligen Injektoren und der unter hohem Druck stehende Kraftstoff wird durch bis zu 8 Austrittslöchern in den Zylinder eingespritzt. Der Injektor kombiniert die Einspritzdüse, einen sogenannten Aktor bei Piezo-Injektoren oder ein Magnetventil bei Magnetventil-Injektoren sowie die hydraulischen und elektrischen Anschlüsse zur Ansteuerung der Düsennadel in einem Bauteil. Er wird in jeden Motorzylinder eingebaut und ist über eine kurze Hochdruckleitung mit der Verteilschiene verbunden.

Der Injektor wird von der Electronic Diesel Control (EDC) gesteuert. Sie sorgt für ein Öffnen oder Schließen der Düsennadel. Die Betätigung der Düsennadel kann mit extrem kurzen Schaltzeiten erfolgen (im Millisekundenbereich) und ermöglicht daher eine Vor-, Haupt- und Nacheinspritzung während der Kolben sich dem oberen Totpunkt nähert und diesen durchläuft. Die Vor- und Nacheinspritzung lassen den Verbrennungsablauf „weicher" und schadstoffärmer verlaufen. Modernste Common-Rail-Systeme arbeiten mit Druckverstärkung im Injektor. Der maximale Einspritzdruck kann Werte von 2.700 bar erreichen.

Die Öffnungszeitpunkte der Magnetventile können extrem präzise gesteuert werden und sehr klein sein (Millisekundenbereich). So können beispielsweise während des Verdichtungshubs der Kolben kurz vor deren oberen Totpunkt mehrfach kleinste Dieselmengen eingespritzt werden, um die komprimierte Luft zusätzlich vorzuwärmen und um den Verbrennungsablauf „weicher" verlaufen.

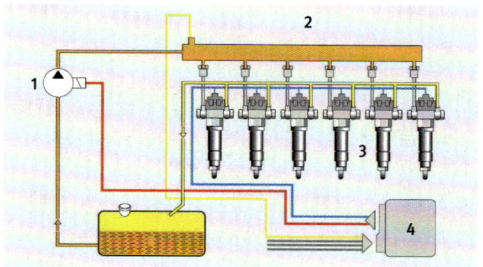

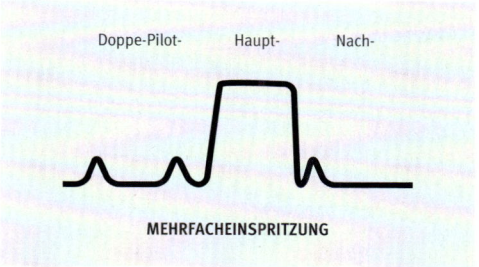

Einspritzverlaufsdiagramm eines modernen Common-Rail-Dieselmotors (Zeitverlauf)

MOTOR

Entlüften der Kraftstoffanlage

Wird der Tank leer gefahren, wird ein Filter erneuert oder werden Leitungen ausgetauscht, gelangt Luft in die Anlage. Folge: Der Motor springt nicht an, er läuft unregelmäßig oder er verliert an Drehzahl. Abhilfe: Die Einspritzanlage muss entlüftet werden.

Das geschieht, während der Motor durch den Startermotor gedreht wird. Das Einspritzsystem entlüftet sich sozusagen selbst.

Zum Entlüften der Einspritzpumpe und der Leitungen zu den Einspritzdüsen ist die Betriebsanleitung zu beachten. Entweder entlüften diese Bauteile von selbst oder die Druckleitungen müssen an das Düsenhaltern abgeschraubt werden.

Bei einigen Fahrzeugen muss zur Entlüftung eine verbaute Handpumpe betätigt werden.

Störungen und Fehler an der Kraftstoffanlage

STÖRUNG/FEHLER	URSACHE	BEHEBUNG
Motor qualmt	Mängel in der Einspritzanlage. Die eingespritze Kraftstoffmenge ist zu groß.	Werkstatt aufsuchen
	Luftfilter verstopft	Luftfiltereinsatz erneuern
Motor läuft unregelmäßig, verliert an Leistung	Kraftstoff- oder Vorfilter verschmutzt	Kraftstofffilter erneuern Vorfilter reinigen
Motor bleibt trotz vollen Tanks stehen	Luft in der Kraftstoffanlage	Kraftstoffanlage entlüften
Motor springt nicht an	Kraftstofffilter verstopft	Kraftstofffilter erneuern
Motor „nagelt" (hoher Verschleiß)	Betriebstemperatur wird nicht erreicht	Werkstatt aufsuchen

MOTOR

2.2.7 Aufladung der Motoren

Im Nutzfahrzeugbau werden Abgasturbolader verwendet, um die Leistung der Motoren zu erhöhen.

Turbolader (engl. turbocharger) oder vereinfacht „Turbo"
In den 1930er-Jahren wurden von der Adolph Saurer AG aus Arbon (CH) Diesel-Lastwagen als erste Straßenfahrzeuge mit Turbolader produziert. Der Turbolader steigert die Motorleistung bei gleichbleibendem Hubraum durch eine erhöhte Frischluftzufuhr für die Verbrennung. Eine vom Abgasstrom angetriebene Turbine treibt ein Verdichterrad an. Beide Bauteile sitzen auf einer gemeinsamen Welle. So wird die angesaugte Luft durch das Verdichterrad unter höherem Druck in den Zylinder gedrückt, als bei einem Sauger-Motor. Der Motor erhält umso mehr Aufladung, d.h. zusätzlichen Sauerstoff, je schneller der Turbolader dreht. Moderne Turbos gleichen das sogenannte „Turboloch" (geringer Ladedruck bei niedriger Turbinendrehzahl) durch eine spezielle Turbinengeometrie aus. Diese muss jedoch variabel sein (verstellbare Turbinengeometrie, VTG-Lader) um wiederum den Ladedruck bei höherer Drehzahl zu begrenzen, da er sonst den Motor beschädigen könnte. Einige Typen haben dafür ein sogenanntes „Waste Gate", einen gesteuerten Überdruckauslass, um den Ladedruck tw. abzulassen wenn er zu stark ansteigt. Modernste Turbo-Bauformen weisen einen asymmetrischen Aufbau auf. Zum schnellen Aufbau des Ladedrucks mit entsprechend raschem Anstieg von Leistung und Drehmoment werden beispielsweise bei einem 6-Zylinder-Reihenmotor die Abgase der Zylinder vier bis sechs ohne Umweg direkt in die Turbine geleitet. Von den Abgasen der Zylinder eins bis drei wird dagegen zur Regelung eine definierte Abgasmenge für die Abgasrückführung abgezweigt (siehe dazu später EGR). Sie dient der Senkung der NO_x-Emissionen.

Ein Turbolader ergibt
- mehr Leistung (durch mehr Sauerstoff)
- geringeren Verbrauch als bei einem Saugmotor gleicher Leistung,
- bessere Abgasqualität,
- leiseres Auspuffgeräusch (Dämpfungseffekt der Turbine).

Ladeluftkühlung (engl. intercooler)
Eine weitere Leistungssteigerung erreicht man durch die Ladeluftkühlung. Durch einen separaten Kühler wird die vom Turbolader durch die Verdichtung erwärmte Luft (Fahrradpumpeneffekt) wieder abgekühlt, bevor sie in die Zylinder gelangt. Da kalte Luft eine höhere Dichte als warme Luft hat, steht dann bei der Verbrennung im Zylinder noch mehr Sauerstoff zur Verfügung als bei verdichteter warmer Luft. Die Verbindungsschlauche zum/vom Ladeluftkühler und dieser selbst müssen druckfest sein. Wird ein solcher an seinen Stahl-Verstärkungsringen gut erkennbarer Schlauch abgerissen (abgedrückt), gibt es einen deutlich hörbaren Knall und die Motorleistung sinkt stark ab.

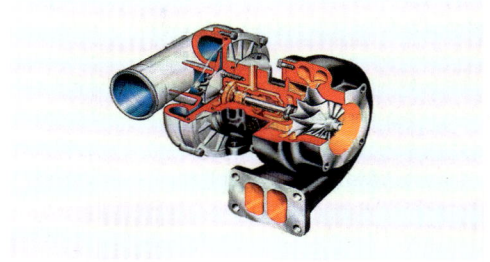

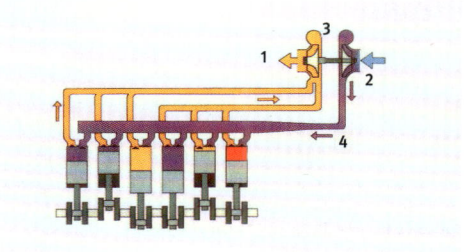

1 Abgase
2 Ansaugluft
3 Turbolader
4 vorverdichtete Verbrennungsluft

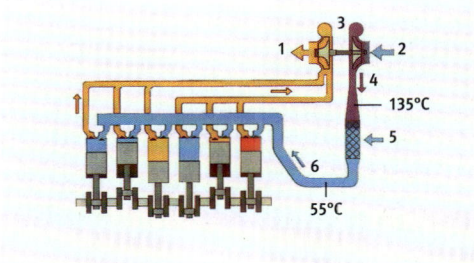

1 Abgase
2 Ansaugluft
3 Turbolader
4 vorverdichtete Verbrennungsluft
5 Ladeluftkühler, wird vom Fahrtwind durchströmt
6 abgekühlte, vorverdichtete Verbrennungsluft

MOTOR

2.2.8 Luftfilter (engl. air intake filter)

Die Luftfilteranlage reinigt die Ansaugluft des Motors und dämpft die Ansauggeräusche. Der Wartungsbedarf für den Luftfilter wird im Fahrerdisplay angezeigt.

Ein Sensor misst den Unterdruck der Ansaugluft hinter dem Luftfilter. Fällt der Druck zu stark ab, ist der Luftfilter verunreinigt und der Sensor meldet eine Störung.

Wird ein verschmutzter Luftfilter nicht rechtzeitig gewartet oder der Filtereinsatz nicht rechtzeitig ausgetauscht,
- erhält der Motor zu wenig Luft und neigt zum Qualmen,
- erhöht sich der Schadstoffanteil im Abgas,
- steigt der Kraftstoffverbrauch an,
- sinkt die Motorleistung,
- nimmt der Motorverschleiß zu.

Arten von Luftfiltern
- **Trockenluftfilter**
  Das Filterelement ist ein spezialbehandeltes Filterpapier. Der Ausscheidungsgrad liegt bei fast 100 %. Der verschmutzte Luftfiltereinsatz wird als Ganzes ausgetauscht und muss fachgerecht entsorgt werden.
- **Ölbadfilter**
  Die angesaugte Luft wird über ein Ölbad gelenkt und vorentstaubt. Ölbadfilter werden heute kaum noch verwendet.
- **Nassluftfilter**
  Ein mit Öl benetztes Metallgewebe soll den Staub der angesaugten Luft binden. Diese Art der Luftreinigung findet im Nutzfahrzeugbau keine Anwendung mehr.
- **Zyklonluftfilter**
  Die angesaugte Luft wird in Rotation versetzt, sodass grober Staub durch die Zentrifugalkraft ausgeschieden wird. Der übrig gebliebene feine Staub wird anschließend über einen normalen Trockenluftfilter gefiltert. Für den Motoreinsatz in sehr staubhaltiger Luft, z. B. im Baustellenverkehr oder in Ländern mit überwiegend unbefestigten Straßen. Die Staubsammelkammer im Zyklon muss regelmäßig durch das Staubventil entleert werden (Bedienungsanleitung).

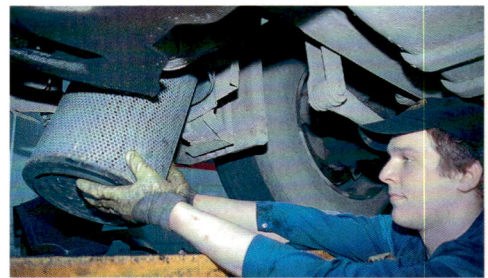

MOTOR

2.2.9 Motorkühlung (engl. cooling system)

Das Kühlsystem führt die Wärme ab, die die Motorbauteile während der Verbrennung aufgenommen haben. Eine zu hohe Temperatur führt zu unkontrollierter Verbrennung, lässt den Schmierfilm abreißen und zerstört den Motor. Ca. 30 % der nutzbaren Wärmemenge des Kraftstoffs gehen durch die Kühlung verloren. Die Wärme wird an die Umwelt abgegeben.
Eine gut auf den Motor abgestimmte Kühlung ermöglicht:
- erhöhte Zylinderfüllung,
- hohe Verdichtung,
- höhere Leistung bei niedrigem Kraftstoffverbrauch.

Der Kühlbedarf von modernen Lkw-Motoren ist durch moderne Abgasnachbehandlungssysteme und Downsizing in den letzten Jahren stark angestiegen.

Luftkühlung
Die an den zahlreichen Kühlrippen der (freistehenden) Zylinder vorbeiströmende Luft entzieht dem Motor die Wärme. Ein angetriebenes Gebläse sorgt für ausreichende Luftbewegung. In modernen Nutzfahrzeugen ist diese Kühlmethode nicht mehr üblich.

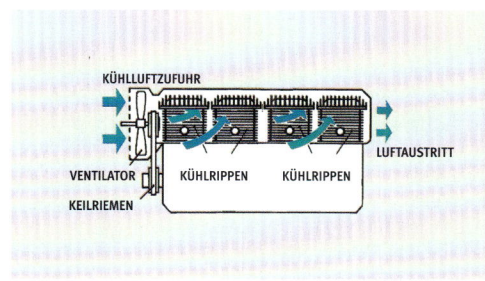

Wasserkühlung
Das Kühlmittel, engl. coolant,(Wasser gemischt mit Frostschutzmittel, engl. antifreeze) durchströmt den Motorblock und den Kühler und leitet die Wärme von den Zylinderwänden ab. Eine Kühlmittelpumpe (Wasserpumpe) halt die Flüssigkeit in Umlauf. Im Kühler wird die Wärme an die Umgebung abgegeben. Im Kühlkreislauf des Motors ist ein Thermostat eingebaut. Er regelt die Betriebstemperatur durch das Ab- und Zuschalten des großen Kreislaufs. Ist die Betriebstemperatur noch nicht erreicht, durchströmt die Kühlflüssigkeit nämlich nur einen kleinen Kreislauf, um den Motor schneller auf seine optimale Betriebstemperatur zu bringen. Die Kühlflüssigkeit wird von der Wasserpumpe über den Kühlmantel der Zylinder bis zum Zylinderkopf gedrückt. Das Thermostat sperrt den Zulauf zum Kühler, die Flüssigkeit erreicht wieder die Pumpe. Dem Kühlmittel ist ein Frostschutzmittel beigemischt.

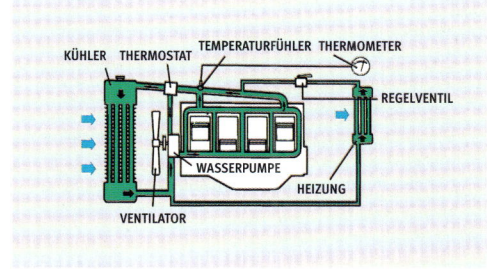

Es bleibt das ganze Jahr über im Kühlsystem und schützt
- das System im Winter vor dem Einfrieren und
- die Anlage vor Korrosion.

MOTOR

Ein Ventilator oder Lüfterrad (engl. cooling fan) erhöht den Wärmeaustausch im Kühler. In der Regel wird ein Viscolüfter (engl. viscous cooling fan) eingesetzt. Dieser schaltet sich automatisch je nach Kühlmitteltemperatur zu oder ab oder passt seine Drehzahl an, um nicht unnötig Energie zu verbrauchen. Der Lüfter sitzt direkt auf der Kurbelwelle oder wird über einen Riementrieb bzw. (oft bei Bussen) über eine Antriebswelle angetrieben. Bei manchen Fahrzeugen erfolgt der Antrieb auch hydrostatisch, das heißt durch Öldruck.

Das Lüfterrad kann im Notfall (beispielsweise bei Ausfall der nicht starren Visco-Kupplung) verriegelt werden und läuft dann entsprechend mit der Motordrehzahl. Im Zuge der Reduzierung von Verlustleistung sind derzeit auch weitere Konzepte geregelter Lüfter mit elektronisch gesteuerten Kupplungen in Erprobung oder schon im Einsatz.

Der Wasserkühler und das meist davor angebrachte Fliegenschutzgitter sind besonders in der warmen Jahreszeit regelmäßig von groben Verunreinigungen zu säubern, um die optimale Kühlleistung zu erhalten. Vorsicht mit dem Dampfstrahler: Um die empfindlichen Lamellen des Kühlers nicht zu beschädigen, mit der Düse nicht zu dicht herangehen (minimum 40 cm) und immer rechtwinklig zur Kühlerfront abdampfen.

Hinweise während der Fahrt

- Kühlmittel-Temperaturanzeige beobachten. Die Temperatur des betriebswarmen Motors soll zwischen 80° und 105° C liegen. Ursachen für zu hohe Temperatur können sein:
  » fehlendes Kühlmittel,
  » lockerer Keilriemen, oder defekter anderweitiger Lüfterantrieb,
  » defekte Visco-Kupplung
     (Lüfter dreht nicht ausreichend schnell mit),
  » defektes Thermostat,
  » defekte Wasserpumpe,
  » verschmutzter Kühler.
- Displaymeldungen überwachen.
- Steigen bei der Kontrolle hinter der Wartungsklappe bei laufendem Motor Luftblasen im Ausgleichsbehälter hoch, deutet dies auf eine schadhafte Zylinderkopfdichtung hin.
- Das elektronische Motormanagement überwacht die Kühlmitteltemperatur. Bei Überschreitung eines festgelegten Grenzwertes wird ggf. die Motorleistung reduziert. Dem Fahrer wird die Reduzierung der Leistung angezeigt.

MOTOR

Kontrollen
- Der Kühlmittelstand wird beim Einschalten der Zündung automatisch überwacht. Bei zu niedrigem Kühlmittelstand erfolgt eine Anzeige über das Fahrerdisplay. (Fehlendes Kühlmittel kann zu kapitalen Motorschäden führen).
- Bei der Sichtkontrolle vor allem prüfen, ob das Kühlsystem dicht ist. Am Ausgleichsbehälter, am Kühler, aus den Kühlleitungen und an den Verbindungsstellen darf keine Kühlflüssigkeit austreten (feuchte Stellen suchen, Leitungen abtasten). Mängel müssen umgehend beseitigt werden.
- Nach längerer Standzeit unter das Fahrzeug schauen und auf Flecken achten.
- Keilriemenspannung prüfen. Eine einfache Prüfmethode für unterwegs: Die längste Riemenstelle zwischen zwei Umlenkungen suchen und den Riemen mit kräftigem Daumendruck belasten. Er sollte nicht mehr als 1-2 cm nachgeben. Wäre er zu locker, würde sich das auch durch Quietschen bemerkbar machen. Achtung: Der Motor ist bei der Prüfung aus und der Zündschlüssel befindet sich am besten in der Hosentasche des Prüfenden.

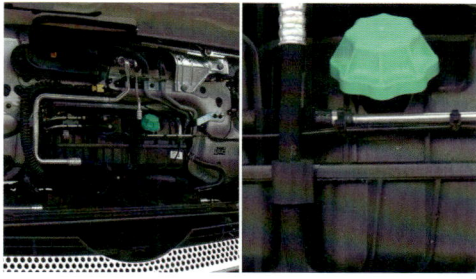

Wichtig beim Nachfüllen von Kühlmittel
Das Kühlmittel nur unter 50° Betriebstemperatur nachfüllen. Anschließend den Motor in verschiedenen Drehzahlbereichen laufen lassen und abstellen. Dann den Kühlmittelstand erneut prüfen. Der Kühlflüssigkeitsstand im Ausgleichsbehälter muss sich zwischen den Markierungen MIN und MAX befinden.

Bei warmem Motor steht das Kühlsystem unter Druck (Verbrühungsgefahr!). Vor dem Öffnen des Ausgleichsbehälters erst den Überdruck durch vorsichtiges drehen des Verschlussdeckels nur bis zur ersten Raste vorsichtig entweichen lassen. Erst anschließend vollständig öffnen. Ggf. einen Lappen verwenden. Wird bei heißem Motor kalte Kühlflüssigkeit zu schnell nachgefüllt, besteht die Gefahr eines Motorschadens.

Vor der kalten Jahreszeit die Frostschutzgrenze des Kühlmittels mit einem Prüfgerät kontrollieren. Zu geringer Frostschutz kann zu Schäden durch die gefrierende Kühlflüssigkeit führen.

MOTOR

2.2.10 Motorschmierung (engl. lubrication)

Das Schmiersystem transportiert das Motoröl an Bauteile, die sich gegeneinander bewegen und verringert die Reibung zwischen ihnen. Das Öl schmiert alle beweglichen Teile wie Kolben und Lagerstellen und verhindert ein Festlaufen des Motors. Es mindert den Verschleiß. Zwischen Lager und Welle bildet sich ein Schmierfilm, auf dem die Welle „schwimmt". Der Ölfilm sorgt dafür, dass sich die „rauen" Oberflächen nicht berühren. Als weitere wichtige Funktion führt das Öl die Wärme des Verbrennungsvorgangs ab und kühlt somit den Motor.

Druckumlaufschmierung

Üblicherweise wird eine Druckumlaufschmierung verwendet, die das Motoröl mit ca. 5 bar durch einen Kreislauf durch die Leitungen an die Schmierstellen drückt. Die von der Kurbelwelle angetriebene Ölpumpe pumpt das Öl aus der Ölwanne über Leitungen und Bohrungen zu den einzelnen Schmierstellen. Ein Ölfilter reinigt das Öl von mechanischen Verunreinigungen (Abrieb, Späne) welche aus dem Motor vom Ölstrom fortgespült werden. Von den Schmierstellen tropft das Öl ab und fließt in die Ölwanne zurück. In hoch belasteten Motoren tritt eine starke Erwärmung des Öls auf. Durch einen Ölkühler wird dessen Temperatur wieder herabgesetzt, da zu heißes Öl schneller altert. Wärmetauscher, im Ölkreislauf angeordnet, werden vom Kühlmittel umströmt und nützen dieses einerseits zum Kühlen des Motoröls, aber auch zu dessen schnelleren Erwärmung nach einem Kaltstart. Manche Motoren haben auch (zusätzlich) einen außenliegenden Ölkühler, der von Luft umströmt wird.

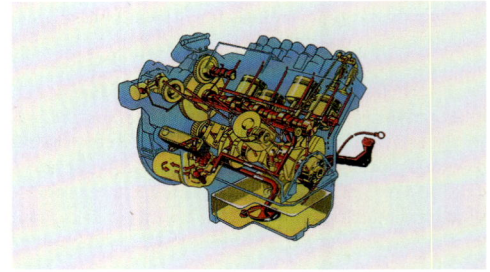

MOTOR

Motoröl
Das Motoröl hat vielfaltige Aufgaben:
- Schmieren
- Kühlen
- Abdichten zwischen Kolben und Zylinderwand
- Reinigen, d. h. das Befreien des Motors von Schmutzpartikeln
- Geräuschdämpfung
- Korrosionsschutz.

An das Motoröl von Dieselmotoren werden besondere Anforderungen gestellt. Es muss hohen Drücken standhalten und temperaturbeständig sein. Bei hohen Temperaturen darf es nicht zu dünnflüssig sein, damit der Ölfilm nicht reißt. Bei Kälte darf es nicht zu dickflüssig sein, damit die Fließfähigkeit erhalten bleibt.

Das Grundöl für diese Hochleistungsschmierstoffe wird in einem speziellen Syntheseverfahren hergestellt wobei die Grundlagen für die bei allen Temperaturen optimale Viskosität und das ideale Fließverhalten gelegt werden. Dem Grundöl werden spezielle Wirkstoffe, sogenannte Additive, beigemischt. Dies sind zum Beispiel Antioxidantien sowie Mittel für den Verschleiß- und Korrosionsschutz. Zur Vermeidung von Verschmutzungen im Motor werden sogenannte Dispergentien und Detergentien eingesetzt.

Klassifizierung der Motoröle
Welches Öl für welchen Zweck? Motoröle für Otto- und Dieselmotoren werden in unterschiedliche Viskositätsklassen und nach Merkmalen für die Güte eingeteilt.

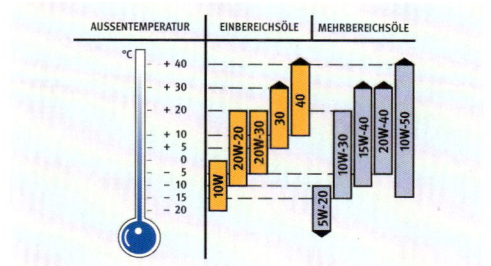

Die **SAE-Viskositätsklasse** ist ein Merkmal für die Zähflüssigkeit bzw. für das Fließverhalten des Motoröls bei unterschiedlichen Temperaturen.
- Einbereichsöle sind auf die Jahreszeit abgestimmt: SAE 10 ist ein dünnflüssiges Winteröl, SAE 40 ist ein dickflüssiges Sommeröl.
- Mehrbereichsöle sind ganzjährig einsetzbar, weil sie einen größeren Temperaturbereich abdecken. SAE 10W–50 ist ein Öl, das sowohl im Winter (10W) als auch im Sommer (50) verwendet werden kann.

Die **ACEA-Spezifikation** ist eine europäische Norm für die Güte des Öls:
- A für Ottomotoren
- B für Pkw-Dieselmotoren
- E für Nutzfahrzeug-Dieselmotoren.

Die **API-Spezifikation** ist eine amerikanische Norm für die Qualität des Öls:
- S-Klassen-Öl für Ottomotoren
- C-Klassen-Öl für Dieselmotoren.

MOTOR

Der Motorhersteller schreibt teilweise eine bestimmte Ölsorte vor oder gibt nur bestimmte Ölsorten frei. Wird eine andere Ölsorte verwendet, erlischt die Garantie.

Getriebeöl – Anforderungen
- hohes Druckaufnahmevermögen zur Übertragung der Kräfte an den Zahnflanken der Getrieberäder
- geringe Temperaturabhängigkeit für optimalen Kaltstart und sicheren Heißlaufbetrieb
- hohe Alterungsbeständigkeit für lange Ölwechselzeiten
- geringe Neigung zur Schaumbildung
- Schutz vor Korrosion, Verschleiß und Ablagerungen.

Viskosität nach SAE-Klassen
- Einbereichsgetriebeöle: SAE 80, SAE 90, SAE 140, SAE 250
- Mehrbereichsgetriebeöle: SAE 75W-90, SAE 80W-90, SAE 85-140.

API-Spezifikation von Getriebeölen
- GL 4 Getriebeöle für mäßig beanspruchte Schaltgetriebe und Achsantriebe
- GL 5 Getriebeöle für hochbeanspruchte Schaltgetriebe, besonders für niedrige Drehzahlen und hohe Drehmomente sowie für hochbeanspruchte Achsantriebe.

Kontrollinstrumente
- Der Ölstand wird durch einen Sensor überwacht und im Fahrerdisplay angezeigt.

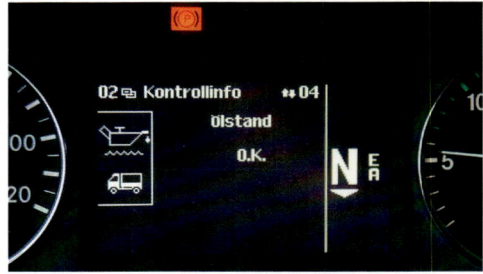

Überprüfung und Wartung
- Fällt der Öldruck ab, erscheint automatisch eine Meldung im Fahrerdisplay. Sofort sicher anhalten! Ein Motor, der mit zu wenig oder ohne Öl betrieben wird, geht in kürzester Zeit kaputt.
- Sichtprüfung auf Dichtheit täglich vor der Fahrt durchführen.
- Ölwechsel und Ölfilterwechsel in vorgeschriebenen Intervallen nach Herstellerangabe vornehmen. Durch Rußbildung und Oxidation tritt eine Ölverdickung auf, das Öl muss erneuert werden.

Folgen eines zu geringen Ölstandes
- Die Öltemperatur wird zu hoch, dadurch kann der Ölfilm abreißen.
- Die Betriebstemperatur des Motors erhöht sich.
- Bei einer Kurvenfahrt kann die Motorschmierung ausfallen.

MOTOR

2.2.11 Abgasanlage (engl. exhaust system)

Die Abgasanlage hat die Aufgaben:
- die heißen Verbrennungsabgase gefahrlos ins Freie zu leiten,
- die Auspuffgeräusche zu dämpfen,
- die Abgase von Schadstoffen zu reinigen, wenn eine Abgasnachbehandlungstechnologie verwendet wird.

Zur Abgasanlage gehören folgende Bauteile:
- Auspuffkrümmer, u. U. Turbolader, Rohre und Schwingungsentkoppelelement (Faltenbalg)
- Schalldämpfer,
- Bauteile der Abgasnachbehandlungsanlage.

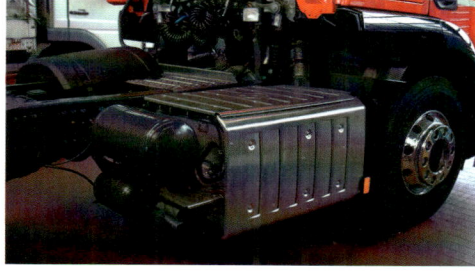

Euro6-Abgasnachbehandlungsanlage

Auspuffkrümmer (engl. exhaust manifold)
Im Auspuffkrümmer vereinigen sich die Abgaskanäle der einzelnen Zylinder zu einem gemeinsamen Auslass.

Schalldämpfer (engl. muffler)
Schalldämpfer mindern die Auspuffgeräusche gemäß den gesetzlichen Vorschriften.

Reflexionsdämpfer
Das Abgas wird durch unterschiedlich große Kammern geleitet. Die entstehenden Resonanzen sorgen für ein gegenseitiges Aufheben der Schallwellen. Reflexionsdämpfer werden als Hauptschalldämpfer eingesetzt.

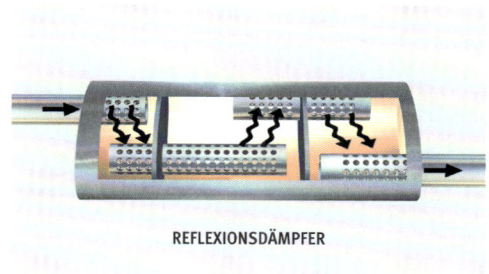

REFLEXIONSDÄMPFER

Absorptionsdämpfer
Die Schallwellen treten durch ein perforiertes Rohr in das Dämpfungsmaterial ein. Die Schallumwandlung erfolgt durch Reibung im Absorptionsmaterial (Dämpfungsmaterial).

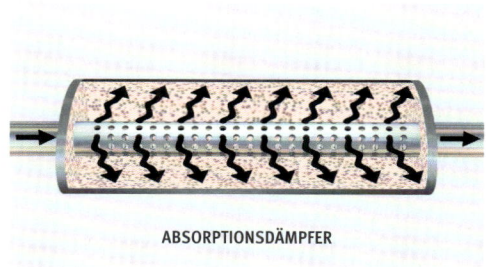

ABSORPTIONSDÄMPFER

Bauteile der Abgasnachbehandlung
Abgasnachbehandlungskomponenten:
- Diesel-Oxidationskatalysator
- SCR-Katalysator
- Diesel-Partikelfilter.

Näheres zur Wirkungsweise der Abgasnachbehandlungssysteme im Kapitel „Abgasreinigung beim Diesel-Nutzfahrzeugmotor".

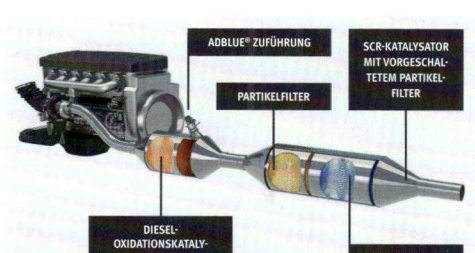

MOTOR

2.2.12 Motorsteuerung (Motormanagement, engl. engine management system)

Die strengen gesetzlichen Anforderungen an die Abgasqualität lassen sich nur mit Hilfe elektronischer Motormanagementsysteme erfüllen (z. B. EDC = Electronic Diesel Control), welche die früheren mechanischen Einspritzsysteme ersetzt haben. Die EDC ermöglicht in Verbindung mit modernen Einspritzsystemen eine optimale Regelung der eingespritzten Kraftstoffmasse, des Einspritzbeginns, des Ladedrucks sowie der Steuerung der Abgasrückführrate. Weitere EDC-Funktionen sind die Fahrzeugdiagnose, Drehzahl- und Fahrgeschwindigkeitsregelung sowie die Steuerung und Regelung der Abgasnachbehandlungssysteme, wie z. B. Dieselpartikelfilter (DPF) und selektive katalytische Reduktion (SCR).

In Nutzfahrzeugen werden Fahrregelungen eingesetzt. Die Fahrregelung (FR) steuert die Leistung des Antriebsstrangs über Funktionen, wie z. B. Tempomat, Fahrpedal, Motorbremse, Retarder, ABS oder ASR. Die Fahrregelung ist über einen **CAN**-Datenbus (**C**ontroller **A**rea **N**etwork), einer Datensammelleitung, mit dem Motorsteuergerät und z. B. Getriebesteuergerät und Bremssteuergerät verbunden.

Die Fahrregelung ermittelt für jede Fahrsituation die optimalen Einstellungen für Motor, Getriebe und Bremssysteme. So ergibt sich ein geringerer Kraftstoffverbrauch, die Emissionen sinken und die Beanspruchung im Betrieb wird reduziert.

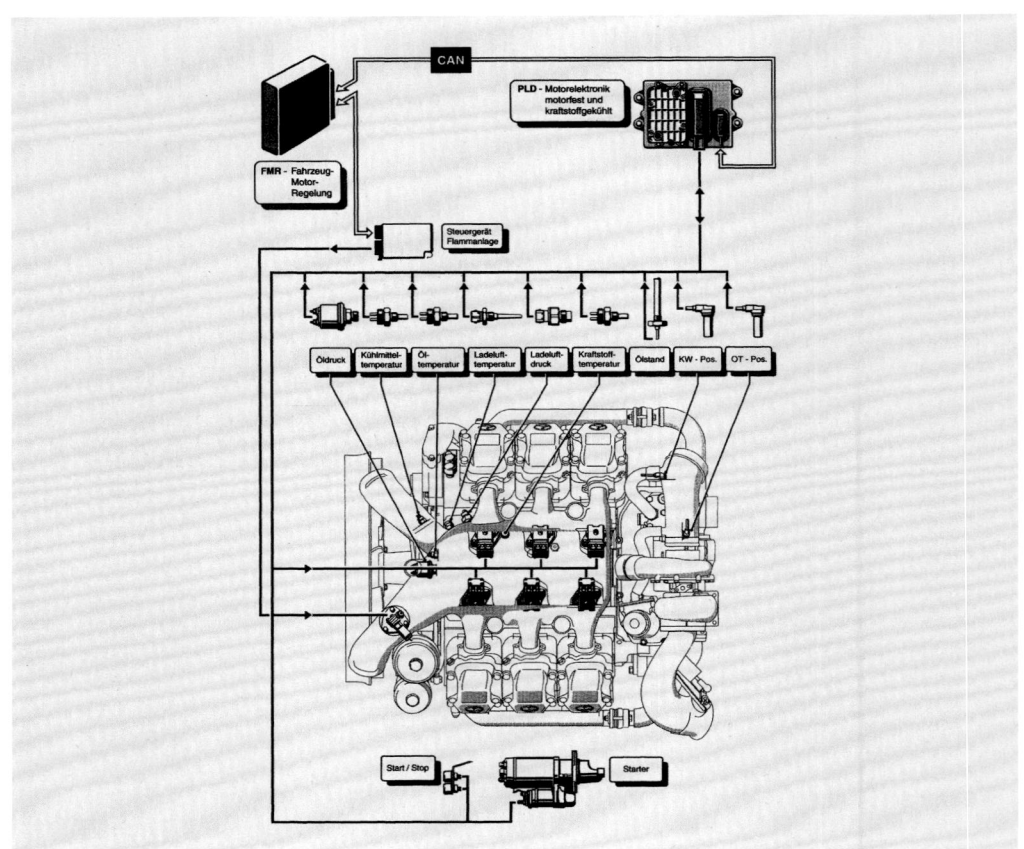

Elektronisches Motormanagement. Quelle: VIEWEG Nutzfahrzeugtechnik

MOTOR

2.2.13 Nebenverbraucher

Der Motor treibt nicht nur das Fahrzeug an sondern auch eine ganze Reihe von Nebenverbrauchern:
- Wasserpumpe
- Lenkhelfpumpe
- Generator/Lichtmaschine
- Luftpresser
- Klimakompressor für Kabine und ggf. den Kühlkoffer

Die Wasserpumpe wird bei manchen Herstellern elektrisch angetrieben und wälzt immer nur so viel Kühlwasser um, wie notwendig. Die Lenkhelfpumpe wird nur bei einer beabsichtigten Lenkbewegung aktiv. Bei Geradeauslauf des Fahrzeugs arbeitet sie auf „Sparflamme". Der Luftpresser füllt (wenn aus Sicherheitsgründen möglich) den Luftvorrat in den Luftkesseln bevorzugt im Schubbetrieb des Lkw auf und wirkt dabei ähnlich wie eine Motorbremse. Auch der Klimakompressor wird so gesteuert, dass er im Schubbetrieb „mehr Kälte produziert". All diese Maßnahmen bewirken eine weitere Kraftstoffeinsparung.

> » **INFO**
> Bei modernen Fahrzeugen werden einige Nebenverbraucher permanent geregelt und strategisch angesteuert, um eine weiterer Kraftstoffeinsparung zu erzielen.

2.3 Alternative Antriebe

2.3.1 Erdgasmotor

Der Erdgasmotor ist ein Ottomotor. Er verfügt im Gegensatz zum Dieselmotor über Zündkerzen und eine Hochspannungszündanlage. Aktuell erzeugen Lkw mit LNG-Antrieb (engl. liquefied natural gas), also flüssig tankbares Erdgas eine gewisse Aufmerksamkeit.
Von den fossilen Energieträgern hat Erdgas die geringsten Umweltauswirkungen. Es erzeugt bei der Verbrennung knapp 25 % weniger CO_2 als Dieselkraftstoff und die Stick-oxydemissionen sind im Vergleich um 70 % geringer. Rußpartikel sind kaum noch nachweisbar.
Als „Fremdzünder" zeichnet sich dieser Motor durch einen weichen Verbrennungsablauf und dadurch einen leisen Lauf aus. Nachteile sind die geringe Reichweite und der große Platzbedarf der hochisoliert ausgeführten Gasspeicher (Gasflaschen). Die Technologie befindet sich bereits bei einigen Speditionen im staatlich geförderten Erprobungsstadium.

Quelle: Daimler AG

Der hier beschriebene Gasmotor funktioniert tatsächlich nach dem Otto-Prinzip und hat daher Zündkerzen. Volvo setzt tatsächlich einen neuen Typ Motor mit Gasantrieb ein: Dieser ist kein Ottomotor (der normalerweise bei Gas-Fahrzeugen eingesetzt wird, s. o.), sondern es ist ein Gasmotor nach dem Dieselprinzip. Im Betrieb erwärmt der Motor das LNG (Liquified Natural Gas), wandelt es vom flüssigen Zustand in Gas um und spritzt es in die Brennräume ein. Zur Zündung des Gases wird eine Diesel-Zündflamme eingesetzt.

MOTOR

2.3.2 Wasserstoffmotor

Der Wasserstoffmotor ist ebenfalls ein Ottomotor, bei dem der Kraftstoff, also hier das Wasserstoff-Gas elektronisch geregelt in den Ansaugtakt eingeleitet wird. Der Motor arbeitet sozusagen emissionsfrei. Dem Auspuff entweicht lediglich Wasserdampf.
Die Speicherung des flüssigen Wasserstoffs bei extrem niedrigen Temperaturen erfordert eine komplizierte Technologie.

Quelle: MAN

2.3.3 Brennstoffzellenantrieb (engl. fuel cell)

Bei dieser Bauart wandeln die Brennstoffzellen-Module die im Wasserstoff enthaltene chemische Energie in elektrische Energie um. Der elektrische Strom wirkt über Elektromotoren auf den Antrieb.
Für den hoch verdichteten Wasserstoff sind aufwändige und hochisolierte Tanks erforderlich.

Quelle: Daimler AG

2.3.4 Hybridantrieb

Das Fahrzeug hat mehrere Antriebsquellen. Der Antrieb kann mit einem Dieselmotor oder auch mit einem Elektromotor erfolgen. Beide Motoren können auch zusammen wirken (Boost-Betrieb). Eine rein elektrische (batteriebetriebene) Fahrt ist über kurze Distanzen möglich. Die Speicherung der elektrischen Energie erfolgt in Batterien oder Kondensatorenspeicher „Ultracaps". Ein mit „Ultracaps" ausgerüsteter Stadtbus hat einen dieselelektrischen Antrieb und speichert die Bremsenergie in den „Ultracaps". Beim Anfahren oder Beschleunigen wird die Energie wieder eingespeist. Ein vorwiegend im elektrisch angetrieben Pkw eingebauter „Range-Extender" (Reichweiten-Erhöher) ist ein kleinvolumiger Verbrennungsmotor, der nur dann anläuft, wenn die Fahrbatterien erschöpft sind. Er lädt den Akku wieder auf und ermöglicht zugleich eine Fahrt mit mittlerer Geschwindigkeit. Da dieser Motor geschwindigkeitsunabhängig stets im optimalen Drehzahlbereich (Bestpunkt) betrieben werden kann (die Getriebefunktion erfolgt über die elektrische Regelung), arbeitet er kraftstoffsparend und emissionsarm.

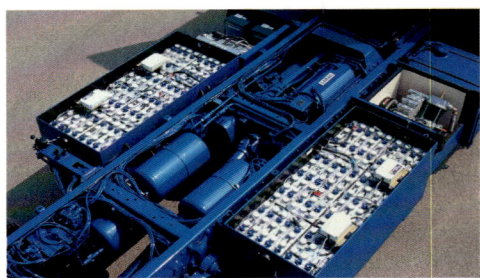

Quelle: Daimler AG

MOTOR

2.3.5 Elektromobilität

Die Rolle der Elektromobilität nimmt eine zentrale und zukunftweisende Rolle bei vielen Unternehmen des ÖPNV ein. Viele Unternehmen haben die Kraftstoffeinsparung und Emissionsreduzierung bereits beim Einsatz von Hybridantrieben in ihren Bussen erkannt und setzen diese Fahrzeuge im Nahbereich ein. Der Linienbus der Zukunft fährt jedoch zu 100 Prozent elektrisch. Die Busse fahren fast geräuschlos und völlig emissionsfrei. Elektrobusse mit induktiver Ladetechnik, kurz „emil" ist der Schritt in ein neues Zeitalter. Die Ladung der E-Busse erfolgt induktiv und berührungslos über Schnellladestationen an ausgewählten Haltestellen auf dem Linienweg während des Fahrgastwechsels. Beispielhaft sei hier die Braunschweiger Verkehrs GmbH genannt.

Spezielle Haltestelle mit einer Schnellladestation am Braunschweiger Hauptbahnhof

Die Elektromobilität gibt es auch für Lastkraftwagen. Im Jahr 2016 hat Scania ein völlig neues Antriebskonzept vorgestellt. Der Hybrid-Lkw kann bei Bedarf mit einem montierten Stromabnehmer die Oberleitungen als Energiequelle nutzen. Der Euro-6-zertifizierte Lkw fährt entweder mittels Elektromotor oder mit Biokraftstoff, ganz ohne auf fossile (herkömmliche) Kraftstoffe angewiesen zu sein.

Das Aufnahmepad des Busses senkt sich über das Ladepad.

Der zwei Kilometer lange Autobahnabschnitt E16 in Schweden.

MOTOR

2.4 Motorkennlinien

2.4.1 Volllastkennlinien

Um einen Vergleich der Verbrennungsmotoren zu erhalten, nutzt man folgende Hauptgrößen, bezogen auf die Drehzahl des Motors:
- Drehmoment
- Leistung
- spezifischer Kraftstoffverbrauch

(hier Mercedes-Benz OM 501 mit 320 kW)

Motordrehmoment (M)

Das Motordrehmoment (M), gemessen in Newtonmeter [Nm], wird auf einem Prüfstand ermittelt, der Motor wird dabei „abgebremst". Im Abstand von jeweils 100 Umdrehungen/Minute erfolgt eine Messung. Werden die Messpunkte miteinander verbunden, entsteht die Drehmomentkurve. Im unteren Drehzahlbereich erreicht ein Nfz-Dieselmotor bereits sein maximales Drehmoment. Bei steigender Drehzahl sinkt das Drehmoment, weil bedingt durch die hohen Kolbengeschwindigkeiten die Zeit nicht mehr ausreicht, um dem Motor genügend Kraftstoff zuzuführen und diesen effizient und schadstoffarm zu verbrennen.

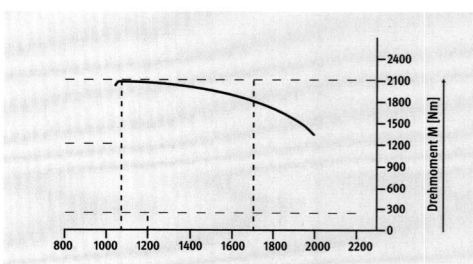

*Das maximale Drehmoment von **2100** Nm liegt bei diesem Motor in einem Drehzahlbereich von **1080** und **1200** 1/min.*

Leistung (P)

Die Leistung (P), gemessen in Kilowatt [kW], kann nicht direkt gemessen werden und wird daher errechnet. Das Produkt aus Motordrehmoment und Motordrehzahl ergibt die Motorleistung.

*Die maximale Leistung von **320** kW erreicht dieser Motor bei **1700** 1/min.*

Spezifischer Kraftstoffverbrauch (b)

Der spezifische Kraftstoffverbrauch (b) wird in Gramm/Kilowattstunde [g/kWh] angegeben. Er wird durch Messungen am Motorprüfstand ermittelt. Eine prinzipbedingte schlechte Durchmischung von Kraftstoff und Luft im unteren Drehzahlbereich ergibt einen höheren Verbrauch, während im oberen Drehzahlbereich die unvollkommene Verbrennung Ursache für den Verbrauchsanstieg ist. Der geringste spezifische Kraftstoffverbrauch wird daher nur in einem definierten Drehzahlbereich erreicht.

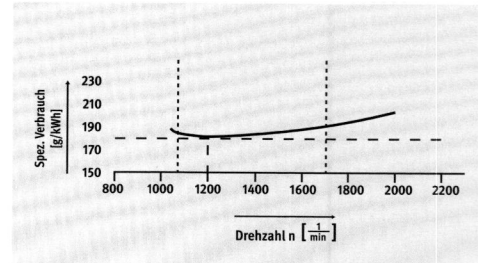

*Bei einer Drehzahl von **1100** bis ca. **1500** 1/min. liegt der spezifische Kraftstoffverbrauch bei Volllast unter **190** g/kWh. Das entspricht dem grünen Drehzahlbereich.*

MOTOR

Leistungsdiagramm
Das Leistungsdiagramm eines Motors ist die Zusammenfassung der drei Größen Drehmoment, Leistung und spezifischer Kraftstoffverbrauch.

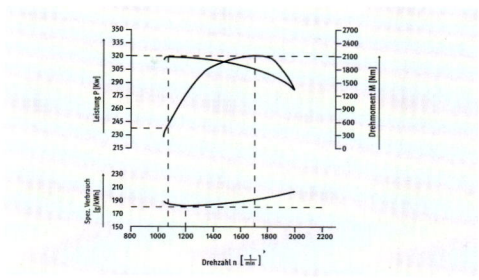

*Der elastische Bereich eines Motors liegt zwischen dem maximalen Drehmoment und der maximalen Leistung. Der am Prüfstand abgebremste Motor weist einen Elastizitätsbereich zwischen **1080** und **1700** 1/min. auf.*

Ermittlung des Kraftstoffverbrauchs
Um Nutzfahrzeuge wirtschaftlich und umweltschonend einzusetzen, sollte der Kraftstoffverbrauch des Fahrzeugs bezogen auf 100 km Fahrstrecke grundsätzlich nach jedem Tanken ermittelt werden. Liegt die Abweichung des Verbrauchs höher als 10 – 15 % deutet das auf ein Problem hin, dessen Ursache ergründet werden muss.

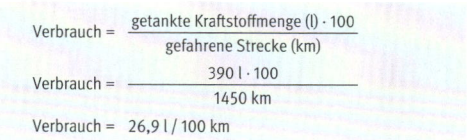

Einfacher ist die Verbrauchsermittlung durch einen Verbrauchsrechner, welcher bei modernen Nutzfahrzeugen installiert ist. Im Display kann der momentane Verbrauch sowie der Durchschnittsverbrauch bezogen auf 100 km Fahrstrecke abgerufen werden. Der Rechner zeigt dem Fahrer auch die noch mögliche Fahrstrecke mit dem vorhandenen Kraftstoffvorrat an.

Kraftstoff-Verbrauchskennfeld
Das Kraftstoff-Verbrauchskennfeld wird aufgrund der Linienführung auch als Muscheldiagramm bezeichnet. Dieses Diagramm zeigt den Zusammenhang von Drehzahl [n], Leistung [P], Drehmoment [M] und spezifischem Kraftstoffverbrauch [b_e] zu jedem Betriebspunkt eines Verbrennungsmotors. Es dient vor allem dem Motorenkonstrukteur, um konstruktive Änderungen am Motor vergleichend zu überprüfen. Eine Auswertung des Muscheldiagramms kann aber auch Ihnen als Fahrer helfen, verbrauchsgünstig zu fahren. An der dicken 100 kW-Linie ist zu erkennen, dass die beiden Betriebspunkte P1 und P 2 zwar auf der gleichen Linie liegen (der Motor also 100 kW abgibt) aber dennoch einen unterschiedlichen Verbrauch, abhängig von der Motordrehzahl, bewirken. Es ist also geboten hochzuschalten, um eine verbrauchsgünstigere Motordrehzahl von ca. 1360 Umdrehungen pro Minute zu erreichen.

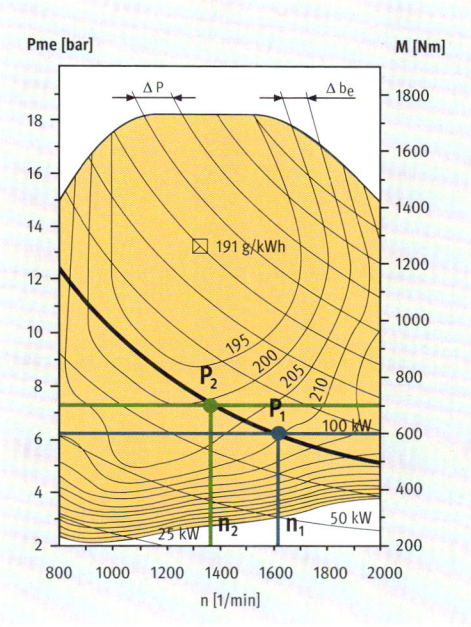

MOTOR

2.5 Eigenschaften und Arten von Kraftstoffen

2.5.1 Diesel-Kraftstoffe

Zündwilligkeit

Dieselkraftstoffe sind Kohlenwasserstoffverbindungen, und werden aus Erdöl gewonnen. Der Siedebereich der Verbindungen liegt zwischen 180 °C und 370 °C. Da der Dieselmotor ohne Fremdzündung (Zündkerzen) arbeitet, muss sich der Kraftstoff unmittelbar nach dem Einspritzen in die heiße, komprimierte Luft im Verbrennungsraum von selbst entzünden. Der Dieselkraftstoff muss „zündwillig" sein. Das Maß für die Zündwilligkeit ist die Cetan-Zahl (CZ). Die Norm EN 590 benennt als Minimum eine Cetan-Zahl von 51.

Wintereigenschaften

Bei Wintertemperaturen unter -10 °C fallen Paraffinkristalle aus dem Kraftstoff aus. Der Kraftstofffilter verstopft (versulzt), die Kraftstoffzufuhr wird unterbrochen, der Dieselmotor springt nicht mehr an. Es muss Winter-Diesel getankt werden. Diese Kraftstoffe sind besonders aufbereitet. Sie erhalten in der Raffinerie einen Zusatz von Fließverbesserern. Dadurch wird ein störungsfreier Betrieb in der kalten Jahreszeit gewährleistet. Zur Verbesserung der Kältebeständigkeit wurde früher dem Dieselkraftstoff häufig Petroleum bzw. Normalbenzin zugemischt. Das ist heute bei normgerechten Kraftstoffen nicht mehr notwendig bzw. nicht mehr zulässig, da moderne Einspritzsysteme durch Einsatz von Benzin beschädigt werden können.

Winterdiesel wird, je nach Klimazone (gemäßigt oder arktisch), anhand der Filtrierbarkeitsgrenze in verschiedene Klassen eingeteilt. In Mittel- und Westeuropa wird beispielsweise zwischen Mitte November und Ende Februar nur Diesel der Klasse F angeboten, in skandinavischen Ländern nur Diesel der Klasse 2.
In Übergangsregionen werden teilweise auch beide Sorten (Klasse F als Winterdiesel und Klasse 2 als Polardiesel) parallel vertrieben.

KLIMAZONE	KLASSE	FILTERBARKEITS-GRENZE [°C]	EINSATZ VON – BIS GEMÄSS EN 590
Gemäßigt	A	+5	
	B	0	15.04. – 30.09.
	C	-5	
	D	-10	01.10. – 15.11. / 01.03. – 14.04.
	E	-15	
	F	-20	16.11. – 28.02.
Arktisch	0	-20	
	1	-26	
	2	-32	
	3	-38	
	4	-44	

Schwefel

Um die Funktion der Abgasnachbehandlungssysteme wie Partikelfilter und SCR-Katalysator störungsfrei zu gewährleisten, muss der Schwefelgehalt des Dieselkraftstoffes niedrig sein. Die Grenzwerte für den Schwefelgehalt des Dieselkraftstoffes in Europa betragen in den Jahren:
- 2005 bis 2008: 50 mg/kg (schwefelarm),
- ab 2009: nur noch 10 mg/kg (schwefelfrei).

» **PRAXISTIPP**

Im osteuropäischen Ausland, Nordafrika oder Kleinasien ist der Kraftstoff möglicherweise nicht flächendeckend mit dem erforderlichen niedrigen Schwefelanteil erhältlich.

MOTOR

2.5.2 Benzin-Kraftstoffe

Auch Otto-Kraftstoffe sind Kohlenwasserstoffverbindungen, die aus Erdöl gewonnen werden. Der Siedebereich dieser Verbindungen liegt zwischen 30 °C und 210 °C. Im Gegensatz zum Dieselkraftstoff ist Otto-Kraftstoff klopffest. Das heißt, das Kraftstoffluftgemisch muss sich sehr hoch verdichten (komprimieren) lassen, ohne dass es sich selbst entzündet. Die ROZ (Research Oktanzahl) ist das Maß für die Klopffestigkeit.

Die drei verschiedenen Otto-Kraftstoffe unterteilen sich wie folgt, wobei der Super-Plus-Kraftstoff die höchste Klopffestigkeit aufweist.
- Normal-Benzin mind. 91 ROZ
- Super mind. 95 ROZ
- Super Plus mind. 98 ROZ

2.5.3 Alternative Kraftstoffe

Bio-Diesel

Bio-Diesel wird zum einen als Reinprodukt, aber auch als Beimischung zu herkömmlichen Dieselkraftstoffen angeboten und verwendet. Als Standard ist derzeit eine 7-prozentige Beimischung im sogenannten B7-Diesel zu nennen. Bio-Diesel trägt zum Schutz der Erdatmosphäre bei. Er ist biologisch abbaubar und vermindert die Gefährdung von Boden und Gewässern. Bio-Diesel stellt daher besonders für ökologisch sensible Bereiche eine umweltschonende Alternative dar. Die geringeren Emissionen bei der Verbrennung machen ihn zu einem interessanten Kraftstoff für hoch belastete Stadtgebiete. Agrarflächen werden zur Erzeugung dieses „nachwachsenden" Kraftstoffs genutzt. Der in Deutschland produzierte Biodiesel wird zum größten Anteil aus Raps hergestellt. Reines Rapsöl ist als Kraftstoff für Dieselmotoren nicht geeignet. Durch entsprechende Aufbereitung des Pflanzenöls entsteht der so genannte Bio-Diesel (Raps-Methyl-Ester – RME). Dieser Kraftstoff ist dem normalen Dieselöl fast gleichwertig. Nahezu alle Fahrzeughersteller haben Bio-Diesel zum Betrieb ihrer Dieselmotoren freigegeben.

MOTOR

Der praktische Einsatz
Beim Einsatz von reinem Bio-Diesel in serienmäßigen Dieselmotoren sind einige Hinweise zu beachten, um einen reibungslosen Betrieb dauerhaft zu gewährleisten. So sollte nach einigen Tankfüllungen Bio-Diesel, die nach bisheriger Verwendung von herkömmlichem Diesel getankt wurden, der Kraftstofffilter ausgewechselt werden. Da sich Bio-Diesel wie ein Lösungsmittel verhält, können gelöste Kraftstoffrückstände zu Filterverstopfungen führen. Mit Bio-Diesel in Berührung gekommene Lackflächen sollten umgehend abgewischt werden. Manche Gummi- oder Kunststoffmaterialien sind bei älteren Fahrzeugen unter Umständen bei längerem Gebrauch nicht beständig gegenüber Bio-Diesel (Aufquellen von Dichtungen und Kraftstoffschläuchen). Abhilfe können Kunststoffe aus Fluorkautschuk sein. Auskunft über die verwendeten Materialien kann die zuständige Fachwerkstatt geben. In seltenen Fällen kann es zu einer Verdünnung des Motoröls mit Bio-Diesel-Kraftstoff kommen. Dies geschieht infolge des höheren Siedepunktes von Bio-Diesel (ca. 130°C gegenüber 55°C bei reinem Diesel). Hierdurch bedingt kann eine dauerhafte Anreicherung im Motorenöl auftreten (kein Ausdampfen während des Betriebes). Das tritt in der Regel nur dann auf, wenn der Motor über längere Zeit mit schwacher Belastung gefahren wird. Ölwechselintervalle sollten daher entsprechend den Herstellerangaben eingehalten werden oder auch verkürzt werden. Weiterhin können infolge der im Bio-Diesel vorhandenen kohlenstofffreien Verbindungen Ablagerungen in Systemen der Abgasnachbehandlung entstehen und dort für Störungen verantwortlich sein.

Erdgas
Erdgas kann zum Energieträger der Zukunft werden. Erdgas ist ein ökologisch wertvoller Treibstoff, denn bei seiner Verbrennung im Fahrzeugmotor entstehen nahezu keine Partikelemissionen. Die Abgase sind geruchsfrei. Mit einem geregelten Dreiwege-Katalysator wird der Ausstoß von Schadstoffen auf extrem niedrige Werte reduziert.
Der Erdgasmotor ist ein Ottomotor. Er verfügt über Zündkerzen und eine Zündanlage. Als „Fremdzünder" zeichnet sich dieser Motor durch einen besonders weichen Verbrennungsablauf und einen leisen Lauf aus. Das ist z. B. beim (Kommunal-) Fahrzeugeinsatz in Wohngebieten vorteilhaft. Der Nachteil dieses Systems ist das benötigte große Volumen der technisch anspruchsvollen Gasspeicher um eine Reichweite von derzeit bis zu 1.500 km zu erreichen. Erdgasmotoren werden aktuell in geringem Umfang im Fernverkehr in Lkw bis 350 PS eingesetzt und als Antriebsmotor für Stadtbusse verwendet.

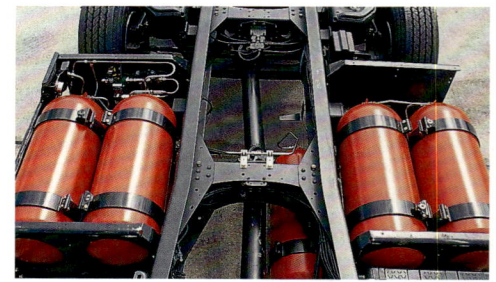

MOTOR

2.6 Emissionen

2.6.1 Abgaszusammensetzung

Um bei der Verbrennung von Dieselkraftstoff wenig Schadstoffe entstehen zu lassen, arbeitet der Dieselmotor mit Luftüberschuss. Zur Verbrennung von 1 kg Kraftstoff werden beim Dieselmotor 14,5 kg Luft benötigt.

Abgasbestandteile, ihre Zusammensetzung und Eigenschaften:
Das Abgas besteht überwiegend aus den ungiftigen Bestandteilen Stickstoff, Kohlendioxid, Wasserdampf und Sauerstoff. Kohlendioxid wird in Bezug auf die Abgasemissionen von Kraftfahrzeugen nicht als Schadstoff eingestuft. Es gilt jedoch als Mitverursacher des Treibhauseffektes und die dadurch verursachte globale Klimaerwärmung.

FRISCHGAS			
DIESELKRAFTSTOFF		LUFT	
Kohlenstoff CO	Wasserstoff H	Sauerstoff O	Stickstoff N
ABGAS			
Stickstoff (75 %) N_2	Kohlendioxid (7 %) CO_2, Wasserdampf (3 %) H_2O	Sauerstoff (15 %) O_2	Schadstoffe und Partikel

Die im Dieselabgas enthaltenen wesentlichen Schadstoffe sind:
- **Kohlenmonoxid CO**
  Farb-, geruch- und geschmackloses Gas. 0,3 Vol.-% CO in der Atemluft können innerhalb von 30 Minuten tödlich wirken. Kohlenstoffmonoxid ist ein gefährliches Atemgift. Da das Gas nicht reizend ist, wird es kaum wahrgenommen. Einmal über die Lunge in den Blutkreislauf gelangt, behindert es den Sauerstofftransport im Blut, was zum Tod durch Erstickung führen kann. Auch ein Verbringen eines Verletzten in die frische Luft bewirkt keine Besserung, weil der Sauerstoff im Körper durch die „CO-blockierten" Blutplättchen nicht mehr in ausreichender Menge verteilt werden kann.
- **Stickoxide NO_x**
  Verbindungen aus Sauerstoff und Stickstoff
  » Stickstoffmonoxid NO: Farb-, geruch- und geschmackloses Gas, wandelt sich in der Luft langsam in NO_2 um.
  » Stickstoffdioxid NO_2: In reiner Form ein rotbraunes, stechend chlorartig riechendes, giftiges Gas. Die im Abgas auftretenden Konzentrationen können die Schleimhäute und Lunge reizen.
- **Kohlenwasserstoffe HC**
  Sie sind in großer Vielfalt im Abgas vorhanden. Aromatische HC gelten als krebserregend. Ungesättigte HC sind Hauptverursacher von Smogbildung und reizen die Schleimhäute.
- **Rußpartikel**
  Sehr kleine Teilchen, die „lungengängig" sind und so Giftstoffe in den Körper transportieren. Die Partikel stehen im Verdacht, krebserregend zu sein.

Zusammenhang zwischen Kraftstoffverbrauch und Emissionen
Einspritzbeginn, Einspritzverlauf und die Zerstäubung des Kraftstoffes beeinflussen die Schadstoffemission. Durch späte Einspritzung des Kraftstoffs in den Brennraum kann die NO_x-Emission vermindert werden. Gleichzeitig steigen bei späterer Einspritzung der Kraftstoffverbrauch und die HC-Emission an.

MOTOR

2.6.2 Abgas- und Diagnosegesetzgebung

Die Richtlinien der europäischen Abgasgesetzgebung unterscheiden nach Fahrzeugklassen.

Pkw (M1) und leichte Nutzfahrzeuge (N1):
- zGM unter 3,5 t,
- Pkw zum Personentransport mit höchstens 8 Fahrgastplätzen,
- leichte Nutzfahrzeuge (**L**ight **D**uty **T**ruck) für den Gütertransport.

Die Emissionsvorschriften sind in der Richtlinie 70/220/EG festgelegt. Die Emissionsprüfung (Zertifizierung) wird bei älteren Emissionsklassen auf einem Fahrzeug-Rollenprüfstand durchgeführt. Ab der Norm Euro VI d-TEMP wird zudem im Rahmen der RDE (Real Driving Emissions) eine Fahrbetriebsmessung unter Zugrundelegung von Zuschlägen zum Prüfstandswert (Faktor CF) durchgeführt.

Schwere Nutzfahrzeuge (M2, M3, N2 und N3):
- zGM über 3,5 t,
- Busse mit mehr als 8 Fahrgastplätzen.

In der Verordnung (EG) Nr. 595/2009 sind die Emissionsvorschriften (Euro-Normen) festgelegt. Die Emissionsprüfung wird mit dem nicht eingebauten Motor auf einem Motorprüfstand sowie Realfahremissionen bei Homologationstests (RDE)- und Tests von in Betrieb befindlichen Fahrzeugen (ISC-In-Service-Conformity) durchgeführt. Desweiteren gehen auch Standemissionen (EVAP – evaporative emissions) sowie Emissionen ein, die im realen Fahrbetrieb entstehen (off-cycle emissions). In den Euro-Normen sind für Lkw-Dieselmotoren Grenzwerte für Kohlenwasserstoffe (HC), Kohlenmonoxid (CO), Stickoxide (NO_x), Partikelmasse und die Abgastrübung festgelegt wurden. Mit Einführung der Euro VI-Normen wurden zusätzlich Partikelanzahl und Ammoniak (NH_3) bestimmt. Die Grenzwerte werden auf die Motorleistung bezogen in g/kWh angegeben. Seit Einführung der Emissionsgesetzgebung in Deutschland im Jahre 1982 wurden die Grenzwerte stufenweise verringert.

Legende:

ESC	Stationär-Zyklus im Hauptfahrbereich (European Stationary Cycle)	**WHDC**	weltweit einheitlicher Prüfzyklus (World Harmonized Duty Cycle)
ELR	Lastaufnahme-Zyklus (European Load Response)	**WLTP**	weltweit einheitlicher Prüfzyklus für leichte Fahrzeuge (Worldwide Harmonized Light-Duty Vehicles Test Procedure)
ETC	Transient-Zyklus (European Transient Cycle)		
NEFZ	Neuer Europäischer Fahrzyklus (NEDC – European Driving Cycle)	**WWH-OBD**	weltweit einheitlicher Standard zur Fahrzeugdiagnose (World Wide Harmonized On-Board-Diagnostic)
PEMS	mobiles Emissionsmeßgerät (Portable Emissions Measurement System)		
RDE	Fahrbetriebsmessung unter Realbedingungen (Real Driving Emissions)		

MOTOR

BESTIMMUNGEN	EURO V	EURO VI									
Unterstufen		Euro 6a	Euro 6b	Euro 6c	Euro 6d-TEMP	Euro 6d-TEMP-EVAP	Euro 6d-TEMP-ISC	Euro 6d-TEMP-EVAP-ISC	Euro 6d	Euro 6d-ISC	Euro 6d-ISC-FCM
Einführung (Pflicht für alle Neuzulassungen)	2008/2009	2015	2015	2018	2017		2019	2019			2020
Test Zyklus	ESC, ELR, ETC	N2 und N3: WHSC/WHTC									
		N1: NEFZ/WLTP			N1: WLTP				N1: WLTP/RDE		
Emissions-obergrenze	NO_x = 2,0 g/kWh PM = 0,03 g/kWh	NO_x = 0,46 g/kWh PM = 0,010 g/kWh PN = 6 x 10^{11} NH_3 = 10 ppm									
OBD (Onboard Diagnose)	Emissionsschwellenwert	WWH-OBD									
Plausibilität AdBlue®-Verbrauch	NO_x-Überwachung –> Drehmomentreduzierung um 25 – 40 %	Bestimmungen zur Reagenskontrolle NO_x- Überwachung –> Drehmomentreduzierung um 25 %, bei Weiterfahrt nach 10 Stunden max. Höchstgeschwindigkeit 20 km/h (creep mode)									
		Gemäß Verordnung (EG) 692/2008: – Aktivierung der Warnung „niedriger Harnstoffpegel" bei Restlaufstrecke von 2.400 km – verschiedene Möglichkeiten bei geleertem Reagensbehälter: 　– Kein Neustart des Motors nach Countdown 　– Anlasssperre nach Betankung mit Dieselkraftstoff 　– Tanksperre 　– Leistungsdrosselung, max. Fahrgeschwindigkeit 50 km/h, kein Neustart des Motors ohne Nachfüllung AdBlue®- möglich									
System-Standfestigkeit	N1: 100.000 km/5 Jahre N2 und N3 ≤ 16 t: 200.000 km/6 Jahre N3 > 16 t: 500.000 km/ 7 Jahre	N1: 160.000 km/5 Jahre N2 und N3 ≤ 16 t: 300.000 km/6 Jahre N3 > 16 t: 700.000 km/7 Jahre gemäß Verordnung EG 595/2009									
Emissions-Messprozedur	Teilstromverdünnung PM gravimetrisch	Teilstromverdünnung PM gravimetrisch			PEMS (für RDE), Anwendung absinkender Toleranzfaktoren (CF) für die Fahrbetriebsmessung von NO_x und PN mit zunehmender Emissionsklasse, beginnend ab Euro 6d-TEMP						

Emissionsstandards für Nutzfahrzeugmotoren im Laufe der Zeit.

MOTOR

Die heute gültige Euro-6d-ISC-FCM-Norm ist für alle neuen Typgenehmigungen von Nutzfahrzeuge seit 1. Januar 2020 in Kraft. Seit 1. Januar 2021 gilt sie für alle Neuzulassungen. Hierbei wurde gegenüber früheren Normen eine weitere Verschärfung in Form von ISC-Überwachung (in service conformity – Nachweis der Erfüllung der Regularien im Betrieb anhand eines ausgewählten Fahrzeugbestandes) sowie der FCM (fuel consumption monitoring – Speicherung des tatsächlichen Kraftstoff-/Energieverbrauchs über den gesamten Fahrzeugbetriebszeitraum) eingeführt.

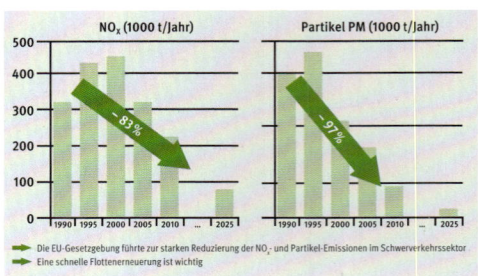

Luftverschmutzung in Deutschland   Quelle: VDA

Ausblick Euro VII
Es wird zum Zeitpunkt der Drucklegung von einer Einführung der Norm Euro VII bis zum Jahr 2025 ausgegangen. Insbesondere die erhebliche Reduktion der CO_2-Emissionen zur Erreichung der Klimaziele innerhalb der EU wird angestrebt werden. Eine weiterführende Verschärfung der bisherigen Grenzwerte ist ebenfalls zu erwarten. Weitere Formen der kontinuierlichen Überwachung der Fahrzeug-Emissionen sind denkbar. Beispielhaft ist hierbei das OBM (Onboard-Monitoring) einzelner oder auch sämtlicher reglementierter Schadstoffe als Erweiterung zum derzeitigen OBD-Standard zu nennen. Hierfür sind seitens der Fahrzeughersteller erhebliche Weiterentwicklungen der Sensorik vorzunehmen. Auf diesem Weg kann eine dauerhafte fahrzeugbezogene Überwachung der tatsächlichen, am Auspuff ausgestoßenen Emissionen erfolgen. Zudem wird eine Ermittlung und gegebenfalls ständige Erfassung von Bremsen- und Reifenabrieb in Betracht gezogen.
Weiterhin ist von einer Verschärfung von den RDE (real driving emissions) bei Kaltstart, bedingt durch eine kürzere Fahrstrecke und einhergehend einer kürzeren Aufheizungszeit der Abgasreinigungssysteme auszugehen. Die derzeit gültige Euro VI bietet hierfür 16 km, Euro VII könnte bei gegebenenfalls 5 km bemessen werden. In der derzeitigen Diskussion hierzu ist teilweise bereits vom Ende des Verbrennungsmotor-Antriebs die Rede – eine konkrete und abschließende Regelung existiert jedoch noch nicht. Es steht jedoch außer Frage, dass hier der Übergang zu Elektro- oder Wasserstoffantrieben von Fahrzeugen sichtbar eingeleitet werden wird.

MOTOR

Verbote, die zur Verminderung von Luftverschmutzungen beitragen
Verkehrsverbote für Kraftfahrzeuge sollen lokal schädliche Luftverschmutzungen vermindern. Die Maßnahmen beruhen auf dem Bundes-Immissionsschutzgesetz (BImSchG) und sind durch Luftreinhalte- oder Aktionspläne der Länder geregelt. Die zuständigen Behörden können den Kraftfahrzeugverkehr einschränken, wenn er maßgeblich zur Überschreitung festgelegter Grenzwerte (z. B. Feinstaub) beiträgt.

Ausnahmen sind vorgesehen für schadstoffarme Kraftfahrzeuge, die mit einer amtlichen Plakette versehen sein müssen. Es gibt vier unterschiedliche Schadstoffgruppen, die sich an den Abgasnormen orientieren:
Bei Dieselfahrzeugen entsprechen folgende Schadstoffgruppen den Plakettenfarben:
– ohne Plakette = Schadstoffgruppe 1:
  Fahrzeuge ohne geregelten Katalysator und ältere Diesel-Fahrzeuge
– rote Plakette = Schadstoffgruppe 2:
  Fahrzeuge entsprechen der Abgasnorm EURO 2
– gelbe Plakette = Schadstoffgruppe 3:
  Fahrzeuge entsprechen der Abgasnorm EURO 3
– grüne Plakette = Schadstoffgruppe 4:
  Fahrzeuge entsprechen der Abgasnorm EURO 4 und besser

Mit der geplanten Ausweitung von Umweltzonen ist eine blaue Plakette derzeit in Diskussion. Sie würde zugeteilt bei:
– Benzin-Pkw ohne Direkteinspritzung ab EURO 3
– Benzin-Pkw mit Direkteinspritzung ab EURO 6b
– Elektro-Fahrzeuge ohne Verbrennungsmotor
– CNG/LPG-Fahrzeuge als Pkw, Lkw und Busse ab EURO 3
– Diesel-Pkw und leichte Diesel-Nutzfahrzeuge mit nachgerüsteter DeNO$_2$-Technik, sofern diese die NO$_x$-Werte von EURO 6 einhalten
– Diesel-Lkw und KOM > 2,61 t mit nachgerüsteter DeNO$_2$-Technik, sofern diese die NO$_x$-Werte der EURO 6 einhalten

Beginn und Ende eines Verkehrsverbots zur Vermeidung schädlicher Luftverunreinigungen in einer Zone.

» **INFO**

Da es noch keine gesetzlichen Vorgaben in Deutschland gibt, welche Fahrzeuge eine blaue Plakette bekommen sollen, können die genannten Vorschläge der Deutschen Umwelthilfe DUH nur ein grober Hinweis sein.

MOTOR

Ohne Plaketten dürfen Umweltzonen grundsätzlich nicht befahren werden, auch wenn das Fahrzeug eine günstige Schadstoff-einstufung hat. Die kostenpflichtigen Plaketten werden von Zulassungsbehörden, Organisationen wie DEKRA oder TÜV und in Werkstatten ausgegeben, die zur Abgasuntersuchung zugelassen sind. Die Plakette muss so beschaffen und angebracht sein, dass sie sich beim Ablösen von der Windschutzscheibe selbst zerstört. Künftig ist mit weitergehenden Einfahrtbeschränkungen für nicht emissionsfreie Fahrzeuge (z. B. Nicht-Elektrofahrzeuge) in Innenstädte oder Ballungsgebieten ggf. zu rechnen. In einem aktuellen Bundesverwaltungsgerichtsurteil vom Februar 2018 können Städte, in denen die Grenzwerte für Stickoxide nicht eingehalten werden, Dieselfahrzeugen die Einfahrt verwehren.

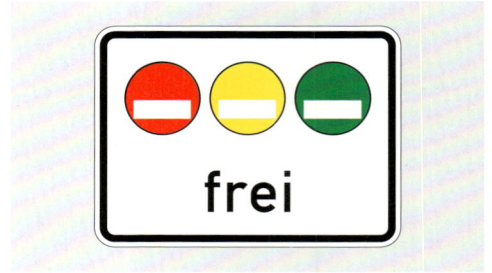

Zusatzzeichen: Freistellung vom Verkehrsverbot nach § 40 Abs. 1 BImSchG

Derzeit vom Verkehrsverbot ausgenommen sind z. B.
– Arbeitsmaschinen,
– land- und forstwirtschaftliche Zugmaschinen,
– zwei- und dreirädrige Kraftfahrzeuge,
– Krankenwagen und andere Fahrzeuge zur medizinischen Betreuung,
– Fahrzeuge mit Sonderrechten
 (z. B. Bundeswehr, Feuerwehr, Polizei) und weitere Exoten

EOBD (Europäische On-Board-Diagnose)
Damit die vom Gesetzgeber geforderten Emissionsgrenzwerte auch im Alltag eingehalten werden, müssen das Motorsystem und die Komponenten ständig überwacht werden. Deshalb wurden Regelungen zur Überwachung der abgasrelevanten Systeme und Komponenten erlassen. Damit wird die Europäische On-Board-Diagnose zur Überwachung emissionsrelevanter Komponenten und Systeme standardisiert und weiter ausgebaut.

Alle Systeme und Komponenten im Kraftfahrzeug, deren Ausfall zu einer Verschlechterung der im Gesetz festgelegten Abgasprüfwerte führt, müssen vom Motorsteuergerät durch geeignete Maßnahmen überwacht werden. Führt ein Fehler zum Überschreiten der OBD-Emissionsgrenzwerte, wird dem Fahrer das Fehlverhalten über die **MIL** (**M**alfunction **I**ndicator **L**amp = Fehleranzeigelampe) angezeigt. Seit Einführung der EURO 4 muss die Bordelektronik schwere Funktionsstörungen der Abgasnachbehandlung erkennen. Ein ausgebauter Partikelfilter oder SCR-Kat sowie der Ausfall von elektronischen Bauteilen oder eine verstopfte AdBlue®-Dosiereinheit werden gemeldet. Bei einem Füllstand von 10 % des AdBlue®-Tanks (Hersteller spezifisch) erscheint erscheint eine Warnung im Fahrerinformationssystem (FIS).

MOTOR

Im Oktober 2007 wurde eine verschärfte Überwachung (NO$_x$-Control) eingeführt. Wenn die NO$_x$-Konzentration im Abgas den gesetzlichen Grenzwert um mehr als 1,5 g/kWh übersteigt, wird die MIL aktiviert. Für EURO 4 und 5 gilt: Bei mehr als 7g/kWh wird das Drehmoment des Motors um 40 % bzw. 25 % reduziert. Bei Beschleunigung und Bergfahrt wird die Reduzierung deutlich spürbar und man macht sich bei den Kollegen, die möglicherweise nicht überholen dürfen extrem unbeliebt.

EURO 6:
Mit Einführung von EURO 6 ist eine erweiterte und weiter verschärfte Überwachung des Motors bzw. der Abgasreinigungssysteme eingeführt worden. Ziel der Überwachung ist es, mögliche Fehler, Fehlbedienungen, Manipulationen am System oder Mängel in der Wartung im Sinne der Luftreinhaltung, zu verhindern.

Die in der EURO 6 vorgeschriebenen Überwachungssysteme gliedern sich in OBD (On-Board-Diagnose) und NO$_x$-Control (Überwachung der Einrichtungen des Motorsystems zur Begrenzung der NO$_x$-Emissionen).

OBD
Die EURO 6-OBD stellt für den Nutzfahrzeugbereich hohe Anforderungen an die Diagnose. Alle Motorkomponenten, die das Abgasverhalten beeinflussen, sind zu überwachen:
- Elektrische/elektronische Komponenten, z. B. Temperatur und Drucksensoren, Luftmassenmesser, Abgassensoren
- Partikelfilter: Überschreitung der zulässigen Rußbeladung, Effizienz, Totalausfall
- SCR: Dosiersystem, Katalysator, AdBlue®-Level und -Qualität
- DOC: HC-Konvertierung, Totalausfall
- AGR: Funktion, Kühlung
- Kraftstoffsystem: Druck und Einspritzzeitpunkt
- Turbolader: Ladedruck, Ansprechverhalten, Kühlung

Das OBD-System bewertet auftretende Fehler nach Fehlerklassen hinsichtlich des potentiellen Emissionseinflusses. Bei Fehlern wird die MIL aktiviert und der Fahrer somit aufgefordert, den Fehler beheben zu lassen. Zudem kann bei Fahrzeugkontrollen das Bundesamt für Güterverkehr (BAG) die OBD-Werte auslesen und bei Verstößen ahnden, wenn der Fahrer erkennbar über längere Zeit die MIL-Anzeige ignoriert hat. Auch die Funktion des OBD-Systems, wird überwacht. Es wird ein so genannter IUPR (**I**n **U**se **P**erformance **R**atio) ermittelt, ein Kennwert, der die Einsatzbereitschaft des OBD-Systems wiedergibt.

	STUFE	ABGAS-GRENZWERT [G/KWH]	FEHLER-MELDUNG [G/KWH]	DREH-MOMENT-REDUZIE-RUNG [G/KWH]
NO$_x$	EURO IV	3,5	5,0	7,0*
	EURO V	2,0	3,5	7,0*
	EURO VI	0,46	**	**
PARTIKEL	EURO IV	0,03	0,1	–
	EURO V	0,03	0,1	–
	EURO VI	0,01	**	**

*) 40 % Drehmomentreduzierung bei Fahrzeugen > 16 to und 25 % Drehmomentreduzierung bei Fahrzeugen < 16 to
**) In der EURO VI NO$_x$-Control werden keine Grenzwerte wie in EURO IV und V angewendet

ADBLUE®-FÜLLSTAND	REAKTION DER NO$_x$-CONTROL	STUFEN DES FAHRERWARNSYSTEMS (INDUCEMENT LEVEL)
unter 10 %	Warnhinweis z. B. „niedriger AdBlue®-Pegel"	Fahrerwarnung (Driver Warning)
unter 2,5 %	Drehmoment-reduzierung um 25 %	Schwache Aufforderung (Low Level Inducement)
leer	Geschwindigkeits-begrenzung auf 20 km/h (Kriechgang)	Starke Aufforderung (Severe Inducement)

Die Tabelle zeigt als Beispiel die Überwachung des AdBlue®-Füllstands.
Die Warnhinweise der NO$_x$-Control werden nicht über die MIL angezeigt, sondern über das Fahrerinformationssystem (FIS).

MOTOR

NO_x-Control

Die NO_x-Control überwacht insbesondere die Systemkomponenten, die die NO_x-Emissionen maßgebend begrenzen. Im Gegensatz zur oben beschriebenen OBD werden im Fehlerfall stufenweise Warnungen und Fahreraufforderung (Drehmomentreduzierung) ausgelöst. Der Fahrer wird hiermit direkter angesprochen und zum Eingreifen aufgefordert.

Bei der NO_x-Control werden überwacht:
- AdBlue®-Füllstand und -Qualität
- Plausibilisierung des AdBlue®-Verbrauchs
- Unterbrechung der AdBlue®-Dosierung
- Einfrierschutz des AdBlue®-Tank- und Dosiersystems
- AGR-Ventil (blockiert oder geschlossen)

Quelle: Siemens-Presse

Zur Überwachung der Emissionen kommen im Fahrzeug unter anderem NO_x-Sensoren, die in der Abgasleitung eingebaut sind, zum Einsatz. Das OBD-System speichert alle Fehlercodes von überhöhten NO_x-Werten mindestens 800 Tage oder 30.000 km Betriebsstunden lang. Die Schnittstellen zum Auslesen des OBD-Status sind genormt. Somit sind die technischen Voraussetzungen gegeben, die den Zugriff auf Diagnosedaten bei Verkehrskontrollen ermöglichen.

MOTOR

2.6.3 Abgasreinigung beim Diesel-Nutzfahrzeugmotor

Innermotorische Maßnahmen

Als innermotorische Maßnahmen sind die optimale Brennraumgestaltung, d. h. die Ausformung der Kolben und des Zylinderkopfes sowie die eingesetzte Dieseleinspritztechnik zu nennen. Letzterer kommt eine besondere Bedeutung zu.

Externe Maßnahmen zur Abgasnachbehandlung

Abgasrückführung (AGR)

Die NO_x-reduzierende Wirkung der AGR-Systems (Abgasrückführung, engl. exhaust gas recirculation, EGR) beruht auf der Senkung der Sauerstoffkonzentration bei der Zylinderladung durch die Zumischung von Abgas zur Ansaugluft. Das bewirkt eine Absenkung der Verbrennungstemperatur. Das Abgas wird vor der Turbine des Abgasturboladers abgezweigt und der Ansaugluft zwischen Ladeluftkühler und Luftsammler (Saugrohr) wieder zugeführt.

Die Dosierung erfolgt über ein pneumatisch oder elektrisch betätigtes AGR-Ventil. Die Wirkung der AGR wird verbessert, indem die zurückgeführte Abgasmenge zunächst gekühlt wird. Das übernimmt ein mit Motorkühlmittel durchströmter direkt am Motorblock montierter Wärmetauscher, der als AGR-Kühler bezeichnet wird. Dadurch steigt der Kühlleistungsbedarf des Antriebs an.

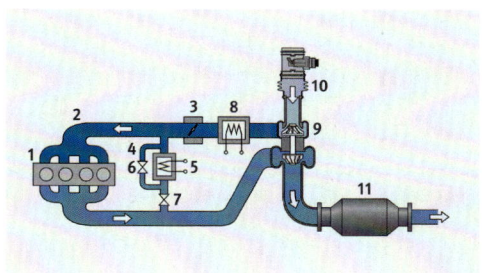

Quelle: Bosch

1 Motor
2 Saugrohr
3 Drossel
4 Bypass
5 AGR-Kühler
6 Bypass-Ventil
7 AGR-Ventil
8 Ladeluftkühler
9 Abgasturbolader
10 Luftmassenmesser
11 Oxidationskatalysator

MOTOR

Selektive katalytische Reduktion (SCR)
Das SCR-Verfahren (engl.: selective catalytic reduction) beruht auf dem Prinzip der Einspritzung von Harnstoff (AdBlue®) in den Abgasstrom. AdBlue® ist ein Markenname für eine wässrige Harnstofflösung, bestehend aus 32,5 Prozent Harnstoff und 67,5 Prozent demineralisiertem Wasser. Im anglo-amerikanischen Sprachraum wird diese Substanz als Diesel Exhaust Fluid (DEF) bezeichnet. Die Harnstofflösung wird durch einen Injektor mit 4,5 bis 8,5 bar Überdruck in den Abgasstrom eingespritzt. Im heißen Abgasrohr entsteht durch eine Hydrolysereaktion Ammoniak (NH_3) und Kohlendioxyd CO_2. Im titanbeschichteten SCR-Katalysator reduziert das so erzeugte Ammoniak bei bestimmten Temperaturen Stickstoffmonoxid (NO) und Stickstoffdioxid (NO_2) in Stickstoff (N_2) und Wasserdampf (H_2O). Die Reaktion $4\ NH_3 + 4\ NO + O_2\ 4\ N_2 + 6\ H_2O$ wird auch „Standard SCR-Reaktion" genannt. Als Abgas bleiben die unschädlichen Luftbestandteile Stickstoff (N_2) und Wasser (H_2O) sowie Partikel (PM) übrig. PM steht für die englische Sammelbezeichnung für Schwebstoffe (engl. particulate matter). Die Dosierung der Harnstofflösung AdBlue® erfolgt in Abhängigkeit von Motordrehzahl, Einspritzmenge und Motortemperatur. Sie wird von der Motorsteuerung beeinflusst. Wird mehr Harnstofflösung dosiert als bei der Reduktion mit den Stickoxyden (NO_x) umgesetzt wird, kann es zum sogenannten unerwünschten NH_3-Schlupf kommen. Das macht sich durch einen „beißenden" Geruch des Abgases bemerkbar. Aus diesem Grund kommt teilweise ein zusätzlicher Oxidationskatalysator hinter dem SCR-Kat zum Einsatz. Dieser sogenannte „Sperrkat" oxidiert NH_3 zu N_2 und H_2O und vermeidet damit die Geruchsbelästigung.

Das Abgasnachbehandlungssystem (beschrieben wird hier die BlueTec®/SCR Diesel Technology)* ist modular aufgebaut. Über einen Injektor (Düse) wird AdBlue® präzise (meist direkt hinter der Motorbremsklappe) in den Abgasstrom eingedüst. Weitere Komponenten sind das SCR-Steuergerät, der beheizte AdBlue®-Behälter, die beheizten Leitungen, Tankgeber und Sensoren sowie die Förderpumpe der Dosiereinheit.

Das im Schaubild dargestellte System ist eine Kombination von intermotorischen Maßnahmen – Abgasrückführung (AGR) – in Verbindung mit einem Abgasnachbehandlungssystem – katalytische Reduktion (SCR) und Diesel-Partikelfilter (DPF). Es wird zur Erfüllung der aktuellen Euro 6 – Norm eingesetzt.

*BlueTec®. Eine Blue Efficiency Power Technologie der Marke Mercedes-Benz.

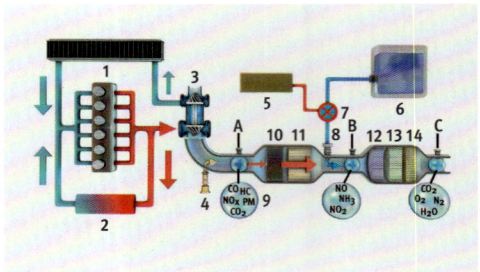

1 Ladeluftkühler
2 AGR-Kühler
3 Abgasturbolader
4 Kraftstoffeindüsung
5 SCR-Steuergerät
6 AdBlue®-Tank
7 Dosier-Einheit/Regler
8 Sprühkopf
9 Rußpartikel (PM)
10 Diesel-Oxidationskatalysator (DOC)
11 Diesel-Partikelfilter
12 Hydrolyse-Katalysator
13 SCR-Katalysator
14 Ammoniak-Sperrkatalysator

A NO_x-, Abgasdruck- und Temperatursensor
B Abgasdruck- und Temperatursensor
C NO_x- u. Temperatursensor

MOTOR

AdBlue®

AdBlue® ist ungiftig, jedoch stark alkalisch. Haut- und Augenkontakt sind zu vermeiden. Spritzer auf Kleidung und lackierte Oberflächen sollten sofort entfernt werden. AdBlue® wird in Deutschland von BASF, den SKW Stickstoffwerken Piesteritz, Finke Mineralölwerk sowie t-chem produziert. Es wird von vielen Tankstellenunternehmen, unter anderem Agip, Aral, Avia, Classic, Hoyer, JET, Raiffeisen-Tankstellen, Shell, Tank & Rast, team energie, Total, Westfalen AG entweder an Zapfsäulen oder im Kanister angeboten.

Die Hinweise im Bordbuch zum Umgang mit AdBlue® sind zu beachten. Der Gefrierpunkt von AdBlue® liegt bei -11,5 °C (Kristallationsbeginn). Beim Einfrieren entsteht eine Volumenausdehnung von 10 %. Deshalb sind alle Systembauteile (Leitungen, Pumpenkammern, Tank) beheizt und zusätzlich eisdruckfest ausgelegt. Bei Transport und Lagerung von AdBlue sind Temperaturen von -5° bis +25°C empfohlen. Bei Lagerung oberhalb von 25°C kann eine Zersetzung des Harnstoffs erfolgen, bei belüfteten Behältern zusätzlich eine Aufkonzentration durch Verdunstung. Die Haltbarkeit von AdBlue bei verschiedenen Lagertemperaturen wird in der nebenstehenden Tabelle dargestellt.

Achten Sie bei der Betankung insbesondere im Sommer darauf, dass Sie nur sachgerecht gelagertes AdBlue verwenden bzw. auf der Strecke erwerben.

Der AdBlue®-Verbrauch liegt im Bereich von 3 – 5 % des Diesel-Kraftstoffverbrauchs. Bei einem Diesel-Durchschnittsverbrauch von 30 l/100 km läge der AdBlue®-Verbrauch folglich bei 0,9 – 1,5 l.

Dieselpartikelfilter (DPF)

Die im Dieselabgas enthaltenen Rußpartikel können mit einem DPF effizient gefiltert werden, diese Filtersysteme erreichen einen Rückhaltegrad von über 95 %.

Gezeigt wird eine AdBlue®-Zapfpistole mit einem aufgestecktem Elafix-Magnetadapter zur Verhinderung von Fehlbetankungen. Quelle: M.Kern/lastauto omnibus

MAX. KONSTANTE LAGERUNGS-TEMPERATUR IN °C	MINDESTHALTBARKEIT IN MONATEN
≤ 10	36
≤ 25	18
≤ 30	12
≤ 35	6
≥ 35	–

MOTOR

Keramische Partikelfilter
Keramische Partikelfilter bestehen aus einem Wabenkörper, der eine große Anzahl von parallelen Kanälen enthält. Benachbarte Kanäle sind an den jeweils gegenüberliegenden Seiten durch Keramikstopfen verschlossen, so dass das Abgas durch die porösen Keramikwände hindurchströmen muss. Dabei werden die Partikel zurückgehalten.

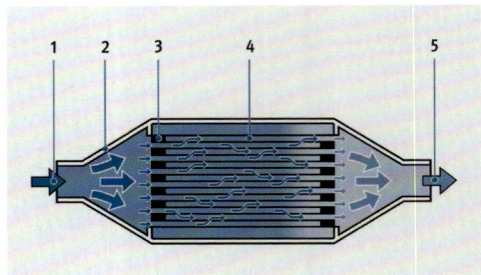

Keramischer Partikelfilter *Quelle: Bosch*

1   einströmendes Abgas   4   Wabenkeramik
2   Gehäuse   5   ausströmendes Abgas
3   Keramikpropfen

Partikel aus Sintermetall
Beim Sintermetallfilter bestehen die Filterflächen aus metallischen Gewebeplatten, deren Maschen durch Sintermetallpulver aufgefüllt sind. Die Filterflächen bilden konzentrisch angeordnete, keilförmige Filtertaschen, die vom Abgas durchströmt werden. Da die Lamellen hinten verschlossen sind, muss das Abgas die Wände der Filtertaschen passieren. Dabei lagern sich die Partikel gleichmäßig an den porösen Wänden ab.

Regeneration
Durch die anwachsende Rußbeladung des Filters steigt der Abgasgegendruck stetig an. Der Partikelfilter muss daher regelmäßig regeneriert werden. Die Regeneration erfolgt durch Abbrennen des Rußes im Filter. Dazu wird eine Abgastemperatur von mindestens 600 °C benötigt. Solche hohen Temperaturen werden nur im hohen Lastbereich des Motors erreicht. Daher müssen Maßnahmen ergriffen werden, um die Rußabbrand-Temperatur zu senken oder die Abgastemperatur zu erhöhen:

- Additivsystem
  Durch Zugabe eines Additivs in den Dieselkraftstoff kann die Rußabbrand-Temperatur auf ca. 350 – 400 °C gesenkt werden.
- CRT-Prinzip
  Das Prinzip beruht darauf, dass Ruß mit NO_2 bereits bei 300 – 400 °C verbrannt werden kann. Dazu wird ein Diesel-Oxidationskatalysator, der NO zu NO_2 oxidiert, vor dem DPF angeordnet.
- Katalytisch beschichteter Rußfilter (CDPF)
  Durch eine Beschichtung des Filters mit Edelmetall (meist Platin oder Palladium) wird der Abbrand der Rußpartikel verbessert.
- Motorische Maßnahmen zur Anhebung der Abgastemperatur
  Durch eine spätere Haupteinspritzung oder durch das Einspritzen einer kleinen Einspritzmenge Diesel im Anschluss an die Hauptverbrennung (Nacheinspritzung) kann die Abgastemperatur erhöht werden.

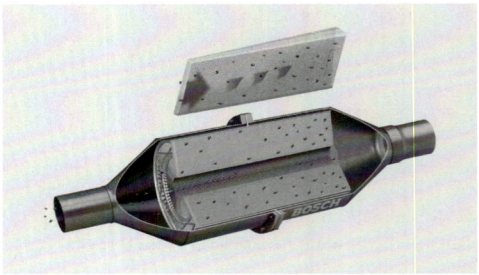

Sintermetall-Partikelfilter *Quelle: Bosch*

MOTOR

Diesel-Oxidationskatalysator (DOC)
Der DOC kann mehrere Funktionen erfüllen:
- CO und HC (unverbrannte Kohlenwasserstoffe, hier Dieselkraftstoff) werden zu CO_2 und H_2O (Wasser) oxidiert.
- Die Partikel im Abgas bestehen z. T. aus Kohlenwasserstoffen, die bei steigenden Temperaturen vom Partikelkern gelöst werden. Durch Oxidation dieser Kohlenwasserstoffe wird die Partikelmasse reduziert.
- Oxidation von NO zu NO_2. Ein hoher NO_2-Anteil ist Voraussetzung für die Funktion von SCR und Partikelfilter.
- Der DOC kann zur Anhebung der Abgastemperatur z. B. bei der Partikelfilter-Regeneration eingesetzt werden.

Quelle: © Baumot AG

Oxidationskatalysatoren bestehen aus einem Trägerkörper aus Keramik oder Metall, einer oberflächenvergrößernden (da porösen) Beschichtung, dem washcoat, sowie aus katalytisch aktiven Edelmetallkomponenten (Platin, Palladium, Rhodium), welche im washcoat eingelagert sind. Diese bewirken die eigentliche Abgas-„Reinigung". Der Trägerkörper ist mittels temperaturfester Matten im Katalysatorgehäuse (canning) stoßsicher gelagert.

2.6.4 Strategien zur Abgasnachbehandlung

Die oben genannten Systeme wurden und werden einzeln und in strategischer Kombination zur Erreichung der bisherigen und der aktuellen Euro 6-Abgasstufe eingesetzt.

Strategie 1 (EURO 4 + 5)
NO_x- und Partikelreduktion über innermotorische Maßnahmen und Verwendung gekühlter Abgasrückführung.

Strategie 2 (EURO 4 + 5)
Partikelreduktion durch motorinterne Maßnahmen und NO_x-Absenkung durch SCR-Systeme.

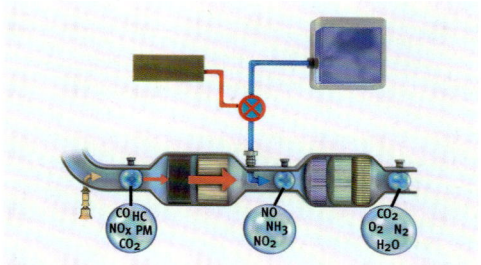

Abgasnachbehandlungssystem mit SCR, AGR und DPF   *Quelle: © Baumot AG*

Strategie 3 (EURO 4 + 5)
NO_x-Reduktion über gekühlte und optimierte Abgasrückführung, Partikelreduktion mittels DPF.

Strategie 4 (EURO 6)
NO_x-Reduktion mittels SCR und AGR Partikelreduktion mittels DPF.

KRAFTÜBERTRAGUNG

3. Kraftübertragung

3.1 Antriebskonzeptionen

Je nach der Position von Motor, Getriebe und Antriebsachsen unterscheidet man folgende Antriebskonzeptionen:
- Heckantrieb: Die Hinterräder wirken als Antriebsräder.
- Frontantrieb:. Hier wirken die Vorderräder bilden die Antriebsräder. Diese Antriebskonzeption ist vorwiegend bei Pkw und Transportern zu finden. Als Sonderfall gibt es auch bei Lastwagen den Frontantrieb beim sogenannten „Triebkopf", welcher in Hubwagen zum Einsatz kommt. Vom Wendegetriebe, angeordnet direkt hinter dem Schaltgetriebe, führt eine Gelenkwelle wieder nach vorne zur angetriebenen Vorderachse. Der rückwärtige Fahrzeugteil kann bspw. beim Hubwagen zu Be- und Entladezwecken stufenlos an die Rampenhöhe angepasst und bis auf die Fahrbahn abgesenkt werden.
- Mehrachsantrieb: Beide Hinterachsen sind Antriebsachsen.
- Allradantrieb: Alle Fahrzeugachsen sind angerieben.

3.1.1 Radformel – Antriebskombinationen

Speziell im Lkw werden die Fahrzeuge je nach Größe und Masse mit unterschiedlich vielen Achsen ausgerüstet, da die maximale Tragfähigkeit der einzelnen Achse gesetzlich beschränkt ist. Die Radformel N x Z gibt Auskunft über die jeweilige Ausführung. Dabei ist N die Anzahl der Rader und Z die Anzahl der angetriebenen Räder. Beispiel: Ein Lkw führt die Bezeichnung 6 x 4. Bedeutung: Der Lkw ist mit 6 Rädern bestückt, 4 sind angetrieben. Auch ein Zwillingsrad gilt hier als ein Rad. Wenn sich mehr als eine Lenkachse am Fahrzeug befindet, werden alle gelenkten Räder zusätzlich mit einer Zahl nach einem Schrägstrich angegeben. Eine Sattelzugmaschine mit einer angetriebenen Hinterachse sowie einer davor montierten nicht angetriebenen und gelenkten Vorlaufachse wird als 6 x 2/4 bezeichnet. Die gleiche Radformel bezeichnet auch einen Pritschenwagen mit einer gelenkten und antriebslosen Nachlaufachse hinter der Antriebsachse.

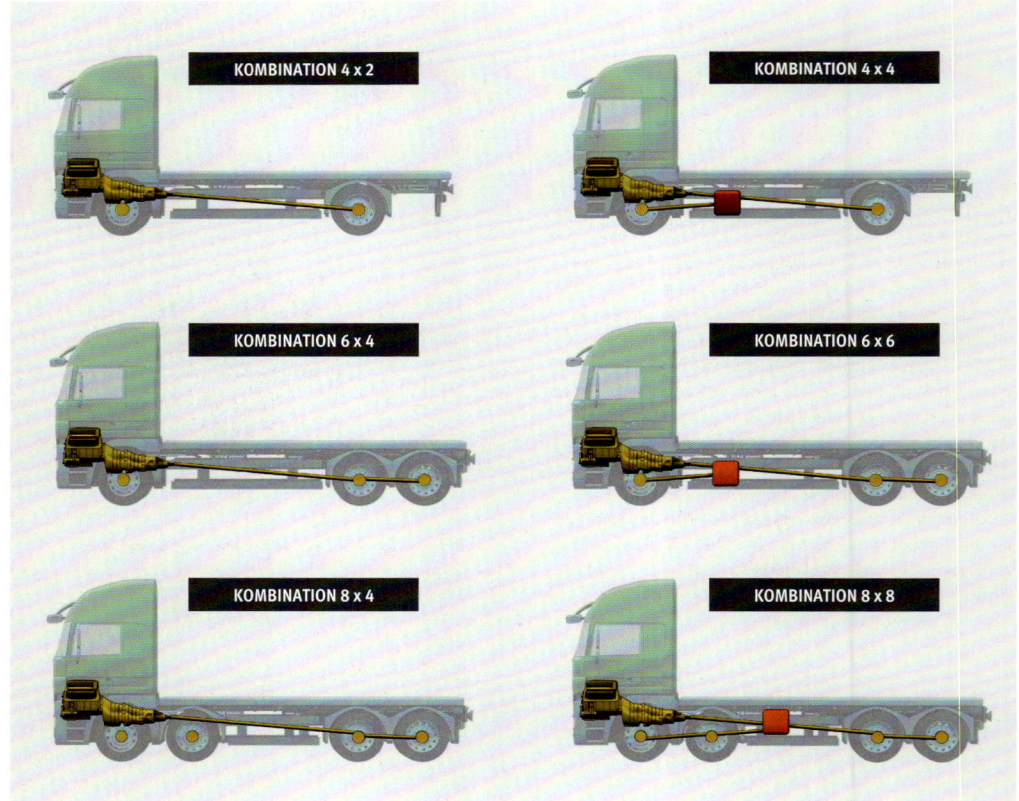

KRAFTÜBERTRAGUNG

3.2 Kupplung

Zwischen Motor und Getriebe befindet sich die Kupplung.
Sie dient zum
- sanften, ruckfreien Anfahren,
- Trennen des Kraftflusses zwischen Motor und Getriebe während des Gangwechsels und
- Trennen des Kraftflusses zwischen Motor und Getriebe beim anhalten – ohne den Trennvorgang würde der Motor „abgewürgt" werden.

Zur Langsamfahrt (kriechen) bzw. zum Rangieren, ist die Kupplung nur mit Einschränkung und für kurze Zeit geeignet, weil der Verschleiß bei schleifender Kupplung sehr hoch ist. Deshalb sollte im Stau bei Schrittgeschwindigkeit immer im kleinsten möglichen Gang und möglichst ohne längeren Einsatz einer schleifenden Kupplung gefahren werden.

3.2.1 Funktion

Bringt man eine sich drehende Scheibe mit einer gegenüberliegenden stehenden Scheibe allmählich in flächige Berührung, wird diese durch die -Reibung an den Kontaktflachen „mitgenommen" und fängt an, sich ebenfalls zu drehen. Solange jedoch Reibung herrscht wird auch Wärme erzeugt. Daher ist dieser schleifende Übergangszustand möglichst kurz zu halten. Bei vollständig anliegendem Anpressdruck ist die Drehzahl der Scheiben identisch, es tritt keine Schlupfreibung mehr auf. Die Verbindung ist hergestellt und ein Drehmoment kann übertragen werden. Werden die Scheiben wieder getrennt, erlischt sofort die Übertragungsfunktion und es entsteht wieder ein Drehzahlunterschied, z. B. bei stehendem Fahrzeug mit laufendem Motor. Bei der technischen Ausführung wird der notwendige Anpressdruck zwischen den beiden Kupplungsscheiben durch eine starke Tellerfeder erzeugt. Eine der Scheiben ist mit einer Verschleißschicht, dem Kupplungsbelag belegt. Es kommen bei der Zweischeibenkupplung auch mehrere Beläge zum Einsatz. Die Betätigung der Kupplung (das aus- und einrücken oder trennen/kuppeln) erfolgt normalerweise hydraulisch, bei manchen Fahrzeugen auch hydraulisch mit Druckluft Unterstützung. Das Kupplungspedal loslassen heißt einkuppeln.

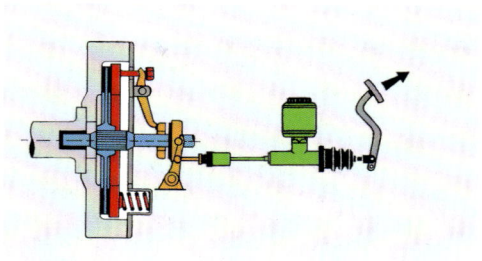

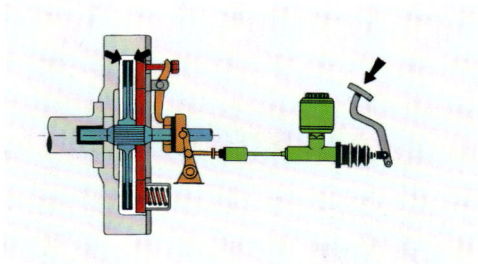

Das Kupplungspedal durchtreten heißt auskuppeln. Die Verbindung ist unterbrochen.

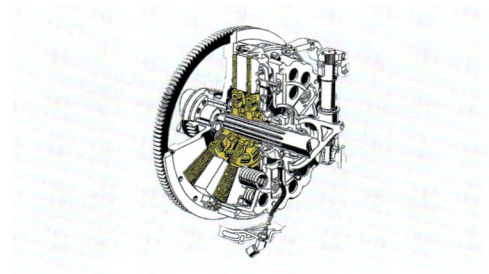

In schweren Nutzfahrzeugen werden häufig Zweischeibenkupplungen verwendet.

KRAFTÜBERTRAGUNG

3.2.2 Störungen und Fehler an der Kupplung

STÖRUNG/FEHLER	URSACHE	BEHEBUNG	PRÜFUNG
Kupplung trennt nicht	Zu viel Kupplungsspiel	Kupplungsspiel nachstellen	Bei laufendem Motor muss sich der Rückwärtsgang geräuschlos einlegen lasse.
	Defektes Übertragungsteil	Werkstatt aufsuchen	
Kupplung rutscht	Verölte Kupplungsscheiben	Werkstatt aufsuchen	Mit höchstem Gang bei eingelegter Feststellbremse anfahren: Wird der Motor abgewürgt, ist die Kupplung in Ordnung.
	Verschlissene Beläge	Werkstatt aufsuchen	
Kupplung rupft	Beginnende Verölung	Werkstatt aufsuchen	Unter Last mit schleifender Kupplung anfahren: Ruckfreies Anfahren muss möglich sein.
	Unebenheiten auf den Kupplungsscheiben	Werkstatt aufsuchen	

3.2.3 Wandler

Der hydrodynamische Drehmomentwandler dient bei automatischen Getrieben
- zur Erhöhung des Motordrehmoments,
- als Anfahrkupplung sowie
- als Überlastungsschutz.

Er besteht aus den drei Hauptteilen:
- Pumpenrad,
- Turbinenrad,
- Leitrad.

Das Pumpenrad ist mit der Kurbelwelle des Motors fest verbunden. Läuft der Motor, versetzt das mitlaufende Pumpenrad ein dünnflüssiges Öl in eine Strömung. Das gegenüberliegende Turbinenrad nimmt die Strömung auf. Das Leitrad verstärkt die Strömung. Ein verschleißfreies weiches Anfahren ist damit gewährleistet.

Wandler-Schaltkupplung (WSK)
Bei Getrieben mit einer Wandler-Schaltkupplung wird ein konventionelles Schaltgetriebe mit einem Drehmomentwandler kombiniert, der sich zwischen Motor und Kupplung befindet. Dieser ermöglicht das vom Automatikgetriebe her bekannte komfortable und verschleißfreie anfahren und rangieren. Um die Gänge zu wechseln, muss der Fahrer wie bei einem normalen Schaltgetriebe die konventionelle Kupplung betätigen, um den Kraftfluss zu unterbrechen und auch manuell schalten. Diese Bauart wird vor allem bei Schwerlastzugmaschine eingesetzt, da eine normale Kupplung beim Anfahren überfordert wäre.
Er besteht aus den drei Hauptteilen:
- Pumpenrad,
- Turbinenrad,
- Leitrad.

KRAFTÜBERTRAGUNG

Turbo-Retarder-Kupplung (VIAB)
Dieses besonders bei Schwerlastzugmaschinen und bei Einsatz in schwierigem Gelände eingesetzte Bauteil ist ein neues Anfahr- und Bremssystem. Es vereint mit einer ölfüllungsgeregelten, hydrodynamischen Turbokupplung als Hauptkomponente die Funktionen hydrodynamisches Anfahren und hydrodynamisches Bremsen in einem Element. Beim Anfahren überträgt der Motor die Leistung über den hydrodynamischen Kreislauf sowie einen nachgeschalteten Freilauf auf die Getriebeeingangswelle. Parallel zum Kreislauf ist eine konventionelle Reibkupplung als Überbrückungskupplung angeordnet. Beim Bremsen setzt die Turbinenbremse das Turbinenrad fest: Das System wird zum leistungsstarken Primärretarder.

3.3 Getriebe

Das Schaltgetriebe dient dazu,
- den Motor in verschiedenen Fahrsituationen im günstigsten Drehzahlbereich zu halten,
- die Zugkraft auf Kosten der Geschwindigkeit zu vergrößern,
- die Geschwindigkeit auf Kosten der Zugkraft zu erhöhen,
- die Drehrichtung des Kraftverlaufs beim Rückwärtsfahren zu ändern.

Die Wirkung des Getriebes beruht darauf, dass mindestens zwei verschieden große Zahnräder ineinander greifen. Ein kleines Zahnrad treibt ein großes Zahnrad an. Bedingt durch den großen Durchmesser hat das große Zahnrad mehr Kraft – dafür aber auch weniger Drehzahl. Aus den unterschiedlichen Drehzahlen des kleinen und des großen Zahnrades ergibt sich ein Übersetzungsverhältnis (i). In einem Getriebe werden viele solcher Zahnradpaare mit unterschiedlichen Übersetzungsverhältnissen angeordnet. Schalten ist also nichts anderes als das Auswählen eines anderen Zahnradpaares im Getriebe. Alle Schaltgetriebe sind nach dem gleichen Prinzip gebaut – Bildung von Übersetzungen mit verschieden großen Zahnrädern. Die einzelnen Getriebebauarten unterscheiden sich darin, wie die Zahnradpaare angeordnet sind und wie die Gänge geschaltet werden.

KRAFTÜBERTRAGUNG

3.3.1 Aufbau eines 4-Gang-Wechsel-Getriebes (Schaltmuffengetriebe)

Leerlauf
Arbeitsweise eines Wechselgetriebes. Die Antriebswelle leitet das Drehmoment in das Getriebe ein. Das linke Zahnradpaar wird die Antriebskonstante genannt. Es bleibt stets im Eingriff und treibt die Nebenwelle an. Diese beiden Zahnräder bilden das erste Übersetzungsverhältnis. Alle übrigen Zahnradpaare sind im Eingriff aber die Hauptwelle dreht sich nicht, weil die Gangräder auf dieser Welle drehbar gelagert sind.

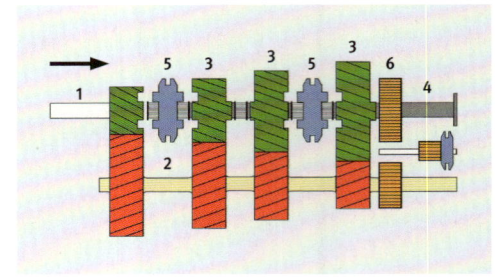

1 Getriebeeingangswelle mit Konstanträdern
2 Nebenwelle oder auch Vorgelegewelle genannt. Die Zahnräder auf der Nebenwelle sind fest mit der Welle verbunden.
3 Die Gangräder sind auf der Hauptwelle drehbar gelagert.
4 Hauptwelle mit den Gangrädern.
5 Schiebemuffen/Schaltmuffen sind auf der Hauptwelle radial fest, axial jedoch verschiebbar gelagert.
6 Rückwärtsgang.

1. Gang
Über den Schalthebel kann die rechte Schiebemuffe in Richtung 1 so verschoben werden, dass eine formschlüssige Verbindung zwischen dem größten Gangrad und der Hauptwelle entsteht. Die linke Schiebemuffe ist nicht im Eingriff. Der 1. Gang ist geschaltet. Das Übersetzungsverhältnis des 1. Ganges ergibt sich aus der Z_A mal der Übersetzung Z1.

Beispiel:
Z_A = 2:1
Z1 = 4:1

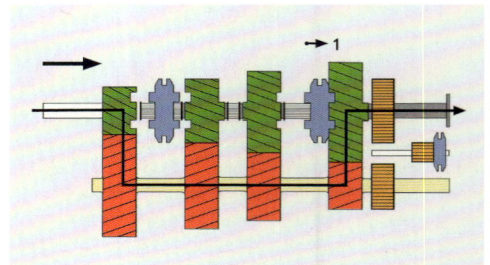

Das Übersetzungsverhältnis $Z1_{ges.}$ beträgt 8:1.
Dies bedeutet: Das Motordrehmoment wurde um das 8-fache erhöht, die Drehzahl aber um das 8-fache verringert.

2. Gang
Schiebt man die rechte Schiebemuffe in Richtung 2, wird der 2. Gang geschaltet. Auch hier ist die linke Schiebemuffe nicht im Eingriff.

Beispiel:
Z_A = 2:1
Z2 = 3:1

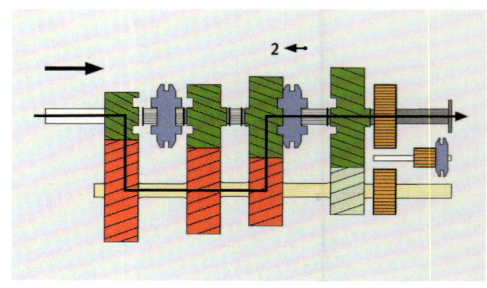

Das Übersetzungsverhältnis $Z2_{ges.}$ beträgt 6:1.

KRAFTÜBERTRAGUNG

3. Gang
Die linke Schiebemuffe wird in Richtung 3 verschoben, der 3. Gang ist geschaltet. Die rechte Schiebemuffe ist nicht im Eingriff.

Beispiel:
$Z_A = 2:1$
$Z3 = 2:1$

Das Übersetzungsverhältnis $Z3_{ges.}$ beträgt 4:1.

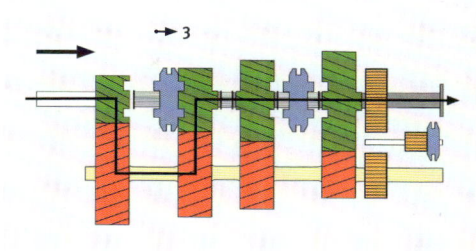

4. Gang
Die linke Schiebemuffe wird in Richtung 4 verschoben, der 4. oder der „direkte" Gang ist eingelegt. Die Antriebswelle und die Hauptwelle sind miteinander verbunden. Es findet keine Übersetzung statt.

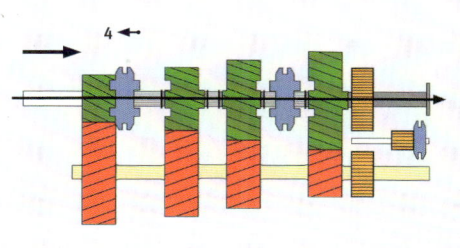

Rückwärtsgang
Um rückwärts zu fahren, muss die Drehrichtung des Kraftverlaufs geändert werden. Zwischen einem Zahnrad auf der Nebenwelle und einem fest mit der Hauptwelle verbundenen Gangrad sorgt ein eingelegtes Zwischenrad für die Änderung der Drehrichtung.

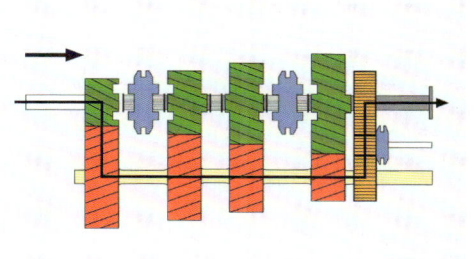

KRAFTÜBERTRAGUNG

3.3.2 Getriebebauarten

Unsynchronisierte Getriebe
Das Klauen-Getriebe und das Fuller-Getriebe sind nicht synchronisiert. Beide sind sehr robust. Das Schalten dieser Getriebe erfordert allerdings eine gewisse Übung.

Klauen-Getriebe
Um ein Klauengetriebe zu schalten, müssen die miteinander zu verbindenden Getriebeelemente zunächst auf gleiche Drehzahl gebracht werden. Dazu muss man beim Hochschalten doppelt kuppeln und beim Zurückschalten Zwischengas geben.

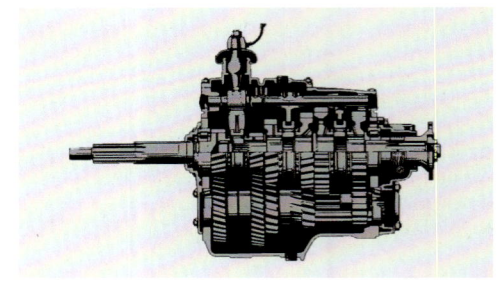

Fuller-Getriebe
Ein Fuller-Getriebe (9, 13 oder 18 Gänge) benötigt nur zum Anfahren und im Rangierbetrieb die Kupplung. Die eigentlichen Gangwechsel erfolgten ohne kuppeln, d.h. ohne eine Unterbrechung des Kraftflusses. Das hat speziell auf Baustellen oder an Steigungen Vorteile. Möglich wird dies durch zwei Vorgelegewellen. Man muss beim schalten jedoch die Drehzahlen der einzelnen Gänge anpassen, was eine gewisse Übung voraussetzt. Das Fuller-Getriebe wird vor allem bei amerikanischen Lkw-Typen eingesetzt.

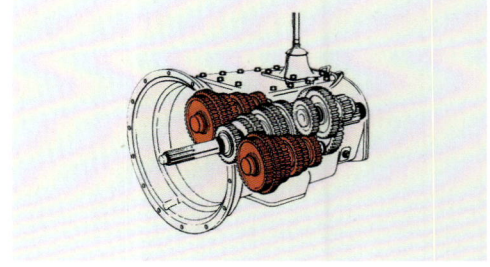

Synchrongetriebe
In Omnibussen mit Schaltgetriebe werden synchronisierte Getriebe verwendet mit meist
- 6 Gängen bei Stadt- und Linienbussen,
- 8 Gängen bei Reisebussen.

In Lkw mit Schaltgetriebe werden synchronisierte Getriebe verwendet mit meist
- 8 Gängen im Lieferverkehr und Baustellenbetrieb,
- 12 oder 16 Gängen im Fernverkehr.

KRAFTÜBERTRAGUNG

Synchroneinrichtung
Beim synchronisierten Getriebe übernimmt eine kleine Reibungskupplung (die gelben und dunkelblauen, konischen Bauteile im Bild) durch Anlegen bei der Einleitung des Schaltvorgangs das Anpassen der Zahnraddrehzahlen. Ein schnelles, leichtes und komfortables Schalten ist gewährleistet. Es wird empfohlen den Gangwechsel nicht zu ruckartig vorzunehmen, also die Gänge nicht durch brutales Reißen am Schalthebel „reinzuhämmern". Die Synchronisierung benötigt nämlich etwas Zeit zur Drehzahlanpassung.

Gruppengetriebe
Hauptgetriebe mit Vor- und Nachschaltgruppe werden als Gruppengetriebe bezeichnet. Die Schaltgruppen dienen der Feinabstufung des Hauptgetriebes (Zwischengänge).

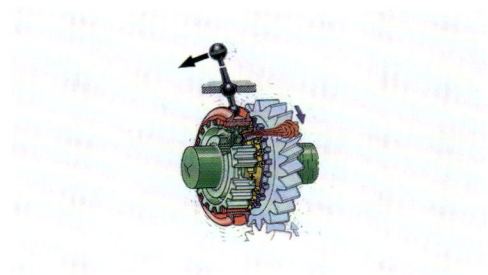

Schaltbeginn – synchronisieren

Leerlaufstellung

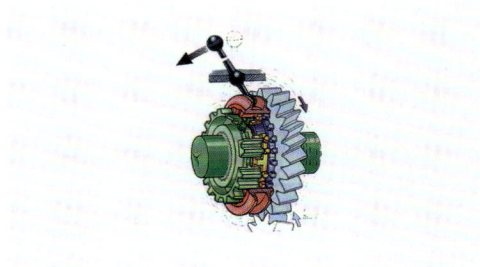

Schaltende – Gang ist eingelegt

KRAFTÜBERTRAGUNG

Vorschaltgruppe
Vor das eigentliche Getriebe, in der Regel ein Synchrongetriebe, wird ein Zahnradpaar als Vorgetriebe gebaut. Aus einem Viergang-Getriebe wird somit ein Achtgang-Getriebe. Das Schalten dieser „Vorübersetzung" – der Vorschalt- oder Splitgruppe – geschieht häufig mit dem pneumatischen Vorsteuerventil am Schalthebel.

Nachschaltgruppe
Ähnlich wie bei einer Vorschaltgruppe verhält es sich bei der Nachschaltgruppe. Aus einem Viergang-Getriebe wird durch diese „Nachübersetzung" ein Achtgang-Getriebe.

Moderne Getriebe
Bei modernen Getrieben handelt es sich um automatisierte, unsynchronisierte Schaltgetriebe wie zum Beispiel das „Mercedes Power Shift®", „MAN TipMatic®" sowie die ZF-AS Tronic, ZF-TraXon®- oder das Volvo-I-Shift®. Diese verzichten auf verschiedene mechanische Elemente – beispielsweise Synchronringe, die bei Synchrongetrieben erforderlich sind. Die Drehzahlanpassung zwischen den Zahnrädern erfolgt stattdessen durch intelligente Motor-, Kupplungs- und Getriebesteuerung. Das Bild zeigt ein speziell für den Fernverkehr ausgelegte Direktganggetriebe in 12-Gangausführung.

Auch Doppelkupplungsgetriebe (Dual Clutch) finden mittlerweile Einzug beim schweren Nutzfahrzeug. Diese bestehen aus zwei Teilgetrieben, die auf einen gemeinsamen Getriebeausgang (Abtriebsflansch) wirken. In einem der beiden Teilgetriebe ist der bereits gewünschte und passende Anschlussgang eingelegt. Durch eine Doppelkupplung wird dieser beim Schaltvorgang ohne Zugkraftunterbrechung aktiviert.

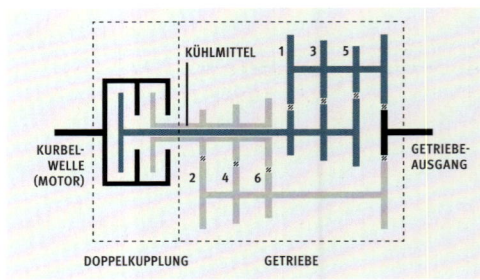

Schematische Darstellung eines Doppelkupplungsgetriebes

© Volvo Trucks

KRAFTÜBERTRAGUNG

3.3.3 Getriebeschaltungen

Die größere Anzahl von Gängen macht besondere Arten der Getriebeschaltung notwendig. Herkömmliche mechanische Schaltungen werden den Anforderungen an Ergonomie, Geschwindigkeit, Sicherheit und Wirtschaftlichkeit oft nicht mehr gerecht. Um das Schalten möglichst schnell, sicher und komfortabel zu machen, verwendet man heute elektronische, pneumatische und hydraulische Komponenten. Moderne Bauarten sind elektro-pneumatische und hydrostatische Getriebeschaltungen oder die elektronisch gesteuerte automatisierte Schaltung. Wer zum ersten Mal auf ein Fahrzeug mit einer ungewohnten Schaltung umsteigt, muss sich in der Betriebsanleitung über die Besonderheiten informieren oder einweisen lassen.

Herkömmliche Schaltungen
Bei herkömmlichen Getriebeschaltungen wird das Hauptgetriebe mechanisch über ein Gestänge betätigt. Vorschalt- und/oder Nachschaltgruppe werden elektrisch bzw. pneumatisch dazugeschaltet.

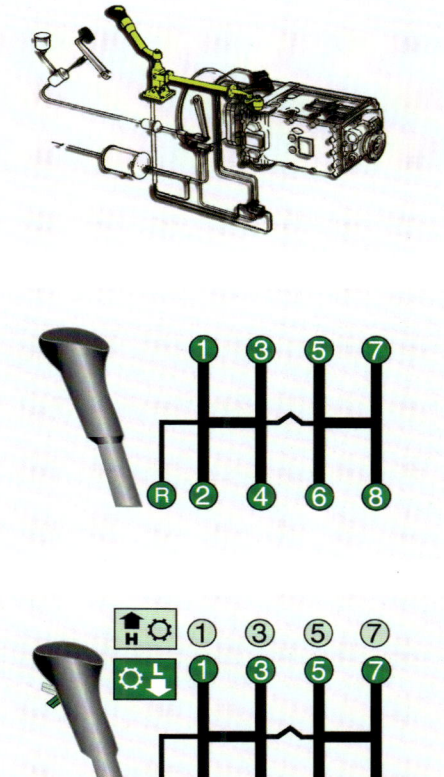

Doppel-H-Schaltung
Beim Schalten von der „langsameren" in die „schnelle" Bereichsgruppe muss eine Schaltsperre überwunden werden (H – Druckpunkt – H).

Ecosplit-Schaltung
Das „Splitten" der Gänge erfolgt bei den meisten Ausführungen pneumatisch über einen Kippschalter am Schalthebel, der ein Pneumatikventil betätigt. Das Getriebe besteht aus einem 8-Gang-Grundgetriebe und einer Vor- oder einer Nachschaltgruppe.

KRAFTÜBERTRAGUNG

Gestängelose Schaltungen
Kennzeichnend für elektro-pneumatische bzw. hydrostatische Getriebeschaltungen ist die fehlende mechanische Verbindung zwischen Schalthebel und Getriebe. Das Getriebe wird „gestängelos" geschaltet.

Elektro-pneumatische Schaltung (EPS)
Bei der elektro-pneumatischen Schaltung EPS werden vom Schalthebel aus elektrische Impulse an die Steuerelektronik gegeben. Die Steuerelektronik gibt elektrische Schaltbefehle an die Magnetventile. Diese steuern die Schaltzylinder am Getriebe pneumatisch an. Um Fehlschaltungen zu vermeiden, führt die Steuerelektronik nach einer logischen Überprüfung einen Schaltbefehl nicht aus, wenn Motordrehzahl, Getriebedrehzahl und Fahrgeschwindigkeit nicht zueinander passen. So werden Fehlschaltungen vermieden und der Motor gegen Überdrehen geschützt.

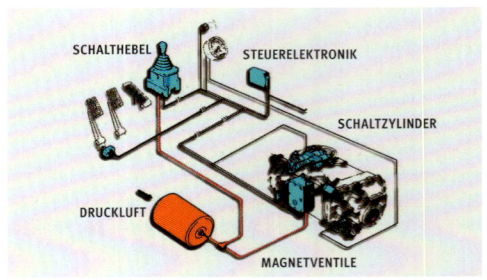

Hydrostatische Getriebeschaltung (HGS)
Bei der hydrostatischen Getriebeschaltung HGS erfolgt die Kraftübertragung vom Schalthebel zum Getriebe über Hydraulikleitungen. Der Geberzylinder sitzt am Schalthebel, die Nehmerzylinder sitzen am Getriebe. Die hydrostatische Schaltung ist zusätzlich mit einem Pneumatikzylinder zur Unterstützung der Schaltkraft kombiniert.
Bei einigen EPS-/HGS-Systemen kann während des Schaltvorgangs auch die Kupplung elektro-pneumatisch betätigt werden – durch einen Tastknopf am Schalthebel.
Info: Bei Transportern werden die Schalthebel oft im Armaturenbrett verbaut. Diese sind per Seilzüge/Bowdenzüge mit dem Getriebe verbunden (Seilzugschaltung).

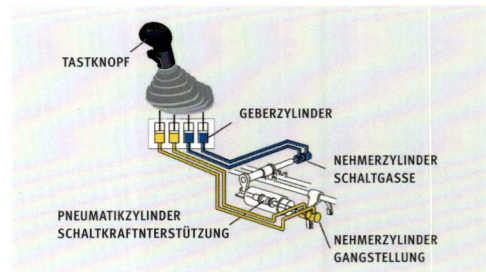

KRAFTÜBERTRAGUNG

3.3.4 Automatisierte Schaltgetriebe

Der automatisierte Schaltvorgang entspricht prinzipiell dem manuellen schalten. Die Gänge werden durch Antippen des „Schalthebels" (ein Gebergerat, es ist oft in der Armlehne eingebaut, siehe Bilder) gewechselt, ohne dass man die Kupplung betätigen oder den Fuß vom Gas nehmen muss. Bei entsprechender Automatik-Stellung des Wahlschalters arbeitet das System auch vollautomatisch, d. h. ohne ein Mitwirken des Fahrers. Hauptkomponenten hierbei sind ein Schaltgetriebe mit elektropneumatischer Trockenkupplung und ein Getriebesteuergerat, das die gewünschten Abläufe koordiniert. Bei manuell ausgelösten Schaltimpulsen erhält das Getriebesteuergerat den Schaltbefehl vom Gebergerät und erteilt die Anweisung zur Drehzahlreduzierung, zum Öffnen der Kupplung und für den eigentlichen Gangwechsel. Wenn die eingebauten Sensoren melden, dass der Gang eingelegt ist, wird die Kupplung wieder geschlossen und die Drehzahl wieder erhöht. Im Automatikmodus erkennt das Getriebesteuergerät aus der Gaspedalstellung/dem Leistungsbedarf und aus den Signalen der Motorsteuerung und des zentralen Bordrechners den idealen Gang für den jeweiligen Betriebszustand. Bei modernen automatisierten Schaltgetrieben ist das Getriebesteuergerät häufig mit den Schaltzylindern zu einer integrierten „Mechatronik"-Einheit zusammengefasst.

Damit werden sonst aufwendige Steck- und Kabelverbindungen minimiert und Störungsquellen reduziert. Für den Automatikmodus wird seitens der Hersteller viel Aufwand getrieben, eine optimale und zugleich flexible Schaltstrategie zu entwickeln und im Steuergerät zu „hinterlegen". Die Fähigkeit des Lastwagens, automatisch jederzeit genauso gut wie ein geübter Fahrer (oder sogar besser) zu schalten ist oft ein wichtiges Verkaufsargument. Auch das Doppelkupplungsgetriebe ist eine Bauform der automatisierten Schaltgetriebe.

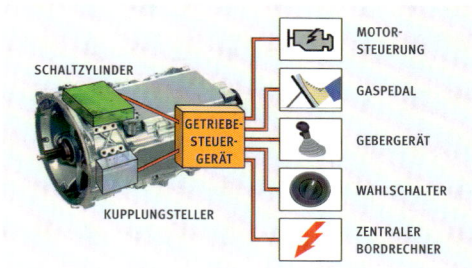

Quelle: Daimler AG

Quelle: Daimler AG

KRAFTÜBERTRAGUNG

3.3.5 Automatikgetriebe

Automatische Getriebe wechseln die Gänge ohne Eingriff des Fahrers. Die Kupplung entfällt, alle Schaltvorgänge erfolgen selbsttätig. Stadt- und Linienbusse sind häufig mit automatischen Getrieben ausgerüstet, weil
- der Fahrer entlastet wird,
- die Motoren wirtschaftlicher arbeiten,
- der Verschleiß in den Aggregaten der Kraftübertragung geringer ist,
- der Schadstoffausstoß und die Geräuschentwicklung sinken,
- das weiche Anfahren den Fahrkomfort erhöht.

Über einen Wählhebel oder über Drucktasten kann der Fahrer bestimmte Schaltprogramme einstellen bzw. Übersetzungsbereiche vorwählen.
Der Wirkungsgrad von automatischen Getrieben mit hydrodynamischen Wandlern ist geringer als von handgeschalteten Getrieben und von automatisierten Schaltgetrieben mit Trennkupplung. Eine aufwändige elektronische Steuerung ermöglicht es jedoch, den Motor durchweg im verbrauchsgünstigen Bereich zu betreiben.
Wer erstmalig auf einem Kraftfahrzeug mit automatischem Getriebe eingesetzt ist, sollte unbedingt die Bedienungs- und Fahrhinweise der Betriebsanleitung lesen und beachten.

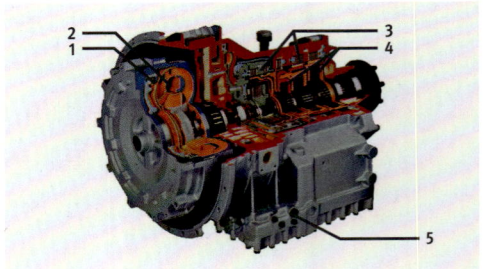

1 Wandlerüberbrückungskupplung
2 Drehmomentwandler
3 Lamellenkupplungen bzw. -bremsen
4 Planetensätze
5 Elektro-hydraulische Steuereinheit

3.4 Gelenkwelle, Achsantrieb, Radantrieb

3.4.1 Gelenkwelle (engl. prop shaft)

Die Gelenk- oder Antriebswelle stellt die Verbindung zwischen dem Getriebe und dem Achsantrieb oder zwischen zwei angetriebenen Achsen her. Die Gelenke und das Schiebestück sind nach Herstellerangaben regelmäßig abzuschmieren.

Die Gelenkwelle besteht aus:
- der eigentlichen Welle, einem Stahlrohr,
- zwei Kreuzgelenken zum Ausgleich der Winkeländerung beim Ein- und Ausfedern,
- einem Schiebestück zum Längenausgleich.

Hinweis: Da die Gelenkwellen nach ihrer der Montage als fertige Komponente gewuchtet werden, muss nach einer Reparatur beim erneuten Zusammenbau der Gelenkwelle die Markierung am Schiebestück beachtet werden. Schiebestück und Rohr müssen wieder in der alten Position zusammengebaut werden, um die Entstehung einer Unwucht zu verhindern. Vor dem Zerlegen diese Markierung im Zweifelsfall selbst anbringen.

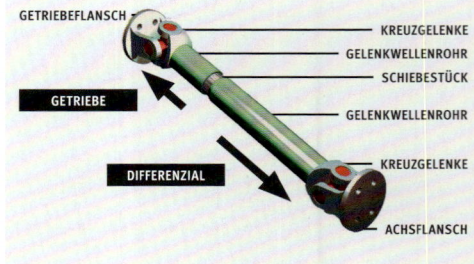

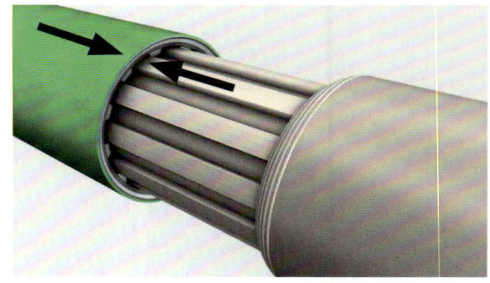

KRAFTÜBERTRAGUNG

3.4.2 Achsantrieb (engl. axle drive)

Der Achsantrieb hat die Aufgabe, die Zugkraft durch eine Übersetzung zu erhöhen und den Kraftfluss um 90° umzulenken.

Der Achsantrieb besteht in der Regel aus einem Kegelrad und einem Tellerrad. Das Übersetzungsverhältnis liegt zwischen 3:1 und 10:1.

Im Nutzfahrzeugbau wird der Achsantrieb vorwiegend als Hypoidantrieb ausgeführt. Die Achse von Kegelrad und Tellerrad ist hierbei versetzt. Der Vorteil ist, dass mehrere Zähne gleichzeitig im Eingriff sind. Das ergibt:
- höhere Lebensdauer und
- große Laufruhe.

Hypoid-Antriebe stellen besondere hohe Anforderungen an die Schmierung und erfordern daher spezielle „druckfeste" Hypoidöle.

Differenzial – Ausgleichsgetriebe (engl. differential)
In Kurven legt das kurvenäußere Rad einen weiteren Weg zurück als das kurveninnere Rad. Die dadurch auftretenden Drehzahlunterschiede können auch bei unebener oder bei rutschiger Fahrbahn auftreten. Das Differenzial (Ausgleichsgetriebe) gleicht diese Drehzahlunterschiede aus.

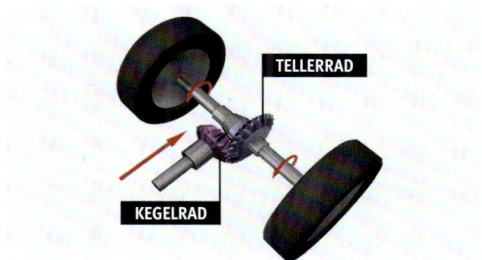

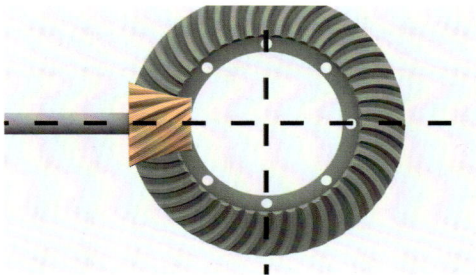

Einfacher Achsantrieb (Antriebskegelrad/Ritzel = rot, Tellerrad = grau)

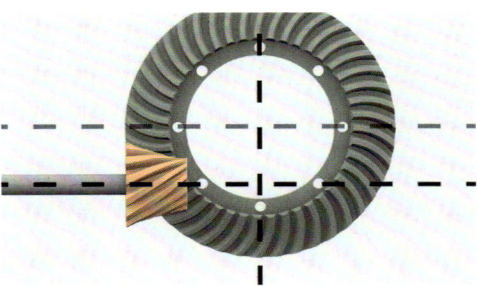

Hypoidantrieb

KRAFTÜBERTRAGUNG

Wirkungsweise des Kegelrad-Differentialgetriebes

Bei der Geradeausfahrt sind die Drehzahlen an den Antriebsrädern gleich. Es muss kein Ausgleich stattfinden. Das Antriebskegelrad (Ritzel) (**1**) treibt das Tellerrad (**2**) an, welches mit dem Ausgleichsgehäuse (**3**) – auch Käfig bzw. Korb genannt – fest verbunden ist. Die beiden gegenüberliegenden Ausgleichskegelräder (**4**) kreisen zusammen mit dem Ausgleichsgehäuse, in welchem sie eingebaut und drehbar gelagert sind. Sie selbst drehen sich dabei jedoch nicht um ihre eigene Achse, sondern übertragen das Antriebsdrehmoment bei Stillstand. Während der Kurvenfahrt sind die Drehzahlen der Antriebsräder unterschiedlich. Das kurveninnere Rad legt eine kürzere Wegstrecke zurück. Es wird dadurch gegenüber der Geradeausfahrt abgebremst. Das kurvenäußere Rad legt eine längere Wegstrecke zurück. Es wird gegenüber der Geradeausfahrt beschleunigt. Die Ausgleichskegelräder (**4**) werden dadurch gezwungen, sich zum Ausgleich der Drehzahlen um die eigene Achse zu drehen um dadurch die aufgezwungenen Drehzahlunterschiede der beiden Achswellenkegelräder (**5**) auszugleichen. Die Umdrehungsgeschwindigkeit des Ausgleichsgehäuses nimmt dabei ab.

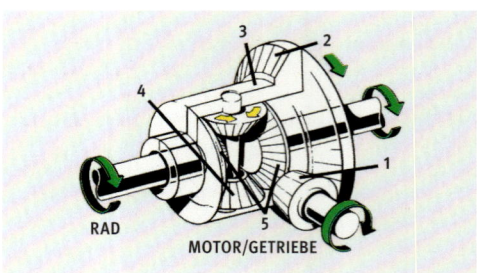

» PRAXISTIPP

Gedankenspiel zur besseren Vorstellung der komplizierten Funktion:
- Würde sich bei stillstehenden Fahrzeug ein Rad der Achse vorwärts und das andere Rad mit gleicher Drehzahl rückwärts drehen, so wurde das Ausgleichsgehäuse völlig stillstehen und nur die beiden Ausgleichskegelräder (**4**) würden sich drehen.
- Würde bei einem Fahrzeug bei gleichmäßiger Geschwindigkeit ein Rad der Achse blockiert werden, so würde sich das gegenüberliegende Rad mit doppelter Drehzahl drehen, wenn es z. B. auf Glatteis steht.
- Dreht bei einem sich bewegenden Fahrzeug plötzlich ein Rad einer Achse ohne Widerstand hoch, z. B. weil es auf Glatteis steht, so kommt das gegenüber liegende Rad zum Stillstand, wenn es auf griffigen Untergrund steht.

Differenzialsperre – Ausgleichssperre (engl. differential lock)

Dreht ein Rad durch, z. B. auf einseitig glatter Fahrbahn oder auf unbefestigtem Untergrund, kann das gegenüberliegende Rad aufgrund des oben beschriebenen Differenzialeffektes zum Stillstand kommen und das Fahrzeug bleibt stehen (siehe Gedankenspiel). Die Differenzialsperre stellt mit Hilfe einer Klauenkupplung eine starre Verbindung zwischen den Antriebsrädern her – beide drehen sich mit gleicher Drehzahl und der Antrieb ist gewährleistet. Die Sperre darf nur bei geringer Geschwindigkeit und nur im Gelände benutzt werden, weil sonst der Triebstrang bei Kurvenfahrt beschädigt werden kann.

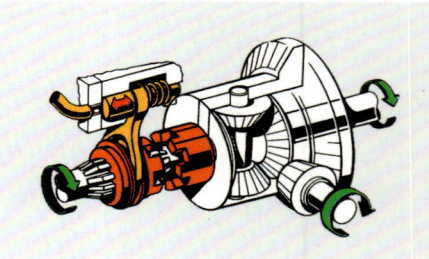

KRAFTÜBERTRAGUNG

Nebenantriebe (engl. auxiliary drive)
Der Nebenantrieb ist eine Vorrichtung zur Kraftübertragung vom Fahrzeugmotor auf eingebaute Zusatzaggregate. Er ist in das Schaltgetriebe integriert. Der Antrieb erfolgt über einen separaten Antriebsflansch am Getriebe (im Bild silbern zu sehen), welcher beispielsweise einen Hydromotor antreibt. Auf diese Weise werden Pumpen, Krane oder Betonmischer angetrieben. Nebenabtriebe sind in unterschiedlichen Drehzahl- und Drehmomentabstufungen erhältlich.

Verteilergetriebe (engl. transfer box)
Das Verteilergetriebe verteilt die Antriebskraft auf mehrere Achsen. Meist wird es für Allradantrieb eingesetzt. Zeitweise benötigt das Verteilergetriebe bei starker Belastung eine eigene Ölkühlung.

Ein Vorderradantrieb kann, wenn nicht permanent gefordert, sondern nur zeitweise beim Ein- und Ausfahren in Baustellen oder Kiesgruben, beim Befahren von unbefestigten Wald- und Feldwegen oder an Steigungen und auf rutschigen Fahrbahnen, auch über ein hydraulisches Antriebssystem erzeugt werden. Unter dem Namen HydroDrive® oder Hydraulic Auxillery Drive (HAD) bieten Hersteller einen per Knopfdruck zuschaltbaren Vorderradantrieb an. Die wesentlichen Komponenten des Systems bestehen aus Hochdruckpumpe, Vorderachse mit Radnabenmotoren, einem Steuermodul und einem Ventilblock. Die hydraulischen Komponenten sind über ein Leitungssystem mit unterschiedlichem Drücken miteinander verbunden. Ein Verteilergetriebe und Gelenkwellen benötigt das System nicht und wiegt daher nur ca. halb so viel wie ein klassischer permanenter Vorderradantrieb.

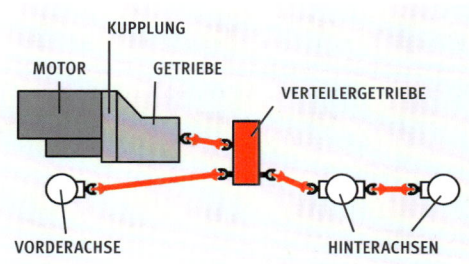

Anordnung des Verteilergetriebes für die Kombination 6 x 6

3.4.3 Radantrieb (engl. wheel drive)

Der Radantrieb ist ein in die Radnaben eingebauter Planetenradsatz, der die Drehzahl noch einmal verringert und die Zugkraft erhöht (Außenplanetenachse). Dadurch können die Bauteile des Antriebs für kleinere Drehmomente ausgelegt werden.

FAHRWERK

4. Fahrwerk (engl. chassis)

4.1 Fahrwerk

Ein für bestimmte Transportaufgaben gefertigter Aufbau und ein gut abgestimmtes Fahrwerk sind ein Beitrag für die aktive Sicherheit. Das bedeutet Fahrsicherheit durch ein optimales Verhalten des Fahrzeugs in allen Situationen.

4.1.1 Rahmen im Lkw-Bau

Der Rahmen ist die wichtigste Baugruppe des Lastwagens, da sie ihm die Gesamtstabilität gibt. Er bildet als „Rückgrat" das eigentliche Tragwerk und hat die Aufgabe die einzelnen Komponenten zu einer Einheit zu verbinden sowie alle am Fahrzeug angreifenden Kräfte aufzunehmen und zu übertragen. Der Leiterrahmen eines Lkw ist sehr biegesteif (geringe Durchbiegung bei Beladung), aber zugleich verdrehweich (gute Anpassung der Achsverschränkung an die Form der Straße). Er besteht aus zwei parallelen Langsträgern, die durch mehrere Querträger verbunden werden.

Die Längsträger haben einen C-förmigen Querschnitt. Bei Querträgern gibt es C-Profile, U-Profile, Rohrquerträger und weitere aus unterschiedlichen Blechprofilen zusammengebaute Formen. Die Auslegung des Rahmens muss sehr sorgfältig erfolgen, da sie das Fahrverhalten des Lastwagens in besonderem Maße beeinflusst. Mit dem Rahmen verbunden sind auch der vordere, der hintere und der seitliche Unterfahrschutz. Diese Bauteile dienen der passiven Verkehrssicherheit. Der vordere Unterfahrschutz verhindert ein „durchtauchen" eines Pkw bei einer Frontalkollision und der hintere Unterfahrschutz soll bei einem Auffahrunfall verhindern, dass die Ladefläche bzw. der Aufbau unterfahren wird. Der seitliche Unterfahrschutz soll vor allem verhindern, dass Fußgänger und Zweiradfahrer in den Freiraum zwischen Rahmen und Fahrbahn geraten und möglicherweise von der Hinterachse überrollt werden. Für die Auslegung dieser Bauteile gibt es gesetzliche Vorschriften.

Fest mit dem Rahmen verbunden sind der hintere und der seitliche Unterfahrschutz. Beide Maßnahmen dienen der passiven Verkehrssicherheit.

Der hintere Unterfahrschutz soll bei einem Auffahrunfall verhindern, dass die Ladefläche bzw. der Aufbau unterfahren wird.

Der seitliche Unterfahrschutz soll vor allem verhindern, dass Fußgänger und Zweiradfahrer in die Freiräume zwischen Rahmen und Fahrbahn geraten.

> » **INFO**
>
> Ein Lkw-Rahmen ist sehr empfindlich in Bezug auf Schweiß- und Bohrarbeiten. Hier sind unbedingt die Aufbau-Richtlinien der Hersteller zu beachten, um keinen Rahmenbruch zu riskieren. Durch schwere Unfälle kann der Rahmen verzogen werden. Es ist heute möglich, selbst stark deformierte Rahmen mit computergesteuerten hydraulischen Richtbänken wieder in Herstellerqualität instand zu setzen.

FAHRWERK

4.1.2 Rahmen und Fahrgestelle im Omnibusbau

Omnibusse haben meist einen mittragenden oder komplett selbsttragenden Aufbau (vgl. Kässbohrer SETRA, **SE**lbst**TRA**gend). Der Aufbau muss steif und verwindungsfest sein um alle auf ihn einwirkenden Kräfte aufnehmen zu können. Meist werden einzelne Baugruppen zu einer selbsttragenden Einheit verbunden. Die großflächigen Busscheiben sind ebenfalls als tragende Elemente ausgelegt. Insbesondere bei kleineren Omnibussen mit weniger als 20 Sitzplätzen sind der Rahmen bzw. das Fahrgestell und der eigentliche Aufbau voneinander getrennt (kein selbsttragender Aufbau). Passive Sicherheit: Eine hohe Festigkeit des Buskörpers bei Omnibussen wird unter anderem durch umlaufende Ringspannten aus hochfestem Stahlen gewährleistet. Die Festigkeit wird gemäß der gesetzlichen Regelung zur Aufbausteifigkeit ECE-R 66.02 (Umsturzversuch) definiert. Sie definiert den Überlebensraum, der durch die Konstruktion bei einem Umsturz für die Businsassen gewährleistet sein muss. Gleichzeitig soll der Aufbau ein geringes Eigengewicht haben, um eine hohe Nutzlast zu ermöglichen (Reisende und deren Gepäck).

Rahmenkonstruktionen

- **Leiterrahmen**
  Zweiachsige und dreiachsige Leiterrahmen-Fahrgestelle sind sehr stabil, aber auch verhältnismäßig schwer. Sie eignen sich hervorragend für den Einsatz in Regionen mit unbefestigten Straßen. Spezialisierte Aufbauhersteller „schneidern" darauf einen Busaufbau nach speziellem Kundenwunsch.

- **Gitterrahmen**
  Hierbei handelt es sich um eine Leichtbauweise durch Verwendung eines selbsttragenden Käfigs. Oberbau- und Unterbaugerippe sind miteinander verschweißt. Bodengruppe und Aufbauteile bilden eine Einheit. Die Gitterkonstruktion besteht aus Vierkantrohren mit Pressteilelementen. Die einzelnen Aggregate wie Motor, Getriebe und Achsen sind mit der Bodengruppe an verstärkten Eckpunkten (sog. Knoten) verbunden. Vorteile dieser Konstruktion sind geringes Eigengewicht, große Sicherheit für die Fahrgäste und leichter Einstieg durch geringe Fußbodenhöhe über der Fahrbahn.

Quelle: MAN

FAHRWERK

- **Aufbau**
  Die das Gerippe umhüllenden Beplankungsbleche können verschweißt oder geklebt sein. Im Bereich von Fenstern, Türen und Klappen sind Verstärkungen angebracht.

- **Besondere Konstruktionsmerkmale**
  Durch besondere Konstruktionsmerkmale und die Verwendung von Leichtmetall und Kunststoffen lässt sich Gewicht einsparen.

FAHRWERK

4.1.3 Radaufhängung

Die Radaufhängung verbindet die Räder des Fahrzeugs mit dem Fahrzeugrahmen. Im Lkw-Bau werden als Vorder- und als Hinterachse immer noch Starrachsen verwendet.

Starre Achsen oder Starrachsen

Starre Achsen als Lenkachse sind preisgünstig zu produzieren. Sie weisen aber schlechtere Fahr- und Federungseigenschaften auf, da beim Ein- und Ausfedern eines Rades das gegenüberliegende Rad immer mit beeinflusst wird.

Achsführung bei Starrachsen

Bei blattgefederten Achsen geben die fest eingespannten Blattfedern die Achseinbaulage im Rahmen vor und führen damit auch die Achsen beim Einfedern. Flexible Luftfederbälge können diese Funktion nicht erfüllen. Hier benötigen die Achsen bewegliche Lenker zur präzisen Führung. Um ein Verdrehen der Achsen beim Einfedern zu vermeiden (bzw. stark zu verringern) werden eine obere und untere Lenkerebene erforderlich. Die Achsen werden in ihrer Bewegung so annähernd parallel verschoben und nicht gekippt. Oben werden häufig Dreieckslenker oder X-Lenker verbaut. Damit wird ein Pendeln der Achse ermöglicht, welches zur Anpassung an die Straßenoberfläche erwünscht ist. Unten werden häufig die Lenkerstreben von den Lenkerböcken parallel zur Straße an Achskörper oder an Luftbalgträger herangeführt.

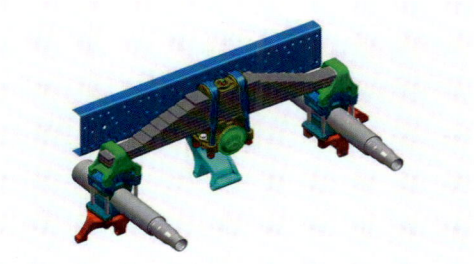

Einzelradaufhängungen

Diese aus ebenfalls zwei Lenkerebenen bestehende Radaufhängung wird bevorzugt an der Lenkachse von Omnibussen eingebaut. Die Konstruktion zeichnet sich durch ein stabiles Fahrverhalten, hohen Komfort am Fahrerarbeitsplatz und sehr gute Federeigenschaften aus.

Einzelradaufhängung für Reisebusse © ZF Friedrichshafen AG

FAHRWERK

Sonderformen der Achskonstruktion
- **Nachlaufachse**
Diese meist einzelbereifte Achse wird bei dreiachsigen Lkw verwendet. Sie läuft hinter der Antriebsachse ist zuweilen lenkbar und kann bei einigen Fahrzeugen angehoben werden (Liftachse). Als NUMMEK-Achse wird eine doppelt bereifte, nicht lenkbare Nachlaufachse bezeichnet, die vereinzelt bei schweren Dreiachsern eingesetzt wird. Auch sie kann auf Wunsch angehoben werden.

- **Vorlaufachse**
Diese meist einzelbereifte Achse wird bei Sattelzugmaschinen verwendet. Sie ist vor der Antriebsachse montiert. Bei Einzelbereifung ist sie zuweilen lenkbar (Radformel 6x2/4) und kann angehoben werden.

- **Liftachse**
Wie beschrieben kann die Liftachse beim Zugfahrzeug sowohl Vorlauf- als auch Nachlaufachse sein. Sie wird mittels einer Vorrichtung (Hebe-/Liftbalg oder -bälge) angehoben, wenn bei Teilbeladung die Tragfähigkeit der zweiten Hinterachse ausreicht. Die Liftachse kann auch als Anfahrhilfe bei voll beladenem Fahrzeug kurzzeitig angehoben oder entlastet werden und so den Anpressdruck der angetrieben Hinterachse auf die Fahrbahn erhöhen. So wird das Anfahren besonders auf rutschigem Untergrund erleichtert. Anschließend senkt sie sich wieder automatisch ab. Wird die zulässige Achslast der Antriebsachse überschritten, senkt sich die Liftachse automatisch ab um Schäden am Fahrzeug zu vermeiden. Liftachsen sind vor allem bei Sattelanhängern und Motorfahrzeugen verbreitet und bieten dort in angehobenen Zustand folgende Vorteile:

» Erhöhung der Reifenlebensdauer an der Liftachse
» Verminderung des Rollwiderstandes und damit Kraftstoffeinsparung.
» Verringerung des „Radierens" der am Boden verbleibenden Reifen von benachbarten Achsen bei Kurvenfahrten. Damit erfolgt eine Erhöhung auch deren Lebensdauer.

Bei Sattelanhängern ist es am sinnvollsten, die letzte Achse zu liften, da sich der Drehpunkt in der Kurve nach vorne verschiebt, womit sich der Kurveninnenradius vergrößert. Bei nicht gelifteten Achsen radieren zudem die Reifen der letzten Achse am meisten.

FAHRWERK

4.1.4 Rad- und Achsstellungen

Die Achsgeometrie der Vorderachse beeinflusst das Fahrverhalten des Fahrzeugs. Vorspur, Sturz, Spreizung und Nachlauf werden optimal miteinander kombiniert und auch durch die Lenkergeometrie erzeugt.

Vorspur (engl. toe-in)

Die Vorspur ist der Einzug der Vorderräder in Fahrtrichtung. Die Räder laufen leicht aufeinander zu (l1 < l2). Durch dieses geringfügige Verspannen der Lenkgestänge werden auf Kosten eines geringfügig höheren Reifenverschleiß das jeweilige Spiel in den Gelenken minimiert und ein „flattern" vermieden, was besonders bei älteren und „abgenutzten" Fahrzeugen von Vorteil ist.

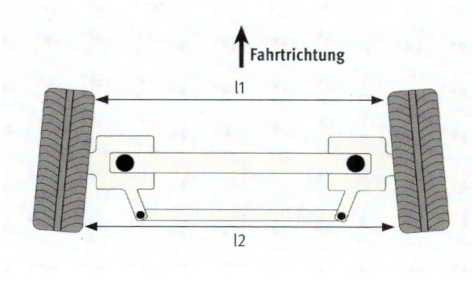

Sturz (α) (engl. camber)

Der Sturz ist die Schrägstellung der Vorderräder zu einer Senkrechten.

Positiver Sturz verbessert den Geradeauslauf des Fahrzeugs. Nutzfahrzeuge haben einen ca. 1 – 2° positiven Sturz an den Vorderrädern. Hinterräder haben keinen Sturz.

Negativer Sturz verbessert die Seitenführung bei Kurvenfahrt. Verwendung im Pkw-Bau.

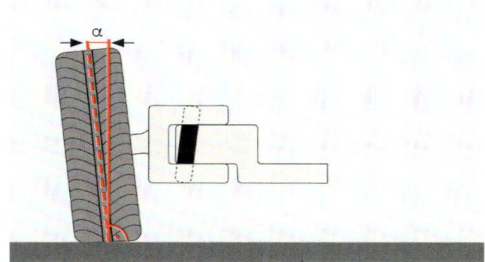

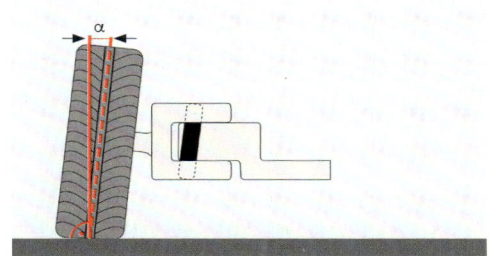

FAHRWERK

Spreizung (β) (engl. inclination)
Die Spreizung ist die Schrägstellung des Achsschenkels zu einer Senkrechten oben nach innen. Es entstehen Rückstellkräfte die nach der Kurvenfahrt die Vorderräder (z. B. beim lockern des Griffs am Lenkrad) wieder in die Geradestellung bringen.

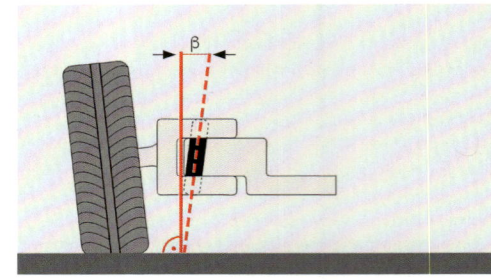

Nachlauf (γ) (engl. castor oder caster)
Der Nachlauf ist die Schrägstellung des Achsschenkels zu einer Senkrechten oben nach hinten. Dadurch werden die Vorderräder „gezogen", die Räder laufen nach und stabilisieren sich (Teewageneffekt).

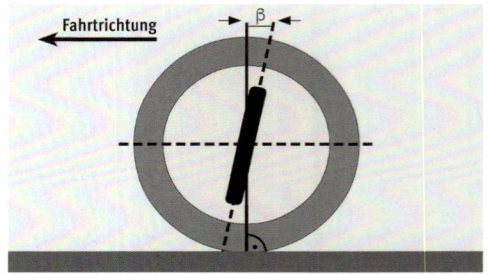

FAHRWERK

4.1.5 Federung und Dämpfung
(engl. suspension and damping system)

Die Federung verarbeitet und dämpft Fahrbahnstöße und Aufbauschwingungen. Das Federung-Dämpfungs-System sorgt dafür, dass die Räder zu jeder Zeit den Fahrbahnkontakt behalten (und sich nicht bei Fahrbahnstößen kurzzeitig in der Luft befinden). Das ist für die für Fahrstabilität enorm wichtig. Natürlich sorgt die Federung/Dämpfung auch für den Fahrkomfort.

Schraubenfedern (engl. coil spring)
Diese Federn werden im Lkw-Bau kaum verwendet. Anwendung finden sie selten nur bei leichten Lkw und wegen der langen möglichen Federwege in hochgeländegängigen Fahrzeugen wie z. B. dem Unimog oder bei speziellen Militärfahrzeugen.

Blattfedern (engl. leaf spring)
Blattfedern waren früher im Lkw am weitesten verbreitet. Einzelne Federblätter werden übereinander zu einem Federpaket geschichtet, das durch einen gemeinsamen Herzbolzen und Federklemmen zusammengehalten wird. Die Blattreibung zwischen den Lagen durch die Längenänderung beim Einfedern bewirkt eine gewisse Eigendämpfung.

Beim Nutzfahrzeug gibt es im Wesentlichen zwei Bauarten: Die Trapezfeder (größtenteils durch die Parabelfeder abgelöst), findet ihren Einsatz insbesondere in Baustellenfahrzeugen. Sie ist einfach und kostengünstig herzustellen, leicht zu reparieren und zu verstärken. Die konstant dicken Einzelblätter berühren sich auf voller Länge und verschieben sich bei Federbewegung gegeneinander.

Durch zwischengelegte Kunststoffstreifen oder Schmierung mit Fett kann die Reibung bei der Verschiebung vermindert werden. Wegen der durch die ständige Realtivbewegung der einzelnen Federblätter entstehenden stärkeren Korrosionsbelastung und dem relativ hohen Eigengewicht folgte die Weiterentwicklung der Trapezfeder zur Parabelfeder. Bei Parabelfedern sind die einzelnen Lagen parabolisch ausgewalzt und können je nach Beanspruchung angepasst werden. Die Dicke der Feder variiert und erreicht somit eine optimale Spannungsverteilung. Zwischen den einzelnen Lagen ist ein Luftspalt, so dass zwischen ihnen beim ein- und ausfedern keine Reibung stattfindet. Die Lagen können so besser gegen Korrosion geschützt werden. Die Parabelfeder ist insgesamt leichter und dünner gestaltet und erreicht eine Gewichtseinsparung von ca. 30 % gegenüber der Trapezfeder. Im Bild wird eine Parabelfeder dargestellt.

FAHRWERK

Vorteile der Blattfeder:
- Es können große Gewichtskräfte ertragen werden.
- Längs- und Querkräfte können bauartbedingt ebenfalls übertragen werden. D. h. die Feder kann die Achse führen.
- Es findet (bei Trapezfedern) eine Eigendämpfung statt.
- Die Feder passt sich dem Belastungszustand an.
  Sie wird bei steigender Belastung „härter".

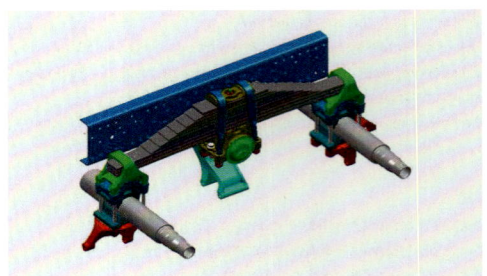

Nachteile der Blattfeder:
- Geräuschentwicklung, u. U. quietschen,
- (bei Trapezfedern) Oberflächenverschleiß, dadurch wird Pflege und Wartung notwendig.

Pflege und Wartung bei Trapezfedern:
- Bei allen Blattfedertypen: Federlagen auf Brüche und Korrosion kontrollieren.
- Federbolzen abschmieren.
- Federblätter regelmäßig säubern und mit Kriechöl einsprühen.

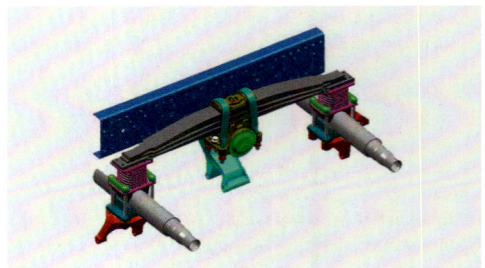

FAHRWERK

Luftfederung (engl. air suspension)
Dieses Federungssystem findet bei Lkw und Anhängern immer mehr Verwendung. Das Fahrwerk von Omnibussen ist aus Komfortgründen grundsätzlich luftgefedert.
Eine in einem Federbalg eingeschlossene Luftmenge wird als Federung verwendet.

Vorteile:
- eine konstant gleiche Höhe des Aufbaus, mit oder ohne Belastung, wird selbstständig geregelt
- damit stets gleich großer Federweg,
- Niveauverstellung z. B. an Rampen möglich,
- möglicher Einsatz von Wechselbrücken bei Vollluftfederung,
- wartungsfreundliches Konzept.

Nachteile:
- großer Bauaufwand wegen zusätzlicher Achsführung erforderlich.

Die Federungsluft wird am Mehrkreisschutzventil der Druckluftanlage abgezweigt. Ein Niveau-Regelventil misst den Abstand zwischen Aufbau und Achsträger. Ändert sich dieser Abstand durch Be- oder Entladen, steuert das Niveau-Regelventil mehr oder weniger Druckluft in die Federbälge. Durch die Variation des Druckes in den Federbälgen kann der Lkw beim Be- oder Entladen abgesenkt oder angehoben werden. Die Werte können gespeichert werden, um das Heranfahren an unterschiedlich hohe Rampen zu erleichtern. In modernen Nutzfahrzeugen werden das Fahrniveau, die Achslastverteilung bei Vor- und Nachlaufachsen und auch das Anheben (liften) von Liftachstypen elektronisch gesteuert. Dem Fahrer steht dazu meist eine (Kabel-)Fernbedienung zur Verfügung gesteuert. Dem Fahrer steht dazu meist eine (Kabel-) Fernbedienung zur Verfügung.

Pflege und Wartung:
- Leitungen, Luftbehälter und Federbälge auf Dichtheit prüfen.
- Federbälge auf äußere Beschädigungen hin kontrollieren.

Quelle: Daimler AG

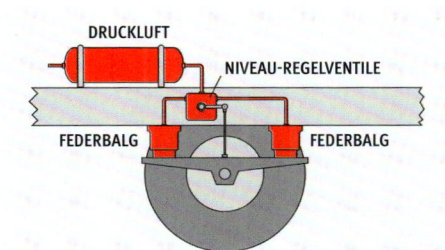

» **INFO**

Platzt ein Federbalg bei einem Lkw oder Omnibus, ist die Rad- bzw. Achsführung nicht mehr gewährleistet.

FAHRWERK

Dämpfung – Stoßdämpfer (engl. shock absorber)
Die Schwingungsdämpfer oder Stoßdämpfer wandeln die Schwingungen der Federn durch Reibung in Wärme um. Ein hydraulischer Stoßdämpfer ist ein teleskopartig verschiebbares Bauteil welches die Schwingungen der gefederten Massen (Chassis mit Aufbau) schnell abklingen lässt. Sie werden zwischen dem Rahmen und dem Achskörper eingebaut. Die Dämpfungswirkung wird erzielt, indem Öl durch eine kleine Öffnung bzw. Ventile zwischen zwei Kammern hin – und her strömt und dabei jeweils einen Durchflusswiderstand überwinden muss. Es gibt unterschiedliche Dämpfungswirkungen in der Zug- und Druckstufe. Diese werden zur Erreichung eines optimalen Fahrverhaltens speziell festgelegt. Mangelhafte Stoßdämpfer sind an folgenden Merkmalen zu erkennen:
- Stoßdämpfer ist außen verölt,
- mehrfaches auffälliges Nachschwingen beim Überfahren von Unebenheiten,
- Poltergeräusche auf schlechten Straßen bei niedriger Geschwindigkeit,
- ungleichmäßige Abnutzung von Reifen, erhöhter Reifenverschleiß,
- flatternde Lenkung oder vielfach unterbrochene Bremsspur nach einer Vollbremsung wegen springender Räder,
- schwammiges Kurvenfahrverhalten. Bei welliger Fahrbahn driftet das Fahrzeug in Abhängigkeit von der Anregung der Vertikalschwingungen nach außen,
- steigende Seitenwindempfindlichkeit.

Stabilisator (engl. anti-roll bar)
Der Stabilisator (Stabi) ist ein Federelement, welches durch seine Funktion zur Verbesserung der Straßenlage beiträgt. Er wirkt der Fahrzeugneigung (Wankneigung) bei Kurvenfahrt oder bei spontanen Ausweichmanövern entgegen. Die Hebelarme des Stabilisators werden beim Wanken einander entgegengesetzt mitgenommen und der Stabilisator-Mittelteil wird dadurch federnd verdreht. Die aus dieser elastischen Verdrehung stammenden, auf den Aufbau wirkenden Kräfte sind dem Wank-Moment entgegengerichtet. Sie mindern das "Einfedern" am kurvenäußeren und das "Ausfedern" am kurveninneren Rad und reduzieren damit das Wanken. Beim gleichsinnigen Ein- und Ausfedern beider Räder einer Achse, z. B. beim „Bremsnicken", hat der Stabilisator keine Wirkung, da seine beiden Hebelarme in die gleiche Richtung mitgenommen werden. Fahrzeuge mit „Hochlast"-Aufbau, wie zum Beispiel Fahrmischer oder Kipper zeigen in Kurven eine ausgeprägte Wankneigung und erfordern daher verstärkte und/oder mehrere Stabilisatoren. Es kommen meist Bügelstabilisatoren zum Einsatz. Teilweise werden aber auch Bauteile zur Achsführung (Lenker) mit einer integrierten Stabilisatorfunktion verwendet.

Sie verbessern die Fahrsicherheit und erhöhen den Fahrkomfort.

» **INFO**
Die Dämpfer müssen regelmäßig auf Öldichtheit und sichere Befestigung geprüft werden.

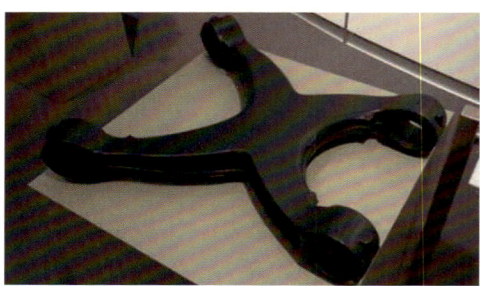

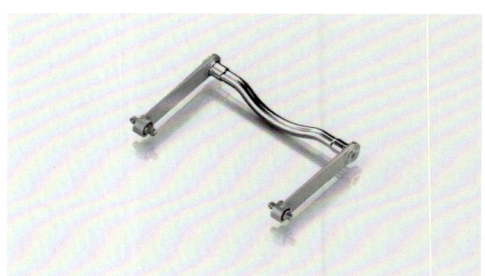

© ZF Friedrichshafen AG

FAHRWERK

4.2 Lenkung (engl. steering gear)

Die Lenkung hat die Aufgabe, dem Fahrzeug Fahrtrichtungsänderungen zu ermöglichen und zu rangieren. Sie setzt die Drehbewegung am Lenkrad in eine Schwenkbewegung der gelenkten Räder um. Die präzise, zuverlässige und störungsfreie Funktion der Lenkung ist eine der wichtigsten Voraussetzungen für die Verkehrssicherheit eines Kraftfahrzeugs. In Nutzfahrzeugen werden stets Servolenkungen verwendet. Bei der Servolenkung unterstützt ein hydraulischer Druck die Muskelkraft des Fahrers. Durch diese Kraftverstärkung wird der Kraftaufwand für den Fahrer geringer. Omnibusse mit einer zulässigen Vorderachslast über 4,5 t müssen mit einer Servolenkung ausgerüstet sein. Fällt die Lenkhilfe aus, bleibt der mechanische Teil der Lenkung zwar funktionstüchtig, das Lenken erfordert aber einen erheblich größeren Kraftaufwand. Gängige Bauformen sind die Kugelumlauf- oder auch Blocklenkung und die Zahnstangenlenkung.

Eine gut ausgelegte Lenkung ist gekennzeichnet durch:
- präzise Umsetzung der Lenkbewegung
- gute Rückstellung in einen stabilen Geradeauslauf
- leichte Bedienbarkeit, ausgewogene Lenkkräfte
- gute Fahrer-Rückmeldung zum Fahrzustand
- Dämpfung von Stößen und Geräuschen
- keine Beeinflussung durch Antriebs-, Brems- und Beschleunigungskräfte
- Verhinderung einer Verletzung des Fahrers bei einem Auffahrunfall durch Lenksäule und Lenkrad
- geringer Bauraumbedarf
- geringer Verschleiß

FAHRWERK

4.2.1 Funktion der Hilfskraftlenkung (Servolenkung, engl. power steering)

Dreht der Fahrer am Lenkrad, wird die Kraft über die Lenkspindel auf das Lenkgetriebe übertragen. Die Muskelkraft des Fahrers wird in diesem Getriebe bereits durch die Übersetzung verstärkt. Ein mit dem Lenkgetriebe verbundenes Steuerventil (**2**) lenkt den Öldruck, den eine vom Motor angetriebene Hydraulikpumpe (**1**) erzeugt, in einen Arbeitszylinder (**3**). Der Öldruck wirkt je nach Drehrichtung des Lenkrades vor oder hinter dem Kolben. Die Muskelkraft und die Hilfskraft bewegen zusammen das Lenkgestänge und erzeugen den gewünschten Lenkeinschlag.

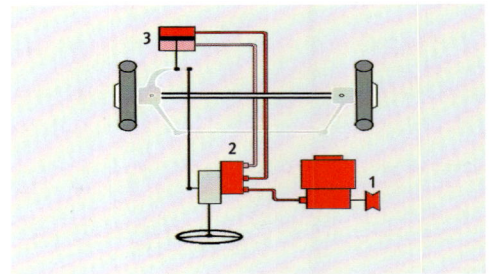

Die Anordnung der Teile des Lenkgestänges hat eine Trapezform (Lenktrapez). Dadurch kann beim Lenken das kurveninnere Rad weiter einschlagen als das kurvenäußere Rad und dadurch einen kleineren Radius befahren. So ist gewährleistet, dass alle Räder um einen gemeinsamen Mittelpunkt laufen und nicht radieren.

Sonderformen

Bei Vierachsern sind beide Vorderachsen lenkbar, was die seriengemäße Servolenkung überfordern würde. Hier ist noch ein zweiter Ölkreislauf vorhanden, der einen Hydraulikzylinder antreibt. Dieser wirkt auf die zweite Vorderachse. Bei gelenkten Nachlaufachsen wird der Lenkeinschlag meist über ein Geber-/Nehmerzylindersystem übertragen. Die Vorderachse betätigt bei Lenkausschlägen einen angeschlossenen Zylinder, welcher durch Ölleitungen mit einem Betätigungszylinder an der Nachlaufachse verbunden ist. Dieser bewegt sich simultan und lenkt so die Nachlaufachse. So ist gewährleistet, dass alle Räder um einen gemeinsamen Mittelpunkt laufen (Ackermann-Bedingung). Das Lenktrapez ergibt beim Verstellen unterschiedliche Winkelgrößen und damit den gewünschten Effekt.

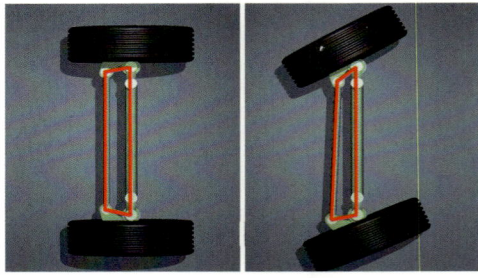

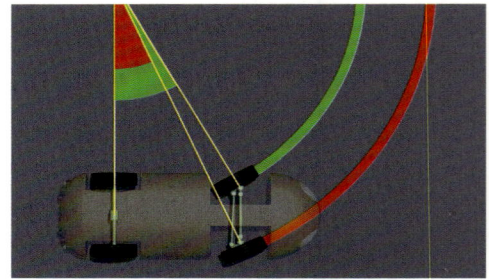

FAHRWERK

4.2.2 Überprüfung und Wartung

Prüfen des Lenkspiels

Durch die Kontrolle des Lenkspiels wird der Verschleiß von Lenkgetriebe und Kugelgelenken geprüft. Zu großes Spiel verschlechtert die Spurhaltung. Bei stehendem Fahrzeug und laufendem Motor (oder stehendem Motor – siehe Betriebsanleitung) drehen Sie das Lenkrad leicht hin und her. Beobachten Sie die gelenkten Räder. Der Leerweg am Lenkradumfang darf höchstens 15° (ca. 3 cm) betragen, ohne dass sich die gelenkten Räder bewegen.

Füllstand der Hydraulikflüssigkeit prüfen

Durch regelmäßige Kontrolle lassen sich Undichtigkeiten am Lenksystem erkennen. Bei laufendem Motor und Geradeausstellung der Vorderräder muss sich der Flüssigkeitsstand zwischen den Markierungen „MIN" und „MAX" befinden. Fehlt Hydraulikflüssigkeit, kann die Lenkung extrem schwergängig werden. Das Fahrzeug ist nicht mehr ausreichend verkehrssicher.

Weitere Prüfungen
- Dichtheit von Leitungen, Schläuchen und Anschlüssen,
- fester Sitz aller Lenkungsteile,
- Keilriemenspannung an der Hydraulikpumpe.

Schmierung

Im modernen Nutzfahrzeugbau werden nur noch wartungsfreie Gelenke und Lager verwendet. Hat das Fahrzeug eine Zentralschmieranlage, ist der Schmiermittelstand im Vorratsbehälter überprüfen. Bei manueller Schmierung sind die vorgesehenen Stellen mit einer Fettpresse abschmieren.

Hinweise:
- Eine vorherige Reinigung der Schmiernippel ist unbedingt erforderlich, damit kein Schmutz in die Schmierstelle gelangt.
- Fettpressen arbeiten mit hohem Druck – zu hohe Drücke können zu Schäden an Dichtungen, Lagern und Gelenken führen.

FAHRWERK

4.3 Räder und Reifen (engl. wheel, tire)

4.3.1 Räder

Die Räder stellen die Verbindung zwischen Fahrzeug und Fahrbahn her. Das Rad besteht aus:
- Radnabe,
- Radschüssel/Radscheibe,
- Felge,
- Reifen.

Die Räder übertragen:
- Gewichtskräfte,
- Seitenführungskräfte,
- Beschleunigungskräfte,
- Bremskräfte.

An Nutzfahrzeugen kommen folgende Arten von Rädern zum Einsatz:
- Stahlscheibenrad

FAHRWERK

- Stahlscheibenrad mit Schrägschulter- oder Steilschulterfelge

  Eine um 15 Grad geneigte Felgenschulter ermöglicht den Einsatz von schlauchlosen Reifen. Schrägschulter- oder Steilschulterfelgen ermöglichen eine gute Zentrierung und Abdichtung des Reifens auf der Felge. Bei sinkendem Reifendruck wird verhindert, dass der Reifen in das Tiefbett abrutscht.

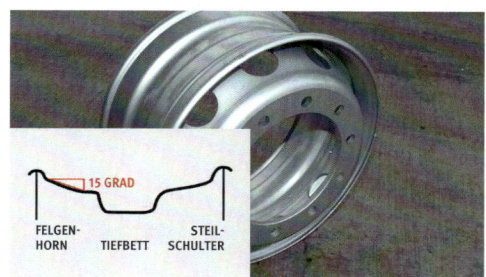

- Leichtmetallrad (Aluminium)

- Geschmiedetes Aluminiumrad mit Steilschulterfelge

Quelle: Alcoa Wheel Products Europe

FAHRWERK

4.3.2 Reifen (engl. tire)

Der Reifen baut die Haftreibung zwischen Rad und Fahrbahn auf. Er übernimmt darüber hinaus ca. 50 % der Federwirkung des Fahrzeugs.

Folgende Eigenschaften kennzeichnen einen guten Reifen:
- guter Kraftschluss zwischen Reifen und Fahrbahn, auch bei Nässe
- hohe Formstabilität bei Geradeausfahrt und Kurvenfahrt,
- hohe Lenkgenauigkeit,
- lange Lebensdauer,
- guter Federungskomfort,
- geringe Geräuschentwicklung,
- geringer Rollwiderstand.

Die Aufstandsfläche des Reifens auf der Straße wird „Latsch" genannt. Sie ist beim Lkw fast so groß wie dieser DEGENER-Band. Ausschließlich über den Latsch werden alle Kräfte zwischen Fahrzeug und Straße übertragen. Es wird zwischen den Traktionsreifen an den angetriebenen Achsen, den Lenkreifen an den Lenkachsen und den Trailerreifen am Anhänger unterschieden. Sie alle weisen ein unterschiedliches Profil auf.

Diagonalreifen
Diese Bauart kommt heute kaum noch zum Einsatz. Die Gewebelagen des Unterbaus liegen in einem bestimmten Winkel übereinander. Diagonalreifen dürfen an einem Fahrzeug mit einer zulässigen Gesamtmasse über 3,5 t zusammen mit Radialreifen verwendet werden. Voraussetzung für diese Mischbereifung ist, dass die Reifen achsweise von gleicher Bauart sind.

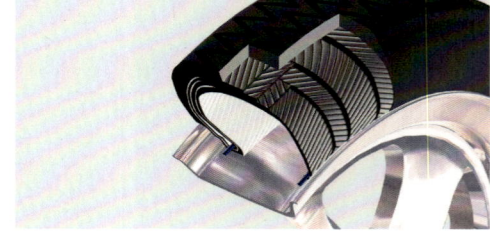

Radialreifen
Heute sind schlauchlose Radialreifen die bevorzugte Standardbereifung.

Radialreifen haben
- geringen Rollwiderstand,
- niedrigen Verschleiß,
- hohe Laufleistung,
- gutes Kurvenverhalten.

Die Gewebelagen des Unterbaus verlaufen radial von Wulst zu Wulst. Diese Radialkarkasse wird im Bereich der Lauffläche von einem Gürtel umgeben, der dem Reifen die Festigkeit verleiht. Im Bestreben den Kraftstoffverbrauch weiter abzusenken kommt dem Reifen eine besondere Bedeutung zu. Es werden von den Herstellern vermehrt spezielle Energiesparreifen bzw. ECO-Reifen mit optimiertem Rollwiderstand entwickelt und angeboten.

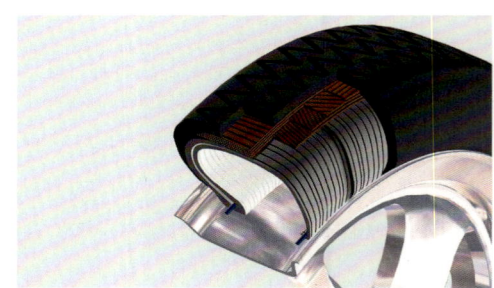

FAHRWERK

Super-Single-Reifen (SUSI)

Die angetriebene Hinterachse eines Lkw oder Omnibusses ist normalerweise mit Zwillingsbereifung ausgerüstet. Alternativ werden so genannte Super-Single-Reifen angeboten. Das sind sehr breite Radialreifen mit einer geringen Bauhöhe („Niederquerschnittreifen").

Super-Singles haben einige Vorteile gegenüber Zwillingsbereifung:
- Gewichtsersparnis,
- geringerer Rollwiderstand,
- breitere Durchgänge im Niederflurbus möglich.

Bei einer Reifenpanne bieten Einzelreifen vom Prinzip her weniger Sicherheit als Zwillingsreifen. Um diesen Nachteil auszugleichen, sind Super-Singles mit einem Reifendruck-Kontrollsystem und einem integrierten Notlaufelement konstruiert. Das Notlaufelement wirkt wie ein extrem fester Schlauch, der sich bei Druckverlust in der äußeren Luftkammer ausdehnt und den gesamten Reifen schlagartig ausfüllt. Das Notlaufelement sorgt nur für die Sicherstellung der Beherrschbarkeit des Fahrzeuges bei einem Reifenschaden. Der Reifenwechsel muss dennoch möglichst schnell erfolgen.

Runderneuerte Reifen (engl. retread tire oder remould tire)

Auf abgefahrene Reifen, das heißt auf Reifen mit einer Profiltiefe unter 1,6 mm, wird in einem Fachbetrieb auf die Karkasse eine neue Lauffläche aufvulkanisiert. An 100 km/h-Bussen dürfen runderneuerte Reifen (Aufschrift „RETREAD") nur an den Achsen mit Zwillingsbereifung verwendet werden.

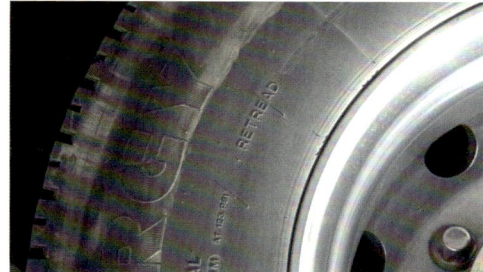

Nachschneiden des Profils

Neue Nutzfahrzeugreifen haben eine Profiltiefe bis zu 20 mm. Ist das Profil bis auf etwa 3 mm abgefahren, kann durch Nachschneiden noch ca. 4 mm zusätzliche Profiltiefe gewonnen werden. Es dürfen nur Reifen nachgeschnitten werden, die mit der Aufschrift „REGROOVABLE" gekennzeichnet sind. Das Nachschneiden darf nur von qualifizierten Fachkräften mit Spezialwerkzeugen durchgeführt werden. Auf der Lenkachse von 100 km/h-Bussen dürfen nachgeschnittene Reifen nicht verwendet werden.

FAHRWERK

4.3.3 Reifenkennzeichnungen

Zulässige Reifengrößen
Bei Fahrzeugen, die bis zum 30. September 2005 zugelassen wurden, sind Angaben über Art und Größe der Reifen im Fahrzeugbrief und im Fahrzeugschein eingetragen. Dort finden sich gegebenenfalls auch Angaben zur erlaubten Alternativbereifung. Es dürfen nur die dort angegebenen Reifen verwendet werden. In der seit 1. Oktober 2005 ausgegebenen Zulassungsbescheinigung Teil I (Fahrzeugschein) ist nur noch eine Angabe zur Bereifung enthalten, im nebenstehenden Beispiel für einen dreiachsigen Bus. In der Zulassungsbescheinigung Teil II (Fahrzeugbrief) fehlen die Angaben gänzlich. Welche Alternativbereifung erlaubt ist, lässt sich über die „Allgemeine Betriebserlaubnis" ermitteln. Auskünfte dazu können Fahrzeughersteller, Reifenhersteller, Fachwerkstätten oder autorisierte Technische Prüfstellen geben.

Kennzeichnungen am Reifen
Reifenkennzeichnungen an der Seitenwand des Reifens erfolgen nach den Normen der ECE-Regelung. Die Erklärung der Bezeichnung erfolgt am Beispiel folgender Reifengröße:

315/80 R 22,5 154/150 J TUBELESS M+S 90 PSI
- **315/80 R 22,5 = Reifengröße**
    315 = Reifenbreite in mm
    80 = Höhen-Breiten-Verhältnis,
        die Reifenhöhe beträgt 80 % der Reifenbreite
    R = Bauart des Reifens, Radialreifen (Gürtelreifen)
    22,5 = Felgendurchmesser in Zoll (1 Zoll = 25,4 mm)
    12/80 R 22,5 = Reifengröße alternativ in Zoll
- **154/150 M = Tragfähigkeitskennzahlen für Einzel- und Zwillingsbereifung**
    154 = 3750 kg bei Einzelbereifung
    150 = 3350 kg bei Zwillingsbereifung
- **M = Geschwindigkeitskennbuchstabe**
    Gibt die Einstufung in die zugelassene Geschwindigkeitskategorie an. M = 130 km/h
- **156/150 L = Alternative Tragfähigkeit bei veränderter Geschwindigkeit**
    156 = 4000 kg bei Einzelbereifung
    150 = 3350 kg bei Zwillingsbereifung
    L = 120 km/h
- **TUBELESS = Reifen ohne Schlauch**
- **Regroovable oder der umgedrehte griechische Buchstabe Omega = das Profil ist nachschneidbar**
- **M+S = Winterreifen („Matsch und Schnee")**
- **90 PSI = Reifendruckangabe (Pounds per Square Inch)**
    90 PSI ~ 6,2 bar/1 bar ~ 14,5 PSI
- **0514 = Herstellungsdatum 05. Woche im Jahr 2014**
- **FABRIKAT = Hersteller, Reifenart, Profiltyp z. B. Continental HSR 1**

FAHRWERK

TRAGFÄHIGKEITSKENNZAHLEN	TRAGFÄHIGKEIT IN KG MAX.
140	2500
141	2575
142	2650
143	2725
144	2800
145	2900
146	3000
147	3075
148	3150
149	3250
150	3350
151	3450
152	3550
153	3650
154	3750
155	3875
156	4000
157	4125
158	4250
159	4375
160	4500
161	4625
162	4750
163	4875

Tragfähigkeitskennzeichnung der Reifen

GESCHWINDIGKEITS-KENNBUCHSTABEN	ZULÄSSIGE HÖCHSTGESCHWINDIGKEITEN
F	80 km/h
G	90 km/h
J	100 km/h
K	110 km/h
L	120 km/h
M	130 km/h
N	140 km/h

Geschwindigkeitskennzeichnung der Reifen

» **INFO**

Eine höhere Tragfähigkeit bewirkt eine geringere Geschwindigkeit und umgekehrt. Höhere Tragfähigkeiten oder höhere Geschwindigkeiten als vom Fahrzeughersteller angegeben sind zulässig, niedrigere Werte sind nicht zulässig.

» **INFO**

Die Geschwindigkeitskategorie des Kennbuchstabens muss über der durch die Bauart bestimmten Höchstgeschwindigkeit des Fahrzeugs liegen.

Weitere Reifenkennzeichnungen
Zukünftig müssen Reifen auch hinsichtlich ihres Rollwiderstands (Energieeffizienz), der Griffigkeit bei Nässe und ihres Abrollgeräusches gekennzeichnet sein. Energieeffizienz und Griffigkeit werden auf einer Skala mit den Buchstaben A–G wiedergegeben. Ein grünes A kennzeichnet hier den besten und ein rotes G den schlechtesten Wert. Abrollgeräusche werden mit einer Angabe in Dezibel (dB) und einem Schallwellenpiktogramm auf dem Reifen gekennzeichnet. Reifen, die die Anforderung an ein niedriges Abrollgeräusch erfüllen, tragen schon jetzt „S" für „Sound" hinter ihrer E-Genehmigungsnummer.

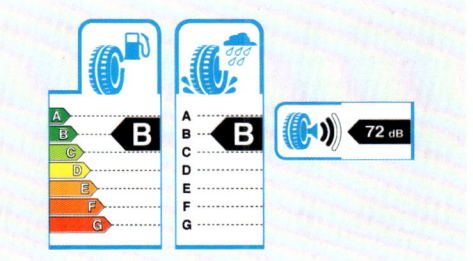

FAHRWERK

4.3.4 Überprüfung von Rädern und Reifen

Zu niedriger Reifendruck erhöht den Rollwiderstand enorm. Der Reifen wird ständig zusammengedrückt – er walkt. Die Lauffläche kann sich dadurch ablösen. Es kommt weiter zu Überhitzung, wodurch Reifenbrandgefahr entstehen kann! Außerdem nimmt die Fahrstabilität ab, der Reifenverschleiß und der Kraftstoffverbrauch nehmen zu. Auch zu hoher Reifendruck ist schädlich. Er nutzt die Reifen ungleichmäßig ab und verschlechtert die Fahreigenschaften. Das Fahrzeug federt hart, die Bodenhaftung auf schlechten Straßen und in Kurven lässt nach, die Fahrgeräusche werden lauter. Bei ungleichem Reifendruck verschlechtert sich die Straßenlage ebenfalls. Bei unterschiedlichem Druck in den Vorderrädern wird der Geradeauslauf schlechter. Das Fahrzeug zieht zur Seite des geringeren Druckes, weil dort der Rollwiderstand größer ist. Der Reifeninnendruck soll wöchentlich nach Angaben des Fahrzeugherstellers bei kalten Reifen kontrolliert werden. Bei Zwillingsreifen auch den inneren Reifen überprüfen. Zwillingsreifen müssen immer den gleichen Druck haben. Beim Reservad ebenfalls regelmäßig den Luftdruck prüfen um keine unliebsamen Überraschungen in einer ohnehin schon unangenehmen Situation zu erleben.

Bei modernen Fahrzeugen messen Sensoren an den Felgen kontinuierlich den Reifendruck und übertragen ihn per Funk über Empfänger am Fahrgestell an das Fahrerdisplay. Dort können die Werte aller Reifen abgelesen werden. Druckabfall meldet das System mit einem optischen und akustischen Warnsignal. Er muss anschließend sofort richtig gestellt werden.

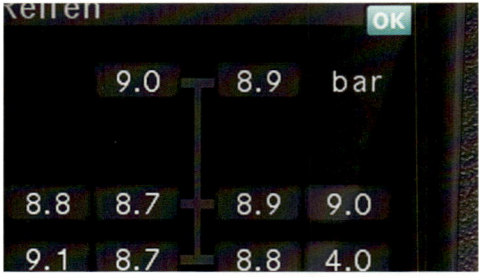

Quelle: Daimler AG

Die Profiltiefe sollte man ebenfalls regelmäßig kontrollieren. Wenn der Reifen neu ist hat er eine Profiltiefe bis zu 20 mm. Der Gesetzgeber in Deutschland und der Schweiz schreibt eine Mindestprofiltiefe von 1,6 mm vor. Die Tiefe der Hauptprofilrillen darf in der Sommer- und Winterperiode an keinem Punkt des Reifens 1,6 mm unterschreiten. Für Österreich gilt, dass die Tiefe der Hauptprofilrillen an keinem Punkt des Reifens in der Sommerperiode 2 mm unterschreiten darf. In der Winterperiode (Lkw: 01.11. bis 15.04. und Bus: 01.11. bis 15.03.) darf die Mindestprofiltiefe 5 mm für Radialreifen bzw. 6 mm für Diagonalreifen nicht unterschreiten. Sicherheitshalber sollten Reifen mit weniger als 3 mm Restprofil gewechselt werden.
Sonst lässt die Haftung nach und es besteht erhöhte Schleuder- und Aquaplaning-Gefahr. Die Brems- und Lenkfähigkeit des Fahrzeugs geht verloren. Auch die Profiltiefen von Zwillingsreifen sollten annähernd gleich sein, damit beide Reifen in etwa die gleiche Last tragen.

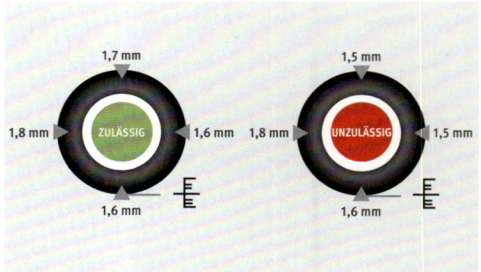

» **INFO**

Aquaplaning bedeutet: Ein „Wasserkeil" schiebt sich zwischen Straße und Lauffläche. Es können keine Kräfte (kurvenfahren, bremsen) mehr übertragen werden. Ein im Zustand des Aquaplanings abgebremstes Rad wird sich auch nach vollständigem Lösen der Bremse von alleine nicht mehr in Drehung versetzen.

FAHRWERK

In der Lauffläche sind TWI-Anzeiger (Tread Wear Indicator) einvulkanisiert. Das sind kleine Stege in den Profilrillen, die beim Erreichen der gesetzlichen Mindestprofiltiefe hervortreten, den Abnutzungsgrad anzeigen und auf einen Austausch des Reifens hinweisen.

Vor Antritt der Fahrt Räder und Reifen kontrollieren auf:
- sichtbare Beschädigungen,
- genügend Profiltiefe,
- Fremdkörper im Profil oder zwischen Zwillingsreifen,
- ausreichenden Reifendruck, auch beim Ersatzrad,
- Vorhandensein von Ventilkappen zum Schutz der Ventile gegen Verschmutzung

Hinweis: Zur Sichtkontrolle des festen Sitzes von Radmuttern haben sich Radmutterindikatoren bewährt. Besonders an den Lenkachsen sind diese optisch auffälligen und kostengünstigen „Kunststoffpfeile" nützlich. Sie werden nach dem korrekten Anzug der Radmuttern auf diese aufgeschoben. Die Pfeilspitzen müssen stets zueinander zeigen.

Beim Ersatzrad ist auch auf eine sichere Befestigung zu achten. Fällt ein Lkw-Reserverad ab, so sind schwere Unfälle oft die Folge.

Einseitig abgefahrene Reifen beeinflussen das Fahrverhalten negativ. Mögliche Ursachen:
- falsche Einstellung von Spur und Sturz,
- Schäden an der Federung,
- schadhafte Schwingungsdämpfer (Stoßdämpfer).

FAHRWERK

4.3.5 Reifenschäden

Örtlicher Abrieb in Größe der Aufstandfläche entsteht bei einer Blockierbremsung. Das Überbremsen eines Rades kann an einem Fehler in der Bremsanlage (ABS) liegen. Bremssystem überprüfen lassen!

Muldenförmige Auswaschungen
Diese Verschleißerscheinungen können auf Defekte am Fahrwerk des Fahrzeugs (zu große Lagerspiele, mangelhafte Federung/Dämpfung) zurückzuführen sein. Bei Zwillingsreifen können unterschiedliche Luftdrücke oder Durchmesserdifferenzen die Ursache sein. Schadhafte Reifen müssen sofort ausgewechselt werden, wobei auf zueinander „passende" Zwillingsreifen geachtet werden muss.

Einseitig stärkerer Abrieb
Dieses Abriebbild entsteht durch eine Zwangsführung des Reifens schräg zur Fahrtrichtung. Häufig ist eine schuppig aufgeraute Lauffläche bzw. Gratbildung an den Profilkanten festzustellen. Einseitiger Abrieb ergibt sich z. B. durch zu große Vorspurwerte oder durch schräg stehende Achsen. Eine Achsvermessung und gegebenenfalls die Korrektur der Rad- bzw. Achsstellung ist erforderlich!

Beidseitig stärkerer Schulterkantenabrieb
Derartige Abrieberscheinungen treten vorwiegend an den Reifen der Vorderachse auf. Sie werden durch hohe Querbeanspruchungen, z. B. bei schneller Kurvenfahrt, und durch zu geringen Reifendruck verursacht. Ein hoher Schwerpunkt des Aufbaus begünstigt diese Abnutzungstendenz. Zur Stabilisierung des Reifenquerschnitts ist der Reifeninnendruck dem Belastungszustand anpassen!

FAHRWERK

Aufbruch der Karkasse

Wenn sich Fremdkörper (z. B. Steine) zwischen Zwillingsreifen verklemmt haben, kann es zu starken Flankenbeschädigungen oder zum Bruch der Karkasse kommen.

Kontrollieren Sie regelmäßig den Zwischenraum der Zwillingsreifen und entfernen Sie Fremdkörper!

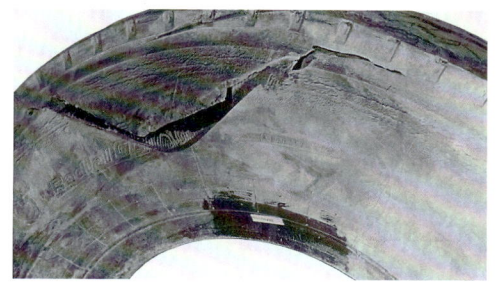

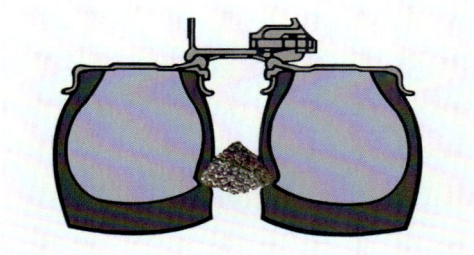

Wulstverschmorungen

Als Ursache kommt eine übermäßige Erwärmung der Bremse oder der Felge in Betracht. Ein technischer Defekt, z. B. an einer Radbremse, kann beispielsweise zu einer solchen übermäßigen Erwärmung führen. Häufig ist aber ein lang anhaltender Bremsvorgang Auslöser für die starke Erhitzung. Solche Bremsungen sollten Sie nach Möglichkeit unterlassen. Vorausschauende Fahrweise und geschickter Einsatz von Motorbremse und Retarder helfen Ihnen, eine Überbeanspruchung der Technik und daraus entstehende Stress-Situationen zu vermeiden.

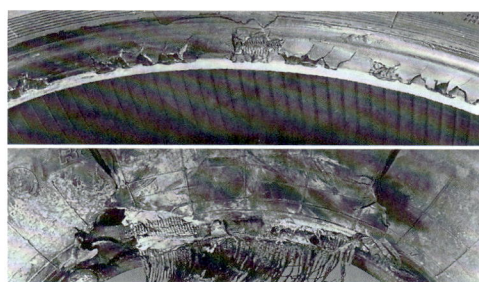

FAHRWERK

4.3.6 Radwechsel

Bei Nutzfahrzeugen ist ein Radwechsel ohne Helfer kaum durchführbar. Ist der Radwechsel dennoch nötig, richten Sie sich aus Sicherheitsgründen stets nach den Vorschriften des Herstellers. Beachten Sie das Betriebshandbuch. Muss der Radwechsel auf der Fahrbahn oder auf dem Seitenstreifen einer Autobahn durchgeführt werden, muss das Fahrzeug abgesichert werden durch:
- die Warnblinkanlage,
- das Warndreieck, das in mindestens 100 m Entfernung am rechten Fahrbahnrand aufzustellen ist,
- die Warnleuchte, die in halber Entfernung zwischen Warndreieck und Fahrzeug steht.
- Besser sind mehrere auffällige Warnleuchten (Funktion regelmäßig prüfen, Batterien!)

Bei allen Tätigkeiten müssen Fahrer und Helfer eine Warnweste tragen. Vor dem Radwechsel sollten Sie unbedingt das notwendige Werkzeug und das Ersatzrad zurechtlegen. Folgende Reihenfolge ist bei der Demontage eines defekten Rades einzuhalten:
- Fahrzeug gegen Wegrollen sichern.
- Wagenheber an der in der Betriebsanleitung festgelegten Stelle ansetzen.
- Radmuttern lösen.
- Fahrzeug anheben.
- Radmuttern herausdrehen.

Bei der Montage:
- Reserverad mit einem Montiereisen auf den Radbolzen ausrichten.
- Radmuttern leicht handfest anschrauben.
- Fahrzeug abbocken.
- Radmuttern nach Herstellerangabe mit dem vorgeschriebenen Drehmoment anziehen.
- Nach ca. 50 km Fahrstrecke die Radmuttern nachziehen.

Reifenpannen auf offener Strecke müssen zügig und sicher behoben werden. Daher sollte der Pannendienst gerufen werden. Bei einem Reifenschaden an einer Liftachse ist der Radwechsel unbedingt gemäß der Betriebsanleitung durchzuführen.

Ein Radwechsel auf der zur Straßenmitte gerichteten Seite des Fahrzeuges an einer dichtbefahrenen Straße/Autobahn ist in hohem Maß lebensgefährlich. Das gilt besonders bei Dämmerung/Dunkelheit und/oder an Abschnitten ohne Geschwindigkeitsbeschränkung. Auch eine Warnweste ist kein sicherer Schutz. Bedenken Sie dies und fordern Sie besser einen Lkw-Pannendienst an. Der kann auch wirksamere Warnmaßnahmen ergreifen.

» **INFO**

Muss zum Beispiel das rechte Vorderrad gewechselt werden, wird das linke Hinterrad durch zwei Keile, jeweils einem vor und hinter dem Rad, gesichert.

Quelle: Vergölst

FAHRWERK

4.3.7 Radabdeckungen

Radabdeckungen sollen verhindern, dass andere Verkehrsteilnehmer durch Spritzwasser in der Sicht behindert werden.
Bei Sattelzugmaschinen müssen die abgenommenen oder aufgerollten Radabdeckungen bei Fahrten ohne Auflieger wieder angebracht oder geschlossen werden.

Beider Bilder zeigen Überführungskotflügel für Fahrgestelle ab Werk, spätere Kotflügel sind im Aufbau integriert.

FAHRWERK

4.3.8 Schneeketten

Im Winterbetrieb sind Schneeketten oft unentbehrlich.
Die Haftreibung zwischen Reifen und Fahrbahn reicht nicht aus,
um bei Schnee und Eis
- Beschleunigungskräfte,
- Bremskräfte und
- Lenkkräfte

sicher zu übertragen.

Vor allem in Steigungen und Gefällen werden Schneeketten notwendig.

Schneeketten sind vorgeschrieben
Ist dieses Vorschriftzeichen aufgestellt, dürfen Fahrzeuge ohne
montierte Schneeketten diese Straße nicht befahren, auch wenn sie
mit Winterreifen ausgerüstet sind.

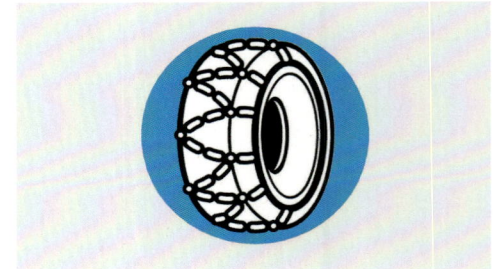

Montage der Ketten
Ketten sind nach Vorschrift des Herstellers zu montieren. Eine
„Probemontage" auf dem Betriebshof vermeidet böse Überraschungen
in Stress-Situationen.

Hinweise:
- Die Fahrgeschwindigkeit mit Schneeketten beträgt max. 50 km/h.
- Es ergibt sich ein verlängerter Bremsweg auf schnee- und eisfreier Fahrbahn.
- Die Fahrgeräusche werden erheblich lauter.

Zuschaltbare Ketten
Als Anfahrhilfe auf winterlicher Fahrbahn dienen zuschaltbare Ketten,
z. B. so genannte Schleuderketten. Diese Systeme sind jedoch kein
vollwertiger Ersatz für Schneeketten.

WIRTSCHAFTLICHES FAHREN

5. Wirtschaftliches Fahren

5.1 Einleitung

Wirtschaftliches Fahren bedeutet: Senkung der Betriebskosten bei gleichzeitiger Erhöhung der Transportleistung. Die wichtigsten Voraussetzungen für eine wirtschaftliche Fahrweise sind genaue Kenntnisse der Betriebskosten der eingesetzten Fahrzeuge.

Am System Straßengüterverkehr und Straßenpersonenverkehr sind beteiligt:

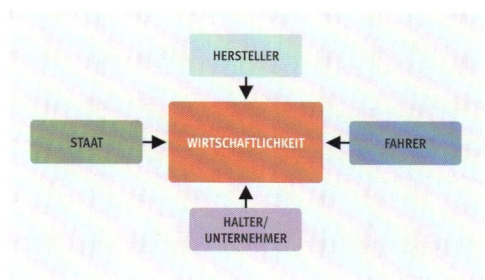

- **Der Staat (als Gesetzgeber)**
  Er nimmt Einfluss auf die Wirtschaftlichkeit durch:
  » Gesetze,
  » Steuern und Abgaben,
  » den Bau von Straßen und Parkplätzen,
  » den Bau von Infrastruktur wie Telematik und Kommunikationseinrichtungen (Mobilfunkgestützte Systeme)
  » Verbesserungen der Verkehrsführung.

- **Die Fahrzeughersteller**
  Sie nehmen Einfluss auf die Wirtschaftlichkeit durch:
  » Optimierung der Fahrzeuge,
  » Verbesserungen der Motoren, Getriebe, Achsen und Reifen.
  » Innovationen, wie z. B. Telematikdienste wie Fleetboard (Daimler), RIO (MAN).

- **Unternehmer und Halter**
  Sie nehmen Einfluss auf die Wirtschaftlichkeit durch:
  » den Einsatz geeigneter Fahrzeuge für die entsprechenden Transportaufgaben,
  » den Einsatz von geeigneten Navigations-, Telematik- und Fuhrpark-Managementsystemen,
  » Schulung und Weiterbildung des Fahrpersonals
  » Schulung und Weiterbildung der Disponenten.

- **Der Fahrer**
  Er nimmt Einfluss auf die Wirtschaftlichkeit durch:
  » energiesparende und umweltschonende Fahrweise,
  » die Wahl gut geeigneter Fahrtstrecken und Fahrzeiten,
  » frühzeitiges Erkennen eventueller Schäden am Fahrzeug,
  » das Einhalten der Service- und Inspektionsintervalle.

» **INFO**

Zum Beispiel „belohnt" der Staat zuweilen Halter von Fahrzeugen mit einer besseren Schadstoffklasse bereits vor deren obligatorischen Einführung durch eine geringere Maut.

WIRTSCHAFTLICHES FAHREN

5.2 Optimierung des Kraftstoffverbrauchs

Bei den Betriebskosten beträgt der Anteil der Kraftstoffkosten ca. 25 %. Kenntnisse über die
- Fahrzeugtechnik,
- vorausschauende Fahrweise,
- Fahrzeugbedienung,

helfen diese Kosten zu senken und die Umwelt zu entlasten.

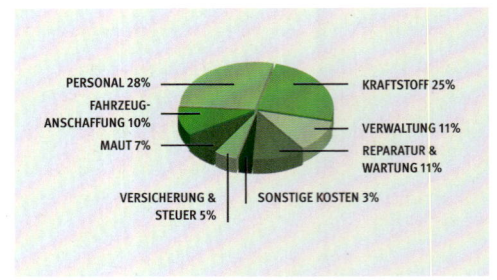

5.2.1 Kenntnisse über den Drehmomentverlauf des Motors

Der Fahrer soll die Bedeutung der Motorkennlinien praktisch umsetzen. Er erkennt, bei welcher Motordrehzahl der spezifische Kraftstoffverbrauch am geringsten und das Motordrehmoment am höchsten ist.

Beispiel zur Nutzung des Kennliniendiagramms
Erklärung der Größenachsen:
- Motordrehzahl n in 1/min (x-Achse),
- Motordrehmoment M in Nm (y-Achse rechts),
- Nutzmitteldruck p_{me} in bar (y-Achse links).

Der Nutzmitteldruck verhält sich proportional zum Drehmoment. Im gezeigten Beispiel entsprechen M = 700 Nm einem Nutzmitteldruck von p_{me} = 7,3 bar. Erklärung der gezeigten Werte:
- Spezifischer Kraftstoffverbrauch b_e in g/kWh
Die so genannten „Muschellinien" zeigen die Effizienz des Motors in der Umsetzung des Kraftstoffes. Im gezeigten Beispiel liegt der Bestpunkt bei 191 g/kWh. Mit 191 g Dieselkraftstoff kann der Motor in diesem Betriebspunkt (1320 U/min, 1250 Nm) eine Antriebsenergie von 1 kWh erzeugen.
- Leistung P in kW
Es sind Linien mit konstanter Leistung dargestellt, z. B. 100 kW. In dieser Diagrammform werden die Linien konstanter Leistung auch als Leistungshyperbel bezeichnet.

Was kann man aus dem Diagramm ablesen?
Beispiel: Wenn Sie ein Kraftfahrzeug bei konstanter Drehzahl (1600 U/min) fahren, beträgt die Motorleistung 100 kW. Im gezeigten Beispiel (Ablesepunkt P_1 – rote Linie) entspricht das einer Konstantfahrt auf der Autobahn mit 80 km/h. Der spezifische Kraftstoffverbrauch liegt dann bei 210 g/kWh.

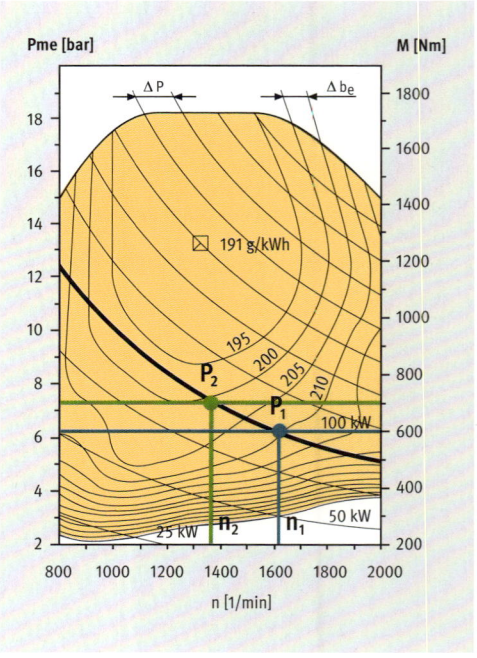

WIRTSCHAFTLICHES FAHREN

Wie errechnen Sie den Kraftstoffverbrauch in Liter auf 100 km?
Das Fahrzeug wird mit 80 km/h betrieben. Um eine Strecke von
100 km zurückzulegen, müssen Sie also 1,25 Stunden fahren.
Die Motorleistung beträgt konstant 100 kW. Wenn Sie 1,25 Stunden
mit 100 kW gefahren sind, wurde vom Motor eine Antriebsenergie von
125 kWh umgesetzt.
Der spezifische Kraftstoffverbrauch des Motors liegt bei 210 g/kWh.
Multiplizieren Sie diese Werte, erhalten Sie die Masse des auf 100 km
verbrauchten Kraftstoffs in Gramm:

$$125 \text{ kWh} \cdot 210 \text{ g/kWh} = 26250 \text{ g}$$

Um den Kraftstoffverbrauch in Liter zu ermitteln, müssen Sie die
Dichte des Kraftstoffs berücksichtigen. Die Dichte von Dieselkraftstoff
liegt bei ca. 830 g/l.

$$\frac{26250 \text{ g}}{830 \text{ g/l}} = 31,63 \text{ l}$$

Es wurden also ca. 31,6 l/100 km Dieselkraftstoff verbraucht.

Was passiert, wenn Sie in einem höheren Gang fahren?
Die Leistung ist definiert durch den Fahrwiderstand. Die Leistung
bleibt also konstant, auch wenn Sie im höheren Gang 80 km/h fahren.
Die Motordrehzahl sinkt dann aber z. B. auf 1360 U/min. Wenn Sie der
100-kW-Linie nach links bis 1360 U/min folgen, können Sie feststellen
(Ablesepunkt P_2 – grüne Linie), dass der spezifische Kraftstoffverbrauch
jetzt bei 200 g/kWh liegt.
Rechnen Sie den Kraftstoffverbrauch (wie oben) in l/100 km um,
erhalten Sie:

$$125 \text{ kWh} \cdot 200 \text{ g/kWh} = 25000 \text{ g}$$
$$\frac{25000 \text{ g}}{830 \text{ g/l}} = 30,12 \text{ l}$$

Der Motor wird also nun in einem Betriebspunkt (P_2) mit fast 5 %
niedrigerem Verbrauch betrieben. Auf 100 km werden 1,5 l weniger
Kraftstoff verbraucht.

» **INFO**

Runter mit der Drehzahl, rauf mit der Last – so lautet die
verbrauchsoptimierte Fahrphilosophie.

WIRTSCHAFTLICHES FAHREN

Kenntnisse über das Getriebe
Jede Schaltung unterbricht (außer bei verschiedenen modernen Getrieben) den Kraftfluss, das bedeutet Zeitverlust und Verschleiß.

- Gänge überspringen
  Sowohl beim Hochschalten als auch beim Zurückschalten können, wenn sinnvoll, Gänge übersprungen werden und dadurch die Anzahl von Schaltungen reduziert werden.

- Gänge splitten (teilen, engl. to split)
  An langen, gleichmäßigen Steigungen kann durch das Splitten, d. h. betätigen der Vor- oder Nachschaltgruppe, der Motor im „grünen Drehzahlbereich" gehalten werden.

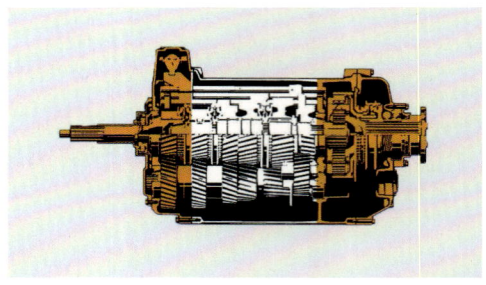

» **PRAXISTIPP**

Der Fahrer sollte unnötige Schaltvorgänge vermeiden.

» **PRAXISTIPP**

Vermeiden Sie bei synchronisierten Getrieben doppelt zu kuppeln und Zwischengas zu geben. Diese Getriebe gleichen die unterschiedlichen Drehzahlen selbsttätig an. Sie erzielen dadurch lediglich einen höheren Verbrauch und in manchen Fällen auch einen höheren Verschleiß.

Automatikgetriebe
Im normalen Fahrbetrieb ist immer die höchste Gangstufe zu wählen. Das Getriebe ist so programmiert, dass es den Motor immer im wirtschaftlichsten Drehzahlbereich hält. Bei ungünstigen Streckenverhältnissen passt das Getriebe ständig die Gangauswahl an. Durch zeitweises Beeinflussen des Getriebes mittels des Gebergerätes für manuellen Betrieb kann dieses u.U. ungünstige „Pendeln" vermieden werden. Bei Wandlerüberbrückungskupplungen ist erst nach dem Schaltstoß Vollgas zu geben. Jetzt ist die Kupplung geschlossen. Der Energieverlust durch den Schlupf der Kupplung verringert sich. Auch bei kurzen Stopps Wahlhebelstellung „N" einlegen. Zwischen dem Pumpen- und Turbinenrad der Kupplung findet auch bei Leerlauf des Motors eine kraftstoffzehrende Strömung der Flüssigkeit statt. Bei Stellung „N" ist der Kraftfluss unterbrochen.

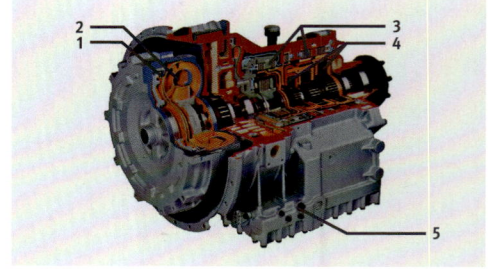

1 Wandlerüberbrückungskupplung
2 Drehmomentwandler
3 Lamellenkupplungen bzw. -bremsen
4 Planetensätze
5 Elektro-hydraulische Steuereinheit

WIRTSCHAFTLICHES FAHREN

5.2.2 Energiesparende Fahrweise

Fahren Sie nicht nach Gehör, sondern richten Sie sich nach dem Drehzahlmesser. Dort ist ein grüner Bereich markiert, der Ihnen zeigt, wann Sie optimalen, Kraftstoff sparenden Betriebsbereich des Motors unterwegs sind. Bei Volllastfahrten kann dies einer Fahrpedalstellung von über 75 % entsprechen. Bei Teillastfahrten sollten Sie mit dem höchsten möglichen Gang bei möglichst niedriger Drehzahl noch ruckelfrei fahren können.

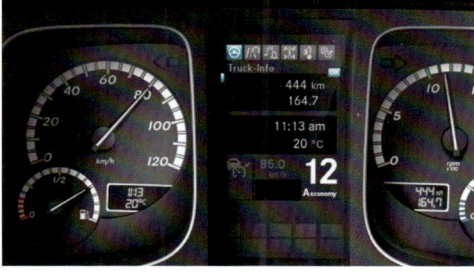

© Daimler AG

Vorausschauend fahren

Eine gleichmäßige Fahrweise ohne Geschwindigkeitsschwankungen erhöht die Durchschnittsgeschwindigkeit, und gleichzeitig sinkt der Kraftstoffverbrauch. Der Tempomat unterstützt bei einer gleichmäßigen Fahrweise. Vermeiden Sie unnötiges Anhalten. Zeigt die Ampel rot, verringern Sie rechtzeitig die Geschwindigkeit, so dass Sie möglichst ohne anzuhalten die Rotphase durch Rollen überbrücken können. Denn beim Abbremsen wird Energie abgegeben und beim Beschleunigen wird neue Energie eingesetzt.

© Daimler AG

Dauerbremsen benutzen

Setzen Sie nach Möglichkeit die verschleißfreien Bremsen wie Motorbremse und Retarder ein, bevor Sie die Betriebsbremse benutzen. Durch diese gefühlvolleren Anpassungsbremsungen vernichten Sie nicht so viel Schwung.

Schwung nutzen

Lösen Sie bei Talfahrten die Bremse rechtzeitig vor der Talsohle, und nutzen Sie den Schwung für die Fahrt bergauf.

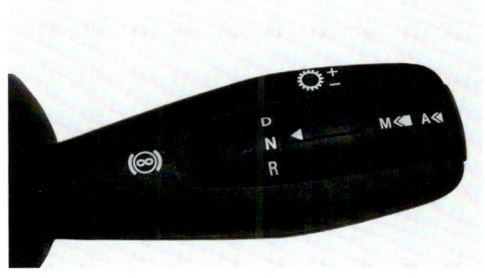

WIRTSCHAFTLICHES FAHREN

Rechtzeitig Gas wegnehmen
Bis zu 100 m vor einer Bergkuppe können Sie das Gas bereits wegnehmen. Der Schub eines schweren Kraftfahrzeugs reicht aus, um die letzten Höhenmeter zu überwinden. Etwa 500 m vor dem Verlassen der Autobahn können Sie auf das Gasgeben verzichten. Der Schub reicht bis zur Ausfahrt. Genau diese Fahrstrategien macht sich der „Vorausschauende Tempomat" (predictive cruise control) zunutze. Dank GPS-Daten „kennt" er den Straßenverlauf und die Geländebeschaffenheit und steuert entsprechend die Gaspedalstellung.

Abstand halten
Der Abstand zu einem vorausfahrenden Fahrzeug soll die Strecke betragen, die in ca. 3 Sekunden zurückgelegt wird.

$$\text{Abstand (m)} = \frac{\text{Geschwindigkeit (km/h)} \cdot 3s}{3{,}6}$$

Eine gleichmäßige Geschwindigkeit setzt immer einen entsprechenden Abstand voraus. Achtung: Nutzfahrzeuge mit > 3,5 t zul. Ges. Gewicht auf Autobahnen müssen bei einer Geschwindigkeit ab 50 km/h einen Abstand von mindestens 50 m einhalten.

Beispiel:
$$\text{Abstand (m)} = \frac{80 \text{ km/h} \cdot 3s}{3{,}6}$$
$$\text{Abstand (m)} = 67 \text{ m}$$

Zur Kontrolle: Die Leitpfosten an der Autobahn stehen in einem Abstand von 50 m.

Spurrillen nach Möglichkeit vermeiden
Bei nasser Fahrbahn sammelt sich Wasser in den Spurrillen der Fahrbahn. Darin zu fahren bedeutet einen steigenden Rollwiderstand und damit auch einen höheren Kraftstoffverbrauch.

WIRTSCHAFTLICHES FAHREN

5.2.3 Fahrzeugbedienung

In der Betriebsanleitung oder im Fahrer-Handbuch des Fahrzeugs stehen viele Hinweise auf die Besonderheiten des Fahrzeugs, die richtige Bedienung und Pflege und Wartung. Die tägliche Sicherheitskontrolle vor Antritt der Fahrt ist eine Voraussetzung für das rechtzeitige Erkennen von Störungen und Schäden.

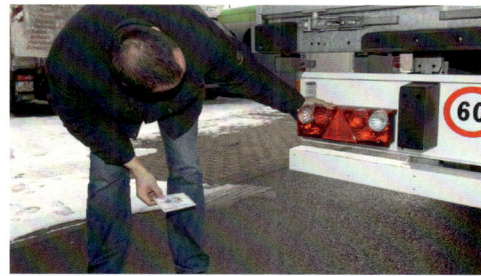

Reifendruck

Niedriger Reifendruck erhöht die Walkarbeit des Reifens. Der Reifenverschleiß erhöht sich, der Kraftstoffverbrauch nimmt zu, das Fahrverhalten des Fahrzeugs verschlechtert sich. Ein zu niedriger Reifendruck kann auch einen Reifenbrand verursachen.

Windleitflächen und Planen

Passend eingestellte Windleitkörper verringern den Kraftstoffverbrauch um bis zu 7 %. Allerdings sollten diese Dachspoiler konsequent entfernt werden, wenn eine Zugmaschine beispielsweise ständig mit einem Kippsattel, einem Tank- oder Siloauflieger betrieben wird (oder in vergleichbaren Fällen). Er ist dann wirkungslos und erhöht lediglich Gewicht und Luftwiderstand.

© Daimler AG

WIRTSCHAFTLICHES FAHREN

Die Planen am Motorwagen und Anhänger immer fest verzurren. Eine flatternde Plane erhöht den Kraftstoffverbrauch um bis zu 10 %, die Lebensdauer der Plane verringert sich, und es entsteht eine unnötige Geräuschbelastung.

Nebenbei: Drucklufthörner, Kuhfänger und Lampenbügel sehen zwar „cool" aus, haben aber einen schädlichen Einfluss auf die Fahrzeugaerodynamik. Eigentlich ist es schade, dass die guten Resultate, welche die Hersteller in umfangreichen Windkanalmessungen und mit viel Detailarbeit erreicht haben, anschließend durch solche im Grunde unnötige Anbauteile wieder vernichtet werden.

Kontrolle des Kraftstoffverbrauchs
Nach jedem Tanken sollten Sie den Kraftstoffverbrauch in Liter/100 km ausrechnen. Erhöht sich der Verbrauch um mehr als 15 %, muss die Ursache für diese Erhöhung gesucht werden.

Beispiel: Bei Antritt der Fahrt war der Tank vollgefüllt. Nach 1450 km Fahrstrecke wird erneut getankt. 390 l Kraftstoff fasst der Behälter. Wie hoch war der Durchschnittsverbrauch in l/km?

Berechnung:

$$\text{Verbrauch} = \frac{\text{getankte Kraftstoffmenge (l)} \cdot 100}{\text{gefahrene Strecke (km)}}$$

$$\text{Verbrauch} = \frac{390 \text{ l} \cdot 100}{1450 \text{ km}}$$

$$\text{Verbrauch} = 26{,}9 \text{ l}/100 \text{ km}$$

Strecke	1450	KILOMETER
Menge	390	LITER
Kosten	1,459	EUR
	BERECHNEN	
Verbrauch:	26,90 l	
Treibstoffkosten/100 km:	39,24 €	

Würde bei der nächsten Kontrollrechnung der Durchschnittsverbrauch mehr als 30 l/100 km betragen, sollten die Ursachen für den erhöhten Verbrauch ergründet werden.

Moderne Lkw und Omnibusse sind mit einem Bordcomputer ausgerüstet. Der Durchschnittsverbrauch erscheint im Display. Nutzen Sie diese Informationsquelle.

» **PRAXISTIPP**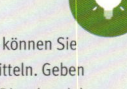

„Spritrechner" finden Sie z. B. im Internet. Hier können Sie Ihren Dieselverbrauch auf 100 km bequem ermitteln. Geben Sie die gefahrene Strecke, die getankte Menge Diesel und den Preis pro Liter in die dafür vorgesehenen Felder ein.

WIRTSCHAFTLICHES FAHREN

5.2.4 Nutzfahrzeuge und Umweltschutz

Kraftfahrzeuge belasten die Umwelt.
Die Belastungen ergeben sich aus
- dem Bedarf an Straßen und Stellflächen,
- der Erzeugung von Abgasen,
- dem Ausstoß von Partikeln,
- der Erzeugung von Feinstaub,
- der Erzeugung von Lärm beim Betrieb,
- der Entsorgung von Betriebsstoffen/Verbrauchsmaterialien
  (z. B. Reifen, verbrauchte Öle und Filter).

Schädliche Abgase
Bei der Verbrennung von Kraftstoffen in Dieselmotoren entstehen schädliche Abgase. Die EURO-Norm, eine EU-weite Emissionsrichtlinie für Straßenfahrzeuge, wurde beginnend mit EURO 0 stufenweise verschärft. Damit wurden die Schadstoffe Stickoxid und Kohlenmonoxid und die unverbrannten Kohlenwasserstoffe schrittweise reduziert. Die aktuelle Norm EURO 6 ist seit dem 1. Januar 2014 für alle Neufahrzeuge vorgeschrieben.

» **INFO**
Das Straßennetz und die Parkplätze der Bundesrepublik Deutschland umfassen eine Größe von etwa 2700 km². Das entspricht der Fläche des Saarlandes. Nicht mitgezählt sind bei dieser Angabe die vielen privaten Park- und Stellflächen.

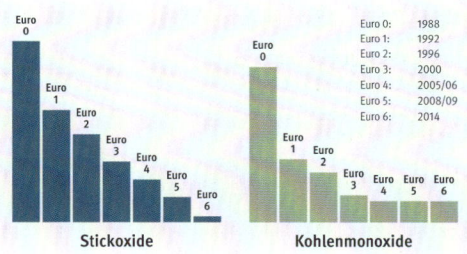

Euro 0:	1988
Euro 1:	1992
Euro 2:	1996
Euro 3:	2000
Euro 4:	2005/06
Euro 5:	2008/09
Euro 6:	2014

Feinstaub oder Schwebestaub
Rußpartikel aus dem Abgas, Reifenabrieb, Abrieb der Brems- und Kupplungsbeläge, Abrieb des Straßenbelags und Staub-aufwirbelungen belasten besonders den Verkehrsraum der Innenstädte.
Aus gesundheitlicher Sicht ist neben dem Schadstoffgehalt die Größe der Staubpartikel entscheidend. Partikel mit einem Durchmesser von mehr als 10 µm (Mikrometer: 1 µm = 0,001 mm), der so genannte Grobstaub, bleiben mehr oder weniger gut an den Schleimhäuten des Nasen-Rachenraums hängen. Kleinere und kleinste Staubpartikel (Feinstaub, ultrafeine Partikel) können über die Luftröhre und die Bronchien bis tief in die Lunge vordringen. Daher wird der Feinstaub auch als inhalierbarer bzw. als lungengängiger (alveolengängiger) Feinstaub bezeichnet.
Allgemein anerkannte Bezeichnungen für Feinstaub existieren nicht. In der Regel wird unter Feinstaub Staub mit einer Partikelgröße kleiner als 10 µm (PM10) verstanden. PM steht für die Sammelbezeichnung für Schwebstoffe (engl. **p**articulate **m**atter). Die Staubfraktion mit einer Partikelgröße von weniger als 0,1 µm wird als ultrafein bezeichnet.

WIRTSCHAFTLICHES FAHREN

In der Grafik sind die Größenbereiche verschiedener Partikel dargestellt. Abgase und Abrieb von Kraftfahrzeugen liegen im Größenbereich von 0,01 bis ca. 20 µm.

Global betrachtet stammt der Feinstaub in der Luft überwiegend aus natürlichen Quellen (z. B. Bodenerosion, Pflanzenpollen). Lokal betrachtet, z. B. in einer Stadt, ist der Feinstaub größtenteils vom Menschen verursacht (Industrie, Verkehr, Heizung).

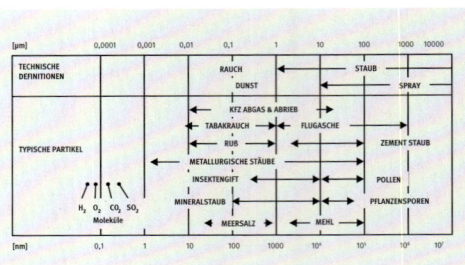

Größenbereiche verschiedener Partikel   *Quelle: Eberspächer*

Ein Beispiel für die Zusammensetzung des Feinstaubs im städtischen Bereich zeigt die Grafik, die anhand von Analysewerten von einer Straße in Berlin entstanden ist. Ein Viertel des Feinstaubs wird dort durch den lokalen Verkehr verursacht. Dieses Viertel setzt sich zusammen aus Motoremissionen (9 % Pkw und 33 % Lkw) sowie Abrieb und Aufwirbelung (30 % Pkw und 28 % Lkw).

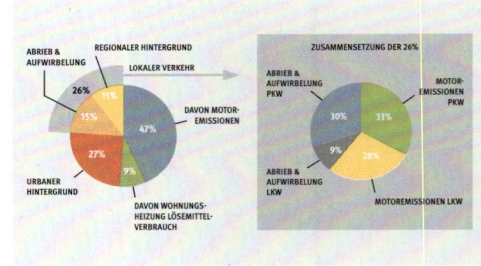

Quelle: Eberspächer

Grenzwert für den Schadstoff Feinstaub (PM10)

BEZEICHNUNG	MITTEILUNGSZEITRAUM	GRENZWERT	ZEITPUNKT, AB DEM DER GRENZWERT EINZUHALTEN IST
Grenzwert für den Schutz der menschlichen Gesundheit	24 Stunden	500 µg/m³ PM10 dürfen nicht öfter als 35 mal im Jahr überschritten werden	seit 01.01.2005 einzuhalten
Grenzwert für den Schutz der menschlichen Gesundheit	Kalenderjahr	40 µg/m³ PM10	seit 01.01.2005 einzuhalten

Grenzwert für den Schadstoff Feinstaub (PM2,5)

BEZEICHNUNG	MITTEILUNGSZEITRAUM	GRENZWERT	ZEITPUNKT, AB DEM DER GRENZWERT EINZUHALTEN IST
Grenzwert für den Schutz der menschlichen Gesundheit	Kalenderjahr	25 µg/m³ PM2,5	seit 01.01.2005 einzuhalten

Quelle: 39. Verordnung zur Durchführung des Bundes-Immissionsschutzgesetzes (BImSchG): Verordnung über Luftqualitätsstandards und Emissionshöchstmengen vom 02.08.2010 (BGBl. I S 1065)

WIRTSCHAFTLICHES FAHREN

Um diese Grenzwerte einhalten zu können, wurden mehrere Maßnahmen eingeführt:
- Einführung der Feinstaubplakette, die eine Einteilung der Fahrzeuge in Schadstoffklassen kennzeichnet. Die deutschen Kommunen dürfen in Ballungsräumen Umweltzonen einrichten, die nur von Fahrzeugen bestimmter Schadstoffklassen befahren werden dürfen.
- Subventionierung der Partikelfilter-Nachrüstung.
- Lokale Maßnahmen wie Sperrung für den Lkw-Verkehr oder Einführung von Tempolimits.

Lärmbelastung

Ständiger Verkehrslärm macht krank. Nicht nur konstruktive Maßnahmen im Fahrzeugbau wie Kapselung der Motoren, verbesserte Abgasschalldämpfer oder besondere Gummimischungen der Reifen sind notwendig, um den Verkehrslärm zu verringern. Genauso wichtig ist eine lärmarme Fahrweise zur Schonung der Umwelt. Richten Sie Ihre Geschwindigkeit nach den Gegebenheiten, besonders Innerorts und auf schlechter Fahrbahn. Auch längeres Laufenlassen des Motors beim Warten an einem Bahnübergang oder im Stau ist eine Belastung der Umwelt. Immer wieder ist zu beobachten, dass Busfahrer beim Ein- und Aussteigen der Fahrgäste und beim Hantieren mit dem Gepäck unnötig den Fahrzeugmotor laufen lassen. In dicht besiedelten Wohngebieten, in Kurgebieten sowie in der Nähe von Krankenhäusern und Seniorenwohnheimen soll die Motorbremse möglichst nicht eingesetzt werden. Defekte Abgasanlagen müssen sofort instand gesetzt werden. Regelmäßige Wartung ist die Voraussetzung für einen möglichst kraftstoffsparenden, umweltschonenden, störungsfreien und verkehrssicheren Betrieb der Nutzfahrzeuge. Einige Aufbauarten (Absetz-/Abrollmulden, Rungen, ...) können durch schlagende Ketten und klappernde Scharniere/Bügel/Klappen sehr viel unnötigen Lärm verursachen.

» **PRAXISTIPP**

Künftig ist mit weitergehenden Einfahrtbeschränkungen für nicht emissionsfreie Fahrzeuge (z. B. Nicht-Elektrofahrzeuge) in Innenstädte oder Ballungsgebiete zu rechnen. In einem aktuellen Bundesverwaltungsgerichtsurteil vom Februar 2018 können Städte, in denen die Grenzwerte für Stickoxide nicht eingehalten werden, Dieselfahrzeugen die Einfahrt verwehren.

» **PRAXISTIPP**

Im Fahrtwind knatternde Spanngurte verursachen ebenfalls eine unnötige Lärmbelästigung. Tun Sie bitte etwas für das Image unserer Branche, und vermeiden Sie diese unnötigen Belastungen.

WIRTSCHAFTLICHES FAHREN

Umweltgerechtes Entsorgen von Betriebsmitteln und Abfällen
Abfälle entstehen beim Ergänzen oder Wechseln von flüssigen Betriebsstoffen. Umweltgerecht entsorgt werden müssen:
- Kraftstoffreste,
- Motoröle,
- Hydrauliköle,
- Bremsflüssigkeit,
- Frostschutzmittel,
- Luft- und Ölfilter,
- Bremsbeläge.
- und oftmals deren Verpackungen und Gebinde.

Die oben genannten Flüssigkeiten dürfen nicht miteinander vermischt werden. Die fachgerechte Entsorgung erfolgt über autorisierte Betriebe.

Omnibusse, die im Gelegenheitsverkehr eingesetzt sind, führen zum Sammeln des anfallenden Mülls entsprechend gekennzeichnete Sammelbehälter mit. Papier, Plastikverpackungen, Blech/Aluminium und Glas werden getrennt gesammelt. Die Entsorgung erfolgt umweltgerecht auf Rastplätzen in bereitstehende Container bzw. am Ende der Fahrt auf dem Betriebshof.

Reisebusse im Gelegenheitsverkehr oder im Linienfernverkehr sind häufig mit einer Bordtoilette ausgerüstet. Eine umweltgerechte Entsorgung der Fäkalien ist nur auf einer dafür vorgesehenen Anlage auf dem Betriebshof oder auf einer gekennzeichneten Station auf Autohöfen oder Autobahnraststätten möglich. Das Ablassen der Fäkalien in die Landschaft ist verboten.

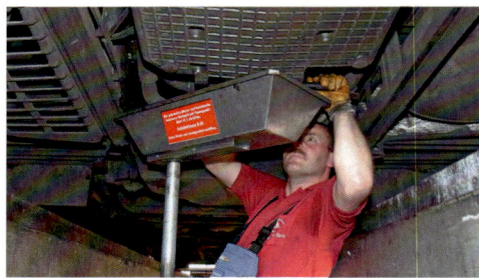

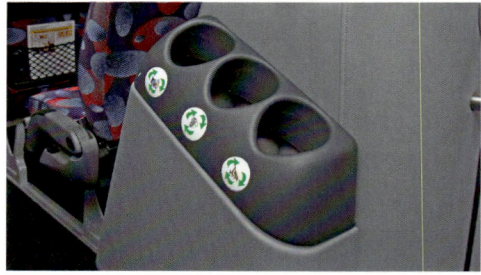

STRECKENPLANUNG

6. Streckenplanung

6.1 Straßenkarten lesen

Karten und Atlanten dienen zur Orientierung und Navigation. Sie sollen möglichst aktuell sein, damit sie den tatsächlichen Gegebenheiten entsprechen. Da immer wieder Straßen umgebaut oder neu angelegt werden, können Karten schon kurz nach der Veröffentlichung überholt sein. Eine Karte besteht aus dem Kartenbild in einem bestimmten Maßstab und der Legende. Diese erklärt die verwendeten Symbole und Zeichen und enthält ein Streckenlineal zur schnellen Entfernungsbestimmung. Spezialkarten enthalten zusätzliche Informationen. Der Maßstab gibt das Verhältnis von cm auf der Karte zu cm in der Natur an.

Spezialkarten
Für Bus- und Fernfahrer werden Spezialkarten angeboten, z. B. der „Truckeratlas". Im Detailmaßstab 1:160 000 enthalten die Karten sämtliche Informationen, um große Fahrzeuge wie Busse und Lkw sicher und schnell ans Ziel zu bringen. Verzeichnet sind zum Beispiel:
- Durchfahrtshöhen und -breiten von Unterführungen,
- Gefällstrecken,
- Verkehrsverbote,
- Brückentragfähigkeiten,
- Rasthöfe und Autohöfe.

Ein Beispiel: Der Fahrer eines 3,65 m hohen Busses muss eine Schülergruppe vom Parkplatz am Maschsee-Strandbad zum Sportplatz an der Brückstraße fahren.
Anhand der Karte erkennt er, dass die Unterführung des Südschnellweges mit 3,50 m zu niedrig ist. Er muss also folgende Strecke fahren:
Riepestraße – Hildesheimer Straße – Abelmannstraße – Brückstraße.

MASSSTAB	TATSÄCHLICHE ENTFERNUNG	
1 : 20.000	1 cm =	20.000 cm = 200 m
1 : 50.000	1 cm =	50.000 cm = 500 m
1 : 100.000	1 cm =	100.000 cm = 1 km
1 : 150.000	1 cm =	150.000 cm = 1,5 km
1 : 300.000	1 cm =	300.000 cm = 3 km
1 : 1.000.000	1 cm =	1.000.000 cm = 10 km
1 : 3.000.000	1 cm =	3.000.000 cm = 30 km

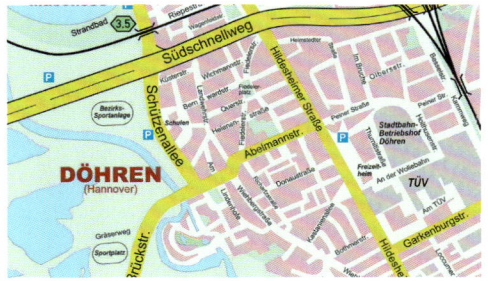

STRECKENPLANUNG

Der Maßstab entscheidet über die Aussagekraft und den Verwendungszweck einer Karte:

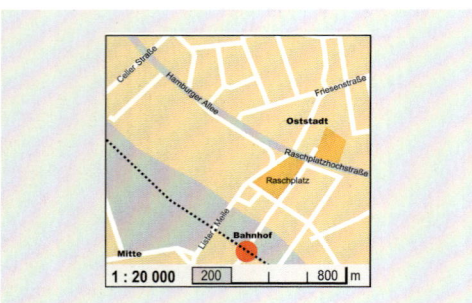

Stadtplan
Maßstab 1 : 20 000

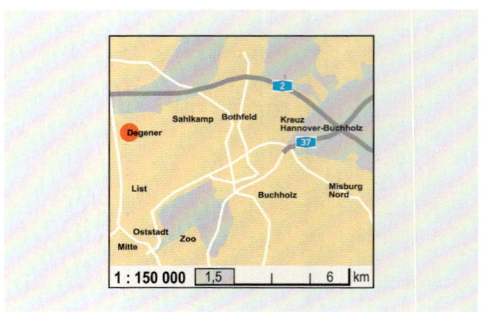

Umgebungskarte
Maßstab 1 : 150 000

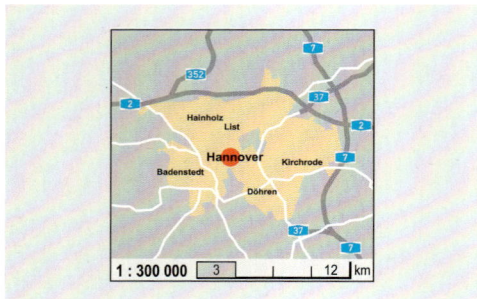

Straßenkarte
Maßstab 1 : 300 000

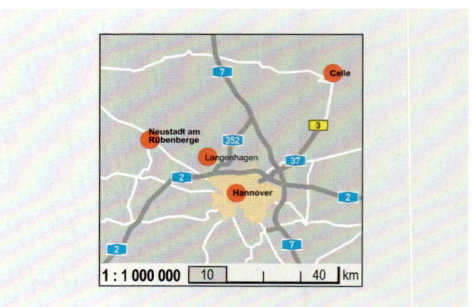

Reisekarte
Maßstab 1 : 1 000 000

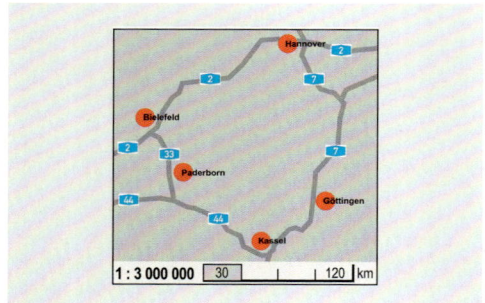

Planungskarte
Maßstab 1 : 3 000 000

» **INFO**

Die Autobahnen in Deutschland sind nach einem System nummeriert. Alle Nord-Süd-Autobahnen führen ungerade Zahlen. Ost-West-Autobahnen führen gerade Zahlen. Regionale Autobahnen führen zwei- und dreistellige Zahlen. Bedarfsumleitungen in nördlicher oder östlicher Richtung führen ungerade Zahlen, südliche und westliche Umleitungen werden mit geraden Zahlen bezeichnet.

STRECKENPLANUNG

Beispiele für die Berechnung von Maßstäben und Strecken

1. Die Strecke Ehingen–Ulm beträgt S_N = 26 km.
   Auf der Karte wird ein Abstand von S_k = 7,4 cm gemessen.
   Welchen Maßstab M hat diese Karte?

   $$M = \frac{S_N \cdot 100.000}{S_K}$$

   $$M = \frac{26 \text{ km} \cdot 100.000}{7,4 \text{ km}}$$

   M = 350.000

   M = Maßstab
   S_t = tatsächliche Strecke
   S_k = Strecke auf Karte

   Die Karte hat den Maßstab 1:350 000.

2. In einer Straßenkarte mit dem Maßstab M = 1:300 000 erscheint eine bestimmte Strecke S_k = 5,2 cm lang. Wie lang ist die tatsächliche Strecke S_N in Kilometern? Berechnung:

   $$S_N = \frac{M \cdot S_K}{100.000}$$

   $$S_N = \frac{300000 \cdot 5,2}{100.000}$$

   S_N = 15,6 km

   Die tatsächliche Strecke S_N beträgt 15,6 km.

3. Ein Unternehmer plant eine Tour mit drei Abladestellen. Die dazu benutzte Karte hat den Maßstab M = 1:450 000. Die Teilstücke auf der Straßenkarte betragen:

   S_N = 1,4 + 4,3 + 2,7 + 9,4 + 2,1 cm
   S_N = 19,9 cm
   M = 1 : 450.000

   $$S_N = \frac{M \cdot S_K}{100.000}$$

   $$S_N = \frac{450.000 \cdot 19,9 \text{ cm}}{100.000}$$

   S_N = 89,6 km

   Die gesamte Tour hat eine Länge von 89,6 km.

4. In einer Straßenkarte mit dem Maßstab M = 1:250 000 ist die Strecke von Flensburg bis Schleswig-Schuby mit S_N = 24 km angegeben. Welcher Strecke S_k in cm entspricht das auf der Straßenkarte? Berechnung:

   $$S_K = \frac{S_N \cdot 100.000}{M}$$

   $$S_K = \frac{24 \text{ km} \cdot 100.000}{250.000}$$

   S_K = 9,6 km

   Auf der Straßenkarte entspricht die Strecke 9,6 cm.

STRECKENPLANUNG

6.2 Fahrtplanung – Streckenplanung – Zeitplanung

Bei der Fahrtplanung sind zu berücksichtigen:
- Ort und Zeit der Abfahrt,
- Anzahl der Fahrgäste (KOM),
- gewünschte Fahrtroute (KOM),
- Be- und Entladestellen (Lkw),
- geeignete Parkplätze, Autohöfe,
- geeignete Tankstellen,
- Zielort.

Bei der Streckenplanung sind folgende Überlegungen einzubeziehen:
- Informationen über besondere Beschränkungen für Lkw und Bus, z. B. Gefällstrecken,
- eingeschränkte Durchfahrtshöhen,
- Ausweichstrecken für bekannte Baustellen,
- Ausweichstrecken für bekannte Staustrecken,
- Umgehungsstrecken für Städte und größere Orte,
- unterschiedliche Feiertagsregelung in den einzelnen Bundesländern.

Bei der Zeitplanung sind folgende Faktoren zu berücksichtigen:
- Durchschnittsgeschwindigkeit der Fahrzeuge,
- Lenk- und Ruhezeiten,
- Zeitverlust durch Stau oder Umleitungen,
- Zeitverlust bei mehreren Zusteigestellen (KOM),
- Zeitverlust bei mehreren Be- und Entladestationen (Lkw).

Beispiel: Ein Fahrer erhält den Auftrag, acht Paletten Papier von einem Lagerort im Nordwesten Hannovers nach Unterbach zu transportieren. Die Entladestation liegt im Südosten der Ortschaft Unterbach an der Erkrather Straße. Die Ladung soll dort um ca. 13:30 Uhr ankommen.

» **PRAXISTIPP**

Mit Hilfe der Planungskarte und der Umgebungskarte lässt sich ein Routenplan („Spickzettel") anfertigen. Dort können alle für die Tour wichtigen Fahrtrichtungen, die Nummern der Bundesstraßen und Autobahnen, die Autobahnanschlussstellen, -knotenpunkte und -ausfahrten sowie wichtige Kreuzungen vermerkt werden. Es empfiehlt sich, den Zeitbedarf für die Strecke einschließlich der Pausen mit einzuarbeiten.

FAHRAUFTRAG HANNOVER – UNTERBACH

Streckenpunkte	Straße	Richtung	Zeit	km
Hannover Stöcken	B6	A2	ab 9:00	
AS Hannover Herrenhausen	A2	Dortmund		
Raststätte Gütersloh			an ca. 11:00	130
PAUSE			ab 11:15	
AK Kamener Kreuz	A1	Köln		
AK Wuppertal-Nord	A46	Düsseldorf		
gleich hinter AK Hilden:				
Ausfahrt Düsseldorf/Erkrath	Erkrather Straße	Unterbach	an ca. 13:30	270

STRECKENPLANUNG

Routenplaner

Überwiegend werden Computerprogramme zur Streckenplanung verwendet. Elektronische Routenplaner werden zum größten Teil im Internet von verschiedenen Anbietern zur Verfügung gestellt bzw. werden bereits auf Smartphones verwendet. Durch Angabe der Abfahrtszeit und der Fahrzeugart bzw. der Durchschnittsgeschwindigkeiten auf Autobahnen, Landstraßen und in Ortschaften lässt sich der Zeitbedarf berechnen. Wünsche hinsichtlich der schnellsten Strecke, der kürzesten Entfernung, der Benutzung von Autobahnen oder Mautstraßen werden ebenfalls berücksichtigt.

Der Routenplaner erstellt eine schriftliche oder grafische Wegbeschreibung zwischen einem Start- und einem Zielort. Es können auch Orte dazwischen („via") in die Streckenführung eingeplant werden. Komfortable Vollsysteme, wie sie beim so genannten Fleet-Management verwendet werden, können darüber hinaus Streckenverbote, Straßensperrungen und voraussichtliche Fahrtunterbrechungen in die Planung mit einbeziehen.

Elektronische Navigationssysteme sind „intelligente Beifahrer", die den Fahrer mittels Satellitennavigation (**GPS** = **G**lobal **P**ositionen **S**ystem) und einer speziellen Navigationssoftware auf CD, DVD oder SSD-Karten direkt zur eingegebenen Zieladresse lotsen. Diese Systeme verarbeiten auch Staumeldungen und empfehlen Ausweichrouten. Da zuweilen auch die aktuellen Bewegungsdaten von Mobiltelefonen anderer Verkehrsteilnehmer genutzt werden, bilden die angezeigten Abschnitte mit Stau und stockendem Verkehr vielfach die Realität ab. Für die Navigation kann zwischen einer Routenkarte in verschiedenen Maßstäben und der Information per Richtungspfeil gewählt werden. Wahlweise erfolgt eine Unterstützung durch Sprachhinweise. Die aktuelle Fahrzeugposition wird auf 10m genau durch Wegstreckensensoren und Satellitensignale ermittelt.
Die Informationen werden auf Straßenkarten projiziert, die auf der Navigationssoftware gespeichert sind. Ähnlich wie Straßenkarten muss die Software mit dem tatsächlichen Straßennetz übereinstimmen und regelmäßig aktualisiert werden.

Vorteile eines Navigationssystems:
– kein Suchen nach Strecken,
– Auswahl und schnelle Prüfung alternativer Routen
– kein Blättern in Karten und Atlanten,
– geringe Ablenkung, entspanntes Fahren,
– laufende Anpassung der Ankunftszeit
– zielgenaues Ankommen.

Sicherheitstipps:
– Geben Sie das Ziel nur bei stehendem Fahrzeug ein.
– Bedienen Sie das Gerät nur, wenn die Verkehrslage es zulässt.
– Ignorieren Sie verkehrswidrige und unsinnige Anweisungen.

» **PRAXISTIPP**

Die Verantwortung liegt immer bei Ihnen – nicht beim System!
Die Fahrgäste erwarten bei Fehlern oder Ausfall des Systems, dass Sie die Reise trotzdem korrekt durchführen. Darauf sollten Sie beispielsweise durch das Mitführen von aktuellem Kartenmaterial vorbereitet sein.

SCHLUSSWORT

Bemerkungen zu Sattelzug- und Lastzugkombinationen

Unter den „gezogenen Einheiten" ist der Sattelanhänger oder (Sattel-)Auflieger (engl. semi trailer, trailer) am häufigsten anzutreffen. Da er mit dem Zugfahrzeug mittels des Königszapfens nur ein Gelenk bildet (der Deichselanhänger eines Gliederzugs hat je ein Gelenk durch den Drehschemel und mit der Anhängerkupplung) ist er bei Rückwärtsfahrt leichter zu steuern. Nicht zuletzt die Schäden, die durch Unfälle beim Rückwärtsfahren mit Gliederzügen entstehen können, waren für viele Speditionen seit den 80er-Jahren der Grund, vermehrt auf Sattelzüge zu setzen.

Dazu sind als weitere Vorteile zu nennen:
- Die komplette Ladung ist schneller auf und abgeladen. Der Fahrer eines Lastzugs hingegen muss seinen Solo-Lkw (Maschinenwagen) vom Anhänger abkuppeln und getrennt davon abstellen.
- Soll diese Flexibilität auch bei einem Lastzug erreicht werden, müssen sogenannte „Wechselbrücken" genutzt werden, also Systeme, bei denen auch der Lastzug seine Ladefläche ohne fremde Hilfe abstellen und eine andere aufnehmen kann. Aber diese Wechselbrückenfahrzeuge haben gegenüber Fahrzeugen mit festen Aufbauten ein signifikant höheres Leergewicht, was deren Nutzlast vermindert. Weiter benötigen sie sehr geübte Fahrer.
- Fällt das Solo-Fahrzeug wegen eines technischen Defektes aus, kann auch die Fracht in dessen Laderaum nicht weiter befördert werden. Eine defekte Sattelzugmaschine kann jedoch abgeschleppt werden. Der Auflieger wird dann von einer anderen Zugmaschine übernommen.
- Um eine Ladung komplett zu be- oder entladen, sind zwei Rampenanfahrten mit entsprechenden Zeitaufwand erforderlich. Eine Ausnahme ergibt sich bei gegebener Durchlademöglichkeit, wenn eine Tür vorne am Anhänger und eine Klappbrücke zwischen den Einheiten vorhanden sind.
- Anhänger müssen zeitweise unbeaufsichtigt abgestellt werden.

Dem gegenüber stehen die Vorteile des Gliederzuges:
- Bessere Wendigkeit der Kombination. Möglichkeit der Ladungsbewegung nur mit Solo-Lkw oder „Überkopf-Rangieren" des Anhängers mit dem Koppelmaul am Motorwagen wenn die Verhältnisse sehr eng sind.
- Die Ladefläche von 15,65 m ist beim Lastzug um 2,03 m länger als beim Sattelzug. Die Ladefläche wird allerdings zwischen dem Heck des Lkws und der Front des Anhängers unterbrochen. Dadurch kann ein EURO-Lastzug bis zu fünf Europaletten mehr Fracht laden als ein EURO-Sattelzug mit seiner Ladeflächenlänge von 13,6 m.
- Es ist ein Einsatz von Wechselbrücken bzw. -behältern mit Stützbeinen zum eigenständigen Aufnehmen und Tauschen durch den Fahrer möglich. Dadurch wird keine Rampe zum Umladen benötigt und der Begegnungsverkehr begünstigt.

Beim Sattelauflieger gibt es folgende hauptsächliche Ausführungsvarianten:
- Containerchassis: Nimmt einen oder mehrere ISO-Container über „Twistlock"- Verriegelungen auf.
- Plateau (Flatbed): Auflieger-Plattform ohne Wände zum Verzurren der Ladung (oft Baumaschinen und großes Stückgut).
- Sattelkoffer: Geschlossener Kofferaufbau. Guter Wetterschutz, hohe Diebstahlsicherheit.
- Tautliner: Aufbau mit Schiebeplanen.
- Schiebe-/Schubbodenaufbau (engl.: walking floor): Feste Güter und Schüttgut (z. B. Pellets) werden im Auflieger hydraulisch bewegt oder abgeladen.
- Tankauflieger/Siloauflieger: Für flüssige Güter oder bestimmtes Schüttgut (Mehl, Gips, Pellets, Chemikalien, ...).
- Muldenkipperauflieger/Kippsattel: Kippbare Mulde für beispielsweise Aushub, Fels oder Kies.
- Megatrailer: Die lichte Innenhöhe beträgt 3 m (drei Gitterboxen). Gezogen von „Low-Liner"-Zugmaschinen ergibt diese Kombination einen „Jumbo-Lkw".
- Edscha-Aufbau: Planenwände und Dach werden miteinander nach hinten geschoben. Eine Kranbeladung von oben (z. B. für Coils) ist einfach möglich.
- Kühlgutauflieger: Isolierter Thermokoffer. Darf wg. der zusätzlichen Isolierung 2,6 m breit sein.
- Innenlader: Auflieger mit Einzelradaufhängung. Da er ohne Starrachsen auskommt, kann die Ladehöhe zwischen den Rädern maximiert werden.

Auch die Sattelanhänger „gehen mit der Zeit" was sich insbesondere durch folgende z. T. in der Entwicklung befindliche aber auch schon erhältliche Innovationen zeigen:
- Aerodynamische Seitenverkleidungen und geschwindigkeitsabhängig gesteuerte Endkantenklappen.
- „Teardrop"-Auflieger in windschlüpfiger Tropfenform (vor allem in England anzutreffen, da in Deutschland für diese Fahrzeuge die lichte Brückenhöhe nicht ausreicht).
- Gelenkte Achsen und elektronische Balgdruckregelsysteme.
- Schnellöffnungssysteme (z. B. Easytarp der Fa. Krone) durch wesentlich weniger Verschlüsse für die Plane, teilweise pneumatisch betätigt.
- Ausgeklügelte Multitemperaturaufbauten für die Kühllogistik.
- Telematik-Systeme, wie z. B. Ladegut- und Temperaturüberwachung.
- Branchenspezifische Trailerkonzepte wie z. B. „Coil-Liner" und „Paper-Liner".

SCHLUSSWORT

Hinweise zur Ladungssicherung
Verkehrssicherheit und Ladungssicherung gehören untrennbar zusammen. Die Ladungssicherung kann jedoch nur dann korrekt ausgeführt werden, wenn das notwendige Wissen um die physikalischen Kräfte, die Zurrmittel, die Arten der Ladungssicherung und die rechtlichen Bestimmungen vorhanden sind. Verantwortlich für die Ladungssicherung sind Fahrer, Verlader, Fahrzeughalter aber auch Absender und Frachtführer. Jedoch Sie als Fahrer führen üblicherweise die Maßnahmen zur Ladungssicherung durch und sind auch bei Unfällen der erste Ansprechpartner der Polizei oder anderer Kontrollorgane. In der StVO werden die Einzelheiten unter den §§ 22 und 23 allgemein geregelt. Entsprechend weiterer Gerichtsurteile ist der Fahrer auch verpflichtet:
- Sich ständig über die in der Praxis anerkannten Ladungssicherungs-maßnahmen zu informieren.
- Die Ladungssicherung und Lastverteilung vor Antritt der Fahrt zu kontrollieren.
- Die Ladungssicherungsmaßnahmen während des Transportes zu kontrollieren und ggf. nachzubessern.
- Sein Fahrverhalten auf die Ladungssituation einzurichten.

Vom Grundsatz her gibt es drei Arten um eine Ladung zu sichern:
- Formschlüssige Ladungssicherung, z. B. lückenloses Verstauen, Sperrstangen, Netze, Keile.
- Kraftschlüssige Ladungssicherung, z. B. niederzurren auf Antirutschmatten – Reibung.
- Die Kombination beider Verfahren.

Da es zum weiten Feld der Ladungssicherung entsprechende Literatur und vielfältige Seminarangebote gibt, soll das Thema hier zunächst abgeschlossen werden. Ein Hinweis noch: Der Besen ist ein wichtiges Hilfsmittel zur Ladungssicherung. Nur auf einer sauberen Ladefläche können die auf Reibung basierenden Sicherungsmaßnahmen auch effektiv wirken.

Gefahren im Winter
Eis ist nicht nur auf der Straße gefährlich, sondern auch auf dem Anhänger/Aufbau. Während der Fahrt herabgleitende Eisplatten haben schon schwere Unfälle verursacht. Leider ist es für den Fahrer sehr schwer, ohne Hilfsmittel diese Gefahr vor Fahrtantritt zu bannen. Um nicht gravierende Haftungsprobleme zu bekommen – denn als Fahrer sind Sie hier in der Verantwortung – nutzen Sie die Galerien, die auf dem Speditionshof, vor Tunneleinfahren oder manchen Autohöfen bereitstehen, um das gebildete Eis zu entfernen. Es gibt auch sinnreiche Systeme auf dem Markt, die bei Planenaufbauten stehender Fahrzeuge durch einen aufblasbaren Schlauch eine Art Satteldach erzeugen, so dass sich erst gar kein Eis bilden kann.

Gesund im Beruf
Der Beruf des Kraftfahrers ist aus gesundheitlicher Sicht nicht unproblematisch. Es sind hier folgende belastende Faktoren zu nennen:
- Bewegungsmangel
- Rückenprobleme
- Einseitige und ungesunde Ernährung
- Schlafmangel
- Vereinsamung
- Belastende Lebenssituationen in Partnerschaft/Familie durch häufige Abwesenheit
- Blutdrucksteigernde Stresssituationen z. B. in langen Staus und durch Termindruck
- Unfallgefahr bei „Kletteraktionen" auf Fahrzeug und Anhänger

Während einige Aspekte leider „zum Job gehören", haben Sie als Fahrer die Themen Ernährung, erholsame Pausengestaltung und Bewegung selbst in der Hand. Ein Expander oder ein elastisches Thera-Band in der Kabine, ein Fahrrad im Anhänger, ein paar Fitnessübungen, gesunde und vielseitige Kost sowie geistig anspruchsvollere Medien zu Entspannung können viel bewirken. Auch ein lässiges Abspringen von Fahrerhaus anstatt bieder die Trittstufen zu benutzen hat schon manche schmerzhafte Knöchelverstauchung bewirkt. Denken Sie an Ihre Gesundheit und körperliche Leistungsfähigkeit.

Noch ein Hinweis zum Thema „medizinische Unterwegsversorgung". Die segensreiche Einrichtung „docstop" können auch Sie nutzen. Informieren Sie sich bei www.docstoponline.eu.

Rücklicht: Das Nutzfahrzeug in der öffentlichen Wahrnehmung
Am Ende dieses Bandes sind Sie liebe Leserin, lieber Leser, mit umfangreichem Wissen nun gut für Ihren verantwortungsvollen Beruf gerüstet. Gestatten Sie mir bitte noch zum Abschluss ein paar Anmerkungen zur Wahrnehmung der Nutzfahrzeuge in der Öffentlichkeit. Leider ist es so, dass dem Lastwagen auf der Straße nicht sonderlich viel Sympathie entgegengebracht wird. Und das, obwohl gerade der individuelle Güterverkehr unser modernes und komfortables Leben erst ermöglicht. Grund dafür sind vor allem Vorurteile, die schon seit Langem nicht mehr gelten:
- „Stinker" > mit moderner Abgasnachbehandlung gehört der Lkw zu den schadstoffärmsten Fahrzeugen
- „Dieselschlucker" > moderne Lastwagen sind so effizient, dass im maßstäblichen Vergleich ein Mittelklasse-Pkw nur ca. 1,4 l Kraftstoff/100km verbrauchen würde
- „Lkw sind ja so schwer, bremsen schlecht und verursachen schlimme Unfälle" > mit seiner leistungsfähigen Bremsanlage verzögert ein 40t-Zug so gut wie ein Personenwagen. Weiter sind äußerst wirkungsvolle Sicherheits- und Assistenzsysteme vom Gesetzgeber teilweise vorgeschrieben oder lieferbar (ABS, Stabilitätsregelung, Spurassistent, adaptiver Tempomat, Notbremssystem, Abbiegeassistent ...)

SCHLUSSWORT

- „Lkw machen die Straße kaputt" › Moderne luftgefederte Fahrwerke sind viel straßenschonender als früher. Aber eine Straße ist nun mal auch ein „Verbrauchsgegenstand" der nicht ewig hält
- „Lkw verursachen lange Staus" › Der Lastwagen gehört zu den zuverlässigsten Fahrzeugen. Wenn er häufig liegen bleiben würde, käme der Warenterminverkehr in große Bedrängnis. Bereits bei der Entwicklung der Fahrzeuge hat deren höchste Verfügbarkeit absolute Priorität
- „Immer diese Elefantenrennen" ...

... dieser letzte Kritikpunkt ist leider berechtigt und verärgert die anderen Verkehrsteilnehmer in besonderem Maß. Hier haben Sie es in der Hand, die Wahrnehmung unseres Berufsstandes positiv zu beeinflussen. Daher mein persönlicher Appell: Sie sind der Stärkere – denken Sie mit und nehmen Sie Rücksicht auf Ihr Verkehrsumfeld. Sie bekommen es gedankt und fahren auch selbst entspannter.

Besuchen Sie bei Interesse im Internet Timocom mit ihrem Motto „Hand in Hand durchs Land". Aus dieser Quelle möchte ich abschließend zitieren:

Behandele andere genauso, wie du selbst behandelt werden möchtest!
Nur wer sich anderen gegenüber zuvorkommend und rücksichtsvoll verhält, kann das auch vom anderen umgekehrt erwarten. Dabei kann es eine sinnvolle „Investition" sein, selbst mal in Vorlage zu treten, also beispielsweise jemanden vor- oder vorbeizulassen, von dem man vermutet, dass er oder sie es umgekehrt nicht täte. Erstens muss diese Vermutung ja gar nicht stimmen und zweitens gilt auch hier: Vorbildliches Verhalten wird abgeguckt und führt langfristig zum Umdenken.

Hand in Hand - Mit anderen Verkehrsteilnehmern:
Profi sein heißt auch, mit den Unzulänglichkeiten anderer rechnen! Die Fahrerin oder der Fahrer im Pkw vor Dir könnte Fahranfänger sein. Es könnte auch jemand sein, dem Du mit Deinem großen Fahrzeug Angst einjagst, jemand mit schlechter Laune, ohne Ortskenntnisse, mit wenig Erfahrung, in hohem Alter, mit Liebeskummer oder wer auch immer. Natürlich sollten die alle aufpassen im Straßenverkehr, aber Du als Profi kannst auch ein wenig mit für die anderen aufpassen und deren mögliche Fahrfehler gleich mit einkalkulieren.

Hand in Hand - Mit anderen Lkw-Fahrern:
Auch unter uns Lkw-Fahrern gibt es nicht nur gute, sondern auch schlechte Fahrer – beispielsweise die Cowboys und die Hektiker. Wenn Dich so einer mal mit einem Stundenkilometer mehr auf der Uhr ewig lang überholt, dann sei Du doch der Klügere, der nachgibt. Stelle einfach dein Tempomat für ein paar Sekunden etwas runter und das Problem ist für alle zufriedenstellend gelöst. Erziehen kannst Du den armen Rüpel in den wenigen Sekunden sowieso nicht – es ist sinnlos und obendrein gefährlich.

Hand in Hand durchs Land:
Wir Lkw-Fahrer haben leider ein schlechtes Image. Das liegt zum Teil an Dingen, die wir nicht zu verantworten haben. Aber wir können unseren Teil dafür beitragen: Es liegt an uns, den toten Winkel zu beachten, nur dann zu überholen, wenn man eindeutig schneller ist, ausreichend Abstand zu halten, rechtzeitig den Blinker zu setzen und jederzeit zu bedenken, dass Du jemandem Angst machen könntest, wenn Du ihr/ihm zu nahe kommst. Es ist Deine Aufgabe, jederzeit den Überblick zu behalten. Das kannst Du jedoch nur, wenn Du Deine Scheiben nicht zuhängst mit unnötigen Dingen wie Troddeln, Wimpel, Namensschilder, Plüschtiere usw. Die Einhaltung der Bestimmungen zu Ladungssicherung, Lenk- und Ruhezeiten, Fahrverboten und Höchstgewichten dient der Sicherheit aller und damit auch unserem persönlichen Schutz. Keine Ladung und kein Zeitgewinn können so wichtig sein, dass man gegen diese Bestimmungen verstößt und Leben und Gesundheit aufs Spiel setzt. Wenn alle Verkehrsteilnehmer aufeinander Rücksicht nehmen und sich partnerschaftlich verhalten, kommen wir alle schneller, sicherer und entspannter an unser jeweiliges Ziel. Hand in Hand durchs Land!

Hier beende ich das Zitat und wünsche Ihnen viel Erfolg bei Ihrer weiteren Ausbildung und allzeit gute Fahrt.

Herzlichst Ihr
Jochen Seifert

SCHLAGWORTVERZEICHNIS

Abgasanlage 25, 41
Abgase 17, 27, 33, 51, 115
Abgasnachbehandlung 27, 35, 41, 42, 48, 50,
.... 56, 59, 60, 63, 125
Abgasrückführung (AGR) 33, 59, 60, 63
Abrieb 38, 102, 115, 116
Absorptionsdämpfer 41
Achsantrieb 15, 40, 64, 76, 77
Achsstellungen 85
AdBlueR 14, 17, 27, 41, 53, 56-61
Alternative Kraftstoffe 49
Antriebskombinationen 64
Antriebskonzeptionen 64
API-Spezifikation 39, 40
Auslassventile 24, 27
Auspuffkrümmer 41
Automatikgetriebe 15, 66, 76, 110
Bio-Diesel 49, 50
Blattfedern 83, 87
BlueTecR/SCR Diesel Technology 60
Boxermotor 23
Brennstoffzellenantrieb 44
Common-Rail-System 31
Dämpfung 87, 90, 91, 201
Diagonalreifen 96, 100
Diesel-Kraftstoffe 48
Dieselmotor 16-21, 25, 26, 29, 31, 39, 43-52, 115
Drehmoment (M) 11, 14, 15, 16, 17, 20, 25, 33,
.... 40, 46, 47, 53, 57, 65, 68, 79, 104, 108
Drehmomentverlauf 16, 18, 20, 108
Ecosplit 73
Einlassventil 24, 25
Einspritzpumpen 29
Einzelradaufhängungen 83
Elektro-pneumatische Schaltung 74
energiesparende Fahrweise 111
Erdgas 10, 50, 59, 74
Erdgasmotor 43, 50
Euro VI 57
Fahrtplanung 122
Fahrwerk 18, 80, 89, 102, 126
Fahrzeugbedienung 108, 113
Federung 13, 87, 89, 101, 102
Feinstaub 55, 84, 115, 116, 117
Kipphebel 24
Gelenkwelle 15, 64, 76, 79
Getriebe 11, 15, 24, 27, 64-70, 79, 92, 107, 110
Getriebebauarten 67, 70
Gitterrahmen 81
Hilfskraftlenkung 92
Hubraum 17, 18, 19, 33

Hybridantrieb 44, 45
Hydraulikflüssigkeit 93
Hydrostatische Getriebeschaltung (HGS) 73, 74
Indirekte Einspritzung 26
Kaltstarthilfe 26
Karkasse 96, 97, 103
Katalysator 11, 48, 50, 57, 59, 60
Kolben 16, 18-25, 29, 31, 38, 39, 59, 92
Kontrollinstrumente 40
Kraftstoffanlage 28, 32
Kraftstoffverbrauch 9, 19, 11, 14, 18, 34, 35, 42, 45,
.... 46, 47, 51, 96, 108, 109, 111-114
Kraftstoff-Verbrauchskennfeld 47
Kupplung 15, 36, 65, 66, 67, 71, 72,
.... 74-76, 78, 79, 110
Kurbeltrieb 21
Kurbelwelle 15, 16, 20, 21, 24, 25, 27, 36, 38, 66
Ladeluftkühlung 33
Lang-Lkw 10
Leistung (P) 20, 46
Leistungsdiagramm 47
Leiterrahmen 11, 80, 81
Lenkung 91, 92, 93
Liftachse 84
Luftfederung 89
Luftfilter 32, 34
Luftkühlung 33, 35
Montage der Ketten 106
Motordrehmoment (M) 46
Motorkennlinien 46, 108
Motorkühlung 35
Motoröl 38, 39, 50, 118
Motorschmierung 38, 40
Nachlauf 64, 84, 86
Nachlaufachse 89, 92
Nachschaltgruppe 71, 72, 73, 110
Nachschneiden des Profils 97
Nassluftfilter 34
Navigationssysteme 123
Nebenantriebe 14, 79
Nebenverbraucher 11, 18, 43
Notbremssystem 125
Nockenwelle 18, 24, 30
OHC Motor 24
Ölbadfilter 34
Optimierung des Kraftstoffverbrauchs 108
Planen 113, 114
Platooning 10
Pleuelstange 18, 21, 25
Pumpe-Leitung-Düse-Einheit (PLDE) 30
Radabdeckungen 105

SCHLAGWORTVERZEICHNIS

Radantrieb 15, 76, 79
Radaufhängung 83
Räder 9, 14, 15, 64, 85, 86, 87, 90,
.... 91, 92, 93, 94, 100, 101, 124
Radformel 64, 84
Radialreifen 96, 97, 98, 100
Rahmenkonstruktionen 81
Reflexionsdämpfer 41
Reifen 11, 14, 84, 90, 94-102, 106, 107, 115, 117
Reifendruck 95, 97, 98, 100, 101, 102, 113
Reifenschäden 97, 102, 104
Reiheneinspritzpumpe (REP) 29
Reihenmotoren 18, 23, 25
Routenplaner 123
Schaltgetriebe 15, 40, 64, 66, 67, 70, 72, 75, 76
Schneeketten 106
Schulterkantenabrieb 102
Schwebestaub 115
Servolenkung 91, 92
Spezialkarten 119
Spreizung 85, 86
Starre Achsen 83
Straßenkarten 111, 117
Streckenplanung 119-123
Sturz 85, 101
Synchroneinrichtung 71
Synchrongetriebe 70, 72
TCO 13, 14
Technische Daten eines Dieselmotors 19
Trockenluftfilter 34
Turbolader 11, 18, 27, 33, 41, 57
Umweltschutz 115
Ventilstößel 24
Ventiltrieb 24
Verdichtungsverhältnis 19
Verteilereinspritzpume (VEP) 29
Verteilergetriebe 15, 79
Vorlaufachse 64, 84
Vorschaltgruppe 72
Vorspur 85
Wandler 27, 66, 76
Wandler-Schaltkupplung 66
Wasserkühlung 35
Wasserstoffmotor 17, 44
Windleitflächen 113
Wirtschaftliches Fahren 107-118
Wulstverschmorungen 103
Zylinder 16, 18, 19, 21, 22-16, 29, 30, 31, 33, 35, 41, 92

BAND 2.1

RISIKOBEWUSSTSEIN UND VERHALTEN

GRUNDLAGEN – BEWUSSTSEINSBILDUNG FÜR RISIKEN, DIESE ERKENNEN UND ENTGEGENWIRKEN

Bildnachweis
Adobe Systems Software Ireland Limited
DEGENER Verlag GmbH

Autoren:
Redaktion DEGENER Verlag GmbH

Lektorat: Egon Matthias

RISIKOBEWUSSTSEIN UND VERHALTEN

Inhalt

Für sich selbst und Ihre Mitmenschen tragen Sie Verantwortung. Zu dieser Verantwortung gehört zum Beispiel, dass Sie nach Ihrem Arbeitstag gesund zuhause ankommen, Ihre Familie begrüßen und für sie da sind. Um dies zu gewährleisten, müssen Sie sich auf den Straßen sicher bewegen können, mit den Regeln vertraut sein und durch geeignetes Verhalten positiv auf das "Gesamtsystem Verkehrssicherheit" einwirken.

Erweitern Sie Ihr Wissen mit Hilfe dieses Buches und seien Sie aufmerksam und sensibel im Straßenverkehr. Mit dem erlangten Wissen und Ihrer Erfahrung können Sie mögliche Gefahrensituationen erkennen und darauf im Straßenverkehr reagieren.

Straßenverkehrs- und Arbeitsunfälle ziehen Folgen nach sich, die eine große finanzielle Belastung für die Opfer, aber auch für die Gesellschaft sind.

Um keine unnötigen Risiken einzugehen, können Sie Informationslücken durch Weiterbildung schließen. Leisten Sie Ihren Beitrag zu mehr Sicherheit im Straßenverkehr. Verbessern Sie das eigene Fahrverhalten und lernen Sie Neues dazu.

Legende

» **PARAGRAPH**
Originaltext aus dem Gesetz

» **FRAGE**
Fragen aus der Praxis

» **INFO**
Merksätze

» **PRAXISTIPP/PRAXISWISSEN**
Tipps aus der Praxis

» **BUCH**
Verweise auf weitere Lektüre/Nachschlagemöglichkeiten

INHALTSVERZEICHNIS

Risikobewusstsein und Verhalten
1. Einleitung 6
1.1 Der Unfall 7
1.2 Bewusstseinsbildung für Risiken 8
1.3 Verkehrsunfälle 9
1.4 Arbeitsunfälle 11
1.5 Private und gesellschaftliche Auswirkungen eines Unfalls 12
1.6 Finanzielle Auswirkungen eines Unfalls 13
1.7 „Lebenslanges Lernen" 15

2. Risiken erkennen und ihnen entgegenwirken 19
2.1 Grundsätze zur Teilnahme am Straßenverkehr 20
2.2 Risikoreiches Verhalten 21
2.3 Ablenkung 22
2.4 Überhöhte Geschwindigkeit 24
2.5 Gibt es zwischen „unter Mindestabstand" oder „kein Sicherheitsabstand" – einen Unterschied? 26
2.6 Aggression und Selbstdurchsetzung 33

Schlagwortverzeichnis 34

EINLEITUNG

1. Einleitung

Der Unfall – alle wissen es?

„Wir alle wissen doch wie es ist, wollen es uns aber im entscheidenden Moment nicht eingestehen.
Worum es geht? – Um Verhalten!
Wenn wir uns falsch verhalten, haben wir Erklärungen und Entschuldigungen für unser Fehlverhalten.
Das ist schon in Ordnung machen wir uns selber und allen anderen glauben – ist es aber nicht!
Es bleibt falsches Verhalten!
Nicht immer hat falsches Verhalten ein folgenschweres Finale.
Aber reicht nicht ein Unfall bereits aus, um das eigene Leben nachhaltig zu verändern?"

Nicht nur ein Unfall

Schönwars (Heine) – Ein Jahr nach der Scheidung eines Ehepaares (wir berichteten) ist die Frau und Mutter an einer Alkoholvergiftung gestorben. Ihre zwei Jungen (8 + 11 Jahre alt) lebten bereits seit 4 Monaten in der Obhut des Jugendamtes, da die Mutter aufgrund regelmäßigen und übermäßigen Konsums von Alkohol ihren mütterlichen Aufgaben nicht mehr gewachsen war.

Ausgangspunkt des Familiendramas war der Verkehrsunfall des 37-jährigen und zweifachen Familienvaters auf der Autobahn 2 zwischen Peine und Braunschweig am Morgen des 13. Juni vor drei Jahren, bei dem er mit seinem Lkw die Leitplanke durchbrach und an einen Brückenpfeiler prallte. Der Familienvater wurde mit dem Rettungshubschrauber in eine Klinik nach Helfensort geflogen. Nach langwierigen Reha-Maßnahmen musste der Familienvater aus gesundheitlichen Gründen seinen Beruf dennoch aufgeben. Für die Familie war der Unfall der Beginn einer Zeit der Depression, geprägt durch Reha-Maßnahmen, Schwerbehinderung, Arbeitslosigkeit und Finanznot. Der Druck ließ die gewachsene Familienstruktur bersten und fand sein bisheriges Finale nun in dem Tod der Mutter. Bei dem schweren Unfall waren sieben weitere Personen, die in drei Pkw und einem anderen Lkw in dieselbe Richtung fuhren, verletzt worden.

DER UNFALL

1.1 Der Unfall

Das passiert Ihnen nicht?
Das Bundesamt für Statistik in Wiesbaden teilt in einer Presseinformation vom 25. Februar 2021 mit, dass im Jahr 2020 in Deutschland 2.724 Menschen ihr Leben im Straßenverkehr verloren haben; das sind ca. 10,6 % weniger als im Vorjahr.
Das ist soweit eine erfreuliche Tendenz, aber noch weit weg von der „Vision Zero".
Verglichen mit der Gesamtbevölkerung in Deutschland bedeutet das, dass ca. alle 3 Stunden und 12 Minuten ein Unfallopfer stirbt und ca. alle 90 Sekunden eine Person verletzt wird.
Die Polizei hat in dem Corona-Ausnahme-Jahr 2020 „nur" etwa 2.300.000 Unfälle registriert. Das sind weniger als in den Jahren zuvor. Angesichts dessen, dass viele Arbeitnehmer im Homeoffice tätig oder von Regelungen zur Kurzarbeit betroffen waren, war auf den Straßen insgesamt weniger Verkehr. Dennoch bedeutet das, dass alle 13,7 Sekunden ein Unfall auf Deutschlands Straßen verursacht wurde.

» **STRASSENVERKEHRS-UNFÄLLE**

Gesamt: ca. 2.300.000 davon mit
    Sachschaden: ca. 2.000.000
    Verletzte: ca. 328.000
    Tote: ca. 2.724
dagegen stehen:
    Lotto-Millionäre: nur 152

» **VISION ZERO**

Maßnahmen und Konzepte zur Verhinderung von Verkehrsunfällen mit Schwerverletzten und Verkehrstoten.
Dabei stehen bauliche Maßnahmen und Geschwindigkeitsregulierungen im Vordergrund.

Familienvater, Ehemann und Freund. Eine Familie wird zerrissen.

DER UNFALL

Sie kennen jemanden, dem es passiert ist?
In Ihrem Freundeskreis haben Sie es bereits erlebt! Sie können sich noch gut daran erinnern, als Sie die Nachricht bekamen. Alle waren sprachlos und wussten nicht wie zu helfen sei.
Sie trauten sich kaum bei seiner Frau anzurufen. So gerne hätten Sie Ihre Hilfe angeboten. Immerhin war Ihnen schnell klar geworden, dass er jetzt bestimmt für die nächsten 3 bis 4 Monate ausfällt: als Geldverdiener, Familienvater, Ehemann und Freund.
Am nächsten Tag fuhren Sie zu ihr und den Kindern. Sie haben Ihnen alles erzählt. Herzzerreißend, wie die Kinder ihren Vater vermissen. Auf Ihrem Heimweg fuhren Sie die ersten Kilometer mit einem mulmigen Gefühl im Bauch. Dann, nach einigen Kilometern und Minuten wurden Sie wieder sicherer, aber das mulmige Gefühl blieb noch lange.

Offenbar denken viele Verkehrsteilnehmer, dass sie nicht in einen Unfall verwickelt werden würden. Im Gegensatz dazu hoffen aber viele Menschen auf den „6er im Lotto". Während durch das Lottospielen nur alle 2,4 Tage ein Mensch zum Millionär wird, gab es auf deutschen Straßen in dieser Zeit bereits ca. 16.500 Unfälle mit etwa 2.300 Verletzten und zusätzlich 18 Menschen, die ihr Leben verloren haben.

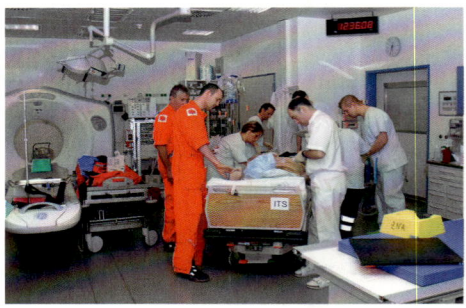

Der schwer verletzte Familienvater.

1.2 Bewusstseinsbildung für Risiken

Für sich selbst und Ihre Mitmenschen tragen Sie Verantwortung. Zu dieser Verantwortung gehört zum Beispiel, dass Sie nach Ihrem Arbeitstag gesund und munter zu Hause ankommen, Ihre Familie begrüßen und für sie da sind. Um diese zu gewährleisten, müssen Sie sich auf den Straßen sicher bewegen können, mit den Regeln vertraut sein und durch geeignetes Verhalten positiv auf das „Gesamtsystem Verkehrssicherheit" einwirken.

Mit den Regeln vertraut.

DER UNFALL

Um sich sicher im Straßenverkehr zu bewegen, benötigen Sie nicht nur eine Fahrerlaubnis, sondern zusätzlich noch Erfahrung und Routine. Beides muss erarbeitet werden. Dies gelingt nicht durch Nachlässigkeiten. Erweitern Sie Ihr Wissen durch Weiterbildung, seien Sie aufmerksam und sensibel im Straßenverkehr. Mit dem erlangten Wissen und Ihrer Erfahrung können Sie mögliche Gefahrensituationen im Straßenverkehr erkennen und bewältigen. Menschen haben keine Knautschzone: die entstehenden Kräfte bei einem Verkehrsunfall können vom Menschen körperlich nur sehr schlecht kompensiert werden und haben oft schwere Verletzungen oder den Tod zur Folge.

Nicht von der Stimmung leiten lassen.

1.3 Verkehrsunfälle

Straßenverkehrssicherheit ist nicht selbstverständlich vorhanden, sondern muss erarbeitet werden.
Jeder darf vom Grundsatz her am Straßenverkehr teilnehmen. Je nach Wahl des Fortbewegungsmittels muss zur Teilnahme am Straßenverkehr ggf. eine entsprechende Fahrerlaubnis erworben werden.
Für die Teilnahme gibt es Regeln. Regeln helfen das gesellschaftliche Zusammenleben zu organisieren. Manche Regeln sind unausgesprochen und für jeden selbstverständlich, andere Regeln müssen immer mal wieder diskutiert, ggf. angepasst werden.
Auch die Sicherheit im Straßenverkehr ist kein starres System; es „lebt", wird angepasst und darf sich entwickeln. Das Festlegen der Regeln allerdings obliegt nicht dem einzelnen Verkehrsteilnehmer, sondern dem Gesetzgeber.

> **» VERKEHRSUNFALL**
>
> Ein zeitlich begrenztes, von außen auf den menschlichen Körper oder auf eine Sache einwirkendes, unfreiwilliges Ereignis mit der Folge eines Gesundheitsschadens, des Todes oder eines Sachschadens, wird Unfall genannt.

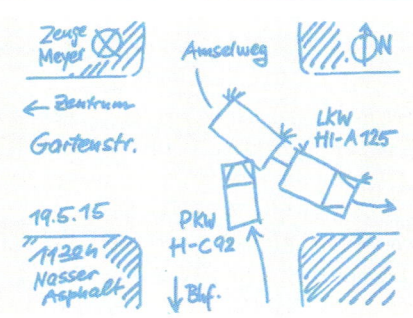

Eine Unfallskizze hilft der Erinnerung.

DER UNFALL

Die eigenwillige Beugung oder gar Missachtung der einzelnen Regeln spiegelt sich in folgenden Zahlen wider:
- **vermeidbares und falsches Verhalten** der Verkehrsteilnehmer ist zu mehr als **90 %** der Grund von Straßenverkehrsunfällen mit Verletzten oder Toten,
- weniger als **5 %** der Straßenverkehrsunfälle liegen **in den Straßen-, Verkehrs- und Witterungsbedingungen** begründet,
- nur **selten sind technische Mängel** der Grund für Straßenverkehrsunfälle.

Der einflussreichste Faktor in der Verkehrssicherheit ist der Mensch mit seinem Verhalten. Deshalb ist jeder Einzelne mit seinem Beitrag an der Sicherheit im Straßenverkehr beteiligt.

90 % der Straßenverkehrsunfälle sind vermeidbar.

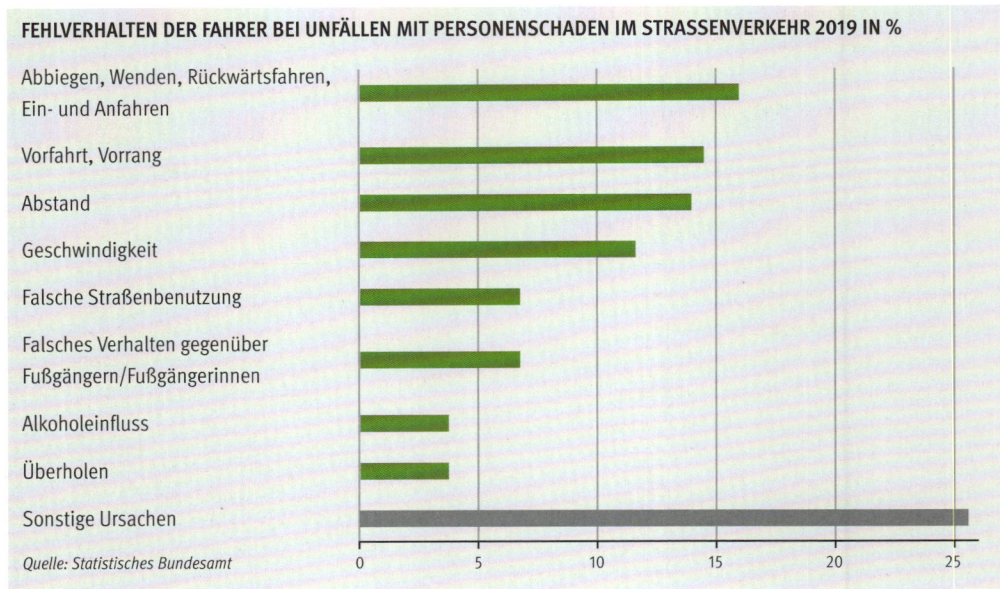

Falsches Verhalten der Verkehrsteilnehmer.

DER UNFALL

1.4 Arbeitsunfälle

Auch Verstöße gegen die Unfallverhütungsvorschriften, hier insbesondere gegen die Deutsche Gesetzliche Unfallversicherung (DGUV) Vorschrift 70 (Fahrzeuge) können für bestimmte Risiken im Verkehr ursächlich sein.

Die DGUV hat für das Jahr 2020 im Bereich der gewerblichen Wirtschaft und der öffentlichen Hand insgesamt 760.369 meldepflichtige Arbeitsunfälle und 152.773 Wegeunfälle registriert.

Durchschnittlich werden also in Deutschland
- alle 41 Sekunden ein Arbeitsunfall und
- alle 3,4 Minuten ein Wegeunfall

verursacht.

Jährlich müssen in Europa 435.000 Berufstätige nach einem Arbeitsunfall in eine andere Tätigkeit wechseln. Etwa 300.000 Berufstätige tragen bleibende Schäden unterschiedlicher Schwere davon. Etwa 15.000 Berufstätige können nie wieder einer Arbeit nachgehen.

Über 90 % aller Unfälle werden durch falsches Verhalten des Menschen verursacht – eine vermeidbare Unfallursache.

Deshalb möchten wir Sie in diesem Fachbuch für die Sicherheit am Arbeitsplatz sensibilisieren.

> **ARBEITSUNFALL**
>
> Wenn der Arbeitnehmer im Rahmen seiner versicherungspflichtigen Tätigkeit einen Unfall erleidet, handelt es sich um einen Arbeitsunfall.

Arbeitsunfall

> **WEGEUNFALL**
>
> Hier ist der Weg von und zur Arbeit im Rahmen des Anstellungsverhältnisses versichert.

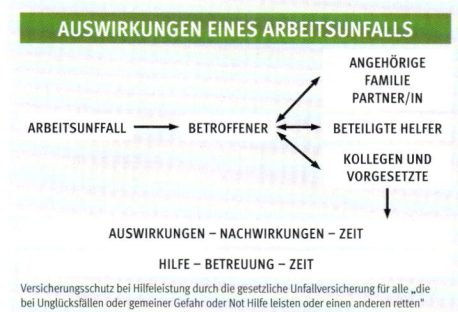

DER UNFALL

1.5 Private und gesellschaftliche Auswirkungen eines Unfalls

Ein schwerer Unfall ist nicht nur für die Opfer, sondern auch für die unmittelbar Beteiligten, Augenzeugen und Ersthelfer ein traumatisierendes Ereignis.

Nicht selten sind Unfallopfer auch nach einer langwierigen Heilbehandlung und nachfolgender Rehabilitationsmaßnahme nicht mehr in der Lage in ihren alten Beruf zurückzukehren. Selbst wenn sie wieder arbeitsfähig sind, können posttraumatische Belastungsstörungen ihr künftiges Leben erschweren.

Betroffene können aus verschiedenen Gründen über ihr inneres Erleben oder Leiden nicht sprechen. Unfallgeschädigte entwickeln zumeist die Angst, dass andere sie für schwach halten könnten. Tatsächlich betrachten Unfallopfer viele Themen des täglichen Lebens mit einer neuen Sichtweise, was ihr Gegenüber leicht falsch interpretieren kann. So etwas stört die Kommunikation zwischen Menschen erheblich, bis hin zu erhöhtem Streitpotenzial und ggf. bis zur Vereinsamung.

Unfallopfer müssen ihr schlimmes Ereignis verarbeiten, weshalb die soziale Unterstützung von der Familie und Freunden ein elementar wichtiger Baustein zur vollständigen Genesung ist.

» **FOLGEWIRKUNGEN VON VERKEHRSUNFÄLLEN**

- Verletzungen
- Schmerzen
- Operationen
- Behinderungen
- Verstümmelungen
- Krankenhaus
- Pflegeheim
- Psychologische Behandlung

» **FINANZIELLE FOLGEN**

- Bergungskosten
- Einkommenseinbußen
- Behandlungskosten
- Wohnraumanpassung
- Reparaturkosten
- Versicherungsbeiträge
- Rechtsanwaltskosten
- Gerichtskosten

DER UNFALL

1.6 Finanzielle Auswirkungen eines Unfalls

Straßenverkehrs- und Arbeitsunfälle ziehen Folgen nach sich, die eine große finanzielle Belastung für die Opfer – aber auch für die Gesellschaft – sind.

Ist ein Umbau der Wohnung oder des Hauses notwendig, weil auch mit einer aufwendigen Rehabilitationsmaßnahme die ursprüngliche Mobilität nicht wieder vollständig hergestellt werden konnte, entstehen durch Auffahrrampen, Türverbreiterungen, Treppenlifte u. a. hohe Kosten. Diese Kosten belasten die Unfallopfer und die Gesellschaft.

Da 90 % aller Unfälle durch falsches Verhalten des Menschen verursacht werden, und dies eine vermeidbare Unfallursache ist, müssen Sie proaktiv die Verkehrssicherheit verbessern.

Ihr einzelner Beitrag ist also wichtig für ein sichereres Leben auf den Straßen. Durch die Reduzierung vermeidbarer Unfälle tragen Sie zusätzlich zu einer deutlichen Kostensenkung bei.

Ihr Arbeitgeber wird Sie unterstützen, denn Arbeitsschutz und Wirtschaftlichkeit sind keine Gegensätze, sondern stehen in direktem Bezug zueinander. Das Interesse jedes Unternehmens muss darin liegen, die Unfallhäufigkeit zu reduzieren. Die finanziellen Aufwendungen zur Kompensation von Unfallfolgen schmälern den Ertrag des Unternehmens in welchem das Unfallopfer beschäftigt ist.

Gefahr durch die Missachtung eines technischen Defektes – diese Schräglage hat einen Grund und ist gefährlich.

DER UNFALL

Diese Aufwendungen resultieren aus:
- Lohnfortzahlung für das Unfallopfer,
- Ausfall der erfahrenen, routinierten Arbeitskraft (zeitliche Komponente),
- Einsatz einer nicht erfahrenen, routinierten Ersatzarbeitskraft (zeitliche Komponente),
- damit einhergehender Produktionsausfall,
- Lieferverzögerung (Info 1),
- Kosten für die Unfallsachbearbeitung,
- ggf. mit dem Unfall verbundene Sachschäden (Info 2),
- Prämienverluste bei der Versicherung,
- Nachzahlungen an die Berufsgenossenschaft,
- Nachzahlungen/Rückzahlungen an die Haftpflicht- oder Sachversicherung.

Der wirtschaftliche Erfolg eines Unternehmens hängt somit auch in einem großen Maß vom Wissen und dem Einsatzwillen seiner Mitarbeiter ab.

Deshalb ist die Verbesserung der Straßenverkehrs- und Arbeitssicherheit eine bleibende Aufgabe und Herausforderung. Helfen Sie persönlich durch Ihren Beitrag diese Verbesserung zu erreichen; seien Sie rücksichtsvoll allen Verkehrsteilnehmern gegenüber und nutzen Sie gezielte Aufklärung zur Erweiterung Ihrer Kenntnisse.

» **LIEFERVERZÖGERUNG/ KONVENTIONALSTRAFE**

Ein vertraglich vereinbarter Geldbetrag wird fällig, falls die Leistung zum bestimmten Zeitpunkt nicht erbracht wird.
Sie ist unabhängig von der Schadenshöhe.

» **SACHSCHADEN/ SCHADENERSATZ**

Ausgleich für einen entstandenen messbaren oder berechenbaren Schaden. Eine hohe Schadensersatzforderung hat Auswirkungen auf die Liquidität des Unternehmens.

Der wirtschaftliche Erfolg eines Unternehmens hängt von seinen Mitarbeitern ab – geht es dem Unternehmen gut, geht es auch den Arbeitnehmern gut.

1.7 „Lebenslanges Lernen"

Fragen Sie sich beispielsweise, wie Sie direkt nach der Anreise an Ihrem Urlaubsort am Fahrscheinautomaten Tickets für die U-Bahn zu Ihrem Hotel kaufen können? Sie lesen in fremder Sprache die einzelnen Schritte, fragen sich nach den Tarifzonen, finden diese auf dem Fahrplan heraus, lesen Hinweise zu Altersgruppen und Anzahl der Reisenden. Sie zählen nach einigen selbsterarbeiteten Schritten Ihre Familienmitglieder nochmals durch, dann halten Sie die Tickets tatsächlich in Ihren Händen. Der Fahrt ins Hotel steht nichts mehr im Wege – Ziel erreicht!

Der Fahrt ins Hotel steht nichts mehr im Wege – Ziel erreicht!

Sie haben also durch Lernen Ihren Erfolg. Wenn Sie nach England fahren und dort mit dem Linksverkehr erstmalig in Berührung kommen, müssen Sie sich auch erst auf das bisher für Sie ungeübte Straßenverkehrssystem „Linksverkehr" einstellen. Sie lernen, um sich zurechtzufinden.

Warum sollten Sie also auf diese Erfolge verzichten, wenn es um das Lernen im Straßenverkehr geht. Und seien Sie sich sicher: Sie sind NICHT allein!

Linksverkehr – das für Sie ungeübte Straßenverkehrssystem.

DER UNFALL

Risiken durch Informationsdefizite
Fachzeitschriften informieren regelmäßig über Neuerungen.
Spezielle Themen kann man im Internet recherchieren. Weiterbildungskurse helfen Ihnen dabei.

Um keine unnötigen Risiken einzugehen, sollten Sie Informationslücken durch Weiterbildung schließen. Leisten Sie Ihren Beitrag zu mehr Sicherheit im Straßenverkehr. Verbessern Sie das eigene Fahrverhalten und lernen Sie Neues dazu.

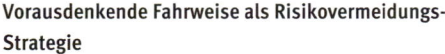
Fachzeitschriften informieren regelmäßig über Neuerungen.

Vorausdenkende Fahrweise als Risikovermeidungs-Strategie
„Vorausdenken" bedeutet:
Sie sind mit Ihrer Aufmerksamkeit bei Ihrem Fahrzeug und dem Verkehrsgeschehen. Sie haben alle relevanten Merkmale in Sichtweite. Sie sind sich Ihrer auf Sie zukommenden Fahraufgabe bewusst, bevor Sie sie meistern müssen. Sie agieren und reagieren rechtzeitig.

Der Zeit so voraus zu sein, erfordert Erfahrung und Übung. Wenn es Ihnen gelingt, Gefahrensituationen oder mögliche Gefahrensituationen rechtzeitig zu erkennen, können Sie durch Ihr Verhalten dazu beitragen, diese Situationen zu entschärfen oder sogar deren Entstehung zu verhindern.

Niemand kann ausschließen, in einen Unfall verwickelt zu werden oder durch einen Fehler selbst einen Unfall zu verursachen. Aber jeder kann Fahrstrategien entwickeln, die das eigene Unfallrisiko wesentlich verringern.

„Ich weiß, wie es geht!"
Immer wieder kommt es zu Unfällen, weil manche Personen ihre vermeintliche Überlegenheit mittels „Dir-zeig-ich-wie-es-richtig-geht!"-Fahrmanövern demonstrieren und deshalb auf volles Risiko fahren. Ein weiterer Grund für Unfälle: Manch ein Fahrer möchte sein „Können" durch riskante Fahrmanöver anderen Verkehrsteilnehmern vorführen.

Überforderung ist ein hohes Risiko. In Unbekümmertheit und Hochstimmung erkennen viele nicht die Grenzen ihrer Leistungsfähigkeit. Sie überschätzen ihr Können, besonders beim Fahren in der Dunkelheit, in übermüdetem Zustand und unter Einfluss von Alkohol oder Drogen.

DER UNFALL

Es lohnt sich die Sicherheit im Straßenverkehr durch das eigene Verhalten zu unterstützen, um am Abend sicher zu Ihrer Familie nach Hause kommen zu können. Helfen Sie gefährliche Situationen im Straßenverkehr durch das eigene Verhalten, wie z. B. Zurückhaltung, nicht zu verdichten, sondern sie zu entschärfen, noch besser: sie zu verhindern!

Wer sich schwer tut, Verkehrsvorschriften einzuhalten, kann von verschiedenen Stellen Hilfe bekommen:
- in Seminaren oder besonderen Aufbauseminaren,
- bei verkehrspsychologischen Beratungsgesprächen,
- im Fahreignungsseminar oder
- beim Erfahrungsaustausch mit Kollegen.

Verkehrspsychologische Beratung.

Ältere Kraftfahrer
In der Bevölkerung steigt der Anteil älterer Menschen.

Heute gilt: Das gesetzliche Renteneintrittsalter ist bei allen Versicherten ab Jahrgang 1964 mit Vollendung des 67. Lebensjahres erreicht.
Mit dieser gesetzlichen Regelung zur Rente, steigt auch die Zahl der älteren Berufskraftfahrer.

Bei manchen älteren Fahrern macht sich eine altersbedingte Leistungsminderung bemerkbar:
- Nachlassen der Sehfähigkeit – besonders das Dunkelsehen,
- Nachlassen der Hörfähigkeit – besonders das 3-D-Hören („woher kommt das Geräusch?"),
- Reaktionen werden langsamer,
- Beweglichkeit wird eingeschränkt.

Altersbedingte Leistungsminderungen.

DER UNFALL

Viele Fahrer versuchen solche altersbedingten Defizite durch Erfahrung, Fahrplanung und Fahrweise auszugleichen.

Sofern es die Tätigkeiten in Ihrem Berufsleben zulassen, vermeiden sie Hektik und dadurch ggf. resultierende Überforderung. Fahrten zu Hauptverkehrszeiten und durch den dichtesten Stadtverkehr können auf weniger frequentierte Strecken gelegt werden.
Wer ein leistungsfähiges Navigationsgerät speziell für Berufskraftfahrer (umgangssprachlich „Lkw-Navi") nutzt, wird durch die Technik auf weniger frequentierte Straßen umgeleitet.

Ältere Fahrer sind motivierter, sich für den Straßenverkehr auf dem Laufenden zu halten, z. B. durch Weiterbildungskurse.

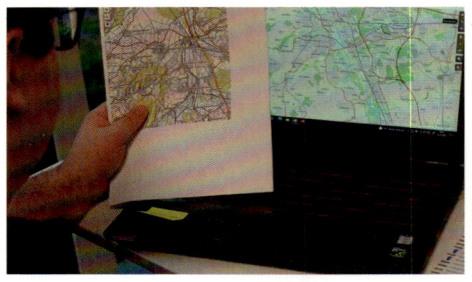

Gründliche Planung garantiert stressfreieres Fahren.

RISIKEN ERKENNEN UND IHNEN ENTGEGENWIRKEN

2. Risiken erkennen und ihnen entgegenwirken

Ziel: *Fähigkeit, Risiken im Straßenverkehr vorherzusehen, zu bewerten und sich daran anzupassen; insbesondere gefährliche Verhaltensweisen im Verkehr oder Ablenkung beim Fahren*

Die zunehmende Anzahl an Kraftfahrern erfordert ein gefestigtes Verständnis für die Verkehrssicherheit. Dabei kommt es vor allem darauf an, welchen Beitrag jeder Verkehrsteilnehmer selbst leisten kann, um die Sicherheit auf den Straßen und Wegen zu verbessern.

Die Straßenverkehrsordnung stellt in ihrem ersten Paragrafen den wichtigsten Auftrag an alle Verkehrsteilnehmer klar.

Konkret bedeutet dieser Auftrag, dass jeder über die gesamte Dauer seiner Teilnahme am Straßenverkehr aktiv zur Verhütung von Unfällen beitragen muss. Dazu zählt insbesondere auch das umsichtige und partnerschaftliche Verhalten gegenüber „Anderen". So einfach und deutlich formuliert, aber in der Realität leider häufig missachtet.

Es ist wichtig zu wissen, dass der Auftrag auch Untätigkeit miteinschließt. Es sind demnach zusätzlich alle zu unterlassene Handlungen gemeint, die negative Auswirkungen auf andere verursachen können. Ausdrücklich müssen nicht nur Schäden und Gefahren von anderen abgehalten werden, sondern auch Behinderungen und Belästigungen, soweit dies möglich ist.

Regeln für ein bestimmtes Verhalten im Straßenverkehr dienen vor allem dem Schutz der Verkehrsteilnehmer sowie der Aufrechterhaltung eines stetigen Verkehrsflusses und nicht, um die Verkehrsteilnehmer zu ärgern. Sie wollen bestimmt, dass sich bei Ihnen zu Hause ebenfalls alle an die Regeln halten, damit das Familienleben funktioniert.

§ 1 Straßenverkehrsordnung (StVO)

(1) Die Teilnahme am Straßenverkehr erfordert ständige Vorsicht und gegenseitige Rücksicht.
(2) Wer am Verkehr teilnimmt hat sich so zu verhalten, dass kein Anderer geschädigt, gefährdet oder mehr, als nach den Umständen unvermeidbar, behindert oder belästigt wird.

RISIKEN ERKENNEN UND IHNEN ENTGEGENWIRKEN

2.1 Grundsätze zur Teilnahme am Straßenverkehr

Jeder zehnte Verkehrstote ist durch Ablenkung begründet – so evaluierten es Experten bereits im Jahr 2016 in einer Studie der AZT Automotive GmbH im Auftrag der Allianz Deutschland AG.

Eine häufige Ursache für Ablenkung resultiert aus der Nutzung des Mobiltelefons am Lenkrad. Und wenn Sie ehrlich zu sich selbst sind, wissen Sie, dass es sich nicht lohnt, wegen einer gelesenen Kurznachricht am Abend nicht mehr nach Hause kommen zu können. Eine nicht beeinträchtigte Wahrnehmung ist die Voraussetzung zur Teilnahme am Straßenverkehr.

Ihnen als Kraftfahrer muss bewusst sein, dass Ablenkung eine erhebliche Unfallgefahr mit sich bringt – die Nutzung des Telefons ist nicht erlaubt.

Essen/Trinken, Rauchen, Telefonieren, Kurznachrichten lesen/schreiben ... jede zusätzliche Handlung neben dem Fahren bindet wertvolle Ressourcen des Fahrers.
Fahren ist bereits Multitasking und die individuelle Leistungsfähigkeit hat Grenzen.

Der **Vertrauensgrundsatz** meint, dass jeder Verkehrsteilnehmer, der sich selbst verkehrsgemäß verhält, in einer normalen Verkehrssituation darauf vertrauen kann, dass sich die anderen Verkehrsteilnehmer regelgerecht verhalten.
Der Vertrauensgrundsatz gilt dementsprechend nicht oder zumindest nur sehr beschränkt bei unklaren Verkehrslagen, regelwidrigem Verhalten anderer und gegenüber Kindern, Hilfsbedürftigen, älteren Menschen und Betrunkenen. In diesen Situationen ist eine erhöhte Sorgfaltspflicht erforderlich.

» **DIE GRENZE DES VERTRAUENDÜRFENS**
setzt inhaltlich der §1 der StVO.

Sind Gefahren unter Berücksichtigung der gegebenen Umstände nicht auszuschließen und muss aus besonderem Anlass verkehrswidriges Verhalten von anderen Verkehrsteilnehmern befürchtet werden, dann hat der Verkehrsteilnehmer sich so zu verhalten, dass ein Unfall auch beim Eintritt der befürchteten Verkehrswidrigkeit verhindert werden kann. (Erl. zur StVO)

RISIKEN ERKENNEN UND IHNEN ENTGEGENWIRKEN

Grundsatz der doppelten Sicherung
Wenn bei anderen ein Fehlverhalten erkannt wird oder man Anlass erhält, ein Fehlverhalten zu erwarten, muss durch eigenes Handeln dazu beigetragen werden, Unfälle zu vermeiden.

Grundsatz der ständigen Sorgfalt
Die ständige Sorgfaltspflicht aller Verkehrsteilnehmer verlangt eine permanente Analyse des Geschehens (Verkehrsbeobachtung) und entsprechend vorausschauendes Fahren.
Das bedeutet nicht, dass immer mit dem Schlimmsten gerechnet werden muss. Rechnen Sie aber mit dem Fehlverhalten anderer Verkehrsteilnehmer, insbesondere in Situationen, in denen Sie häufig ein Fehlverhalten beobachten!

Diese typischen Situationen, die erhöhte Sorgfalt erfordern, sind beispielsweise:
- spielende Kinder am Straßenrand,
- Radfahrende, die sich an der Ampel rechts neben dem Lkw/KOM platzieren,
- Motorradfahrende, die sich an anderen vorbeischlängeln,
- Eisglätte,
- Bus-/Bahnhaltestellen,
- Kreisverkehre mit mehreren Fahrstreifen.

Motorradfahrende, die sich an anderen vorbeischlängeln.

Kinder könnten plötzlich über die Fahrbahn zur Haltestelle laufen.

2.2 Risikoreiches Verhalten

Vermeidbares und falsches Verhalten der Verkehrsteilnehmer ist zu mehr als 90 % der Grund von Straßenverkehrsunfällen mit Personenschaden *(Quelle: Bundesministerium für Verkehr und digitale Infrastruktur, 15.09.2020).*

RISIKEN ERKENNEN UND IHNEN ENTGEGENWIRKEN

2.3 Ablenkung

Der routinierte Fahrer kann seine Aufmerksamkeit „verteilen". Für die Fahrzeugbedienung haben sich entlastende Automatismen herausgebildet. Anzeigeinstrumente, Spiegel und die Verkehrssituation vor dem Auto können zeitgleich wahrgenommen werden. Wichtiges wird herausgefiltert.
Beispielsweise werden Kinder am Straßenrand besonders im Auge behalten. Beim Radfahrenden der im spitzen Winkel die Straßenbahnschienen überquert, denken Sie als vorausschauender Kraftfahrer an dessen Sturzgefahr.
Die eigene Gefahrenwahrnehmung, also die Fähigkeit, Situationen im Verkehr, die sich zu Gefahrensituationen entwickeln könnten, zu erkennen, muss geschult werden.
Im dichten Straßenverkehr oder bei der Orientierung auf einem Autobahnkreuz wird auch der Routinier die Musik ausstellen oder ein Gespräch unterbrechen.

Ablenkung kann auch für den routinierten Fahrer zur Gefahr werden, beispielsweise durch Telefonate, Bedienung von Navigationsgeräten oder das Lesen und Schreiben von Nachrichten im Mobiltelefon.
Ihnen als Kraftfahrer muss bewusst sein, dass Ablenkung eine erhebliche Unfallgefahr mit sich bringt. Selbst ein Gespräch am Telefon mit Freisprecheinrichtung kann vom Fahren ablenken. Je emotionaler ein Gespräch verläuft, desto höher ist die Ablenkung.

Kinder achten oft wenig auf den übrigen Verkehr.

Ablenkung durch Bedienung von Instrumenten.

> Seit Oktober 2017 sind die rechtlichen Bestimmungen zur Benutzung von elektronischen Geräten präzisiert worden. Ein Aufnehmen des Gerätes ist nach wie vor verboten.

RISIKEN ERKENNEN UND IHNEN ENTGEGENWIRKEN

Als Berufskraftfahrer arbeiten Sie häufig mit Ihrem Telefon. Sie nehmen Aufträge entgegen, besprechen Touren und werden über Änderungen informiert. Während für das Telefongespräch mindestens eine Freisprecheinrichtung genutzt werden muss, ist es noch besser für Telefonate den Motor abzustellen. So kann die Konzentration voll auf dem Telefonat liegen. Schriftliche Aufzeichnungen sind möglich ohne das Menschenleben im Straßenverkehr gefährdet werden. Durch das „Nacheinander" stehen für das Fahren und das Telefonat jeweils 100 % Leistung zur Verfügung, während das „Gleichzeitig" die flexible Verteilung der 100 % auf beide Vorgänge bewirkt. So sind z. B. 30 % für das Fahren zu wenig, wenn Sie 70 % Leistung allein für das Telefonat aufbringen müssen.

Viele Menschen befinden sich in einer Abhängigkeit von ihrem Mobiltelefon. Diese ist nicht immer zwangsläufig beruflich begründet. Sie verspüren den Zwang ständiger Erreichbarkeit.
Versuchen Sie, Ihr Telefon während der Fahrt unerreichbar zu deponieren, so erleben Sie ein völlig neues Fahrgefühl. Schalten Sie es aus, damit eine eingehende Nachricht oder ein eingehender Anruf Ihr Interesse nicht wecken kann. Sie werden für die Zeit des Fahrens problemlos verzichten können und vor allem ohne „Nebenwirkungen" bleiben.

§ 23 StVO (1a)

Wer ein Fahrzeug führt, darf ein elektronisches Gerät, das der Kommunikation, Information oder Organisation dient, oder zu dienen bestimmt ist, nur benutzen, wenn
1. hierfür das Gerät weder aufgenommen noch gehalten wird und
2. entweder
a) nur eine Sprachsteuerung und Vorlesefunktion genutzt wird oder
b) zur Bedienung und Nutzung des Gerätes nur eine kurze, den Straßen-, Verkehrs-, Sicht- und Wetterverhältnissen angepasste Blickzuwendung zum Gerät bei gleichzeitig entsprechender Blickabwendung vom Verkehrsgeschehen erfolgt oder erforderlich ist.

Telefonate besser auf einem Parkplatz führen!

Das etappenweise Lesen von Kurznachrichten auf dem Smartphone kostet mindestens 2 Sekunden pro Blick – das ist bei 80 km/h auf der Autobahn ein Blindflug von fast 45 Meter für jeden einzelnen Blick.

RISIKEN ERKENNEN UND IHNEN ENTGEGENWIRKEN

2.4 Überhöhte Geschwindigkeit

Die Informationsfülle (Verkehrsbeobachtung, Radio, Beifahrer) und die Schnelligkeit mit der diese Informationen auf den Kraftfahrer einströmen, können schnell und unbemerkt zur Überforderung und damit zu unabsichtlichen Fehlleistungen führen.
Es ist unstrittig, dass der Kraftfahrer bei einer Geschwindigkeit von 50 km/h für eine bestimmte Anzahl von Informationen mehr Zeit zur Aufnahme dieser auf ihn einströmenden Informationen hat als bei 65 km/h.

Während das Fahrzeug bei 50 km/h insgesamt 13,89 Meter innerhalb einer Sekunde zurücklegt, sind es bei 65 km/h schon 18,1 Meter. Diese Differenz von rund 4,2 Meter kann in Grenzsituation einen wichtigen Beitrag über Gelingen oder Nicht-Gelingen leisten. Übrigens liegt es nicht in der Macht des Fahrers eine Grenzsituation immer zu seinen Gunsten zum Abschluss zu bringen. Vielmehr ist es das Zusammenwirken von verschiedenen Umständen, die den Ausgang einer Situation beeinflussen. Es kommt nur bedingt auf das Können des Fahrers an.

Gefahr durch zu schnelles Fahren – Wichtiges wird übersehen und Fehlleistungen sind die Folge.

50 km/h und 65 km/h – die Differenz von rund 4,2 Meter/Sekunde kann in Grenzsituation ein wichtiger Beitrag über Gelingen oder Nicht-Gelingen sein.

RISIKEN ERKENNEN UND IHNEN ENTGEGENWIRKEN

Baumunfälle

Befinden sich Bäume am Straßenrand, können diese zur tödlichen Gefahr werden, wenn Kraftfahrer die Kontrolle über ihr Fahrzeug verlieren oder auch das Lichtraumprofil nicht beachten. Nachts sind die dicht am Fahrbahnrand stehenden Bäume nur schwer zu erkennen. Der Gegenverkehr fährt deshalb möglicherweise weiter auf der Straßenmitte.

Im Jahr 2017 starben 559 Menschen bei sog. Baumunfällen (70 davon innerorts, 15 auf Autobahnen und 474 auf Landstraßen). Bei über der Hälfte der Todesfälle im Zusammenhang mit Baumunfällen auf Landstraßen lag die Unfallursache in einer unangepassten Geschwindigkeit. Bei ungünstigen Bedingungen (z. B. Schnee, Regen, Eis, schlechter Straßenbelag oder Blendung durch Sonnenlicht) können auf einer Landstraße schon 40 km/h deutlich zu schnell sein, selbst wenn eigentlich unter optimalen Bedingungen eine höhere Geschwindigkeit erlaubt ist. Die besondere Gefahr für die Fahrzeuginsassen bei Baumunfällen hängt mit dem Größenverhältnis von Baum und Fahrzeug zusammen. Der runde Baum dringt bei einer Kollision wie ein Keil in die Fahrgastzelle ein, deformiert diese und verursacht so schwere Verletzungen bei den Insassen *(DVR, 2018)*.

Zur Vermeidung von Unfällen aufgrund unangepasster Geschwindigkeit gilt Folgendes:

- zulässige Höchstgeschwindigkeit nicht überschreiten,
- nur so schnell fahren, dass das Fahrzeug ständig beherrscht wird,
- die Geschwindigkeit den Straßen-, Verkehrs-, Sicht- und Wetterverhältnissen anpassen,

Wegen überhängender Äste können Fahrzeuge mit hohen Aufbauten oft nicht weit genug rechts fahren und müssen deshalb über die Fahrbahnmitte hinaus.

Baumunfälle mit Lkw oder KOM sind insgesamt nicht seltener als mit Pkw. Die Unfallfolgen mit einem Lkw oder KOM sind aufgrund der Gesamtmasse durch die Transportgüter bzw. der Anzahl der Fahrgäste ungleich dramatischer als die mit einem Pkw.

RISIKEN ERKENNEN UND IHNEN ENTGEGENWIRKEN

- die Geschwindigkeit den persönlichen Fähigkeiten und den Eigenschaften von Fahrzeug und Ladung anpassen,
- fahren Sie nur so schnell, dass Sie innerhalb der Sichtweite anhalten können,
- auf schmalen Fahrbahnen, wo Entgegenkommende gefährdet werden könnten, so langsam fahren, dass innerhalb der Hälfte der Sichtweite angehalten werden kann,
- das Smartphone in den Flugmodus schalten,
- auf Vorausfahrende achten – es hat einen Grund, wenn diese Fahrzeuge langsamer werden und
- starke Emotionen beeinflussen Sie sehr und können zu einer riskanteren Fahrweise verleiten.

Die Geschwindigkeit den Eigenschaften von Fahrzeug und Ladung anpassen.

Auch schmale Landstraßen sind oft stark befahren, sodass Sie im Schnitt kaum mehr als 50 km/h erreichen.

2.5 Gibt es zwischen „unter Mindestabstand" und „kein Sicherheitsabstand" einen Unterschied?

„Nein!" Zu geringer Abstand bedeutet für Sie, dass Sie keinen Sicherheitsabstand haben.

Das nebenstehende Bild zeigt, dass zu jedem Anhalteweg Reaktions- und Bremsweg gehören. Für die Reaktion benötigt jeder Mensch Zeit, eine Zeit, in der das Kraftfahrzeug ungebremst seinen bisherigen Weg fortsetzt.

RISIKEN ERKENNEN UND IHNEN ENTGEGENWIRKEN

Der Hinterherfahrende, der für die Einhaltung des Mindestabstandes verantwortlich ist, fährt nicht selten nur 18 Meter oder sogar weniger hinter seinem Vorherfahrenden

Der Gesetzgeber hat eine gut funktionierende Regelung entworfen und verabschiedet.
Sie besagt, dass der Abstand zu einem vorausfahrenden Fahrzeug in der Regel so groß sein muss, dass auch dann hinter ihm gehalten werden kann, wenn es plötzlich gebremst wird. Präzisiert wird die Regelung im § 4 (3) der StVO.

Ein „Nicht-Sicherheitsabstand" von nur 18 Meter ist deutlich zu gering.

Bei nur 18 Meter zwischen den Fahrzeugen kommt es unweigerlich zu einem Auffahrunfall, wenn der Vorausfahrende wegen eines unerwartet vor ihm auftretenden Ereignisses eine Gefahrenbremsung einleitet und diese bis zum Stillstand des Kraftfahrzeuges gehalten wird.

» REAKTIONSZEIT

Die durchschnittliche Reaktionszeit beträgt für die Berechnung mit der Faustformel 1 Sekunde.

Die innerhalb der Reaktionszeit von 1 Sekunde zurückgelegte Strecke bei 80 km/h beträgt 22,2 Meter – der häufig zwischen Lkw beobachtete „Nicht-Sicherheitsabstand" beträgt hingegen 18 Meter oder sogar weniger. Ganz schön wenig, wenn es ernst wird!

50 Meter Abstand hätten es sein müssen!

§ 4 StVO, Abs. 3

Wer einen Lkw mit einer zulässigen Gesamtmasse über 3,5 Tonnen oder einen Kraftomnibus führt, muss auf Autobahnen, wenn die Geschwindigkeit mehr als 50 km/h beträgt, zu vorausfahrenden Fahrzeugen einen Mindestabstand von 50 Meter einhalten.

RISIKEN ERKENNEN UND IHNEN ENTGEGENWIRKEN

Der nicht wegzudiskutierenden Reaktionszeit ist es geschuldet, dass ein Aufprall auf den Vordermann nicht verhindert werden kann.

Reaktionsweg (S_R)
Wer plötzlich bremsen muss, kann nicht innerhalb des sprichwörtlichen „Augenblicks" auf das Pedal treten. Bis der Kraftfahrer reagiert und der Bremsvorgang beginnt, dauert es etwa 1 Sekunde. Der in dieser Zeit zurückgelegte Weg ist der Reaktionsweg, der im Unterricht zur Fahrerlaubnisprüfung mit der Faustformel **„Geschwindigkeit geteilt durch 10 x 3"** berechnet wird.

Die Faustformel ergibt durch den einfachen Rechenweg ein schnelles, aber nicht ganz korrektes Ergebnis, es ist eine sogenannte Überschlagsrechnung.
Die Faustformel „Geschwindigkeit geteilt durch 10 x 3" liefert im Ergebnis sofort die richtige Einheit, nämlich Meter/Sekunde (m/s).

Um die Strecke allerdings <u>exakt</u> zu berechnen, die innerhalb der Reaktionszeit von 1 Sekunde zurückgelegt wird, ist ein anderer Rechenweg zu wählen.

80 km/h und 22,2 m/s ist also dieselbe Geschwindigkeit.

Bei 80 km/h ist das Ergebnis der Faustformel (24 m/s) nicht weit vom Ergebnis der exakten Berechnung (22,2 m/s) entfernt. Die Faustformel bringt eine wenig längere Strecke zutage.

Der Reaktionsweg verhält sich linear, d. h. bei Verdoppelung der Geschwindigkeit, verdoppelt sich der Reaktionsweg.

---

18 Meter Abstand bei 80 km/h sind zu wenig – Punkt! Bei einer Gefahrenbremsung unter identischen Bedingungen verringert sich der Abstand zwischen den Fahrzeugen nach 3 Sekunden auf unter 5 Meter. Bereits nach 4 Sekunden beträgt der Abstand zum Vordermann nur noch rund 1 Meter. Nach 4,44 Sekunden ist der Anhalteweg von 49,38 Meter erreicht, der Vorausfahrende steht. Der Hinterherfahrende benötigt für seinen Anhalteweg 71,60 Meter (5,44 Sekunden) und prallt deshalb auf den Vorausfahrenden.

» EXAKTE UMRECHNUNG

Für die Umrechnung von **km/h** in **m/s** wird die Geschwindigkeit (km/h) durch den Divisor 3,6 geteilt.
72 km/h : 3,6 = 20 m/s
80 km/h : 3,6 = 22,2 m/s

So kommt es zum Divisor 3,6.

$$72 \text{ km/h} = \frac{72 \text{ km}}{1 \text{ h}} = \frac{72.000 \text{ m}}{3.600 \text{ s}}$$

Kürzen, damit die Zahlen kleiner werden (also geteilt durch 1.000):

$$\frac{72.000 \text{ m}}{3.600 \text{ s}} = \frac{72 \text{ m}}{3,6 \text{ s}} = 20 \text{ m/s}$$

 Divisor

km = Kilometer   h = Stunde
m = Meter   s = Sekunde

Bremsweg (S_B)

Nach dem Reagieren folgt der Bremsweg. Das ist der Weg, der vom Tritt auf das Bremspedal bis zum Stillstand zurückgelegt wird.

Hier gilt die Faustformel **„Geschwindigkeit geteilt durch 10 x Geschwindigkeit geteilt durch 10"** für eine Normalbremsung.
Durch Anwendung der Faustformel ist ein Ergebnis schnell und einfach ermittelt. Für den Bremsweg reicht das Ergebnis der Faustformel.

Der Bremsweg verhält sich <u>nicht</u> linear, d. h. bei Verdoppelung der Geschwindigkeit vervierfacht sich der Bremsweg.

Die gefahrene Geschwindigkeit ist die ausschlaggebende Komponente für die Länge des Bremsweges. Verschenken Sie in Notsituationen keinen Zentimeter: Sofort kräftig bremsen und erst allmählich nachlassen, wenn es die Situation zulässt (degressives Bremsen).

» **BREMSWEG NACH DER FAUSTFORMEL**

„Geschwindigkeit durch 10 x Geschwindigkeit durch 10" (Faustformel):

$$\frac{v}{10} \times \frac{v}{10} = \text{Bremsweg}$$

Bremsweg bei 30 km/h

$$\frac{30}{10} \times \frac{30}{10} = 9 \text{ m Bremsweg}$$

Bremsweg bei 80 km/h

$$\frac{80}{10} \times \frac{80}{10} = 64 \text{ m Bremsweg}$$

Zusätzlich kann sich der Bremsweg unter folgenden Kriterien verlängern:
- Reifen ohne ausreichendes Profil
- Bremsbeläge verschlissen
- Fahrbahn nass oder glatt
- Gefälle
- Schwere Beladung
- Fahren mit ungebremstem Anhänger

RISIKEN ERKENNEN UND IHNEN ENTGEGENWIRKEN

Anhalteweg (S_A)
Der Reaktionsweg und der Bremsweg zusammen ergeben den **Anhalteweg**.
Der Anhalteweg wird länger, je höher die Ausgangsgeschwindigkeit ist. Danach bemisst sich der Mindestabstand.

Anhalten braucht Zeit und Weg.
Von der Wahrnehmung der Gefahr, über den Tritt auf das Pedal, bis zum Stillstand ist es ein langer Weg – er dauert oft länger als man denkt.

Sofern für das benutzte Fahrzeug eine gesonderte Geschwindigkeitsbeschränkung gilt, oder ein Zug mit mehr als 7 Meter Länge geführt wird, muss außerhalb geschlossener Ortschaften ein so großer Abstand vom Vorausfahrenden gehalten werden, dass ein überholendes Kraftfahrzeug einscheren kann.

Nutzen Sie den „Leitpfosten-Abstand", dieser beträgt in der Regel 50 Meter. Passiert der Ihnen Vorausfahrende gerade einen Leitpfosten, dürfen Sie noch nicht an dem Ihrigen Leitpfosten vorbei sein.

Eine weitere Methode ist der „2-Sekunden-Abstand". Dazu merken Sie sich beim Fahren einfach einen festen Punkt (z. B. eine Brücke) und beginnen mit dem Zählen von Sekunden, wenn das vorausfahrende Fahrzeug daran vorbeifährt. Erreichen Sie die Stelle, nachdem Sie langsam „21, 22" gezählt haben, fahren Sie im „2-Sekunden-Abstand" und haben den Mindestabstand.

Das Zählverfahren ist übrigens einfacher und genauer als das ungefähre Abschätzen des Abstandes per „Augenmaß".

Wer einen Lkw mit einer zulässigen Gesamtmasse über 3,5 Tonnen oder einen Kraftomnibus führt, muss auf Autobahnen, wenn die Geschwindigkeit mehr als 50 km/h beträgt, zu vorausfahrenden Fahrzeugen einen Mindestabstand von 50 Meter einhalten.
Mindestabstand heißt, dass es durchaus mehr sein darf. Warum also nicht 70 oder 90 Meter Sicherheitsabstand?
Je mehr Abstand, desto besser die Sicht nach vorne und desto mehr Zeit für notwendige Reaktionen.

Der Leitpfosten-Abstand ist eine Hilfe zur Einschätzung des Sicherheitsabstandes.

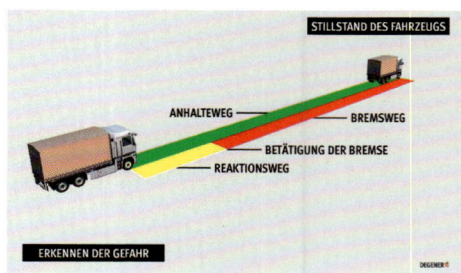

Anhalteweg.

RISIKEN ERKENNEN UND IHNEN ENTGEGENWIRKEN

Berücksichtigen Sie aber, dass Sie auf der Autobahn den „2-Sekunden-Abstand" nicht nutzen können.

Ein einfaches Rechenbeispiel zeigt warum.
Wegen erhöhten Verkehrsaufkommens können Sie 60 km/h fahren.
60 : 10 x 3 = 18 m/s
Sie legen nach der Faustformel 18 Meter pro Sekunde zurück. Für den „2-Sekunden-Abstand" multiplizieren Sie das Ergebnis mit der 2 (für 2 Sekunden) und erhalten 36 Meter. Bei 60 km/h fahren sie innerhalb von 2 Sekunden also genähert 36 Meter.
Das passt noch nicht, denn Kfz über 3,5 t zGM oder KOM auf Autobahnen mit mehr als 50 km/h müssen einen Mindestabstand von 50 Meter einhalten. Selbst bei 80 km/h ist das Faustformel-Ergebnis noch knapp unter dem geforderten Mindestabstand.

BREMSWEG/ANHALTEWEG/ÜBERHOLWEG/ AUFPRALLGESCHWINDIGKEIT

	Reaktionsweg	Bremsweg
30 km/h	8,33 m	4,63 m
35 km/h	9,72 m	6,3 m

Aufprallgeschwindigkeit 24,39 km/h

$$\sqrt{7{,}5 \text{ m/s}^2 \times [(9{,}72 \text{ m} + 6{,}30 \text{ m}) - (8{,}33 \text{ m} + 4{,}63 \text{ m})]}$$
$$= 6{,}78 \text{ m/s} \ (24{,}39) \text{ km/h}$$

Bei einer Geschwindigkeitsdifferenz von nur 5 km/h (Hier: 30 und 35 km/h) beträgt die Aufprallgeschwindigkeit noch 24,39 km/h!

💡 Zeigen Sie Größe und Überlegenheit, indem Sie sich richtig verhalten.
Lassen Sie sich nicht provozieren und halten Sie sich aus gefährlichen Situationen heraus, denn die Hauptursache für Auffahrunfälle ist zu geringer Abstand.

Mehr Abstand in kritischen Situationen
Auf nasser Fahrbahn müssen Sie einen erheblich größeren Abstand zum vorausfahrenden Fahrzeug halten als bei trockener Straße, weil z. B.
- Spritzwasser die Sicht beeinträchtigt,
- Unebenheiten schlechter erkennbar sind,
- ein Schmier- und Ölfilm entstehen kann,
- die Reifen schlechter greifen und deshalb der Bremsweg länger wird.

Rechnen Sie mit einem deutlich längeren Anhalteweg. Halten Sie größeren Abstand, um z. B. vor Pfützen oder Öllachen rechtzeitig abzubremsen oder auszuweichen.

Bei nasser Fahrbahn Abstände vergrößern.

RISIKEN ERKENNEN UND IHNEN ENTGEGENWIRKEN

Seitenabstand

Für den Berufskraftfahrer ist nicht nur der Abstand zu Vorausfahrenden von großer Bedeutung, sondern auch der zur Seite.

Die Regelung dazu besagt, dass beim Überholen ein ausreichender Seitenabstand zu den anderen Verkehrsteilnehmern eingehalten werden muss.

Überholen Sie mit Ihrem Kraftfahrzeug zu Fuß Gehende, Radfahrende oder Elektrokleinstfahrzeugführende, beträgt der ausreichende Seitenabstand <u>innerorts mindestens 1,5 m</u> und <u>außerorts mindestens 2 m.</u> Es darf mehr sein, nicht aber weniger. Reicht der Platz z. B. auf engen Fahrbahnen oder wegen etwaigen Gegenverkehrs nicht aus, dürfen Sie nicht überholen. Das ist erst wieder erlaubt, wenn genügend Platzreserven vorhanden sind.

Häufig zu beobachten sind Überholvorgänge von Kraftfahrzeugführenden, die auf ihrer Fahrbahn Radfahrende auf einem Fahrradschutzstreifen ohne ausreichenden Mindestabstand überholen.

Die den Schutzstreifen markierende Leitlinie stellt keinen hinreichenden Schutz für Radfahrende dar, weshalb beim Überholvorgang auch hier der Mindestabstand einzuhalten ist.

Der **„Schutzstreifen für den Radverkehr"** ist unter Nr. 22 der Anlage 3 (Abschnitt 8: Markierungen) zur StVO im Rahmen der Erläuterung der Leitlinie (Zeichen 340) benannt. Dort heißt es, dass durch Leitlinien markierte Schutzstreifen für den Radverkehr nur bei Bedarf überfahren werden dürfen – im Besonderen, um dem Gegenverkehr auszuweichen.

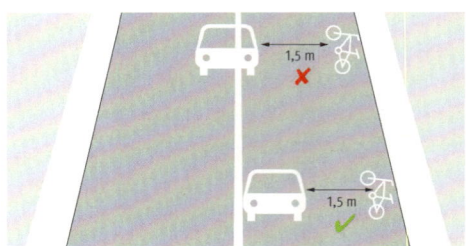

Der ausreichende Seitenabstand beträgt innerorts mindestens 1,5 m und außerorts mindestens 2 m.

Schutzstreifen für Radfahrer sind durch Leitlinien markiert.

Schutzstreifen für Radfahrer.

Ein durch **Leitlinien** markierter Schutzstreifen für den Radverkehr darf **nur bei Bedarf überfahren** werden. Diese Regelung schließt also ein **dauerhaftes Befahren** eines Schutzstreifens für Radfahrende **aus**.

2.6 Aggression und Selbstdurchsetzung

Ein Kfz bewegt viel mehr als das bloße Körpergewicht. Die Gefühle fahren immer mit. Sie beeinflussen das Denken und Handeln in allen Bereichen des Lebens. Sie können angenehm sein: Freude, Stolz oder auch Nervenkitzel. Und es gibt unangenehme Emotionen: Ärger, Wut oder Angst.

Manchmal fragt man sich, warum jemand ohne Fahrtrichtungsanzeiger abbiegt, einfach sehr langsam fährt oder einen nicht vorbeilässt. Erklärungen wie „der kennt sich hier vielleicht nicht aus" oder „den Blinker hat er sicher bei der Parkplatzsuche nur vergessen – passiert mir auch mal" führen dazu, geduldig zu bleiben und mehr Abstand zu halten. Bewertungen wie „das ist heute schon der Dritte, die haben es auf mich abgesehen" oder „Alte gehören nicht in den Pkw", können zu Ärger, vielleicht auch Wut führen und Gestikulieren, Hupen oder dichtes Auffahren nach sich ziehen. Wenn sich ein Fahrer von anderen eingeschränkt oder behindert fühlt, kann zunächst Ärger entstehen, der bis zur Aggression führen kann. Dies nennt man **emotionale oder reaktive Aggression**.

Davon unterscheidet sich die instrumentelle Aggression, bei der aggressives Verhalten eingesetzt wird, um ein bestimmtes Ziel zu erreichen. Dabei kann es z. B. um Selbstdurchsetzung, also um die Durchsetzung eigener Interessen gehen, wenn diese mit anderen im Konflikt stehen, z. B. Nötigung durch zu dichtes Auffahren, um zu überholen. In einer Rangordnung kann es um Beachtung gehen, z. B. bei illegalen Autorennen. Auch Rache- oder Vergeltungsakte sind möglich, z. B. das Ausbremsen eines Dränglers. Nicht jeder Ärger führt zu Aggression und nicht jede Aggression führt zu gefährdenden Verhaltensweisen.

Maßgeblich ist, ob und wie sich der Fahrer emotional wieder herunterregeln kann. Ähnlich wie das Internet ermöglicht es der Straßenverkehr, Aggressionen weitgehend anonym auszuleben, ohne persönlichen Kontakt zu den Beteiligten und ohne Perspektive, diesen in Zukunft wieder zu begegnen.

POSITIVE GEFÜHLE	NEGATIVE GEFÜHLE
Liebe	Hass
Freude	Trauer
Mut	Angst
Glück	Unglück
Sicherheit	Hilflosigkeit
Zuneigung	Ablehnung
Geduld	Ungeduld

Gefühle.

» AGGRESSION

Aggression im Straßenverkehr ist ein Verhalten, das auf Angriff gegenüber anderen Verkehrsteilnehmern ausgerichtet ist. Auslöser dazu sind meist Handlungen anderer, die die „freie Fahrt" behindern.

SCHLAGWORTVERZEICHNIS

Ablenkung 19, 20, 22
Abstand 26, 27, 28, 30, 31, 32
Aggression 33
Anhalteweg 26, 28, 30, 31
Arbeitsunfälle 11, 13
Bewusstseinsbildung 8
Bremsweg 26, 29, 30, 31
Fehlverhalten 10, 21
Geschwindigkeit 24, 25, 27, 28, 29
Reaktionsweg 28, 30
Reaktionszeit 27, 28
Verkehrsunfälle 9
Wegeunfälle 11

Dipl.-Ing. Immanuel Henken

BREMSANLAGEN

BAND 3

Bildnachweis –
wir danken folgenden Firmen und Institutionen für ihre Unterstützung:

Bosch GmbH
Daimler AG
MAN Nutzfahrzeuge AG
Markus Göppel GmbH & Co.
NEOPLAN Bus GmbH, Plauen
Scania Deutschland GmbH
WABCO

Autor: Dipl.-Ing. Immanuel Henken
Lektorat und Beratung: Rolf Kroth, Egon Matthias

BREMSANLAGEN

Inhalt

Die Bremsanlage ist das komplexeste Sicherheitssystem eines Nutzfahrzeugs bzw. Busses und unterliegt ständigen technischen Änderungen und strengen gesetzlichen Vorgaben. Die Berufskraftfahrer müssen die Bauvorschriften, sowie die Funktionsweise und Bedienungselemente einer Bremsanlage nicht nur kennen, sondern auch wissen, wie die verschiedenen Systeme auch unter schwierigen Bedingungen arbeiten und wie die unterschiedlichen Komponenten einzusetzen sind.

Dieser Band beinhaltet neben verschiedenen Arten der Bremsanlagen auch aktuelle Entwicklung im Bereich der Assistenzsysteme, insbesondere deren Grenzen und Möglichkeiten.

Es wird gezeigt welche Bremsanlage bei Omnibussen, Lastkraftwagen oder Lastzügen mit Anhänger Anwendung findet. Die Arbeitsweise der Bremse wird bebildert dargestellt und zeigt somit nicht nur wie sie funktioniert, sondern auch welchen Anforderungen sie standhalten muss.

Außerdem wird das Thema Wartung und Pflege der Bremsanlage behandelt und mit Arbeitsblättern und Aufgaben zur Wissensvermittlung sehr gut unterstützt.

Der Autor

Dipl.-Ing. Immanuel Henken war von 1990 bis 2014 in Unternehmen der Automobilzulieferindustrie tätig und verantwortlich an der Entwicklung von Fahrzeugregelsystemen für Nutzfahrzeuge beteiligt. Als Unternehmensberater unterstützt er heute Unternehmen der Branche in technischen und organisatorischen Themen, insbesondere auch im Bereich der Produktentwicklung.

Legende

 » **PARAGRAPH**
Originaltext aus dem Gesetz

 » **FRAGE**
Fragen aus der Praxis

 » **INFO**
Merksätze

 » **PRAXISTIPP/PRAXISWISSEN**
Tipps aus der Praxis

 » **BUCH**
Verweise auf weitere Lektüre/Nachschlagemöglichkeiten

 » **ARBEITSBLATT**
Zur Wiederholung und Vertiefung von gelernten Inhalten

INHALTSVERZEICHNIS

Grundbegriffe
1.1 Bewegungsenergie 7
1.2 Reaktionsweg – Bremsweg – Anhalteweg 7
 Arbeitsblatt 1 – Reaktionsweg – Anhalteweg – Bremsweg 9
1.3 Gesetzliche Vorschriften 10
1.4 Aufgaben der Bremsanlage 12
1.5 Grundaufbau einer Bremsanlage 13

Arten der Bremsanlagen
2.1 Einteilung der Bremsanlage 15
2.2 Mechanische Bremsanlage 15
2.3 Hydraulische Bremsanlage 15
2.4 Hilfskraft-Bremsanlagen 16
2.5 Fremdkraft-Bremsanlagen 17

Druckluftbeschaffungsanlage
3.1 Bauteile der Druckluftbeschaffungsanlage 18
3.2 Kompressor 18
3.3 Luftaufbereitungseinheit – APU 19
3.3.1 Druckregler 20
3.3.2 Lufttrockner 21
3.3.3 Mehrkreisschutzventil 22
3.3.4 Frostschutzeinrichtungen 23
3.4 Druckmesser 24
3.5 Druck-Warneinrichtungen 24
3.6 Luftbehälter 25

Betriebsbremse – Zweikreis-Bremsanlage
4.1 Aufbau der Betriebsbremse 27
4.2 Zweikreis-Motorwagenbremsventil 27
4.3 Automatisch-lastabhängiger Bremskraftregler (ALB) 29
4.4 Druckluftbremszylinder 30
4.5 Radbremsen 32
4.6 Feststellbremse 34
4.7 Hilfsbremse 37
4.8 Haltestellenbremse 37

Druckluftbremsanlage
5.1 Arbeitsweise der Druckluftbremsanlage 38
 Arbeitsblatt 2 – Arbeitsweise der Druckluftbremse 40

Dauerbremsen
6.1 Nutzung der Dauerbremse 41
6.2 Motorbremsen 42
6.3 Retarder 44

INHALTSVERZEICHNIS

Bremsanlagen bei Nutzfahrzeugen
- 7.1 Bremsanlagen bei Lastzügen ... 46
- 7.1.1 Bauteile im Motorwagen ... 47
- 7.1.2 Bauteile im Anhänger ... 48
- 7.1.3 Arbeitsweise der Zweileitungs-Bremsanlage im Anhänger ... 50
- 7.1.4 Abgestellter Anhänger ... 52
- 7.1.5 Automatisch-lastabhängige Bremskraftregelung ... 53
- 7.1.6 Feststellbremse am Anhänger ... 54
- 7.2 Bremsanlagen beim Gelenkomnibus ... 56
- 7.2.1 Zweikreis-Bremsanlage eines Gelenkbusses ... 56
- 7.2.2 Wirkung der Gelenkomnibus-Bremsanlage ... 57
- 7.3 Anhänger hinter Omnibussen ... 58

Elektronische Bremsunterstützung
- 8.1 Antiblockiersystem (ABS) im Kraftfahrzeug ... 59
- 8.2 Antiblockiersystem (ABS) im Anhänger ... 61
- 8.3 Antriebsschlupfregelung (ASR) ... 64
- 8.4 Elektronisches Bremssystem (EBS) ... 66
- Arbeitsblatt 3 – Elektronische Bremsunterstützung ... 69

Fahrerassistenzsysteme
- 9.1 Elektronische Stabilitätsregelungen ... 70
- 9.2 Stabilitätsregelsysteme ... 71
- 9.3 Spurverlassenswarner (LDWS) ... 73
- 9.4 Notbremssysteme ... 74
- 9.5 Abbiegeassistent ... 76
- 9.6 Weitere Assistenzsysteme ... 76

Kontrollen, Wartung und Pflege
- 10.1 Kontrolle der Druckluftbremsanlage ... 77
- 10.2 Hydraulische Bremsanlage ... 78
- 10.3 Kontrolle der Druckluftbremsanlage ... 79
- 10.4 Grenzen des Einsatzes der Bremsanlagen und der Dauerbremse ... 80

Lösungen Arbeitsblätter ... 81
Schlagwortverzeichnis ... 84

GRUNDBEGRIFFE

1. Grundbegriffe

1.1 Bewegungsenergie

Bewegt sich ein Fahrzeug, steckt in ihm eine bestimmte Bewegungsenergie, die von der Fahrgeschwindigkeit und von der Masse abhängt. Dabei steigt die Bewegungsenergie im Quadrat zur Geschwindigkeit. Beim Bremsen wird die Bewegungsenergie in Wärmeenergie (Reibungswärme) umgewandelt. Die Reibungswärme entsteht durch Anpressen der Bremsbeläge gegen die Bremstrommel oder gegen die Bremsscheibe. Je stärker der Anpressdruck, desto mehr nimmt die Geschwindigkeit ab – und desto größer ist die Reibungswärme.

1.2 Reaktionsweg – Bremsweg – Anhalteweg

Reaktionsweg
Der Reaktionsweg ist der Weg, der nach dem Erkennen der Gefahr bis zum Betätigen der Bremse zurückgelegt wird. Er ist abhängig von der gefahrenen Geschwindigkeit und der Reaktionszeit des Fahrers. Bei der Führerscheinausbildung wird der Einfachheit halber mit der Faustformel gerechnet. Dabei wird als Reaktionszeit 1 Sekunde angenommen.

$$S_R = \frac{V}{10} \cdot 3 \ [m]$$

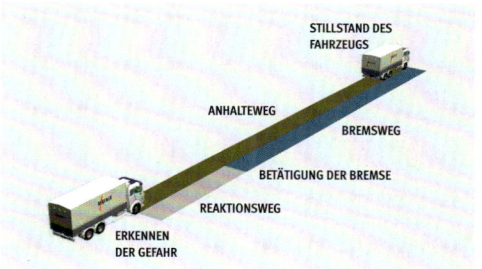

Beispiele:
Geschwindigkeit V = 50 km/h

$$S_R = \frac{50}{10} \cdot 3 = 15 \ m$$

Geschwindigkeit V = 100 km/h

$$S_R = \frac{100}{10} \cdot 3 = 30 \ m$$

» **INFO**

Bei Verdopplung der Geschwindigkeit verdoppelt sich der Reaktionsweg.

Exakte Berechnung: Die Berechnung des Reaktionsweges mit der Faustformel ist eine Vereinfachung, die in der Praxis ausreicht. Genauer ist die Berechnung mit der folgenden Formel. Hier nimmt man die Zeit t als Reaktionszeit von 1s an.

Rechenbeispiele:
V = 50 km/h $S_R = v \cdot t \ [m]$
v = 13,89 m/s
t = 1 s $S_R = 13,89 \ \frac{m}{s} \cdot 1s = 13,89 \ m \approx 14 \ m$

Rechenbeispiele:
V = 100 km/h $S_R = v \cdot t \ [m]$
v = 28,00 m/s
t = 1 s $S_R = 28,00 \ \frac{m}{s} \cdot 1s = 28 \ m$

GRUNDBEGRIFFE

Bremsweg
Der Bremsweg ist der Weg, der vom Betätigen der Bremse bis zum Stillstand des Fahrzeugs zurückgelegt wird. Er ist abhängig von der Geschwindigkeit und der Verzögerung (Abbremsung). Bei der Führerscheinausbildung wird der Einfachheit halber mit der Faustformel gerechnet. Dabei wird als Bremsverzögerung 3,85 m/s² angenommen.

Faustformel:
$$S_B = \frac{V}{10} \cdot \frac{V}{10} \; [m]$$

Beispiele:
Geschwindigkeit V= 50 km/h
$$S_B = \frac{50}{10} \cdot \frac{50}{10} = 25 \; m$$

Geschwindigkeit V= 100 km/h
$$S_B = \frac{100}{10} \cdot \frac{100}{10} = 100 \; m$$

Bei Verdoppelung der Geschwindigkeit vervierfacht sich der Bremsweg.

Exakte Berechnung: Die Berechnung insbesondere des Bremsweges nach der Faustformel ist physikalisch **recht ungenau**. Exakter kann man den Bremsweg mit folgender Formel berechnen. Hierzu muss die Bremsverzögerung a_m bekannt sein.

$$S_B = \frac{v^2}{2a_m} \; [m]$$

Rechenbeispiele:
V = 50 km/h
v = 13,89 m/s
a_m = 6 m/s²

$$S_B = \frac{v^2}{2 \cdot a_m}$$
$$S_B = \frac{13,89 \; m/s \cdot 13,89 \; m/s}{2 \cdot 6 \; m/s^2}$$
$$S_B = \frac{192,93}{12}$$
$$S_B = 16,08 \; m \approx 16 \; m$$

Rechenbeispiele:
V = 100 km/h
v = 28 m/s
a_m = 6 m/s²

$$S_B = \frac{v^2}{2 \cdot a_m}$$
$$S_B = \frac{27,78 \; m/s \cdot 27,78 \; m/s}{2 \cdot 6 \; m/s^2}$$
$$S_B = \frac{771,73}{12}$$
$$S_B = 64,33 \; m \approx 64 \; m$$

Anhalteweg
Der Anhalteweg ist der Weg, der nach dem Erkennen der Gefahr bis zum Stillstand des Fahrzeugs zurückgelegt wird.
Er setzt sich aus Reaktionsweg und Bremsweg zusammen.

Faustformel:
$$S_A = \frac{3 \cdot V}{10} + \frac{V}{10} \cdot \frac{V}{10} \; [m]$$

Beispiele:
Geschwindigkeit V= 50 km/h
$$S_A = \frac{50}{10} \cdot 3 + \frac{50}{10} \cdot \frac{50}{10} = 40 \; m$$

Geschwindigkeit V= 100 km/h
$$S_A = \frac{100}{10} \cdot 3 + \frac{100}{10} \cdot \frac{100}{10} = 130 \; m$$

Beim Vergleich der Ergebnisse der Faustformel stellen wir fest, dass die Faustformel immer etwas höhere Werte berechnet. Dort haben wir die Bremsverzögerung mit 3,85 m/s angenommen, der berechnete Bremsweg wird dadurch länger. In der Praxis reicht die Berechnung mit der Faustformel für eine Abschätzung völlig aus.

An dieser Stelle sei noch auf die Berechnung des Sicherheitsabstands hingewiesen. Aus der Fahrschule kennen wir die Faustformel „halber Tacho" (also bei beispielsweise bei 50 km/h 25 m Abstand) und die „2-Sekunden-Regel" (Abstand entspricht der in 2 Sekunden zurückgelegten Strecke). Diese Faustformeln berücksichtigen den Reaktionsweg und Unterschiede der Bremsleistung von Fahrzeugen z. B. durch den Beladungszustand, die Reaktion des Fahrers oder den Zustand der Bremsen. Für eine sichere Fahrweise ist ausreichender Abstand also sehr wichtig!

GRUNDBEGRIFFE

» **Arbeitsblatt 1**
Reaktionsweg – Anhalteweg – Bremsweg

1. Wie nennt man die grün, grau und blau markierten Streckenabschnitte? Tragen Sie die Lösung in die jeweiligen Kästen in der Abbildung ein:

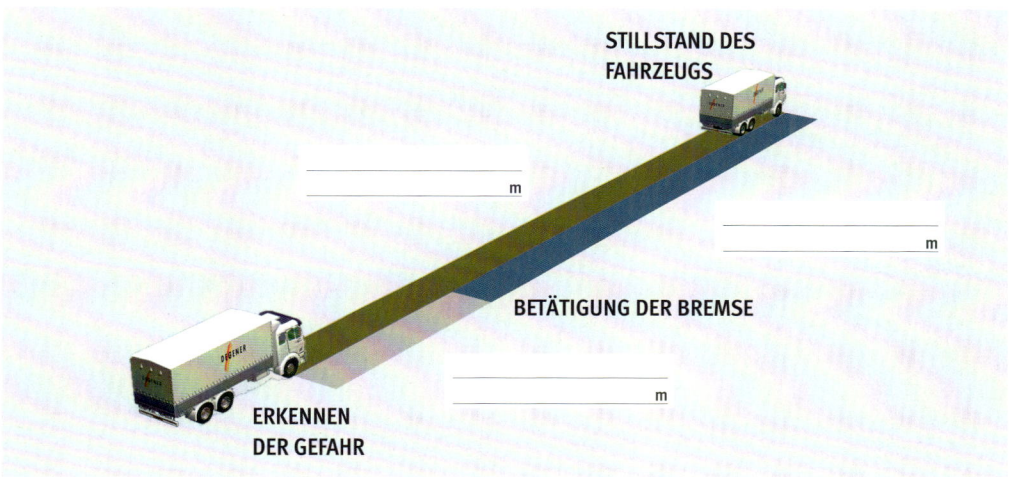

2. Berechnungen
Der Anhalteweg setzt sich aus Bremsweg und Reaktionsweg zusammen. Berechnen Sie die Wege wie im vorhergehenden Beispiel nach der physikalischen Formel bei einer Geschwindigkeit von 80 km/h und tragen Sie Ihre Ergebnisse in die Abbildung ein.

   a) Reaktionsweg

   b) Bremsweg

   c) Anhalteweg

3. Wie lang ist der Bremsweg bei einer Geschwindigkeit von 80 km/h mit einer Verzögerung von 8 m/s^2?

GRUNDBEGRIFFE

1.3 Gesetzliche Vorschriften

Nach den EU-Richtlinien 71/320 und ECE-Regelung 13 werden die Fahrzeuge in die Klassen M, N und O eingeteilt. M sind Fahrzeuge zur Personenbeförderung. N sind Fahrzeuge zur Güterbeförderung und O sind die Anhänger.

Die Betriebsanlage (BBA) verringert die Geschwindigkeit des Fahrzeuges beziehungsweise bringt das Fahrzeug bei einer Gefahrenbremsung mit möglichst kurzem Bremsweg zum Stehen. Die mittlere Bremsverzögerung muss bei einer Ausgangsgeschwindigkeit von 80 km/h und ausgekuppelten Motor mindestens 5 m/s^2 betragen. Als Betriebsbremsanlage sind gemäß StVZO und EG-Richtlinien Zweikreisbremsanlagen vorgeschrieben.

Die Hilfsbremsanlage (HBA) muss beim Versagen der Betriebsbremsanlage deren Aufgaben zumindest mit geminderter Wirkung erfüllen. Die HBA braucht keine unabhängige Bremsanlage sein, der zweite Kreis einer Zweikreisanlage erfüllt die Anforderungen. Bei einer dosierten Bremswirkung muss die mittlere Bremsverzögerung mindestens 2,2 m/s^2 betragen, das Fahrzeug darf bei Bremsung seine Spur nicht verlassen.

Die Feststellbremsanlage (FBA) muss das Fahrzeug mit mechanischen Mitteln an einer Steigung oder an einem Gefälle von 18 % am Abrollen hindern. Die maximale Betätigungskraft darf 600 N bei Handbetätigung und 700 N bei Fußbetätigung nicht überschreiten.

Die Dauerbremsanlage (DBA) vorgeschrieben bei Kraftomnibussen der Klasse M3 mit einer zulässigen Gesamtmasse über 5 t, Kraftfahrzeugen der Klasse N3 wenn sie zum Ziehen von Anhängern der Klasse O4 zugelassen sind und Kraftfahrzeuge der Klasse N3 mit einer zulässigen Gesamtmasse über 16 t. Die Dauerbremse ist eine Einrichtung die länger andauerndes Bremsen ermöglicht ohne in ihrer Bremsleistung nachzulassen. Die Dauerbremswirkung muss so angelegt sein, dass das vollbeladene Fahrzeug in einem Gefälle von 7 % auf einer Strecke von 6 km die Geschwindigkeit von 30 km/h halten kann.

M1
Fahrzeuge zur Personenbeförderung mit höchstens 8 Sitzplätzen außer dem Fahrersitz.
M2
Fahrzeuge zur Personenbeförderung mit mehr als 8 Sitzplätzen außer dem Fahrersitz und einer zulässigen Gesamtmasse bis zu 5 t.
M3
Fahrzeuge zur Personenbeförderung mit mehr als 8 Sitzplätzen außer dem Fahrersitz und einer zulässigen Gesamtmasse von mehr als 5 t.

Klasse M – Kraftfahrzeuge zur Personenbeförderung mit mindestens 4 Rädern

N1
Fahrzeuge zur Güterbeförderung mit einer zulässigen Gesamtmasse bis zu 3,5 t.
N2
Fahrzeuge zur Güterbeförderung mit einer zulässigen Gesamtmasse von mehr als 3,5 t bis zu 12 t.
N3
Fahrzeuge zur Güterbeförderung mit einer zulässigen Gesamtmasse von mehr als 12 t.

Klasse N – Kraftfahrzeuge zur Güterbeförderung mit mindestens 4 Rädern

O1
Anhänger mit einer zulässigen Gesamtmasse bis zu 0,75 t.
O2
Anhänger mit einer zulässigen Gesamtmasse von mehr als 0,75 t bis zu 3,5 t.
O3
Anhänger mit einer zulässigen Gesamtmasse von mehr als 3,5 t bis zu 10 t.
O4
Anhänger mit einer zulässigen Gesamtmasse von mehr als 3,5 t bis zu 10 t.

Klasse O – Anhänger einschließlich Sattelanhänger

GRUNDBEGRIFFE

Zweikreisbremsanlagen als Betriebsbremse sind für alle Kraftfahrzeuge zur Personen- und Güterbeförderung vorgeschrieben, wenn sie nach EG-Richtlinien zugelassen sind. Die Aufteilung in zwei getrennte Betriebsbremskreise erhöht die Betriebssicherheit wesentlich. Fällt ein Bremskreis aus, kann mit dem intakten Kreis gebremst werden – allerdings mit verminderter Bremswirkung.

Das Antiblockiersystem (ABS), in Vorschriften als Automatischer Blockierverhinderer (ABV) bezeichnet, ist vorgeschrieben für folgende Fahrzeuge mit einer bauartbedingten Höchstgeschwindigkeit von mehr als 60 km/h.
1. Pkw
2. Lkw und Sattelzugmaschinen mit einer zulässigen Gesamtmasse von mehr als 3,5 t.
3. Anhänger mit einer zulässigen Gesamtmasse von mehr als 3,5 t; dies gilt für Sattelanhänger nur dann, wenn die um die Aufliegelast verringerte zulässige Gesamtmasse 3,5 t übersteigt.
4. Kraftomnibusse
5. Zugmaschinen mit einer zulässigen Gesamtmasse von mehr als 3,5 t.
6. Motorräder mit mehr als 125cm³, seit 2017.

Diese Vorschrift gilt auch für andere Fahrzeuge mit ähnlichen Baumerkmalen des Fahrgestells. Sie gilt nicht für Fahrzeuge mit Auflaufbremse und nicht für Kraftfahrzeuge mit mehr als vier Achsen. Anhänger mit ABS (ABV), dürfen nur mit Kraftfahrzeugen verbunden werden, die die Funktion von ABS (ABV) im Anhänger sicherstellen.

Das ABS hat die Aufgabe, das Blockieren der Räder beim Bremsen zu verhindern. Dadurch bleiben Fahrstabilität und Lenkfähigkeit erhalten. Bei mehrgliedrigen Fahrzeugkombinationen hilft das ABS den Zug gestreckt zu halten. Das gilt insbesonders bei nasser Fahrbahn.

Die Elektronische Stabilitätsregelung, oft auch als Fahrdynamikregelung bezeichnet, ist Vorschrift in PKW und Nutzfahrzeugen. Sie hat die Aufgabe, das Fahrzeug zum Beispiel bei Kurvenfahrt oder Ausweichmanövern im Rahmen des physikalisch Möglichen zu stabilisieren. Dazu führt das System bei Erkennen einer kritischen Situation gezielte Bremseingriffe aus.

Spurverlassenswarner, die den Fahrer bei dem anscheinend ungewollten Verlassen der Fahrspur warnen, sind seit einigen Jahren in Nutzfahrzeugen mit einer zulässigen Gesamtmasse von mehr als 3,5 t vorgeschrieben.

Notbremsassistenten haben die Aufgabe, den Fahrer zu warnen und ggf. eigenständig eine Bremsung einzuleiten. Dabei reduzieren sie in vielen Fällen Unfallfolgen, können aber Unfälle nicht grundsätzlich verhindern. Sie sind heute praktisch in allen druckluftgebremsten Fahrzeugen vorgeschrieben.

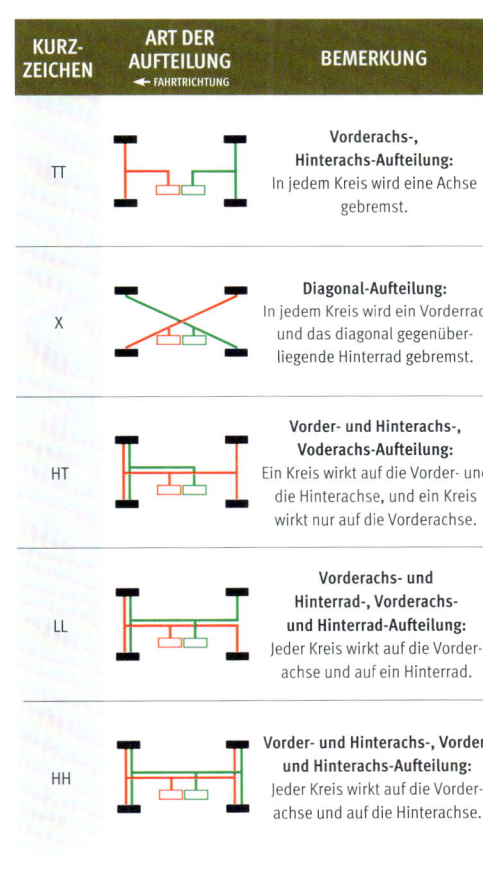

GRUNDBEGRIFFE

1.4 Aufgaben der Bremsanlage

Geschwindigkeit des Fahrzeug verringern
Die Geschwindigkeitsabnahme in einer bestimmten Zeit nennt man Verzögerung.

Fahrzeug zum Stillstand bringen
Bei einer Gefahrbremsung soll die Bremsanlage mit einer möglichst hohen Verzögerung das Fahrzeug abbremsen können, um einen möglichst kurzen Bremsweg zu erzielen.

Fahrzeug am Wegrollen hindern
Zu diesem Zweck muss eine feststellbare Bremseinrichtung vorhanden sein.

GRUNDBEGRIFFE

1.5 Grundaufbau einer Bremsanlage

Grundaufbau
Jede Bremsanlage besteht aus
- Energiequelle,
- Betätigungseinrichtung,
- Übertragungseinrichtung,
- Radbremsen.

Energiequelle
Hier entsteht die zum Bremsen benötigte Energie durch:
- Fremdkraft (Druckluft, Unterdruck, Federkraft)
- Muskelkraft des Fahrers

Betätigungseinrichtung
- Fußpedal
- Handhebel
- Druckknopf oder Schalter

Übertragungseinrichtung
Hier wird die Bremskraft von ihrer Betätigungseinrichtung bis zur Radbremse transportiert:
- mechanisch (Seile, Gestänge),
- hydraulisch (Bremsflüssigkeit),
- pneumatisch (Druckluft),
- elektrisch pneumatisch gemischt.

An der Radbremse findet die eigentliche Umwandlung der Bewegungsenergie in Wärmeenergie statt. Bei modernen Nutzfahrzeugen werden sowohl an der Vorderachse als auch an der Hinterachse Scheibenbremsen eingebaut.

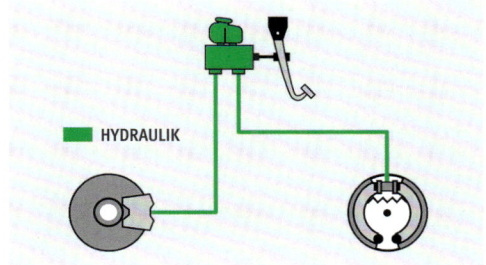

GRUNDBEGRIFFE

Scheibenbremse
Zwei Bremsklötze werden von beiden Seiten gegen die Bremsscheibe gedrückt.

Trommelbremse
Zwei Bremsbacken werden von innen gegen die Bremstrommel gepresst.

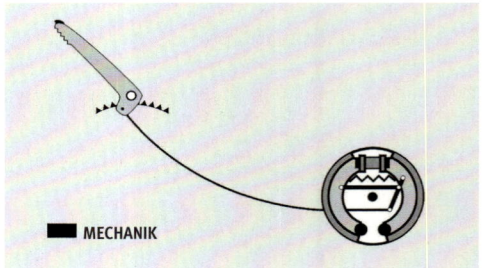

ARTEN DER BREMSANLAGEN

2. Arten der Bremsanlage

2.1 Einteilung der Bremsanlage

Bremsanlagen werden nach der Art der Bremskrafterzeugung und Bremskraftübertragung eingeteilt. Man unterscheidet:
- mechanische Bremsanlagen (betätigt mit Muskelkraft),
- hydraulische Bremsanlagen (betätigt mit Muskelkraft),
- Hilfskraft-Bremsanlagen (unterstützt durch Unterdruck oder Druckluft),
- Fremdkraft-Bremsanlagen (gebremst durch Druckluft und Hydraulik oder nur durch Druckluft).
- Fremdkraft-Bremsanlagen mit elektronischer Steuerung

2.2 Mechanische Bremsanlage

Leichte Kraftfahrzeuge wie zum Beispiel Mofas werden durch Muskelkraft abgebremst. Die Übertragung erfolgt mechanisch durch Seile und Gestänge. Mechanische Bremsanlagen findet man zum Beispiel als Feststellbremse im Pkw.

Muskelkraft mechanisch

2.3 Hydraulische Bremsanlage

Die Bremskraft wird durch Muskelkraft erzeugt. Die Übertragung erfolgt hydraulisch durch Bremsflüssigkeit. Fällt ein Bremskreis aus, kann das Fahrzeug noch mit dem anderen Bremskreis abgebremst werden.

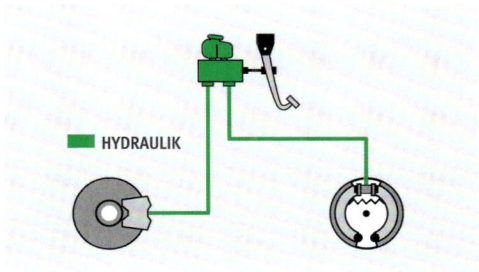

Muskelkraft hydraulisch

ARTEN DER BREMSANLAGEN

2.4 Hilfskraft-Bremsanlagen

Pkw und mittelschwere Kraftfahrzeuge werden durch Muskelkraft abgebremst, die durch eine Hilfskraft (Unterdruck/Druckluft) unterstützt wird. Fällt die Hilfskraft aus, kann auch mit erhöhter Fußkraft noch eine geringe Bremswirkung erreicht werden.

Der Unterdruck wird in Pkw mit Ottomotor durch dessen Saugwirkung erzeugt. Dieselmotoren erzeugen dagegen i. d. R. keinen ausreichenden Unterdruck. Dann werden zusätzliche Vakuumpumpen verwendet. Mithilfe von Vakuumpumpen können Hilfskraftbremsanlagen mit Vakuumverstärker auch noch in schweren Transportern eingesetzt werden.

Fahrzeuge mit druckluftunterstützter Hilfskraftbremse sind in Europa unüblich geworden.

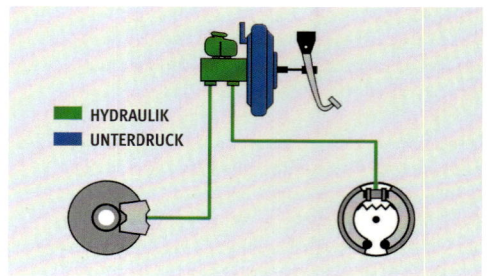

Hilfskraftbremse mit Unterdruckunterstützung

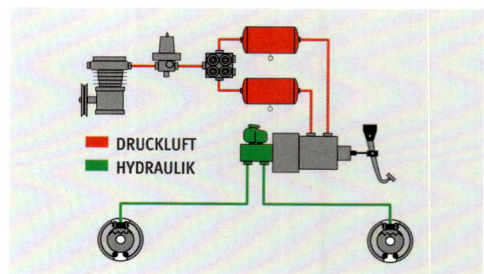

Hilfskraftbremse mit Druckluftunterstützung

ARTEN DER BREMSANLAGEN

2.5 Fremdkraft-Bremsanlagen

Schwere Kraftfahrzeuge werden durch die Fremdkraft Druckluft abgebremst. Die Übertragung erfolgt pneumatisch/hydraulisch oder überwiegend rein pneumatisch. Fällt die Druckluft in beiden Bremskreisen aus, kann mit der Betriebsbremse nicht mehr gebremst werden.

Die früher vorwiegend in mittelschweren Nkw verwendete Kombination aus druckluftbetätigter Bremse mit hydraulischer Kraftübertragung ist bei modernen Nutzfahrzeugen durch die rein pneumatische Druckluftbremsanlage ersetzt worden. Der Vorteil der kombinierten Bremsanlagen, die kürzere Ansprechzeit, ist durch die elektronische Regelung der Druckluftbremsanlagen weitgehend aufgehoben.

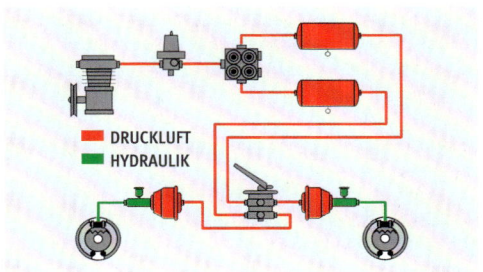

Fremdkraftbremse pneumatisch/hydraulisch

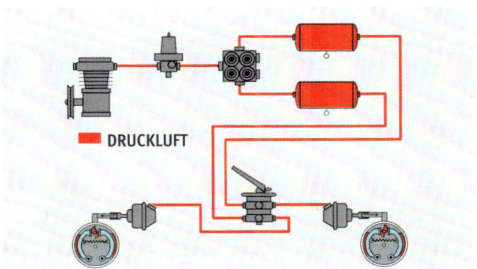

Fremdkraftbremse pneumatisch

Bauteile der Druckluftbremsanlage

Die Druckluftbremsanlage besteht aus vielen Einzelaggregaten. Erkennen von Fehlern und Störungen und das Ergreifen entsprechender Maßnahmen setzt Kenntnisse in der Funktion der einzelnen Bauteile voraus.

DRUCKLUFTBREMSANLAGE

1 Druckluftbeschaffungsanlage

2 Betriebsbremsanlage

3 Feststellbremsanlage

weitere Gerätegruppen, z. B. Anhängersteuerung, Luftfederung

Grundaufbau einer Druckluftbremsanlage

Bei mittleren und schweren Nutzfahrzeugen reicht die Muskelkraft des Fahrers nicht mehr aus, um die erforderliche Bremskraft zu erzeugen. Eine Fremdkraft wird gebraucht: Die Druckluft. Diese Energie wird in der Druckluftbeschaffungsanlage erzeugt und gespeichert. Nachgeschaltete Gerätegruppen können dadurch mit Druckluft versorgt werden.

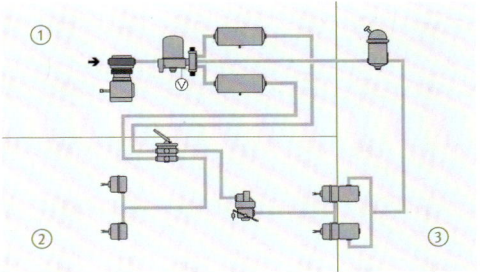

Aggregate und Baugruppen der Druckluftbremsanlage

DRUCKLUFTBESCHAFFUNGSANLAGE

3. Druckluftbeschaffungsanlage

3.1 Bauteile der Druckluftbeschaffungsanlage

Zur Druckluftbeschaffungsanlage gehören folgende Bauteile:
- Kompressor,
- Druckregler,
- Frostschutzeinrichtung oder Lufttrockner,
- Mehrkreisschutzventil,
- Luftbehälter,
- Druckmesser,
- Druck-Warneinrichtungen.

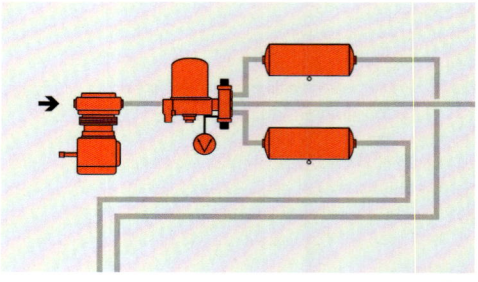

» **INFO**

In modernen Nutzkraftwagen sind einige Funktionen zu integrierten Kombi-Geräten zusammengefasst. Üblich ist die Kombination von Lufttrockner und Druckregler sowie ggf. Mehrkreisschutzventil und Druckmesser.

3.2 Kompressor

Der „Luftpresser" versorgt die Druckluftbremsanlage mit der erforderlichen Druckluftmenge.

Wirkungsweise

Der Kompressor saugt über den Filter des Fahrzeugmotors oder über einen eigenen Luftfilter Frischluft an, presst sie zusammen und drückt sie in das Rohrleitungssystem. Je nach Größe des Fahrzeugs und des davon abhängigen Druckluftbedarfs oder der Druckhöhe werden 1- oder 2-Zylinder-Kompressoren verwendet. Der Kompressor ist eine Kolbenpumpe. Die Kurbelwelle des Kompressors wird in der Regel vom Fahrzeugmotor direkt angetrieben. Bei älteren Fahrzeugen erfolgt der Antrieb über Keilriemen oder über Zahnriemen. Bei modernen Nutzfahrzeugen wird der Kompressor mittels Zahnrädern direkt vom Motor angetrieben. Die Schmierung erfolgt in der Regel über das Druckumlaufschmiersystem des Motors. Bei modernen Linienbussen mit Hybrid-Antrieb wird der Kompressor ggf. elektromotorisch angetrieben. Zwischen Kompressor und Druckregler ist häufig eine so genannte „Kühlschlange" eingebaut, um die verdichtete heiße Druckluft abzukühlen.

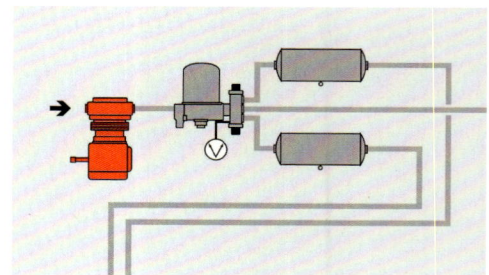

DRUCKLUFTBESCHAFFUNGSANLAGE

Kontrollen
- Keilriemen:
  - » Spannung prüfen
    (Daumenprobe, Verdrehprobe – lässt sich um 45° verdrehen),
  - » Verschleiß prüfen,
  - » Sitz prüfen.
- Luftfilterkontrollanzeige des Motors beachten, eventuell Ansaugfilter nach Betriebsanleitung reinigen.
- Rohrleitungsanschlüsse auf festen Sitz prüfen.
- Bei luftgekühlten Kompressoren auf saubere Kühlrippen achten.

» INFO

Wird die vom Hersteller angegebene Zeitdauer für das Auffüllen der Vorratsbehälter überschritten, ist entweder die Förderleistung des Kompressors zu gering oder das System ist undicht. Zu geringe Förderleistung kann folgende Ursachen haben: rutschender Keilriemen, verschmutzter Luftfilter, schadhafte Ventile des Luftpressers oder zu weit fortgeschrittener Kolbenverschleiß. Ist die Füllzeit dagegen erheblich kürzer, kann man darauf schließen, dass sich in den Luftbehältern zu viel Kondenswasser angesammelt hat. Also entwässern!

3.3 Luftaufbereitungseinheit – APU

Die APU (Air-Processing Unit) ist ein Multifunktionsgerät, das aus aus mehreren Gerätefunktionen und Baugruppen besteht. Eingeschlossen in diese Einheit ist ein Lufttrockner mit Druckregler, inklusive eines Sicherheitsventils und eines Reifenfüllanschlusses. An diesen Lufttrockner angeflanscht ist ein Mehrkreisschutzventil mit einem oder zwei integrierten Druckbegrenzungsventilen und zwei integrierten Rückschlagventilen. Zusätzlich ist bei einigen Versionen ein Doppeldrucksensor zur Messung der Vorratsdrücke der Betriebsbremskreise auf das Mehrkreisschutzventil montiert.

In modernen Lkw werden inzwischen weitergehend integrierte APUs eingesetzt. Diese enthalten auch elektronische Steuerungen und elektromechanische Druckregler und Mehrkreisschutzventile anstelle der bisher mechanischen Baugruppen (Elektronische Air Processing Unit, E-APU).

DRUCKLUFTBESCHAFFUNGSANLAGE

3.3.1 Druckregler

Der Druckregler sorgt dafür, dass der Druck in der Bremsanlage innerhalb des vorgegebenen Betriebsdrucks gehalten wird.
Über einen optionalen Reifenfüllanschluss kann Druckluft entnommen werden, z. B. um einen Reifen zu befüllen.

Wirkungsweise
- Füllstellung
  Die Druckluft strömt durch den Druckregler über Leitungen in die Luftbehälter. Es erfolgt ein Druckanstieg. Sobald der festgelegte Abschaltdruck (Betriebsdruck) erreicht ist, schaltet der Druckregler auf „Leerlauf". Die vom Kompressor geförderte Druckluft wird ins Freie „abgeblasen". Das Erreichen des Abschaltdrucks ist durch Zischgeräusche hörbar und an den Zeigern der Druckmesser ablesbar.
- Leerlaufstellung
  Ein Rückschlagventil sichert den Vorratsdruck. Die vom Kompressor erzeugte Druckluft strömt über den Abblasestutzen ins Freie. Eventuell vorhandene Öltröpfchen bzw. Wassertröpfchen werden dabei mitgerissen. Da die Druckluft ohne nennenswerten Widerstand ins Freie strömt, kühlt sich der Kompressor ab. Sinkt der Druck im Luftbehälter durch das Betätigen der Bremse oder durch andere Verbraucher bis auf den Einschaltdruck ab, schaltet der Druckregler wieder in die Füllstellung. Der Bereich zwischen Abschaltdruck und Einschaltdruck ist die so genannte Schaltspanne.

Reifen füllen
Über den Reifenfüllanschluss können, nach Anschluss eines Reifen-Füllschlauchs, die Reifen des Fahrzeugs im Notfall befüllt werden. Das Reifenfüllen ist nur in der Füllstellung des Reglers, also unterhalb des Einschaltdrucks, möglich. Der Reifenfüllanschluss kann auch zum Befüllen der Bremsanlage des Fahrzeugs durch eine fremde Druckluftquelle genutzt werden (Betriebsanleitung beachten).

» **INFO**

Wird beim „Abblasen" Ölschlamm ins Freie befördert, könnte die Ursache ein schadhafter Luftpresser sein.

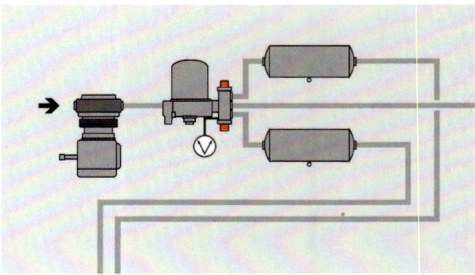

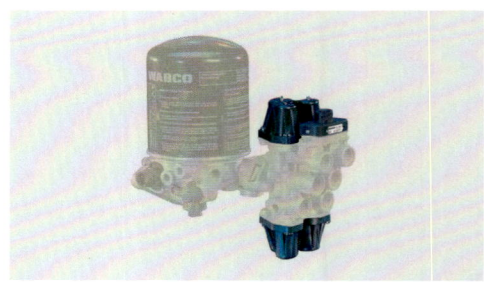

» **INFO**

- Betriebsdruck   ca. 8 bar
- Abschaltdruck   ca. 8 bar
- Schaltspanne   ca. 1 bar
- Einschaltdruck   ca. 7 bar
- Reifenfülldruck   ca. 12 bar

DRUCKLUFTBESCHAFFUNGSANLAGE

3.3.2 Lufttrockner

Ein Lufttrockner entwässert und reinigt die Druckluft.

Durch den Einbau eines Lufttrockners – heute üblich als Lufttrockner mit integriertem Druckregler – entfallen andere Frostschutzeinrichtungen und der separate Druckregler.

Wirkungsweise
Die Druckluft durchströmt ein Granulat (Trockenmittel) und gibt dabei Luftfeuchtigkeit ab. Getrocknete und gesäuberte Luft wird den Luftbehältern und einem Regenerationsbehälter zugeführt. Ist der Abschaltdruck erreicht, strömt getrocknete Druckluft aus dem Regenerationsbehälter zurück durch das Granulat, entzieht ihm die Feuchtigkeit und entweicht über ein Ventil ins Freie.

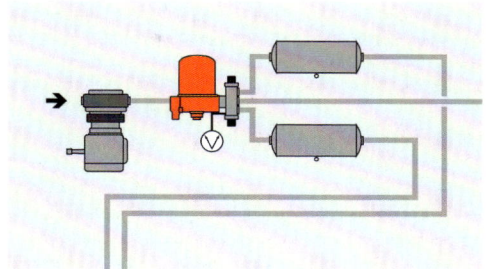

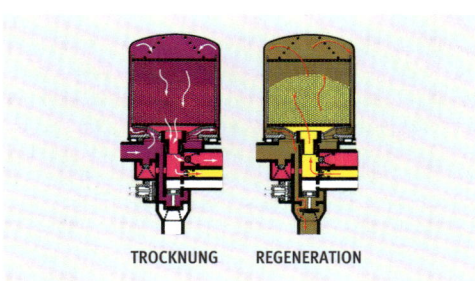

TROCKNUNG   REGENERATION

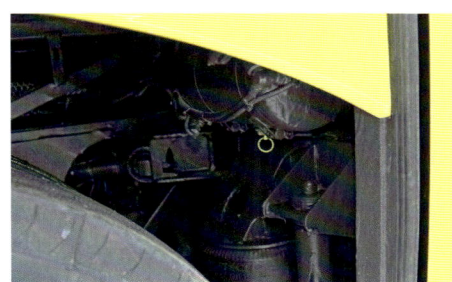

» INFO

Funktion des Lufttrockners an den Entwässerungsventilen der Luftbehälter regelmäßig überprüfen. Hat sich Wasser angesammelt, muss die Granulatkartusche ausgetauscht werden. Unabhängig davon muss die Kartusche in regelmäßigen Abständen nach Wartungsanleitung erneuert werden.

DRUCKLUFTBESCHAFFUNGSANLAGE

3.3.3 Mehrkreisschutzventil

Das Mehrkreisschutzventil, meist als Vierkreisschutzventil ausgeführt, sichert die anderen Kreise gegen einen undicht gewordenen Druckluftkreis („Kreisausfall") ab. Die Druckluftversorgung wird dadurch in den intakten Kreisen sichergestellt. Das Fahrzeug kann trotz Ausfalls eines Druckluftkreises noch mit reduzierter Bremswirkung gebremst werden.

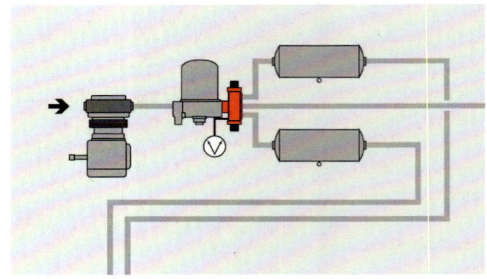

Wirkungsweise
Das Mehrkreisschutzventil ist eine „Aneinanderreihung" mehrerer Überströmventile mit begrenzter Rückströmung. Ein Überströmventil mit begrenzter Rückströmung öffnet erst, wenn sich der eingestellte Öffnungsdruck (ca. 7 bar) aufgebaut hat.
Dadurch werden die Druckluftbehälter in einer bestimmten Reihenfolge befüllt. Fällt der Druck ab, bleibt das Ventil zunächst geöffnet. Es schließt erst wieder, wenn der Druck bis auf den Schließdruck (ca. 4,5 bar) abgefallen ist. Dazwischen ist eine begrenzte Rückströmung der Druckluft in andere Druckluftbehälter möglich.

Das Vierkreisschutzventil verteilt die Druckluft auf die zwei Betriebsbremskreise und zwei Nebenverbraucherkreise. Wird einer der Kreise undicht, kann dessen Luftvorrat vollständig entweichen. Ist der Druck im undichten Kreis unter den Schließdruck gefallen, schließt sich dessen federbelastetes Überströmventil. Der defekte Kreis ist abgesichert, die anderen Kreise werden weiter mit einem Sicherungsdruck (ca. 6,5 bar) versorgt.

In elektro-pneumatischen Mehrkreisschutzventilen, z. B. in E-APUs, werden die (Überström-)Ventile durch Magnetventile – statt durch Federkräfte – gesteuert.

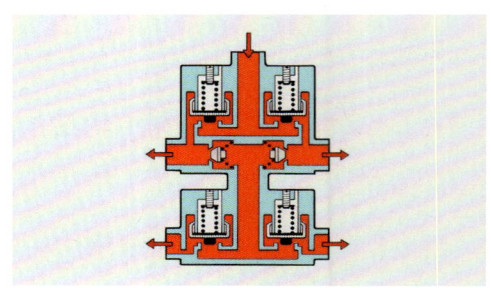

Fördert der Kompressor ununterbrochen Druckluft und wird der Abschaltdruck nicht erreicht, kann ein Defekt am Kompressor vorliegen, z. B. starker Kolbenverschleiß, oder ein am Mehrkreisschutzventil angeschlossener Druckluftkreis ist undicht geworden.

DRUCKLUFTBESCHAFFUNGSANLAGE

3.3.4 Frostschutzeinrichtungen

Alte Fahrzeuge, die noch keinen Lufttrockner haben, verfügen über eine Frostschutzpumpe, die im Winter einen Ausfall der Bremsanlage durch Eisbildung verhindern soll. Die Frostschutzpumpe muss mittels eines Handhebels auf Winterbetrieb umgestellt werden. Im Winter sollte der Flüssigkeitsstand täglich kontrolliert werden. Zum Schutz vor Korrosion sollte die Frostschutzeinrichtung auch im Sommer mit Frostschutzmittel befüllt sein. Nur vom Hersteller freigegebene Frostschutzmittel verwenden.

Frostschutzpumpen

Die Frostschutzpumpe spritzt das Frostschutzmittel in das Leitungssystem ein, wo es von der vorbeiströmenden Luft als feiner Nebel in die Bremsleitung mitgenommen wird. Die automatische Frostschutzpumpe wird durch Druckanstieg gesteuert und spritzt nur bei Lastlauf des Kompressors ein. Das Gerät wird durch Verdrehen eines Handhebels auf Winterbetrieb eingestellt.

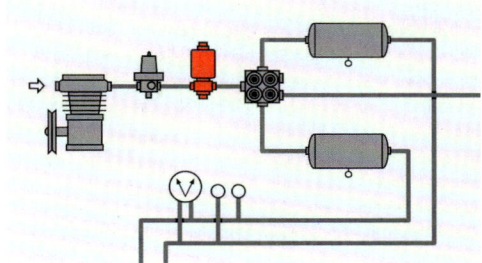

DRUCKLUFTBESCHAFFUNGSANLAGE

3.4 Druckmesser

Druckmesser oder Manometer dienen zur Überwachung des Vorratsdrucks in beiden Bremskreisen in der Bremsanlage.

Bei modernen Nutzfahrzeugen wird der Vorratsdruck digital im Display angezeigt.

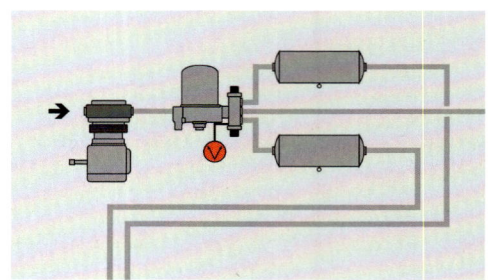

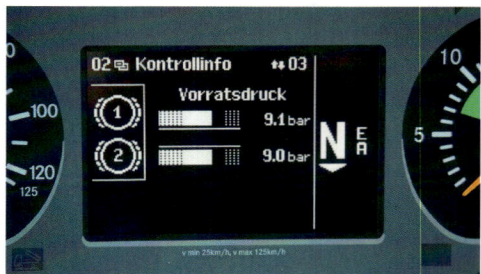

3.5 Druck-Warneinrichtungen

Warnlampen bzw. Warndruckzeiger als optische Warneinrichtungen signalisieren dem Fahrzeugführer, dass der Vorratsdruck nicht ausreichend ist. Nach dem Starten des Motors darf das Fahrzeug erst losfahren, wenn der Sicherungsdruck erreicht und die Warneinrichtung erloschen ist.

Weisen während der Fahrt die Warneinrichtungen auf einen gefährlichen Druckabfall hin, liegt ein Defekt in der Bremsanlage vor.

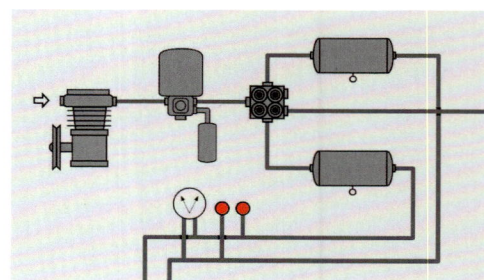

DRUCKLUFTBESCHAFFUNGSANLAGE

3.6 Luftbehälter

Die Luftbehälter, auch Vorratsbehälter genannt, speichern die vom Kompressor erzeugte Druckluft.

Das Volumen der Luftbehälter muss so bemessen sein, dass nach vier Vollbremsungen mit der Betriebsbremsanlage noch eine fünfte Bremsung mit der für die Hilfsbremsanlage in der vorgeschriebenen Wirkung möglich ist. Der Druckabfall im Vorrat soll bei einer Vollbremsung nicht höher als 0,7 bar sein. Diese Prüfung soll bei stehendem Fahrzeug im beladenen Zustand ohne Anhänger durchgeführt werden. Ein erheblicher größerer Druckabfall lässt auf angesammeltes Kondenswasser schließen. Die Gefahr eines hohen Druckabfalls bei einer Vollbremsung besteht darin, dass der Luftpresser den Vorratsdruck für weitere Bremsvorgänge nicht schnell genug ergänzen kann. Die Behälter sind mit einem Entwässerungsventil versehen, das entweder von Hand bedient wird oder automatisch arbeitet.

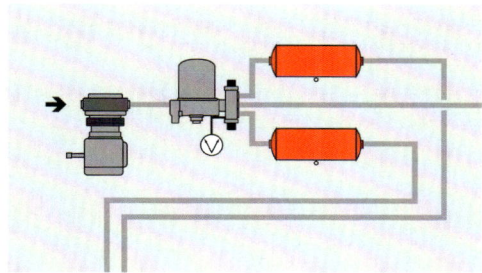

» **INFO**

Für Fahrzeuge mit ABS bestehen weitergehende Anforderungen für das Volumen der Luftbehälter.

DRUCKLUFTBESCHAFFUNGSANLAGE

Das automatische Entwässerungsventil ist unten im Luftbehälter eingeschraubt.

Bei einem Druckabfall im Luftbehälter, z. B. bei einer stärkeren Bremsung, entwässert das Ventil selbsttätig – bedingt durch den Druckunterschied zwischen Ventilkammer und Luftbehälter.

Die Funktion der automatischen Entwässerung ist regelmäßig zu überwachen.

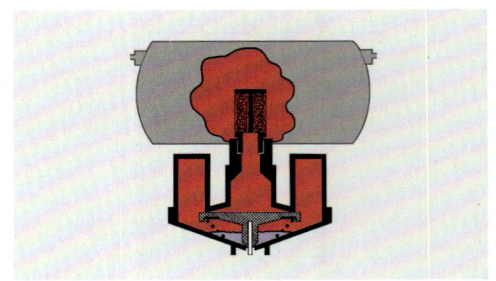

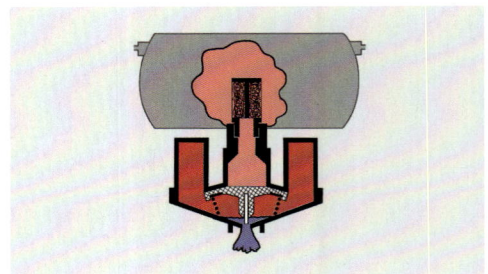

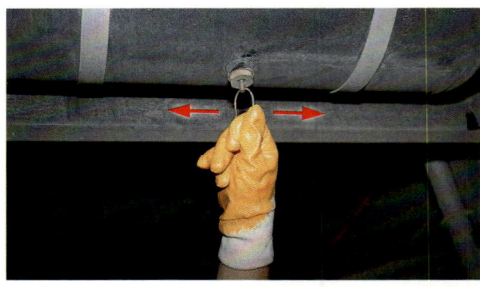

> » **INFO**
>
> Bei älteren Fahrzeugen sind die Vorratsbehälter nach Betriebsanleitung zu entwässern. Während der kalten Jahreszeit besteht die Gefahr, dass die Bremsanlage durch Eisbildung einfriert, daher täglich entwässern, sofern kein Lufttrockner vorhanden ist.

BETRIEBSBREMSE – ZWEIKREIS-BREMSANLAGE

4. Betriebsbremse – Zweikreis-Bremsanlage

4.1 Aufbau der Betriebsbremse

- Motorwagenbremsventil
- automatisch-lastabhängiger Bremskraftregler
- Druckluftbremszylinder
- Radbremsen

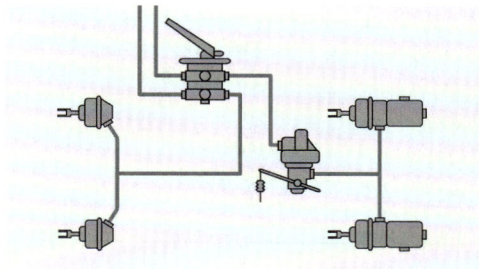

4.2 Zweikreis-Motorwagenbremsventil

Das Zweikreis-Motorwagenbremsventil, hier als Trittplattenbremsventil dargestellt, ermöglicht dosierbares Bremsen. Außer der Trittplattenbauart ist auch die Betätigung durch hängende oder stehende Pedale verbreitet.
Die zweikreisige Bauart besteht aus zwei nebeneinander oder übereinander ar geordneten Ventilsystemen. Jedes System versorgt einen Bremskreis.

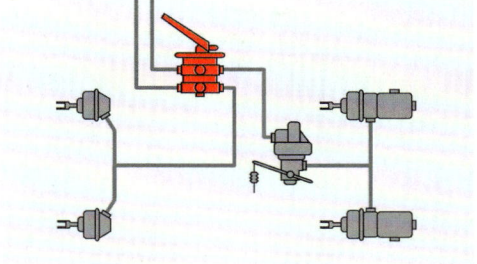

BETRIEBSBREMSE – ZWEIKREIS-BREMSANLAGE

Wirkungsweise

– Fahrstellung
Die Betriebsbremse ist gelöst, die Bremszylinder sind mit der Außenluft verbunden.

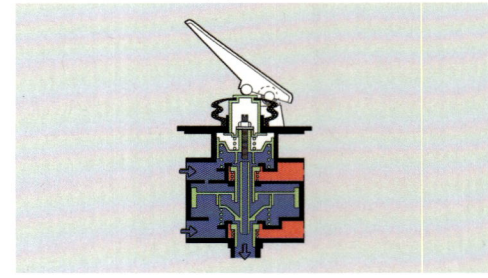

– Teilbremsstellung
Bei teilweiser Betätigung des Trittplattenbremsventils werden die Bremszylinder mit Teildruck belüftet. Der Druck, der in den Bremszylindern wirkt, erzeugt im Trittplattenbremsventil eine Reaktionskraft, die den Einlass wieder schließt (Bremsabschlussstellung). Der Bremsdruck lässt sich feinfühlig abstufen.

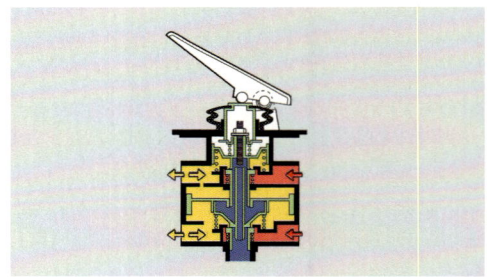

– Vollbremsstellung
Bei vollständigem Niederdrücken des Trittplattenbremsventils wirkt in den Bremszylindern der volle Vorratsdruck. Der Einlass bleibt geöffnet, die Reaktionskraft kann nicht wirksam werden.

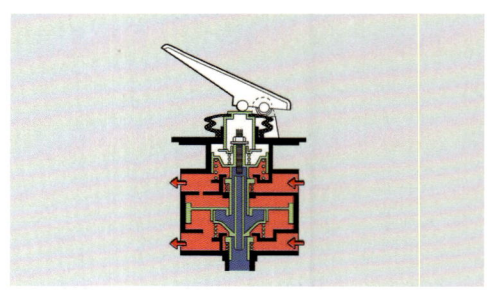

– Ausfall eine Bremskreises
Beim Ausfall eines Bremskreises wird der andere Bremskreis durch Herabdrücken des Kolbens mechanisch angesteuert.

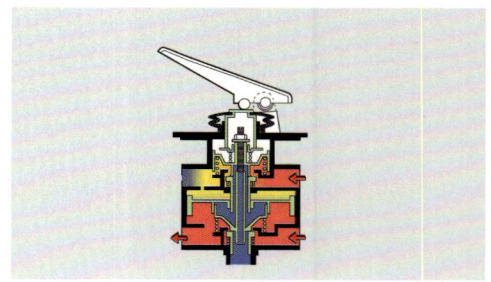

BETRIEBSBREMSE – ZWEIKREIS-BREMSANLAGE

4.3 Automatisch-lastabhängiger Bremskraftregler (ALB)

Um die vorgeschriebenen Bedingungen für die Bremskraftverteilung an Vorder- und Hinterachsen sowie zwischen Zug- und Anhängefahrzeugen zu erfüllen, müssen Lastkraftwagen und Omnibusse mindestens an der Hinterachse mit automatisch-lastabhängigem Bremskraftregler ausgestattet sein, sofern das Fahrzeug nicht mit einem ABS (ABV) ausgestattet ist, siehe unten.
Der automatisch-lastabhängige Bremskraftregler passt die Bremskraft einer Achse selbsttätig dem Belastungszustand an:
- Bei leeren oder teil beladenen Fahrzeugen wird der Bremsdruck reduziert.
- Bei voll beladenen Fahrzeugen wird der Bremsdruck ungemindert durchgesteuert.

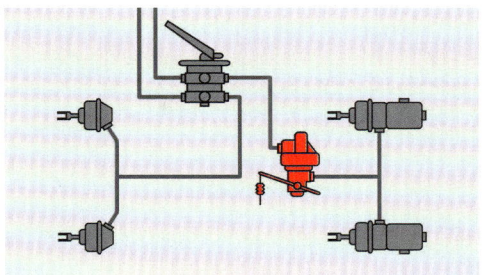

Der automatisch-lastabhängige Bremskraftregler ist am Fahrzeugrahmen befestigt und über ein Gestänge mit der Achse verbunden. Der Abstand zwischen Achse und Rahmen wird als Einstellgröße zur feinen Abstufung der Bremskraft herangezogen. Bei einem defekten oder falsch eingestellten ALB sowie bei einem Federbruch an der Achse wird die Bremskraft nicht mehr richtig reduziert – die Räder dieser Achse werden bei unbeladenem oder teilbeladenem Fahrzeug überbremst.

Bei Nutzfahrzeugen mit Luftfederung regelt ein pneumatisch angesteuerter ALB die Bremskraft abhängig vom Druck in den Federbälgen und damit von der Beladung des Fahrzeugs.

Bei leerem oder teilweise beladenem Fahrzeug kann der Fahrer die Bremskraft nicht über die vom ALB durchgesteuerten Druck erhöhen, auch wenn er kräftiger auf das Pedal tritt. Denn auch die stärkste Bremsung wird immer der tatsächlichen Achslast angepasst.
Bei glatter oder rutschiger Fahrbahn müssen Fahrzeuge ohne ABS trotz ALB mit Gefühl gebremst werden. Denn die Bremskraft wird nicht automatisch dem witterungsbedingten Zustand der Fahrbahn angepasst.
Fällt ein Federbalg aus oder bricht das Gestänge, stellt sich der ALB-Regler automatisch auf „Halblast" ein.

Um einen schnelleren Druckaufbau in den Bremszylindern an den Hinterrädern zu erzeugen, sind ALB-Regler i.d.R. mit Relaisventilen kombiniert.

> » **INFO**
>
> Für Fahrzeuge mit ABS (ABV) sind ALB nicht vorgeschrieben. In solchen Fahrzeugen ist die ABS-Funktion aber häufig um eine elektronische Regelung der Bremskraftverteilung (E-ALB) ergänzt. In modernen Nutzfahrzeugen mit elektro-pneumatischem Bremssystem (EBS) sorgt die EBS-Elektronik in Kombination mit Druckregelventilen sowohl für die lastabhängige Bremskraftverteilung als auch für die ABS-Funktion.

BETRIEBSBREMSE – ZWEIKREIS-BREMSANLAGE

4.4 Druckluftbremszylinder

Die Bremszylinder wandeln den über das Trittplattenbremsventil eingeleiteten Druck in Anpresskraft um.

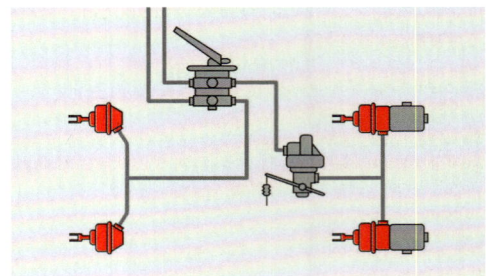

Bauarten
- Kolbenbremszylinder
  Diese Bauart wird kaum noch verwendet.
- Membranbremszylinder
  Heute üblicher Standard.

Kolbenbremszylinder

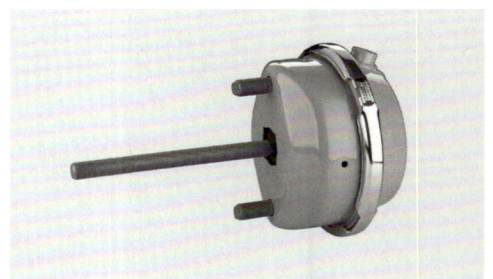

Membranbremszylinder

Wirkung
Die vom Trittplattenbremsventil eingesteuerte Druckluft wirkt auf die Membran. Die Membran wölbt sich durch. Über die Druckstange und das Bremsgestänge werden die Radbremsen betätigt. Der Gestängewinkel darf im gebremsten Zustand nicht 90° unterschreiten.

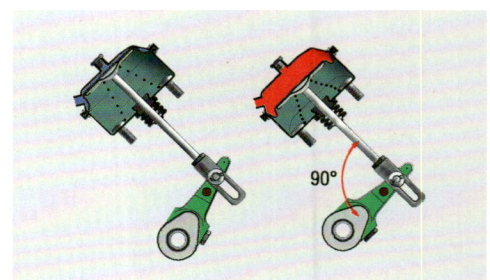

BETRIEBSBREMSE – ZWEIKREIS-BREMSANLAGE

Ursachen für zu großen Arbeitshub der Bremszylinder können sein:
- abgenutzte Bremsbeläge,
- verschlissene Bremstrommeln,
- ausgeschlagene Bremsgestänge.

Die Folgen sind erhöhter Luftverbrauch und geringere Bremsleistung. Zusätzlich besteht die Gefahr, dass bei überhitzten Bremstrommeln die Bremswirkung unzulässig abfällt oder sogar ausfällt.

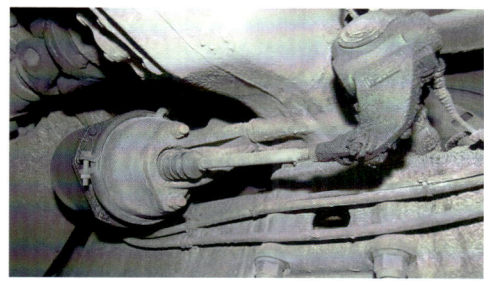

Gestängesteller

Um den Verschleiß der Bremsbeläge ausgleichen zu können, müssen an der Betriebsbremse selbsttätige Nachstelleinrichtungen wirken. Ein Verschleiß der Bremsbeläge muss von außen oder von der Unterseite des Fahrzeuges nachprüfbar sein. Geeignete Inspektionsöffnungen oder optische Verschleißanzeiger im Display am Armaturenbrett die einen notwendigen Belagwechsel anzeigen sind zulässig.

Automatische Gestängesteller gleichen den Bremsbelagverschleiß selbsttätig aus, so dass die Bremszylinder stets im annähernd gleichen Hubbereich arbeiten.

Der automatische Gestängesteller verdreht den Bremshebel je nach Bremsbelagverschleiß selbsttätig auf der Bremswelle.

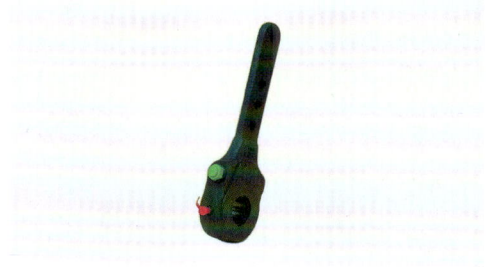

BETRIEBSBREMSE – ZWEIKREIS-BREMSANLAGE

4.5 Radbremsen

Die Radbremsen wandeln die Bewegungsenergie des Fahrzeugs in Wärmeenergie (Reibungswärme) um. Es gibt Trommelbremsen und Scheibenbremsen.

Trommelbremsen
Das Bremsgestänge verdreht einen Nocken oder verschiebt einen Keil. Die Bremsbacken mit den Bremsbelägen werden gespreizt und dadurch an die Bremstrommel angepresst.

Durch die entstehende Reibungswärme dehnen sich die Bremstrommeln aus. Der Arbeitshub des Bremszylinders reicht bei überhitzter Bremstrommel nicht mehr aus, um die Bremsbacken anzupressen. Die Bremswirkung lässt stark nach (Bremsfading).

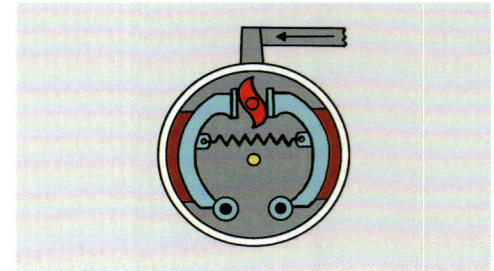

S-Nocken-Bremse

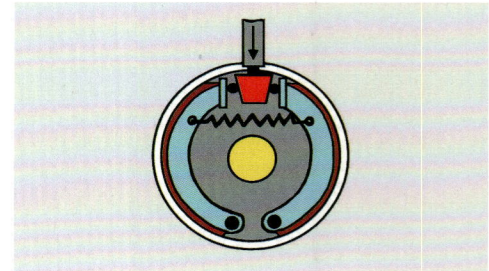

Spreizkeilbremse

BETRIEBSBREMSE – ZWEIKREIS-BREMSANLAGE

Scheibenbremsen

Der konstruktive Aufwand ist höher als bei Trommelbremsen. Im Nutzfahrzeugbau kommen immer häufiger Scheibenbremsen zum Einsatz. Scheibenbremsen sind hinsichtlich Bremsfading weniger empfindlich als Trommelbremsen. Außerdem sind Bremsbelagwechsel und andere Wartungsarbeiten weniger aufwändig und damit kostengünstiger durchzuführen.

Wirkungsweise

Die Bremskraft wird vom Bremszylinder auf einen Hebel übertragen. Dieser drückt über einen Exzenter-/Brücken-Mechanismus auf den Bremsbelag. Der gegenüberliegende Belag wird durch die auf den Schwimmsattel wirkende Reaktionskraft des Hebels gegen die Bremsscheibe gepresst. Eine selbsttätige Nachstellvorrichtung ist integriert.

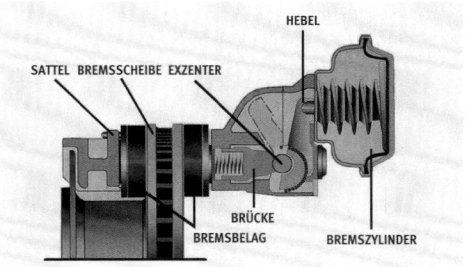

BETRIEBSBREMSE – ZWEIKREIS-BREMSANLAGE

4.6 Feststellbremse

Die Feststellbremse verhindert, dass das Fahrzeug im Stand – vor allem auf geneigter Fläche – wegrollt. Es werden zwei Arten unterschieden:
- mechanische Feststellbremse,
- gestängelose Feststellbremse.

Die Feststellbremse muss das Fahrzeug an einer Steigung oder an einem Gefälle von 18 % am Abrollen hindern. Ist das Fahrzeug zum Ziehen von Anhängern eingerichtet, muss die Feststellbremse die Kombination bei einer Steigung oder an einem Gefälle von 12 % halten.
Bei leichten Nutzfahrzeugen wird die Feststellbremse wie beim Pkw durch Körperkraft betätigt. Die Bremskraft wird mechanisch mit einem Handbremshebel über Gestänge oder Seilzüge auf die Radbremsen der Hinterachse übertragen.
Bei druckluftgebremsten Fahrzeugen nutzt man die Spannkraft einer starken Feder (Speicherfeder) als Bremskraft. Diese „gestängelose" Feststellbremse wird mit Druckluft gelöst.

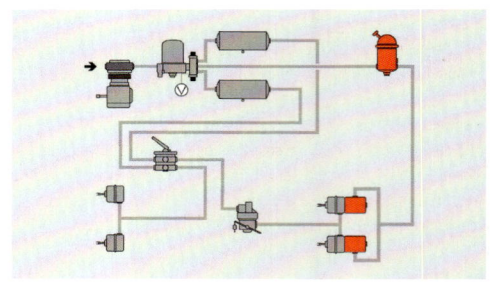

Federspeicher-Bremszylinder

In der Lösestellung drückt die Vorratsluft einen Kolben zurück und hält dadurch die Feder gespannt. Beim Betätigen des Feststellbremsventils wird der Druck im Federspeicherzylinder abgesenkt, die Federkraft betätigt die Radbremse. Der Federspeicherzylinder kann mit einem Kolbenzylinder oder mit einem Membranzylinder kombiniert werden (Kombi- oder Tristop-Bremszylinder).

Steht der Handbremshebel in Bremsstellung und fällt die Druckluft aus, reagiert der Federspeicherzylinder nicht mehr auf das Feststellbremsventil. Die Bremse kann dann nur noch durch mechanische, hydraulische oder pneumatische Hilfslöseeinrichtungen gelöst werden.

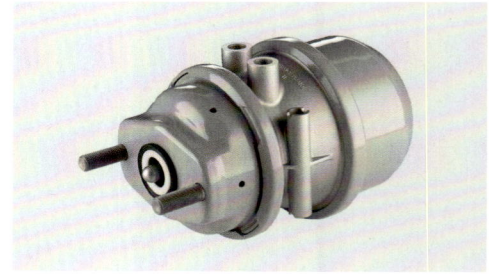

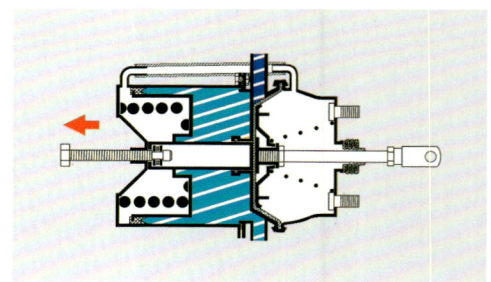

BETRIEBSBREMSE – ZWEIKREIS-BREMSANLAGE

Feststellbremsventil
Mit dem Feststellbremsventil können die Federspeicher-Bremszylinder belüftet oder entlüftet werden.

Hinweis: Die Feststellbremse wirkt bei den meisten Fahrzeugen nur auf die Hinterachsen, darum soll sie nur bei stehendem Fahrzeug benutzt werden. Während der Fahrt bringt die Feststellbremse die Hinterräder zum Blockieren. Die Hinterräder verlieren die Seitenführung, das Fahrzeug bricht aus.

– Fahrstellung
 Die Federspeicherzylinder sind mit Druckluft versorgt. Die Feder ist zusammengedrückt, die Bremse ist gelöst.

– Bremsstellung
 Die Federspeicherzylinder sind vollständig entlüftet. Die Feder ist entspannt. Die Federkraft betätigt die Radbremsen der Hinterachse.

– Teilbremsstellung
 Die Federspeicher können teilweise entlüftet werden. Die Federkraft wird für ein gefühlvolles Abbremsen eingesetzt. Die Teilbremsstellung wird nur dann verwendet, wenn die Betriebsbremse ausgefallen ist.

– Prüfstellung
 Diese Hebelstellung ist für einen druckluftgebremsten Zug vorgesehen. Die Federspeicherzylinder des Zugfahrzeugs sind entlüftet (gebremst), die Anhängerbremse ist entlüftet (gelöst). Die Prüfstellung dient zur Kontrolle, ob die Feststellbremse des Zugfahrzeugs den gesamten Zug auf abschüssiger Fahrbahn bei Druckverlust im Anhänger halten kann.

Fahrstellung

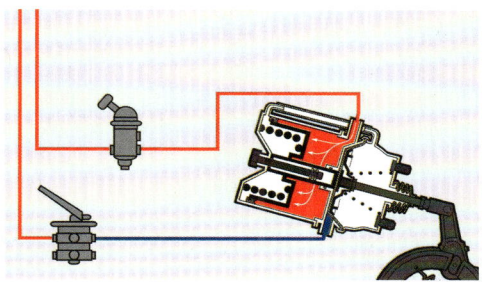

Bremsstellung

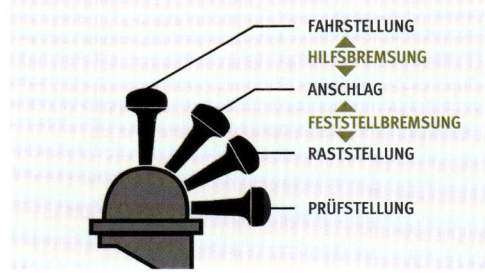

BETRIEBSBREMSE – ZWEIKREIS-BREMSANLAGE

Relaisventil
Relaisventile sorgen für eine schnelle Be- und Entlüftung von Druckluftgeräten sowie zu einer Verkürzung der Ansprech- und Schwelldauer bei Druckluftbremsanlagen. Insbesondere dienen sie zur schnellen Be- und Entlüftung der Federspeicherzylinder.

Weitere Ausführungsformen dienen der Vermeidung einer Bremskraftaddition in kombinierten Federspeicher-Membranzylindern (Tristop®-Zylinder). Bei gleichzeitiger Betätigung der Betriebs- und Feststellbremsanlage kann das Relaisventil die mechanischen Übertragungsteile wirksam gegen eine Überbeanspruchung schützen.

BETRIEBSBREMSE – ZWEIKREIS-BREMSANLAGE

4.7 Hilfsbremse

Die Hilfsbremse soll das Fahrzeug bei Ausfall der Betriebsbremse zum Stillstand bringen. Die Hilfsbremse stellt keine eigene Bremsanlage dar. Sie ist ein Bestandteil der Betriebsbremse. Fällt bei einer Zweikreis-Bremsanlage ein Kreis aus, ist der noch intakte Kreis die Hilfsbremse. Bei Ausfall der Luftbeschaffungsanlage dient die dosierbare Feststellbremse als Hilfsbremse.

4.8 Haltestellenbremse

Diese Bremsanlage wird in Stadt- und Linienbussen sowie in Kommunalfahrzeugen beispielsweise für die Müllabfuhr eingebaut. Mit dieser Einrichtung kann der Bus an Haltestellen schnell und mit geringem Luftbedarf am Wegrollen gehindert werden. Die Haltestellenbremse wirkt mit einem Druck von ca. 3,5 bar auf den Membranteil des Tristopzylinders, also auf die Betriebsbremse der Hinterräder.

Aufbau
1 Druckminderer
2 Elektropneumatisches Belüftungsventil
3 Zweiwegeventil
4 Schalter

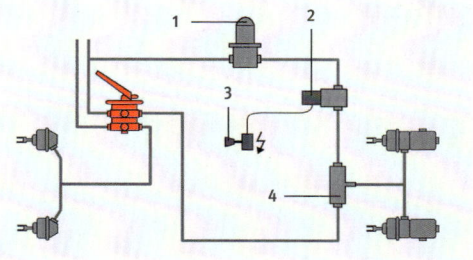

Die Betätigung erfolgt elektropneumatisch über einen Schalter in der Instrumententafel. Als Sonderausführung kann die Haltestellenbremse mit dem Öffnen der Fahrgasttüren kombiniert sein.

Hinweise zur Benutzung
- Haltestellenbremse nur während des Haltens an Haltestellen benutzen.
- Beim Verlassen des Busses immer die Feststellbremse betätigen.
- Statt der Haltestellenbremse die Feststellbremse benutzen, wenn in einer Steigung oder in einem Gefälle von über 10 % angehalten wird.

An einer Kontrollleuchte oder im Display können Sie sehen, ob die Haltestellenbremse eingelegt ist.

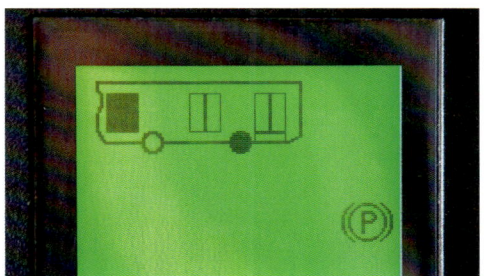

DRUCKLUFTBREMSANLAGE

5. Druckluftbremsanlage

5.1 Arbeitsweise der Druckluftbremsanlage

– Fahrstellung
Die Druckluft wird vom Kompressor erzeugt. Sie strömt über das Mehrkreisschutzventil in die voneinander getrennten Kreise.
Die Vorratsbehälter des Motorwagens sind gefüllt. Die Druckluftbremszylinder im Motorwagen sind drucklos. Die Federspeicher-Bremszylinder sind belüftet.

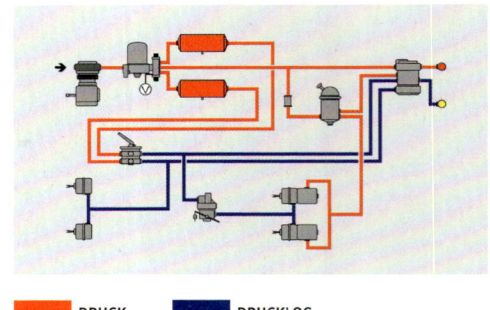

DRUCK   DRUCKLOS

– Vollbremsstellung
Das Motorwagenbremsventil wird voll getreten. Druckluft strömt in die Bremszylinder des Motorwagens. Es erfolgt eine Vollbremsung. Vorratsdruck und Bremsdruck sind gleich.

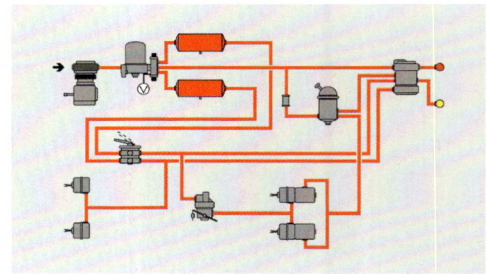

– Teilbremsstellung
Das Motorwagenbremsventil ermöglicht eine feinfühlige Abstufung der Betriebsbremse. Bei teilweisem Durchtreten des Pedals gelangt nur ein Teildruck zu den Bremszylindern des Motorwagens. Die Abstufung erfolgt auf eine Genauigkeit von 0,1 bis 0,2 bar.

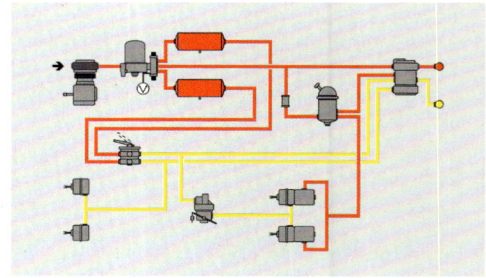

– Lösen der Betriebsbremse
Beim Loslassen des Bremspedals entlüften die Bremszylinder des Motorwagens über das Relaisventil.

DRUCKLUFTBREMSANLAGE

- Ausfall eines Vorratskreises
  Bricht während der Fahrt eine Leitung am Vorratsbehälter – z. B. der für den Bremskreis der Vorderachse –, ist der Defekt sofort an den Druckmessern bzw. Warneinrichtungen zu erkennen. Der defekte Kreis wird drucklos. Das Mehrkreisschutzventil sichert den anderen Kreis bis auf den Sicherungsdruck ab. Beim Bremsen kann der Motorwagen nur noch mit dem intakten Bremskreis abgebremst werden. Die Bremswirkung ist geringer.

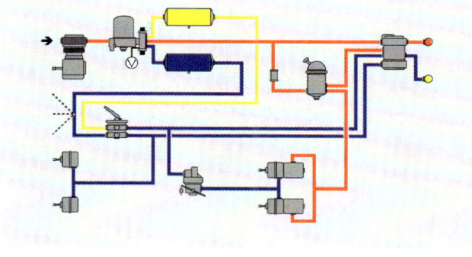

- Ausfall eines Bremskreises
  Ist die Leitung zu einem Bremszylinder der Vorderachse gebrochen, kann man den Schaden ohne zu bremsen nicht erkennen. Beim Bremsen ist der Schaden an den Druckmessern bzw. Warneinrichtungen zu erkennen. Der defekte Bremskreis wird drucklos. Das Mehrkreisschutzventil sichert den anderen Kreis bis auf den Sicherungsdruck ab. Der Motorwagen wird nur noch mit einer Achse gebremst. Die Bremswirkung ist geringer, der Bremsweg verlängert sich entsprechend.

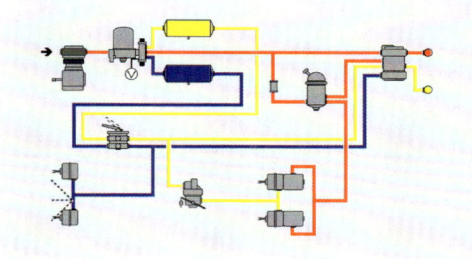

- Feststellbremse in Fahrstellung
  In Fahrstellung sind die Federspeicher-Bremszylinder über das Feststellbremsventil belüftet. Die Federn in den Federspeicher-Bremszylindern werden durch die Druckluft zusammengedrückt. Die Feststellbremse ist gelöst.

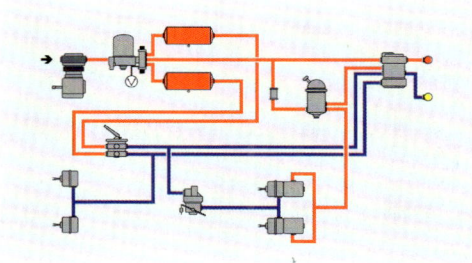

- Feststellbremse in Bremsstellung
  Beim Betätigen der Feststellbremse entlüften die Federspeicher-Bremszylinder über das Feststellbremsventil. Die Federkräfte der Speicherfedern lösen die Bremsung aus. Der Motorwagen wird mechanisch gebremst.

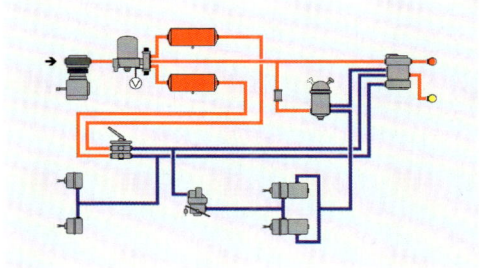

ARBEITSBLATT 2

» **Arbeitsblatt 2**
  Arbeitsweise der Druckluftbremse

1. Zeichnen Sie „Druck" und „drucklos" wie folgt ein:  DRUCK   DRUCKLOS   VORRAT   BREMSE

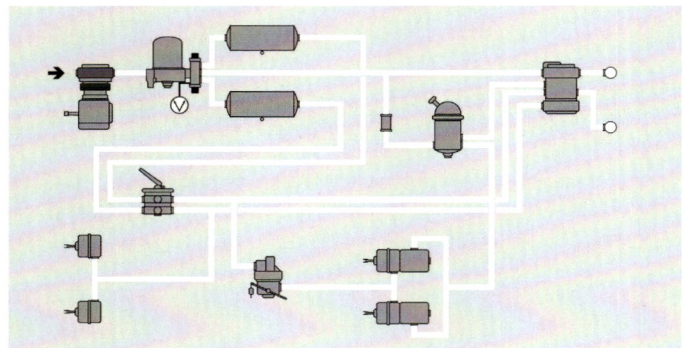

A Zeichnen Sie die Druckverhältnisse bei **Fahrstellung** farbig ein.

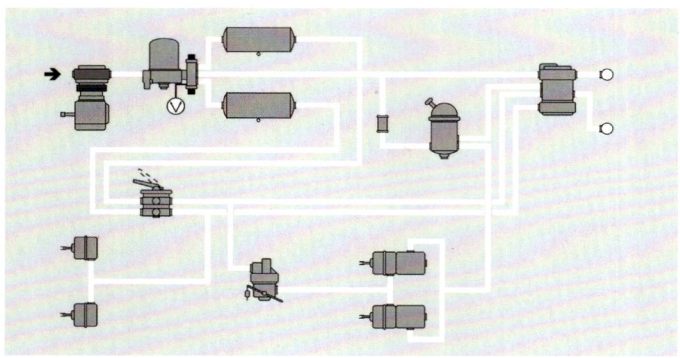

B Zeichnen Sie die Druckverhältnisse bei **Vollbremsstellung** farbig ein.

2. **Membranzylinder der Betriebsbremse.**
   Das ist ein Membranzylinder in vereinfachter Darstellung. Zeichnen Sie „Druck" und „drucklos" wie oben abgebildet farbig ein und kreuzen Sie an.

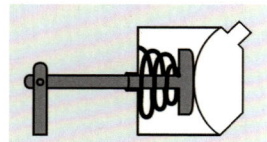

Radbremse
○ gelöst
○ in Bremsstellung

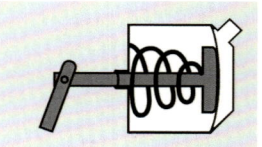

Radbremse
○ gelöst
○ in Bremsstellung

Betriebsbremse und Feststellbremse haben Bremszylinder mit unterschiedlicher Wirkung:

− Bei der **Betriebsbremse** werden Membranzylinder verwendet. **Druckluft bewirkt** _____

− Bei der **Feststellbremse** werden Federspeicherzylinder verwendet. **Druckluft bewirkt** _____

DAUERBREMSEN

6. Dauerbremsen

6.1 Nutzung der Dauerbremse

Die Dauerbremsanlage ist vorgeschrieben bei Kraftomnibussen mit einer zulässigen Gesamtmasse über 5,5 t sowie anderen Kraftfahrzeugen mit einer zulässigen Gesamtmasse über 9 t. Die Dauerbremse ist eine Einrichtung die länger andauerndes Bremsen ermöglicht, ohne in ihrer Bremsleistung nachzulassen. Die Dauerbremswirkung muss so ausgelegt sein, dass das vollbeladene Fahrzeug in einem Gefälle von 7 % auf einer Strecke von 6 km die Ausgangsgeschwindigkeit von 30 km/h halten kann.

Dauerbremsen erhöhen die Sicherheit und die Wirtschaftlichkeit, denn sie
- halten die Geschwindigkeit in Gefällstrecken,
- arbeiten verschleißfrei,
- schonen die Radbremsen,
- verhindern das Nachlassen der Bremswirkung,
- senken Wartungs- und Instandsetzungskosten für die Betriebsbremse,
- ermöglichen ohne größeres Sicherheitsrisiko höhere Durchschnittsgeschwindigkeiten.

Es gibt:
- Motorbremsen (Auspuffklappenbremse, Konstantdrossel),
- Retarder (Wirbelstrombremse, Strömungsbremse).

Dauerbremsanlagen sollen die Betriebsbremse vor allem in Gefällestrecken entlasten. Diese so genannten „Dritten Bremsen" können allein oder mit der Betriebsbremse zusammen betätigt werden. Nimmt die Geschwindigkeit trotz eingeschalteter Dauerbremse merklich zu, muss mit der Betriebsbremse abgebremst werden, damit ein Zurückschalten möglich wird.

Aquatarder — *Quelle: Voith Turbo GmbH & Co. KG*

Magnettarder — *Quelle: Voith Turbo GmbH & Co. KG*

DAUERBREMSEN

6.2 Motorbremsen

Motorbremse mit Auspuffklappe

Die Motorbremse mit Auspuffklappe sind einfach aufgebaut und haben ein geringes Gewicht. Sie sind die am meisten verwendeten Dauerbremsen. Die Betätigung erfolgt über einen Bedienhebel oder bei älteren Fahrzeugen über einen Fußschalter.

Beim Betätigen der Motorbremse schließt ein Arbeitszylinder eine Klappe im Auspuffkrümmer. Dadurch können sich die verbrannten Gase im 4. Takt des Dieselmotors nicht mehr entspannen. Gleichzeitig wird die Einspritzpumpe auf Minimal- oder Nullförderung gestellt. Die Bremswirkung wird durch das Aufstauen der Abgase (Motor-Staudruckbremse) und durch Drosseln der Kraftstoffzufuhr erreicht. Die Bremsleistung entspricht etwa einem Zurückschalten in den nächstniedrigeren Gang.

Fußknopf

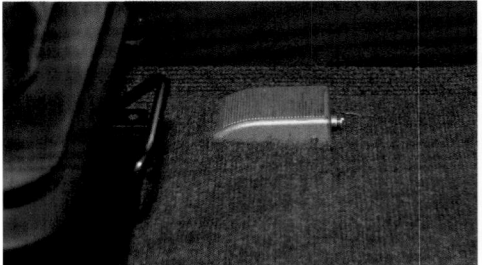

Fußschalter

DAUERBREMSEN

Motorbremse mit Konstantdrossel
Ein Arbeitszylinder betätigt ein kleines Ventil, das einen Verbindungskanal zwischen Verbrennungsraum und Auspuffkrümmer freigibt. Durch diese geöffnete „Konstantdrossel" drückt der aufwärts gehende Kolben im 2. Takt die verdichtete Luft in die Abgasanlage. Im 3. Takt ist kein Überdruck mehr vorhanden, der den abwärts gehenden Kolben beschleunigt. Dadurch erfolgt zusätzlich zur geschlossenen Auspuffklappe und zur gedrosselten Kraftstoffzufuhr eine gesteigerte Bremswirkung, die etwa dem Zurückschalten um zwei Gänge entspricht.

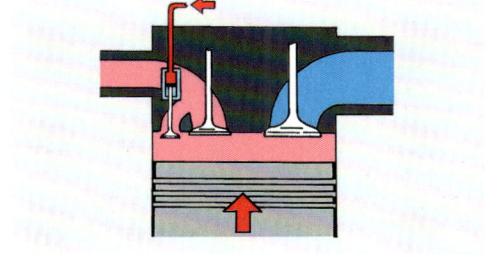

Kipphebelbremse
Diese auch EVB (Exhaust Valve Brake – Auslassventilbremse) genannte Bauart folgt dem Prinzip der Konstantdrossel, nur dass die verdichtete Luft über das leicht geöffnete Auslassventil in die Abgasanlage gedrückt wird. Das Auslassventil wird durch einen Hydraulikzylinder im Kipphebel geöffnet. Bei der neuesten, elektronisch geregelten Bauart ist eine abgestufte Bremswirkung möglich.

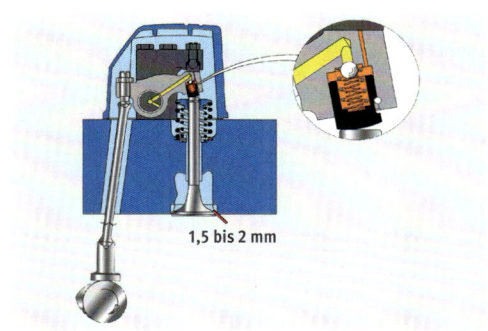

Hinweis zur Benutzung
- Motorbremsen älterer Bauart sind nicht abstufbar. Wird die Motorbremse auf nasser oder glatter Fahrbahn eingesetzt, kann der Motor abgewürgt werden und die Antriebsräder können blockieren. Sie bleiben blockiert, auch wenn die Motorbremse wieder gelöst wird.
- Wenn bei betätigter Dauerbremse zusätzlich mit der Betriebsbremse gebremst wird, werden die Räder der Antriebsachse stärker abgebremst und können blockieren.
- Bei ABS ist die Motorbremse häufig in das Regelsystem eingebunden. Sie wird ausgeschaltet, sobald die Räder zu blockieren drohen. Ist die Blockierneigung vorbei, wird die Motorbremse wieder zugeschaltet.
- Die Wirkung der Motorbremse ist vom Hubraum des Motors abhängig. Je größer der Hubraum, desto höher die Bremsleistung. Saugmotoren sind gleich starken Turbolader-Motoren in der Dauerbremsleistung überlegen.
- Wegen starker Geräuschentwicklung sollte die Motorbremse besonders bei Nacht nicht innerorts benutzt werden.

DAUERBREMSEN

6.3 Retarder

Immer häufiger werden Retarder als Dauerbremse eingesetzt. Diese „Verzögerer" bieten gegenüber den Motorbremsen zusätzliche Vorteile:
- abstufbare Wirkung und
- geringe Geräuschentwicklung.

Retarder sind als separates Bauteil am Getriebeausgang oder im Antriebsstrang eingebaut. Die Strömungsbremse kann auch als „Intarder" in das Getriebegehäuse integriert sein.

Wirbelstrombremse (elektrodynamischer Retarder)
Eine Weicheisenscheibe (Rotor) dreht sich mit gleicher Drehzahl wie die Gelenkwelle. Ein Elektromagnet (Stator), der seinen Strom aus der Batterie bezieht, bremst den Rotor durch ein Magnetfeld weich und ruckfrei ab.

In der Regel wird die Wirbelstrombremse über einen Handhebel betätigt. Dieser Stufenschalter erhöht die Stromstärke in den Elektromagneten und damit die Bremswirkung. Die Bremsleistung darf nur stufenweise gesteigert werden, ohne den Hebel „durchzureißen". Das Lösen ist in einem Zug möglich.

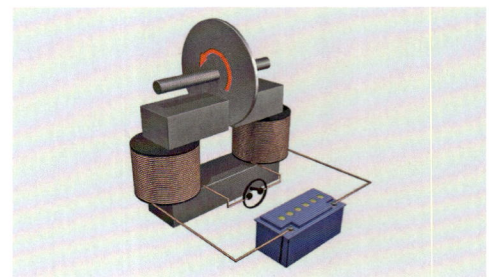

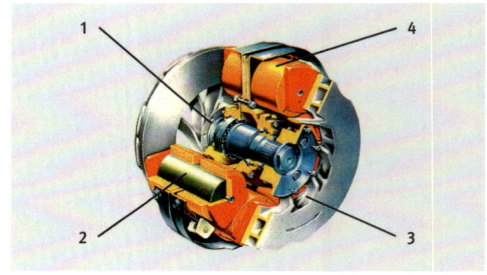

1 Rotor
2 Stator
3 Kühlschaufeln
4 Elektromagnetische Spulen

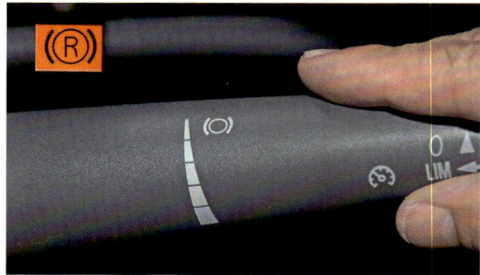

Handhebel für Retarder

DAUERBREMSEN

Strömungsbremse (hydrodynamischer Retarder)
Ein Schaufelrad (Rotor) ist mit der Antriebswelle verbunden. Ihm gegenüber ist ein zweites Schaufelrad (Stator) fest mit dem Gehäuse verbunden. Beim Bremsen wird Hydrauliköl zwischen Stator und Rotor gebracht. Der Rotor bringt das Öl in Bewegung, der Stator bremst den Ölstrom wieder ab. Dabei entsteht Wärme, die über einen Wärmetauscher abgeführt wird.

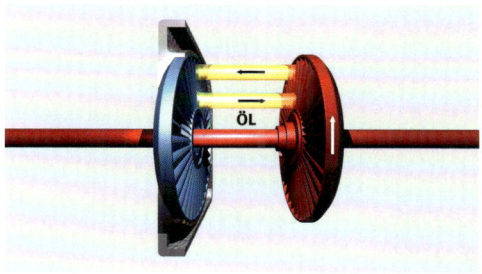

Die Bremswirkung wird durch mehr oder weniger Öl zwischen Stator und Rotor geregelt. Die Ölmenge wird durch ein Ventil bemessen, das der Fahrer z. B. mit einem Handhebel ansteuert.

Der „Aquatarder" (Wasserretarder) sitzt an der Stirnseite des Motors direkt auf der Kurbelwelle. Gebremst wird mit Kühlwasser, das zwischen Rotor (Kurbelwelle) und Stator (Gehäuse) geleitet wird. Entstehende Wärme wird direkt an den Motorkühlkreislauf abgegeben. Der Aquatarder hat bei hoher Bremsleistung ein geringeres Gewicht als der Öl-Retarder.

Hinweise für alle Retarder
- Wenn der Retarder stark verzögert und die Betriebsbremse zusätzlich betätigt wird, werden die Räder der Antriebsachse stärker gebremst. Blockiergefahr!
- Bei ABS sind die Retarder im allgemeinen in das Regelsystem eingebunden. Sie werden ausgeschaltet, sobald die Räder zu blockieren drohen. Ist die Blockierneigung vorbei, wird der Retarder wieder zugeschaltet.
- Retarder können auch durch ein kombiniertes Motorwagenbremsventil eingeschaltet werden. Beim Betätigen der Trittplatte bzw. des Bremspedals wird zuerst die Dauerbremse und dann die Betriebsbremse ausgelöst.
- Retarder können auch mit dem Tempomat kombiniert sein. Wird die gespeicherte Geschwindigkeit überschritten, schaltet sich der Retarder selbstständig ein und hält das Tempo.

BREMSANLAGEN BEI NUTZFAHRZEUGEN

7. Bremsanlagen bei Nutzfahrzeugen

7.2 Bremsanlagen bei Lastzügen

Anhänger über 750 kg zulässiger Gesamtmasse müssen mit einer eigenen Bremse ausgestattet sein.
Außer bei der Auflaufbremse erfolgt die Betätigung der Anhängerbremse über die Bremsanlage des Zugfahrzeugs. Die Vorratsbehälter von Anhängern mit Druckluftbremsanlage müssen auch während des Betätigens der Betriebsbremsanlage nachgefüllt werden können (Zweileitungs-Bremsanlage mit Vorratsleitung und Bremsleitung).

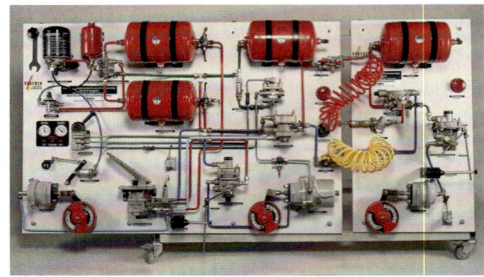

Wird ein Anhänger hinter einem Lkw mitgeführt, ist die Höhe der Anhängelast von mehreren Faktoren abhängig:
– Die Anhängelast darf die zulässige Gesamtmasse des Zugfahrzeugs nicht überschreiten.
– Bei einem Anhänger hinter einem Lkw darf die Anhängelast das 1,5-fache der zulässigen Gesamtmasse des Zugfahrzeugs betragen, wenn die Bremsanlage „durchgehend" ist.
– Der amtlich angegebene Wert darf nicht überschritten werden.

Eine „durchgehende Bremsanlage" ist dann gegeben, wenn
– die Bremsen am Motorwagen und am Anhänger vom Fahrersitz aus durch dieselbe Einrichtung abstufbar betätigt werden können und
– die hierfür erforderliche Energie von derselben Kraftquelle geliefert wird.

Der Betriebsdruck der Anhänger-Bremsanlage muss mit dem Druck am Bremsanschluss des Zugfahrzeugs übereinstimmen. Der Druck am Bremsanschluss steht im Fahrzeugschein und auf dem Typenschild. In der neuen Zulassungsbescheinigung Teil I fehlt diese Angabe.
Die Anhänger-Bremsanlage besteht aus der Anhänger-Steuerung im Motorwagen und aus der Bremsanlage im Anhänger selbst.

Im Motorwagen gehören folgende Bauteile zur Anhänger-Steuerung:
– Anhänger-Steuerventil,
– Kupplungsköpfe.

Am Anhänger gehören folgende Bauteile zur Bremsanlage:
– Schlauchverbindungen mit Kupplungsköpfen und Leitungsfiltern
– Anhänger-Bremsventil,
– Bremskraftregler,
– Vorratsbehälter,
– Bremszylinder,
– Radbremsen.

BREMSANLAGEN BEI NUTZFAHRZEUGEN

7.1.1 Bauteile im Motorwagen

Anhänger-Steuerventil

Das Anhänger-Steuerventil hat die Aufgabe, durch stufenloses Druckerhöhen, -halten und -senken das Anhänger-Bremsventil und damit den Bremsvorgang des Anhängers zu steuern.

Wirkungsweise

Das Anhänger-Steuerventil wird von beiden Betriebsbremskreisen und vom Feststellbremskreis angesteuert. Beim Bremsen mit der Betriebsbremse wird das Anhänger-Steuerventil durch Druckanstieg und beim Lösen der Bremse durch Druckabfall angesteuert. Beim Bremsen mit der Feststellbremse reagiert das Steuerventil auf Druckabfall und beim Lösen wieder auf Druckanstieg. Diese Druckveränderungen bewirken, dass das Anhänger-Steuerventil beim Bremsen Druckluft in die Bremsleitung einströmen und beim Lösen wieder ins Freie entweichen lässt. Durch diese Druckluft wird das Anhänger-Bremsventil im Anhänger angesteuert, das seinerseits die Anhängerbremse betätigt.

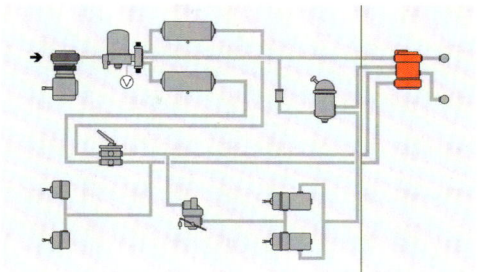

Kupplungsköpfe

Die Kupplungsköpfe verbinden die Bremsleitung und die Vorratsleitung des Zugwagens mit den entsprechenden Leitungen des Anhängers. Eine Verwechslung der Köpfe ist durch unterschiedliche Farb- und Formgebung ausgeschlossen.

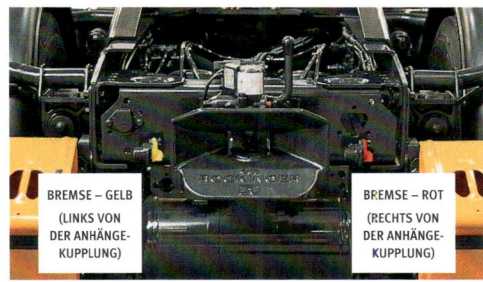

BREMSE – GELB
(LINKS VON
DER ANHÄNGE-
KUPPLUNG)

BREMSE – ROT
(RECHTS VON
DER ANHÄNGE-
KUPPLUNG)

Duomatik oder Duplexkopf

Vorrats- und Bremsanschluss sind zusammengebaut. Beide Leitungen werden gleichzeitig verbunden oder getrennt. Eine falsche Bedienung ist ausgeschlossen. Das An- und Abkuppeln wird besonders an schwer zugänglichen Stellen erleichtert.

BREMSANLAGEN BEI NUTZFAHRZEUGEN

7.1.2 Bauteile im Anhänger

Schlauchverbindungen mit Kupplungsköpfen und Leitungsfiltern. Als Verbindungsleitungen zum Anhänger werden Gummischläuche oder gewendelte Kunststoffschläuche verwendet. Die Kupplungsköpfe am Anhänger haben freien Durchgang. Die Gummischläuche müssen so lang sein, dass auch enge Kurven gefahren werden können.

Bei Sattelkraftfahrzeugen sind die Verbindungsschläuche an der Zugmaschine befestigt. Dort haben die Kupplungsköpfe ein automatisches Absperrventil, am Sattelanhänger haben sie freien Durchgang. Die Schläuche sind bei Solofahrten in die dafür vorgesehenen Halterungen einzuhängen.

Gewendelte Kunststoffschläuche können sich bei Abstandsänderungen ausdehnen und wieder zusammenziehen.
Die Schläuche sind oft eingefärbt:
Vorratsleitung = rot,
Bremsleitung = gelb.

Zur sicheren Unterbringung der Kupplungsköpfe sind Blindhalterungen an der Zugeinrichtung des Anhängers vorgesehen.

Leitungsfilter schützen die Bremsanlage vor Verschmutzungen. Die Filtereinsätze müssen nach Angaben der Betriebsanleitung gereinigt werden.

Leitungsfilter

BREMSANLAGEN BEI NUTZFAHRZEUGEN

Anhänger-Bremsventil
Das Anhänger-Bremsventil hat die Aufgaben,
- die Vorratsluft ungehindert in den Anhänger-Vorratsbehälter strömen zu lassen,
- beim Betätigen der Motorwagenbremse Druckluft aus dem Anhänger-Vorratsbehälter in die Bremszylinder des Anhängers zu leiten und
- bei Abriss des Anhängers eine Notbremsung des Anhängers auszulösen.

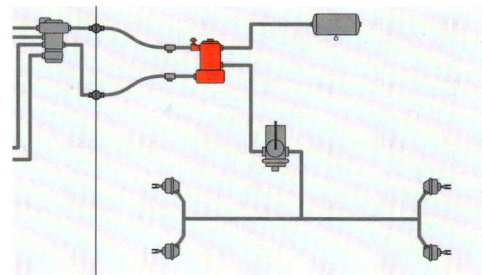

Ob das Anhänger-Bremsventil richtig arbeitet, lässt sich nach dem Lösen der Feststellbremse wie folgt feststellen (Luftbehälter des Motorwagens und des Anhängers sind gefüllt):
- Bei angekuppelten Druckluftschläuchen müssen die Anhänger-Bremszylinder beim Betätigen des Motorwagenbremsventils in Bremsstellung gehen.
- Wird die Vorratsleitung abgekuppelt, muss ebenfalls eine Bremsung des Anhängers ausgelöst werden.

Löseventil
Beim Abkuppeln der Vorratsleitung geht die Anhängerbremse in Vollbremsstellung. Wenn der Anhänger rangiert werden soll, muss die Betriebsbremse des Anhängers durch Betätigen der Löseventile an der Vorder- und Hinterachse gelöst werden. Moderne Anhänger haben zwei Löseventile.

Vorratsbehälter, Bremszylinder, Radbremsen
Diese Bauteile haben im Anhänger die gleichen Aufgaben wie im Motorwagen. Sie müssen die gleichen Anforderungen erfüllen und sind auch in ihrer Ausführung mit den Teilen im Zugfahrzeug vergleichbar.

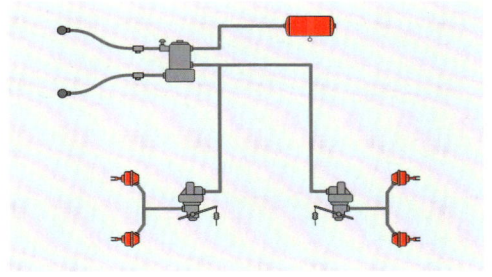

BREMSANLAGEN BEI NUTZFAHRZEUGEN

7.1.3 Arbeitsweise der Zweileitungs-Bremsanlage im Anhänger

- Fahrstellung
  Die Druckluft wird vom Kompressor erzeugt. Sie strömt über das Mehrkreisschutzventil in die voneinander getrennten Kreise. Die Vorratsbehälter des Motorwagens und die des Anhängers sind gefüllt. Die Druckluftbremszylinder im Motorwagen und im Anhänger sind drucklos. Die Federspeicher-Bremszylinder sind belüftet.

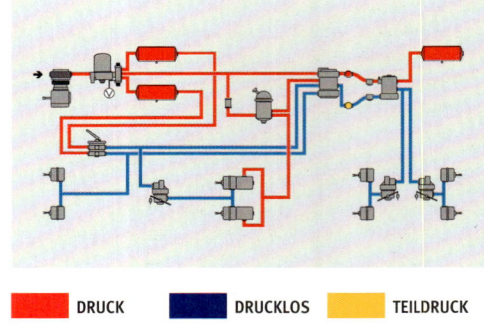

DRUCK   DRUCKLOS   TEILDRUCK

- Vollbremsstellung
  Das Motorwagenbremsventil wird voll getreten. Druckluft strömt in die Bremszylinder des Motorwagens. Es erfolgt eine Vollbremsung. Gleichzeitig steuern beide Betriebsbremskreise das Anhänger-Steuerventil an. Vorratsdruck strömt in die Bremsleitung (Steuerung durch Druckanstieg). Das Anhänger-Bremsventil steuert daraufhin um. Druckluft aus dem Vorratsbehälter des Anhängers strömt in die Anhänger-Bremszylinder. Auch im Anhänger wird eine Vollbremsung ausgelöst.

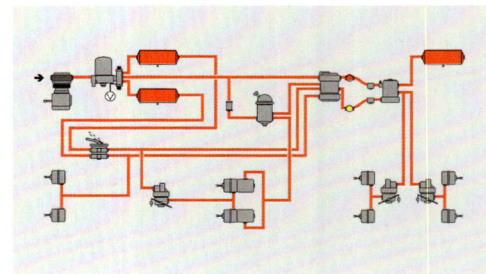

- Teilbremsstellung
  Das Motorwagenbremsventil ermöglicht eine genaue Abstufung der Betriebsbremse. Bei teilweisem Durchtreten des Pedals gelangt nur ein Teildruck zu den Bremszylindern des Motorwagens.

  Dem Anhänger-Steuerventil wird von beiden Betriebsbremskreisen ebenfalls nur ein Teildruck zugeführt. Der Impuls, der über die Bremsleitung das Anhänger-Bremsventil umschaltet, wird ebenfalls von einem Teildruck erzeugt.

  Das Anhänger-Bremsventil lässt gleichfalls nur einen Teildruck vom Vorratsbehälter des Anhängers zu den Bremszylindern durchströmen.

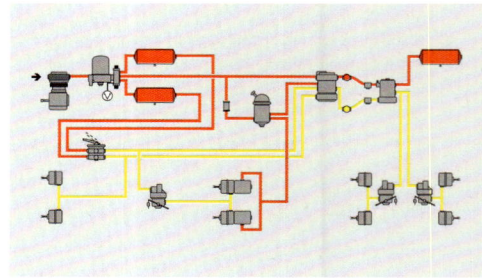

- Lösen der Betriebsbremse
  Beim Loslassen des Bremspedals entlüften die Bremszylinder des Motorwagens und die Ansteuerung des Anhänger-Steuerventils über das Motorwagenbremsventil. Die Bremsleitung wird über das Anhänger-Steuerventil drucklos. Die Bremszylinder des Anhängers entlüften über das Anhänger-Bremsventil.

BREMSANLAGEN BEI NUTZFAHRZEUGEN

– Ausfall eines Bremskreises
Ist die Leitung zu einem Bremszylinder im Motorwagen gebrochen, kann man dies beim Fahren ohne zu bremsen nicht feststellen. Beim Bremsen ist der Schaden an den Druckmessern bzw. Warneinrichtungen zu erkennen. Der defekte Bremskreis wird drucklos. Das Mehrkreisschutzventil sichert den anderen Kreis bis auf den Sicherungsdruck ab. Der Motorwagen wird nur noch mit einer Achse gebremst. Das Anhänger-Steuerventil bleibt funktionsfähig, obwohl es nur durch einen Betriebsbremskreis angesteuert wird. Der Ausfall eines Motorwagen-Bremskreises beeinflusst die Anhängerbremse im Prinzip nicht.

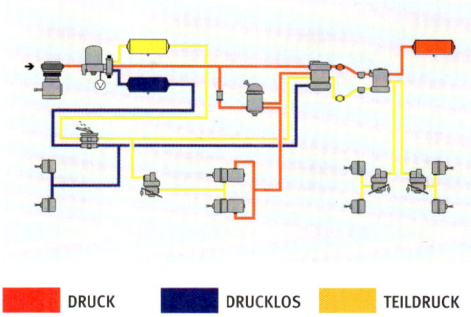

DRUCK   **DRUCKLOS**   **TEILDRUCK**

– Bruch der Vorratsleitung
Bei einem Bruch der Anhänger-Vorratsleitung, z. B. Schlauch oder Wendelleitung, entlüftet diese schlagartig. Das Anhänger-Bremsventil löst automatisch eine Vollbremsung der Anhängerbremse aus. Gleichzeitig sichert es den Anhänger-Luftvorrat gegen die unterbrochene Vorratsleitung ab. Im Motorwagen sorgt das Mehrkreisschutzventil für die Erhaltung des Sicherungsdrucks.

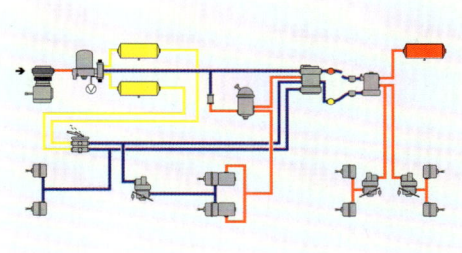

– Bruch der Bremsleitung
Reißt die Anhänger-Bremsleitung oder bricht sie während der Fahrt, bemerkt der Fahrer zunächst nichts. Erst beim Bremsen entweicht Druckluft an der Bruchstelle. Da diese Druckluft aus der Vorratsleitung kommt, findet dort ein Druckabfall statt. Der Druckabfall löst eine Vollbremsung des Anhängers aus, genau wie beim Bruch der Vorratsleitung. Löst der Fahrer die Bremse wieder, endet auch die Bremsung des Anhängers. Im Motorwagen sorgt das Mehrkreisschutzventil für die Erhaltung des Sicherungsdrucks.

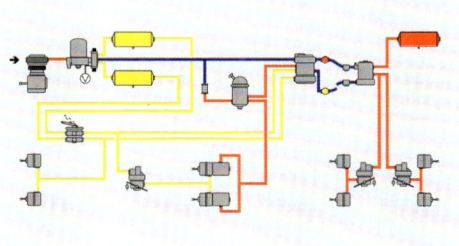

BREMSANLAGEN BEI NUTZFAHRZEUGEN

7.1.4 Abgestellter Anhänger

Beim Abkuppeln des Anhängers muss zuerst die Vorratsleitung (roter Kupplungskopf) getrennt werden. Dadurch wird automatisch die Betriebsbremse des Anhängers wirksam. Beim Ankuppeln darf die Vorratsleitung dagegen erst zuletzt verbunden werden. Die Anhängerbremsung würde sonst durch das Belüften der Vorratsleitung aufgehoben werden.

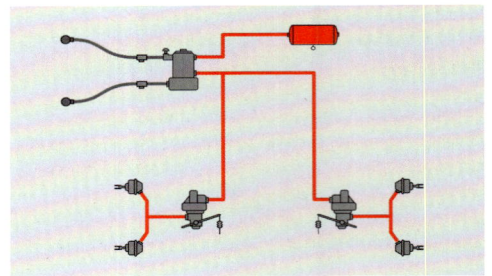

Die Wirkung der Betriebsbremse des abgestellten Anhängers geht durch allmählichen Druckabfall verloren. Aus diesem Grund muss der Anhänger zusätzlich mit Unterlegkeilen und durch das Anziehen der mechanischen Feststellbremse gegen Wegrollen gesichert werden.

Soll der abgestellte Anhänger bei gefüllten Vorratsbehältern rangiert werden, muss das Löseventil betätigt werden. Vorher die Unterlegkeile entfernen und die mechanische Feststellbremse lösen, nachdem das Anhängefahrzeug anderweitig gesichert wurde, z. B. durch Ankuppeln an einem Rangierfahrzeug.

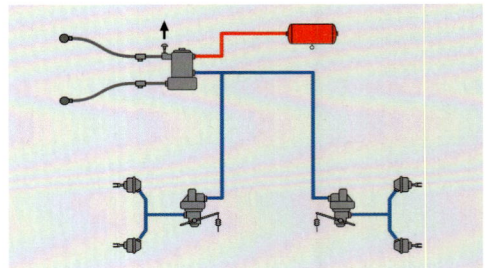

Mit dem Löseventil können die Bremszylinder eines Anhängers bzw. Sattelanhängers be- und entlüftet werden. Der Lösevorgang kann höchstens acht- bis zehnmal wiederholt werden. Fällt der Vorratsdruck unter 3 bar ab, kann die Betriebsbremse des Anhängers durch das Löseventil nicht mehr gelöst werden. Um diese Bremse zu lösen, müssen die Vorratsbehälter entlüftet werden. Beim Wiederankuppeln des Vorratsschlauches schaltet das Ventil selbsttätig wieder in Fahrtstellung.

BREMSANLAGEN BEI NUTZFAHRZEUGEN

7.1.5 Automatisch-lastabhängige Bremskraftreglung

Der automatisch-lastabhängige Bremskraftregler (ALB) hat die Aufgabe, die Bremskraft einer Achse selbsttätig dem Beladungszustand anzupassen.

Beim Beladen eines Anhängers mit Blattfederung verändert sich der Abstand zwischen Achse und Aufbau. Diese Abstandsänderung wird über ein Gestänge zum Bremskraftregler übertragen. Der Regler passt die Bremskraft dem Beladungszustand an:
geringe Last = geringer Bremsdruck,
volle Last = voller Bremsdruck.

Bei einem Gestängebruch springt der Bremskraftregler automatisch um, je nach Bauart meist auf Halblast. An der Achse wird ein Bremsdruck eingesteuert, der nicht mehr lastabhängig geregelt werden kann. Bei einem Federbruch verringert sich der Abstand zwischen Achse und Rahmen. Dem Bremskraftregler wird dann eine höhere als die tatsächlich vorhandene Last angezeigt, die Achse wird überbremst. Wenn an einem unbeladenen Fahrzeug die Räder einer Achse bei jeder stärkeren Bremsung blockieren, kann der jeweilige Bremskraftregler defekt bzw. falsch eingestellt sein, oder es sind Federblätter gebrochen.

Bei einem luftgefederten Anhänger wird der Druck in den Federbälgen als Einstellgröße für die Bremskraft herangezogen. Der Bremskraftregler wird pneumatisch angesteuert.

Beim automatisch-lastabhängigen Bremskraftregler ist ein separates Löseventil nötig, um den abgekuppelten Anhänger bei gefüllten Luftbehältern rangieren zu können.

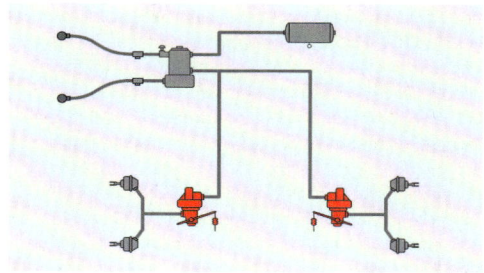

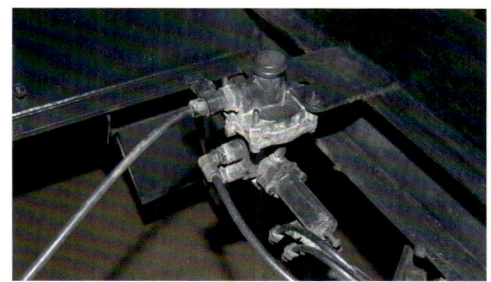

BREMSANLAGEN BEI NUTZFAHRZEUGEN

7.1.6 Feststellbremse am Anhänger

Der Anhänger ist mit einer mechanischen Feststellbremse ausgerüstet. Beim Betätigen der Feststellbremse des Motorwagens wird der Anhänger mit der Betriebsbremse abgebremst.

Mechanische Feststellbremse
Anhänger herkömmlicher Bauart besitzen, anders als der Motorwagen, eine Feststellbremse, die rein mechanisch von Hand betätigt wird. Die Radbremsen der Hinterachse werden dann z. B. über Spindel, Seile und Umlenkrollen angezogen.

Federspeicher-Feststellbremse
Anhänger neuerer Bauart können wie der Motorwagen mit einer Federspeicher-Feststellbremse ausgerüstet sein. Die dazugehörigen Tristop-Bremszylinder haben ein eigenes Betätigungsventil. Mit dem roten Knopf wird die Federspeicher-Feststellbremse betätigt oder gelöst, der schwarze Knopf ist das Löseventil der Betriebsbremse.

BREMSANLAGEN BEI NUTZFAHRZEUGEN

Motorwagen Feststellbremse – Anhänger Betriebsbremse
- Bremsstellung (Rastpunkt)
  Beim Betätigen der Feststellbremse des Motorwagens wird durch Druckabfall das Anhänger-Steuerventil angesteuert. Das Ventil schaltet um, belüftet die Bremsleitung und betätigt dadurch die Betriebsbremse des Anhängers – der Anhänger wird mit Druckluft gebremst, das Zugfahrzeug mechanisch durch die Federkraft.

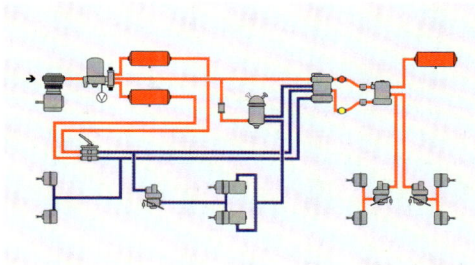

- Prüfstellung (kein Rastpunkt; federnd gelagert)
  Um sicher zu sein, dass bei Druckluftverlust im Anhänger der Zug auch auf abschüssiger Straße von den Federspeicherbremsen des Motorwagens am Abrollen gehindert wird, hat das Handbremsventil eine Prüfstellung. In der Prüfstellung sind die Federspeicher des Motorwagens entlüftet, also in Bremsstellung. Die Anhänger-Bremsanlage ist gelöst.

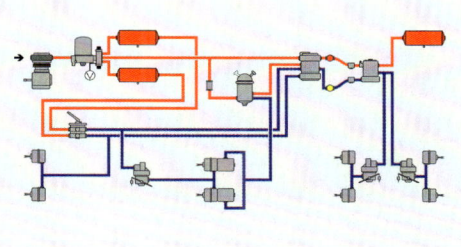

BREMSANLAGEN BEI NUTZFAHRZEUGEN

7.2 Bremsanlagen beim Gelenkomnibus

Die Bremsanlage des Gelenkbusses entspricht der Bremsanlage eines Lkw mit einem druckluftgebremsten Anhänger.

7.2.1 Zweikreis-Bremsanlage eines Gelenkbusses

Der Kompressor und der Lufttrockner mit integriertem Druckregler befinden sich – wie der Motor – im Nachläufer. Die Drucksicherung, die Vorratsbehälter und die Steuerung der Bremse sind im Vorderwagen eingebaut. Die Vorderachse und die Nachläuferachse sind mit Membranzylindern, die Hinterachse ist mit Kombi- bzw. Tristopzylindern ausgerüstet. Die Bremskraftregelung an jeder Achse übernimmt in konventionellen Bremsanlagen ohne ABS (ABV) ein Bremskraftregler, der vom Druck in den Federbälgen angesteuert wird.

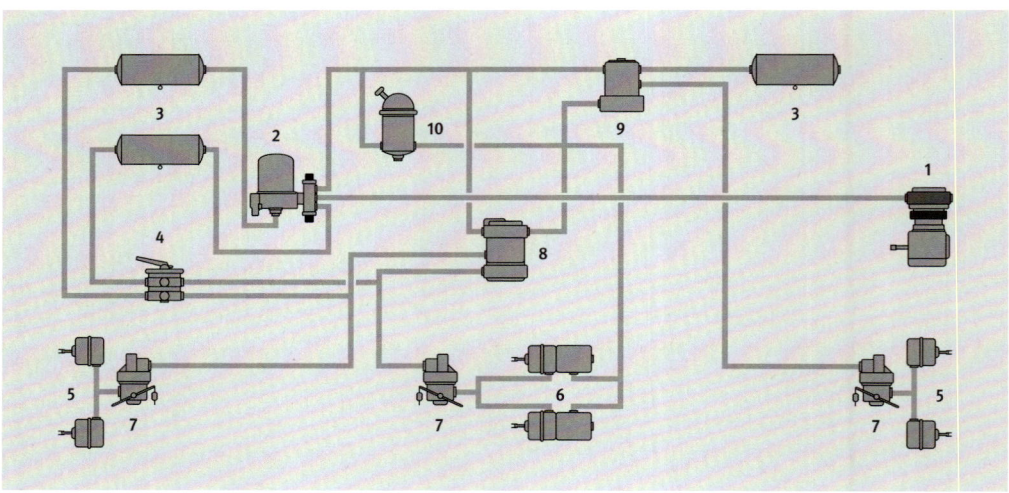

Bauteile
1 Kompressor
2 APU (Lufttrockner mit integriertem Druckregler und Mehrkreisschutzventil)
3 Luftbehälter
4 Trittplattenbremsventil
5 Membranzylinder
6 Kombizylinder
7 Automatisch-lastabhängiger Bremskraftregler
8 Anhängersteuerventil
9 Anhängerbremsventil
10 Feststellbremsventil

» **INFO**

In Gelenkbussen mit ABS (ABV) entfallen die ALB-Regler 7.

BREMSANLAGEN BEI NUTZFAHRZEUGEN

7.2.2 Wirkung der Gelenkomnibus-Bremsanlage

- Fahrstellung
  Die Druckluft wird vom Kompressor erzeugt. Sie strömt über das Mehrkreisschutzventil in die getrennten Kreise. Die Vorratsbehälter des Vorderwagens und die Vorratsbehälter des Nachläufers sind gefüllt. Die Betriebsbremszylinder sind drucklos. Die Federspeicherteile der Kombizylinder an der Hinterachse sind belüftet.

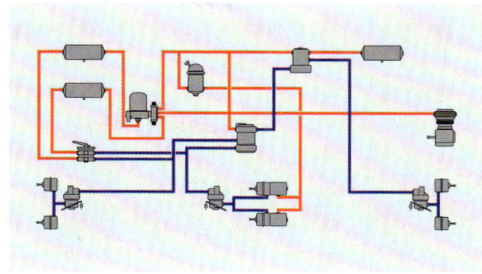

- Vollbremsstellung
  Das Trittplattenbremsventil wird voll getreten. Druckluft strömt in die Bremszylinder des Vorderwagens. Gleichzeitig steuern beide Betriebsbremskreise das Steuerventil an. Dieses steuert mit Vorratsdruck das Bremsventil an. Das Bremsventil lässt Druckluft aus dem Nachläufer-Luftbehälter zu den Membranzylindern der Nachläuferachse strömen. Alle Räder werden gebremst.

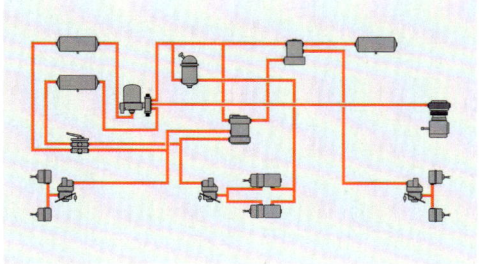

Vorderwagen   *Nachläufer*

- Teilbremsstellung
  Das Trittplattenbremsventil ermöglicht eine feinfühlige Abstufung der Betriebsbremse. Bei teilweise getretenem Pedal werden die Membranzylinder des Vorderwagens und das Steuerventil mit Teildruck belüftet. Der Impuls, der das Bremsventil umschaltet, ist ebenfalls ein Teildruck. Das Bremsventil lässt deshalb auch nur einen Teildruck in die Membranzylinder des Nachläufers strömen.

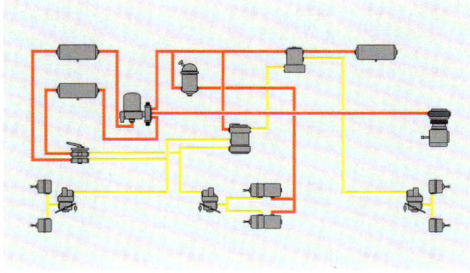

Vorderwagen   *Nachläufer*

Bezüglich der Bremse behandelt man aus Sicherheitsgründen den Nachläufer wie einen Anhänger. Damit ist gewährleistet, dass bei einem Bruch der Verbindung zwischen Vorderwagen und Nachläufer die Bremswirkung erhalten bleibt.

BREMSANLAGEN BEI NUTZFAHRZEUGEN

7.3 Anhänger hinter Omnibussen

Vorschriften
Hinter Kraftomnibussen (KOM) darf nur ein Anhänger, lediglich zur Gepäckbeförderung, mitgeführt werden. Die höchstzulässige Länge einer Fahrzeugkombination, bestehend aus einem Omnibus und einem Gepäckanhänger, beträgt 18,75 m.

Neuerdings kommen vereinzelt Personenanhänger zum Einsatz, die während stark frequentierter Zeiten ein hohes Fahrgastaufkommen bewältigen können.
Für diese Fahrzeugkombinationen ist eine Ausnahmegenehmigung erforderlich!

Hinweise zum Anhängerbetrieb
- Die Anhängelast darf den vom Hersteller angegebenen Wert nicht überschreiten
- Auflaufgebremste Anhänger dürfen maximal 3,5 t zulässige Gesamtmasse aufweisen
- Fahrzeugkombinationen mit durchgehender Druckluftbremsanlage müssen zueinanderpassen
- Der Betriebsdruck der Anhängerbremsanlage muss mit dem Druck am Bremsanschluss des Zugfahrzeuges übereinstimmen.
- Die Angaben stehen auf dem Typenschild des Anhängers und im Fahrzeugschein des Zugfahrzeuges.
(In der Zulassungsbescheinigung Teil I fehlt diese Angabe)
- Die Einzelachslast eines Anhängers beträgt maximal 10 t.
Die Doppelachslast (Achsabstand weniger als 1 m) beträgt maximal 11 t.
- Für einachsige Anhänger und doppelachsige Anhänger (Achsabstand weniger als 1 m) die eine zulässige Gesamtmasse von mehr als 750 kg haben sind zwei Unterlegkeile vorgeschrieben.

FAHRERLAUBNIS	ZULÄSSIGE GESAMTMASSE ANHÄNGER
Klasse D1	max. 750 kg
Klasse D1E	KOM der Klasse D1 und Anhänger über 750 kg zulässige Gesamtmasse
Klasse D	max. 750 kg
Klasse DE	mehr als 750 kg

Der Busfahrer muss über den Geltungsbereich seiner Fahrerlaubnis Bescheid wissen.

ELEKTRONISCHE BREMSUNTERSTÜTZUNG

8. Elektronische Bremsunterstützung

8.1 Antiblockiersystem (ABS) im Kraftfahrzeug

ABS (auch bekannt als Automatischer Blockierverhinderer, ABV) verhindert das Blockieren der Räder, und zwar unabhängig von der Masse der Ladung und vom Fahrbahnzustand.

Das ABS leistet bei Vollbremsungen sowie bei Teilbremsungen auf glatten Fahrbahnen einen hohen Sicherheitsbeitrag.
Das elektronische Regelsystem des ABS
- gewährleistet stabiles Fahrverhalten auch auf unterschiedlich griffigem Untergrund,
- verkürzt den Bremsweg bei bestimmten Fahrbahnverhältnissen,
- vermindert den Reifenverschleiß,
- schont den Antriebsstrang.

ABS-Regelkreis
Das System besteht aus:
- Radsensor (1) und Impulsrad (2), die die Drehgeschwindigkeit des Rades messen,
- einem elektronischem Steuergerät (3), das die gemessenen Daten auswertet und
- dem ABS-Magnetregelventil (4), das den Bremsdruck zwischen Motorwagenbremsventil und Bremszylinder regelt.

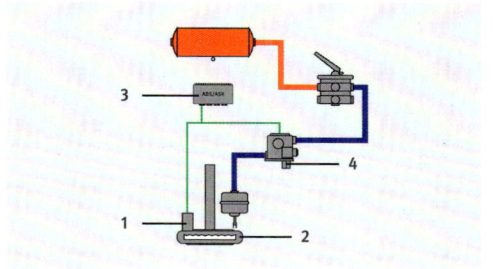

Wirkungsweise
Die Radsensoren erfassen die Drehbewegung der einzelnen Räder. Das elektronische Steuergerät wertet die von den Radsensoren gemessenen Drehgeschwindigkeiten anhand vorgegebener Ansprechwerte aus. Tritt an einem Rad Blockierneigung auf, gibt das elektronische Steuergerät den Befehl an das Drucksteuerventil, den Druckaufbau im Bremszylinder zu stoppen bzw. den Druck abzubauen, bis die Blockiergefahr beseitigt ist.
Damit die Bremswirkung an diesem Rad nicht zu gering wird, muss der Bremsdruck erneut erhöht werden. Während eines Bremsvorganges wird ständig die Radbewegung kontrolliert und durch zyklische Folgen von Druckabbau, Druckhalten und Druckaufbau eine maximale Bremskraft übertragen. Anders als in Pkw mit hydraulischen Verstärkerbremsanlagen bemerkt der Fahrer kein „Pulsieren" des Bremspedals beim Einsetzen der ABS-Regelung.

ELEKTRONISCHE BREMSUNTERSTÜTZUNG

Funktionskontrolle
Eine Sicherheitsschaltung kontrolliert das System bei Fahrtantritt und während der Fahrt. Kontrolllampen informieren den Fahrer über die Betriebsbereitschaft. Eine rote Warnlampe ist für die Überwachung des Motorwagen-ABS zuständig. Sie leuchtet nach dem Einschalten der Zündung auf. Eine zweite rote Warnlampe dient zur Überwachung des Anhängers. Sie leuchtet nach dem Einschalten der Zündung aber nur auf, wenn ein Anhänger angekuppelt ist.

Das Erlöschen der Warnlampen nach dem Losfahren zeigt an, dass die Anlage voll funktionsfähig ist. Erlischt die Lampe nicht oder leuchtet sie während der Fahrt auf, liegt eine Störung vor. Der Fahrer muss sich dann darauf einstellen, dass der Lkw auf herkömmliche, ungeregelte Art gebremst wird und dass die Räder beim Bremsen blockieren können.

> » **INFO**
> Trotz Blockierverhinderer muss sich der Fahrer bei der Wahl seiner Geschwindigkeit und seines Sicherheitsabstandes weiterhin den gegebenen Fahrbahn- und Verkehrsverhältnissen anpassen. Die Verantwortung für die Verkehrssicherheit kann ihm das ABS nicht abnehmen.

ELEKTRONISCHE BREMSUNTERSTÜTZUNG

8.2 Antiblockiersystem (ABS) im Anhänger

ABS im Anhänger entspricht prinzipiell dem ABS im Motorwagen.
Es ist ein eigenes selbständiges System. Das System besteht aus:
- Radsensor (1) und Impulsrad (2), die die Drehgeschwindigkeit des Rades messen,
- einem elektronischem Steuergerät (3), das die gemessenen Daten auswertet, und
- einem ABS-Magnetregelventil (4), das den Bremsdruck zwischen Anhängerbremsventil und Bremszylinder regelt.

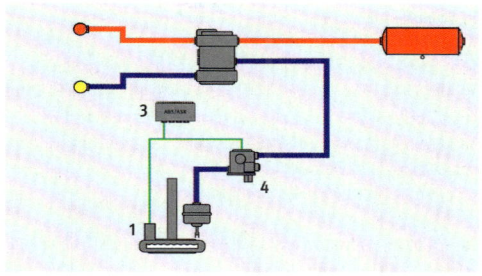

Das elektronische Steuergerät ist in einem wassergeschützten Gehäuse entweder am Fahrzeugrahmen montiert oder mit den ABS-Regelventilen zu einer Einheit kombiniert.
Die Stromversorgung dieser Anlage erfolgt über einen eigenen Anschluss vom Motorwagen her.

Wirkungsweise
Die Wirkungsweise des ABS im Anhänger beruht ebenso wie im Motorwagen darauf, dass bei einer Blockierneigung eines Rades das Steuergerät dem Drucksteuerventil einen Befehl gibt, den Druckaufbau im Bremszylinder zu stoppen bzw. Druck abzubauen.

Blockierverhinderer in Fahrzeugkombinationen
Beste Lösung für eine Fahrzeugzusammenstellung

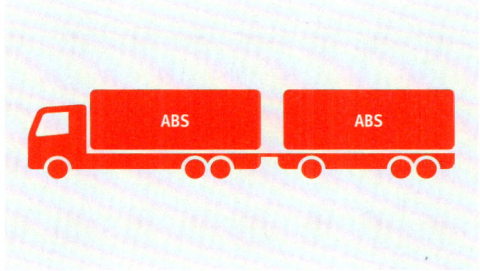

» INFO
Da ABS sowohl für Motorwagen als auch für Anhänger seit vielen Jahren vorgeschrieben sind, ist dies heute die häufigste bzw. übliche Kombination. In Ländern der EU und in vielen weiteren Ländern ist nur diese Kombination, also die ABS-Vollausstattung (für Neu-Fahrzeuge), zulässig.

ELEKTRONISCHE BREMSUNTERSTÜTZUNG

Bei einer Vollbremsung können die Räder des Anhängers blockieren. Insbesondere auf nasser oder glatter Fahrbahn kann der Anhänger aufschieben und ins Schleudern kommen. Der Bremsweg wird länger.

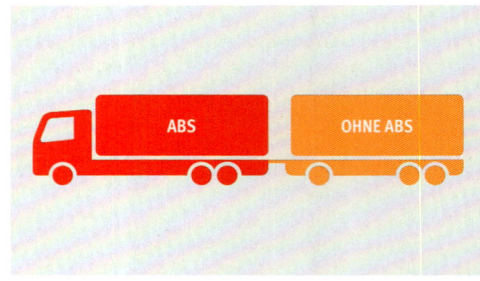

» INFO

Diese Kombination liegt auch vor, wenn der Anhänger zwar ABS hat, die elektrische Spannungsversorgung aber fehlerhaft nicht hergestellt, d.h. das entsprechende Kabel nicht angeschlossen worden ist. Der Betrieb dieser Kombination ist in der EU u.a. nicht zulässig.

Anhänger mit ABS und ALB dürfen in einem Zug mitgeführt werden, auch wenn die Stromversorgung für den Blockierverhinderer im Anhänger nicht hergestellt ist.

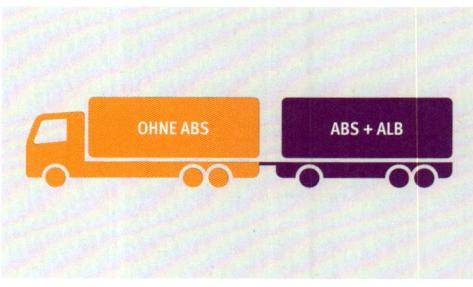

» INFO

Diese Aussage trifft nur zu für Fahrzeugkombinationen in Ländern außerhalb der EU ohne ABS-Verordnung. Sonst kann es sich allenfalls um sehr alte Fahrzeuge handeln, die beide noch vor der ABS-Verordnung zugelassen worden sind.

ELEKTRONISCHE BREMSUNTERSTÜTZUNG

Anhänger mit ABS, aber ohne ALB, dürfen nur dann in einem Zug mitgeführt werden, wenn die Stromversorgung für den Blockierverhinderer im Anhänger und damit dessen Funktion sichergestellt ist.

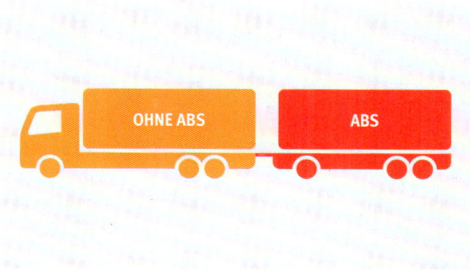

» **INFO**

Diese Kombination ohne ABS im Zugfahrzeug betrifft nur sehr alte Zugfahrzeuge, die vor der ABS-Verordnung zugelassen worden sind. Bei neueren Zugfahrzeugen mit ABS ist ein defektes ABS umgehend zu reparieren.

Funktionskontrolle des Anhänger-ABS

Sicherheitsschaltungen kontrollieren die Systeme des Motorwagens und und des Anhängers bei Fahrtantritt und während der Fahrt. Eine zusätzliche rote Warnleuchte dient zur Überwachung des Anhänger-ABS. Sie befindet sich neben der Warnleuchte des ABS des Motorwagens. Sie leuchtet nach dem Einschalten der Zündung nur auf, wenn ein Anhänger angekuppelt ist.
Das Erlöschen beider Warnleuchten nach dem Losfahren des Zuges zeigt an, dass die Gesamtanlage voll funktionsfähig ist.

Eine optional vorhandene gelbe Informationslampe zeigt dem Fahrer an, dass der Anhänger bzw. Sattelanhänger nicht mit einem Blockierverhinderer ausgerüstet ist oder dass die ABS-Verbindungsleitung nicht angeschlossen ist. Dann ist das ABS des Anhängers nicht betriebsfähig. Die Informationslampe leuchtet nach dem Einschalten der Zündung ständig. Sie leuchtet nicht auf, wenn das Anhängefahrzeug einen Blockierverhinderer hat oder wenn der Motorwagen allein fährt.

ELEKTRONISCHE BREMSUNTERSTÜTZUNG

8.3 Antriebsschlupfregelung (ASR)

Die Antriebsschlupfregelung (ASR) verhindert das Durchdrehen der Antriebsräder beim Anfahren auf glatter Fahrbahn, in Steigungen und in Kurven. Nur wenn die Räder nicht durchdrehen, lassen sich Vortriebs- und Seitenführungskräfte übertragen. Die Fahrstabilität bleibt erhalten. Die ASR ist eine Fortentwicklung und Ergänzung des ABS. Es werden die gleichen Bauteile verwendet. Darüber hinaus sind lediglich ein erweitertes elektronisches Steuergerät und einige zusätzliche Komponenten erforderlich.

Konventionelle pneumatische Bremsanlage
1. Druckluftbeschaffungsanlage
2. Motorwagenbremsventil
3. Feststellbremsventil
4. Anhängersteuerventil
5. Kupplungskopf Vorrat
6. Kupplungskopf Bremse
7. Relaisventil
8. ALB-Regler
9. Membranzylinder
10. Tristop-Zylinder

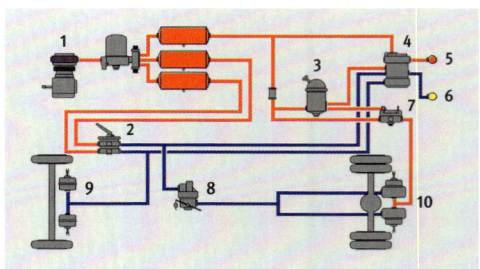

Aufbau Bremsanlage mit ABS/ASR
11. ABS-Magnetregelventil
12. ASR-Magnetventil
13. Zweiwegeventil
14. Impulsrad + Sensor
15. ABS-Steckverbindung für Anhänger-ABS
16. ABS-Steuergerät

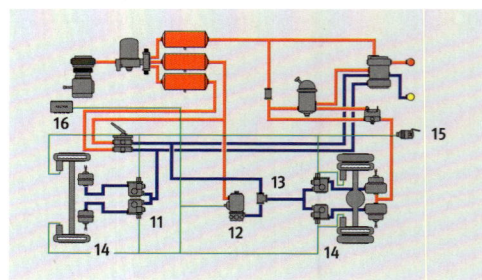

ELEKTRONISCHE BREMSUNTERSTÜTZUNG

ASR-Wirkungsweise

Die ASR-Regelung besteht aus einem Bremsregelkreis und einem Motorregelkreis. Das elektronische Steuergerät vergleicht die von den Radsensoren gemessenen Drehzahlen der angetriebenen und der nicht angetriebenen Räder. Die Bremsregelung setzt ein, wenn ein Antriebsrad durchdreht. Dann wird so viel Bremsdruck aufgebaut, dass das betreffende Rad nicht mehr durchdrehen kann. Durch das Kräftegleichgewicht im Achsdifferentialgetriebe erhält so das andere Antriebsrad ein höheres Antriebsmoment. Die Motorregelung setzt ein, wenn beide Antriebsräder durchdrehen. Dann wird die Motordrehzahl unabhängig von der Gaspedalstellung reduziert. Sobald sich die Raddrehzahlen wieder angeglichen haben, werden Bremse und Motordrehzahl in kleinen Stufen wieder freigegeben.

Funktionskontrolle

Das System überwacht sich selbst und informiert den Fahrer mittels Signalleuchte oder Displayanzeige über den Betriebszustand:
- Beim Einschalten der Zündung zeigt die Funktionskontrolle an, dass das System betriebsbereit ist.
- Während der Fahrt zeigen kurze Signale der Funktionskontrolle an, dass die Antriebs-Schlupf-Regelung einsetzt.
- Ein Dauersignal zeigt an, dass eine Störung vorliegt.

» **PRAXISTIPP**

Die ASR-Motorregelung kann bei Geschwindigkeiten bis 15 km/h ausgeschaltet bzw. auf höhere Regelschwellen umgeschaltet werden, wenn es zweckmäßig ist, mit Antriebsrädern im hohen Schlupfbereich zu fahren, z. B. im Tiefschnee oder mit Gleitschutzketten.

ELEKTRONISCHE BREMSUNTERSTÜTZUNG

8.4 Elektronisches Bremssystem (EBS)

Das EBS ist heute die Standard-Betriebsbremsanlage bei modernen Lkw. Es handelt sich um eine zweikreisige Druckluftbremsanlage mit integrierter ABS (ABV)- und ASR-Funktion. Bedingt durch die elektronischen Komponenten verkürzen sich die Reaktions- und die Druckaufbauzeiten, was zu einer wesentlichen Verkürzung des Bremsweges beiträgt. Bei einer Störung der Elektronik wird die Bremsung auf herkömmliche pneumatische Art gesteuert.

Dank EBS kommt der schwarze Lkw früher zum Stehen als der gelbe Lkw. Ein entscheidender Vorteil in Notsituationen.

Vorteile

- schnelleres Ansprechen, vor allem der Anhängerbremsen
- kürzerer Bremsweg
- gleichmäßigere Bremswirkung
- gleichmäßigerer Belagverschleiß
- einfachere Wartung
- größere Wirtschaftlichkeit
- Stufbarkeit, „Pedalgefühl", wie im Pkw
- bessere Bremsabstimmung im Zug

Bauteile des Systems

- Radsensor (1) und Impulsrad (2), welche – wie bei ABS/ASR – die Drehgeschwindigkeit des Rades messen,
- dem elektronischen Bremswertgeber (6), der den Verzögerungswunsch des Fahrers aufnimmt, und die Regelventile/Druckmodulatoren ansteuert,
- einem elektronischen Steuergerät (3), das die gemessenen Daten auswertet,
- zwei ABS-Magnetregelventilen (4), die die Bremsdrücke an den Vorderrädern regeln
- einem Proportional-Relaisventil oder Druckmodulator (5) für die Vorderachse und einem Achsmodulator für die Hinterachse (s. nächste Seite). Diese werden direkt aus den Vorratsbehältern versorgt. Dadurch verkürzen sich die Ansprech- und Schwellzeiten der Radbremsen im Vergleich zu einer konventionellen Bremsanlage, da die nachfolgenden Bremsleitungen und -zylinder schneller aufgefüllt werden.
- und eine EBS-Steckverbindung für die Datenübertragung zwischen Motorwagen und Anhänger.

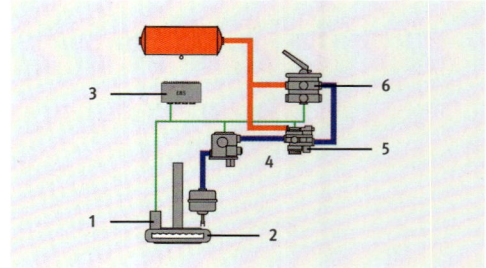

ELEKTRONISCHE BREMSUNTERSTÜTZUNG

Je nach Hersteller und System-Generation können die aufgeführten EBS-Geräte unterschiedlich gestaltet und kombiniert sein. So können der Bremswertgeber (6), das Proportional-Relaisventil (5) und das Steuergerät (3) zu einer „Zentralen Bremseinheit (CBU)" integriert und in der Pedalplatte des Bremswertgebers angeordnet sein. Bei anderen Systemen befindet sich das Steuergerät (3) im Fahrerhaus, jedoch sind Funktionen ausgelagert in das Elektronikmodul des Vorderachs-Moduators, der dann das Proportional-Relaisventil (5) ersetzt. Der Hinterachs-Modulator hat „immer" ein integriertes Elektronik-Modul und ist i.d.R. 2-kanalig, jedoch bei mittelschweren Lkw ggf. 1-kanalig ausgeführt. Das zentrale Steuergerät kommuniziert mit dem/den Achsmodulator/-en, dem Anhänger-EBS sowie der Motorelektronik und anderen Fahrzeugsystemen über separate Datenbusse (CAN).
In Sattelzugmaschinen einiger Hersteller entfallen pneumatische Redundanz und das Redundanzventil für die Hinterachse.

Auch die Ausstattungs- und Funktionsmerkmale des EBS können je nach Hersteller variieren. Die folgende Aufzählung zeigt einige dieser, zum Teil optionalen Funktionen.

- Verzögerungsgegelung/Bremskraftregelung
- Bremskraftverteilung
- Bremsbelagverschleißregelung
- Dauerbremsintegration
- Bremsassistent
- Integrierte ABS-Funktion
- Integrierte Antriebs-Schlupf-Regelung (ASR)
- Rollsperre (ARB) / Berganfahrhilfe
- Motorschleppmomentregelung
- Anhängersteuerung mit Kompatibilitätsregelung

ELEKTRONISCHE BREMSUNTERSTÜTZUNG

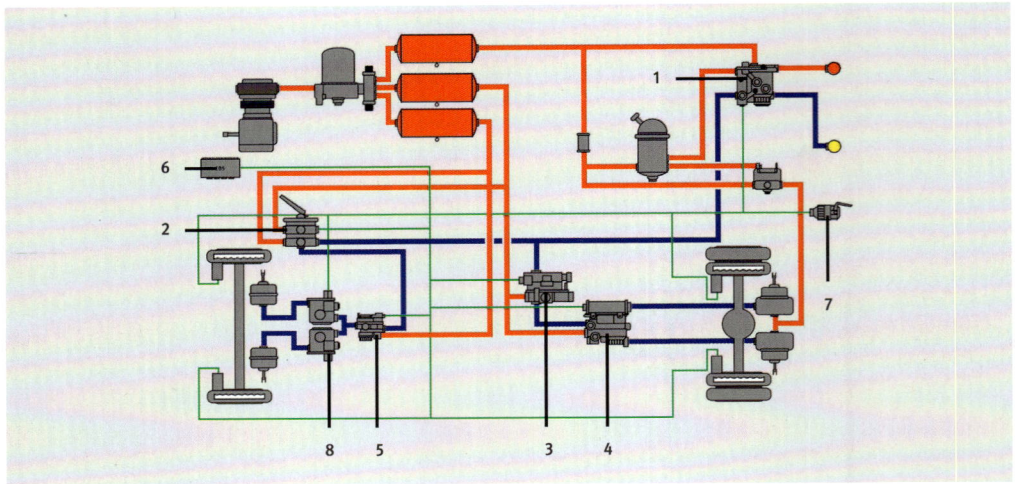

Funktionsweise des EBS

Das EBS arbeitet mit elektronischen Signalen. Über diese Signale steuert die EBS-Elektronik das System und kann jederzeit mit den einzelnen Bauteilen Verbindung aufnehmen und Informationen austauschen. Die Ventile an den Bremszylindern generieren den Steuersignalen entsprechend Bremsdruck, das heißt der Bremsdruck in den Zylindern wird durch elektronische Steuersignale ausgelöst, erhöht oder verringert.

Über Drehzahlsensoren, die für die integrierte ABS-Funktion an den Fahrzeugrädern montiert sind, erhält das EBS permanent aktuelle Informationen über die Radgeschwindigkeiten. Verschiedene integrierte Bremsmanagementfunktionen erkennen Abweichungen vom normalen Fahrzustand und greifen bei Gefährdungen in das Fahrgeschehen ein. Neben dem Sicherheitsgewinn werden durch bestimmte Funktionen Fahrkomfort und Belagverschleiß optimiert.

Für den etwaigen Ausfall des elektronischen Steuerungssystems arbeiten alle Ventile gleichzeitig wie in einem konventionellen pneumatischen System zusammen. So werden Bremsdrücke redundant zu den Bremszylindern geführt. Das bedeutet, dass jetzt über das Motorwagenbremsventil die Bremszylinder mit Druck beaufschlagt werden. Das pneumatische System wirkt aber mit zeitlicher Verzögerung. Da aber dieses pneumatische, parallele Sicherungssystem nicht mit einem lastabhängigen Bremskraftregler arbeitet, besteht die Gefahr der Überbremsung der Hinterachse. Bei Sattelzugmaschinen einiger Hersteller entfällt die pneumatische „Rückfallebene" für die Hinterachse, sodass bei EBS-Ausfall keine Überbremsung, allerdings bei beladenem Fahrzeug eine Unterbremsung entstehen kann.

1 Anhängersteuerventil EBS
2 Bremswertgeber
3 Redundanzventil
4 Achsmodulator
5 Proportional-Relaisventil bzw. Vorderachs-Modulator
6 Steuergerät mit Datenbus (CAN)
7 EBS-Steckverbindung mit Datenbus (CAN)
8 ABS-Magnetregelventile, VA

ARBEITSBLATT 3

 » **Arbeitsblatt 3**
   Elektronische Bremsunterstützung

1. Ordnen Sie den Bauteilen jeweils eine Ziffer aus der Abbildung zu.

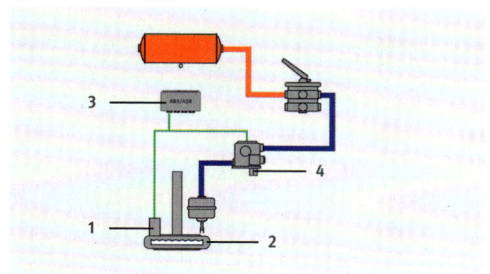

Elektronisches Steuergerät ____
Radsensor ____
ABS-Magnetregelventil ____
Impulsrad ____

2. Tragen Sie die Bauteile des EBS-Systems hinter den jeweiligen Ziffern aus der Abbildung ein.

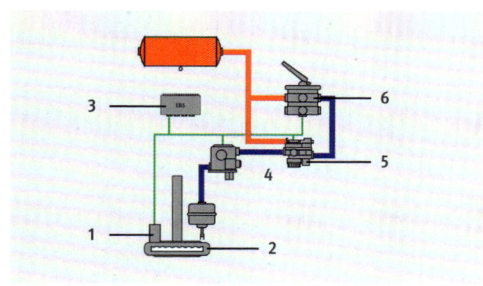

1. ____
2. ____
3. ____
4. ____
5. ____
6. ____

3. Ordnen Sie den Bauteilen eine Ziffer aus Abbildung 2 zu.

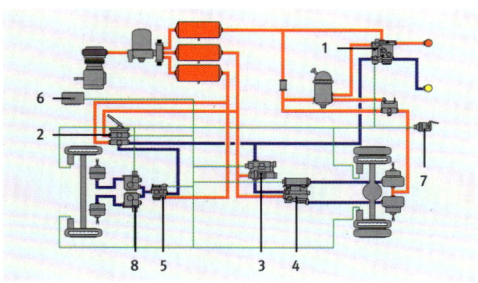

1. ____
2. ____
3. ____
4. ____
5. ____
6. ____
7. ____
8. ____

FAHRERASSISTENZSYSTEME

9. Fahrerassistenzsysteme

9.1 Elektronische Stabilitätsregelung

Fahrzeuge können durch nicht angepasste Geschwindigkeit oder plötzlich auftretende Fahrsituationen in stabilitätskritische Zustände gelangen. Aufgrund der hohen Massen, der hohen Schwerpunkte und der durch Anhängerbetrieb besonderen Dynamik sind Nutzfahrzeuge besonders kritisch. Stabilitätsregelsysteme sind in Europa seit dem 01.11.2014 in Nutzfahrzeugen vorgeschrieben.

> » **PRAXISTIPP**
>
> In der Praxis gibt es aber noch viele Fahrzeuge, insbesondere Anhänger, die noch nicht über diese Systeme verfügen. Vor Fahrtantritt muss immer überprüft werden, welche Systeme in der Kombination zur Verfügung stehen.

Stabilitätskritische Zustände – Untersteuern und Übersteuern
Von „Untersteuern" spricht man, wenn das Fahrzeug der Lenkbewegung nicht ausreichend folgt und beispielsweise in einer Kurve zum Fahrbahnrand schiebt.
Ein übersteuerndes Fahrzeug bricht über die Hinterachse aus und steuert stärker in eine Kurve hinein als vom Fahrer gewünscht. Beim Übersteuern besteht bei Fahrzeugkombinationen große Gefahr des Einknickens.

Je nach Erfahrung des Fahrers werden diese Situationen eher früher oder eher später erkannt. Beide Situationen sind gleichermaßen gefährlich und schwer beherrschbar. Das Fahrzeug folgt nicht mehr der Lenkvorgabe, weil die Reifen keine Seitenführungskräfte mehr aufbauen können. Häufig wechselt das Fahrzeug auch vom Übersteuern zum Untersteuern oder umgekehrt, z. B. bei schnellen Spurwechseln.

Umkippen
Ein großer Anteil von Unfällen mit Nutzfahrzeugen ist auf das Umkippen des Fahrzeugs zurückzuführen. Ob und wie schnell ein Fahrzeug oder eine Kombination umkippt, hängt von Aufbau und Ladung ab. Davon wird die Lage des Schwerpunkts verändert. Die Umkippsituation ist auch deswegen so schwer beherrschbar, weil bei Kombinationen, je nach Beladungszustand, das Anhängefahrzeug schon an die Kippgrenze kommt, bevor im Zugfahrzeug überhaupt etwas zu spüren ist.
Zum Umkippen kommt es meistens, weil eine Kurve bei trockener oder durch leichten Regen feuchter Straßenoberfläche mit unangepasster Geschwindigkeit durchfahren wird. Ist die Strecke dagegen durch Regen, Schnee oder Eis glatt, kommt es meistens zum Untersteuern und das Fahrzeug schiebt zur Kurvenaußenseite.

Kombination in Untersteuer- und Übersteuersituationen

Umkippen

FAHRERASSISTENZSYSTEME

9.2 Stabilitätsregelsysteme

Stabilitätsregelsysteme sind, je nach Hersteller, als „ESC" oder „ESP" bekannt („Directional Control" in der ECE-Regelung 13). Die Funktion, die dem Umkippen des Fahrzeugs entgegenwirken soll, heißt „RSC", „ROP" oder in Anhängersystemen auch „RSS" („Roll Over Control" in der ECE-Regelung 13).

Stabilitätsregelsysteme erhöhen die Sicherheit, indem sie die Abweichung des Verhaltens des Fahrzeugs vom gewollten Zustand erfassen und es innerhalb der physikalischen Grenzen wieder näher an das gewünschte Verhalten heranbringen. Dieser Sicherheitsgewinn ist erheblich und die Regelqualität hoch. Es sollte jedoch immer bedacht werden, dass es auch diesen Systemen nicht möglich ist, die physikalischen Grenzen zu erweitern.

Stabilitätsregelung im Kraftfahrzeug
Die Stabilitätsregelsysteme im Kraftfahrzeug können auf beide stabilitätskritischen Zustände reagieren: Unter-/Übersteuern und Umkippgefahr.

Wirkungsweise
Zusätzlich zu den Radsensoren, die aus dem ABS bereits bekannt sind, verfügt das ESC/ESP-System über zwei weitere wichtige Sensoren. Der Lenkradsensor erfasst die aktuelle Position des Lenkrades und damit die Lenkvorgabe des Fahrers. Der Dreh- oder Gierratensensor erfasst die Drehbewegung des Kraftfahrzeugs. Weiterhin ist ein Beschleunigungsaufnehmer verbaut, der die Querbeschleunigung des Fahrzeugs misst.

In seinen weiteren Komponenten basiert das System meistens auf dem in Kapitel 8.3 beschriebenen EBS. Es gibt aber auch Fahrzeuge, deren ESC/ESP mit einem konventionellen pneumatischen Bremssystem mit ABS kombiniert ist. Die grundsätzliche Funktion ist jedoch identisch, so dass hier von einem EBS ausgegangen wird.

Wenn das System aktiv wird, wird dies dem Fahrer mithilfe einer Anzeige signalisiert. Auf den möglichen Ausfall des Systems wird ebenso hingewiesen. Häufig ist die ESP-Anzeige mit der ASR-Anzeige kombiniert.

> **» INFO**
>
> Trotz Stabilitätsregelsystemen muss sich der Fahrer bei der Wahl seiner Geschwindigkeit, seines Sicherheitsabstandes und seines Lenkverhaltens weiterhin den gegebenen Fahrbahn- und Verkehrsverhältnissen anpassen. Die Verantwortung für die Verkehrssicherheit kann ihm das System nicht abnehmen.

FAHRERASSISTENZSYSTEME

Untersteuern und Übersteuern

Das System erkennt das Untersteuern an der Abweichung der Fahrzeugdrehbewegung von dem vom Fahrer vorgegebenen Lenkwinkel. In dieser Situation begrenzt das System das Motordrehmoment, um weiteren Geschwindigkeitsaufbau zu verhindern.

Die Ausrichtung des Fahrzeugs wird durch einen Bremseingriff an der Hinterachse korrigiert. Hierbei werden entweder eine oder beide Seiten der Hinterachse gebremst. Bei Fahrzeugkombinationen wird zusätzlich das Anhängefahrzeug eingebremst, um die Kombination gestreckt zu halten und die Geschwindigkeit wirkungsvoll zu verringern. Der Fahrer spürt den Bremseingriff an dem Verzögern der Kombination.

Auch das Übersteuern wird an der Abweichung der oben beschriebenen Signale erkannt. Der Bremseingriff erfolgt an einem der beiden Vorderräder. Zusätzlich wird, wie beim Untersteuern, das Anhängefahrzeug gebremst. Je nach Auslegung des Systems ist die Bremsung eines Vorderrades unterschiedlich stark spürbar. Wichtig ist, auf diese Situation vorbereitet zu sein.

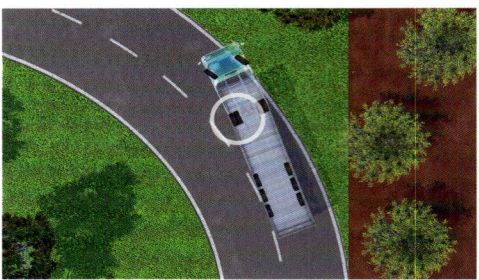

Kombination in Untersteuer- und Übersteuer-Situation mit Bremseingriff

Umkippen

Mit der im Fahrzeug verbauten Sensorik ermittelt die Stabilitätsregelung eine in der jeweiligen Situation angemessene Geschwindigkeit, mit der eine Kurve durchfahren werden kann. Zudem hilft die Überwachung der Radgeschwindigkeiten, einen kritischen Zustand zu erkennen und Maßnahmen einzuleiten. Sobald ein kritischer Zustand erkannt wird, wird in jedem Fall das Motordrehmoment begrenzt. So wird das Fahrzeug leicht verzögert und kann durch den Fahrer nicht mehr beschleunigt werden. Ist die Abweichung jedoch groß, wird das Fahrzeug an allen Rädern eingebremst, bei Kombinationen auch das Anhängefahrzeug. Dieser Systemeingriff ist für den Fahrer deutlich spürbar. Ein Umkippen des Fahrzeugs ist jedoch weiterhin möglich.

© Fotolia

Stabilitätsregelung im Anhängefahrzeug

Das Stabilitätsregelsystem im Anhänger ist in seiner Funktion eingeschränkter als das System im Kraftfahrzeug, weil ihm weniger Informationen und Eingriffsmöglichkeiten zur Verfügung stehen. Heute im Markt befindliche Systeme können daher nur Maßnahmen gegen das Umkippen einleiten. Sie können allerdings nicht auf die Systeme im Zugfahrzeug zugreifen, so dass eine Reaktion nur über die Anhängerbremse möglich ist. Das Anhängersystem verfügt über einen Querbeschleunigungsaufnehmer, mit dem die Fahrsituation eingeschätzt wird. Im Falle zu hoher Querbeschleunigung wird dann ein Bremseingriff im Anhängefahrzeug ausgelöst.

> » **INFO**
>
> **... schon gewusst?**
> Ein Umkippen kann nur in gewissen Grenzen durch das Fahrerassistenzsystem zu verhindern versucht werden. Passen Lenkwinkel und Geschwindigkeit nicht zueinander, kann es dennoch zu einem Umkippen kommen, obwohl die Elektronik mit ihren Maßnahmen eingreift.

FAHRERASSISTENZSYSTEME

9.3 Spurverlassenswarner (LDWS)

Für Nutzfahrzeuge mit einer zulässigen Gesamtmasse von mehr als 3,5 t, die ab dem 1. November 2015 neu zugelassen wurden, sind Spurverlassenswarner („Lane Departure Warning System (LDWS)") vorgeschrieben. Ältere Fahrzeuge können aber auch schon mit einem solchen System ausgerüstet sein.

Der Spurverlassenswarner weist den Fahrer darauf hin, dass er seine Fahrspur ohne Absicht verlässt. Die Absicht erkennt das System in der Regel daran, dass der Fahrer den Blinker betätigt. Bleibt dies aus und das Fahrzeug verlässt seine Spur, wird der Fahrer durch ein Signal darauf hingewiesen. Je nach Fahrzeughersteller kann dies auf verschiedene Arten erfolgen. Dieses Signal ist üblicherweise akustisch, z. B. durch einen Piep- oder Brummton, oder optisch durch Anzeige einer Warnung in den Instrumenten. Manche Hersteller bieten auch ein fühlbares Signal, z. B. „Ruckeln" im Lenkrad an. Das LDWS ist ein reines Warnsystem, es erfolgt kein weiterer Eingriff.

Neuere Fahrzeuge sind mittlerweile auch mit einem weiterentwickelten System ausgestattet, der als Spurhalteassistent (LKAS: Lane Keeping Assist System) bezeichnet wird. Er kann auch in die Lenkung eingreifen und das Fahrzeug in gewissen Grenzen wieder auf die richtige Spur lenken. Es ist wichtig, sich mit dieser Funktion vertraut zu machen, um nicht von seiner Reaktion überrascht zu werden.

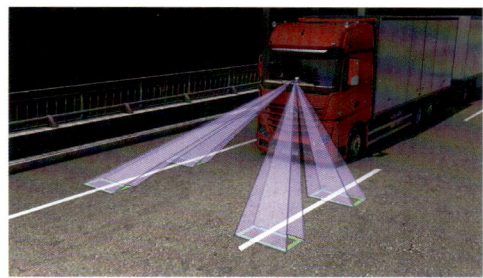

© DEGENER

» **PRAXISTIPP**

Die Anleitung des Fahrzeugs gibt Aufschluss darüber, auf welche Art das System den Fahrer warnt.

FAHRERASSISTENZSYSTEME

9.4 Notbremssysteme

Eine Vielzahl schwerer Lkw-Unfälle könnte vermieden werden, wenn der Fahrer rechtzeitig langsame oder stehende Hindernisse erkennen und frühzeitig bremsen würde. Täglich ereignen sich Auffahrunfälle am Stauende, die sehr häufig mit dem Tod Unfallbeteiligter enden. Der Fahrer des Nutzfahrzeugs trägt hier eine sehr hohe Verantwortung. Er muss durch geeigneten Sicherheitsabstand immer dafür sorgen, dass er sein Fahrzeug rechtzeitig zum Halten bringen kann.

Zur Unterstützung haben viele Nutzfahrzeughersteller Systeme entwickelt, die automatisch einen geeigneten Abstand zum vorausfahrenden Fahrzeug einstellen. Sie werden in der Regel als „Adaptive Geschwindigkeitsregelung", „Abstandsregeltempomat" (ART) oder „Adaptive Cruise Control" (ACC) bezeichnet. Diese Systeme tragen erheblich zur Sicherheit bei. Trotzdem hat der Fahrer weiterhin die Pflicht, auf ausreichenden Abstand zu achten. Aufbauend auf diese Form des Geschwindigkeitsreglers hat die Fahrzeugindustrie Notbremssysteme entwickelt.

Seit einiger Zeit gibt es eine gesetzliche Verpflichtung, diese Systeme in druckluftgebremste Fahrzeuge einzubauen, wobei die Einführung zeitlich gestaffelt erfolgte. In Europa müssen praktisch alle druckluftgebremsten Fahrzeuge, die seit dem 1. November 2015 neu zugelassen werden, mit einem „Notbrems-Assistenzsystem" („Advanced Emergency Braking System (AEBS)") ausgerüstet sein. Ältere Fahrzeuge können mit Systemen ausgerüstet sein, die nicht die aktuellen gesetzlichen Anforderungen erfüllen. Der Fahrzeugführer muss sich in jedem Fall über die Ausrüstung seines Fahrzeugs informieren und sich mit der Wirkungsweise vertraut machen.

© Daimler AG

» **PRAXISTIPP**

Die Verantwortung für die Vermeidung von Unfällen liegt weiterhin beim Fahrer.

FAHRERASSISTENZSYSTEME

Entsprechend der derzeitigen Gesetzeslage muss die AEBS-Funktion nach Fahrtantritt automatisch aktiv sein, wenn die Fahrzeuggeschwindigkeit über 15 km/h liegt. Je nach Ausstattung des Fahrzeugs kann die Funktion aber auch abgeschaltet werden, damit der Fahrer in besonderen Fahrzuständen (z. B. Baustellenverkehr) nicht durch Fehlauslösungen des Systems behindert wird. Wird das System abgeschaltet, wird der Fahrer durch eine gelbe Warnlampe darauf hingewiesen.

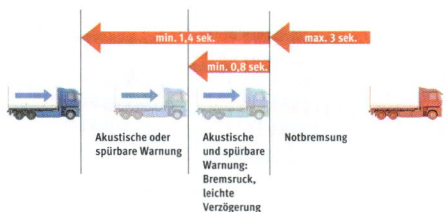

Erkennt AEBS ein vorausfahrendes oder stehendes Hindernis von der Mindestgröße eines üblichen PKW, muss es vor der eigentlichen Bremsung zunächst eine erste Warnung abgeben, die bei den meisten Systemen akustisch (z. B. durch einen Warnsummer) und/oder optisch erfolgt (z. B. Warnlampe). Diese erste Warnung erfolgt mindestens 1,4 Sekunden vor der Einleitung der Bremsung. Wenn der Fahrer reagiert, erfolgt eine zweite Warnung mindestens 0,8 Sekunden vor der automatischen Bremsung. Diese Warnung erfolgt in der Regel auch spürbar, z. B. durch einen Bremsruck. Die Notbremsphase beginnt dann höchstens 3 Sek. vor dem vom System berechneten Aufprall. Allerdings bremsen Systeme, die der hier beschriebenen Gesetzeslage entsprechen, nicht mit hohen Verzögerungen ab. Sie leiten nur eine Teilbremsung ein. Somit sind diese Systeme in der Regel nicht in der Lage, einen Aufprall auf ein stehendes Objekt zu verhindern. Auch Unfälle mit vorausfahrenden Fahrzeugen können nicht zuverlässig vermieden werden. Der Fahrer kann das System jederzeit „übertreten" und stärker bremsen als das AEBS.

Es wird deutlich, dass auch ein AEBS dieser Bauform höchstens Unfallfolgen mildern kann. Der Fahrer bleibt ausdrücklich in der Pflicht, sein Fahrzeug so zu führen, dass er es jederzeit rechtzeitig zum Stehen bringen kann. Trotzdem trägt das System natürlich zur Sicherheit bei, indem es den Fahrer frühzeitig warnt, bei der Bremsung unterstützt und so Unfallfolgen mildern kann. Es ist daher keinesfalls ratsam, das System aus Bequemlichkeit abzuschalten.

» **INFO**

Einige Fahrzeughersteller bieten bereits leistungsstärkere Systeme an, andere arbeiten noch an diesen Systemen. Auch die Gesetzgebung ist bestrebt, den technischen Möglichkeiten zu folgen. Die weitere Entwicklung bleibt abzuwarten.

» **PRAXISTIPP**

Gelegentlich findet sich der Rat, man könne dem Notbremssystem getrost alles überlassen und darauf vertrauen, dass das System alles richten wird. Der Fahrer kann jedoch das System jederzeit übersteuern und den LKW frühzeitig beherzt voll bremsen und sollte nicht auf die Reaktion des Systems warten.

FAHRERASSISTENZSYSTEME

9.5 Abbiegeassistent

Abbiegeassistenten sind bislang noch nicht gesetzlich vorgeschrieben, ihr Nutzen ist aber allgemein anerkannt. Diese Systeme warnen den Fahrer vor Gefahren für ungeschützte Verkehrsteilnehmer (Fußgänger, Radfahrer) neben der rechten Fahrzeugseite, die in den Spiegeln häufig nicht erkennbar sind. Am Markt gibt es verschiedene Lösungen, die alle ihre systembedingten Vor- und Nachteile haben. Einfachere Systeme arbeiten mit Ultraschallsensoren, die man aus Parkassistenten kennt. Diese Systeme haben den Vorteil der verhältnismäßig geringen Kosten. Sie sind auch sehr gut für Nachrüstungen geeignet. Ihr großer Nachteil ist, dass sie zwischen einem Verkehrsteilnehmer und zufällig am Straßenrand vorhandenen Gegenständen wie Büschen, Mülltonnen etc. nicht unterscheiden können. Daher werden sie oft durch Kameras ergänzt, so dass der Fahrer auf einem Bildschirm im Fahrerhaus die rechte Fahrzeugseite überwachen kann. Kameras liefern jedoch bei Dunkelheit kein zuverlässiges Bild. Mehrere Fahrzeughersteller bieten Abbiegeassistenten ab Werk an. Diese basieren in der Regel auf Radarsystemen, wie sie auch beim Abstandsregeltempomat und bei Notbremssystemen eingesetzt werden. Hiermit ist eine zuverlässigere Erkennung von Fußgängern und Radfahrern möglich, eine absolute Sicherheit gibt es allerdings auch hier nicht.
Der Abbiegeassistent kann die Sicherheit ungeschützter Verkehrsteilnehmer erheblich verbessern, aber den Fahrzeugführer nur besser unterstützen. Wie bei allen Assistenzsystemen liegt die Verantwortung beim Fahrzeugführer.

© Daimler AG

9.6 Weitere Assistenzsysteme

Von manchen Herstellern werden weitere Assistenzsysteme als Ausstattungsoption angeboten, die derzeit aber weder vorgeschrieben noch vereinheitlicht sind. Auch Nachrüstlösungen sind am Markt verfügbar.

Beispiele für Systeme, die verbaut sein können:
- **Aufmerksamkeitsassistent/Müdigkeitserkennung**
  Warnung vor Übermüdung oder Unaufmerksamkeit
- **Totwinkelüberwacher**
  meist optischer Hinweis auf Fahrzeuge im toten Winkel
- **Abstandsregeltempomat mit Stop-and-Go-Funktion**
  Unterstützung beim Stop-and-Go-Verkehr durch automatisches Beschleunigen und Abbremsen
- **Spurwechselassistent**
  Unterstützung beim Spurwechsel, Überwachung des toten Winkels
- **Seitenwindassistent**
  Korrektur des Fahrzeugkurses bei starkem Seitenwind
- **Rückfahrassistenzsysteme**
  Überwachung des rückwärtigen Verkehrsraums, z. B. Kameraüberwachung oder Warnung des Fahrenden durch Warnton

- **Ankoppelassistent**
  Unterstützung beim Aufsatteln oder Ankoppeln des Anhängers
- **Verkehrszeichen-Assistent**
  Erkennung von Verkehrszeichen mithilfe einer Kamera, häufig in Verbindung mit Kartendaten des Navigationssystems. Anzeige in einem Display.
- **Berganfahrassistent**
  Das Bremssystem speichert den letzten Bremsdruck und hält damit das Fahrzeug. Die Bremse löst beim Anfahren. Dies ist kein Ersatz für die Feststellbremse.

> » **INFO**
> Als Fahrer müssen Sie sich über die im Fahrzeug verbauten Systeme informieren, um sie richtig und effektiv einsetzen zu können.

KONTROLLEN, WARTUNG UND PFLEGE

10. Kontrollen, Wartung und Pflege

10.1 Kontrolle der Druckluftbremsanlage

BAUTEIL	KONTROLLE	WARTUNG UND PFLEGE
Luftpresser	– Luftfilterkontrollanzeige beobachten. – Anschlüsse der Leitungen auf Dichtheit prüfen. – Keilriemenspannung prüfen. – Bei eigener Ölschmierung Ölstand prüfen. – Fülldauer beachten.	» Luftfilter reinigen. » Betriebsanleitung beachten. » Kühlrippen des Luftpressers sauber halten.
Druckregler	– Abschaltdruck kontrollieren – das Erreichen des Abschaltdrucks lässt sich an den Zeigern des Druckmessers ablesen.	» Eventuell vorhandene Filter reinigen.
Frostschutz-einrichtung	– Einstellung auf Sommer- oder Winterbetrieb kontrollieren. Flüssigkeitsstand im Winter täglich prüfen.	» Frostschutzpumpen müssen zum Schutz vor Korrosion auch im Sommer mit Frostschutzmittel befüllt sein. » Nur vom Hersteller freigegebene Frostschutzmittel verwenden.
Lufttrockner	– Funktion des Lufttrockners an den Entwässerungsventilen der Vorratsbehälter überprüfen. Hat sich Wasser angesammelt, muss die Kartusche ausgetauscht werden.	» Austausch der Granulatkartusche nach Vorschriften des Herstellers. » Betriebsanleitung beachten.
Luftbehälter	– Sichtprüfung auf Verformung, Risse, Korrosion durchführen.	» Behälter regelmäßig entwässern (im Winter täglich).
Membran-Bremszylinder	– Fahrzeuge mit Membran-Bremszylinder haben meist automatische Gestängesteller. – Kontrolle der Belagstärke besonders wichtig. – Staubmanschetten überprüfen.	» Ohne automatische Gestängesteller das Bremsgestänge regelmäßig nachstellen lassen.
Kolbenzylinder	– Hub der Kolbenstange prüfen. Bei einer Vollbremsung dürfen die Kolbenstangen maximal zwei Drittel des gesamten Hubs ausfahren. – Staubmanschetten überprüfen.	» Kolbenstangen sauber halten, verbogene Kolbenstange auswechseln. » An den vorgesehenen Stellen abschmieren.
Bremsbeläge	– Stärke der Bremsbeläge regelmäßig an allen Rädern kontrollieren. Mindeststärke der Beläge 5 mm.	» Bei Erreichen der Mindestbelagstärke müssen die Bremsbeläge sofort erneuert werden.
Druckluft-beschaffungs-anlage	– Dichtheitsprüfung: Motor laufen lassen, bis Druckregler abschaltet. Motor abstellen. Anlage kann als dicht angesehen werden, wenn der Druckabfall innerhalb von 10 Minuten nicht mehr als 0,1 bar beträgt.	
Betriebs-bremsanlage	– Bei einer Teilbremsung – ca. 1/2 Pedalweg – darf der Druckabfall nach 3 Minuten höchstens 0,3 bar betragen.	

KONTROLLEN, WARTUNG UND PFLEGE

10.2 Hydraulische Bremsanlage

Nur bei älteren Fahrzeugen und bei Kleinbussen können Hydraulik und Druckluft zusammenwirken, entweder als Hilfskraft-Bremsanlage (Servobremsgerät) oder als kombinierte druckluft-hydraulische Bremsanlage (Vorspannzylinder). In diesem älteren Omnibus sind die unteren Bremsflüssigkeits-Vorratsbehälter für die beiden Vorspannzylinder und der obere für die hydraulische Kupplungsbetätigung vorgesehen.

Sichtprüfung
– Bremsanlage auf Dichtheit überprüfen.
– Leitungen und Schläuche auf Korrosion, Scheuerstellen und Alterung überprüfen.
– Bremsflüssigkeitsstand überprüfen.

Funktionsprüfung
Bremspedal bei stehendem Fahrzeug durchtreten.
– Bei 1/3 bis 1/2 Pedalweg muss sich ein Widerstand aufbauen.
– Verkürzt sich der Pedalweg durch „Pumpen", ist Luft im System.
– Gibt der Druck langsam nach, ist eine Undichtigkeit vorhanden.

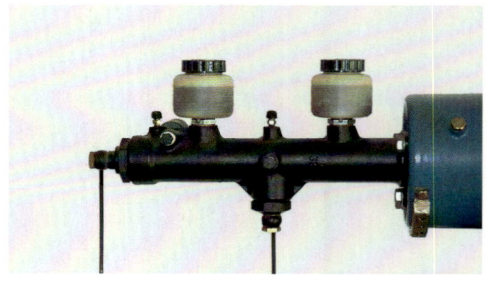

» **PRAXISTIPP**

Bremsflüssigkeit ist hygroskopisch. Das heißt, sie zieht Wasser an. Ein Wechsel der Bremsflüssigkeit ist daher unbedingt nach den Vorschriften des Herstellers vorzunehmen – spätestens nach zwei Jahren.

» **PRAXISTIPP**

Vor jeder Fahrt: Bremsprobe durchführen!

KONTROLLEN, WARTUNG UND PFLEGE

10.3 Kontrolle der Druckluftbremsanlage

AGGREGAT	STÖRUNG	URSACHE	BESEITIGUNG
Kompressor	– Geringe Förderleistung, lange Füllzeit	» Rutschender Keilriemen » verschmutzter Luftfilter » undichte Anschlüsse » Kolbenverschleiß	» Keilriemen spannen » Luftfilter reinigen » Anschlüsse abdichten » Werkstatt aufsuchen
	– Sehr kurze Füllzeit	» Kondenswasser im Vorratsbehälter	» Vorratsbehälter entwässern » Lufttrockner überprüfen
Frostschutz-einrichtungen	– Vereisung der nachgeschalteten Bauteile	» Kein Frostschutzmittel in der Anlage	» Frostschutzmittel auffüllen und Frostschutzeinrichtungen nach Angaben des Herstellers betätigen.
Lufttrockner	– Ansammlung von Wasser in den Vorratsbehältern	» Granulatkartusche hat keine Wirkung.	» Kartusche austauschen
Mehrkreis-Schutzventil	– Abschaltdruck wird nicht erreicht	» Ein am Mehrkreisschutzventil angeschlossener Druckluftkreis ist undicht.	» Anschlüsse abdichten. Werkstatt aufsuchen.
Vorratsbehälter	– Hoher Druckabfall bei einer Bremsung	» Wasser in den Behältern	» Vorratsbehälter entwässern.
ALB	– Geringe Bremswirkung bei voll beladenem Fahrzeug	» Federbalg gerissen, Gestänge zwischen Bremskraftregler und Aufbau gebrochen.	» Werkstatt aufsuchen.
Bremszylinder	– Zu großer Arbeitshub	» Abgenutzte Bremsbeläge, verschlissene Bremstrommeln, ausgeschlagene Bremsgestänge	» Bremse muss überholt werden.
ABS	– ABS-Warnleuchte des Motorwagen erlischt nach Fahrtantritt nicht oder leuchtet während der Fahrt auf	» Fehler im ABS; Einzelne oder alls Räder können beim Bremsen auf glatter Fahrbahn blockieren; Normaler Bremsdruck kann beeinträchtigt sein	» Werkstatt baldmöglich aufsuchen
Rote Brems-warnleuchte	– Rote Bremswarnleuchte bzw. EBS-Warnleuchte erlischt nach Motorstart nicht oder leuchtet während der Fahrt auf	» Druck in den Vorratsbehältern zu gering oder Bremskreisausfall oder anderer schwerwiegender Fehler in der Bremsanlage	» Nach Motorstart abwarten, bis Druckbehälter aufgefüllt sind und Leuchte erlischt; erlischt diese nicht, Fahrzeug stehen lassen und Fehlerursache beseitigen lassen. Bei Aufleuchten während der Fahrt Fahrzeug anhalten und Fehlerursache beseitigen lassen.

KONTROLLEN, WARTUNG UND PFLEGE

10.4 Grenzen des Einsatzes der Bremsanlagen und der Dauerbremse

Trommelbremsen galten lange Zeit als optimale Radbremse für Nutzfahrzeuge. Die Bauweise der Bremse ist geschlossen. Sie sind gegen Nässe und Schmutz geschützt.
Zum Vergleich der Effektivität der Radbremsen verwendet man den Bremsenkennwert C*. Je höher der Bremsenkennwert C* ist, umso weniger Spannkraft ist für einen Bremsvorgang notwendig. Die Spannkraft (F_{Sp}), die Kraft, mit der die Bremsbacken an die Trommel gepresst werden, setzt man ins Verhältnis zur Bremskraft (F_U):

$$C^* = \frac{F_U}{F_{Sp}}$$

(U steht für Umfang, weil die Bremskraft am Radumfang gemessen wird.)

Der Bremsenkennwert liegt bei Trommelbremsen: $C^* \sim 2{,}5$

Bei starker Erwärmung verringert sich der Reibungswert zwischen Bremsbelag und Bremstrommel. Die Wärme kann nicht schnell genug abgeführt werden. Der Bremsenkennwert C* fällt ab. Das führt zum Nachlassen der Bremswirkung, dem Fading.

Bei der Scheibenbremse ist der Bremsenkennwert C* wesentlich niedriger: $C^* \sim 0{,}8$

Das bedeutet, dass die Spannkraft (F_{Sp}) bei einer vergleichbaren Bremsung mit einer Scheibenbremse höher sein muss als mit einer Trommelbremse.

Das Kennwertverhalten der Scheibenbremse ist relativ konstant, daher ist die Fadingneigung gering. Scheibenbremsen bewältigen die bei hohen Geschwindigkeiten auf Autobahnen erforderlichen Anpassungsbremsungen besser, d.h. mit weniger Fading und geringerer Rissbildungstendenz.
Sie haben meist höhere Anschaffungskosten. Die früher ebenfalls höheren Betriebskosten und geringeren Belagstandzeiten haben sich mit höheren Stückzahlen und neuen Generationen ausgeglichen.

Dauerbremse
Auch bei Dauerbremsanlagen liegt das Hauptproblem in der Abführung der Wärme beim Bremsvorgang.

Motorbremse mit Auspuffklappe
Zur Steigerung der Bremsleistung im unteren und mittleren Drehzahlbereich sorgt ein Druckregelventil im Bypass der Abgasleitung.
Bei höheren Drehzahlen verhindert das Druckregelventil den Druckanstieg, der zu einer Gefährdung der Ventile bzw. des Ventiltriebes führen könnte.

Hydrodynamischer Retarder
Hohe thermische Belastung. Die Bewegungsenergie muss in Wärme umgewandelt werden, diese wiederum wird über den Kühlkreislauf abgeführt. Bei niedrigen Drehzahlen fällt das Bremsmoment stark ab.

Elektrodynamischer Retarder
Bei starker Erwärmung des Rotors nimmt die Bremsleistung deutlich ab. Im Gegensatz zum hydrodynamischen Retarder steht im unteren Drehzahlbereich ein hohes Bremsmoment zur Verfügung, das sich aber im oberen Drehzahlbereich verringert.

LÖSUNGEN

» **Arbeitsblatt 1**
Reaktionsweg – Anhalteweg – Bremsweg

1. Wie nennt man die grün, grau und blau markierten Streckenabschnitte? Tragen Sie die Lösung in die jeweiligen Kästen in der Abbildung ein:

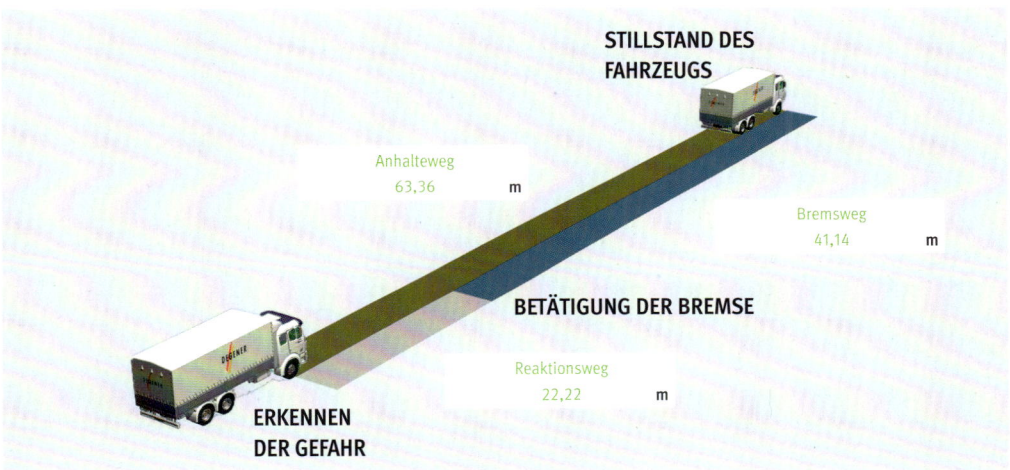

STILLSTAND DES FAHRZEUGS

Anhalteweg
63,36 m

Bremsweg
41,14 m

BETÄTIGUNG DER BREMSE

Reaktionsweg
22,22 m

ERKENNEN DER GEFAHR

2. Berechnungen

ANHALTEWEG

REAKTIONSWEG   BREMSWEG

a) Reaktionsweg

$$\frac{\text{Geschwindigkeit}}{3,6} \qquad \frac{80 \text{ km/h}}{3,6} = 22,22 \text{ m/s} \qquad s = v \cdot t \qquad s = 22,22 \text{ m/s} \cdot 1 \text{ s} \qquad s = 22,22 \text{ m}$$

b) Bremsweg

$$S_B = \frac{v^2}{2 \cdot a_m} \qquad \frac{22,22 \text{ m/s} \cdot 22,22 \text{ m/s}}{2 \cdot 6 \text{ m/s}^2} = 41,14 \text{ m}$$

c) Anhalteweg

22,22 m + 41,14 m = 63,36 m

3. Wie lang ist der Bremsweg bei einer Geschwindigkeit von 80 km/h mit einer Verzögerung von 8 m/s²?

Berechnung des Bremswegs:

$$S_B = \frac{v^2}{2 \cdot a_m}$$

$$S_B = \frac{22,22 \text{ m/s} \cdot 22,22 \text{ m/s}}{2 \cdot 8 \text{ m/s}^2} = 30,86 \text{ m}$$

LÖSUNGEN

» **Arbeitsblatt 2**
Arbeitsweise der Druckluftbremse

1. Zeichnen Sie „Druck" und „drucklos" wie folgt ein:

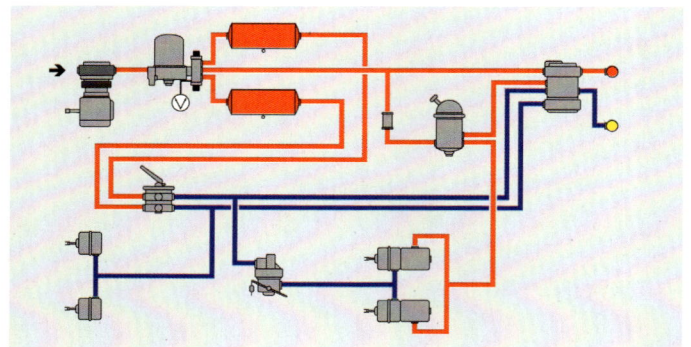

A Zeichnen Sie die Druckverhältnisse bei **Fahrstellung** farbig ein.

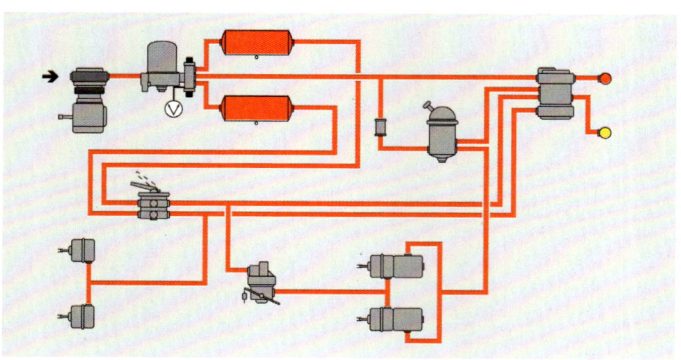

B Zeichnen Sie die Druckverhältnisse bei **Vollbremsstellung** farbig ein.

2. **Membranzylinder der Betriebsbremse.**
Das ist ein Membranzylinder in vereinfachter Darstellung. Zeichnen Sie „Druck" und „drucklos" wie oben abgebildet farbig ein und kreuzen Sie an.

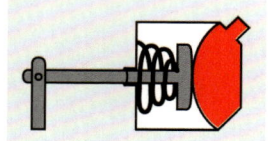

Radbremse
○ gelöst
⊗ in Bremsstellung

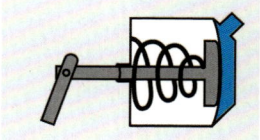

Radbremse
⊗ gelöst
○ in Bremsstellung

Betriebsbremse und Feststellbremse haben Bremszylinder mit unterschiedlicher Wirkung:

– Bei der **Betriebsbremse** werden Membranzylinder verwendet. **Druckluft bewirkt** Bremsen

– Bei der **Feststellbremse** werden Federspeicherzylinder verwendet. **Druckluft bewirkt** lösen

LÖSUNGEN

» **Arbeitsblatt 3**
  Elektronische Bremsunterstützung

1. Ordnen Sie den Bauteilen jeweils eine Ziffer aus der Abbildung zu.

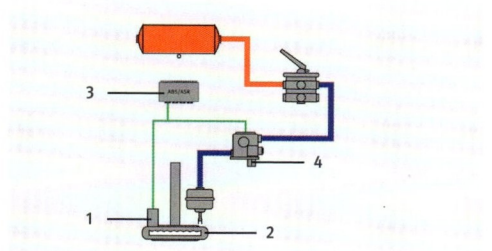

Elektronisches Steuergerät   3
Radsensor   1
ABS-Magnetregelventil   4
Impulsrad   2

2. Tragen Sie die Bauteile des EBS-Systems hinter den jeweiligen Ziffern aus der Abbildung ein.

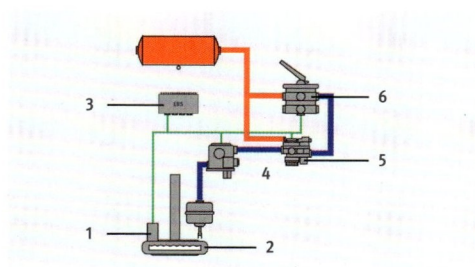

1. Radsensor
2. Impulsrad
3. elektronisches Steuergerät
4. ABS-Magnetregelventil
5. Proportional-Relaisventil bzw. Vorderachs-Modilator
6. Bremswertgeber

3. Ordnen Sie den Bauteilen eine Ziffer aus Abbildung 2 zu.

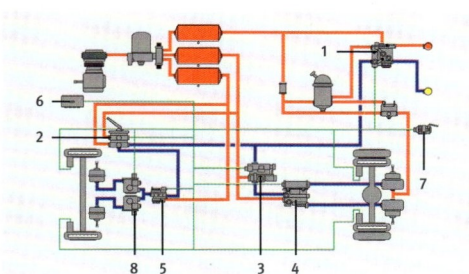

1. Anhängersteuerventil EBS
2. Bremswertgeber
3. Redundanzventil
4. Achsmodulator
5. Proportional-Relaisventil bzw. Vorderachs-Modulator
6. Steuergerät mit Datenbus (CAN)
7. EBS-Steckverbindung mit Datenbus (CAN)
8. ABS-Magnetregelventile, VA

SCHLAGWORTVERZEICHNIS

ABS .... 11, 25, 29, 43, 45, 56, 59, 61 – 64, 66, 67, 68, 71
Advanced Emergency Braking System (AEBS) 74
Anhalteweg 8, 11
Antriebsschlupfregelung (ASR) 64
APU 19, 22, 56
Automatisch-lastabhängiger Bremskraftregler (ALB) 29
Bremskraftregelung 56, 67
Bremsweg 8, 9, 10, 12, 38, 59, 62, 66, 81
Dauerbremse .... 10 ,41, 42 – 45, 80
Druckluftbremsanlage 17, 18, 36, 38, 46, 58, 66, 77, 79
Druckluftbremszylinder 27, 30, 38, 50
Druckmesser 18, 20, 24, 39, 51
Druckregler .... 18 – 21, 56
Elektronisches Bremssystem (EBS) 66
Elektronische Stabilitätsregelung 70
Fahrerassistenzsystem 70
Federspeicher-Bremszylinder 34, 38, 39, 50
Federspeicher-Feststellbremse 54
Feststellbremsventil 34, 35, 39, 56, 64
Frostschutzeinrichtungen 21, 23, 79
Haltestellenbremse 37
Hilfsbremse 37

Kippgrenze 70
Kolbenbremszylinder 30
Kompressor 18, 19, 20, 22, 23, 25, 38, 50, 57
Kontrolle 19, 77, 79
Kupplungsköpfe 46, 47, 48
Luftbehälter 18, 19, 20, 21, 22, 23, 25, 26, 49, 53, 56, 57, 77
Lufttrockner 18, 19, 21, 23, 26, 56, 77, 79
Mehrkreisschutzventil 18, 19, 22, 38, 39, 50, 51, 56, 57, 79
Membranbremszylinder 30
Motorbremsen 41, 42, 43, 44
Notbremssystem 74, 76
Pflege .... 77 – 80
Reaktionsweg .... 7 – 9, 81
Retarder 41, 44, 45, 80
Strömungsbremse 41, 44, 45
Spurverlassenswarner 73
Umkippen .... 70 – 72
Übersteuern .... 70 – 72
Untersteuern .... 70 – 72
Wartung 41, 66, 77
Zweikreis-Motorwagenbremsventil 27

BAND 4P

Rolf Dänekas | Egon Matthias

SICHERHEIT DER FAHRGÄSTE

Bildnachweis –
wir danken folgenden Firmen und Institutionen für ihre Unterstützung:

Bundesverband Deutscher Omnibusunternehmer (bdo)
Daimler AG
Daimler Buses
Dolezych Dortmund
Dr. Richard Herrmann Unternehmensgruppe
EvoBus GmbH
gbk-Gütegemeinschaft Buskomfort e.V.
Gehle Fahrschule und Omnibustouristik
MAN Nutzfahrzeuge Gruppe
MAN Truck&Bus AG
Neoplan
Setra
Verband der TÜV e.V.
Verkehrsbetriebe Hannover (üstra)

Autoren: Rolf Dänekas, Egon Matthias
Illustrationen: Sandra Patzenhauer

SICHERHEIT DER FAHRGÄSTE

Inhalt

Der Fahrer ist für die Sicherheit der Fahrgäste verantwortlich. Um diese gewährleisten zu können, ist ein hoher Sachverstand erforderlich. Dabei geht es nicht nur um die sichere Beherrschung des Fahrzeugs unter den verschiedensten Bedingungen im Straßenverkehr, sondern auch um die Fähigkeiten, das Fahrzeug mit all seinen technischen Möglichkeiten genau zu kennen, um in schwierigen Situationen richtig handeln zu können.

Die Sicherheit der Fahrgäste ist ein ausschlaggebendes Merkmal für die Qualität der Transportleistung. Das gilt für den Linienverkehr wie auch für den Gelegenheitsverkehr. Das Zusammenwirken der Organisation (Dienstplan, Reiseplanung), der Fähigkeiten und Fertigkeiten des Fahrzeugführers und der technische Entwicklungsstand des Fahrzeugs gewährleisten die Sicherheit und den Komfort der Fahrgäste.

Der Inhalt und die Reihenfolge der Themen richten sich nach der Liste der Kenntnisbereiche der Berufskraftfahrer-Qualifikations-Verordnung.

Die Autoren

Rolf Dänekas, Jahrgang 1956
Von der Industrie- und Handelskammer zu Aachen öffentlich bestellter und vereidigter Sachverständiger für Ladungssicherung und Anschlagtechnik im Landverkehr. Fachkraft für Arbeitssicherheit, Gefahrgutbeauftragter, Ausbilder für Staplerfahrer und Kranfahrer und Havariekommissar. Seit 1987 Mitglied im VDI-Fachausschuss B6 „Ladungssicherung auf Straßenfahrzeugen". Obmann von VDI-Richtlinien 2700 Blatt 1 „Ausbildung und Ausbildungsinhalte", 2700 Blatt 4 „Lastverteilungsplan", 2700 Blatt 11 „Ladungssicherung von Betonstahl", 2700 Blatt 19 „Gewickeltes Band aus Stahl, Bleche und Formstahl". Seit mehr als 20 Jahren im Seminarwesen als Seminarleiter tätig.

Egon Matthias, Jahrgang 1942
Ausbildung zum Techniker für Kraftfahrzeugtechnik, Studium zum Dipl.-Ing. für Kraftfahrzeugtechnik und Ingenieur für Arbeitssicherheit. Langjährige Berufserfahrung u.a. in der Ausbildung von Fahrschülern, Berufskraftfahrern und Fahrlehrern. Moderator im Auftrag der BGF in Omnibusbetrieben zu Gesundheit und Sicherheit am Arbeitsplatz Omnibus.

Legende

» **PARAGRAPH**
Originaltext aus dem Gesetz

» **FRAGE**
Fragen aus der Praxis

» **INFO**
Merksätze

» **PRAXISTIPP/PRAXISWISSEN**
Tipps aus der Praxis

» **BUCH**
Verweise auf weitere Lektüre/Nachschlagemöglichkeiten

» **ARBEITSBLATT**
Zur Wiederholung und Vertiefung von gelernten Inhalten

INHALTSVERZEICHNIS

Gewährleistung der Sicherheit und des Komforts der Fahrgäste
1.1 Aktive Sicherheit 7
1.2 Passive Sicherheit 12
1.3 Gefühlte Sicherheit 15
1.4 Maßnahmen zur Gewährleistung der Betriebs- und Verkehrssicherheit 19
1.5 Fahrweise und Verhalten 19

Pflichten des Fahrzeugführenden
2.1 Pflichten des Fahrzeugführenden 23
2.2 Sorgfaltspflichten 31
2.3 Nutzung bestimmter Verkehrsflächen 36
2.4 Prioritäten setzen 37
2.5 Besonderheiten bei der Beförderung bestimmter Fahrgastgruppen 38
2.6 Umgang mit Fahrgästen 41

Längs- und Seitwärtsbewegungen des Fahrzeugs
3.1 Einfluss der Fahrgeschwindigkeit 42
3.2 Befahren von Kurven 44
3.3 Befahren von Tunneln 46
3.4 Rücksichtsvolles Verkehrsverhalten 47
3.5 Positionierung auf der Fahrbahn 48
3.6 Bremsen 49
3.6.1 Reaktionsweg / Bremsweg / Anhalteweg 49
3.6.2 Überholweg 50
3.6.3 Aufprallgeschwindigkeit / Aufprallgewicht 52
3.6.4 Sanftes Bremsen 53
3.7 Beachtung der Überhänge 54

Gewährleistung der Sicherheit aller Fahrgäste
4.1 Verantwortung des Fahrers 55
4.2 Vorbeugende Maßnahmen 56

INHALTSVERZEICHNIS

Ladungssicherung im Personenverkehr

5.1	Rechtliche Grundlagen	57
5.2	Physikalische Grundlagen	63
5.2.1	Masse (m)	63
5.2.2	Massenkraft (F_M)	63
5.2.3	Gewichtskraft (F_G)	64
5.2.4	Fliehkraft (F_y)	64
5.2.5	Bewegungsenergie (E_{Kin})	65
5.2.6.	Reibung	66
5.3	Arten der Ladungssicherung	68
5.3.1	Formschlüssige Ladungssicherung	68
5.3.2	Kraftschlüssige Ladungssicherung	70
5.4	Gesamtmasse und Achslasten	71
5.5	Lastverteilung	72
5.6	Berechnung der Nutzlast und des zulässigen Gesamtgewichtes	75
5.7	Beispiele zur Ladungssicherung	82
5.7.1	Fahrgastraum	82
5.7.2	STauräume	86
5.7.3	Fahrradtransport	90
5.7.4	Gepäckanhänger	91
5.7.5	Skikoffer	92

Schlagwortverzeichnis 93

SICHERHEIT DER FAHRGÄSTE

1. Gewährleistung der Sicherheit und des Komforts der Fahrgäste

Der Omnibus gehört zu den sichersten Verkehrsmitteln. Die Statistiken zeigen, dass europaweit die Gefahr, bei einer Fahrt mit dem Omnibus tödlich verletzt zu werden, weitaus geringer ist als bei allen anderen Verkehrsmitteln. Die ständige Verbesserung von Sicherheit und Komfort hat im Omnibusbau Priorität. Wichtige Grundlagen sind dafür beispielsweise die ECE-Richtlinien über:

- die Stabilität des Buskörpers (ECE-R66/ECE-R66/01 ab 2017) zum Erhalt des Überlebensraumes im Fahrgastraum,
- Schutz von Insassen des Fahrerhauses von Nutzfahrzeugen (ECE-R29)
- die Ausstattung der Reisebusse mit Sicherheitsgurten (ECE-R14/R16),
- die sichere Befestigung der Reisebussitze (ECE-R80).

Die Omnibusse der heutigen Generation haben sowohl in der passiven Sicherheit als auch in der aktiven Sicherheit einen hohen Standard erreicht. Aktive und passive Sicherheit sind durch die Entwicklung der Fahrzeugtechnik, der Verkehrstechnik, der Elektrotechnik und der Informatik eng miteinander verbunden, wodurch entsprechende Lösungen zur Unfallverhütung und zur Abschwächung der Unfallfolgen ständig vorangetrieben werden.

1.1 Aktive Sicherheit

Unter aktiver Sicherheit verstehen wir alle Maßnahmen, die dazu dienen, Unfälle zu verhindern. Eine große Bedeutung haben dabei moderne Fahrerassistenzsysteme, die Sie erheblich entlasten. Einige Systeme melden sich bei drohender Gefahr, andere Systeme greifen auch aktiv in den Fahrverlauf ein.

Beispiele
- Der **automatische Blockierverhinderer (ABV)** verhindert das Blockieren der Räder und gewährleistet dadurch die Lenkfähigkeit des Fahrzeugs. An allen vier Rädern sind Sensoren angebracht, die die jeweilige Raddrehzahl erkennen und ein zentrales Steuergerät informieren. Wird beim Bremsen der sensible Punkt des Blockierens der Räder erreicht, wird das Rad durch Variierung des Drucks an eben dieser Schwelle gehalten. In nur einer Sekunde kann der Bremsdruck dabei mehrmals auf- und wieder abgebaut werden.

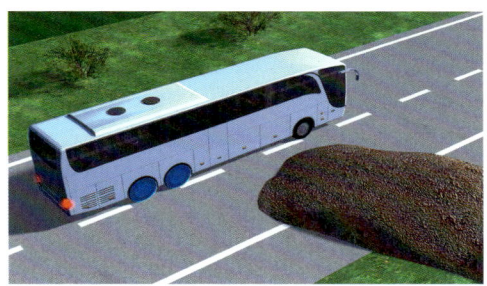

SICHERHEIT DER FAHRGÄSTE

- Die **Antriebs-Schlupf-Regelung (ASR) als Traktionskontrollsystem (TCS)** verhindert das Durchdrehen der Räder. Ein optimaler Kraftfluss ist somit ständig gewährleistet. Beim Anfahren, in Kurven und in Steigungen (glatte Fahrbahn), wird dadurch die Fahrstabilität gewährleistet

- Das **Elektronische Brems-System (EBS)** steuert die Bremsventile elektronisch an. Dadurch erfolgt ein schnelleres Ansprechen der Bremsen, was mit einem kürzeren Bremsweg und gleichmäßiger Bremswirkung verbunden ist. Es wird über ABV und ASR realisiert.

- Der **Elektronische Bremsassistent (BAS)** baut in einer Notbremssituation in kürzester Zeit weitgehend ruckfrei die maximale Bremskraftverstärkung auf. Durch einen ständigen Vergleich der Daten erkennt der Mikro-Computer sofort, wenn die Betätigungsgeschwindigkeit des Bremspedals plötzlich das übliche Maß übersteigt und folgert daraus, dass eine Notbremssituation besteht. Auch die Geschwindigkeit sowie der Beladungszustand des Busses berücksichtigt das Steuergerät hierbei.

- Das **Elektronische Stabilitätsprogramm (ESP)** ist ein aktives System zur Steigerung der Fahrsicherheit und der Fahrstabilität. Es trägt spürbar zur Reduzierung der Schleudergefahr bei Kurvenfahrten oder Ausweichmanövern bei. Dazu werden in fahrdynamisch kritischen Situationen die Bremskräfte an jedem einzelnen Rad gezielt geregelt, beispielsweise wenn der Bus in Kurvenfahrten im Grenzbereich bewegt wird. Gleichzeitig wird die Motorleistung zurückgenommen. Das mögliche „Ausbrechen" des Busses wird so durch das fein dosierte Abbremsen im Rahmen der physikalischen Möglichkeiten verhindert. Es erkennt also kritische Fahrsituationen und unabhängig von Ihrem Handeln greift es durch abgestimmtes Bremsen der einzelnen Räder und Verringerung der Antriebsleistung in die Fahrsituation ein.

SICHERHEIT DER FAHRGÄSTE

- Der **Notbrems-Assistent AEBS (Advanced Emergency Brake System)** erfasst über ein Radarsystem sowohl vorausfahrende als auch stehende Fahrzeuge auf eine Entfernung von maximal 200 m und ermittelt fortlaufend die Differenzgeschwindigkeit zum eigenen Fahrzeug. Ist bei unveränderter Fahraktivität eine Kollision unvermeidbar, wird der Fahrer zunächst optisch sowie akustisch durch einen Intervallton gewarnt und das Fahrzeug nimmt automatisch eine Teilbremsung vor. Dem Fahrer bleibt in dieser Phase die Chance für eine Reaktion, entweder durch ein Brems- oder Ausweichmanöver.

- Der **Spurassistent (SPA, auch LGS = Lane Guard System)** warnt den Fahrer, wenn das Fahrzeug den markierten Fahrstreifen oder die markierte Fahrbahn zu verlassen droht. Sobald das Fahrzeug die Markierungslinien überfährt, wird der Fahrer durch ein Pulsieren auf der entsprechenden Seite des Sitzes gewarnt. Der SPA wird ab einer Geschwindigkeit von 70 km/h aktiv und wird durch Betätigen des Blinkers ausgeschaltet, beispielsweise zum Einleiten eines gewollten Spurwechsels.

- Der **Abstandsregel-Tempomat (ART, auch ACC = Adaptive Cruise Control)** hält das Fahrzeug auf sicherem Abstand zum Vordermann. Die Fahrgeschwindigkeit wird automatisch der Verkehrssituation angepasst. Wird der Abstand zu gering, greift die Elektronik frühzeitig und moderat in die Geschwindigkeitsregelung ein. Zu diesem Zweck tastet ein Abstandssensor alle 50 Millisekunden die Umgebung vor dem Bus ab. Er misst mit drei Radarkeulen Abstand und Relativgeschwindigkeit vorausfahrender Fahrzeuge in einer Entfernung von maximal 200 m. Der ART misst die Relativgeschwindigkeit auf 0,7 km/h genau.

- Der **Dauerbrems-Limiter (DBL)** verhindert ein zu schnelles Fahren bei Bergabfahrt. Der DBL sorgt durch Kommunikation mit anderen Sicherheitssystemen dafür, dass das Fahrzeug nicht schneller als 100 km/h fährt.

SICHERHEIT DER FAHRGÄSTE

- **Stop & Go: Abstandsregel-Tempomat mit Anhalte-Assistent (AHA)**
  Während der ART in einem Geschwindigkeitsbereich 15-100 km/h regelt, findet mit dieser Zusatzfunktion eine Regelung von 0-100 km/h statt. Steht das Fahrzeug nicht länger als zwei Sekunden, bleibt der Abstandsregler bei stockendem Verkehr auch bei einer Geschwindigkeit unter 15 km/h aktiv und bringt den Reisebus aus dem Stand heraus wieder in die eingestellte Geschwindigkeit.

- **Die Feuerlöschanlage**
  Das Auslösen der Feuerlöschanlage im Motorraum wird in Verbindung mit dem Störungstext „Feuer Motorraum" im Display angezeigt.

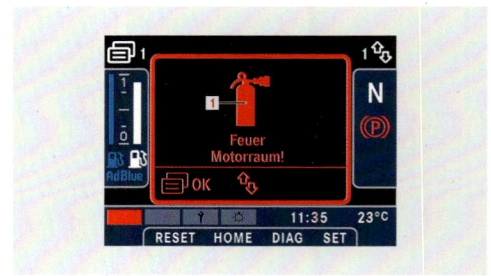

» **INFO**

Wichtig: Die Motorraumklappe ist nach Auslösen der Feuerlöschanlage noch mindestens 5 Minuten geschlossen zu halten.

Die Kenntnisse der jeweiligen Arbeitsweise und der richtige Umgang mit diesen Systemen helfen Ihnen bei schwierigen Fahrbedingungen und in Extremsituationen.

Desweiteren sind solche elektronischen Helfer wie zum Beispiel
- **Abbiegelicht**,
- **Rückraumüberwachung**,
- **Seitenraumüberwachung**,
- ATTENTION ASSIST AtAs (Ermüdungswarner) in verschiedenen Omnibussen in Serie oder als Sonderwunsch vorhanden.

Weitere Systeme befinden sich in der Entwicklung zur Serienreife.

SICHERHEIT DER FAHRGÄSTE

Folgende technische Einrichtungen verringern die Belastungen für Sie als Fahrzeugführende und helfen so, Unfälle zu verhindern:
- Ihr Arbeitsplatz in modernen Bussen besteht aus einem komfortablen Sitz mit erweiterten Einstellmöglichkeiten und einem Instrumententräger mit aufeinander abgestimmten Bedienelementen.
- Schaltung mit Joystick. Sie gestattet Ihnen leichtere Schaltvorgänge durch Verkürzung der Schaltwege in ergonomisch günstiger Position.
- Hinterlüftung der Sitzfläche und der Rückenlehne.
- Klimatisierung der Fahrerkabine oder des gesamten Fahrzeuges. Dadurch werden extreme Temperaturen vermieden.
- Geräuschminimierung: Sie erhöht Ihr Wohlbefinden und natürlich auch den Komfort für Ihre Fahrgäste.
- Eine Rückfahrkamera ermöglicht Ihnen eine lückenlose 360°-Rundumsicht ohne toten Winkel.
- Litronic-Scheinwerfer, die auf Grund der Xenon-Technologie die Sicht bei Dunkelheitsfahrten beträchtlich verbessern.

Lichteindrücke erzwingen die Aufmerksamkeit der Fahrzeugführenden.

Wenn kein Tagfahrlicht vorhanden ist (vorgeschrieben seit 2014 für alle neu zugelassenen Fahrzeuge), hilft das Einschalten des Abblendlichts Unfälle zu verhindern, da der Gegenverkehr Fahrzeuge mit Abblendlicht in der Regel früher erkennt und dann auf gefährliche Überholmanöver rechtzeitig verzichtet.

SICHERHEIT DER FAHRGÄSTE

1.2 Passive Sicherheit

Die passive Sicherheit umfasst alle technischen Maßnahmen, die mögliche Unfallfolgen begrenzen. Dazu gehören

- Maßnahmen, die das Verletzungsrisiko in der Fahrgastzelle infolge von Gefahrbremsungen oder Auffahrunfällen mindern können (Verletzungsmindernde Innenraumgestaltung):
- gepolsterte oder abgerundete Kanten an Armlehnen, Rückenlehnen, am Armaturenbrett, in der Toilette,
- Beckengurte, Dreipunktgurte,
- gut erreichbare Haltestangen und Halteschlaufen,
- Türverkleidungen, eingelassene Griffe,
- Sicherheitslenkung,
- bruchfeste Seitenscheiben,
- energieabsorbierende Rückenlehnen und nachgiebig konzipierte Bussitze,
- „Busgerippe" mit einer entsprechenden Überrollfestigkeit, damit Verformungen infolge eines Aufpralls oder eines Umkippens von der Fahrgastzelle ferngehalten werden,
- Textilien und andere Werkstoffe, die gar nicht oder nur schwer entflammbar sind.

Auch für die Fahrzeugführenden gibt es spezielle Elemente der passiven Sicherheit.

- Der Front-Aufprallschutz, Front Collision Guard (FCG), angelehnt an die Norm ECE R29, einmalig für Stadtlinienbusse bei Mercedes, sowie die nochmals steifere Gerippestruktur erhöhen die passive Sicherheit.

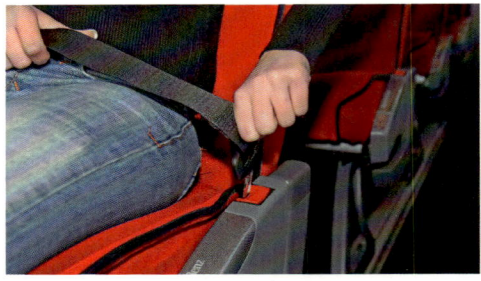

SICHERHEIT DER FAHRGÄSTE

Front Collision Guard FCG ist ein passives Sicherheitssystem zum Schutz der Fahrzeugführenden und deren Begleiter bei einem Frontalaufprall. Einzelne Crash-Elemente bauen bei einem Aufprall gezielt Energie ab, sodass zum Beispiel ein Pkw aufgefangen werden kann.
– Fahrerschutztür
– Rettungsleitfaden

Genauso wie für die modernen Pkw eine Rettungskarte vorhanden ist, gibt es die Rettungsleitfäden für Omnibusse, die den Hilfskräften wichtige Informationen über Sicherheitssysteme geben, um effektiv und schnell die erforderlichen Handlungen durchführen zu können.

„Der Pendelschlag-Versuch nach ECE R29"

SICHERHEIT DER FAHRGÄSTE

Anhang Euro IV/Euro V-Fahrzeuge

Rettungsleitfaden

7.7.2 Citaro G BlueTec-Hybrid, 4 Türen

	Baumuster	Länge	Türen	Achsen	Antrieb
Citaro G BlueTec-Hybrid	628.294	18 m	4	3	Dieselhybrid

- Tankbehälter (grün)
- AdBlue-Tank (blau)
- Batterie / Hochvoltleitung (gelb)
- Heizöltank (rot)
- Not-Aus-Schalter (orange)

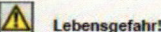 **Lebensgefahr!**

Die Spannung des Bordnetzes beträgt bis zu 750 V/400 A. Bei nicht spannungslosem Zustand des Hybridsystems besteht für Rettungskräfte Lebensgefahr bei Rettungsarbeiten!

SICHERHEIT DER FAHRGÄSTE

1.3 Gefühlte Sicherheit

Im Gegensatz zur aktiven und passiven Sicherheit, die durch konstruktive Maßnahmen Unfälle verhindern oder die Unfallfolgen begrenzen können, ist die „Gefühlte Sicherheit" eine Empfindung des Fahrgastes, die durch den Fahrzeugführenden (dessen Auftreten, Aussehen und Kompetenz), der technischen Ausstattung und dem Zustand des Fahrzeugs beeinflusst und bestimmt wird. Allein das Gefühl, in einem sicheren Verkehrsmittel sich zu befinden trägt insgesamt zum „sich wohl fühlen" bei. Insbesondere auch im Gelegenheitsverkehr, z. B. bei Busrundreisen, wo die Fahrgäste bis zu 14 Tagen mit demselben Fahrzeugführenden und demselben Omnibus unterwegs sind, ist das eine wichtige Größe.

Der Fahrgast muss Vertrauen in den Fahrzeugführenden und in die Technik haben können. Dabei sind Sie zuerst als kompetente Fahrzeugführende gefragt, die selbst durch ihre Handlungen und ihr Auftreten Sicherheit ausstrahlen, und als zweites das Fahrzeug, das durch seine Beschaffenheit, seinen technischen Zustand, seine Ausstattung und Sauberkeit, Vertrauen erwecken muss. Auch Hinweise über die Sicherheitseinrichtungen eines Straßentunnels vor der Einfahrt helfen, das Sicherheitsgefühl zu unterstützen.

Die Fahrzeugführenden

Als Repräsentant des Unternehmens ist es Ihre Pflicht, Schaden von dem Unternehmen abzuwenden. Dabei geht es hier nicht in erster Linie um materielle Schäden, sondern um Schäden ideeller Art. Durch ihre sichere Fahrweise, Ihr Verhalten und Ihre Kompetenz schaffen Sie bei ihren Fahrgästen ein Gefühl der Sicherheit und Geborgenheit. Machen Sie Ihnen aber auch bewusst, Schutzmaßnahmen wie das Angurten im eigenen Interesse zu treffen, und legen Sie selbst den Sicherheitsgurt an. Schon die Information an die Fahrgäste, wo (welches Zimmer) oder wie Sie (telefonisch) erreichbar sind, stärkt das Gefühl, dass im Bedarfsall geholfen werden kann.

„Ein gepflegtes ‚Äußeres' ist eine Grundvoraussetzung für Vertrauen!"

SICHERHEIT DER FAHRGÄSTE

Sprache und Körperhaltung
Die Sprache ist ein wichtiges Element für die Verständigung. Sprachliche Umgangsform, Anrede und Begrüßung sind sehr wichtig, um Vertrauen zu schaffen. Unsicherheiten beim Sprechen erzeugen beim Gesprächspartner häufig Zweifel an Ihrer Kompetenz und dadurch erfolgt eine Beeinträchtigung des Sicherheitsgefühls.
Der Fahrgast könnte sich fragen,
– Weiß er worüber er spricht
– Warum ist er so aufgeregt
– Warum hält er das Mikrofon nicht ruhig, ich kann gar nichts verstehen
– Ob das gut gehen kann, mal sehen wie er fährt

Je besser Sie die Sprache beherrschen, umso leichter können Sie sich mitteilen. Auch mit dem Körper „sprechen" Sie. Ihre äußere Haltung ist Ausdruck dessen, was in ihrem Inneren vor sich geht. Sehr wichtig dabei sind die Kenntnisse über Gesprächsfördernde und Gesprächshemmende Gebärden und Sprechweise.

1. **Gesprächsfördernde Gebärden:**
   – durch Nicken mit dem Kopf Zustimmung zeigen
   – dem Gesprächspartner zugewandt und aufrecht stehen
   – Interesse zeigen durch zuhören mit fragendem Blick

2. **Gesprächsfördernde Sprechweise:**
   – Sprechen Sie freundlich mit dem Fahrgast
   – Verfallen sie nicht in eine monotone Sprechweise
   – Sprechen Sie lebendig mit Höhen und Tiefen in der Sprachmelodie
   – Sprechen Sie fließend, ohne zu stocken

3. **Gesprächshemmende Gebärden:**
   – dem Blick des Gesprächspartners ausweichen
   – heruntergezogene Mundwinkel
   – die Hand im Nacken halten
   – ein hilfloser Gesichtsausdruck

SICHERHEIT DER FAHRGÄSTE

Das Fahrzeug – Technische Ausstattung

Die Ausstattung mit Videoüberwachungssystemen (iVMS – in Vehicle Monitoring System) gestattet die Videoüberwachung innerhalb und außerhalb (Einstiege) des Fahrzeuges. Es kommt vorrangig in KOM des ÖPNV zum Einsatz. Im Innenraum werden i. d. R. drei Kameras (Hinterer Bereich, Mittelbereich, Einstieg vorn) installiert. In einem Videorecorder werden die Bilder auf der Grundlage der gültigen Datenschutzbestimmungen gespeichert und bei Erfordernis ausgewertet.

Im Einstiegsbereich wird die Videoüberwachung kenntlich gemacht. iVMS tragen zur Erhöhung der gefühlten Sicherheit bei und schrecken vor regelwidrigem Verhalten (Vandalismus und Bedrohungen der Fahrgäste) ab.

Information der Fahrgäste über das Überwachungssystem.

Überwachungskameras innen und Aufzeichnungsgerät.

Monitor für die Fahrzeugführenden mit den Aufzeichnungen der Sichtbereiche.

SICHERHEIT DER FAHRGÄSTE

Das Fahrzeug – Zustand des Fahrzeugs
Mit dem Fahrzeug ist es wie mit den Fahrzeugführenden. Es ist auch die Visitenkarte des Unternehmens und der Fahrzeugführenden zugleich. Einige Unzulänglichkeiten, die die gefühlte Sicherheit beeinträchtigen können:
- Abgefahrene Reifen
- Fehlende oder abgelaufene Prüfplakette der Sicherheitsprüfung
- Sichtbare äußere Beschädigungen
- Verschmutzte Scheiben
- Schlecht gepflegtes „Innere" des Fahrzeugs
- Herabhängende Gardinen an den Fenstern
- Nicht geleerte Netze an den Rückenlehnen
- Verschmutzte, offene Küche
- Fehlende Haltegriffe an den Rückenlehnen
- Nicht funktionsfähige Armlehnen
- Nicht fixierbare Rückenlehnen
- Fußstützen, die sich nicht mehr verstellen lassen
- Der Hinweis, dass die Toilette nicht benutzt werden sollte, und weitere Mängel, die bei den Fahrgästen negative Bemerkungen entstehen lassen.

Überwachung des Fahrgastraumes ohne Aufzeichnung

beleuchtete Stufen/Festhaltemöglichkeiten   *Quelle: © MAN Truck & Bus AG*

Haltewunschtaste in Griffhöhe für Rollstuhlfahrer.

Warnhinweis: Im gelben Bereich nicht aufhalten, Verletzungsgefahr durch sich öffnende/schließende Türen.

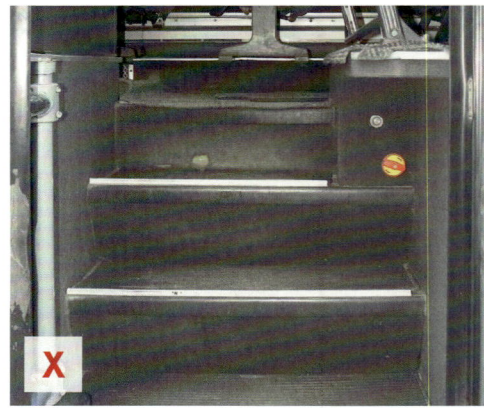
unbeleuchtete Stufen/keine Festhaltemöglichkeiten

SICHERHEIT DER FAHRGÄSTE

1.4 Maßnahmen zur Gewährleistung der Betriebs- und Verkehrssicherheit

Weitere Maßnahmen, die die Betriebs- und Verkehrssicherheit gewährleisten, sind:
- die Hauptuntersuchung (alle zwölf Monate) und
- die Sicherheitsprüfungen (alle drei Monate),

die durch TÜV oder DEKRA durchgeführt werden.

1.5 Fahrweise und Verhalten

Durch Ihre Fahrweise, Ihr Verhalten und Ihre Kompetenz schaffen Sie bei Ihren Fahrgästen ein Gefühl der Sicherheit und Geborgenheit. Machen Sie Ihnen aber auch bewusst, Schutzmaßnahmen wie das Angurten im eigenen Interesse zu treffen, und legen Sie selbst den Sicherheitsgurt an. Beziehen Sie bei der Vorstellung des Unternehmens und des Reisebusses sicherheitsrelevante Hinweise in Ihre Ausführungen mit ein.

Dazu gehören neben der bereits erwähnten Pflicht zum Anschnallen auch folgende Hinweise:
- sicheres Verstauen des Handgepäcks,
- Lage des Verbandkastens,
- Standort des Feuerlöschers,
- Rauchen oder Nichtrauchen,
- Nutzung der Nothämmer,
- Auffinden der Nothähne zur Türöffnung und deren Gebrauch,
- Stehen und Herumlaufen während der Fahrt,
- Nutzung der Bordtoilette,
- Freihalten der Türen als Notausgänge.

Verweisen Sie dabei auch auf eventuell auf den Sitzplätzen ausliegende Bordinformationen oder nutzen Sie als Unterstützung das für diesen Reisebus vorliegende Sicherheitsvideo des Herstellers.

SICHERHEIT DER FAHRGÄSTE

Bordinformation für Busreisen

Sehr geehrter Reisegast,

wir freuen uns, dass Sie sich für eine Busreise mit unserem Unternehmen entschieden haben und begrüßen Sie sehr herzlich an Bord! Dieser Bus und unser fundiert geschulter Chauffeur bieten Ihnen allen Komfort und größtmögliche Sicherheit, damit Sie sich entspannt zurücklehnen und Ihre Fahrt genießen können.

Damit die Reise für Sie und Ihre Mitreisenden noch angenehmer und sicherer wird, finden Sie hier einige Hinweise und Tipps, die Sie während der Fahrt beherzigen sollten:

- Bitte schnallen Sie sich immer an, dies dient Ihrer eigenen Sicherheit und ist gesetzlich vorgeschrieben.
- Kinder benötigen einen eigenen Sitzplatz.
- Das Handgepäck sollte vor der Fahrt sicher in der dafür vorgesehenen Gepäckablage über Ihnen oder im Gepäcknetz verstaut werden.
- Größere Gepäckstücke sind grundsätzlich im Gepäckraum des Buses mitzuführen.
- Bitte lassen sie keine Wertgegenstände und Gepäckstücke unbeaufsichtigt im Bus zurück. Bei Diebstahl, Beschädigung oder Verlust kann das Unternehmen/der Chauffeur nicht haftbar gemacht werden.
- Bitte halten Sie die Türen und Ausgänge zu jeder Zeit frei.
- Zu Ihrer eigenen Sicherheit sollten Sie Stehen und Umherlaufen im Bus während der Fahrt vermeiden. Dies erfolgt auf eigenes Risiko.
- Es ist sicherer und hygienischer, die Bordtoilette nur im Sitzen zu benutzen.

Bitte wenden →

SICHERHEIT DER FAHRGÄSTE

Sollte wider Erwarten eine Notfallsituation eintreten, bewahren Sie Ruhe und befolgen Sie die Anweisungen des Personals. Helfen Sie auch anderen Mitreisenden.

- Das Fahrzeug ist mit einem Verbandskasten ausgerüstet. Bitte fragen Sie bei Bedarf Ihren Chauffeur, wo sich dieser befindet.

- An den Türen befinden sich deutlich sichtbare Nothähne. Bei Gefahr drehen Sie diese in Pfeilrichtung. Die Tür lässt sich danach manuell aufstoßen.

- Notausstiege: Im Notfall den Bus über den nächst gelegenen Notausstieg verlassen (Hierzu den Hammer lösen und die Scheibe einschlagen). Die Notausstiege befinden sich an den gekennzeichneten Fenstern und an der Dachluke (Griff ziehen zum öffnen).

- Das Fahrzeug ist mit mindestens einem Feuerlöscher ausgestattet.

- Bitte beachten Sie, dass die Notfallausrüstung nur in Notfällen benutzt werden darf. Der Missbrauch ist gefährlich und wird strafrechtlich verfolgt.

Bitte leisten Sie den Anweisungen des Personals jederzeit Folge. Sie dienen Ihrer Sicherheit und gewährleisten eine angenehme Reise.

Haben Sie weitere Fragen? Ihr Buschauffeur oder das Bordpersonal werden sie Ihnen gerne beantworten.

Wir wünschen Ihnen eine gute Fahrt und eine angenehme und schöne Reise!

SICHERHEIT DER FAHRGÄSTE

Für die Fahrgäste, die Sie befördern, sind Sie eine Vertrauensperson. Diese haben sich Ihnen anvertraut und erwarten, dass Sie sie sicher und mit hohem Komfort ans Ziel bringen. Dafür tragen Sie als Fahrzeugführende die Verantwortung. Die Sicherheit der Fahrgäste ist ein ausschlaggebendes Merkmal für die Qualität der Transportleistung. Das gilt für den Linienverkehr und auch für den Gelegenheitsverkehr. Mehrere Faktoren sind dabei entscheidend:
- Die Fahrzeugführenden mit Ihren Fähigkeiten und Fertigkeiten,
- das technische Niveau und die Zuverlässigkeit des Fahrzeugs,
- Maßnahmen zur Prävention.

Bei der Vergabe des bundesweit einheitlichen Zertifikats „Sicherheit im Busbetrieb" durch TÜV/DEKRA stehen auch die ersten beiden Faktoren im Mittelpunkt der Prüfungen. Das Beherrschen des Fahrzeugs in den verschiedensten Gefahrensituationen setzt voraus, dass Sie im Vollbesitz Ihrer geistigen Kräfte und körperlichen Fähigkeiten sind. Haben Sie eine Krankheit oder Verletzung, die das sichere Führen eines Fahrzeugs beeinträchtigt, dürfen Sie keine Fahrten durchführen. Weisen Sie auch auf die notwendigen Pausen während der Fahrt hin, die Ihnen und den Fahrgästen zur Entspannung und zum allgemeinen Wohlbefinden dienen. Ihre Befindlichkeiten und Ihre Emotionen steuern nicht unwesentlich Ihr Verhalten im Straßenverkehr mit. Lernen Sie, sich in schwierigen Situationen zu beherrschen. Sie müssen üben, Ihre eigenen Gefühle und Ihren Ärger über andere zu kontrollieren. Die Risikoschwelle hängt weitgehend von Ihrem momentanen Zustand ab. In Seminaren und Sicherheitstrainings, die von verschiedenen Organisationen und Busherstellern angeboten werden, lernen Sie das Fahrzeug in schwierigen Situationen zu beherrschen (Lernen durch Erleben) und den richtigen Umgang mit Stress, Ärger und Emotionen.

Kursablauf Sicherheitstraining
Der Beginn des Sicherheitstrainings ist eine theoretische Einführung – abgestimmt auf den jeweiligen Lehrgang (Reisebus oder Linienbus). Auf dieser Basis starten die praktischen Übungen. Schwierige Fahrsituationen werden real und greifbar dargestellt. So fahren die Teilnehmer zum Teil auf bewässerten Gleitbelägen, deren Reibbeiwert einer Schneefahrbahn entspricht. Mögliche Fahrfehler, die im realen Straßenverkehr zu gefährlichen Situationen führen können, werden analysiert. Das Training zeigt optimale Reaktionsabläufe auf und gibt dem Fahrer viele praktische Lösungsmöglichkeiten.

Übungen im Einzelnen
- Optimale Bedienung von Fahrzeugen,
- Erarbeiten des optimalen Anhalteweges bzw. Bremsmethodik,
- Ausweichen vor plötzlich auftauchenden oder permanenten Hindernis,
- Erarbeiten der richtigen Technik beim Kurvenfahren auf rutschigem Untergrund,
- (Gefahr-) Bremsung vor und in der Kurve.

» **BUCH**
Weitere Informationen finden Sie in Band 1 „Gesundheit & Fitness" der BKF-Bibliothek.

SICHERHEIT DER FAHRGÄSTE

2. Pflichten der Fahrzeugführenden

2.1 Pflichten der Fahrzeugführenden

Die allgemeinen Pflichten eines Fahrzeugführenden sind im § 23 StVO und im Titel „Fahrdienst" der BOKraft geregelt. Sie dienen in erster Linie der Sicherheit der Fahrgäste und anderer Verkehrsteilnehmer. Nehmen Sie das Fahrzeug nur in Betrieb, wenn es sich in einem vorschriftsmäßigen Zustand befindet. Dazu sind nicht nur die Bestimmungen der StVZO einzuhalten. Ihre Kenntnisse der Bedienungsanleitung für die richtige Nutzung/Bedienung des konkreten Fahrzeugs sind dabei sehr wichtig. Hier müssen Sie sich über die Besonderheiten des Fahrzeugs genau informieren, um beim Anzeigen von Störungen richtig reagieren zu können.

Eine Kontrolle der wichtigsten Elemente der Verkehrs- und Betriebssicherheit dient nicht nur Ihrer Sicherheit und der der Fahrgäste, sondern auch der Sicherheit aller anderen Verkehrsteilnehmer. Überzeugen Sie sich vor Beginn der Fahrt, ob für die vorgesehene Fahrstrecke genügend Kraftstoff vorhanden ist. Das Liegenbleiben an unübersichtlichen Stellen (z. B. auf der Autobahn oder auf Bundesstraßen) führt zu einem erhöhten Unfallrisiko. In vielen Unternehmen gibt es eine Checkliste, in der auf die ganz konkreten technischen Besonderheiten des Fahrzeugs eingegangen wird.

» **BUCH**

Zu den Bestimmungen der StVO, StVZO und BOKraft siehe auch Band 6 „Vorschriften für den Personenverkehr".

SICHERHEIT DER FAHRGÄSTE

Die Checkliste für Busfahrer

Professionell gefahrene Busse sind in weniger Straßenunfälle pro gefahrene Kilometer verwickelt als jedes andere Fahrzeug. Doch sind die Folgen eines Busunfalls – ohne Unterschied, wer ihn verschuldet hat – aufgrund der Größe und des höheren Gewichts des Busses meist gravierender. Die Anzahl der transportierten Passagiere kann die Tragweite und Auswirkungen eines Unfalls ebenfalls beeinflussen.

Als Busfahrer müssen Sie in jeder Situation verantwortungsbewusst handeln und Ihre Professionalität zeigen, indem Sie auch das ungeschickteste und gefährlichste Fahrmanöver vorhersehen und ausgleichen. Ihr Fahrverhalten kann Leben retten, das Bild Ihrer Branche verbessern und Ihrer Interessenvertretung helfen, restriktive Regelungen abzuwehren.

Sind Sie vorbereitet?

Ihr Leben und das Leben anderer Verkehrsteilnehmer hängt von Ihrer Wachsamkeit und Reaktionsfähigkeit im Notfall ab!

Professionell Bus fahren ist sehr anspruchsvoll – Sie müssen also sowohl körperlich als auch mental fit bleiben. Gesundes Essen und Trinken sowie regelmäßiger Sport helfen Ihnen, sich besser zu fühlen, besser zu fahren und länger zu leben.

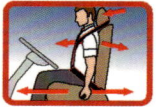
Stellen Sie Ihren Sitz so ein, dass Sie komfortabel wie möglich sitzen und alle Steuerelemente leicht erreichen können. Achten Sie darauf, dass Ihr Kopf im Falle eines Unfalls von der Nackenstütze geschützt wird. Sitzen Sie aufrecht, um Rückenprobleme zu vermeiden.

Legen Sie Ihren Sicherheitsgurt an, falls Sie einen haben, und erinnern Sie auch Ihren Beifahrer oder Reiseleiter daran.

Beachten und befolgen Sie die rechtlichen Bestimmungen in Bezug auf Lenk- und Ruhezeiten. Das Manipulieren des Tachometers ist illegal und zeugt von Ignoranz gegenüber Menschenleben – Ihrem Leben und dem anderer Verkehrsteilnehmer. Nutzen Sie Ihre Ruhezeiten, um zu ruhen.

Trinken Sie vor und während der Fahrt niemals Alkohol und nehmen Sie keinerlei Medikamente, die Ihre Fahrtüchtigkeit beeinträchtigen könnten. Vermeiden Sie vor und während der Fahrt schwere und üppige Mahlzeiten, da diese Müdigkeit verursachen.

Stoppen Sie den Bus, sobald Sie sich schläfrig fühlen! Steigen Sie aus, bewegen Sie sich an der frischen Luft und ruhen Sie sich aus.

... und ist alles andere bereit?

Ist alles in funktionstüchtigem Zustand? Haben Sie Bremsen, Reifen (Druck und Profil), Kühler und Öl überprüft? Wie sieht es mit Spiegeln, Scheiben, Scheibenwischern, Lichtern und Blinkern aus? Haben Sie Feuerlöscher und Schneeketten an Bord? Gibt es sichtbare Schäden und ist das Fahrzeug ausreichend gesäubert?

Sitzen Ihre Passagiere in ihren Sitzen und sind angeschnallt? Wissen die Fahrgäste, wo Notausrüstung und Notausgänge sind? Ist das Gepäck sicher verstaut und blockiert es keinen Ausgang?

Haben Sie alle wichtigen Dokumente? Haben Sie die Tachometer-Scheibe eingelegt? Haben Sie alle gesetzlich vorgeschriebenen Scheiben an Bord? Haben Ihre Passagiere alle Reisedokumente dabei? Wie viele Passagiere sind an Bord? Eine Passagierliste ist zwar nicht gesetzlich vorgeschrieben, kann Ihnen allerdings im Falle eines Unfalls nützliche Dienste leisten.

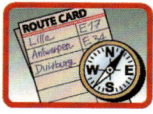
Kontrollieren Sie Ihre Fahrroute. Schließt die Strecke Brücken, Tunnel etc. mit ein, deren Über- bzw. Durchquerung problematisch sein könnte (Gewicht, Höhe)? Vermeiden Sie möglichst Wohngebiete und planen Sie Raststätten mit ein. Haben Sie die Wettervorhersage und den Verkehrsfunk geprüft?

Share the road safely – *a road transport sector initiative*

SICHERHEIT DER FAHRGÄSTE

Besondere Vorsicht auf der Straße

 Denken Sie daran, daß Sie durch Ihren toten Winkel kleinere Verkehrsteilnehmer (Autos, Motorradfahrer, Radfahrer, Fußgänger) leicht übersehen können. Seien Sie besonders achtsam, wenn Sie wenden, zurücksetzen oder auf der Ihnen nicht gewohnten Straßenseite fahren (z.B. in England).

 Überholen Sie nur, wenn Sie absolut sicher sind, dass Sie ausreichend Platz zur Verfügung haben und andere Fahrzeuge nicht zum Bremsen zwingen.

 Halten Sie mindestens den gesetzlich vorgeschriebenen Sicherheitsabstand zum Fahrzeug vor Ihnen ein. Je schneller Sie fahren, desto mehr Abstand benötigen Sie, und diese Sicherheitsabstände sollten Sie im Tunnel sowie bei Schnee, Regen und Eis vergrößern.

 Stoppen Sie den Bus, falls der Motor oder die Bremsen überhitzt sind und fahren Sie erst weiter, wenn kein Risiko mehr besteht.

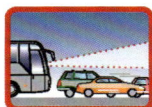 Versuchen Sie, Probleme vorherzusehen. Vermeiden Sie ruckartiges Bremsen und Beschleunigen, um Gefahren und Unbehagen für die Fahrgäste zu vermeiden sowie den Benzinverbrauch gering zu halten.

 Beachten Sie Geschwindigkeitsbeschränkungen und sonstige Verkehrsregeln. Nehmen Sie nicht das gefährliche Fahrverhalten anderer Verkehrsteilnehmer an - sicher fahren schützt Ihr Leben, das Leben anderer und Ihren Job.

 Informieren Sie im Falle einer Panne, eines Unfalls oder eines anderen Vorfalls Ihre Zentrale und andere lokale Notrufstellen. Speichern Sie Notrufnummern in Ihrem Mobiltelefon.

 Blenden Sie in der Nacht das Fernlicht rechtzeitig ab, wenn sich ein Fahrzeug aus der Gegenrichtung nähert. Sind Ihre Scheinwerfer richtig eingestellt und ausreichend gesäubert?

 Passen Sie Ihre Fahrweise den Witterungsbedingungen an. Reduzieren Sie Ihre Geschwindigkeit bei Regen, Schnee, Eis, Nebel oder Dunkelheit.

 Parken Sie nur in erlaubten Bereichen und achten Sie darauf, den Verkehr nicht zu behindern. Sichern Sie Ihr Fahrzeug gegen ungewollte Fortbewegung und lassen Sie den Motor nicht unnötig laufen.

 Parken Sie möglichst auf gesicherten Parkplätzen. Geben Sie Fremden weder Auskünfte über Ihre Passagiere noch über Ihre Route. Sichern Sie Ihren Bus vor unbefugtem Betreten.

 Es ist verboten, das Mobiltelefon während der Fahrt ohne Freisprecheinrichtung zu benützen.

 Berichten Sie nach Ende der Fahrt Ihrer Firma über Probleme mit dem Fahrzeug, befahrene Routen und besichtigte Orte, so dass notwendige Reparaturen und Verbesserungen vorgenommen werden können.

Zeigen Sie Ihre Professionalität – und Sie werden als Profi akzeptiert!

Die IRU und ihre Mitgliedsverbände repräsentieren Ihre Branche. Es ist ihre Aufgabe, die bestmöglichen Rahmenbedingungen für die Straßentransportindustrie zu schaffen. Als professioneller Busfahrer spielen Sie eine essentielle Rolle in Wirtschaft und Gesellschaft. Seien Sie stolz auf Ihren Beruf!

Treten während der Fahrt Mängel auf, die die Verkehrssicherheit wesentlich beeinträchtigen und nicht unmittelbar beseitigt werden können, müssen Sie das Fahrzeug auf kürzestem Wege aus dem Verkehr ziehen.

SICHERHEIT DER FAHRGÄSTE

ERSTE HILFE-CHECKLISTE
Für Berufskraftfahrer

Für die Rettung von Menschenleben und die Minimierung von Verletzungen ist es entscheidend zu wissen, wie in Unfallsituationen zu reagieren ist. Die IRU und die UICR haben diese Erste Hilfe-Checkliste entwickelt, um Berufskraftfahrer vorzubereiten, in Notfallsituationen richtig zu reagieren. Diese Checkliste wurde von der "Internationalen Föderation der Rotkreuz- und Rothalbmond-Gesellschaften (IFRK)" geprüft und genehmigt.

4 SCHRITTE IM NOTFALLEINSATZ

1. Einschätzung der Situation

Kurze Einschätzung der Lage am Unfallort. Vorsicht ist geboten, um nicht selber in den Unfall verwickelt zu werden. Falls bereits Hilfe am Unfallort eingetroffen ist, fahre weiter.

2. Schütze und sichere die Unfallstelle ab

Benutze deine mitgeführte Sicherheitsausrüstung, um die Stelle abzusichern. So können zusätzliche Unfälle verhindert und andere Verkehrsteilnehmer gewarnt werden, vorsichtig zu fahren.

3. Alarmiere die zuständigen Behörden

Rufe die entsprechende Notfallnummer an und informiere über die Gefahren vor Ort (Feuer, chemische Produkte) und die allgemeine Situation. Was ist passiert? Wo? Wie viele Verletzte gibt es? Bleibe ruhig und folge den Anweisungen.

* Allenfalls sind andere nationale Nummern zu benutzen

4. Hilfe leisten

Gehe auf die Verletzten zu und schätze das Ausmass ihrer Verletzungen ein. Übe alle notwendigen Tätigkeiten aus, um sie ruhig zu halten und ihre Verletzungen zu minimieren, bis professionelle Hilfe eintrifft.

STABILE SEITENLAGE

Ist die verletzte Person bewusstlos und atmet selbständig, sollte sie in die stabile Seitenlage gebracht werden:
• drehe sie vorsichtig und ohne ihr Verletzungen zuzufügen in die stabile Seitenlage.
• stelle sicher, dass ihr Gesicht nach unten zeigt und ihr Mund geöffnet ist. Die stabile Seitenlage hält die Atemwege frei und schützt während der Bewusstlosigkeit vor Erstickungsgefahr.
Überwache die Atmung der verletzten Person in der stabilen Seitenlage bis professionelle Hilfe eintrifft.

SICHERHEIT DER FAHRGÄSTE

HERZ-LUNGEN-REANIMATION

Ist die verletzte Person bewusstlos und atmet nicht mehr selbständig, führe folgende Schritte aus:

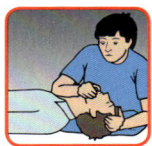
1) Neige den Kopf nach hinten, hebe vorsichtig das Kinn an und stelle sicher, dass die Atemwege frei sind.

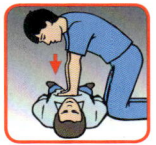
4) Drücke etwa 30-mal den Brustkasten 5 – 6 cm tief fest mit beiden Händen ein (mit einem Rhythmus von 2 Herzdruckmassagen/Sekunde) gefolgt von 2 Beatmungen.

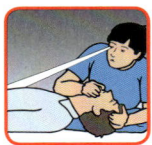
2) Prüfe die Atmung während max. 10 Sekunden: Falls die verletzte Person nicht atmet, beginne mit der Wiederbelebung und frage nach einem automatischen externen Defibrillator.

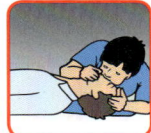
5) Atme 2-mal in den Mund des Opfers. Der Brustkasten sollte dabei sichtlich steigen.

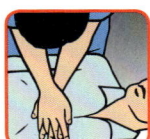
3) Lege den Ballen einer Hand auf die Mitte der Brust der verletzten Person, den Ballen der anderen Hand darauf und positioniere dich direkt über dem Unfallopfer.

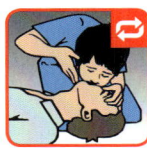
6) Wiederhole den Zyklus von 30 Herzdruckmassagen und 2 Beatmungen bis medizinisches Personal eintrifft oder die selbständige Atmung wieder einsetzt.

WUNDEN: BLUTUNG, VERBRENNUNGEN UND BISSE

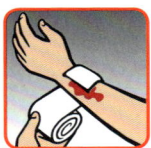
Verwende bei Blutungen das Material aus der Fahrzeugapotheke, um Druck auf die Wunde auszuüben. Wenn möglich, verwende saubere Tücher oder Kompressen, um deine Hand zu schützen.

Bei Verbrennungen muss die verbrannte Stelle mit Wasser (15-25°C) so schnell wie möglich gekühlt werden. Die Kühlung fortsetzen bis die Schmerzen nachlassen.

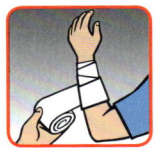
Lege den Körperteil mit der Wunde höher und übe gleichzeitig mit einem entsprechenden Verband Druck auf die Wunde aus.

Bei Tierbissen oder anderen Wunden sollte die Verletzung mit sauberem Wasser ausgespült werden. Wende dich an medizinisches Personal, um Infektionen wie Tollwut oder Wundstarrkrampf (Tetanus) zu verhindern.

UNFALLVERHÜTUNG

Wenn du dich nicht wohl fühlst, solltest du nicht fahren. Halte am nächsten sicheren Ort an.

Rufe einen medizinischen Dienst an und folge den Empfehlungen für die Genesung.

Bevor du die Fahrt wieder aufnimmst, ruhe dich aus und erhole dich vollständig.

www.uicr.org

©2011 IRU I-0254-1 (d)

www.iru.org

SICHERHEIT DER FAHRGÄSTE

Pflichten der Fahrzeugführenden
§ 23 StVO und die BOKraft beschreiben weitere Pflichten, die zur Gewährleistung der Sicherheit zu befolgen sind.

§ 23 Sonstige Pflichten von Fahrzeugführenden

(1) Wer ein Fahrzeug führt, ist dafür verantwortlich, dass seine Sicht und das Gehör nicht durch die Besetzung, Tiere, die Ladung, Geräte oder den Zustand des Fahrzeugs beeinträchtigt werden. Wer ein Fahrzeug führt, hat zudem dafür zu sorgen, dass das Fahrzeug, der Zug, das Gespann sowie die Ladung und die Besetzung vorschriftsmäßig sind und dass die Verkehrssicherheit des Fahrzeugs durch die Ladung oder die Besetzung nicht leidet. Ferner ist dafür zu sorgen, dass die vorgeschriebenen Kennzeichen stets gut lesbar sind. Vorgeschriebene Beleuchtungseinrichtungen müssen an Kraftfahrzeugen und ihren Anhängern auch am Tage vorhanden und betriebsbereit sein. Wer ein Fahrzeug führt, darf ein elektronisches Gerät, das der Kommunikation, Information oder Organisation dient oder zu dienen bestimmt ist, nur benutzen, wenn
1. hierfür das Gerät weder aufgenommen noch gehalten wird und
2. entweder
   a) nur eine Sprachsteuerung und Vorlesefunktion genutzt wird oder
   b) zur Bedienung und Nutzung des Gerätes nur eine kurze, den Straßen-, Verkehrs-, Sicht- und Wetterverhältnissen angepasste Blickzuwendung zum Gerät bei gleichzeitig entsprechender Blickabwendung vom Verkehrsgeschehen erfolgt oder erforderlich ist.

Die Spiegel sind eines der wichtigsten Kontrollinstrumente. Darüber kommunizieren Sie. Sie benötigen sie zur Kontrolle
- der freien Sicht nach hinten (Außenspiegel, Bild 1),
- des Raumes vor dem Fahrzeug (Anfahrspiegel, Bild 2),
- des Fahrgastraumes,
- der hinteren Ein- und Ausstiege (Innenspiegel, Bild 3),
- der Plattform bei Gelenkfahrzeugen.

Spiegel zur Überwachung des Fahrgastraumes

SICHERHEIT DER FAHRGÄSTE

Die Spiegel müssen sauber und unversehrt sein, ebenso wie die Kamera zur Beobachtung des Raumes hinter dem Fahrzeug.

Eine freie Sicht benötigen Sie auch
- durch die Frontscheibe,
- das linke Seitenfenster und
- nach rechts durch den vorderen Einstieg.

Ihre Fähigkeit zu hören darf nicht eingeschränkt sein. Die Benutzung von Kopfhörern oder das lautstarke Betreiben von Tonübertragungsgeräten während der Fahrt verhindert die Wahrnehmung akustischer Eindrücke aus dem Verkehrsumfeld. Sondersignale oder Warnsignale anderer Verkehrsteilnehmer können dabei leicht überhört werden, woraus sich erhebliche Gefahren für die Verkehrssicherheit ergeben.

Die Benutzung eines Mobiltelefons oder eines Autotelefons ohne Freisprechanlage ist nur bei stehendem Fahrzeug und abgestelltem Motor gestattet.

Die manuelle Nutzung eines Mobiltelefons kostet 100,– € und 1 Punkt. Kommt eine Gefährdung dazu werden es 150.– €, 2 Punkte und ein Monat Fahrverbot. (Stand 28.04.2020)

Das Führen von Funkgesprächen im Betriebsnetz eines ÖPNV-Betriebes während der Fahrt ist gestattet, wenn dabei eine Gefährdung anderer Verkehrsteilnehmer ausgeschlossen ist. Wenn erforderlich, ist das Funkgespräch beim Halten an der nächsten Haltestelle zu führen.

SICHERHEIT DER FAHRGÄSTE

Unterhalten Sie sich nicht mit den Fahrgästen während der Fahrt. Weisen Sie Fragesteller höflich darauf hin, dass Sie während des Lenkens keine Auskunft geben können. Insbesondere im Linienverkehr, wo sehr oft Fragen an Sie nach Haltestellen, öffentlichen Einrichtungen oder touristischen Sehenswürdigkeiten gestellt werden, sind solche Ablenkungen mit erhöhtem Risiko verbunden.

Im Interesse der Sicherheit ist es erforderlich, dass Sie Fahrgäste mit gefährlichen Stoffen oder gefährlichen Gegenständen von der Beförderung ausschließen. Führt ein Fahrgast umfangreiches Reisegepäck mit, darf die Sicherheit des Betriebes nicht gefährdet werden und andere Fahrgäste dürfen nicht belästigt werden. Gleiches gilt für die Mitnahme von Tieren. Diese dürfen zudem keine Sitzplätze belegen.

Achten Sie besonders im Gelegenheitsverkehr während der Pausen auf Parkplätzen oder vor einer Raststätte darauf, dass keine fremden Personen den Bus betreten können. Sollten auf Grund schlechten Wetters nicht alle Fahrgäste den Bus verlassen, müssen Sie am Bus bleiben oder eine vertrauenswürdige Person mit der Bewachung des Busses beauftragen.

§ 15 BOKraft – Beförderung von Sachen

(1) Der Fahrgast hat Sachen (Handgepäck, Reisegepäck, Kinderwagen) so unterzubringen und zu beaufsichtigen, dass die Sicherheit und Ordnung des Betriebes durch sie nicht gefährdet und andere Fahrgäste nicht belästigt werden können. Satz 1 gilt auch für Tiere; sie dürfen nicht auf Sitzplätzen untergebracht werden. Durchgänge sowie Ein- und Ausstiege sind freizuhalten.

(2) Von der Beförderung sind gefährliche Stoffe und gefährliche Gegenstände ausgeschlossen, insbesondere
 1. explosionsfähige, leicht entzündliche, radioaktive, übelriechende oder ätzende Stoffe,
 2. unverpackte oder ungeschützte Sachen, durch die Fahrgäste verletzt werden können,
 3. (...)

§ 8 Abs. 3 und 4 BOKraft

(3) Im Obusverkehr sowie im Linienverkehr mit Kraftfahrzeugen ist dem im Fahrdienst eingesetzten Betriebspersonal untersagt, (...)
 5. sich beim Lenken des Fahrzeugs zu unterhalten.
(4) Im Gelegenheitsverkehr finden die Vorschriften des Absatzes 3 Nr. 1, 3 und 5 entsprechende Anwendung.

» BUCH

In Band 6 – „Vorschriften für den Personenverkehr" – werden Sie mit den einzelnen Bestimmungen der BOKraft über das Verhalten des im Fahrdienst eingesetzten Betriebspersonals noch genauer vertraut gemacht.

SICHERHEIT DER FAHRGÄSTE

2.2 Sorgfaltspflichten

Unter Sorgfaltspflichten versteht der Gesetzgeber die von Ihnen zu erwartenden Vorsichtsmaßnahmen zur Verhütung einer für die Verkehrslage typischen Gefahr. Gemeint ist damit eine Gefahr, die Sie rechtzeitig erkennen können und auf die Sie sich auf Grund Ihrer Erfahrungen frühzeitig einstellen können, um damit auf zu erwartende gefährliche Situationen richtig zu reagieren.

Hineinfahren in eine ungeklärte Verkehrslage bedeutet Fahrlässigkeit und damit die Verletzung der Sorgfaltspflicht. Rechtsabbiegen erfordert von Ihnen eine erhöhte Sorgfalt gegenüber Zweiradfahrern. Sie könnten rechts vom Bus im toten Winkel fahren oder sich dort beim Warten vor einer Kreuzung oder an einer Ampel aufstellen.

Erhöhte Sorgfaltspflicht obliegt Ihnen auch Kindern und mobilitätseingeschränkten Personen gegenüber. Vergewissern Sie sich durch Beobachtung der Personen und deren Umgebung, ob die Gefahr eines unbesonnenen oder verkehrswidrigen Verhaltens besteht. Beim Rückwärtsfahren und Wenden mit einem Omnibus unterliegen Sie der erhöhten Sorgfaltspflicht gegenüber dem fließenden Verkehr.

SICHERHEIT DER FAHRGÄSTE

Können Sie den Raum hinter dem Fahrzeug nicht zuverlässig beobachten, müssen Sie sich einweisen lassen. Ist kein Beifahrer vorhanden, müssen Sie sich mit einer anderen Person über die Art und Weise der Zeichengebung und deren Bedeutung genau abstimmen. Halten Sie sofort an, wenn Sie keinen Sichtkontakt zum Sicherungsposten haben.

Wechsellichtzeichen, Dauerlichtzeichen und auch der Grünpfeil zum Abbiegen nach rechts bei rotem Dauerlicht, entbinden Sie nicht von der Sorgfaltspflicht. Zeichen und Weisungen von Polizeibeamten müssen Sie befolgen, sie gehen allen anderen Anordnungen vor. Sie entbinden Sie aber trotzdem nicht von Ihrer Sorgfaltspflicht für Ihre Fahrgäste und für die Unversehrtheit des Fahrzeugs.

Verlassen Sie Ihr Fahrzeug, müssen Sie es gegen unbefugte Benutzung und Wegrollen sichern. Benutzen Sie dazu die Feststellbremse und nicht die Haltestellenbremse (Stadt- und Linienbusse).

SICHERHEIT DER FAHRGÄSTE

Soll ein Bus in einem Gefälle abgestellt werden, muss er gegen Abrollen gesichert werden. Hierzu betätigen Sie die Feststellbremse und legen den kleinsten Gang ein. Zusätzlich legen Sie den Unterlegkeil vor ein Hinterrad an der Antriebsachse; sind zwei Unterlegkeile vorgeschrieben, werden sie auf beiden Seiten ausgelegt.

Ein abgestellter Bus muss auch in einer Steigung gegen Wegrollen gesichert werden. Hierbei gehen Sie vor wie im Gefälle: Betätigen Sie die Feststellbremse und legen Sie den kleinsten Gang ein. Zusätzlich legen Sie den Unterlegkeil hinter ein Hinterrad an der Antriebsachse; sind zwei Unterlegkeile vorgeschrieben, werden sie auf beiden Seiten ausgelegt. Wenn Sie keine ausgewiesenen Parkflächen nutzen, müssen Sie darauf achten, dass das abgestellte Fahrzeug keine Verkehrsstörungen oder Unfälle verursacht.

Müssen Sie Ihr Fahrzeug wegen eines Defektes an einer Stelle abstellen, an der es nicht rechtzeitig als Hindernis erkannt werden kann, ist sofort das Warnblinklicht einzuschalten. Danach ist das Fahrzeug mit den vorgeschriebenen Sicherungsmitteln zu sichern und bei Dunkelheit entsprechend zu beleuchten.

Die Zieleingabe in ein Navigationsgerät während der Fahrt beeinträchtigt wie die Bedienung eines Funktelefons Ihre Aufmerksamkeit für den übrigen Verkehr. Führen Sie die Zieleingabe nur bei stehendem Bus und abgeschaltetem Motor durch.

SICHERHEIT DER FAHRGÄSTE

Sorgfaltspflichten beim Ein- und Aussteigen werden im § 14 StVO vorrangig für die Fahrgäste festgelegt. Ihnen obliegt jedoch die Pflicht, dafür zu sorgen, dass den Fahrgästen ein gefahrloses Ein- und Aussteigen möglich ist.

Beachten Sie deshalb folgende Punkte:
- Betätigen Sie beim Einfahren in eine Haltestellenbucht den Fahrtrichtungsanzeiger.
- Schalten Sie beim Annähern an besonders festgelegte Haltestellen und während des Fahrgastwechsels das Warnblinklicht ein.

- Fahren Sie gefahrlos in die Haltestelle ein und halten Sie mit der ersten Tür in Höhe der wartenden Fahrgäste.
- Bei Mehrfachhaltestellen ist der gesamte Raum voll auszunutzen.

- Halten Sie parallel und möglichst dicht an der Bordsteinkante an. Ist das nicht möglich, ist es sicherer, im zweiten Fahrstreifen anzuhalten anstatt das Fahrzeug schräg oder geknickt zu stellen (keine Sicht über den Spiegel auf den zweiten Teil des Gelenkbusses). Weisen Sie in einem solchen Fall die Fahrgäste durch die Ansage: „Bitte Vorsicht beim Aussteigen – Danke" auf die besondere Situation hin.

SICHERHEIT DER FAHRGÄSTE

- Geben Sie während des Fahrgastwechsels alle Türen frei (in der Nachtzeit kann es Ausnahmen geben).
- Achten Sie auf Ein-, Aus- und Umsteigende und auf heraneilende Fahrgäste (Mitfahrwillige), besonders auf Kinder, Kinderwagen, Rollstuhlfahrer, Ältere und andere hilfsbedürftige Fahrgäste.
- Betätigen Sie bei Notwendigkeit die Rampe für Rollstuhlfahrer.
- Die Türbereiche müssen freigehalten werden.
- Jeder Fahrgast muss einen Sitzplatz oder sicheren Halt haben.
- Die Trittstufen an den Ein- und Ausstiegen müssen sauber gehalten werden.

- Beim Abfahren von der Haltestelle ist der Fahrtrichtungsanzeiger zu benutzen.

In einigen Tarifgebieten des ÖPNV besteht die Möglichkeit für die Fahrgäste, nach 20.00 Uhr auf Wunsch auch außerhalb von Haltestellen auszusteigen. Dabei ist nur durch die erste Tür auszusteigen, damit Sie den Vorgang überwachen können.

Sie dürfen das Aussteigen nicht gestatten,
- wenn Haltverbot nach § 12 (1) StVO besteht,
- im Bereich von Baustellen,
- bei Schnee- und Eisglätte,
- auf der Fahrbahn von Vorfahrtstraßen außerhalb geschlossener Ortschaften,
- wenn Sie in zweiter Reihe halten müssten,
- an anderweitig gefährlichen oder unübersichtlichen Stellen.

Entsprechend besonderer Festlegungen in den einzelnen ÖPNV-Betrieben ist ein Aussteigen außerhalb von Haltestellen auch möglich, wenn besondere Umstände dies rechtfertigen, zum Beispiel bei ungeplanten Umleitungen, in Stausituationen oder bei anderen Sperrungen.
In diesen Einzelfällen entscheiden Sie in Übereinstimmung mit den betrieblichen Regelungen. Gestatten Sie ein Aussteigen nur dann, wenn eine Gefährdung der Fahrgäste oder anderer Verkehrsteilnehmer ausgeschlossen ist.

SICHERHEIT DER FAHRGÄSTE

2.3 Nutzung bestimmter Verkehrsflächen

Omnibusse haben in der Regel eine Länge von zwölf Metern oder mehr. Zum Parken eines Busses benötigen Sie erheblich mehr Platz als mit einem Pkw. Deshalb gibt es für Busse bestimmte Flächen zum Parken.

Für Linienbusse:
- an zentralen Haltestellen des ÖPNV
- an Endhaltestellen des Linienverkehrs
- an Bedarfshaltestellen für Sonderformen des Linienverkehrs

Für Reisebusse/Fernbusse:
- besonders ausgewiesene Parkplätze
- Parkstreifen
- besondere Parkplätze in Großstädten mit touristischen Schwerpunkten und besonderen Parkleitsystemen
- Zentrale Omnibusbahnhöfe (ZOB) oder spezielle Haltestellen für den Personenfernverkehr

Foto: © André Lemb

Die Benutzung der **Sonderfahrstreifen** ist grundsätzlich nur Linienbussen gestattet. Abweichungen davon werden mit Zusatzschildern für bestimmte Fahrzeuge erlaubt.

Das Befahren von befestigten **Mittelinseln im Kreisverkehr** ist mit der notwendigen Vorsicht gegenüber anderen Verkehrsteilnehmern gestattet, wenn es die Abmessungen des Omnibusses erfordern.

SICHERHEIT DER FAHRGÄSTE

2.4 Prioritäten setzen

Seien Sie sich immer bewusst, dass Sie als Fahrzeugführende eine Dienstleistung anbieten. Diese Dienstleistung bedeutet in jedem Fall, die Fahrgäste sicher von A nach B zu bringen. Alle Aufgaben, die Fahrzeugführende im Linienverkehr oder im Gelegenheitsverkehr erbringen müssen, sind der Sicherheit der Fahrgäste untergeordnet.

Als Fahrzeugführende haben Sie immer Kontakt mit den Fahrgästen. Der Fahrgast kommt mit Problemen, Wünschen und Anfragen, aber auch mit Beschwerden und Forderungen zu Ihnen, auf die Sie reagieren müssen. Verweisen Sie ihn freundlich aber bestimmt auf den nächsten Halt oder auf die nächste Haltestelle.

Priorität haben also
- Kontrolldurchsichten vor der Fahrt und während der Pausen,
- die vorgeschriebenen Mindestpausen,
- die sichere Führung des Fahrzeugs ohne Ablenkung durch Fahrgäste.

Die Erfüllung der übrigen Aufgaben, die Sie im Rahmen Ihrer Dienstleistung erbringen müssen, ist der Sicherheit des Fahrzeugs und der Fahrgäste nachgeordnet:
- Die Arbeit als Reiseleiter ist Ihre Zweitaufgabe.
- Der Verkauf von Fahrscheinen erfolgt nur bei stehendem Fahrzeug.
- Das Bedienen des Navigationsgerätes muss vor Beginn der Fahrt erfolgen.
- Funkgespräche (außer Notruf) werden nach Möglichkeit nur an Haltestellen geführt.
- Die Lautstärke von Radio- und Fernsehgeräten oder anderen Musikanlagen darf Ihre Hörfähigkeit nicht beeinträchtigen.
- Fragen der Fahrgäste dürfen nur bei stehendem Fahrzeug beantwortet werden.

SICHERHEIT DER FAHRGÄSTE

2.5 Besonderheiten bei der Beförderung bestimmter Fahrgastgruppen

Ältere und mobilitätseingeschränkte Personen

Mobilitätsbehinderte und -eingeschränkte Menschen benötigen mehr Zeit als andere um ein- oder auszusteigen oder ihren Sitzplatz zu finden. Weisen Sie beeinträchtigte Fahrgäste schon beim Einsteigen auf die genaue Lage der Plätze für Behinderte hin. Sie als Busfahrer kennen Ihren Bus, die Fahrgäste kennen nicht die einzelnen Typen mit ihrer jeweiligen Sitzordnung. Beeinträchtigte Fahrgäste brauchen Ihre Hilfe!

Mobilitätsbehinderte Personen sind solche mit Geh- bzw. auch mit Stehproblemen. Dazu gehören aber auch Personen mit Wahrnehmungsbehinderungen wie
- Blinde,
- Sehbehinderte,
- Gehörlose und
- Hörbehinderte.

Blinde und stark sehbehinderte Personen sind in besonderer Weise auf öffentliche Verkehrsmittel angewiesen. Eine Sehbehinderung ist nicht immer direkt erkennbar. Sehbehinderte sind auch nicht immer gekennzeichnet durch einen weißen Stock, eine Plakette oder Armbinde. Geben Sie eine korrekte Antwort, wenn Fragen nach der Liniennummer oder nach dem Ziel gestellt werden. In der Regel stellt niemand diese Fragen, der diese Informationen ablesen kann.

An Doppelhaltestellen, bei denen die verschiedenen Linien nicht konkret einer Haltestelle zugeordnet sind, kann der Sehbehinderte nicht erkennen, ob sein Bus bereits an der hinteren Haltestelle Fahrgäste aufgenommen hat. Es ist hilfreich, wenn Sie sich an der vorderen Haltestelle noch einmal informieren, ob Mitfahrwillige vorhanden sind.

SICHERHEIT DER FAHRGÄSTE

In einigen Verkehrsverbünden bestehen Linienverzeichnisse in Blindenschrift nach entsprechenden DIN-Vorschriften. Dazu gehören auch eine Fahrplanauskunft und eine Beschreibung der Stationen. Kontrastreich gestaltete Stufen und Haltestangen sind für Sehbehinderte leichter erkennbar.

Zu Personen mit Mobilitätseinschränkungen gehören
– Ältere,
– Übergewichtige,
– Klein- und Großwüchsige,
– werdende Mütter,
– Personen mit vorübergehenden Unfallfolgen,
– Personen mit Kinderwagen oder schwerem Gepäck,
– sprachbehinderte Menschen,
– Personen mit geistiger Behinderung.

Die Sorge um deren Sicherheit, insbesondere im Linienverkehr, beginnt schon bei der Übernahme des Fahrzeugs.
Hier kontrollieren Sie,
– ob der Bus ein behindertengerechtes Fahrzeug ist,
– ob die Rampen für die Rollstuhlfahrer betriebsbereit sind und
– ob die Sicherungsmechanismen für Rollstühle oder auch für Kinderwagen vorhanden und funktionsfähig sind.

Eine automatische Trittstufe verringert die Einstiegshöhe auf 230 mm. Ein Plus für kleine Fahrgäste und mobilitätsbehinderte Fahrgäste. Fahren Sie dabei so an die Haltestelle heran, dass die Haltestellensäule, ein Baum oder ein anderes Hindernis nicht den Platz für den Rollstuhl einengt. Das Gleiche gilt auch für den freien Ausstieg. Überprüfen Sie die korrekte Sicherung des Rollstuhls auf dem dafür vorgesehenen Platz, damit bei situationsbedingt starkem Bremsen der Fahrgast nicht gefährdet wird. Fragen Sie den Behinderten, an welcher Haltestelle er aussteigen möchte. So können Sie schon vor dem Einfahren in die Haltestelle auf mögliche Hindernisse achten und so ein problemloses Aussteigen ermöglichen.

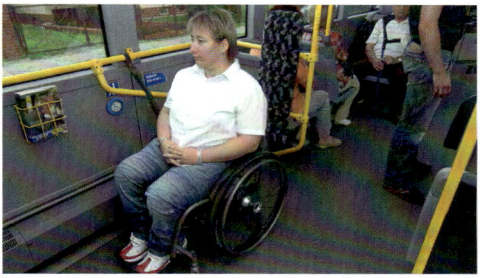

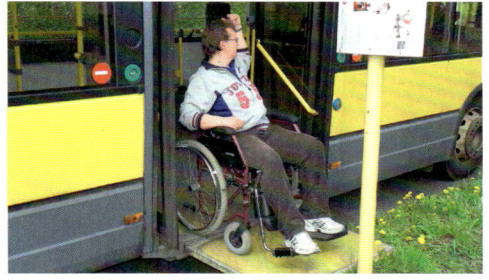

Beobachten Sie ältere Personen beim Entwerten des Fahrscheins und vergewissern Sie sich, dass erkennbar ältere Personen einen Sitzplatz oder einen festen Halt vor der Abfahrt gefunden haben. Lassen Sie nicht zu, dass Rollstuhlfahrer ohne fremde Hilfe den Omnibus verlassen. Wenn Fahrgäste den Bus infolge eines Defekts oder wegen verkehrstechnischer Ursachen verlassen müssen, werden Hörbehinderte auf Sie zukommen und durch Gesten deutlich machen, dass Sie schlecht hören können. Bleiben Sie freundlich und schreiben Sie alle nötigen Angaben auf einen Zettel. Die Betroffenen können es lesen und werden Ihnen dankbar sein für Ihre Hilfe. Tragen Sie dazu bei, dass Behinderte ein Stück Normalität im ÖPNV erleben können. Nehmen Sie Behinderte bewusst wahr und fragen Sie nach erforderlicher Hilfe!

SICHERHEIT DER FAHRGÄSTE

Schüler
Betrachten Sie die Kinder immer als Ihre Fahrgäste, für die Sie Verantwortung tragen. Die Eltern vertrauen Ihnen ihre Kinder an und erwarten von Ihnen, dass Sie sie sicher zur Schule und zurück bringen. Kinder und Jugendliche haben andere Probleme als die Erwachsenen. Das erfordert von Ihnen Geduld und ein besonnenes Verhalten, das vorbildlich wirkt. Sprechen Sie mit ihnen zu Beginn des Schuljahres über sicherheitsrelevante Punkte.

Dazu gehören z. B. folgende, sich oft wiederholende Ereignisse:
- Herumtollen an der Haltestelle, kleine Rempeleien,
- Drängeln beim Einsteigen,
- Kampf um Sitzplätze,
- Aufstehen und Herumlaufen im Bus während der Fahrt,
- eigenmächtiges Öffnen der Türen,
- Aufenthalt im abgesperrten Bereich,
- Überqueren der Straße vor dem Bus.

Besondere Aufmerksamkeit zur Sicherheit beim Transport von Kindergartenkindern und von Schülern fordert der Gesetzgeber auch in einem **Anforderungskatalog** für Kraftomnibusse (KOM) und Kleinbusse (Pkw), die zur Beförderung von Schülern und Kindergartenkindern besonders eingesetzt werden. Er vereinheitlicht die Anforderungen aus der StVZO, der Richtlinie 2001/85/EG und der BOKraft, damit die in aller Regel für Erwachsene gebauten Fahrzeuge stärker den Belangen der Kinder und, soweit möglich, ihren Verhaltensweisen Rechnung tragen.

> » **BUCH**
> Siehe hierzu auch Band 6 „Vorschriften für den Personenverkehr"

Dieser Katalog beinhaltet folgende Schwerpunkte:
- technische Anforderungen/Ausstattung der Kfz,
- gesetzliche Vorschriften,
- Kennzeichnung,
- zusätzliche Fahrtrichtungsanzeiger,
- Sichtverhältnisse für Fahrzeugführende,
- Ein- und Ausstiege,
- Fahrgasttüren und Notausstiege,
- Fahrgastraum,
- Sitz- und Stehplätze,
- Sitzplätze, Ausrüstung mit Sicherheitsgurten,
- Nutzung der maximal zulässigen Stehplätze,
- Betrieb der Kraftfahrzeuge,
- Überprüfungen und Kontrollen.

SICHERHEIT DER FAHRGÄSTE

2.6 Umgang mit Fahrgästen

Für alle Fahrzeugführende gilt: Neben der Beherrschung des Fahrzeugs in normalen und in schwierigen Situationen ist der höfliche und kompetente Umgang mit den Fahrgästen ein wichtiger Bestandteil Ihrer Arbeit.

Vor allem im Linienverkehr sind Sie einem bestimmten Zeitdruck und dem hektischen Stadtverkehr ausgesetzt. Trotzdem müssen Sie konzentriert und fehlerfrei fahren und sich den Bedürfnissen und Wünschen der Fahrgäste stellen. Die Fahrgäste, besonders Ältere und in besonderer Form Behinderte, sind in großem Maße auf den Busfahrer angewiesen. Fahrstrecke, Fahrpreis, Fragen nach der Zielhaltestelle, Bedienung eines Fahrkartenautomaten, Änderungen im Verkehrsablauf, Verhalten bei Störungen, Umsteigemöglichkeiten etc. erfordern sehr oft Ihre direkte Hilfe. Geben Sie ihnen durch Ihr ganz persönliches hilfsbereites Verhalten das Gefühl, bei Notwendigkeit Hilfe von Ihnen zu bekommen. Reagieren Sie selbstständig, wenn Sie Unsicherheiten im Verhalten der Fahrgäste erkennen. Sie tragen damit wesentlich zur Sicherheit der Fahrgäste im Fahrzeug bei und erhöhen dadurch auch deren Sicherheitsempfinden.

Die nachfolgenden Aussagen sind wichtig für den Umgang mit Fahrgästen:
- Ihnen sind Personen zur Beförderung anvertraut.
- Der Fahrgast ist Ihr Kunde.
- Verhalten Sie sich rücksichtsvoll und besonnen.
- Achten Sie auf die richtige, der Situation entsprechenden Anredeform.
- Verfolgen Sie mit den Augen, ob die Fahrgäste alles verstanden haben.
- Geben Sie den Fahrgästen die Gelegenheit zur Fragestellung.
- Wiederholen Sie nur wesentliche Dinge, z. B. die Länge der Pause und die Abfahrtszeit.
- Sprechen Sie nicht im Dialekt, wenn Sie Fahrgäste aus anderen Regionen befördern.
- Verwenden Sie keine Fachbegriffe oder Fremdwörter beim Sprechen mit den Fahrgästen
- Unterlassen Sie Fragen oder Bemerkungen, die den Fahrgast beleidigen könnten, wie: „Haben Sie das verstanden?" oder „Wenn Sie wissen, was ich meine".
- Bleiben Sie auch in schwierigen Situationen höflich und machen Sie keine Unmutsäußerungen gegenüber den Fahrgästen.
- Entscheiden Sie im Zweifel für den Fahrgast.

SICHERHEIT DER FAHRGÄSTE

3. Längs- und Seitwärtsbewegungen des Fahrzeugs

3.1 Einfluss der Fahrgeschwindigkeit

Die Fahrgeschwindigkeit eines Fahrzeugs beeinflusst alle Fahrsituationen und Fahrmanöver und damit die Sicherheit des Fahrzeugs und der Fahrgäste. Stehende Fahrgäste im Linienbus sind eine bewegliche Masse. Sie möchten die bisherige Bewegung und deren Richtung beibehalten. Bei allzu schneller Kurvenfahrt oder „sportlicher" Beschleunigung bzw. starker Bremsung wirken aber die Trägheitskräfte. Dadurch werden die Fahrgäste bei schneller Kurvenfahrt nach außen gedrückt bzw. beim Bremsen nach vorn geschleudert. Beides hat weder mit Fahrkomfort noch mit der Sicherheit der Fahrgäste etwas zu tun. Kennen Sie die Wirkungsweise dieser Kräfte, können Sie diesen Erscheinungen entgegenwirken.

Plötzliches Abkommen von der bisherigen Fahrtrichtung durch starken Seitenwind empfinden die Fahrgäste als etwas Unangenehmes und damit als eine Gefahr, die auch tatsächlich besteht. Durch vorausschauendes Fahren und durch Ihr Wissen, wo mit Seitenwind zu rechnen ist, können Sie durch Verringerung der Geschwindigkeit und Gegenlenken diese Gefahr rechtzeitig minimieren.

Auch schnelles Befahren von engen Straßen wird als Gefahr empfunden und verunsichert die Fahrgäste. Engstellen lassen die Geschwindigkeit höher erscheinen als sie tatsächlich ist.

SICHERHEIT DER FAHRGÄSTE

Kurzes Blockieren der Räder auf verschneiter Fahrbahn und das damit verbundene „Wegrutschen" löst bei vielen, vor allem aber bei älteren Fahrgästen, Angstzustände aus. Im Winter reicht die Haftreibung zwischen Reifen und Fahrbahn oft nicht aus, um bei Schnee und Eis
- Beschleunigungskräfte,
- Bremskräfte und
- Lenkkräfte

sicher zu übertragen.

Die Fahrzeuge sind den jeweiligen Straßen- und Witterungsverhältnissen anzupassen (§ 18 BOKraft). Auf winterlichen Fahrbahnen sorgen Winterreifen durch ihre spezielle Materialmischung und Profilgestaltung für eine gute Traktion. Trotzdem sind Schneeketten vor allem in Steigungen und Gefällen oft unentbehrlich.

SICHERHEIT DER FAHRGÄSTE

3.2 Befahren von Kurven

Beim Kurvenfahren müssen Sie die Verkehrssituation über die Außenspiegel ständig kontrollieren. Beachten Sie die Überhänge und den Radstand Ihres Fahrzeugs und passen Sie die Fahrgeschwindigkeit der jeweiligen Situation an.

In engen Kurven müssen Sie die Fahrspur Ihres Busses mental „vorausplanen". Deshalb ist es besonders wichtig, dass Sie das Fahrverhalten sowie Länge und Breite des Fahrzeugs genau kennen.

Um in einer Rechtskurve nicht auf den Randstreifen zu geraten, müssen Sie den vorhandenen Raum im Fahrstreifen voll ausnutzen. Nähern Sie sich deshalb bereits vor der Kurve so weit wie möglich der Fahrbahnmitte. Müssen Sie beim Durchfahren einer Rechtskurve auch Teile des Fahrstreifens für den Gegenverkehr benutzen, dürfen Sie den entgegenkommenden Verkehr nicht gefährden. Ist der vorhandene Verkehrsraum nicht ausreichend, müssen Sie unverzüglich anhalten, um eine Gefährdung auszuschließen.

Beim Durchfahren einer Linkskurve fahren Sie am Anfang der Kurve so nahe wie möglich an der rechten Fahrbahnbegrenzung, um im weiteren Verlauf der Kurve den Gegenverkehr nicht zu gefährden. Achten Sie dabei auf die Überhänge: Über die Fahrbahn hinausragende Fahrzeugteile dürfen keine Schäden anrichten.

SICHERHEIT DER FAHRGÄSTE

In bestimmten Situationen müssen Sie auch ein weites Ausholen in den Gegenverkehr durchführen, um rechts nicht „anzuecken". Bei mehrstreifigem Rechtsabbiegen kann es zweckmäßiger sein, den linken Fahrstreifen zu benutzen.

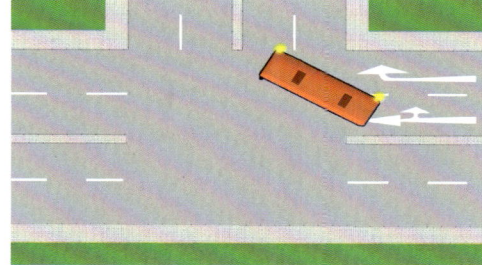

Beim Rechtsabbiegen können Sie zwei unterschiedliche Methoden anwenden: Bei der einen Methode holen Sie auf der Straße, von der aus Sie abbiegen wollen, nach links aus und biegen anschließend in weitem Bogen nach rechts ab. Wenn dabei ein Fahrstreifenwechsel erforderlich wird, müssen Sie das entsprechend anzeigen.

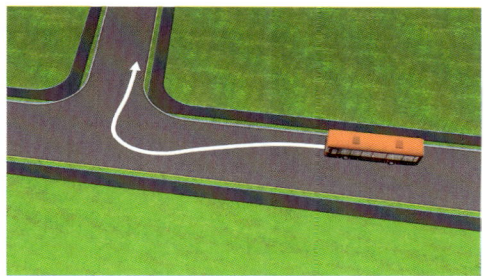

Die andere Methode bietet sich an, wenn zum Ausholen wenig Platz vorhanden ist. Dazu fahren Sie zunächst geradeaus weiter, fast bis zum gegenüberliegenden Fahrbahnrand. Danach drehen Sie das Lenkrad zügig bis zum Ende nach rechts und fahren so lange mit eingeschlagener Lenkung, bis sich der Omnibus parallel zur rechten Fahrstreifenbegrenzung befindet. Lenken Sie danach schnell nach links, bis sich die Räder in Geradeausstellung befinden.

Achtung: Das Heck schwenkt stark zur Fahrbahnmitte aus!

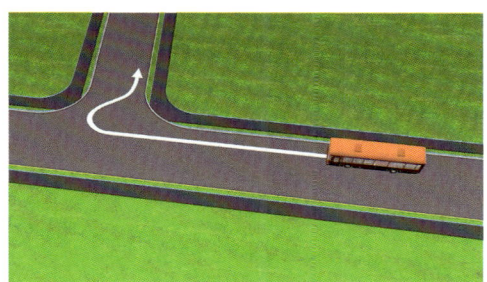

Beim Abbiegen nach links dürfen Sie die Kurve nicht schneiden. Ordnen Sie sich soweit wie möglich nach links (linke Fahrstreifenbegrenzung) ein und beobachten Sie im Spiegel auch das Heck des Fahrzeugs, damit der hintere Überhang keine anderen Verkehrsteilnehmer oder Gegenstände gefährden kann.

SICHERHEIT DER FAHRGÄSTE

3.3 Befahren von Tunneln

Das Befahren eines Tunnels birgt in sich immer ein Risiko, da viele Fahrzeugführende es nicht gewohnt sind. Werden in einem Tunnel Unfälle verursacht, sind diese meist mit dramatischen Folgen verbunden. Angstgefühle (Tunnelphobie) in einem schlecht ausgeleuchteten Tunnel treten oft auch bei den Fahrgästen auf. Das bedeutet einen hohen Druck auf die Empfindsamkeit der Fahrgäste und des Fahrers (auch auf den eines PKW) und stellt dadurch eine reale Gefährdung dar.

Es wirkt sich immer beruhigend auf die Fahrgäste aus, wenn Sie sie vor dem Befahren eines Tunnels damit vertraut machen, dass vielfältige Sicherheitsmaßnahmen die Tunneldurchfahrt zu einem „normalen" Streckenabschnitt werden lassen.

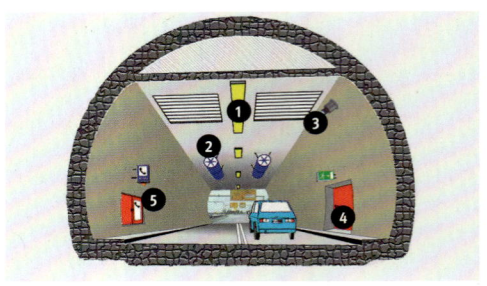

Sicherheitstechnik
Tunnel-Technik (Ausstattung)
Radio/Verkehrsfunk: Bereits vor dem Tunnel stehen Hinweistafeln mit der Frequenz für Verkehrsinformationen

1. Tunnelbeleuchtung: Erleichtert dem menschlichen Auge die schnelle Anpassung an die Sichtverhältnisse im Tunnel
2. Belüftungssystem: Sorgt für Frischluft und gute Sichtverhältnisse. Im Brandfall verringert es die Rauch- und Hitzeausbreitung
3. Videoüberwachung: Startet bei Benutzung der Notrufeinrichtung und alarmiert die Tunnelüberwachungsstelle
4. Notausgänge: Sind durch Zeichen und Leuchten deutlich gekennzeichnet und verfügen über brandsichere Türen
5. Notrufstation: Ausgestattet mit Notrufeinrichtung, Feuerlöscher und Feuermelder (Drucktaste)

SICHERHEIT DER FAHRGÄSTE

3.4 Rücksichtsvolles Verkehrsverhalten

Sie sind Berufskraftfahrer. Ob im Reisebus oder im Linienbus, ist für die anderen Verkehrsteilnehmer nicht wesentlich. Wesentlich ist aber Ihre Vorbildrolle, die die anderen Verkehrsteilnehmer von Ihnen erwarten. Sie stehen sozusagen ständig unter Kontrolle.

Aufmerksame, aber auch kritische Fahrgäste registrieren jeden tatsächlichen oder auch vermeintlichen Fehler. Als Fahrzeugführende im Linienverkehr erhalten Sie möglicherweise nur eine entsprechend artikulierte Bemerkung zu Ihrer Fahrweise, wenn der Fahrgast aussteigt. Bei groben Verstößen wird der Fahrgast sich bei Ihrem Arbeitgeber über Sie beschweren,
was auch für Sie Konsequenzen für Ihren weiteren Einsatz haben kann. Im Reiseverkehr haben die Fahrgäste mehr Zeit, sich mit Ihnen zu beschäftigen. Dabei kann es auch zu längeren Diskussionen kommen. Lenken Sie ein, wenn Sie tatsächlich einen Fehler begangen haben. Ähnlich ist es mit anderen Verkehrsteilnehmern. Sie erwarten von Ihnen absolutes Einhalten der Verkehrsregeln. Andere, unsichere Verkehrsteilnehmer schauen auf Ihr Verhalten, um es Ihnen gleich zu tun. Verhalten Sie sich in der konkreten Situation falsch, wird sich dieser Verkehrsteilnehmer in Zukunft auch falsch verhalten.

Hier einige typische Situationen, die von anderen Verkehrsteilnehmern besonders kritisch beobachtet werden:
- Abfahren von einer Haltestelle aus einer Haltebucht,
- Blockieren des Fußgängerüberweges mit dem hinteren Teil des Gelenkbusses (weil trotz stockenden Verkehrs in die Kreuzung eingefahren wurde),
- Laufenlassen des Motors an Endhaltestellen,
- Überholen auf Kraftfahrstraßen oder Autobahnen mit nur zwei Fahrstreifen und geringer Geschwindigkeitsdifferenz,
- außerhalb von geschlossenen Ortschaften mit einem Omnibus mit Anhänger bis an die geschlossene Bahnschranke heranfahren, obwohl kein Überholverbot besteht (Bild 1),
- als Linksabbieger auf eine kleine Kreuzung gleichrangiger Straßen fahren, obwohl durch Gegenverkehr und Verkehr von links die Weiterfahrt nicht möglich ist (Bild 2),
- Betätigen der Motorbremse in Kurgebieten, in der Nähe von Krankenhäusern oder in geschlossenen Ortschaften besonders bei Nacht,
- Fahren in niedrigen Gängen mit hoher Drehzahl,
- mit relativ hoher Geschwindigkeit über Kopfsteinpflaster fahren (Bild 3),
- mit einer höheren Geschwindigkeit als zugelassen durch eine Baustelle fahren (Bild 4).

SICHERHEIT DER FAHRGÄSTE

3.5   Positionierung auf der Fahrbahn

Bei der Positionierung des Fahrzeugs auf der Fahrbahn geht es vor allem um die Breite des Omnibusses im Vergleich zur Breite des befahrbaren Fahrstreifens. Omnibusse, die mit modernen „Rampenspiegeln" ausgestattet sind, erreichen über die Spiegel oft eine tatsächliche Breite von mehr als drei Metern.

Auf Straßen außerhalb geschlossener Ortschaften mit nur einem Fahrstreifen in jede Richtung und Bäumen an den Fahrbahnrändern ist bei Gegenverkehr mit anderen Omnibussen oder Lkw die richtige Positionierung Voraussetzung, um gefahrlos aneinander vorbeizufahren. Verringern Sie in solchen Fällen rechtzeitig die Geschwindigkeit, um die Situation genau einschätzen zu können.

Im Bereich von Kreuzungen und Einmündungen kann es bedingt durch die großen Abmessungen eines Omnibusses sehr eng werden. Der Busfahrer muss diese Gegebenheit berücksichtigen und auch in Vorfahrtfällen vorausschauend fahren.

Bei Blendung oder Dunkelheit ist es besser anzuhalten, als auf „gut Glück" vorbeikommen zu wollen.

Beim Befahren von engen Durchfahrten mit Rundbögen achten Sie besonders auf die lichte Höhe an den Seitenbögen. Da die angebauten Rückspiegel die Fahrzeugbreite von 2,55 m überschreiten dürfen, muss der Fahrer den Platzbedarf in engen Durchfahrten richtig einschätzen. Er muss dabei außerdem beachten, dass bei unebener Fahrbahn Aufbauschwankungen entstehen können.

Das Befahren von Kurven erfordert ein präzises Anfahren, um den Fahrstreifen voll ausnutzen zu können und den Gegenverkehr nicht zu gefährden.

> » **BUCH**
> Siehe hierzu das Kapitel „Befahren von Kurven".

SICHERHEIT DER FAHRGÄSTE

3.6 Bremsen

Um Fahrzeuge wirkungsvoll abbremsen zu können, müssen die Bremsanlagen mit der zulässigen Gesamtmasse eine mittlere Vollverzögerung von 5 m/s² erreichen.

Bremsverzögerung

Bremsverzögerung ist die Verminderung einer Geschwindigkeit. Sie wird in m/s² gemessen. Eine mittlere Vollverzögerung von 5 m/s² (StVZO § 41) liegt vor, wenn das Fahrzeug bei Vollbremsung (Gefahrenbremsung) seine Geschwindigkeit in jeder Sekunde um 5 m/s verringert.

Der in § 4 der StVO vorgeschriebene Mindestabstand bei Geschwindigkeiten ab 50 km/h auf Autobahnen wird sehr oft aus Leichtsinn, Überschätzung der Fakten oder Unwissenheit durch die Fahrzeugführenden mit einer zulässigen Gesamtmasse von mehr als 3,5 t nicht eingehalten.

§ 4 Mindestabstand

(3) Wer einen Lastkraftwagen mit einer zulässigen Gesamtmasse über 3,5 t oder einen Kraftomnibus führt, muss auf der Autobahn, wenn die Geschwindigkeit mehr als 50 km/h beträgt, zu vorausfahrenden Fahrzeugen einen Mindestabstand von 50 m einhalten.

Abstände von 15 m bis 10 m und weniger sind in der täglichen Praxis leider nichts Ungewöhnliches und vermitteln den Fahrgästen in einem Reisebus kein positives Sicherheitsempfinden. Diese kurzen Abstände reichen in keinem Fall aus, um ein Auffahren auf den Vordermann zu vermeiden, wenn dieser auf Grund eines erkannten Hindernisses eine Gefahrenbremsung einleitet.

3.6.1 Reaktionsweg/Bremsweg/Anhalteweg

Die Strecke (Anhalteweg), die Sie mit Ihrem Fahrzeug bei einer Gefahrenbremsung zurücklegen, setzt sich aus dem Reaktionsweg und dem Bremsweg zusammen. Der Reaktionsweg ist die Strecke, die Sie mit dem Fahrzeug zurücklegen, nachdem Sie das Aufleuchten der Bremslichter des vor Ihnen fahrenden Fahrzeugs erkannt haben, den Fuß vom Gaspedal genommen haben und den Bremsvorgang eingeleitet haben. Dazu kommt noch die Zeit, die die Bremsanlage benötigt, um die volle Bremskraft zu entwickeln (Schwellzeit). Dafür benötigen Sie bei gutem Reaktionsvermögen ca. 1 Sekunde. Da Sie aber nicht ständig darauf warten, dass der Vordermann bremst, können daraus auch leicht 1,5 bis 2 Sekunden werden.

Zurückgelegte Fahrstrecke in einer Sekunde bei einer Geschwindigkeit von:
- 100 km/h = 27,77 m
- 90 km/h = 25,00 m
- 85 km/h = 23,61 m
- 80 km/h = 22,22 m
- 75 km/h = 20,83 m
- 70 km/h = 19,44 m
- 65 km/h = 18,05 m
- 60 km/h = 16,66 m
- 55 km/h = 15,27 m
- 50 km/h = 13,88 m
- 30 km/h = 8,33 m

Innerhalb einer Sekunde legen Sie mit Ihrem Fahrzeug bei einer Geschwindigkeit von 50 km/h also schon 13,88 m Reaktionsweg zurück, ohne dass irgendetwas passiert ist.

Der eigentliche **Bremsweg** errechnet sich aus der Geschwindigkeit, der mittleren Vollverzögerung und einem Reibungskoeffizienten. Unter günstigsten Bedingungen und mit der nach StVZO geforderten Bremsverzögerung von mindestens 5 m/s² (Die Bremsverzögerung kann auch höher sein) wird der Bremsweg bei einer Geschwindigkeit von 50 km/h 19,26 m betragen.

In diesem Beispiel beträgt der Anhalteweg also (Reaktionsweg + Bremsweg) 13,88 m + 19,26 m = 33,14 m. Bei einer Bremsverzögerung von 7,5 m/s² verkürzt der Bremsweg sich auf 12,86 m, der Anhalteweg also auf 13,38 + 12,86 m = 26,74 m.

In der Praxis können Sie folgende Überlegung anstellen: Zwei gleiche Fahrzeuge, Bremsanlage ohne Mängel, gleiche Bedingungen. Sie fahren mit einer Geschwindigkeit von 80 km/h in einem Abstand von 20 m zum vorausfahrenden gleich schnellen Fahrzeug. Beim Aufleuchten der Bremsleuchten leiten Sie eine Gefahrenbremsung ein. Nach einer Sekunde haben Sie 22,22 m zurückgelegt, während das vor Ihnen fahrende Fahrzeug, das bereits die Bremsung eingeleitet hat, in der gleichen Zeit von 1 Sekunde nur 17,22 m zurückgelegt hat. Ihr Abstand hat sich bereits um 5 m verkürzt. Rechnen Sie mit den gleichen Rahmenbedingungen weiter, sind Sie nach ca. 4,1 Sekunden auf das Fahrzeug aufgefahren. Bei geringerem Abstand prallen Sie entsprechend früher auf. Sie haben keine Chance, rechtzeitig anzuhalten.

Überprüfen Sie immer wieder Ihre eigene Fahrweise! Lassen Sie sich niemals beeindrucken von den vielen Fahrern, die ständig deutlich die nötigen Sicherheitsabstände unterschreiten. Die Physik lässt sich nicht überlisten.

> **INFO**
>
> **Was kostet der Abstand?** Den Mindestabstand von 50 m nicht eingehalten auf BAB mit Fahrzeugen über 3,5 t: ohne Kennzeichnungspflicht kostet Ihnen **80 € und 1 Punkt!** (Stand: 28.04.2020)

SICHERHEIT DER FAHRGÄSTE

3.6.2 Überholweg

Das Überholen ist eines der gefährlichsten Manöver, weil dabei sehr oft der Fahrstreifen des Gegenverkehrs benutzt werden muss. Auf mehrspurigen Fahrbahnen für eine Richtung ist die Gefahr des Gegenverkehrs in der Regel auszuschließen (Geisterfahrer), dafür darf der Verkehrsfluss durch einen Überholvorgang nicht unangemessen behindert werden. Überholvorgänge auf Autobahnen oder anderen Straßen mit mehreren Fahrstreifen für eine Richtung finden oft mit geringen Geschwindigkeitsdifferenzen statt. Schneller Fahrende fühlen sich dann oft behindert oder gar genötigt. Dies kann unkontrollierte Reaktionen verursachen und führt schnell zu gefährlichen Situationen.

Eine „unangemessene" Behinderung liegt dann vor, wenn der regelkonforme Überholvorgang länger als **45 Sekunden** dauert. Weniger bekannt ist, dass Sie mit einem Fahrzeug mit mehr als 7,5 t zGM bei einer Sichtweite von weniger als 50 m grundsätzlich nicht überholen dürfen.

Ähnlich wie die Restgeschwindigkeit bei einer Gefahrenbremsung oft deutlich unterschätzt wird, weichen auch die Vorstellungen von der Länge oder der Dauer eines Überholvorgangs in der Regel auffällig von der Realität ab. Zwei Beispiele sollen Ihnen dies verdeutlichen.

§ 5 Überholen

(2) Überholen darf nur, wer übersehen kann, dass während des ganzen Überholvorgangs jede Behinderung des Gegenverkehrs ausgeschlossen ist. Überholen darf ferner nur, wer mit wesentlich höherer Geschwindigkeit als der zu Überholende fährt.

(3a) Wer ein Kraftfahrzeug mit einer zulässigen Gesamtmasse über 7,5 t führt, darf unbeschadet sonstiger Überholverbote nicht überholen, wenn die Sichtweite durch Nebel, Schneefall oder Regen weniger als 50 m beträgt.

» INFO

Als Faustregel für einen noch regelkonformen Überholvorgang geht das Gericht von einer Dauer von maximal **45 Sekunden** aus.
(OLG Hamm v. 29.10.2008 in DAR 2009, 339).

SICHERHEIT DER FAHRGÄSTE

1. Beispiel
Außerhalb geschlossener Ortschaften, Landstraße, ein Fahrstreifen für jede Richtung. Mit Gegenverkehr muss gerechnet werden. Sie fahren 80 km/h (22,22 m/s). Vor Ihnen fährt ein Fahrzeug mit 60 km/h (16,66 m/s).

Der „eigentliche Überholweg" würde nur die Länge der Fahrzeuge und die Sicherheitsabstände umfassen, wenn der zu Überholende „stehen" würde. In diesem Fall ergibt sich eine Gesamtstrecke von 100 m. (2 x der Sicherheitsabstand = 70 m; und die beiden Fahrzeuglängen = 30 m) Die Geschwindigkeitsdifferenz beträgt 20 km/h (5,55 m/s). Mit dieser Geschwindigkeit würden Sie die 100 m in 18 s zurücklegen. Da aber beide Fahrzeuge fahren, verlängert sich diese Strecke um den Betrag, den Sie mit Ihrer Geschwindigkeit von 80 km/h (22,22 m/s) in 18 s zurücklegen. Das sind ca. 400 m. Der Abstand zum Gegenverkehr muss doppelt so groß sein wie der Überholweg! Daraus ergibt sich eine einzusehende Strecke von ca. 800 m.

2. Beispiel
Auf einer Autobahn fährt vor Ihnen ein Reisebus mit 95 km/h (26,39 m/s), Ihre Geschwindigkeit beträgt 100 km/h (27,77 m/s).

Der „eigentliche Überholweg" nach dem 1. Beispiel beträgt hier 121,5 m. Die Geschwindigkeitsdifferenz beträgt 5 km/h = 1,38 m/s. Um 121,5 m mit dieser Geschwindigkeit zurückzulegen, benötigen Sie 88 s. In diesen 88 s legen Sie aber mit der Geschwindigkeit von 100 km/h (27,77 m/s) ca. 2444 m zurück. Der Überholvorgang dauert also 1 Minute und 28 s. Damit haben Sie die fixierte Grenze (45 s) um ca. 95% überschritten. Versetzen Sie sich in die Lage eines hinter Ihnen fahrenden Pkw-Fahrers! Nach dem Bußgeldkatalog der StVO (mit Rechtskraft ab 28.04.2020) kostet Sie diese Ordnungswidrigkeit **80 €, und Sie kassieren** einen Punkt.

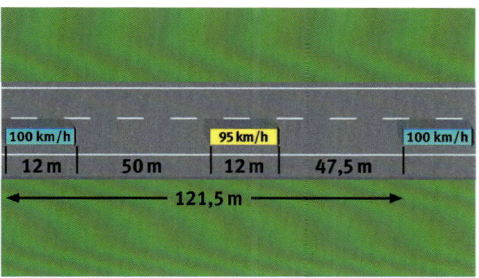

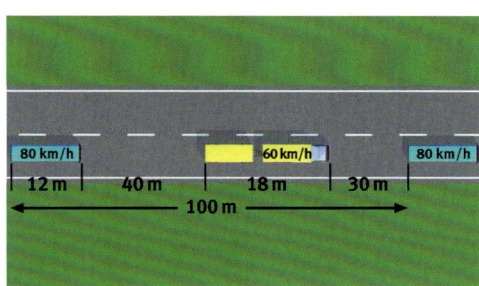

Grundlagen zur Berechnung
km/h geteilt durch 3,6 ergibt m/s

80 : 3,6 = 22,22 m/s
60 : 3,6 = 16,66 m/s

Für Beispiel 2:

5 km/h = 1,38 m/s
95 km/h = 26,38 m/s
100 km/h = 27,77 m/s

Länge der Kfz und Abstände = 121,5 m

121,5 m : 1,38 m/s = 88,04 s
27,77 x 88 s = 2443,76 m

als Formel:

$$S = \frac{L_g \cdot v_h}{v_d}$$

L_g = Länge der Fahrzeuge + Sicherheitsabstände
v_h = Geschwindigkeit des Überholenden
v_d = Differenz beider Geschwindigkeiten

SICHERHEIT DER FAHRGÄSTE

3.6.3   Aufprallgeschwindigkeit/Aufprallgewicht

Geschwindigkeitsbeschränkungen haben immer eine Schutzfunktion. Sie werden u. a. festgelegt zum
– Schutz der Fahrzeugführenden, die eine kurvenreiche oder anderweitig gefährliche Strecke nicht von vornherein erkennen können, oder zum
– Schutz der Fußgänger, zum Beispiel an Fußgängerüberwegen, vor Schulen, Krankenhäusern oder anderen Einrichtungen.

Oftmals wird eine Überschreitung der zugelassenen Höchstgeschwindigkeit um beispielsweise nur 5 km/h als geringfügig abgetan, weil den Fahrzeugführenden nicht bewusst ist, dass sogar bei niedrigen Ausgangsgeschwindigkeiten ein hoher Schaden verursacht werden kann.

Ein **Beispiel** soll Ihnen dies verdeutlichen: Auf einer Straße mit einer Geschwindigkeitsbeschränkung von 30 km/h fahren Sie 35 km/h. In einer Entfernung von 13 m läuft ein Fußgänger auf die Straße. Mit der zulässigen Höchstgeschwindigkeit von **30 km/h** würden Sie Ihr Fahrzeug nach 12,96 m zum Stehen bringen.

Beispielwerte:
30 km/h
– Reaktionszeit eine Sekunde
– Reaktionsweg   8,33 m
– Bremsweg   4,63 m
– Anhalteweg   12,96 m

35 km/h
– Reaktionszeit eine Sekunde
– Reaktionsweg   9,72 m
– Bremsweg   6,30 m
– Anhalteweg   16,02 m
– Aufprallgeschwindigkeit: 24,39 km/h

Dem Beispiel liegen folgende Bedingungen zu Grunde:
– Trockener Fahrbahnzustand
– ebene Fahrbahn
– Reaktionszeit 1 Sekunde
– Bremsverzögerung 7,5 m/s²
– Bremsanlage ohne Mängel

Die 5 km/h, die Sie mit **35 km/h** schneller sind, bewirken, dass Sie nach 13 m, an der Stelle, an der Sie mit 30 km/h zum Stehen gekommen wären, noch eine Geschwindigkeit (Aufprall- oder Restgeschwindigkeit) von 24,39 km/h haben. Die Fahrzeuggesamtmasse (zum Beispiel 26 Tonnen) trifft also mit 24,39 km/h auf den Fußgänger! Der Fußgänger wird diesen Aufprall in der Regel nicht überleben.

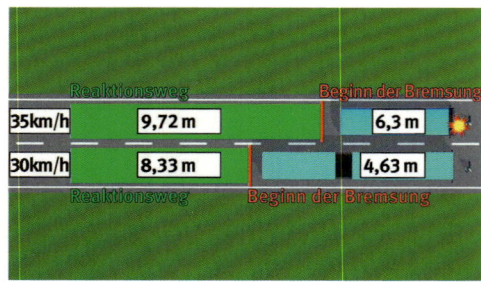

Aufprallgewicht
Ein im Linienbus stehender Fahrgast (80 kg) würde bei einer Aufprallgeschwindigkeit von ca. 30 km/h mit einem Gewicht (Aufprallgewicht) von 1.600 kg gegen eine Haltestange prallen

SICHERHEIT DER FAHRGÄSTE

3.6.4 Sanftes Bremsen

Die Art und Weise, wie Sie das Fahrzeug abbremsen, gibt Auskunft über Ihr Fahrvermögen. Die Fahrgäste erkennen, ob Sie in der Lage sind, Hindernisse oder Verkehrssituationen, die ein langsameres Fahren oder gar Anhalten erfordern, frühzeitig wahrzunehmen und darauf rechtzeitig und richtig zu reagieren. Starkes Bremsen und schnelles Befahren von Kurven erzeugen bei den Fahrgästen ein Gefühl der Unsicherheit. Der Satz „Das schaffe ich noch bei Grün" darf in Ihrer Gedankenwelt keinen Platz finden.

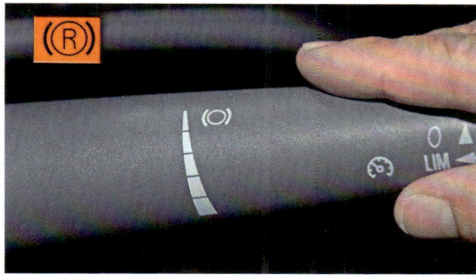

Ruckfreies Bremsen und Anhalten erhöht den Reisekomfort. Die Fahrgäste werden es Ihnen bei entsprechenden Gelegenheiten danken. Beginnen Sie bei der Verringerung der Geschwindigkeit, indem Sie Gas wegnehmen. Möglicherweise klärt sich schon dadurch die Situation wieder auf.

Die nächste Handlung ist der Einsatz des Retarders bzw. Intarders. Machen Sie sich mit dessen Arbeitsweise und Nutzung vertraut. Er gewährleistet eine stufenweise weiche und ruckfreie Abbremsung und entwickelt nur geringe Arbeitsgeräusche.

Benutzen Sie den Retarder und die Betriebsbremse nicht gleichzeitig! Blockiergefahr der Antriebsachse!

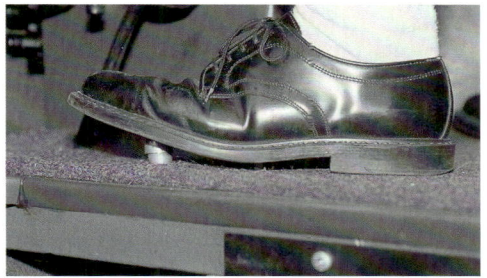

Erst wenn die Bremsleistung des Retarders merklich nachlässt, setzen Sie die Betriebsbremse ein, um endgültig anhalten zu können. Versuchen Sie dabei, kurz bevor das Fahrzeug endgültig zum Stillstand kommt, die Bremskraft zu verringern, um ohne Ruck anzuhalten. Verzichten Sie nach Möglichkeit auf den Einsatz der Motorbremse. Besonders bei Nacht und innerorts belästigt die starke Geräuschentwicklung der Motorbremse die Anwohner der befahrenen Straße.

SICHERHEIT DER FAHRGÄSTE

3.7 Beachtung der Überhänge

Als Fahrzeugführende sitzen Sie in der Regel nicht genau über der Vorderachse oder hinter der Vorderachse wie beim Lkw, sondern weit davor. Das ist der sogenannte Überhang.

Die Ausnutzung beider Überhänge (vorn und hinten) gestattet Ihnen, Fahrmanöver wie z. B. Wenden und Abbiegen auf schmalen Straßen oder kleinen Flächen durchzuführen. Dabei gehen besonders vom vorderen Teil des Omnibusses Gefahren aus, weil er sehr weit ausschwenkt. Achten Sie darauf, dass die zu benutzende, erhöhte Fläche (Fußweg, Verkehrsinsel)
- groß genug ist (z. B. die Breite des Fußweges),
- frei von Hindernissen ist,
- nicht höher ist, als die Bodenfreiheit des Busses es zulässt,
- nicht von Personen benutzt wird und
- anderweitig keine Gefahr für den Omnibus darstellt.

Beim Linksabbiegen sollten Fahrzeugführende bedenken, dass der vordere Überhang nach rechts über den Fahrstreifen hinausragen kann oder über den Bordstein hinweg auf den Gehweg.

Beim Wenden in einem Zug oder in mehreren Zügen müssen Fahrzeugführende den vorderen und hinteren Überhang berücksichtigen, die bei diesen Fahrmanövern über die Fahrbahn hinausragen. Dadurch könnten Fußgänger gefährdet und parkende Fahrzeuge, Zäune, Verkehrszeichen usw. beschädigt werden. Beim Wenden durch Zurücksetzen in eine Seitenstraße oder in eine Einfahrt gehen besondere Gefahren vom vorderen Teil des Busses aus, weil dieser sehr weit ausschwenkt. Beim Einfahren in eine Haltestelle mit Haltebucht ist die Gefahr, mit dem vorderen Überhang wartende Fahrgäste zu gefährden, besonders groß.

SICHERHEIT DER FAHRGÄSTE

4. Gewährleistung der Sicherheit aller Fahrgäste

4.1 Verantwortung des Fahrers

Als Fahrzeugführende tragen Sie eine hohe Verantwortung: Sie fahren nicht nur ein großes Fahrzeug mit der „Ladung Mensch". Tag für Tag vertrauen Berufspendler, Schüler und ältere Menschen den Fahzeugführenden ihres Linienbusses (ÖPNV) „blind". Ebenso verhält es sich im Gelegenheitsverkehr.

Im ÖPNV wirken sich Daueraufmerksamkeit, klimatische Bedingungen und Zeitdruck belastend auf Sie als Fahrzeugführenden aus. Und im Gelegenheitsverkehr erwarten die Fahrgäste außerdem noch einen gewissen Service. Da der zusätzliche Reisebegleiter bzw. eine weitere Servicekraft oft eingespart werden, muss diese Aufgabe vom Fahrzeugführenden mit übernommen werden. Zudem sollen Sie sich jederzeit rücksichtsvoll, freundlich und allen Fahrgästen gegenüber gleichermaßen korrekt verhalten.

Belastbarkeit, Orientierungssinn, Aufmerksamkeit, Konzentrations- und Reaktionsfähigkeit werden beim Erwerb der Fahrerlaubnis für Omnibusse überprüft und im täglichen Arbeitsablauf von Ihnen erwartet. Bei Notfällen müssen Sie in der Lage sein, sich sofort den richtigen Überblick zu verschaffen und durch schnelles und richtiges Reagieren weitere Gefahren für Ihre Fahrgäste verhindern. Sie als Fahrzeugführende tragen die Verantwortung für alle Ihre Fahrgäste. Wird Ihnen nach einem Unglücksfall grobe Fahrlässigkeit nach-gewiesen, können neben den zivilrechtlichen Forderungen auch strafrechtliche Konsequenzen folgen.

Haftung und Verantwortung im Linienbusverkehr
Generell hat ein Fahrgast in einem öffentlichen Verkehrsmittel selbst dafür zu sorgen, dass er in dem Fahrzeug sicheren Halt hat (OLG Dresden VersR 96, 1168). Dementsprechend muss der Fahrgast entweder einen Sitzplatz einnehmen oder sich beim Stehen an Haltestangen bzw. sonstigen Vorrichtungen festhalten. Dabei hat er mit Bremsmanövern jederzeit zu rechnen. Den Fahrzeugführenden eines Linienbusses obliegt es nicht, sich laufend zu vergewissern, dass sämtliche Fahrgäste sicheren Halt haben (BGH, VersR 72, 152; 93, 240). Während der Fahrt müssen Sie sich hauptsächlich auf den Straßenverkehr konzentrieren und Ihr Fahrverhalten den Verkehrsverhältnissen anpassen. Die Sicherheit Ihrer Fahrgäste dürfen Sie dabei allerdings nicht (z. B. durch unnötige Fahrmanöver) gefährden. Ihnen kann nur dann ein Schuldvorwurf gemacht werden, wenn Sie durch eigenes vorwerfbares Verhalten eine besondere Gefahrenlage für die Fahrgäste geschaffen haben. Ein haftungsrechtlich begründeter Verstoß läge z. B. vor, wenn der Sturz eines Fahrgastes im Fahrzeug durch vermeidbares ruckartiges Anfahren, grundlose Ausweichmanöver oder unnötig scharfe Bremsmanöver verursacht worden wäre (OLG Nürnberg, Az. U 3319/99).

Wenn ältere, gebrechliche oder behinderte Menschen zusteigen, hat der Fahrer allerdings besondere Rücksicht zu nehmen (LG Osnabrück, Az. 5 O 1439/06).

SICHERHEIT DER FAHRGÄSTE

4.2 Vorbeugende Maßnahmen

Die Sicherheit der Fahrgäste steht an allererster Stelle. Sie setzt sich zusammen aus:
- objektiver (wirklich existierender) Sicherheit und
- subjektiver (gefühlter) Sicherheit.

Voraussetzungen für objektive Sicherheit sind:
- die Sicherheit des Fahrzeugs,
- Erfahrung und Ausbildung des Fahrzeugführenden.

Objektive Sicherheit allein reicht nicht aus. Die Fahrgäste müssen sich auch sicher fühlen (subjektive Sicherheit). Dazu tragen bei:
- Auftreten und Aussehen des Fahrzeugführenden,
- äußerer Zustand des Fahrzeugs.

Jeder Bus befördert täglich eine Vielzahl von Menschen. Der Reisebus gilt immerhin als sicherstes Personentransportmittel (Statistisches Bundesamt). Deshalb ist der technische Zustand des Fahrzeugs ganz besonders wichtig. Neben den vorgeschriebenen technischen Hauptuntersuchungen und Sicherheitsprüfungen ist eine regelmäßige Wartung und Überprüfung der Sicherheitseinrichtungen im Bus durch die Fahrzeugführenden selbstverständlich. Dazu gehören unter anderem die Notausstiege, die Lautsprecheranlage und die vorhandenen Warn- und Signaleinrichtungen für die Fahrgäste. Bewährt haben sich Weiterbildungen und Schulungen, die Busfahrern ihre schwierige Rolle im Berufsleben erleichtern.

Dazu gehören
- die Beseitigung von kleineren Störungen am Fahrzeug,
- die Betreuung von Fahrgästen in Notfallsituationen,
- das Leisten von Erster Hilfe,
- das richtige Absetzen eines Notrufs,
- die Entschärfung von personenbedingten Konflikten (Deeskalation) und deren vorbeugende Vermeidung,
- das situationsgerechte Betreuen von behinderten Fahrgästen, Kindern oder zusammengehörenden Reisegruppen.

Beispielhaft sei hier das Fahrsicherheitstraining genannt. Dort können Fahrzeugführende die Fahrphysik regelrecht „erfahren". Brems- und Ausweichübungen auf unterschiedlichen Fahrbahnbelägen sowie Geschicklichkeitsfahren gehören genauso zum Programm wie ein theoretischer Teil. Es reicht nicht, in neue Busse zu investieren. Fahrzeugführende selbst tragen den größten Teil zur Sicherheit der Fahrgäste bei. Die Einhaltung der gesetzlich vorgeschriebenen Lenk- und Ruhezeiten, die Beachtung der Verkehrs-vorschriften und ein striktes Alkoholverbot müssen für jeden Profi hinter dem Lenkrad selbstverständlich sein. Zufriedene Fahrgäste kommen wieder und vertrauen sich Ihnen auch bei ihrer nächsten Busreise „blind" an.

LADUNGSSICHERUNG IM PERSONENVERKEHR

5. Ladungssicherung im Personenverkehr

5.1 Rechtliche Grundlagen

Für die Ladungssicherung im Personenverkehr gelten die gleichen rechtlichen Vorschriften wie für die Ladungssicherung im Güterkraftverkehr. Die Fahrzeugführenden müssen die Vorschriften der Verordnung über den Betrieb von Kraftfahrunternehmen im Personenverkehr (BOKraft) erfüllen und den § 23 der StVO beachten, der fordert, dass die Sicht des Fahrzeugführenden durch die Ladung – in diesem Fall vorrangig durch die Fahrgäste – nicht beeinträchtigt wird und die Verkehrssicherheit durch die Ladung nicht leidet.

Quelle: © MAN Truck & Bus AG

Wenn Fahrzeugführende zum Beispiel im Linienbus mehr Fahrgäste mitnehmen, als auf dem Schild im Fahrzeug angegeben sind, verstoßen sie gegen diese Vorschrift.

Wichtige Auszüge aus Gesetzen und Vorschriften für den Omnibusfahrer zum Thema Ladungssicherung:

§ 22 Ladung

(1) Die Ladung einschließlich Geräte zur Ladungssicherung sowie Ladeeinrichtungen sind so zu verstauen und zu sichern, dass sie selbst bei Vollbremsung oder plötzlicher Ausweichbewegung nicht verrutschen, umfallen, hin- und herrollen, herabfallen oder vermeidbaren Lärm erzeugen können. Dabei sind die anerkannten Regeln der Technik zu beachten.

Gepäckstücke wie zum Beispiel Koffer, Handgepäck oder Getränkekisten fallen gemäß § 22 StVO unter den Begriff „Ladung" und müssen daher gesichert werden. Im Linienverkehr ist eine besondere Aufmerksamkeit auf die sichere Abstellung und Befestigung der Rollstühle und Kinderwagen zu legen. Dies gilt insbesondere auch für den Behindertentransport.

LADUNGSSICHERUNG IM PERSONENVERKEHR

§ 23 Sonstige Pflichten von Fahrzeugführenden

(1) Wer ein Fahrzeug führt, ist dafür verantwortlich, dass seine Sicht und das Gehör nicht durch die Besetzung, Tiere, die Ladung, Geräte oder den Zustand des Fahrzeugs beeinträchtigt werden. Wer ein Fahrzeug führt, hat zudem dafür zu sorgen, dass das Fahrzeug, der Zug, das Gespann sowie die Ladung und die Besetzung vorschriftsmäßig sind und dass die Verkehrssicherheit des Fahrzeugs durch die Ladung oder die Besetzung nicht leidet. Ferner ist dafür zu sorgen, dass die vorgeschriebenen Kennzeichen stets gut lesbar sind. Vorgeschriebene Beleuchtungseinrichtungen müssen an Kraftfahrzeugen und ihren Anhängern auch am Tage vorhanden und betriebsbereit sein.

§ 23 StVO Abs. 1 richtet sich an Fahrzeugführende auch dann,
- wenn sie nicht bei der Beladung anwesend waren oder
- wenn sie ein anderes Fahrzeug zur weiteren Verwendung übernehmen.

Auch in diesen Fällen müssen sie die Ladungssicherung überprüfen und unterwegs regelmäßig Kontrollen durchführen.

§ 15 BOKraft Beförderung von Sachen

(1) Der Fahrgast hat Sachen (Handgepäck, Reisegepäck, Kinderwagen) so unterzubringen und zu beaufsichtigen, dass die Sicherheit und Ordnung des Betriebs durch sie nicht gefährdet und andere Fahrgäste nicht belästigt werden können. Satz 1 gilt auch für Tiere; sie dürfen nicht auf Sitzplätzen untergebracht werden. Durchgänge sowie Ein- und Ausstiege sind freizuhalten.

(2) Von der Beförderung sind sind gefährliche Stoffe und gefährliche Gegenstände ausgeschlossen, insbesondere
1. explosionsfähige, leicht entzündliche, radioaktive, übelriechende oder ätzende Stoffe,
2. unverpackte oder ungeschützte Sachen, durch die Fahrgäste verletzt werden können,
3. Gegenstände, die über die Wagenumgrenzungen hinausragen.

Kommt es im Verlauf einer Fahrt zu einem Unfall mit Personenschaden, der auf mangelhafte Ladungssicherung zurückzuführen ist, kommt das Strafgesetzbuch zum Zuge.

LADUNGSSICHERUNG IM PERSONENVERKEHR

Strafgesetzbuch

§ 222 Fahrlässige Tötung

Wer durch Fahrlässigkeit den Tod eines Menschen verursacht, wird mit Freiheitsstrafe bis zu fünf Jahren oder mit Geldstrafe bestraft.

§ 229 Fahrlässige Körperverletzung

Wer durch Fahrlässigkeit die Körperverletzung einer anderen Person verursacht, wird mit Freiheitsstrafe bis zu drei Jahren oder mit Geldstrafe bestraft.

§ 823 BGB Schadenersatzpflicht

(1) Wer vorsätzlich oder fahrlässig das Leben, den Körper, die Gesundheit, die Freiheit, das Eigentum oder ein sonstiges Recht eines anderen widerrechtlich verletzt, ist dem anderen zum Ersatz des daraus entstehenden Schadens verpflichtet.

Gesetz über Ordnungswidrigkeiten (OWiG)

Das Ordnungswidrigkeitengesetz (OWiG) gibt den Verwaltungsbehörden des Bundes, der Länder und der Gemeinden sowie auch anderen Körperschaften und Anstalten des öffentlichen Rechts die gesetzliche Grundlage zur Verhängung und Durchsetzung von Bußgeldern. Die Ordnungswidrigkeit ist eine mit einer Geldbuße bedrohte Handlung. In minder schweren Fällen können auch Verwarnungen unter Erhebung eines Verwarnungsgelds oder mündliche Verwarnungen ohne Verwarnungsgeld ausgesprochen werden.

§ 130 Verletzung der Aufsichtspflicht in Betrieben und Unternehmen

(1) Wer als Inhaber eines Betriebes oder Unternehmens vorsätzlich oder fahrlässig die Aufsichtsmaßnahmen unterlässt, die erforderlich sind, um in dem Betrieb oder Unternehmen Zuwiderhandlungen gegen Pflichten zu verhindern, die den Inhaber treffen und deren Verletzung mit Strafe oder Geldbuße bedroht ist, handelt ordnungswidrig, wenn eine solche Zuwiderhandlung begangen wird, die durch gehörige Aufsicht verhindert oder wesentlich erschwert worden wäre. Zu den erforderlichen Aufsichtsmaßnahmen gehören auch die Bestellung, sorgfältige Auswahl und Überwachung von Aufsichtspersonen.

(2) Betrieb oder Unternehmen im Sinne des Absatzes 1 ist auch das öffentliche Unternehmen.

(3) Die Ordnungswidrigkeit kann, wenn die Pflichtverletzung mit Strafe bedroht ist, mit einer Geldbuße bis zu einer Million Euro geahndet werden. § 30 Absatz 2 Satz 3 ist anzuwenden. Ist die Pflichtverletzung mit Geldbuße bedroht, so bestimmt sich das Höchstmaß der Geldbuße wegen der Aufsichtspflicht-verletzung nach dem für die Pflichtverletzung angedrohten Höchstmaß der Geldbuße. Satz 3 gilt auch im Falle einer Pflichtverletzung, die gleichzeitig mit Strafe und Geldbußebedroht ist, wenn das für die Pflichtverletzung angedrohte Höchstmaß der Geldbuße das Höchstmaß nach Satz 1 übersteigt.

LADUNGSSICHERUNG IM PERSONENVERKEHR

Sicherung der Ladung
Die Fahrzeugführenden im Personenverkehr müssen die Vorschriften zur Sicherung der Ladung und der Ladungsteile einhalten.

Die Fahrgäste sichern sich auf Ihre Bitte hin mit den vorhandenen Sicherheitsgurten selbst. Eine kurze Kontrolle Ihrerseits unterstreicht die Notwendigkeit. Die richtige „Ladungssicherung" wird in diesem Fall durch die vorgeschriebenen Sicherheitsgurte gewährleistet.

Neben den Fahrgästen muss auch das Reisegepäck wie Koffer, Reisetaschen oder Handgepäck gesichert werden. Auch Rollstühle, Kinderwagen, Rollatoren, Musikinstrumente, Sportgeräte, Fahrräder und bestimmte Einzelstücke gehören bei bestimmten Reisen zu den Ladungsteilen, die gesichert werden müssen.

Vergessen Sie nicht die Sicherung der „Ladung", die Sie als Fahrzeugführende für die Betreuung der Fahrgäste mitnehmen. Getränkekisten (20 kg oder mehr), einzelne Flaschen, Six-Packs, Würstchendosen, große Flaschen Kaffeesahne usw.

Der Rollator muss auch gesichert werden. (Bild 1)
Rollstühle können zum Transport zusammengeklappt werden. (Bild 2)
„Ladung" für den Bordservice. (Bild 3)

Auch dieses Instrument muss transportiert und gesichert werden, um es vor Beschädigungen zu schützen.

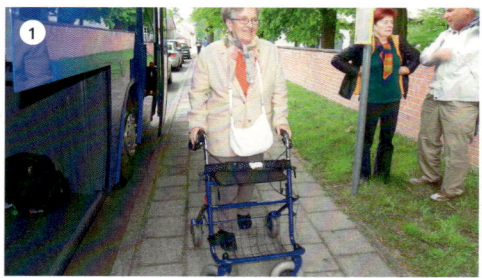

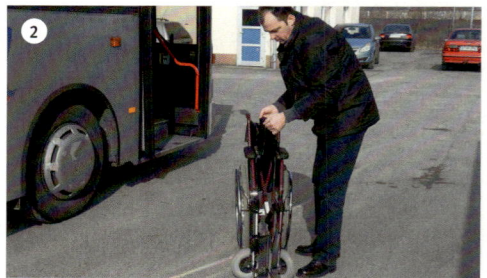

LADUNGSSICHERUNG IM PERSONENVERKEHR

Die in den Fotos abgebildeten Gegenstände wie zum Beispiel Wagenheber, Feuerlöscher, Abschleppstange und Unterlegkeil müssen ebenfalls gesichert werden.

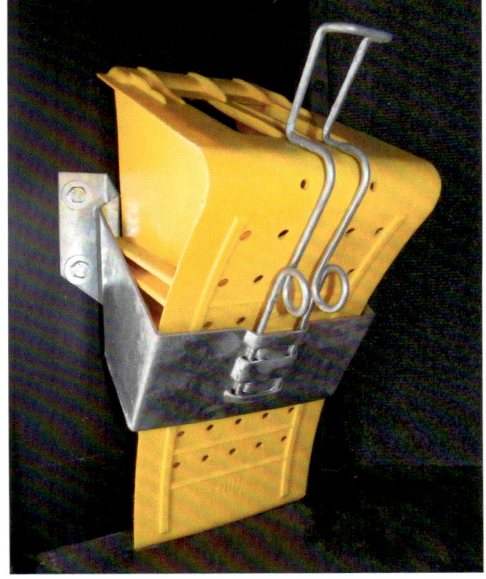

LADUNGSSICHERUNG IM PERSONENVERKEHR

Im Personenverkehr geht es vor allem darum, dass Fahrgäste im Fahrgastraum nicht verletzt und Gepäckstücke und Gegenstände nicht beschädigt oder zerstört werden können. Schon kleinere Schäden können leicht zu Meinungsverschiedenheiten führen, die die Stimmung in der Reisegruppe unnötig beeinträchtigen.

Überwachung
Alle Vorschriften und ihre Einhaltung sind nur so gut wie ihre Überwachung. In Deutschland wird sie durch die Polizei, den Zoll und das Bundesamt für Güterverkehr (BAG) durchgeführt. Die zuständigen Mitarbeiter dieser Behörden sind unter anderem im Bereich der Ladungssicherung entsprechend ausgebildet, damit sie Mängel zuverlässig erkennen. Bei Beanstandungen ist neben einer Geldbuße auch der Eintrag von Punkten im Verkehrszentralregister möglich.

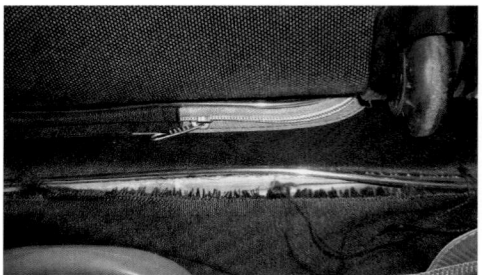

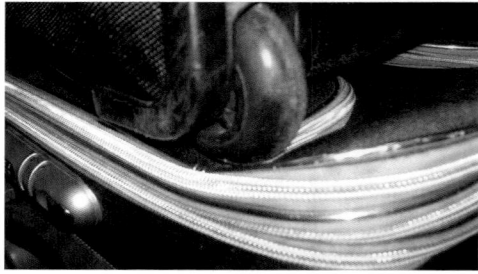

Werden Reisekoffer nicht richtig verstaut oder gesichert, können sie schnell Schaden nehmen.

LADUNGSSICHERUNG IM PERSONENVERKEHR

5.2 Physikalische Grundlagen

Auch als Fahrzeugführende müssen Sie einige Grundkenntnisse der Physik kennen. Stehende Fahrgäste wollen bei zum Beispiel einer starken Bremsung die Geschwindigkeit und Richtung des Busses beibehalten. Wenn sich die Fahrgäste nicht an den vorhandenen Halteschlaufen festhalten, werden sie unsanft nach vorne beschleunigt und können hierbei erhebliche Verletzungen erleiden. Ihre besonnene und vorausschauende Fahrweise trägt wesentlich dazu bei, die auf die Personen und die Ladung wirkenden Kräfte so gering wie möglich zu halten.

5.2.1 Masse (m)

Die physikalische Einheit für Masse ist das Kilogramm [kg]. Die Masse ist die Menge eines Stoffes oder eines Körpers. Die Masse eines Körpers wird oft mit Gewicht verwechselt. Das Gewicht ist aber keine Masse, sondern eine Kraft.

5.2.2 Massenkraft (F_M)

Die physikalische Einheit für die Massenkraft ist Newton N (N = kg · m/s²). Die Kraft, die eine Masse von 1 kg mit 1 m/s² beschleunigt wird als 1 Newton bezeichnet.

$$F_M = m \cdot a$$

F_M = Massenkraft (kg · m/s²)
m = Masse (kg)
a = Beschleunigung (m/s²)

1 Dekanewton (daN) = 10 N (Deka bedeutet zehn)
(daN sprich Dekanjuten) Eine Kraft erkennt man nur an ihrer Wirkung. Wirkt eine Kraft auf einen sich bewegenden Körper, so ändert sich sein Bewegungszustand. Der Körper wird langsamer, schneller oder er ändert die Richtung. Entscheidend für die Wirkung einer Kraft sind die Größe, die Richtung und der Angriffspunkt.

Beispiel
Wie groß ist die Massenkraft bei einer Beschleunigung von 0,8 g und einer Masse von 30 kg?

Zur Vereinfachung und mit hinreichender Sicherheit kann „g" auf 10 m/s² aufgerundet werden, sodass 1 daN ≈ 1 kg entspricht.

1 g = 9,81 m/s²
0,8 g = 0,8 · 9,81 m/s² ≈ 7,9 m/s²

Daraus folgt: a ≈ 7,9 m/s². Gesucht wird F_M

$F_M = m \cdot a$
F_M = 30 kg · 7,9 m/s²
F_M = 237 N ≈ 24 Dan (≈ 24 kg)

LADUNGSSICHERUNG IM PERSONENVERKEHR

5.2.3 Gewichtskraft (F_G)

Die Erde besitzt eine Anziehungskraft. Diese Anziehungskraft wirkt auf jeden Körper. Je größer die Masse eines Körpers, desto größer ist auch die Gewichtskraft. Die Fallbeschleunigung beschleunigt einen Körper mit 9,81 m/s² oder auch 1 g. Es wirkt die einfache Gewichtskraft.

$$F_G = m \cdot g$$

Gesucht wird F_G:

m = 1000 kg
g = 9,81 m/s²

F_G = 1000 kg · 9,81 m/s²
F_G = 9810 N
F_G = 981 daN

5.2.4 Fliehkraft (F_Y)

Bei der Fahrt durch eine Kurve entsteht eine Fliehkraft, die z. B. einen Koffer zur Kurvenaußenseite hin bewegen will. Die Fliehkraft ist abhängig von der Masse, der Geschwindigkeit und dem Kurvenradius. Aus der Formel zur Berechnung der Fliehkraft können Sie erkennen, dass sich bei einer Verdoppelung der Geschwindigkeit die Größe der Fliehkraft vervierfacht.

Die Fliehkraft wird größer, wenn:
– die Masse größer wird,
– die Geschwindigkeit bei gleichem Kurvenradius größer wird,
– der Kurvenradius bei gleicher Geschwindigkeit kleiner wird.

Berechnungsformel

$$F_Y = m \cdot \frac{v^2}{r}$$

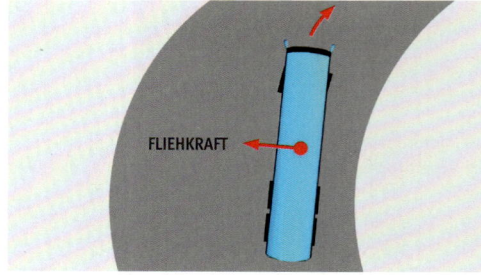

F_Y = Fliehkraft (N)
m = Masse (kg)
r = Kurvenradius (m)

LADUNGSSICHERUNG IM PERSONENVERKEHR

5.2.5 Bewegungsenergie (E_{Kin})

Immer dann, wenn sich ein Körper bewegt, haben wir es mit Bewegungsenergie zu tun. Sie wird als „kinetische Energie" bezeichnet. Die Größe der kinetischen Energie ist abhängig von der Masse und von der Geschwindigkeit. Auch hier ist aus der Berechnungsformel zu erkennen, dass sich bei einer Verdoppelung der Geschwindigkeit die Größe der Bewegungsenergie vervierfacht.

Berechnungsformel

$$E_{Kin} = \frac{1}{2} \cdot m \cdot v^2$$

E_{kin} = Bewegungsenergie (Nm) oder (J) 1 J (Joule) = 1 Nm
v = Geschwindigkeit (m/s)
m = Masse (kg)

Wenn Sie einzelnen Ladungsteilen im Stauraum Bewegungsfreiheit lassen, z. B. einem Getränkekasten, könnte dieser bei einer plötzlichen Gefahrenbremsung verrutschen und dadurch andere Ladungsgüter beschädigen oder zerstören.

» INFO

Ein Aufprall bei 50 km/h auf eine Wand entspricht einem Sturz aus 9 m Höhe oder ungefähr dem 3. Stock eines Gebäudes.
Ein Aufprall bei 100 km/h auf eine Wand entspricht einem Sturz aus 40 m Höhe oder ungefähr dem 13. Stock eines Gebäudes.

LADUNGSSICHERUNG IM PERSONENVERKEHR

5.2.6 Reibung

Reibung ist ein wichtiger Bestandteil der Ladungssicherung. Ohne Reibung würde sich der Aufwand für die Ladungssicherung erheblich vergrößern. Da im Allgemeinen der Boden der Stauräume mit Teppich ausgelegt ist, damit sich die Gepäckstücke leicht darauf verschieben lassen, bedarf es keiner besonders großen Kräfte, um die Ladung zu beschleunigen. Was sich leicht verschieben lässt, rutscht auch leicht beim Bremsen. Verantwortlich für das Rutschen der Ladung ist die Reibung zwischen der Ladung und der einfachen Ladefläche oder dem Teppichboden des Stauraumes sowie der Gepäckstücke untereinander.

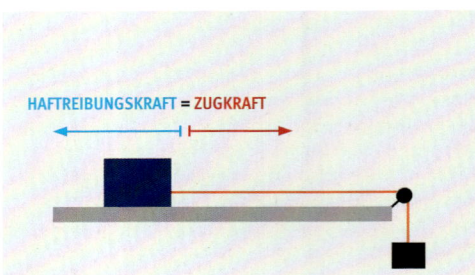

Die Ladung rutscht noch nicht.

Generell unterscheiden wir zwei Arten der Reibung

– **Haftreibung**
  Haftreibung ist die Reibung, die einen ruhenden Körper auf einer Oberfläche daran hindert zu rutschen. Sie sorgt also dafür, dass der Körper auf der Oberfläche seine Position beibehält. Je rauer dabei die Oberflächen beider Körper sind, desto schwieriger wird es, den ruhenden Körper auf der Oberfläche in Bewegung zu setzen.

– **Gleitreibung**
  Gleitreibung ist die Reibung, die bei einem schon rutschenden Körper auftritt und das Weiterrutschen erschwert. Der Körper, der auf einer Oberfläche bereits rutscht, führt diese Bewegung nie reibungsfrei aus.

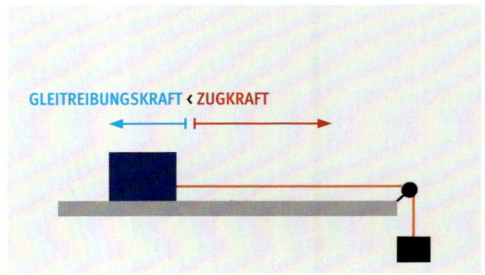

Die Ladung rutscht bereits.

Berechnungsformel

$$F_R = F_G \cdot \mu$$

F_R = Reibungskraft (N)
F_G = Gewichtskraft (N)
μ = Reibbeiwert

Der Reibbeiwert auf Eis ist sehr niedrig.

Der Reibbeiwert auf Asphalt oder auf der Ladefläche ist deutlich größer.

LADUNGSSICHERUNG IM PERSONENVERKEHR

Der Reibbeiwert ist unabhängig vom Gewicht der Ladung und unabhängig von der Größe der Berührungsflächen. Das bedeutet, dass bei gleichem Reibbeiwert ein leichter Ladungsgegenstand zum gleichen Zeitpunkt zu rutschen beginnt wie ein schwerer. Ein Beschleunigungsbeiwert von 0,8 für die Sicherung in Längsrichtung vorwärts bedeutet, dass 80 % des Gewichtes der Ladung in Fahrtrichtung gesichert werden muss. Der Beschleunigungsbeiwert von 0,5 entgegen der Fahrtrichtung bedeutet, dass 50 % des Gewichtes der Ladung entgegen der Fahrtrichtung gesichert werden muss. Der Beschleunigungsbeiwert von 0,5 quer zur Fahrtrichtung bedeutet, dass 50 % des Gewichtes der Ladung quer zur Fahrtrichtung gesichert werden muss. Die Transportbelastungen im Straßenverkehr werden durch Bremsen, Beschleunigen und Kurvenfahrten hervorgerufen.

Die im Straßenverkehr maximal zu berücksichtigenden Belastungen sind in den geltenden Normen und Richtlinien (DIN EN 12195-1 und VDI 2700 ff.) aufgeführt.

Die Beschleunigungsbeiwerte sind unabhängig von der Antriebsart, des Getriebes oder der Federung des Fahrzeugs festgelegt worden. Eine Änderung der Werte ist zurzeit nicht in der Planung.

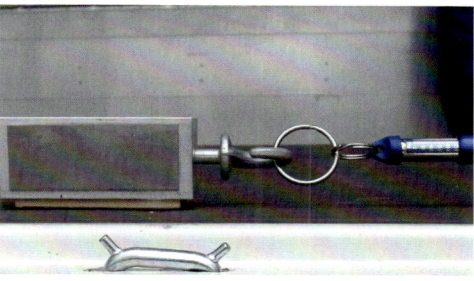

Ohne rutschhemmendes Material, wird wenig Kraft benötigt, um den Reibklotz in Bewegung zu halten.

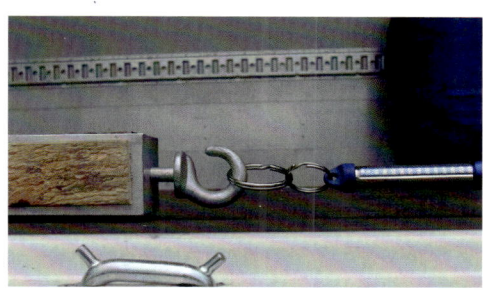

Mit rutschhemmendem Material ist bedeutend mehr Kraft nötig, um den Reibklotz in Bewegung zu halten.

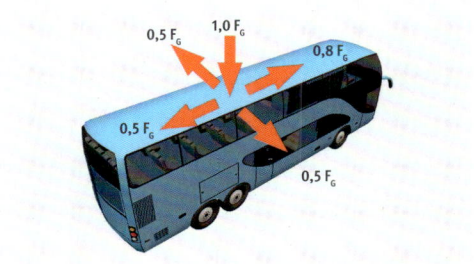

Im Straßenverkehr maximal zu berücksichtigende Belastungen.

LADUNGSSICHERUNG IM PERSONENVERKEHR

5.3 Arten der Ladungssicherung

Ganz allgemein betrachtet unterscheiden wir in formschlüssige und kraftschlüssige Ladungssicherung.

Wenn ein Reisebus voll besetzt ist, bleibt für Sie kaum eine andere Wahl, als die ca. 52 oder mehr Koffer und Reisetaschen dicht an dicht in die Stauräume zu verladen. Anderenfalls müssten möglicherweise einige Gepäckstücke zurückbleiben. Die volle Ausnutzung der Stauräume, ohne dass sich die einzelnen Gepäckstücke gegeneinander bewegen können, ist die schnellste, die wirtschaftlichste und auch die einfachste Art der Ladungssicherung: Der **Formschluss**.

5.3.1 Formschlüssige Ladungssicherung

Die Stauräume werden von vorn nach hinten gleichmäßig lückenlos beladen. Hierdurch kann der Formschluss hergestellt werden.

LADUNGSSICHERUNG IM PERSONENVERKEHR

Haben Sie nur jeweils eine Lade- und Entladestelle, brauchen Sie der Verteilung des Reisegepäcks auf die einzelnen Stauräume nur wenig Beachtung zu schenken. Sie beginnen von vorn nach hinten die Stauräume auf beiden Seiten des Fahrzeuges lückenlos zu beladen. Somit können die einzelnen Gepäckstücke in einem Stauraum im Sinne der Ladungssicherung als eine Ladungseinheit betrachtet werden. Haben Sie mehrere Beladestellen, so versuchen Sie für jede Einzelne einen Stauraum auszufüllen. Bleiben Gepäckstücke übrig, die nicht den gesamten Stauraum ausfüllen, so benutzen Sie einen Zurrgurt oder ein Zurrnetz zur Sicherung der Ladung.

Verwenden Sie auch zum Sichern einzelner Ladungsteile wie Rollstühle, Musikinstrumente oder andere Gepäckstücke Zurrgurte oder Zurrnetze. Damit nehmen Sie eine Form- und/oder kraftschlüssige Ladungssicherung vor. Eine Kombination aus beiden Arten ist in der Praxis häufig die beste Lösung.

Achtung: Beim Sichern einzelner Gepäckstücke durch Niederzurren dürfen diese natürlich nicht beschädigt werden.

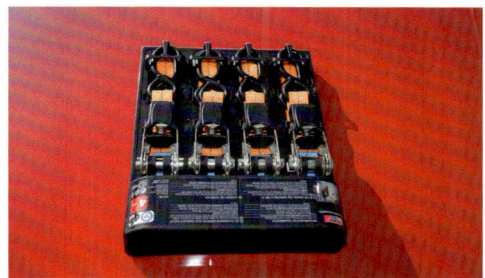

Ein Satz Zurrgurte mit 35 mm Breite sollte im Reiseverkehr mitgeführt werden.

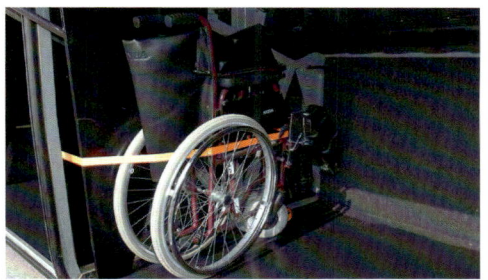

Sicherung des Rollstuhls durch umschlingen.

LADUNGSSICHERUNG IM PERSONENVERKEHR

5.3.2 Kraftschlüssige Ladungssicherung

Beim Niederzurren handelt es sich um kraftschlüssige Ladungssicherung. Dabei wird die Ladung mit einer zusätzlich zur Gewichtskraft wirkenden Kraft auf die Ladefläche gepresst.

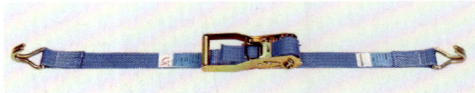

Zweiteiliger Zurrgurt aus Chemiefasern.

Die meisten Koffer sind für das Niederzurren nicht stabil genug. Verwenden Sie Zurrgurte vorrangig zum Umschlingen des zu sichernden Gegenstandes. Für diesen Zweck reichen Zurrgurte mit 35 mm Breite vollkommen aus. Beim Umschlingen darf keine große Vorspannkraft aufgebracht werden. Besser geeignet sind Zurrgurte mit Klemmschloss.

Zurrgurt mit Klemmschloss. © Dolezych Dortmund

Um dem schnellen Rutschen entgegen zu wirken, können Sie auch rutschhemmende Materialien als Unterlage verwenden. Diese haben in der Regel einen Reibbeiwert von 0,6. Je höher der Reibbeiwert ist, desto geringer ist die noch verbleibende Sicherungskraft.

Zurrgurte müssen gekennzeichnet sein.

Mit rutschhemmendem Material, auch Antirutschmatten genannt, kann der Sicherungsaufwand verringert werden.

LADUNGSSICHERUNG IM PERSONENVERKEHR

5.4 Gesamtmasse und Achslasten

Die Überschreitung der zulässigen Gesamtmasse eines Fahrzeuges wie auch die Überschreitung der zulässigen Achslasten oder das Unterschreiten der Mindestachslast der Vorderachse haben Auswirkungen auf die Betriebs- und Verkehrssicherheit des Fahrzeuges. Die Verlagerung des Lastschwerpunktes nach oben beeinflusst die Fahrstabilität ebenfalls, z. B. wenn bei einer Tagesfahrt die Plätze im Fahrgastraum besetzt sind, aber kein Reisegepäck mitgeführt wird.

Je höher der Schwerpunkt liegt, desto schneller kann das Fahrzeug kippen. Dieser Kippgefahr können Sie durch angepasste Geschwindigkeit beim Durchfahren von Kurven entgegenwirken. Je kleiner der Kurvenradius ist, desto mehr müssen Sie die Geschwindigkeit beim Befahren der Kurve herabsetzen. Bei doppelstöckigen Linienbussen verlagert sich der Schwerpunkt extrem nach oben, wenn die Fahrgäste zuerst das Oberdeck besetzen.

Ein günstiger Schwerpunkt wird bei Linienbussen (eine Sitzebene) erreicht.

Bei Hochdeckern liegt der Schwerpunkt besonders bei einer Tagesfahrt ohne Reisegepäck sehr hoch!

LADUNGSSICHERUNG IM PERSONENVERKEHR

5.5 Lastverteilung

Für die Einhaltung der zulässigen Achslasten und der zulässigen Gesamtmasse sind auch Sie als Fahrer verantwortlich.
Die Einhaltung der zulässigen Achslasten und der zulässigen Gesamtmasse eines Transportfahrzeugs ist erforderlich, damit das Fahrzeug verkehrssicher am Straßenverkehr teilnehmen kann. Der Lastverteilungsplan unterstützt Sie bei der vorschriftsmäßigen Beladung des Fahrzeugs. Er hilft Ihnen die Ladung und die Fahrgäste so zu platzieren, dass eine Überschreitung bzw. Unterschreitung der Achslasten vermieden werden. Neben den maximal zulässigen Achslasten ist auch die Mindestlenkachslast für die Verkehrssicherheit des Fahrzeugs von großer Bedeutung! Wird sie unterschritten, neigt das Fahrzeug zum untersteuern.

Das Fahrzeug ist nicht mehr verkehrssicher. Die Einhaltung der Achslasten bedeutet auch, dass der Bremsweg optimal sein kann und der Reifenverschleiß reduziert wird.

Im nachfolgenden Beispiel wird ein Reisebus eingesetzt, der über 52 Sitzplätze für die zu befördernden Fahrgäste verfügt. In der Tabelle 1 werden die Gewichte inklusive des Handgepäckes der einzelnen Fahrgäste erfasst. Die verbleibende Zuladung wird für das Reisegepäck im Gepäckraum genutzt. Bei der Beladung des Gepäckraumes wird eine gleichmäßige Verteilung vorausgesetzt. Mit diesen Daten wird anschließend die Gesamtschwerpunktlage berechnet.

Sitzreihe	SITZE								Abstand Mitte Sitz nach vorne (S1 bis Sn)	
	A		B		C		D			
R1	80	kg	80	kg	80	kg	80	kg	1,8	m
R2	80	kg	80	kg	80	kg	80	kg	2,62	m
R3	80	kg	80	kg	80	kg	80	kg	3,44	m
R4	80	kg	80	kg	80	kg	80	kg	4,26	m
R5	80	kg	80	kg	80	kg	80	kg	5,08	m
R6	80	kg	80	kg	80	kg	80	kg	5,9	m
R7	80	kg	80	kg	AUSGANG				6,75	m
R8	55	kg	55	kg	55	kg	55	kg	7,6	m
R9	55	kg	55	kg	55	kg	55	kg	8,42	m
R10	50	kg	50	kg	50	kg	50	kg	9,24	m
R11	50	kg	50	kg	50	kg	50	kg	10,06	m
R12	50	kg	50	kg	50	kg	50	kg	10,88	m
R13	50	kg	50	kg	50	kg	50	kg	11,7	m
Beifahrer	70	kg							1,1	m
Gepäckraum	400	kg							5,0	m

Die Fahrgäste inklusive des Gepäckes haben ein Gewicht von 3790 kg. Die maximale Zuladung beträgt 3900 kg. Gewichtsmäßig ist der Bus nicht voll ausgelastet.

Tabelle 1 Datenerfassung zur Berechnung des Schwerpunktes in Fahrzeuglängsrichtung

LADUNGSSICHERUNG IM PERSONENVERKEHR

Berechnung der Schwerpunktlage in Fahrzeuglängsrichtung:

$$S_{res} = \frac{S1 \cdot \text{Gewicht (A+B+C+D)} + S2 \cdot \text{Gewicht (A+B+C+D)} \ldots}{\text{Gewicht R1} + \text{Gewicht R2} + \ldots}$$

Nach erfolgter Berechnung erhalten wir eine Gesamtschwerpunktlage in Fahrzeuglängsrichtung, gemessen von der Fahrzeugfront, die bei **5,92 m** liegt.

Eine einseitige Beladung des Fahrzeuges hat ebenfalls Einfluss auf die Fahrstabilität. Wenn Sie am ersten Zustieg die Koffer der Gruppe im Stauraum nur auf einer Fahrzeugseite verladen, kann dies schnell zu einer unzulässigen einseitigen Belastung führen.

In Tabelle 2 werden die Abstände der Sitzplätze, gemessen von der linken Fahrzeugseite bis Mitte Sitz, eingetragen. In diesem Beispiel gehen wir davon aus, dass diese Abstände für jede Sitzreihe gleich sind. Grundsätzlich ist die Tabelle so zu erweitern, dass alle Sitzreihen erfasst werden.

> » **INFO**
> Der Lastverteilungsplan ist fahrzeugspezifisch und muss Ihnen als Fahrer zur Verfügung gestellt werden, damit das Fahrzeug den Vorschriften entsprechend beladen werden kann.

	S von A		S von B		S von C		S von D	
R1	0,35	m	0,8	m	1,75	m	2,2	m
Rn		m		m		m		m
Beifahrer	2	m						
Gepäckraum	1,275	m						

Tabelle 2 Datenerfassung zur Berechnung des Schwerpunktes quer zur Fahrzeuglängsrichtung

Berechnung der Schwerpunktlage quer zur Fahrzeuglängsrichtung:
Nachfolgend ist beispielhaft die Berechnung der Schwerpunktlage für die Sitzreihe 1 (R1) dargestellt.

$$S_{res1} = \frac{S \text{ von A} \cdot \text{Gewicht A} + S \text{ von B} \cdot \text{Gewicht B} + S \text{ von C} \cdot \text{Gewicht C} + S \text{ von D} \cdot \text{Gewicht D}}{\text{Gewicht A} + \text{Gewicht B} + \text{Gewicht C} + \text{Gewicht D}}$$

Wurden alle Reihen berechnet, inklusive Stauraum, wird der gemeinsame Schwerpunkt berechnet.

$$S_{res} = \frac{S_{res1} \cdot \text{Gewicht R1} + S_{res2} \cdot \text{Gewicht R2} \ldots}{\text{Gewicht der Zuladung}}$$

LADUNGSSICHERUNG IM PERSONENVERKEHR

Nach erfolgter Berechnung erhalten wir eine Gesamtschwerpunktlage quer zur Fahrzeuglängsrichtung, gemessen von der linken Seite, die bei 1,245 m liegt und nahezu mittig ist.

In Bild 1 ist die zuvor ermittelte Schwerpunktlage eingezeichnet und liegt nicht im grünen Feld. Das grüne Feld ist die vom Hersteller definierte Zone, in welcher die Gesamtschwerpunktlage bei voller Ausnutzung der Zuladung liegen darf. Im vorliegenden Fall wird die Mindestlenkachslast geringfügig unterschritten.

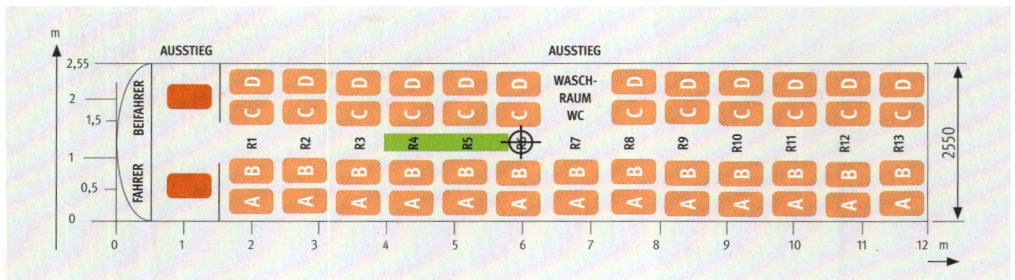

Bild 1 Resultierende Schwerpunktlage

In Bild 2 ist die die gesamte Lastverteilungskurve dargestellt. Es handelt sich um eine frei gewählte Kurve, die so vorkommen kann. Es ist zu erkennen, dass die resultierende Schwerpunktlage nicht im zulässigen Bereich liegt und damit die zulässigen Achslasten unterschritten bzw. überschritten werden.

Wird zu den Fahrgästen auch ein Skikoffer mitgeführt, muss dessen Gewicht inklusive Zuladung in die Berechnung zur Ermittlung der Gesamtschwerpunktlage einfließen.
Eine Berechnung der Achslasten nach der Aufnahme von Fahrgästen ist sicherlich nicht gewünscht, hier sollte die Fahrzeugtechnik unterstützend sein.

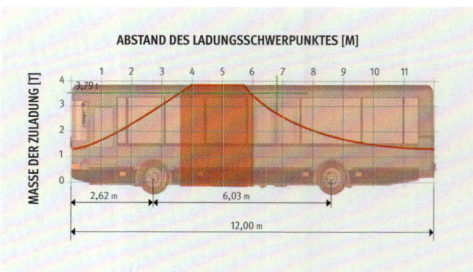

Bild 2 Lastverteilungskurve mit eingetragener Schwerpunktlage aus dem Berechnungsbeispiel

Für Omnibusse gibt es auch eingebaute Achslastanzeigen. Diese zeigen dem Fahrzeugführenden fortlaufend das Gewicht und die einzelnen Achslasten an. Bei einer Überschreitung der Achslast(en) oder Unterschreitung der Mindestlenkachslast erhält der Fahrzeugführende ein entsprechendes Signal.

Anzeigefeld für Achslast neben dem Geschwindigkeitsmesser.

Die Achslasten werden über die Drücke in den Luftfederbälgen ermittelt. Ein Hinweis auf eine unzulässige, außermittige Schwerpunktlage erfolgt durch diese Technik nicht.

LADUNGSSICHERUNG IM PERSONENVERKEHR

5.6 Berechnung der Nutzlast und des zulässigen Gesamtgewichtes

Um die mögliche Zuladung zu kennen, muss Ihnen die tatsächliche Leermasse Ihres Fahrzeuges bekannt sein. Diese können Sie in der Zulassungsbescheinigung Teil I Buchstabe G zwar ablesen, sie muss aber nicht immer mit der tatsächlichen Leermasse übereinstimmen. Um genaue Werte zu erhalten, muss das Fahrzeug betriebsbereit und mit allen zusätzlichen Ausrüstungen gewogen werden.

Dazu gehören nach § 42 StVZO Sie als Fahrer, die zu 90 % gefüllten eingebauten Kraftstoffbehälter und die zu 100 % gefüllten Systeme für andere Flüssigkeiten (ausgenommen Systeme für gebrauchtes Wasser) einschließlich des Gewichts aller im Betrieb mitgeführten Ausrüstungsteile (z. B. Ersatzräder, Ersatzteile, Abschleppstange, Werkzeug, Wagenheber, Schneeketten, Feuerlöscher, aber auch eine Anhängekupplung). Als Fahrzeugführende eines komfortablen Reisebusses haben Sie natürlich auch die Behälter für Frischwasser (Küche) und für die bestimmungsgemäße Nutzung der Toilette gefüllt. Für eine Mehrtagesfahrt ist eine entsprechende Auswahl an Getränken und anderen Lebensmitteln gebunkert. All diese „Ladungsteile" verringern die verbleibende Zuladungsmasse, wenn Sie an der ersten Einstiegsstelle ankommen. Am Heck angebrachte Skikoffer oder Fahrradständer beeinflussen zusätzlich in einer Größenordnung von bis zu 600 kg die verbleibende mögliche Zuladung.

Wird zum Beispiel die Bestuhlung geändert oder eine neue Schankanlage eingebaut, muss die Leermasse des Fahrzeugs neu ermittelt werden.

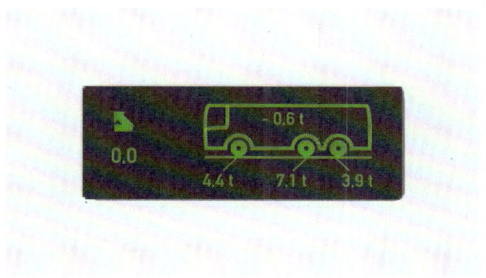

Aktivierte Achslastanzeige bei unbeladenem Fahrzeug. Wenn eine Nachlaufachse vorhanden ist, wird die gesamte Hinterachslast angezeigt.

GEGENSTAND	GEWICHT
Fahrgast (inkl. Handgepäck)	71 kg
Fahrrad	20 kg
Rollstuhl	15-20 kg
Zusätzlicher Unterlegkeil	6,5 kg
Hydraulischer Stempelwagenheber	15 kg
Abschleppstange (Rohr)	71 kg (28)
Paar Schneeketten (Zwillingsbereifung)	70 kg (120kg)
Koffer gepackt	20 kg
Glas Würstchen (6 Stück)	800 g
Flasche Sekt (0,75 Liter)	1,4 kg
6-Pack PET-Flaschen (1,5 Liter)	9 kg
Kasten Bier	31 kg
Ski, Stöcke, Skischuhe	5 kg

Beispielhaft einige Gewichtsangaben von Beladungsgegenständen.

LADUNGSSICHERUNG IM PERSONENVERKEHR

Bei der Nutzung eines Anhängers sprechen wir von der zulässigen Gesamtmasse der Fahrzeugkombination. Im normalen Reiseverkehr werden als Anhängefahrzeuge zumeist Einachsanhänger (Starrdeichselanhänger) genutzt. Bei der Berechnung der Nutzlast einer Fahrzeugkombination sind die jeweils zulässigen Stützlasten des Omnibusses und des Anhängers von Bedeutung. Sie beeinflussen wie auch ein Skikoffer/Gepäckkasten oder ein Fahrradständer die erforderliche Mindestlenkachslast. Bei einer Unterschreitung der Mindestachslast ist das Fahrzeug nicht mehr verkehrssicher. Das Fahrzeug darf so nicht betrieben werden.

Auch ein Fahrradständer beeinflusst die Zuladungsmasse.

Starrdeichselanhänger, speziell für den Transport von Fahrrädern, zulässige Gesamtmasse 2.500 kg.

Starrdeichselanhänger mit Plane, zulässige Gesamtmasse 2.600 kg.

LADUNGSSICHERUNG IM PERSONENVERKEHR

Aus all dem Vorgenannten können Sie leicht ableiten, dass eine Mehrtagesfahrt in den Skiurlaub mit 50 Fahrgästen, 50 Paar Ski, 50 Paar zusätzlichen Schuhen, 50 Gepäckstücken sowie Skikoffer und entsprechende Getränkekisten und Tagesverpflegung insbesondere mit einem zweiachsigen Reisebus kaum durchzuführen ist. Eine kleine Übersicht soll Ihnen das verdeutlichen.

Zur Verfügung steht der folgende Reisebus:
- 2 Achsen
- Länge 12 Meter
- 49 Fahrgastplätze + 1 + 1
- in der Zulassungsbescheinigung Teil I (F.2) eingetragene zGM: 18.000 kg
- Zulässige Achslasten: 1. Achse 7.500 kg, 2. Achse 11.500 kg
- Leermasse lt. technischer Dokumentation: 13.951 kg

Daraus würde sich eine Zuladung von 4.049 kg (18.000 – 13.951) ergeben.

Mit Radlastmessern ermittelte Achsbelastungen und Leergewicht:
- Vorderachse: rechts: 2.550 kg, links: 2.350 kg
- Vorderachse gesamt: 4.900 kg
- Hinterachse rechts: 4.850 kg, links 4.350 kg
- Hinterachse gesamt: 9.200 kg

Leermasse lt. Wägung (ohne Beifahrer) 14.100 kg. Zu addieren ist nach RL 97/27/EG der Beifahrer mit 75 kg, wenn für ihn ein Sitz vorhanden ist. So ergibt sich insgesamt eine Leermasse von 14.175 kg zur Berechnung der möglichen Zuladung.

Es verbleiben also nur noch 3.825 kg Zuladung (18.000 kg – 14.175 kg).

In der technischen Dokumentation ist für die Belegung der Sitzplätze eine Gesamtmasse von 3.479 kg vorgesehen
(68 kg + 3 kg Handgepäck = 71 kg nach der Richtlinie 97/27/EG, Anhang I, Abschnitt 2.5) für 49 Fahrgastplätze).

Reisebus, 18.000 kg zulässige Gesamtmasse, Plätze 49+1+1.

LADUNGSSICHERUNG IM PERSONENVERKEHR

Für die übrige Zuladung, also Koffer, Reisetaschen, Getränke, Verpflegung usw. sind lt. Dokumentation 570 kg angegeben. Dieser Wert verringert sich jedoch auf Grund der abweichenden tatsächlichen Leermasse auf nur noch 346 kg. Das bedeutet für jeden Fahrgast im Durchschnitt ein Reisegepäck von max. 6,92 kg.

Berechnen Sie für jede Person ein Gepäckstück von 20 kg wie es in vielen Beförderungsbestimmungen oder AGB der Busunternehmen festgelegt ist (die Koffer im Bus haben oftmals ein höheres Gewicht), so erhalten Sie ein Gewicht des Reisegepäcks von 50 x 20 kg = 1.000 kg. Damit hätten Sie die Zuladung bereits um 654 kg überschritten (1.000 kg – 346 kg = 654 kg).

Wenn Ihre Reise nun als Skiausflug über mehrere Tage geplant ist – wie oben beschrieben –, so kommt mindestens noch der Skikoffer (bis zu 600 kg) dazu. Die Überladung beträgt damit 1.254 kg oder 6,97 %. Die Hinterachslast wird in diesem Beispiel um 10,7 % überschritten! Wird das Fahrzeug bei einer Kontrolle einer Wägung unterzogen, führt das im Allgemeinen zu einer Entladung des Fahrzeuges und damit zu reichlich Ungemach. Besser ist es, einen Gepäckanhänger mitzunehmen, der eine sichere Fahrt ermöglicht.

Wird ein Starrdeichselanhänger mitgeführt, muss die Stützlast des Anhängers bei der Gewichtsbilanz des ziehenden Fahrzeugs berücksichtigt werden.

Sie müssen Ihr Fahrzeug genau kennen, damit Sie es sicher im Straßenverkehr führen können. Beachten Sie hierbei generell:
- die zulässige Gesamtmasse darf nicht überschritten werden,
- die zulässigen Achslasten dürfen nicht überschritten werden,
- die Mindestachslasten dürfen nicht unterschritten werden;
- eine einseitige Belastung des Fahrzeugs bzw. der Achsen ist zu vermeiden.

LADUNGSSICHERUNG IM PERSONENVERKEHR

Wägung eines Einzelfahrzeugs
Einzelfahrzeuge können in einem Wägevorgang auf einer zugelassenen, geeichten Waage gewogen werden, wobei alle Achsen gleichzeitig auf der Waage stehen müssen. Damit erhalten Sie aber nur die tatsächliche Gesamtmasse. Zur Ermittlung der tatsächlichen Achslasten muss das Fahrzeug mit zugelassenen Achslastwagen gewogen werden.

Auffahrt von der linken Seite
1. Wägung: Vorderachse
2. Wägung: Hinterachse
   danach das Fahrzeug drehen und von der rechten Seite auffahren
3. Wägung: Vorderachse
4. Wägung: Hinterachse

Die Bremsen des Fahrzeuges müssen bei allen Wägungen gelöst sein.
Die Waage muss für diese Wägung zugelassen sein.

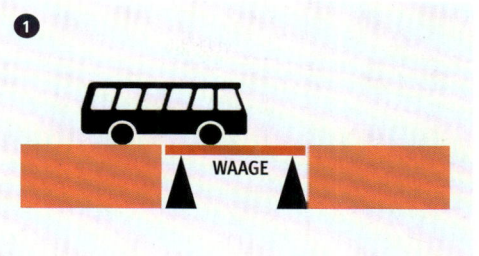

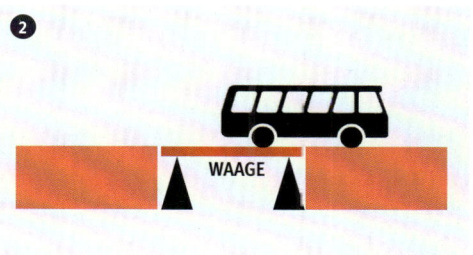

LADUNGSSICHERUNG IM PERSONENVERKEHR

Bei Kontrollen im öffentlichen Straßenverkehr werden transportable Achslastmesser oder Radlastmesser eingesetzt. Dabei ist mit jeder Achse je einmal vorwärts und rückwärts auf die Achslastmesser aufzufahren.

Die Überladung wird als %-Wert im Vergleich zur zulässigen Gesamtmasse bzw. Achslast angegeben. Er ist Ausgangswert für die Bestimmung der Höhe eines möglichen Bußgeldes.

$$\text{Überladung in \%} = \frac{\text{festgestellte Überladung in kg} \cdot 100}{\text{Zulässige Gesamtmasse in kg}}$$

Vorbereitung der Messtechnik

Auffahren auf die Messeinrichtung

Positionieren der Vorderachse

Messergebnis vorn rechts, 2.350 kg

Positionieren der Hinterachse

Messergebnis vorn links, 2.250 kg

LADUNGSSICHERUNG IM PERSONENVERKEHR

Wägung von „Zügen" mit einachsigen Anhängern

1. **Gesamtgewicht des Zugfahrzeugs**
   Bei einem Omnibus mit einem einachsigen Anhänger (z. B. Fahrradanhänger oder Gepäckanhänger) belastet die Stützlast das ziehende Fahrzeug. Deshalb muss der Omnibus mit angekuppeltem Anhänger gewogen werden. Erstes Wägeergebnis: Tatsächliches Gesamtgewicht inkl. Stützlast des Anhängers.

2. **Überprüfung der Anhängelast**
   Der Zug wird so weit vorgezogen, dass der Anhänger im angekuppelten Zustand gewogen werden kann. Zweites Wägeergebnis: Gewicht des Anhängers ohne Stützlast.

Die Addition beider Wägungen ergibt das Momentangewicht der Fahrzeugkombination.

Bei Anhängern mit einer Doppelachse, muss jede Achse einzeln gewogen werden.

Diese Messungen werden von der Polizei mit Rad-/Achslastmessgeräten durchgeführt. Die vorgeschriebene Wägeprozedur einschließlich der Herstellervorgaben muss dabei zwingend eingehalten werden.

Wägung der 1. Anhängerachse

Wägung der 2. Anhängerachse

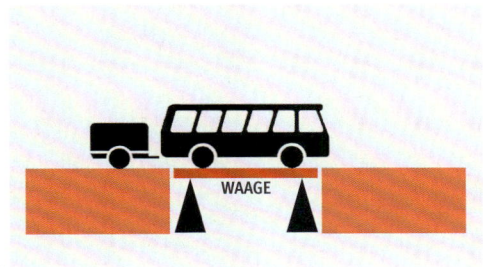

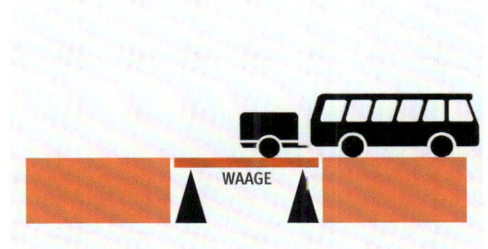

LADUNGSSICHERUNG IM PERSONENVERKEHR

5.7 Beispiele zur Ladungssicherung

5.7.1 Fahrgastraum

Der Fahrgastraum in einem Omnibus ist bestimmt zum Transport von Personen. Achten Sie im Linienverkehr darauf, dass Rollstühle und Kinderwagen auf den dafür vorgesehenen Flächen abgestellt und gesichert sind. In speziellen Bussen für den Transport von Rollstuhlfahrern werden die Rollstühle an vier Punkten gesichert. Der Fahrgast selbst ist mit einem normalen Sicherheitsgurt gesichert. Für die Fahrgäste, die keinen Sitzplatz belegen, sind entsprechende Halteschlaufen oder durchgehende Haltestangen in Griffhöhe vorhanden.

Platz für den Rollstuhl mit Sicherheitsgurt.

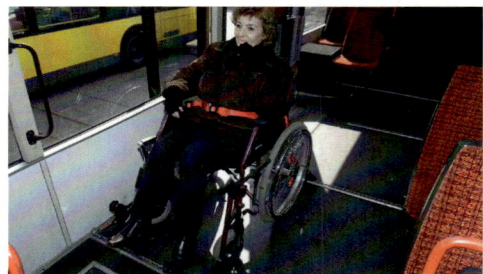

Im Bus gesicherter Rollstuhl an vier Sicherungspunkten.

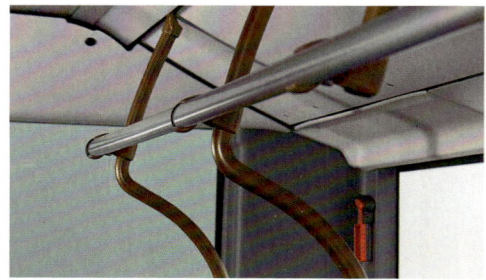

Durchgehende Haltestangen in Griffhöhe

LADUNGSSICHERUNG IM PERSONENVERKEHR

Koffer und andere Gegenstände werden in Linienbussen eher selten befördert. Hier ist die Sorgfaltspflicht des Fahrgastes (nach § 15 der BOKraft) gefordert, der die Sachen so unterzubringen und zu beaufsichtigen hat, dass die Sicherheit und Ordnung des Betriebes durch sie nicht gefährdet und andere Fahrgäste nicht belästigt werden können.

Diese Vorschrift gilt natürlich auch im Reisebus. Dieser verfügt jedoch über einen Gepäckraum, der alle großen Gepäckstücke aufnimmt. Im Fahrgastraum muss deshalb nur Handgepäck verschiedener Art sicher untergebracht werden.

Insbesondere dürfen die Einstiege und der Gang nicht verstellt werden. Aber auch Handgepäck und andere Dinge wie z. B. Getränkeflaschen können bei unsachgemäßer Unterbringung zu gefährlichen Geschossen werden, wenn Sie plötzlich stark bremsen müssen. Durchgänge sowie Ein- und Ausstiege sind freizuhalten.

Reisetaschen oder andere Gepäckstücke gehören in den Stauraum oder sind auf dem Sitz zu sichern

Durchgänge sowie Ein- und Ausstiege sind freizuhalten

LADUNGSSICHERUNG IM PERSONENVERKEHR

Bei Reisebussen mit offener Gepäckablage ist Ihre Sorgfalt besonders gefragt. Getränkeflaschen können bei Kurvenfahrt herab fallen und Fahrgäste verletzen oder die Einrichtung beschädigen. Fahren Sie einen Bus mit Gepäckklappen, so achten Sie bitte unbedingt darauf, dass diese während der Fahrt geschlossen sind.

Offene Handgepäckablage.

Handgepäckablage mit Klappen.

Diese Art von Handgepäck gehört nicht in die Gepäckablage, sondern in den Stauraum.

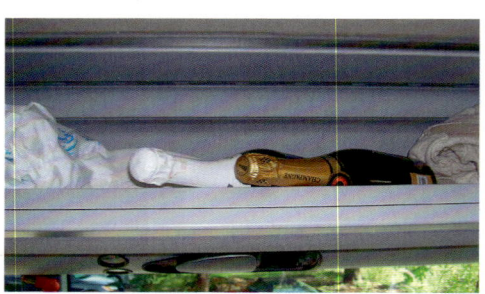

Bei plötzlichen Ausweichmanövern können diese Flaschen sehr schnell herausfallen und Fahrgäste verletzen.

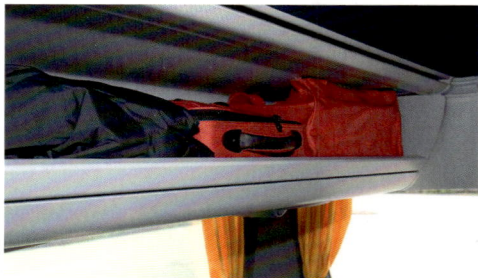

So ist das Gepäck richtig verstaut.

LADUNGSSICHERUNG IM PERSONENVERKEHR

Das Dach der Toilette eignet sich sehr gut als Abstellfläche für Allerlei. Leider wird diese glatte Fläche im Notfall auch schnell zur günstigen Abschussrampe für kleinere „Geschosse", die Fahrgäste verletzen können. Hier dürfen während der Fahrt keine losen Gegenstände abgestellt werden.

Diese kleinen Flaschen mit einem Gewicht von nur 115 Gramm können im Falle einer Gefahrenbremsung zu Verletzungen der Fahrgäste führen.

Die noch von der Verpackungsfolie umschlossenen Flaschen haben eine Masse von ca. 8 kg. Eine Gefahrbremsung kann zu erheblichen Verletzungen der Fahrgäste führen.

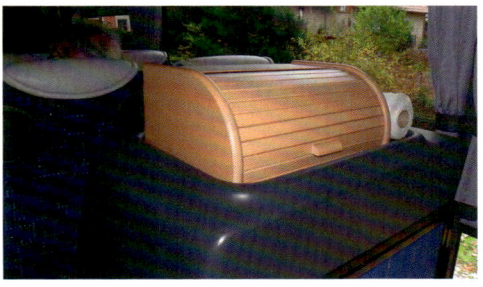

Gut gemacht, wenn das Behältnis sachgerecht befestigt ist.

Das Abstellen von Sachen im Fahrerraum kann leicht zum Schaden führen, wenn beim plötzlichen Bremsen Flaschen oder andere Gegenstände in den Pedalraum gelangen. So kann z. B. beim nächsten Tritt aufs Bremspedal der Pedalweg blockiert sein. Ebenso dürfen die Verstellmöglichkeiten Ihres Sitzes nicht beeinträchtigt werden.

LADUNGSSICHERUNG IM PERSONENVERKEHR

5.7.2 Stauräume

Der Stauraum in Reisebussen ist „ladungssicherungsfreundlich" gestaltet. Drei bis fünf Stauräume mit eigenen Zugängen und in Fahrtrichtung durch Streben unterteilt sind gute Voraussetzungen für eine formschlüssige Ladungssicherung. Reisebusse neuerer Baujahre haben sogar noch eine zusätzliche Teilung der Stauräume, die gewährleistet, dass Gepäckstücke nicht übereinander verstaut werden müssen. Dadurch verringert sich die Gefahr der Beschädigung anderer Gepäckstücke. Sind nur Koffer und Reisetaschen zu verstauen, gibt es kaum Probleme mit der Ladungssicherung. Auf Wunsch des Käufers werden auch Lochschienensysteme in den Stauräumen angebracht, um spezielle Gegenstände fachgerecht sichern zu können.

In den Stauraum eingebaute Lochschiene zum Verzurren mit Zurrgurten oder Zurrnetzen.

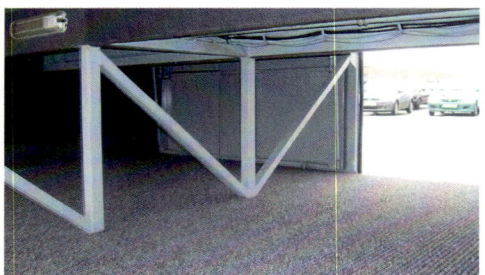

Die Streben, die der Karosserie Festigkeit geben, teilen den Gesamtraum in einzelne Stauräume.

Zwischenböden bieten eine zusätzliche Unterteilung.

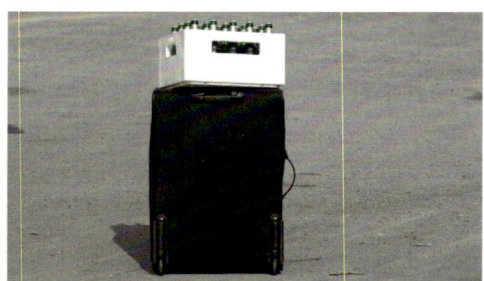

Ein aufrecht stehender Koffer mit Auszugsstange ist in dieser Lage sehr stabil.

Derselbe Koffer, auf der Schmalseite liegend, kann leichter beschädigt werden.

LADUNGSSICHERUNG IM PERSONENVERKEHR

Hier verladen Sie die Koffer am besten so, dass sie möglichst wenig Grundfläche einnehmen, aber die Höhe des Stauraumes gut ausnutzen. Das ist bei Koffern mit Rollen und Zugstange doppelt günstig. Sie belegen wenig Fläche und sind durch die Zugstangenführung besonders stabil. Auf diese hochstehenden Koffer können risikolos Reisetaschen gelegt werden. Legen Sie die Koffer möglichst nicht auf die Breitseite. Hier ist so gut wie keine Stabilität vorhanden. Darüber liegende schwere Koffer können den Textilbezug an den Kanten einreißen oder auch Versteifungen beschädigen.

Diese Koffer eignen sich besonders, aufrecht stehend und mit der Breitseite in Fahrtrichtung verladen zu werden. Dadurch wird Platz für eine weitere hintere Reihe im Stauraum geschaffen.

Koffer mit Rollen und Zugstangen sind besonders stabil, wenn sie aufrecht stehen. Der Koffer in der Mitte ohne Rollen und Zugstange wird durch die Koffer daneben stabilisiert.

In diesem Beispiel ist zwar die Ladung formschlüssig gestaut, aber vier Koffer/Reisetaschen übereinander gepackt auf der Breitseite können leicht zu Beschädigungen führen. Bei Hartschalenkoffern besteht diese Gefahr eher nicht.

LADUNGSSICHERUNG IM PERSONENVERKEHR

Die Koffer 2, 3, 5 und 9 würden besser aufrecht, stehend in der zweiten Reihe untergebracht werden. Die Koffer 1, 4, 6 und 8 (sie sind niedriger) dafür in der ersten Reihe. Es entsteht Platz für einen weiteren aufrecht stehenden Koffer und weiterer Platz für Reisetaschen oder kleinere Trolleys auf den Koffern in der ersten und zweiten Reihe.

Die formschlüssige Stauung ist in Ordnung. Bezüglich der Stabilität der Koffer wurde hier aber ungünstig mit bis zu drei Koffern übereinander gepackt. Achten Sie darauf, dass die Koffer geschlossen sind.

In einem Stauraum können Sie durchschnittlich 15 Koffer/Reisetaschen unterbringen. Seniorenreisen sind in den letzten Jahren immer mehr zu einer festen Größe bei den Reiseveranstaltern geworden. Da bleibt es nicht aus, dass auch Rollstühle und Rollatoren häufig mitgeführt werden. Auch diese müssen Sie sorgfältig sichern. Achten Sie hierbei besonders darauf, dass durch Metallgriffe, Räder oder gefährliche Ecken und Kanten, Koffer mit Textilbezügen nicht beschädigt werden können. Die Rollstühle können Sie zusammenklappen und mit einem Zurrgurt an den Zwischenstreben der einzelnen Stauräume sichern. Auch Rollatoren und Kinderwagen können klappbar sein.

Hier sind Beschädigungen vorprogrammiert.

LADUNGSSICHERUNG IM PERSONENVERKEHR

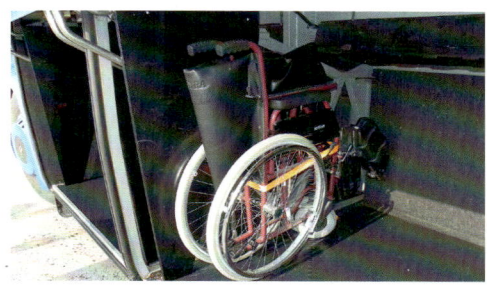

Sicherung eines Rollstuhls mit einem Zurrgurt um die Streben und um einen Koffer auf der Gegenseite.

Musikinstrumente von Musikkapellen, Orchestern oder Spielmannszügen müssen besonders gut verpackt und gesichert werden. Denn sie sind besonders empfindlich und können leicht durch Herumfliegen, falsche Ladungssicherung oder andere Gepäckstücke beschädigt werden.

Zu den 44 aktiven Musikanten kommen noch Betreuer hinzu, sodass Ihr Omnibus mit 50 Plätzen ausgebucht ist. Geht die Fahrt in ein Trainingslager, kommen zu den Musikinstrumenten noch 50 Koffer/ Reisetaschen und allerhand „Handgepäck" hinzu. Hier sind Ihre Fähigkeiten zum sicheren Verstauen gefordert. Hier bietet sich die Nutzung eines Anhängers geradezu an.

Ein Musikverein, der in ein mehrtägiges Trainingslager fährt, stellt Sie bei der Verladung und Sicherung der Koffer und Musikinstrumente vor schwierige Aufgaben.

LADUNGSSICHERUNG IM PERSONENVERKEHR

5.7.3 Fahrradtransport

Wenn Sie einen Anhänger benutzen, der als „Fahrradanhänger" konzipiert ist, müssen Sie darauf achten, dass
- die zur Sicherung der Fahrräder vorhandenen Sicherungsmittel funktionstüchtig und nicht beschädigt sind und die Sicherung des Fahrrades selbst vorschriftsmäßig erfolgte,
- die Fahrradaufnahmegestelle einzeln am Fahrzeugboden gesichert sind,
- die Aufnahmegestelle nach deren Verladung und Einzelsicherung nach hinten abgesichert wurden und
- die abklappbare Rückwand, die als Rampe dient, sich nach dem Schließen nicht selbständig öffnen kann.

Beim An- und Abhängen des Anhängers sind die entsprechenden Vorschriften zu beachten. Verladen Sie nicht mehr Fahrräder als dafür Aufnahmevorrichtungen vorhanden sind. Bei der Nutzung eines einfachen Lastenanhängers ohne spezielle Befestigungspunkte zum Transport von Fahrrädern können die Fahrräder durch Eigenbewegungen gegeneinander schnell beschädigt werden.

Auf dem Aufnahmegestell gesicherte Fahrräder

Sicherung der Aufnahmegestelle auf dem Anhängerboden

Verladene Aufnahmegestelle, gesichert am Boden und an der Seite.

LADUNGSSICHERUNG IM PERSONENVERKEHR

5.7.4 Gepäckanhänger

Bei der Sicherung von Reisegepäck und anderen Gegenständen in einem Anhänger mit Plane oder Kofferaufbau ist der Formschluss die günstigste Art der Ladungssicherung. Der Anhänger mit Kofferaufbau bietet bei voller Ausnutzung des Volumens durch seine Konstruktion genügend Sicherheit. Benutzen Sie einen Anhänger mit Plane, so gibt es dort in der Regel mindestens vier Zurrösen mit einer zulässigen Belastung von 400 daN, was in Verbindung mit einem Zurrgurt aus Polyester zum Niederzurren völlig ausreichend ist.

1. Zurrpunktbezeichnung am Anhänger

2. Fahren Sie nie ohne richtig eingesetzten Sicherungssplint!

3. Hinweis zur Stützlast, die beim Gesamtgewicht des Zugfahrzeugs mit eingerechnet werden muss und nicht unter- bzw. überschritten werden darf.

4. Zurröse belastbar mit 400 daN und vorschriftsmäßigem Zurrgurt mit Etikett. Verwenden Sie keine Zurrgurte ohne Etikett.

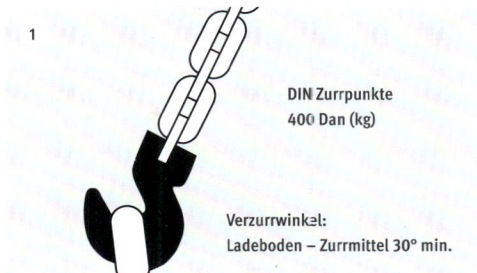

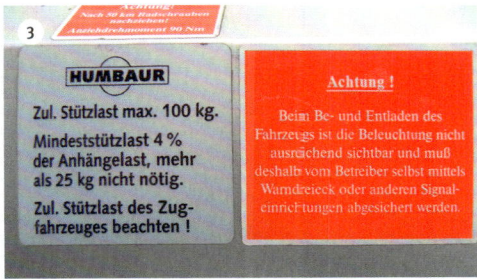

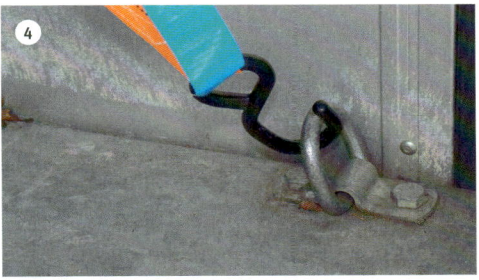

LADUNGSSICHERUNG IM PERSONENVERKEHR

5.7.5 Skikoffer

Skikoffer können im Allgemeinen bis zu 600 kg zulässige Gesamtmasse und ein Stauvolumen je nach Modell zwischen 2,4 m³ und 3,2 m³ haben. Das ist ausreichend um auf ca. 11 Ebenen bis zu 55 Paar Ski/Snowboards aufnehmen zu können. Es gibt auch Skikoffer, die aus einer reinen Aluminiumkonstruktion bestehen, und mit ca. 100 kg Leermasse auskommen. Mit ca. 2,5 m³ Fassungsvermögen können auch hier bis zu 50 Paar Ski transportiert werden. Die Ski sind mit den vorgesehenen Sicherungsmitteln zu befestigen. Bei einigen Modellen ist ein Sicherheitsnetz vorhanden, das mit Karabinern befestigt wird und so ein Herausrutschen des Ladegutes verhindert. Für die Aufnahme anderer Ladungsteile wie Koffer oder Taschen muss jedoch der Skikoffer dazu hergerichtet werden. Achten Sie deshalb auch hierbei darauf, dass die einzelnen Gepäckstücke nicht beschädigt werden können. Der Skikoffer ist Ladung und muss als solche entsprechend gesichert werden. Dies geschieht meist mit einer Vierpunktaufnahme an der Rückwand. Diese Aufnahme gewährleistet eine formschlüssige Befestigung am Bus. In Ihrer Verantwortlichkeit liegt es dabei, die sachgerechte Befestigung und die Sicherung der Aufnahmebolzen zu kontrollieren.

Der Skikoffer muss an den Ankerpunkten mit einem Splint oder anderen Sicherungselementen gesichert sein.

Skikoffer mit einem Leergewicht von 240 kg. Mit speziellen Adaptern kann der Skikoffer an verschiedenen Busmodellen befestigt werden.

SCHLAGWORTVERZEICHNIS

Abbiegen	31, 45, 54
Abbremsen	8, 100
Achslasten	72, 77
Aktive Sicherheit	7
Anhängelast	81
Arten der Ladungssicherung	68
Befahren von Tunneln	46
Behinderte	38, 39, 41
Bewegungsenergie	65
Bordinformationen	19
Bremsen	7, 8, 39, 42, 49, 53, 66, 67, 69, 83
Ein- und Ausstiege	28, 40, 58, 83, 95, 98
Fahrgastraum	7, 40, 62, 71, 82, 83
Fahrgeschwindigkeit	9, 42, 44
Fahrradtransport	90
Fahrzeug	8, 10, 15, 17, 18, 21, 25, 29, 32, 34, 37, 39, 41, 49, 50, 51, 52, 55, 57, 58, 71, 72, 73, 75, 78, 81
Fliehkraft	64
Formschlüssige Ladungssicherung	68
Gefühlte Sicherheit	15
Gepäckanhänger	78, 91
Gesamtgewicht	78, 91
Gesamtmasse	49, 71, 72, 76, 77, 78, 79, 92
Gewichtskraft	64, 66, 70
Gleitreibung	66
Haftreibung	43, 66
Haltestelle	29, 34, 35, 37, 38, 39, 40, 47, 54, 95, 98
Kraftschlüssige Ladungssicherung	70
Kreisverkehr	36
Kurven	8, 44, 48, 53, 71
Lastverteilung	72
Masse	42, 63, 64, 65, 85
Massenkraft	63
Ordnungswidrigkeitengesetz	59
Parken	36
Passive Sicherheit	12
Physikalische Grundlagen	63
Rechtliche Grundlagen	57
Reibung	66
Rollstuhlfahrer	35, 39
Schüler	40, 55
Sicherheitstraining	22
Sicht	11, 28, 29, 57
Skikoffer	74, 75, 76, 92
Sonderfahrstreifen	36
Spiegel	28, 29, 34, 45, 48
Stauräume	66, 68, 86, 88
Strafgesetzbuch	58, 59
Überhänge	44, 45
Überwachung	18, 28, 62
Wägung	76, 78, 79
Wenden	31, 54, 55

BAND 5

Frank Erhardt

SOZIALVORSCHRIFTEN

Bildnachweis –
wir danken folgenden Firmen und Institutionen für ihre Unterstützung:

ACTIA Group
Bundesamt für Güterverkehr (BAG)
Deutsches Rotes Kreuz
EFKON AG
Fahrschule Schölermann
Gehle Fahrschule und Omnibustouristik
GLS
Kötter Security
Lufthansa AG
MAN Nutzfahrzeuge AG
Peter Rohse, Mercedes Benz, Niederlassung Bremen
Scania
Stoneridge
VDO Continental Automotive GmbH
Verkehrsbetriebe Hannover (ÜSTRA)

Autor: Dirk Wegner
Co-Autor: Dieter Quentin
Lektorat und Beratung: Rolf Kroth, Egon Matthias
Ilustrationen: Sandra Patzenhauer

SOZIALVORSCHRIFTEN

Inhalt

Sowohl Bus- als auch Speditionsunternehmen stehen häufig unter starkem Wettbewerbsdruck. Das kann dazu führen, dass dieser Druck auf die Berufskraftfahrer übertragen wird. Zu lange Arbeitszeiten und zu wenig Erholung können die Folge sein.

Die Sozialvorschriften verfolgen das Ziel, die Wettbewerbsbedingungen für das Straßenverkehrsgewerbe anzugleichen und die Sicherheit im Straßenverkehr zu erhöhen. Sie schützen die Fahrer vor Übermüdung, indem sie die Arbeitsbedingungen der Berufskraftfahrer regeln. Das Buch behandelt ausführlich die Kontrollgeräte und beinhaltet weitere Vorschriften rund um das Sozialrecht.

Des Weiteren beinhaltet das Buch die wichtigsten Regelungen des Berufskraftfahrer-Qualifikations-Gesetzes und klärt den Berufskraftfahrer über seine Rechte und Pflichten in der Grundqualifikation und Weiterbildung auf.

Der Autor

Frank Erhardt, Jahrgang 1970

Polizeihauptkommissar in Bremen und Diplom-Verwaltungswirt (FH). Im Rahmen seiner langjährigen Funktionswahrnehmung als Sachbearbeiter, Teamleiter und Ausbilder bei der Verkehrsbereitschaft Bremen hat er sein umfassendes Fachwissen kontinuierlich erweitert. Seit März 2020 ist er als stellvertretender Leiter des Präventionszentrums der Polizei Bremen unter anderem Hauptverantwortlicher für die Verkehrsunfallprävention im gesamten Bremer Stadtbereich. Neben seinem Beruf als Polizeibeamter ist er seit 2008 als freier Dozent für unterschiedliche Institutionen, u.a. mit Lehrauftrag an der Hochschule für Öffentliche Verwaltung Bremen, tätig. Seine Schwerpunkte in der Aus- und Weiterbildung im Rahmen von Berufskraftfahrerqualifizierungen liegen insbesondere in den Themenbereichen Sozialvorschriften, Ladungssicherung und Güterkraftverkehrsrecht.

Legende

» **PARAGRAPH**
Originaltext aus dem Gesetz

» **FRAGE**
Fragen aus der Praxis

» **INFO**
Merksätze

» **PRAXISTIPP/PRAXISWISSEN**
Tipps aus der Praxis

» **BUCH**
Verweise auf weitere Lektüre/Nachschlagemöglichkeiten

» **ARBEITSBLATT**
Zur Wiederholung und Vertiefung von gelernten Inhalten

INHALTSVERZEICHNIS

Sozialvorschriften

1.1	Einleitung	7
1.2	Lenkzeiten	11
1.3	Maximale Lenkzeit bis zur ersten Fahrtunterbrechung	11
1.4	Tägliche Lenkzeit	12
1.5	Wöchentliche Lenkzeit	13
1.6	Bereitschaftszeit	13
1.6.1	Parkplatzsuche	15
1.7	Ruhezeit	15
1.7.1	Ruhezeit	15
1.7.2	Wöchentliche Ruhezeit	16
1.8	Übernahme eines Fahrzeugs, das nicht an der Betriebsstätte steht	19
1.9	Mehrfahrerbetrieb	19
1.10	Anordnung der Unterbrechung Ihrer Fahrtunterbrechung/Ruhezeit	21
1.11	Transport auf der Fähre oder Eisenbahn	21
1.12	Untersagung der Weiterfahrt	23
1.13	Notstandsklausel	23
1.14	Ausnahmen	24
1.14.1	EU-weite Ausnahmen	24
1.14.2	Nationale Ausnahmen	25

Kontrollgeräte im Straßenverkehr

2.1	Einleitung	28
2.2	Einbaupflicht eines Fahrtschreibers in Deutschland gemäß § 57 a StVZO	29
2.3	Analoge Fahrtenschreiber mit Schaublatt (Tachograph)	30
2.3.1	Kompakttachographen	30
2.3.2	Flachtachograph	32
2.3.3	Modularer Fahrtenschreiber	33
2.4	Schaublätter	34
2.4.1	Was wird auf dem Schaublatt aufgezeichnet?	36
2.4.2	Mehrfahrerbetrieb	38
2.4.3	Pflichten des Fahrers bei der Verwendung von EU-Fahrtschreiber mit Schaublättern	39
2.4.4	Pflichten des Fahrers bei der Verwendung von Fahrtschreibern (nationale Vorschrift)	40
2.4.5	Rückseite des Schaublatts	40
2.4.6	Fahrzeugwechsel	41
2.4.7	Weitere handschriftliche Aufzeichnungen auf der Schaublattrückseite	41
2.4.8	Mitführpflicht	42
2.4.9	Bescheinigung über berücksichtigungsfreie Tage	43
2.4.10	Aufbewahrungspflicht für den Unternehmer	45
2.5	Digitaler Fahrtenschreiber	45
2.5.1	Kurzbeschreibung	46
2.5.2	UTC-Zeit	45
2.5.3	Zugelassene digitale Fahrtenschreiber im Überblick	48
2.5.4	Digitale Fahrtenschreiber der neueren Generation	49
2.6	Fahrtenschreiberkarten	52
2.6.1	Fahrerkarte	53
2.6.3	Werkstattkarte	60
2.6.4	Kontrollkarte	61
2.6.5	Erneuerung einer Fahrtschreiberkarte wegen Beschädigung, Fehlfunktion, Verlust oder Diebstahl	62
2.6.6	Folgekarte	62
2.7	Prüfung der Fahrtschreiber und Fahrtenschreiber gemäß § 57 b StVZO	63

INHALTSVERZEICHNIS

2.8	Plomben und Einbauschilder	64
2.9	Ausdrucke	65
2.9.1	„Tagesausdruck Aktivitäten des Fahrers"	65
2.9.2	„Ausdrucke der Ereignisse/Störungen von der Fahrerkarte"	65
2.9.3	„Ausdruck der Fahraktivitäten vom Fahrzeug" (Tageswert)	66
2.9.4	„Ausdruck der Ereignisse/Störungen vom Fahrzeug"	66
2.9.5	„Ausdruck der Geschwindigkeitsüberschreitungen"	66
2.9.6	Ausdruck der technischen Daten	67
2.9.7	Aufbau der Ausdrucke	67

Arbeitszeit – 2002/15/EG – ArbZG

3.1	Einleitung	71
3.2	Kurzübersicht über die Arbeitszeiten	72
3.3	Weitere Pflichten des Unternehmers	73
3.4	Bußgeld- und Strafvorschriften (Kurzübersicht)	73

Kontrollrichtlinie

4.	Kontrollrichtlinie	74

Sonntagsfahrverbot

5.	Sonntagsfahrverbot	75

Ferienreiseverordnung

6.	Ferienreiseverordnung	79

Rechte und Pflichten des Berufskraftfahrers im Bereich der Grundqualifikation und Weiterbildung

7.1	Einleitung	80
7.2	Grundqualifikation	80
7.3	Umsteiger	82
7.4	Befähigungsnachweis	82

Schlagwortverzeichnis ... 83

SOZIALVORSCHRIFTEN

1. Sozialvorschriften

1.1 Einleitung

Mit dem Ziel, den europaweiten Wettbewerb im Straßenverkehr einander anzugleichen und vor allem die Arbeitsbedingungen des beruflichen Fahrpersonals festzulegen, wurde bereits 1969 das erste europäische Regelwerk zu den Sozialvorschriften veröffentlicht. Im Laufe der Zeit machten der technische Fortschritt und die unterschiedlichen Auslegungen eine mehrmalige Erweiterung und Überarbeitung des ursprünglichen Werks erforderlich.

Ziele der Vorschriften
- Erhöhung der Sicherheit im Straßenverkehr durch Senkung der Unfallzahlen
- Verbesserung der Arbeitsbedingungen des Fahrpersonals durch Regelung der Lenkzeiten und Pausen
- Harmonisierung der Wettbewerbsbedingungen

Diese Zielsetzung, wird u. a. im Art. 10 Abs. 1 der VO (EG) Nr. 561/2006 deutlich. Neben den Personenschäden mit ihrem damit verbundenem Leid entstehen durch Verkehrsunfälle auch hohe volkswirtschaftliche Schäden, Sachschäden, Sperrungen und Rückstaus.

Die letzte Änderung erfolgte durch die Verordnung (EG) Nr. 561/2006, die im April 2007 die Vorschrift VO (EWG) Nr. 3820/85 abgelöst hat sowie die VO (EU) Nr. 165/2014, die die VO (EWG) 3821/85 ab März 2015 sukzessive ersetzt hat. Seit 21.8.2020 tritt die Änderungsverordnung VO (EU) 1054/2020 – als Teil des sogenannten Mobilitätspakets I der EU – sukzessive in Kraft. Durch sie werden beide Vorschriften den Anforderungen angepasst.

Auch der deutsche Gesetzgeber hat diese EU-Regelung nahezu wörtlich im Fahrpersonalgesetz übernommen. Ziele dieser Vorschriften sind die Erhöhung der Verkehrssicherheit und die zeitliche Reglementierung der Arbeitsbelastung für alle gewerblichen Fahrer. Sie dürfen nicht dafür „belohnt" werden, wenn sie länger als ihre „gesetzestreuen" Kollegen fahren bzw. arbeiten.

> **» INFO**
>
> Verkehrsunternehmen dürfen nach Art. 10 Abs. 1 der VO (EG) Nr. 561/2006 angestellten oder ihnen zur Verfügung gestellten Fahrern keine Zahlungen in Abhängigkeit von der zurückgelegten Strecke, der Schnelligkeit der Auslieferung oder der Menge der beförderten Güter leisten, auch nicht in Form von Prämien und/oder Lohnzuschlägen, falls diese Zahlungen geeignet sind, die Sicherheit im Straßenverkehr zu gefährden und/oder zu Verstößen gegen diese Verordnung ermutigen.

**§ 3 Satz des 1 FPersG
Verbot bestimmter Akkordlöhne**

Prämien und Zuschläge

Mitglieder des Fahrpersonals dürfen als Arbeitnehmer nicht nach den zurückgelegten Fahrstrecken oder der Menge der beförderten Güter entlohnt werden, auch nicht in Form von Prämien oder Zuschlägen für diese Fahrstrecken oder Gütermengen.

SOZIALVORSCHRIFTEN

Artikel 10 der VO (EG) Nr. 561/2006 und § 20 a FPersV verpflichten die Verkehrsunternehmen, die Arbeit für Sie so einzuteilen, dass Sie die Sozialvorschriften einhalten können. Außerdem wird hier festgelegt, dass Sie ordnungsgemäß anzuweisen sind und die Einhaltung Ihrer Lenk- und Ruhezeiten regelmäßig zu überprüfen ist. Das Unternehmen haftet auch für Verstöße von Fahrern, wenn diese in einem anderen Mitgliedstaat der EU oder in einem Drittstaat begangen wurden.
Die VO (EG) Nr. 561/2006 regelt u. a. die zulässigen Lenkzeiten, die Fahrtunterbrechungen sowie die Ruhezeiten. Sie gilt verbindlich in allen Mitgliedstaaten der EU und steht über dem nationalen Recht.
Die VO (EU) Nr. 165/2014 und VO (EG) Nr. 561/2006 gelten bei Beförderungen im Straßenverkehr
– innerhalb einzelner Mitgliedstaaten der EU oder der EWR-Vertragsstaaten und
– im grenzüberschreitenden Verkehr zwischen den EU- oder EWR-Staaten.

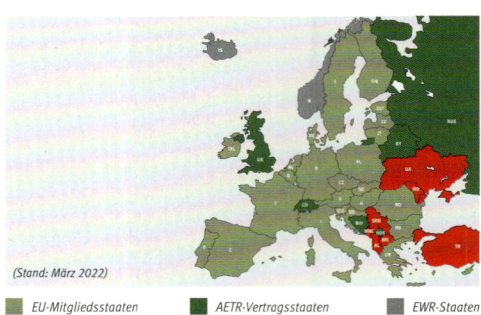

(Stand: März 2022)

■ EU-Mitgliedsstaaten ■ AETR-Vertragsstaaten ■ EWR-Staaten
■ Staaten mit Antrag auf EU-Mitgliedschaft

Neben den Sozialvorschriften existiert seit 1970 das „Europäische Übereinkommen über die Arbeit des im internationalen Straßenverkehr beschäftigten Fahrpersonals" (AETR). Das AETR findet Anwendung bei Transporten im grenzüberschreitenden Verkehr (Transit) in, durch und zwischen
– den AETR-Vertragsstaaten und
– EU-Staaten und AETR-Vertragsstaaten
auf der gesamten Fahrtstrecke.

Dem AETR-Vertrag sind folgende Länder angeschlossen:
– alle EU-Staaten,
– die EWR-Staaten Norwegen, Liechtenstein, Island,
– weitere Staaten wie Albanien, Andorra, Armenien, Aserbaidschan, Bosnien-Herzegowina, Kasachstan, Mazedonien, Moldawien, Monaco, Montenegro, Russische Föderation, San Marino, Schweiz, Serbien, Türkei, Turkmenistan, Ukraine, Usbekistan, Weißrussland

Sowohl die Sozialvorschriften als auch das AETR-Recht gelten
– für Fahrzeuge zur Güterbeförderung, deren zulässige Gesamtmasse einschließlich Anhänger oder Sattelanhänger 3,5 t übersteigt oder
– für Fahrzeuge zur Personenbeförderung, die für mehr als neun Sitzplätze (einschließlich Fahrer) konstruiert oder dauerhaft angepasst und zu diesem Zweck bestimmt sind und für diesen Transport keine Ausnahmen zur Anwendung kommen.

Ab 01. Juli 2026 unterliegen bereits Fahrzeuge mit einer zGM über 2,5 t der Nachweispflicht, sofern sie im grenzüberschreitenden Gütertransport oder im Kabotageverkehr eingesetzt werden.

» **INFO**

Die russische Annexion der Krim im Jahr 2014 wurde von der EU, den USA und den Vereinten Nationen nicht anerkannt. Die Krim wird de facto aber vollständig von Russland kontrolliert.

» **INFO**

„Am 30.12.2020 wurde das Handels- und Kooperationsabkommen zwischen der EU und dem Vereinigten Königreich beschlossen, das am 01.05.2021 endgültig in Kraft getreten ist.

In dem Abkommen (Anhang ROAD-1, Teil B, Abschnitte 2 - 4) werden u.a. gemeinsame Regelungen zu Lenk- und Ruhezeiten, Pausen sowie zur Benutzung von Fahrtenschreibern festgelegt. Die Vorschriften entsprechen in weiten Teilen den Regelungen der EU inklusive den Neuregelungen aus dem Mobilitätspaket I."

» **INFO**

Im Juni 2010 wurden die Regelungen des AETR 1:1 an das EU-Recht angeglichen.
Eine Anpassung an die neuen Regelungen des EU-Mobilitätspakets I ist jedoch noch nicht erfolgt. Das bedeutet, dass bei Fahrten in, durch oder zwischen AETR-Staaten bis auf Weiteres die alten Regelungen anzuwenden sind.

SOZIALVORSCHRIFTEN

Zu den **internationalen Sozialvorschriften** gehören:
- VO (EG) Nr. 561/2006 zur Harmonisierung bestimmter Sozialvorschriften im Straßenverkehr
- VO (EU) Nr. 165/2014 über den Fahrtenschreiber im Straßenverkehr
- europäische Übereinkommen über die Arbeit des im internationalen Straßenverkehr beschäftigten Fahrpersonals (AETR)
- Richtlinie 2002/15/EG des Europäischen Parlaments zur Regelung der Arbeitszeit von Personen, die Fahrtätigkeiten im Bereich des Straßentransports ausüben

Die zGM dieser Fahrzeugkombination beträgt über 3,5 t.

Somit gelten die Sozialvorschriften inkl. der Ausrüstungspflicht mit einem Fahrtenschreiber.

SOZIALVORSCHRIFTEN

Die VO (EG) Nr. 561/2006 erlaubt den Mitgliedstaaten, nationale Vorschriften als Ergänzung zu erlassen. Gemeint ist damit z. B. das Festlegen von längeren Fahrtunterbrechungen und Ruhezeiten oder kürzeren Höchstlenkzeiten. Nationale Ausnahmen sind mit Hilfe eines vorgegebenen europaweiten Kataloges möglich.
In Deutschland wurde mit dem Fahrpersonalgesetz (FPersG) eine Grundlage für weitere Rechtsverordnungen geschaffen, wie etwa die Fahrpersonalverordnung (FPersV).

Gemäß § 1 (1) FPersV gelten bei deutschen Fahrzeugen die Sozialvorschriften auch für:
- Fahrzeuge zur Güterbeförderung, deren zulässige Gesamtmasse einschließlich Anhänger oder Sattelanhänger mehr als 2,8 t und nicht mehr als 3,5 t beträgt und
- Fahrzeuge zur Personenbeförderung mit mehr als neun Sitzplätzen (einschließlich Fahrer) im Linienverkehr bis zu 50 km.

Zu den **nationalen Sozialvorschriften** gehören:
- das Gesetz über das Fahrpersonal von Kraftfahrzeugen und Straßenbahnen (Fahrpersonalgesetz – FPersG)
- die Verordnung zur Durchführung des Fahrpersonalgesetzes (Fahrpersonalverordnung – FPersV)
- das Arbeitszeitgesetz (ArbZG)

Somit werden zwei EU-weite Ausnahmen durch nationales Recht eingeschränkt. Sind diese Fahrzeuge mit Kontrollgeräten ausgerüstet, müssen diese auch den Vorschriften entsprechend betrieben werden. Sind diese Fahrzeuge nicht mit einem Kontrollgerät ausgerüstet, müssen Sie Ihre täglichen Aufzeichnungen über Lenkzeiten, alle sonstigen Arbeitszeiten, Fahrtunterbrechungen und Ruhezeiten handschriftlich vornehmen.

Der Unternehmer ist verpflichtet, Ihnen entsprechende Vordrucke dafür auszuhändigen. Sie müssen jedes Blatt der Aufzeichnungen mit
- Name und Vorname,
- Datum,
- den amtlichen Kennzeichen der benutzten Fahrzeuge,
- dem Ort des Fahrtbeginns und des Fahrtendes
- sowie den Kilometerständen der benutzten Fahrzeuge bei Fahrtbeginn und Fahrtende versehen.

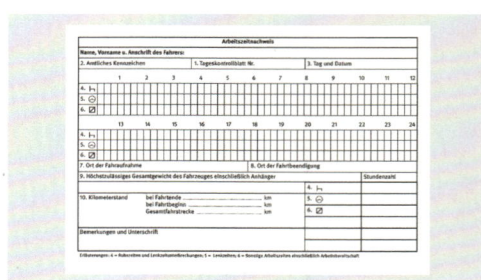

Mustervordruck für handschriftliche Aufzeichnungen

SYMBOLE DER VERSCHIEDNENEN ZEITGRUPPEN	
☉	Lenkzeiten (beim digitalen Fahrtenschreiber)
✕	Andere Arbeiten, die zur Arbeitszeit zählen (wie Be- und Entladetätigkeiten)
☐	Bereitschaftszeit
⊢	Arbeitsunterbrechungen (Pausen), Ruhezeiten, Erholungsurlaub und Krankheit.

SOZIALVORSCHRIFTEN

1.2 Lenkzeiten

Als Lenkzeit wird die Dauer der Fahrtätigkeit bezeichnet. Sie umfasst auch kürzeres verkehrsbedingtes Warten wie vor einer roten Ampel, vor einer geschlossenen Bahnschranke, im Stop-and-go-Verkehr oder im Verkehrsstau. Längere, nicht verkehrsübliche Wartezeiten, bei denen Sie Ihren Platz am Lenkrad verlassen können, zählen nicht zur Lenkzeit. Als Faustregel gilt: Solange der Motor läuft, handelt es sich um Lenkzeit.

1.3 Maximale Lenkzeit bis zur ersten Fahrtunterbrechung

Die ununterbrochene Lenkzeit darf höchstens 4,5 Stunden betragen. Spätestens dann ist eine Fahrtunterbrechung von mindestens 45 Min. einzulegen, sofern Sie keine Ruhezeit beginnen. Als Fahrtunterbrechung zählt jeder Zeitraum, in dem Sie als Fahrer keine Fahrtätigkeit und keine anderen Arbeiten ausführen dürfen. Über diesen Zeitraum entscheiden Sie selbst und er dient ausschließlich Ihrer Erholung. Alternativ kann die Fahrtunterbrechung auch in zwei Abschnitten vorgenommen werden: Zuerst mindestens 15 Minuten und danach mindestens 30 Minuten. Die Reihenfolge der Fahrtunterbrechung ist zwingend vorgeschrieben.

Beispiel

Sie nehmen als erste Pause eine Fahrtunterbrechung von 35 Minuten. Dann müssen Sie trotzdem noch eine zweite Fahrtunterbrechung von mindestens 30 Minuten einlegen, denn diese zuerst eingelegten 35 Minuten werden nur als 15-minütige Pause gewertet. Beträgt die Fahrtunterbrechung insgesamt mindestens 45 Minuten, beginnt danach wieder ein neuer Fahrtabschnitt mit 4,5 Stunden möglicher Lenkzeit. Während der Fahrtunterbrechung dürfen Sie keine anderen Arbeiten wie Ladetätigkeiten oder Instandsetzungsarbeiten am Fahrzeug durchführen.

Folgende abweichende nationale Regelung gemäß § 1 Abs. 3 FPersV zur Fahrtunterbrechung gilt für die Fahrer von KOM im Linienverkehr bis zu 50 km.

1. Bei einem durchschnittlichen Haltestellenabstand von mehr als 3 km müssen die Fahrer nach 4,5 Stunden Lenkzeit
   – eine Pause von mindestens 30 Minuten oder
   – zwei Pausen von mindestens 20 Minuten oder
   – drei Pausen von mindestens 15 Minuten
   einlegen. Diese zwei bzw. drei Pausen müssen zumindest teilweise innerhalb der 4,5 Stunden Lenkzeit liegen.
2. Bei einem durchschn. Haltestellenabstand bis zu 3 km genügen
   – Arbeitsunterbrechungen nach dem Dienst-Fahrplan von mindestens 10 Minuten, wenn sie insgesamt 1/6 der vorgesehenen Lenkzeit betragen,
   – Arbeitsunterbrechungen laut Tarifvertrag von mindestens 8 Minuten, wenn ein Ausgleich vorgesehen ist.
   – Arbeitsunterbrechungen von mindestens 45 Minuten nach einer ununterbrochenen Lenkzeit von 4,5 Stunden.

» **INFO**

Diese Pause darf ausschließlich zur Erholung genutzt werden.

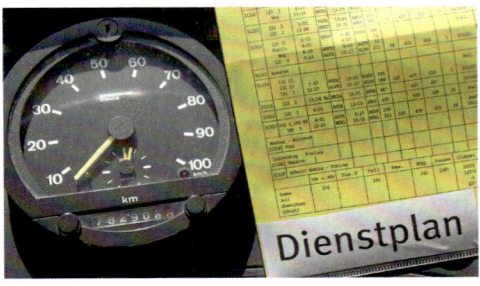

SOZIALVORSCHRIFTEN

1.4 Tägliche Lenkzeit

Die tägliche Lenkzeit ist die maximale Lenkzeit zwischen zwei ausreichenden Ruhezeiten. Ihre tägliche Lenkzeit darf neun Stunden nicht überschreiten, zweimal in der Woche darf sie auf zehn Stunden verlängert werden.
Als tägliche Lenkzeit wird die Gesamtlenkzeit zwischen zwei ausreichenden Ruhezeiten verstanden. Sie ist vom Wochentag unabhängig und kann sich unter Umständen bei nicht ausreichenden Ruhezeiten über mehrere Tage addiert erstrecken.

Beispiel
Nach einer Lenkzeit von insgesamt acht Stunden am Montag legen Sie nur eine achtstündige Ruhezeit ein. Am Dienstag fahren Sie sieben Stunden über den Tag verteilt und legen von Dienstag auf Mittwoch wieder nur eine achtstündige Ruhezeit ein. Erst am Mittwoch beginnen Sie nach einer weiteren achtstündigen Lenkzeit mit der elfstündigen Ruhezeit, die dann bis in den Donnerstag hineinreicht.
Da als tägliche Lenkzeit der Zeitraum zwischen zwei ausreichenden Ruhezeiten verstanden wird, sind die Lenkzeiten vom Montag, Dienstag und Mittwoch zu addieren: 8 Std. + 7 Std. + 8 Std. = 23 Std.

Bei einer Kontrolle wird Ihnen dann eine Gesamttageslenkzeit von 23 Stunden vorgeworfen. Somit ergibt sich eine Überschreitung der zulässigen täglichen Lenkzeit von 13 Stunden.
So ist es zu erklären, dass hin und wieder in den Medien davon berichtet wird, dass Lkw- oder Busfahrer mit einer täglichen Lenkzeit von 23, 24 oder mehr Stunden angetroffen wurden.

Folgende Kombination ist zweimal pro Woche möglich:

Diese Pausen sind auch in zwei Abschnitte teilbar: Zuerst 15 Minuten und danach 30 Minuten.

> » **INFO**
>
> Seit dem 21.8.2020 ist unter bestimmten Voraussetzungen eine Überschreitung der täglichen/wöchentlichen Lenkzeit um eine bzw. zwei Stunden zum Erreichen des Firmenstandortes oder Wohnortes erlaubt, um dort eine wöchentliche Ruhezeit einlegen zu können. Es handelt sich hier um eine Erweiterung der Notstandsklausel aus Art. 12 der VO (EG) 561/2006. Erläuterungen hierzu finden Sie auf Seite 23.

> » **INFO**
>
> Fahrtunterbrechungen, Ruhezeiten, Urlaub und krankheitsbedingte Abwesenheiten werden mit dem Bett-Symbol ⊢ erfasst.

SOZIALVORSCHRIFTEN

1.5 Wöchentliche Lenkzeit

Der Zeitraum zwischen Montag 00.00 Uhr und Sonntag 24.00 Uhr wird als Woche definiert. Aus der summierten Gesamtlenkzeit in dieser Zeit ergibt sich die wöchentliche Lenkzeit. Die wöchentliche Lenkzeit darf 56 Stunden nicht überschreiten. Die addierte Gesamtlenkzeit von zwei aufeinander folgenden Wochen darf 90 Stunden nicht überschreiten.

Maximale Lenkzeit in der Doppelwoche = 90 Stunden

Als Doppelwoche bezeichnet man die beiden direkt aufeinander folgenden Wochen. Es ist nicht möglich, in einem Monat die 1. und 2. und dann die 3. und 4. Woche als alleinige Doppelwoche zu bezeichnen. Bei der 2. und 3. Woche handelt es sich auch um eine Doppelwoche.

Beispiel

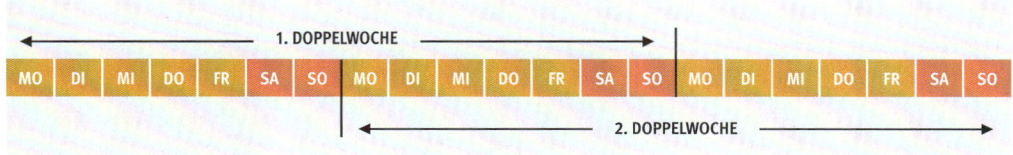

1.6 Bereitschaftszeit

Als Bereitschaftszeit zählen Zeiten, in denen Sie nicht verpflichtet sind, sich an Ihrem Bus oder Lkw aufzuhalten. Jedoch müssen Sie sich „bereithalten", um nach etwaigen Anweisungen Ihre Fahrtätigkeit bzw. andere Arbeiten aufzunehmen. Da Sie über diesen gesamten Zeitraum nicht alleine entscheiden können und er somit nicht Ihrer Erholung dienen kann, zählt dieser Zeitraum nicht als Pause oder Ruhezeit. Typische Beispiele für Bereitschaftszeiten sind die Begleitung Ihres Busses oder Lkw auf der Fähre oder einem Zug, die Wartezeit an einer Abfertigungsstelle wie beim Zoll oder an einer Grenze oder die Wartezeit infolge von Fahrverboten.

Ist Ihnen die voraussichtliche Dauer spätestens unmittelbar vor Beginn des betreffenden Zeitraums bekannt, wird diese Bereitschaftszeit gem. § 21 a Abs. 3 ArbZG für Sie nicht als Arbeitszeit gewertet. Außerdem zählt als Bereitschaftszeit für den zweiten Fahrer die Zeit, welche er während der Fahrt neben dem Fahrer oder in der Schlafkabine verbringt.

» **INFO**

Lt. Auskunft des Bundesministerium für Verkehr, Bau und Stadtentwicklung ist die „gesicherte" (z. B. durch ein Netz) Liegendbeförderung von Personen in einer Schlafkabine in Fahrzeugen des gewerblichen Güterkraftverkehrs zulässig.

» **INFO**

Diese im fahrenden Fahrzeug verbrachte Bereitschaftszeit kann nicht als Ruhezeit gelten, da das Fahrzeug nicht steht. Beträgt dieser Zeitraum aber mehr als 45 Minuten, wird diese als „Fahrtunterbrechung" für den zweiten Fahrer gewertet.

SOZIALVORSCHRIFTEN

Zeitgruppenschaltung

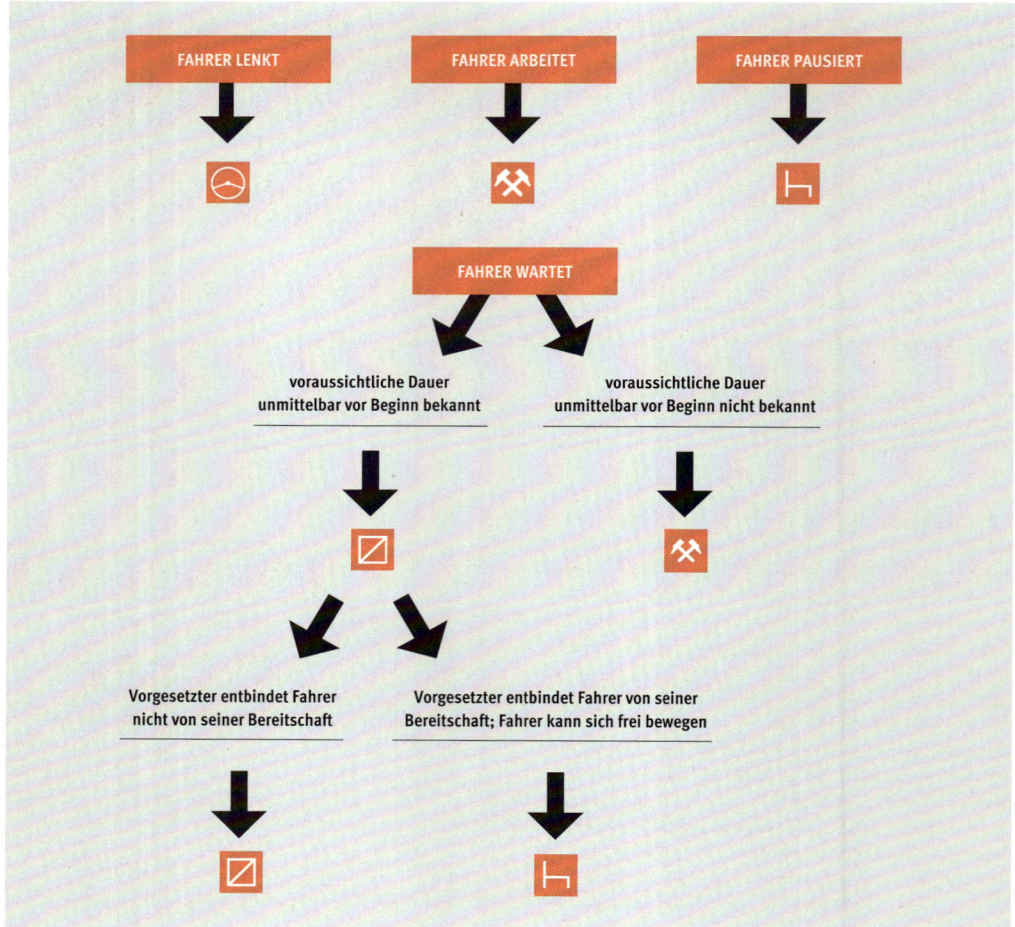

SOZIALVORSCHRIFTEN

1.6.1 Parkplatzsuche

Die vorhandenen Lkw-Parkplätze an den Autobahnen sind oft schon in den frühen Abendstunden überfüllt. Damit die Suche nach einem Parkplatz nicht zur Glückssache wird, werden verschiedene kostenlose Apps für Smartphones angeboten. Dank dieser Apps kann man im Vorfeld erkennen, wo noch freie Parkmöglichkeiten vorhanden sind. Somit entfällt die mühsame und oft auch vergebliche Parkplatzsuche. Zum Teil bieten diese Apps auch die Möglichkeit, die Parkplätze nach ihrer Ausstattung zu filtern. Beispielsweise ob eine Tankstelle, ein Restaurant, Duschen vorhanden sind oder ob der Parkplatz überwacht wird. Diese Apps werden auch mehrsprachig angeboten.
Sie bieten allen Fahrern die Möglichkeit ihre Ruhezeit entspannt im Voraus zu planen.

Kostenlose App „TransParking"

1.7 Ruhezeit

Die Ruhezeiten dienen Ihnen zur Entspannung und zur Freizeitgestaltung. Sie können über diese Zeit frei verfügen, dürfen aber während der Ruhezeit nicht arbeiten.

1.7.1 Ruhezeit

Ab Fahrtantritt beginnt kalendertagunabhängig ein 24-Stunden-Zeitraum, in dem die tägliche Ruhezeit komplett genommen werden muss. Die regelmäßige tägliche Ruhezeit umfasst mindestens elf Stunden. Sie kann auch in zwei Teilen genommen werden, wobei der erste Teil mindestens drei Stunden und der zweite Teil mindestens neun Stunden am Stück umfassen muss.

Nach Ende dieser Ruhezeit beginnt ein neuer 24-Stunden-Zeitraum.

Nach Ende dieser Ruhezeit beginnt ein neuer 24-Stunden-Zeitraum.

Die tägliche Ruhezeit erhöht sich in diesem Fall also auf mindestens zwölf Stunden. Die reduzierte tägliche Ruhezeit beträgt mindestens neun Stunden und darf maximal dreimal zwischen zwei wöchentlichen Ruhezeiten eingelegt werden. Jede Ruhezeit muss in einem stehenden Fahrzeug mit geeigneter Schlafmöglichkeit erfolgen. Der Fahrersitz zählt dabei als „nicht geeignete" Schlafmöglichkeit. Auch wenn die Dauer ausreichend sein mag, wird dies nicht als Ruhezeit gemäß den Vorschriften bewertet.

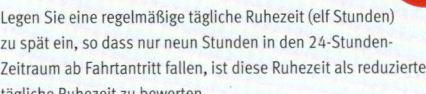

» **INFO**

Legen Sie eine regelmäßige tägliche Ruhezeit (elf Stunden) zu spät ein, so dass nur neun Stunden in den 24-Stunden-Zeitraum ab Fahrtantritt fallen, ist diese Ruhezeit als reduzierte tägliche Ruhezeit zu bewerten.

SOZIALVORSCHRIFTEN

1.7.2 Wöchentliche Ruhezeit

Spätestens nach sechs 24-Stunden-Zeiträumen muss die wöchentliche Ruhezeit eingelegt werden. Die regelmäßige wöchentliche Ruhezeit beträgt mindestens 45 Stunden. Die reduzierte wöchentliche Ruhezeit beträgt mindestens 24 Stunden. In zwei aufeinander folgenden Wochen haben Sie mindestens einzuhalten:
- zwei regelmäßige wöchentliche Ruhezeiten oder
- eine regelmäßige und eine reduzierte wöchentliche Ruhezeit.

Diese erlaubte Reduzierung der Ruhezeit um 21 Stunden wird durch eine gleichwertige Ruhepause ausgeglichen, die ohne Unterbrechung vor dem Ende der dritten Woche nach der betreffenden Woche genommen werden muss.

Jede Ruhepause, die als Ausgleich für eine reduzierte wöchentliche Ruhezeit eingelegt wird, ist an eine andere Ruhezeit von mindestens 9 Stunden anzuhängen. Eine wöchentliche Ruhezeit, die in zwei Kalenderwochen fällt, kann nur für eine der beiden Wochen gezählt werden, nicht aber für beide.

> » **INFO**
>
> Im Gegensatz zur täglichen und reduzierten wöchentlichen Ruhezeit (mind. 24 Std.) gilt die regelmäßige wöchentliche Ruhezeit (mind. 45 Std.) als nicht eingehalten, wenn diese im Fahrzeug verbracht wird. Die regelmäßige wöchentliche Ruhezeit muss an einem Ort außerhalb des Fahrzeugs mit geeigneter Schlafmöglichkeit erfolgen. Das Gesetz enthält keine Beschreibung, wie geeignete Schlafmöglichkeiten beschaffen sein müssen. Hotels, Motels oder Pensionen erfüllen die Voraussetzung. Grundsätzlich sind auch Räumlichkeiten wie extra angemietete Wohnungen als eine geeignete Schlafmöglichkeit denkbar.

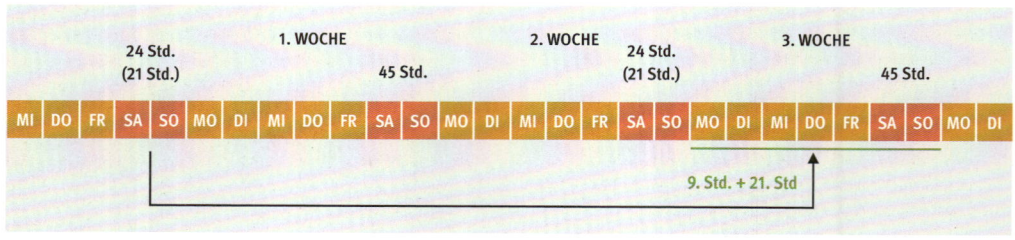

SOZIALVORSCHRIFTEN

Sonderfall: Grenzüberschreitender Güterverkehr

Abweichend von den Grundsatzregelungen kann ein im grenzüberschreitenden Güterverkehr tätiger Fahrer seit 21. August 2020 auch zwei aufeinanderfolgende reduzierte wöchentliche Ruhezeiten einlegen, sofern er sich außerhalb des Niederlassungsstaates des Arbeitgebers befindet.

Um die Sonderregelungen in Anspruch nehmen zu können müssen allerdings folgende Voraussetzungen vorliegen:
- In vier jeweils aufeinanderfolgenden Wochen muss der Fahrer mindestens vier wöchentliche Ruhezeiten einlegen, von denen mindestens zwei regelmäßige Ruhezeiten sein müssen. Dies bedeutet, dass es sich bei den unmittelbar vor und nach den reduzierten wöchentlichen Ruhezeiten genommenen Ruhezeiten jeweils um regelmäßige Wochenruhezeiten handeln muss.
- Beide reduzierten wöchentlichen Ruhezeiten müssen außerhalb des Niederlassungsstaates des Arbeitgebers eingelegt werden.
- Jede Reduzierung der wöchentlichen Ruhezeit ist durch eine gleichwertige Ruhepause auszugleichen.
- Die nächste Ruhezeit – als Ausgleich für zwei aufeinanderfolgende reduzierte wöchentliche Ruhezeiten – ist vor der darauffolgenden wöchentlichen Ruhezeit einzulegen.
- Der Unternehmer hat die Arbeit des Fahrers so zu planen, dass dieser bei Inanspruchnahme der Sonderregelung in der Lage ist, bereits vor Beginn seiner regelmäßigen Ruhezeit von mehr als 45 Stunden, die als Ausgleich eingelegt wird, zum Niederlassungsstandort bzw. seinen Wohnort zurückzukehren.
- Das Unternehmen unterliegt diesbezüglich einer Dokumentationspflicht

§ Artikel 8 Absatz 8 VO (EG) 561/2006

Die regelmäßigen wöchentlichen Ruhezeiten und jede wöchentliche Ruhezeit von mehr als 45 Stunden, die als Ausgleich für die vorherige verkürzte wöchentliche Ruhezeit eingelegt wird, dürfen nicht in einem Fahrzeug verbracht werden. Sie sind in einer geeigneten geschlechtgerechten Unterkunft mit angemessenen Schlafgelegenheiten und sanitären Einrichtungen zu verbringen. Alle Kosten für die Unterbringung außerhalb des Fahrzeugs werden vom Arbeitgeber getragen.

» INFO

Seit dem 2. Februar 2022 ist es bei Fahrzeugen mit digitalem Fahrtenschreiber erforderlich, jeden Grenzübertritt zu dokumentieren. Dazu müssen Sie als Fahrer den nächstmöglichen Halteplatz an oder nach einer Grenze aufsuchen, um die entsprechende Länderkennung im Fahrtschreiber einzugeben. Selbst wenn dies technisch nicht zwingend erforderlich ist, dürfte zu diesem Zweck die Fahrerkarte entnommen werden. Bei Fahrzeugen mit analogem Fahrtenschreiber gilt die Nachweispflicht bereits ab 21. August 2020. Hier reicht ein handschriftlicher Vermerk auf der Tachoscheibe aus.

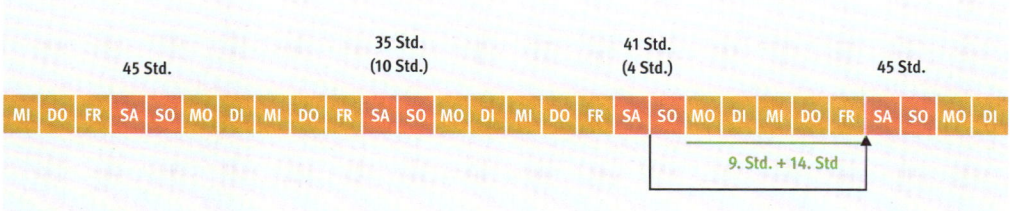

SOZIALVORSCHRIFTEN

Sonderfall: „Zwölf-Tage-Regelung" für Busfahrer
Diese Sonderregelung bzgl. der wöchentlichen Ruhezeit für Busfahrer wurde im Jahr 2007 mit der Einführung der VO (EG) Nr. 561/2006 aufgehoben. Nach zahlreichen europaweiten Protesten hat die EU ab Juni 2010 diese Sonderregelung unter bestimmten Voraussetzungen wieder eingeführt. Allerdings soll die Inanspruchnahme dieser Sonderregel genau überwacht werden.

Unter folgenden Voraussetzungen ist es Ihnen als Berufskraftfahrer möglich, die wöchentliche Ruhezeit statt nach 6 erst nach 12 aufeinander folgenden 24-Stunden-Zeiträumen (Tagen) einzulegen:
- Direkt vorher müssen Sie eine regelmäßige wöchentliche Ruhezeit von mindestens 45 Stunden eingelegt haben.
- Es muss sich um eine Busreise ins Ausland handeln und Sie müssen sich länger als 24 Stunden durchgehend im Ausland aufhalten.
- Nach den 12 Tagen müssen Sie zwei wöchentliche Ruhezeiten einlegen. Entweder zwei regelmäßige Ruhezeiten von je mindestens 45 Stunden oder eine regelmäßige von mindestens 45 Stunden und eine reduzierte von mindestens 24 Stunden, welche dann auch wieder bis vor dem Ende der nachfolgenden dritten Woche ausgeglichen werden muss.

Weiterhin gilt, um diese Sonderregelung in Anspruch nehmen zu können:
- Der Bus muss mit einem digitalen Fahrtenschreiber ausgerüstet sein.
- Für Nachtfahrten (zwischen 22:00 Uhr und 06:00 Uhr) müssen entweder 2 Fahrer im Bus sein oder die Fahrtunterbrechungen müssen bereits nach 3 Stunden Lenkzeit eingelegt werden.

Folgende abweichende nationale Regelung zur wöchentlichen Ruhezeit gilt gem. § 1 Abs. 4 FPersV für Sie als Fahrer von KOM im Linienverkehr bis zu 50 km: Die wöchentlichen Ruhezeiten müssen nicht zwingend jeweils nach den sechs 24-Stunden-Zeiträumen eingelegt werden. Sie können auch insgesamt jeweils auf einen 2-Wochen-Zeitraum verteilt werden.

» **INFO**

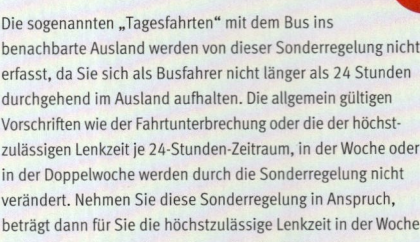

Die sogenannten „Tagesfahrten" mit dem Bus ins benachbarte Ausland werden von dieser Sonderregelung nicht erfasst, da Sie sich als Busfahrer nicht länger als 24 Stunden durchgehend im Ausland aufhalten. Die allgemein gültigen Vorschriften wie der Fahrtunterbrechung oder die der höchstzulässigen Lenkzeit je 24-Stunden-Zeitraum, in der Woche oder in der Doppelwoche werden durch die Sonderregelung nicht verändert. Nehmen Sie diese Sonderregelung in Anspruch, beträgt dann für Sie die höchstzulässige Lenkzeit in der Woche auch 56 Stunden und in der Doppelwoche 90 Stunden.

SOZIALVORSCHRIFTEN

1.8 Übernahme eines Fahrzeugs, das nicht an der Betriebsstätte steht

Die Anfahrt gilt grundsätzlich als Bereitschaftszeit oder als andere Arbeitszeit, denn die Fahrt dorthin erfolgt im Auftrag Ihres Arbeitgebers. Somit verfügen Sie nicht frei über Ihre Zeit. Fahren Sie mit einem Bus oder Lkw dorthin, zählt das unstrittig als Lenkzeit für Sie, und Sie müssen ein Schaublatt einlegen bzw. Ihre Fahrerkarte stecken. Fahren Sie mit einem Fahrzeug, das nicht den Verordnungen über Fahrtenschreiber unterliegt, zum Standort des Fahrzeugs, zählt diese Fahrt als „sonstige Arbeitszeit". Typisches Beispiel dafür wäre der Pkw. Keine Rolle spielt hierbei, ob es sich um einen Mietwagen oder einen Pkw Ihres Arbeitgebers handelt. Laut EU-Recht zählt diese Fahrt nur als Lenkzeit, wenn die Fahrt auch aufgezeichnet werden muss, also ein Fahrzeug mit Fahrtenschreiber genutzt wird. Fahren Sie mit dem Zug dorthin, handelt es sich in der Regel um Bereitschaftszeit. Gemäß dem allgemein gültigen Grundsatz kann die Anfahrt mit dem Zug oder der Fähre nur als Ruhezeit oder Fahrtunterbrechung gewertet werden, wenn Ihnen eine Schlafkabine oder ein Liegeplatz zur Verfügung steht.

Natürlich müssen Sie bei der Übernahme des Lkw die vorangegangene Zeit als Anfahrt vermerken. Übernehmen Sie dort ein Fahrzeug mit analogem Fahrtenschreiber, bietet sich die Rückseite des Schaublatts mit dem aufgedruckten 24-Stunden-Zeitraum an, um die Anfahrt handschriftlich einzutragen. Ist das zu übernehmende Fahrzeug mit einem digitalen Fahrtenschreiber ausgestattet, werden Sie beim Stecken Ihrer Fahrerkarte automatisch gefragt, ob Sie nachträglich Zeiten erfassen möchten. Dann müssen Sie diese Anfahrt dort manuell eingeben.

Die o. g. Erklärungen gelten natürlich genauso für die Rückkehr zum Betrieb, wenn Sie Ihren Lkw unterwegs abstellen.

1.9 Mehrfahrerbetrieb

Als Mehrfahrerbetrieb wird der Einsatz von mindestens zwei Fahrern in einem Fahrzeug zwischen zwei Ruhezeiten bezeichnet. Damit der Mehrfahrerbetrieb als solches anerkannt wird und somit die abweichenden Regelungen anwendbar sind, ist es notwendig, dass der zweite Fahrer spätestens ab der zweiten Stunde nach Fahrtantritt im Fahrzeug anwesend ist.

Abweichende Regelungen im Mehrfahrerbetrieb:
- Die Pause oder Fahrtunterbrechung kann auch als Beifahrer im fahrenden Fahrzeug erfolgen.
- Jeder Fahrer muss innerhalb eines 30-Stunden-Zeitraums eine Ruhezeit von mindestens neun Stunden einlegen.
- Ein Unterteilen der Ruhezeit in zwei oder mehrere Abschnitte ist nicht erlaubt.

SOZIALVORSCHRIFTEN

Mögliche maximale Lenkzeit im „Mehrfahrerbetrieb"
(2-Fahrer-Besatzung) innerhalb des 30-Stunden-Zeitraums

	1. Stunde	2. Stunde	3. Stunde	4. Stunde	5. Stunde	6. Stunde	7. Stunde	8. Stunde	9. Stunde	10. Stunde
Fahrer 1	4,5 Stunden Lenkzeit					4,5 Stunden Bereitschaftszeit (auch Fahrtunterbrechung)				
Fahrer 2	4,5 Stunden Bereitschaftszeit (auch Fahrtunterbrechung)					4,5 Stunden Lenkzeit				

	11. Stunde	12. Stunde	13. Stunde	14. Stunde	15. Stunde	16. Stunde	17. Stunde	18. Stunde	19. Stunde	20. Stunde
Fahrer 1	4,5 Stunden Lenkzeit					4,5 Stunden Bereitschaftszeit (auch Fahrtunterbrechung)				1 Stunde Fahrtunterbrechung (optional)	1 Stunde Lenkzeit
Fahrer 2	4,5 Stunden Bereitschaftszeit (auch Fahrtunterbrechung)				4,5 Stunden Lenkzeit					1 Stunde Fahrtunterbrechung

	21. Stunde	22. Stunde	23. Stunde	24. Stunde	25. Stunde	26. Stunde	27. Stunde	28. Stunde	29. Stunde	30. Stunde
Fahrer 1	1 Stunde Fahrtunterbrechung	9 Stunden Ruhezeit gleichzeitig für Fahrer 1 und Fahrer 2								
Fahrer 2	1 Stunde Lenkzeit									

LENKZEIT | **BEREITSCHAFTSZEIT BZW. FAHRTUNTERBRECHUNG** | **FAHRTUNTERBRECHUNG (OPTIONAL)** | **RUHEZEIT**

Anmerkung

a) Der Bezugsraum für den „Mehrfahrerbetrieb" (2-Fahrer-Besatzung) beträgt ab Fahrtbeginn 30 Stunden.

b) Gemäß der europäischen Richtlinie 2002/15/EG (Art. 3 a+b) und dem deutschen ArbZG (§ 21 a Abs. 3 Nr. 3) zählt die Zeit, die der zweite Fahrer während des Fahrens neben dem Fahrer in der Fahrerkabine verbringt zwar als Bereitschaftszeit, aber in diesem speziellen Fall nicht als Arbeitszeit. Voraussetzung dafür ist aber, dass es sich auch um einen „echten" 2-Fahrer-Betrieb handelt. Beispiel: Fahrer A bringt mit seinem Lkw/KOM Fahrer B zu dessen Fahrzeug, welches außerhalb der Betriebsstätte steht. Dann übernimmt Fahrer B sein eigenes Fahrzeug und Fahrer A und B fahren jeweils mit ihren eigenen Fahrzeugen weiter. Dann zählt diese Anfahrt für den Fahrer B als Arbeitszeit und muss „aufgezeichnet" werden (Beispiel: Nachtrag im digitalen Fahrtenschreiber).

c) Da die Bereitschaftszeit für den zweiten Fahrer im „echten" 2-Fahrer-Betrieb auch als Fahrtunterbrechung gewertet wird, ist es theoretisch möglich, dass das Fahrzeug bis zu 20 Stunden bewegt werden darf. In diesem Fall haben beide Fahrer ihre max. höchstzulässige „tägliche Lenkzeit" von 10 Stunden ausgeschöpft.

d) Reizen beide Fahrer ihre maximale Tageslenkzeit von 10 Stunden aus und legen eine Ruhezeit von 9 Stunden ein, bliebe theoretisch noch 1 Stunde innerhalb des Bezugszeitraums für Arbeitszeit oder sonstige Tätigkeiten übrig. Eine Stunde zusätzliche Arbeitszeit hätte jedoch grundsätzlich einen Verstoß gegen Arbeitszeitregelungen zur Folge.

e) Ab der 22. Stunde muss spätestens die 9-stündige Ruhezeit von beiden Fahrern eingelegt werden, damit der 30-Stunden-Zeitraum nicht überschritten wird. Da eine gültige Ruhezeit nur bei stehendem Fahrzeug eingelegt werden kann, ist es hier möglich, dass beide Fahrer gleichzeitig ihre vorgeschriebenen Ruhezeiten einlegen.

f) Ab der 30. Stunde bzw. wenn die 9-stündige Ruhezeit vorher eingelegt wurde, beginnt ab Ende der ausreichenden Ruhezeit für beide Fahrer erneut ein 30-Stunden-Zeitraum.

> **» INFO**
>
> Auch hier gilt:
> – Die Ruhezeit muss in einem stehenden Fahrzeug mit geeigneter Schlafmöglichkeit erfolgen.
> – Für die Praxis bedeutet dies, dass beide Fahrer ihre Ruhezeit gleichzeitig einlegen werden und das Führerhaus folglich mit zwei Betten ausgestattet sein muss.

SOZIALVORSCHRIFTEN

1.10 Anordnung der Unterbrechung Ihrer Fahrtunterbrechung/Ruhezeit

Abgesehen von den rechtmäßigen Möglichkeiten, eine Ruhezeit zu unterbrechen, beispielsweise bei Transport auf einer Fähre oder Bahn (vgl. Ziffer 1.11), stellt jede Unterbrechung der Ruhezeit grundsätzlich einen Verstoß dar.

Tritt jedoch ein Notfall ein, der dazu führt, dass eine Unterbrechung durch Polizei, Feuerwehr, Zoll o.ä. angeordnet wird, dürfen Sie Ihr Fahrzeug für wenige Minuten bewegen, ohne dass dies mit einem Bußgeld geahndet wird. Ein Beispiel dafür: Sie versperren auf einem Parkplatz einem Großraumtransport die Durchfahrt und müssen Ihr Fahrzeug umsetzen.

Einer entsprechenden behördlichen Anordnung ist in einem solchen Fall Folge zu leisten.

Sie müssen die angeordnete Unterbrechung unmittelbar danach handschriftlich festhalten und sollten versuchen, sich dies durch die Beamten bestätigen zu lassen.

1.11 Transport auf der Fähre oder Eisenbahn

Begleiten Sie als Fahrer Ihren Lkw auf der Fähre oder in einem Zug, dürfen Sie Ihre elfstündige Ruhezeit oder Ihre reduzierte wöchentliche Ruhezeit bis zu zweimal für andere Tätigkeiten unterbrechen. Hierunter fällt regelmäßig sowohl das Fahren auf die Fähre als auch das Verlassen der Fähre.

Aber Achtung: Diese beiden Unterbrechungen dürfen zusammen eine Stunde nicht überschreiten. Und auch hier gilt der allgemeine Grundsatz, dass für Sie als Fahrer ein Liegeplatz, eine Schlafkabine oder eine Schlafkoje zur Verfügung stehen muss. Ansonsten kann der Zeitraum nicht als Ruhezeit gewertet werden.

Soll eine regelmäßige wöchentliche Ruhezeit im Rahmen dieser Vorschrift unterbrochen werden, ist dies zulässig, wenn die folgenden zusätzlichen Voraussetzungen erfüllt werden:
- Dem Fahrer steht an Bord eine Schlafkabine zur Verfügung
- Die geplante Fahrtdauer auf der Fähre oder dem Zug beträgt mindestens 8 Stunden
- Die gesamte regelmäßige Wochenruhezeit wird außerhalb des Fahrzeuges verbracht

Die Inanspruchnahme der Sonderregelung unterliegt der Aufzeichnungspflicht. Der Nachweis erfolgt über die Aktivierung der Funktion Fähre/Zug im digitalen Fahrtenschreiber für den Zeitraum, in dem sich der Fahrer mit seinem Fahrzeug auf der Fähre oder dem Zug befindet.

» **INFO**

Wird die regelmäßige tägliche Ruhezeit in zwei Teilen genommen, gilt die Anzahl der Unterbrechungen (maximal zwei) und Dauer (maximal eine Stunde) für den gesamten Zeitraum der täglichen Ruhezeit und nicht für jeden Teil der beiden Ruhezeitblöcke.

SOZIALVORSCHRIFTEN

1.12 Untersagung der Weiterfahrt

§ 5 Abs. 1 FPersG

„Werden bei einer Kontrolle auf Verlangen keine oder nicht vorschriftsmäßig geführte Tätigkeitsnachweise vorgelegt oder wird festgestellt, dass vorgeschriebene Unterbrechungen der Lenkzeit nicht eingelegt oder die höchstzulässige tägliche Lenkzeit überschritten oder einzuhaltende Mindestruhezeiten nicht genommen worden sind, können die zuständigen Behörden die Fortsetzung der Fahrt untersagen, bis die Voraussetzungen zur Weiterfahrt erfüllt sind. Tätigkeitsnachweise oder Fahrtenschreiber, aus denen sich der Regelverstoß ergibt oder mit denen er begangen wurde, können zur Beweissicherung eingezogen werden; ..."

Das eingesetzte Fahrpersonal ist bei Straßenverkehrskontrollen verpflichtet, den kontrollierenden Beamten lückenlose Nachweise über ihre Lenk- und Ruhezeiten auszuhändigen.

1.13 Notstandsklausel

Der EU-Gesetzgeber räumt Ihnen nach Art. 12 der VO (EG) Nr. 561/2006 unter speziellen Bedingungen das Recht ein, von den Vorschriften über die Lenkzeiten, Fahrtunterbrechungen und Ruhezeiten abzuweichen.

Nehmen Sie diese Abweichungsregelung in Anspruch, haben Sie spätestens bei Erreichen des geeigneten Halteplatzes Art und Grund dieser Abweichung handschriftlich auf dem Schaublatt oder auf dem Ausdruck des Fahrtenschreibers oder auf Ihrem Arbeitsplan zu vermerken. Gründe für die Anwendung der „Notstandsklausel" sind plötzlich und unerwartet auftretende Umstände, die Sie weder beabsichtigt noch erwartet haben. Das jeweilige Abweichen von den Vorschriften muss der daraus eventuell resultierenden Gefahr für Personen, Fahrzeug, Ladung angemessen sein.

Anwendungsbeispiele
- Ausfallen der Kühlung bei Thermofahrzeugen in den Sommermonaten (Ladung droht zu verderben)
- bei Tiertransporten Gefahr für die beförderten Tiere (Versorgungsmangel)
- Vollsperrung auf der Autobahn nach einem Verkehrsunfall
- Umleitungen auf Grund höherer Gewalt wie Schneeverwehungen, Hochwasser, Bergrutsch
- eigene Fahrzeugpanne, technischer Defekt am eigenen Fahrzeug
- Hilfeleistung für andere bei Verkehrsunfällen oder anderen Unglücksfällen
- unerwartet fehlende Abstellmöglichkeit für das Fahrzeug auf der Strecke

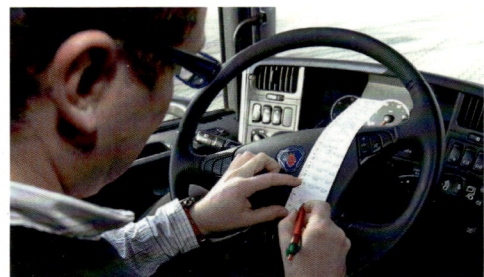

§ Artikel 12

Sofern die Sicherheit im Straßenverkehr nicht gefährdet wird, kann der Fahrer von den Artikeln 6 bis 9 abweichen, um einen geeigneten Halteplatz zu erreichen, soweit dies erforderlich ist, um die Sicherheit von Personen, des Fahrzeugs oder seiner Ladung zu gewährleisten. Der Fahrer hat Art und Grund dieser Abweichung spätestens bei Erreichen des geeigneten Halteplatzes handschriftlich auf dem Schaublatt des Fahrtenschreibers oder einem Ausdruck aus dem Fahrtenschreiber oder im Arbeitszeitplan zu vermerken.

» INFO

Volle Parkplätze auf der „Hausstrecke" oder Staulagen bei länger andauernden Baustellen auf den Autobahnen erfüllen diese strengen Voraussetzungen nicht.

SOZIALVORSCHRIFTEN

Überschreiten der Lenkzeit zum Erreichen des Firmenstandortes/Wohnortes

Mit Inkrafttreten der VO (EU) 2020/1054 am 21.8.2020 wurde die Notstandklausel aus Art. 12 der VO (EG) 561/2006 erweitert. Der Gesetzgeber lässt nun auch eine Überschreitung der Tages- und Wochenlenkzeit zu, um am Ende der Arbeitswoche den Standort des Arbeitgebers oder den Wohnsitz des Fahrers zu erreichen, um dort eine Wochenruhezeit einlegen zu können.

Die Anforderungen, um diese Ausnahmeregelung in Anspruch nehmen zu können, sind allerdings relativ hoch. Genau wie bei Inanspruchnahme der Regelung zum Erreichen eines Halteplatzes, müssen unvorhersehbare und vom Fahrer bzw. vom Unternehmen nicht beeinflussbare Umstände vorliegen, durch die die ursprüngliche Tourenplanung nicht mehr umzusetzen ist.

Neu ist, dass die Überschreitung der Lenkzeit unter Inanspruchnahme des Art. 12 der VO (EG) 561/2006 ausgeglichen werden muss. Bis zum Ende der dritten auf die Verlängerung der Lenkzeit folgende Woche muss dieser Ausgleich erfolgen, indem die überschrittene Zeit an eine Tages- oder Wochenruhezeit angehängt wird.

Liegt die verlängerte Lenkzeit zwischen einer und zwei Stunden, hat ein Fahrer unmittelbar vor der Überschreitung eine mindestens 30-minütige Fahrtunterbrechung einzulegen.

§ Artikel 12 Satz 2

Unter den gleichen Bedingungen kann der Fahrer die tägliche und wöchentliche Lenkzeit um bis zu zwei Stunden überschreiten, sofern eine ununterbrochene Fahrtunterbrechung von 30 Minuten eingelegt wurde, die der zusätzlichen Lenkzeit zur Erreichung der Betriebsstätte des Arbeitgebers oder des Wohnsitzes des Fahrers, um dort eine regelmäßige wöchentliche Ruhezeit einzulegen, unmittelbar vorausgeht.

» INFO

Da eine 30-minütige Pause nicht als ausreichende Fahrtunterbrechung nach Art 7 der VO (EG) 561/2007 anerkannt wird, könnte es im Einzelfall zu ununterbrochenen Lenkzeitblöcken von bis zu sechseinhalb Stunden kommen, was wiederum ein Bußgeld nach sich ziehen könnte. Bis zur Verdeutlichung dieser Unklarheit durch die EU-Kommission ist daher zu empfehlen, statt der vorgeschriebenen 30 Minuten spätestens nach viereinhalb Stunden Lenkzeit eine vollständige Fahrtunterbrechung von 45 Minuten einzulegen.

SOZIALVORSCHRIFTEN

1.14 Ausnahmen

1.14.1 EU-weite Ausnahmen

EU-weite Ausnahmen von den Sozialvorschriften sind gemäß Artikel 3 der VO (EG) Nr. 561/2006:

- Fahrzeuge, die zur Personenbeförderung im Linienverkehr verwendet werden, wenn die Linienstrecke nicht mehr als 50 km beträgt.
- Fahrzeuge oder Fahrzeugkombinationen mit einer zulässigen Höchstmasse von nicht mehr als 7,5 t, die zur Beförderung von Material, Ausrüstungen oder Maschinen, die der Fahrer zur Ausübung seines Berufes benötigt sowie zur Auslieferung handwerklich hergestellter Güter, jeweils in einem Umkreis von 100 km vom Standort des Unternehmens und unter der Bedingung benutzt werden, dass das Lenken des Fahrzeugs für den Fahrer nicht die Haupttätigkeit darstellt. Die Begriffe Material und Ausrüstung sind weit auszulegen. Neben der typischen „Handwerkerregelung" fallen unter diese Ausnahme auch besonders ausgestattete Verkaufswagen für öffentliche Märkte oder welche die dem nicht ortsfesten Verkauf dienen. Von dieser Ausnahme werden nicht nur „rollende Lebensmittelmärkte" als Einzelfahrzeug erfasst, sondern alle Fahrzeuge die Verkaufszwecken dienen, auch Fahrzeugkombinationen wie ein Kleintransporter mit einem Verkaufsanhänger (Bild 1).

- Fahrzeuge mit einer bauartbedingten Höchstgeschwindigkeit von nicht mehr als 40 km/h.
- Fahrzeuge der Streitkräfte, des Katastrophenschutzes, der Feuerwehr oder der für die Aufrechterhaltung der öffentlichen Ordnung zuständigen Kräfte (wie Polizei), bzw. von diesen Behörden ohne Fahrer angemietete Fahrzeuge (Bild 2).
- Fahrzeuge, die in Notfällen oder bei Rettungsmaßnahmen verwendet werden (auch nichtgewerbliche humanitäre Hilfstransporte).

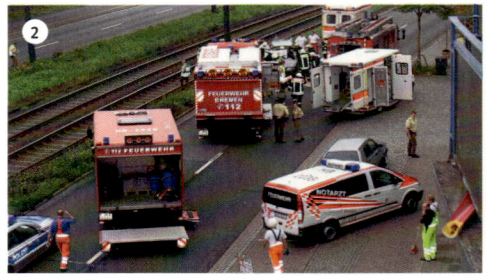

- Spezialfahrzeuge für medizinische Zwecke, wie Fahrzeuge von Blutspendediensten oder auch Spezialfahrzeuge von Tierärzten (mobile Tierarztpraxen) (Bild 3).
- Spezielle Pannenhilfefahrzeuge, die innerhalb eines Umkreises von 100 km um ihren Standort eingesetzt werden, wie Abschleppwagen oder Bergungsfahrzeuge (Bild 4).
- Fahrzeuge, mit denen Probefahrten zur technischen Entwicklung oder im Rahmen von Reparatur- oder Wartungsarbeiten durchgeführt werden, sowie noch nicht in Betrieb genommene neue oder umgebaute Fahrzeuge.

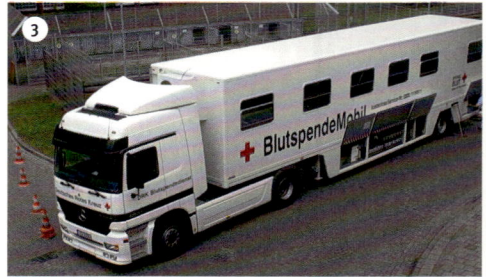

- Fahrzeuge oder Fahrzeugkombinationen mit einer zulässigen Gesamtmasse von nicht mehr als 7,5 t, die zur nichtgewerblichen Güterbeförderung verwendet werden.
- Nutzfahrzeuge, die in dem Mitgliedstaat, in dem sie verwendet werden, als historisch eingestuft werden und die zur nichtgewerblichen Güter- oder Personenbeförderung eingesetzt werden.

SOZIALVORSCHRIFTEN

1.14.2 Nationale Ausnahmen

Gemäß § 1 Abs. 2 und § 18 FPersV sind zusätzlich zu den europaweiten Ausnahmen national folgende Fahrzeuge bzw. Fahrzeugkombinationen von den Sozialvorschriften ausgenommen:

- Für Fahrzeuge bis einschließlich 2,8 t zGM gibt es keine Regelungen im Fahrpersonalrecht. Für Fahrer dieser Fahrzeuge gelten ausschließlich die Regelungen des ArbZG (Arbeitszeitgesetz), zum Beispiel max. 8 bzw. 10 Arbeitszeit und 11 bzw. 10 Stunden Ruhezeit. Ein Fahrzeug bis 2,8 t zGM, das mit einer Anhängekupplung versehen ist, aber keinen Anhänger zur Güterbeförderung zieht, unterliegt ebenfalls nicht der FPersV.

- Fahrzeuge über 2,8 t bis 3,5 t zGM, die bei der Beförderung von Material, Ausrüstungen oder Maschinen, die der Fahrer zur Ausübung seiner beruflichen Tätigkeit benötigt, verwendet werden. Voraussetzung ist, dass das Führen des Fahrzeugs für die Fahrer nicht die Haupttätigkeit darstellt (in der Regel bezieht sich diese Ausnahme auf Handwerker, wie z. B. Dachdecker oder Klempner, die mit ihrem Material zur Baustelle fahren) (Bild 1).

- Fahrzeuge über 2,8 t bis 3,5 t zGM, die zur Beförderung von Gütern dienen, die im Betrieb, dem der Fahrer angehört, in handwerklicher Fertigung oder Kleinserie hergestellt wurden, oder deren Reparatur im Betrieb vorgesehen ist oder dort durchgeführt wurde. Voraussetzung ist, dass die Lenktätigkeit nicht die Haupttätigkeit des Fahrers darstellt (Handwerksbetriebe, z. B. eine Bäckerei, können somit auch reine Auslieferungen vornehmen. Zum Teil haben diese Betriebe Filialen, die sie beliefern müssen. Außerdem werden Fahrten der Abholung und des Rücktransportes von reparierten Gegenständen mit erfasst) (Bild 2).

- Fahrzeuge über 2,8 t bis 3,5 t zGM, die als Verkaufswagen auf örtlichen Märkten oder für den ambulanten (beweglichen) Verkauf verwendet werden und für diese Zwecke besonders ausgestattet sind. Voraussetzung ist, dass die Lenktätigkeit nicht die Haupttätigkeit des Fahrers sein darf. Auch Fahrzeugkombinationen aus einem Kleintransporter und Anhänger, der zu Verkaufszwecken besonders ausgestattet ist, sind von dieser Ausnahme erfasst (Bild 3).
- anerkannte selbstfahrende Arbeitsmaschinen (SAM) (Bild 4).

- Fahrzeuge, die von Behörden für Beförderungen eingesetzt werden und nicht im Wettbewerb mit privatwirtschaftlichen Verkehrsunternehmen stehen.
- Fahrzeuge, die von Landwirtschafts-, Gartenbau-, Forstwirtschafts- oder Fischereibetrieben zur Güterbeförderung, insbesondere auch lebender Tiere, in einem Umkreis von bis zu 100 km vom Standort des Unternehmens verwendet werden.
- land- und forstwirtschaftliche Zugmaschinen, die zu diesem Zweck in einem Umkreis von bis zu 100 km vom Standort des Unternehmens eingesetzt werden.

SOZIALVORSCHRIFTEN

- Fahrzeuge oder Fahrzeugkombinationen mit einer zulässigen Höchstmasse von nicht mehr als 7,5 t, die in einem Umkreis von 100 km vom Standort des Unternehmens von Postdienstleistern zum Zwecke der Zustellung von Sendungen verwendet werden. Unter diese Ausnahme fällt die Auslieferung von Briefen, Paketen bis 20 kg und auch von Zeitungen und Zeitschriften. Das Lenken darf nicht die Haupttätigkeit des Fahrers darstellen (Bild 5).
- Fahrzeuge, die ausschließlich auf Inseln mit einer Fläche mit nicht mehr als 2.300 qkm Fläche verkehren. Die Insel darf nicht auf dem Landweg mit Kfz zu erreichen sein.
- Fahrzeuge mit Druckerdgas-, Flüssiggas- oder Elektroantrieb, deren zulässige Gesamtmasse einschließlich Anhänger oder Sattelanhänger 7,5 t nicht übersteigt und die im Umkreis von 100 km vom Standort des Unternehmens zur Güterbeförderung verwendet werden. Dies gilt nicht für auf Gasbetrieb nachgerüstete Fahrzeuge, deren konventioneller Antrieb und Tank vollständig erhalten bleibt.
- Fahrzeuge, die zum Fahrschulunterricht und zur Fahrprüfung zwecks Erlangung der Fahrerlaubnis oder eines beruflichen Befähigungsnachweises (z. B. Fahrlehrererlaubnis oder beschleunigte Grundqualifikation nach dem BKrFQG) dienen, sofern sie nicht für eine gewerbliche Personen- oder Güterbeförderung verwendet werden. (Unabhängig davon müssen gemäß § 5 Abs. 3 und § 12 der Durchführungsverordnung zum Fahrlehrergesetz Ausbildungsfahrzeuge der Klassen C1, C1E, C, CE, D1, D1E, D und DE mit einem Fahrtenschreiber ausgestattet sein). Schulungsfahrten im Rahmen der Weiterbildung nach dem BKrFQG fallen unter diese Ausnahme. Die Hin- und Rückfahrt zum Ort der Weiterbildung ist von dieser Ausnahme nicht betroffen und unterliegt grundsätzlich den Sozialvorschriften (Bild 6).
- Fahrzeuge, die in Verbindung mit Kanalisation, Hochwasserschutz, Wasser-, Gas- und Elektrizitätsversorgung, Straßenunterhaltung und -kontrolle, Hausmüllabfuhr (im Rahmen der Haus-zu-Haus-Sammlung aller im Haushalt anfallenden Abfälle, Wertstoffe und Biotonnenentleerung), Telegramm- und Telefondienstleistungen, Rundfunk und Fernsehen sowie zur Erfassung von Radio- bzw. Fernsehsendern oder -geräten eingesetzt werden.
- Fahrzeuge mit 10–17 Sitzen, die ausschließlich zur nichtgewerblichen Personenbeförderung verwendet werden (Bild 7).
- Spezialfahrzeuge, die zum Transport von Ausrüstungen des Zirkus- oder Schaustellergewerbes verwendet werden (Bild 8).
- Speziell für mobile Projekte ausgerüstete Fahrzeuge, die hauptsächlich im Stand zu Lehrzwecken verwendet werden, wie Büchereifahrzeuge, Spielbusse oder Infomobile. Auch ein Zugfahrzeug, das den Infomobilanhänger transportiert, fällt unter diese Ausnahme.
- Fahrzeuge, die innerhalb eines Umkreises von bis zu 100 km vom Standort des Unternehmens zum Abholen von Milch bei landwirtschaftlichen Betrieben, zur Rückgabe von Milchbehältern oder zur Lieferung von Milcherzeugnissen für Futterzwecke an diese Betriebe verwendet werden.

> **» INFO**
>
> Zum abschließenden Katalog gem. § 2 Nr. 17 FZV (Fahrzeug-Zulassungsverordnung) gehören zu den SAM u. a.: Asphaltkocher, Schneepflüge, Betonpumpen, Bohrgeräte, Hebebühnen, Kanal- und Straßenreinigungsfahrzeuge, Spülbohrwagen, Turmwagen und auch Abschleppwagen. Als Faustformel gilt: SAM verdienen ihr Geld im Stand, nicht durch das Fahren.

SOZIALVORSCHRIFTEN

- Spezialfahrzeuge für Geld- und Werttransporte.
- Fahrzeuge, die in einem Umkreis von 250 km vom Standort des Unternehmens zum Transport tierischer Nebenprodukte, die nicht mehr für den menschlichen Verzehr geeignet sind und speziellen Hygienevorschriften unterliegen, eingesetzt werden (auch der Transport von Gülle als tierisches Nebenprodukt fällt unter diese Ausnahme) (Bild 9).
- Fahrzeuge, die ausschließlich auf Straßen in Güterverteilzentren wie Häfen, Umschlaganlagen des kombinierten Verkehrs und Eisenbahnterminals verwendet werden (reine Umfuhrfahrzeuge) (Bild 10).
- Fahrzeuge, die in einem Umkreis von 100 km für die Beförderung lebender Tiere zwischen den landwirtschaftlichen Betrieben, den lokalen Märkten oder Schlachthäusern eingesetzt werden (Bild 11).

8

9

» **INFO**

Die EU lässt weitere Ausnahmen zu, die gegebenenfalls über das jeweilige nationale Recht (in Deutschland FPersV) zu regeln sind. Beispiel hierfür sind Fahrzeuge,
- die für die Lieferung von Transportbeton
- die zur Beförderung von Baumaschinen für ein Bauunternehmen im Umkreis von 100 km, sofern das Lenken der Fahrzeuge nicht die Haupttätigkeit des Fahrers darstellt,

eingesetzt werden.

10

§ 1 Abs. 2 Nr. 3 FPersV

„Handwerkerregelung"
Die Fahrtätigkeit darf nicht die Haupttätigkeit des Fahrers darstellen. Der Betrieb des Fahrzeugs darf im Rahmen der gesamten Tätigkeit des Fahrers lediglich Hilfstätigkeit sein. Ist das Fahren die Haupttätigkeit und fallen die übrigen Tätigkeiten demgegenüber weniger ins Gewicht, so sind die Merkmale der Vorschrift nicht erfüllt. Für Fahrzeuge mit einer zulässigen Höchstmasse von mehr als 2,8 t und nicht mehr als 3,5 t gilt die Ausnahmeregelung räumlich unbegrenzt.

11

KONTROLLGERÄTE IM STRASSENVERKEHR

2. Kontrollgeräte im Straßenverkehr

2.1 Einleitung

Um die Einhaltung der Lenk- und Ruhezeiten zu gewährleisten, hat der EU-Gesetzgeber die VO (EU) Nr. 165/2014 erlassen. Diese Verordnung regelt den Pflichteinbau von Fahrtenschreibern, deren Arbeitsweise inklusive der aufzuzeichnenden Einzelheiten, die Bedienung durch das Fahrpersonal und die periodische Überprüfung dieser Aufzeichnungsgeräte. Aufgabe der Fahrtenschreiber ist es, die gefahrene Geschwindigkeit, die zurückgelegte Wegstrecke, die Lenk-, Bereitschafts-, Arbeits- und Ruhezeiten aufzuzeichnen.

Einbaupflicht in der EU
Ein Fahrtenschreiber muss bei allen Fahrzeugen eingebaut werden,
- die der Personen- oder Güterbeförderung im Straßenverkehr dienen,
- die in einem Mitgliedstaat der EU zugelassen sind und
- deren Fahrer den Sozialvorschriften unterliegen und nicht ausdrücklich ausgenommen sind.

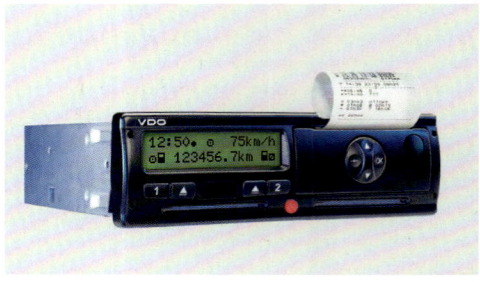

» **INFO**
Das Gerät muss auch den Vorschriften entsprechend benutzt werden.

KONTROLLGERÄTE IM STRASSENVERKEHR

2.2 Einbaupflicht eines Fahrtschreibers in Deutschland gemäß § 57 a StVZO

Für in Deutschland zugelassene
- Kraftfahrzeuge ab 7,5 t zulässiger Gesamtmasse,
- Zugmaschinen ab 40 kW, die nicht ausschließlich für land- oder forstwirtschaftliche Zwecke eingesetzt werden,
- Kraftfahrzeuge, die zur Beförderung von Personen bestimmt sind und mit mehr als neun Sitzplätzen ausgestattet sind, gilt die Einbaupflicht eines eichfähigen Fahrtschreibers.

Deutschland wollte mit dieser nationalen Vorschrift die Regelung der EU erweitern und schrieb den Einbau eines eichfähigen Fahrtenschreibers vor. Diese Vorschrift wurde zum 1. Januar 2013 außer Kraft gesetzt. Somit unterliegen Neufahrzeuge ab diesem Datum nur dem EU-Recht bzgl. des Einbaus eines Fahrtenschreibers.

Feuerwehrfahrzeug im Einsatz

Ausgenommen von der Einbaupflicht eines Fahrtschreibers sind:
- Kraftfahrzeuge mit einer bauartbedingten Höchstgeschwindigkeit von nicht mehr als 40 km/h.
- Kraftfahrzeuge der Feuerwehren und der anderen Einheiten und Einrichtungen des Katastrophenschutzes.
- Kraftfahrzeuge der Bundeswehr, wenn es sich nicht um Fahrzeuge der Verwaltung oder um Kraftomnibusse handelt.
- Fahrzeuge, die gem. § 18 Abs. 1 FPersV von den Sozialvorschriften ausgenommen sind.
- Fahrzeuge, die in Art. 3 Buchstabe d, e, f, g und i der VO (EG) Nr. 561/2006 genannt sind.
  d: nichtgewerbliche Transporte für humanitäre Hilfe, die in Notfällen und Rettungsmaßnahmen eingesetzt werden,
  e: Spezialfahrzeuge für medizinische Zwecke,
  f: spezielle Pannenhilfefahrzeuge im Umkreis von 100 km,
  g: Fahrzeuge zur Probefahrt, wie zur technischen Entwicklung, Reparatur oder zu Wartungsarbeiten
  i: Nutzfahrzeuge zur nichtgewerblichen Güter- bzw. Personenbeförderung, die als historisch eingestuft wurden,
- Fahrzeuge, die bereits mit einem Fahrtenschreiber ausgestattet sind.

Fuhrpark der Bundeswehr

KONTROLLGERÄTE IM STRASSENVERKEHR

2.3 Analoge Fahrtenschreiber mit Schaublatt (Tachograph)

2.3.1 Kompakttachographen

Diese Art der aufklappbaren Fahrtenschreiber wurde schon Mitte der Fünfzigerjahre und in leicht abgewandelter Form bis 1991 in fast allen Bussen und Lkw eingebaut.

Ältere Kompakttachographen wurden auch als reine Ein-Fahrer-Geräte gebaut. Bei den Zwei-Fahrer-Geräten erfolgt durch eine Kunststoffklappe getrennt der entsprechende Aufschrieb auf zwei Schaublättern gleichzeitig.

KONTROLLGERÄTE IM STRASSENVERKEHR

Am Lauf der rot-weißen Scheibe oder an der Bewegung des Sekundenzeigers (falls vorhanden) ist erkennbar, ob das Uhrwerk des Fahrtenschreibers läuft.
Die rote Funktionslampe leuchtet auf, wenn
– das Schaublatt fehlt oder
– der Fahrtenschreiber nicht geschlossen ist.
Die andere rote Leuchte zeigt an, dass die eingestellte Geschwindigkeit überschritten wird.

Schaublatt fehlt oder der Fahrtenschreiber ist nicht angeschlossen.

Die eingestellte Geschwindigkeit wurde überschritten.

KONTROLLGERÄTE IM STRASSENVERKEHR

2.3.2 Flachtachograph

Der Flachtachograph ist ein geschlossenes Gerät und unterhalb der Geschwindigkeitsanzeige eingebaut. Die Schaublätter für den Fahrer 1 und 2 werden jeweils in die entsprechend beschrifteten Einzugsschächte eingelegt und dann vom Gerät automatisch eingezogen. Um das Schaublatt auswerfen zu lassen, muss der Zeitgruppenschalter gedrückt werden. Um ein Überschreiben der Schaublätter zu verhindern, haben einige Flachtachographen einen automatischen Schaublattauswurf nach 24 Stunden.

Für den Kompakt- und Flachtachographen gilt: Durch einen Zeitgruppendrehschalter müssen Sie und die anderen Fahrer ihre jeweilige Tätigkeit für den unterschiedlichen Aufschrieb auf dem Schaublatt schalten. Beim Automatikgerät fehlt am Zeitgruppenschalter das Symbol für Lenkzeit (Symbol: Lenkrad). Automatik bedeutet bei diesen Geräten, dass sobald das Fahrzeug fährt, das Gerät automatisch auf „Lenkzeit" umschaltet. Beim anschließenden Stillstand des Fahrzeugs wird wieder automatisch die Zeitgruppe aufgezeichnet, die Sie vorher am Zeitgruppenschalter eingestellt haben.

KONTROLLGERÄTE IM STRASSENVERKEHR

2.3.3 Modularer Fahrtenschreiber

Beim modularen Fahrtenschreiber wird die Geschwindigkeit im Armaturenbrett angezeigt. Der Aufschrieb der Schaublätter erfolgt jedoch in einem separaten Gerät. Dieses Gerät hat die Ausmaße eines Standardautoradios und wird im Lkw üblicherweise oberhalb der Windschutzscheibe in eines der dort vorhandenen Radiofächer eingebaut, im Bus links unterhalb des Lenkrades oder in der Mittelkonsole. Die Anzeige erfolgt zweizeilig auf einem LC-Display. Dort werden in der Grundeinstellung das Datum, die Uhrzeit, die Gesamtkilometer und der aktuelle Schaltzustand des Zeitgruppenschalters (hier per Drucktastenbedienung) angezeigt. Weitere Angaben wie Service- und Diagnosedaten sind über das Display abrufbar.

Die Schaublätter werden in ein Schubfach (ähnlich dem eines CD-Laufwerkes) eingelegt, das manuell zugeschoben wird. Das Öffnen des Schubfaches erfolgt auf Knopfdruck. Dann kann das Schubfach weiter herausgezogen und nach unten abgeklappt werden. Das erleichtert Ihnen die Entnahme bzw. das Einlegen der Schaublätter in Kopfhöhe.

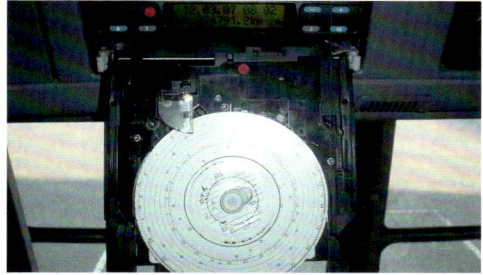

KONTROLLGERÄTE IM STRASSENVERKEHR

2.4 Schaublätter

Die erforderlichen Aufzeichnungen dieser analogen Fahrtenschreiber erfolgen auf einem Schaublatt. Diese Schaublätter müssen, genau wie die Aufzeichnungsgeräte, den Vorschriften entsprechen. Die Aufzeichnungen erfolgen durch zwei bzw. drei Schreibstifte, die das Schaublatt im Fahrtenschreiber durch leichten Druck an den entsprechenden Stellen schwarz werden lassen. Gleichzeitig dreht ein Uhrwerk das Schaublatt langsam weiter. So entstehen die durchgehenden Aufschriebe.

Gemäß Art. 33 Abs. 1 VO (EU) Nr. 165/2014 hat der Unternehmer den Fahrern vor Fahrtbeginn eine ausreichende Anzahl von Schaublättern auszuhändigen. Das Gleiche gilt national gemäß § 1 Abs. 7 FPersV für Fahrzeuge mit Fahrtschreibern. Diese Schaublätter müssen dem amtlichen Baumuster entsprechen und für das entsprechende Aufzeichnungsgerät geeignet sein.

Die auf dem Einbauschild des Fahrtenschreibers aufgeführte „E-Nr." muss sich auf der Rückseite des Schaublattes wiederfinden.

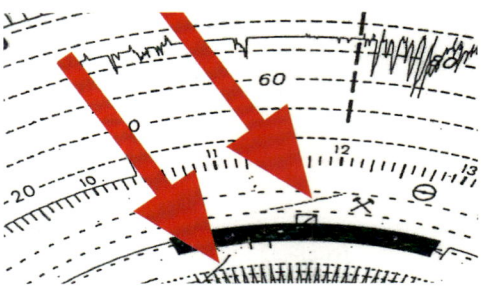

Schaublätter müssen sorgsam verwahrt werden, da durch Druck mit dem Fingernagel o. ä. auch schwarze „Aufzeichnungen" erfolgen

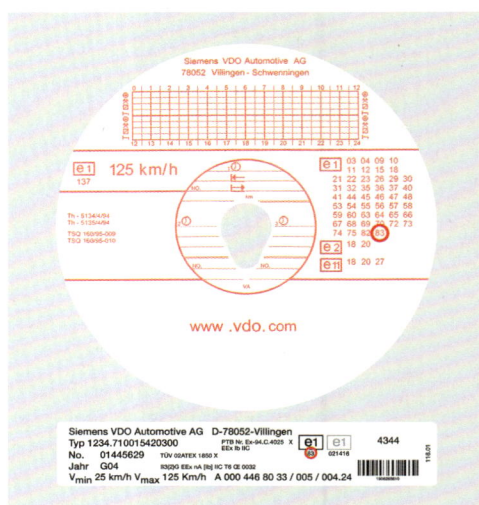

Sowohl auf dem Schaublatt als auch auf dem Einbauschild ist unter „e1" die Zahl „83" aufgeführt.

KONTROLLGERÄTE IM STRASSENVERKEHR

Der maximale Messbereich des Schaublattes muss mit dem maximalen Messbereich des Fahrtenschreibers übereinstimmen. Der Geschwindigkeitsaufschrieb erfolgt im äußeren Bereich des Schaublattes. Da der Platz im äußeren Bereich des Schaublattes festgelegt ist, liegen die einzelnen Geschwindigkeitsfelder beispielsweise bei einem 180-km/h-Schaublatt dichter zusammen als bei einem 125-km/h-Schaublatt. Immer wenn ein Schaublatt mit einem für das Gerät zu niedrigen Messbereich eingelegt wird, erfolgt das Aufzeichnen einer geringeren Geschwindigkeit. Umgekehrt, beim Einlegen eines Schaublattes mit einem für das Gerät zu hohen Messbereich, erfolgt der Aufschrieb einer höheren als der tatsächlich gefahrenen Geschwindigkeit.

Der Straftatbestand nach § 268 StGB ist auch dann erfüllt, wenn Sie den Aufzeichnungsvorgang des Gerätes manipulieren und somit kein ordnungsgemäßer Aufschrieb erfolgt. Beispiele hierfür sind das Verbiegen eines Schreibstiftes oder das Begrenzen des oberen Schreibstiftes durch einen Gegenstand, so dass geringere Geschwindigkeiten auf dem Schaublatt aufgezeichnet werden.

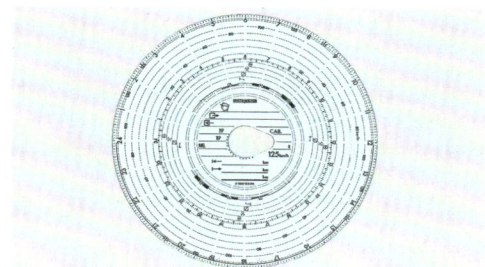

Messbereich 125 km/h

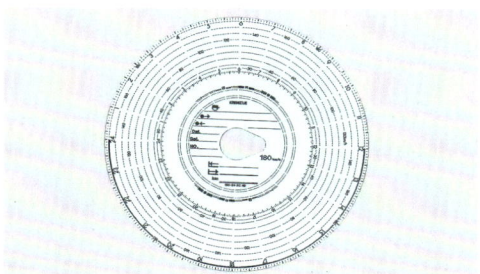

Messbereich 180 km/h

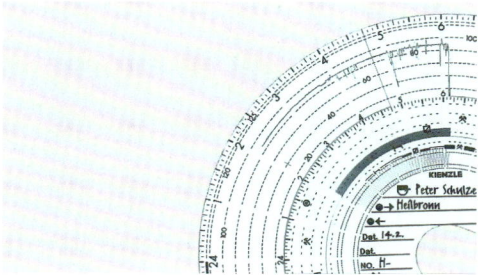

Dieses Schaublatt wurde von 02.05 – 04.45 Uhr in Ruhezeit überschrieben (durchgehende Grundlinie) und dann entnommen (Auswurfmarkierung um 04.45 Uhr).

> » **INFO**
>
> Das Verwenden von Schaublättern mit einem falschen Messbereich für die Geschwindigkeit, also mit einem falschen Geschwindigkeitsaufschrieb, zieht nicht nur gem. der VO (EU) Nr. 165/2014 i. V. m. dem FPersG und der FPersV ein Bußgeld nach sich, sondern erfüllt in Deutschland gleichzeitig den Straftatbestand nach § 268 des StGB (Strafgesetzbuch) – Fälschung technischer Aufzeichnungen.

KONTROLLGERÄTE IM STRASSENVERKEHR

2.4.1 Was wird auf dem Schaublatt aufgezeichnet?

Üblicherweise haben Fahrtenschreiber drei Schreibstifte. Der äußerste/oberste Schreibstift zeichnet die Standzeiten (Grundlinie) und Fahrtzeiten des Fahrzeuges in Form der gefahrenen Geschwindigkeit auf. Bei einigen Geräten hat der oberste Schreibstift außerdem die Aufgabe, mit einem Ausschlag bis an den Schaublattrand die Entnahme des Schaublattes und/oder eine Spannungsunterbrechung vom Gerät zu dokumentieren.

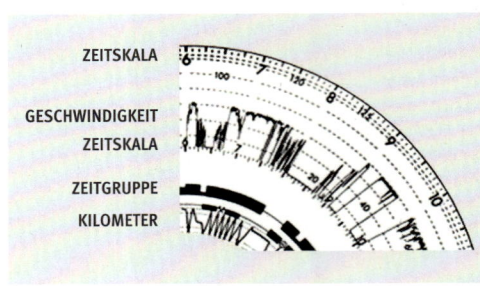

Der äußere Schreibstift zeichnet die Geschwindigkeit auf. Wenn das Fahrzeug steht, ist dies durch einen gleichmäßigen Aufschrieb auf der Grundlinie erkennbar.

Der mittlere Schreibstift zeichnet die Zeitgruppe auf. Das Unterlassen oder falsche Schalten des Zeitgruppenschalters ist bußgeldbewehrt.

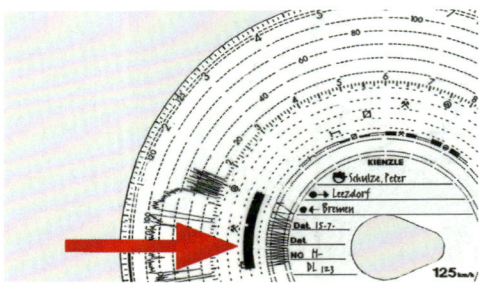

Analoges Automatikgerät: Im Fahrbetrieb schaltet das Gerät automatisch um und schreibt mittels „Rüttelaufschrieb" einen breiten Balken. Bei Stillstand und geschalteter Bereitschafts- oder Arbeitszeit wird ein unterschiedlich dicker Balken geschrieben.

> » **INFO**
>
> Schaublatt reicht als Beweismittel.
> Auch ohne Hinzuziehen eines Sachverständigen dürfen die Aufzeichnungen des Fahrtschreibers zur Feststellung einer Geschwindigkeitsüberschreitung verwertet werden. Allerdings sind dann 6 km/h als Toleranz abzuziehen.
> OLG Bamberg, Az: 2 Ss OWi 843/07

KONTROLLGERÄTE IM STRASSENVERKEHR

Der innere Schreibstift zeichnet die gefahrene Wegstrecke auf. Im Fahrbetrieb „pendelt" der Schreibstift zwischen einer oberen und unteren Begrenzung. Die gefahrene Wegstrecke dazwischen beträgt 5 km. Je schneller das Fahrzeug fährt, desto dichter liegen die Auf- und Abwärtsbewegungen dieses Schreibstiftes (und somit der vertikale Aufschrieb) zusammen, denn innerhalb von 24 Stunden wird das Schaublatt einmal komplett vom Fahrtenschreiber gedreht.

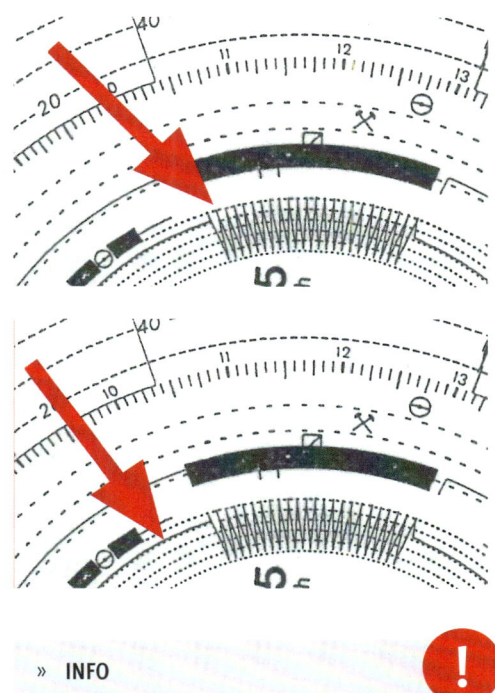

Bei Stillstand des Fahrzeugs steht auch der Schreibstift für den Wegstreckenaufschrieb still und zeichnet somit auf dem Schaublatt eine horizontale Linie auf. Durch den Wegstreckenaufschrieb ist es bei Kontrollen immer möglich, die tatsächlich aufgezeichneten Kilometer des Fahrzeugs auf dem Schaublatt nachzuvollziehen.

Wenn am Automatikgerät „Pause oder Ruhezeit" geschaltet ist, zeichnet das Gerät bei Stillstand des Fahrzeugs eine dünne Linie auf. Anmerkung zum Automatikgerät: Einige Fahrer machen es sich „einfach" und lassen ihr Automatikgerät fälschlicherweise permanent auf „Ruhezeit" stehen. Trotzdem sind kurze Fahrzeiten auf einem Betriebsgelände oder an einer Rampe durch den breiten Ausschlag des Rüttelaufschriebs vom mittleren Schreibstift zu erkennen. Diese Zeiträume werden nicht als freie verfügbare Pause für den Fahrer gewertet. Erinnerung: Das Nichtschalten des Zeitgruppenschalters ist bußgeldbewehrt.

» **INFO**

Bei einigen Fahrtenschreibern erfolgt bei Stillstand des Fahrzeugs kein Wegstreckenaufschrieb.

KONTROLLGERÄTE IM STRASSENVERKEHR

2.4.2 Mehrfahrerbetrieb

Wenige ältere Fahrtenschreiber wurden als reine Ein-Fahrer-Geräte gebaut. Diese sind von außen daran zu erkennen, dass nur ein Zeitgruppenschalter vorhanden ist.

Beim Zwei-Fahrer-Betrieb müssen vor Fahrtantritt für Sie und den zweiten Fahrer je ein Schaublatt ausgefüllt werden. Auf beiden Schaublättern erfolgt im Fahrtenschreiber gleichzeitig ein Aufschrieb.

Beim Kompakttachographen und beim modularen Fahrtenschreiber wird das Schaublatt für Fahrer 2 – durch eine Kunststoffklappe getrennt – unter Ihr Schaublatt eingelegt. Beim Flachtachographen hat das Schaublatt für den zweiten Fahrer einen eigenen Einzugsschacht. Der Aufschrieb auf dem Schaublatt für Fahrer 2 erfolgt bei allen Geräten nur mittels eines Schreibstifts im Zeitgruppenfeld.

In diesem Feld wird eine verlaufende Linie mit kurzen senkrechten Begrenzungen am Anfang und am Ende (Zeitpunkt des Einlegens und Herausnehmens vom Schaublatt in bzw. aus Position 2) aufgezeichnet. Die unterschiedliche Dicke beschreibt genauso wie auf dem Schaublatt in Position 1 die geschaltete Zeitgruppe.

Pause/Ruhezeit = dünner Strich
Bereitschaftszeit = etwas dickerer Aufschrieb
Arbeitszeit = dicker Aufschrieb

EIN-FAHRER-GERÄT

ZWEI-FAHRER-GERÄT

KOMPAKTTACHOGRAPH

> » **INFO**
>
> Bei einem Fahrerwechsel müssen auch die Schaublätter im Fahrtenschreiber von Position 1 auf Position 2 und umgekehrt gewechselt werden. Wird dieses Wechseln der Schaublätter vergessen, fährt Fahrer 2 mit Ihrem Schaublatt weiter und somit unter einem falschen Namen. Das kann bereits den Straftatbestand der Urkundenfälschung, § 268 StGB, erfüllen.

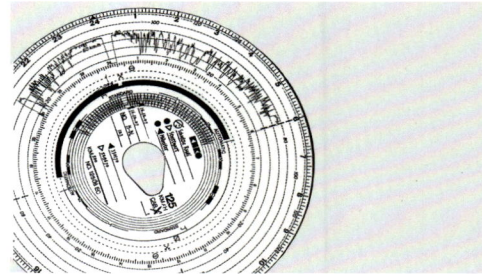
Zwischen ca. 06.05 Uhr bis 17.50 Uhr befand sich dieses Schaublatt in Position 2 des Fahrtenschreibers.

KONTROLLGERÄTE IM STRASSENVERKEHR

2.4.3 Pflichten des Fahrers bei der Verwendung von EU-Fahrtenschreibern mit Schaublättern

Die Schaublätter in den EU-Fahrtenschreiber sind immer personengebunden. Überprüfen Sie vor Fahrtantritt,
- ob das Schaublatt zum eingebauten Fahrtenschreiber passt (E-Nummer und Geschwindigkeitsbereich),
- ob die eingestellte Uhrzeit mit der tatsächlichen Uhrzeit übereinstimmt (Sommerzeit, verschiedene Zeitzonen in Europa). Hinweis: Die in Ihrem Blickfeld liegende Uhr hat eine 12-Stunden-Einteilung, während das Schaublatt im Gerät eine 24-Stunden-Unterteilung hat. Wird vorne 7 Uhr angezeigt, kann das Uhrwerk auch um zwölf Stunden verstellt sein und der Aufschrieb bei 19 Uhr beginnen. Während die Kontrolle der richtigen Uhrzeit beim Kompakttachographen relativ einfach ist (die tatsächliche Uhrzeit muss beim korrekt eingelegten Schaublatt „oben" in Höhe der Schreibstifte sein), können Sie die eingestellte Uhrzeit am Flachtachographen nur an einem „Probeaufschrieb" erkennen. Beim modularen Fahrtenschreiber ist diese Überprüfung nicht nötig, da die tatsächliche Uhrzeit in 24-Stunden-Schritten im Display angezeigt werden kann.

Handschriftliche Eintragungen gehören in die vorgesehenen Pflichtfelder für:
- » Name und Vorname,
- » Abfahrtsort (Einlegeort des Schaublattes),
- » aktuelles Datum,
- » amtliches Kennzeichen des Kraftfahrzeugs,
- » km-Stand am Abfahrtsort.

Handschriftliche Eintragungen nach Fahrtende:
- Entnahmeort des Schaublattes
- Entnahmedatum
- Endkilometerstand

Das Beschriften und Verwenden eines Schaublattes mit einem falschem Namen ist nicht nur bußgeldbewehrt, sondern erfüllt gleichzeitig den Straftatbestand der Urkundenfälschung, § 267 StGB.

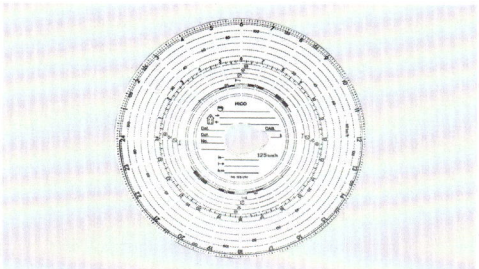

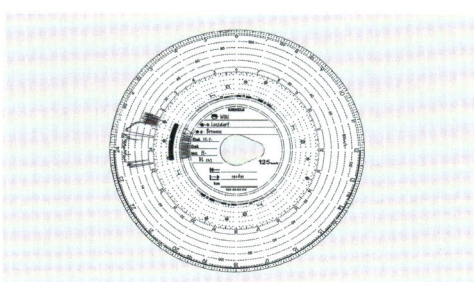

Antwort des Fahrers bei der Kontrolle: „Bei uns in der Firma weiß doch jeder, wer Willi ist."

> » **INFO**
>
> Sowohl das Nichteinlegen wie auch das Verwenden eines Schaublattes ohne eingetragenen Vor- und Zunamen ist bußgeldbewehrt und kann zu einem Ordnungswidrigkeitsverfahren führen.

KONTROLLGERÄTE IM STRASSENVERKEHR

2.4.4 Pflichten des Fahrers bei der Verwendung von Fahrtschreibern (nationale Vorschrift)

Die Aufzeichnungen von Fahrzeugen, die dem § 57 a StVZO unterliegen, aber gemäß der FPersV ausgenommen sind, sind nicht personengebunden. Insofern unterscheidet sich die nationale von der europäischen Vorschrift.

Ist dieses Fahrzeug mit einem analogen Gerät oder einem Fahrtschreiber ausgestattet, ist aber auch dieses Schaublatt vor Antritt der Fahrt mit Ihrem Namen sowie dem Ausgangspunkt und dem Datum auszufüllen. Verwenden Sie direkt hintereinander mehrere Schaublätter, reicht es aus, wenn das jeweils erste Schaublatt ausgefüllt wird. Im Falle des Einsatzes von Kraftomnibussen im Linienverkehr bis 50 km können Sie an Stelle Ihres Namens auch das amtliche Kennzeichen oder die jeweilige Betriebsnummer eintragen. Da die Besatzungen der Busse mehrmals täglich wechseln können, entfällt somit das Wechseln der Schaublätter. Bei einer späteren Betriebsprüfung kann dennoch anhand der vorhandenen Einsatzpläne zweifelsfrei festgestellt werden, welcher Fahrer zu welchem Zeitpunkt welches Fahrzeug gelenkt hat.

Ist das Fahrzeug mit einem Fahrtschreiber ausgerüstet, sind von Ihnen zusätzlich gemäß § 1 Abs. 7 FPersV die Schicht und die Pausen jeweils bei Beginn und Ende handschriftlich auf dem Schaublatt zu vermerken. Ist dieses Fahrzeug mit einem digitalen Fahrtschreiber ausgestattet, müssen Sie Ihre Fahrerkarte nicht stecken. Selbstverständlich müssen sowohl der Fahrtschreiber als auch der analoge und der digitale Fahrtenschreiber vom Beginn bis zum Ende der Fahrt ununterbrochen in Betrieb sein und auch die Fahrtunterbrechungen aufzeichnen.

> » **INFO**
> Diese nationale Vorschrift wurde am 1. Januar 2013 außer Kraft gesetzt. (Weitere Informationen finden Sie im Kapitel 2.2 Einbaupflicht eines Fahrtenschreibers in Deutschland gemäß § 57 a StVZO)

2.4.5 Rückseite des Schaublatts

Auf der Rückseite eines jeden Schaublattes sind neben den E-Nummern auch freie Felder für einen eventuellen Fahrzeugwechsel oder für handschriftliche Aufzeichnungen innerhalb eines 24-Stunden-Zeitraums vorgesehen.

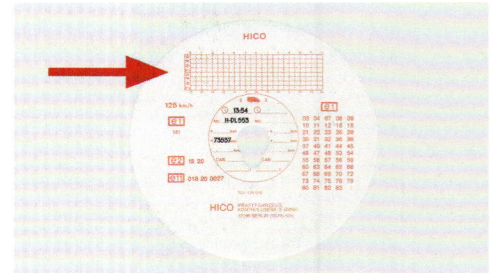

KONTROLLGERÄTE IM STRASSENVERKEHR

2.4.6 Fahrzeugwechsel

Da an jedem Tag möglichst nur ein Schaublatt von Ihnen zu benutzen ist, haben Sie bei einem Fahrzeugwechsel das „neue" Kennzeichen und den „neuen" Kilometerstand im inneren Bereich der Schaublattrückseite einzutragen und dann die Fahrt mit demselben Schaublatt in dem neuen Fahrzeug fortzusetzen.

Achtung: Überprüfen Sie unbedingt, ob beide analogen Fahrtenschreiber auch denselben Geschwindigkeitsbereich aufzeichnen. Ist der Messbereich unterschiedlich (Bsp. 100 km/h und 125 km/h) müssen Sie ein neues und dem Messbereich angepasstes Schaublatt ausführen.

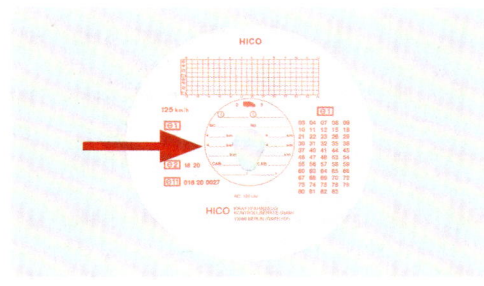

2.4.7 Weitere handschriftliche Aufzeichnungen auf der Schaublattrückseite

Kann die automatische Aufzeichnung aus irgendwelchen Gründen auf der Schaublattvorderseite nicht erfolgen, müssen Sie Ihre Aufzeichnungen entsprechend den Zeitgruppen (Arbeits-, Bereitschafts-, Ruhezeiten und Fahrtunterbrechungen) handschriftlich vornehmen. Gründe hierfür können sein: Sie führen vor Fahrtantritt schon „andere Arbeiten" im Betrieb aus. Das Gerät ist defekt und kann deshalb nicht ordnungsgemäß aufzeichnen. Hierzu eignet sich neben der Rückseite eines Schaublattes auch die Rückseite des Druckerpapiers für den digitalen Fahrtenschreiber. Diese handschriftliche Aufzeichnung, als Ersatz für den digitalen Fahrtenschreiber, müssen Sie zusätzlich mit Ihrem Namen, der Nummer Ihrer Fahrerkarte oder Ihres Führerscheins versehen und anschließend unterschreiben.

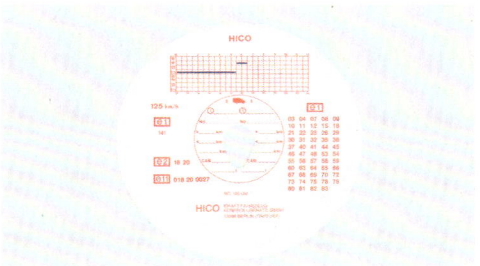

Hier wurden handschriftlich nachgetragen:
– Ihre Ruhezeit bis 05.30 Uhr und – Ihre Arbeitszeit (z. B. Anfahrt zum Fahrzeug, Sicherung der Ladung oder Übernahme des Busses) von 05.30 – 06.30 Uhr. Ab 06:30 Uhr erfolgt dann der Aufschrieb mit dem Fahrtenschreiber.

KONTROLLGERÄTE IM STRASSENVERKEHR

Sonstige Pflichten, deren Nichtbeachtung im Umgang mit Schaublättern ein Bußgeld nach sich ziehen kann:
- Der Unternehmer und Sie als Fahrer sorgen für die einwandfreie Funktionstüchtigkeit und die ordnungsgemäße Benutzung der Fahrtenschreiber. Zur ordnungsgemäßen Benutzung gehört auch, dass der Fahrer seine Ruhe-, Bereitschafts-, Arbeits- und Lenkzeiten durch den Fahrtenschreiber auf dem Schaublatt aufzeichnen lässt.
- Um eine nachvollziehbare Aufzeichnung zu gewährleisten, dürfen Sie keine angeschmutzten oder beschädigten Schaublätter verwenden.
- Die Schaublätter müssen deshalb in angemessener Weise geschützt verwahrt werden.
- Sie müssen für jeden Tag, an dem Sie lenken, ab Fahrzeugübernahme ein Schaublatt verwenden. Hiermit ist nicht gemeint, dass der Fahrer um 00.01 Uhr sein Schaublatt wechseln muss. Hier ist als „Arbeitstag" ein 24-Stunden-Zeitraum gemeint. Der erste Arbeitstag der Woche kann am Sonntagabend um 22 Uhr beginnen. Den zeitlichen Beginn des ersten Arbeitstages jeder Woche legen Sie fest.
- Um einen lückenlosen Aufschrieb gewährleisten zu können, darf das Schaublatt grundsätzlich nicht während der Arbeitszeit (inkl. Lenkzeit) entnommen werden. Die kurzzeitige Entnahme des aktuellen Schaublattes zur Überprüfung der bereits vorhandenen Lenkzeit (als Beispiel) durch den Fahrer wird von den Kontrollbehörden in der Regel toleriert.
- Kein Schaublatt darf sich länger als 24 Stunden im Fahrtenschreiber befinden, da sich sonst die Aufzeichnungen überschreiben. Eine kurzzeitige Überschreibung durch eine Ruhezeit wird von den Kontrollbehörden in der Regel toleriert. Das lässt sich aber vermeiden, wenn man zu Beginn der Ruhezeit ein neues Schaublatt einlegt. Dann beginnt die Aufzeichnung auf dem neuen Schaublatt mit Ihrer Ruhezeit.

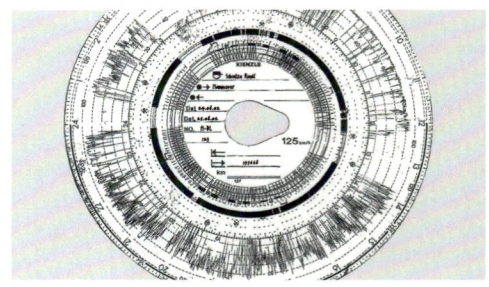

Dieses Schaublatt ist dreimal überschrieben und eine Auswertung ergab, dass über 1450 km auf diesem Schaublatt gefahren wurden.

2.4.8 Mitführpflicht

Die Schaublätter und handschriftlichen Aufzeichnungen des laufenden Tages und die der vorausgehenden 28 Kalendertage haben Sie mitzuführen und den zuständigen Kontrollbeamten auszuhändigen.

» **INFO**

Am 15.7.2020 wurde durch die EU-Kommission beschlossen, dass der Zeitraum der nachzuweisenden Tätigkeiten erweitert wird. Ab dem 21.12.2024 müssen bei Kontrollen der aktuelle sowie die 56 vorausgegangenen Kalendertage ausgehändigt werden. Für Fahrer, die ausschließlich mit einem digitalen Fahrtenschreiber unterwegs sind, wird sich nicht viel ändern, da die Daten ohnehin vorhanden sind. Erfolgt der Nachweis in Papierform, müssen Fahrer darauf achten, dass sie ihre Nachweise erst nach Ablauf der 57 Tage zur Aufbewahrung an das Unternehmen übergeben.

KONTROLLGERÄTE IM STRASSENVERKEHR

2.4.9 Nachweis über berücksichtigungsfreie Tage

Können Fahrer die vorgeschriebenen Nachweise der vorausgegangenen 28 Tage nicht oder nicht vollständig vorlegen, weil sie an einem oder mehreren Tagen
- ein Fahrzeug gelenkt haben, für dessen Führen eine Nachweispflicht nicht besteht,
- erkrankt waren,
- sich im Urlaub befanden oder
- aus anderen Gründen kein Fahrzeug gelenkt haben,

haben sie diese gemäß § 20 Abs. 1 Fahrpersonalverordnung (FPersV) durch manuelle Nachträge zu belegen.

Auch wenn national die Bescheinigung über berücksichtigungsfreie Tage noch akzeptiert wird, hat der Nachweis der zurückliegenden 28 Tage seit 02. März 2015 bei Nutzung eines digitalen Fahrtenschreibers grundsätzlich mittels manueller Eingabevorrichtung des Fahrtenschreibers auf der Fahrerkarte zu erfolgen. Erst wenn ein manueller Nachtrag aus technischen Gründen nicht möglich ist oder dieser besonders aufwendig wäre, darf gemäß § 20 Abs. 4 FPersV entgegen der oben genannten Grundsatzregelung eine Bescheinigung des Unternehmens über die nicht auf der Fahrerkarte festgehaltenen Zeiträume vorgelegt werden. Nur so ist eine lückenlose Dokumentation möglich.

Ab wann ein Nachtrag als besonders aufwendig anzusehen ist, hat der Gesetzgeber nicht geregelt. Das Bundesamt für Güterverkehr (BAG) führt dazu aus, dass diese Voraussetzung vorliegt, wenn
- der Zeitraum des Nachtrages mehr als fünf Tage umfasst oder
- die Anzahl der nachzutragenden Zeiträume 25 übersteigt.

Die Papierbescheinigungen dürfen gegebenenfalls nicht handschriftlich erstellt sein und müssen sowohl vom Unternehmer oder seiner beauftragten Person als auch vom Fahrer unterschrieben werden.

» **INFO**

Die im folgenden dargestellte Bescheinigung ist ein von der EU herausgegebenes Formular. Dieses Formular soll insbesondere im internationalen Verkehr verwendet werden, da es aufgrund der einheitlichen Nummerierung und Übersetzungen in alle relevanten Landessprachen international lesbar ist. Alternativ kann auch ein firmeneigenes Formular genutzt werden. Zu Beachten ist dann jedoch, dass eine solche Bescheinigung den gleichen Datenumfang enthalten muss wie das EU-Formular.

Vorgehensweise

Die Praxis hat gezeigt, dass die Aufzeichnungen auf der Fahrerkarte und Bescheinigungen über berücksichtigungsfreie Tage regelmäßig nicht aufeinander abgestimmt sind. Die angegebenen Zeiträume weisen entweder Lücken auf oder es liegen Doppelnachweise vor, die voneinander abweichen. Zur Vermeidung derartiger Fehler und um die Nachweisführung für Unternehmer und Fahrer gleichermaßen zu vereinfachen, hat sich, sofern der Nachweis aus oben genannten Gründen per Papierbescheinigung erfolgen soll, daher folgende Vorgehensweise bewährt:

Sie als Fahrer machen jeweils folgende manuelle Nachträge über die Eingabevorrichtung des Fahrtenschreibers:
- Für den letzten Tag der aufgezeichneten Nachweise, also den Tag der Entnahme der Karte, bis 24:00 Uhr und für den aktuellen Tag, also den Tag des Steckens der Karte, ab 00:00 Uhr.
- Für den Zeitraum zwischen den beiden Tagen tragen Sie das Symbol ? ein.

Das Unternehmen stellt Ihnen für den Zeitraum des fehlenden Nachweises, also den von Ihnen mit dem Symbol ? belegten Zeitraum, eine Bescheinigung über berücksichtigungsfreie Tage (Papierbescheinigung) aus, jeweils für die vollen Tage von 00:00 – 24:00 Uhr.

Beispiel

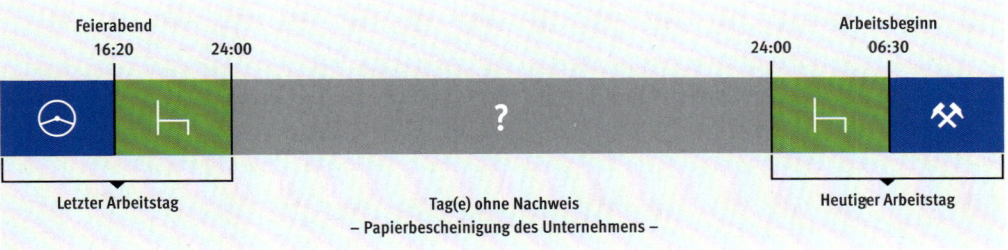

Hinweis

Der Nachtrag eines Zeitraums unter dem ? Symbol ist mit folgenden Fahrtenschreibern möglich: VDO ab Release 1.4 bzw. Stoneridge SE5000 Rev. 7.3 (beide 2011). Bei älteren Geräten fehlt diese Option.

KONTROLLGERÄTE IM STRASSENVERKEHR

ANHANG

Bescheinigung von Tätigkeiten[1]
(Verordnung (EG) Nr. 561/2006 oder AETR[2])

Vor jeder Fahrt maschinenschriftlich auszufüllen und zu unterschreiben.
Zusammen mit den Original-Kontrollgerätaufzeichnungen aufzubewahren.
FALSCHE BESCHEINIGUNGEN STELLEN EINEN VERSTOSS GEGEN GELTENDES RECHT DAR.

Vom Unternehmen auszufüllender Teil

(1) Name des Unternehmens: _____
(2) Straße, Hausnr., Postleitzahl, Ort, Land: _____, _____, _____
(3) Telefon-Nr. (mit internationaler Vorwahl): _____
(4) Fax-Nr. (mit internationaler Vorwahl): _____
(5) E-Mail-Adresse: _____

Ich, der/die Unterzeichnete

(6) Name und Vorname: _____
(7) Position im Unternehmen: _____

erkläre, dass sich der Fahrer/die Fahrerin

(8) Name und Vorname: _____
(9) Geburtsdatum (Tag, Monat, Jahr): _____
(10) Nummer des Führerscheins, des Personalausweises oder des Reisepasses: _____
(11) der/die im Unternehmen tätig ist seit (Tag, Monat, Jahr): _____, _____, _____

im Zeitraum

(12) von (Uhrzeit/Tag/Monat/Jahr: _____ / _____ / _____ / _____
(13) bis (Uhrzeit/Tag/Monat/Jahr: _____ / _____ / _____ / _____
(14) ○ sich im Krankheitsurlaub befand***
(15) ○ sich im Erholungsurlaub befand***
(16) ○ sich im Urlaub oder in Ruhezeit befand***
(17) ○ ein vom Anwendungsbereich der Verordnung (EG) Nr. 561/2006 oder des AETR ausgenommenes Fahrzeug gelenkt hat***
(18) ○ andere Tätigkeiten als Lenktätigkeiten ausgeführt hat***
(19) ○ zur Verfügung stand***
(20) Ort: _____ Datum: _____

Unterschrift: _____

(21) Ich, der Fahrer/die Fahrerin, bestätige, dass ich im vorstehend genannten Zeitraum kein unter den Anwendungsbereich der Verordnung (EG) Nr. 561/2006 oder das AETR fallendes Fahrzeug gelenkt habe.

(22) Ort: _____ Datum: _____

Unterschrift des Fahrers/der Fahrerin: _____

---

[1] Eine elektronische und druckfähige Fassung dieses Formblattes ist verfügbar unter der Internetadresse http://ec.europa.eu
[2] Europäisches Übereinkommen über die Arbeit des im internationalen Straßenverkehr beschäftigten Fahrpersonals.
*** Nur ein Kästchen ankreuzen

DE   **DE**

KONTROLLGERÄTE IM STRASSENVERKEHR

2.4.10 Aufbewahrungspflicht für den Unternehmer

Die Schaublätter und handschriftlichen Aufzeichnungen der Fahrer sind vom Unternehmer gemäß der VO (EU) Nr. 165/2014 und nach § 1 der FPersV nach Aushändigung durch den Fahrer (Fristbeginn) mindestens ein Jahr in chronologischer Reihenfolge und in lesbarer Form außerhalb des Fahrzeugs aufzubewahren und bei Betriebskontrollen auszuhändigen. Danach sind sie bis zum 31. März des nachfolgenden Jahres zu vernichten, sofern nicht andere Vorschriften eine längere Aufbewahrungsfrist vorschreiben (siehe Abschnitt „Aufbewahrungspflichten" in diesem Band).

2.5 Digitaler Fahrtenschreiber

Bereits im Herbst 1998 hat der Rat der Europäischen Union die Einführung des digitalen Fahrtenschreibers zur Überwachung des gewerblichen Straßenverkehrs beschlossen. Der analoge Fahrtenschreiber mit Schaublatt wird schrittweise durch den digitalen Fahrtenschreiber ersetzt. Die digitalen Fahrtenschreiber müssen hinsichtlich Bauart, Einbau, Benutzung und Prüfung den Vorschriften der VO (EU) Nr. 165/2014 entsprechen. Seit dem 01. Mai 2006 müssen alle Fahrzeuge
– mit einer zulässigen Gesamtmasse von mehr als 3,5 t oder
– mit mehr als acht Fahrgastplätzen, die erstmals zum Verkehr zugelassen werden, mit einem digitalen Fahrtenschreiber ausgerüstet sein.

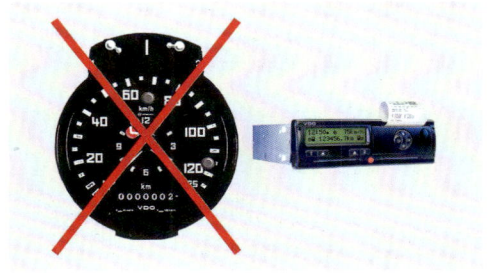

Es besteht keine allgemeine Nachrüstpflicht. Bisherige Fahrtenschreiber dürfen in den Fahrzeugen weiterverwendet werden, sofern diese nicht grenzüberschreitend eingesetzt werden. Näheres hierzu finden Sie auch in der Info-Box auf Seite 49. Zudem hat der deutsche Gesetzgeber im § 57a StVZO eine Austauschverpflichtung verankert. Wird bei Fahrzeugen
– zur Güterbeförderung mit einer zulässigen Gesamtmasse von mindestens 12 t oder
– zur Personenbeförderung mit mehr als acht Fahrgastplätzen und einer zulässigen Gesamtmasse von mehr als 10 t,
– die ab dem 1. Januar 1996 erstmals zum Verkehr zugelassen wurden und
– bei denen die Übermittlung der Signale an den Fahrtenschreiber ausschließlich elektrisch erfolgt, der analoge Fahrtenschreiber einschließlich seiner Komponenten ausgetauscht, muss dieses durch einen digitalen Fahrtenschreiber ersetzt werden.

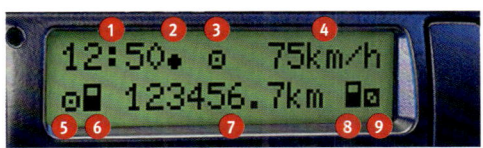

1	Uhrzeit	6	Fahrerkarte 1 gesteckt
2	Piktogramm Ort (Ortszeit)	7	Kilometerstand
3	Betriebsart Lenken	8	Fahrerkarte 2 gesteckt
4	Geschwindigkeit in km/h	9	Aktivität Bereitschaft
5	Aktivität Lenken		

Die Aufgaben des digitalen Fahrtenschreibers sind das
– Aufzeichnen,
– Speichern,
– Anzeigen,
– Ausdrucken,
– Ausgeben
von Fahrer- und Fahrzeugdaten.

KONTROLLGERÄTE IM STRASSENVERKEHR

2.5.1 Kurzbeschreibung

Der digitale Fahrtenschreiber verfügt über
- ein Display zur Anzeige der gespeicherten Informationen,
- Bedientasten zur Menüführung,
- zwei Einzugsschächte mit Chipkartenleser für die vier unterschiedlichen Fahrtenschreiberkarten,
- den Massenspeicher (eingebaute „Festplatte" im Gerät) und
- einen integrierten Drucker.

Die gewünschte Sprache des Gerätes lässt sich vom Fahrer einstellen. Der DTCO 1381 von VDO beispielsweise verfügt über 20 verschiedene Sprachwahlmöglichkeiten.
Anmerkung: Beim Stecken einer höherwertigen Karte wechselt die Sprache der Anzeige.

Beispiel
Ein deutscher Fahrer wird in Dänemark kontrolliert. Beim Stecken der dänischen Kontrollkarte wechselt die Displaysprache ins Dänische.
Die Datenspeicherung erfolgt fahrzeugbezogen im Massenspeicher mit einer Speicherkapazität von rund einem Jahr. Aufgezeichnet werden neben der Fahrzeugidentifikation (Fahrgestellnummer und amtliches Kennzeichen) auch Lenk-, Arbeits-, Bereitschafts- und Ruhezeiten der Fahrer, Wegstrecke, Drehzahl und Ereignisse oder Störungsmeldungen. Die gefahrene Geschwindigkeit lässt sich sekundengenau nur innerhalb der letzten 168 Stunden Lenkzeit abfragen. Ältere Daten werden überschrieben und gehen somit verloren, wenn sie nicht vorher extern gesichert wurden.

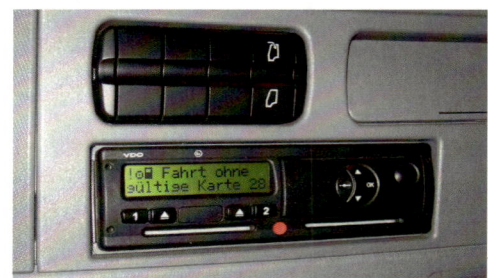

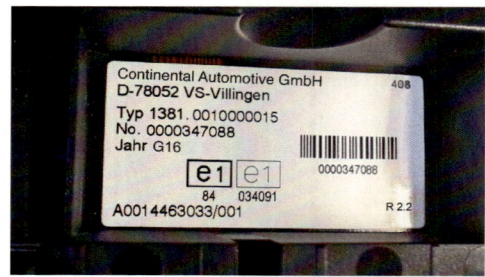

Das Typenschild beim digitalen Fahrtenschreiber befindet sich z. B. bei VDO als Aufkleber im zu öffnenden Papierrollenfach.

Fahrerbezogene Daten wie die Lenk- und Ruhezeiten werden zusätzlich auf der jeweiligen persönlichen Fahrerkarte gespeichert. Hingegen dienen Unternehmenskarte, Werkstattkarte und Kontrollkarte nur als „Schlüssel", um die Daten des Massenspeichers auslesen und kopieren zu können. Bei stehendem Fahrzeug und eingeschalteter Zündung können die gespeicherten Daten je nach Berechtigung der gesteckten Karte mit dem eingebauten Drucker ausgedruckt werden. Bei fehlendem Druckerpapier wird der Ausdruck abgebrochen und nach dem Einlegen einer neuen Papierrolle genau dort wieder fortgesetzt. Der Unternehmer und Sie als Fahrer haben für eine ausreichende Menge Druckerpapier (Ersatzrolle im Fahrzeug) zu sorgen. Da es sich um Thermopapier handelt, müssen das Druckerpapier und die Ausdrucke licht-, wärme- und feuchtigkeitsgeschützt aufbewahrt werden.

Auch das zu verwendende Thermopapier unterliegt einer Typenzulassung. Über die frontseitige Schnittstelle können die Daten des Massenspeichers heruntergeladen und anschließend ausgewertet werden. Außerdem erfolgt darüber die Kalibrierung des Gerätes.

KONTROLLGERÄTE IM STRASSENVERKEHR

2.5.2 UTC-Zeit

In der Vergangenheit kam es mit den analogen Fahrtenschreibern oft zu Problemen, wenn ein Fahrer aus England nach Frankreich oder Deutschland kam. Oft zeigte sein analoger Fahrtenschreiber noch seine britische Zeit.

Das Problem: Stellen Sie Ihre Uhrzeit eine Stunde vor, fehlen Ihnen die Aufzeichnungen von einer ganzen Stunde. Oder: Ein anderer Fahrer fährt von Griechenland nach Portugal. Stellt er unterwegs zweimal seine Uhrzeit um eine Stunde zurück, hat er auf einem Schaublatt zweimal Überschreibungen.

ZEITZONE 0	
Großbritannien	GB
Irland	IRL
Island	IS
Portugal	P

ZEITZONE +1	
Belgien	B
Dänemark	DK
Deutschland	D
Frankreich	F
Italien	I
Liechtenstein	FL
Luxemburg	L
Malta	M
Niederlande	NL
Norwegen	N
Österreich	A
Polen	PL
Schweden	S
Schweiz	CH
Slowakei	SK
Slowenien	SLO
Spanien	E
Tschechien	CZ
Ungarn	H
Zypern	CY

ZEITZONE +2		
Bulgarien		BG
Estland		EST
Finnland		FIN
Griechenland		GR
Lettland		LV
Litauen		LT
Rumänien		RO
SOMMER ZUSÄTZLICH +1 STD.		

ZEITZONE +1		
Andorra		AND
Bosnien- Herzegowina		BIH
Jugoslawien		YU
Kroatien		HR
Mazedonien		NK

ZEITZONE +2		
Moldawien		MD
Russland	+2-12	RUS
Weißrussland		BY

ZEITZONE +3		
Türkei		TR

ZEITZONE +4		
Aserbaidschan		AZ
Kasachstan	+4-6	KZ

ZEITZONE +5		
Turkmenistan		TM
Usbekistan		ZU

KONTROLLGERÄTE IM STRASSENVERKEHR

Beim digitalen Fahrtenschreiber erfolgen alle Speicherungen in der UTC-Zeit (UTC =Universal Time Coordinated). Die UTC-Zeit wird auch „koordinierte Weltzeit" genannt und ist die Standardzeit der Zeitzone des Null-Meridians durch den englischen Ort Greenwich.
In der EU ist in Irland und Portugal die Ortszeit gleich der UTC-Zeit. Je weiter östlich Sie sich befinden, desto später wird es. Deutschland = UTC-Zeit + 1 Stunde.

Während der Sommerzeit, vom letzten Sonntag im März bis zum letzten Sonntag im Oktober, gilt: Deutschland = UTC-Zeit + 2 Stunden.

Ausdrucke geben die Daten der Speicherkarte bzw. des Massenspeichers wieder. Grundsätzlich werden die aufgeführten Zeiten auf den unterschiedlichen Ausdrucken in UTC-Zeit angegeben.
Seit 2012 bieten die Fahrtenschreiber aber auch die Möglichkeit von Ausdrucken in Lokalzeit.

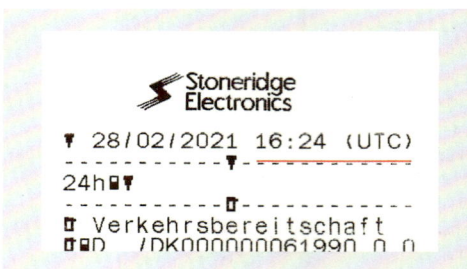

Hier ist am 28. Februar 2021 um 17.24 Uhr in Deutschland (16.24 UTC-Zeit) dieser Tagesausdruck (24 h) der Fahrerkarte (Piktogramm Karte) erfolgt.

» **INFO**

Hinweis: Auf dem Display kann sich der Fahrer die Ortszeit manuell einstellen. Die Speicherung der Daten wird dadurch nicht beeinflusst. Sie erfolgt weiterhin in der UTC-Zeit.

2.5.3 Zugelassene digitale Fahrtenschreiber im Überblick

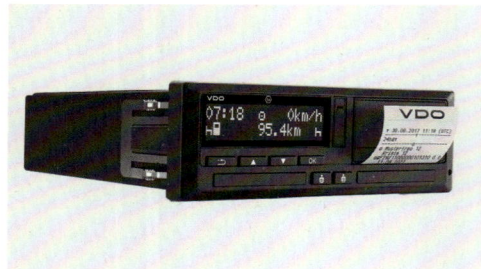

VDO 4.0

Stoneridge 8.0

EFAS 4.8

ACTIA (Der Hersteller ACTIA hat die Produktion der Tachographen eingestellt, daher findet man sie nur noch in älteren Fahrzeugen vor.)

2.5.4 Digitale Fahrtenschreiber der neueren Generation

Seit Mai 2006 werden alle Neufahrzeuge mit einer zulässigen Gesamtmasse von mehr als 3,5 zGM oder mit mehr als 8 Fahrgastplätzen mit einem digitalen Fahrtenschreiber ausgerüstet. Die Erfahrungen im täglichen Umgang mit den digitalen Fahrtenschreibern und der technische Fortschritt machten Änderungen der technischen Ausstattung der digitalen Fahrtenschreiber notwendig. Bereits durch den Erlass VO (EU) Nr. 1266/2009 der Europäischen Kommission wurden die Hersteller verpflichtet, Fahrtenschreiber auf den Markt zu bringen, welche einerseits den administrativen Aufwand verringern und andererseits zuverlässigere und fehlerfreiere Daten/Informationen abspeichern. Ein weiteres Ziel war, die Menüführung/Bedienung der digitalen Fahrtenschreiber benutzerfreundlicher zu gestalten. Unter anderem sind seit 2010 grafische Ausdrucke möglich, die Geschwindigkeitsprofile, Lenk- und Ruhezeiten der letzten sieben Tage oder von zusätzlichen Ereignissen (D1/D2-Statuseingänge), z. B. Ladevorgänge, das Schalten einer Kehrmaschine, eines Martinshorns oder Blaulichts, zeigen.

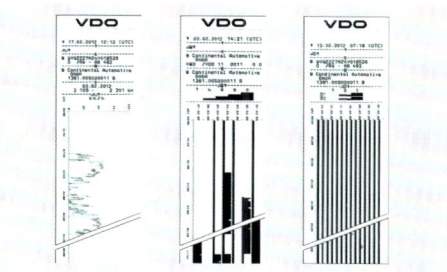

Darüber hinaus erfüllen die Geräte folgende Anforderungen:
- Die Downloadzeit der gespeicherten digitalen Daten ist erheblich reduziert
- Die Anbindung der digitalen Fahrtenschreiber mit Telematiksystemen wurde verbessert. Der Datendownload und die verschlüsselte Übertragung aller gespeicherten Daten an das Unternehmen über vorhandene Telematiksysteme ist nun gewährleistet.
- Durch eine geänderte Menüführung sind u. a. Nachträge vom Fahrer schneller und einfacher einzugeben.
- Ausdrucke sind auch in Ortszeit möglich.
- Beim VDO-Fahrtenschreiber werden nun die gefahrenen Geschwindigkeitsdaten für 168 Stunden (7 x 24 Fahrstunden) gespeichert.
- Es erfolgt ein Hinweis darauf, ob die gesteckte Fahrerkarte in naher Zukunft abläuft bzw. die regelmäßige Überprüfung des Fahrtenschreibers ansteht.
- Nach der Erstkalibrierung ist mit der Unternehmenskarte die einmalige Eingabe des amtlichen Kennzeichens möglich.
- Die Menüsteuerung ist nun in 29 Sprachen möglich. Durch die Ausgleichung des AETR-Rechts wurden einige osteuropäische Sprachen hinzugefügt.

In einem weiteren Schritt trat ab März 2015 sukzessive die VO (EU) 165/2014 in Kraft. In Verbindung mit der Durchführungsverordnung (EU) 2016/799 regelt sie, welche Fahrzeuge mit Tachographen ausgerüstet sein müssen und welche technischen Voraussetzungen diese Geräte mindestens zu erfüllen haben. Unter anderem sehen die Verordnungen vor, dass alle ab dem 15. Juni 2019 neu zugelassenen Lkw mit einem sogenannten intelligenten digitalen Fahrtenschreiber der neuen Generation ausgerüstet sein müssen.

» **INFO**

Im Rahmen des Mobilitätspakets I hat die EU die weitergehende Digitalisierung beschlossen. Ab Sommer 2023 werden Neufahrzeuge mit dem intelligenten Fahrtenschreiber der 2. Generation ausgestattet. Unter anderem zeichnet dieser automatisch Ortspunkte bei Fahrtantritt, bei jedem Grenzübertritt, beim Be- und Entladen, nach jeweils drei Lenkzeitstunden sowie nach Fahrtende auf. Ältere Fahrzeuge, die grenzüberschreitend eingesetzt werden, müssen bis spätestens 31.12.2024, Fahrzeuge die über einen intelligenten Fahrtenschreiber der 1. Generation verfügen, bis Sommer 2025 nachgerüstet werden.

» **INFO**

VDO, Stoneridge und Intellic haben mittlerweile die neusten Versionen ihrer Fahrtenschreiber vorgestellt. Neben der von der EU geforderten automatischen Erkennung des Grenzübertritts, wurde der Funktionsumfang erweitert.

Bei dem neusten Gerät des Herstellers Stoneridge entfällt nun beispielsweise das Anpassen der Ortszeit bei Überschreiten einer Zeitzone, da dies automatisch bei Grenzübertritt geschieht. Das DTCO 1381 von VDO bietet ab der Version 4.0e auch einen Arbeitszeitcounter nach den Vorgaben der Arbeitszeitrichtlinie 2002/15 EG sowie die Möglichkeit, das Fahrzeuggewicht automatisch zu erfassen.

Hier sind nun die Fahrzeughersteller gefordert, die notwendigen Onboard-Wiegesysteme nach den Vorgaben der EU zu entwickeln bzw. entsprechend anzupassen.

KONTROLLGERÄTE IM STRASSENVERKEHR

Neben dem oben erläuterten Funktionsumfang von Tachographen ab der Generation 2010, beinhalten die neuen Geräte unter anderem folgende Leistungsmerkmale:
- Der neue digitale Fahrtenschreiber DTCO 4.0 berücksichtigt Vorgaben der Datenschutzgrundverordnung (DSGVO) der EU
- DSRC-Schnittstelle (Dedicated Short Range Communication) und Satelliten-Anbindung vernetzen das Gerät bei höchsten Sicherheitsstandards
- GNSS-Anbindung gewährleistet die automatisierte und satellitengenaue Positionsbestimmung
- IST-Schnittstelle (Intelligent Transportation Systems) unterstützt Transportplanung und ermöglicht kooperierende Dienste

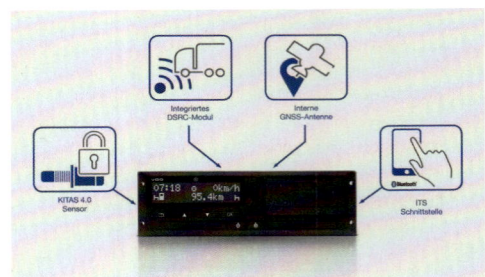

Quelle: VDO

Die grundlegende Bedienung und Menüführung der intelligenten Tachographen (u.a. VDO DTCO 4.0, Stoneridge SE5000 Connekt) entspricht weitestgehend der Bedienung vorheriger Fahrtenschreiber. Nachfolgend sind die wichtigsten Abweichungen bzw. Hinweise zur Bedienung aufgeführt.

- Bereits vorhandene Fahrerkarten können bis zum Ablauf ihrer Gültigkeit auch in intelligenten Tachographen verwendet werden. Ersetzt werden sie aber ausschließlich durch Kontrollgerätekarten der neusten Generation, die wiederum auch in älteren Tachographen einsetzbar sind.
- Bei der ersten Verwendung eines intelligenten Fahrtenschreibers durch einen Fahrer erfolgen nach dem manuellen Nachtrag einmalig zwei Abfragen, ob der Fahrer der Verarbeitung seiner personenbezogenen
  1. ITS-Daten (Vor- und Nachname, Geburtsdatum, Nummer der Fahrerkarte) und
  2. VDO-Daten (D1/D2-Statuseingänge, Drehzahlprofile des Motors, Geschwindigkeitsprofile, 4 Hz Geschwindigkeitssignal) zustimmt. Hiermit wird der DSGVO der EU Rechnung getragen. Eine Zustimmung kann im Bedarfsfall jederzeit wie am Beispiel der ITS-Daten dargestellt über das Menü des Fahrtenschreibers widerrufen werden.

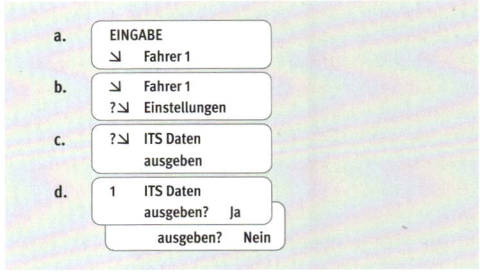

Digitaler Tachograph DTCO 4.0 – Bedienungsanleitung für Unternehmer und Fahrer

- Einstellung „Fähre/Zug":
Das Schalten der Einstellung „Fähre/Zug" erfolgt wie gewohnt über das Menü des Tachographen und muss gemäß VO (EU) 2016/799 bei noch laufendem Motor auf der Fähre bzw. dem Zug erfolgen, sobald die Parkposition erreicht wurde.
Das Löschen der Einstellung „Fähre/Zug" erfolgt bei dem DTCO 4.0 nicht mehr automatisch beim Anfahren, so wie es bei den vorherigen Fahrtenschreibern der Fall war, sondern entweder
  1. durch das Entfernen der Fahrerkarte aus dem Tachographen oder
  2. durch das Abschalten der Einstellung über das Menü des Fahrtenschreibers

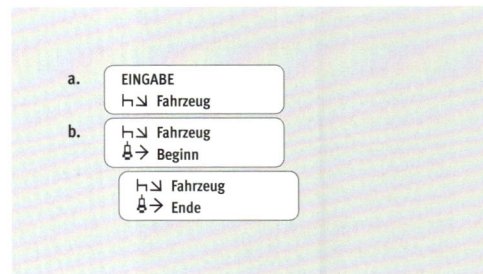

Digitaler Tachograph DTCO 4.0 – Bedienungsanleitung für Unternehmer und Fahrer

KONTROLLGERÄTE IM STRASSENVERKEHR

– Zu beachten ist darüber hinaus, dass über die GNSS-Anbindung und damit verbundene satellitengenaue Positionsbestimmung zwar bei Arbeitsbeginn und Arbeitsende sowie nach jeweils drei Stunden Lenkzeit die Position des Fahrzeugs gespeichert wird, dies den Fahrer aber nicht von der Verpflichtung entbindet, die Eintragung der Länderkennung bei Abfahrt bzw. bei Fahrtende vorzunehmen. Dies ist nach wie vor notwendig und bei Zuwiderhandlung ein Bußgeld-Tatbestand.

Fazit

Je mehr Fahrtunterbrechungen vorhanden sind, desto weniger Lenkzeit wird von den digitalen Fahrtenschreiber der 2. Generation aufgezeichnet. Tatsächliche Fahrzeit bis zu max. 29 Sekunden wird nicht mehr aufgezeichnet. Die eingestellte Tätigkeit (wie Pause, Arbeiten) von 31 Sekunden wird dann auf die volle Minute aufgerundet. Das kurzzeitige Bewegen des Fahrzeugs, wie an einer Laderampe oder beim Umparken auf einem Parkplatz, ist somit möglich, ohne dass Lenkzeit aufgezeichnet wird. Laut Herstellerangaben sind dadurch täglich bis zu 45 Minuten mehr Lenkzeit möglich. Laut übereinstimmenden Herstellerangaben (Randnummer 42) ist eine Nach- bzw. Umrüstung von digitalen Fahrtenschreibern der 1. Generation nicht möglich.

– Seit 2012 muss zusätzlich die Übermittlung elektronischer Daten vom Geschwindigkeitssensor am Getriebe zum digitalen Fahrtenschreiber gegen Manipulationen (z. B. durch einen Magneten) besser geschützt werden. Das wird durch einen zweiten, vom Getriebe unabhängigen, Geschwindigkeitssensor gewährleistet. Der digitale Fahrtenschreiber vergleicht beide ankommenden elektronischen Signale auf Übereinstimmung. Stimmen diese nicht überein, registrieren die Fahrtenschreiber das und speichern eine entsprechende Fehlermeldung ab.

– Die Prüfwerkstätten sind bei einer Kontrolle, Kalibrierung, Reparatur oder Überprüfung der digitalen Fahrtenschreiber verpflichtet, auf diese Fehlermeldung zu achten. Außerdem müssen sie das Vorhandensein von Manipulationsvorrichtungen und das Fehlen oder den Bruch von Plomben überprüfen und darüber Aufzeichnungen führen und diese aufbewahren.

– Auch die digitalen Fahrtenschreiber der 2. Generation speichern nur die geforderten Daten der VO (EG) Nr. 561/2006. Die Regelungen der europäischen Arbeitszeitrichtlinie 2002/15/EG bzw. des deutschen ArbZG werden von den Geräten nicht ausgewertet.

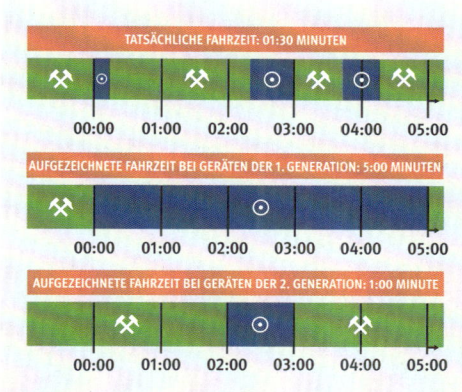

	1. GENERATION	2. GENERATION
Fahrzeit	Stopps **kleiner als 2 Minuten** werden als Fahrzeit gesichert.	Stopps **kleiner als 1 Minute** werden als Fahrzeit gesichert.
Ereignis	**Das erste Ereignis** (wie Fahren) innerhalb einer Minute wird auf die volle Minute gerundet. Beispiel: 10 Sekunden Fahrt und danach 50 Sekunden Pause = eine volle Minute Lenkzeit	**Das längste Ereignis** (wie Pause) innerhalb einer Minute wird auf die volle Minute aufgerundet. Beispiel: 25 Sekunden Fahrt und danach 35 Sekunden Pause = eine volle Minute Pause.

KONTROLLGERÄTE IM STRASSENVERKEHR

2.6 Fahrtenschreiberkarten

Ausgabe- und Registrierungsstelle für alle Fahrtenschreiberkarten in Deutschland ist das KBA (Kraftfahrt-Bundesamt) in Flensburg. Das KBA führt auch das FKR (Zentrales Fahrtenschreiberkartenregister) für alle in Deutschland ausgestellten Karten und stellt die Verbindung zum europaweiten TACHOnet (EU/EWR-weites Fahrtenschreiberkartenregister) her. Die Kontrollbehörden wie Polizei und BAG haben Zugriff auf diese Dateien und können vor Ort von jedem Fahrer die Daten überprüfen. Das KBA versendet innerhalb von ca. einer Woche nach Eingang des Antrages die entsprechende Fahrtenschreiberkarte. Zuständig für den Antrag ist die jeweils für den Antragsteller in seinem Wohnsitz zuständige Ausgabestelle (siehe Übersicht). Die Kosten für eine Fahrtenschreiberkarte liegen, abhängig vom Kartentyp und den unterschiedlichen Gebühren der einzelnen Bundesländer, bei 35 bis 50 €.

	AUSGABESTELLEN FÜR FAHRERKARTEN	AUSGABESTELLEN FÜR UNTERNEHMENSKARTEN	AUSGABESTELLEN WERKSTATTKARTEN
Bayern	TÜV/DEKRA	TÜV/DEKRA	TÜV/DEKRA
Baden-Württemberg	TÜV/DEKRA	TÜV/DEKRA	TÜV/DEKRA
Berlin	Landesamt für Bürger- u. Ordnungsangelegenheiten (LABO)	Landesamt für Bürger- und Ordnungsangelegenheiten (LABO)	Landesamt für Bürger- und Ordnungsangelegenheiten (LABO)
Brandenburg	Fahrerlaubnisbehörden	Fahrerlaubnisbehörden	Fahrerlaubnisbehörden
Bremen	Fahrerlaubnisbehörden	Gewerbeaufsicht	Gewerbeaufsicht
Hamburg	Fahrerlaubnisbehörden (LBV)	Fahrerlaubnisbehörden (LBV)	Fahrerlaubnisbehörden (LBV)
Hessen	TÜH	TÜH	TÜH
Mecklenburg-Vorpommern	Fahrerlaubnisbehörden	Landeamt für Gesundheit und Soziales; Abt. Arbeitsschutz	Gewerbeaufsicht
Niedersachsen	Fahrerlaubnisbehörden	Gewerbeaufsicht	Gewerbeaufsicht
Nordrhein-Westfalen	Fahrerlaubnisbehörden	Arbeitsschutzämter	Arbeitsschutzämter
Rheinland-Pfalz	Fahrerlaubnisbehörden	Kreis-/Stadtverwaltung	Kreis-/Stadtverwaltung
Saarland	Gemeinden	Landesamt für Umwelt- und Arbeitsschutz	Landesamt für Umwelt- und Arbeitsschutz
Sachsen	TÜV/DEKRA	TÜV/DEKRA	TÜV/DEKRA
Sachsen-Anhalt	TÜV/DEKRA	TÜV/DEKRA	TÜV/DEKRA
Schleswig-Holstein	Fahrerlaubnisbehörden	Kreis-/Stadtverwaltung	Kreis-/Stadtverwaltung
Thüringen	Fahrerlaubnisbehörden	Arbeitsschutzämter	Arbeitsschutzämter

KONTROLLGERÄTE IM STRASSENVERKEHR

2.6.1 Fahrerkarte

Auf der Fahrerkarte werden folgende Daten gespeichert:
- Kartenkennung (Kartennummer, Gültigkeitszeitraum, Ausstellungsstaat),
- Karteninhaber inkl. seiner Führerscheindaten,
- Daten der gefahrenen Fahrzeuge
  (Datum und Uhrzeit des ersten und letzten Fahrzeugeinsatzes, Kilometerstand, amtliches Kennzeichen),
- Fahrertätigkeitsdaten (Datum, zurückgelegte Gesamtstrecke, Lenk-, Arbeits-, Bereitschafts- und Ruhezeiten),
- Ort (hier Staat) und Beginn/Ende des Arbeitstages,
- Status (ob Ein- oder Zwei-Fahrer-Betrieb),
- Ereignis- und Störungsmeldungen wie z. B. Unterbrechung der Stromversorgung, sonstige Datenfehler,
- Datum und Uhrzeit, wann die Fahrerkarte gesteckt und entnommen wurde.

Diese Daten werden für mindestens 28 Tage gespeichert.
- Hinweis auf Geschwindigkeitsüberschreitungen bei
  » › 90 km/h bei Lkw
  » › 105 km/h bei KOM

Diese Speicherung erfolgt nur bei Verstößen, die länger als 60 Sekunden andauern. Die sekundengenaue Speicherung Ihrer Aktivitäten (wie zum Beispiel die gefahrene Geschwindigkeit) erfolgt rückwirkend nur für die letzten 24 Stunden Fahrzeit. Hiermit sind 24 Stunden „reine Fahrzeit" gemeint. Das dauert bei Ihnen somit regelmäßig mehrere Tage, bis diese Daten wieder überschrieben werden.

Unterliegt eine Fahrt den Sozialvorschriften und das Fahrzeug ist mit einem digitalen Fahrtenschreiber ausgerüstet, müssen Sie eine Fahrerkarte besitzen. Ohne Fahrerkarte dürfen Sie nicht eingesetzt werden. Vorraussetzungen für die Erteilung einer Fahrerkarte sind:
- Der Hauptwohnsitz des Antragstellers muss in Deutschland sein (das bedeutet, mindestens während der letzten 185 Tage im Inland gewohnt zu haben).
- Der Antragsteller muss im Besitz eines deutschen Kartenführerscheins oder eines vergleichbaren EU-Führerscheins sein.
- Außerdem muss der Antragsteller seine Identität nachweisen (z. B. durch Personalausweis) und ein Lichtbild vorlegen.

Jeder Fahrer darf nur über jeweils eine Fahrerkarte verfügen. Vor der Ausstellung einer Fahrerkarte werden vom Antragsteller die Führerscheindaten überprüft. Im Zentralen Fahrtenschreiberkartenregister (FKR) sowie im TACHOnet wird abgeglichen, ob dem Antragsteller bereits eine Fahrerkarte ausgestellt wurde.

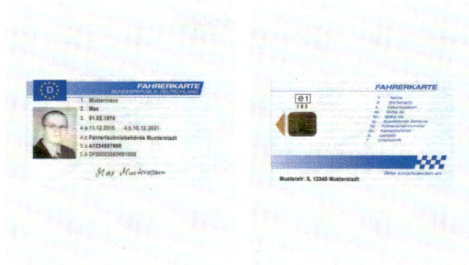

Die Gültigkeitsdauer der Fahrerkarte beträgt 5 Jahre.

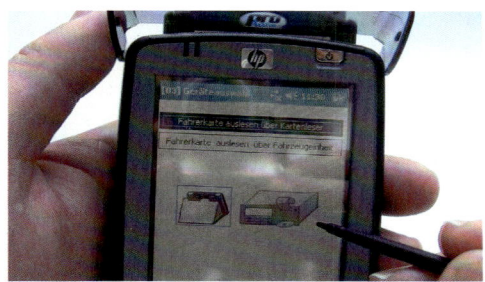

» **INFO**

Die Fahrerkarte darf keinem Dritten zur Nutzung überlassen werden. Das Fahren auf einer anderen Fahrerkarte als der eigenen kann bereits eine Straftat gemäß § 269 StGB, Fälschung beweiserheblicher Daten, darstellen. Jede missbräuchliche Verwendung wird verfolgt und auch geahndet. Sie haben Ihre Fahrerkarte während der Fahrt immer mitzuführen und auf Nachfrage auch den Kontrollbeamten zum Auslesen der darauf gespeicherten Daten auszuhändigen. Die Mitführpflicht Ihrer Fahrerkarte gilt auch, wenn Sie ein Fahrzeug mit analogem Fahrtenschreiber lenken. Die Fahrerkarte ist dem Arbeitgeber auf Verlangen, spätestens jedoch nach 28 Tagen, zum Kopieren der darauf gespeicherten Daten zur Verfügung zu stellen.

KONTROLLGERÄTE IM STRASSENVERKEHR

Fahrerkarte stecken
Am einfachsten ist es, zu Beginn des Arbeitstages die Fahrerkarte zu stecken. So wird Ihre Arbeitszeit vor Fahrtbeginn bereits automatisch erfasst und muss später nicht manuell eingegeben werden. Diese Arbeitszeit vor Fahrtantritt könnte bestehen aus:
- Beladen eines Fahrzeugs
- Papiere abholen und ausfüllen
- Reinigen eines Busses
- Abfahrtkontrolle.

Nach dem Stecken der Karte erscheinen für wenige Sekunden die manuell eingestellte Ortszeit und die UTC-Zeit. Danach zeigt ein Laufbalken an, dass die gesteckte Fahrerkarte vom Gerät eingelesen wird. Ihr Name erscheint dann auf dem Display. Nach dem Hinweis auf die letzte Entnahmezeit der Karte werden Sie gefragt, ob Sie nachträglich Einträge manuell eingeben möchten.

Achtung
- Manuelle Eingaben müssen immer in UTC-Zeit erfolgen.
- Bei neueren Fahrtenschreibern ist der Nachtrag mittlerweile in Ortszeit möglich.
- Bei neueren Fahrtschreibern ist der Nachtrag mittlerweile in Ortszeit möglich.
- Eine nachträgliche Änderung aufgezeichneter Daten ist nicht möglich.

Beispiel
Da viele Geräte beim Anhalten immer automatisch auf Arbeitszeit umschalten, kann es vorkommen, dass Sie vergessen, manuell auf „Pause" zu schalten. Erst nach der Pause bemerken Sie, dass keine Pause aufgezeichnet wurde. Diese nun „falsche Aufzeichnung" der Arbeitszeit kann nachträglich nicht mehr in Pause umgewandelt werden. Mittlerweile ist die Zeitgruppe beim Anhalten des Fahrzeugs bei allen Fahrtenschreibern nachträglich programmierbar. Der nächste Schritt ist, das Land bei Arbeitsbeginn einzugeben. Mit den Pfeiltasten können Sie die alphabetisch geordneten Länderkürzel durchblättern (z. B. D für Deutschland, CH für Schweiz, NL für Niederlande). Die zuletzt eingegebene Länderkennung erscheint als erste auf dem Display. Es kann vorkommen, dass einige Länder zusätzlich die Eingabe der Region erfordern, wie z. B. Spanien.

Nun ist die Eingabe bei Fahrtantritt abgeschlossen und es erscheint die Standardanzeige mit der Uhrzeit (Ortszeit oder UTC-Zeit ist wählbar), dem Kilometerstand und den Piktogrammen für die Kartensteckplätze Fahrer 1 und Fahrer 2. Drücken Sie während der Fahrt die Menütaste, bekommen Sie im Display Ihre bisherigen Lenkzeiten angezeigt. Für Fahrer 2 wird gleichzeitig die bisherige Bereitschaftszeit angezeigt. Nach einigen Sekunden wechselt die Display-Anzeige automatisch wieder zur Standardanzeige.

SCHRITT/ MENÜANZEIGE	SCHRITT/MENÜANZEIGE
welcome 14:00● 12:00UTC	Begrüßungstext: für ca. 3 Sekunden erscheinen die eingestellte Ortszeit (14:00) und die UTC-Zeit (12:00).
Schulze ▬▬▬▬ 0	Der Nachname des Fahrers erscheint. Ein Laufbalken zeigt das Lesen der Fahrerkarte.
Letzte Entnahme 05.04.08 21:30	Für ca. 4 Sekunden erscheint Datum und Uhrzeit der letzten Kartenentnahme in UTC-Zeit.
M.Eingabe Nachtrag? Nein	Wenn Sie keine Aktivitäten nachtragen wollen: – „Nein" selektieren und bestätigen. Wenn Sie Aktivitäten nachtragen wollen: – „Ja" selektieren und bestätigen.
●● Beginn Land 06.04 12:00 ?E	– Land bei Schichtbeginn auswählen und bestätigen. – Mit ⊗ können Sie die Landeseingabe abbrechen. Es erscheint die Standardanzeige, Schritt 7.
●● Beginn Region 12:00 E AN	Gegebenenfalls werden Sie automatisch zur Eingabe der Region aufgefordert – Region auswählen und bestätigen.

» INFO

Gemäß Art. 4 der VO (EU) Nr. 165/2014 haben sie auch Pausen, Ruhezeiten, Bereitschaftszeiten und andere Arbeiten aufzuzeichnen. Sind diese Zeiten noch nicht auf Ihrer Fahrerkarte gespeichert, müssen Sie diese manuell in UTC-Zeit nachtragen. Entsprechend Art. 6 Abs. 5 der VO (EG) Nr. 561/2006 gilt das auch für Fahrer, die sich mit ihren Fahrzeugen außerhalb der EU-/EWR-Staaten aufhalten. Eine Nichtbeachtung dieser Vorschriften ist bußgeldbewehrt.

KONTROLLGERÄTE IM STRASSENVERKEHR

Nach dem Losrollen des Fahrzeugs schaltet nun das Gerät automatisch auf „Lenkzeit" für Sie und auf „Bereitschaftszeit" für den Fahrer 2 um. Drücken Sie während der Fahrt eine beliebige Menütaste, erscheinen bei gesteckter Fahrerkarte folgende Zeiten.

Zeiten von Fahrer 1: Lenkzeit seit einer Unterbrechung von 45 Minuten und gültige Unterbrechung (additive Pausenzeit, in Teilunterbrechungen von mindestens 15 Minuten).

Zeit von Fahrer 2: Derzeitige Aktivität Bereitschaftszeit und Dauer der Aktivität. Bei fehlender Fahrerkarte erscheinen Zeiten, die dem jeweiligen Kartenschacht „1" oder „2" zugeordnet sind.

Datenanzeige während der Fahrt

Automatische Warnmeldung im Display
Kommt es während der Fahrt zu Ereignissen oder Störungen, werden diese mit den entsprechenden Warnmeldungen im Display angezeigt. Grundsätzlich müssen alle Meldungen mit der OK-Taste von Ihnen bestätigt werden. Bei zweimaligem Drücken erlischt die Meldung und es erscheint wieder die Standardanzeige.

- **Zu hohe Geschwindigkeit**
  Liegt die Geschwindigkeit länger als 1 Min. über 90 km/h bei Lkw bzw. über 105 km/h bei Bussen, erscheint die Warnmeldung, dass die Geschwindigkeit zu hoch ist.

Zu hohe Geschwindigkeit

- **Überschreitung der Lenkzeit**
  Nach 4 Std. 15 Min. ununterbrochener Lenkzeit erscheint im Display der Hinweis, eine Pause einzulegen. Nach 4 Std. 30 Min. ununterbrochener Lenkzeit erscheint die Warnmeldung, dass die Lenkzeit überschritten ist. Werden diese Meldungen von Ihnen bestätigt, aber dennoch keine Pause eingelegt, erscheint alle 15 Min. eine weitere Warnmeldung.

Werden die Warnmeldungen bzgl. der Überschreitung der Lenkzeit von Ihnen zwar bestätigt, aber dennoch ignoriert, kann das Weiterfahren und somit der Verstoß als vorsätzlich bewertet werden.
Dies könnte gegebenenfalls zu einer Erhöhung des Bußgeldes führen.

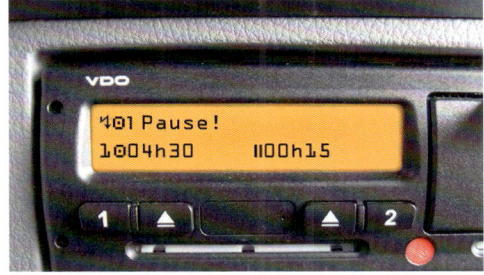
Überschreitung der Lenkzeit

SCHRITT/MENÜANZEIGE	ERKLÄRUNG/BEDEUTUNG	ERKLÄRUNG/BEDEUTUNG
1 Pause! 1 004h15 II 00h15	Diese Meldung erscheint nach einer ununterbrochenen Lenkzeit von 04:15 Stunden.	Meldung bestätigen. Planen Sie in Kürze eine Pause ein.
1 Pause! 1 004h30 II 00h15	Lenkzeit überschritten! Diese Meldung erscheint nach einer ununterbrochenen Lenkzeit von 04:30 Stunden.	Meldung bestätigen. Legen Sie bitte eine Pause ein.

KONTROLLGERÄTE IM STRASSENVERKEHR

Fahrerkarte entnehmen

Sobald das Fahrzeug steht, schaltet der digitale Fahrtenschreiber automatisch bei Ihnen auf „Arbeitszeit" um und bei Fahrer 2 wird weiterhin „Bereitschaftszeit" aufgezeichnet. Nach dem Drücken der Auswurftaste gibt das Gerät die Karte nicht sofort frei. Ein Laufbalken zeigt an, dass die Daten des Massenspeichers nun auf der Fahrerkarte gespeichert werden. Als nächstes werden Sie aufgefordert, das Land bei Schichtende einzugeben (siehe auch „Verwendung der Fahrerkarte"). Nach dem Speichern der Landeseingabe auf der Fahrerkarte bietet der digitale Fahrtenschreiber nun die Möglichkeit des Tagesausdrucks an. Danach wird die Karte freigegeben und ausgeworfen.

SCHRITT/ MENÜANZEIGE	ERKLÄRUNG/BEDEUTUNG	
Schulze	Der Nachname des Fahrers erscheint. Ein Laufbalken zeigt an, dass daten auf die Fahrerkarte übertragen werden.	
Ende Land 09.06 12:00	– Land bei Schichtbeginn auswählen und bestätigen. – Mit ⊗ können Sie die Landeseingabe übergehen.	
Schulze	Fortsetzung Fahrerkarte schreiben.	
24h Tageswert 09.06.08 Ja 09.06.08 Nein	Wenn Sie einen Ausdruck benötigen – „Ja" selektieren und bestätigen.	Wenn Sie keinen Ausdruck benötigen – „Nein" selektieren und bestätigen.
Ausdruck gestartet...	Bei gewählter Funktion erscheint in der Anzeige der Fortgang der Aktion.	
Schulze	Fortsetzung Fahrerkarte schreiben.	
13:05 0km/h 123456.7km	Die Fahrerkarte wird freigegeben, es erscheint die Standardanzeige.	

KONTROLLGERÄTE IM STRASSENVERKEHR

Mitführpflichten

Fahren Sie ein Fahrzeug mit analogem Fahrtenschreiber, müssen Sie folgende Dokumente mitführen:
- das Schaublatt des laufenden Tages und die der vorausgehenden 28 Kalendertage,
- Ihre Fahrerkarte, falls Sie im Besitz einer solchen sind,
- die zu erstellenden Ausdrucke, wenn Sie während des o. g. Zeitraums ein Fahrzeug mit digitalem Fahrtenschreiber gelenkt haben und die Fahrerkarte wegen Beschädigung, Fehlfunktion oder Verlusts nicht nutzen konnten,
- die zu erstellenden handschriftlichen Aufzeichnungen, wenn Sie während des o. g. Zeitraums ein Fahrzeug mit defektem Fahrtenschreiber gelenkt haben.

Fahren Sie ein Fahrzeug mit digitalem Fahrtenschreiber, müssen Sie folgende Dokumente mitführen:
- Ihre Fahrerkarte,
- die entsprechenden Ausdrucke, wenn die Daten während des Einsatzes mit einem digital ausgerüsteten Fahrzeug nicht auf Ihrer Fahrerkarte gespeichert wurden,
- Ihre Schaublätter, falls Sie im o. g. Zeitraum ein Fahrzeug mit analogem Fahrtenschreiber gefahren haben,
- die zu erstellenden handschriftlichen Aufzeichnungen, wenn Sie während des o. g. Zeitraums ein Fahrzeug mit defektem Fahrtenschreiber gelenkt haben.

Wenn Sie sowohl Fahrzeuge mit digitalem als auch mit analogem Fahrtenschreiber im Wechsel fahren, empfiehlt es sich am Ende der täglichen Arbeitszeit einen „täglichen Ausdruck der Fahrerkarte" durchzuführen.

Bei Fahrten ins Ausland wir aufgrund nationaler Vorschriften bei Kontrollen oft die Fahrerkarte verlangt. Im grenzüberschreitenden Verkehr benötigt der Fahrer also zwingend eine Fahrerkarte, auch wenn das Fahrzeug mit einem analogen Fahrtenschreiber ausgerüstet sein sollte.

Nachweise über berücksichtigungsfreie Tage

Näheres finden Sie im Kapitel „Analoger Fahrtenschreiber" unter dem Thema „Schaublätter" (Nr. 2.4.9).

» **INFO**

Wichtig: Kontrollbeamte dürfen Ihre Fahrerkarte während der Gültigkeitsdauer nicht einziehen, es sei denn, es wird festgestellt,
- dass Ihre Karte gefälscht ist oder manipuliert wurde,
- Sie eine fremde Karte verwenden oder
- die Ausstellung Ihrer Karte auf der Grundlage falscher Erklärungen oder gefälschter Dokumente erwirkt wurde

» **INFO**

Mitführungspflicht Sozialversicherungsausweis

Seit dem 1.1.2009 entfällt die Mitführungspflicht des Sozialversicherungsausweises. Stattdessen wurde eine Mitführungspflicht von Ausweispapieren eingeführt. Da durch Ausweispapiere eine schnellere und zweifelsfreiere Identifikation ermöglicht wird, ersetzen diese den Sozialversicherungsausweis. Als Ausweispapiere gelten:
- Personalausweis,
- Pass oder
- Ausweis-/Passersatz

KONTROLLGERÄTE IM STRASSENVERKEHR

Beschädigte bzw. nicht mitgeführte Fahrerkarte
Wenn die Fahrerkarte beschädigt ist, Fehlfunktionen aufweist oder sich nicht bei Ihnen befindet, haben Sie zu Beginn Ihrer Fahrt die Angaben zum Fahrzeug auszudrucken. Auf der Rückseite des Ausdrucks sind folgende Angaben handschriftlich zu vermerken:
- Ihr Name und Vorname,
- die Nummer Ihrer Fahrerkarte bzw. Ihres Führerscheins,
- die vor Fahrtantritt angefallenen Arbeits-, Bereitschafts- und Ruhezeiten/Pausen,
- Ihre Unterschrift.

Außerdem haben Sie nach Fahrtende die vom Fahrtenschreiber aufgezeichneten Zeiten auszudrucken und folgende Angaben darauf handschriftlich einzutragen:
- Ihr Name und Vorname,
- die Nummer Ihrer Fahrerkarte bzw. Ihres Kartenführerscheins,
- Ihre nicht vom Gerät aufgezeichneten Arbeits-, Bereitschafts- und Ruhezeiten/Pausen,
- Ihre Unterschrift.

Diese Ausdrucke sind auf Verlangen bei einer Kontrolle vorzulegen und vom Unternehmer ein Jahr aufzubewahren.

Aufbewahrungspflichten
Der Unternehmer muss spätestens
- nach 28 Tagen die Daten Ihrer Fahrerkarte und
- nach 90 Tagen die Daten der Fahrzeugeinheit aus dem Massenspeicher des digitalen Fahrtenschreibers kopieren.
- Diese Fristen beginnen mit der Aufzeichnung eines „Ereignisses" wie eine aufzeichnungspflichtige Fahrt mit dem Fahrzeug. Für die Praxis bedeutet dies, dass mit dem ersten aufgezeichneten Ereignis nach dem letzten Auslesen der Fahrerkarte oder des Fahrtenschreibers die entsprechende Frist zu laufen beginnt.

Wie bisher die Schaublätter müssen auch die elektronischen Fahrdaten im Unternehmen aufbewahrt und bei Betriebskontrollen ausgehändigt werden. Gemäß § 2 Abs. 5 FPersV hat der Unternehmer von allen kopierten digitalen Daten unverzüglich Sicherheitskopien zu erstellen, die dann auf einem gesonderten Datenträger zu speichern sind. Das bedeutet für den Unternehmer, dass er zum Auslesen der Daten neben der Unternehmenskarte auch einen tragbaren PC oder einen an die Schnittstelle des digitalen Fahrtenschreibers passenden Speicherstift („Downloadkey") für den Datentransfer benötigt.
Der Unternehmer hat die von den Fahrerkarten und Massenspeichern kopierten Daten, die Schaublätter und handschriftlichen Aufzeichnungen der Fahrer mindestens ein Jahr (Datum des Herunterladens = Fristbeginn) aufzubewahren und bei Betriebskontrollen auszuhändigen.

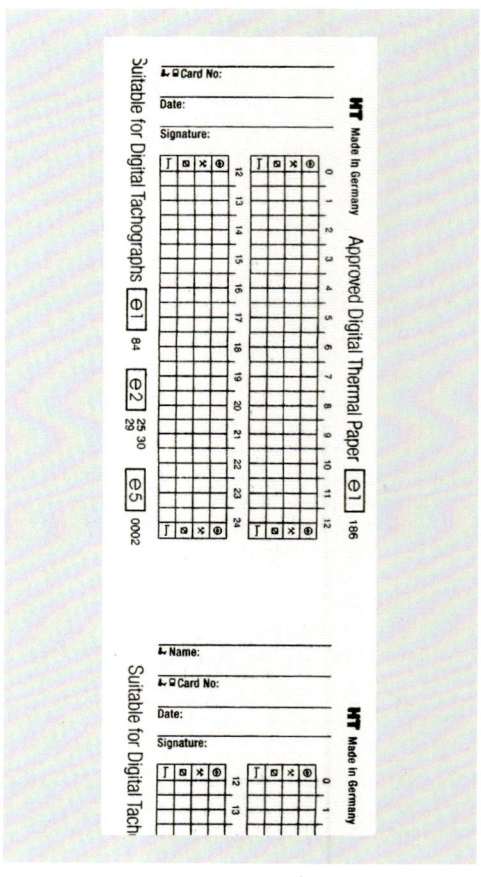

Fahrerkarte verschluckt
Gourmet
Ein italienischer Lkw-Fahrer hat bei einer Kontrolle in Frankreich seine Fahrerkarte verschluckt. Die Polizei stellte aber trotzdem Manipulationen am digitalen Tacho fest. Der 39-jährige Fahrer kam gegen Kaution frei, muss aber im Juni vor Gericht erscheinen. Über Geschmack und Verdaulichkeit der Fahrerkarte ist noch nichts bekannt.

KONTROLLGERÄTE IM STRASSENVERKEHR

Danach sind sie bis zum 31. März des nachfolgenden Jahres zu vernichten, sofern nicht andere Vorschriften eine längere Aufbewahrungsfrist vorschreiben (siehe § 4 Abs. 3 FPersG).
Längere Aufbewahrungszeiten können sich z. B. ergeben aus:
- § 16 Abs. 2 und § 21 a Abs. 7 ArbZG: Grundsätzliche Verpflichtung des Arbeitgebers, nur die über die werktägliche Arbeitszeit (im Durchschnitt acht Stunden) hinausgehende Arbeitszeit aufzuzeichnen und spezielle Verpflichtung bei der Beschäftigung im Straßentransport allgemein alle Nachweise mindestens zwei Jahre aufzubewahren.
- § 147 Abs. 1 Nr. 5 i. V. m. Abs. 3 der Abgabenordnung: Aufbewahrungsfrist von sechs Jahren für Unterlagen, die für die Besteuerung von Bedeutung sind.
- § 28 f Abs. 1 Satz 1 des Vierten Buches Sozialgesetzbuches: Aufbewahrungsfrist von Lohnunterlagen.

Außerdem hat der Unternehmer dafür zu sorgen, dass eine lückenlose Dokumentation der Lenk- und Ruhezeiten gewährleistet ist und die Daten, Schaublätter und Aufzeichnungen gegen Verlust und Beschädigung gesichert sind. Alternativ zur betrieblichen Auswertung mit eigener Software werden mittlerweile im Internet Dienste zur Analyse und Archivierung von Fahrer- und Massenspeicherdaten angeboten. Grundsätzlich sollte eine Software zur Archivierung von Fahrerkartendaten und Daten der Fahrzeugeinheit neben der reinen Archivierungsmöglichkeit auch eine Verstoßprüfung enthalten. Denn jeder Unternehmer ist auch verpflichtet, die Lenk- und Ruhezeiten der eingesetzten Fahrer zu kontrollieren und den Fahrer auf eventuelle Verstöße aufmerksam zu machen und dafür zu sorgen, dass sie in Zukunft nicht mehr vorkommen (Planungs-, Kontroll- und Sanktionspflicht des Unternehmers dem Fahrer gegenüber). Aus Datenschutzgründen darf der Unternehmer seinen Fahrern die Unternehmenskarte nicht aushändigen, um von unterwegs einen Datentransfer aus dem Massenspeicher durchzuführen. Sie hätten so die Möglichkeit, auch Daten von Kollegen einzusehen, die mit dem selben Fahrzeug unterwegs waren. Das verletzt den Datenschutz lt. Auskunft des Bundesministeriums für Verkehr, Bau und Stadtentwicklung.

» **INFO**

Für das Auslesen Ihrer Fahrerkarte müssen Sie dem Unternehmer Ihre Fahrerkarte zur Verfügung stellen. Sie können eine Kopie Ihrer Fahrerkartendaten vom Unternehmer verlangen.

» **INFO**

Empfehlung der Gewerbeaufsichtsämter:
– wöchentliche Archivierung und Überprüfung der Fahrerdaten von der Fahrerkarte
– monatliches Auslesen aus dem Massenspeicher

Neben neu errichteten bundesweiten Ausiesestationen für Fahrerkarten bieten mittlerweile auch einige Anbieter von Telematiksystemen an, dass die Daten der Fahrerkarte sicher ausgelesen und übertragen werden können. Somit kann das Auslesen und Übertragen der Daten der Fahrerkarte direkt durch den Fahrer an diesen Auslesestationen oder im Fahrzeug, unabhängig von seinem Standort, erfolgen.

KONTROLLGERÄTE IM STRASSENVERKEHR

Mietfahrzeuge

Unterliegt die Fahrt mit dem Mietfahrzeug den Sozialvorschriften, hat der das Fahrzeug anmietende Unternehmer zu Beginn und am Ende des Mietzeitraums mit seiner Unternehmenskarte sicherzustellen, dass die Daten ihm zugeordnet werden können. Er muss die Daten wie bei seinen eigenen Fahrzeugen aufbewahren und sichern. Ist dies in begründeten Ausnahmefällen oder bei einer Mietdauer von nicht mehr als 24 Stunden nicht möglich, ist zu Beginn und am Ende des Mietzeitraums ein Ausdruck wie bei Beschädigung oder Fehlfunktion der Fahrerkarte zu fertigen.

Bei einer „privaten" Nutzung von Fahrzeugen mit einem digitalen Fahrtenschreiber sichert der Vermieter alle drei Monate die Daten des Massenspeichers. Auf Verlangen sowie nach Beendigung des Mietverhältnisses stellt er dem Mieter diese Daten zur Verfügung, wenn der Mieter selbst keinen Zugriff darauf hat.

» **INFO**

Für Vermieter wie auch für Unternehmer mit eigenen Fahrzeugen gilt die einjährige Aufbewahrungspflicht.

2.6.3 Werkstattkarte

Nur anerkannte Werkstätten nach § 57 b StVZO können die Werkstattkarte beantragen. Schon im Antrag wird sie einer bestimmten Fachkraft zugewiesen. Diese Fachkraft muss mittels Schulungsnachweis ihre Berechtigung nachweisen, auch Prüfungen der Fahrtschreiber und Fahrtenschreiber durchführen zu dürfen. Die zur Benutzung der Werkstattkarte erforderliche persönliche Identifikationsnummer wird der verantwortlichen Fachkraft durch das KBA an ihre Privatanschrift übersandt.

Die Werkstattkarte ermöglicht das Lesen, Ausdrucken und Herunterladen der Daten auf der Fahrerkarte und der Daten im Massenspeicher. Zusätzlich berechtigt sie den Nutzer, den Fahrtenschreiber zu überprüfen, zu reparieren und zu kalibrieren.
Die Werkstattkarte muss zurückgegeben/eingezogen werden, wenn
– das Arbeitsverhältnis mit der Fachkraft nicht mehr besteht,
– die Fachkraft keine Prüfungsberechtigung mehr für Fahrtschreiber und Fahrtenschreiber hat,
– der Betrieb aufgegeben wird bzw. die notwendige Zuverlässigkeit nicht mehr gegeben ist.

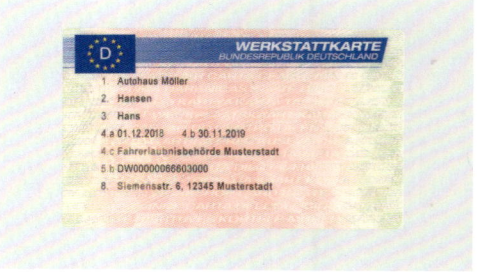

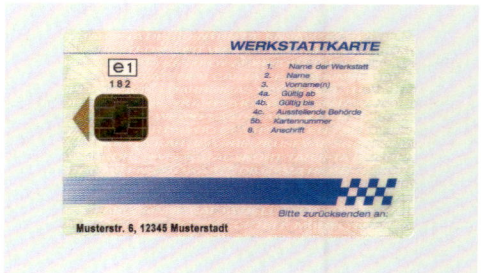

Die Gültigkeitsdauer der Werkstattkarte beträgt ein Jahr.

KONTROLLGERÄTE IM STRASSENVERKEHR

2.6.4 Kontrollkarte

Die Ausgabe der Kontrollkarte erfolgt über das KBA an die Kontrollbehörden. Sie kann einem bestimmten Kontrollbeamten zugewiesen werden. Die Kontrollkarte ermöglicht das Lesen, Ausdrucken und Herunterladen der Daten auf der Fahrerkarte und der Daten im Massenspeicher.

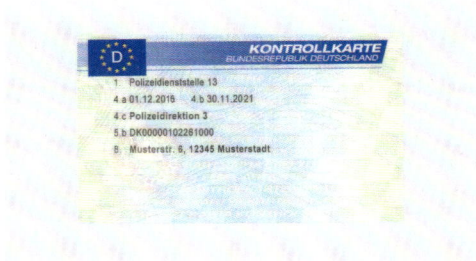

Die Gültigkeitsdauer der Kontrollkarte beträgt fünf Jahre.

» **INFO**

Wichtig: Auf der Kontrollkarte ist keine Speicherung dieser Daten möglich. Gem. § 4 Abs. 5 FPersG dürfen Kontrollbeamte während der Betriebs- und Arbeitszeit Grundstücke, Betriebsanlagen, Geschäftsräume und Beförderungsmittel betreten und besichtigen. Diese Maßnahmen sind, wenn sie erforderlich sind, von den Unternehmen und ihren Angestellten, einschließlich der Fahrer, zu dulden. Tagesruhezeiten in der Schlafkabine sind keine Arbeitszeiten.

Zugriffsrechte der vier Fahrtenschreiberkarten

KARTE	DATEN AUF DER FAHRERKARTE	DATEN IM MASSENSPEICHER
Ohne	Kein Zugriff	Zugriff auf Fahraktivitäten der letzten 8 Tage ohne Fahreridentifikation
Fahrerkarte	Ausdrucken, Anzeigen	Zugriff nur auf eigene Daten
Unternehmenskarte	Ausdrucken, Anzeigen, Downloaden	Zugriff nur auf Fahraktivitäten des jeweiligen Unternehmens
Kontrollkarte	Ausdrucken, Anzeigen, Downloaden	Vollzugriff
Werkstattkarte	--	Vollzugriff

KONTROLLGERÄTE IM STRASSENVERKEHR

2.6.5 Erneuerung einer Fahrtenschreiberkarte wegen Beschädigung, Fehlfunktion, Verlust oder Diebstahl

Mit dem Antrag auf Erneuerung einer Fahrtenschreiberkarte wegen Beschädigung oder Fehlfunktion ist die nicht mehr nutzbare Karte der antragsbearbeitenden Stelle zurückzugeben. Bei Verlust einer Fahrtenschreiberkarte ist eine schriftliche Erklärung darüber abzugeben. Im Falle des Diebstahls ist bei der Antragstellung eine Diebstahlsanzeige der Polizei vorzulegen. Bei einem Diebstahl Ihrer Fahrerkarte müssen Sie die Anzeige in Tatortnähe erstatten. Wird zum Beispiel Ihr Lkw in Italien aufgebrochen und Ihre Fahrerkarte entwendet, müssen Sie in Italien die Anzeige bei der dort zuständigen Polizeibehörde erstatten. Bestehen Zweifel an den Angaben des Antragstellers, kann die antragsbearbeitende Stelle eine eidesstattliche Versicherung verlangen. Die Ausstellung der Ersatzkarte erfolgt, bei Vorliegen der vollständigen Antragsunterlagen, innerhalb von fünf Werktagen. Eine wieder aufgefundene Karte ist der Behörde zurückzugeben.

> » **INFO**
>
> Wer im Besitz einer Fahrtenschreiberkarte ist, die von ihm als verlustig gemeldet wurde, begeht eine Straftat gem. § 156 StGB, falsche eidesstattliche Erklärung.

2.6.6 Folgekarte

Der Antrag auf eine Folgekarte ist rechtzeitig vor Ablauf der Gültigkeit der alten Karte zu stellen.

Gültigkeit und Antragsfrist

KONTROLLGERÄTKARTENTYP	GÜLTIGKEITSZEITRAUM	FRÜHESTENS	SPÄTESTENS
Fahrerkarte	5 Jahre	6 Monate	15 Werktage vor Ablauf der Gültigkeit
Unternehmenskarte	5 Jahre	6 Monate	Möglichst 15 Werktage vor Ablauf der Gültigkeit
Werkstattkarte	1 Jahr	1 Monat	Möglichst 15 Werktage vor Ablauf der Gültigkeit

> » **INFO**
>
> Ist Ihre Fahrerkarte zeitlich abgelaufen und Sie haben schon eine neue Fahrerkarte in Gebrauch, müssen Sie die abgelaufene Fahrerkarte noch mindestens 28 Tage mitführen. Hierdurch soll sichergestellt werden, dass bei Straßenkontrollen die Lenk- und Ruhezeiten der zurückliegenden 28 Tage auch kontrolliert werden können.

KONTROLLGERÄTE IM STRASSENVERKEHR

2.7 Prüfung der Fahrtschreiber und Fahrtenschreiber gemäß § 57 b StVZO

Halter, deren Fahrzeuge mit einem Fahrtschreiber oder Fahrtenschreiber ausgerüstet sein müssen, haben diese Geräte auf eigene Kosten auf vorschriftsmäßigen Einbau, Zustand, Messgenauigkeit und Arbeitsweise überprüfen zu lassen.

Diese Prüfungen dürfen nur anerkannte Werkstätten nach § 57 b StVZO durchführen und müssen
- einmal innerhalb von zwei Jahren,
- nach jeder Reparatur bzw. jedem Austausch der Fahrtenschreiberanlage,
- nach jeder Änderung der Wegdrehzahl oder Wegimpulszahl,
- nach jeder Änderung des Reifenumfangs durchgeführt werden.

Zusätzlich ist beim digitalen Fahrtenschreiber eine neue Kalibrierung notwendig,
- wenn die angezeigte UTC-Zeit mehr als 20 Minuten von der korrekten UTC-Zeit abweicht oder
- wenn sich das amtliche Kennzeichen des Fahrzeugs geändert hat.

Die Werkstatt setzt das Transportunternehmen in Kenntnis, wenn bei Reparatur oder Austausch des digitalen Fahrtenschreibers die im Speicher befindlichen Daten heruntergeladen wurden und stellt sie dem Transportunternehmer auf einem Datenträger zur Verfügung.

Die Überprüfung der analogen Fahrtenschreiber durch die anerkannte Werkstatt erstreckt sich über verschiedene Geschwindigkeitsbereiche.

KONTROLLGERÄTE IM STRASSENVERKEHR

2.8 Plomben und Einbauschilder

Alle Fahrtenschreiber müssen an verschiedenen Stellen durch Plomben gegen unbefugten Zugriff auf die Geräteelektronik geschützt sein. Plomben befinden sich u. a. an den Abdeckungen der Justiervorrichtungen und den Enden der Verbindung vom Fahrzeug zum Fahrtenschreiber. Alternativ können auch Plombierfolien verwendet werden, wie es oft beim Einbauschild der Fall ist.

Vom Fahrzeughersteller wird nach der Einbauprüfung ein Einbauschild am Fahrzeug angebracht. Bei den Überprüfungen alle zwei Jahre durch die zugelassenen Werkstätten wird das Einbauschild erneuert.
Das Einbauschild enthält folgende Angaben:

- Adresse und Kenn-Nummer („App. Nr.") der zugelassenen Werkstatt,
- Datum der letzten Prüfung,
- Fahrzeug-Identifizierungsnummer FIN (die letzten acht Stellen),
- unter „L" : wirksamer Reifenumfang in mm,
- unter „W": entweder „U/km" (Umdrehungen des Reifens pro km) oder „Imp/km" (Impulse pro km).

Plombe beim digitalen Fahrtenschreiber (hier VDO) auf der Vorderseite. Eine weitere Plombe befindet sich auf der Rückseite und schützt das Batteriefach. Diese Batterie dient der „Puffersicherung" beim Trennen der Stromzufuhr von der Fahrzeugbatterie.
Das unerlaubte Entfernen der Plombe kann eine Straftat darstellen.

1 Einbauschild nach einem Ersteinbau bei einem Neufahrzeug
2 Plombe beim modularen Fahrtenschreiber
3 Plombe beim Kompakttachographen
4 Plombe beim digitalen Fahrtenschreiber (Hier VDO) auf der Vorderseite. Eine weitere Plombe befindet sich auf der Rückseite und schützt das Batteriefach. Diese Batterie dient der „Puffersicherung" beim Trennen der Stromzufuhr von der Fahrzeugbatterie.

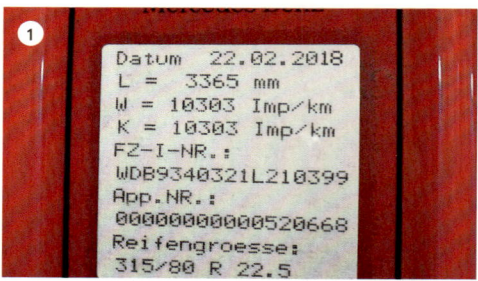

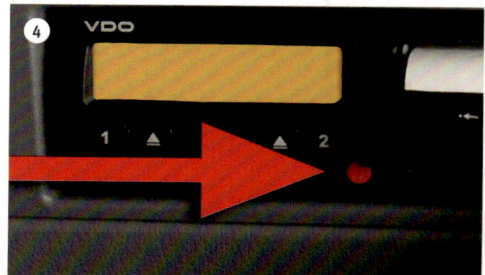

KONTROLLGERÄTE IM STRASSENVERKEHR

2.9 Ausdrucke

Über den digitalen Fahrtenschreiber lassen sich verschiedene Ausdrucke erstellen. Die Möglichkeit des Ausdruckens richtet sich, genau wie der Zugriff auf die Daten, nach der Berechtigung der gesteckten Fahrtenschreiberkarte. Die Ausdrucke zeigen grundsätzlich sämtliche Aufzeichnungen in UTC-Zeit an. Erst mit der neuen Generation der digitalen Fahrtenschreiber (seit Oktober 2011) ist es auch möglich, Ausdrucke in Ortszeit zu erstellen.

2.9.1 „Tagesausdruck Aktivitäten des Fahrers"

„Tagesausdruck" bezieht sich immer auf den Zeitraum von 00.00 bis 24.00 Uhr (UTC-Zeit!). Hier werden Ihre Aktivitäten, die auf Ihrer Fahrerkarte gespeichert sind, ausgedruckt. Der Ausdruck umfasst
- Ihre Identifikation
  (Name, Kartennummer, Gültigkeit der Fahrerkarte),
- Fahrzeugkennung, Fahrzeug-Identifizierungsnummer, zulassender Mitgliedstaat, amtliches Kennzeichen, Zeitpunkt der letzten Kalibrierung, Zeitpunkt der letzten Kontrolle,
- Ihre an diesem Tag gespeicherten Aktivitäten in chronologischer Reihenfolge und ob ein Zweifahrerbetrieb vorlag,
- die mit der Fahrerkarte benutzten Fahrzeuge an diesem Tag einschließlich der entsprechenden Kilometerstände,
- die an diesem Tag manuell eingegebene Landesangabe,
- die tägliche Zusammenfassung aller Aktivitäten,
- eine Auflistung der letzten fünf gespeicherten Ereignisse/Störungen.

2.9.2 „Ausdrucke der Ereignisse/Störungen von der Fahrerkarte"

Auf der Fahrerkarte gespeicherte Ereignisse können sein:
- Spannungsunterbrechungen oder Störungen beim Impulsgeber,
- falsche Handhabung wie das Stecken der Karte nach Fahrtantritt,
- Geschwindigkeitsüberschreitungen.

KONTROLLGERÄTE IM STRASSENVERKEHR

2.9.3 „Ausdruck der Fahraktivitäten vom Fahrzeug" (Tageswert)

Hier werden die Daten des Massenspeichers zu den Fahraktivitäten am betreffenden Tag ausgedruckt. Sie beinhalten
- die Fahrzeugkennung,
- chronologisch alle Aktivitäten beider Kartenschächte,
- den Zeitraum ohne gesteckte Fahrerkarte,
- eine Übersicht aller Fahrer, die an diesem Tag mit einer Fahrerkarte das Fahrzeug geführt haben,
- die Tageszusammenfassung der zuvor genannten Aktivitäten aller Fahrer,
- eine Auflistung der letzten fünf gespeicherten Ereignisse/Störungen.

2.9.4 „Ausdruck der Ereignisse/Störungen vom Fahrzeug"

Hier werden die im Massenspeicher gespeicherten und aufgelisteten Ereignisse/Störungen ausgedruckt. Dazu zählen auch Geschwindigkeitsüberschreitungen. Treten Störungen immer wieder und regelmäßig auf, kann das ein Hinweis auf einen technischen Defekt sein.

2.9.5 „Ausdruck der Geschwindigkeitsüberschreitungen"

Auf dem Geschwindigkeitsausdruck gespeicherte Daten im Massenspeicher sind
- Fahrer- und Fahrzeugdaten,
- die erste Geschwindigkeitsüberschreitung nach der letzten Kontrolle,
- die erste Geschwindigkeitsüberschreitung nach der letzten Kalibrierung,
- die Anzahl der Überschreitungen seit der letzten Kontrolle,
- die fünf höchsten Überschreitungen der letzten 365 Tage mit Datum, Uhrzeit und Dauer und
- die jeweils letzten zehn Überschreitungen mit Datum, Uhrzeit und Dauer.

KONTROLLGERÄTE IM STRASSENVERKEHR

2.9.6 Ausdruck der technischen Daten

Dieser Ausdruck vom Massenspeicher enthält Daten
- zur Fahrzeugkennung,
- zur Kennung des Fahrtenschreibers mit Nennung des Herstellers,
- zu seiner Seriennummer,
- zur Version.

Außerdem geht aus dem Ausdruck hervor:
- das Installationsdatum der Software,
- alle Kalibrierdaten,
- die Werkstatt, die die letzte Kalibrierung durchgeführt hat.

2.9.7 Aufbau der Ausdrucke

Jeder Ausdruck besteht aus einem Kopf-, Haupt- und Fußabschnitt. Die einzelnen Datenblöcke sind durch eine gestrichelte Linie voneinander getrennt. Das Piktogramm mittig in der gestrichelten Linie bezeichnet den nächsten Datenblock. Je nach Ausdruckart unterscheidet sich der Hauptteil.
Der Kopfteil enthält Angaben
- zu Datum und Uhrzeit des Ausdrucks,
- zu den Daten zum Fahrer,
- zum Fahrzeug,
- zum Fahrtenschreiber und
- zur kalibrierenden Werkstatt.

Der Kopfteil und der Fußteil mit den Feldern für die Unterschriften sind bei allen Ausdrucken annähernd gleich. Nachfolgend beispielhaft ein Tagesausdruck der Fahrerkarte.

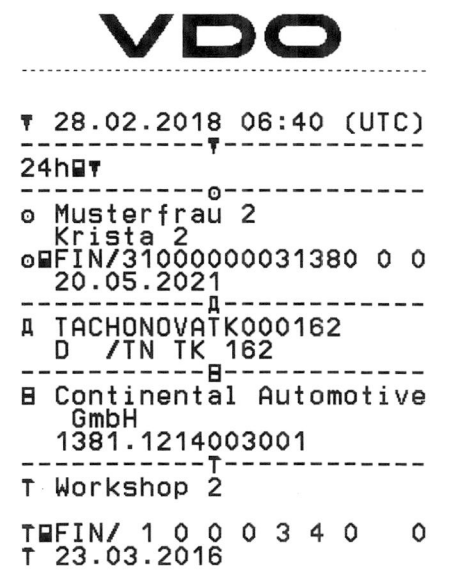

Kopfteil

KONTROLLGERÄTE IM STRASSENVERKEHR

Im Hauptteil sind die Fahreraktivitäten aufgelistet:
- Datum, auf das sich der Ausdruck bezieht,
- Zeitraum ohne gespeicherte Aktivitäten und Bereitschaftszeit,
- Länderkürzel und amtliches Kennzeichen,
- Anfangskilometerstand,
- sonstige Arbeitszeit,
- Lenkzeit,
- Endkilometerstand und gefahrene Strecke,
- Tageszusammenfassung, Beginn und Ende: Uhrzeit, Land und Kilometerstand,
- Geschwindigkeitsüberschreitungen: Datum, Uhrzeit, Überschreitungsdauer,
- gefahrene Höchstgeschwindigkeit.

Der Fußteil beinhaltet:
- Unterschrift des Fahrers,
- Raum für sonstige Vermerke.

Hauptteil

Fußteil

> **» INFO**
> Die Länge der Ausdrucke variiert. Einige können sehr lang werden. Deshalb müssen Sie immer ausreichend viele Ersatzrollen mitführen. Um eine spätere Lesbarkeit zu gewährleisten, sind die Ausdrucke des Thermopapiers licht-, wärme- und feuchtigkeitsgeschützt aufzubewahren.

KONTROLLGERÄTE IM STRASSENVERKEHR

BETRIEBSARTEN/PERSONEN

▲	Unternehmen/Flottenmanager
▯	Kontrolleur
⊙	Fahrer/Fahrbetrieb
T	Werkstatt/Prüfstelle
⊟	Fertigungstand/Hersteller

AKTIVITÄTEN DES FAHRERS

▱	Bereitschaftszeit
⊙	Lenkzeit
⊢	Pausen- und Ruhezeit
⚒	Sonstige Arbeitszeit
▮▮	Gültige Unterbrechung

KARTEN

⊙▯	Fahrerkarte
▲▯	Unternehmenskarte
▯▯	Kontrollkarte
T▯	Werkstattkarte
▯— —	Keine Karte

STÖRUNGEN

×▯	Kartenfehlfunktion
×T	Druckerstörung
×⚏	Interne Störung
×↧	Störung beim Herunterladen
×⊓	Sensorstörung

VERSCHIEDENES (EINZELPIKTOGRAMME)

!	Ereignis
×	Störung
↯	Bedienhinweis, Arbeitszeitwarnung
▷	Schichtbeginn
▶│	Schichtende
✛	Ort,Ortszeit
🔒	Sicherheit
>	Geschwindigkeit
Σ	Gesamt/Zusammenfassung
M	Manuelle Eingabe
OUT	EG-Kontrollgerät nicht erforderlich
⛴	Fährüberfahrt/Zugfahrt
24h	täglich
I	I wöchentlich
II	II wöchentlich
⧖	Verzögerung

VERSCHIEDENES (PIKTOGRAMMKOMBINATIONEN)

▯✛	Kontrollort
⊙→	Anfangszeit
→⊙	Endzeit
→OUT	Kontrollgerät nicht erforderlich – Beginn
OUT→	Kontrollgerät nicht erforderlich – Ende
✛▷	Ort bei Beginn des Arbeitstages
▶│✛	Ort bei Ende des Arbeitstages

KONTROLLGERÄTE IM STRASSENVERKEHR

GERÄTE/FUNKTIONEN	
1	Kartenschacht-1
2	Kartenschacht-2
▯	Tachographenkarte
⊕	Uhr, Zeit
▼	Drucker/Ausdruck
↘	Eingabe
▯	Anzeige
⊤	Daten herunterladen
⊓	Sensor
▭	Fahrzeug/Kontrollgerät
●	Reifengröße
⏚	Spannungsunterbrechung

AUSDRUCKE	
24h▯▎	Täglicher Ausdr. Fahreraktivitäten von der FK
!×▯▎	Ereignisse & Störungen von der FK
»▎	Geschwindigkeitsüberschreitungen
T⊙▎	Technische Daten
24h▭▎	Täglicher Ausdr. Fahreraktivitäten vom KG
!×▭▎	Ausdr. Ereignisse & Störungen vom KG
%v▎	Geschwindigkeitsprofil
%n▎	Drehzahlprofil

ANZEIGE	
24h▯▯	Täglicher Ausdr. Fahreraktivitäten von der FK
!×▯▯	Ausdruck Ereignisse & Störungen von der FK
»▯	Ausdruck der Geschwindigkeitsüberschreitung
24h▭▯	Täglicher Ausdruck der Fahraktivitäten vom KG
!×▭▯	Ausdruck Ereignisse & Störungen vom KG
T⊙▯	Ausdruck technischer Daten

LENKEN	
⊙⊙	Teambetrieb
⊙I	Lenkzeit einer Woche
⊙II	Lenkzeit zweier Wochen

ARBEITSZEIT

3. Arbeitszeit – 2002/15/EG – ArbZG

3.1 Einleitung

Europaweit regelt die Richtlinie 2002/15/EG die Arbeitszeiten des Fahrpersonals. Diese Richtlinie gilt auch für selbstständige Kraftfahrer. In Deutschland sind die Arbeitszeiten des Fahrpersonals im Arbeitszeitgesetz (ArbZG) und durch regionale tarifvertragliche Vereinbarungen geregelt. Als Arbeitszeit gilt für Sie als Fahrer der Zeitraum zwischen Arbeitsbeginn und Arbeitsende, in dem Sie an Ihrem Arbeitsplatz zur Verfügung stehen und Tätigkeiten ausüben. Diese können sein: das Fahren, das Be- und Entladen, die Hilfe beim Ein- und Aussteigen von Fahrgästen, die Bewirtung von Fahrgästen im Bus, die Reinigung und technische Wartung des Fahrzeugs, aber auch alle anderen Arbeiten, die dazu dienen, die Sicherheit des Fahrzeugs, der Ladung oder der Fahrgäste zu gewährleisten. Dazu zählen u. a. das Überwachen des Be-/Entladens, die Erledigung von Formalitäten im Zusammenhang mit den Kontrollbehörden, dem Zoll, den Einwanderungsbehörden, aber auch die Zeit des Wartens, wenn Ihnen die voraussichtliche Dauer nicht bekannt ist.

In der 2002/15/EG und im ArbZG sind auch solche Bereitschaftszeiten festgelegt, die im Gegensatz zum allgemeinen Arbeitsrecht unter bestimmten Voraussetzungen nicht zur Arbeitszeit zählen. Bereitschaftszeiten, die nicht als Arbeitszeit gelten, sind im Voraus bekannte Zeiten, in denen Sie als Fahrpersonal im Dienst sind und sich in Bereitschaft halten müssen. Hierzu zählen:
- die Begleitung des Fahrzeugs auf Fähre oder Zug,
- Wartezeiten an den Grenzen und infolge von Fahrverboten,
- Beifahrerzeiten und auch Wartezeiten bei der Be- und Entladung, wenn die Dauer der Wartezeit Ihnen als Fahrer im Voraus bekannt ist. Ist die Wartezeit lange genug (z. B. drei Stunden) und ist es Ihnen als Fahrer möglich, sich auszuruhen oder zu schlafen, kann diese Zeit auch als Teil der aufgeteilten Ruhezeit gelten. Achtung: Es muss eine geeignete Schlafmöglichkeit vorhanden sein, damit es als Ruhezeit zählen kann.

Die reine Arbeitszeit darf im Wochendurchschnitt 48 Stunden betragen. Sie kann wöchentlich auf bis zu 60 Stunden verlängert werden, wenn innerhalb von vier Monaten (tariflich auf sechs Monate verlängerbar) der Durchschnitt von 48 Stunden nicht überschritten wird. Dazu kommen die Bereitschaftszeiten, die nicht als Arbeitszeit zählen.

Beispiele für die Praxis
Nutzen Sie als Fahrer die wöchentliche Lenkzeit voll aus, ergibt dies eine wöchentliche Lenkzeit von 56 Stunden (2 x 10 Stunden und 4 x 9 Stunden). Denn eine wöchentliche Ruhezeit muss erst spätestens am Ende von sechs 24-Stunden-Zeiträumen beginnen. Das bedeutet, dass dem Fahrer dadurch schon ein Ausgleich von acht Stunden gewährt werden muss. Oben wurden nur die maximal zulässigen Lenkzeiten in einer Arbeitswoche addiert. Nicht enthalten sind die regelmäßig weiteren anfallenden Arbeitszeiten in dieser Woche, wie das Be- und Entladen, die Fahrzeugpflege oder sonstige administrative Tätigkeiten. Die Arbeitszeit in der Doppelwoche darf 2 x 48 Stunden = 96 Stunden betragen. Die VO (EG) Nr. 561/2006 erlaubt in der Doppelwoche eine maximale Gesamtlenkzeit von 90 Stunden. Somit blieben für den Fahrer noch sechs Stunden für andere Arbeiten übrig. Dazu kämen noch die Bereitschaftszeiten, die nicht als Arbeitszeit zählen. Das ArbZG und die Richtlinie 2002/15/EG fordern vom Unternehmer und Disponenten ausdrücklich, neben den Lenkzeiten auch die sonstigen Arbeitszeiten zu berücksichtigen und dementsprechend die Tourenplanung für Sie vorzunehmen. EU-Regelungen gehen dem deutschem Recht vor.

Seit 01. November 2012 ist das „Gesetz zur Regelung der Arbeitszeit von selbstständigen Kraftfahrern" in Deutschland in Kraft getreten. Mit diesem Gesetz werden die Arbeitszeiten der selbstständigen Kraftfahrer im Wesentlichen mit den Zeiten von nicht selbstständigen Kraftfahrern gleichgesetzt und damit eingeschränkt.

Das neue Gesetz beschränkt die Arbeitszeit der selbstfahrenden Unternehmer analog der Arbeitszeit der angestellten Fahrer auf durchschnittlich 48 Stunden pro Woche beziehungsweise auf bis zu 60 Stunden pro Woche bei einem viermonatigen Ausgleichszeitraum. Als Arbeitszeit gilt die Zeit, in der sich der selbständige Kraftfahrer an seinem Arbeitsplatz befindet, dem Kunden zur Verfügung steht und während der er seine Funktionen und Tätigkeiten ausübt. Die Regelungen über Bereitschaftszeiten, Fahrtunterbrechungen und Ruhezeiten entsprechen denen des ArbZG. Einer der wesentlichsten Punkte, die auch eine Umgehung durch Speditionen mit Auslandssitz und selbständigen ausländischen Fahrern ausschließt, ist die Tatsache, dass das neue Arbeitszeitgesetz nach dem Territorialprinzip für alle Fahrer auf deutschen Straßen gilt. Der Zoll und das BAG können zur Kontrolle der Arbeitszeiten daher auch von ausländischen Fahrern die erforderlichen Nachweise bzw. Aufzeichnungen fordern. Das neue Arbeitszeitgesetz für selbständige Fahrer bringt durch das Verringern der Gefahren aufgrund zu langer Fahr- bzw. Arbeitszeiten mehr Sicherheit auf Deutschlands Straßen. Durch das Angleichen der maximal zulässigen Arbeitszeiten dämmt es aber auch den seit Jahrzehnten zunehmenden Trend „selbstständiger Fahrer" ein, welche oft als „Scheinselbstständige" für Speditionen oder auch Paket- und Kurierdienste tätig sind.

> **» INFO**
>
> Arbeitszeit ist die Zeit, in der Sie sich am Arbeitsplatz aufhalten müssen, aber nicht frei über Ihre Zeit verfügen können. Auch das erforderliche Sichern der Ladung gehört zur Arbeitszeit.

ARBEITSZEIT

3.2 Kurzübersicht über die Arbeitszeiten

Die Arbeitszeiten bei verschiedenen Arbeitgebern werden zusammengezählt. Arbeitet der Aushilfsfahrer täglich bereits acht Stunden bei seinem Hauptarbeitgeber, kann er an diesen Tagen nicht mehr „nebenbei" arbeiten. Nach dem ArbZG darf die durchschnittliche Arbeitszeit pro Tag nur acht Stunden betragen. Ausnahmsweise sind zehn Stunden zulässig, wenn innerhalb von sechs Monaten der Ausgleich erfolgt. Bei einem Aushilfsfahrer, der acht Stunden pro Tag in seinem Hauptberuf tätig ist, wird das nicht regelmäßig der Fall sein. Möglich wäre hier lediglich eine Beschäftigung an den Wochenenden, unter Berücksichtigung der maximalen wöchentlichen Arbeitszeit von durchschnittlich 48 Stunden.

Beispiel zur Tabelle
Beschäftigt ein Unternehmer einen Aushilfsfahrer, ist er verpflichtet, sich von ihm eine schriftliche Auskunft über die Arbeitszeiten, die in dem anderen Arbeitsverhältnis geleistet wurden, einzuholen.

Aufzeichnungs- und Aufbewahrungspflicht
Gem. § 21 a Abs. 7 ArbZG „Beschäftigung im Straßentransport" ist der Arbeitgeber verpflichtet, die Aufzeichnungen über die Arbeitszeit seiner Arbeitnehmer mindestens zwei Jahre aufzubewahren. Die zweijährige Aufbewahrungspflicht gilt auch für selbstständige Kraftfahrer. Sie können als Fahrer von Ihrem Arbeitgeber davon eine Kopie anfordern. Diese Aufzeichnungen muss der Unternehmer nicht selbst erstellen. Er kann dies auch seinen Arbeitnehmern überlassen oder die Aufzeichnung erfolgt automatisch durch die Fahrtenschreiber. Die europäische Richtlinie Nr. 2002/15/EG regelt u.a. die Arbeitszeiten von Fahrern im Straßentransport und gilt auch für selbstständige Lkw- und Busfahrer. Hätte man die freiberuflichen Fahrer von den allgemein gültigen Arbeitszeitregeln ausgenommen, wären viele Fahrer in die „Scheinselbstständigkeit" gedrängt worden, befürchtete die EU. Diese europäische Richtlinie stimmt im Wesentlichen mit dem deutschen ArbZG überein. In der EU gelten die gleichen wöchentlichen Arbeitszeiten von durchschnittlich 48 Stunden. Sie können auf bis zu 60 Stunden pro Woche erhöht werden, wenn der Wochendurchschnitt von 48 Stunden über einen Zeitraum von vier Monaten nicht überschritten wird – wie oben in der Tabelle nach dem ArbZG dargestellt. Allerdings sind derzeit die selbstständigen Fahrer vom deutschen ArbZG (Stand: Dezember 2010) noch nicht erfasst. Deutschland hat diese EU-weite Richtlinie noch nicht ins nationale Recht übernommen.

	ARBZG	VO (EG) NR. 561/2006
Tägliche Arbeitszeit	Durchschnittlich 8 Std. mit Ausgleich: Erhöhung auf 10 Std. möglich	9 Std. Lenkzeit 2 · wöchentlich = 10 Std.
Wöchentliche Arbeitszeit	Durchschnittlich 48 Std. mit Ausgleich: Erhöhung auf 60 Std. möglich	56 Std. Lenkzeit
In der Doppelwoche	96 Std. Arbeitszeit	90 Std. Arbeitszeit
Pausen	Nach 6 Std. = 30 Min. Über 9 Std. = 45 Min. (aufteilbar in 15 Min.)	Nach 4,5 Std. = 45 Min. (aufteilbar 15 + 30 Min.)
Tagesruhezeit	11 Std. mit Ausgleich: Verkürzung auf 10 Std. möglich	11 Std. oder 12 Std. Aufteilbar in 3 + 9 Std. Verkürzung: 3 x 9 Std. pro Woche möglich
Bei zwei Fahrern	–/–	Innerhalb von 30 Std. 9 Std.
Wöchentliche Ruhezeit	–/–	45 Std. mit Ausgleich: Verkürzung auf 24 Std. möglich

» **INFO**
Anmerkung: Selbstverständlich gelten für selbstständige Fahrer auch alle Sozialvorschriften der VO (EG) Nr. 561/2006, der VO (EU) Nr. 165/2014 und der FPersV.

ARBEITSZEIT

3.3 Weitere Pflichten des Unternehmers

Verkehrsunternehmen haften auch für Verstöße, die von den eigenen Fahrern im Hoheitsgebiet eines anderen Staates begangen wurden. Verkehrsunternehmen haben
- die Einteilung der Fahrer/Fahrten gemäß den Sozialvorschriften vorzunehmen,
- die Fahrer ordnungsgemäß einzuweisen,
- die Fahrer regelmäßig zu überprüfen.

Gemäß der FPersV haben Unternehmer die Arbeitszeitnachweise wöchentlich zu prüfen und unverzüglich Maßnahmen zu ergreifen, die notwendig sind, um die Einhaltung der gesetzlichen Bestimmungen zu gewährleisten. Die Einhaltung der Sozialvorschriften hat unbedingt Vorrang vor den kaufmännischen Interessen.

3.4 Bußgeld- und Strafvorschriften (Kurzübersicht)

Das FPersG und die FPersV enthalten Bußgeldvorschriften für Verstöße gegen die VO (EG) Nr. 561/2006 und VO (EU) Nr. 165/2014. Außerdem verfügt das ArbZG noch über eigene Bußgeldvorschriften. Der Bußgeldrahmen von ArbZG und FPersG beträgt
- für den Unternehmer bis zu € 30.000,
- für Sie als Fahrer bis zu € 5.000

(Stand: April 2015).

Auch Verlader, Spediteure, Reiseveranstalter, Haupt- und Unterauftragnehmer und Fahrervermittlungsagenturen haben sicherzustellen, dass die Vorschriften über Lenk- und Ruhezeiten eingehalten werden und können mit Bußgeldern belangt werden.

Der europäische Gerichtshof hat bereits 1990 entschieden, dass ein Arbeitgeber bei Verstößen seiner Fahrer gegen die Lenk- und Ruhezeiten auch dann belangt werden kann, wenn ihm in Bezug auf die Zuwiderhandlung weder Vorsatz noch Fahrlässigkeit vorgeworfen werden kann. Jeder Arbeitgeber hat die Arbeit seiner Arbeitnehmer so zu planen, dass die Einhaltung der Sozialvorschriften sichergestellt ist.

Für Sie als Fahrer kommen Straftaten insbesondere in Betracht, wenn
- der Fahrtenschreiber auf irgendeine Art so beeinflusst wird, dass verfälschte Aufzeichnungen erfolgen,
- verfälschte Aufzeichnungen verwendet werden,
- Aufzeichnungen nachträglich verfälscht werden bzw. falsche Eintragungen vorgenommen werden.

Weitere mögliche Straftaten: Das LG Nürnberg-Fürth hat in seinem Urteil vom 8.2.2006 (2 Ns 915 Js 144710/2003) auch die strafrechtliche Verfolgung von Unternehmen bei Verkehrsunfällen bejaht, wenn Sie als Fahrer durch angeordnete Überschreitung der Lenkzeit und Unterschreitung der Ruhezeit einen Verkehrsunfall verursachen.

> » **INFO**

Das StGB sieht in solchen Fällen Freiheitsstrafen von bis zu fünf Jahren oder Geldstrafen vor.

> » **PRAXISTIPP**

Der Fall: Bei einer Geschwindigkeit von ca. 90 km/h schlief der Lkw-Fahrer infolge Übermüdung nachts am Steuer ein und geriet deshalb mit seinem Lkw nach rechts auf den Seitenstreifen, wo zwei Personen gerade dabei waren, an ihrem VW-Bus eine Reifenpanne zu beheben. Beide wurden von dem Lkw erfasst und erlagen noch am Unfallort ihren Verletzungen. Der Fahrer wurde zu einer Freiheitsstrafe von einem Jahr auf Bewährung verurteilt, ihm wurde die Fahrerlaubnis entzogen und eine Führerscheinsperre von 18 Monaten verhängt. Zwei Verantwortliche des Speditionsunternehmens wurden wegen Anstiftung zur vorsätzlichen Gefährdung des Straßenverkehrs in Tateinheit mit fahrlässiger Tötung verurteilt. Die Freiheitsstrafen betrugen zwei Jahre für den Unternehmer und drei Monate für den Gesellschafter-Geschäftsführer zur Bewährung. Dem Speditionsunternehmer wurde außerdem für eine Dauer von drei Jahren verboten, das Speditionsgewerbe weiter auszuüben.
Zitat: „Ein Speditionsunternehmer, der seinen Betrieb so organisiert, dass die angestellten Fahrer regelmäßig die zulässigen Lenkzeiten überschreiten und deswegen fahruntüchtig am Straßenverkehr teilnehmen, setzt allein dadurch eine wesentliche Ursache für den Tod Dritter, wenn einer seiner Fahrer übermüdet einen Verkehrsunfall mit tödlichem Ausgang verschuldet."

KONTROLLRICHTLINIE

4. Kontrollrichtlinien

Für die Kontrolle der Sozialvorschriften ergibt sich die Rechtsgrundlage für regelmäßige Straßen- und Betriebskontrollen aus der „Umsetzung der Richtlinie 2006/22/EG". Danach müssen mindestens 3 Prozent der Arbeitstage der Fahrer durch Kontrollbehörden überprüft werden. Der Anteil von Straßenkontrollen soll mindestens 30 % und der Anteil der Kontrollen auf dem Betriebsgelände von Unternehmen mindestens 50 % betragen.

Eine weitere Rechtsgrundlage für die Kontrolle von Nutzfahrzeugen ist die Richtlinie 2014/47/EU. Danach soll die Verkehrs- und Betriebssicherheit von Nutzfahrzeugen kontrolliert werden. Ziel dieser Vorschrift ist durch technische Unterwegskontrollen die Verkehrssicherheit zu erhöhen, die Fahrzeugemissionen zu verringern und auch Wettbewerbsverzerrungen zu verhindern. In jedem Kalenderjahr sollen die Mitgliedsstaaten der EU mindestens 5 % aller zugelassenen Fahrzeuge in ihrem Staat kontrollieren. Erfasst werden von dieser Vorschrift Nutzfahrzeuge mit einer bauartbedingten Höchstgeschwindigkeit von mehr als 25 km/h, mit mehr als acht Sitzplätze zusätzlich zum Fahrersitz, mit einer zulässigen Gesamtmasse von mehr als 3,5 t oder Zugmaschinen mit einer bauartbedingten Höchstgeschwindigkeit von über 40 km/h.

Gemäß § 4 Abs. 5 FPersG dürfen Kontrollbeamte während der Betriebs- und Arbeitszeit Grundstücke, Betriebsanlagen, Geschäftsräume und Beförderungsmittel betreten und besichtigen. Diese Maßnahmen sind, wenn sie erforderlich sind, von den Unternehmen und ihren Angestellten während der Arbeitszeit, also auch von Ihnen, zu dulden. Tagesruhezeiten in der Schlafkabine sind keine Arbeitszeiten. Gemäß der Richtlinie 2006/22/EG sind die Mitgliedstaaten verpflichtet, für Betriebskontrollen ein System zur Risikoeinstufung von Unternehmen nach Anzahl und Schwere der begangenen Verstöße zu errichten. Unternehmen mit einer höheren Risikoeinstufung müssen strenger und häufiger geprüft werden.

Mit Einführung der VO (EG) Nr. 561/2006 war es den deutschen Kontrollbeamten und -behörden zum ersten Mal möglich, auch im Ausland begangene Ordnungswidrigkeiten im Inland zu verfolgen. Beispiel: Sie verkürzen Ihre Ruhezeit in Spanien und dies wird erst bei einer Kontrolle in Deutschland festgestellt. Dann dürfen die deutschen Kontrollbeamten diesen Verstoß ahnden und ein Verwarnungs- bzw. Bußgeld festsetzen. Anmerkung: Natürlich dürfen Sie nicht „doppelt bestraft" werden. Geraten Sie zwischendurch schon in Frankreich in eine Kontrolle und der Verstoß wird dort geahndet, gilt dieser Verstoß für die deutschen Kontrollbeamten bereits als verfolgt.

§ VO (EG) Nr. 561/2006 Art. 10, Abs. 3

„Das Verkehrsunternehmen haftet für Verstöße von Fahrern des Unternehmens, selbst wenn der Verstoß im Hoheitsgebiet eines anderen Mitgliedstaates oder eines Drittstaates begangen wurde."

» PRAXISTIPP

Immer den Nachweis über eine durchgeführte Kontrolle bzw. die Quittungen für bezahlte „Strafgelder" aufbewahren.

» INFO

Mit dem im Oktober 2010 in Kraft getretenen Vollstreckungsabkommen ist ab sofort die EU-weite Vollstreckung von allen Geldbußen möglich. Hiervon umfasst sind im EU-Ausland verhängte Geldsanktionen ab einem Betrag von mindestens € 70,00 u. a. aus Straßenverkehrsverstößen und Verstößen gegen Lenk- und Ruhezeiten. Der Begriff der Geldsanktionen umfasst dabei sowohl das Bußgeld als auch die Verfahrenskosten, sodass der zu vollstreckende Betrag inkl. etwaiger Verfahrenskosten zu verstehen ist. Das bedeutet, dass die Bagatellgrenze auch dann schon überschritten wird, wenn die Geldbuße € 50,00 und die Verfahrenskosten € 25,00, also beides zusammen € 75,00 betragen.

SONNTAGSFAHRVERBOT

5. Sonntagsfahrverbot

Gemäß § 30 Abs. 3 StVO gilt in Deutschland an Sonntagen und Feiertagen in der Zeit von 0 bis 22 Uhr ein Fahrverbot für:
- Lkw über 7,5 t zGM und
- Fahrzeugkombinationen mit Anhängern beliebiger Art (also z. B. auch Wohn- und kleine Lastenanhänger) hinter allen Lkw und
- die zur geschäftsmäßigen oder entgeltlichen Beförderung von Gütern eingesetzt werden, einschließlich der damit verbundenen Leerfahrten

§ 30 Abs. 4 StVO
Feiertage im Sinne des Absatzes 3 sind
- Neujahr,
- Karfreitag,
- Ostermontag,
- Tag der Arbeit (1. Mai),
- Christi Himmelfahrt,
- Pfingstmontag,
- Fronleichnam,
  jedoch nur in Baden-Württemberg, Bayern, Hessen, Nordrhein-Westfalen, Rheinland-Pfalz und im Saarland,
- Tag der Deutschen Einheit (3. Oktober),
- Reformationstag (31. Oktober),
  jedoch nur in Brandenburg, Bremen, Hamburg, Mecklenburg-Vorpommern, Niedersachsen, Sachsen, Sachsen-Anhalt, Schleswig-Holstein und Thüringen,
- Allerheiligen (1. November),
  jedoch nur in Baden-Württemberg, Bayern, Nordrhein-Westfalen, Rheinland-Pfalz und im Saarland,
- 1. und 2. Weihnachtstag.

Wann handelt es sich bei dem Fahrzeug, das Sie fahren, um einen Lkw? Aus den im Folgenden genannten Grundsatzurteilen geht hervor, dass der bloße Eintrag „Pkw" in den Zulassungspapieren nicht automatisch dazu führt, dass es sich auch wirklich um einen Pkw handelt. Der Eintrag in den Fahrzeugpapieren ist nicht entscheidend. Allein entscheidend ist der Einsatzzweck verbunden mit der konkreten Bauart, der Ausstattung und den Einrichtungen des Fahrzeugs.

Vielfach sind Kastenwagen (sogenannte „Sprinter") als Pkw zugelassen. Aber für die Einordnung eines Kraftfahrzeugs als Lkw oder Pkw ist auf dessen konkrete Bauart, Ausstattung und Einrichtung abzustellen. Diese Eigenschaften des Fahrzeugs sind von maßgeblicher Bedeutung und bestimmen, vor allem bei beladenen Fahrzeugen, das Fahrverhalten des Fahrzeugs. Ist das Fahrzeug mit einer Ladefläche ausgestattet, die durch eine dauerhaft installierte Blechwand von der Fahrgastzelle abgetrennt ist, der Fahrzeugboden im Ladeflächenbereich fest mit Holz versehen, dann handelt es sich hierbei eindeutig um ein Fahrzeug, das nach seiner Bauart und Einrichtung zur Beförderung von Gütern bestimmt ist, also um einen Lkw (siehe § 4 Abs. 4 Nr. 3 PBefG).

§ 4 Abs. 4 PBefG
Straßenbahnen, Obusse, Kraftfahrzeuge
(4) Kraftfahrzeuge im Sinne dieses Gesetzes sind Straßenfahrzeuge, die durch eigene Maschinenkraft bewegt werden, ohne an Schienen oder eine Fahrleitung gebunden zu sein, und zwar sind
1. ...
2. ...
3. Lastkraftwagen: Kraftfahrzeuge, die nach ihrer Bauart und Einrichtung zur Beförderung von Gütern bestimmt sind.

SONNTAGSFAHRVERBOT

Beachte

Gemäß § 18 Abs. 5 StVO beträgt für Kfz mit einer zulässigen Gesamtmasse von mehr als 3,5 t auf Autobahnen die zulässige Höchstgeschwindigkeit 80 km/h. Ausgenommen davon sind Pkw. Für Pkw gilt die Richtgeschwindigkeit von 130 km/h.

Auch für § 18 StVO gilt: Nicht der Eintrag in den Fahrzeugpapieren ist entscheidend (wie oben beschrieben). Handelt es sich gemäß § 4 Abs. 4 Nr. 3 PBefG um ein Kfz, das nach seiner Bauart und Einrichtung zur Beförderung von Gütern bestimmt ist, und die zulässige Gesamtmasse liegt über 3,5 t, beträgt die zulässige Höchstgeschwindigkeit 80 km/h.

Die zulässige Gesamtmasse eines Fahrzeugs ist für die Abgrenzung eines Lkw vom Pkw unerheblich.

» **INFO**

Grundsatzurteile zur Beurteilung, wann es sich um einen Lkw handelt: BayObLG vom 23.7.2003, OLG Karlsruhe vom 25.8.2004, OLG Jena vom 12.10.2004, 1 Ss OWi 272/05 OLG Hamm vom 22.8.2005

Sattelkraftfahrzeuge zur Lastenbeförderung sind Lkw im Sinne der StVO und unterliegen deshalb dem Sonntagsfahrverbot, wenn ihre zGM 7,5 t übersteigen. Solo-Sattelzugmaschinen sind von diesem Sonn- und Feiertagsfahrverbot nicht betroffen.

SONNTAGSFAHRVERBOT

Ausnahmen gemäß § 30 Abs. 3 StVO
Das Verbot gilt nicht für

1. den kombinierten Güterverkehr Schiene-Straße vom Versender bis zum nächstgelegenen geeigneten Verladebahnhof oder vom nächstgelegenen geeigneten Entladebahnhof bis zum Empfänger, jedoch nur bis zu einer Entfernung von 200 km,
1a. den kombinierten Güterverkehr Hafen-Straße zwischen Belade- oder Entladestelle und einem innerhalb eines Umkreises von höchstens 150 Kilometern gelegenen Hafen,
2. die Beförderung von
    a) frischer Milch und frischen Milcherzeugnissen,
    b) frischem Fleisch und frischen Fleischerzeugnissen,
    c) frischen Fischen, lebenden Fischen und frischen Fischerzeugnissen,
    d) leicht verderblichem Obst und Gemüse,
    e) lebenden Bienen
3. Leerfahrten, die im Zusammenhang mit Fahrten nach Nummer 2 stehen,
4. Fahrten mit Fahrzeugen, die nach dem Bundesleistungsgesetz herangezogen werden. Dabei ist der Leistungsbescheid mitzuführen und auf Verlangen zuständigen Personen zur Prüfung auszuhändigen. Beispiele für die Anwendung des Bundesleistungsgesetzes: Der Verteidigungsfall und die drohende Gefahr für den Bestand oder die freiheitliche demokratische Grundordnung des Bundes oder eines Bundeslandes.

Außerdem sind vom Sonn- und Feiertagsfahrverbots folgende Fahrzeuge ausgenommen:

- Zugmaschinen, die ausschließlich dazu dienen, andere Fahrzeuge zu ziehen,
- Zugmaschinen und Sattelzugmaschinen mit Hilfsladefläche, deren Nutzlast nicht mehr als das 0,4-fache der zulässigen Gesamtmasse beträgt,
- Fahrzeuge, bei denen die beförderten Gegenstände zum Inventar gehören, wie z.B. Ausstellungs-, Film- und Fernsehfahrzeuge sowie Schaustellerfahrzeuge (auch mit Anhänger),
- selbstfahrende Arbeitsmaschinen (SAM); wie Bagger, Betonpumpen, Teermaschinen, Autokrane, Eichfahrzeuge oder Mähdrescher,
- Einsatzfahrten von Bergungs-, Abschlepp- und Pannenhilfsfahrzeugen,
- Wohnwagenanhänger und Anhänger, die zu Sport- und Freizeitzwecken hinter Lkw geführt werden,
- Hin- und Rückfahrten von Oldtimer-Lkw im Zusammenhang mit besonderen Veranstaltungen, z. B. Messen, Ausstellungen, Märkte, Volksfeste, kulturelle oder sportliche Veranstaltungen.

SONNTAGSFAHRVERBOT

Laut der Vereinbarung vom 9./10. Oktober 2007 der Bundesländer zur übereinstimmenden Handhabung des Sonn- und Feiertagsfahrverbots gilt das vereinfachte Genehmigungsverfahren für die Ausnahmegenehmigung für die Beförderung folgender Waren und Güter:

- lebende Tiere (unabhängig vom jeweiligen Beförderungszweck, also auch die Beförderung von Turnierpferden, Brieftauben und Bienen),
- Schnittblumen und lebende Pflanzen (auch Topfpflanzen, Sträucher und Bäume),
- frische, leicht verderbliche Lebensmittel, soweit sie nicht bereits generell freigestellt sind (dazu gehören auch gewaschene Kartoffeln und frische Backwaren),
- landwirtschaftliche Erzeugnisse in deren Erntezeit,
- Ausrüstungs- und Ausstellungsgegenstände sowie Lebensmittel für Messen, Ausstellungen, Märkte, Volksfeste, kulturelle oder sportliche Veranstaltungen,
- Zeitungen und Zeitschriften mit Erscheinungsdatum am Sonn-, Feier- oder am Folgetag,
- Hilfsgüter in oder für Krisen- oder Notstandsregionen,
- Leerfahrten und Rücktransporte im Zusammenhang mit den o. g. Fahrten,

Bei diesem vereinfachten Genehmigungsverfahren ist grundsätzlich bei Beantragung von einer Dringlichkeit auszugehen – es erfolgt keine Einzelfallprüfung.

Ausnahmegenehmigungen für Fahrten zur termingerechten Be- oder Entladung von Seeschiffen oder Flugzeugen erfordern den Nachweis, dass die Benutzung einer bestimmten Schiffs- oder Flugverbindung bzw. ein unmittelbarer Anschlusstransport an Sonn- oder Feiertagen auf der Straße aus Gründen des Allgemeinwohls oder im Interesse des Antragstellers dringend geboten ist. Die betreffenden Ankunfts- bzw. Abfahrtszeiten der Seeschiffe oder Flugzeuge und die Stellplatzkapazitäten der Häfen oder Flughäfen sind dabei als wichtige Sonderkriterien anzusehen.

Ausnahmegenehmigungen für andere Fahrten erfordern eine spezielle Dringlichkeitsprüfung. Nur wenn

- ein öffentliches Interesse an der Durchführung der Fahrt während der Verbotszeit besteht oder
- die Versagung der Genehmigung eine unbillige Härte für den Antragsteller darstellt und
- der Nachweis erbracht wird, dass eine Beförderung weder mit anderen Verkehrsmitteln noch außerhalb der Verbotszeit möglich ist,

dürfen Ausnahmegenehmigungen erteilt werden.

Ähnliche Vorschriften, die den Verkehr mit Lkw an Sonn- und Feiertagen untersagen, gelten auch in Österreich, der Schweiz und in einigen anderen europäischen Ländern.

> **» INFO**
>
> Das deutsche ArbZG verbietet in § 9 grundsätzlich die Beschäftigung von Arbeitnehmern an Sonn- und gesetzlichen Feiertagen. Ausnahmen dazu regelt der § 10 ArbZG. Soweit die Arbeiten nicht an Werktagen vorgenommen werden können, dürfen Arbeitnehmer auch an Sonn- und Feiertagen beschäftigt werden, u. a. beim Transport und Kommissionieren von leicht verderblichen Waren im Sinne des § 30 Abs. 3 Nr. 2 StVO (s. o.).

> **» INFO**
>
> Allen an einem Sonntag beschäftigten Arbeitnehmern muss innerhalb von zwei Wochen ein Ersatzruhetag gewährt werden (§ 11 Abs. 2 ArbZG). Weiterhin müssen mindestens 15 Sonntage im Jahr beschäftigungsfrei bleiben. (§ 11 Abs. 1 ArbZG)

SONNTAGSFAHRVERBOT

6. Ferienreiseverordnung

Während der Sommerzeit (Schulferien) vom 1. Juli bis zum 31. August gilt die „Verordnung zur Erleichterung des Ferienreiseverkehrs auf der Straße", kurz FerReiseV genannt.

Die FerReiseV untersagt im Juli und August an allen Samstagen zwischen 7 bis 20 Uhr
- Lkw über 7,5 t zGM und
- Lkw mit Anhängern
- die zur geschäftsmäßigen oder entgeltlichen Beförderung von Gütern eingesetzt werden, einschließlich der damit verbundenen Leerfahrten
- die Benutzung bestimmter Autobahnstrecken bzw. Bundesstraßen.

Lkw sind Kfz, die nach ihrer Bauart und Einrichtung zur Güterbeförderung bestimmt sind. Der Eintrag in den Zulassungspapieren ist nicht entscheidend (z. B. Kastenwagen mit Pkw-Zulassung).
Diese Bundesstraßen und Autobahnstrecken sind in der FerReiseV abschließend aufgelistet und gelten jeweils für beide Fahrtrichtungen.
Die FerReiseV gilt nicht für
- den kombinierten Verkehr Schiene/Straße vom/bis zum nächstgelegenen Verladebahnhof,
- den kombinierten Verkehr Hafen/Straße im Umkreis von max. 150 km,
- die Beförderung von Frischwaren wie Milch, Fleisch, Fisch, Obst und Gemüse,
- den Transport von lebenden Bienen,
- Leerfahrten, die mit den o. g. Fahrten stehen,
- Fahrzeuge der Polizei, der Feuerwehr, des Katastrophenschutzes, der Bundeswehr und NATO-Truppen,
- Fahrzeuge des Straßendienstes,
- den Einsatz von Bergungs-, Abschlepp- und Pannenhilfsfahrzeugen

Treffen die Ausnahmen vom Sonntagsfahrverbot oder der FerReiseV auf einen Transport nicht zu und soll dieser trotzdem durchgeführt werden, ist vorher eine Ausnahmegenehmigung zu beantragen und beim Transport mitzuführen. Diese Ausnahmegenehmigungen können mit Auflagen und Bedingungen versehen werden, die bei der Durchführung des Transports zu beachten sind.

FAHRZEUGE

- Lkw mit einer zGm über 7,5 t

- Lkw mit Anhänger

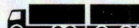

- zur geschäftsmäßigen oder entgeltlichen Beförderung von Gütern einschließlich damit verbundener Leerfahrten

ZEITEN

- Vom 1. Juli bis 31. August
- An allen Samstagen von 7.00 bis 20.00 Uhr

STRECKEN

Bestimmte Autobahnen und Bundesstraßen nach § 1 Abs. 2 und 3 Ferienreiseverordnung

RECHTE UND PFLICHTEN DES BERUFKRAFTFAHRERS

7. Rechte und Pflichten des Berufskraftfahrers im Bereich der Grundqualifikation und Weiterbildung

7.1 Einleitung

Ziel des Berufskraftfahrer-Qualifikations-Gesetzes ist die Qualitätssicherung des Straßenpersonen- und Güterkraftverkehrs. Die Verbesserung der Straßenverkehrssicherheit und der Sicherheit des Fahrpersonals im gewerblichen Personen- und Güterkraftverkehr soll durch den Nachweis einer Qualifikation und ständiger Weiterbildungen der Fahrer erreicht werden. Gleiche Wettbewerbsbedingungen sind durch das Einbinden von Fahrpersonal aus anderen Staaten der EU/EWR und der Staatsangehörigen eines Drittstaates in die gesetzlichen Bestimmungen gewährleistet. Die Stellung der Kraftfahrer im gewerblichen Güterkraft- und Personenverkehr wird mit der Umsetzung der europäischen Richtlinie 2003/59/EG in das deutsche Berufskraftfahrer-Qualifikations-Gesetz gestärkt.

7.2 Grundqualifikation

Der Erwerb der Grundqualifikation erfolgt durch:
- erfolgreiches Ablegen einer theoretischen und praktischen Prüfung bei einer IHK oder
- Abschluss einer Berufsausbildung als Berufskraftfahrer/Berufskraftfahrerin oder „Fachkraft im Fahrbetrieb".

Die beschleunigte Grundqualifikation wird durch Teilnahme am Unterricht an einer anerkannten Ausbildungsstätte und erfolgreiches Ablegen einer theoretischen Prüfung bei einer IHK erworben. Die Unterrichtsdauer beträgt mindestens 140 Stunden à 60 Minuten. Es sind alle Kenntnisse und Fertigkeiten aus der Anlage 1 der Berufskraftfahrer-Qualifikations-Verordnung (BKrFQV) zu vermitteln.

Dabei müssen mindestens zehn Stunden à 60 Minuten auf einem Fahrzeug der entsprechenden Klasse gefahren werden. Ist der Teilnehmer nicht im Besitz einer gültigen Fahrerlaubnis für diese Klasse, muss das Fahrzeug außerdem den Bestimmungen der Fahrerlaubnisverordnung Anlage 7 entsprechen (Prüfungsfahrzeug). Hierzu ist die Begleitung durch einen Fahrlehrer mit der entsprechenden Fahrlehrerlaubnis zwingend vorgeschrieben. In der 90-minütigen theoretischen Prüfung werden alle in der Anlage 1 der BKrFQV aufgeführten Themen berücksichtigt. Fahrern, denen die Fahrerlaubnis der Klasse D1, D1E, D oder DE vor dem 10. September 2008 bzw. der Klasse C1, C1E, C oder CE vor dem 10. September 2009 erteilt wurde, müssen keinen zusätzliche Befähigungsnachweis erbringen.

RECHTE UND PFLICHTEN DES BERUFKRAFTFAHRERS

Mindestalter

Um gewerblich als Kraftfahrer tätig sein zu können, müssen folgende Bedingungen bzgl. des Mindestalters erfüllt sein.

PERSONENVERKEHR				
KLASSE/QUALIFIKATION	OHNE ZUSÄTZLICHE QUALIFIKATION	LEHRGANG „BESCHLEUNIGTE GRUNDQUALIFIKATION"	THEORETISCHE UND PRAKTISCHE PRÜFUNG „GRUNDQUALIFIKATION"	AUSBILDUNG ALS „BERUFSKRAFTFAHRER/IN" ODER FACHKRAFT IM FAHRBETRIEB ODER VERGLEICHBARER AUSBILDUNGSBERUF
D1/D1E	21 Jahre	21 Jahre		18 Jahre
D/DE	24 Jahre	23 Jahre, 21 Jahre im Linienverkehr bis 50 km	21 Jahre	20 Jahre, 18 Jahre im Linienverkehr bis 50 km

GÜTERKRAFTVERKEHR				
KLASSE/QUALIFIKATION	OHNE ZUSÄTZLICHE QUALIFIKATION (KEINE GEWERBLICHE GÜTERBEFÖRDERUNG)	LEHRGANG „BESCHLEUNIGTE GRUNDQUALIFIKATION"	THEORETISCHE UND PRAKTISCHE PRÜFUNG „GRUNDQUALIFIKATION"	AUSBILDUNG ALS „BERUFSKRAFTFAHRER/IN" ODER FACHKRAFT IM FAHRBETRIEB ODER VERGLEICHBARER AUSBILDUNGSBERUF
C1/C1E	18 Jahre	18 Jahre	18 Jahre	18 Jahre
C/CE	21 Jahre	21 Jahre	18 Jahre	18 Jahre

Bis zum Erreichen des regulären Mindestalters oder vor Abschluss der Ausbildung darf von der Fahrerlaubnis nur bei Fahrten im Inland und im Rahmen der Ausbildung Gebrauch gemacht werden!

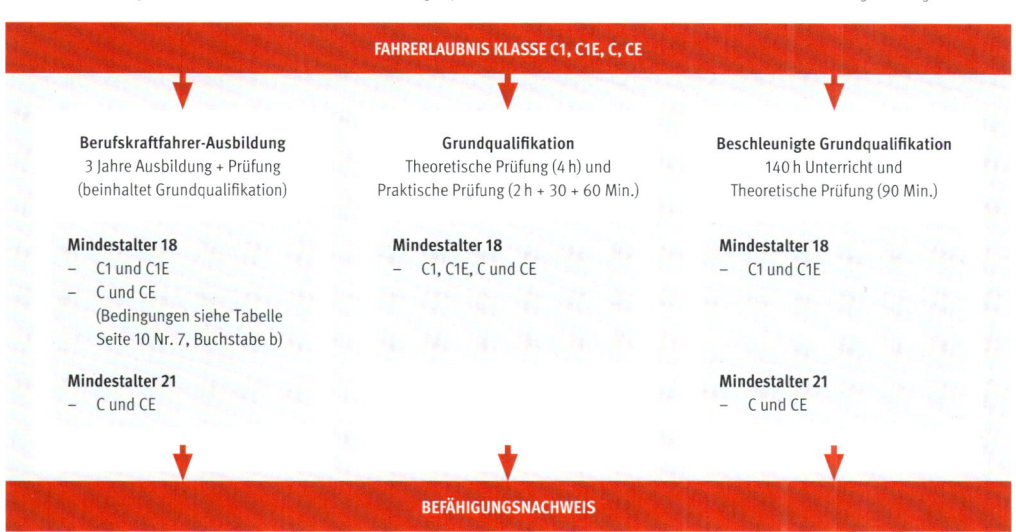

FAHRERLAUBNIS KLASSE C1, C1E, C, CE

Berufskraftfahrer-Ausbildung
3 Jahre Ausbildung + Prüfung
(beinhaltet Grundqualifikation)

Mindestalter 18
– C1 und C1E
– C und CE
  (Bedingungen siehe Tabelle Seite 10 Nr. 7, Buchstabe b)

Mindestalter 21
– C und CE

Grundqualifikation
Theoretische Prüfung (4 h) und Praktische Prüfung (2 h + 30 + 60 Min.)

Mindestalter 18
– C1, C1E, C und CE

Beschleunigte Grundqualifikation
140 h Unterricht und Theoretische Prüfung (90 Min.)

Mindestalter 18
– C1 und C1E

Mindestalter 21
– C und CE

BEFÄHIGUNGSNACHWEIS

KONTROLLGERÄTE IM STRASSENVERKEHR

7.3 Umsteiger

Fahrer im Güterkraftverkehr, die ihre Tätigkeit auf den Personenverkehr ausweiten wollen, und die eine Grundqualifikation erworben haben, müssen bei der theoretischen und praktischen Prüfung nur die Teile ablegen, die den Personenverkehr betreffen. Bei Absolvierung der beschleunigten Grundqualifikation beträgt die Unterrichtsdauer 35 Stunden zu je 60 Minuten, von denen 2,5 Stunden auf das Führen eines Kraftomnibusses entfallen müssen. In der theoretischen Prüfung werden die in Anlage 1 genannten Kenntnisbereiche geprüft, die den Personenverkehr betreffen. Für Umsteiger von Personenverkehr auf Güterkraftverkehr sind analog die Inhalte für den Güterkraftverkehr in Ausbildung und Prüfung relevant.

7.4 Befähigungsnachweis

Der Nachweis einer bestehenden Berufskraftfahrerqualifikation erfolgt seit 23.05.2021 ausnahmslos in Form des sog. Fahrerqualifizierungsnachweises. Eine Eintragung der Schlüsselzahl 95 auf der Rückseite des Kartenführerscheins erfolgt nicht mehr. Auszubildende zum Berufskraftfahrer sowie zur Fachkraft im Fahrbetrieb führen als Nachweis eine Kopie des Ausbildungsvertrages mit. Kraftfahrer, die vorsätzlich oder fahrlässig Fahrten ohne die geforderten Nachweise zur Grundqualifikation oder zur beschleunigten Grundqualifikation durchführen, handeln ordnungswidrig. Dieses kann mit einer Geldbuße bis zu 5000 € geahndet werden.

Für Fahrer aus EU/EWR-Mitgliedstaaten ist neben der Schlüsselzahl auch der Nachweis über einen Fahrerqualifizierungsnachweis möglich. Fahrer aus Drittstaaten, die im gewerblichen Güterkraftverkehr in einem Unternehmen mit Sitz in einem EU/EWR-Mitgliedstaat beschäftigt oder eingesetzt werden, müssen ihre Befähigung auch über eine gültige Fahrerbescheinigung gem. VO EWG Nr. 881/92 nachweisen. Fahrer aus Drittstaaten, die im gewerblichen Personenverkehr in einem Unternehmen mit Sitz in einem EU/EWR-Mitgliedstaat beschäftigt oder eingesetzt werden, können ihre Befähigung auch durch eine im Inland oder von einem anderen EU- oder EWR-Mitgliedstaat ausgestellte nationale Bescheinigung nachweisen.

Das Berufskraftfahrer-Qualifikations-Gesetz (BKrFQG) beinhaltet auch Ausnahmen, die im § 1 Abs. 2 BKrFQG nachzulesen sind.

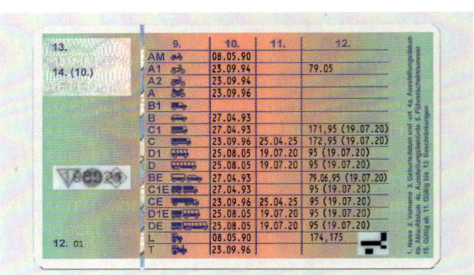

Führerschein seit dem 19.01.2013

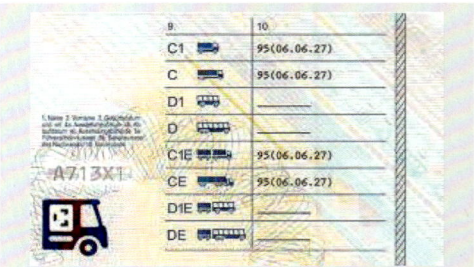

SCHLAGWORTVERZEICHNIS

AETR 8, 9, 44, 49
Analoger Fahrtenschreiber 47, 57
Arbeitszeit 9, 10, 13, 19, 20, 23, 36, 38, 41, 42, 51, 54,
.... 56, 57, 59, 61, 68, 69, 71, 72, 74
Aufbewahrungspflichten 45, 58
Ausdrucke 45, 46, 48, 49, 54, 57, 58, 61, 65, 67
Befähigungsnachweis 26, 80, 81, 82
Bereitschaftszeit 10, 13, 16, 19, 20, 38, 54, 55, 56, 68, 69, 71
Berücksichtigungsfreie Tage 43, 57
Bußgeld- und Strafvorschriften 73
Digitaler Fahrtenschreiber 45
DTCO 4.0 50
Einbauschilder 64
Eisenbahn 21
Fähre 13, 19, 21, 50
Fahrerkarte 17, 19, 40, 41, 43, 45, 46, 48, 49, 50, 51, 52-67
Fahrerkarte entnehmen 56
Fahrerkarte stecken 19, 54
Fahrpersonalgesetz (FPersG) 10
Fahrpersonalverordnung (FPersV) 10, 43
Fahrtenschreiber .... 8, 9, 10, 11, 17, 18, 19, 20, 21, 23, 26, 28 – 31,
.... 33 – 43, 45-54, 56, 57- 64, 67, 72, 73
Fahrtenschreiberkarte 46, 52, 61, 62, 65
Fahrtenschreiberkartenregister 52, 53
Fahrtunterbrechung .... 8, 9, 10, 11, 13, 18 – 23, 41, 51, 71
Fahrzeugwechsel 40, 41
Ferienreiseverordnung 79
Flachtachograph 32, 38, 39
Folgekarte 62
Grundqualifikation 26, 80, 81, 82
Kontrollkarte 46, 61, 69
Kontrollrichtlinie 74
Lenkzeiten 7, 8, 10, 11, 12, 23, 42, 54, 71, 73
Mehrfahrerbetrieb 19, 20, 38
Mietfahrzeuge 60
Mitführpflichten 57
Modularer Fahrtenschreiber 33
Parkplatzsuche 15
Pflichten des Unternehmers 73
Plomben 51, 64
Ruhezeit .... 11, 12, 13, 15 – 22, 25, 35, 37, 38, 41, 42, 69, 71, 73, 74
Schaublätter 30, 32, 33, 34, 35, 38, 39, 40, 42, 45, 57, 58, 59
Sonntagsfahrverbot .... 75 – 79
Tägliche Lenkzeit 12, 20, 23
Übernahme eines Fahrzeugs 19
Unternehmenskarte 46, 49, 52, 58, 59, 60
Untersagung der Weiterfahrt 23
UTC-Zeit 47, 48, 54, 63, 65
Warnmeldung 55
Weiterbildung 26, 80
Werkstattkarte 46, 52, 60
Wöchentliche Lenkzeit 13, 22, 71
Zweifahrerbetrieb 65

BAND 6P

Volker Weyen

VORSCHRIFTEN FÜR DEN PERSONENKRAFTVERKEHR

Bildnachweis –
wir danken folgenden Firmen und Institutionen für ihre Unterstützung:

Bundesverband Deutscher Omnibusunternehmer (bdo)
Cobus Industries GmbH
Daimler AG
Dr. Richard Herrmann Unternehmensgruppe
gbk – Gütegemeinschaft Buskomfort e.V.
Grammer AG
Günzburger Steigtechnik GmbH
KVG Kieler Verkehrsgesellschaft mbh
MAN Nutzfahrzeuge AG
Markus Göppel GmbH & Co.
Neoplan Bus GmbH, Plauen
Rud Ketten
Solaris Bus & Coach S.A.
Stadtwerke Wolfsburg
Techniker Krankenkasse
Verkehrsbetriebe Hannover (ÜSTRA)
http://eur-lex.europa.eu, © Europäische Union, 1998-2014

Autor: Volker Weyen
Co-Autor: Klaus Thielenhaus
Lektorat und Beratung: Rolf Kroth, Egon Matthias, Christian Weibrecht

VORSCHRIFTEN FÜR DEN PERSONENKRAFTVERKEHR

Inhalt

Der berufliche Alltag im professionellen Personenkraftverkehr ist geprägt von zahlreichen gesetzlichen Regelungen, nationalen Verordnungen, europäischen Richtlinien und internationalen Übereinkommen, die Sie als Busfahrer zu beachten haben.

Dieser Band hilft Ihnen dabei, den Überblick zu behalten, die komplexen juristischen Zusammenhänge zu verstehen und nachzuvollziehen: schwierige Formulierungen der Gesetzestexte werden hier anschaulich, verständlich und praxisnah dargestellt.

Die folgenden Gesetze und Verordnungen werden schwerpunktmäßig behandelt:
- Personenbeförderungsgesetz (PBefG)
- EWG/EG-Regelungen
- Zulassungsrecht (StVO u. A.)

Der Autor

Volker Weyen, Jahrgang 1954, abgeschlossene Ausbildung für das Lehramt an Grund- und Hauptschulen; langjährige Tätigkeit als Fahrlehrer aller Klassen, Aus- und Fortbilder für Fahrlehrer und verantwortlicher Leiter einer Fahrlehrerausbildungsstätte.

Legende

» **PARAGRAPH**
Originaltext aus dem Gesetz

» **FRAGE**
Fragen aus der Praxis

» **INFO**
Merksätze

» **PRAXISTIPP/PRAXISWISSEN**
Tipps aus der Praxis

» **BUCH**
Verweise auf weitere Lektüre/Nachschlagemöglichkeiten

» **ARBEITSBLATT**
Zur Wiederholung und Vertiefung von gelernten Inhalten

INHALTSVERZEICHNIS

Zum Band Personenkraftverkehr ... 8
Vorbemerkung ... 11

Personenbeförderungsgesetz – PBefG
1.1 Geltungsbereich und Ausnahmen ... 12
1.2 Der Unternehmer ... 13
1.2.1 Berufszugang für Kraftomnibus-Unternehmer ... 14
1.2.2 Berufszugang für andere Unternehmer ... 16
1.2.3 Zulassung und Überwachung von Unternehmen ... 16
1.2.4 Ausfall des Verkehrsleiters oder des Unternehmers ... 16
1.3 Genehmigung ... 17
1.3.1 Antragstellung und Genehmigungsbehörden ... 17
1.3.2 Versagen der Genehmigung ... 19
1.3.3 Erteilung der Genehmigung; Umfang/Gegenstand und Nachweis ... 19
1.3.4 Widerruf der Genehmigung ... 21
1.4 Ordnung der Personenbeförderung im PBefG ... 21
1.5 Die verschiedenen Verkehrsformen im nationalen Bereich ... 21
1.5.1 Linienverkehr – Begriffe und Formen ... 22
1.5.2 Sonderformen des Linienverkehrs ... 23
1.5.3 Vorschriften für die Betreiber von Linienverkehren ... 24
    Allgemeine Vorgaben/Betriebspflicht ... 24
    Spezielles für den Obusverkehr ... 27
    Spezielles für den Linienverkehr mit Kraftfahrzeugen ... 27
    Genehmigungsurkunden für den Linienverkehr mit Kraftfahrzeugen ... 28
1.5.4 Gelegenheitsverkehr – Begriff und Formen ... 38
    Verkehr mit Taxen ... 39
    Ausflugsfahrten und Ferienzielreisen ... 40
    Verkehr mit Mietomnibussen und Mietwagen ... 41
    Genehmigungsurkunden für den Gelegenheitsverkehr mit Kraftomnibussen ... 42
1.6 Grenzüberschreitende Verkehre ... 50
1.7 Katalog der Ordnungswidrigkeiten (§ 61) ... 51

EG/EU-Regelungen
2.1 Die Mitgliedstaaten der Europäischen Union ... 52
2.1.1 Großbritannien und die Europäische Union ... 53
2.2 Verordnungen (EG) Nr. 1071/2009 und 1073/2009 – Gemeinsame Regeln für den Zugang zum grenzüberschreitenden Personenkraftverkehrsmarkt ... 54
2.2.1 Geltungsbereich und Begriffe ... 55
2.2.2 Zulassung zum grenzüberschreitenden Verkehr allgemein ... 57
    Vordruck: Gemeinschaftslizenz ... 58
2.2.3 Linienverkehr ... 59
    Linienverkehr allgemein ... 59
    Sonderformen des Linienverkehrs ... 63
2.2.4 Gelegenheitsverkehr ... 64
    Vordrucke aus der VO (EU) 361/2014 ... 65
    Örtliche Ausflüge ... 69
    Kabotageverkehr ... 69
2.2.5 Werkverkehr ... 70
2.2.6 Entsendebescheinigung (A1-Bescheinigung) ... 72

INHALTSVERZEICHNIS

Interbus-Übereinkommen
3.1	Vertragsparteien des Übereinkommens	76
3.2	Ziele des Übereinkommens	76
3.3	Geltungsbereich	77
3.4	Begriffsbestimmungen	77
3.5	Qualifikation des Unternehmers	78
3.6	Technik der Fahrzeuge	78
3.6.1	Kontrollliste	79
3.7	Verkehrsformen – Liberalisierter und nicht liberalisierter Gelegenheitsverkehr	80
3.8	Kontrolldokumente für den liberalisierten Gelegenheitsverkehr	80
3.8.1	Muster des Fahrtenblatts nach dem Interbus-Übereinkommen (Vorderseite)	81
3.9	Genehmigung nicht liberalisierter Verkehre	83
3.10	Steuern und Zölle	83
3.11	Soziale Bestimmungen	83
3.12	Gemeinsamer Ausschuss	83

Abkommen Schweiz/EG
4.1	Zulassung von Unternehmen zum Verkehr	84
4.2	Zugang zum Markt	84
4.3	Genehmigungen	84

Europäischer Wirtschaftsraum – EWR-Abkommen
5.1	Die EWR-Staaten	85

EG-Bus-Durchführungsverordnung
6.1	Aufgabe der Verordnung	86
6.2	Einzelne Regelungen, Bezüge und Fundstellen	86
6.2.1	Zuständige bzw. ausführende Behörden (§ 2 EGBusDV) – Tabelle	86
6.2.2	Pflichten des Unternehmers und des Fahrzeugführers/der Fahrzeugführerin (§ 5)	87
6.2.3	Aufsicht (§ 6)	88
6.2.4	Katalog der Ordnungswidrigkeiten (§ 8)	90
6.3	Grenzüberschreitende Personenbeförderung	91

Weiterführende Vorschriften
7.1	Verordnung über den Betrieb von Kraftfahrunternehmen im Personenkraftverkehr (BOKraft)	93
7.1.1	Pflichten des Unternehmers/der Betriebsleitung (§§ 1 – 6)	93
7.1.2	Pflichten des Fahrpersonals (§§ 7 – 13)	94
7.1.3	Pflichten der Fahrgäste (§§ 14 + 15)	95
7.1.4	Technische Vorschriften für einzelne Fahrzeugarten (§§ 16 – 42)	96
7.1.5	Katalog der Ordnungswidrigkeiten (§ 45)	102
7.2	Verordnung über Allgemeine Beförderungsbedingungen – BefBedV	104
7.3	Merkblatt für die Schulung von Fahrzeugführern – Auszug	105
7.4	Rechte der Fahrgäste (VO [EU] Nr. 181/2011 EU-FahrgRBusG und EU-FahrRBusV)	108

INHALTSVERZEICHNIS

Der Kraftomnibus in der Straßenverkehrs-Zulassungsordnung (StVZO)

8.1	Verantwortung für den Betrieb der Fahrzeuge (§ 31 und FZV)	109
8.2	Regelmäßige Untersuchungen (§ 29 StVZO und DGUV Vorschrift 70)	110
8.2.1	Prüfungen bei Fahrzeugen zur gewerblichen Personenbeförderung der Klassen M1, M2 und M3 (Auszüge aus der HU-Richtlinie)	115
8.3	Vorgeschriebene Ausrüstungsteile und ihre Beschaffenheit	117
8.4	Abmessungen und Gewichte/Massen von Einzelfahrzeugen (§§ 32, 34, 41 und 59 a)	120
8.4.1	Achsen, Achsgruppen und Achslasten	120
8.4.2	Die gesamten Gewichte/Massen	122
8.4.3	Abmessungen	123
8.5	Mitführen von Anhängern/zulässige Gesamtmasse/Mindestmotorleistung (§§ 32, 32 a und 35)	125
8.5.1	Abschleppen und Schleppen (§ 33 StVZO)	127
8.6	Wendigkeit und Platzbedarf – der BOKraft-Kreis (§ 32 d)	127
8.7	Komfort und Sicherheit für den Fahrgast	129
8.7.1	Betreten und Verlassen der Fahrzeuge	129
	Türen (§ 35 e)	129
	Einstiege (§ 35 d)	130
	Gänge (§ 35 i)	130
8.7.2	Im Fahrzeug	131
	Sitze (u. a. § 35 a)	131
	Sicherheitsgurte (§ 35 a)	131
	Gemessene Qualität – Das Stern-System	132
	Brennverhalten verwendeter Stoffe (§ 35 j)	132
8.8.1	Arbeitsplatz des Fahrers	133
8.8.2	Bereifung (§§ 36 + 36 a)	134
8.8.3	Gleitschutzeinrichtungen und Schneeketten (§ 37)	140
8.8.4	Lenkung (§ 38)	140
8.8.5	Automatischer Blockierverhinderer – ABV (§ 41 b)	141
8.8.6	Beleuchtung (§ 49 a ff.)	142
8.8.7	Spiegel und andere Einrichtungen für indirekte Sicht (§ 56)	149
8.8.8	EG-/EU-Kontrollgeräte (§§ 57 a und b)	150
8.8.9	Geschwindigkeitsbegrenzer (§ 57 c und d)	151
8.8.10	Betätigungseinrichtungen, Kontrollleuchten und Anzeiger (§ 39 a)	152
8.8.11	Alternative Antriebe von Kraftomnibussen	153
8.8.12	Anforderungskatalog für Kraftomnibusse (KOM) und Kleinbusse (Pkw), die zur Beförderung von Schülern und Kindergartenkindern besonders eingesetzt werden	153

Besondere Formen der Personenbeförderung

9.	Besondere Formen der Personenbeförderung	154

Glossar	154
Abkürzungsverzeichnis	158
Schlagwortverzeichnis	159

ZUM BAND PERSONENKRAFTVERKEHR

Zur Berufskraftfahrer-Qualifikation – Bereich Personenkraftverkehr
Im Jahr 2003 verabschiedete die Europäische Gemeinschaft (EG) – die heutige EU - die sogenannte „Berufskraftfahrer-Richtlinie" 2003/59/EG. Sie wurde im Jahr 2018 durch die Richtlinie (EU) 2018/645 überarbeitet.
Mit deren Umsetzung in die jeweiligen nationalen Rechtssysteme wurden das Berufsbild und die Qualifikation aller Fahrer von Kraftomnibussen innerhalb der EU auf eine ganz neue Grundlage gestellt. Zusätzlich zum Erwerb der Fahrerlaubnis wurden neue Qualitätskriterien für den Beruf des Kraftfahrers eingeführt (der Begriff „Berufskraftfahrer" schließt ausdrücklich auch die Frauen mit ein).

Dabei führte die EU **zwei grundsätzliche Pflichten** ein:
1. Den Erwerb einer Grundqualifikation für bestimmte Berufskraftfahrer, die im Personenkraftverkehr gewerblich tätig sein wollen.
2. Die regelmäßige Teilnahme dieser Berufskraftfahrer an Weiterbildungen.

Der Erwerb einer Fahrerlaubnis allein stellt seitdem also keine ausreichende Qualifikation mehr dar. Notwendig ist auch ein Befähigungsnachweis, der zusätzlich und ohne Anrechnung der Fahrschulausbildung zu erwerben ist. Erforderlich ist er für Fahrer im gewerblichen Personenkraftverkehr, die **nach dem 09. September 2008** die entsprechende Fahrerlaubnis erworben haben (zu den Ausnahmen siehe § 1 Abs. 2 des Berufskraftfahrerqualifikationsgesetzes).
Dies gilt sowohl für selbstständige als auch für angestellte Fahrer. Dabei umfasst der Begriff „gewerblich" auch Fahrten im Werkverkehr. Als Faustformel kann man sich merken, dass Fahrten, die unter das Personenbeförderungsgesetz fallen, beim Fahrzeugführer eine Berufskraftfahrerqualifikation voraussetzen.

Eine solche Qualifikation kann auf drei möglichen Wegen erworben werden:
1. Mittels einer dreijährigen Ausbildung zum **„Berufskraftfahrer"** (Ausbildungs-/Lehrberuf) oder zur „Fachkraft im Fahrbetrieb", wie man sie auch bei anderen Ausbildungsberufen kennt;
2. über eine sogenannte **„Grundqualifikation" (EU-Kraftfahrer)**. Der Gesetzgeber hat bei dieser nur Vorgaben zur theoretischen Prüfung (240 Minuten) und zur praktischen Prüfung (210 Minuten) gemacht. Die Erfahrung zeigt, dass die schwere Prüfung nur nach intensiver Vorbereitung zu bestehen ist.
3. Über eine **„Beschleunigte Grundqualifikation"** (ebenfalls EU-Kraftfahrer), die aus 140 Stunden Unterricht (Praxis und Theorie) und einer Theorieprüfung von 90 Minuten Dauer besteht.

ZUM BAND PERSONENKRAFTVERKEHR

Auszug aus der **Fahrerlaubnis-Verordnung (FeV)**:

§ 10 Mindestalter

Zur Verdeutlichung sollen hier die wichtigsten (Alters-)Voraussetzungen zum Erwerb der Berufskraftfahrer-Qualifikation dargestellt werden:

LFD. NR.	KLASSE	MINDESTALTER	AUFLAGEN

8	D1, D1E	a) 21 Jahre,
		 b) 18 Jahre für Personen während oder nach Abschluss einer Berufsausbildung nach
		     aa) dem staatlich anerkannten Ausbildungsberuf „Berufskraftfahrer/Berufskraftfahrerin",
		     bb) dem staatlich anerkannten Ausbildungsberuf „Fachkraft im Fahrbetrieb" oder
		     cc) einem staatlich anerkannten Ausbildungsberuf, in dem vergleichbare Fertigkeiten und Kenntnisse zur Durchführung von Fahrten mit Kraftfahrzeugen auf öffentlichen Straßen vermittelt werden.
			Bis zum Erreichen des nach Buchstabe a vorgeschriebenen Mindestalters ist die Fahrerlaubnis mit den Auflagen zu versehen, dass von ihr nur
			 1. bei Fahrten im Inland und
			 2. im Rahmen des Ausbildungsverhältnisses Gebrauch gemacht werden darf.
			 Die Auflage nach Nummer 1 entfällt, wenn der Fahrerlaubnisinhaber das Mindestalter nach Buchstabe a erreicht hat. Die Auflage nach Nummer 2 entfällt, wenn der Fahrerlaubnisinhaber das Mindestalter nach Buchstabe a erreicht oder die Ausbildung nach Buchstabe b abgeschlossen hat.

9	D, DE	a) 24 Jahre,
		 b) 23 Jahre nach beschleunigter Grundqualifikation durch Ausbildung und Prüfung nach § 4 Absatz 2 des Berufskraftfahrerqualifikationsgesetzes,
		 c) 21 Jahre
		     aa) nach erfolgter Grundqualifikation nach § 4 Absatz 1 Nummer 1 des Berufskraftfahrerqualifikationsgesetzes oder
		     bb) nach beschleunigter Grundqualifikation durch Ausbildung und Prüfung nach § 4 Absatz 2 des Berufskraftfahrerqualifikationsgesetzes im Linienverkehr bis 50 km,
		 d) 20 Jahre für Personen während oder nach Abschluss einer Berufsausbildung nach
		     aa) dem staatlichen anerkannten Ausbildungsberuf „Berufskraftfahrer/Berufskraftfahrerin",
		     bb) dem staatlich anerkannten Ausbildungsberuf „Fachkraft im Fahrbetrieb" oder
		     cc) einem staatlich anerkannten Ausbildungsberuf, in dem vergleichbare Fertigkeiten und Kenntnisse zur Durchführung von Fahrten mit Kraftfahrzeugen auf öffentlichen Straßen vermittel werden,
		 e) 18 Jahre für Personen während oder nach Abschluss einer Berufsausbildung nach Buchstabe d im Linienverkehr bis 50 km,
		 f) 18 Jahre für Personen während oder nach Abschluss einer Berufsausbildung nach Buchstabe d bei Fahrten ohne Fahrgäste.
			1. Im Falle des Buchstaben c Doppelbuchstabe bb ist die Fahrerlaubnis mit der Auflage versehen, dass von ihr nur bei Fahrten zur Personenbeförderung im Linienverkehr im Sinne der §§ 42, 43 und 44 des Personenbeförderungsgesetzes Gebrauch gemacht werden darf, sofern die Länge der jeweiligen Linie nicht mehr als 50 Kilometer beträgt. Die Auflage entfällt, wenn der Inhaber der Fahrerlaubnis das 23. Lebensjahr vollendet hat.
			 2. In den Fällen der Buchstaben d bis f ist die Fahrerlaubnis mit den Auflagen zu versehen, dass von ihr nur
			   2.1 bei Fahrten im Inland,
			   2.2 im Rahmen des Ausbildungsverhältnisses und
			   2.3 bei Fahrten zur Personenbeförderung im Sinne der §§ 42, 43 und 44 des Personenbeförderungsgesetzes, soweit die Länge der jeweiligen Linie nicht mehr als 50 Kilometer beträgt oder bei Fahrten ohne Fahrgäste,
			 Gebrauch gemacht werden darf. Die Auflage Nummer 2.1 entfällt, wenn der Fahrerlaubnisinhaber entweder das 24. Lebensjahr vollendet oder die Berufsausbildung abgeschlossen hat. Die Auflage nach Nummer 2.3 entfällt, wenn der Fahrerlaubnisinhaber das 20. Lebensjahr vollendet hat.

ZUM BAND PERSONENKRAFTVERKEHR

Abweichend von Nummer 9 ... der Tabelle ... beträgt im Inland das Mindestalter für das Führen von Fahrzeugen der Klasse D 21 Jahre ... im Falle

1. von Einsatzfahrzeugen der Feuerwehr, der Polizei, der nach Landesrecht anerkannten Rettungsdienste, des Technischen Hilswerks und sonstige Einheiten des Katastrophenschutzes, sofern diese Fahrzeuge für Einsatzfahrten oder vom Vorgesetzten angeordnete Übungsfahrten sowie Schulungsfahrten eingesetzt werden, und

2. von Fahrzeugen, die zu Reparatur- oder Wartungszwecken in gewerbliche Fahrzeugwerkstätten verbracht und dort auf Anweisung eines Vorgesetzten Prüfungen auf der Straße unterzogen werden.

Es ergibt sich folgendes Bild:

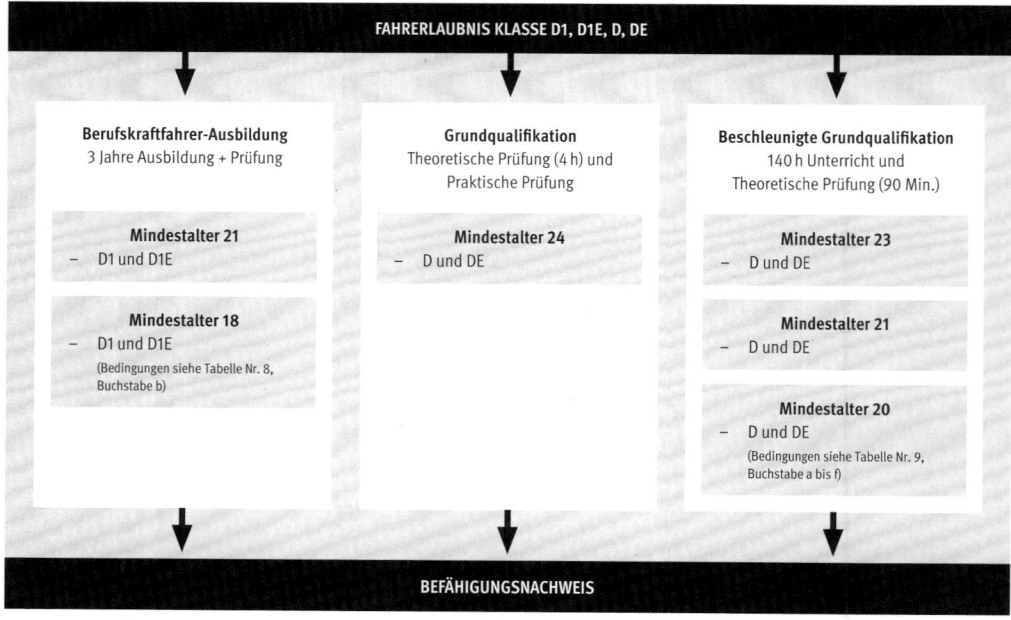

Eine einmal erworbene Qualifikation zum Berufskraftfahrer bleibt sowohl im Falle des Ablaufs der Gültigkeit der Fahrerlaubnis als auch im Falle ihrer Entziehung bestehen (§ 3 Berufskraftfahrerqualifikationsgesetz). Voraussetzung ist allerdings ggf. die Teilnahme an der vorgeschriebenen Weiterbildung (§ 5 Berufskraftfahrerqualifikationsgesetz).

ZUM BAND PERSONENKRAFTVERKEHR

Sicher bedeutet die Berufskraftfahrerqualifikation für den angehenden Fahrer zunächst einmal Aufwand. Sie sichert ihm aber auch gute Zukunftsaussichten für seine Berufsausübung.

Die notwendigen Kenntnisbereiche in Aus- und Weiterbildung sind durch die EU-Richtlinie klar vorgegeben. Es geht z. B. um Ladungssicherheit, Sicherheitsausstattungen, Bremsanlagen, umweltfreundliches und rücksichtsvolles Fahren, Umgang mit Fahrgästen, wirtschaftliches Fahren, Sozialvorschriften, Genehmigungen, Müdigkeit, Verhalten in Notfällen bis hin zu Logistik, Marktordnung, Arbeitsunfällen, Verkehrsunfallstatistiken und Besonderheiten im internationalen Verkehr.
Auch Themen wie die Schleusung illegaler Einwanderer, gesundheitliche Risiken und ausgewogene Ernährung finden sich in der Liste von Mindestanforderungen an die Aus- und Weiterbildung.

Ausbildungsstätten müssen sich für die Durchführung der „Beschleunigten Grundqualifikation" von den zuständigen Landesbehörden anerkennen lassen. Da das Recht für die „Grundqualifikation" keine besondere Ausbildung verlangt, können hier auch andere geeignete Unternehmen, Fahrschulen und Institutionen aktiv werden.
Für die Prüfungen verantwortlich sind die Industrie- und Handelskammern (IHK). Alleiniges Kriterium für das Bestehen der Prüfungen sind „ausreichende Leistungen".

Eine der wichtigsten Regelungen ist die Pflicht zur regelmäßigen Weiterbildung. Sie dient der Wiederholung, Vertiefung und Aktualisierung des erworbenen Wissens und umfasst mindestens 35 Stunden à 45 Minuten. Eine Aufteilung in „Blöcke" von jeweils mindestens sieben Stunden ist möglich.
Die erste Weiterbildung ist spätestens fünf Jahre nach dem Zeitpunkt des Erwerbs der Qualifikation abzuschließen und innerhalb der folgenden Fünfjahresfristen zu wiederholen. Auch Weiterbildungen dürfen nur in Einrichtungen erfolgen, die für solche Maßnahmen besonders anerkannt sind.

Von diesen Regelungen betroffen sind auch Fahrer, bei denen auf den Erwerb eines Befähigungsnachweises verzichtet wird (Erwerb der Kraftomnibus-Fahrerlaubnis vor dem 10. September 2008).

Derzeit erfolgt der Nachweis der Weiterbildung noch durch den Eintrag der Schlüsselzahl „95" in Spalte 12 des Kartenführerscheins, zukünftig durch Ausstellung einer besonderen Bescheinigung, welche die Schlüsselzahl 95 beinhaltet.

In dieser Einführung können nicht alle Rechtsfragen zur Berufskraftfahrerqualifikation und zur Weiterbildung angesprochen werden.

Ihre IHK, die zuständige Landesbehörde und die anerkannten Ausbildungsstätten sind in diesem Zusammenhang wichtige Ansprechpartner.

Erklärtes Ziel der EU-Maßnahmen war und ist vor allem die Verbesserung der Straßenverkehrssicherheit durch einen verbesserten Ausbildungsstand der Fahrer. Darüber hinaus geht es darum, den Beruf attraktiver zu machen. Personenbeförderer klagen seit langem über zunehmenden Nachwuchsmangel.

Ziel dieses Buches ist es, Ihnen die umfassende Auseinandersetzung mit den verschiedenen Themenschwerpunkten, welche die EU-Richtlinie, das nationale Berufskraftfahrerqualifikationsgesetz sowie die dazu erlassene Verordnung vorschreiben, zu erleichtern. Dabei wird besonderer Wert daraufgelegt, die zum Teil schwierigen Regelungen und Vorgaben in verständlichen Worten darzustellen und mit Beispielen anzureichern.

Vorbemerkung

Wie beim Güterverkehr greift der Gesetzgeber auch bei der gewerblichen Beförderung von Personen in starkem Maße regelnd ein. Dabei ist auch hier die Anzahl der nationalen Bestimmungen in den letzten Jahren immer kleiner geworden, Gemeinschaftsrecht (EU-Recht) und internationale Übereinkommen (Abkommen mit Nicht-EU-Ländern) gewinnen dafür immer mehr an Bedeutung.

Die Vielzahl der folgenden rechtlichen Bestimmungen soll dazu beitragen, das eine gesetzte oberste Ziel zu erreichen: einen möglichst geordneten und damit für alle Beteiligten sicheren Ablauf der Fahrten. Besonders stark beteiligt sind dabei naturgemäß Sie als Fahrer bzw. Fahrzeugführer (also derjenige, der das Fahrzeug in eigener Verantwortung führt). Es liegt also in Ihrem ureigenen Interesse, den Überblick über das Dickicht der Gesetze, Verordnungen und Richtlinien zu bekommen und in Ihrem späteren Berufsleben auch zu behalten.

Das nationale Grundlagengesetz, sozusagen das Grundgesetz der Personenbeförderung, auf dem weiterführende und z. T. sehr ins Detail gehende Verordnungen aufbauen, ist dabei das Personenbeförderungsgesetz (PBefG).

PERSONENBEFÖRDERUNGSGESETZ – PBEFG

1. Personenbeförderungsgesetz – PBefG (nationales Recht)

Im April 2021 wird das **Gesetz zur Modernisierung des Personenbeförderungsrechts** verkündet und schafft z. T. völlig neue Rechtsgrundlagen im Personenbeförderungsgesetz. Seine Einzelvorschriften treten gestaffelt im Zeitraum zwischen dem 01.08.2021 und dem 01.07.2022 in Kraft. Soweit möglich werden in den einzelnen thematischen Zusammenhängen bzw. Bestimmungen Hinweise auf die jeweiligen Daten des Inkrafttretens gegeben („m. W. v.").

1.1 Geltungsbereich und Ausnahmen

> **§ 1 Abs. 1 PBefG**
>
> Den Vorschriften dieses Gesetzes unterliegt die entgeltliche oder geschäftsmäßige Beförderung von Personen mit Straßenbahnen, mit Oberleitungsomnibussen (Obussen) und mit Kraftfahrzeugen.

Das versteht der Jurist unter den hier verwendeten Begriffen:
- **Entgeltlich** ist eine Tätigkeit dann, wenn sie auf Gegenleistung gleich welcher Form abzielt. Auch dann also, wenn z. B. gar nicht an eine direkte finanzielle Zuwendung gedacht ist, wenn vielleicht „nur eine Hand die andere wäscht", handelt es sich um eine solche Tätigkeit.
- **Geschäftsmäßig** ist eine Tätigkeit dann, wenn ihre regelmäßige Wiederholung geplant ist.

Dabei spricht der Text alternativ von entgeltlicher **oder** geschäftsmäßiger Beförderung. Es reicht also aus, wenn **einer der beiden** Begriffe bei der Durchführung einer Fahrt zutrifft. Ist dieser Fall gegeben, wird im weiteren Text des Bands Nr. 6 die Rede von gewerblicher Personenbeförderung sein. Zusammenfassend kann zunächst gesagt werden, dass jede Form der gewerblichen Beförderung von Personen den Regelungen des Personenbeförderungsgesetzes unterliegt.

Speziell für die Beförderung von Personen mit Pkw sieht das Modernisierungsgesetz geänderte Möglichkeiten der Befreiung von den Vorschriften des PBefG vor (m. W. v. 01.08.2021). Dabei muss die Beförderung unentgeltlich erfolgen bzw. das Entgelt für die Fahrt darf nicht mehr als 20 bis 30 Cent/km zurückgelegter Wegstrecke betragen (gemäß Bundesreisekostengesetz § 5 Abs. 2 Satz 1). Die Befreiung gilt auch für Krankenkraftwagen unter festgelegten Bedingungen.

Auch nach der Modernisierung des § 1 PBefG wird die Rechtsprechung in Einzelfällen sicher nach wie vor Klarheit bei den Begrifflichkeiten der Geschäftsmäßigkeit und der Entgeltlichkeit schaffen müssen. Bei der Auslegung strittiger Begriffe in einem Gesetzestext, bei der Beurteilung von ganz speziell gelagerten Einzelfällen usw. ergeben sich unterschiedliche Auffassungen, und es bedarf dann der Entscheidung kompetenter Juristen. So war es – um nur ein Beispiel zu nennen – auch beim alltäglichen Fall der Fahrgemeinschaften mit wechselndem Fahrzeugeinsatz nur den Gerichten zu verdanken, dass diese nicht am Personenbeförderungsgesetz scheiterten. Denn sowohl die Entgeltlichkeit als auch die Geschäftsmäßigkeit liegen bei dieser ökologisch sinnvollen und Kosten sparenden Verfahrensweise vor.

Zwischenzeitlich wurde dieser Beförderungsfall glücklicherweise durch gesetzliche Änderungen grundsätzlich von den Vorschriften des PBefG befreit.

Neben dem Basis-Gesetz ist auch noch die **Freistellungsverordnung** zu beachten, die eine Vielzahl von Transportfällen ausdrücklich vom Gesetz ausnimmt, nicht zuletzt, weil die dort genannten Fahrten im Verhältnis zur Gesamtzahl von Beförderungsfällen nicht sonderlich ins Gewicht fallen und das Transportgewerbe deshalb nicht vor dieser „Konkurrenz" geschützt werden muss. Einige Beispiele seien hier genannt:
- jede Beförderung mit Personenkraftwagen, die nicht mehr als sechs Plätze (einschließlich dem des Fahrzeugführers) aufweisen,
- Beförderungen von Berufstätigen mit Pkw zu und von ihren Arbeitsstellen,
- Beförderungen mit Kraftfahrzeugen durch oder für Schulträger zum und vom Unterricht,
- Beförderungen mit Kraftfahrzeugen durch oder für Kindergartenträger zwischen Wohnung und Kindergarten.

Bei keiner dieser Fahrten darf ein Entgelt gefordert werden. Unter genau definierten Voraussetzungen fallen die oben genannten Personenbeförderungen mit einem Kraftomnibus (KOM) trotz Entgelts unter die Freistellungsverordnung (s. § 1 Freistellungsverordnung; BGBl. 20/2012, S. 1037).

Was bedeutet es nun praktisch, wenn eine Beförderung unter das Personenbeförderungsgesetz fällt, wenn also dessen Vorschriften angewendet werden müssen?

Zunächst muss es jemanden geben, der in erster Linie Ansprechpartner für die Aufsichtsbehörde und zuständig für die Abwicklung des Betriebs ist – den Kraftomnibus-Unternehmer (s. folgendes Kapitel).

PERSONENBEFÖRDERUNGSGESETZ – PBEFG

1.2 Der Unternehmer

Das PBefG kennt im Bereich der gewerblichen Personenbeförderung drei mögliche Tätigkeitsfelder eines Unternehmens:
- Verkehre mit **Oberleitungsomnibussen** und **Kraftomnibussen** (KOM),
- Verkehre mit **anderen Kraftfahrzeugen** (im Normalfall Pkw),
- Verkehre mit **Straßenbahnen** (die in diesem Buch nicht berücksichtigt werden).

PERSONENBEFÖRDERUNGSGESETZ – PBEFG

1.2.1 Berufszugang für Kraftomnibus-Unternehmer

Die grundlegenden Bestimmungen über den Zugang zum Beruf des Personen-Kraftverkehrsunternehmers, aber auch zur Ausübung einer solchen Tätigkeit enthält die **EG-Verordnung 1071/2009.** Umgesetzt in deutsches Recht wurde die Verordnung durch Änderungen und Verweise im PBefG. Die EU-VO hat allerdings nur Bedeutung für Verkehre mit Kraftfahrzeugen, die über **mehr als acht Fahrgastplätze** verfügen. Solche Kraftfahrzeuge werden nach der geltenden Definition als Kraftomnibusse (KOM) bezeichnet. Dem deutschen Gesetzgeber bleibt also (nur noch) die Möglichkeit, den Zugang zum Beruf des PersonenbeförderungsUnternehmers für alle die Beförderungsbereiche zu regeln, die nicht zu den Kraftomnibus-Verkehren gehören. Diese Regelungen finden sich in der **Personenkraftverkehr-Berufszugangs-Verordnung (PBZugV)** (1.2.2.). Da das Regelwerk der EU nicht vom „Unternehmer", sondern nur vom „Unternehmen" spricht, sei die amtliche Erläuterung des Begriffs hier vorangestellt:

> **EG-VO Art. 2**
> **Definition „Unternehmen" (verkürzt)**
> „Entweder jede natürliche Person, jede juristische Person mit oder ohne Erwerbszweck, jede Vereinigung oder jeder Zusammenschluss von Personen ohne Rechtspersönlichkeit und mit oder ohne Erwerbszweck sowie jede amtliche Stelle ..., die bzw. der die Beförderung von Personen durchführt, oder jede natürliche oder juristische Person, die die Beförderung von Gütern zu gewerblichen Zwecken durchführt."

Der Antrag auf Zulassung zur Tätigkeit eines Kraftomnibus-Unternehmens kann nur dann erfolgreich sein, wenn das den Antrag stellende Unternehmen folgende Voraussetzungen erfüllt:

1. Vorhandensein einer **tatsächlichen und dauerhaften Niederlassung** (EG-VO Art. 5) Eine solche Niederlassung ist in einem Mitgliedstaat der EU, hier also in der Bundesrepublik, nachzuweisen. Um dem Problem von Schein- und Briefkastenfirmen vorzubeugen, werden folgende konkrete Anforderungen gestellt:

   a) Es müssen **Räumlichkeiten** existieren, in denen die wichtigsten Unternehmensunterlagen aufbewahrt werden. Dazu gehören insbesondere Buchführungsunterlagen, Personalverwaltungsunterlagen, Dokumente mit den Daten über die Lenk- und Ruhezeiten der Fahrer sowie alle sonstigen Unterlagen, zu denen die zuständige Behörde Zugang haben muss, um die Erfüllung der in der Verordnung festgelegten Voraussetzungen überprüfen zu können.

   b) Das zugelassene Unternehmen muss über **mindestens ein Fahrzeug** verfügen, das
   » sein Eigentum ist oder sich aufgrund eines sonstigen Rechts (Mietkauf- oder Miet- oder Leasingvertrag) in seinem Besitz befindet und
   » in dem betreffenden Mitgliedstaat zugelassen ist.

   c) Das zugelassene Unternehmen muss seine **Tätigkeit** mit den genannten Fahrzeugen **tatsächlich und dauerhaft** ausüben. Dazu müssen die erforderliche verwaltungstechnische und eine angemessene technische Ausstattung in/an der betreffenden Betriebsstätte vorhanden und einsatzbereit sein.

2. Ein **Verkehrsleiter** ist benannt/verpflichtet (EG-VO Art. 4). Für das Unternehmen des Antragstellers muss ein Verkehrsleiter benannt sein, der im Regelfall zum Unternehmen gehört, also eine feste (angestellte) Bindung zum Unternehmen besitzt. Es kann es sich somit auch um einen benannten Direktor, einen Anteilseigner, einen Angestellten mit entsprechender Fachkundebescheinigung oder um den Eigentümer selbst handeln. Der Verkehrsleiter muss nicht zwingend Unternehmer sein oder Prokura besitzen; er muss jedoch fachlich geeignet und zuverlässig sein (s. Pkt. 3). Darüber hinaus muss er seinen ständigen Aufenthalt in der EU haben. Sein Arbeitsbereich umfasst u. a. logistische Aufgaben im weitesten Sinne. Dazu gehören z. B. grundlegende Rechnungsführung, Prüfung von Transportverträgen, Beschaffung von notwendigen Transportdokumenten, Fahrzeugplanung und Fahrerdisposition. Die Größe des Fuhrparks und der damit zusammenhängende Umfang seiner Tätigkeit ist in der Verordnung für einen solchen **„internen" Verkehrsleiter nicht begrenzt.**

Sollte ein Unternehmen nicht ausreichend fachlich qualifiziert im Sinne der EU-Vorgaben sein und von daher auch selbst keinen Verkehrsleiter benennen können, kann die zuständige Behörde ihm dennoch die Zulassung als Kraftverkehrsunternehmen erteilen. Voraussetzung ist dann allerdings die Benennung eines **externen Verkehrsleiters** (offizielle Bezeichnung). Zwischen Unternehmen und externem Verkehrsleiter muss eine vertragliche Bindung/Vereinbarung bestehen, die dessen Tätigkeitsumfang und Verantwortlichkeiten genau festlegt (s. o.). Die EU-VO gibt außerdem vor, dass die festgelegten Aufgaben ausschließlich im Interesse des Unternehmens wahrgenommen werden dürfen. Im Unterschied zum „internen" Verkehrsleiter ist für den externen die Anzahl der Unternehmen und der Fahrzeuge, die er betreuen darf, begrenzt. Er darf für **höchstens vier Unternehmen** mit einer Flotte von **insgesamt höchstens 50 Fahrzeugen** zuständig sein. Bei beiden Arten des Verkehrsleiters muss es sich um eine natürliche Person handeln, deren Aufgabe darin besteht, „tatsächlich und dauerhaft die Verkehrstätigkeiten des Unternehmens zu

PERSONENBEFÖRDERUNGSGESETZ – PBEFG

leiten" (sinngemäß aus Art. 2 EG-VO 1071/2009). Und eine zum Verkehrsleiter bestellte Person, gleich ob in- oder extern, muss vom Unternehmen der zuständigen Behörde gemeldet werden. Die Benennung oder Verpflichtung eines Verkehrsleiters ist in Unternehmen, die lediglich Werkverkehr (2.2.5.) betreiben, nicht vorgeschrieben.

3. Das Unternehmen und der Verkehrsleiter sind **zuverlässig** (EG-VO Art. 6). Die EU-Verordnung fordert für das Unternehmen/den Unternehmer, für den internen/externen Verkehrsleiter sowie für alle weiteren maßgeblichen Personen, die das Unternehmen darstellen, die Charaktereigenschaft der Zuverlässigkeit. Verhaltensweisen des genannten Personenkreises, welche die eigene Zuverlässigkeit in Frage stellen, wirken sich daher direkt auf die Beurteilung der ganzen Firma aus. Besonders kritisch zu bewerten sind bei Unternehmen und Verkehrsleitern folgende Verfehlungen (Beispiele):
   - Verstöße (mit Verurteilungen oder Sanktionen) gegen Bestimmungen des einzelstaatlichen Handels- und Insolvenzrechts, gegen Entgelt- und Arbeitsbedingungen, gegen das Recht des Straßenverkehrs (u. a. StVO, StVZO, Pflichtversicherungsgesetz) sowie die Gefährdung oder Schädigung der Allgemeinheit beim Betrieb des Unternehmens;
   - Verstöße (mit Verurteilungen oder Sanktionen) gegen Bestimmungen des EU-Verkehrsrechtes im weitesten Sinne (Sozialrecht, Transportrecht, Recht der beruflichen Aus- und Weiterbildung der Fahrer, Gefahrgutbestimmungen, Zulassungs- und Betriebsbestimmungen für Fahrzeuge sowie das Berufsrecht).

Die **„Liste der schwersten Verstöße"** (offizielle Bezeichnung) gemäß Artikel 6 enthält **Anhang IV zur EG-VO.** Der deutsche Gesetzgeber hat dazu im Verkehrsblatt eine „Auslegungshilfe" veröffentlicht (VkBl. Nr. 4/2012).
Seit dem 01.01.2017 werden die Regelungen durch die detaillierte **Verordnung (EU) 2016/403** mit ihrer „Liste der schwerwiegenden Verstöße" ergänzt. Hier werden z. B. definierte Fehlverhaltensweisen aus folgenden Bereichen zugeordnet:
   - Lenk- und Ruhezeiten (sog. Sozialvorschriften),
   - Einbau und Betrieb der Kontrollgeräte bzw. Fahrerkarten,
   - Fahrzeugmassen und ihre Abmessungen,
   - Betrieb des Geschwindigkeitsbegrenzers.

Unterschieden wird dabei zwischen **„schwerwiegenden, sehr schwerwiegenden und schwersten Verstößen".** Dabei ergeben drei schwerwiegende Verstöße pro Jahr und Fahrer in der Summe einen sehr schwerwiegenden Verstoß. Drei sehr schwerwiegende Verstöße ergeben einen schwersten Verstoß. Dieser wiederum führt zu einem Verfahren, in dem die Überprüfung der Zuverlässigkeit des Unternehmens erfolgt. Als Ergebnis drohen letztlich der Entzug der Lizenz und weitere Rechtsfolgen.

Verbindlichkeiten gegenüber dem Finanzamt dürfen nicht bestehen. Die zuständigen Behörden können Strafregisterauszüge der Bewerber anfordern (Art. 20).

4. Die **finanzielle Leistungsfähigkeit** des Unternehmens ist gegeben (EG-VO Art. 7). Grundsätzlich fordert die EU-Verordnung:

EG-VO Art. 7 §

Um die Anforderung ... zu erfüllen, muss ein Unternehmen jederzeit in der Lage sein, im Verlauf des Geschäftsjahres seinen finanziellen Verpflichtungen nachzukommen.

Konkret bedeutet dies, dass ständig eine finanzielle Reserve von mindestens **9000,– €** für das erste Fahrzeug und **5000,– € für jedes weitere genutzte Fahrzeug** (Zugfahrzeug und Anhänger zählen hier jeweils als ein Fahrzeug!) zwingend vorhanden sein muss. Der Nachweis über das Vorhandensein einer solchen Reserve erfolgt über Jahresabschlüsse, die von einem Rechnungsprüfer oder einer ordnungsgemäß akkreditierten Person geprüft worden sind.

5. Die **fachliche Eignung** des Unternehmens ist gegeben (EG-VO Art. 8 und 9). Auch für die hier geltenden Anforderungen bestimmt die EU-VO die wesentlichen Inhalte und Kriterien. Es bleibt den Mitgliedstaaten überlassen, nicht nur eine erfolgreiche Prüfung vom Bewerber zu verlangen, sondern auch die Teilnahme an einer vorgeschalteten Ausbildung vorzuschreiben. Es ist im Regelfall mindestens eine schriftliche **Prüfung** vorgesehen, die aus zwei Teilen besteht:
   a) **Fragen** sind im Multiple-Choice-Verfahren und/oder mit direkten Antworten zu bearbeiten (Mindestdauer zwei Zeitstunden);
   b) **schriftliche Übungen/Fallstudien** sind zu bearbeiten (Mindestdauer ebenfalls zwei Zeitstunden).

Gegenstand der Prüfung sind die folgenden Rechts- und Technikgebiete:

A. Bürgerliches Recht
B. Handelsrecht
C. Sozialrecht
D. Steuerrecht
E. Kaufmännische und finanzielle Leitung des Unternehmens
F. Marktzugang Güterkraftverkehr
G. Normen und technische Vorschriften
H. Straßenverkehrssicherheit

Eine mündliche Prüfung kann ergänzend gefordert werden. Die Artikel 8 und 9 der Verordnung enthalten allerdings auch umfangreiche Ausnahmeregelungen bzw. Anerkennungsmöglichkeiten für Inhaber bestimmter beruflicher Qualifikationen.

PERSONENBEFÖRDERUNGSGESETZ – PBEFG

1.2.2 Berufszugang für andere Unternehmer

Wie erwähnt, behält die Personenkraftverkehr-Berufszugangs-Verordnung **(PBZugV)** in Verbindung mit § 13 Abs. 1 PBefG für alle die Unternehmen Gültigkeit, die gewerbliche Personenbeförderung **nicht mit Kraftomnibussen** betreiben. Solche Firmen benötigen im Unterschied zu denen, die Verkehre mit Kraftomnibussen betreiben, **keinen Verkehrsleiter**.

Der Unternehmer kann nach der PBZugV eine natürliche Person (Unternehmer XY) oder eine sogenannte juristische Person sein (Personenmehrheit wie ein rechtsfähiger Verein oder auch eine Kapitalgesellschaft). Er muss den Verkehr im eigenen Namen, unter eigener Verantwortung und für eigene Rechnung betreiben. Ihm kommt eine zentrale Stellung bei der Durchführung von Verkehren zu. Aus diesem Grund muss er für eine solche Tätigkeit besonders qualifiziert sein. Das bedeutet im Einzelnen:

- **Die Sicherheit und Leistungsfähigkeit des Betriebes muss garantiert sein.** Ohne eine ausreichende Kapitaldecke, die Zahlungsfähigkeit garantiert, ohne geeignetes Personal, ohne entsprechende (auch in der Anzahl ausreichende) Fahrzeuge und Örtlichkeiten kann diese Forderung nicht erfüllt werden. Es hängt vom jeweiligen Umfang der Tätigkeit und vom Tätigkeitsbereich ab, was unter diesen Begriffen konkret verstanden werden muss. So ist beim Taxi- und Mietwagenunternehmer eine ausreichende (finanzielle) Leistungsfähigkeit zu verneinen, wenn nicht 2250,– € für das erste eingesetzte Fahrzeug und 1250,– € für jedes weitere eingesetzte Fahrzeug als finanzielle Reserve zur Verfügung stehen. In jedem Fall sind Belege/schriftliche Unterlagen zu erbringen (z. B. eine Unbedenklichkeitsbescheinigung des Finanzamtes).
- **Der Unternehmer muss zuverlässig sein.** Ist ein Stellvertreter des Unternehmers bestellt (etwa bei einer Gesellschaft), der die Geschäfte führen soll, gelten die Voraussetzungen auch für diesen. Hier geht es z. B. um bereits erfolgte Verurteilungen, grobe Verstöße gegen strafrechtliche, abgabenrechtliche oder verkehrsrechtliche Bestimmungen (Sozialvorschriften!), die den Unternehmer oder den Stellvertreter disqualifizieren.
- **Der Unternehmer oder die geschäftsführende Person müssen fachlich geeignet sein.** Eine solche Eignung wird entweder durch eine angemessene Tätigkeit in einem Unternehmen des StraßenPersonenkraftverkehrs oder durch Ablegung einer Prüfung nachgewiesen. „Angemessen" ist eine mindestens fünfjährige leitende Tätigkeit in einem Unternehmen des StraßenPersonenkraftverkehrs. Wurde eine solche Tätigkeit nicht ausgeübt, ist die Ablegung einer Prüfung vor der IHK (Industrie- und Handelskammer) erforderlich.
- **Der Unternehmer muss seinen Betriebssitz oder eine Niederlassung im Inland haben.**

Es versteht sich von selbst, dass die hier genannten Voraussetzungen nicht nur vor Aufnahme einer unternehmerischen Tätigkeit, sondern auch in ihrem weiteren Verlauf erfüllt sein müssen.

1.2.3 Zulassung und Überwachung von Unternehmen

Unternehmer/Unternehmen müssen qualifiziert sein; entsprechende Nachweise sind zu führen (Details 1.2.1 und 1.2.2).

Der Weg zur Zulassung führt für den angehenden Kraftverkehrsunternehmer über die zuständige Behörde (1.3). Dort muss er einen entsprechenden Antrag stellen. Die Behörde überprüft sowohl in dieser Phase als auch während der späteren Ausübung des Gewerbes, ob die genannten Voraussetzungen beim Unternehmer vorliegen. Der Unternehmer unterliegt in diesem Sinne wie auch bzgl. der Einhaltung aller anderen Vorschriften des PBefG, der angrenzenden Rechtsvorschriften sowie ggf. der EU-VO der Aufsicht der Behörde (s. § 54 PBefG). Kraftomnibus-Unternehmen müssen von der zuständigen Behörde spätestens ab 2014 **regelmäßig alle fünf Jahre** überprüft werden.

> » **INFO**
>
> Der Verkehr mit Kraftomnibussen in Deutschland erfordert zunächst – bezogen auf die jeweilige Verkehrsform – eine **Genehmigung**. Grenzüberschreitender Verkehr innerhalb der Europäischen Union erfordert eine **Gemeinschaftslizenz** der EU, der grenzüberschreitende Linienverkehr innerhalb der EU zusätzlich eine **Genehmigung** (EG-VO 1073/2009). Die Mitgliedstaaten können auf ihrem Territorium die Gemeinschaftslizenz auch für innerstaatliche Beförderungen akzeptieren. Alle anderen gewerblichen Personenkraftverkehre in Deutschland mit Kraftfahrzeugen, die keine Kraftomnibusse sind, benötigen eine nationale **Genehmigung**.

1.2.4 Ausfall des Verkehrsleiters oder des Unternehmers

Verstirbt bei einem Kraftomnibus-Unternehmen der **Verkehrsleiter** oder fällt er gesundheitlich bedingt aus, darf das Unternehmen gemäß EU-VO höchstens neun Monate weiterbetrieben werden. Innerhalb dieses Zeitraums muss ein geeigneter Nachfolger gefunden werden. Verstirbt in einem Unternehmen, das nicht den Regelungen der EU-VO unterliegt, der **Unternehmer**, darf u. a. der Erbe den Betrieb vorläufig weiterführen. Die Berechtigung erlischt, falls der Erbe die gesetzlich vorgesehenen Fristen nicht beachtet. So beginnt sechs Wochen nach Eintritt des Todesfalles („Ablauf der für die Ausschlagung der Erbschaft vorgesehenen Frist") eine Frist von drei Monaten zu laufen. Innerhalb dieser Frist muss er eine Genehmigung beantragen, um den Betrieb weiterführen zu können.

Wird der **Unternehmer** oder der für die Führung der Geschäfte Zuständige erwerbs- oder geschäftsunfähig, darf der Betrieb ein Jahr lang (in besonderen Fällen 18 Monate) von einer anderen Person weitergeführt werden (Details s. § 19 PBefG).

PERSONENBEFÖRDERUNGSGESETZ – PBEFG

1.3 Genehmigung

1.3.1 Antragstellung und Genehmigungsbehörden

Die Erteilung einer Genehmigung/Lizenz für den Verkehr mit Kraftomnibussen sowie einer Genehmigung für die übrigen Arten der Personenbeförderung ist Sache der einzelnen Bundesländer. **Zuständig** für die Bearbeitung des Antrags ist nach § 11 PBefG
- für den Obus- oder Linienverkehr mit Kraftfahrzeugen die Behörde, in deren Bezirk (Zuständigkeitsbereich) der Verkehr ausschließlich betrieben werden soll,
- für den Gelegenheitsverkehr mit Kraftfahrzeugen die Behörde, in deren Bezirk (Zuständigkeitsbereich) der Unternehmer seinen Sitz oder eine Niederlassung hat.
- Bei der Bündelung mehrerer Linien ist die Genehmigungsbehörde zuständig, in deren Bezirk die Mehrzahl der Linien betrieben werden soll.

Um welche Behördenebene und um welche Behörde es sich im einzelnen Fall konkret handelt, regeln die Bundesländer. Darum kann das PBefG als Bundesgesetz die jeweils zuständige Behörde der Länder nicht namentlich benennen.
Die vorgeschriebenen Anträge auf Erteilung einer Lizenz bzw. einer Genehmigung müssen bei der zuständigen Behörde gestellt und die erforderlichen Unterlagen und Belege müssen an gleicher Stelle eingereicht werden. Welche Behörde dabei konkret im Einzelnen zuständig ist, hängt von der Behördenstruktur und der Aufgabenverteilung auf die einzelnen Stellen in den jeweiligen Bundesländern ab.

Im Rahmen der Antragstellung müssen neben den Angaben zur Person des Unternehmers auch Angaben gemacht werden, ob der Antragsteller bereits eine Genehmigung besitzt oder besaß. Das erleichtert den Behörden zum einen die Bearbeitung, da man auf vorhandene Informationen zurückgreifen kann. Zum anderen deutet sich aber bereits hier an, dass erste Überlegungen zur (Nicht-)Eignung des Antragstellers angestellt werden, da ggf. bereits Erfahrungen mit dem Antragsteller und seinem Geschäftsgebaren vorliegen. Die weiteren Fragen auf dem Vordruck des Antrages zielen beim **Gelegenheitsverkehr mit Kraftfahrzeugen** auf die geplante Verkehrsart und das Transportvolumen der Fahrzeuge (auch Gefäßgröße genannt).
Beim Linienverkehr geht es um die geplante Linienführung, den Fahrplan, die Entgelte und wiederum um das Transportvolumen der zu verwendenden Fahrzeuge. Zusätzlich interessieren aber auch dort bereits bestehende alternative Transportformen (Linienverkehre mit Kraftfahrzeugen, Schienen-, Obus-, oder Schifffahrtslinien). Es geht also auch um die Frage, ob die beantragte Form des Linienverkehrs dort, wo sie eingerichtet werden soll, überhaupt notwendig oder zumindest sinnvoll ist. Es sei an dieser Stelle daran erinnert, dass hier eine Genehmigung und nicht etwa eine Erlaubnis beantragt wird.

Beim **Linienbedarfsverkehr** mit Kfz sind Anzahl und Fassungsvermögen der Fahrzeuge, die eingesetzt werden sollen, sowie Beförderungsentgelte und Bedienzeiten anzugeben. Außerdem ist eine Übersichtskarte hinzuzufügen, in der das beantragte Gebiet und alle dort bereits vorhandenen Verkehre eingezeichnet sind.
Beim sog. **gebündelten Bedarfsverkehr** reicht eine Karte über das Gebiet des beabsichtigten Verkehrs aus.

Alle notwendigen Dokumente können in elektronischer Form eingereicht werden.

Das zuständige Amt muss sich also an Erteilungs- und Auswahlkriterien halten, die sich zunächst ganz allgemein aus der Zielsetzung des PBefG ergeben. Speziell beim öffentlichen Personennahverkehr (Verkehre im Stadt-, Vorort- und Regionalverkehr mit Straßenbahnen, Linienkraftfahrzeugen, Obussen und zur Ergänzung eingesetzte Taxen und Mietwagen) gilt es jedoch, weitere Vorgaben einzuhalten (aus § 8 PBefG):
- ausreichende Bedienung der Bevölkerung mit Verkehrsleistungen im öffentlichen Personennahverkehr,
- wirtschaftliche Verkehrsgestaltung,
- Schaffung von Verkehrskooperationen mit Abstimmung der Fahrpläne und Verbund der Beförderungsentgelte,
- bei allen Maßnahmen Orientierung am Nahverkehrsplan, der unter Mitwirkung vorhandener Unternehmer aufgestellt wurde und auch ruinösen Wettbewerb verhindern soll,
- eine Darstellung der Maßnahmen zur Erreichung der vollständigen Barrierefreiheit des beantragten Verkehrs.

Außerdem hat in der Regel vor einer Entscheidung über die Erteilung einer Genehmigung für die Beförderung von Personen mit Obussen oder im Linienverkehr mit Kraftfahrzeugen ein Anhörungsverfahren stattzufinden. Dieses Verfahren beteiligt die bereits im Einzugsbereich des beantragten Verkehrs tätigen Unternehmer, die vom Verkehr berührten Gemeinden, die IHK, die betroffenen Gewerkschaften und andere Fachgremien an der Entscheidungsfindung der Behörde. Innerhalb eines Zeitraums von maximal drei Monaten muss die Entscheidung über den Antrag schriftlich durch die Behörde zugestellt worden sein.

PERSONENBEFÖRDERUNGSGESETZ – PBEFG

Die Änderungen im überarbeiteten PBefG brachten zum Thema Genehmigung/Genehmigungspflicht zwei wichtige Neuerungen.
1. Die Vermittlungstätigkeit zum Zweck genehmigungspflichtiger Beförderungen, etwa der Betrieb von Mobilitätsplattformen, unterliegt zwar den Vorschriften des Gesetzes, eine Genehmigungspflicht besteht für den Vermittler jedoch nicht.
2. Eine Genehmigungspflicht entfällt u. A. für den Nachunternehmer, der im Auftrag des (Haupt-)Unternehmers eine entgeltliche Beförderung von Personen mit Kraftomnibussen durchführt, wenn er
    – ausschließlich innerstaatliche Beförderungen durchführt oder
    – Beförderungen ausschließlich zu nichtgewerblichen Zwecken durchführt.
3. Eine Genehmigungspflicht entfällt ebenfalls für Unternehmen, die den Beruf des Kraftverkehrsunternehmers ausschließlich mit Kfz mit einer zulässigen Höchstgeschwindigkeit von nicht mehr als 40 km/h ausüben.

Genehmigungsfreie Personenbeförderung

» **INFO**

Erlaubnis und Genehmigung: Beiden gemein ist, dass der Antragsteller jeweils festgelegte („subjektive") Voraussetzungen erfüllen muss. im Falle der Beantragung einer Erlaubnis würde deren Erfüllung zur Erteilung der Erlaubnis führen. Wird jedoch eine Genehmigung beantragt, müssen neben den subjektiven Voraussetzungen auch noch ‚objektive' erfüllt werden. Das sind Voraussetzungen, auf deren Erfüllung der Antragsteller keinen Einfluss hat. Zum Beispiel könnte die Zahl der zu erteilenden Genehmigungen beschränkt sein. Dann würden z. B. auch beste Eignungsvoraussetzungen nichts an einer Ablehnung des Antrags ändern.

PERSONENBEFÖRDERUNGSGESETZ – PBEFG

1.3.2 Versagen der Genehmigung

Das PBefG kennt zwingende Gründe für ein Versagen der Genehmigung, die nichts mit der mangelnden Eignung des Unternehmers bzw. des Unternehmens zu tun haben. Folgende Gründe gibt es beim Linienverkehr mit Kraftfahrzeugen:
- Ungeeignete Straßen sollen befahren werden.
- Der Verkehr wird durch bestehende Angebote ausreichend bedient.
- Im fraglichen Bereich bereits tätige Unternehmer sind bereit, ihr Angebot auszudehnen, so dass es zur Verbesserung der Verkehrsbedienung keines weiteren Unternehmens bedarf.
- Die beantragte Linie steht beim öffentlichen Personennahverkehr nicht im Einklang mit dem Nahverkehrsplan.

Auch im gebündelten Bedarfsverkehr kann eine Genehmigung versagt werden, wenn durch ihn die öffentlichen Verkehrsinteressen im Gebiet seiner Ausübung („Bediengebiet") beeinträchtigt würden. Bei dieser Verkehrsform, sowie beim Verkehr mit Taxen und Mietwagen kann zum einen eine Genehmigung versagt werden, wenn durch die Vergabe einer weiteren Genehmigung die Existenz des örtlichen Taxen- bzw. Verkehrsgewerbes bedroht würde. Zum anderen droht eine Versagung, falls
- die Fahrzeuge nicht die Emissionsvorgaben des Gesetzes erfüllen (§§ 1 a und 64 b),
- die Fahrzeuge nicht die Vorgaben des Gesetzes zur Barrierefreiheit erfüllen (§ 64 c).

Außerdem beim Verkehr mit Taxen:
- Durch die Vergabe einer weiteren Genehmigung wird die Existenz des örtlichen Taxengewerbes bedroht.

1.3.3 Erteilung der Genehmigung; Umfang/ Gegenstand und Nachweis

Ist die positive Entscheidung unanfechtbar geworden, erhält der Antragsteller zusätzlich zum schriftlichen Bescheid eine Genehmigungsurkunde (die ggf. auch in elektronischer Form zugestellt werden kann; PBefG § 5). Eine Genehmigung wird immer mit einer zeitlichen Befristung versehen (§ 16 PBefG).

Folgende Zeiträume kennt das Gesetz:
- beim Obusverkehr in der Regel **max. 15 Jahre**,
- beim Linienverkehr mit Kraftfahrzeugen **max. 10 Jahre**,
- beim Gelegenheitsverkehr mit Kraftomnibussen **max. 10 Jahre**,
- beim Gelegenheitsverkehr mit anderen Kraftfahrzeugen **max. 5 Jahre**.

§ 9 Abs. 1 PBefG

Die Genehmigung wird erteilt
1. (Verkehr mit Straßenbahnen) ...
2. bei einem Verkehr mit Obussen für den Bau, den Betrieb und die Linienführung,
3. bei einem Linienverkehr mit Kraftfahrzeugen für die Einrichtung, die Linienführung und den Betrieb,
3a. bei einem Linienbedarfsverkehr mit Kraftfahrzeugen abweichend von Nummer 3 für die Einrichtung, das Gebiet, in dem der Verkehr durchgeführt wird, und den Betrieb,
4. bei einem Gelegenheitsverkehr mit Kraftomnibussen für den Betrieb,
5. bei einem Gelegenheitsverkehr mit Personenkraftwagen für die Form des Gelegenheitsverkehrs und den Betrieb mit bestimmten Kraftfahrzeugen unter Angabe ihrer amtlichen Kennzeichen und ergänzend bei einem gebündelten Bedarfsverkehr für das Gebiet, in dem der Verkehr durchgeführt wird.

Die „namentliche" Benennung (Kennzeichenangabe) der zu verwendenden Kraftfahrzeuge sieht das Gesetz demnach nur bei Gelegenheitsverkehren mit Pkw vor. Den Nachweis darüber, dass eine Genehmigung/Lizenz für eine Verkehrs-/Betriebsart tatsächlich erteilt wurde, führt der Zuständige bei einer Überprüfung auf unterschiedliche Weise:
- **Beim Gelegenheitsverkehr mit Kraftomnibussen**
  Der Nachweis erfolgt durch Vorlage/Aushändigung der nationalen Genehmigung beim nationalen Verkehr bzw. der Gemeinschaftslizenz nach Artikel 4 der Verordnung (EG) Nr. 1073/2009 beim innergemeinschaftlich-grenzüberschreitenden Verkehr. Zu Kontrollzwecken auf der Straße (Polizei, Zoll, BAG) ist zum Nachweis der bestehenden nationalen Genehmigung diese selbst oder eine amtliche Ausfertigung vorzulegen. Zum Nachweis der Gemein-

PERSONENBEFÖRDERUNGSGESETZ – PBEFG

schaftslizenz dient eine **beglaubigte Kopie der Lizenz,** die in jedem Kraftomnibus mitzuführen und auf Verlangen auszuhändigen ist. Die Kopie enthält den Zusatz „Gilt auch als Genehmigung für die Beförderung im innerdeutschen Gelegenheitsverkehr" (vgl. 1.2.3, Hinweiskasten).

- **Beim Gelegenheitsverkehr mit anderen Kraftfahrzeugen**
  Der Nachweis ist zu erbringen durch Vorlage/Aushändigung der Genehmigungsurkunde oder einer amtlichen Ausfertigung. Zu Kontrollzwecken unterwegs ist eine **Genehmigungsurkunde oder eine gekürzte amtliche Ausfertigung** der Urkunde in jedem Fahrzeug mitzuführen.
- **Beim Linienverkehr mit Kraftfahrzeugen**
  Auch hier erfolgt der Nachweis durch Vorlage/Aushändigung der Genehmigungsurkunde oder einer amtlichen Ausfertigung. In den Fahrzeugen ist die Mitführung solcher Nachweise lediglich dann vorgeschrieben, wenn die Genehmigungsurkunde eine entsprechende Auflage enthält.

Für die verwendeten Begriffe liefert das Gesetz folgende Definitionen (da diese im Gesetz – lat.: lex – selbst genannt werden, spricht man von Legaldefinitionen):

- **Obusse** sind elektrisch angetriebene, nicht an Schienen gebundene Straßenfahrzeuge, die ihre Antriebsenergie einer Fahrleitung entnehmen.
- **Kraftfahrzeuge** sind Straßenfahrzeuge, die durch eigene Maschinenkraft bewegt werden, ohne an Schienen oder eine Fahrleitung gebunden zu sein.

Andere Kraftfahrzeugtypen als Pkw und KOM sowie Anhänger dürfen im Normalfall zur Personenbeförderung schon lange nicht mehr verwendet werden (s. jedoch Kap. 8.5 zum Mitführen von Personenanhängern hinter KOM).

Spezialfälle oder Untergruppen der Kraftfahrzeuge sind:
- **Kraftomnibusse:** Kraftfahrzeuge, die nach ihrer Bauart und Ausstattung zur Beförderung von mehr als neun Personen (einschließlich Fahrer) geeignet und bestimmt sind,
- **Personenkraftwagen:** Kraftfahrzeuge, die nach ihrer Bauart und Ausstattung zur Beförderung von nicht mehr als neun Personen (einschließlich Fahrer) geeignet und bestimmt sind.

Andere Kraftfahrzeugtypen als Pkw und KOM sowie Anhänger dürfen im Normalfall zur Personenbeförderung schon lange nicht mehr verwendet werden (s. jedoch Kap. 8.5. zum Mitführen von Personenanhängern hinter KOM).

Auch für Umzüge/Brauchtumsveranstaltungen bestehen Ausnahmemöglichkeiten von dieser grundsätzlichen Regelung.

> » **INFO**
>
> Der Arbeitgeber ist für die **(schriftliche!) Belehrung** des Fahrpersonals über die Mitnahmepflicht persönlicher und sonstiger Papiere verantwortlich! Das Mitglied des Fahrpersonals muss die Belehrung unterschreiben. Der schriftliche Nachweis muss während der Gesamtdauer der Zugehörigkeit des Fahrpersonal-Mitglieds zum Unternehmen aufbewahrt werden und bei Kontrollen im Unternehmen vorgelegt werden können.

> » **INFO**
>
> Siehe in diesem Zusammenhang:
> - „Merkblatt über die Ausrüstung und den Betrieb von Fahrzeugen und Fahrzeugkombinationen für den Einsatz bei Brauchtumsveranstaltungen".
> - „Merkblatt zur Begutachtung von Fahrzeugkombinationen zur Personenbeförderung und zur Erteilung der erforderlichen Ausnahmegenehmigungen".
>
> Abbildungen von Genehmigungen in 1.5.4.

PERSONENBEFÖRDERUNGSGESETZ – PBEFG

1.3.4 Widerruf der Genehmigung

Sollten die erforderlichen Voraussetzungen nicht mehr vorliegen, **muss** die Behörde die erteilte Genehmigung widerrufen. Ausdrücklich ist hier z. B. die Rede von wiederholten und durch die Behörde bereits angemahnten Verstößen gegen Vorschriften, die der Verkehrssicherheit dienen. Auch steuerliche Unregelmäßigkeiten bei der Betriebsführung werden genannt. Besondere Aufmerksamkeit muss die Behörde in diesem Zusammenhang dem **Verkehrsleiter** (1.2.1., Nr. 3) widmen, der bei Unternehmen, die Verkehre mit Kraftomnibussen betreiben, benannt sein muss. Gibt es aus Sicht der Behörde begründete Anhaltspunkte, die Zweifel an seiner Zuverlässigkeit wecken, kann ihm bzw. dem Unternehmer die Fortsetzung der Geschäfte untersagt werden (§ 25 a PBefG). Vor einer Erörterung der verschiedenen Verkehrsformen soll nun zunächst das nachfolgende Organigramm eine Zusammenfassung und schematische Übersicht über die Strukturierung und die Zuordnung geben, die das PBefG bei einzelnen Beförderungen von Personen vornimmt.

1.4 Ordnung der Personenbeförderung im PBefG

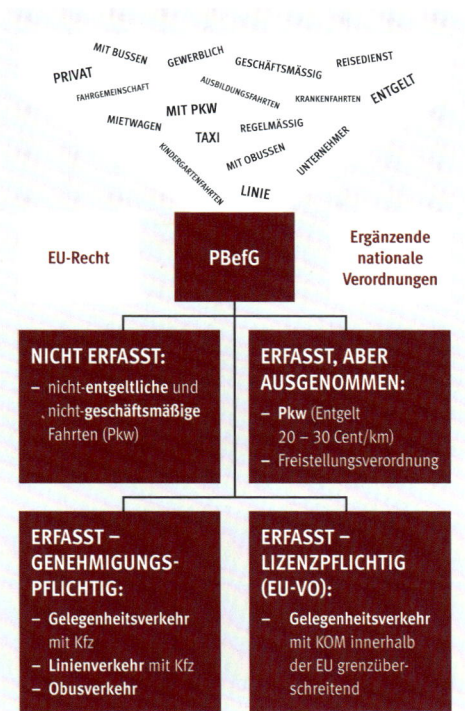

1.5 Die verschiedenen Verkehrsformen im nationalen Bereich

Die Genehmigung wird also für verschiedene Formen der gewerblichen Personenbeförderung getrennt erteilt. Es zeigt sich an dieser Stelle deutlich die „ordnende Hand" des Gesetzgebers, von der eingangs die Rede war. Er will möglichst klar geordnete, voneinander abgrenzbare und abgegrenzte Tätigkeitsfelder der genehmigten Unternehmen. Ruinöser Wettbewerb und damit für alle gefährliche unternehmerische (Spar-)Maßnahmen an der falschen Stelle (z. B. am Fahrzeug oder beim Fahrpersonal) sollen verhindert werden, damit das zu Beginn genannte Ziel des sicheren Verkehrsablaufs erreicht werden kann. Die Klärung der Begriffe erfolgt auch hier über Legaldefinitionen.

§ 8 öffentlicher Personennahverkehr

Öffentlicher Personennahverkehr im Sinne dieses Gesetzes ist die allgemein zugängliche Beförderung von Personen mit … Obussen und Kraftfahrzeugen im Linienverkehr, die überwiegend dazu bestimmt sind, die Verkehrsnachfrage im Stadt-, Vorort- oder Regionalverkehr zu befriedigen. Das ist im Zweifel der Fall, wenn in der Mehrzahl der Beförderungsfälle eines Verkehrsmittels die gesamte Reiseweite 50 Kilometer oder die gesamte Reisezeit eine Stunde nicht übersteigt.
(2) Öffentlicher Personennahverkehr ist auch der Verkehr mit Taxen oder Mietwagen, der eine der in Absatz 1 genannten Verkehrsarten ersetzt, ergänzt oder verdichtet. …

§ 42 a Personenfernverkehr

Personenfernverkehr ist der Linienverkehr mit Kraftfahrzeugen, der nicht zum öffentlichen Personennahverkehr im Sinne des § 8 Absatz 1 und nicht zu den Sonderformen des Linienverkehrs nach § 43 gehört.

PERSONENBEFÖRDERUNGSGESETZ – PBEFG

1.5.1 Linienverkehr – Begriffe und Formen

Hieraus (siehe § 42 PBefG) wird deutlich, dass diese Verkehrsform im Wesentlichen gekennzeichnet ist durch drei Voraussetzungen:
- bestimmte **Ausgangs-** und **Endpunkte**,
- die **Regelmäßigkeit** der Verkehrsverbindung (die keinen festen Fahrplan bedingt),
- festgelegte **Haltestellen** (u. U. sogar nur jeweils eine am Ausgangs- und am Endpunkt der Linie).

Neben der herkömmlichen und vertrauten Form des innerstädtischen Bus- oder Obusverkehrs wäre also auch eine Fahrt z. B. vom Hauptbahnhof Hannover zu einem Urlaubshotel an der Costa Brava durchaus ein Linienverkehr – wenn die oben genannten Bedingungen erfüllt sind:
- Ausgangs- und Endpunkt der Fahrt sind zuvor bekannt und verbindlich.
- Die Fahrt findet immer wieder (also in bestimmtem Rhythmus) statt; es kann sich dabei durchaus um mehrwöchige Abstände handeln.
- Die geforderten Haltestellen (im Sinne von „Haltepunkte", also nicht unbedingt über die üblichen Schilder, wie man sie aus der StVO – Z 224 – kennt, gekennzeichnet) stehen fest; gegebenenfalls werden auch während des Ablaufs der Fahrt an weiteren vorher festgelegten Haltestellen (z. B. in Dortmund und Frankfurt) noch Passagiere aufgenommen. Im letztgenannten Fall spricht man von **Unterwegs-Bedienung**.

Kennzeichen des Linienverkehrs ist somit auch, dass der Fahrgast im Normalfall keinen Einfluss auf die Gestaltung der Fahrt hat. Ein Busfahrer, der auf seiner Linienfahrt zu später Stunde noch einen einzigen Fahrgast transportiert, der in der Nähe der Endhaltestelle oder zwischen zwei festgelegten Haltestellen wohnt, dürfte bei allem von ihm geforderten Servicebewusstsein niemals auf die Idee kommen, „eben mal" für diesen Fahrgast anzuhalten oder kurz entschlossen von der Streckenführung abzuweichen. Er würde etwas tun, was durch die Genehmigung für den Linienverkehr nicht mehr abgedeckt ist. Er würde seinen Bus quasi als Taxi einsetzen und damit im Bereich des Gelegenheitsverkehrs „wildern". Mit allen Konsequenzen.

§ 42 PBefG

Linienverkehr ist eine zwischen bestimmten Ausgangs- und Endpunkten eingerichtete regelmäßige Verkehrsverbindung, auf der Fahrgäste an bestimmten Haltestellen ein- und aussteigen können. Er setzt nicht voraus, dass ein Fahrplan mit bestimmten Abfahrts- und Ankunftszeiten besteht oder Zwischenhaltestellen eingerichtet sind.

§ 44 Linienbedarfsverkehr

Als Linienverkehr gemäß § 42, der öffentlicher Personennahverkehr gemäß § 8 Absatz 1 ist, gilt auch der Verkehr, der der Beförderung von Fahrgästen auf vorherige Bestellung ohne festen Linienweg zwischen bestimmten Einstiegs- und Ausstiegspunkten innerhalb eines festgelegten Gebietes und festgelegter Bedienzeiten dient.

Fahrpläne sind bei dieser Beförderungsform nicht vorgesehen.

1.5.2 Sonderformen des Linienverkehrs

Hierbei handelt es sich um Verkehre, die trotz des möglichen Einflusses der Fahrgäste auf den Fahrplan (siehe letzten Satz des folgenden § 43 PBefG) dem Linienverkehr zugeordnet werden. Gedacht ist hier insbesondere an die sich ändernden Bedürfnisse von Arbeitnehmern (z. B. bei Einsatz in Wechselschichten) oder Schülern (z. B. bei Änderungen des Stundenplans).

© Stadtwerke Wolfsburg

§ 43 PBefG

Als Linienverkehr gilt, unabhängig davon, wer den Ablauf der Fahrten bestimmt, auch der Verkehr, der unter Ausschluß anderer Fahrgäste der regelmäßigen Beförderung von

1. Berufstätigen zwischen Wohnung und Arbeitsstelle (Berufsverkehr),
2. Schülern zwischen Wohnung und Lehranstalt (Schülerfahrten),
3. Personen zum Besuch von Märkten (Marktfahrten),
4. Theaterbesuchern

dient. Die Regelmäßigkeit wird nicht dadurch ausgeschlossen, daß der Ablauf der Fahrten wechselnden Bedürfnissen der Beteiligten angepaßt wird.

PERSONENBEFÖRDERUNGSGESETZ – PBEFG

1.5.3 Vorschriften für die Betreiber von Linienverkehren

Der Unternehmer muss bei der Durchführung von Linienverkehren eine Reihe von weiteren Vorgaben beachten, deren wesentliche Inhalte im Folgenden dargestellt sind.

Allgemeine Vorgaben/Betriebspflicht
Wenn es das „öffentliche Verkehrsinteresse" nach Ansicht der Genehmigungsbehörde verlangt, kann diese die Einrichtung, Erweiterung oder wesentliche Änderung eines Linienverkehrs verlangen. Dazu wird dem Unternehmer eine einstweilige Erlaubnis erteilt, die keinen Anspruch auf spätere Zuteilung einer Genehmigung begründet (§ 20 PBefG).

Ein Unternehmer ist nach Erteilung einer Genehmigung verpflichtet, den entsprechenden Verkehr aufzunehmen und im Weiteren aufrechtzuerhalten (§ 21 PBefG **„Betriebspflicht"**). Als Ausnahmen zu akzeptieren wären lediglich Umstände, auf die er keinen Einfluss hat, wie extreme Witterungsverhältnisse und -umschwünge, z. B. sogenanntes Blitzeis, weil bei Fortsetzung der Fahrt die Sicherheit der Fahrgäste nicht mehr garantiert werden könnte. **Hier muss ggf. der Fahrer sogar ohne vorherige Rücksprache mit seinem Vorgesetzten eine eigenständige Entscheidung fällen.** Die Eingriffsmöglichkeiten der Genehmigungsbehörde gehen so weit, dass dem Unternehmer eine Erweiterung oder Änderung des genehmigten Verkehrs auferlegt werden kann. Allerdings muss die finanzielle Situation des Unternehmens dabei berücksichtigt werden.

Beförderungspflicht
Befördert werden muss grundsätzlich jeder, der befördert werden möchte (§ 22 PBefG **„Beförderungspflicht"**). Ein Ausschluss bestimmter Personen von der Beförderung ist so lange unzulässig, wie
– die Beförderungsbedingungen eingehalten werden,
– eine Beförderung mit dem Verkehrsmittel möglich ist und
– keine höhere Gewalt die Beförderung unmöglich macht.

So kann z. B. die Mitnahme eines Angetrunkenen nicht von vornherein abgelehnt werden; es sei denn, von seinem Verhalten geht – zuvor absehbar – eine Gefährdung der Sicherheit der anderen Fahrgäste oder des gesamten Transports aus (z. B. Aggressivität gegenüber Fahrgästen/Fahrzeugführer). Auch die Mitnahme eines sperrigen Gepäckstücks kann abgelehnt werden, wenn dies, beispielsweise durch mangelnde Möglichkeiten der Sicherung im Fahrzeug, zu einer Gefährdung führen könnte.

Im Zuge steigender Anforderungen an die Barrierefreiheit der zur Personenbeförderung eingesetzten Fahrzeuge sind zwischenzeitlich die technischen Vorgaben erweitert und auch die Erwartungen an das Verhalten des Fahrpersonals erhöht worden.
So müssen bereits Pkw, in denen „Rollstuhlnutzer in einem Rollstuhl sitzend befördert werden" (aus § 35 a StVZO), mit einem **Rollstuhl-**

Rückhaltesystem und einem **Rollstuhlnutzer-Rückhaltesystem** ausgerüstet sein.
Es gelten Fertigungsvorschriften (z. B. die DIN-Norm 75078-2:2015-04), und der Konstrukteur des Systems muss eine konkrete Bedienungsanleitung vorgeben, nach der sich das Fahrpersonal zu richten hat. Bzgl. der Übergangsvorschriften zu diesem Themenbereich sei verwiesen auf § 72 StVZO; bzgl. der Verpflichtung, von solchen Systemen während der Fahrt Gebrauch zu machen, enthält § 21a StVO die nötige Information.

Nie strittig war die Pflicht, Fahrer von Schiebe- oder Greifreifenrollstühlen in KOM des Linienverkehrs zu befördern. Auch elektrisch angetriebene Rollstühle wurden immer schon befördert. Sehr wohl strittig war jedoch, ob ein Verkehrsunternehmen auch zur Mitnahme von Elektromobilen, sog. „E-Scootern", verpflichtet sei.

Beide Fahrzeugarten werden nach der Norm DIN EN 12184 gefertigt. E-Scooter sind jedoch drei-, teilweise vierrädrig und verfügen über eine eigene Lenksäule mit Lenkrad/Lenker. Auch sind die Fahrzeuge in der Regel größer als herkömmliche Elektrorollstühle.

Am „runden Tisch" in Nordrhein-Westfalen kam es, auch im Einvernehmen mit den übrigen Bundesländern und dem BMVI, unter Beteiligung aller maßgeblichen Verbände und Regierungsstellen zu einer Einigung (Quelle: Schreiben des Ministeriums für Bauen, Wohnen, Stadtentwicklung und Verkehr des Landes NRW v. 15.03.2017; **Az II B 3 -32-14**).
Es ist somit von einer bundesweit einheitlichen Betrachtungsweise/ Regelung der Transport- bzw. Beförderungsaufgabe auszugehen. Wegen des Umfangs des Schriftsatzes ist an dieser Stelle nur eine Wiedergabe von wenigen wichtigen inhaltlichen Punkten in Kurzform möglich:

Eine Mitnahme der Fahrzeuge ist unter Beachtung von **Mindestanforderungen** möglich:
– Der Hersteller des E-Scooters muss eine Freigabe für die immer rückwärts gerichtete Beförderung in Fahrzeugen des ÖPNV erteilen.
– Anforderungen an Masse und (Feststell-)Bremssysteme für den sicheren Stand müssen erfüllt sein.
– Eine Eignung der Fahrzeuge für eine rückwärtige Einfahrt in den KOM über eine Rampe muss gegeben sein. Die Neigung der Rampe darf maximal 12 % betragen.
– Mindestfreiflächen/Stellplätze für E-Scooter in ÖPNV-Fahrzeugen sind festgelegt (in m^2).
– Ausrüstung/Eignung der Rollstuhlstellplätze gemäß UN/ECE Regelung Nr. 107. Die Norm gibt die Ausgestaltung von Rückhalte-/ Sicherheitseinrichtungen vor.
– Die Nutzung der Sicherheitseinrichtungen des ÖPNV-Fahrzeugs ist vorgeschrieben.
Nebenstehende Piktogramme sollen auf den geeigneten Fahrzeugen zum Einsatz kommen.

Kennzeichnung eines E-Scooters

Kennzeichnung eines Linien-KOM des ÖPNV

PERSONENBEFÖRDERUNGSGESETZ – PBEFG

Kraftomnibusse im nationalen Personenfernverkehr
Um behinderten Menschen die möglichst uneingeschränkte Teilnahme am gesellschaftlichen Leben zu ermöglichen, schreibt das PBefG (§ 42 b) auf Basis internationaler Vorschriften (Richtlinie 2001/85/EG, VO [EU] Nr. 181/2011 und ECE-Richtlinie Nr. 107) für Kraftomnibusse im **innerdeutschen Personenfernverkehr** eine Vielzahl von Ausstattungsmerkmalen vor (s. dazu auch Kap. 8.7.1 „Einstiege").

Einige wichtige seien hier genannt:
– Die Fahrzeuge müssen für die Aufnahme und die gefahrlose Beförderung von mindestens **zwei Rollstühlen** bzw. Rollstuhlnutzern ausgestattet sein. An die Beschaffenheit der Plätze werden genau definierte Anforderungen gestellt (Boden, Befestigung der Rollstühle, Verständigungsmöglichkeit mit dem Fahrer usw.). Die Mitnahme von Rollstühlen setzt entsprechend breite Türen am KOM mit einer lichten Mindestbreite von mindestens 900 mm voraus. Die Türen müssen außen mit entsprechenden Symbolen gekennzeichnet sein.
– Die unterste Einstiegstufe darf maximal 320 mm über der Fahrbahn liegen, die übrigen Stufen dürfen einen Abstand zueinander von maximal 250 mm nicht überschreiten.
– Bodenneigungen von maximal 8 % sind zulässig.
– Toiletten, die auch für Rollstuhlfahrer benutzbar sind, müssen vorhanden sein.

M. W. v. 01. August 2021 müssen alle Fahrzeuge beim Einsatz im innerdeutschen Personenfernverkehr diese technischen Voraussetzungen erfüllen.

Eine Lösung: Der Rollstuhl-Lift

> **» INFO**
> Der **Bundesverband Selbsthilfe Körperbehinderter e. V.** hat in einer umfangreichen Broschüre seine Vorstellungen zu diesem Thema unter der Bezeichnung **„Barrierefreiheit in Fernlinienbussen"** veröffentlicht. Ein kostenloser Download der Broschüre ist als pdf im Internet möglich.

PERSONENBEFÖRDERUNGSGESETZ – PBEFG

Spezielles für den Obusverkehr
In weiten Bereichen sind die Vorschriften für den Betrieb von Straßenbahn-Verkehren anwendbar. Das erklärt sich aus dem vergleichbaren Aufwand, der betrieben werden muss, um z. B. Fahrdrähte im Verlauf von Straßen anbringen zu können. Eingriffe in privates Besitzrecht sind meist auch unumgänglich. Details sind dem § 28 ff. zu entnehmen.

Spezielles für den Linienverkehr mit Kraftfahrzeugen
Wie im Obusverkehr müssen auch bei dieser Verkehrsform sowohl **Beförderungsbedingungen** als auch **Beförderungsentgelte** festgelegt sein. Die zuständige Behörde muss sie zunächst genehmigen, dann müssen sie interessierten Fahrgästen zugänglich sein (§ 45 in Verbindung mit § 39 PBefG; siehe auch Kapitel 7.2. „Verordnung über Allgemeine Beförderungsbedingungen").

© Solaris Bus & Coach S.A.

Gleiches gilt für den zu erstellenden Fahrplan. Er muss die Führung der Linie, Ausgangs- und Endpunkt, Haltestellen und Fahrzeiten enthalten (§ 45 in Verbindung mit § 40 PBefG). Nur scheinbar handelt es sich um einen Widerspruch zur Begriffsbestimmung des Linienverkehrs, die keinen Fahrplan mit entsprechenden Angaben fordert (§ 42 PBefG; Kapitel 1.5.1.). Die Lösung steckt in der Definition selbst: Ihre Anforderungen müssen erfüllt sein, um von Linienverkehr sprechen zu können. Ist das bei einem Verkehr der Fall, kann der Gesetzgeber durchaus zusätzliche Bestimmungen erlassen, welche Unternehmer oder auch Mitglieder des Fahrpersonals beachten müssen.

PERSONENBEFÖRDERUNGSGESETZ – PBEFG

Genehmigungsurkunden für den Linienverkeahr mit Kraftfahrzeugen – Genehmigungsurkunde für den Linienverkehr nach § 42 PBefG

Genehmigungsurkunde

Dem/Der/Den

Genehmigungsinhaber, Wohnsitz, Betriebssitz

wird aufgrund des Personenbeförderungsgesetzes (PBefG) in der Fassung der Bekanntmachung vom 8. August 1990 (BGBl. I S. 1690) in der jeweils geltenden Fassung die Genehmigung für die Einrichtung, die Linienführung und den Betrieb eines

Linienverkehrs mit Kraftfahrzeugen nach § 42 PBefG

von	
nach	
über	

ab dem	befristet bis zum

unter den umseitigen Bedingungen und Auflagen erteilt. Die Hinweise sowie die amtlichen Berichtigungen und Ergänzungen auf der Rückseite sind Bestandteil dieser Urkunde.

Ort, Datum	Bezeichnung, Unterschrift und Siegel der ausstellenden Behörde

PERSONENBEFÖRDERUNGSGESETZ – PBEFG

Bedingungen und Auflagen:

Der Fahrplan, die Beförderungsentgelte und die Beförderungsbedingungen, denen die Genehmigungsbehörde zugestimmt hat, sind einzuhalten.

Weitere Bedingungen und Auflagen

Hinweise:

1. Für die Rechte und Pflichten des Unternehmers und den Betrieb des genehmigten Verkehrs gelten das Personenbeförderungsgesetz und die zu seiner Durchführung erlassenen Vorschriften.
2. Der Unternehmer hat der zuständigen Behörde die nach den Vorschriften des Verkehrsstatistikgesetzes vorgeschriebenen statistischen Unterlagen termingerecht vorzulegen.
3. Änderungen hinsichtlich der Angaben in dieser Genehmigungsurkunde sind der Genehmigungsbehörde unverzüglich mitzuteilen.
4. Die Aufsicht nach § 54 PBefG über das Unternehmen wird ausgeübt von

Amtliche Berichtigungen und Ergänzungen:

PERSONENBEFÖRDERUNGSGESETZ – PBEFG

Genehmigungsurkunde für den Personenfernverkehr im Linienverkehr nach § 42 a PBefG

Genehmigungsurkunde

Dem/Der/Den

Genehmigungsinhaber, Wohnsitz, Betriebssitz

wird aufgrund des Personenbeförderungsgesetzes (PBefG) in der Fassung der Bekanntmachung vom 8. August 1990 (BGBl. I S. 1690) in der jeweils geltenden Fassung die Genehmigung für die Einrichtung, die Linienführung und den Betrieb eines

Personenfernverkehrs im Linienverkehr mit Kraftfahrzeugen nach § 42a PBefG

von	
nach	
über	
ab dem	befristet bis zum

unter den umseitigen Bedingungen und Auflagen erteilt. Die Hinweise sowie die amtlichen Berichtigungen und Ergänzungen auf der Rückseite sind Bestandteil dieser Urkunde.

Ort, Datum	Bezeichnung, Unterschrift und Siegel der ausstellenden Behörde

PERSONENBEFÖRDERUNGSGESETZ – PBEFG

Bedingungen und Auflagen:

1. Im Personenfernverkehr ist die Urkunde im Original oder als durch die Genehmigungsbehörde ausgestellte Ausfertigung/beglaubigte Kopie mitzuführen und zuständigen Personen auf Verlangen zur Prüfung auszuhändigen.
2. Im Personenfernverkehr haben Auftragsunternehmen neben einer amtlichen Ausfertigung der Linienverkehrsgenehmigung eine eigene amtlich beglaubigte Kopie der Gemeinschaftslizenz nach Artikel 4 der Verordnung (EG) Nr. 1073/2009 bzw. die Gelegenheitsverkehrsgenehmigung oder den Auszug daraus während der Fahrt mitzuführen und zuständigen Personen auf Verlangen zur Prüfung auszuhändigen.
3. Der Fahrplan und die Beförderungsbedingungen, denen die Genehmigungsbehörde zugestimmt bzw. im Falle einer Fahrplanänderung nicht widersprochen hat, sind einzuhalten.

Weitere Bedingungen, Auflagen und Bedienungsverbote :

Hinweise:

1. Für die Rechte und Pflichten des Unternehmers und den Betrieb des genehmigten Verkehrs gelten das Personenbeförderungsgesetz und die zu seiner Durchführung erlassenen Vorschriften.
2. Der Unternehmer hat der zuständigen Behörde die nach den Vorschriften des Verkehrsstatistikgesetzes vorgeschriebenen statistischen Unterlagen termingerecht vorzulegen.
3. Änderungen hinsichtlich der Angaben in dieser Genehmigungsurkunde sind der Genehmigungsbehörde unverzüglich mitzuteilen.
4. Die Aufsicht nach § 54 PBefG über das Unternehmen wird ausgeübt von

Amtliche Berichtigungen und Ergänzungen:

PERSONENBEFÖRDERUNGSGESETZ – PBEFG

Genehmigungsurkunde für den Linienverkehr mit Kraftfahrzeugen nach §§ 42, 42 a PBefG i. V. m. §§ 52, 53 PBefG

Genehmigungsurkunde Nr.

Dem/Der/Den

| Genehmigungsinhaber, Wohnsitz, Betriebssitz |

| Staat |

wird aufgrund des Personenbeförderungsgesetzes (PBefG) in der Fassung der Bekanntmachung vom 8. August 1990 (BGBl. I S. 1690) in der jeweils geltenden Fassung die Genehmigung für die Einrichtung, die Linienführung und den Betrieb eines

**Linienverkehrs mit Kraftfahrzeugen nach §§ 42, 42a PBefG
i. V. m. §§ 52, 53 PBefG**

☐ für grenzüberschreitenden Verkehr   ☐ für Transit-(Durchgangs-)Verkehr

| von (Ausgangsort) | nach (Zielort) |

für die deutsche Teilstrecke (gemäß genehmigter Streckenführung)

| Halteorte |

| Grenzübergänge |

| ab dem | befristet bis zum |

unter den umseitigen Bedingungen und Auflagen erteilt. Die Hinweise sowie die amtlichen Berichtigungen und Ergänzungen auf der Rückseite sind Bestandteil dieser Urkunde.

Die für die inländischen Beförderungsleistungen geschuldete Umsatzsteuer ist entsprechend den gesetzlichen Vorschriften bei folgendem Finanzamt anzumelden und zu entrichten:

| Finanzamt, Anschrift |

| Ort, Datum | Bezeichnung, Unterschrift und Trockenprägestempel der ausstellenden Behörde |

PERSONENBEFÖRDERUNGSGESETZ – PBEFG

Bedingungen und Auflagen:

1. Der Fahrplan (siehe Anlage) und die Beförderungsbedingungen sind einzuhalten.
2. Die Genehmigungsurkunde ist während der Fahrt mitzuführen und auf Verlangen den zuständigen Personen zur Prüfung auszuhändigen.

Weitere Bedingungen und Auflagen:

Hinweise:

1. Für die Rechte und Pflichten des Unternehmers, den Betrieb des genehmigten Verkehrs und die eingesetzten Kraftfahrzeuge gelten das Personenbeförderungsgesetz, das Straßenverkehrsgesetz und die zu ihrer Durchführung erlassenen Vorschriften.
2. Der Unternehmer ist gehalten, die internationalen Abkommen der Bundesrepublik Deutschland zu beachten.
3. Änderungen hinsichtlich der Angaben in dieser Genehmigungsurkunde sind der Genehmigungsbehörde unverzüglich mitzuteilen.
4. Die Aufsicht nach § 54 PBefG über das Unternehmen wird ausgeübt von

Amtliche Berichtigungen und Ergänzungen:

PERSONENBEFÖRDERUNGSGESETZ – PBEFG

Genehmigungsurkunde für Sonderformen des Linienverkehrs nach § 43 PBefG

Genehmigungsurkunde

Dem/Der/Den

Genehmigungsinhaber, Wohnsitz, Betriebssitz

wird aufgrund des Personenbeförderungsgesetzes (PBefG) in der Fassung der Bekanntmachung vom 8. August 1990 (BGBl. I S. 1690) in der jeweils geltenden Fassung die Genehmigung für die Einrichtung, die Linienführung und den Betrieb einer

Sonderform des Linienverkehrs nach § 43 PBefG

- ☐ **Berufsverkehr*** (nach § 43 Nr. 1 PBefG zur Beförderung von Berufstätigen zwischen Wohnung und Arbeitsstelle)
- ☐ **Marktfahrten*** (nach § 43 Nr. 3 PBefG zur Beförderung von Personen zum Besuch von Märkten)
- ☐ **Schülerfahrten*** (nach § 43 Nr. 2 PBefG zur Beförderung von Schülern zwischen Wohnung und Lehranstalt)
- ☐ **Theaterfahrten*** (nach § 43 Nr. 4 PBefG zur Beförderung von Theaterbesuchern)

von
nach
über

ab dem _____ befristet bis zum _____

unter den umseitigen Bedingungen und Auflagen erteilt. Die Hinweise sowie die amtlichen Berichtigungen und Ergänzungen auf der Rückseite sind Bestandteil dieser Urkunde.

Gemäß § 45 Abs. 3 PBefG wird auf die Einhaltung der Vorschriften über die Betriebspflicht (§ 21), die Beförderungspflicht (§ 22), die Beförderungsentgelte und Beförderungsbedingungen (§ 39) sowie über den Fahrplan (§ 40) verzichtet.**

Ort, Datum | Bezeichnung, Unterschrift und Siegel der ausstellenden Behörde

* Zutreffendes ankreuzen
** Nichtzutreffendes streichen

PERSONENBEFÖRDERUNGSGESETZ – PBEFG

Bedingungen und Auflagen:

1. Der Fahrplan, die Beförderungsentgelte und die Beförderungsbedingungen, denen die Genehmigungsbehörde zugestimmt hat, sind einzuhalten. **
2. Folgende Haltestellen dürfen zum Einsteigen und in umgekehrter Richtung zum Aussteigen eingerichtet werden: ***

3. Es dürfen nur folgende Personengruppen befördert werden: ***

4. Die Genehmigungsurkunde ist während der Fahrt mitzuführen und auf Verlangen den zuständigen Personen zur Prüfung auszuhändigen.

Weitere Bedingungen und Auflagen:

Hinweise:

1. Für die Rechte und Pflichten des Unternehmers und den Betrieb des genehmigten Verkehrs gelten das Personenbeförderungsgesetz und die zu seiner Durchführung erlassenen Vorschriften.
2. Der Unternehmer hat der zuständigen Behörde die nach den Vorschriften des Verkehrsstatistikgesetzes vorgeschriebenen statistischen Unterlagen termingerecht vorzulegen.
3. Änderungen hinsichtlich der Angaben in dieser Genehmigungsurkunde sind der Genehmigungsbehörde unverzüglich mitzuteilen.
4. Die Aufsicht nach § 54 PBefG über das Unternehmen wird ausgeübt von

Amtliche Berichtigungen und Ergänzungen:

** Nichtzutreffendes streichen
*** Im Bedarfsfalle ausfüllen

PERSONENBEFÖRDERUNGSGESETZ – PBEFG

Genehmigungsurkunde für Sonderformen des Linienverkehrs nach § 43 PBefG i. V. m. §§ 52, 53 PBefG

Genehmigungsurkunde Nr. _____

Dem/Der/Den

Genehmigungsinhaber, Wohnsitz, Betriebssitz

Staat

wird aufgrund des Personenbeförderungsgesetzes (PBefG) in der Fassung der Bekanntmachung vom 8. August 1990 (BGBl. I S. 1690) in der jeweils geltenden Fassung die Genehmigung für die Einrichtung, die Linienführung und den Betrieb einer

Sonderform des Linienverkehrs nach § 43 PBefG i. V. m. §§ 52, 53 PBefG

☐ **Berufsverkehr***
(nach § 43 Nr. 1 i. V. m. §§ 52, 53 PBefG zur Beförderung von Berufstätigen zwischen Wohnung und Arbeitsstelle)
   ☐ für grenzüberschreitenden Verkehr*
   ☐ für Transit-(Durchgangs-)Verkehr*

☐ **Marktfahrten***
(nach § 43 Nr. 3 i. V. m. §§ 52, 53 PBefG zur Beförderung von Personen zum Besuch von Märkten)
   ☐ für grenzüberschreitenden Verkehr*
   ☐ für Transit-(Durchgangs-)Verkehr*

☐ **Schülerfahrten***
(nach § 43 Nr. 2 i. V. m. §§ 52, 53 PBefG zur Beförderung von Schülern zwischen Wohnung und Lehranstalt)
   ☐ für grenzüberschreitenden Verkehr*
   ☐ für Transit-(Durchgangs-)Verkehr*

☐ **Theaterfahrten***
(nach § 43 Nr. 4 i. V. m. §§ 52, 53 PBefG zur Beförderung von Theaterbesuchern)
   ☐ für grenzüberschreitenden Verkehr*
   ☐ für Transit-(Durchgangs-)Verkehr*

von	
nach	
über	
ab dem	befristet bis zum

unter den umseitigen Bedingungen und Auflagen erteilt. Die Hinweise sowie die amtlichen Berichtigungen und Ergänzungen auf der Rückseite sind Bestandteil dieser Urkunde.

Gemäß § 45 Abs. 3 PBefG wird auf die Einhaltung der Vorschriften über die Betriebspflicht (§ 21), die Beförderungspflicht (§ 22), die Beförderungsentgelte und Beförderungsbedingungen (§ 39) sowie über den Fahrplan (§ 40) verzichtet.**

Die für die inländischen Beförderungsleistungen geschuldete Umsatzsteuer ist entsprechend den gesetzlichen Vorschriften bei folgendem Finanzamt anzumelden und zu entrichten:

Finanzamt, Anschrift

Ort, Datum	Bezeichnung, Unterschrift und Trockenprägestempel der ausstellenden Behörde

* Zutreffendes ankreuzen
** Nichtzutreffendes streichen

Bedingungen und Auflagen:

1. Der Fahrplan, die Beförderungsentgelte und die Beförderungsbedingungen, denen die Genehmigungsbehörde zugestimmt hat, sind einzuhalten. **

2. Folgende Haltestellen dürfen zum Einsteigen und in umgekehrter Richtung zum Aussteigen eingerichtet werden:***

   [   ]

3. Es dürfen nur folgende Personengruppen befördert werden:***

   [   ]

4. Die Genehmigungsurkunde ist während der Fahrt mitzuführen und auf Verlangen den zuständigen Personen zur Prüfung auszuhändigen.

Weitere Bedingungen und Auflagen:

   [   ]

Hinweise:

1. Für die Rechte und Pflichten des Unternehmers, den Betrieb des genehmigten Verkehrs und die eingesetzten Kraftfahrzeuge gelten das Personenbeförderungsgesetz, das Straßenverkehrsgesetz und die zu ihrer Durchführung erlassenen Vorschriften.

2. Änderungen hinsichtlich der Angaben in dieser Genehmigungsurkunde sind der Genehmigungsbehörde unverzüglich mitzuteilen.

3. Der Unternehmer ist gehalten, die internationalen Abkommen der Bundesrepublik Deutschland zu beachten.

4. Die Aufsicht nach § 54 PBefG über das Unternehmen wird ausgeübt von

   [   ]

Amtliche Berichtigungen und Ergänzungen:

   [   ]

** Nichtzutreffendes streichen
*** Im Bedarfsfalle ausfüllen

PERSONENBEFÖRDERUNGSGESETZ – PBEFG

1.5.4 Gelegenheitsverkehr – Begriff und Formen

§ 46 Abs. 1 PBefG

Gelegenheitsverkehr ist die Beförderung von Personen mit Kraftfahrzeugen, die nicht Linienverkehr nach den §§ 42 und 43 ist.

Entweder passt also eine Beförderung in die Definition von Linienverkehr oder sie ist automatisch als Gelegenheitsverkehr zu bezeichnen – ein Begriff passt immer.

Auch bei dieser Verkehrsform werden verschiedene Untergruppen unterschieden:

§ 46 Abs. 2 PBefG

Als Formen des Gelegenheitsverkehrs sind nur zulässig
1. Verkehr mit Taxen (§ 47),
2. Ausflugsfahrten und Ferienziel-Reisen (§ 48),
3. Verkehr mit Mietomnibussen und mit Mietwagen (§ 49),
4. gebündelter Bedarfsverkehr (§ 50).

» **INFO**

Sollte es tatsächlich einmal zweifelhaft sein, welcher Form ein Verkehr zuzuordnen ist, fällt nach § 10 des PBefG die von der Landesregierung bestimmte und für den Sitz des Unternehmers zuständige Behörde die Entscheidung.

Für jede dieser Untergruppen gelten spezielle Definitionen und Vorschriften.

PERSONENBEFÖRDERUNGSGESETZ – PBEFG

Verkehr mit Taxen
„...ist die Beförderung mit **Personenkraftwagen**, die der Unternehmer an behördlich zugelassenen Stellen bereithält und mit denen er Fahrten **zu einem vom Fahrgast bestimmten Ziel** ausführt."

Daraus ergeben sich folgende Erkenntnisse:
- Es dürfen bei der Beförderung nur Pkw zum Einsatz kommen (siehe Fahrzeugschein bzw. Zulassungsbescheinigung Teil I).
- Diese Pkw werden im genehmigten Bereich („Pflichtfahrbereich") bereitgehalten, d. h. angeboten, und zwar an Stellen, die von der Behörde zu diesem Zweck genehmigt worden sind – an Taxenständen. Daraus kann man zwei Schlüsse ziehen. Zum einen ist das Anbieten außerhalb von Taxenständen (zumindest mit stehendem Fahrzeug) verboten, zum anderen muss ein Taxi an einem Taxenstand bereitgehalten werden, sonst hält bzw. parkt es – und das ist dort nach StVO für jedermann verboten.
- Der Fahrgast bestimmt das Ziel, nicht der Unternehmer.

Aus weiterführenden Vorschriften (§§ 47 und 51 in Verbindung mit § 39 PBefG) ergibt sich noch Folgendes:
- Der Unternehmer darf seine Taxen nur am Ort des Betriebssitzes und dort nur an behördlich zugelassenen Stellen **bereithalten**. Lediglich Fahrten auf vorherige Bestellung dürfen auch von anderen Gemeinden aus durchgeführt werden. Auf diese Weise soll dem „Wildern in fremden Gehegen" und damit einem behördlicherseits unkontrollierbaren und ruinösen Konkurrenzgebaren vorgebeugt werden. Beispiel: Fahrgast A fährt von Essen mit dem Taxi zum Düsseldorfer Flughafen. Nachdem A das Taxi in Düsseldorf verlassen hat, wartet der Fahrer auf einen beliebigen Anschluss-Fahrgast B am Flughafen, um eine Leerfahrt zu vermeiden. Sein Tun ist unzulässig und stellt eine Ordnungswidrigkeit nach dem PBefG dar. Hätte ein Fahrgast B zuvor dieses Essener Taxi bestellt, wäre der Vorgang zulässig. Zur Schaffung und Aufrechterhaltung der **Ordnung** an Taxenständen sowie zur Gewährleistung eines ordentlichen Ablaufs des Funkverkehrs, der Annahme und der Durchführung fernmündlich erteilter Fahraufträge und anderer Aufgaben können (Ver-)Ordnungen erlassen werden. Zuständig ist die Landesregierung, sie kann die Aufgabe aber auch an andere Behörden übertragen. Solche (Ver-)Ordnungen enthalten dann bis ins Detail gehende Vorschriften (Beispiele: „Berliner Taxenordnung"/Funkbetriebsordnungen der entsprechenden Funkzentralen). Gegenstand solcher Regelungen sind auch die oben bereits erwähnten Pflichtfahrbereiche. Nur in dem so zugewiesenen Bereich besteht für den Taxiunternehmer Beförderungs-, d. h. Mitnahmepflicht. Gleichzeitig ist er dort an die festgesetzten Beförderungsentgelte gebunden. Die Regel lässt den Umkehrschluss zu, dass Preisbindung bei Fahrten, die sich außerhalb des Pflichtfahrbereiches abspielen, in diesen hinein- oder aus diesem

herausführen, nicht gegeben ist. Noch einmal zurück zum obigen Beispiel: Vor der Fahrt von Essen nach Düsseldorf handeln also Fahrgast A und der Fahrer den Preis frei aus. Dasselbe würde für die (legale) Rückfahrt mit Gast B gelten.
- Taxen dürfen nur mit Fahrpersonal des Unternehmens zur Verfügung gestellt werden.

Nicht nur beim Verkehr mit Kraftomnibussen sondern auch bei Beförderungen mit Taxen und Fahrzeugen des gebündelten Bedarfsverkehrs soll für behinderte Menschen eine möglichst weitgehende Barrierefreiheit erreicht werden.
Ab einer Anzahl von 20 Fahrzeugen muss der Unternehmer mindestens 5% seiner Fahrzeuganzahl als barrierefreie Fahrzeuge vorhalten. Die Behörde kann Ausnahmen und nähere Bestimmungen dazu festlegen.

> » **INFO**
>
> „Pflichtfahrbereich": Ein durch die zuständige Behörde festgelegter Bereich, in dem
> - die ebenfalls von der Behörde festgesetzten Tarife gelten, wie Grund-, Kilometer-, Zeitpreise, Zuschläge usw. (§ 51 PBefG),
> - die Beförderungspflicht gilt (§ 47 PBefG).

> » **INFO**
>
> Weitere Vorschriften finden Sie im Kapitel 7.1 „Verordnung über den Betrieb von Kraftfahrunternehmen im Personenkraftverkehr – BOKraft"

PERSONENBEFÖRDERUNGSGESETZ – PBEFG

Ausflugsfahrten
Die Auflistung der wesentlichen Punkte:
- Veranstalter der Fahrt ist der Unternehmer; der Fahrgast hat keinen Einfluss auf deren Ablauf und Ziele.
- Die Fahrt erfolgt mit Kraftomnibus (KOM) oder Personenkraftwagen (Pkw).
- Die Teilnehmer bilden eine feste Gruppe mit gleichem Start- und Zielpunkt; Aufnahme oder Absetzen von Fahrgästen unterwegs ist wegen befürchteter Konkurrenz zum öffentlichen Personennahverkehr verboten (Ausnahmen: Nachbarorte in ländlichen Bereichen oder von der Behörde im Einzelfall gestattet).

Die Vorschriften über die Betriebs- und Beförderungspflicht (§§ 21 und 22 PBefG) entfallen.

Fernziel-Reisen
In Stichworten:
- Veranstalter der Reise ist wiederum der Unternehmer, der nun auch Unterkunft und ggf. Verpflegung anbietet; der Fahrgast hat auch hier keinen Einfluss auf den Ablauf und die Ziele der Fahrt.
- Die Fahrt erfolgt mit Kraftomnibus (KOM) oder Personenkraftwagen (Pkw).
- Die Teilnehmer bilden eine feste Gruppe mit gleichem Start- und Zielpunkt; Aufnahme oder Absetzen von Fahrgästen unterwegs ist wegen befürchteter Konkurrenz zum öffentlichen Nahverkehr verboten (Ausnahmen: Nachbarorte in ländlichen Bereichen oder von der Behörde im Einzelfall gestattet).
- Gesamtpreis für Beförderung und Unterkunft/Verpflegung.

Auch bei dieser Verkehrsform besteht keine Betriebs- und Beförderungspflicht (§§ 21 und 22 PBefG).

Gebündelter Bedarfsverkehr
In Stichworten:
- Beförderung mit Pkw.
- **Ordnungsnummer** auf **Schild mit grünem Untergrund und weißer Schrift** rechts unten in der Ecke der Heckscheibe, von innen und außen lesbar.
- Mehrere Beförderungsaufträge werden entlang ähnlicher Wegstrecken gebündelt ausgeführt.
- Vorherige Bestellung von Beförderungsaufträgen erforderlich.
- Rückkehrpflicht kann behördlich angeordnet werden.
- Behörde kann Anforderungen an Abstellort vorgeben.
- Keine Verwendung von Taxen und Mietwagen vorbehaltenen Zeichen.
- Beförderungen nur in der Gemeinde des Betriebssitzes.
- Zeitliche/räumliche Beschränkung von Verkehren durch Behörde möglich.

MUSTERMANN BUS-REISEN
TAGESAUSFLÜGE

02./07./14./23.04.
Bundeshauptstadt Berlin .... € 16,–
01./05./08./14./22.04.
Große Harzrundfahrt .... € 16,–
08./20./30.04.
Keukenhof/Holland .... € 32,–

Musterstr. 33 | 30175 Musterstadt | Telefon 56 34 12
www.Mustermann-Busreisen.de

§ 48 Abs. 1 PBefG Ausflugsfahrten

Ausflugsfahrten ... sind Fahrten, die der Unternehmer mit Kraftomnibussen oder Personenkraftwagen nach einem bestimmten, von ihm aufgestellten Plan und zu einem für alle Teilnehmer gleichen und gemeinsam verfolgten Ausflugszweck anbietet und ausführt. Die Fahrt muß wieder an den Ausgangsort zurückführen. Die Fahrgäste müssen im Besitz eines für die gesamte Fahrt gültigen Fahrscheins sein, der die Beförderungsstrecke und das Beförderungsentgelt ausweist.

Mustermann Busreisen

Lago Maggiore // 7 Tage Busreise — **€ 565,00**
Mildes Klima und eine abwechslungsreiche Landschaft werden Sie faszinieren!
Leistungen: 6x Ü/HP, Borromäische Inseln, Ortasee, San Giulio
Termine: 07. – 13.05./25.06. – 01.07., EZZ: € 119,00

Normandie – Bretagne // 8 Tage Busreise — **€ 799,00**
Besuchen Sie eine reizvolle Landschaft.
Leistungen: 7x Ü/HP, Calvadosprobe, Stadtführung Rennes, u.v.m.
Termine: 11. – 18.05./05. – 12.06., EZZ: € 180,00

Buchung & Beratung: Reisebüro Mustermann · Musterstraße 11 · 30159 Musterstadt · Telefon 1 23 45

§ 48 Abs. 2 PBefG Fernziel-Reisen

Ferienziel-Reisen ... sind Reisen zu Erholungsaufenthalten, die der Unternehmer mit Kraftomnibussen oder Personenkraftwagen nach einem bestimmten, von ihm aufgestellten Plan zu einem Gesamtentgelt für Beförderung und Unterkunft mit oder ohne Verpflegung anbietet und ausführt. Es dürfen nur Rückfahrscheine und diese nur auf den Namen des Reisenden ausgegeben werden. Die Fahrgäste sind zu einem für alle Teilnehmer gleichen Reiseziel zu bringen und an den Ausgangspunkt der Reise zurückzubefördern. Auf der Rückfahrt dürfen nur Reisende befördert werden, die der Unternehmer zum Reiseziel gebracht hat.

PERSONENBEFÖRDERUNGSGESETZ – PBEFG

- Emissionsstandards und Einsatz lokal emissionsfreier Fahrzeuge können behördlich angeordnet werden.

Die Behörde muss für diese Verkehrsart Regelungen über Mindestbeförderungsentgelte erlassen. Dabei müssen diese Entgelte „einen hinreichenden Abstand zu den Beförderungsentgelten des jeweiligen ÖPNV sicherstellen" (§ 51 a).

Betriebs- und Beförderungspflicht (§§ 21 und 22 PBefG) bestehen auch hier nicht.

Verkehr mit Mietomnibussen
- Transportmittel ist der Kraftomnibus.
- Anmietung des Omnibusses erfolgt komplett.
- Der Mieter bzw. eine veranstaltende Organisation bestimmt Ablauf und Ziel der Fahrt.
- Auch bei dieser Form des Gelegenheitsverkehrs führt die Fahrt alle Teilnehmer zum gleichen Ziel.

Betriebs- und Beförderungspflicht (§§ 21 und 22 PBefG) gilt ausdrücklich wieder nicht.

Verkehr mit Mietwagen
- Transportmittel ist der Pkw.
- Anmietung nur komplett.
- Der Mieter bestimmt Zweck, Ziel und Ablauf der Fahrt.
- Kein Taxenverkehr(!).
- Kein gebündelter Bedarfsverkehr.

Keine Betriebs- und Beförderungspflicht (§§ 21 und 22 PBefG).

Zur Abgrenzung und damit Regelung des Konkurrenzverhältnisses zwischen Taxen- und Mietwagen- und gebündeltem Bedarfsverkehr enthält das PBefG noch einige weitere Vorschriften, die durch die schon erwähnte BOKraft noch vervollständigt werden. Der Mietwagen führt grundsätzlich nur Beförderungsaufträge aus, die am Betriebssitz oder im Fahrzeug während der Fahrt eingehen. Ein Bereitstellen des Fahrzeugs auf Straßen oder Plätzen ist nicht erlaubt; außer auf vorgenannte Weise darf die Entgegennahme eines Auftrags unterwegs nicht erfolgen. Zuruf oder direkte Ansprache des Fahrers scheiden also aus. Dementsprechend hat der Mietwagen nach Beendigung einer Fahrt unverzüglich („ohne schuldhaften Verzug") wieder zu seinem Betriebssitz zurückzufahren, es sei denn, einer der oben genannten Fälle der Auftragserteilung wäre in der Zwischenzeit eingetreten, oder die zuständige Verwaltungsbehörde wendet die in ihrem Bezirk geltenden Regelungen für den gebündelten Bedarfsverkehr auch auf den in ihrem Bezirk betriebenen Verkehr mit Mietwagen an (s. § 49 Abs. 4).

§ 50 PBefG
Gebündelter Bedarfsverkehr

... ist die Beförderung von Personen mit Personenkraftwagen, bei der mehrere Beförderungsaufträge entlang ähnlicher Wegstrecken gebündelt ausgeführt werden.

§ 49 Abs. 1 PBefG

Verkehr mit Mietomnibussen ... ist die Beförderung von Personen mit Kraftomnibussen, die nur im Ganzen zur Beförderung angemietet werden und mit denen der Unternehmer Fahrten ausführt, deren Zweck, Ziel und Ablauf der Mieter bestimmt. Die Teilnehmer müssen ein zusammengehöriger Personenkreis und über Ziel und Ablauf der Fahrt einig sein.

§ 49 Abs. 4 PBefG

Verkehr mit Mietwagen ... ist die Beförderung von Personen mit Personenkraftwagen, die nur im Ganzen zur Beförderung gemietet werden und mit denen der Unternehmer Fahrten ausführt, deren Zweck, Ziel und Ablauf der Mieter bestimmt und die nicht Verkehr mit Taxen nach § 47 sind.

PERSONENBEFÖRDERUNGSGESETZ – PBEFG

Genehmigungsurkunde für den Gelegenheitsverkehr mit Kraftomnibussen nach den §§ 48 und 49 PBefG

Genehmigungsurkunde

Dem/Der/Den

Genehmigungsinhaber, Wohnsitz, Betriebssitz

wird aufgrund des Personenbeförderungsgesetzes (PBefG) in der Fassung der Bekanntmachung vom 8. August 1990 (BGBl. I S. 1690) in der jeweils geltenden Fassung die Genehmigung zur Ausführung von

Gelegenheitsverkehr mit Kraftomnibussen nach §§ 48, 49 PBefG

| ab dem | befristet bis zum |

erteilt.

Die Hinweise sowie die amtlichen Berichtigungen und Ergänzungen auf der Rückseite sind Bestandteil dieser Urkunde.

Bedingungen und Auflagen:

| Ort, Datum | Bezeichnung, Unterschrift und Siegel der ausstellenden Behörde |

PERSONENBEFÖRDERUNGSGESETZ – PBEFG

Hinweise:

1. Für die Rechte und Pflichten des Unternehmers und den Betrieb des genehmigten Verkehrs gelten das Personenbeförderungsgesetz und die zu seiner Durchführung erlassenen Vorschriften.

2. Der Unternehmer hat der zuständigen Behörde die nach den Vorschriften des Verkehrsstatistikgesetzes vorgeschriebenen statistischen Unterlagen termingerecht vorzulegen.

3. Änderungen hinsichtlich der Angaben in dieser Genehmigungsurkunde sind der Genehmigungsbehörde unverzüglich mitzuteilen.

4. Die Aufsicht nach § 54 PBefG über das Unternehmen wird ausgeübt von

Amtliche Berichtigungen und Ergänzungen:

PERSONENBEFÖRDERUNGSGESETZ – PBEFG

Genehmigungsurkunde für Ferienzielreisen nach den §§ 48, 52 und 53 PBefG

Genehmigungsurkunde

Dem/Der/Den

Genehmigungsinhaber, Wohnsitz, Betriebssitz

wird aufgrund des Personenbeförderungsgesetzes (PBefG) in der Fassung der Bekanntmachung vom 8. August 1990 (BGBl. I S. 1690) in der jeweils geltenden Fassung die Genehmigung zur Ausführung von

Gelegenheitsverkehr mit Kraftomnibussen nach §§ 48, 49 PBefG

ab dem	befristet bis zum

erteilt.

Die Hinweise sowie die amtlichen Berichtigungen und Ergänzungen auf der Rückseite sind Bestandteil dieser Urkunde.

Bedingungen und Auflagen:

Ort, Datum	Bezeichnung, Unterschrift und Siegel der ausstellenden Behörde

PERSONENBEFÖRDERUNGSGESETZ – PBEFG

Hinweise:

1. Für die Rechte und Pflichten des Unternehmers und den Betrieb des genehmigten Verkehrs gelten das Personenbeförderungsgesetz und die zu seiner Durchführung erlassenen Vorschriften.
2. Der Unternehmer hat der zuständigen Behörde die nach den Vorschriften des Verkehrsstatistikgesetzes vorgeschriebenen statistischen Unterlagen termingerecht vorzulegen.
3. Änderungen hinsichtlich der Angaben in dieser Genehmigungsurkunde sind der Genehmigungsbehörde unverzüglich mitzuteilen.
4. Die Aufsicht nach § 54 PBefG über das Unternehmen wird ausgeübt von

Amtliche Berichtigungen und Ergänzungen:

PERSONENBEFÖRDERUNGSGESETZ – PBEFG

Genehmigungsurkunde für den Verkehr mit Taxen nach § 47 PBefG

Genehmigungsurkunde

Dem/Der/Den

> Genehmigungsinhaber, Wohnsitz, Betriebssitz

wird aufgrund des Personenbeförderungsgesetzes (PBefG) in der Fassung der Bekanntmachung vom 8. August 1990 (BGBl. I S. 1690) in der jeweils geltenden Fassung die Genehmigung zur Ausführung des

Verkehrs mit Taxen nach § 47 PBefG

ab dem	befristet bis zum

erteilt.

Die Hinweise sowie die amtlichen Berichtigungen und Ergänzungen auf der Rückseite sind Bestandteil dieser Urkunde.

Bedingungen und Auflagen:

1. Die Taxe(n) darf/dürfen nur in

> Betriebssitz des Unternehmers

bereitgehalten werden.

2. Es dürfen nur folgende Personenkraftwagen eingesetzt werden:

> Amtliche Kennzeichen:

3. Der zu dieser Urkunde für jedes Fahrzeug gefertigte Auszug aus der Genehmigungsurkunde ist auf jeder Fahrt mitzuführen und den zuständigen Personen auf Verlangen zur Prüfung auszuhändigen.

Weitere Bedingungen und Auflagen:

Ort, Datum	Bezeichnung, Unterschrift und Siegel der ausstellenden Behörde

PERSONENBEFÖRDERUNGSGESETZ – PBEFG

Hinweise:

1. Für die Rechte und Pflichten des Unternehmers und den Betrieb des genehmigten Verkehrs gelten das Personenbeförderungsgesetz und die zu seiner Durchführung erlassenen Vorschriften.
2. Kraftfahrzeuge dürfen im Verkehr auf öffentlichen Straßen nur verwendet werden, wenn sie den Bau- und Betriebsvorschriften der Verordnung über den Betrieb von Kraftfahrunternehmen im Personenverkehr (BOKraft), der Fahrzeug-Zulassungsverordnung (FZV) und der Straßenverkehrs-Zulassungs-Ordnung (StVZO) in der jeweils geltenden Fassung entsprechen.
3. Änderungen hinsichtlich der Angaben in dieser Genehmigungsurkunde sind der Genehmigungsbehörde unverzüglich mitzuteilen.
4. Der Unternehmer ist gehalten, im grenzüberschreitenden Verkehr die internationalen Abkommen der Bundesrepublik Deutschland zu beachten.
5. Die Aufsicht nach § 54 PBefG über das Unternehmen wird ausgeübt von

Amtliche Berichtigungen und Ergänzungen:

PERSONENBEFÖRDERUNGSGESETZ – PBEFG

Genehmigungsurkunde für Ausflugsfahrten und Ferienziel-Reisen mit Pkw/Mietwagen nach den §§ 48 und 49 PBefG

Genehmigungsurkunde

Dem/Der/Den

Genehmigungsinhaber, Wohnsitz, Betriebssitz

wird aufgrund des Personenbeförderungsgesetzes (PBefG) in der Fassung der Bekanntmachung vom 8. August 1990 (BGBl. I S. 1690) in der jeweils geltenden Fassung die Genehmigung zur Ausführung von

- ☐ **Ausflugsfahrten mit Personenkraftwagen** nach § 48 Abs. 1 PBefG*
- ☐ **Verkehr mit Mietwagen** nach § 49 PBefG*
- ☐ **Ferienziel - Reisen mit Personenkraftwagen** nach § 48 Abs. 2 PBefG*

ab dem   befristet bis zum

erteilt. Die Hinweise sowie die amtlichen Berichtigungen und Ergänzungen auf der Rückseite sind Bestandteil dieser Urkunde.

Bedingungen und Auflagen:

1. Es dürfen nur folgende Personenkraftwagen eingesetzt werden:

Amtliche Kennzeichen:

2. Der zu dieser Urkunde für jedes Fahrzeug gefertigte Auszug aus der Genehmigungsurkunde ist auf jeder Fahrt mitzuführen und den zuständigen Personen auf Verlangen zur Prüfung auszuhändigen.

Weitere Bedingungen und Auflagen:

Ort, Datum   Bezeichnung, Unterschrift und Siegel der ausstellenden Behörde

* Zutreffendes ankreuzen

PERSONENBEFÖRDERUNGSGESETZ – PBEFG

Hinweise:

1. Für die Rechte und Pflichten des Unternehmers und den Betrieb des genehmigten Verkehrs gelten das Personenbeförderungsgesetz und die zu seiner Durchführung erlassenen Vorschriften.

2. Kraftfahrzeuge dürfen im Verkehr auf öffentlichen Straßen nur verwendet werden, wenn sie den Bau- und Betriebsvorschriften der Verordnung über den Betrieb von Kraftfahrunternehmen im Personenverkehr (BOKraft), der Fahrzeug-Zulassungsverordnung (FZV) und der Straßenverkehrs-Zulassungs-Ordnung (StVZO) in der jeweils geltenden Fassung entsprechen.

3. Änderungen hinsichtlich der Angaben in dieser Genehmigungsurkunde sind der Genehmigungsbehörde unverzüglich mitzuteilen.

4. Der Unternehmer ist gehalten, im grenzüberschreitenden Verkehr die internationalen Abkommen der Bundesrepublik Deutschland zu beachten.

5. Die Aufsicht nach § 54 PBefG über das Unternehmen wird ausgeübt von

Amtliche Berichtigungen und Ergänzungen:

PERSONENBEFÖRDERUNGSGESETZ – PBEFG

1.6 Grenzüberschreitende Verkehre

Grundsätzlich unterliegen auch Verkehre vom Ausland in/durch die Bundesrepublik Deutschland oder von der Bundesrepublik ins Ausland auf deutschem Gebiet den Regelungen des PBefG. Das gilt grundsätzlich auch für Unternehmen, die ihren Betriebssitz im Ausland haben (§ 52 PBefG).

So ist bei einem **grenzüberschreitenden Linienverkehr** mit Kraftfahrzeugen für die Erteilung der Genehmigung der deutschen Teilstrecke die Behörde zuständig, in deren Bezirk der Verkehr mit dem Grenzübertritt einfährt und in deren Bezirk der Linienverkehr ausschließlich stattfinden soll. Bei Betrieb einer Linie über Bezirksgrenzen innerhalb desselben Bundeslandes hinweg ist die Behörde zuständig, in deren Bezirk die Linie – aus dem Ausland kommend – einfährt (Verfahrensweisen im Detail siehe § 11 PBefG).

Bei geplantem **grenzüberschreitenden Gelegenheitsverkehr** mit Kraftfahrzeugen ist das Bundesministerium für Verkehr, Bau- und Stadtentwicklung („Bundesverkehrsministerium") oder eine von ihm bestimmte Behörde zuständig.

Der Gesetzgeber ist jedoch sehr vorsichtig. Immer wieder taucht in den gerade genannten Zusammenhängen die Formulierung „wenn nichts anderes bestimmt ist ..." auf, oder es gelten in bestimmten Fällen – wie an dieser Stelle – nationale Vorschriften nicht, „soweit entsprechende Übereinkommen mit dem Ausland bestehen". Dabei handelt es sich um Hinweise auf (möglicherweise) bestehende internationale Verträge, die ggf. deutsches Recht einschränken. Dass es sich dabei nicht um rein theoretische Möglichkeiten bi- oder multilateraler Absprachen (Absprachen mit einem Land als Vertragspartner bzw. mit mehreren Ländern) handelt, verdeutlichen nachfolgende Kapitel.

PERSONENBEFÖRDERUNGSGESETZ – PBEFG

1.7 Katalog der Ordnungswidrigkeiten (§ 61)

§ 61

(1) Ordnungswidrig handelt, wer vorsätzlich oder fahrlässig
1. Personen mit Straßenbahnen, Obussen oder Kraftfahrzeugen ohne die nach diesem Gesetz erforderliche Genehmigung oder einstweilige Erlaubnis befördert oder den Auflagen der Genehmigung oder einstweiligen Erlaubnis oder Auflagen in einer Entscheidung nach § 45 a Abs. 4 Satz 2 zuwiderhandelt;
2. einen Verkehr mit Straßenbahnen, Obussen oder einen Linienverkehr mit Kraftfahrzeugen betreibt, ohne daß die nach diesem Gesetz vorgeschriebene Zustimmung zu den Beförderungsentgelten oder Fahrplänen durch die Genehmigungsbehörde erteilt ist;
3. den Vorschriften dieses Gesetzes über
    a) die Mitteilungspflicht bei Betriebsstörungen im Verkehr, die den vorübergehenden Einsatz von Kraftfahrzeugen zur Folge haben (§ 2 Abs. 5 Satz 2),
    b) das Mitführen und Aushändigen von Urkunden (§ 17 Abs. 4, § 20 Abs. 4),
    c) die Einhaltung der Beförderungspflicht (§ 22) oder der Beförderungsentgelte (§ 39 Abs. 3, § 41 Abs. 3, § 45 Abs. 2, § 51),
    d) die Bekanntmachung der Beförderungsentgelte, der Besonderen Beförderungsbedingungen und der gültigen Fahrpläne (§ 39 Abs. 7, § 40 Abs. 4, § 41 Abs. 3, § 45 Abs. 3),
    e) den Verkehr mit Taxen (§ 47 Abs. 2 Satz 1 oder Abs. 5),
    f) Ausflugsfahrten und Ferienziel-Reisen (§ 48 Abs. 1 bis 3) oder
    g) den Verkehr mit Mietomnibussen und Mietwagen (§ 49 Abs. 2 Satz 2 und Abs. 4)
    zuwiderhandelt;
3a. entgegen § 54 Absatz 2 Satz 3 eine Mitteilung nicht, nicht richtig, nicht vollständig oder nicht rechtzeitig macht,
3b. entgegen § 54a Abs. 1 die Auskunft nicht, unrichtig, nicht vollständig oder nicht fristgemäß erteilt, die Bücher oder Geschäftspapiere nicht, nicht vollständig oder nicht fristgemäß vorlegt oder die Duldung von Prüfungen verweigert;
4. einer Rechtsvorschrift oder vollziehbaren schriftlichen Verfügung zuwiderhandelt, die auf Grund dieses Gesetzes oder auf Grund von Rechtsvorschriften, die auf diesem Gesetz beruhen, erlassen worden ist, soweit die Rechtsvorschriften und die vollziehbare schriftliche Verfügung ausdrücklich auf diese Vorschrift verweisen oder
5. einer unmittelbar geltenden Vorschrift in Rechtsakten der Europäischen Gemeinschaft zuwiderhandelt, die inhaltlich einem in
    a) Nummer 1 oder
    b) Nummer 2, 3 oder 3b
    bezeichneten Gebot oder Verbot entspricht, soweit eine Rechtsverordnung nach § 57 Abs. 1 Nr. 11 für einen bestimmten Tatbestand auf diese Bußgeldvorschrift verweist.

(2) Die Ordnungswidrigkeit kann in den Fällen des Absatzes 1 Nr. 1 und 5 Buchstabe a mit einer Geldbuße bis zu zwanzigtausend Euro, in den übrigen Fällen mit einer Geldbuße bis zu zehntausend Euro geahndet werden.

(3) Verwaltungsbehörde im Sinne des § 36 Abs. 1 Nr. 1 des Gesetzes über Ordnungswidrigkeiten ist die Genehmigungsbehörde oder die von der Landesregierung bestimmte Behörde. Die Landesregierung kann die Ermächtigung auf die zuständige oberste Landesbehörde übertragen. In den Fällen des § 52 Abs. 3 Satz 2 ist Verwaltungsbehörde im Sinne des § 36 Abs. 1 Nr. 1 des Gesetzes über Ordnungswidrigkeiten das Bundesamt für Güterverkehr (BAG).

(4) In den Fällen des Absatzes 1 kann die Ordnungswidrigkeit auf der Grundlage und nach Maßgabe internationaler Übereinkünfte auch dann geahndet werden, wenn sie im Bereich gemeinsamer Grenzabfertigungsanlagen außerhalb des räumlichen Geltungsbereiches dieses Gesetzes begangen wird.

» **BUCH**

Siehe auch den Katalog der Ordnungswidrigkeiten der BOKraft (**7.1.5**) und der EGBusDV (**6.2.4**).

EG/EU-REGELUNGEN

2. EG/EU-Regelungen (Gemeinschaftsrecht)

EG-Verordnungen (anders als EG-Richtlinien!) gelten in den Mitgliedsländern der Gemeinschaft unmittelbar. Es bedarf also keiner weiteren formellen Umsetzung in nationale Gesetze mehr. Die folgende Karte von Europa verdeutlicht den Geltungsbereich des Gemeinschaftsrechtes, das mittlerweile in den 27 Mitgliedsländern der Europäischen Union (Nachfolgerin der EG) zur Anwendung kommt, wobei allerdings im Einzelfall (gestaffelte) Übergangsvorschriften zu beachten sind.

2.1 Die Mitgliedstaaten der Europäischen Union

Die 27 Mitgliedstaaten der
Europäischen Union – in der Landessprache

- **A** Österreich
- **B** Belgien – België, Belgique
- **BG** Bulgarien – Bulgaria
- **CY** Zypern – griech. Kýpros, türk. Kıbrıs
- **CZ** Tschechien – Ceská republika
- **D** Deutschland
- **DK** Dänemark – Danmark
- **E** Spanien – España mit den Kanaren
- **EST** Estland – Eesti
- **F** Frankreich –
  France mit Guadeloupe, Martinique, Réunion u. Guyana
- **FIN** Finnland – Suomi Finland
- **GR** Griechenland – Elláda
- **H** Ungarn – Magyar Köztársaság bzw. Magyarország
- **HR** Kroatien – Republika Hrvatska
- **I** Italien – Italia
- **IRL** Irland – Ireland
- **L** Luxemburg – Luxembourg
- **LT** Litauen – Lietuva
- **LV** Lettland – Latvija
- **M** Malta
- **NL** Niederlande – Nederland
- **P** Portugal mit den Azoren und Madeira
- **PL** Polen – Polska
- **RO** Rumänien – România
- **S** Schweden – Sverige
- **SK** Slowakei – Slovensko
- **SLO** Slowenien – Slovenija

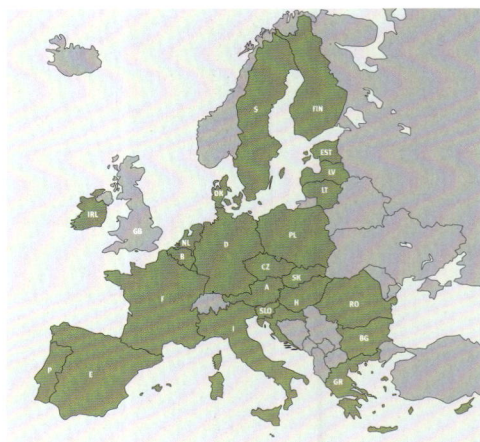

» **INFO**

Das Vereinigte Königreich (United Kingdom) hat die EU am 31.01.2020 verlassen.

EG/EU-REGELUNGEN

2.1.1 Großbritannien und die Europäische Union

Das Vereinigte Königreich (United Kingdom) unter Einschluss von Nordirland verließ die EU als Folge eines Volksentscheids am 31.01.2020 (sog. „Brexit"). Auch die Mitgliedschaft in der Zollunion ging verloren. In der Folge wird Großbritannien seit diesem Datum von der Europäischen Union grundsätzlich als Drittstaat mit allen Konsequenzen betrachtet. Im Anschluss galten für den Zeitraum bis zum 31.12.2020 Übergangsvorschriften, die das Verhältnis zwischen der Union und dem Vereinigten Königreich regelten. Nach langen Beratungen während dieser Phase wurde kurz vor dem Jahresende 2020 ein „Partnerschaftsvertrag" geschlossen. Gegenstand des Vertrags ist ein Freihandelsabkommen, welches den beiderseits befürchteten „harten" Brexit mit allen Handelshemmnissen vermeiden und einen fairen Wettbewerb garantieren soll (z. B. Subventions und Umweltschutzrecht, Verbraucher- und Arbeitnehmerschutzstandards).

Das Abkommen enthält umfangreiche Regeln für die Beförderung von Fahrgästen mit Kraftomnibussen auf der Straße (unter „Road"). Dabei werden die Beförderungsformen des Gelegenheits- und des Linienverkehrs, sowie dessen Sonderformen behandelt.

Es soll für eine kontinuierliche Anbindung bei der Beförderung von Fahrgästen in oder zwischen den Gebieten der Vertragsparteien sorgen und die Regeln für solche Beförderungen festlegen.

Inländische Verkehre durch inländische Verkehrsunternehmer bleiben unberührt. So werden die Bedingungen festgelegt, unter denen gewerbliche Personenbeförderungen und ggf. Leerfahrten von Unternehmer aus den Vertragsstaaten mit Kraftfahrzeugen/Zügen durchgeführt werden dürfen. Der Stellung Nordirlands und dem grenzüberschreitenden Verkehr mit dem EU-Mitgliedsland Irland gilt aus politischen Gründen bei diesen Regelungen die besondere Aufmerksamkeit.

Festgelegt werden die Anforderungen an Unternehmer und Fahrer, an deren Qualifikationen und auch an die mitzuführenden Papiere, neben u. A. Sozialvorschriften und steuerlichen Regelungen. In bestimmten Fällen gilt das auch für die technischen Anforderungen an die verwendeten Fahrzeuge.

Aus Platzgründen werden hier nur einige Einzelvorschriften benannt:
- Gelegenheitsverkehr nach Großbritannien unterliegt den Regelungen des Interbus-Übereinkommens.
- Ab 2022 ist die Einreise ins Vereinigte Königreich nur noch mit einem Reisepass möglich, ein Visum ist nicht notwendig.
- Grenzüberschreitende Linienverkehre bleiben erlaubt.

- Vom Verkehrsunternehmen mitzuführende Unterlagen:
  » Genehmigung zur Durchführung des Verkehrsdienstes (beglaubigte Kopie),
  » Betreiberlizenz des Busunternehmens für den grenzüberschreitenden Personenkraftverkehr (beglaubigte Kopie),
  » Fahrten im Gelegenheitsverkehr (KOM): behördliches Fahrtenblatt,
    » Bei Sonderformen des Linienverkehrs der Vertrag zwischen dem Veranstalter und dem Busunternehmer (Kopie)
    » Nachweis über die Beförderung einer bestimmten Fahrgastgruppe unter Ausschluss anderer Fahrgäste.

EG/EU-REGELUNGEN

2.2 Verordnungen (EG) Nr. 1071/2009 und 1073/2009 – Gemeinsame Regeln für den Zugang zum grenzüberschreitenden Personenkraftverkehrsmarkt

Es wurde bereits auf das „Road Package" hingewiesen, ein Paket von drei aktuellen EU-Verordnungen (Nr. 1071 – 1073/2009), das in den EU-Mitgliedsländern am 04.12.2011 Geltung erlangte.
Die Verordnung **1071** regelt den Zugang zum Beruf des Kraftverkehrsunternehmers (auch im Bereich des Güterkraftverkehrs), wobei die Verordnung trotz ihres allgemein gehaltenen Titels nur Unternehmer des Kraftomnibusverkehres betrifft. Ihre wesentlichen Inhalte sind in Kapitel 1.2.1. beschrieben.
Im Folgenden steht nun der **grenzüberschreitende Personenkraftverkehr im Bereich der Europäischen Union zwischen den Mitgliedstaaten** im Mittelpunkt der Betrachtung.
Die EU-Verordnungen Nr. 684/92 und 12/98 wurden vom EU-Gesetzgeber in der Verordnung Nr. **1073**/2009 überarbeitet und zusammengefasst. Sie ist somit die aktuelle Quelle für alle diesbezüglichen Regelungen. Die Vorschriften zum „Personenkraftverkehrsmarkt" wurden durch diese Maßnahmen übersichtlicher gestaltet.

> » **INFO**
>
> „Road Package":
> – EU-VO 1071/2009: Zugang zum Beruf des Kraftverkehrsunternehmers;
> – EU-VO 1073/2009: Zugang zum grenzüberschreitenden Personenkraftverkehrsmarkt
> – EU-VO 1072/2009: Zugang zum grenzüberschreitenden Güterkraftverkehrsmarkt
> (s. Band 6 der DEGENER BKF-Bibliothek „Vorschriften im Güterverkehr")

EG/EU-REGELUNGEN

2.2.1 Geltungsbereich und Begriffe

VO [EG] Nr. 1073/2009

Diese Verordnung gilt für den grenzüberschreitenden Personenkraftverkehr mit Kraftomnibussen im Gebiet der Gemeinschaft, der von in einem Mitgliedstaat gemäß dessen Rechtsvorschriften niedergelassenen Unternehmen gewerblich oder im Werkverkehr mit Fahrzeugen durchgeführt wird, die in diesem Mitgliedstaat zugelassen und die nach ihrer Bauart und Ausstattung geeignet und dazu bestimmt sind, mehr als neun Personen — einschließlich des Fahrers — zu befördern, sowie für Leerfahrten im Zusammenhang mit diesem Verkehr.

Es wird somit **jede Form von gewerblichem grenzüberschreitendem Personenkraftverkehr mit Kraftomnibussen** erfasst (zum Sonderfall „Werkverkehr" s. Kapitel 2.2.5), denn die Umschreibung der Fahrzeuge im Text der Verordnung entspricht dieser Definition. Da EU-Recht Vorrang vor dem nationalen Recht hat, müssen die Regelungen des nationalen PBefG in Einklang mit der Verordnung stehen. Das bedeutet hier konkret, dass alle Regelungen des PBefG, die grenzüberschreitenden Verkehr mit Kraftomnibussen zum Inhalt haben, sich nach den Vorgaben der EU-Verordnung zu richten haben. Eingesetzte Kraftomnibusse müssen in einem EU-Land zugelassen sein.

Beim **„grenzüberschreitenden Personenkraftverkehr"** werden vier verschiedene Formen unterschieden (Definitionen aus Art. 2):

a) eine Fahrt eines Fahrzeugs mit oder ohne Transit durch mindestens einen Mitgliedstaat oder durch mindestens ein Drittland, bei der sich Ausgangspunkt und Bestimmungsort in zwei verschiedenen Mitgliedstaaten befinden;

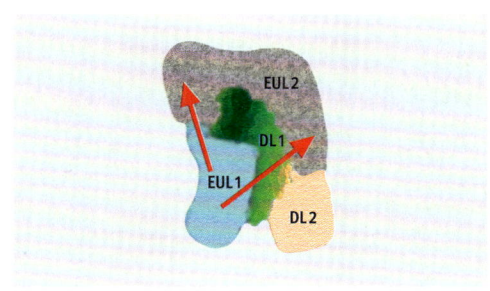

b) eine Fahrt eines Fahrzeugs, bei der sich Ausgangspunkt und Bestimmungsort in ein und demselben Mitgliedstaat befinden, wobei das Aufnehmen und Absetzen von Fahrgästen in einem anderen Mitgliedstaat oder in einem Drittland stattfindet;

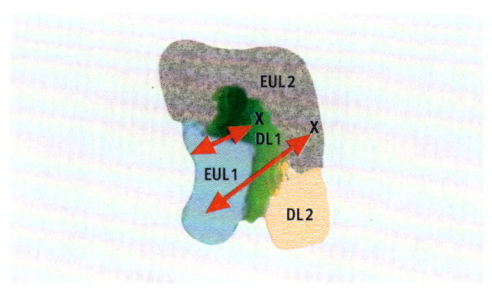

EG/EU-REGELUNGEN

c) eine Fahrt eines Fahrzeugs von einem Mitgliedstaat in ein Drittland oder umgekehrt, mit oder ohne Transit durch mindestens einen Mitgliedstaat oder mindestens ein Drittland;

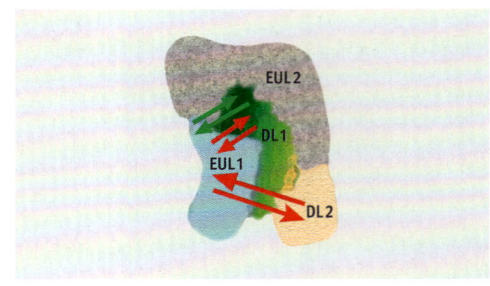

d) eine Fahrt eines Fahrzeugs zwischen Drittländern mit Transit durch das Hoheitsgebiet mindestens eines Mitgliedstaates.

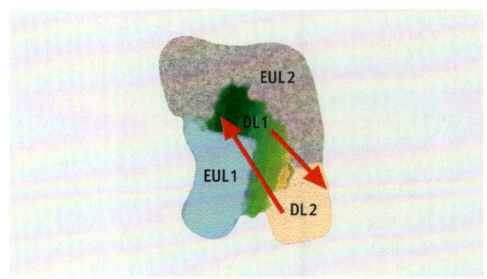

EUL EU-Mitgliedsland
DL Drittland/nicht-EU-Mitgliedsland
X Aufnehmen/Absetzen v. Fahrgästen

Alle Beförderungen und Leerfahrten dürfen nur von Unternehmen durchgeführt werden, die in den jeweiligen Mitgliedstaaten eine EU-Lizenz erhalten haben (die – bei entsprechender Rechtslage im Mitgliedsland – auch zur Durchführung von Personenbeförderungen in diesem Mitgliedsland genutzt werden darf).

» **INFO**

„Drittland": ein nicht zur EU gehörender Staat. Anders als bei den sogenannten Sozialvorschriften versteht der EU-Gesetzgeber hier unter „Grenzen" die Grenzen zwischen einzelnen Mitgliedstaaten der Gemeinschaft und nicht die Außengrenzen der EU.

EG/EU-REGELUNGEN

2.2.2 Zulassung zum grenzüberschreitenden Verkehr allgemein

EG-VO 1073/2009; Art. 4

Der grenzüberschreitende Personenkraftverkehr mit Kraftomnibussen wird nach Maßgabe des Besitzes einer Gemeinschaftslizenz durchgeführt, die von den zuständigen Behörden des Niederlassungsmitgliedstaats ... ausgestellt wurde.

Aus den geltenden Prinzipien der **Nichtdiskriminierung** und des **freien Dienstleistungsverkehrs** heraus wird auf Antrag solchen Verkehrsunternehmen nach Artikel 3 die Gemeinschaftslizenz erteilt, die
- die in der EG-VO 1071/2009 benannten Voraussetzungen zur Zulassung zum Beruf des Kraftverkehrsunternehmers erfüllen (1.2.1.);
- im Niederlassungsmitgliedstaat eine für das jeweilige Staatsgebiet geltende nationale Zulassung (in Deutschland eine **Genehmigung**) für entweder
  » den Linienverkehr mit KOM einschließlich seiner Sonderformen und/oder
  » den Gelegenheitsverkehr mit KOM
  erhalten haben;
- die Rechtsvorschriften für Fahrer und Fahrzeuge erfüllen. Namentlich aufgeführt sind
  » die EG-VO 92/6/EWG (Einbau und Benutzung von Geschwindigkeitsbegrenzern),
  » die EU-Richtlinie 96/53/EG (Abmessungen und Gewichte von Straßenfahrzeugen), die ab dem 01.01.2017 ersetzt wird von der VO (EU) 2016/403, sowie
  » die EU-Richtlinie 2003/59/EG (Grundqualifikation und Weiterbildung von Fahrern).

Bei Erfüllung aller Bedingungen und Erbringung entsprechender Nachweise stellen die zuständigen Behörden des Niederlassungsstaates (6.2.1) dem Unternehmen die Originallizenz auf seinen Namen aus. Eine Gemeinschaftslizenz hat eine maximale Gültigkeitsdauer von **zehn Jahren** und kann verlängert werden (Art. 4).
Eine für den grenzüberschreitenden Linienverkehr mit KOM zusätzlich erforderliche Genehmigung (EG-VO 1073/2009) hat eine maximale Gültigkeitsdauer von **fünf Jahren** (Art. 6). In den Fahrzeugen ist jeweils eine beglaubigte (nicht laminierte!) Kopie der Lizenz mitzuführen. Das Original verbleibt am Sitz des Unternehmens.

EG/EU-REGELUNGEN

Vordruck: Gemeinschaftslizenz

ANHANG II

Muster für die Gemeinschaftslizenz

EUROPÄISCHE GEMEINSCHAFT

| Nationalitätszeichen (¹) des Mitgliedstaats, der die Lizenz ausstellt | Bezeichnung der zuständigen Behörde oder Stelle |

LIZENZ Nr. ....
(oder)
BEGLAUBIGTE KOPIE Nr. ....

für den gewerblichen grenzüberschreitenden Personenverkehr mit Kraftomnibussen

Der Inhaber dieser Lizenz (²) ....

....

....

ist zu den in der Verordnung (EWG) Nr. 1073/2009 des Europäischen Parlaments und des Rates vom 21. Oktober 2009 über gemeinsame Regeln für den Zugang zum grenzüberschreitenden Personenkraftverkehrsmarkt + festgelegten Bedingungen sowie nach Maßgabe der allgemeinen Bestimmungen dieser Lizenz im Gebiet der Gemeinschaft zum gewerblichen grenzüberschreitenden Personenkraftverkehr zugelassen.

Bemerkungen: ....

....

Diese Lizenz gilt vom .... bis zum ....

Ausgestellt in .... , am ....

.... (³)

---

(1) Nationalitätskennzeichen der Mitgliedstaaten: (B) Belgien, (BG) Bulgarien, (CZ) Tschechische Republik, (DK) Dänemark, (D) Deutschland, (EST) Estland, (IRL) Irland, (GR) Griechenland, (E) Spanien, (F) Frankreich, (I) Italien, (CY) Zypern, (LV) Lettland, (LT) Litauen, (L) Luxemburg, (H) Ungarn, (M) Malta, (NL) Niederlande, (A) Österreich, (PL) Polen, (P) Portugal, (RO) Rumänien, (SLO) Slowenien, (SK) Slowakei, (FIN) Finnland, (S) Schweden, (UK) Vereinigtes Königreich.

(2) Name oder Firma und vollständige Anschrift des Verkehrsunternehmers.

(3) Unterschrift und Stempel der ausstellenden Behörde oder Stelle.

EG/EU-REGELUNGEN

2.2.3 Linienverkehr

EG-VO 1073/2009; Art. 2

„Linienverkehr" ist die regelmäßige Beförderung von Fahrgästen auf einer bestimmten Verkehrsstrecke, wobei Fahrgäste an vorher festgelegten Haltestellen aufgenommen oder abgesetzt werden können.

Auch bei der Personenbeförderung zwischen den Mitgliedstaaten der Gemeinschaft werden neben den persönlichen und personellen Voraussetzungen, die ein Unternehmer bzw. ein Unternehmen erfüllen muss, die äußeren bzw. die situativen Voraussetzungen überprüft. Dazu gehören u. a. die Wettbewerbssituation, die Ordnung und Sicherheit des Verkehrs und die Zahl der zugelassenen Verkehrsträger/Unternehmen. Das gilt gemäß Artikel 4 zumindest für den Linienverkehr mit Kraftomnibussen immer, sowie für dessen Sonderformen, wenn sie zwischen Veranstalter und Verkehrsunternehmer nicht vertraglich geregelt sind.

Es werden also über die Gemeinschaftslizenz hinaus für diese Beförderungsformen – wie im nationalen Bereich – **Genehmigungen** benötigt. Für den Gelegenheitsverkehr sowie den Werkverkehr gilt das ausdrücklich nicht.

Wie üblich führt der Weg zu einer Genehmigung über eine entsprechende **Antragstellung** bei der zuständigen Behörde. Die Verordnung nennt als zuständige Genehmigungsbehörde die Behörde, die auch für die Vergabe einer nationalen Genehmigung zuständig wäre (so ist z. B. im Bundesland Nordrhein-Westfalen die jeweilige Bezirksregierung zuständig). Bei einem beantragten Linienverkehr ist es die Behörde, die für den Ort des Linienanfangs zuständig ist.

Zu den geforderten Inhalten des Antrags äußert sich die weiterführende und ins Detail gehende **EU-Verordnung** 361/2014 vom 09.04.2014. Sie sind den Angaben in einem nationalen Antrag auf Genehmigung eines Linienverkehrs sehr ähnlich:
- Fahrpläne,
- Fahrpreise,
- Kopie der Gemeinschaftslizenz,
- Angaben zu Art und Umfang des Verkehrs,
- Karte mit Linienführung und Haltestellen,
- Fahrplan (auch als Überprüfungsmöglichkeit im Hinblick auf die Einhaltung der Lenk- und Ruhezeiten).

Der Antragsteller muss darüber hinaus alle Informationen liefern, die er selbst oder die Behörde als zweckdienlich für die Begründung seines Vorhabens erachtet.

» INFO

Die VO (EU) 361/2014 ist der Ersatz für die Ende April 2014 aufgehobene VO (EG) 2121/98, die ebenfalls u. a. wichtige Vordrucke enthielt. Der EU-Gesetzgeber gestand den zuständigen Behörden der Mitgliedstaaten bzgl. der Ausgabe bzw. Verwendung von Genehmigungen und Bescheinigungen nach der alten EU-VO noch eine Übergangsfrist bis zum 31.12.2015 zu. Die gemäß EG-VO 2121/98 ausgestellten Bescheinigungen und Genehmigungen bleiben bis zum Ablauf ihrer Geltungsdauer gültig.

EG/EU-REGELUNGEN

Ablehnungsgründe für den Antrag sind
(Details s. VO 1073/2009 Art. 6):
- Fahrzeuge des Unternehmers reichen nicht aus oder sind ungeeignet.
- Der Antragsteller hat zuvor gegen Transport- oder Sozialvorschriften der Gemeinschaft erheblich verstoßen und sich somit als ungeeignet erwiesen.
- Bei Antrag auf Erneuerung einer Genehmigung: Bedingungen der vorherigen Genehmigung wurden nicht erfüllt.
- Der beantragte Verkehrsdienst würde ruinös in bestehende Strukturen des Liniendienstes eingreifen.
- Der Hauptzweck des Verkehrsdienstes besteht nicht darin, Fahrgäste zwischen Haltestellen in verschiedenen Mitgliedstaaten zu befördern.

Trifft keiner dieser Gründe zu, muss der Antrag positiv beschieden werden. Die **Erteilung einer Genehmigung** erfolgt immer im Einvernehmen aller von der Linienführung betroffenen Mitgliedstaaten.

In der Genehmigung werden festgelegt:
- die Art des Verkehrsdienstes,
- die Streckenführung, insbesondere der Ausgangs- und der Zielort,
- die Gültigkeitsdauer der Genehmigung,
- der Fahrplan und die Haltestellen.

Bei Unternehmensvereinigungen wird die Genehmigung auf den Namen aller Unternehmen ausgestellt. Die Gültigkeit der Genehmigung beträgt **zehn Jahre**. Auf Wunsch kann der Zeitraum verkürzt werden. Die Genehmigung oder eine von der Genehmigungsbehörde beglaubigte Kopie ist während der Durchführung von Linienverkehr im Fahrzeug mitzuführen.

Eine Abgabe von Linien an Unterauftragnehmer, die ihrerseits wieder bestimmte Voraussetzungen erfüllen müssen, ist möglich.
Für die Fahrgäste müssen Fahrausweise (Fahrkarten) ausgestellt werden, die folgende Angaben enthalten:
- Ausgangspunkt und Bestimmungsort der Fahrt/ggf. der Rückfahrt,
- Gültigkeitsdauer des Ausweises,
- Beförderungstarif.

Fahrgäste müssen ihre Fahrausweise dem zur Kontrolle berechtigten Personal aushändigen.

Streckenführung, Fahrplan, Fahrpreise und Beförderungsbedingungen müssen für die Fahrgäste leicht zugänglich angezeigt werden.

Diese Formulierung (EG-VO 1073/2009; Kapitel 11 Abs. 1) erinnert an die im Bereich des nationalen Rechts bestehenden Begriffe der Betriebs- und Beförderungspflicht. (Kapitel 1.5.3.1.)

> **EG-VO 1073/2009; Art. 6 Abs. 5** §
>
> Die Genehmigung berechtigt den oder die Genehmigungsinhaber zu Beförderungen im Rahmen des Linienverkehrs im Hoheitsgebiet aller Mitgliedstaaten, das durch die Streckenführung des Verkehrs berührt wird.

> **EG-VO 1073/2009; Kapitel 11 Abs. 1** §
>
> Sinngemäß: Der Betreiber eines Linienverkehrs muss — außer im Fall höherer Gewalt — während der Geltungsdauer der Genehmigung alle Maßnahmen zur Sicherstellung einer Verkehrsbedienung treffen, die den Regeln der Regelmäßigkeit, Pünktlichkeit und Beförderungskapazität ... entsprechen.

EG/EU-REGELUNGEN

L 107/50 | DE | Amtsblatt der Europäischen Union | 10.4.2014

ANHANG IV

(Genehmigung, Seite 1)

(Papier: Farbe Pantone 182 (pink) oder möglichst ähnlicher Farbton, Format DIN A4 Papier 100 g/m2 oder mehr, ungestrichen)

> Wortlaut in der Amtssprache oder in den oder einer der Amtssprachen des Mitgliedstaats, in der der Verkehrsunternehmer niedergelassen ist

STAAT, DER DIE BESCHEINIGUNG AUSSTELLT   Zuständige Behörde

Nationalitätszeichen (¹)   ....

GENEHMIGUNG Nr. .....

eines Linienverkehrs (²)

einer Sonderform des Linienverkehrs

mit Kraftomnibussen zwischen den Mitgliedstaaten gemäß

Kapitel III der Verordnung (EG) Nr. 1073/2009

für: ....

(Name und Vorname oder Firmenbezeichnung des Inhabers bzw. des geschäftsführenden Unternehmens einer Unternehmensvereinigung)

....

Anschrift: ....

Tel., Fax und/oder E-Mail: ....

Namen, Anschrift, Telefon- und Telefax-Nummer der an der Unternehmensvereinigung beteiligten und der als Unterauftragnehmer tätigen Verkehrsunternehmer.

(1) ....
(2) ....
(3) ....
(4) ....
(5) ....

Liste liegt ggf. bei

Die Genehmigung erlischt am: ....

....
(Ort und Datum der Erteilung)   (Unterschrift und Stempel der Behörde oder Stelle, die die Genehmigung erteilt)

(¹) Belgien (B), Bulgarien (BG), Dänemark (DK), Deutschland (D), Estland (EST), Finnland (FIN), Frankreich (F), Griechenland (GR), Irland (IRL), Italien (I), Kroatien (HR), Lettland (LV), Litauen (LT), Luxemburg (L), Malta (M), Niederlande (NL), Österreich (A), Polen (PL), Portugal (P), Rumänien (RO), Schweden (S), Slowakei (SK), Slowenien (SLO), Spanien (E), Tschechische Republik (CZ), Ungarn (H), Vereinigtes Königreich (UK), Zypern (CY).

(²) Unzutreffendes streichen.

EG/EU-REGELUNGEN

10.4.2014 | DE | Amtsblatt der Europäischen Union | L 107/51

(Genehmigung. — Seite 2)

1. Streckenführung:

    a) Ausgangsort des Verkehrsdienstes: ....

    b) Zielort des Verkehrsdienstes: ....

    c) Hauptstreckenführung des Verkehrsdienstes, wobei die Orte, an denen Fahrgäste aufgenommen oder abgesetzt werden, unterstrichen sind: ....
    ....
    ....
    ....
    ....

2. Dauer des Verkehrsdienstes: ....
    ....

3. Häufigkeit: ....

4. Fahrplan: ....

5. Sonderformen des Linienverkehrs:

    — Fahrgastkategorie: ....

6. Besondere Bedingungen oder Bemerkungen (z. B. genehmigte Kabotagebeförderungen ([1])):
    ....
    ....
    ....
    ....
    ....
    ....

....
(Unterschrift und Stempel der Behörde, die die Genehmigung erteilt)

([1]) Die mit dem Aufnahmemitgliedstaat vereinbart und der Genehmigungsbehörde innerhalb der Frist nach Artikel 8 Absatz 2 der Verordnung (EG) Nr. 1073/2009 mitgeteilt wurden.

EG/EU-REGELUNGEN

Sonderformen des Linienverkehrs

> **EG-VO 1073/2009; Art. 2**
>
> „Sonderformen des Linienverkehrs" sind Dienste im Linienverkehr – unabhängig davon, wer Veranstalter der Fahrten ist – zur Beförderung bestimmter Gruppen von Fahrgästen unter Ausschluss anderer Fahrgäste.

Zwar ist hier die Rede von einer besonderen Form des Linienverkehrs, letztlich handelt es sich aber um Linienverkehr – mit allen Rechten und Pflichten, soweit nicht besondere Regeln (s. u.) bestehen.

Zu den Sonderformen des Linienverkehrs zählen nach Artikel 5 der VO – wie auch im deutschen PBefG (s. Kapitel 1.5.2) –

- die Beförderung von Arbeitnehmern zwischen Wohnort und Arbeitsstätte,
- die Beförderung von Schülern und Studenten zwischen Wohnort und Lehranstalt.

Die Regelmäßigkeit der Sonderformen des Linienverkehrs wird nicht dadurch berührt, dass der Ablauf wechselnden Bedürfnissen der Nutzer angepasst wird.

Die im deutschen Personenbeförderungsgesetz in diesem Zusammenhang zusätzlich aufgelisteten Sonderformen der Markt- und Theaterfahrten gibt es im EU-Recht nicht.

Sonderformen des Linienverkehrs **unterliegen keiner Genehmigungspflicht**, wenn sie zwischen dem Veranstalter und dem Durchführenden des Verkehrs (Unternehmer) vertraglich geregelt sind.
Der Vertrag oder eine beglaubigte Kopie ist im Fahrzeug mitzuführen und dient im Falle einer Verkehrskontrolle als **Kontrollpapier** im Sinne der Vorschriften des Artikels 12 der Verordnung (s. Kapitel 2.2.4 im Anschluss).

# EG/EU-REGELUNGEN

2.2.4 Gelegenheitsverkehr

EG-VO 1073/2009; Art. 2

„Gelegenheitsverkehr" ist der Verkehrsdienst, der nicht der Begriffsbestimmung des Linienverkehrs, einschließlich der Sonderformen des Linienverkehrs, entspricht und dessen Hauptmerkmal die Beförderung vorab gebildeter Fahrgastgruppen auf Initiative eines Auftraggebers oder des Verkehrsunternehmers selbst ist.

Gelegenheitsverkehr entspricht demnach keiner Form des Linienverkehrs (Negativ-Definition!); es werden Fahrgastgruppen befördert, deren Bildung auf die Initiative des Unternehmers selbst oder die eines Veranstalters zurückzuführen ist.
Grenzüberschreitender Gelegenheitsverkehr im Sinne der VO 1073/2009 ist nicht genehmigungspflichtig, sondern kann mit der EU-Lizenz durchgeführt werden.

Allerdings muss **vor Antritt der Fahrt** ein Kontrollpapier, das **EU-Fahrtenblatt**, ausgefüllt werden. Dessen Mindestinhalte legt der Artikel 12 der VO 1073/2009 fest:
– Art des Verkehrsdienstes,
– Hauptstreckenführung,
– der oder die beteiligte(n) Verkehrsunternehmer.

Die genaue Gestaltung des Blattes und der Umfang der Eintragungen durch den Unternehmer/den Fahrzeugführer sind durch die VO (EU) 361/2014 vorgegeben (s. Kapitel 2.2.4.1.).

Der **bdo** (**B**undesverband **D**eutscher **O**mnibusunternehmer) hat in Zusammenarbeit mit dem Dachverband **IRU** (**I**nternational **R**oad **T**ransport **U**nion) und der **E**uro **C**ontrôle **R**oute **(ECR)** ein Merkblatt zum Fahrtenblatt herausgebracht. Es nennt sich: „IRU und ECR Informationen zum Ausfüllen des Fahrtenblattes für grenzüberschreitende Gelegenheitsverkehre in der EU". Das Script kann im Internet (bdo) abgerufen werden.

Die Ausgabe der Fahrtenblätter erfolgt durch die national zuständigen Behörden in Form von **durchnummerierten Heften**, die auf den Namen des Unternehmers ausgestellt sind. Jedes Heft enthält 25 einzelne Fahrtenblätter, die ihrerseits ebenfalls durchnummeriert sind. Manipulationen sollen auf diese Weise erschwert werden.

Vor Beginn jeder Fahrt im grenzüberschreitenden Gelegenheitsverkehr ist ein Fahrtenblatt vom Unternehmer oder vom Fahrer in doppelter Ausfertigung auszufüllen. Während der gesamten Fahrt verbleibt das **Original im Fahrzeug** und die **Durchschrift beim Unternehmen**. Grundsätzlich ist der Unternehmer für die Führung der Fahrtenblätter verantwortlich.

> **» INFO**
> Beim Ausfüllen der Blätter sollte im eigenen Interesse sehr sorgfältig verfahren werden. Die Bußgelder, die bei falsch/unvollständig/nicht ausgefüllten Fahrtenblättern verhängt werden, sind z. T. beachtlich (z. B. in Belgien ca. € 500,–).

EG/EU-REGELUNGEN

Vordrucke aus der VO (EU) 361/2014 – Fahrtenblatt (Anhang I)

10.4.2014   DE   Amtsblatt der Europäischen Union   L 107/43

ANHANG I

FAHRTENBLATT – MUSTER Nr .... aus Heft Nr......

(Papier: Farbe Pantone 358 (hellgrün) oder möglichst ähnlicher Farbton, Format DIN A4 ungestrichen)

GRENZÜBERSCHREITENDER GELEGENHEITSVERKEHR und KABOTAGEBEFÖRDERUNGEN IM GELEGENHEITSVERKEHR

(zusätzliche Informationen können jeweils auf einem gesonderten Blatt gegeben werden)

Nr		
1	Amtliches Kennzeichen	Ort, Datum Unterschrift des Verkehrsunternehmens
2	Verkehrsunternehmer, Unterauftragnehmer, Gesellschafter, Unternehmergruppe	1. .... 2. .... 3. ....
3	Name(n) des/der Fahrer(s)	1. .... 2. .... 3. ....
4	Veranstalter des Gelegenheitsverkehrs	1. .... 3. .... 2. .... 4. ....
5	Art des Verkehrsdienstes	☐ Grenzüberschreitender Gelegenheitsverkehr ☐ Kabotagebeförderung im Gelegenheitsverkehr ☐ Kabotage in Sonderformen des Linienverkehrs — monatliche Aufstellung Monat .... Jahr ....
6	Abfahrtsort: .... Land: .... Bestimmungsort: .... Land:	

Fahrtprogramm

Daten	Strecke/Tagesetappen und/oder Aufnahme- und Absetzungsorte von / nach	Anzahl der Fahrgäste	Leerfahrten (mit x angeben)	Voraussichtliche km
7				

8	Etwaige Anschlussverbindung bei einem anderen Unternehmen derselben Gruppe	Anzahl der abgesetzten Fahrgäste	Zielort der abgesetzten Fahrgäste	Name des Unternehmers, der die Fahrgäste wieder aufnimmt

Örtliche Ausflüge

9	Datum	Voraussichtliche km	Abfahrtort	Ort des Ausflugs	Anzahl der Fahrgäste

Unvorhergesehene Änderungen

10	....

EG/EU-REGELUNGEN

Antragsvordruck für verschiedene Verkehrsformen (Anhang III)

2014R0361 — DE — 30.04.2014 — 000.003 — 11

▼C1

ANHANG III

Deckblatt

(Papier: Format DIN A4, ungestrichen)

> Wortlaut in der Amtssprache oder in den oder einer der Amtssprachen des Mitgliedstaats, in dem der Verkehrsunternehmer niedergelassen ist

GENEHMIGUNGSANTRAG FÜR (¹):

EINEN LINIENVERKEHR ☐

EINE SONDERFORM DES LINIENVERKEHRS (²) ☐

DIE ERNEUERUNG DER GENEHMIGUNG FÜR EINEN VERKEHRSDIENST (³) ☐

EINE ÄNDERUNG DER BEDINGUNGEN FÜR EINEN GENEHMIGTEN VERKEHRSDIENST (³) ☐

mit Kraftomnibussen zwischen den Mitgliedstaaten auf der Grundlage der Verordnung (EG) Nr. 1073/2009

an: ....

(zuständige Behörde)

1. Name und Vorname des Antragstellers oder Firmenbezeichnung sowie Anschrift, Telefon- und Faxnummer und/oder E-Mail des antragstellenden und ggf. des geschäftsführenden Unternehmens einer Unternehmensvereinigung:

   ....

   ....

2. Verkehrsdienst(e) betrieben durch (¹)

   Unternehmen ☐   Unternehmensvereinigung ☐   Unterauftragnehmer ☐

3. Namen und Anschriften des/der

   Verkehrsunternehmer(s), an der Vereinigung beteiligten Unternehmen(s) oder Unterauftragnehmer(s) (⁴) (⁵)

   3.1 .... Tel. ....

   3.2 .... Tel. ....

   3.3 .... Tel. ....

   3.4 .... Tel. ....

(¹) Zutreffendes bitte ankreuzen.
(²) Sonderformen des Linienverkehrs, die zwischen dem Veranstalter und dem Verkehrsunternehmer nicht vertraglich geregelt sind.
(³) Nach Maßgabe von Artikel 9 der Verordnung (EG) Nr. 1073/2009
(⁴) Bitte jeweils angeben, ob es sich um ein Mitglied einer Unternehmensvereinigung oder einen Unterauftragnehmer handelt.
(⁵) Liste ggf. beifügen.

EG/EU-REGELUNGEN

Antragsvordruck für genehmigungspflichtige Linienverkehre (Anhang IV)

2014R0361 — DE — 30.04.2014 — 000.003 — 14

▼C2

ANHANG IV

(Genehmigung — Seite 1)

(Papier: Farbe Pantone 182 (Pink), oder möglichst ähnlicher Farbton, Format DIN A4 Papier 100 g/m² oder mehr, ungestrichen)

Wortlaut in der Amtssprache oder in den oder einer der Amtssprachen des Mitgliedstaats, in dem der Verkehrsunternehmer niedergelassen ist

STAAT, DER DIE GENEHMIGUNG AUSSTELLT   Zu Zuständige Behörde

— Nationalitätszeichen — (¹)   ....

GENEHMIGUNG Nr. ...

eines Linienverkehrs (²)

einer Sonderform des Linienverkehrs

mit Kraftomnibussen zwischen den Mitgliedstaaten gemäß Kapitel III der Verordnung (EG) Nr. 1073/2009

für: ....

(Name und Vorname oder Firmenbezeichnung des Inhabers bzw. des geschäftsführenden Unternehmens einer Unternehmensvereinigung)

....

Anschrift: ....

Tel., Fax und/oder E-Mail: ....

Namen, Anschrift, Telefon- und Telefax-Nummer der an der Unternehmensvereinigung beteiligten und der als Unterauftragnehmer tätigen Verkehrsunternehmer.

(1) ....

(2) ....

(3) ....

(4) ....

(5) ....

Liste liegt ggf. bei.

Die Genehmigung erlischt am: ....

....
(Ort und Datum der Erteilung)   *(Unterschrift und Stempel der Behörde oder Stelle, die die Genehmigung erteilt)*

(¹) Belgien (B), Bulgarien (BG), Dänemark (DK), Deutschland (D), Estland (EST), Finnland (FIN), Frankreich (F), Griechenland (GR), Irland (IRL), Italien (I), Kroatien (HR), Lettland (LV), Litauen (LT), Luxemburg (L), Malta (M), Niederlande (NL), Österreich (A), Polen (PL), Portugal (P), Rumänien (RO), Schweden (S), Slowakei (SK), Slowenien (SLO), Spanien (E), Tschechische Republik (CZ), Ungarn (H), Vereinigtes Königreich (UK), Zypern (CY).
(²) Unzutreffendes streichen.

EG/EU-REGELUNGEN

Bescheinigung für Beförderungen im Werkverkehr zwischen Mitgliedstaaten (Anhang V)

2014R0361 — DE — 30.04.2014 — 000.003 — 17

▼C2

ANHANG V

(Bescheinigung — Seite 1)

(Papier: Farbe Pantone 100 (Gelb), oder möglichst ähnlicher Farbton, Format DIN A4 — Stärke 100 g/m² oder mehr, ungestrichen)

Wortlaut in der Amtssprache oder in den oder einer der Amtssprachen des Mitgliedstaats, in dem der Verkehrsunternehmer niedergelassen ist

STAAT, DER DIE BESCHEINIGUNG AUSSTELLT   Zuständige Behörde

— Nationalitätszeichen — (¹)   ....

BESCHEINIGUNG

aufgrund der Verordnung (EG) Nr. 1073/2009 für Beförderungen im Werkverkehr auf der Straße zwischen Mitgliedstaaten

....

(Von der natürlichen oder juristischen Person auszufüllen, die diese Beförderungen im Werkverkehr durchführt)

Der/die Unterzeichnete ....

verantwortliche Person des Unternehmens oder der Vereinigung ohne Erwerbszweck oder einer sonstigen Vereinigung (bitte erläutern)

....

(Name und Vorname oder andere amtliche Bezeichnung, vollständige Anschrift)

bestätigt,

— dass er/sie Beförderungen ohne Erwerbsabsicht durchführt,
— dass die Beförderung für die betreffende natürliche oder juristische Person lediglich eine Nebentätigkeit darstellt,
— dass der Kraftomnibus mit dem amtlichen Kennzeichen .... Eigentum, Gegenstand eines Abzahlungsgeschäfts oder eines Langzeitleasingvertrages ist,
— dass der Kraftomnibus von einem Angehörigen des Personals der natürlichen oder juristischen Person oder von der natürlichen Person selbst oder von Personal, das bei dem Unternehmen beschäftigt ist oder ihm im Rahmen einer vertraglichen Verpflichtung zur Verfügung gestellt wurde, geführt wird.

....

(Unterschrift der natürlichen Person oder eines Vertreters der juristischen Person)

(von der zuständigen Behörde auszufüllen)

Dieses Dokument ist eine Bescheinigung im Sinne von Artikel 5 Absatz 5 der Verordnung (EG) Nr. 1073/2009.

....

(Gültigkeitsdauer)   (Ort und Datum der Ausstellung)

....

(Unterschrift und Stempel der zuständigen Behörde)

(¹) Belgien (B), Bulgarien (BG), Dänemark (DK), Deutschland (D), Estland (EST), Finnland (FIN), Frankreich (F), Griechenland (GR), Irland (IRL), Italien (I), Kroatien (HR), Lettland (LV), Litauen (LT), Luxemburg (L), Malta (M), Niederlande (NL), Österreich (A), Polen (PL), Portugal (P), Rumänien (RO), Schweden (S), Slowakei (SK), Slowenien (SLO), Spanien (E), Tschechische Republik (CZ), Ungarn (H), Vereinigtes Königreich (UK), Zypern (CY).

EG/EU-REGELUNGEN

Örtliche Ausflüge
Gemäß EG-VO 1073/2009 darf der Unternehmer im grenzüberschreitenden Gelegenheitsverkehr sog. örtliche Ausflüge im Ziel-Mitgliedsland durchführen. Bei den beförderten Fahrgästen muss es sich um die zuvor grenzüberschreitend beförderte Personengruppe handeln. Als Beförderungsmittel kommen nur Fahrzeuge desselben Unternehmers oder derselben Unternehmensgruppe in Frage, der/die auch die grenzüberschreitende Beförderung durchgeführt hat.
Auch vor Beginn solcher örtlichen Ausflüge ist ein Fahrtenblatt gemäß Anhang I der EU-VO 361/2014 auszufüllen (s. Kap. 2.2.4.1.), das sich während des gesamten Ausflugs im Fahrzeug befinden muss.

Kabotageverkehr
Kabotage spielt auch im Bereich des Güterkraftverkehrs eine Rolle (s. Band 6 der DEGENER BKF-Bibliothek „Vorschriften im Güterverkehr"). Die Bedeutung des Begriffes ist jedoch in den beiden Transport- bzw. Beförderungsbereichen nicht identisch. Die EG-VO 1073/2009 definiert die Kabotage im Bereich der gewerblichen Personenbeförderung wie folgt:

Zu a) Wie im Bereich des Güterverkehrs betätigt sich ein Unternehmen außerhalb der Grenzen seines Niederlassungsmitgliedstaates („Heimatstaates") in einem von der Verordnung so genannten Aufnahmemitgliedstaat. Das Unternehmen führt Personenbeförderungen durch, die in diesem Staat beginnen und enden.

Zu b) Ein Unternehmen führt grenzüberschreitenden Linienverkehr gemäß der Verordnung durch, lässt aber unterwegs Fahrgäste in ein und demselben durchfahrenen Mitgliedstaat ein- bzw. aussteigen. Auf diese Weise könnte es eine Konkurrenz zu innerstaatlichen Linienverkehren darstellen. Die Verordnung fordert deshalb, dass die Unterwegsbedienung nicht der Hauptzweck des Linienverkehrs sein darf. Vor Beginn solcher Kabotagebeförderungen ist wiederum ein Fahrtenblatt auszufüllen (s. Kapitel 2.2.4. bzw. 2.2.4.1.).
Folgende Angaben müssen darin erfasst werden:
» Ausgangspunkt und Bestimmungsort des Verkehrsdienstes,
» Tag des Beginns und Tag der Beendigung des Verkehrsdienstes.

Die ausgefüllten und verwendeten Blätter sind an die ausgebende Behörde zurückzusenden. Handelt es sich um eine Kabotagebeförderung in einer Sonderform des Linienverkehrs, muss der Unternehmer auf dem Fahrtenblatt eine monatliche Aufstellung vornehmen und diese dann einreichen. Es versteht sich von selbst, dass alle Kontrolldokumente den zu einer Kontrolle Berechtigten auf Verlangen jederzeit vorzulegen sind. Das gilt am Ort des Firmensitzes/der Niederlassung ebenso wie unterwegs auf der Straße, während der Durchführung einer Beförderung.

EG-VO 1073/2009; Art. 2
„Kabotage" ist entweder
a) der gewerbliche innerstaatliche Personenkraftverkehr, der zeitweilig von einem Kraftverkehrsunternehmer in einem Aufnahmemitgliedstaat durchgeführt wird, oder
b) das Aufnehmen und Absetzen von Fahrgästen im gleichen Mitgliedstaat im grenzüberschreitenden Linienverkehr gemäß den Bestimmungen dieser Verordnung, sofern dies nicht der Hauptzweck des Verkehrsdienstes ist.

» INFO
Zur Erinnerung: Ein Aufnahmemitgliedstaat ist ein Mitgliedstaat, in dem der Kraftverkehrsunternehmer tätig ist, der aber ein anderer als sein Niederlassungsmitgliedstaat ist.

EG/EU-REGELUNGEN

2.2.5 Werkverkehr

> **EG-VO 1073/2009; Art. 2** §
>
> Sinngemäß: „Werkverkehr" ist ein nicht kommerzieller Verkehrsdienst ohne Erwerbszweck.
> Bedingungen:
> - Die Beförderungstätigkeit ist lediglich eine Nebentätigkeit.
> - Die eingesetzten Fahrzeuge
>   » sind Eigentum der/des Durchführenden der Beförderung oder
>   » wurden im Rahmen eines Abzahlungsgeschäfts gekauft oder
>   » sind Gegenstand eines Langzeitleasing-Vertrags und
>   » werden vom Durchführenden selbst oder
>   » einem Angehörigen seines Personals oder
>   » von Personal geführt, das ihm im Rahmen einer vertraglichen Verpflichtung zur Verfügung gestellt wurde (z. B. Fahrer von Zeitarbeitsfirmen).

Plant ein Unternehmen Werkverkehr im Sinne der Verordnung, muss die Einhaltung der genannten Bedingungen bei der zuständigen Genehmigungsbehörde glaubhaft nachgewiesen werden.

Da derartige Transporte keine Konkurrenz zum privaten Personenbeförderungsgewerbe darstellen, gilt nur eine **Bescheinigungs-Pflicht** gemäß Artikel 5 Absatz 5 der EG-VO 1073/2009. Die Ausgestaltung der Bescheinigung gibt dann die EG-VO 361/2014 vor. Während der gesamten Fahrt ist diese Bescheinigung bzw. eine beglaubigte Durchschrift davon im Fahrzeug mitzuführen und Kontrollberechtigten auf Verlangen jederzeit „vorzuzeigen". (Der an dieser Stelle in der Verordnung verwendete Begriff ist ungewöhnlich. Wie an anderer Stelle bereits erwähnt, sind im Normalfall alle mitzuführenden Unterlagen berechtigten Kontrollbeamten nicht nur vorzuzeigen, sondern auszuhändigen.) Ihre Geltungsdauer ist auf **fünf Jahre** begrenzt.

EG/EU-REGELUNGEN

10.4.2014 | DE | Amtsblatt der Europäischen Union | L 107/53

ANHANG V

(Bescheinigung — Seite 1)

(Papier: Farbe Pantone 100 (gelb) oder möglichst ähnlicher Farbton, Format DIN A4 — Stärke 100 g/m2 oder mehr, ungestrichen)

Wortlaut in der Amtssprache oder in den oder einer der Amtssprachen des Mitgliedstaats, in dem der Verkehrsunternehmer niedergelassen ist

STAAT, DER DIE BESCHEINIGUNG AUSSTELLT   Zuständige Behörde

Nationalitätszeichen (¹)   ....

BESCHEINIGUNG

aufgrund der Verordnung (EG) Nr. 1073/2009/92 für Beförderungen im Werkverkehr auf der Straße zwischen Mitgliedstaaten

—————————————————

(Von der natürlichen oder juristischen Person auszufüllen, die diese Beförderungen im Werkverkehr durchführt)

Der/die Unterzeichnete..
verantwortliche Person des Unternehmens oder der Vereinigung ohne Erwerbszweck oder einer sonstigen Vereinigung (bitte erläutern)

....

(Name und Vorname oder andere amtliche Bezeichnung, vollständige Anschrift)

bestätigt,

— dass er/sie Beförderungen ohne Erwerbsabsicht durchführt,
— dass die Beförderung für die betreffende natürliche oder juristische Person lediglich eine Nebentätigkeit darstellt,
— dass der Kraftomnibus mit dem amtlichen Kennzeichen .... Eigentum, Gegenstand eines Abzahlungsgeschäfts oder eines Langzeitleasingvertrages ist,
— dass der Kraftomnibus von einem Angehörigen des Personals der natürlichen oder juristischen Person oder von der natürlichen Person selbst oder von Personal, das bei dem Unternehmen beschäftigt ist oder ihm im Rahmen einer vertraglichen Verpflichtung zur Verfügung gestellt wurde, geführt wird.

....

(Unterschrift der natürlichen Person oder eines Vertreters der juristischen Person)

—————————————————

(von der zuständigen Behörde auszufüllen)

Dieses Dokument ist eine Bescheinigung im Sinne von Artikel 5 Absatz 5 der Verordnung (EG) Nr. 1073/2009.

....
(Gültigkeitsdauer)   *(Ort und Datum der Ausstellung)*

....
(Unterschrift und Stempel der zuständigen Behörde)

(¹) Belgien (B), Bulgarien (BG), Dänemark (DK), Deutschland (D), Estland (EST), Finnland (FIN), Frankreich (F), Griechenland (GR), Irland (IRL), Italien (I), Kroatien (HR), Lettland (LV), Litauen (LT), Luxemburg (L), Malta (M), Niederlande (NL), Österreich (A), Polen (PL), Portugal (P), Rumänien (RO), Schweden (S), Slowakei (SK), Slowenien (SLO), Spanien (E), Tschechische Republik (CZ), Ungarn (H), Vereinigtes Königreich (UK), Zypern (CY).

EG/EU-REGELUNGEN

2.2.6 Entsendebescheinigung (A1-Bescheinigung)

Bei einer vorgesehenen vorübergehenden Entsendung von Arbeitnehmern ins EU/EWR-Ausland oder in die Schweiz ist gemäß der europäischen **Entsende-Richtlinie 96/71/EG** und der dazu ergangenen **Durchsetzungs-Richtlinie 2014/67/EU** eine sog. **A1-Bescheinigung** in elektronischer Form mitzuführen.
Anhand der Bescheinigung wird der Nachweis geführt, dass deren Inhaber Mitglied der jeweiligen nationalen Sozialversicherung bleibt. Für deutsche Fahrer/Beifahrer gilt somit weiterhin das deutsche Sozialversicherungsrecht. In einzelnen EU-Mitgliedsländern sind dazu besondere Vorschriften zu beachten.

So müssen z. B. bei der vorgesehenen Entsendung von Fahrern nach Österreich alle Fahrer vorab in Wien gemeldet werden. Detaillierte Anweisungen zum Ausfüllen der entsprechenden Meldebescheinigung sind einem Info-Blatt zu entnehmen, das von der Internetseite des österreichischen Ministeriums für Arbeit, Soziales und Konsumentenschutz heruntergeladen werden kann. Die Fahrer unterliegen für die Dauer der Entsendung dem österreichischen Mindestlohn.

Frankreich fordert eine elektronische Entsendebescheinigung, die über das **Online-Portal SIPSI** (Système d'information sur les prestations de service internationales) erstellt und heruntergeladen werden kann.

Für Fahrten ins europäische Ausland sind die Details der einzelstaatlichen Regelungen also unbedingt vorab zu klären!

Auch für das sog. ‚vertragslose Ausland' (Länder, mit denen keine Abkommen auf bilateraler oder europäischer Ebene über soziale Sicherheit bestehen) kann das deutsche Sozialversicherungsrecht weiterhin gelten. Entsprechende Bescheinigungen sind mitzuführen.

EG/EU-REGELUNGEN

A1 🇪🇺

Koordinierung der Systeme der sozialen Sicherheit

Bescheinigung über die Rechtsvorschriften der sozialen Sicherheit, die auf den/die Inhaber/in anzuwenden sind

Verordnungen (EG) Nr. 883/2004 und Nr. 987/2009 (*)

INFORMATIONEN FÜR DEN/DIE INHABER/IN

Dieses Dokument dient als Bescheinigung über die Sozialversicherungsvorschriften, die für Sie gelten, und als Bestätigung, dass Sie in einem anderen Staat keine Beiträge zu zahlen haben.

Bevor Sie den Staat, in dem Sie versichert sind, verlassen, um in einem anderen Staat eine Arbeit aufzunehmen, sollten Sie sicherstellen, dass Sie über die Dokumente verfügen, die Sie berechtigen, die notwendigen Sachleistungen (medizinische Versorgung, stationäre Behandlung usw.) im Staat Ihrer Erwerbstätigkeit zu erhalten.

- Wenn Sie sich im Staat Ihrer Erwerbstätigkeit vorübergehend aufhalten, beantragen Sie bei Ihrem Krankenversicherungsträger eine Europäische Krankenversicherungskarte (EKVK/EHIC). Sie müssen diese Karte bei Ihrem Gesundheitsdienstleister vorlegen, wenn Sie während Ihres Aufenthalts Sachleistungen in Anspruch nehmen müssen.
- Wenn Sie sich im Staat Ihrer Erwerbstätigkeit niederlassen, beantragen Sie bei Ihrem Krankenversicherungsträger das Formular S1 und übermitteln dieses schnellstmöglich dem zuständigen Krankenversicherungsträger des Ortes, an dem Sie Ihre Erwerbstätigkeit ausüben (**).

Der Versicherungsträger im Aufenthaltsstaat wird bei einem Arbeitsunfall oder einer Berufskrankheit vorläufig besondere Leistungen erbringen.

1. ANGABEN ZUR PERSON DES INHABERS/DER INHABERIN

1.1	Persönliche Versichertennummer	☐ Weiblich ☐ Männlich
1.2	Nachname	
1.3	Vorname(n)	
1.4	Geburtsname (***)	
1.5	Geburtsdatum 00.00.0000	1.6 Staatsangehörigkeit
1.7	Geburtsort	
1.8	Anschrift im Wohnstaat	
1.8.1	Straße, Nr.	1.8.3 Postleitzahl
1.8.2	Ort	1.8.4 Ländercode
1.9	Anschrift im Aufenthaltsstaat	
1.9.1	Straße, Nr.	1.9.3 Postleitzahl
1.9.2	Ort	1.9.4 Ländercode

2. MITGLIEDSTAAT, DESSEN RECHTSVORSCHRIFTEN ANZUWENDEN SIND

2.1	Mitgliedstaat DE	
2.2	Anfangsdatum 00.00.0000	2.3 Enddatum

☐ 2.4 Die Bescheinigung gilt für die Dauer der Tätigkeit
☐ 2.5 Die Feststellung ist vorläufig
☐ 2.6 Übergangsbestimmungen finden Anwendung gemäß Verordnung (EG) Nr. 883/2004

(*) Verordnung (EG) Nr. 883/2004, Artikel 11 bis 16, und Verordnung (EG) Nr. 987/2009, Artikel 19.
(**) In Spanien muss das entsprechende Dokument der Provinzialdirektion der staatlichen Sozialversicherungsanstalt (INSS) des Wohnorts und in Schweden sowie Portugal dem jeweiligen Sozialversicherungsträger des Wohnorts übermittelt werden.
(***) Liegen dem Träger hierzu keine Angaben vor, informiert der/die Inhaber/in diesen entsprechend.

©Europäische Kommission

EG/EU-REGELUNGEN

A1 🇪🇺

Koordinierung der Systeme der sozialen Sicherheit

Bescheinigung über die Rechtsvorschriften der sozialen Sicherheit, die auf den/die Inhaber/in anzuwenden sind

3. STATUSBESTÄTIGUNG

- ☐ 3.1 Entsandte/r Arbeitnehmer/in
- ☐ 3.2 Arbeitnehmer/in arbeitet in zwei oder mehr Staaten
- ☐ 3.3 Entsandte selbständig erwerbstätige Person
- ☐ 3.4 Selbstständige/r, die/der in zwei oder mehr Staaten erwerbstätig ist
- ☐ 3.5 Beamter/Beamtin
- ☐ 3.6 Vertragsbedienstete
- ☐ 3.7 Zum Kreis der Seeleute gehörig
- ☐ 3.8 In verschiedenen Staaten als beschäftigte und selbstständig erwerbstätige Person tätig
- ☐ 3.9 In einem Staat als Beamter/Beamtin und in einem anderen Staat oder mehreren anderen Staaten als beschäftigte/selbstständig erwerbstätige Person tätig
- ☐ 3.10 Mitglied von Flug- oder Kabinenbesatzung
- ☐ 3.11 Ausnahmevereinbarung

4. ANGABEN ZUM ARBEITGEBER/ZUR SELBSTSTÄNDIGEN ERWERBSTÄTIGKEIT

- ☐ 4.1.1 Arbeitnehmer/-in
- ☐ 4.1.2 Selbstständig erwerbstätig
- 4.2 Kenn-Nummer des Arbeitgebers/der selbstständigen Erwerbstätigkeit
- 4.3 Name oder Firmenbezeichnung
- 4.4 Ständige Anschrift
- 4.4.1 Straße, Nr.
- 4.4.2 Ländercode
- 4.4.3 Ort
- 4.4.4 Postleitzahl

5. ANGABEN ZUM ARBEITGEBER/ZUR SELBSTSTÄNDIGEN ERWERBSTÄTIGKEIT AN DEM ORT, AN DEM EINE ERWERBSTÄTIGKEIT AUSGEÜBT WIRD

5.1 Name(n) oder Firmenname(n) und Kennnummer(n) des Betriebs/der Betriebe bzw. des Schiffs/der Schiffe oder der Heimatbasis/der Heimatbasen, wo Sie beschäftigt sein werden

5.2 Anschrift(en) oder Name(n) des Schiffs/der Schiffe oder der Heimatbasis/der Heimatbasen, wo Sie im/in den „Aufnahme"-Staat/en (selbstständig) erwerbstätig sein werden

☐ 5.3 Oder: Keine feste Anschrift im/in den Staat/en der (selbstständigen) Erwerbstätigkeit

2/3

EG/EU-REGELUNGEN

INTERBUS-ÜBEREINKOMMEN

3. Interbus-Übereinkommen (Internationales Recht)

3.1 Vertragsparteien des Übereinkommens

Folgende Staaten bzw. Staatengemeinschaften waren die **Begründer dieses Übereinkommens**, das mit vollem Namen „Übereinkommen über die Personenbeförderung im grenzüberschreitenden Gelegenheitsverkehr mit Omnibussen (Interbus-Übereinkommen)" heißt und am 01.01.2003 in Kraft getreten ist:
- die Europäische Gemeinschaft,
- die Tschechische Republik (mittlerweile EU),
- Ungarn (mittlerweile EU),
- Litauen (mittlerweile EU),
- Lettland (mittlerweile EU),
- Rumänien (mittlerweile EU) und
- Slowenien (mittlerweile EU).

Als weitere Unterzeichner sind in der Zwischenzeit folgende Länder dazugestoßen, die z. T. noch **keine Mitglieder** der **Europäischen Gemeinschaft** sind
- Bosnien-Herzegowina,
- Bulgarien,
- Moldawien,
- Türkei.

Es besteht eine **Option des Beitritts** für:
- die Republik San Marino,
- das Fürstentum Andorra,
- das Fürstentum Monaco,
- alle Vollmitglieder der „Europäischen Konferenz der Verkehrsminister" – CEMT (**C**onférence **E**uropéenne des **M**inistres des **T**ransports, auch European Conference of Ministers of Transport, bestehend aus insgesamt 43 Voll- und 7 assoziierten Mitgliedern).

Bilaterale Abkommen zwischen einzelnen Staaten werden durch das Interbus-Übereinkommen ersetzt.

Zusammengefasst stellt sich der Regelungsbereich demnach so dar:
- Verkehrsart: grenzüberschreitender Gelegenheitsverkehr,
- Strecken: zwischen Vertragsstaaten, die Nachbarn sind; beim Transitverkehr zwischen Vertragsstaaten durch das Gebiet von Nicht-Vertragsstaaten,
- Fahrgäste: Nationalität unbeachtlich,
- Unternehmer: niedergelassen in Vertragsstaat; zum grenzüberschreitenden Gelegenheitsverkehr mit Kraftomnibussen berechtigt (nationale Erlaubnis ist mitzuführen!),
- eingesetzte Fahrzeuge: Kraftomnibusse mit Zulassung in dem Vertragsstaat, in dem der Unternehmer niedergelassen ist,
- Leerfahrten der eingesetzten Omnibusse sind erfasst.

Ausdrücklich lässt das Abkommen **keine Möglichkeit** von **Kabotageverkehren** zu.

3.2 Ziele des Übereinkommens

Das Übereinkommen ist als Nachfolger für das aus den achtziger Jahren stammende ASOR-Übereinkommen (Übereinkommen über die Personenbeförderung im grenzüberschreitenden Gelegenheitsverkehr) zu verstehen.

Erreichen wollte man eine weitere Liberalisierung im internationalen Verkehr sowie die Einführung gemeinsamer steuerlicher, sozialer und auch technischer Standards. Bestimmungen und Bedingungen sollten vereinfacht und harmonisiert werden. Bestimmender Leitsatz war dabei immer der Grundsatz der Nichtdiskriminierung (keine Diskriminierung aufgrund von Staatsangehörigkeit oder Sitz eines Unternehmers/Unternehmens).

INTERBUS-ÜBEREINKOMMEN

3.3 Geltungsbereich

Art. 1

(1) Dieses Übereinkommen gilt für:
   a) die grenzüberschreitende Beförderung von Fahrgästen gleich welcher Nationalität auf der Straße, und zwar im Gelegenheitsverkehr
   » zwischen den Gebieten zweier Vertragsparteien oder von und nach dem Gebiet der gleichen Vertragspartei und, soweit im Rahmen solcher Verkehre erforderlich, im Transit durch das Gebiet einer anderen Vertragspartei oder das Gebiet eines diesem Übereinkommen nicht beigetretenen Staates;
   » durch auf Miet- oder Entgeltbasis arbeitende Verkehrsunternehmer, die in einer der Vertragsparteien nach deren Recht niedergelassen sind und eine Erlaubnis zur Beförderung von Fahrgästen im grenzüberschreitenden Gelegenheitsverkehr mit Omnibussen besitzen;
   » mit Omnibussen, die in der Vertragspartei zugelassen sind, in deren Gebiet der Transportunternehmer niedergelassen ist.
   b) Leerfahrten der für diese Verkehre eingesetzten Omnibusse.

3.4 Begriffsbestimmungen

Die den wesentlichen Inhalten vorangestellten Definitionen der im Abkommen verwendeten Begriffe sollen Missverständnisse und spätere abweichende Auslegungen bei einzelnen Vertragsparteien verhindern. In wesentlichen Punkten stimmen sie mit den bekannten Begriffsfestlegungen aus den bisherigen Gesetzes- und Verordnungswerken überein (Details: siehe Artikel 3). Neu ist jedoch der Begriff des **Pendelverkehrs**. Er ist folgendermaßen zu verstehen:

Art. 3

„Pendelverkehr" ist ein Verkehr, bei dem auf mehreren Hin- und Rückfahrten zwischen demselben Ausgangsort und demselben Zielort Personen befördert werden, die zuvor in Gruppen zusammengefasst wurden. Jede Reisegruppe, d. h. die Personen, die die Hinfahrt gemeinsam zurückgelegt haben, wird bei einer späteren Fahrt von dem gleichen Transportunternehmer an den Ausgangsort zurückbefördert. Als „Ausgangsort" und „Zielort" gelten die Orte, an denen die Reise beginnt bzw. endet, jeweils einschließlich ihrer Umgebung im Umkreis von 50 km.

Zwei weitere Bedingungen kommen zwingend hinzu:
- kein Aufnehmen oder Absetzen von Fahrgästen unterwegs,
- die erste Rück- und letzte Hinfahrt einer Reihe von Pendelfahrten sind Leerfahrten.

Ausnahmen in gegenseitigem Einverständnis zwischen Vertragsparteien sind möglich.

INTERBUS-ÜBEREINKOMMEN

3.5 Qualifikation des Unternehmers

Die Anforderungen an die Person des Unternehmers sind den Vorgaben im EU-internen Bereich ähnlich (Anlage 4). Im zugehörigen **Anhang 1** wird auf die Richtlinie 96/26/EG und die Berufszugangs-Verordnung (PBZugV), verwiesen. Die Richtlinie wurde durch die EG-VO 1071/2009 (Berufszugang) aufgehoben, und die PBZugV ist, wie erwähnt, noch nicht aktualisiert worden. Dennoch wird man annehmen können, dass die nun veralteten Bezüge sinngemäß auch für die neuen bzw. die neu zu schaffenden Rechtsvorschriften Gültigkeit besitzen. Grundsätzlich müssen die finanzielle Leistungsfähigkeit und die fachliche Eignung des (angehenden) Unternehmers nachgewiesen werden.

3.6 Technik der Fahrzeuge

Die Festlegung der technischen Anforderungen an die Kraftomnibusse ist dem **Anhang 2** zu entnehmen. Auch hier werden im Wesentlichen EG/EU-Richtlinien, aber auch UN/ECE-Verordnungen zu Grunde gelegt, nach denen die eingesetzten Fahrzeuge gebaut und ausgerüstet sein müssen.

Einen großen Raum in diesen Vorschriften nehmen Regelungen über das Alter der eingesetzten Busse ein. Letztendlich will man über die Begrenzung des Maximalalters der Fahrzeuge technische Mindeststandards einführen. Dabei hat man nicht zuletzt das Abgasverhalten im Blick. Je nach Land des Ausgangs- und Zielortes einer Fahrt variieren die technischen Anforderungen. Immerhin sorgt das Abkommen dafür, dass – was für unsere Ohren seltsam klingen mag – seit dem Jahre 2010 nur noch Kraftomnibusse eingesetzt werden dürfen, deren
- **Erstzulassungsdatum nach dem 01.10.1993** liegt und
- deren Abgasverhalten zumindest die Norm **Euro 1** erfüllt**(!)**.

Gemäß Anhang 2, Artikel 7 müssen alle Fahrzeuge Dokumente mitführen, aus denen das Datum ihrer Erstzulassung hervorgeht. Bei bereits ausgetauschten Motoren wird ersatzweise eine Bescheinigung verlangt, aus der hervorgeht, dass der neue Motor den in Artikel 3 festgelegten Vorschriften für die Typenzulassung entspricht.
Alle Vertragspartner erklären sich ausdrücklich mit stichprobenartigen Kontrollen ihrer Fahrzeuge in einem anderen Vertragsstaat einverstanden. Die Anlage 2 regelt die Verfahrensweisen bei derartigen Kontrollen sehr detailliert. Bei einer Erstkontrolle wird zur Vermeidung von Mehrfachkontrollen eine **Kontrollliste** vom Prüfenden ausgestellt **(Anhang II a)** und dem Fahrer mitgegeben.

Besonderes Gewicht bei derartigen Kontrollen liegt zum einen auf der Untersuchung der Bremsanlage, zum anderen auf dem Abgasverhalten des Motors (Anhang II b). Im Härtefall (Zustand des Fahrzeugs stellt eine Gefährdung dar) kann das defekte Fahrzeug umgehend aus dem Verkehr gezogen werden. Das dazu gehörige Bußgeld- bzw. Strafverfahren schließt sich an.

INTERBUS-ÜBEREINKOMMEN

Kontrollliste

Anhang IIa

KONTROLLLISTE

1. Ort der Kontrolle .... 2. Datum .... 3. Uhrzeit ....
4. Länderzeichen und amtliches Kennzeichen des Motorfahrzeugs ....
5. Fahrzeugklasse:
   ☐ Omnibus (^{1})
6. Name und Anschrift des Verkehrsunternehmers

   ....

7. Staatszugehörigkeit ....
8. Fahrer ....
9. Versender, Anschrift, Ort der Aufnahme ....
10. Empfänger, Anschrift, Ort der Absetzung ....
11. Bruttomasse der Einheit ....
12. Grund für Beanstandungen:
    - Bremssystem und dessen Bestandteile
    - Lenkgestänge
    - Scheinwerfer, Beleuchtungs- und Signaleinrichtungen
    - Räder/Radnaben/Reifen
    - Auspuffsystem
    - Rauchdichte (Diesel)
    - Abgase (Benzin)
13. Verschiedenes/Anmerkungen
14. Name der/des die Kontrolle durchführenden Behörde/Beamten
15. Ergebnis der Kontrolle
    - in Ordnung
    - in Ordnung mit geringen Mängeln
    - erhebliche Mängel
    - sofortiges Fahrverbot

Unterschrift des Fahrzeugprüfers/Genehmigung

INTERBUS-ÜBEREINKOMMEN

3.7 Verkehrsformen – Liberalisierter und nicht liberalisierter Gelegenheitsverkehr

Das Abkommen kennt ebenfalls eine grundsätzliche Genehmigungspflicht. Es nennt jedoch zunächst Beförderungsfälle und -formen, die dieser Pflicht nicht unterliegen (**„liberalisierter Gelegenheitsverkehr"**), um dann, als Umkehrschluss, alle anderen denkbaren Fälle und Formen der Beförderung der Genehmigungspflicht zu unterwerfen (**„nicht liberalisierter Gelegenheitsverkehr"**). Eine solche Vorgehensweise schließt von vornherein Probleme bei der Zuordnung von einzelnen Fahrten zu den beiden verschiedenen Kategorien aus.

Artikel 6 beschreibt den liberalisierten Gelegenheitsverkehr:
1. Rundfahrten mit „geschlossenen Türen":
   - Ausgangspunkt (Gebiet der Vertragspartei, in der der Unternehmer seinen Sitz hat) identisch mit Endpunkt,
   - Reisegruppe bleibt auf gesamter Fahrt zusammen und benutzt denselben Bus.
2. Beförderung von Fahrgästen nur auf der Hinfahrt:
   - Hinfahrt mit Fahrgästen,
   - Rückfahrt leer.
3. Beförderung von Fahrgästen nur auf der Rückfahrt:
   - Hinfahrt leer,
   - Rückfahrt mit Fahrgästen, die alle am gleichen Ort zusteigen;
   - dabei drei alternative Zusatzbedingungen:
     » Die Fahrgäste bilden im Gebiet einer Nichtvertragspartei oder einer Vertragspartei, die weder diejenige ist, in der der Verkehrsunternehmer niedergelassen ist, noch diejenige, in der die Fahrgäste aufgenommen werden, Gruppen, die durch Beförderungsverträge zusammengefasst sind, die vor ihrer Ankunft in der letztgenannten Vertragspartei abgeschlossen wurden. Die Fahrgäste werden in das Gebiet der Vertragspartei gebracht, in der der Verkehrsunternehmer niedergelassen ist.
     » Die Fahrgäste sind zuvor vom gleichen Verkehrsunternehmer unter den unter Nummer 2 dargelegten Umständen in das Gebiet der Vertragspartei gebracht worden, in der sie wieder aufgenommen werden, um in das Gebiet der Vertragspartei befördert zu werden, in der der Verkehrsunternehmer niedergelassen ist.
   - Die Fahrgäste sind eingeladen worden, sich in das Gebiet einer anderen Vertragspartei zu begeben, wobei die Fahrtkosten von der einladenden Person getragen werden. Die Fahrgäste müssen eine homogene Gruppe sein, die nicht nur zum Zweck dieser Fahrt gebildet wurde und in das Gebiet der Vertragspartei gebracht wird, in der der Verkehrsunternehmer niedergelassen ist.
4. Transitfahrten:
   - Fahrten durch das Gebiet von Vertragsparteien im Zusammenhang mit genehmigungsfreien Gelegenheitsverkehren.
5. Leerfahrten:
   - Heranschaffung von Ersatzfahrzeugen (bei Defekt/Unfall).

Fahrten von EU-Verkehrsunternehmern unterliegen keinerlei Beschränkungen bezüglich Ausgangs- und Endpunkt einer Fahrt, Zulassungsstaat des Busses oder Sitz des Unternehmens.

3.8 Kontrolldokumente für den liberalisierten Gelegenheitsverkehr

Unternehmer, die liberalisierte Verkehre (nur außerhalb ihres Niederlassungslandes!) durchführen, müssen im Besitz eines Fahrtenheftes sein, dessen Beschreibung in Artikel 10 ff. sehr an das Heft der EU-VO 361/2014 erinnert. Es handelt sich ebenfalls um ein 25 Seiten starkes und durchnummeriertes Heft, welches auf den Namen des Unternehmers ausgestellt und nicht übertragbar ist. Während der Fahrt muss ein Blatt des Heftes ausgefüllt im Bus mitgeführt werden. Beim Blick in die geforderten Inhalte dieses Kontrolldokumentes zeigen sich allerdings **Unterschiede**. So enthält das umfangreiche Fahrtenblatt auch eine namentliche Auflistung der Fahrgäste; eine Regelung, auf die im Wege von Einzelabsprachen der beteiligten Länder verzichtet werden kann.

INTERBUS-ÜBEREINKOMMEN

3.8.1 Muster des Fahrtenblatts nach dem Interbus-Übereinkommen (Vorderseite)

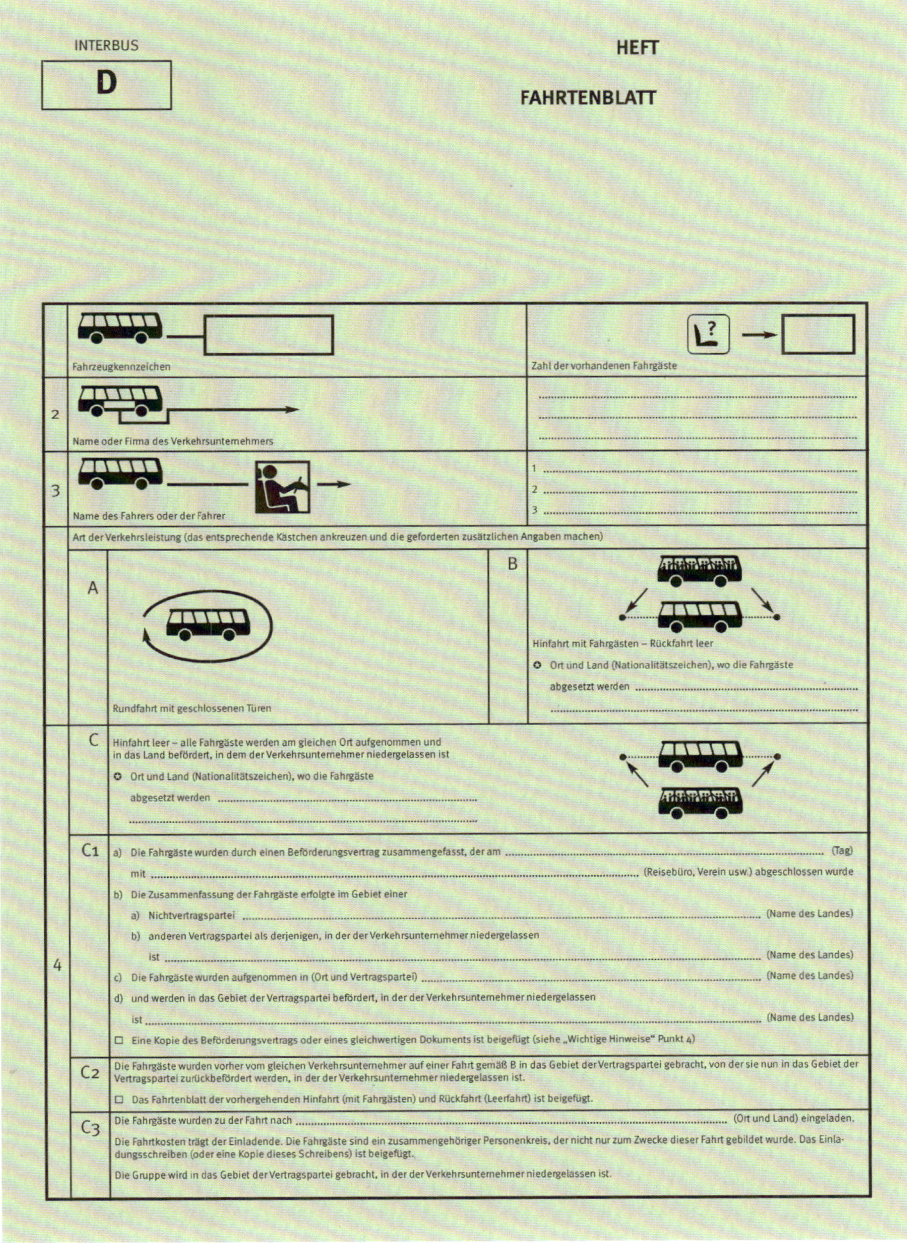

INTERBUS-ÜBEREINKOMMEN

3.8.1 Muster des Fahrtenblatts nach dem Interbus-Übereinkommen (Rückseite)

Fahrtprogramm		Tägliche Fahrtstrecken				
Datum	Von Ort/Land	Nach Ort/Land	Km besetzt	Km leer	Grenzübergänge	

5

Liste der Fahrgäste

1	22	43
2	23	44
3	24	45
4	25	46
5	26	47
6	27	48
7	28	49
8	29	50
9	30	51
10	31	52
11	32	53
12	33	54
13	34	55
14	35	56
15	36	57
16	37	58
17	38	59
18	39	60
19	40	61
20	41	62
21	42	63

6

7 Ausstellungsdatum | Unterschrift des Verkehrsunternehmers

8 Unvorhergesehene Änderungen

9 Raum für Sichtvermerke

(Die Angaben zu Punkt 6 können nötigenfalls auf einem getrennten Blatt gemacht werden, das diesem Dokument fest anzuheften ist)

3.9 Genehmigung nicht liberalisierter Verkehre

Genehmigungen werden in gegenseitigem Einvernehmen der beteiligten Staaten, also auch der ggf. vom Transitverkehr betroffenen Staaten, erteilt (Artikel 15). Verkehre zwischen EU-Ländern, die unterwegs das Hoheitsgebiet eines anderen Staates berühren, unter-liegen keiner Genehmigungspflicht. Im Unterschied zu den weitreichenden und auf wiederkehrende Benutzung angelegten Genehmigungen, die auf den EU-Abkommen basieren, handelt es sich hier immer nur um eine **Genehmigung für eine Beförderung**. Diese kann im Höchstfall, bei einem höheren Fahrgastaufkommen, von mehreren Fahrzeugen auf einmal durchgeführt werden.
Der bei der zuständigen Behörde des Landes zu stellende **Antrag** auf Erteilung einer solchen Genehmigung (Anhang 4) erfordert u. a. Angaben zu den Gründen und dem Zweck der Verkehrsleistung, über die Fahrtstrecke, Grenzübergänge, im Transit zu durchfahrende Länder sowie zu dem/den amtlichen Kennzeichen des/der beteiligten Omnibusse(n). Außerdem sind Belege darüber beizufügen, dass der Antragsteller nach den Vorschriften seines Herkunftslandes zur Durchführung grenzüberschreitender Personenbeförderung berechtigt ist.

Nach Prüfung durch die Behörden (auch des Landes, in das der beantragte Verkehr führen soll) wird, falls es nicht zur Ablehnung kommt, die Genehmigung erteilt. Die Behörden haben für den gesamten Vorgang vier Wochen Zeit (Artikel 16). Einzelne Mitgliedstaaten des Übereinkommens dürfen miteinander die Vereinfachung dieser Prozedur verabreden. Die Genehmigung ist mitzuführen und kontrollierenden Beamten auf Verlangen vorzulegen. Das Gleiche gilt für die vor Fahrtantritt aufgestellte Passagierliste.

3.10 Steuern und Zölle

Artikel 9 des Übereinkommens garantiert allen Partnern untereinander Befreiung von allen Fahrzeugsteuern, Abgaben auf Besitz und Betrieb der Fahrzeuge sowie auf Abgaben für bestimmte Verkehrsleistungen. Ausdrücklich nicht befreit sind sie von der Kraftstoffbesteuerung (Höchstmenge 600 l in den eingebauten Tanks), Mehrwertbesteuerung von Verkehrsleistungen und Straßenbenutzungsgebühren. Eine Besonderheit stellt die Reparatur eines Fahrzeugs im Rahmen eines Aufenthalts in einem anderen Vertragsland dar. Benötigte Werkzeuge und Ersatzteile sind bei ihrer Einfuhr in das andere Land (unter Berücksichtigung von dessen Vorschriften) von Zöllen und anderen Abgaben befreit. Ausgetauschte Teile sind wieder auszuführen oder vom Zoll zu vernichten.

3.11 Soziale Bestimmungen

In Artikel 8 wird die Anlehnung an bestehendes EU-Recht besonders deutlich: Die Vertragsparteien sichern die Anwendung und damit die Akzeptanz der sozialrechtlichen Bestimmungen der Verordnungen EG 3820/85 und 3821/85 zu. Es ist anzunehmen, dass diese Zusage auch für die Nachfolgeverordnung EG 561/2006 gilt. Alternativ wird der Beitritt zum AETR erwogen, falls dies nicht durch einzelne Länder ohnehin bereits geschehen sein sollte.

3.12 Gemeinsamer Ausschuss

Die Vertragsparteien bilden einen gemeinsamen Ausschuss. Seine grundsätzliche Zielsetzung und Aufgabe besteht in „der leichteren Durchführung" (Artikel 23) des Übereinkommens. Konkret bedeutet das u. a. die

- Anpassung und Aktualisierung von – insbesondere technischen – Anlagen zum Übereinkommen, dies unter besonderer Berücksichtigung der in der EU beschlossenen Maßnahmen,
- Aufstellung von Listen über nationale Anlaufstellen, die für die Durchführung von Einzelheiten des Übereinkommens zuständig sind,
- Aufstellung von Listen über Zölle, Steuern, Abgaben,
- Änderung und Anpassung von Sozialbestimmungen (Artikel 8),
- Erfassung von Abmachungen zwischen einzelnen Mitgliedsländern, die das Übereinkommen zulässt.

ABKOMMEN SCHWEIZ/EG

4. Abkommen Schweiz/EG über den Güter- und Personenkraftverkehr

Mit vollem Namen heißt die Übereinkunft, die am 1. Juni 2002 in Kraft trat, „Abkommen zwischen der Schweizerischen Eidgenossenschaft und der Europäischen Gemeinschaft über den Güter- und Personenkraftverkehr auf Schiene und Straße". Das Abkommen orientiert sich weitestgehend an den bekannten Regelungen und Standards der EU. Zweck der Abmachung war und ist letztendlich eine Vereinfachung des bürokratischen Aufwandes bei der Abwicklung des grenzüberschreitenden Verkehrs.

4.1 Zulassung von Unternehmen zum Verkehr

Unter dem Punkt „C. Grenzüberschreitender Personenkraftverkehr mit Kraftomnibussen" des Abkommens finden sich die Kriterien für die Zulassung zum grenzüberschreitenden Verkehr: Grundsätzlich darf zunächst kein Unternehmen auf Grund seiner Staatsangehörigkeit oder Niederlassung diskriminiert werden (**Nichtdiskriminierungsgrundsatz**).

Darüber hinaus gelten weitere spezielle Anforderungen:
- Vorhandensein einer **nationalen Lizenz** für die Personenbeförderung mit Kraftomnibussen im Linienverkehr, einschließlich der Sonderformen des Linienverkehrs oder für den Gelegenheitsverkehr,
- Vorhandensein einer **zusätzlichen Gemeinschaftslizenz** für EU-Unternehmen bzw. – für Unternehmen der Schweiz – einer ähnlichen schweizerischen Lizenz,
- die Rechtsvorschriften über die Sicherheit im Straßenverkehr für Fahrer und Fahrzeuge werden erfüllt.

Für den Werkverkehr gelten sinngemäß die gleichen Voraussetzungen. Die Ausgestaltung der Lizenzen orientierte sich ursprünglich an der VO (EWG) 684/92, an deren Stelle aktuell die EG-VO 1073/2009 getreten ist. Auf der schweizerischen Seite gelten entsprechende schweizerische Bestimmungen.

4.2 Zugang zum Markt

Nicht genehmigungspflichtig sind folgende Verkehre (gemäß Anlage 7 des Abkommens):

- **Gelegenheitsverkehr**; also ein Verkehr, der keinen Linienverkehr und keine Sonderform des Linienverkehrs darstellt und dadurch gekennzeichnet ist, dass (Zitat) „auf Initiative eines Auftraggebers oder des Verkehrsunternehmers selbst vorab gebildete Fahrgastgruppen befördert werden",

- **Sonderformen des Linienverkehrs:**
  » Fahrten auf dem Gebiet der Gemeinschaft, wenn sie zwischen dem Veranstalter und dem Verkehrsunternehmer vertraglich geregelt sind (hierbei hat die Formulierung „Sonderformen des Linienverkehrs" die gleiche Bedeutung wie in anderen Übereinkommen),
  » auf dem Gebiet der Schweiz **grundsätzlich**,
- **alle Leerfahrten** im Zusammenhang mit den o. g. Beförderungen,
- **Werkverkehr**; jedoch besteht **Bescheinigungspflicht** auf dem Gebiet der Gemeinschaft.

Genehmigungspflichtig sind demnach die verbleibenden
- **allgemeinen Linienverkehre**, deren Definition der des PBefG oder der EG-VO 1073/2009 dem Sinne nach entspricht,
- die übrigen **Sonderformen des Linienverkehrs**, nämlich die, für die keine vertragliche Regelung zwischen dem Veranstalter und dem Verkehrsunternehmer besteht, aber **nur auf dem Gebiet der EU.**

Originale bzw. beglaubigte Kopien der angesprochenen Lizenzen, Bescheinigungen, Genehmigungen und Verträge sind während der Durchführung von entsprechenden Fahrten im Fahrzeug mitzuführen und ggf. den Berechtigten zur Kontrolle vorzulegen.

4.3 Genehmigungen

Die Genehmigung wird auf den Namen des Unternehmers ausgestellt. Folgendes wird in der Urkunde, die dem Muster der Vorgabe der VO (EG) 2121/98 (ersetzt durch die aktuelle VO [EU] 361/2014) entsprechen muss, festgelegt:
- die Art des Verkehrsdienstes,
- die Streckenführung, insbesondere Ausgangs- und Zielort,
- die Gültigkeitsdauer der Genehmigung (in der Regel **fünf Jahre**),
- die Haltestellen und die Fahrpläne.

Weitere Details sind dem Artikel 2, Anhang 7 des Abkommens zu entnehmen. Die Antragstellung auf Erteilung einer Genehmigung erfolgt nach den Vorschriften der EG-VO 1073/2009 für EU-Unternehmer, für schweizerische Unternehmer nach einer speziellen nationalen Verordnung der Schweiz (VPK).

EUROPÄISCHER WIRTSCHAFTSRAUM – EWR-ABKOMMEN

5. Europäischer Wirtschaftsraum – EWR-Abkommen

Ein Abkommen aus dem Jahre 1992, ausgehandelt zwischen den damaligen Mitgliedsländern der EFTA und den Mitgliedsländern der EG in der damaligen Form. Bis auf das Mitglied Schweiz haben alle EFTA-Länder das EWR-Abkommen ratifiziert.
Durch späteren Eintritt verschiedener EFTA-Staaten in die EG/EU besteht die heutige EFTA nur noch aus vier Staaten: Island, Liechtenstein, Norwegen, Schweiz, den so genannten EWR-EFTA-Staaten. Im zweiseitigen EWR-Abkommen bilden die drei Vertragsländer der EFTA (Island, Liechtenstein und Norwegen) die eine Seite und die (derzeit) 27 Länder der Europäischen Gemeinschaft die andere Seite. Das EFTA-Land Schweiz hat das EWR-Abkommen nicht ratifiziert. Die wirtschaftliche Zusammenarbeit der EWR-Länder ist im Laufe der Jahre sehr intensiv geworden. Daraus ergibt sich in einzelnen wirtschaftlichen Bereichen sogar eine gemeinsame Verfahrensweise. Das gilt u. a. auch in der Auslegung und Handhabung von Verordnungen, die der grenzüberschreitenden Verkehr mit Kraftfahrzeugen betreffen. So gilt bei den Verkehren zwischen den EU-Staaten einerseits und den EWR-EFTA-Staaten andererseits die EG-VO 1073/2009.

> » **INFO**
>
> EFTA: engl. Abkürzung für „European Free Trade Association" – europäische Freihandelszone

> » **INFO**
>
> ratifizieren: einem Abkommen beitreten

5.1 Die EWR-Staaten

Detaillierte Regelungen zu den verschiedenen vorangegangenen Verordnungen enthält die (nationale) Verordnung zur Durchführung von Verordnungen und Abkommen der Europäischen Gemeinschaft über den Personenkraftverkehr mit Kraftomnibussen, auch bekannt als EG-Bus-Durchführungsverordnung (EGBusDV).

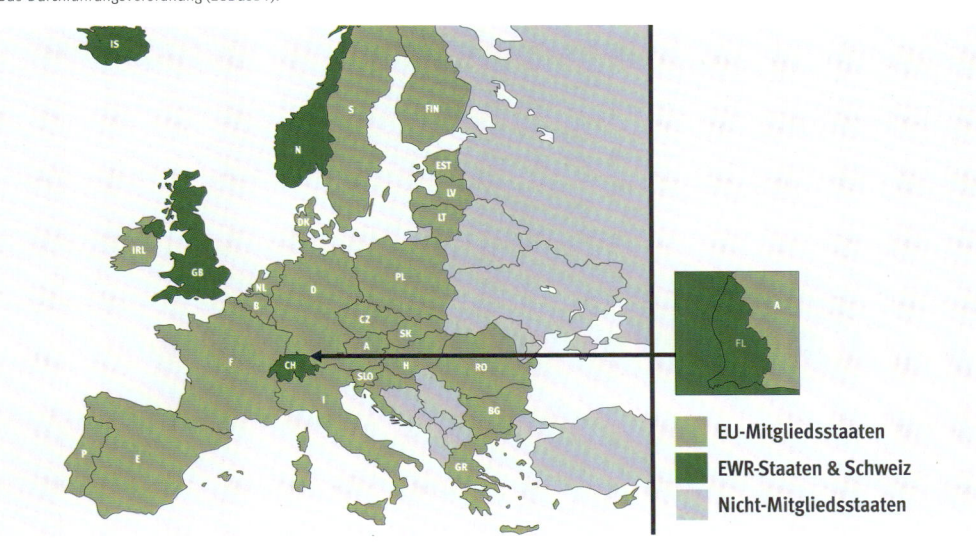

- EU-Mitgliedsstaaten
- EWR-Staaten & Schweiz
- Nicht-Mitgliedsstaaten

EG-BUS-DURCHFÜHRUNGSVERORDNUNG

6. EG-Bus-Durchführungsverordnung (EGBusDV)

6.1 Aufgabe der Verordnung

Wie der Name schon sagt, stellt sie die nationale durchführende, also präzisierende Verordnung zu den verschiedenen internationalen Übereinkommen dar. Sie fußt auf allen vorangegangenen EWG/EG/EU-Rechtsvorschriften und bezieht sich deshalb auch immer wieder auf deren Wortlaut. Konkret regelt sie die Durchführung
- der VO(EG) 1073/2009 (2.2. ff.) und weiterführender Verordnungen,
- der VO-EG 2121/98 – ersetzt durch die aktuelle VO (EU) 361/2014 (2.2.4./2.2.4.1.),
- des Interbus-Übereinkommens (3.),
- des Abkommens Schweiz/EG über den Güter- und Personenverkehr (3.4.).

Ein Auszug aus den wichtigsten Regelungen ist im Weiteren dargestellt (zu den Details siehe die entsprechenden Paragrafen in den Texten der Verordnungen bzw. Übereinkommen).

> **» INFO**
> Die aktuelle Verordnung ist seit dem 04.05.2012 in Kraft. Deshalb berücksichtigt sie auch noch die VO (EG) 2121/98, die erst Ende April 2014 außer Kraft trat.

> **» INFO**
> Detaillierte Info der **Deutschen Rentenversicherung** zu diesem Thema finden Sie unter Homepage|A1-Bescheinigung-Arbeiten im EU-Ausland|DeutscheRentenversicherung (deutsche-rentenversicherung.de)

> **» INFO**
> Wie an anderer Stelle bereits angemerkt, kann bei Zuständigkeit einer von der landesregierung bestimmten Stelle deren genaue Bezeichnung nicht angegeben werden. Die Behördenstrukturen sind in den einzelnen Bundesländern unterschiedlich.

6.2 Einzelne Regelungen, Bezüge und Fundstellen

6.2.1 Zuständige bzw. ausführende Behörden (§ 2 EGBusDV) – Tabelle

Zuständig ist für die Erteilung der

	ERTEILENDE/ ZUSTÄNDIGE BEHÖRDE	VERORDNUNGEN/ABKOMMEN	LEHRBUCH KAPITEL NR.
Gemeinschaftslizenz für den Gelegenheitsverkehr	PBefG § 11, Abs. 1 und 2	EU-VO Nr. 1073/2009, Art. 4	2.2.2.
Genehmigung für den Linienverkehr/ für eine genehmigungspflichtige Sonderform des Linienverkehrs	PBefG § 52, Abs. 2 und § 53, Abs. 2	EU-VO Nr. 1073/2009, Art. 5 Abs. 1 und 2; Abkommen EG/Schweiz, Art. 18 Abs. 4 und 5	2.2.3./2.2.3.1./2.2.3.2.
Maßnahmen gegen Verkehrsunternehmer (Sitz in D) nach Interbus-Übereinkommen (Art. 22, Abs. 3)	PBefG § 11, Abs. 2 Nr. 2	PBefG § 11, Abs. 2 Nr. 2	X

EG-BUS-DURCHFÜHRUNGSVERORDNUNG

6.2.2 Pflichten des Unternehmers und des Fahrzeugführers/der Fahrzeugführerin (§ 5)

Die Pflichten des **Unternehmers**:
- Einsendung der Fahrtenblätter gemäß EG-VO 1073/2009 (s. Kapitel 2.2.4) unverzüglich jeweils nach Ablauf des Monats, in dem die Kabotagebeförderungen durchgeführt wurden, an das Bundesministerium für Verkehr, Bau- und Stadtentwicklung,
- dafür Sorge tragen, dass nach Maßgabe der nachfolgenden Vorschriften die jeweils erforderlichen Dokumente während der gesamten Fahrt mitgeführt werden:
  » beglaubigte Kopie der Gemeinschaftslizenz (s. Kapitel 2.2.2.1.),
  » Genehmigung, ggf. beglaubigte Durchschrift (s. Kapitel 2.2.3.1.),
  » Kontrollpapier (Fahrtenblatt) (s. Kapitel 2.2.4),
  » Vertrag oder beglaubigte Durchschrift (bei vertraglich geregelter Sonderform des Linienverkehrs) (s. Kapitel 2.2.3.2.),
  » die Genehmigung für die Verkehrsart (s. Kapitel 2.2.3.1.),
  » Bescheinigung für den Werkverkehr nach Art. 9, Abs. 3 der VO (EG) 2121/98 (s. Kapitel 2.2.5),
  » beglaubigte Kopie der Gemeinschaftslizenz oder schweizerischen Lizenz,
  » Genehmigung oder Kopie der Lizenz des Landes, in dem das Unternehmen ansässig ist,
  » Fahrtenblatt,
  » Vertrag oder beglaubigte Kopie (alle Punkte s. Kapitel 4.2).
  » Fahrtenblatt oder Genehmigung nach Art. 18 Abs. 2 des Interbus-Übereinkommens (s. Kapitel 3.9),
  » amtlich beglaubigte Kopie der Erlaubnis zur Beförderung von Fahrgästen im grenzüberschreitenden Gelegenheitsverkehr mit Omnibussen nach Artikel 20 Satz 1 des Interbus-Übereinkommens (s. Kapitel 3.3),
  » Dokument für die Erstzulassung bzw. den neuen Motor nach Anhang 2 Art. 7 des Interbus-Übereinkommens (s. Kapitel 3.6).

Die Pflichten des **Fahrzeugführers** oder der **Fahrzeugführerin**:
- Mitführung/ggf. Vorlage – bei Kontrollen – folgender Dokumente nach Maßgabe der entsprechenden Vorschriften:
  » beglaubigte Kopie der Gemeinschaftslizenz oder der schweizerischen Lizenz,
  » Genehmigung oder eine beglaubigte Kopie der Genehmigung,
  » Fahrtenblatt,
  » Beförderungsvertrag oder eine beglaubigte Kopie,
  » Bescheinigung oder eine beglaubigte Kopie für den Werkverkehr (alle Punkte s. Kapitel 4.2),
  » ggf. Entsendebescheinigung (A1-Bescheinigung).

» **INFO**

Fundstellen zu den nebenstehenden Punkten:
- VO (EG) 1073/2009 und VO (EG) 2121/98 – ersetzt durch die aktuelle VO (EU) 361/2014 (präzisiert in **§ 5 EGBusDV**)

» **INFO**

Fundstellen zu den nebenstehenden Punkten:
- Abkommen EG/Schweiz (präzisiert in **§ 5 EGBusDV**)

» **INFO**

Fundstellen zu den nebenstehenden Punkten:
- Interbus-Übereinkommen (präzisiert in **§ 5 EGBusDV**)

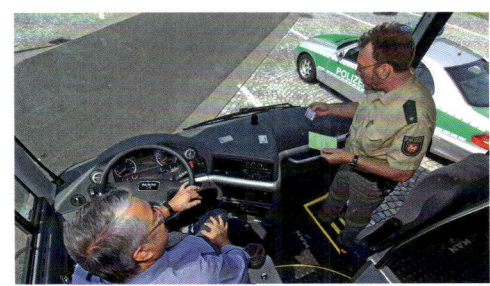

EG-BUS-DURCHFÜHRUNGSVERORDNUNG

6.2.3 Aufsicht (§ 6)

Der Unternehmer unterliegt der Aufsicht folgender Behörden:
- im Bereich des **Linienverkehrs oder genehmigungspflichtigen Sonderlinienverkehrs** nach Artikel 5 Abs. 1 und 2 der EG-VO 1073/2009 oder nach Artikel 18 Abs. 4 und 5 des Abkommens EG/Schweiz:
  » für die deutsche Teilstrecke der von der Landesregierung bestimmten Behörde,
- in allen anderen Fällen:
  » wenn der Unternehmer in Deutschland niedergelassen ist, der Aufsicht der Behörde, die dem Unternehmer die Gemeinschaftslizenz ausgestellt hat oder hierfür zuständig wäre, oder
  » wenn der Unternehmer nicht in Deutschland niedergelassen ist, der Aufsicht des Bundesamtes für Güterverkehr (BAG). Die Behörde meldet genau definierte Rechtsverstöße an die Behörden des jeweiligen Niederlassungsstaates in der EU bzw. an die Behörden der Schweiz.

Die Paragrafen 54 und 54 a des PBefG sowie Paragraf 7 der EGBusDV regeln die genauen Befugnisse der Behörden bei ihrer Überwachungstätigkeit. Zu diesen Befugnissen gehören auch Kontrollen in den Geschäftsräumen der Firmen.

Auf der Straße bzw. auf dem Gelände von Autohöfen können ebenfalls Kontrollen durchgeführt werden. Auch wenn der Name „Bundesamt für Güterverkehr" (kurz: BAG) es nicht vermuten lässt, hat diese selbstständige Bundesoberbehörde im Geschäftsbereich des Bundesministeriums für Verkehr und digitale Infrastruktur mittlerweile in verschiedenen Ländern der Bundesrepublik – nach Genehmigung durch die zuständigen Länderbehörden – die Befugnis, Kraftomnibusse anzuhalten. Ihre Bediens-teten kontrollieren u. a. auch, ob die vorgeschriebenen Papiere mitgeführt werden. Auch der Zoll bzw. die Bundespolizei (ehemaliger Bundesgrenzschutz) haben Kontrollbefugnisse. Sie dürfen die Fahrzeuge ausländischer Unternehmen dann zurückweisen, wenn die vorgeschriebene Genehmigung nicht vorgelegt wird. Verstößt ein ausländisches Unternehmen wiederholt erheblich gegen das PBefG, Verordnungen der EG/EU oder gegen internationale Vorschriften des grenzüberschreitenden Verkehrs, dürfen die genannten Organisationen die Firmen sogar vorübergehend oder dauerhaft vom Verkehr im Bundesgebiet ausschließen.

Eine in diesem Zusammenhang gern geführte Diskussion ist überflüssig, da im Gesetz geklärt ist: Der Fahrer muss Kontrollbeamten den Zutritt zu seinem Fahrzeug und natürlich auch zu den Lade-/Kofferräumen gestatten! Zur gefahrloseren Durchführung von Kontrollen im fließenden Verkehr hat das BAG das **Pilotprojekt „Ausleittafel"** gestartet. Um Fahrzeuge zu Kontrollzwecken aus dem fließenden Verkehr herauszufiltern und herauszuleiten, müssen sich die Kontrolleure mit ihrem Anhaltestab im fließenden Verkehr bewegen.

EG-BUS-DURCHFÜHRUNGSVERORDNUNG

Im Rahmen des Projekts soll nun überprüft werden, ob diese gefährliche Tätigkeit durch Ausleittafeln (siehe Abb.) automatisch ausgeführt werden kann.

Dabei erfassen Kameras am Fahrbahnrand, die ausreichend weit vor dem eigentlichen Kontrollpunkt aufgestellt sind (Streckenstation 1, s. Abb.; Übersichtskamera als Farbkamera.), die sich nähernden Fahrzeuge und deren Kennzeichen (Schwarz-Weiß-Kamera).
Über eine Steuersoftware wählt das Kontrollpersonal auf dem nachfolgenden Kontrollplatz (Streckenstation 3), auf dem sich eine mobile Steuerungseinheit befindet, zu kontrollierende Fahrzeuge aus. Deren Kennzeichen werden zur Ausleittafel gesandt, die sie für die Fahrzeugführer optisch gut erkennbar anzeigt. Auch die Ausleitung einer ganzen Fahrzeuggruppe ist bei Verwendung des entsprechenden Symbols möglich. Bis zur Jahresmitte 2018 wurde der Pilotbetrieb an fünf verschiedenen Stellen auf Autobahnen aufgenommen. Eine Auswertung erfolgt nach zweijährigem Testbetrieb.

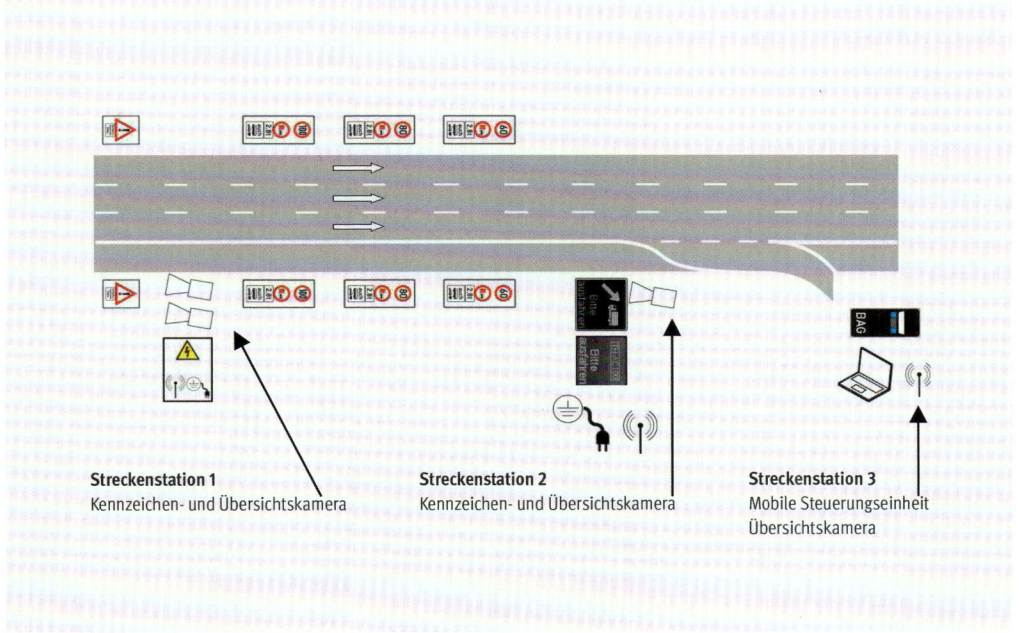

Pilotprojekt „Ausleittafel"; Darstellung: BAG

EG-BUS-DURCHFÜHRUNGSVERORDNUNG

6.2.4 Katalog der Ordnungswidrigkeiten (§ 8)

§ 8

(1) Ordnungswidrig im Sinne des § 61 Absatz 1 Nummer 4 des Personenbeförderungsgesetzes handelt, wer vorsätzlich oder fahrlässig
   1. entgegen § 5 Absatz 1 ein Fahrtenblatt nicht oder nicht rechtzeitig übersendet,
   2. entgegen § 5 Absatz 2 nicht dafür sorgt, dass ein erforderliches Dokument mitgeführt wird oder
   3. entgegen § 5 Absatz 3 ein erforderliches Dokument nicht mitführt oder einem Kontrollberechtigten nicht oder nicht rechtzeitig vorzeigt.

(2) Ordnungswidrig im Sinne des § 61 Absatz 1 Nummer 5 Buchstabe a des Personenbeförderungsgesetzes handelt, wer gegen die Verordnung (EG) Nr. 1073/2009 ... verstößt, indem er vorsätzlich oder fahrlässig als Unternehmer
   1. ohne Gemeinschaftslizenz nach Artikel 4 Absatz 1 grenzüberschreitenden Personenkraftverkehr mit Kraftomnibussen durchführt,
   2. ohne Genehmigung nach Artikel 5 Absatz 1 Satz 2 oder Satz 3 Linienverkehr betreibt oder
   3. ohne Berechtigung nach Artikel 14 Kabotage betreibt.

(3) Ordnungswidrig im Sinne des § 61 Absatz 1 Nummer 5 Buchstabe b des Personenbeförderungsgesetzes handelt, wer gegen die Verordnung (EG) Nr. 1073/2009 verstößt, indem er vorsätzlich oder fahrlässig
   1. als Unternehmer
      a) entgegen Artikel 6 Absatz 6 Unterabsatz 2 nicht dafür sorgt, dass in den zusätzlich eingesetzten Fahrzeugen ein dort genanntes Dokument mitgeführt wird,
      b) entgegen Artikel 11 Absatz 1 eine Maßnahme zur Sicherstellung der Verkehrsbedienung nicht trifft oder
      c) ohne Bescheinigung nach Artikel 5 Absatz 5 Satz 1 Werkverkehr betreibt oder
   2. als Fahrzeugführer entgegen Artikel 4 Absatz 3 Satz 2, Artikel 12 Absatz 1, Artikel 17 Absatz 1 oder Artikel 19 Absatz 1, auch in Verbindung mit Artikel 12 Absatz 6 oder Artikel 17 Absatz 4 eine beglaubigte Kopie der Gemeinschaftslizenz, ein Fahrtenblatt, eine Genehmigung oder ein Kontrollpapier nicht mitführt oder einem Kontrollberechtigten nicht oder nicht rechtzeitig vorzeigt.

(4) Ordnungswidrig im Sinne des § 61 Absatz 1 Nummer 5 Buchstabe b des Personenbeförderungsgesetzes handelt, wer gegen die Verordnung (EG) Nr. 2121/98 der Kommission vom 2. Oktober 1998 mit Durchführungsvorschriften zu den Verordnungen (EWG) Nr. 684/92 und (EG) Nr. 12/98 des Rates hinsichtlich der Beförderungsdokumente für den Personenkraftverkehr mit Kraftomnibussen (ABl. L 268 vom 03.10.1998, S. 10) (Anmerkung: Verordnungen außer Kraft – siehe aktuelle VO [EU] 361/2014) verstößt, indem er vorsätzlich oder fahrlässig
   1. als Unternehmer entgegen Artikel 2 Absatz 2 Satz 1 ein Fahrtenblatt nicht, nicht richtig, nicht vollständig oder nicht rechtzeitig ausfüllt oder
   2. als Fahrzeugführer
      a) entgegen Artikel 8 Absatz 2 ein dort genanntes Dokument nicht mitführt oder
      b) entgegen Artikel 9 Absatz 3 ein dort genanntes Dokument nicht mitführt oder einem Kontrollberechtigten nicht oder nicht rechtzeitig vorzeigt.

(5) Ordnungswidrig im Sinne des § 61 Absatz 1 Nummer 5 Buchstabe a des Personenbeförderungsgesetzes handelt, wer gegen das Abkommen zwischen der Europäischen Gemeinschaft und der Schweizerischen Eidgenossenschaft über den Güter- und Personenkraftverkehr auf Schiene und Straße (ABl. L 114 vom 30.4.2002, S. 91) verstößt, indem er vorsätzlich oder fahrlässig als Unternehmer
   1. ohne Gemeinschaftslizenz für Verkehrsunternehmer der Gemeinschaft oder eine schweizerische Lizenz für schweizerische Verkehrsunternehmer nach Artikel 17 Absatz 3 Unterabsatz 1 grenzüberschreitenden Personenkraftverkehr mit Kraftomnibussen betreibt oder
   2. ohne Genehmigung nach Artikel 18 Absatz 4 Linienverkehr betreibt.

(6) Ordnungswidrig im Sinne des § 61 Absatz 1 Nummer 5 Buchstabe b des Personenbeförderungsgesetzes handelt, wer gegen das Abkommen EG/Schweiz verstößt, indem er vorsätzlich oder fahrlässig als Unternehmer
   1. ohne Bescheinigung nach Artikel 18 Absatz 6 Werkverkehr betreibt,
   2. entgegen Anhang 7 Artikel 2 Absatz 6 Unterabsatz 2 nicht dafür sorgt, dass in einem zusätzlich eingesetzten Fahrzeug ein dort genanntes Dokument mitgeführt wird,
   3. entgegen Anhang 7 Artikel 7 Absatz 1 eine Maßnahme zur Sicherstellung der Verkehrsbedienung nicht trifft oder
   4. entgegen Anhang 7 Artikel 8 Absatz 2 ein Fahrtenblatt nicht, nicht richtig, nicht vollständig oder nicht rechtzeitig ausfüllt.

EG-BUS-DURCHFÜHRUNGSVERORDNUNG

§ 8

(7) Ordnungswidrig im Sinne des § 61 Absatz 1 Nummer 5 Buchstabe b des Personenbeförderungsgesetzes handelt, wer gegen das Übereinkommen über die Personenbeförderung im grenzüberschreitenden Gelegenheitsverkehr mit Omnibussen (Interbus-Übereinkommen) (ABl. L 321 vom 26.11.2002, S. 13) verstößt, indem er vorsätzlich oder fahrlässig
1. als Unternehmer
   a) ohne Genehmigung nach Artikel 7 Absatz 1 Gelegenheitsverkehr betreibt,
   b) entgegen Artikel 13 Absatz 1 in Verbindung mit Artikel 11 Absatz 1 Satz 2 ein Fahrtenblatt nicht, nicht richtig, nicht vollständig oder nicht rechtzeitig ausfüllt oder
   c) entgegen Anhang 2 Artikel 1, 2 oder 3 einen Omnibus einsetzt, der den dort genannten Anforderungen nicht entspricht, oder
2. als Fahrzeugführer
   entgegen Artikel 18 in Verbindung mit Artikel 12 Absatz 2 oder Artikel 20 Unterabsatz 1 oder Anhang 2 Artikel 7 Absatz 1 Satz 1 oder Absatz 2 ein dort genanntes Dokument nicht mitführt oder einem Kontrollberechtigten nicht oder nicht rechtzeitig vorlegt.

» **BUCH**

Siehe auch den Katalog der Ordnungswidrigkeiten des PBefG **(1.7)** und der BOKraft **(7.1.5)**.

6.3 Grenzüberschreitende Personenbeförderung

Interbus-Übereinkommen (3.3.)
Papiere: siehe dort

EWR/EFTA-Staaten: EWR-Abkommen (5. f.)/EG-VO 1073/2009 (2. ff.)
Papiere: Linienverkehr: Genehmigung (2.2.3.1.); Gelegenheitsverkehr: Gemeinschaftslizenz + Fahrtenblatt (Kontrollblatt) (2.2.4.);
Werkverkehr: Bescheinigung (2.2.5.)

Abkommen EG/Schweiz (4. ff.)
Papiere: Linienverkehr: Genehmigung; Gelegenheitsverkehr: nationale Genehmigung + Gemeinschaftslizenz

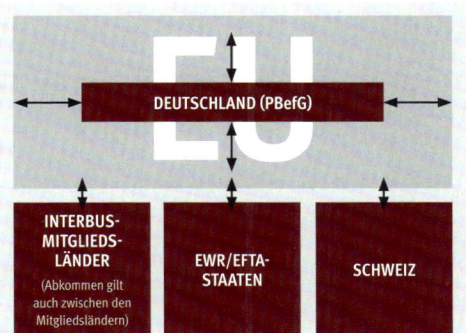

» **INFO**

Der Arbeitgeber ist für die **schriftliche (!) Belehrung** des Fahrpersonals über die Mitnahmepflicht persönlicher und sonstiger Papiere verantwortlich! Das Mitglied des Fahrpersonals muss die Belehrung unterschreiben. Der schriftliche Nachweis muss während der Gesamtdauer der Zugehörigkeit des Fahrpersonal-Mitglieds zum Unternehmen aufbewahrt werden und bei Kontrollen im Unternehmen vorgelegt werden können.

EG-BUS-DURCHFÜHRUNGSVERORDNUNG

7. Weiterführende Vorschriften

Bis jetzt ging es in der Hauptsache um grundlegendes nationales und internationales Recht. Es gibt jedoch noch eine Vielzahl weiterführender nationaler Regelungen, die Bedeutung für die verschiedenen Bereiche der Personenbeförderung haben. Sie beschäftigen sich unter anderem mit den Rechten und Pflichten derjenigen, die an einer Beförderung beteiligt sind. Auch Beförderungen besonderer Fahrgäste mit ihren besonderen Anforderungen, z. B. die von Kindern in Schulbussen, spielen eine Rolle. Technische Vorgaben und Ausrüstungsvorschriften sind zu beachten. Als Fahrer (Fahrzeugführer im Sinne des Verkehrsrechts) müssen Sie sich außerdem mit den vertraglichen Bedingungen, unter denen die Beförderung von Personen stattfindet, auskennen. Ein nationales Gesetz beinhaltet in aller Regel die Möglichkeit für den Gesetzgeber, auf diesem Gesetz aufbauende weiterführende Verordnungen zu erlassen. Das ist auch insofern notwendig, als dass nicht jede Detailregelung in einen Gesetzestext hinein gehört. Das Gesetz würde unlesbar und außerdem jeden vertretbaren Umfang sprengen.

Im Falle des Personenbeförderungsgesetzes PBefG ist man auch so verfahren. Der § 57 PBefG benennt Themen und Inhalte, mit denen sich weiterführende Verordnungen beschäftigen können. Der Gesetzgeber hat davon Gebrauch gemacht und unter anderem folgendes Regelwerk erlassen: die Verordnung über den Betrieb von Kraftfahrunternehmen im Personenkraftverkehr (BOKraft).

WEITERFÜHRENDE VORSCHRIFTEN

7.1 Verordnung über den Betrieb von Kraftfahrunternehmen im Personenkraftverkehr (BOKraft)

Adressiert ist die Verordnung grundsätzlich zunächst an Unternehmen, die
a) Fahrgäste mit Kraftfahrzeugen (also jeder Art) oder Obussen befördern und dabei
b) unter das PBefG fallen.

Beförderungen, die unter die Freistellungsverordnung (1.1.) fallen, sind also nicht erfasst.

Allerdings werden drei Arten der Beförderung aus der Freistellungsverordnung ausdrücklich doch unter eine Vielzahl von Vorschriften der Verordnung gestellt. Es handelt sich um Beförderungen:
- mit Kraftfahrzeugen durch oder für Schulträger zum und vom Unterricht,
- von Behinderten zu und von Betreuungseinrichtungen,
- mit Kraftfahrzeugen durch oder für Kindergartenträger zwischen Wohnung und Kindergarten (7.3.),

sofern für die Beförderung Kraftfahrzeuge verwendet werden, die nach Bauart und Ausstattung zur Beförderung von **mehr als sechs Personen (einschließlich Fahrzeugführer)** geeignet und auch bestimmt sind.

Die Verordnung enthält allerdings auch Vorschriften für alle weiteren Personen, die an einer Beförderung beteiligt sind, also auch für die Fahrzeugführer sowie die Fahrgäste(!). Daneben widmet sie sich noch dem technischen Bereich, speziell der Ausgestaltung von Kraftfahrzeugen, die für Beförderungen nach dem PBefG benutzt werden.

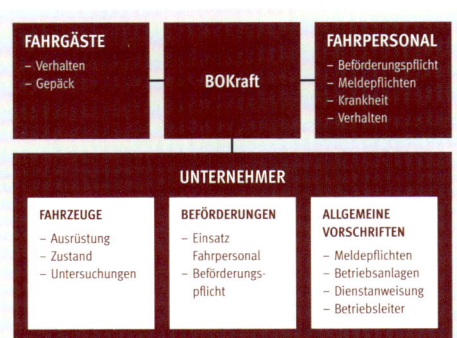

7.1.1 Pflichten des Unternehmers/der Betriebsleitung (§§ 1 – 6)

Der Unternehmer bzw. die Betriebsleitung ist umfassend verantwortlich für
- die Einhaltung aller Vorschriften der BOKraft,
- den vorschriftsmäßigen Zustand der Fahrzeuge und Betriebsanlagen,
- den Einsatz bzw. Nicht-Einsatz des Betriebspersonals, insbesondere bei Krankheit und sonstiger Ungeeignetheit,
- den Erlass einer „allgemeinen Dienstanweisung" mit Ablauf- und Verhaltensregeln für sein Unternehmen, falls dessen Größe oder die Genehmigungsbehörde eine solche Maßnahme verlangen,
- die Einhaltung der Meldepflicht gegenüber der Genehmigungsbehörde; gemeldet werden müssen:
  » Betriebsvorkommnisse, die ein öffentliches Aufsehen erregen,
  » Unfälle mit Todesfolge oder schweren Verletzungen,
  » Betriebsstörungen von voraussichtlich mehr als 24 Stunden Dauer,
- die Einsetzung eines Betriebsleiters.

Ein **Betriebsleiter** kann jederzeit zur Entlastung des Unternehmers eingesetzt werden. Die zuvor beschriebene Verantwortung für seine Betriebsführung kann der Unternehmer durch diese Maßnahme jedoch nicht aufteilen oder sogar übertragen. Die Genehmigungsbehörde kann, falls sie es bei einer bestimmten Betriebsgröße für notwendig hält, die Einsetzung eines Betriebsleiters anordnen. Bei mehr als zehn Fahrzeugen im Unternehmen soll sie es sogar.

Aufgaben und Tätigkeitsfelder des Betriebsleiters wären dann unter anderem die Mitarbeit bei:
- der Feststellung des Personalbedarfs,
- der Auswahl und Beurteilung des Fahrpersonals,
- der Untersuchung von Verfehlungen,
- der Beschaffung von Fahrzeugen.

» INFO

Hinweis: Die EG-VO 1071/2009 fordert für jedes Unternehmen, das Personen mit Kraftomnibussen befördert, die Benennung eines **Verkehrsleiters**. Die zusätzliche Benennung eines **Betriebsleiters**, dessen Aufgabenbereich sich zum Teil mit dem des Verkehrsleiters überschneidet, ist vom Gesetzgeber vermutlich nicht beabsichtigt. Eine Anpassung der BOKraft an die neue Gesetzeslage („Road Package") ist bis zum Zeitpunkt der Drucklegung dieses Bandes allerdings noch nicht erfolgt.

WEITERFÜHRENDE VORSCHRIFTEN

7.1.2 Pflichten des Fahrpersonals (§§ 7 – 13)

Ausgehend von der besonderen Sorgfaltspflicht, die sich aus der Beförderung von Personen ergibt, wird das eingesetzte Betriebspersonal insbesondere zu folgenden Verhaltensweisen verpflichtet: Bei der Führung von Kraftomnibussen hat es darauf hinzuwirken, dass die Fahrgäste vorhandene **Sicherheitsgurte** im Rahmen der gesetzlichen Anschnallpflicht benutzen. Entsprechende Fahrgast-Informationseinrichtungen der Fahrzeuge sind zu diesem Zweck zu benutzen. Bei der Führung von anderen Kraftfahrzeugen muss dieser Pflicht durch entsprechende mündliche Aufforderung Genüge getan werden.

» **INFO**

Unabhängig von gesetzlichen Regelungen liegt es im Interesse des Fahrers, dass seine Fahrgäste, wenn möglich, angeschnallt reisen. Bereits bei einer starken Bremsung, erzwungen durch einen anderen Verkehrsteilnehmer, kann sich diese Vorsichtsmaßnahme auszahlen ...

Hier eine Übersicht über weitere Pflichten, die gegebenenfalls auch bei Dienstbereitschaft zu beachten sind, gegliedert nach Beförderungsarten und -mitteln:

– Für **alle Beförderungsarten** und Fahrzeuge:
  » selbstverständlich während und vor Beginn der Fahrt Verzicht auf Getränke/Mittel, welche die Fahrtüchtigkeit beeinträchtigen können (Medikamente, Alkohol, Drogen); gilt auch für die Dienstbereitschaft,
  » kein Fahrtantritt bei Krankheit, die die Fahrtüchtigkeit beeinflusst oder der Meldepflicht des Infektionsschutz-gesetzes vom 20. Juli 2000 unterliegt (gilt auch für den Fall, dass Angehörige an einer solchen Krankheit erkrankt sind),
  » keine Benutzung von Fernsehgeräten während des Lenkens von Fahrzeugen,
  » geltende Beförderungsbedingungen, Preise und gegebenenfalls Fahrpläne sind mitzuführen,
  » das Rauchen ist (nach dem Nichtraucherschutzgesetz) verboten.
– Spezielles für den **Gelegenheitsverkehr** mit Kraftomnibussen:
  » keine Unterhaltung mit den Fahrgästen während des Lenkens von Fahrzeugen.
– Spezielles für den **Linienverkehr oder Verkehr mit Obussen**:
  » rechtzeitige Ankündigung der nächsten Haltestelle (kann auch über automatisierte Ansage erfolgen),
  » keine Verwendung von Musikgeräten oder Funkanlagen, außer zu betrieblichen Zwecken oder Verkehrsfunkhinweisen,
  » keine Unterhaltung mit den Fahrgästen während des Lenkens von Fahrzeugen.

Nach Abschluss der Fahrt ist es die Aufgabe von Fahrer und gegebenenfalls Schaffner, Gegenstände, die im Fahrzeug vergessen wurden, bei der entsprechenden Stelle des Betriebes bzw. bei einer vorgegebenen anderen Stelle abzugeben.

Eine manchmal etwas heikle Pflicht ist die aus dem PBefG bereits bekannte Beförderungspflicht, die im § 13 der BOKraft noch einmal besonders betont wird (1.5.3.1.). Eine Beförderung darf nur dann abgelehnt werden kann, „wenn Tatsachen vorliegen, die die Annahme rechtfertigen, dass die zu befördernde Person eine Gefahr für die Sicherheit und Ordnung des Betriebes oder für die Fahrgäste darstellt".

Bitte während der Fahrt nicht mit dem Fahrpersonal sprechen

» **INFO**

Im Ausland gelten manchmal besondere Vorschriften für das **Rauchen am Steuer!**

WEITERFÜHRENDE VORSCHRIFTEN

7.1.3 Pflichten der Fahrgäste (§§ 14 + 15)

Vorangestellt wird die Forderung nach Rücksichtnahme auf andere Personen. Es folgt eine ganze Liste von verbotenen bzw. vorgeschriebenen Verhaltensweisen, die sich zum Teil auf alle Fahrgäste, zum Teil nur auf die Fahrgäste des Obus- und Linienverkehrs mit Kraftfahrzeugen beziehen. Einige wichtige seien hier genannt (weitere Details siehe Text BOKraft).

Allen Fahrgästen ist z. B. untersagt,
- die Türen während der Fahrt eigenmächtig zu öffnen,
- Gegenstände aus dem Fahrzeug zu werfen,
- während der Fahrt auf- und abzuspringen,
- Gegenstände zu transportieren, von denen Verletzungsgefahren ausgehen.

Die Fahrgäste des **Obus- und Linienverkehrs mit Kraftfahrzeugen** sind verpflichtet,
- Fahrzeuge nur an Haltestellen zu betreten oder zu verlassen (Ausnahmen in Absprache mit dem Fahrer),
- besonders gekennzeichnete Türen zu benutzen (z. B. gekennzeichnet mit dem Kinderwagen-/Rollstuhlsymbol oder „nach 20.00 Uhr nur beim Fahrer einsteigen"),
- Durchgänge und Türen frei zu halten,
- sich einen festen Halt im Fahrzeug zu verschaffen,
- Kinder zu beaufsichtigen,
- Gepäck und Kinderwagen sicher unterzubringen (Kurvenfahrt, Bremsen),
- Tiere so unterzubringen und zu beaufsichtigen, dass Belästigungen anderer Fahrgäste vermieden werden.

Als Ergänzung zur Beförderungspflicht (siehe vorangegangenes Kapitel), oder auch als Versuch einer Hilfestellung für den Fahrer kann man die folgende Formulierung verstehen: „Verletzt ein Fahrgast trotz Ermahnung die ihm obliegenden Pflichten nach den Absätzen 1 bis 3 (Anmerkung d. Verfassers: siehe obige Liste), kann er von der Beförderung ausgeschlossen werden." Sicherlich ist der Fahrzeugführer (hier Fahrer) „Herr im Haus", der sein Hausrecht, wenn es darauf ankommt, auch durchsetzen können muss. So gesehen ist die Formulierung hilfreich. Die Erfahrung lehrt jedoch, dass es im Einzelfall schnell Probleme bei der praktischen Durchsetzung dieses Hausrechts und erst recht in einer denkbaren späteren juristischen Auseinandersetzung geben kann. Besondere Hinweise zu diesem heiklen Punkt enthält ein Merkblatt des Bundesministeriums für Verkehr, Bau- und Wohnungswesen (heute „Verkehr und digitale Infrastruktur") für die Beförderung von Schul- und Kindergartenkindern (7.3.).

WEITERFÜHRENDE VORSCHRIFTEN

7.1.4 Technische Vorschriften für einzelne Fahrzeugarten (§§ 16 – 42)

Wohl weil es sich hier um sehr spezielle Vorgaben für die Personenbeförderung handelt, hat sich der Gesetzgeber entschlossen, sie nicht in die große Sammlung der Straßenverkehrs-Zulassungsordnung (StVZO) einzureihen; er weist jedoch deutlich darauf hin, dass beide Vorschriftenbereiche gleichberechtigt und ergänzend nebeneinander stehen. Zudem besteht die Möglichkeit, im Verordnungswege für Fahrzeuge, die im grenzüberschreitenden Verkehr eingesetzt werden, höhere Anforderungen in puncto Verkehrssicherheit und Umweltschutz zu stellen. In diesem Zusammenhang sei noch einmal auf das Interbus-Abkommen verwiesen (3.6.).

Die BOKraft enthält im Weiteren Bau- und Ausrüstungsnormen für **alle Fahrzeuge:**
– Die mittlerweile nach StVO für alle Kraftfahrzeuge bei entsprechender Witterung geltende **Ausrüstungspflicht** mit Winterreifen kennt die Verordnung schon seit vielen Jahren; ergänzt wird sie durch die Mitführpflicht von Schneeketten, Hacke, Spaten und Abschleppseil bzw. -stange bei entsprechender oder auch bei zu erwartender Witterungslage (8.3.).

> **» INFO**
>
> **Zur Verwendung der Begriffe Gewicht und Masse:**
> Beide sind physikalisch voneinander zu unterscheiden (siehe Band 2). In den Texten der Gesetze und Verordnungen wird deshalb der Begriff „Gewicht" zunehmend durch den genaueren Begriff „Masse" 1:1 ersetzt (z. B. in der neueren Fahrzeug-Zulassungsverordnung FZV grundsätzlich, in der StVZO im Rahmen von Änderungen des Textes). Deshalb ist die Wortwahl in den Quellentexten zum Teil uneinheitlich.

WEITERFÜHRENDE VORSCHRIFTEN

Obusse und Kraftomnibusse allgemein:
- Der **Name des Unternehmers** – ersatzweise Wappen oder Geschäftszeichen – ist auf den Längsseiten der Fahrzeuge anzubringen.

- **Türen** der Fahrzeuge, die nur für bestimmte Fahrgastgruppen vorgesehen oder einer bestimmten Art von Benutzung vorbehalten sind, müssen entsprechend beschriftet werden. Üblicherweise werden dazu sogenannte Piktogramme verwendet.

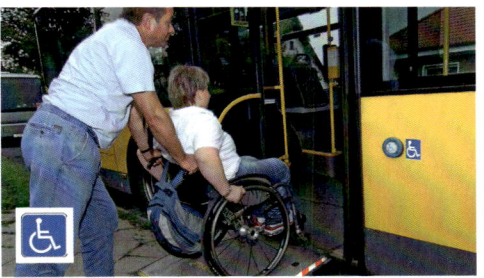

- Bei Bussen, für die **Sicherheitsgurte** vorgeschrieben sind, müssen Fahrgast-Informationseinrichtungen installiert sein, die die Fahrgäste über die Anlegepflicht informieren (7.1.2.). Für eine direkte Ansprache der Fahrgäste (nicht für eine Unterhaltung mit ihnen) steht dem Fahrer ein Mikrofon zur Verfügung.

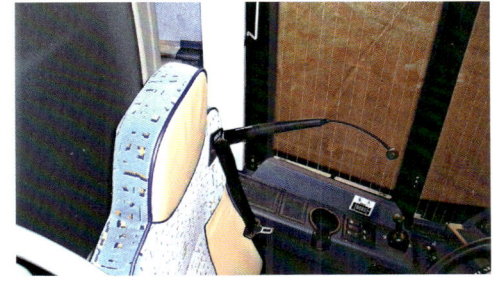

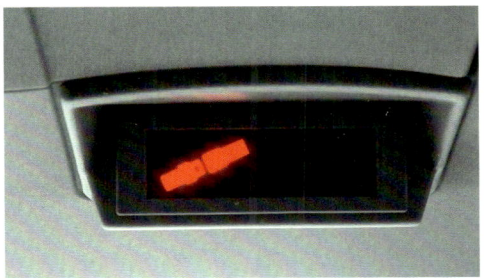

WEITERFÜHRENDE VORSCHRIFTEN

Obusse und Kraftomnibusse speziell im Linienverkehr:
- Für den Fahrzeugführer sind deutlich sicht- oder hörbare **Verständigungseinrichtungen** zur Signalisierung des Haltewunsches durch den Fahrgast oder gegebenenfalls durch das Betriebspersonal vorgeschrieben.
- Nur bei dieser Beförderungsform sind **Stehplätze** zulässig. Werden die außerorts (also mit höherer Geschwindigkeit) zurückgelegten Entfernungen nach Ansicht der Verwaltungsbehörde zu groß (kein Orts- oder Nachbarortslinienverkehr), können Stehplätze grundsätzlich verboten werden.

- Zur Information von Fahrgästen, die an Haltestellen warten, müssen die Fahrzeuge am Bug über ein **Zielschild** (Inhalt: Endpunkt der Linie/Zielort, Zielhaltestelle), an der rechten Seite über ein **Streckenschild** (Inhalt: Verlauf der Linie in Stichworten und **Liniennummer**) und am Heck über die Liniennummer verfügen. Alle Schilder müssen bei Dunkelheit beleuchtet sein; das gilt nicht für die Sonderformen des Linienverkehrs.

WEITERFÜHRENDE VORSCHRIFTEN

- Bei Einsatz in der Sonderform des Linienverkehrs „Schülerbeförderung" sind vorne und hinten an den Fahrzeugen **Hinweistafeln** (Anlage 4 zur BOKraft) anzubringen. An der Stirnseite reicht es aus, im Zielschilderkasten ein Symbol gemäß Anlage 4 und auf orangefarbenem Untergrund den Schriftzug „Schulbus" zu zeigen.

Kennzeichnung eines Schulbusses nach Anlage 4

- Werden Fahrzeuge nicht in dieser Sonderform eingesetzt, muss die Kennzeichnung entfernt oder abgedeckt sein (s. Foto).

» **INFO**

Die Tafeln, die auch klappbar sein können, dürfen nur gezeigt werden, solange das Fahrzeug mit Schülern besetzt ist oder auf diese wartet. Die Verwendung bei anderer Gelegenheit stellt eine Ordnungswidrigkeit dar. Werden zur Schülerbeförderung Fahrzeuge mit nicht mehr als sechs Sitzplätzen inklusive Fahrerplatz eingesetzt, ist keine besondere Kennzeichnung nötig.

- **Sitzplätze** für Schwer- und Gehbehinderte, ältere oder gebrechliche Personen, werdende Mütter sowie Fahrgäste mit kleinen Kindern sind in den Fahrzeugen vorzusehen. Ihre Kennzeichnung erfolgt über ein entsprechendes Sinnbild.

WEITERFÜHRENDE VORSCHRIFTEN

- Eine **Übersicht über den Linienverlauf** muss im Orts- und Nachbarortslinienverkehr gezeigt werden. Auch das gilt nicht für die Sonderformen des Linienverkehrs.
- Der Unternehmer des Linienverkehrs hat seine **Haltestellen** zu unterhalten. Das bedeutet neben der Ausrüstung mit Papierkörben an stark frequentierten Haltestellen eine Ausrüstung mit den notwendigen Informationen für die Fahrgäste über
    » den Namen seines Unternehmens
      (auch gegebenenfalls des Verkehrsverbundes),
    » die Nummern der Linien, die die betreffende Haltestelle anfahren,
    » die Bezeichnung der Haltestelle mittels einer Tafel.

Taxen
- Die Erkennbarkeit von Taxen muss gewährleistet sein. Darum ist für sie ein einheitliches Erscheinungsbild zwingend vorgeschrieben. Dazu gehören:
    » eine hell-elfenbein-farbige Lackierung/Folierung im RAL-Farbton 1015 **(Bild 1)** (Ausnahmen von dieser Vorgabe können die zuständigen Behörden gestatten) und
    » ein beleuchtbares **Taxi-Schild (Bild 2)**, quer auf dem Dach montiert.
- Werden keine Beförderungsaufträge durchgeführt, muss das Schild innerhalb des Pflichtfahrbereiches (1.5.4.1.) beleuchtet sein. Das gilt nicht an Taxenständen. Während der Durchführung eines Auftrages darf das Schild nicht beleuchtet sein.
- Bei Taxen sind zur besseren Identifikation und zur Information der Fahrgäste zwei weitere Schilder anzubringen:
    » ein **Ordnungsnummern-Schild (Bild 3)**, rechts unten in der Heckscheibe angebracht und nach außen wirkend, sowie
    » ein **Schild im Wageninneren**, gut lesbar für den Fahrgast, mit Name und Betriebssitz des Unternehmers.
- Taxen müssen zur Berechnung des Fahrpreises einen geeichten und bei Dunkelheit beleuchteten **Fahrpreisanzeiger** haben. Nach diesem ist der Fahrpreis im Pflichtfahrbereich zu berechnen.
- In seinem Schreiben zur „**Aufbewahrung digitaler Unterlagen bei Bargeschäften**" teilte das Bundesministerium für Finanzen mit, dass Taxen mit Taxametern ausgerüstet sein müssen, die es erlauben, digitale Daten unveränderbar und vollständig aufzubewahren.
- Entgelte für Fahrten, die aus dem Pflichtfahrbereich hinaus führen, werden frei vereinbart. Der Fahrer muss gegebenenfalls darauf hinweisen.
- Im Interesse des Fahrgastes ist immer der kürzeste Weg zu dessen Ziel zu wählen. Andere Verfahrensweisen bedürfen der Absprache zwischen Fahrgast und Fahrer. M. W. v. 02. August 2021 müssen Taxen mit einem Navigationsgerät ausgerüstet sein, das über folgende Einrichtungen verfügt:

WEITERFÜHRENDE VORSCHRIFTEN

  1. Echtzeit-datenbasierte Streckenführung,
  2. Echtzeit-Staumeldungen,
  3. Stau- und Sperrungsumfahrungen,
  4. umfassendes Sonderzieleverzeichnis.
- Die Installation einer **kugelsicheren Trennwand**, die den Fahrer gegen Fahrgäste sichern soll, ist erlaubt, hat sich aber in der Praxis trotz zahlreicher Übergriffe auf Fahrer nicht durchgesetzt.

Mietwagen
- Für Mietwagen bestehen für die **Farbgebung** keine Vorgaben. In der Praxis haben sie aber meist die gleiche Farbe wie Taxen (häufig werden Farbfolien verwendet, die das Fahrzeug komplett bekleiden und sich vor dem Wiederverkauf leicht entfernen lassen).
- Mietwagen benötigen einen geeichten **Wegstreckenzähler** zur Berechnung des Fahrpreises. Alternativ ist die Ausrüstung mit einem konformitätsbewerteten softwarebasierten System möglich.
- Rein äußerlich unterscheidet sich ein Mietwagen m. W. v. 01.08.2021 vom Taxi bzw. von einem Fahrzeug des gebündelten Bedarfsverkehrs nur durch ein Schild mit seiner Ordnungsnummer auf blauem Untergrund und in weißer Schrift in der rechten unteren Ecke der Heckscheibe mit Lesbarkeit von innen und außen.

Taxen und Mietwagen – gemeinsame Vorschriften
- Die Ausrüstung mit einer Alarmanlage ist zwingend. Sie muss vom Fahrerplatz aus auslösbar sein und in Intervallen die Hupe, die Scheinwerfer und die hinteren Blinker in Funktion setzen. Das Taxischild darf in die Schaltung einbezogen sein.
- Das Thema „Werbung an Taxen und Mietwagen" sieht der Gesetzgeber differenziert. Grundsätzlich ist zunächst jede politische oder religiöse Werbung an den Fahrzeugen unzulässig. Allgemeine Werbung wird nur an den seitlichen Türen geduldet. Andererseits lässt der § 43 Ausnahmen zu – und davon scheint in der Praxis reger Gebrauch gemacht zu werden. So erlaubt z. B. die zuständige Hamburger Behörde die Anbringung von digitalen GPS-gesteuerten Dachträgern mit zwei jeweils zur Seite abstrahlenden Bildschirmen. So wird eine von der Tageszeit, den Anlässen und der jeweiligen Örtlichkeit abhängige Bestückung der Bildschirme mit entsprechenden Fotos (keine Filme) ermöglicht.
- Besondere Vorschriften gelten für Fahrzeuge, die gemäß Genehmigung sowohl im Taxen- als auch im Mietwagenverkehr eingesetzt werden (siehe § 31).

Für die Halter aller eingesetzten Fahrzeugarten gilt die besondere Verpflichtung, nach Durchführung einer jeden Hauptuntersuchung die entsprechenden Nachweise der Genehmigungsbehörde vorzulegen.

» **INFO**

Die verbindliche Einführung eines Navigationsgerätes macht die bisher obligatorische vorgeschriebene Ortskenntnisprüfung für den Taxifahrer überflüssig. Stattdessen verlangt die Fahrerlaubnis-Verordnung (FeV) m. W. v. 02.08.2021 einen **Fachkundenachweis**. Zu den Übergangsvorschriften s. FeV § 76 Nr. 14.

WEITERFÜHRENDE VORSCHRIFTEN

7.1.5 Katalog der Ordnungswidrigkeiten (§ 45)

§ 45 Abs. 1

(1) Ordnungswidrig im Sinne des § 61 Abs. 1 Nr. 4 PBefG handelt, wer vorsätzlich oder fahrlässig als Unternehmer
  1. die Instandhaltungspflicht nach § 3 Abs. 1 Satz 2 verletzt,
  2. den Betrieb des Unternehmens entgegen § 3 Abs. 1 Satz 3 anordnet oder zulässt,
  3. eine vollziehbare schriftliche Anordnung der Genehmigungsbehörde zur Bestellung eines Betriebsleiters nach § 4 Abs. 1 Satz 3 bis 5 oder eines Vertreters nach § 5 Abs. 1 nicht oder nicht innerhalb der von der Genehmigungsbehörde gesetzten Frist befolgt,
  4. der in § 6 Nr. 2 oder 3 genannten Meldepflicht nicht unverzüglich nachkommt,
  5. ein Kraftfahrzeug unter Verstoß gegen eine der folgenden Vorschriften einsetzt:
      a) § 10 Satz 1 über das Mitführen von Vorschriften oder Fahrplänen,
      b) § 18 über das Mitführen der vorgeschriebenen Ausrüstung,
      c) § 19 über die Beschaffenheit und Anbringung von Zeichen und Ausrüstungsgegenständen,
      d) § 20 über die Beschriftung,
      e) § 21 über Verständigungseinrichtungen und Informationseinrichtungen über das Anlegen von Sicherheitsgurten,
      f) § 22 über Stehplätze,
      g) § 25 Abs. 2 über Alarmanlagen,
      h) § 26 Abs. 1 Nr. 1 über Farbanstrich,
      i) § 26 Abs. 1 Nr. 2 über das Taxischild,
      j) § 26 Abs. 1 Satz 2 oder Abs. 2 Satz 2 über Werbung, Kenntlichmachung oder Beschriftung an Taxen oder Mietwagen,
      k) § 27 Abs. 1 über das Führen der Ordnungsnummer,
      l) § 28 über Fahrpreisanzeiger,
      m) § 30 über Wegstreckenzähler,
      n) § 31 über die Benutzung von Fahrzeugen mit einer Genehmigung für den Taxen- und Mietwagenverkehr,
      o) § 33 Abs. 1, Abs. 2 Satz 1 und 3, Abs. 3 oder 4 über Kennzeichnung und Beschilderung,
      p) § 34 über die Kenntlichmachung von Sitzplätzen für Schwerbehinderte,
      q) § 37 Abs. 2 Satz 2 über das Beheben einer Störung des Fahrpreisanzeigers,
      r) § 41 Abs. 2 über die Vorlage einer Ausfertigung des Untersuchungsberichts oder des Prüfbuches,
      s) § 42 Abs. 1 über die Vorlage des Nachweises.

WEITERFÜHRENDE VORSCHRIFTEN

§ 45 Abs. 2

(2) Ordnungswidrig im Sinne des § 61 Abs. 1 Nr. 4 PBefG handelt auch, wer vorsätzlich oder fahrlässig
1. im Verkehr mit Kraftomnibussen als Fahrzeugführer entgegen § 8 Abs. 2a Satz 1 nicht dafür sorgt, dass den Fahrgästen durch Informationseinrichtungen (§ 21 Abs. 2) angezeigt wird, wann Sicherheitsgurte anzulegen sind,
2. im Obusverkehr sowie im Linienverkehr mit Kraftfahrzeugen als Mitglied des im Fahrdienst eingesetzten Betriebspersonals entgegen § 8 Abs. 3
   a) während des Dienstes und der Dienstbereitschaft alkoholische Getränke oder andere die dienstliche Tätigkeit beeinträchtigende Mittel zu sich nimmt oder die Fahrt antritt, obwohl er unter der Wirkung solcher Getränke oder Mittel steht,
   b) (aufgehoben)
   c) beim Lenken des Fahrzeugs Fernsehrundfunkempfänger benutzt,
   d) während der Beförderung von Fahrgästen Übertragungsanlagen, Tonrundfunkempfänger oder Tonwiedergabegeräte zu anderen als betrieblichen oder Verkehrsfunk-Hinweisen benutzt oder
   e) sich beim Lenken des Fahrzeugs unterhält,
3. im Gelegenheitsverkehr mit Kraftomnibussen als Mitglied des im Fahrdienst eingesetzten Betriebspersonals entgegen § 8 Abs. 4 in Verbindung mit § 8 Abs. 3
   a) während des Dienstes und der Dienstbereitschaft alkoholische Getränke oder andere die dienstliche Tätigkeit beeinträchtigende Mittel zu sich nimmt oder die Fahrt antritt, obwohl er unter der Wirkung solcher Getränke oder Mittel steht,
   b) (aufgehoben)
   c) beim Lenken des Fahrzeugs Fernsehrundfunkempfänger benutzt oder
   d) sich beim Lenken des Fahrzeugs unterhält,
4. im Taxen- und Mietwagenverkehr sowie im sonstigen Gelegenheitsverkehr mit Personenkraftwagen als Mitglied des im Fahrdienst eingesetzten Betriebspersonals entgegen § 8 Abs. 5 in Verbindung mit § 8 Abs. 3
   a) während des Dienstes und der Dienstbereitschaft alkoholische Getränke oder andere die dienstliche Tätigkeit beeinträchtigende Mittel zu sich nimmt oder die Fahrt antritt, obwohl er unter der Wirkung solcher Getränke oder Mittel steht oder
   b) (aufgehoben)
   c) beim Lenken des Fahrzeugs Fernsehrundfunkempfänger benutzt,
5. als Mitglied des im Fahrdienst oder zur Bedienung von Fahrgästen eingesetzten Betriebspersonals trotz einer Krankheit nach § 9 Abs. 1 an Fahrten teilnimmt oder entgegen Abs. 3 eine Erkrankung nicht unverzüglich anzeigt,
6. als Fahrzeugführer entgegen
   a) § 9 Abs. 2 Fahrten ausführt, obwohl er durch Krankheit in seiner Eignung beeinträchtigt ist, ein Fahrzeug sicher im Verkehr zu führen,
   b) § 10 Satz 2 einem Fahrgast auf dessen Verlangen Einsicht in die mitzuführenden Vorschriften und Fahrpläne nicht gewährt,
   c) § 31 Abs. 2 den dort vorgeschriebenen Hinweis unterläßt,
   d) § 33 Abs. 1, Abs. 2 Satz 1 und 3, Abs. 3 oder 4 ein nicht ordnungsgemäß gekennzeichnetes oder beschildertes Fahrzeug führt,
   e) § 37 Abs. 1 oder 2 im Taxenverkehr Beförderungsentgelt fordert oder berechnet,
   f) § 37 Abs. 2 Satz 2 eine Störung des Fahrpreisanzeigers nicht nach Beendigung der Fahrt dem Unternehmer unverzüglich anzeigt,
   g) § 37 Abs. 2 Satz 1 Halbsatz 2 oder Abs. 3 Satz 1 die dort vorgeschriebenen Hinweise unterlässt,
   h) § 38 nicht den kürzesten Weg zum Fahrtziel wählt,
   i) § 39 das Taxischild nicht beleuchtet oder bei Ausführung eines Fahrtauftrages die Beleuchtung nicht ausschaltet,
   j) § 40 im Mietwagenverkehr Beförderungsentgelt berechnet;
7. als Fahrgast den in § 14 Abs. 1 bis 3 oder § 15 Abs. 1 aufgeführten Verpflichtungen nicht nachkommt.

» **BUCH**

Siehe auch den Katalog der Ordnungswidrigkeiten des PBefG **(1.7)** und der EGBusDV **(6.2.4)**.

WEITERFÜHRENDE VORSCHRIFTEN

7.2 Verordnung über Allgemeine Beförderungsbedingungen – BefBedV

Es handelt sich hierbei um eine Verordnung, die ebenfalls auf dem PBefG basiert. Sie gilt für Beförderungen im **Obus- und Linienverkehr mit Kraftfahrzeugen**. Mit dem Erwerb eines Fahrscheines akzeptiert ein Fahrgast automatisch auch ihre Regelungen. In weiten Bereichen decken sich Einzelvorschriften der Beförderungsbedingungen mit denen der BOKraft (7.1.), die sich ebenfalls mit den Rechten, aber auch den Pflichten von Unternehmern, Fahrpersonal und Fahrgästen sowie deren Zusammenwirken auseinandersetzt. Im Detail gehen einige Regelungen der BefBedV jedoch über die der BOKraft hinaus, so dass sich die folgende Darstellung auf genau diese „Mehr"-Regeln beschränkt.

Die Fahrgäste

Vor Antritt einer Fahrt hat der (angehende) Fahrgast einen Fahrschein zu lösen und/oder im Fahrzeug zu entwerten/entwerten zu lassen. Die immer wiederkehrenden Diskussionen um die Kompliziertheit von Fahrscheinautomaten oder das (angebliche) Nicht-Funktionieren des Entwertungsgerätes bewahren niemanden vor der Zahlung eines sogenannten erhöhten Beförderungsentgeltes, wenn er ohne gültigen bzw. mit nicht entwertetem Fahrausweis angetroffen wird.
Soll der Fahrschein erst im Fahrzeug erworben werden, hat der Fahrgast möglichst abgezähltes Geld bereit zu halten, weil Beträge über 5 € vom Fahrpersonal nicht angenommen werden müssen.

Nicht schulpflichtige **Kinder**, die jünger als 6 Jahre sind, können als Alleinreisende von vornherein von der Beförderung ausgeschlossen werden. Begleitpersonen müssen mindestens 6 Jahre alt sein.
Die Zulassung von Tieren zur Beförderung wird in der Verordnung mit dem Transport von Sachen gleichgestellt. Grundsätzlich entscheidet das Fahrpersonal über die Frage der Mitnahme. Ein Anspruch des Fahrgastes auf Mitnahme seines Tieres besteht nicht. Blindenhunde sind grundsätzlich zur Beförderung zugelassen, während „normale" Hunde nur unter Aufsicht und gegebenenfalls mit Maulkorb mitreisen dürfen.
Kommt es unterwegs zu Verunreinigungen der Fahrzeuge, zahlt der Fahrgast – ungeachtet weiterer denkbarer Rechtsfolgen – einen vom Unternehmen allgemein festgesetzten Pauschalbetrag. Ähnliche Folgen hat das missbräuchliche Betätigen einer Notbremse oder anderer Sicherungseinrichtungen. Auch in diesem Fall ist ein Pauschalbetrag fällig, hinzu dürfte wohl in aller Regel noch ein Strafverfahren wegen gefährlichen Eingriffs in den Straßenverkehr nach § 315 StGB kommen.
Das Rauchen ist auf unterirdischen Bahnsteiganlagen verboten.

Der Unternehmer

Er wird namentlich bei der **Haftungsfrage** erwähnt. Grundsätzlich richtet sich seine Haftung bei Personen-, Sach- und Vermögensschäden nach den allgemein gültigen Rechtsvorschriften wie dem Bürgerlichen Gesetzbuch (BGB), dem Straßenverkehrsgesetz (StVG) und dem PBefG. Speziell gilt für den Fall der einfachen Fahrlässigkeit eine Haftungs-Obergrenze für Sachschäden gegenüber dem geschädigten Fahrgast in Höhe von 1200,– €, die bereits in § 23 PBefG vorgegeben wird.
Bei grober Fahrlässigkeit oder sogar Vorsatz entfällt diese Grenze.
Seit Februar 2013 gelten, eingeführt durch EU-Recht, Verbesserungen in der Rechtsposition des Fahrgastes. Dazu gehören auch Entschädigungsleistungen bei definierten Abweichungen vom Fahrplan eines Reisebusses im Personenfernverkehr (VO [EG] Nr. 2006/2004). Sollte es bei Streitigkeiten zwischen Unternehmen und Fahrgast zu gerichtlichen Auseinandersetzungen kommen, ist der Unternehmenssitz von vornherein Gerichtsstand.
Besondere Aufmerksamkeit bei der Beförderung verdienen Kinder. Das gilt zum einen für den Gesetzgeber, der sich unter anderem mit speziellen Vorschriften bei der Ausrüstung der Beförderungsmittel (Kindersitze, spezielle Gurte etc.) hervortut, zum anderen für jeden am Beförderungsvorgang Beteiligten. Speziell an die Fahrer von Kraftfahrzeugen, die für Beförderungen von Schul- und Kindergartenkindern genutzt werden, richtet sich das nachfolgende Merkblatt.

> » **INFO**
> Die Vielzahl der Detailregelungen empfiehlt einen Blick in den Originaltext (Internet):

WEITERFÜHRENDE VORSCHRIFTEN

7.3 Merkblatt für die Schulung von Fahrzeugführern – Auszug

Es handelt sich hierbei um die Anlage 2 zu einem Anforderungskatalog des Bundesministeriums für Verkehr, Bau- und Wohnungswesen (heute „Verkehr und digitale Infrastruktur") mit dem vollen Titel:
„Anforderungskatalog für Kraftomnibusse (KOM) und Kleinbusse (Pkw), die zur Beförderung von Schülern und Kindergartenkindern besonders eingesetzt werden".

Der Text spricht den Fahrer persönlich an und macht ihn auf die besondere Verantwortung bei der Ausübung seiner Tätigkeit aufmerksam.

» **INFO**

Auf die Wiedergabe des sehr umfangreichen Anforderungskataloges für KOM und Kleinbusse (Pkw) an dieser Stelle wird aus Platzgründen verzichtet.

WEITERFÜHRENDE VORSCHRIFTEN

MERKBLATT FÜR DIE SCHULUNG VON FAHRZEUGFÜHRERN

Sehr geehrte Fahrerin, sehr geehrter Fahrer!

Als Fahrerin/Fahrer eines Kfz bei der Beförderung von Schülern oder Kindergartenkindern tragen Sie eine besondere Verantwortung für das Leben und die Gesundheit vieler Schüler. Die folgenden Hinweise sollen Ihnen helfen, sich Ihrer hohen Verantwortung entsprechend zu verhalten.

Grundsätzlich zeichnet sich eine gute Fahrerin und ein guter Fahrer dadurch aus, dass er im Straßenverkehr erhöhte Vorsicht walten lässt und sich sowohl gegenüber den anderen Verkehrsteilnehmern als auch gegenüber den Fahrgästen rücksichtsvoll und besonnen verhält. Ebenso wird erwartet, dass er defensiv fährt und sich in allen Situationen des Straßenverkehrs vorausschauend verhält und nicht versucht, sich gegenüber anderen Verkehrsteilnehmern rücksichtslos durchzusetzen.

Bedenken Sie bitte auch, dass Sie nicht nur durch Ihr Verhalten während der Fahrt, sondern auch schon durch die Vorbereitung der Fahrt einen wesentlichen Beitrag zur Sicherheit der Fahrgäste leisten können.

Wenn Sie die jeweilige Fahrt rechtzeitig antreten, sind Sie z. B. später nicht gezwungen, etwaige Verspätungen einzuholen. Sollte es tatsächlich zu einer Verspätung kommen, ist es weder vertretbar, dass Sie die Geschwindigkeit so erhöhen, dass dies zu einer Gefährdung der Fahrzeuginsassen führt, noch dass Sie die vorgeschriebene Fahrstrecke verlassen.

Als Fahrerin/Fahrer eines Kfz zur Schülerbeförderung müssen Sie in manchen Situationen erhöhte Geduld aufbringen. Dass Sie diese zusätzliche Anforderung erfüllen, verdient besondere Anerkennung. Gerade durch Ihr ruhiges und besonnenes Verhalten können Sie ein gutes Beispiel für die Kinder geben. Führen Sie Gespräche mit den Kindern nur bei stehendem Fahrzeug und in freundlicher, sachlicher Form. Verzichten Sie auf unnötige Unterhaltung. Vor allem eine Auseinandersetzung mit einzelnen Schülern kann Ihre Aufmerksamkeit stark beeinträchtigen.

Bitte beachten Sie vor allem immer folgende Punkte:
- Überzeugen Sie sich vor Antritt der Fahrt davon, dass sich das Kfz in einem verkehrs- und betriebssicheren Zustand befindet.
- Bringen Sie die Schulbusschilder vorschriftsmäßig an. Beachten Sie, dass die Schulbusschilder nach Beendigung der Schulfahrt sofort zu entfernen oder abzudecken sind.
- Führen Sie Führerscheine und Fahrzeugpapiere mit.
- Halten Sie die Lenk- und Ruhezeiten ein.
- Halten Sie die Fahrstrecke und den Fahrplan ein. Gegenüber dem Fahrplan kürzere Fahrzeiten sind durch ein entsprechend längeres Warten an den jeweiligen Haltestellen auszugleichen.
- Fordern Sie zum Anlegen der Sicherheitsgurte bzw. zur Benutzung der Rückhalteeinrichtungen für Kinder auf.
- Zeigen Sie frühzeitig An- und Abfahren an.
- Fahren Sie erst ab, wenn die Türen geschlossen sind und die Kinder ihre Plätze eingenommen haben. Fahren Sie mit Kleinbussen nicht los, wenn Schüler stehen.
- Achten Sie darauf, dass sich während der Fahrt keine Schüler auf den Trittstufen der Ein- und Ausstiege sowie auf der freizuhaltenden Fläche neben dem Fahrzeugführer befinden.
- Überschreiten Sie nicht die zulässige Höchstgeschwindigkeit. Passen Sie die Geschwindigkeit den jeweiligen Umständen an (Verkehrsdichte, Fahrbahnzustand, Sichtverhältnisse). Für KOM, in denen mangels freier Sitzplätze Schüler stehend befördert werden, beträgt die zulässige Höchstgeschwindigkeit außerorts 60 km/h.
- Schalten Sie rechtzeitig beim Nähern an die Haltestelle und solange Kinder ein- und aussteigen das Warnblinklicht ein, wenn die Straßenverkehrsbehörde dies angeordnet hat. Im Regelfall sollte in einer Entfernung von etwa 50 m innerorts, außerorts in einer Entfernung von etwa 150 m mit dem Blinkvorgang begonnen werden.
- Fahren Sie mit äußerster Vorsicht langsam und jederzeit anhaltebereit an Haltestellen heran und aus ihnen heraus (Schrittgeschwindigkeit). Verhalten Sie sich so, dass eine Gefährdung der Kinder und der übrigen Verkehrsteilnehmer ausgeschlossen ist.
- Halten Sie in vorhandenen Haltebuchten oder an Schutzgittern.

WEITERFÜHRENDE VORSCHRIFTEN

- Öffnen Sie die Türen erst dann, wenn das Kfz steht und gefahrlos ausgestiegen werden kann.
- Weisen Sie auf geordnetes Ein- und Aussteigen hin.
- Fordern Sie die Schüler auf, die Fahrbahn erst nach Abfahren des Busses zu überqueren.
- Beobachten Sie die Einstiege vor und nach dem Schließen der Türen.
- Fahren Sie nur mit Einweiser rückwärts.
- Benutzen Sie kein Mobil- oder Autotelefon ohne Freispracheinrichtung während der Fahrt.

Sie sind befugt, im Einzelfall Schüler nach vergeblicher Ermahnung von der Beförderung auszuschließen, wenn dies zwingend erforderlich ist, um die Sicherheit und Ordnung während der Fahrt aufrechtzuerhalten. Dies darf nur an Haltestellen und dann geschehen, wenn eine Gefährdung der Schüler nicht zu erwarten ist. Bei Schülern von Grundschulen und Schulen mit Förderschwerpunkt sollte grundsätzlich von solchen Maßnahmen abgesehen werden.

Beispiele für Verhaltensfälle, die zum Beförderungsausschluss berechtigen:
- Erhebliche Gefährdung oder Belästigung des Fahrers und der mitfahrenden Schüler,
- Beschädigung des Kfz,
- eigenmächtiges Öffnen der Türen während der Fahrt,
- aus dem Kfz werden Gegenstände geworfen oder herausgehalten.

Melden Sie Vorfälle dieser Art umgehend der Schule. Bedenken Sie jedoch, dass Sie kein Züchtigungsrecht gegenüber den Kindern haben.

Melden Sie bitte Ihrem Unternehmer:
- festgestellte Mängel, insbesondere am Kfz,
- wenn nicht alle Schüler wegen mangelnder Platzkapazität mitgenommen werden konnten,
- wenn infolge zu starker Besetzung unzumutbare Platzverhältnisse auftreten,
- Abweichungen von der Streckenführung,
- besondere Gefahrenquellen für den Betrieb auf Fahrstrecken und an Haltestellen,
- häufig aufgetretene Schwierigkeiten beim Einsteigen vor oder nach Schulschluss,
- besonders auffälliges, sicherheitswidriges Verhalten von Schülern,
- den Beförderungsausschluss von Schülern.

Bitten Sie Ihren Unternehmer um Lösung des Problems, ggf. gemeinsam mit der Schule oder dem Träger für die Schülerbeförderung.

Übrigens:
- Ihr persönliches Wohlbefinden ist die beste Voraussetzung für sicheres Fahren.
- Deshalb: keine Medikamente, die die Fahrtüchtigkeit beeinträchtigen, nicht rauchen während der Fahrt, kein Alkohol, kein Fahrtantritt bei Verdacht auf Restalkohol.
- Sprechen Sie mit Ihrem Unternehmer, damit Sie an Seminaren zur Verbesserung der Schulbussicherheit teilnehmen können. Diese Seminare werden z. B. von den für die Schüler-Unfallversicherung zuständigen Trägern der öffentlichen Hand (GUVV, UK) und den für den Omnibusbetrieb zuständigen Berufsgenossenschaften angeboten.

Die Eltern sowie die mitfahrenden Kinder und Jugendlichen, die Ihnen anvertraut sind, werden Ihnen für die sichere Beförderung dankbar sein.

WEITERFÜHRENDE VORSCHRIFTEN

7.4 Rechte der Fahrgäste (VO [EU] Nr. 181/2011 EU-FahrgRBusG und EU-FahrRBusV)

Seit März 2013 gilt die **Verordnung (EU) Nr. 181/2011.** Sie legt Mindestrechte für Fahrgäste fest, die innerhalb der Europäischen Union mit dem Kraftomnibus reisen. Basierend auf der **VO [EU] Nr. 181/2011** erließ der deutsche Gesetzgeber das **EU-Fahrgastrechte-Kraftomnibus-Gesetz (EU-FahrgRBusG)** und die **EU-Fahrgastrechte-Kraftomnibus-Verordnung (EU-FahrgRBusV).** Aus diesen gesetzlichen bzw. verordnungsmäßigen Grundlagen ergeben sich für den Fahrgast neue Rechte und für den Unternehmer neue Pflichten.

Die Fahrgäste haben demnach im Wesentlichen Anspruch auf
- **nicht diskriminierende** Beförderungsbedingungen,
- Information,
- Hilfeleistung und Entschädigung bei Unfällen,
- Fortsetzung der Fahrt, Weiterreise mit geänderter Streckenführung, z. B. bei Überbuchung,
- Fahrpreiserstattung bei Annullierung oder großer Verspätung,
- Hilfeleistung bei Annullierung oder Verzögerung der Abfahrt.

Dabei bestehen für verschiedene Verkehrsformen und Streckenlängen unterschiedliche Rechte für die an der Beförderung beteiligten Passagiere. Zu unterscheiden sind Beförderungen im Rahmen von
- Linienverkehren mit planmäßiger Wegstrecke unter 250 Kilometern Länge,
- Linienverkehren mit planmäßiger Wegstrecke ab 250 Kilometern Länge und Gelegenheitsverkehren.

Besondere Aufmerksamkeit und Berücksichtigung erfahren in der Verordnung behinderte Menschen und Personen mit eingeschränkter Mobilität.

Jedes Beförderungsunternehmen ist verpflichtet, zur Entgegennahme und Bearbeitung von Beschwerden der Fahrgäste ein eigenes System zu entwickeln. Jeder Mitgliedstaat muss eine oder mehrere sog. **„Durchsetzungsstellen"** (in Deutschland **„Schlichtungsstelle"**) einrichten, deren Aufgabe in der Durchsetzung der Verordnung besteht. Fahrgäste, die bei einem Beförderungsunternehmen eine Beschwerde einreichen (Frist von 3 Monaten), haben einen Anspruch auf eine schriftliche Antwort (Akzeptanz bzw. Ablehnung) des Unternehmens innerhalb eines Monats. Wird keine Einigung erzielt, kann spätestens dann die o. g. Durchsetzungsstelle eingeschaltet werden. Sie kann ggf. Beschwerden auch direkt entgegennehmen.

Neben der zentralen deutschen Schlichtungsstelle für den öffentlichen Personenkraftverkehr in Berlin existieren weitere regionale Einrichtungen.

DER KRAFTOMNIBUS IN DER STRASSENVERKEHRS-ZULASSUNGSORDNUNG (STVZO)

8. Der Kraftomnibus in der Straßenverkehrs-Zulassungsordnung (StVZO)

Im Folgenden wird aus der Fülle der technischen Vorschriften der StVZO eine Auswahl wesentlicher Bestimmungen für den Kraftomnibus getroffen. Daneben werden auch andere Fahrzeuge, die der gewerblichen Personenbeförderung dienen, berücksichtigt. Das Ordnungsprinzip der Verordnung wird dabei weitestgehend beibehalten.

8.1 Verantwortung für den Betrieb der Fahrzeuge (§ 31 und FZV)

Sowohl in der StVZO selbst als auch in der neueren Fahrzeug-Zulassungsverordnung (FZV) lässt der Gesetzgeber keinen Zweifel daran aufkommen, welche Personen für den Betrieb eines einzelnen Fahrzeugs oder den Verbund mehrerer Fahrzeuge, den sogenannten Zug, verantwortlich sind:

§ 31 StVZO

(1) Wer ein Fahrzeug oder einen Zug miteinander verbundener Fahrzeuge führt, muß zur selbständigen Leitung geeignet sein.

(2) Der Halter darf die Inbetriebnahme nicht anordnen oder zulassen, wenn ihm bekannt ist oder bekannt sein muß, daß der Führer nicht zur selbständigen Leitung geeignet oder das Fahrzeug, der Zug, das Gespann, die Ladung oder die Besetzung nicht vorschriftsmäßig ist oder daß die Verkehrssicherheit des Fahrzeugs durch die Ladung oder die Besetzung leidet.

§ 3 FZV

(4) Der Halter darf die Inbetriebnahme eines nach Absatz 1 zulassungspflichtigen Fahrzeugs nicht anordnen oder zulassen, wenn das Fahrzeug nicht zugelassen ist.

Bei den Verantwortlichen handelt es sich zum einen um Sie als Fahrzeugführer, also den, der gemäß Definition das Fahrzeug oder den Zug in **eigener Verantwortung** lenkt. Diese Verantwortung kann Ihnen niemand abnehmen; Sie können sie auch nicht auf andere (Beifahrer, Reiseleiter) übertragen. Es handelt sich zum anderen um den Fahrzeughalter, also den, der gemäß Definition „den wirtschaftlichen Nutzen aus dem Gebrauch eines Fahrzeugs zieht, der aber auch zuständig ist für dessen Wartung und Unterhaltskosten".

Wer jetzt meint, damit sei er – als Fahrer – ja zumindest für den Bereich Technik, Verkehrssicherheit und Beladung nicht mehr in der Verantwortung, weil diese beim Fahrzeughalter liegt, der irrt.

Beziehen wir es auf die Praxis: An Ihrem Bus unterschreiten die Reifen der Hinterachse die gesetzlich vorgeschriebene Mindestprofiltiefe von 1,6 mm. Sie fallen diesbezüglich bei einer Überprüfung auf oder, schlimmer noch, Sie verursachen dadurch einen Unfall.

Sowohl **Sie** als Fahrzeugführer als auch Ihr **Chef** als Fahrzeughalter (oder als dessen Bevollmächtigter) müssen sich für den Zustand der Reifen und die daraus resultierenden Folgen verantworten.

Haben Sie Ihren Chef zuvor über die abgefahrenen Reifen informiert und – leider vergeblich – neue verlangt, ändert sich an den Verantwortungen nichts. Sie hätten den Bus gar nicht mehr in Betrieb nehmen dürfen und der Chef, als Halter, hätte die Fahrt mit diesen Reifen weder anordnen noch zulassen dürfen. In diesem Beispiel handelt es sich um eine grundsätzlich geteilte Verantwortung, nur dass hier die Teilung der 100%igen Verantwortung nicht 50 % für jeden der beiden Beteiligten, sondern **100 %** jeweils für Fahrzeugführer und Fahrzeughalter bedeutet. Eine Rechnung, die für Mathematiker unrichtig sein mag, für Juristen jedoch kein Problem darstellt.

Im oben wiedergegebenen Text ist aber auch die Rede von der Eignung des Fahrzeugführers. Dieser Begriff ist sehr umfassend zu verstehen. Sicher setzt er zunächst einmal die notwendige Fahrerlaubnis voraus. Gemeint ist aber auch die körperliche und geistige Fitness, also insgesamt die gesundheitliche Eignung (Medikamente, Alkohol, Krankheit usw.). Außerdem reicht eine Fahrerlaubnis zum Führen von Kraftfahrzeugen bestimmter Klassen nicht aus – der Fahrzeugführer muss sein Fahrzeug auch kennen und vor allem **beherrschen**.

Ein praktisches Beispiel: Nachdem Sie in Ihrem Reiseunternehmen seit Jahren meist einen 14-sitzigen kleineren Bus im Nahbereich Ihres Betriebssitzes fahren, müssen Sie für einen plötzlich erkrankten Kollegen einspringen. In diesem – zugegeben extremen – Fall soll das von einer Minute auf die andere eine Griechenlandrundfahrt mit einem Doppelstock-Gelenkbus bedeuten. Die nötige Fahrerlaubnis besitzen Sie natürlich seit vielen Jahren. Sind Sie unter den genannten Voraussetzungen aber auch tatsächlich geeignet? Die Frage darf man wohl mit einem relativ klaren Nein beantworten. Ohne ein entsprechendes Training auf einem derart extremen Fahrzeug kann von einer Eignung keine Rede sein. Eine Meinung, die im Falle eines Falles auch ein Richter vertreten könnte.

> » **INFO**
>
> Aus der Verantwortung als Fahrzeughalter ergibt sich nach geltender Rechtsprechung für Ihren Chef (oder seinen Bevollmächtigten) nicht nur die Berechtigung, sondern sogar die Verpflichtung, sich von Ihnen regelmäßig Ihren gültigen Führerschein vorlegen zu lassen.

DER KRAFTOMNIBUS IN DER STRASSENVERKEHRS-ZULASSUNGSORDNUNG (STVZO)

8.2 Regelmäßige Untersuchungen (§ 29 StVZO und DGUV Vorschrift 70)

Die Halter von Kraftfahrzeugen und Anhängern mit eigenen amtlichen Kennzeichen haben die Pflicht, ihre Fahrzeuge einer regelmäßigen technischen Untersuchung unterziehen zu lassen.

Als vorgeschriebene Untersuchungsformen kommen dabei in Betracht:

– die **Untersuchung nach DGUV Vorschrift 70** (Vorschrift Nr. **70 der Deutschen Gesetzlichen Unfallversicherung).** Die Vorschrift legt die betroffenen Fahrzeuge, deren Ausrüstung, den Inhalt und den Umfang der Untersuchung fest (Details sind der DGUV Vorschrift 70 zu entnehmen). Der Halter des Fahrzeugs muss sie in jährlichen Abständen von einem Sachkundigen durchführen und dokumentieren lassen. Diese Nachweise sind bis zur nächsten Untersuchung aufzubewahren. Nach zufriedenstellender Überprüfung erhält das Fahrzeug eine Prüfplakette. In der Untersuchung hat der Sachkundige zu beurteilen, ob die in der DGUV Vorschrift 70 festgelegten technischen Eigenschaften vorliegen bzw. die Anforderungen an die Fahrzeuge erfüllt werden (Untersuchung der Verkehrs- und Arbeitssicherheit).

» **INFO**

DGUV: Deutsche Gesetzliche Unfallversicherung – Spitzenverband der gewerblichen Berufsgenossenschaften und der Unfallversicherungsträger der öffentlichen Hand

– die **Hauptuntersuchung (HU)**
Zur leichteren Überprüfung „auf den ersten Blick" bekommen die Fahrzeuge nach erfolgreich abgeschlossener Hauptuntersuchung die **HU-Prüfplakette** für das hintere Kennzeichen. Eine HU-Plakette darf nur dann zugeteilt werden, wenn alle Vorschriften der **Anlage VIII zu § 29 StVZO** im Wesentlichen eingehalten werden.

§ 29 StVZO; Anlage VIII a

Bei einer Hauptuntersuchung werden die Fahrzeuge ... auf ihre Verkehrssicherheit, ihre Umweltverträglichkeit sowie auf Einhaltung der für sie geltenden Bau- und Wirkvorschriften untersucht.

DER KRAFTOMNIBUS IN DER STRASSENVERKEHRS-ZULASSUNGSORDNUNG (STVZO)

- die **Sicherheitsprüfung (SP)**
Nach erfolgreich abgeschlossener Sicherheitsprüfung wird die **SP-Marke** auf das **SP-Schild** am Fahrzeug geklebt (Monat und Jahr der nächsten Überprüfung werden angezeigt).

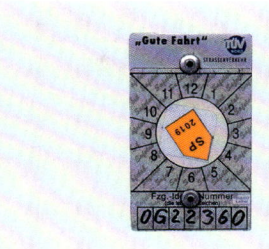

§ 29 StVZO; Anlage VIII a
Die Sicherheitsprüfung hat eine Sicht-, Wirkungs- und Funktionsprüfung des Fahrgestells und Fahrwerks, der Verbindungseinrichtung, Lenkung, Reifen, Räder und Bremsanlage des Fahrzeugs ... zu umfassen.

- die (im Regelfall in die HU integrierte) **Abgasuntersuchung (AU).**

Sie ist Bestandteil der Hauptuntersuchung, kann aber auf Wunsch ausgegliedert werden. Der Fahrzeughalter als Verantwortlicher kann somit den AU-Bestandteil der Hauptuntersuchung und die ‚Rest'- HU in zwei verschiedenen Werkstätten durchführen lassen. Bei einer solchen Verfahrensweise ist die zuvor erfolgreich absolvierte AU durch Vorlage einer Bescheinigung zu belegen. Das Ergebnis und die durchführende Werkstatt werden dann im HU-Prüfbericht vermerkt. Die Zuteilung einer besonderen Plakette für die AU erfolgt nicht.

Demnach unterliegen folgende Fahrzeuge zur Personenbeförderung einer regelmäßigen Hauptuntersuchung (HU) und ggf. einer Sicherheitsprüfung (SP):
- Pkw zur Personenbeförderung nach dem PBefG,
- Krankenkraftwagen mit nicht mehr als acht Fahrgastplätzen,
- Behinderten-Transportfahrzeuge mit nicht mehr als acht Fahrgastplätzen und
- Kraftomnibusse (KOM).

Gemessen an „normalen" Pkw oder auch großen Lastkraftwagen sind die Fahrzeuge in kürzeren Zeitabständen zu untersuchen. Entscheidend ist dabei die Art der Zulassung bzw. der Verwendungszweck des zu prüfenden Fahrzeugs laut Fahrzeugschein bzw. Zulassungsbescheinigung Teil I. Eine Differenzierung nach der zulässigen Gesamtmasse (zGM) findet nicht statt. Zuständig für die Einhaltung der Termine ist zwar in erster Linie der Fahrzeughalter, das enthebt aber nicht den Fahrzeugführer seiner Verantwortung für den Zustand des Fahrzeugs (s. dazu Kapitel 8.1).

DER KRAFTOMNIBUS IN DER STRASSENVERKEHRS-ZULASSUNGSORDNUNG (STVZO)

Die folgende Tabelle zeigt die Untersuchungsintervalle bei der HU und der SP, der Vollständigkeit halber auch für evtl. mitzuführende Anhänger, bei denen allerdings nach der zGM zu unterscheiden ist.

§ 29 Anlage VIII Untersuchung der Fahrzeuge (HU + SP; Auszug)

...

2. Zeitabstände der Hauptuntersuchungen und Sicherheitsprüfungen

2.1 Die Fahrzeuge sind mindestens in folgenden regelmäßigen Zeitständen einer Hauptuntersuchung und einer Sicherheitsprüfung zu unterziehen; die Zeitabstände für Sicherheitsprüfungen beziehen sich hierbei auf die zuletzt durchgeführte Hauptuntersuchung:

Art der Fahrzeuge		HU (Monate)	SP (Monate)
2.1.2.2	**Personenkraftwagen** zur Personenbeförderung nach dem Personenbeförderungsgesetz oder nach § 1 Nr. 4 Buchstabe d, g und i der Freistellungs-Verordnung	12	–
2.1.2.3	Krankenkraftwagen und Behinderten-Transportfahrzeuge mit nicht mehr als 8 Fahrgastplätzen	12	–
2.1.3	**Kraftomnibusse und andere Kraftfahrzeuge mit mehr als 8 Fahrgastplätzen**		
2.1.3.1	bei erstmals in den Verkehr gekommenen Fahrzeugen in den ersten 12 Monaten	12	–
2.1.3.2	für die weiteren Untersuchungen von 12 bis 36 Monaten vom Tag der Erstzulassung an	12	6
2.1.3.3	für die weiteren Hauptuntersuchungen	12	3/6/9
2.1.5	**Anhänger, (...)**		
2.1.5.1	mit einer zulässigen Gesamtmasse < 0,75 t oder ohne eigene Bremsanlage		
2.1.5.1.1	bei erstmals in den Verkehr gekommenen Fahrzeugen für die erste Hauptuntersuchung	36	–
2.1.5.1.2	für die weiteren Hauptuntersuchungen	24	–
2.1.5.2	(...) mit einer zulässigen Gesamtmasse > 0,75 t < 3,5 t	24	–
2.1.5.3	mit einer zulässigen Gesamtmasse > 3,5 t < 10 t	12	–

DER KRAFTOMNIBUS IN DER STRASSENVERKEHRS-ZULASSUNGSORDNUNG (STVZO)

Folgende gesetzliche Regelungen sind zusätzlich zu beachten:

§ 29 StVZO
Untersuchung der Kraftfahrzeuge und Anhänger

(10) Der Halter hat den Untersuchungsbericht mindestens bis zur nächsten Hauptuntersuchung und das Prüfprotokoll mindestens bis zur nächsten Sicherheitsprüfung aufzubewahren. Der Halter oder sein Beauftragter hat den Untersuchungsbericht, bei Fahrzeugen nach Absatz 11 (SP-pflichtige Fahrzeuge) zusammen mit dem Prüfprotokoll und dem Prüfbuch, zuständigen Personen und der nach Landesrecht zuständigen Behörde auf deren Anforderung hin auszuhändigen. Kann der letzte Untersuchungsbericht oder das letzte Prüfprotokoll nicht ausgehändigt werden, hat der Halter auf seine Kosten Zweitschriften von den prüfenden Stellen zu beschaffen oder eine Hauptuntersuchung oder eine Sicherheitsprüfung durchführen zu lassen (...)

(11) Halter von Fahrzeugen, an denen (...) Sicherheitsprüfungen durchzuführen sind, haben ab dem Tag der Zulassung Prüfbücher nach einem im Verkehrsblatt mit Zustimmung der zuständigen obersten Landesbehörden bekanntgemachten Muster zu führen. Untersuchungsberichte und Prüfprotokolle müssen mindestens für die Dauer ihrer Aufbewahrungspflicht nach Absatz 10 in den Prüfbüchern abgeheftet werden.

(12) Der für die Durchführung von Hauptuntersuchungen oder Sicherheitsprüfungen Verantwortliche hat ihre Durchführung unter Angabe des Datums, bei Kraftfahrzeugen zusätzlich unter Angabe des Kilometerstandes, im Prüfbuch einzutragen.

(13) Prüfbücher sind bis zur endgültigen Außerbetriebsetzung der Fahrzeuge von dem Halter des Fahrzeugs aufzubewahren.

Fahrzeuge, die der gewerblichen Personenbeförderung dienen, verfügen zum Teil über spezielle technische Einrichtungen. Diese bedürfen ebenfalls der regelmäßigen Überprüfung, damit die Betriebs- und die Verkehrssicherheit erhalten bleiben.

Besonderes Augenmerk wird bei der HU auf die Funktion der Fahrer-Assistenzsysteme (FAS) gerichtet. Mittels des 2012 eingeführten „HU-Adapters" wird eine „Verbauprüfung" durchgeführt. Das heißt, durch Einführen des Diagnosesteckers in die bei neueren Fahrzeugen vorhandene OBD-Steckdose (Steckdose für die On-Board-Diagnose) erkennt der Adapter, welche FAS verbaut wurden. Im Anschluss erfolgt auf dem gleichen Weg, zum Teil in Verbindung mit einer Probefahrt, die Funktionskontrolle aller vorhandenen Systeme.

» INFO

Seit 2022 für neue Fahrzeugtypen vorgeschriebene Assistenzsysteme:
- Notbremsassistent
- Notfall-Spurhalteassistent
- Geschwindigkeitsassistent
- Notbremslicht
- Unfalldatenspeicher (Black-Box)
- Müdigkeits- und Aufmerksamkeitswarner
- Rückfahrassistent
- Reifendrucküberwachung
- Vorrichtung zum Einbau einer alkoholempfindlichen Wegfahrsperre

DER KRAFTOMNIBUS IN DER STRASSENVERKEHRS-ZULASSUNGSORDNUNG (STVZO)

Eine Überprüfung des programmierten maximalen Geschwindigkeitswerts (Begrenzer!) erfolgt zusätzlich.
Die Untersuchungsergebnisse werden in Form von Kürzeln wie folgt unterschieden (Darstellung ihrer Bedeutung in verkürzter Form):

- **HW – Hinweise**
  Keine Mängel im Sinne dieser Richtlinie. Hinweise an den Fahrzeughalter, bezogen auf sich abzeichnende Mängel durch Verschleiß, Korrosion oder andere Umstände.

- **OM – Ohne festgestellte Mängel**
  Zuteilung einer Prüfplakette.

- **GM – Geringe Mängel**
  Kurzzeitige Abweichung einer Fahrzeugeinrichtung oder eines Fahrzeugteils von Vorschriften und den hierzu ergangenen Richtlinien. Da zum Zeitpunkt der Mängelfeststellung keine Verkehrsgefährdung oder unzulässige Umweltbelastung zu erwarten ist, können diese kurzzeitig hingenommen werden. Zuteilung einer Prüfplakette nur dann zulässig, wenn unverzügliche Beseitigung dieser Mängel zu erwarten.

- **EM – Erhebliche Mängel**
  Mängel, die zu einer Verkehrsgefährdung oder einer unzulässigen Umweltbelastung führen. Nachprüfung erforderlich. Keine Zuteilung einer Prüfplakette.

- **VM – Gefährliche Mängel**
  Mängel, die direkte und unmittelbare Verkehrsgefährdungen darstellen oder die Umwelt beeinträchtigen, jedoch keine unmittelbare Untersagung des Betriebs des Fahrzeugs auf öffentlichen Straßen erfordern. Nachprüfung der Mängelbeseitigung unter Vorlage des Untersuchungsberichts spätestens bis zum Ablauf eines Monats ab dem Tag der HU. Keine Benachrichtigung der Zulassungsbehörde. Keine Zuteilung einer Prüfplakette.

- **VU – Verkehrsunsicher**
  Gefährliche Mängel mit direkter und unmittelbarer Verkehrsgefährdung oder Umweltbeeinträchtigung; unmittelbare Untersagung des Betriebs des Fahrzeugs auf öffentlichen Straßen. **Unverzügliche Benachrichtigung der nach § 46 Fahrzeug-Zulassungsverordnung (FZV) örtlich zuständigen Zulassungsbehörde**
  » **Stilllegung des Fahrzeugs.**
  Fahrzeug darf auf öffentlichen Straßen nicht mehr in Betrieb gesetzt werden. Der Halter ist schriftlich im Untersuchungsbericht auf diesen Gefährdungstatbestand hinzuweisen. Nachprüfung erforderlich. Keine Zuteilung einer Prüfplakette.

M1	Fahrzeug zur Personenbeförderung < 8 Fahrgastplätzen
M2	Fahrzeug zur Personenbeförderung > 8 Fahrgastplätzen und zGM < 5 t
M3	Fahrzeug zur Personenbeförderung > 8 Fahrgastplätzen und zGM > 5 t

> » **INFO**
>
> Der nachfolgende Auszug aus der ‚Richtlinie für die Durchführung von Hauptuntersuchungen (HU) und die Beurteilung der dabei festgestellten Mängel an Fahrzeugen nach § 29 Anlagen VIII und VIIIa StVZO („HU-Richtlinie")' listet einige zusätzliche Prüfungspunkte an **Fahrzeugen zur gewerblichen Personenbeförderung der Klassen M1, M2 UND M3** (Pkw und alle KOM-Formen) bei der HU auf.

DER KRAFTOMNIBUS IN DER STRASSENVERKEHRS-ZULASSUNGSORDNUNG (STVZO)

8.2.1 Zusätzliche Prüfungen bei Fahrzeugen zur gewerblichen Personenbeförderung der Klassen M1, M2 und M3 (Auszüge aus der HU-Richtlinie)

Kraftfahrzeuge zur Personenbeförderung mit mehr als 8 Fahrgastplätzen

UNTERSUCHUNGS- PUNKT (POSITION) (BAUTEIL, SYSTEM)	UNTERSUCHUNGSKRITERIUM PFLICHTUNTERSUCHUNGEN; ERGÄNZUNGSUNTERSUCHUNGEN (BEISPIELE)	GRUND FÜR MANGEL- FESTSTELLUNG (BEISPIELE)	GM	EM	VM	MANGEL M. STILL- LEGUNG; VU
Einstiegs- und Ausstiegstüren	Zustand – Auffälligkeiten Ausführung, Anzahl – Zulässigkeit Funktion der Reversiereinrichtung	Mangelhafte Funktion;		X		
		Zustand schadhaft;	X			
		Verletzungsgefahr		X		
Notausstiege	Zustand – Auffälligkeiten Ausführung, Anzahl – Zulässigkeit	Notausstiegsschilder sind unleserlich;	X			
		...fehlen;		X		
		Hammer zum einschlagen der Scheiben fehlt		X		
Türen, Rampen und Hebevorrichtungen	Zustand – Auffälligkeiten Ausführung, Anzahl – Zulässigkeit Funktion der Reversiereinrichtung	Mangelhafte Funktion;	X			
		Sicherer Betrieb beeinträchtigt		X		
		Steuerung(en) defekt	X			
Rollstuhl- Rückhaltesysteme	Zustand – Auffälligkeiten Ausführung, Anzahl – Zulässigkeit	Mangelhafte Funktion;	X			
		Sicherer Betrieb beeinträchtigt		X		
Besondere Ausstattung für Schulbusse	Anforderungskatalog	Anforderungen nicht eingehalten	X	X		

DER KRAFTOMNIBUS IN DER STRASSENVERKEHRS-ZULASSUNGSORDNUNG (STVZO)

Nicht nur der Sachverständige bzw. eine anerkannte **Werkstatt** muss regelmäßige Untersuchungen an einem Fahrzeug vornehmen. Auch der **Fahrzeugführer** muss vor Antritt einer Fahrt, und bei längeren Touren auch zwischendurch, sein ihm zugeteiltes Fahrzeug zumindest auf die wichtigen Punkte der Betriebs- und Verkehrssicherheit überprüfen. Genannt werden muss in diesem Zusammenhang auch die grundsätzliche Vorschrift der StVZO, nach der ein Fahrzeug so gebaut und ausgerüstet sein muss, dass es den Anforderungen der sogenannten **aktiven und passiven Sicherheit** gerecht wird.

Dabei handelt es sich sicher in erster Linie um Vorgaben an den Hersteller des Fahrzeugs. Der Betreiber, also auch der Fahrzeugführer, hat aber manchmal entscheidenden Einfluss darauf, ob ein solcher Schutz weiterhin besteht oder nicht. Werden z. B. Aufpolsterungen oder Kunststoffverkleidungen in einem Omnibus durch Fahrgäste mutwillig zerstört und dadurch scharfe Kanten, Schrauben, Halterungen oder Ähnliches freigelegt, die bei Bremsungen oder Unfällen Verletzungen bei den Fahrgästen hervorrufen können, ist es auch Aufgabe des Fahrers, für eine Beseitigung dieser Gefährdungen zu sorgen. Dazu müssen sie aber im Rahmen von Routineüberprüfungen erst einmal entdeckt werden – auch hier ist wieder der Fahrer gefragt.

Insbesondere nach einer längeren Zeit des Stillstands wird ein verantwortungsvoller Kraftfahrer u. a. die Funktion seiner Bremsen, seiner Beleuchtungseinrichtungen, den Zustand der Reifen, der Spiegel sowie ggf. der Ladung und deren Sicherung überprüfen. Manche Missstände sind leicht zu erkennen, wie z. B. verschmierte oder verschneite Scheiben. Diese müssen gereinigt bzw. von Eis und Schnee befreit werden. Die Hersteller statten zur Erleichterung der Arbeit ihre Fahrzeuge mit Trittstufen an der Fahrzeugfront aus.

Andere Gefahren „verstecken sich" und werden ohne gezielte Kontrolle und entsprechende Maßnahmen erst zu spät bemerkt und sind dann nicht mehr beherrschbar. Zu dieser Gruppe gehören wiederum Schnee und Eis, nun allerdings auf dem Fahrzeugdach. In jedem Winter kommt es zu schweren und schwersten **(Personen-)Schäden durch Eisplatten auf den Fahrzeugdächern**, die sich durch Fahrbewegungen gelöst haben, durch den Fahrtwind hochgewirbelt werden und andere Verkehrsteilnehmer nun in höchstem Maße gefährden. Es ist die Aufgabe des Fahrzeugführers, diese drohende Gefahr durch Reinigung des Fahrzeugdachs **vor Antritt der Fahrt** zu beseitigen.

In der Praxis stellt das den Fahrer vor eine schier unlösbare Aufgabe. Zur mechanischen Reinigung der Dächer existieren – allerdings nicht flächendeckend – an manchen Autobahn-Raststätten und auch Speditionen Räumstationen. Dabei handelt es sich um Gerüste, die es dem Fahrer ermöglichen, sein Fahrzeugdach zu reinigen. Zum Umfang vorgeschriebener Überprüfungen gehört auch die Kontrolle des Vorhandenseins und der Beschaffenheit bestimmter Ausrüstungsteile.

> **» INFO**
>
> **Betriebssicherheit:** Die technischen Einrichtungen eines Fahrzeugs, die zur Aufrechterhaltung seines Betriebes notwendig sind (z. B. Ölvorrat, Kraftstoffvorrat).

> **» INFO**
>
> **Verkehrssicherheit:** Die für die sichere Verkehrsteilnahme wesentlichen technischen Einrichtungen (z. B. Bremsen, Lenkung).

> **» INFO**
>
> **Aktive Sicherheit:** Die Teile eines Fahrzeugs, die das Zustandekommen eines Unfalles verhindern sollen (z. B. automatische Blockierverhinderer, Spurassistenten, Abstandswarner).

> **» INFO**
>
> **Passive Sicherheit:** Die Teile eines Fahrzeugs, die bei einem Unfall Personenschäden verhindern bzw. verringern sollen (z. B. Airbags, Knautschzonen).

Foto: Günzburger Steigtechnik GmbH

> **» INFO**
>
> Auf der Webseite **www.dvr.de/eisundschnee** des **Deutschen Verkehrssicherheitsrates (DVR)** findet sich eine aktuelle Liste dieser bundesweiten Räumstationen.
> Bei der BG Verkehr (Berufsgenossenschaft) ist ein Flyer zu diesem Thema erhältlich: **„Runter mit Eis und Schnee"**.

DER KRAFTOMNIBUS IN DER STRASSENVERKEHRS-ZULASSUNGSORDNUNG (STVZO)

8.3 Vorgeschriebene Ausrüstungsteile und ihre Beschaffenheit

1. **Feuerlöscher (§ 35 g)**

   Die Verordnung schreibt mindestens einen Feuerlöscher mit 6 kg Füllmasse vor – in Doppeldeckern mindestens zwei.

   Die Geräte müssen für die Brandklassen
   A = brennbare feste Stoffe,
   B = brennbare flüssige Stoffe und
   C = brennbare gasförmige Stoffe
   zugelassen sein.

   Einer der Löscher muss in der Nähe des Fahrersitzes untergebracht sein, bei Doppeldeckern der zweite auf der oberen Fahrgastebene. Die Feuerlöscher müssen mittels einer Halterung gegen Fahrbewegungen gesichert sein, aber dennoch leicht zu entnehmen sein. Das Fahrpersonal muss mit der Handhabung der Löscher vertraut sein.

   Damit die Feuerlöscher im Ernstfall funktionieren, müssen sie mindestens einmal jährlich durch Fachkundige überprüft werden. Auf einem Prüfschild am Gerät müssen das Datum der Überprüfung und der Name des Prüfers stehen.

2. **Erste-Hilfe-Material (§ 35 h)**

   Mitzuführen sind (an dafür vorgesehenen und deutlich gekennzeichneten Stellen) Verbandkästen, deren Inhalt der Norm DIN 13 164 vom Januar 1998 oder vom Januar 2014 entspricht.

   Mindestausstattung:
   – ein Verbandkasten in Bussen mit max. **22 Fahrgastplätzen**,
   – zwei Verbandkästen in Bussen mit mehr als **22 Fahrgastplätzen**.

   Im Verbandkasten finden Sie
   – eine Liste zur Überprüfung des Inhalts auf Erfüllung der Norm,
   – ein Verfallsdatum für verschiedene Inhalte, welches zu beachten ist!

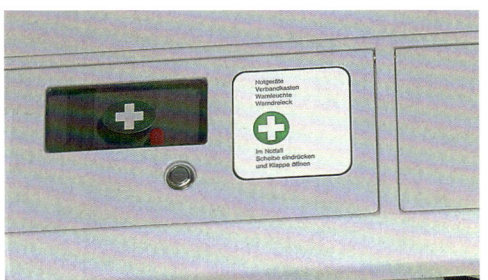

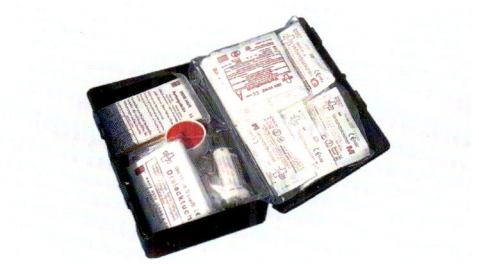

DER KRAFTOMNIBUS IN DER STRASSENVERKEHRS-ZULASSUNGSORDNUNG (STVZO)

3. Unterlegkeile (§ 41)

Unterlegkeile müssen sicher zu handhaben und im oder am Fahrzeug leicht zugänglich in Halterungen untergebracht sein. Damit sie nicht verlorengehen oder umherfliegen, ist darauf zu achten, dass die Unterbringung bzw. die Halterung einwandfrei ist. Ob und wie viele Unterlegkeile mitzuführen sind, hängt von der Art des Fahrzeugs, dessen zulässiger Gesamtmasse (zGM) und der Zahl seiner Achsen ab. Bei Kraftfahrzeugen (also hier beim KOM) beginnt die Ausrüstungspflicht ganz allgemein bei einer zGM von mehr als 4 t, bei Anhängern von mehr als 750 kg.

Beispiel für eine sichere Unterbringung von Unterlegkeilen

Beim KOM
- Hat er nicht mehr als zwei Achsen, genügt ein Unterlegkeil, das an einem Rad der Antriebsachse angelegt wird.
- Besitzt das Fahrzeug mehr als zwei Achsen, muss es mit zwei Unterlegkeilen ausgerüstet sein.

Beim Anhänger
- Handelt es sich um einen Drehdeichselanhänger (Vorderachse an einem Drehkranz befestigt und damit unabhängig vom restlichen Fahrwerk drehbar um die Hochachse/vertikale Achse), gelten die gleichen Vorschriften wie beim KOM.
- Bei Starrdeichselanhängern sind wegen der Gefahr des Wegdrehens grundsätzlich zwei Unterlegkeile vorgeschrieben.

» **INFO**

Die Gewichtsgrenze von 4 t ist ungewöhnlich. Sie tauchte in der StVZO ursprünglich noch in einem weiteren Zusammenhang auf: Beim Schleppen von Fahrzeugen. Die dazu ergangenen Verhaltensvorschriften sind allerdings durch ein grundsätzliches Verbot des Schleppens von Kraftfahrzeugen ersetzt worden. Anzunehmen ist, dass bei der Erteilung einer diesbezüglichen Ausnahmegenehmigung ab 4 t zGM eine Stange vorgeschrieben sein wird. Aus Sicherheitsgründen ist die Verwendung einer Stange auch bei der Beseitigung eines Notstandes (Abschleppen) zu empfehlen. (Zum Thema Schleppen und Abschleppen s. auch Kap. 8.5.1.)

Ausrüstungspflicht mit Unterlegkeilen in der tabellarischen Übersicht

	AUSRÜSTUNGSPFLICHT, FALLS	VORGESCHRIEBENE ANZAHL
KRAFTFAHRZEUGE	zGM > 4 t	
– bis 2 Achsen – mehr als 2 Achsen		1 2
ANHÄNGER	zGM > 750 kg	
– Drehdeichselanhänger bis 2 Achsen – Drehdeichselanhänger mehr als 2 Achsen		1 2
– Starrdeichselanhänger/Sattelauflieger		2

» **INFO**

Definition Starrdeichselanhänger (aus dem Verkehrsblatt 8/95 bzw. 20/96): Ein Starrdeichselanhänger ist ein Anhänger mit einer Achse oder Achsgruppe, bei dem
- die winkelbewegliche Verbindung zum ziehenden Fahrzeug über eine Zugeinrichtung (Deichsel) erfolgt,
- diese Deichsel nicht frei beweglich mit dem Fahrgestell verbunden ist und deshalb Vertikalmomente übertragen kann und
- nach seiner Bauart ein Teil seines Gesamtgewichtes von dem ziehenden Fahrzeug getragen wird.

DER KRAFTOMNIBUS IN DER STRASSENVERKEHRS-ZULASSUNGSORDNUNG (STVZO)

4. Warndreieck, Warnleuchte und Warnweste (§ 53 a)

Grundausrüstung für alle hier behandelten Fahrzeuge ist ein standsicheres Warndreieck. Hat das Kraftfahrzeug eine zulässige Gesamtmasse von mehr als 3,5 t, muss zusätzlich eine bauartgenehmigte Warnleuchte mitgeführt werden.

Die Pflicht zur Ausrüstung mit Warnwesten für alle Mitglieder des Fahrpersonals (also ggf. auch für den/die Beifahrer) war ursprünglich allein auf Vorschriften der Berufsgenossenschaft zurückzuführen. Mittlerweile schreibt nun allerdings auch die StVZO (§ 53 a) u. a. in Pkw und Kraftomnibussen das Vorhandensein einer solchen genormten Weste vor (EN ISO 20471). Bei Arbeiten und bei durch Notfall bedingten Aufenthalten im Verkehrsraum müssen die Westen getragen werden. Sie sollten also mit einem Griff erreichbar sein.

Der Nachweis der **Bauartgenehmigung** erfolgt alternativ über eine der folgenden drei Kennzeichnungsmöglichkeiten (Prüfzeichen) am Gerät (gleiches gilt für fast alle lichttechnischen Einrichtungen an Fahrzeugen, auch für das gerade genannte Warndreieck).

Funktion der Warnleuchte

Es reicht nicht aus, dass die Warnleuchte beim Einschalten funktioniert. Zur Überprüfung der noch vorhandenen Lebensdauer der eingesetzten Batterien muss die Lampe auch in der **Test-Stellung** (spezielle Schalterstellung; auf dem Gerät angegeben) noch arbeiten. Falls nicht, müssen neue Batterien eingesetzt werden! Es kommt leider vor, dass ausgelaufene Batterien die komplette Leuchte ruinieren. Hat der betroffene Fahrer nun die Idee, die Batterien der neuen Leuchte separat, also außerhalb der Leuchte aufzubewahren, begeht er eine – teure – Ordnungswidrigkeit, weil die Leuchte als nicht mehr einsatzbereit gilt. Eine Argumentation, die jeder bestätigen wird, der selbst schon einmal schnellstmöglich eine Pannen- oder Unfallstelle absichern wollte.

Speziell bei KOM ist außerdem eine windsichere Handlampe gesetzlich erforderlich. Darunter ist eine normale, am besten wassergeschützte (Taschen-)Lampe zu verstehen. Für deren Batterien gilt das oben Gesagte sinngemäß. Darüber hinaus schreibt die Berufsgenossenschaft das Mitführen von einer oder zwei **Warnwesten** für das Fahrpersonal vor. Bei durch Notfall bedingten Aufenthalten im Verkehrsraum müssen die Mitglieder des Fahrpersonals (also gegebenenfalls auch Beifahrer oder Begleitperson) Warnwesten tragen. Sie sollten also für den Fall der Fälle ebenfalls mit einem Griff erreichbar sein.

» **INFO**

Setzt man die Westen dauerhaft UV-Licht (Sonnenlicht) aus, verlieren sie in relativ kurzer Zeit ihre retroreflektierende Eigenschaft! Das ist z. B. der Fall, wenn eine Weste dauerhaft über die Rückenlehne eines Sitzes gehängt wird. Auch können bei dieser Verfahrensweise evtl. in die Lehne eingebaute Airbags in ihrer Funktion beeinträchtigt werden!

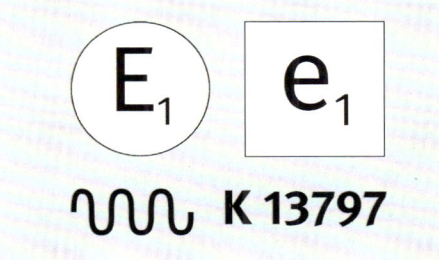

Prüfzeichen

» **INFO**

Im Ausland gelten zum teil abweichende Vorschriften hinsichtlich Anzahl und Handhabung.

DER KRAFTOMNIBUS IN DER STRASSENVERKEHRS-ZULASSUNGSORDNUNG (STVZO)

8.4 Abmessungen und Gewichte/Massen von Einzelfahrzeugen (§§ 32, 34, 41 und 59 a)

Die zum Teil in deutsches Recht übernommene Richtlinie 96/53/EG, die ab dem 01.01.2017 ersetzt wird von der VO (EU) 2016/403, legt die Maximalgewichte (-massen) und -abmessungen von Fahrzeugen und Zügen im innerstaatlichen und innergemeinschaftlichen Verkehr fest. Kein Mitgliedstaat darf ein Fahrzeug an der Grenze zurückweisen, das dieser Richtlinie entspricht. Ein entsprechendes Einbauschild am bzw. im Fahrzeug gibt (neben den Fahrzeugpapieren) Auskunft über die zulässige Gesamtmasse und die zulässigen Achslasten, die für das Fahrzeug gelten.

8.4.1 Achsen, Achsgruppen und Achslasten

Die für alle neu zugelassenen Fahrzeugtypen geltende EG-VO 1230/2012 definiert eine Achse als „…gemeinsame Drehachse von zwei oder mehr kraftbetriebenen oder frei drehbaren Rädern, die aus einem oder mehreren Abschnitten bestehen kann…" (Auszug)

Daraus ergeben sich in der Praxis für den KOM folgende mögliche Bauformen einer Einzelachse:
1 Einzelachse, nicht angetrieben
2 Einzelachse, angetrieben
3 Einzelachse, nicht angetrieben
4 Einzelachse, angetrieben

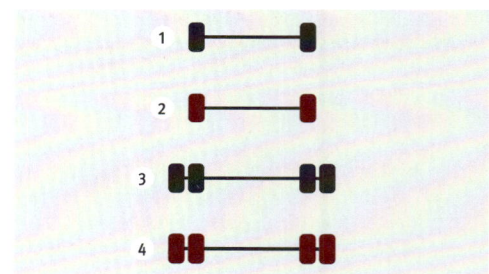

Neben dem Begriff der Einzelachse kennen die Zulassungsvorschriften den Begriff der **Achsgruppe**. Die o. g. EG-VO definiert eine solche Gruppe wie folgt: (siehe EG-VO)

Der in der Definition genannte **Abstand d** legt maximale Achslasten für Achsgruppen fest, deren zugehörige Einzelachsen unterschiedliche Abstände zueinander haben. Es sind Abstände von weniger als einem Meter bis zu 1,8 m denkbar (s. u. die Auflistung der zulässigen Achslasten). Gemessen werden dabei die Abstände zwischen den Mittelpunkten der Radnaben von zwei benachbarten Achsen.

EG-VO

…mehrere Achsen, die einen Achsabstand aufweisen, der höchstens so groß sein darf wie einer der in Anhang I der Richtlinie 96/53 EG als Abstand „d" bezeichneten Achsabstände und die aufgrund der spezifischen Konstruktion der Aufhängung zusammenwirken; …

Grundsätzlich geht es bei der Festlegung der Abstände um den Schutz von Fahrbahndecken und Unterbauten. Deshalb gilt: je größer die Zahl der vorhandenen Achsen und vor allem je weiter die einzelnen Achsen einer Achsgruppe voneinander entfernt sind, desto größer darf die Masse werden, welche die Gruppe auf die Fahrbahn überträgt. Man kennt das von Seen, die mit einer dünnen Eisschicht überzogen sind. Ein stehender Mensch bricht aufgrund der hohen punktuellen Belastung durch das Eis, während sich ein Retter, der sein Gewicht z. B. über eine Leiter verteilt, dem Eingebrochenen problemlos nähern kann.

DER KRAFTOMNIBUS IN DER STRASSENVERKEHRS-ZULASSUNGSORDNUNG (STVZO)

Beispiele für Achsgruppen
– Doppelachsgruppen

Wie erwähnt, ist eine Unterscheidung zwischen zulässigen und tatsächlichen Achslasten vorzunehmen.

In Anlehnung an diese Formulierung (siehe VO (EG) 1230/2012 und § 34 StVZO) könnte man die zulässige Achslast definieren als „Masse, die von den Rädern einer Achse/Achsgruppe auf die Fahrbahnoberfläche übertragen werden darf".

Die Summe aller zulässigen bzw. tatsächlichen Radlasten einer Achse bildet deren zulässige bzw. tatsächliche Achslast.

Es sind also alle Massen zu berücksichtigen, die die Fahrbahn an dieser Stelle belasten (könnten) – auch der Massenanteil der ggf. vorhandenen Fahrgäste und ihres Gepäcks.

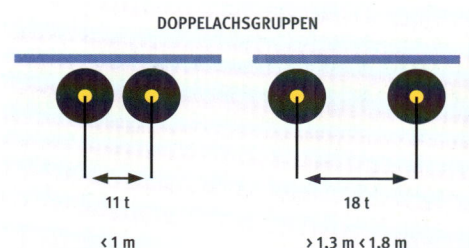
DOPPELACHSGRUPPEN

11 t < 1 m
18 t > 1,3 m < 1,8 m

VO (EG) 1230/2012 und § 34 StVZO

Sinngemäß: Die (tatsächliche) **Achslast** ist die Masse, die von den Rädern einer Achse/Achsgruppe auf die Fahrbahnoberfläche übertragen wird.

» INFO

Die **Summe der zulässigen Achslasten** eines Fahrzeugs ist meist höher als dessen zulässige Gesamtmasse. Anders ausgedrückt: Nutzt man die zulässige Achslast jeder einzelnen Achse eines Fahrzeugs aus, ist das Fahrzeug in der Regel überladen!

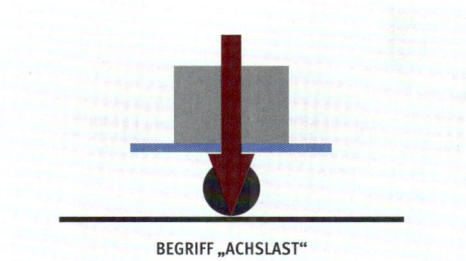
BEGRIFF „ACHSLAST"

DER KRAFTOMNIBUS IN DER STRASSENVERKEHRS-ZULASSUNGSORDNUNG (STVZO)

8.4.2 Die gesamten Gewichte/Massen

Was bedeutet nun eigentlich der Begriff **Gesamt**gewicht bzw. **Gesamtmasse**? Offensichtlich ist hier gemeint, dass mehrere Gewichte dieses eine Gewicht ergeben. Das trifft auch zu. Das Gesamtgewicht ist immer die Summe aus **dem Leergewicht/der Leermasse** des Fahrzeugs und dem **Wert X**.

Um zu wissen, was hinter X steckt, muss man klären, von welcher Gesamtmasse man spricht. Hier sind nämlich 2 Fälle zu unterscheiden:
1. die **tatsächliche Gesamtmasse tGM**:
   Sie errechnet sich aus der Summe von Leermasse und dem, was sich tatsächlich auf oder in dem Fahrzeug an Personen (Besetzung) oder Gegenständen (Ladung) befindet.
   Der Wert X steht hier also für **Besetzung** und/oder **Ladung**.
2. die **zulässige Gesamtmasse zGM**:
   Sie errechnet sich aus der Summe von Leermasse und dem, was sich auf oder in dem Fahrzeug an Besetzung oder Ladung befinden dürfte, also der **theoretischen Zuladung/Besetzung**, der sog. **Nutzlast**.

Vereinfacht zusammengefasst:
– tGM = Leermasse + Ladung/Besetzung
– zGM = Leermasse + Nutzlast

Die höchstzulässigen **Tonnagen** nach StVZO:

FAHRZEUGART/ACHSZAHL	MAXIMALE TONNAGE (zGM)
	19,5 t
	26 t; 27 t bei „Alternativem Antrieb" *(wenn dieser Ursache für Mehrmasse ist)*
	32 t
	28 t

Ein entsprechendes Einbauschild am bzw. im Fahrzeug gibt (neben den Fahrzeugpapieren) u. a. Auskunft über die zulässige Gesamtmasse und die zulässigen Achslasten, die für das Fahrzeug gelten.

> **INFO**

Zur Verwendung der Begriffe „**Gewicht**" und „**Masse**": Beide sind physikalisch voneinander zu unterscheiden. In den Texten der Gesetze und Verordnungen wird deshalb zunehmend der Begriff des „Gewichtes" durch den genaueren der „Masse" 1: 1 ersetzt (z. B. in der neueren FZV grundsätzlich, in der StVZO im Rahmen von Änderungen des Textes). Von daher ist die Wortwahl in den Quelltexten z. T. uneinheitlich.

> **INFO**

Die zulässige Gesamtmasse (zGM) ist bei einem Einzelfahrzeug dem Fahrzeugschein bzw. der Zulassungsbescheinigung Teil I zu entnehmen. Bei Zügen muss sie somit errechnet werden. Die Vorgehensweise wird unter 8.5. dargestellt.

§ 42 StVZO

„Das Leergewicht (die Leermasse) ist das Gewicht (die Masse) des betriebsfertigen Fahrzeugs ... mit zu 90 % gefüllten eingebauten Kraftstoffbehältern und zu 100 % gefüllten Systemen für andere Flüssigkeiten (ausgenommen Systeme für gebrauchtes Wasser) einschließlich des Gewichts aller im Betrieb mitgeführten Ausrüstungsteile (z. B. Ersatzräder und -bereifung, Ersatzteile, Werkzeug, Wagenheber, Feuerlöscher, ... Gleitschutzeinrichtungen), ...zuzüglich 75 kg als Fahrergewicht."

	NEOPLAN NEOPLAN Bus GmbH	
Fahrzeugidentifizierungsnummer VIN Vehicle Identification Number	WAGP11ZZ17400152	
Zulässiges Gesamtgewicht Total permissible weight	26000	kg
Zulässiges Zug Gesamtgewicht Maximum authorized weight of a road train		kg
Zulässige Achslast, Achse 1 Permissible axle load, axle 1	8000	kg
Zulässige Achslast, Achse 2 Permissible axle load, axle 2	11500	kg
Zulässige Achslast, Achse 3 Permissible axle load, axle 3	6600	kg
Zulässige Achslast, Achse 4 Permissible axle load, axle 4		kg

1,3 %

DER KRAFTOMNIBUS IN DER STRASSENVERKEHRS-ZULASSUNGSORDNUNG (STVZO)

8.4.3 Abmessungen

Kraftomnibusse zählen zu den schwersten und auch größten Fahrzeugen in unserem Verkehrsraum. Die Fahrzeughöhe inklusive ggf. vorhandener Ladung ist auf 4 m begrenzt. Die **Breite** von Fahrzeugen ist allgemein – von Spezialfällen abgesehen – auf **2,55 m** begrenzt. Allerdings werden bei der Angabe des Breitenmaßes in der ZB I Ziffer 19 verschiedene Ausrüstungs- und Anbauteile nicht berücksichtigt. Zu diesen zählen z. B.

- ausziehbare oder klappbare Stufen in Fahrtstellung,
- lichttechnische Einrichtungen,
- Spiegel und andere Systeme für indirekte Sicht,
- einziehbare Spurführungseinrichtungen, die für die Verwendung in Spurbussystemen gedacht sind, in nicht eingezogener Stellung.

Zeichen 264

Wer also glaubt, er könne ohne Bedenken mit einem nach Fahrzeugpapieren 2,50 m breiten Bus durch eine 3 m breite Durchfahrt rauschen, wird sich wahrscheinlich wundern, was neue Außenspiegel kosten ...

Sehr wohl eingerechnet werden die gerade genannten Fahrzeugteile jedoch beim Verkehrszeichen 264 „Verbot für Fahrzeuge, deren tatsächliche Breite den in den Zeichen vorgegebenen Grenzwert überschreitet".

Zur tatsächlichen Breite eines Fahrzeugs gehören z. B. auch seine Spiegel (die bei der Angabe der Fahrzeugbreite in der Zulassungsbescheinigung/im Fahrzeugschein keine Berücksichtigung finden). Das in Autobahn-Baustellenbereichen häufig anzutreffende Verkehrsverbot für Fahrzeuge mit einer Gesamtbreite von mehr als 2,1 m oder 2,2 m im linken oder mittleren Fahrstreifen gilt somit auch für viele „normale" Pkw und erst recht für Großraumlimousinen!

Die höchstzulässigen **Längen** nach StVZO:

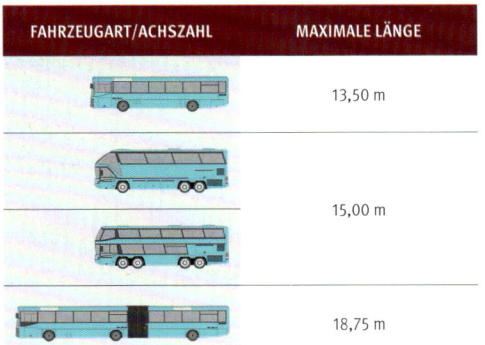

FAHRZEUGART/ACHSZAHL	MAXIMALE LÄNGE
	13,50 m
	15,00 m
	18,75 m

DER KRAFTOMNIBUS IN DER STRASSENVERKEHRS-ZULASSUNGSORDNUNG (STVZO)

Ebenfalls in den Fahrzeugpapieren nicht berücksichtigt werden:
- lichttechnische Einrichtungen,
- Spiegel und andere Systeme für indirekte Sicht,
- Sichthilfen,
- Trittstufen und Handgriffe,
- Stoßfängergummis und ähnliche Vorrichtungen,
- Verbindungseinrichtungen bei Kraftfahrzeugen.

Im Unterschied dazu werden jedoch Anbauteile am Heck von Kraftomnibussen, wie zum Beispiel Skiboxen, in diese Längen hineingerechnet; der Bus darf also inklusive **Gepäckträger** die gesetzlichen Längenbegrenzungen nicht überschreiten.

Die tatsächlich für Ihr Fahrzeug geltenden Werte können bei Breiten, Längen und Tonnagen erheblich von den gesetzlich vorgegebenen (nach unten) abweichen. Auch das Datum der Erstzulassung spielt eine Rolle, da in früheren Jahren teilweise andere gesetzliche Vorgaben bestanden. Deshalb **informieren** Sie sich am besten vor Übernahme eines Fahrzeugs mit Hilfe des Fahrzeugscheins bzw. der Zulassungsbescheinigung Teil I über die Gegebenheiten:
- eingetragene Plätze,
- im Fahrzeug angeschriebene Zahl der Sitzplätze,
- Zahl der Stehplätze,
- Angaben für die Höchstmasse des Gepäcks.

DER KRAFTOMNIBUS IN DER STRASSENVERKEHRS-ZULASSUNGSORDNUNG (STVZO)

8.5 Mitführen von Anhängern/zulässige Gesamtmasse/Mindestmotorleistung (§§ 32, 32 a und 35)

Hinter Kraftomnibussen darf nur ein Anhänger, und der nur zur **Gepäckbeförderung**, mitgenommen werden. Dabei ist Gepäck ein sehr variabler Begriff. Es wird sich im Regelfall um Koffer oder Ähnliches handeln. Fährt jedoch der Ruderclub ins Trainingslager oder gilt es, die Fahrrad-Freizeit an den Bestimmungsort zu bringen, kann das Gepäck äußerst sperrig und der mitzuführende Anhänger dementsprechend voluminös werden. Hier gilt es – neben anderen Vorschriften im Zusammenhang mit dem Thema Anhänger – zu beachten, dass die Gesamtlänge eines solchen Zuges auf **18,75 m** begrenzt ist. Zusätzliche Teilmaße (wie z. B. die Systemlänge bei Lastzügen) müssen nicht beachtet werden.

Die zulässige Gesamtmasse eines Zuges, bestehend aus einem Kraftomnibus und einem Anhänger, berechnet sich auf gleiche Weise wie bei allen anderen Fahrzeugkombinationen.

- **Kombination Kraftomnibus (KOM) + <u>Dreh</u>deichselanhänger (DDAH):** zGM KOM + zGM DDAH = zGM des Zuges
- **Kombination Kraftomnibus (KOM) + <u>Starr</u>deichselanhänger (SDAH):** Ein **Starrdeichselanhänger** ist ein Anhänger mit einer Achse oder Achsgruppe, bei dem
   » die winkelbewegliche Verbindung zum ziehenden Fahrzeug über eine Zugeinrichtung (Deichsel) erfolgt,
   » die Deichsel nicht frei beweglich mit dem Fahrgestell verbunden ist und deshalb Vertikalmomente übertragen kann und
   » nach seiner Bauart ein Teil seiner Gesamtmasse vom ziehenden Fahrzeug getragen wird.
   (aus VkBl 8/95 und 20/96)

Die Berechnung der zGM eines solchen Zugs verdeutlicht folgendes Beispiel:

Zulässige Gesamtmasse (zGM) KOM mit Starrdeichselanhänger

	zul. Gesamtmasse KOM
+	zul. Gesamtmasse SDAH
=	Summe
–	höhere der beiden Stützlasten
=	zul. Gesamtmasse KOM-Zug

	18 t
+	3,5 t
=	21,5 t
–	0,2 t
=	21,3 t

Anhänger zur Personenbeförderung hinter KOM sind zwar grundsätzlich verboten, die zuständigen Behörden erteilen aber immer häufiger Ausnahmegenehmigungen für derartige Kombinationen (Länge des abgebildeten Zuges ca. 23 m).

» **BUCH**

Siehe auch das nachfolgende Kapitel.

DER KRAFTOMNIBUS IN DER STRASSENVERKEHRS-ZULASSUNGSORDNUNG (STVZO)

Die **Mindestmotorisierung** eines Kraftomnibusses ist abhängig von dessen zGM, von dessen Erstzulassungsdatum und auch von der ggf. zulässigen Anhängelast des Fahrzeugs.

Die aktuell im Verkehr befindlichen KOM sind überwiegend für eine bauartgemäße Höchstgeschwindigkeit (bbH) von 100 km/h zugelassen und dürfen auf bestimmten Schnellstraßen unter günstigsten Bedingungen auch tatsächlich so schnell fahren (s. dazu StVO § 18). Dazu müssen sie eine Reihe technischer Bedingungen erfüllen. Eine von diesen ist eine Mindestmotorleistung von **11 kW/t zGM**.

Für andere KOM gelten bei der Mindestmotorleistung unterschiedliche Vorgaben, die vom Erstzulassungsdatum abhängig sind. Der aktuelle Wert liegt bei **5 kW je Tonne zulässiger Gesamtmasse des ziehenden KOM und der tatsächlichen Anhängelast.**

Beispiel: Der Omnibus als Zugfahrzeug hat eine zGM von 18 t, der Anhänger eine zGM von 2 t. Effektiv wiegt der Anhänger im Moment der Mitnahme jedoch nur 1 t.
Hier muss die Mindestmotorisierung ausgelegt sein auf 18 t + 1 t = 19 t.
Die Rechnung heißt also: 19 x 5 = 95 kW.

Sollte es sich um einen KOM mit einer zulässigen Gesamtmasse von maximal 3,5 t mit einer 100 km/h-Zulassung handeln, wäre unter genau festgelegten Voraussetzungen an eine Betriebsgeschwindigkeit von 100 km/h mit Anhänger zu denken.

> » **BUCH**
>
> Zur 100 km/h-Genehmigung s. **9. Ausnahmeverordnung zur StVO**; letzte Änderung 08/2015.

DER KRAFTOMNIBUS IN DER STRASSENVERKEHRS-ZULASSUNGSORDNUNG (STVZO)

8.5.1 Abschleppen und Schleppen (§ 33 StVZO)

Unter **Abschleppen** versteht die Rechtsprechung das Verbringen eines liegengebliebenen Fahrzeugs/Zugs – also auch eines Anhängers – aus einer **Notsituation** heraus **(„Notstandsbeseitigung")**.
Aus dem vorrangigen Ziel, diese Notsituation zu beseitigen, folgen Vergünstigungen, aber auch Vorgaben.

Beispiele:
- Nur der Führer des ziehenden Fahrzeugs braucht eine Fahrerlaubnis für sein Fahrzeug, der Führer des gezogenen Fahrzeugs benötigt keine Fahrerlaubnis, er muss jedoch geeignet sein. Das bedeutet u. a., dass er mit den wichtigsten Bedienungselementen des abzuschleppenden Fahrzeugs vertraut sein muss.
- An die Eignung des Zugfahrzeugs werden keine speziellen Anforderungen gestellt, auch zulässige Anhängelasten sind unbeachtlich.
- An die Eignung des Zugmittels werden selbst für den Bereich der Schwerfahrzeuge keine speziellen Anforderungen gestellt. Es versteht sich jedoch aus sicherheitstechnischer Sicht von selbst, dass im Regelfall nur geeignete Mittel, wie die sog. „Brillen" von entsprechend dimensionierten Abschleppfahrzeugen oder Abschleppstangen, zur Anwendung kommen sollten.
- Wenn nicht anders machbar, kann sogar ein ganzer Zug auf einmal aus einem Gefahrenbereich abgeschleppt werden.
- **Fahrtziele** sind festgelegt:
    » zur nächsten **geeigneten Werkstatt**
       (Eignung abhängig von der Art des Schadens),
    » zur eigenen **Garage/Firma,**
    » zum nächsten **Bahnhof** mit Verladestation für Fahrzeuge; auch das Abholen vom Ankunftbahnhof und das weitere Verbringen von dort aus zur Werkstatt ist statthaft,
    » zur **Verschrottung.**
- Zulassung des gezogenen Fahrzeugs ist nicht Voraussetzung.
- Längenvorschriften (§ 32 StVZO) gelten für die Verbindung aus ziehendem und gezogenem Fahrzeug nicht.
- Der lichte Abstand zwischen beiden Fahrzeugen darf nicht mehr als fünf Meter betragen.

Beim **Schleppen** handelt es sich um die **Benutzung eines Kraftfahrzeugs als Anhänger.** Der Vorgang ist, da keine Notlage vorliegt, grundsätzlich verboten. Sollte dennoch – nach Antragstellung – eine Ausnahmegenehmigung erteilt worden sein, müssen die Durchführenden eines solchen Manövers die entsprechenden Auflagen (Fahrstrecke, Uhrzeit, beteiligte Personen, Fahrzeuge usw.) genau einhalten.

8.6 Wendigkeit und Platzbedarf – der BOKraft-Kreis (§ 32 d)

Einzelfahrzeuge und Züge müssen eine bestimmte Wendigkeit beim Fahren und Lenken aufweisen. Ansonsten ist der Platzbedarf bei typischen Fahrmanövern wie dem Ausweichen oder erst recht dem Abbiegen unvertretbar groß. Dieses Problem wird durch die Vorgabe des sogenannten „BOKraft-Kreises" gelöst.

Die Verordnung bestimmt **für den Kraftomnibus (auch Gelenkfahrzeug) und Züge:**

§ 32 d

(1) Kraftfahrzeuge und Fahrzeugkombinationen müssen so gebaut und eingerichtet sein, daß einschließlich mitgeführter austauschbarer Ladungsträger (§ 42 Abs. 3) die bei einer Kreisfahrt von 360° überstrichene Ringfläche mit einem äußeren Radius von 12,50 m keine größere Breite als 7,20 m hat. Dabei muß die vordere – bei hinterradgelenkten Fahrzeugen die hintere – äußerste Begrenzung des Kraftfahrzeugs auf dem Kreis von 12,50 m Radius geführt werden.

(2) (...)

(3) Bei Kraftomnibussen ist bei stehendem Fahrzeug auf dem Boden eine Linie entlang der senkrechten Ebene zu ziehen, die die zur Außenseite des Kreises gerichtete Fahrzeugseite tangiert. Bei Kraftomnibussen, die als Gelenkfahrzeug ausgebildet sind, müssen die zwei starren Teile parallel zu dieser Ebene ausgerichtet sein. Fährt das Fahrzeug aus einer Geradeausbewegung in die in Absatz 1 beschriebene Kreisringfläche ein, so darf kein Teil mehr als 0,60 m über die senkrechte Ebene hinausragen.

Die nachfolgende Skizze soll den Text verdeutlichen:

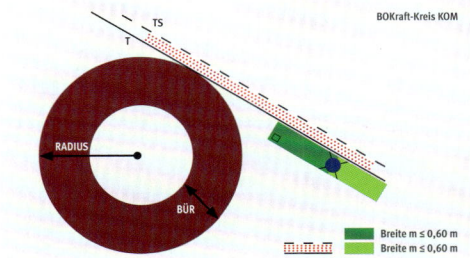

Radius r = 12,50 m; BÜR ≤ 7,20 m (Breite überstrichene Ringfläche); T = tangierende Gerade; TS = Paralleltangente Schwenkbereich;

DER KRAFTOMNIBUS IN DER STRASSENVERKEHRS-ZULASSUNGSORDNUNG (STVZO)

Das Fahrzeug wird mit der rechten vorderen Ecke auf der vorgegebenen Kreisbahn geführt (Kurvenfahrt). In zweifacher Hinsicht macht es sich nun „breit":

1. Auf die Innenseite der Kurve bezogen handelt es sich um den sogenannten **Einlauf** des Fahrzeugs (zur Innenseite hin). Daraus ergibt sich die BÜR, die überstrichene Ringfläche, also die insgesamt beim Befahren der Kreisbahn benötigte Fläche. Breiter als **7,20 m** darf sie nicht werden.

2. Mit Beginn des Lenkeinschlags während der Fahrt schert außerdem – in Abhängigkeit von der Länge des Überhangs, also dem Abstand zwischen **der** Hinterachse, um deren kurveninneres Rad herum die Haupt-Drehbewegung erfolgt und dem Fahrzeugende und abhängig von einer gegebenenfalls mitlenkenden Nachlaufachse (siehe Bild) – das Heck des Fahrzeugs mehr oder weniger zur Außenseite des Kreises/der Kurve aus. Das ist der sogenannte **„Schwenkbereich"**. Er darf höchstens **0,60 m** betragen.

Bezogen auf das einzelne Fahrzeug handelt es sich hier sicher nicht um eine Vorschrift, mit der sich der Fahrzeugführer auseinander zu setzen hätte; das ist Aufgabe des Konstrukteurs.

Werden die einzelnen Fahrzeuge aber zu einem **Zug** verbunden, ist stets auf die **„Kurvenläufigkeit"** der Einheit zu beachten. Jedes der beteiligten Einzelfahrzeuge kann nämlich für sich allein durchaus eine Typgenehmigung (Betriebserlaubnis) und den Segen der Zulassungsstelle haben. Das bedeutet aber gar nichts, wenn in der Kombination obiger BOKraft-Kreis nicht eingehalten wird. Die Aufnahme der Fahrt ist damit unzulässig.

Unbeachtlich und ohne Auswirkung auf seine eigene Verantwortung ist für den Fahrer, dass Chef oder Disponent die Fahrt möglicherweise angeordnet haben.

Besondere Örtlichkeit – besonderes Fahrzeug
Kaum Probleme mit dem BOKraft-Kreis kennt dieses Fahrzeug mit einem Fahrerplatz am jeweiligen Fahrzeugende. Es befährt seine Linie vor- und rückwärts (eingesetzt auf der Zufahrt zum Mont-Saint-Michel, Frankreich).

©Cobus Industries GmbH

8.7 Komfort und Sicherheit für den Fahrgast

8.7.1 Betreten und Verlassen der Fahrzeuge

Türen (§ 35 e)
Das Passieren der Türen muss sich aus konstruktiver Sicht für den Fahrgast in jeder Situation so gefahrlos wie möglich gestalten. Aus Sicherheitsgründen müssen die Türen mit einem Einklemmschutz gesichert sein. Daher sind die Kanten mit weichen Gummilippen gepolstert. Außerdem werden **Reversiereinrichtungen** eingebaut. Dabei handelt es sich um Einrichtungen, die mittels Sensor auf zu hohen Gegendruck beim Schließvorgang reagieren und den Vorgang umkehren, die Türen also wieder öffnen. Das entschärft das Problem des Einklemmens von Passagieren bei übervollen Bussen oder irrtümlich vom Fahrer zu früh geschlossenen Türen.

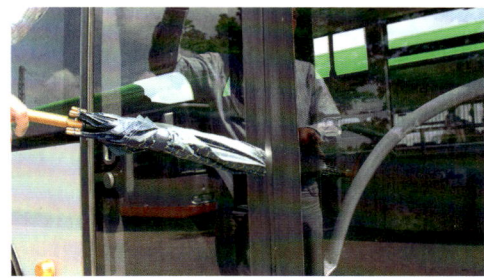

Für den Notfall muss jeder erwachsene Fahrgast in der Lage sein, Türen und Luken, soweit vorgesehen, von innen zu öffnen. Die Technik der dazu angebrachten Nothähne (Entlüftungsvorrichtungen an druckluftbetriebenen Schließmechanismen) an den einzelnen Türen muss also dem Fahrgast über eine Abbildung ausreichend verdeutlicht werden. Immer wiederkehrender Missbrauch solcher Einrichtungen während der Fahrt hat zu der Vorschrift geführt, dass sie nur noch bei Stillstand bzw. einer Maximalgeschwindigkeit von **5 km/h** funktionieren dürfen. Anzahl, Anbringung und Beschaffenheit von Notausstiegsmöglichkeiten werden in der **Anlage X zur StVZO** mit dem Titel **„Fahrgasttüren, Notausstiege, Gänge und Anordnung von Fahrgastsitzen in Kraftomnibussen"** genau geregelt.

Auch für den Zugang von Rettungspersonal, das von außen einen verunglückten Kraftomnibus betreten will, müssen die Fahrzeuge Not-Entriegelungseinrichtungen für die Türen haben.

DER KRAFTOMNIBUS IN DER STRASSENVERKEHRS-ZULASSUNGSORDNUNG (STVZO)

Einstiege (§ 35 d)

Die Anforderungen an Ein- und Ausstiege der Fahrzeuge sind genau geregelt. Die Details für neuere Fahrzeuge regelt die EG-Richtlinie 2001/85/EG. Alle Stufen müssen rutschfest sein und vom Fahrer auch so erhalten werden (Schneematsch, Lehm). Die Kanten von Trittstufen müssen bei neuen Fahrzeugen besonders kenntlich gemacht werden.

Im Linienverkehr eingesetzte Fahrzeuge sind heute in der Regel Niederflurfahrzeuge in Kombination mit **„Kneeling"-Systemen**. Das heißt, sie werden auf der rechten Seite komplett über die Luftfederbälge abgesenkt. Ergänzt wird diese komfortable Einrichtung noch zusätzlich durch eine Anhebung des Bordsteinniveaus im Haltestellenbereich, so dass von gehbehinderten Personen oder Rollstuhlfahrern nur noch ein unwesentlicher Höhenunterschied überwunden werden muss. Gemäß EU-Vor-gabe darf im abgesenkten Zustand keine höhere Geschwindigkeit als 5 km/h erreicht werden können.

Die aufwändige Ausrüstung hängt mit derselben EU-Richtlinie zusammen. Sie besagt, dass die für diese Zwecke verwendeten Kraftomnibusse
- mit mehr als 22 Fahrgastplätzen,
- mit Stehplätzen,
- auf Strecken mit zahlreichen Haltestellen

für die Beförderung von Personen mit eingeschränkter Mobilität ausgerüstet sein müssen (s. dazu auch Kap. 1.5.3.1.1.).

Das bedeutet darüber hinaus auch eine aufwändige Ausrüstung mit Hubvorrichtungen oder Rampen, für die eine Fülle von weiteren Bau-, Schalt- und Sicherungsvorschriften gilt.

Gänge (§ 35 i)

Die Anordnung von Gängen in Kraftomnibussen ist dem Hersteller oder Betreiber nicht freigestellt. Entscheidend ist neben den zu erwartenden Lastverteilungen im Fahrzeug und den Unterbringungsmöglichkeiten für Kinderwagen/Rollstühle das Vorhandensein und die Zugänglichkeit von Fluchtwegen. Für die unterschiedlichen Größen der Fahrzeuge (abhängig von Fahrgastzahl, Sitz- und Stehplätze, Grundfläche des Fahrzeugs) legt die StVZO in der Anlage X von daher deren Lage und Gestaltung genau fest. Gänge und als Stehplätze vorgesehene Flächen müssen mit rutschfestem Material belegt sein.

DER KRAFTOMNIBUS IN DER STRASSENVERKEHRS-ZULASSUNGSORDNUNG (STVZO)

8.7.2 Im Fahrzeug

Sitze (u. a. § 35 a)

Sitze müssen gleichzeitig komfortabel und sicher sein. Der zwischen ihnen verbleibende Raum entscheidet mit über den Komfort, der dem Fahrgast geboten wird. Die Zahl der für einen Omnibus zugelassenen Sitz- und gegebenenfalls auch Stehplätze ist im vorderen Teil des Fahrzeugs gut sichtbar anzugeben und darf nicht überschritten werden (Gleiches gilt für die Menge des Gepäcks sinngemäß). Beförderungen von liegenden Fahrgästen sind nicht statthaft! Eine Ausrüstungspflicht der Sitze/Rückenlehnen mit **Kopfstützen** besteht nach wie vor nur für die hier behandelten Fahrzeuge soweit ihre zulässige Gesamtmasse die 3,5 t nicht übersteigt und auch dann nur für die vorderen Außensitze. Interessant also für alle eingesetzten Pkw und Kleinbusse.

Sicherheitsgurte (§ 35 a)

Sicherheitsgurte gehören nur teilweise zum Ausrüstungsstandard der Fahrzeuge, die in der Personenbeförderung eingesetzt werden. Eigentlich sind sie gemäß Verordnung obligatorisch für alle Pkw und Kraftomnibusse. Ausdrücklich **ausgenommen** wird dann aber – wohl aus praktischen und logischen Erwägungen – ein nicht unerheblicher Teil der Omnibusse. Es handelt sich dabei um „Kraftomnibusse, die sowohl für den Einsatz im Nahverkehr als auch für stehende Fahrgäste gebaut sind. Dies sind Kraftomnibusse ohne besonderen Gepäckraum sowie Kraftomnibusse mit zugelassenen Stehplätzen im Gang und auf einer Fläche, die größer oder gleich der Fläche für zwei Doppelsitze ist."

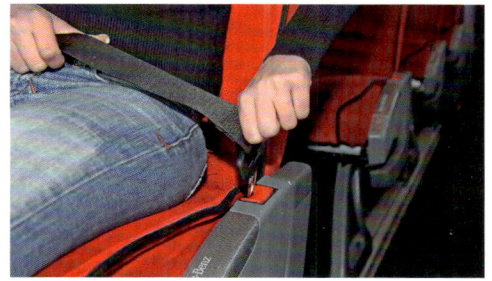

Ein in der Praxis für die betroffenen Fahrer von Pkw (Taxen, Mietwagen usw.) und KOM mit einer zulässigen Gesamtmasse bis 3,5 t manchmal schwieriges Thema ist die Verwendung von vorgeschriebenen Kinderrückhalteeinrichtungen. Wollen Sie eine solche Einrichtung auf einem mit einem Airbag ausgerüsteten Beifahrersitz verwenden, gilt Folgendes: „Auf Beifahrerplätzen, vor denen ein betriebsbereiter Airbag eingebaut ist, dürfen nach hinten gerichtete Rückhalte-einrichtungen für Kinder nicht angebracht sein. Diese Beifahrerplätze müssen mit einem Warnhinweis vor der Verwendung einer nach hinten gerichteten Rückhalteeinrichtung für Kinder auf diesem Platz versehen sein. Der Warnhinweis in Form eines Piktogramms kann auch einen erläuternden Text enthalten." Eine Möglichkeit, einen Kindersitz auf einem solchen Sitz dennoch sicher mitzuführen, besteht häufig in der Abschaltung des Airbags.

DER KRAFTOMNIBUS IN DER STRASSENVERKEHRS-ZULASSUNGSORDNUNG (STVZO)

Ergänzungen aus dem Bereich der Verhaltensvorschriften (§§ 21 und 21 a StVO)

Ausgenommen von dieser Vorschrift sind Beförderungen von Kindern in **KOM** mit einer zGM von mehr als 3,5 t. Bleibt wegen der Sicherung anderer Kinder nicht mehr genügend Platz zur Installation weiterer Kindersitze bzw. Kinderrückhalteeinrichtungen, dürfen Kinder ab dem dritten vollendeten Lebensjahr auf Rücksitzen befördert werden und müssen dabei mit herkömmlichen Gurten gesichert werden. (Zu weiteren speziellen Regelungen s. § 21 StVO.)

Eine Befreiung von der Gurtanlegepflicht gilt
- bei Fahrten in Kraftomnibussen, bei denen die Beförderung stehender Fahrgäste zugelassen ist,
- für Fahrgäste in Kraftomnibussen mit einer zGM von mehr als 3,5 t, wenn sie ihren Sitzplatz nur kurzzeitig verlassen,
- für Taxi- und Mietwagenfahrer während der Fahrgastbeförderung.

§ 21 StVO

„Kinder bis zum vollendeten 12. Lebensjahr, die kleiner als 150 cm sind, dürfen in Kraftfahrzeugen auf Sitzen, für die Sicherheitsgurte vorgeschrieben sind, nur mitgenommen werden, wenn bauartgenehmigte Rückhalteeinrichtungen für Kinder benutzt werden ... und diese für das Kind geeignet sind."

Gemessene Qualität – Das Stern-System

Die „**Gütegemeinschaft Buskomfort e. V.**" (gbk) hat ein Messsystem geschaffen, das Auskunft über den Komfort eines Reisebusses geben soll. Zwischen einem und fünf Sternen sind zu vergeben.
Das System orientiert sich neben anderen Ausstattungsmerkmalen (Küche, WC, Telefon u. a.) an den Abständen der einzelnen Sitze zueinander und vermisst die verbleibende Beinfreiheit des Fahrgastes. Die Dicke der Rückenlehnen spielt dabei eine herausragende Rolle. Unternehmer dürfen ihre Fahrzeuge nur als Mitglieder der Gemeinschaft und nur dann entsprechend kennzeichnen, wenn das Fahrzeug tatsächlich dem Klassifizierungs-System entspricht.

Brennverhalten verwendeter Stoffe (§ 35 j)

Die in Kraftomnibussen verwendeten Stoffe müssen schwer entflammbar sein. Fahrzeuge, die weder für Stehplätze ausgelegt noch für die Benutzung im städtischen Verkehr bestimmt und mit mehr als 22 Sitzplätzen ausgestattet sind, sind von dieser Ausrüstungsvorschrift befreit.

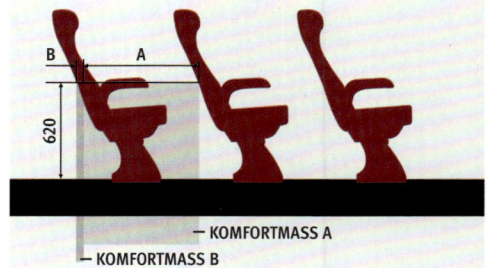

DER KRAFTOMNIBUS IN DER STRASSENVERKEHRS-ZULASSUNGSORDNUNG (STVZO)

8.8.1 Arbeitsplatz des Fahrers

Für den Passagier eine Frage des Reisekomforts, für den Fahrer eine Einrichtung, von der seine Fitness und langfristig seine Gesundheit mit abhängt: sein Sitz. Die in modernen Kraftomnibussen eingebauten **Fahrersitze** bieten neben einer komfortablen Federung die verschiedensten Einstellmöglichkeiten, um das Skelett und die Muskulatur des Fahrers zu entlasten und Ermüdung vorzubeugen.

Hinzu kommt ein in den meisten Fällen nach ergonomischen Gesichtspunkten „um den Fahrersitz herum gebautes" Armaturenbrett, das alle Schalter und Hebel in etwa gleicher Entfernung für den Fahrer bereithält. Immer mehr Bedieneinrichtungen wandern darüber hinaus in das Lenkrad bzw. den Lenkkranz, was ein Loslassen häufig überflüssig macht. Die Zeit „der langen Arme" bei der reinen Fahrtätigkeit läuft ab.

Bei der Beladung von Kofferräumen können sie sich jedoch sehr schnell wieder einstellen. Bemüht um gleichmäßige Lastverteilung und optimale Stauraumnutzung, lehnt der Fahrer im Regelfall Hilfsangebote von Fahrgästen ab und lädt allein. Je nach Lage und Gestaltung der Gepäckräume ist dabei manchmal regelrechte Artistik gefragt – und das womöglich im Anzug mit eng sitzender Krawatte im Regen …

DER KRAFTOMNIBUS IN DER STRASSENVERKEHRS-ZULASSUNGSORDNUNG (STVZO)

8.8.2 Bereifung (§§ 36 + 36 a)

Mischbereifung

An Kraftfahrzeugen mit einer zulässigen Gesamtmasse von mehr als 3,5 t und einer bbH > 40 km/h, ausgenommen Pkw, und auch an ihren Mehrachsanhängern ist eine sogenannte „Mischbereifung" erlaubt. Darunter ist eine Bereifung zu verstehen, bei der unterschiedliche Bauarten, nämlich Diagonalreifen und Radialreifen (Gürtelreifen), zum Einsatz kommen dürfen.

Der Begriff „Mischbereifung" meint also nicht die Ausrüstung mit Reifen unterschiedlicher Profile sondern unterschiedlicher Konstruktion. Derartige Bereifung ist zwar nicht empfehlenswert, dennoch aber auf jeder Art von o. g. Fahrzeugen erlaubt. Zur Verdeutlichung:

- Taxi A ist auf der Vorderachse mit Diagonalreifen und auf der Hinterachse mit Radialreifen ausgerüstet. **Verbotener Zustand**, da es sich hier um besagte Mischbereifung handelt und gleichzeitig um einen Pkw.
- Ein großer Reisebus geht auf die gleiche Weise bereift auf Tour. **Erlaubt**, da es sich um ein Fahrzeug mit einer zulässigen Gesamtmasse über 3,5 t handelt.
- Taxi B fährt auf beiden Achsen Radialreifen, aber: vorn rechts einen Winterreifen des Herstellers 1, vorn links einen Sommerreifen des Herstellers 2. Hinten rechts einen Winterreifen mit Profil des Herstellers 3 und hinten links einen Sommerreifen der Marke 4. Eine fahrphysikalische Horrorvorstellung, aber **mit den Buchstaben des Gesetzes zu vereinbaren**!

Allerdings ist eine Ausrüstung mit Diagonalreifen mittlerweile fast nur noch theoretisch möglich, da sie – zumindest für große Nutzfahrzeuge – kaum noch produziert werden.

Und: Über die Art der zu verwendenden Bereifung entscheiden letztlich die Fahrzeugpapiere (Fahrzeugschein/Zulassungsbescheinigung Teil I/ COC-Bescheinigung als Nachweis einer bestehenden EU-Typgenehmigung). Die Eintragungen dort sind für Sie als Fahrer entscheidend und machen so jede weitere Diskussion überflüssig.

DER KRAFTOMNIBUS IN DER STRASSENVERKEHRS-ZULASSUNGSORDNUNG (STVZO)

Winterreifen

Die Pflicht, Winterreifen unter bestimmten Witterungs- und Fahrbahnverhältnissen zu benutzen, regelt die StVO (§ 2). Sie legte auch bisher als ausreichende Qualifikation für Winterreifen die Kennzeichnung mit dem Schriftzug ‚M & S' (Mudder & Snow/Matsch & Schnee) fest. Die M&S-Kennung sagt nach Ansicht von Fachleuten über die Winterqualitäten eines Reifens allerdings nicht genug aus. Deshalb wird **ab dem 01.10.2024** die Benutzung von Winterreifen vorgeschrieben, die gemäß § 36 der StVZO (ggf. zusätzlich) mit dem **„Alpine-Symbol"** (auch **„3PMSF – 3 Peak Mountain Snow Flake"** genannt) gekennzeichnet sind. Bis zu diesem Datum ist die Nutzung von M&S-Reifen noch statthaft, allerdings nur, wenn sie bis zum 31.12.2017 hergestellt wurden. Kraftfahrzeuge der Klassen M2 und M3, also auch alle KOM, müssen spätestens **ab dem 01.07.2020 auf den permanent angetriebenen Achsen und auf den vorderen Lenkachsen** mit entsprechenden Winterreifen ausgerüstet sein. In Abhängigkeit von den Ergebnissen einer noch nicht abgeschlossenen entsprechenden Untersuchung kann dieses Datum ggf. auch noch vorgezogen werden.

Mindestprofiltiefe

Interessanterweise macht die StVZO bei der erforderlichen Mindestprofiltiefe des Reifens recht große Zugeständnisse an die Sparsamkeit – was nichts aussagt über das Vernünftige! Unabhängig von der Reifenbauart gilt zunächst für alle Fahrzeuge der Personenbeförderung: Luftreifen an Kraftfahrzeugen und Anhängern müssen am ganzen Umfang und auf der ganzen Breite der Lauffläche mit Profilrillen oder Einschnitten versehen sein.

Die bekannte Mindestprofiltiefe von 1,6 mm wird jedoch nur für das Hauptprofil des Reifens gefordert.

Zur schnellen Überprüfung befinden sich in der Regel im Hauptprofil des Reifens **Verschleißindikatoren**, das sind Stege bzw. Erhebungen in den Profilrillen mit einer Höhe von 1,6 mm. Ist das Profil im Umfeld eines Indikators auf dessen Höhe abgefahren, verfügt der Reifen also gerade noch über ausreichende Profiltiefe. Angezeigt werden die Fundstellen dieser Indikatoren – je nach Reifenhersteller – mit dem Schriftzug TWI oder Symbolen, wie z. B. dem Michelin-Männchen oder einem Dreieck außen an den Reifenflanken, also den Seitenwänden des Reifens.

§ 36 StVZO

Als Hauptprofil gelten dabei die breiten Profilrillen im mittleren Bereich der Lauffläche, der etwa 3/4 der Laufflächenbreite einnimmt.

DER KRAFTOMNIBUS IN DER STRASSENVERKEHRS-ZULASSUNGSORDNUNG (STVZO)

Reifenkennung
Als beispielhafte Reifenkennzeichnung/-beschriftung an den Reifenflanken soll die folgende dienen:

| 305/80 | R 22,5 | 156/152 L | reinforced | regroovable |

Alternativ folgende (ältere) Bezeichnung:

| 12/80 | R 22,5 | 156/152 L | reinforced | regroovable |

Unter **Tragfähigkeitsindex** (Load Index) bzw. **Geschwindigkeitsindex** (Speed Index) versteht man die durch die Bauart vorgegebene Höchst-Tragfähigkeit bzw. Höchst-Geschwindigkeit eines Reifens, die in einer entsprechenden Liste festgelegt wurde und dort nach-lesbar ist. Werden freiwillig Reifen aufgezogen, die eine höhere Tragfähigkeit bzw. Geschwindigkeit ausweisen als vorgeschrieben, ist das zulässig. Es handelt sich schließlich, technisch gesehen, um einen höherwertigen Reifen.
Für manche Fahrzeuge werden auch Alternativen im Verhältnis zwischen Tragfähigkeits- und Geschwindigkeitsindex angegeben. Dann werden z. B. auch Reifen zugelassen, die über eine niedrigere Tragfähigkeit, dafür aber über eine höhere Geschwindigkeitsqualifikation verfügen oder umgekehrt. Die alternativen Werte sind dabei genau benannt.

305 alternativ 12	Breite des Reifens – nicht der Lauffläche (!) – von Flanke zu Flanke (Seitenwand) – in mm beim Wert 305, – in Zoll beim Wert 12 (1 Zoll = 2,54 cm)
/80	Breiten-/Höhenverhältnis des Reifens (hier: die Höhe des Reifens – gemessen von seiner Wulst bis zur Lauffläche – beträgt 80 % seiner Breite; es handelt sich um einen Niederquerschnittreifen
R	Bauart Radialreifen
22,5	Innendurchmesser des Reifens (gemessen von Wulst zu Wulst) und damit auch der Felgendurchmesser in Zoll
156/152	Tragfähigkeitsindex des Reifens „Load Index"; Tragfähigkeit hier: 4000 kg. 156 gilt bei Verwendung des Reifens als Einzelreifen, der niedrigere Wert 152 gilt, falls der Reifen Bestandteil einer Zwillingsbereifung ist.
L	Geschwindigkeitsindex des Reifens „Speed Index"; bauartbedingte Geschwindigkeit hier: 120 km/h
reinforced	verstärkter Reifen
regroovable	nachschneidbar

DER KRAFTOMNIBUS IN DER STRASSENVERKEHRS-ZULASSUNGSORDNUNG (STVZO)

Zu den Alternativen:
- **Reifenbreite** in **Zoll statt** in **mm**: Entspricht die Zoll-Angabe der mm-Angabe, wie im o. g. Beispiel, ist die Ausrüstung mit einem solchen Reifen zulässig. Das Gleiche gilt für den umgekehrten Fall.
- **PR-Zahl statt Load-Index**: PR steht für „ply rating" (Zahl der Gürtellagen). Es handelt sich jedoch um eine Verhältniszahl. So hat ein 8-PR-Reifen nicht etwa acht Gürtellagen, sondern eine Tragfähigkeit, die acht Gürtellagen entspricht. Entspricht ein PR-Wert dem eigentlich geforderten LI – oder umgekehrt – , darf der Reifen verwendet werden (siehe Tabelle).

PR-ZAHL	LOAD INDEX LI	LASTBEREICH KG
6	88 – 100	560 – 775
8	97 – 115	730 – 1215
10	101 – 120	825 – 1400
12	116 – 128	1250 – 1800
14	122 – 146	1500 – 3000
16	132 – 154	2000 – 3750
18	140 – 160	2500 – 4500

Der Bundesverband Reifenhandel und Vulkaniseur-Handwerk e. V. (BRV) empfiehlt zur Problemvermeidung in diesem Zusammenhang, im europäischen Ausland achsweise nur Reifen der gleichen Größenbezeichnung (Dimension), dem gleichen Geschwindigkeits- und Lastindex, der gleichen Bauart, des gleichen Reifenherstellers/der gleichen Handelsmarke und der gleichen Verwendungsart (Profilausführung) zu verwenden (Hinweis veröffentlicht am 19.06.2018).

DER KRAFTOMNIBUS IN DER STRASSENVERKEHRS-ZULASSUNGSORDNUNG (STVZO)

Nachschneiden von Reifen

Das **Nachschneiden** von Reifen unterliegt besonderen Vorschriften, ist aber grundsätzlich auch bei Fahrzeugen zur Personenbeförderung über 3,5 t zulässiger Gesamtmasse und ihren Anhängern erlaubt. Bei Kraftomnibussen mit einer bauartgemäß zulässigen Höchstgeschwindigkeit von 100 km/h ist die Verwendung derartiger nachgeschnittener Reifen nur auf Achsen mit Zwillingsbereifung oder auf sogenannten Vorlauf- oder Nachlaufachsen zulässig (siehe „Richtlinie zum Nachschneiden von Reifen an Nutzfahrzeugen" auf der folgenden Seite). **Vordere** Lenkachsen scheiden aus. Die Möglichkeit der Bereifung mit runderneuerten Reifen auch auf Lenkachsen bleibt jedoch unbenommen.

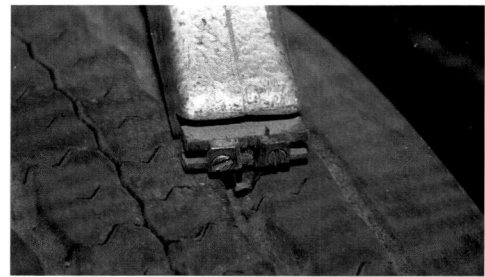

Näheres bestimmt die folgende Richtlinie für das Nachschneiden von Reifen an Nutzfahrzeugen.

§ 32 Abs. 6 StVZO

1. Anwendungsbereich
   Die Richtlinie dient der Sicherstellung einheitlicher Voraussetzungen für das Nachschneiden der Reifen von Nutzfahrzeugen, um die Verkehrssicherheit solcher nachgeschnittener Reifen zu gewährleisten.
   ...
3. Voraussetzungen
   Reifen dürfen nur nachgeschnitten werden, wenn sie auf den Seitenwänden die Zusatzkennzeichnung „REGROOVABLE" oder das entsprechende Symbol (gemäß 3.1.9 der ECE-R 54 in der Fassung der 2. Ergänzung vom 3. September 1989) tragen.
4. Inspektion der Reifen
   Vor dem Nachschneiden ist zu prüfen, ob die Reifen Verletzungen aufweisen. Bei größeren Schnittverletzungen oder Profilausbrüchen ist die weitere Verwendung der Reifen fachgerecht zu überprüfen sowie festzustellen, ob ein Nachschneiden noch vertretbar ist.
5. Durchführen der Arbeiten
   5.1 Das Nachschneiden von Reifen darf nur durch qualifiziertes und sachkundiges Personal durchgeführt werden.
   5.2 Reifen dürfen nur nach den von den Reifenherstellern oder Runderneuerern herausgegebenen Anleitungen nachgeschnitten werden, die detaillierte Angaben zur Reifengröße und zum Profil vorgeben. Das Nachschneiden ist nur bis zu einer Grundgummistärke oberhalb des Zwischenbaus bzw. des Gürtels von mindestens 2 mm zulässig.
   5.3 Vor dem Nachschneiden ist am Reifenumfang die Stelle mit der geringsten Profiltiefe der für das Nachschneiden zulässigen Profilrillen des Reifens zu ermitteln. In Abhängigkeit von dieser Profiltiefe ist die Nachschneidtiefe am Schneidwerkzeug nach den Anleitungen des Reifenherstellers oder des Reifenrunderneuerers einzustellen.
   5.4 Das Nachschneiden darf nur mit heizbaren Schneidwerkzeugen durchgeführt werden. Es sind nur abgerundete Messerformen nach Angaben der Reifenhersteller oder der Reifenrunderneuerer zulässig.
   5.5 Das Nachschneiden ist in jeder dafür vorgesehenen Profilrille nur einmal zulässig.

DER KRAFTOMNIBUS IN DER STRASSENVERKEHRS-ZULASSUNGSORDNUNG (STVZO)

Reifendruck-Kontrollsysteme
Seit November 2014 müssen neu zugelassene Kraftfahrzeuge mit Reifendruck-Kontrollsystemen ausgerüstet sein. Eine Nachrüstung älterer Fahrzeuge ist nicht erforderlich.

Die Systeme informieren den Fahrzeugführer über (gefährlichen) Druckabfall in einem oder mehreren Reifen seines Fahrzeugs. Zur Anwendung kommen dabei direkte oder indirekte Systeme.

Direkte Systeme arbeiten mit Sensoren an jedem Reifen, die bei relevantem Abfall des Reifeninnendrucks über Funk das entsprechende Signal zum Fahrerplatz übermitteln.

Indirekte Systeme nutzen die Drehzahlsensoren eines vorhandenen ABS-/ESP-Systems zur Errechnung eines Druckabfalls in einem Reifen.

Ideal ist ein System an Nutzfahrzeugen, welches den abfallenden Druck eines Reifens nicht nur registrieren und melden, sondern auch selbsttätig nachfüllen kann.

Reifendruck: Kontrolle/Befüllung während der Fahrt

Reservereifen
Ein kümmerliches und vergessenes Dasein führt häufig der **Reservereifen**. Der Reifen ist ein Mittel zur Notstandsbeseitigung und als solches sind die Anforderungen an ihn tatsächlich denkbar gering. Sein Zustand muss nur gut genug sein, um das Fahrzeug aus der Notsituation herauszumanövrieren. Er braucht also lediglich zu passen. Auch bezüglich Tragfähigkeits- und Geschwindigkeitsindex sowie Profiltiefe werden keine besonderen Anforderungen an ihn gestellt. Dementsprechend sehen Reservereifen auch vielfach aus.

Allerdings: Sie, als verantwortlicher Fahrzeugführer, müssen sich bei der Ausrüstung Ihres Fahrzeugs mit einem solchen „Schlappen" darüber im Klaren sein, dass Ihre Fahrt, wenn dieser Reifen tatsächlich zum Einsatz kommen sollte, nach dem Verlassen des Gefahrenbereiches, allerspätestens mit der Ankunft in einer geeigneten (Reifen-) Werkstatt, zu Ende ist. **Dann muss wieder eine Bereifung in gesetzlich vorgeschriebener Ausführung aufgezogen werden.** Wer also nicht mitten in der Nacht – bei der Anreise mit einer Urlaubergruppe zu einer pünktlich abfahrenden Fähre ... – vor dem verschlossenen Hof eines Reifenhändlers sein Lager aufschlagen möchte, der muss eben ein vollwertiges und einwandfreies Ersatzrad mitführen.

DER KRAFTOMNIBUS IN DER STRASSENVERKEHRS-ZULASSUNGSORDNUNG (STVZO)

8.8.3 Gleitschutzeinrichtungen und Schneeketten (§ 37)

Die Begriffe sind zu unterscheiden:

- **Gleitschutzeinrichtungen**
  Vorrichtungen zum kurzzeitigen Gebrauch, um auf nicht griffigem Untergrund wieder Kraftschluss (Reibung) herzustellen. Deshalb fallen die Einrichtungen auch unter den Begriff **„Anfahrhilfen"**. Bekannt sind Greifvorrichtungen, die außen an den Rädern befestigt werden oder auch Schleuderketten, bei denen fortlaufend kurze Kettenstücke unter die Antriebsräder „geschleudert" werden. Der Antrieb erfolgt über Reibrollen, die fest an die Antriebsräder gedrückt werden. Der Fahrer kann sie per Knopfdruck im Führerhaus aktivieren. Solche Einrichtungen unterliegen der Bauartgenehmigungspflicht (Prüfzeichen), gelten jedoch nicht als Schneeketten!

- **Schneeketten**
  Als „Einrichtungen, die das sichere Fahren auf schneebedeckter oder vereister Fahrbahn ermöglichen sollen (Schneeketten)" definiert sie die StVZO (§ 37). Sie umschließen das Rad/die Räder komplett und zwar so, dass bei jeder Stellung des Rades ein Teil der Kette die ebene Fahrbahn berührt.
  Sind Schneeketten über Beschilderung (Z 268 StVO) vorgeschrieben oder sind die Fahrbahnverhältnisse entsprechend, müssen die hier beschriebenen Einrichtungen verwendet werden!

8.8.4 Lenkung (§ 38)

Die technische Ausgestaltung der Lenkanlage wird durch Vorschriften geregelt. Aufgrund der hohen Kräfte, die der Fahrer ansonsten aufbringen müsste, sind Fahrzeuge heute in aller Regel mit Lenkunterstützungen – Hilfskraft- oder **Servolenkungen** – ausgerüstet. Im Bereich der Pkw oft nur ein Zugeständnis an die Komfort-Erwartungen, im Bereich der Nutzfahrzeuge zwingend erforderlich, um Sicherheitsansprüchen zu genügen. Kennzeichnend für eine Servolenkung ist, dass bei Totalausfall der Unterstützungseinrichtung die Lenkfähigkeit des Fahrzeugs (bei wesentlich höherem Kraftaufwand!) erhalten bleibt.

Diese Eigenschaft unterscheidet sie von reinen **Fremdkraftlenkungen**. Wie der Name schon sagt, ist hier nur eine fremde (vom Fahrer nur dosierte) Kraft am Werk, welche die Dreh-Arbeit an den Rädern übernimmt. Ein mechanischer Zugriff des Fahrers auf die zu lenkenden Räder besteht also nicht. Der Ausfall der Fremdkraft bedeutet den Ausfall der Lenkung. Bei „normalen" Straßenfahrzeugen dürfen sie daher nicht verwendet werden.

8.8.5 Automatischer Blockierverhinderer – ABV (§ 41 b)

§ 41 b

Ein automatischer Blockierverhinderer ist der Teil einer Betriebsbremsanlage, der selbsttätig den Schlupf in der Drehrichtung des Rades an einem oder mehreren Rädern des Fahrzeugs während der Bremsung regelt.

» INFO

Beispiel: Das Rad eines Fahrzeugs hat einen Umfang von 3 Metern. Mit jeder Umdrehung müsste a so eine Wegstrecke von exakt 3 m zurückgelegt werden. Legt das Fahrzeug bei einer Bremsung einen Weg von 300 m zurück, müsste das besagte Rad 100-mal abgerollt sein. Sollte es z. B. nur 90-mal abgerollt sein, läge hier ein Schlupf von 10 % vor.

Unter **Schlupf** wird eine so genannte Weg-Dreh-Differenz verstanden, also ein Missverhältnis zwischen der Zahl der Umdrehungen des Rades und dem tatsächlich zurückgelegten Weg.

Der Sinn der Einrichtung besteht darin, die Lenkbarkeit des Fahrzeuges zu erhalten, da nur rollende Räder Lenkkräfte bzw. Seitenführungskräfte auf die Fahrbahn übertragen können. Der automatische Blockierverhinderer (ABV) wird häufig als Antiblockiersystem (ABS) bezeichnet. Dabei handelt es sich jedoch um die geschützte Bezeichnung eines ganz bestimmten Blockierverhinderers, dem der Hersteller diesen Namen gab.

Kraftomnibusse, die eine durch die Bauart bedingte Höchstgeschwindigkeit von mehr als 60 km/h haben, müssen mit einem automatischen Blockierverhinderer ausgerüstet sein. Die Vorschrift schließt auch jeden Anhänger mit einer zulässigen Gesamtmasse über 3,5 t ein. Alle anderen zur Personenbeförderung eingesetzten Fahrzeuge müssen nach StVZO erst dann einen ABV haben, wenn sie eine zulässige Gesamtmasse von über 3,5 t aufweisen. Im Pkw-Bereich und im Bereich der Pkw-Kleinbusse sind demnach Blockierverhinderer nicht zwingend vorgeschrieben.

DER KRAFTOMNIBUS IN DER STRASSENVERKEHRS-ZULASSUNGSORDNUNG (STVZO)

8.8.6 Beleuchtung (§ 49 a ff.)

Wie für alle anderen Fahrzeuge auch gelten für die in der Personenbeförderung eingesetzten Kraftfahrzeuge und ihre Anhänger zwei wichtige Grundsätze:
1. Es dürfen nur die Beleuchtungseinrichtungen (lichttechnische Einrichtungen) angebaut werden, die in der StVZO entweder **ausdrücklich gefordert** oder **ausdrücklich zusätzlich gestattet** werden.
2. Die angebrachten Beleuchtungseinrichtungen müssen **funktionieren**.

Daraus ist der Rückschluss zu ziehen, dass eine Leuchtenart, die in der StVZO bzw. in den EU- und in den ECE-Regelungen weder ausdrücklich gefordert noch gestattet ist, automatisch verboten ist. Außerdem unterliegen Beleuchtungseinrichtungen im Regelfall der **Bauartgenehmigungs-Pflicht**. Die Existenz einer Bauartgenehmigung wird alternativ über eine der folgenden drei Kennzeichnungsmöglichkeiten (**Prüfzeichen**) nachgewiesen:

a) Prüfzeichen, vergeben nach deutschen Vorgaben
(hier an einem Warndreieck)

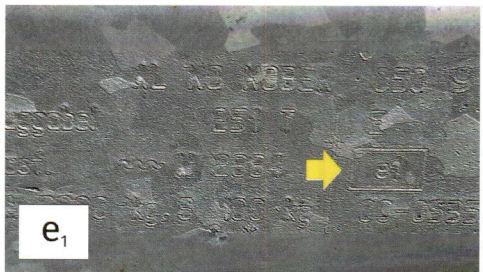

b) Prüfzeichen, vergeben nach EU-Vorgaben
(hier an einer Zugeinrichtung/Deichsel)

c) Prüfzeichen, vergeben nach ECE-Vorgaben
(UN-Wirtschaftskommission für Europa)
(hier an einem Warndreieck)

DER KRAFTOMNIBUS IN DER STRASSENVERKEHRS-ZULASSUNGSORDNUNG (STVZO)

Die folgenden Tabellen sollen einen Überblick über vorgeschriebene und zusätzlich erlaubte bauartgenehmigungspflichtige Beleuchtungseinrichtungen nach StVZO und den ECE-Regelungen geben, soweit sie für Fahrzeuge zur Personenbeförderung von Bedeutung sind oder sein könnten. Im Einzelfall bestehen wesentliche **Unterschiede** in den Vorschriften. Auf Grund der Fülle von Detailregelungen, die für die Verwendbarkeit, die Anbringung und die Schaltung der einzelnen Einrichtungen gelten, kann hier jeweils nur auf die Quellen hingewiesen werden, in denen der interessierte Leser weitere Informationen zu diesen Themen erhalten kann.

Vorgeschriebene Beleuchtungseinrichtungen
a) nach **vorn** wirkend:

NR.	ART DER EINRICHTUNG	QUELLE STVZO §	QUELLE ECE R 48/R 48.06. NR.
1	Begrenzungsleuchten	51	6.9.
2	Fahrtrichtungsanzeiger	54	6.5.
3	Rückstrahler	51	6.16.
4	Scheinwerfer für Abblendlicht	50	6.2.
5	Scheinwerfer für Fernlicht	50	6.1. ff/ 6.2.
6	Tagfahrleuchten	49a	6.19.
7	Umrissleuchten	51b	6.13.
8	Warnblinkanlage (vorderer Teil)	53a	6.6. ff

DER KRAFTOMNIBUS IN DER STRASSENVERKEHRS-ZULASSUNGSORDNUNG (STVZO)

b) zur **Seite** wirkend

Erläuterung
Nr. 5: Unter Einhaltung bestimmter Bedingungen dürfen die Seitenmarkierungsleuchten von Kfz und Anhängern festgelegter Klassen als Fahrtrichtungsanzeiger (Blinker) – parallel zu den vorhandenen Blinkern – arbeiten (Quelle: **ECE R 48.06**).

NR.	ART DER EINRICHTUNG	QUELLE STVZO §	QUELLE ECE R 48/R 48.06. NR.
1	Fahrtrichtungsanzeiger	54	6.5.
2	Konturmarkierungen/ Werbung reflektierend	53	6.21.
3	Rückstrahler	51a	6.17.
4	Seitenmarkierungsleuchten/gelbes relektierendes Material	51a	6.18.
5	Warnblinkanlage (seitlicher Teil)	53a	6.6.

c) nach **hinten** wirkend

NR.	ART DER EINRICHTUNG	QUELLE STVZO §	QUELLE ECE R 48/R 48.06. NR.
1	Bremsleuchte/ Notbremslicht	53	6.7.
2	Fahrtrichtungsanzeiger	54	6.5.
3	Kennzeichenbeleuchtung	49a/52	–
4	Konturmarkierungen	53	6.21.
5	Nebelschlussleuchte	53d	6.11.
6	Rückfahrscheinwerfer	52a	6.4.
7	Rückstrahler	53 (Kfz + ANH)	6.14. (Kfz)/ 6.15. (ANH)
8	Schlussleuchten	53	6.10.
9	Umrissleuchten	51b	6.13.
10	Warnblinkleuchten (hinterer Teil)	53a	6.6.

DER KRAFTOMNIBUS IN DER STRASSENVERKEHRS-ZULASSUNGSORDNUNG (STVZO)

d) **zusätzlich zulässige** Beleuchtungseinrichtungen

NR.	ART DER EINRICHTUNG	QUELLE STVZO §	QUELLE ECE R 48/R 48.06. NR.
1	Begrenzungsleuchten	51	6.10.2.1/6.9.
2	Bremsleuchten	53	6.7
3	Kennzeichnung für lange/ schwere Fahrzeuge	53	ECE R 70
4	Kennzeichen selbstleuchtend	49a	–
5	Konturmarkierungen	53	6.21.
6	Nebelscheinwerfer	52	6.3.
7	Nebelschlussleuchte	52	6.11.
8	Parkleuchte	51c	6.12.
9	Parkwarntafel	51c	–
10	Rückfahrscheinwerfer	52a	6.4.
11	Rückstrahler	51 (vorn)/ 51a (seitlich)	6.16./6.17.
12	Rundumleuchten gelb/blau	52	–
13	Scheinwerfer für Fernlicht	50	–

NR.	ART DER EINRICHTUNG	QUELLE STVZO §	QUELLE ECE R 48/R 48.06. NR.
14	Schlussleuchten	53	6.10.
15	Seitenmarkierungsleuchten	51a	6.18.
16	Spurhalteleuchten	51	–
17	Suchscheinwerfer	52	–
18	Tagfahrleuchten	49a	–
19	Türsicherungsleuchten	52	–
20	Umrissleuchten	51b	6.13.
21	Abbiegescheinwerfer	–	6.20.
22	Adaptives Frontbeleuchtungssystem (AFS)	–	6.22.
23	Notbremssignal	–	6.23.
24	Ein-/Ausstiegsleuchten	–	6.24.
25	Auffahrunfall-Alarmsignal	–	6.25.
26	Manövrierscheinwerfer	–	6.26.

DER KRAFTOMNIBUS IN DER STRASSENVERKEHRS-ZULASSUNGSORDNUNG (STVZO)

Anmerkungen zu einzelnen Beleuchtungseinrichtungen, die in den Tabellen aufgeführt sind:

1. **Suchscheinwerfer**
   Es handelt sich um einen einzelnen, meist im Fahrzeug montierten Scheinwerfer zum Auffinden von Hausnummern. Er dürfte für Taxen von besonderem Interesse sein, obwohl die Möglichkeit der Anbringung nicht auf bestimmte Fahrzeugarten beschränkt ist. Wohl beschränkt ist allerdings seine Leistungsaufnahme; der Grenzwert liegt bei **35 Watt**. Der Scheinwerfer darf nur in Verbindung mit den Schlussleuchten einschaltbar sein.

2. **Blaues Rundumlicht**
   Neben anderen dürfen Unfallhilfswagen (Eintrag im Fahrzeugschein/in der Zulassungsbescheinigung Teil I) öffentlicher Verkehrsbetriebe, die Verkehre mit Straßenbahnen oder Obussen durchführen, mit blauem Rundumlicht ausgerüstet sein.

3. **Zusätzliche Blinkleuchten (Fahrtrichtungsanzeiger) an Kraftomnibussen**
   Kraftomnibusse, die zur Schülerbeförderung besonders eingesetzt werden, müssen an der Rückseite zwei zusätzliche Blinkleuchten aufweisen. Sie müssen so hoch und so weit außen wie möglich montiert sein.

4. **Innenbeleuchtung in Kraftomnibussen**
   Nach der StVZO ist lediglich eine Innenbeleuchtung sowie eine ausreichende Beleuchtung der Ein- und Ausstiege bei Kraftomnibussen vorgesehen. Sie muss sich bei geöffneten Türen selbsttätig einschalten. In der Praxis verfügen moderne KOM über sehr viel aufwändigere Systeme der Innenbeleuchtung. Hier führt nur das Studium des auf das Modell bezogenen Fahrerhandbuchs weiter.

DER KRAFTOMNIBUS IN DER STRASSENVERKEHRS-ZULASSUNGSORDNUNG (STVZO)

5. **Zusätzliche Rückfahrscheinwerfer**
   Neben dem ohnehin gesetzlich geforderten **einen** Rückfahrscheinwerfer, der in der Praxis meist um einen weiteren (zulässigen) ergänzt wird, ist für Kraftfahrzeuge mit einer zulässigen Gesamtmasse über 3,5 t **an den Längsseiten** jeweils ein weiterer derartiger Scheinwerfer zulässig. Eine solche Ausrüstung ist gerade bei langen Kraftomnibussen sehr vorteilhaft. Auf diese Weise können Schwenk- und Randbereiche des Verkehrsraums bzw. der Lauf der Hinterachse des Fahrzeugs beim Rangieren in der Dunkelheit viel besser beobachtet werden. Da die Zusatzscheinwerfer nicht mehr als 50 mm über die seitliche Begrenzung des Fahrzeugs hinausragen dürfen, bietet sich beim KOM eine Montage in der Seitenwand an.

6. **Spurhalte-/Umrissleuchten am Anhänger**
   Für den Fall, dass hinter dem Fahrzeug, insbesondere hinter einem Kraftomnibus, ein Anhänger mitgeführt werden soll, empfiehlt sich dessen Ausrüstung mit Spurhalteleuchten. Auf diese Weise ist eine Kontrolle des Anhängers während der Fahrt, besonders auch bei Rangiervorgängen in der Dunkelheit, sehr viel besser möglich. Gemäß StVZO handelt es sich um Leuchten, die am Anhänger hinten montiert sind und nur nach vorn **weißes Licht** abstrahlen. In der Praxis werden solche Leuchten allerdings selten angebracht. Meist werden Umrissleuchten, die ohnehin ab einer Fahrzeugbreite von mehr als 1,80 m erlaubt und von mehr als 2,10 m vorgeschrieben sind, verwendet. Sie werden dann paarweise in einer Leuchte hinten an den Heck-Außenseiten montiert und geben dann **nach vorn weißes und nach hinten rotes Licht** ab. Auf diese Weise erfüllen die Leuchten auch die Funktion von Spurhalteleuchten.

DER KRAFTOMNIBUS IN DER STRASSENVERKEHRS-ZULASSUNGSORDNUNG (STVZO)

ECE-Regelungen
Die Bedeutung von nationalen und auch EG/EU-Beleuchtungsvorschriften geht zurück. Es findet allmählich eine Angleichung an die ECE-Regelungen statt (ECE: Kürzel für die „Wirtschaftskommission der Vereinten Nationen für Europa"). Eine grundlegende Funktion übernimmt bei der Beleuchtung die Regelung **ECE R 48 (UN R 48): „Einheitliche Bedingungen für die Genehmigung der Fahrzeuge hinsichtlich des Anbaus der Beleuchtungs- und Lichtsignaleinrichtungen".**
Typgenehmigungen für Fahrzeuge der Klassen M (Fzge zur Personenbeförderung), N (Fzge zur Güterbeförderung), und O (Anhänger) dürfen **ab dem 18. November 2017** nur noch dann erteilt werden, wenn die Beleuchtungseinrichtungen der ECE R 48./R 48.06. entsprechen.

Rückstrahlende Tafeln/Folien nach den internationalen ECE-Richtlinien
Reflektierende Folien und Tafeln sind ebenso wie Rückstrahler lichttechnische Einrichtungen. Die ECE normiert solche Fahrzeugteile, beschäftigt sich in ihren Richtlinien aber auch mit deren Anbringung und Verwendung. Deutschland hat eine große Anzahl der Richtlinien akzeptiert. Diese Richtlinien gelten deshalb auch für in der Bundesrepublik zugelassene Fahrzeuge. Unterscheiden sich die Inhalte von StVZO- und ECE-Vorgaben im Einzelfall, hat der Fahrzeughalter bei der Ausrüstung seines Fahrzeugs dann sogar die Wahl zwischen beiden Rechtsnormen.

Wichtige ECE-Tafeln/Folien in der StVZO

BETROFFENE FAHRZEUGE	ART/AUSGESTALTUNG DER TAFEL BZW. MARKIERUNG	ZULÄSSIG/ UNZULÄSSIG	QUELLEN	BEISPIELBILDER
Fzg. der Klassen M2, M3, O2	weiße oder gelbe auffällige Markierungen (rückstrahlend) seitlich; rote oder gelbe Markierungen (rückstrahlend) hinten; retroreflektierende (bunte) Werbung auf Seitenflächen	„Konturmarkierungen" (ggf. Abwandlungen); zulässig; wenn Konturmarkierung, dann Werbung zulässig	§53 Abs. 10 Nr. 3 StVZO; ECE-Regelung Nr. 48	

Übersicht über die in der Tabelle aufgeführten EG/ECE-Fahrzeugklassen

KLASSE M2	Für die Personenbeförderung ausgelegte und gebaute Kraftfahrzeuge mit mehr als acht Sitzplätzen außer dem Fahrersitz und einer zulässigen Gesamtmasse bis zu 5 Tonnen.
KLASSE M3	Für die Personenbeförderung ausgelegte und gebaute Kraftfahrzeuge mit mehr als acht Sitzplätzen außer dem Fahrersitz und einer zulässigen Gesamtmasse von mehr als 5 Tonnen.
KLASSE O2	Anhänger mit einer zulässigen Gesamtmasse von mehr als 0,75 Tonnen bis zu 3,5 Tonnen.

DER KRAFTOMNIBUS IN DER STRASSENVERKEHRS-ZULASSUNGSORDNUNG (STVZO)

8.8.7 Spiegel und andere Einrichtungen für indirekte Sicht (§ 56)

Die Beobachtungsmöglichkeiten müssen mittlerweile also auch den Bereich **neben** und **vor** den Fahrzeugen erfassen. Bei Kraftomnibussen führen die Bemühungen der Hersteller, optisch ansprechende Lösungen zu schaffen, zu manchmal sehr aufwändigen und damit teuren Konstruktionen.

Neben Spiegeln findet man in der Praxis immer häufiger Kameras zur Erfüllung der Beobachtungspflichten.

§ 56 StVZO

Kraftfahrzeuge müssen (...) Spiegel oder andere Einrichtungen für indirekte Sicht haben, die so beschaffen und angebracht sind, dass der Fahrzeugführer nach rückwärts, zur Seite und unmittelbar vor dem Fahrzeug – auch beim Mitführen von Anhängern – alle für ihn wesentlichen Verkehrsvorgänge beobachten kann.

Kamera als Spiegelersatz (2)

Kamera als Spiegelersatz (1)

DER KRAFTOMNIBUS IN DER STRASSENVERKEHRS-ZULASSUNGSORDNUNG (STVZO)

8.8.8 EG-/EU-Kontrollgeräte (§§ 57 a und b)

Der Einbau, die Handhabung und die Überprüfung der unterschiedlichen ormen der EG-Kontrollgeräte weist in Fahrzeugen zur Personenbeförderung keine Besonderheiten auf. Hinzuweisen ist jedoch auf die Pflicht zur Ausrüstung von Kraftomnibussen mit Fahrtschreibern (technische Geräte zur automatischen Notierung von Fahrbewegungen und Geschwindigkeiten), sofern sie nicht ohnehin mit EG/EU-Kontrollgeräten ausgestattet sind oder sein müssen.

Werden mit solchen Fahrtschreibern ausgerüstete Kraftomnibusse im Linienverkehr bis 50 km Länge eingesetzt, kann auf den Diagrammscheiben dieser Geräte statt der Fahrernamen das amtliche Kennzeichen oder die Betriebsnummer der Fahrzeuge eingetragen werden. Die spätere Identifizierung eines Fahrers ist jederzeit über betriebliche Einsatzpläne gewährleistet.

Die Regel-Kontrolle sämtlicher Geräte muss alle zwei Jahre, spätestens mit Ablauf des Monats, in dem vor zwei Jahren die letzte Überprüfung erfolgte, vorgenommen werden. Hinzu kommen außerplanmäßige Untersuchungen nach
- jedem Einbau,
- jeder Reparatur der Fahrtschreiber- oder Kontrollgeräteanlage,
- jeder Änderung der Wegdrehzahl oder der Wegimpulszahl,
- jeder Änderung des wirksamen Reifenumfangs des Kraftfahrzeugs,
- jeder Änderung des amtlichen Kennzeichens des Kfz.

Wird bei digitalen Kontrollgeräten festgestellt, dass die UTC-Zeit von der korrekten Zeit um mehr als 20 Minuten abweicht, muss ebenfalls eine erneute Abnahme durchgeführt werden.

» **BUCH**

Siehe zu diesem Thema Band 5 der DEGENER BKF-Reihe, Kapitel „Sozialvorschriften und ihre Überwachung".

DER KRAFTOMNIBUS IN DER STRASSENVERKEHRS-ZULASSUNGSORDNUNG (STVZO)

8.8.9 Geschwindigkeitsbegrenzer (§ 57 c und d)

Die Ausrüstung mit automatischen Geschwindigkeitsbegrenzern ist mittlerweile für alle Kraftomnibusse, unabhängig von deren zulässiger Gesamtmasse, vorgeschrieben. Die Geräte sind auf eine Höchstgeschwindigkeit von 100 km/h eingestellt.

Nach
- jedem Einbau,
- jeder Reparatur,
- jeder Änderung der Wegdrehzahl
  (Änderungen von Untersetzungen im Antriebsstrang),
- jeder Änderung des wirksamen Reifenumfanges des Kraftfahrzeugs (Änderung von Normal- auf Niederquerschnittbereifung) oder
- jeder Änderung der Kraftstoff-Zuführungseinrichtung hat der Fahrzeughalter den Regler im Hinblick auf seinen Einbau, Zustand und seine Arbeitsweise überprüfen zu lassen.

Die Überprüfung erfolgt alternativ durch
- die Fahrzeughersteller,
- die Hersteller von Geschwindigkeitsbegrenzern selbst,
- Beauftragte der Hersteller oder
- qualifizierte Werkstätten.

Eine **Bescheinigung** über die erfolgreiche wUntersuchung muss von Ihnen als Fahrzeugführer im Fahrzeug mitgeführt werden.

Prüfbescheinigung § 57 d StVZO

Geschwindigkeitsbegrenzer

Fahrzeugdaten:
Amtl. Kennzeichen: _____
Halter lt. Fz-Schein: _____
Fz Identifizierungs-Nr.: _____
Fahrzeug Hersteller: _____ Typ: _____

Programmierte
Höchstgeschwindigkeit   km/h

Gemessene Wegdrehzahl/Fahrzeugwegimpulszahl:
_____ U/km   _____ Imp/km
Wirksamer Radumfang der Antriebsachse _____ mm
Einbau-/Prüfdatum: _____

Name und Anschrift
der Prüfstelle:
(Prüfstellenstempel) _____

Unterschrift des
verantwortlichen
Prüfers nach § 57 d _____

Der Fahrzeugführer hat die Bescheinigung über Einbau und Prüfung des Geschwindigkeitsbegrenzers mitzuführen und auf Verlangen zuständigen Personen zur Prüfung auszuhändigen.

DER KRAFTOMNIBUS IN DER STRASSENVERKEHRS-ZULASSUNGSORDNUNG (STVZO)

8.8.10 Betätigungseinrichtungen, Kontrollleuchten und Anzeiger (§ 39 a)

Für die Sicherheit der Fahrt entscheidend sind auch die Kontrollmöglichkeiten des Fahrzeugführers über technische Abläufe und Zustände und (sich ankündigende) Defekte. Aus diesem Grund sind die verwendeten Symbole und die Farben wichtiger Kontrollleuchten mittlerweile genormt.

Beispiele einfacher Kontrolleinrichtungen:
- Blinker Zugfahrzeug
- Blinker Anhänger

Die Anhänger-Kontrollleuchte kann entfallen, wenn
a. ein im Takt der Motorwagen-Kontrollleuchte arbeitender Summer Auskunft über die korrekte Funktion der Blinkleuchten gibt;
b. die Motorwagen-Kontrollleuchte gleichzeitig als Kontrolleinrichtung für die Anhänger-Blinkleuchten dient.

Darüber hinaus weisen gerade Kraftomnibusse eine Vielzahl von weiteren (speziellen) Kontrollleuchten und akustischen Warneinrichtungen auf, deren Bedeutung der Fahrer genau kennen muss. Es empfiehlt sich wieder ein sehr genauer Blick in das – hoffentlich vorhandene und griffbereite – Bedienungshandbuch des Fahrzeugs.

Moderne Kraftomnibusse verfügen über leistungsfähige Bordcomputer, die zum Teil oder komplett die Systemüberprüfung vor der Abfahrt und während der Fahrt erledigen. Solche Computer verfügen in der Regel auch über die Möglichkeit, den Fahrer durch abgestufte **Dringlichkeitsanzeigen** zu informieren. So sieht der Fahrer z. B. über verschiedene Farbtöne der Anzeige, ob eine Wartung/Instandsetzung umgehend erledigt werden muss oder aber ob er damit bis zur Rückkehr in die Firma warten kann.

» **INFO**

Verlorene Bedienungshandbücher lassen sich in der Regel wiederbeschaffen; auch bei älteren Modellen zeigen sich Hersteller sehr um Ersatz bemüht.

DER KRAFTOMNIBUS IN DER STRASSENVERKEHRS-ZULASSUNGSORDNUNG (STVZO)

8.8.11 Alternative Antriebe von Kraftomnibussen

Abgase von herkömmlichen Verbrennungsmotoren stellen ein immer größer werdendes Problem für die Umwelt und den Menschen dar. Zu nennen wären hier insbesondere die Kohlendioxid- (CO_2) und die Stickoxidanteile (NO_x). Außerdem führt der beim Betrieb entstehende Feinstaub zu gesundheitlichen Problemen. Die Suche nach Antriebsformen, welche auf der Straße zumindest weniger oder sogar keine Schadstoffe freisetzen, führte bislang nicht zu Ergebnissen, die in allen Anforderungsbereichen überzeugen. In der Praxis werden verschiedene Formen von Hybriden (Mehrfachantriebe, z. B. Dieselmotor neben elektrischem Antrieb) eingesetzt, die es erlauben, außerorts mit herkömmlichem Dieselantrieb zu fahren. Innerorts kann dann auf rein elektrischen Antrieb umgestellt werden. Auch gasbetriebene Fahrzeuge werden eingesetzt. Sie produzieren aber nach wie vor während der Fahrt Abgase.

Gelenkomnibus mit Gasantrieb

Eine rein elektrische Antriebsform, die seit Jahrzehnten besteht, findet man in Trolley- bzw. Oberleitungs-Kraftomnibussen (kurz: „O-Bus"). Die Antriebsenergie wird einer elektrischen Oberleitung entnommen, mit der der KOM über einen Stromabnehmer ständig verbunden sein muss. Nicht elektrifizierte Streckenabschnitte können demnach nicht befahren werden. Es gibt allerdings Fahrzeuge, in denen zusätzlich eine Batterie verbaut ist, die während der Fahrt geladen wird. Sie sorgt dafür, dass kurze, nicht elektrifizierte Streckenabschnitte, überbrückt werden können.

© Solaris Bus & Coach S.A.

Es liegt auf der Hand, dass eine solche Antriebsform sich nur für den innerörtlichen Linienverkehr eignet. Das Gleiche gilt für KOM, die ihre Antriebsenergie ausschließlich einer Batterie entnehmen, also von einer Stromleitung unabhängige Fahrzeuge. Wie bei allen „Stromern" bestehen auch hier Kapazitätsprobleme mit den Batterien – sie müssen während des Betriebs an speziellen Ladestationen, meist während Pausenzeiten für den Fahrer, „nachbetankt" werden. Zu bedenken ist, dass die Abgase rein elektrisch betriebener Fahrzeuge zwar nicht während der Fahrt, also vor Ort, freigesetzt werden, sie aber an anderer Stelle entstehen. Sie werden so zu sagen „über die Kamine eines Kraftwerks abgeführt" und damit doch wieder in die Atmosphäre entlassen. Auch enthalten Batterien herkömmlicher Bauart Bestandteile, deren Vorkommen auf der Erde begrenzt sind. Die Forschungen zur Batterietechnik laufen allerdings auf Hochtouren. Bisherige Ergebnisse lassen auf andere Batteriearten mit mehr Leistung und damit auf größere Reichweiten der Fahrzeuge hoffen.

Beispiel einer Ladestation für Elektroomnibusse mit Batterie; Foto: ÜSTRA

» PRAXISTIPP

Elektrisch betriebene Fahrzeuge sind extrem leise. Insbesondere sehbehinderte Menschen werden durch sie daher gefährdet. Deshalb muss bei solchen Neufahrzeugen ab Erstzulassung 07/2021 während der Fahrt ein Warngeräusch ertönen („**A**coustic **V**ehicle **A**lerting **S**ystem" = **AVAS**).

BESONDERE FORMEN DER PERSONENBEFÖRDERUNG

8.8.12 Anforderungskatalog für Kraftomnibusse (KOM) und Kleinbusse (Pkw), die zur Beförderung von Schülern und Kindergartenkindern besonders eingesetzt werden

Es sei an dieser Stelle auch noch einmal daran erinnert (siehe auch das Merkblatt „Schulung für Fahrzeugführer"), dass ein speziell für die Beförderung von Kindern gedachter Katalog von Anforderungen an Fahrzeuge für derartige Beförderungen existiert. Er versteht sich insbesondere als Ergänzung zur BOKraft und zur StVZO. Aus Platzgründen muss an dieser Stelle auf eine Wiedergabe des sehr umfangreichen Anforderungskataloges bzw. des Merkblattes verzichtet werden. Der Wortlaut der Bestimmungen ist problemlos im Internet nachzulesen.

9. Besondere Formen der Personenbeförderung

Die Beförderung von Personen auf oder in Anhängern ist nach der bestehenden Rechtslage zunächst **grundsätzlich verboten**. Allerdings gibt es Möglichkeiten der Ausnahme von dieser grundsätzlichen Regelung. Um solche in Anspruch nehmen zu können, bedarf es immer einer Genehmigung. Sie kann für bestimmte einzelne Beförderungen oder auch allgemein für Beförderungen einer bestimmten Art erteilt werden. Jede Genehmigung/Ausnahme ist an die Beachtung besonderer Regeln und Auflagen gebunden; zur Genehmigungspflicht s. Kapitel 1.3.1.

Drei Beförderungsfällen kommt in der Praxis eine Bedeutung zu:
1. den so genannten Sightseeing- bzw. Park- oder Kurbahnen,
2. den Beförderungen auf Anhängern hinter Zugmaschinen im Rahmen örtlicher Brauchtumsveranstaltungen und
3. Beförderungen in Anhängern hinter Kraftomnibussen im innerörtlichen Linienverkehr (ÖPNV).

Wesentliche Informationen zu diesem Thema enthalten
1. die **„Zweite Verordnung über Ausnahmen von straßenverkehrsrechtlichen Vorschriften"**;
2. das **„Merkblatt zur Begutachtung von Fahrzeugkombinationen zur Personenbeförderung und zur Erteilung der erforderlichen Ausnahmegenehmigungen"**;
3. das **„Merkblatt über die Ausrüstung und den Betrieb von Fahrzeugen und Fahrzeugkombinationen für den Einsatz bei Brauchtumsveranstaltungen"**.

Die genannten Quellen beschäftigen sich mit allen Rechtsgebieten, die beim Einsatz solcher Fahrzeuge/Fahrzeugkombinationen berührt werden. Aufgrund ihres Umfangs und ihrer nicht zentralen Bedeutung wird auf sie an dieser Stelle nicht besonders eingegangen.

GLOSSAR

Achsgruppe	Die Achsgruppe bezeichnet mehrere Achsen, die einen Achsabstand aufweisen, der höchstens so groß sein darf wie einer der in Anhang I der Richtlinie 96/53/EG als Abstand „d" bezeichneten Achsabstände und die aufgrund der spezifischen Konstruktion der Aufhängung zusammenwirken; bei zwei Achsen wird die Gruppe als Doppelachse, bei drei Achsen als Dreifachachse bezeichnet. (ab dem 01.01.2017 wird die Richtlinie 96/53/EG ersetzt von der VO (EU) 2016/403.)	**entgeltlich**	… ist eine Tätigkeit dann, wenn sie auf Gegenleistung gleichwelcher Form abzielt. Auch wenn z. B. gar nicht an eine direkte finanzielle Zuwendung gedacht ist, wenn vielleicht „nur eine Hand die andere wäscht", handelt es sich um eine solche Tätigkeit.
		fachliche Eignung (des Unternehmers)	… nachgewiesen entweder durch – angemessene Tätigkeit in einem Unternehmen des StraßenPersonenkraftverkehrs (mindestens fünfjährige leitende Tätigkeit) oder – Ablegung einer Prüfung vor der IHK (Industrie- und Handelskammer)
AETR	„Europäisches Übereinkommen über die Arbeit des im internationalen Straßenverkehr beschäftigten Fahrpersonals"		
Auflaufbremse	Bremsanlage, welche bei einer Bremsung des Zugfahrzeugs die schiebende Masse des Anhängers nutzt, um dessen Bremsen zu betätigen.	**Fahrtenblatt**	Kontrolldokument, das bei Fahrten nach EG-Recht oder dem Interbus-Übereinkommen ausgefüllt im Fahrzeug mitgeführt werden muss.
Automatischer Blockierverhinderer (ABV)	Teil einer Betriebsbremsanlage, der selbsttätig den Schlupf in der Drehrichtung des Rades an einem oder mehreren Rädern des Fahrzeugs während der Bremsung regelt.	**Fahrzeugführer**	Derjenige, der ein Fahrzeug in eigener Verantwortung führt; im Regelfall (außer z. B. bei Fahrschulen) identisch mit dem Fahrer.
		Fahrzeughalter	Derjenige, der den wirtschaftlichen Nutzen aus dem Gebrauch eines Fahrzeugs zieht, der aber auch zuständig ist für dessen Wartung und Unterhaltskosten.
BAG	Bundesamt für Güterverkehr		
Bauartgenehmigung	Amtlich genehmigte Bauart eines Fahrzeugteils (gemäß Vorgabe § 22 a StVZO); erkennbar am Prüfzeichen	**Gefäßgröße**	Transportvolumen/Fassungsvermögen eines Kraftomnibusses
Beförderungspflicht	Allgemein: Pflicht zur Mitnahme aller an der Beförderung Interessierten (wenn mit der Verkehrssicherheit vereinbar)	**Gelegenheitsverkehr**	Beförderung von Personen mit Kraftfahrzeugen, die nicht Linienverkehr ist.
		Gemeinschaftslizenz	Wird benötigt für den grenzüberschreitenden Personenkraftverkehr mit Kraftomnibussen innerhalb der EU; Gültigkeitsdauer 10 Jahre bei Verkehr mit KOM.
Behördenstruktur	Die verschiedenen Ebenen der Behörden („Welche Behörde ist welcher übergeordnet?")		
Betriebspflicht	Allgemein: Pflicht zur Aufrechterhaltung des Betriebes/Durchführung von Verkehren (siehe § 21 PBefG)	**Gemeinschaftsrecht**	Recht der Europäischen Gemeinschaft(en) bzw. der Europäischen Union.
		geschäftsmäßig	… ist eine Tätigkeit dann, wenn ihre regelmäßige Wiederholung geplant ist.
Drehdeichselanhänger	Die Vorderachse des Anhängers ist an einem Drehkranz befestigt und damit unabhängig vom restlichen Fahrwerk drehbar um die Hochachse des Fahrzeugs.	**Geschwindigkeitsindex**	Bauartgemäße Eignung eines Reifens für eine bestimmte Geschwindigkeit; Kennzeichnung am Reifen über einen Kennbuchstaben, dessen exakte Bedeutung in einer Liste nachlesbar ist.

GLOSSAR

gewerbliche Personen-/ Fahrgastbeförderung	entgeltliche und/oder geschäftsmäßige Personenbeförderung	**Nicht-Diskriminierungs-Grundsatz**	keine Diskriminierung auf Grund von Staatsangehörigkeit oder Sitz eines Unternehmers/Unternehmens
Halter	s. Fahrzeughalter	**Niederflurfahrzeug**	KOM bestimmter Fahrzeugklassen, bei denen mindestens 35 % der Stehplatzfläche eine stufenlose Fläche bilden.
Hauptprofil (des Reifens)	Die breiten Profilrillen im mittleren Bereich der Lauffläche, der etwa ⅟₄ der Laufflächenbreite einnimmt.		
		Niederquerschnittreifen	Reifen, deren Breiten-/Höhen-Verhältnis weniger als 88 % beträgt.
Kabotageverkehr	Durchführung von Transporten mit Fahrzeugen – die in einem Mitgliedstaat zugelassen sind, – außerhalb der Grenzen des Zulassungslandes, – Fahrgast/Ladung wird in einem anderen Mitgliedstaat aufgenommen, – Fahrgast/Ladung wird in demselben oder einem weiteren Mitgliedstaat (der nicht der Zulassungsstaat des Fahrzeuges sein darf!) wieder abgesetzt.	**Obus (Oberleitungsbus) (im Sinne des PBefG)**	Elektrisch angetriebenes, nicht an Schienen gebundenes Straßenfahrzeug, das seine Antriebsenergie einer Fahrleitung entnimmt.
		öffentlicher Personennahverkehr	Verkehre im Stadt-, Vorort- und Regionalverkehr mit Straßenbahnen, Linienkraftfahrzeugen, Obussen aber auch zur Ergänzung eingesetzten Taxen und Mietwagen
Kneeling-System	System zur Absenkung eines KOM auf einer Seite; Entlüftung der entsprechenden Luftbälge	**Omnibus/ Kraftomnibus (KOM)**	Kraftfahrzeug, das nach seiner Bauart und Ausstattung zur Beförderung von mehr als neun Personen (einschließlich Fahrzeugführer) geeignet und bestimmt ist.
Kraftfahrzeuge	Nicht dauerhaft spurgeführte Landfahrzeuge, die durch Maschinenkraft bewegt werden (aus § 2 der FZV); Straßenfahrzeuge, die durch eigene Maschinenkraft bewegt werden, ohne an Schienen oder eine Fahrleitung gebunden zu sein (aus § 4 PBefG).	**Personenkraftwagen (Pkw)**	Kraftfahrzeuge, die nach ihrer Bauart und Ausstattung zur Beförderung von nicht mehr als neun Personen (einschließlich Fahrzeugführer) geeignet und bestimmt sind.
		Pflichtfahrbereich	Genehmigter und gleichzeitig für die Beförderung verpflichtender Bereich, in dem Betriebs- und Beförderungspflicht gilt.
Leistungsfähigkeit	s. Sicherheit		
Linienverkehr	... ist eine zwischen bestimmten Ausgangs- und Endpunkten eingerichtete regelmäßige Verkehrsverbindung, auf der Fahrgäste an bestimmten Haltestellen ein- und aussteigen können. Er setzt nicht voraus, dass ein Fahrplan mit bestimmten Abfahrts- und Ankunftszeiten besteht oder Zwischenhaltestellen eingerichtet sind.	**Reifenflanken**	Seitenwand des Reifens
		Reifenwulst	Stabiler Bauteil im inneren Ring des Reifens/ Kontaktbereich des Reifens mit der Felge.
		Reversiereinrichtung	Einrichtung, die mittels Sensor auf zu hohen Gegendruck beim Schließvorgang der Türen reagiert und den Vorgang umkehrt, die Türen also wieder öffnet.
Mietwagen	Personenkraftwagen, der nur im Ganzen zur Beförderung gemietet wird und mit dem der Unternehmer Fahrten ausführt, deren Zweck, Ziel und Ablauf der Mieter bestimmt und die nicht Verkehr mit Taxen ... sind.	**Schlupf**	Weg-Dreh-Differenz: Missverhältnis zwischen der Zahl der Umdrehungen des Rades und dem tatsächlich zurückgelegten Weg.
Mischbereifung	Bereifung, bei der unterschiedliche Bauarten, nämlich Diagonalreifen und Radial- bzw. Gürtelreifen zum Einsatz kommen.		

GLOSSAR

Sicherheit und Leistungsfähigkeit eines Betriebes	Gegeben bei Existenz von – ausreichender Kapitaldecke (die also Zahlungsfähigkeit garantiert), – geeignetem Personal, – entsprechenden (auch in der Anzahl ausreichenden) Fahrzeugen, – entsprechenden Örtlichkeiten.	**Verkehrsunternehmer**	– Natürliche Person (Unternehmer XY) oder – juristische Person (Personenmehrheit wie ein rechtsfähiger Verein oder auch eine Kapitalgesellschaft). – Verkehr muss im eigenen Namen, unter eigener Verantwortung und für eigene Rechnung betrieben werden
Starrdeichselanhänger (SDAH)	Ein Starrdeichselanhänger ist ein Anhänger mit einer Achse oder Achsgruppe, bei dem – die winkelbewegliche Verbindung zum ziehenden Fahrzeug über eine Zugeinrichtung (Deichsel) erfolgt, – diese Deichsel nicht frei beweglich mit dem Fahrgestell verbunden ist und deshalb Vertikalmomente übertragen kann und – nach seiner Bauart ein Teil seiner Gesamtmasse vom ziehenden Fahrzeug getragen wird.	**Verschleißindikatoren**	Stege bzw. Erhebungen in Profilrillen mit der Höhe von 1,6 Millimetern (zum Vergleich mit der übrigen Profiltiefe).
		Werkverkehr	Diese Art von Verkehr ist im Wesentlichen bestimmt durch folgende Attribute: – Beförderung als Nebentätigkeit des Unternehmens zu eigenen Zwecken. – Der Fahrzeugführer gehört zu den Beschäftigten des Unternehmens oder zu Personal, das dem Unternehmen im Rahmen einer vertraglichen Verpflichtung zur Verfügung gestellt worden ist. – Verwendung betriebseigener (auch geleaster/finanzierter/gemieteter) Fahrzeuge.
Systemlänge	Größter Abstand zwischen dem vordersten äußeren Punkt der Ladefläche hinter dem Fahrerhaus des Lastkraftwagens und dem hintersten äußeren Punkt der Ladefläche des Anhängers der Fahrzeugkombination.	**Zug**	Wird ein Kraftfahrzeug mit einem/mehreren Anhänger(n) verbunden, spricht man von einem Zug; Mehrheit miteinander verbundener Fahrzeuge
Taxi	Personenkraftwagen, den der Unternehmer an behördlich zugelassenen Stellen bereithält und mit denen er Fahrten zu einem vom Fahrgast bestimmten Ziel ausführt.	**zulässiges Gesamtgewicht/ zulässige Gesamtmasse (zGM)**	Das technisch zulässige Gesamtgewicht/ die zulässige Gesamtmasse (zGM) ist das Gewicht, das unter Berücksichtigung der Werkstoffbeanspruchung und der Vorschriften der StVZO (u. a. zulässige Achslasten) nicht überschritten werden darf; anders ausgedrückt: zGM = Leermasse des Fahrzeugs inklusive Nutzlast, also gesetzlich zulässiger Zuladung; aus steuerlichen Gründen kann das Gewicht auch reduziert sein.
Tragfähigkeitsindex	Bauartgemäße Eignung eines Reifens für eine bestimmte Traglast; Kennzeichnung am Reifen über Ziffern, deren exakte Bedeutungen in einer Liste nachlesbar sind.		
Transit (-verkehr/-fahrten)	Verkehr zwischen zwei Ländern unter Benutzung des Gebietes eines Drittlandes.		
Verkehrsblatt	Offizielles Mitteilungsblatt des Verkehrsministeriums	**Zuverlässigkeit (des Unternehmers)**	Zuverlässigkeit (des Unternehmers) nur gegeben, falls kein Vorliegen von z. B. – bereits erfolgten Verurteilungen, – groben Verstößen gegen strafrechtliche, abgabenrechtliche oder verkehrsrechtliche Bestimmungen (Sozialvorschriften!)
Verkehrssicherheit	Die für die sichere Verkehrsteilnahme wesentlichen technischen Einrichtungen (z. B. Bremsen, Lenkung)		

ABKÜRZUNGSVERZEICHNIS

≤	kleiner gleich (also maximal)	kW	Kilowatt
>	größer als	m. W. v.	mit Wirkung vom
abh.	abhängig	ÖPNV	öffentlicher Personen-Nahverkehr
Abs.	Absatz	PBefG	Personenbeförderungsgesetz
ABV	Automatischer Blockierverhinderer	SDAH	Starrdeichselanhänger
AU	Abgasuntersuchung	SP	Sicherheitsprüfung
BALM	Bundesamt für Logistik und Mobilität	StVG	Straßenverkehrsgesetz
BGB	Bürgerliches Gesetzbuch	StVO	Straßenverkehrs-Ordnung
DDAH	Drehdeichselanhänger	StVZO	Straßenverkehrszulassungs-Ordnung
HU	Hauptuntersuchung	VkBl	Verkehrsblatt
i. V. m.	in Verbindung mit	VO	Verordnung
IHK	Industrie- und Handelskammer	zGM	zulässige Gesamtmasse
KOM	Kraftomnibus		

SCHLAGWORTVERZEICHNIS

Ablehnungsgründe 60
Abmessungen 57, 120, 123
Abschleppseil 96
AETR 83, 155
Alarmanlage 101
Alkohol 94, 107, 109
Anhänger 15, 112, 113, 118, 125, 126, 141, 142, 152, 157
Antrag 14, 16, 17, 57, 59, 60, 83
Aufsicht 16, 88, 104
Ausflugsfahrten 38, 40, 48, 51
Ausgangs- und Endpunkte 22, 27
Ausrüstungspflicht 96, 118, 131
Ausrüstungsteile 116, 117, 122
Automatischer Blockierverhinderer (ABV) 141, 155
Batterien 119, 153
Beförderungsarten 94
Beförderungsbedingungen 27, 51, 60, 94, 104, 108
Beförderungspflicht 24, 39, 40, 41, 51, 60, 93, 94, 155, 156
Beleuchtung 103, 142, 146
Berufszugangs-Verordnung 14, 16, 78
Betätigungseinrichtungen 152
Betriebserlaubnis 128
Betriebsführung 21, 93
Betriebspflicht 24, 155
Betriebssitz 16, 41, 50, 100
Betriebsstörungen 51, 93
Bezirk 17, 50
Bilaterale Abkommen 76
BOKraft 39, 41, 51, 91, 92, 93, 94, 99, 104, 127, 128, 153
BOKraft-Kreis 127, 128
Brauchtumsveranstaltungen 20, 154
Bremsanlage 78, 111, 155
Bundesamt für Güterverkehr (BAG) 51, 88, 155
Bundespolizei 88
Drogen 94
ECE 25, 78, 138, 142, 148
EFTA 85, 91
EG-Richtlinien 52
Eignung 15, 16, 17, 78, 109, 127, 155, 157
Einstiege 107, 130
Entsendebescheinigung (A1-Bescheinigung) 72, 87
Erbe 16
Ersatzteile 83, 122
Erste-Hilfe-Material 117
Fahrerlaubnis 8, 9, 10, 101, 109, 127
Fahrersitz 133, 148
Fahrgemeinschaften 12
Fahrpreisanzeiger 100, 102
Fahrschein 104
Fahrscheinautomaten 104
Fahrtenblatt 64, 65, 69, 80, 87, 90, 91, 155

Fahrtüchtigkeit 94, 107
Fahrzeiten 27, 106
Fahrzeughalter 109, 111, 148, 151, 155
Ferienzielreisen 44
Feuerlöscher 117, 122
Freihandelszone 85
Freistellungsverordnung 12, 21, 93
Gänge 129, 130
Gefäßgröße 17, 155
Gehbehinderte 99
Geltungsbereich 12, 52, 55, 77
Gemeinschaftslizenz 16, 19, 57, 58, 59, 84, 86, 87, 88, 90, 91, 155
Genehmigungsbehörde 24, 51, 59, 60, 70, 93, 101
geschäftsmäßig 12, 155
Geschwindigkeitsbegrenzer 151
Geschwindigkeitsindex 136, 139, 155
Gesundheit 106, 133
Gleitschutzeinrichtungen 122, 140
Grenzen 56, 69, 156
Grenzüberschreitender Verkehr 16
Grundlagengesetz 11
Gültigkeitsdauer 57, 60, 84, 155
Haftungsfrage 104
Haltestellen 22, 27, 59, 60, 84, 95, 98, 100, 106, 107, 130, 156
Handlampe 119
Hauptuntersuchung (HU) 110, 111, 112
Interbus 76, 77, 78, 79, 77, 78, 79, 80, 86, 87, 88, 91, 96, 155
juristische Person 14, 16, 157
Kabotage 69, 90
Kinder 95, 104, 106, 107, 131
Kinderwagen 95, 130
Kleinbusse 105, 131, 141, 153
Komfort 129, 131, 132, 140
Kontrollblatt 91
Kontrolldokumente 69, 80
Kontrolle 60, 69, 84, 116, 139, 147
Kontrollgeräte 150
Kontrollleuchten 152
Kontrollliste 78, 79
Kontrollpapier 63, 87, 90
Krankheit 93, 103, 109
Kurvenläufigkeit 128
Leerfahrten 53, 55, 76, 77, 80, 84
Leistungsfähigkeit 15, 78, 156, 157
Lenkung 111, 116, 140
Liberalisierung 76
Lizenz 15, 17, 19, 56, 57, 64, 84, 87, 90
Massen 120, 121, 122
Maulkorb 104
Medikamente 94, 107, 109
Meldepflicht 93, 102

SCHLAGWORTVERZEICHNIS

Motor	78, 87
Nahverkehrsplan	17, 19
nationales Recht	12
Niederflurfahrzeuge	130
Niederlassung	14, 16, 69, 84
Notbremse	104
Nothähne	129
Obus	17, 95, 104, 156
Ordnungsnummer	40, 101
Ordnungswidrigkeit	39, 51, 99, 119
Personal	16, 60, 68, 70, 138, 157
Personennahverkehr	17, 21, 22, 40, 156
Personenkraftverkehr-Berufszugangs-Verordnung	14, 16
Pflichtfahrbereich	39, 100, 156
Preisbindung	39
Prüfung	8, 10, 14, 15, 83, 155
Prüfzeichen	119, 140, 142, 155
Reifen	109, 111, 134, 135, 136, 137, 138, 139, 155, 156, 157
Reparatur	83, 150, 151
Reservereifen	139
Reversiereinrichtung	115, 156
Rollstuhlfahrer	26
Ruinöser Wettbewerb	21
Schlupf	141, 155, 156
Schneeketten	96, 140
Schulbus	99
Schweiz	84, 85, 86, 87, 88, 90, 91
Schwenkbereich	127, 128
Sicherheitsgurte	94, 97, 103, 106, 131, 132
Sicherheitsprüfung	111, 112, 113, 158
Sicherheitsprüfung (SP)	111, 112
Sitz	17, 38, 57, 76, 80, 130, 131, 133, 156
Sitzplätze	99, 106, 124
Sozialbestimmungen	83
Sozialvorschriften	11, 15, 56, 60, 150, 157
Spiegel	116, 123, 149
Staatsangehörigkeit	76, 84, 156
Stehplätze	98, 102, 124, 130, 131
Straßenbahn	27
Straßenverkehrsgesetz (StVG)	104
Straßenverkehrs-Zulassungsordnung (StVZO)	96, 109
Stufen	26, 123, 130
Taxi	16, 22, 39, 100, 101, 132, 134, 157
Transit	55, 56, 77, 83, 157
Transportvolumen	17, 155
Trennwand	101
Türen	26, 80, 95, 97, 101, 106, 129, 146, 156
Übergangsvorschriften	52, 101
Umweltschutz	96
Unfall	80, 109, 116
Unterhaltung	94, 97, 106
Unterlagen	14, 16, 17, 70, 100
Unterlegkeile	118
Untersuchung	78, 93, 110, 112, 135
Unterwegs-Bedienung	22
Veranstalter	40, 59, 63, 84
Verkehrsform	16, 22, 27, 38, 40
Verkehrssicherheit	21, 96, 109, 110, 113, 138, 155, 157
Verkehrsträger	59
Verschleißindikatoren	135, 157
Verspätung	104, 106, 108
Verunreinigungen	104
Warndreieck	119, 142
Warnleuchte	119
Warnwesten	119
Wegstreckenzähler	101
Werbung	101, 144, 148
Werkverkehr	15, 55, 59, 68, 70, 84, 87, 90, 91, 93, 157
Werkzeuge	83
Winterreifen	96, 134, 135
Ziel	11, 21, 39, 41, 69, 100, 127, 156, 157
Zielschilderkasten	99
Zoll	19, 83, 88, 136
Zug	109, 125, 127, 157

BAND 7

Ralf Sick | Frank Erhardt

PANNEN, UNFÄLLE, NOTFÄLLE & KRIMINALITÄT

Bildnachweis –
wir danken folgenden Firmen und Institutionen für ihre Unterstützung:

BG Verkehr
DAF Trucks Deutschland GmbH
Deutsche Bahn AG/Michael Niehaus
Deutscher Verkehrssicherheitsrat e.V.
Gehle Fahrschule und Omnibustouristik
FUNKE Foto Service/Günter Blaszczyk
Hauptzollamt Frankfurt/Oder
Johanniter-Unfall-Hilfe e.V.
Bereich Bildung und Erziehung
MAN Nutzfahrzeuge Gruppe
Scania Deutschland GmbH
Tim Schaarschmidt
Volvo Trucks Corporation
Wasserschutzpolizei Bremen

Autoren: Ralf Sick, Frank Erhardt
Lektorat und Beratung: Rolf Kroth, Egon Matthias

PANNEN, UNFÄLLE, NOTFÄLLE & KRIMINALITÄT

Inhalt

Berufskraftfahrer verbringen den Großteil ihrer Arbeitszeit im Straßenverkehr. Es kann schnell passieren, dass der Fahrer in einen Unfall verwickelt wird, eine Panne am Fahrzeug hat oder sonst eine Notsituation meistern muss. Von den Unfallursachen liegen annähernd 90 % im vermeidbaren Fehlverhalten der Fahrzeugführer. Ein schwerer Arbeitsunfall kann vor allem für das Opfer, aber auch für unmittelbar beteiligte Kollegen, Augenzeugen und Ersthelfer ein psychisch traumatisierendes Ereignis sein.

Dieser Band beinhaltet zusätzlich die Grundlagen zur Ersthelfer-Ausbildung nach dem Ausbildungskonzept der Johanniter-Unfall-Hilfe. Um in einer Notsituation zu wissen, was zu tun ist und die notwendigen Maßnahmen sicher zu beherrschen, ist das praktische Training in Aus- und Weiterbildung wichtig. Damit die Erste-Hilfe-Kenntnisse auch in einigen Jahren noch in Erinnerung sind, ist es notwendig, das Erlernte alle zwei bis drei Jahre in Erste-Hilfe-Trainings aufzufrischen.

Der Bereich Kriminalität informiert über mögliche Folgen krimineller Handlungen und gibt Tipps zur Verhinderung von Ladungs- und Fahrzeugdiebstahl und zur Sicherung von Fahrzeugen. Zudem klärt dieser Band über die Gefahren und Folgen durch Schleusung illegaler Einwanderer auf. Um gar nicht erst in eine Notsituation zu geraten und die Gefahr möglichst gering zu halten, informiert das Kapitel Fahrsicherheit & Sicherheitssysteme über spezielle schwierige Fahrmanöver wie z. B. das Durchfahren von Kurven. Des Weiteren werden moderne Assistenzsysteme kurz vorgestellt.

Die Autoren

Ralf Sick, Jahrgang 1964,
stammt beruflich aus der Pädagogik und der Betriebswirtschaft und fand über das Ehrenamt den Kontakt zur Johanniter-Unfall-Hilfe e.V. Seit vielen Jahren leitet er das Johanniter-Bildungswerk, das für die Johanniter bundesweit Ausbildungskonzepte entwickelt und deren Umsetzung vorantreibt. So hat er auch maßgeblich an dem neuen Erste Hilfe-Konzept der Johanniter mitgewirkt, das innovative Wege in dieser Ausbildung beschreitet. Seit 2003 hat er die Johanniter-Akademie mit ihren Bildungsinstituten aufgebaut, die Bildungsangebote von Pflege bis Rettungsdienst und Management für einen ständig wachsenden Interessentenkreis umsetzt.

Frank Erhardt, Jahrgang 1970
Polizeihauptkommissar in Bremen und Diplom-Verwaltungswirt (FH). Im Rahmen seiner langjährigen Funktionswahrnehmung als Sachbearbeiter, Teamleiter und Ausbilder bei der Verkehrsbereitschaft Bremen hat er sein umfassendes Fachwissen kontinuierlich erweitert. Seit März 2020 ist er als stellvertretender Leiter des Präventionszentrums der Polizei Bremen unter anderem Hauptverantwortlicher für die Verkehrsunfallprävention im gesamten Bremer Stadtbereich. Neben seinem Beruf als Polizeibeamter ist er seit 2008 als freier Dozent für unterschiedliche Institutionen, u.a. mit Lehrauftrag an der Hochschule für Öffentliche Verwaltung Bremen, tätig. Seine Schwerpunkte in der Aus- und Weiterbildung im Rahmen von Berufskraftfahrerqualifizierungen liegen insbesondere in den Themenbereichen Sozialvorschriften, Ladungssicherung und Güterkraftverkehrsrecht.

Legende

» **PARAGRAPH**
Originaltext aus dem Gesetz

» **FRAGE**
Fragen aus der Praxis

» **INFO**
Merksätze

» **PRAXISTIPP/PRAXISWISSEN**
Tipps aus der Praxis

» **BUCH**
Verweise auf weitere Lektüre/Nachschlagemöglichkeiten

» **ARBEITSBLATT**
Zur Wiederholung und Vertiefung von gelernten Inhalten

INHALTSVERZEICHNIS

Kriminalität und Schleusung illegaler Einwanderer
1.1 Ladungsdiebstahl ... 7
1.1.1 Ladungsdiebstahl im Lager- oder Umschlagbereich ... 7
1.1.2 Ladungsdiebstahl vom Lkw bzw. Fahrzeugdiebstahl ... 8
1.2 Diebstahl aus Fahrzeugen ... 10
1.3 Überfälle auf Kraftfahrer ... 11
1.4 Schmuggel von Zigaretten und Drogen ... 13
1.5 Schleusung von Personen ... 14
1.6 Gewalttaten im Personenverkehr ... 16

Risiken & Arbeitsunfälle
2.1 Bewusstseinsbildung für Risiken des Straßenverkehrs und Arbeitsunfälle ... 19
2.2 Verkehrsunfälle ... 20
2.2.1 Anschnallpflicht ... 29
2.2.2 Statistiken ... 31
2.3 Arbeits- und Wegeunfälle, Berufskrankheiten ... 31
2.3.1 Wegeunfälle ... 31
2.3.2 Arbeitsunfälle ... 32
2.3.3 Berufskrankheiten ... 35
2.3.4 Berufsgenossenschaft ... 36
2.4 Menschliche, materielle und finanzielle Auswirkungen eines Arbeitsunfalls ... 37
2.5 Versicherungsschutz bei Hilfeleistung ... 38

Pannen, Unfälle und Notfälle
3.1 Notfälle ... 39
3.2 Pannen ... 40
3.3 Unfälle ... 42
3.4 Weitere Maßnahmen am Unfallort ... 42
3.5 Rettungsgasse ... 43

Verhalten bei Unfällen und Notfällen
4.1 Erste-Hilfe-Material und Ausrüstungsgegenstände ... 45
4.2 Einschätzung der Lage ... 47
4.3 Absichern der Unfallstelle ... 47
4.4 Sicherheit der Fahrgäste ... 49
4.5 Überblick über die Situation verschaffen ... 49
4.6 Verständigung und Kommunikation mit Hilfskräften ... 50
4.7 Sofortmaßnahmen am Unfallort ... 52
4.8 Pflichten der Unfallbeteiligten bei Verkehrsunfällen ... 52
4.9 Wildunfall ... 53
4.10 Unfallbericht ... 54
4.11 Verhalten im Tunnel ... 56

Verhalten bei einem Brand
5.1 Brandklassen ... 59
5.2 Verwendung von Feuerlöschern ... 61

INHALTSVERZEICHNIS

Erste-Hilfe-Ausbildung
6.1	Einladung zur Erste-Hilfe-Lernreise	65
6.1.1	Erste Hilfe – Helfen bis der Arzt kommt	65
6.2	Was immer richtig und wichtig in der Ersten Hilfe ist	66
6.2.1	Auf den ersten Blick	67
6.2.2	Eigen- und Fremdschutz	67
6.2.3	Retten	68
6.2.4	Melden !– Der Notruf	70
6.2.5	Helfen !– Maßnahmen am Betroffenen	70
6.3	Erste-Hilfe-Lerninsel 1 „Nicht erweckbar"	73
6.4	Erste-Hilfe-Lerninsel 2 „Keine Atmung"	75
6.5	Erste-Hilfe-Lerninsel 3 „Probleme in der Brust"	78
6.6	Erste-Hilfe-Lerninsel 4 „Verletzungen"	80
6.7	Erste-Hilfe-Lerninsel 5 „Probleme im Kopf"	87
6.8	Erste-Hilfe-Lerninsel 6 „Probleme im Bauch"	89
6.9	Besonderheiten	90

Fahrsicherheit & Sicherheitssysteme
7.1	Fahrsicherheit	92
7.1.1	Einfluss der Fahrgeschwindigkeit	92
7.1.2	Befahren von Kurven	93
7.2.	Sicherheitssysteme	95
7.2.1	Antiblockiersystem (ABS)	95
7.2.2	Antriebsschlupfregelung (ASR)	96
7.2.3	Elektronisches Bremssystem (EBS)	97
7.2.4	EBS im Anhänger/Trailer	98
7.3.	Bauteile im EBS-System	99
7.4.	Funktionen für intelligente Trailer	102
7.4.1	Fahrzeug-Effizienz und Umwelt für Trailer	102
7.4.2	Fahrer-Effektivität und höhere Sicherheit für Trailer	103
7.4.3	Telematik	105
7.5.	Kontrollen, Wartung und Pflege der Druckluftbremsanlage	106
7.5.1	Erkennen und Beseitigen von Störungen in der Bremsanlage	107
7.5.2	Grenzen des Einsatzes der Bremsanlage und der Dauerbremsanlage	108

KRIMINALITÄT UND SCHLEUSUNG ILLEGALER EINWANDERER

1. Kriminalität und Schleusung illegaler Einwanderer

1.1 Ladungsdiebstahl

Jeder kennt die guten alten Western-Filme. Darin werden Postkutschen und Planwagen von maskierten Räubern überfallen und ausgeraubt. Heute haben sich zwar die Transportmittel verändert, aber Ladungen bzw. komplette Fahrzeuge verschwinden immer noch. Speditions- und Logistikunternehmen befördern täglich Waren im Wert von mehreren Milliarden Euro über die Straßen. Durch das häufige Umschlagen der Ladung innerhalb der gesamten Logistikkette wird vielen Personen der Zugriff ermöglicht. Unter Ladungsdiebstahl fallen Delikte, bei denen gelagerte oder beförderte Waren entwendet werden. Laut Kriminalstatistik nimmt die Anzahl der Diebstähle und Unterschlagungen von Ladungen ständig zu. Die komplexen Strukturen und Vernetzungen aller an der Logistik beteiligten Unternehmen erschweren erforderliche Sicherheitsmaßnahmen.

1.1.1 Ladungsdiebstahl im Lager- oder Umschlagbereich

Nicht nur einzelne Pakete und Paletten verschwinden spurlos, sondern auch komplette Lkw-Ladungen. Sicherheitskontrollen im Lager-, Umschlag- und Transportbereich durch geschulte und geprüfte Sicherheitskräfte können effektiv Diebstähle verhindern. Bislang haben nur wenige Unternehmen auf diese wachsende Kriminalitätsform reagiert: Sie setzen intern präventive Maßnahmen um. Oftmals wird die Entlassung der einzelnen überführten Täter als ausreichend angesehen. Sinnvoller wäre es jedoch, auch interne Abläufe zu überprüfen und Sicherheitslücken zu beseitigen.

Tipps zur Verhinderung von Ladungsdiebstahl aus dem Lager- oder Umschlagbereich
- Technische Sicherung des Geländes durch Zaunanlage mit mindestens 1,80 m Höhe sowie mit Übersteig- und Unterkriechschutz
- Angemessene technische Sicherung von Fenstern, Türen, Toren gegen Einbruch (mind. Widerstandsklasse RC 3)
- Ausreichende Außenbeleuchtung mit Bewegungsmeldern
- Videoüberwachung
- Alarmanlage, ggf. mit Aufschaltung direkt bei der Polizei
- Zugangskontrollen für Anlieferer und Abholer
- Besondere Zutrittsberechtigungen für abgetrennte Bereiche
- Einrichtung besonders geschützter Werträumen
- Einsatz eines Sicherheitsdienstes

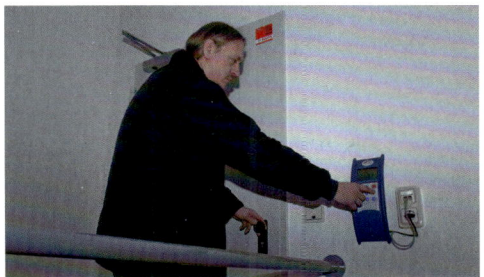

» **INFO**

Kriminalpolizeiliche Beratungsstellen bieten kostenlos die Möglichkeit von Einbruchschutzberatungen an. Sie erhalten hier nicht nur umfangreiche allgemeine und objektbezogene Empfehlungen, sondern auch Listen zertifizierter Unternehmen, die die notwendigen Arbeiten bei Bedarf durchführen.

KRIMINALITÄT UND SCHLEUSUNG ILLEGALER EINWANDERER

1.1.2 Ladungsdiebstahl vom Lkw bzw. Fahrzeugdiebstahl

Mittlerweile haben sich Ladungs- und Fahrzeugdiebstahl zu einem gewinnbringenden Bereich der organisierten Kriminalität entwickelt. Selten geworden ist der Einzeltäter, der eine günstige Gelegenheit nutzt. Oftmals stecken vernetzte Strukturen hinter den Diebstählen – es wird auf Bestellung gestohlen. Das setzt Wissen über die Art der Ladung, den Fahrweg bzw. Abstellort des Fahrzeugs und somit Tipps von Insidern voraus. Zum Kreis der Informanten gehören oft Fahrer, Beschäftigte oder ehemalige Beschäftigte sowie Tramper und Prostituierte, die auf Autohöfen ihre Dienste anbieten.

Die Anzahl von Ladungsdiebstählen ist in den letzten Jahren leicht angestiegen. Außerdem ist ein Anstieg von Kraftstoffdiebstahl zu verzeichnen. Seit Einführung der elektronischen Wegfahrsperre ist der Diebstahl von Fahrzeugen im Gegensatz zum Ladungsdiebstahl leicht rückläufig. Überwiegende Tatorte sind Park- und Rastplätze an Autobahnen sowie firmeneigene Betriebshöfe. Besonders stark betroffen sind die Bundesländer Nordrhein-Westfalen, Niedersachsen und Bayern speziell in Grenzregionen, im Umland von Häfen und im Bereich der Transitautobahnen.

Der durch Transportkriminalität allein in Deutschland angerichtete Schaden für die Allgemeinheit liegt nach Schätzungen des Gesamtverbandes der Versicherungswirtschaft (GDV) im mehrstelligen Millionenbereich. Europaweit wird der jährliche Schaden auf acht Milliarden Euro geschätzt.

Aufgrund des ansteigenden Straßengüterverkehrs wird die Parkplatzsuche zunehmend schwieriger. Bei einer ausreichenden Größe dieser Parkplätze wird so nicht nur der Transportkriminalität vorgebeugt. Gleichzeitig wird auch kein Fahrer mehr gezwungen, übermüdet weiterzufahren. Das senkt die Unfallgefahr und fördert gleichzeitig die Verkehrssicherheit.

Angesichts dieser steigenden Transportkriminalität fordern nicht nur die Versicherer schon seit Jahren entlang der deutschen Fernstraßen das Einrichten bewachter Parkplätze. Der Abstand dieser bewachten und beleuchteten Parkplätze sollte nicht mehr als vier Lkw-Fahrstunden auseinanderliegen.

Bereits seit 2007 stellt die EU jährlich Fördermittel zur Verfügung, um bestehende Lkw-Parkplätze sicherer zu machen. Im Jahr 2013 wurden mit der EU-Verordnung Nr. 885/2013 die Mitgliedsländer verpflichtet, gemäß den dort festgelegten Sicherheitsrichtlinien sichere Lkw-Parkplätze zu planen und zu bauen.

> » **INFO**
>
> Nach Öffnung der EU-Binnengrenzen war ein Anstieg der Transportkriminalität zu verzeichnen. Ladungen mit Textilien, Spirituosen, Computern und Handys sowie andere digitale Kleingeräte (Kameras, Flachbildfernseher) sind vermehrt Ziele der auch grenzüberschreitend agierenden Straftäter.

KRIMINALITÄT UND SCHLEUSUNG ILLEGALER EINWANDERER

Angesichts steigender Kriminalität will die EU-Kommission die Sicherheit auf Lkw-Parkplätzen erhöhen.

Unter dem Namen „Setpos" hat die Europäische Union Sicherheitsstandards für Lkw-Parkplätze festgelegt. In Europa soll ein Netz von Sicherheitsparkplätzen entstehen. Zwei sichere Parkplätze sollen in Zukunft nicht weiter als 100 km auseinanderliegen.

Geplant ist auch, Lkw-Fahrer von einem besetzten Parkplatz zu freien, sicheren Parkplätzen umzuleiten. Ziel ist, das „wilde Parken" zu verhindern. Mittlerweile gibt es in Deutschland mehrere solcher Plätze z. B. den Autohof Uhrsleben an der A 2 zwischen Hannover und Berlin, den Euro Rastpark Himmelkron an der A 9, den Autohof Wörnitz nördlich vom Autobahnkreuz A6/A7 und bei den Stadtwerken Waldshut-Tiengen im Gewerbepark, unmittelbar an der Schweizer Grenze. Benutzen Sie nach Möglichkeit diese Parkplätze. Sie verfügen neben einer Videoüberwachung auch über Zugangskontrollen, Abgrenzungen und eine gute Ausleuchtung. Europaweit werden diese Sicherheitsparkplätze durch blaue EU-Flaggen bzw. -Schilder gekennzeichnet.

Tipps
- Bei regelmäßigen Beförderungen von Ladungen mit erheblichem Wert wechseln Sie öfter die Fahrstrecke.
- Vorsicht beim Kontakt mit fremden Personen! Sprechen Sie nicht über Ladung und Fahrstrecke – auch nicht über Funk.
- Nehmen Sie keine Anhalter mit.
- Überprüfen Sie Ihr Fahrzeug vor jeder Weiterfahrt.
- Bei verdächtigem Verhalten von Personen verständigen Sie die Polizei.
- Setzen Sie möglichst geschlossene Aufbauten für diebstahlgefährdete Waren ein und sichern Sie die Türen mit zusätzlichen Schlössern.
- Verwenden Sie Diebstahlschutzeinrichtungen für Wechselbrücken, Anhänger und Auflieger.
- Parken Sie möglichst rückwärts, dicht an einer Wand, um ein unkontrolliertes Öffnen der Hecktüren zu verhindern.
- Hinterlegen Sie nie den Fahrzeugschlüssel für einen anderen Fahrer außen am Fahrzeug.

Einige Tricks, um an Ihren Lkw/Ihre Ladung zu kommen
- Sie werden an eine andere (falsche) Anlieferadresse umgeleitet.
- Kurz vor der eigentlichen Anlieferadresse müssen Sie angeblich umgeladen werden, man hilft Ihnen (freundlicherweise) auch dabei.
- Sie werden bei Zwischenstopps an Ampeln, Kreuzungen auf offene Türen, Beschädigungen am Lkw oder Anhänger angesprochen. Sie steigen aus, lassen den Motor laufen bzw. Zündschlüssel stecken und wenn Sie sich den angeblichen Schaden ansehen, fährt Ihr Lkw ohne Sie davon.

Diebstahl von 158 Computern verschlafen – Lkw-Fahrer haftet

Das Oberlandesgericht Köln entschied, dass die Übernachtung auf einem unbewachten Parkplatz in Frankreich grob fahrlässig war und machte den Lkw-Fahrer für den Schaden verantwortlich.

Ein deutscher Fernfahrer verbrachte die Nacht in seiner Fahrerkabine auf einem unbewachten Parkplatz an der französischen Nationalstraße 330, obwohl in einem Umkreis von 30 km zwei bewachte Parkplätze hätten angefahren werden können. Die, dem Fahrer bekannte, Ladung bestand aus 158 Notebooks. Am nächsten Morgen war die Ladung weg. Der Fahrer wurde nach eigener Aussage mehrmals die Nacht durch kurze Stöße wach, war dann aber wieder eingeschlafen, weil er glaubte, sich geäußert zu haben. Der Fahrer habe grob fahrlässig gehandelt, entschied das OLG Köln (Az. 3U 143/02) und machte den Fahrer für den Verlust der Ladung verantwortlich. „Weil der Mann erst ausstieg, als die Diebe weg waren, war die Situation keine andere, als wenn der Lkw völlig unbeaufsichtigt auf einem unbewachten Parkplatz gestanden hätte", befanden die Richter. Der Fahrer hätte zumindest durch Dauerhupen aus seiner sicheren Kabine heraus seine Kollegen in den daneben stehenden Fahrzeugen alarmieren müssen.

Quelle: www.transportonline.de

» **PRAXISTIPP**

Eine europaweite Auflistung sicherer Parkplätze und wertvolle Zusatzinformationen finden Sie unter anderem unter www.truckparkingeurope.com.

KRIMINALITÄT UND SCHLEUSUNG ILLEGALER EINWANDERER

1.2 Diebstahl aus Fahrzeugen

Tipps zur Sicherung von Fahrzeugen
- Auch bei kurzzeitigem Verlassen des Fahrzeugs, z. B. an Tankstellen oder beim Be- oder Entladen, die Komfortschließanlage (Actros) per Funk aktivieren oder ggf. den Zündschlüssel abziehen.
- Auch bei kurzzeitigem Verlassen des Fahrzeugs die Fenster und Türen verschließen. Führen Sie, nach Möglichkeit, einen zweiten Zündschlüssel mit! Falls es aus technischen Gründen gerade nicht möglich ist den Motor abzustellen, können Sie trotzdem das Fahrerhaus abschließen.
- Das Lenkradschloss sollte immer aktiviert sein.
- Keine Wertsachen, wie Dokumentenmappe, Portemonnaie, Smartphone oder Tablet-Geräte, sichtbar im Fahrzeug liegen lassen.
- Ausweise und andere Dokumente mit Ihrer Wohnanschrift und den Wohnungsschlüssel nie zusammen im Fahrzeug lassen. Während Sie sich gerade über den Aufbruch Ihres Fahrzeugs ärgern, wird sonst zeitgleich auch noch Ihre Wohnung leergeräumt.
- Nützlich: Eine Hüfttasche für Papiere, Portemonnaie und Smartphone.
- Fertigen Sie schon im Vorfeld Kopien Ihrer Ausweis- und Fahrzeugpapiere an und führen Sie diese getrennt mit.
- Verwahren Sie PIN-Nummern und die dazu gehörigen Karten immer getrennt auf.
- Vorhandene Autoalarmanlagen einschalten. Der Fachhandel bietet diese Diebstahlsicherungen auch zum Nachrüsten an.
- Entscheiden Sie sich für ein Neufahrzeug mit elektronischer Wegfahrsperre. Mittels eines codierten Eingriffs in das Motormanagement wird ein unbefugtes Wegfahren verhindert.
- Lassen Sie mobile Navigationsgeräte niemals sichtbar im Fahrzeug liegen. Für sie gibt es keine Diebstahlsicherung. Entfernen Sie nach dem Gebrauch die Saugnapfabdrücke des mobilen Navigationsgerätes.
- Wählen Sie möglichst bewachte, belebte und beleuchtete Parkplätze.
- Seien Sie vorsichtig, wenn Fremde Ihnen spontan ihre Hilfe anbieten – auch bei dem Hinweis, dass mit Ihrem Fahrzeug etwas nicht in Ordnung sei.

Quelle: MAN Nutzfahrzeuge Gruppe

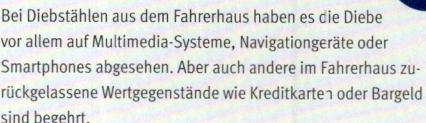

» **INFO**

Bei Diebstählen aus dem Fahrerhaus haben es die Diebe vor allem auf Multimedia-Systeme, Navigationgeräte oder Smartphones abgesehen. Aber auch andere im Fahrerhaus zurückgelassene Wertgegenstände wie Kreditkarten oder Bargeld sind begehrt.

KRIMINALITÄT UND SCHLEUSUNG ILLEGALER EINWANDERER

1.3 Überfälle auf Kraftfahrer

Leider kommen Überfälle auf Kraftfahrer nicht nur in Süd- und Osteuropa, sondern auch vereinzelt in Deutschland vor. Ziele der Täter sind in der Regel abseits stehende Fahrzeuge auf Autobahnrastplätzen, wie Wohnmobile oder Lkw. In einigen Fällen wurden die Insassen dabei durch das Einleiten von Gas betäubt. Danach wurde die vom Laternenlicht abgewandte Tür aufgebrochen (aufgehebelt). Früher wurde oft Chloroform verwendet, Täter sprühen auch K.-O.-Spray ins Wageninnere.

Lkw-Fahrer leben gefährlich
Laut einer gemeinsamen Studie des Internationalen Straßentransport-Verbands (IRU) und des Internationalen Transport Forums (ITF) ist bereits einer von sechs Lkw-Fahrern schon einmal Opfer eines Überfalls gewesen.

Die Auswertung von 2.000 Befragungen ergab folgendes Ergebnis: 17 % der Fahrer gaben an, im Zeitraum von 2000 bis 2005 Opfer eines Angriffs gewesen zu sein. Von diesen betroffenen Fahrern gaben 60 % an, dass das Ziel die Ladung bzw. das Fahrzeug war. Weitere 40 % meldeten den Verlust von persönlichen Gegenständen. 66 % der Übergriffe fanden in der Zeit zwischen 22 Uhr und 6 Uhr statt. Laut diesem Bericht ist, gemessen am Transportvolumen im internationalen Verkehr, Rumänien das Land, in dem die meisten der berichteten Überfälle stattfanden, gefolgt von Ungarn, Polen und der russischen Föderation.

Die MirrorCam System (MCS) des neuen Mercedes-Benz Actros zählt seit 2019 zur Serienausstattung der Fahrzeuge. Am Dachrahmen sind links und rechts zwei Kameras befestigt und ersetzen an dieser Position die üblichen Außenspiegel (Hauptspiegel). Die Kameras erfassen die Bereiche links und rechts des Fahrzeugs/Zugs.

Sie bieten außerdem mehr Sicherheit durch eine Nachtfunktion. Der Fahrer kann während der Pause trotz geschlossenem Vorhang sein Fahrzeugumfeld mit Auflieger im Blick behalten. Die MirrorCam lässt sich bei ausgeschaltetem Motor und nach zweiminütiger Nachlaufzeit für zwei Minuten einschalten. Auf der Beifahrerseite im Türmodul und am Bett befindet sich jeweils eine Taste zum Aktivieren. Die Bilder der Kameras werden auf zwei hochformatige Monitore, die an der A-Säule platziert sind, übertragen. Das Kamera-System passt sich automatisch den gegebenen Lichtverhältnissen an.

MirrorCam.

KRIMINALITÄT UND SCHLEUSUNG ILLEGALER EINWANDERER

Tipps
- Vermeiden Sie abgelegene dunkle Ecken des Parkplatzes. Nutzen Sie lieber eine Lücke zwischen anderen parkenden Lkw.
- Schließen Sie die Seitenfenster.
- Verriegeln Sie die Türen. Um das ungewollte Öffnen der Türen zu verhindern, verbinden Sie die Fahrer- und Beifahrertür mit einem Zurrgurt.
- Im Zubehörhandel sind geprüfte Geräte erhältlich, die vor einem Gasangriff warnen.
- Da es sich in der Regel um reisende Täter handelt, ist die Polizei auf Hinweise der Kraftfahrer angewiesen. Nur so kann ein Profi der Täter erstellt werden. Notieren Sie sich Merkmale auffälliger Personen und Fahrzeuge und melden Sie diese der Polizei.
- Nehmen Sie keine Anhalter mit. Sprechen Sie mit Fremden nie über Ladung und Fahrziel.
- Kommt es zu einem Überfall, bewahren Sie einen klaren Kopf. Gehen Sie auf die Forderungen der Täter ein. Zivilcourage ist lobenswert – vermeiden Sie jedoch, den Helden zu spielen. Ein gestohlener Lkw, Laptop und Bargeld, das alles ist ersetzbar – Ihre Gesundheit nicht!
- Der Einsatz von CS-Gas, Pfefferspray o. Ä. zum Selbstschutz im Fahrerhaus ist nicht in jedem Fall sinnvoll. Nach der Verwendung müssen auch Sie die Fahrerkabine verlassen und könnten einem Komplizen dabei direkt in die Arme laufen.
- Ruhe bewahren, Täter nicht provozieren.
- Sind Sie Opfer einer Straftat geworden, erstatten Sie unbedingt Anzeige bei der Polizei.

KRIMINALITÄT UND SCHLEUSUNG ILLEGALER EINWANDERER

1.4 Schmuggel von Zigaretten und Drogen

Seit Jahren fahren Privatleute ins benachbarte Ausland wie Luxemburg oder Polen, um dort legal Kraftstoff, Kaffee, Alkohol oder Zigaretten zu kaufen. Aber auch im Inland ist ein verändertes Kaufverhalten zu beobachten. Ob Flohmarkt oder Internet-Schnäppchen – teilweise handelt es sich hier um Diebesgut oder speziell für den europäischen Markt gefertigte Plagiate.

Plagiate sind überwiegend minderwertige Produktfälschungen, die der Laie nur schwer vom Original unterscheiden kann. Neben den Plagiaten werden vor allem Zigaretten nach und durch Deutschland geschmuggelt. Schätzungen zufolge wurden bereits 2004, nach Öffnung der Grenzen zu Polen und Tschechien, rund fünf Prozent aller in Deutschland konsumierten Zigaretten illegal eingeführt. Lt. Gesetz dürfen aus allen Ländern, die nicht der EU angehören, und einigen EU-Staaten (neuere Beitrittsländer) max. 200 Zigaretten pro Person eingeführt werden. Alles darüber ist strafbar. Ab 800 Zigaretten kann bei der Einfuhr (auch) aus den anderen EU-Staaten ein gewerblicher Hintergrund angenommen werden und die Zigaretten müssen bei der Einfuhr zusätzlich versteuert werden. Der volkswirtschaftliche Schaden beträgt durch den Handel mit gefälschten und geschmuggelten Zigaretten, laut Deutschem Zigarettenverband (DZV) 4,2 Mrd. illegale Zigaretten, das ist ein Schaden von 845 Millionen Euro. Steigendes Verkehrsaufkommen durch die EU-Osterweiterung und damit die Verlegung der EU-Außengrenzen weiter in Richtung Osten machen es den Schmugglern leichter als vorher.

Gerade der Zigarettenschmuggel boomt seit der Erhöhung der Tabaksteuer in vielen EU-Ländern. Hinter diesem lukrativen Schmuggel stecken oft professionell organisierte Kriminalitätsstrukturen. Deutschland wird dabei in vielen Fällen als Transitland für den Schmuggel genutzt. Geschmuggelt werden diese Waren in erster Linie mit Lastkraftwagen. Hier kommen angebliche Leerfahrten genauso zum Einsatz wie „Tarnladungen", in denen Zigaretten versteckt sind. Diese Ladungen bestehen zum Beispiel aus ordnungsgemäß deklarierten Industrieprodukten, wie in diesem Fall Ventilationsfilter aus Aluminium. In Wirklichkeit sind sie nur Mittel zum Zweck: Insgesamt wurden hier fast 500.000 Zigaretten sichergestellt.
Seltener kommen speziell präparierte Fahrzeuge zum Einsatz. Der deutsche Zoll stellte im Jahr 2018 62 Millionen, im Vergleich zu 2016 mit 121 Millionen, illegal eingeführte Zigaretten sicher. Der Schmuggel mit Zigaretten geht also zurück. Leisten Sie als Lkw-Fahrer Beihilfe zum Zigarettenschmuggel, kann dies eine mehrjährige Freiheitsstrafe zur Folge haben.
Im Vergleich zu den Vorjahren hat der Zoll im vergangenen Jahr deutlich mehr geschmuggelte Drogen sichergestellt. 2019 waren es 918 Kilogramm im Vergleich zu 2017 62 Kilogramm.
Dazu gehören illegale Rauschmittel, wie z. B. Heroin, Kokain, Amphetamine und Ecstasy. Die Lieferwege unterscheiden sich dabei – Drogen gelangen z. B. per Schiff, über den Land- oder den Luftweg nach Deutschland.

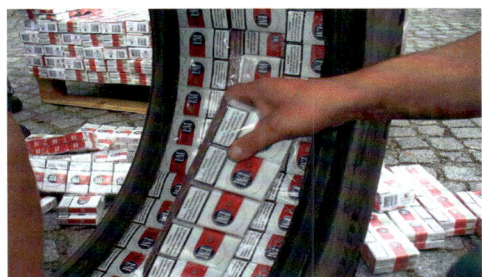

Quelle: Hauptzollamt Frankfurt/Oder

Quelle: Hauptzollamt Frankfurt/Oder

Quelle: Hauptzollamt Frankfurt/Oder

» **INFO**

An Diebesgut kann man, auch durch Bezahlen eines Kaufpreises, kein Eigentum erwerben.

KRIMINALITÄT UND SCHLEUSUNG ILLEGALER EINWANDERER

1.5 Schleusung von Personen

Eine Begleiterscheinung der Globalisierung ist die unerlaubte Migration. Unter Migration wird die Wanderungsbewegung zwischen Bevölkerungen aus verschiedenen Ländern verstanden. Dabei handelt es sich einerseits um Flüchtlinge auf der Suche nach Sicherheit, nach Asyl. Zum anderen sind es Menschen, die aus wirtschaftlichen Gründen einreisen wollen. Oft wollen sie dort (illegal) arbeiten. Auch in Deutschland gibt es einzelne Branchen, in denen häufig illegal Beschäftigte anzutreffen sind, z. B.: Bauwesen, Haushalte, Gastronomie und einige Bereiche der Landwirtschaft.

Die Polizei kontrolliert vermehrt auch die Ladungen.

Ungenaue Schätzungen gehen davon aus, dass sich in Deutschland über 500.000 illegal eingewanderte Personen aufhalten. Da die Grenzkontrollen immer besser werden, verlassen sich viele illegale Einwanderer auf „professionelle" Hilfe von sogenannten Schleusern. Hinter den Schleusern stecken oft gut organisierte kriminelle Strukturen, die unter dem Deckmantel der vermeintlichen Humanität („Fluchthilfe") mit der „Ware Mensch" viel Geld verdienen. Deutschland ist nicht nur Ziel, sondern auch ein Haupttransitland in Europa. Deshalb gehen Schätzungen der deutschen Polizei davon aus, dass jährlich mehrere Hunderttausende Menschen durch Deutschland geschleust werden – die Mehrzahl in Fahrzeugen.

Bereits seit vielen Jahren führen die britischen Kontrollbehörden umfangreiche Fahrzeugkontrollen durch. Ziel: Das Auffinden von illegalen Migranten. Hier kommen hoch empfindliche Geräte zum Einsatz, die sowohl den Kohlendioxidgehalt im Laderaum messen, aber auch den Herzschlag von Personen auf der Ladefläche feststellen können. Britische Gesetze sehen Bußgelder von bis zu 2000 £ pro aufgefundenem illegalen Migranten sowohl für den Lkw-Fahrer als auch für den Unternehmer vor.

Der illegale Aufenthaltsstatus stellt in Deutschland einen Straftatbestand dar. Der deutsche Gesetzgeber sieht im Schlepperwesen den äußerst verwerflichen und menschenunwürdigen, sozialschädlichen Hintergrund mit dem puren Gewinnstreben der Schleuser. Deshalb machen sich auch Hilfeleistende, wie Sie als Lkw-Fahrer, der das illegale Einreisen ermöglicht hat, strafbar. Zusätzlich können Sie für die anfallenden Kosten der Abschiebung haftbar gemacht werden. Zehn Jahre Freiheitsentzug sind die Höchststrafe für bandenmäßige Schleusung, fünf bis sechs Jahre die Regel.

Die polnischen und deutschen Gerichte haben sich in der Ahndung der illegalen Grenzübertritte und Schleusungen angeglichen. Häufig werden die Schleuser bereits beim ersten Verstoß zu einer Freiheitsstrafe verurteilt. Davon betroffen sind also nicht nur die illegalen Migranten, die ohnehin abgeschoben werden können und bei denen die Strafe auch zur Bewährung ausgesetzt werden kann. Hauptsächlich trifft es die an der Schleusung unmittelbar Beteiligten.

§ 96 AufenthG – Einschleusen von Ausländern

(1) Mit Freiheitsstrafe von drei Monaten bis zu fünf Jahren, in minder schweren Fällen mit Freiheitsstrafe bis zu fünf Jahren oder mit Geldstrafe wird bestraft, wer einen anderen anstiftet oder ihm dazu Hilfe leistet, eine Handlung
1. nach § 95 Abs. 1 Nr. 3 oder Abs. 2 Nr. 1 Buchstabe a zu begehen und
   a) dafür einen Vorteil erhält oder sich versprechen lässt oder
   b) wiederholt oder zugunsten von mehreren Ausländern handelt oder
2. nach § 95 Abs. 1 Nr. 1 oder Nr. 2, Abs. 1a oder Abs. 2 Nr. 1 Buchstabe b oder Nr. 2 zu begehen und dafür einen Vermögensvorteil erhält oder sich versprechen lässt.

(2) Mit Freiheitsstrafe von sechs Monaten bis zu zehn Jahren wird bestraft, wer in den Fällen des Absatzes 1
1. gewerbsmäßig handelt,
2. als Mitglied einer Bande, die sich zur fortgesetzten Begehung solcher Taten verbunden hat, handelt,
3. (...)
4. (...)
5. den Geschleusten einer das Leben gefährdenden, unmenschlichen oder erniedrigenden Behandlung oder der Gefahr einer schweren Gesundheitsschädigung aussetzt. Ebenso wird bestraft, wer in den Fällen des Absatzes 1 Nummer 1 Buchstabe a zugunsten eines minderjährigen ledigen Ausländers handelt, der ohne Begleitung einer personensorgeberechtigten Person oder einer dritten Person, die die Fürsorge oder Obhut für ihn übernommen hat, in das Bundesgebiet einreist.

(3) Der Versuch ist strafbar.

...

KRIMINALITÄT UND SCHLEUSUNG ILLEGALER EINWANDERER

Während der Fahrt, insbesondere vor Grenzübertritt:
- Erneutes Überprüfen von Plane und Dach auf neue Risse und Löcher.
- Manuelles Überprüfen der Schlösser. Oftmals werden die Schlösser aufgebrochen und, was auf den ersten Blick nicht erkennbar ist, dann wieder nur zugeklebt.
- Sind noch dieselben Plomben und Siegel vorhanden?
- Führen Sie regelmäßige Kontrollen nach einer Fahrtunterbrechung durch und protokollieren Sie diese.
- Sprechen Sie nicht mit Fremden über Ihr Ziel und vermeiden Sie möglichst Aufschriften am Fahrzeug, die das Ziel Großbritannien angeben.
- Legen Sie vor der Überfahrt nach Großbritannien möglichst weit vor dem Fährhafen Ihre letzte Pause ein.
- Ist das nicht möglich, nehmen Sie einen Umweg in Kauf und rasten Sie auf der Gegenseite der Autobahn (aus Richtung Großbritannien kommend).
- Achten Sie auf auffällige Personen und Fahrzeuge im Umkreis Ihres Lkw.
- Stellen Sie „blinde Passagiere" fest, informieren Sie sofort die Polizei. Nur so besteht in Verbindung mit Ihren vorher gefertigten Kontrollaufzeichnungen die Möglichkeit, straffrei auszugehen.

Lkw bieten eine Vielzahl von Versteckmöglichkeiten.
Die häufigsten sind:
- neben der Ladefläche,
- Windabweiser und Spoiler,
- der Bereich um die Sattelkupplung, das Fahrgestell bzw. die Achsen am Anhänger und Auflieger,
- im Reserverad,
- Staukästen und sonstige Hohlräume unterhalb des Fahrzeugs.

» **PRAXISTIPP**

Vor dem Beladen:
- Funktionieren der Verschlüsse und Schlösser überprüfen,
- Plane und Dach auf Risse und Löcher überprüfen.

Beispiel
Nach acht Tagen Überfahrt erreichte der Container in Bremen seinen Zielort. Die acht Personen in dem Container hatten für ihre Überfahrt als Verpflegung Datteln und Kekse zur Verfügung. Außerdem hatten sie zwei Zehn-Liter-Kanister mit Wasser zum Trinken. Da sie sich bereits einen Tag vor dem Ablegen des Schiffes in dem Container versteckt hatten, ergibt das pro Person ca. 3 l Wasser für neun Tage. Während der Überfahrt verrichteten sie ihre Notdurft hinter dem provisorisch aufgehängten Vorhang in zwei Kanistern. Bei der Ankunft in Bremen waren alle illegal eingereisten Personen völlig mittellos und in einem verwahrlosten Zustand. Selbst ihre Kleidung war durch Exkremente stark verschmutzt.

KRIMINALITÄT UND SCHLEUSUNG ILLEGALER EINWANDERER

1.6 Gewalttaten im Personenverkehr

Mit der allgemein steigenden Kriminalität häufen sich auch Straftaten gegen das Fahrpersonal im Kraftomnibusbereich. Gerade Busfahrer im Linienverkehr können Opfer eines Übergriffs werden. Fahrgäste (nicht nur angetrunkene) verhalten sich oft provozierend. Das kann zu Handgreiflichkeiten führen, bei denen der Busfahrer dann schnell zum Opfer wird. Diese Übergriffe sind für den Busfahrer oft nicht vorhersehbar, kommen völlig überraschend. Neben baulichen Veränderungen im Bus, wie Videokameras oder eine durch Scheiben geschützte Fahrerkabine, ist ein „Deeskalationstraining" für die Fahrer von Bussen im ÖPNV empfehlenswert. Man erlernt und übt dort richtige Verhaltensweisen, um sich in diesen unvermittelt auftretenden Situationen richtig zu verhalten.

Folgende Einstiegsregelung hat sich in einigen Kommunen bei ÖPNV-Bussen bereits bewährt: Hat ein Linienbus beispielsweise drei Türen, dann wird die hintere Tür nachts gar nicht mehr geöffnet, die mittlere Tür nur zum Aussteigen. Somit ist ein „kontrollierter" Einstieg an der ersten Tür, am Fahrer vorbei, gewährleistet. Günstiger Nebeneffekt: Auch das „Schwarzfahren" wird dadurch erschwert.

Kommen Sie als Omnibusfahrer trotzdem in eine gefährliche Situation, können Ihnen folgende Tipps helfen:
- Reagieren Sie ruhig und besonnen auf den Täter.
- Bedenken Sie, dass alkoholisierte Personen zu erhöhter Aggressivität neigen.
- Werden Sie mit Gewalt oder mit Waffen bedroht, gehen Sie auf die Forderungen des Täters ein. Ansonsten riskieren Sie Ihre Gesundheit oder Ihr Leben und eventuell auch das Ihrer Fahrgäste.
- Verständigen Sie sofort über Ihre Leitstelle die Polizei (nutzen Sie das **R**echnergestützte **B**etriebs**L**eitsystem – **RBL**).
- Fahren Sie nicht weiter.
- Prägen Sie sich die Merkmale des Täters ein.
- Veranlassen Sie Zeugen vor Ort zu bleiben. Notfalls notieren Sie sich Namen und Anschrift der Zeugen.

Busfahrer überfallen

TRIER (eju) • Ein unbekannter Mann hat in der Nacht zum Mittwoch auf dem Trierer Bahnhofsvorplatz einen Busfahrer überfallen und im Gesicht schwer verletzt.

Wie die Trierer Polizei mitteilte, wollte der 53-jährige Fahrer gerade sein Fahrzeug abschließen, als der Räuber ihm ins Gesicht schlug und Pfefferspray ins Auge sprühte. Anschließend entwendete der etwa 20 Jahre alte Täter die Kasse des Busses. Wie viel Geld sich in der Kasse befand, war zunächst unklar. Der Busfahrer wurde mit Verätzungen am Auge ins Krankenhaus gebracht.

KRIMINALITÄT UND SCHLEUSUNG ILLEGALER EINWANDERER

Risiko Zivilcourage

Sind Sie „nur" Zeuge einer Straftat, stellt sich die berechtigte Frage: Werde ich tätig oder schaue ich nur zu? Zivilcourage ist lobenswert. Jedoch wird das Risiko vergrößert, durch das Einschreiten selbst zum Opfer zu werden. Das führt dazu, dass eine Mehrzahl von Unbeteiligten einfach wegschaut. Der richtige Weg kann das nicht sein.

Es gibt keine Faustformel, wann und wie Zivilcourage richtig eingesetzt wird. Die Einzelsituationen und jeweiligen Rahmenbedingungen sind zu unterschiedlich. Jedoch muss jedem klar sein, dass das bewusste Wegsehen/Zuschauen häufig als Bestätigung auf den Täter wirkt und ihn ermuntert, weiterzumachen.

– Helfen Sie, ohne sich selbst in Gefahr zu bringen.
– Beobachten Sie genau und prägen Sie sich die Merkmale des Täters ein.
– Sorgen Sie für Hilfe (Notruf: 110, 112).
– Helfen Sie dem Opfer.
– Stellen Sie sich als Zeuge zur Verfügung.

10 PUNKTE FÜR ZIVILCOURAGE

Die Initiative „Augen auf!" hat den Handlungsleitfaden „Zehn Punkte für Zivilcourage" erarbeitet, der weithin verwendet wird und viele Denkanstöße enthält:

1. **Seien Sie vorbereitet**
   – Denken Sie sich eine Situation aus, in der ein Mensch belästigt, bedroht oder angegriffen wird (z. B.: Ein farbiges Mädchen wird in der Bahn von zwei glatzköpfigen Männern angepöbelt).
   – Überlegen Sie, was Sie in einer solchen Situation fühlen würden.
   – Überlegen Sie, was Sie in einer solchen Situation tun würden.

2. **Bleiben Sie ruhig**
   – Konzentrieren Sie sich darauf, das zu tun, was Sie sich vorgenommen haben. Lassen Sie sich nicht ablenken von Gefühlen wie Angst oder Ärger.

3. **Handeln Sie sofort**
   – Reagieren Sie immer sofort, erwarten Sie nicht, dass ein anderer hilft. Je länger Sie zögern, desto schwieriger wird es, einzugreifen.

4. **Holen Sie Hilfe**
   – In der Bahn: Nehmen Sie Ihr Handy und rufen Sie die Polizei oder ziehen Sie die Notbremse.
   – Im Bus: Alarmieren Sie die Busfahrerin/den Busfahrer.
   – Auf der Straße: Schreien Sie laut, am besten "Feuer", darauf reagiert jeder.

5. **Erzeugen Sie Aufmerksamkeit**
   – Sprechen Sie andere Zuschauer persönlich an.
   – Ziehen Sie sie in die Verantwortung: »Sie in der gelben Jacke, können Sie bitte den Busfahrer rufen?«.
   – Sprechen Sie laut. Ihre Stimme gibt Ihnen Selbstvertrauen und ermutigt andere zum Einschreiten

6. **Verunsichern Sie den Täter**
   – Schreien Sie laut und schrill. Das geht auch, wenn die Stimme versagt.

7. **Halten Sie zum Opfer**
   – Nehmen Sie Blickkontakt zum Opfer auf. Das vermindert seine Angst.
   – Sprechen Sie das Opfer direkt an: »Ich helfe Ihnen«.

8. **Wenden Sie keine Gewalt an**
   – Spielen Sie nicht den Helden und begeben Sie sich nicht unnötig in Gefahr.
   – Setzen Sie keine Waffen ein, dies führt häufig zur Eskalation.
   – Fassen Sie den Täter niemals an, sie oder er kann dann schnell aggressiv werden.
   – Lassen Sie sich selbst nicht provozieren, bleiben Sie ruhig.

9. **Provozieren Sie die Täter nicht**
   – Duzen Sie den Täter nicht, damit andere nicht denken, Sie würden ihn kennen.
   – Starren Sie dem Angreifer nicht direkt in die Augen, das könnte ihn noch aggressiver machen.
   – Kritisieren Sie sein Verhalten nicht aber seine Person.

10. **Rufen Sie die Polizei**
    – Beobachten Sie genau und merken Sie sich Gesichter, Kleidung und Fluchtweg der Täter.
    – Erstatten Sie Anzeige und melden Sie sich als Zeuge.

Quelle: Augen auf e. V.

KRIMINALITÄT UND SCHLEUSUNG ILLEGALER EINWANDERER

Rechtliche Grundlagen der Selbsthilfe
Die Selbsthilfe darf nicht weiter gehen, als es zur Festnahme oder Abwehr einer Gefahr notwendig ist. Wer es unterlässt, eine Gefahr abzuwenden oder eine Straftat zu verhindern, kann sich unter Umständen selber strafbar machen.

§ 127 StPO – Vorläufige Festnahme

(1) Wird jemand auf frischer Tat betroffen oder verfolgt, so ist, wenn er der Flucht verdächtig ist oder seine Identität nicht sofort festgestellt werden kann, jedermann befugt, ihn auch ohne richterliche Anordnung vorläufig festzunehmen.

§ 32 StGB – Notwehr

(2) Notwehr ist die Verteidigung, die erforderlich ist, um einen gegenwärtigen rechtswidrigen Angriff von sich oder einem anderen abzuwenden.

§ 323c StGB – Unterlassene Hilfeleistung

(1) Wer bei Unglücksfällen oder gemeiner Gefahr oder Not nicht Hilfe leistet, obwohl dies erforderlich und ihm den Umständen nach zuzumuten, insbesondere ohne erhebliche eigene Gefahr und ohne Verletzung anderer wichtiger Pflichten möglich ist, wird mit Freiheitsstrafe bis zu einem Jahr oder mit Geldstrafe bestraft.

RISIKEN & ARBEITSUNFÄLLE

2. Risiken & Arbeitsunfälle

2.1 Bewusstseinsbildung für Risiken des Straßenverkehrs und Arbeitsunfälle

Der mittlerweile auch internationale Konkurrenzdruck im Personen- und Güterkraftverkehr geht nicht spurlos an Ihnen vorbei. Rechtliche und tarifliche Spielräume werden ausgenutzt und verändern die Arbeitsbedingungen. Die Anzahl des Personals in jedem Betrieb wird möglichst niedrig gehalten. Somit ist jeder von Ihnen stärker gefordert. Sie sind längst nicht mehr nur Lkw- oder Busfahrer.

Die Spanne Ihrer Tätigkeiten umfasst heute:
- das Be- und Entladen des Fahrzeugs,
- die Kontrolle des ordnungsgemäßen Zustands Ihres Fahrzeugs,
- das Durchführen von kleineren Reparaturen,
- die optimale Routenplanung,
- das Zurechtfinden in fremden Städten,
- das Erstellen von Lieferscheinen oder Begleitpapieren.

Was Sie „nebenbei" noch beachten müssen:
- nationale und internationale Vorschriften wie Fahrverbote an Feiertagen,
- die Einhaltung der Arbeits-, Lenk- und Ruhezeiten,
- die vorgeschriebene Sicherung Ihrer Ladung,
- Vorschriften über den richtigen Umgang mit Gefahrgut.

Und selbstverständlich leisten Sie als Busfahrer auch noch einen umfassenden „Bordservice" und übernehmen Reiseleiterfunktionen. Ein stets freundlicher Umgang mit den Fahrgästen wird ebenso vorausgesetzt wie entsprechende Hilfsbereitschaft. Diese Aufzählung, die sicherlich nicht vollständig ist, soll einen Eindruck davon vermitteln, dass Sie als Berufskraftfahrer eine Allroundkraft sind, die eine hohe Verantwortung trägt.

RISIKEN & ARBEITSUNFÄLLE

2.2 Verkehrsunfälle

Jedes Jahr registriert die Polizei ca. 2,7 Millionen Verkehrsunfälle. Bei den meisten Unfällen entstehen „nur" Sachschäden. Doch etwa 300.000 Personen werden bei Verkehrsunfällen verletzt, mehr als 2700 Menschen getötet. (Quelle: Statistisches Bundesamt)

Drei Faktoren bestimmen die Verkehrssicherheit:
- der Mensch,
- die Straße,
- das Fahrzeug.

Die Unfallursachen sind zu fast 90 % auf vermeidbares Fehlverhalten der Fahrzeugführer und nur zu 5 % auf die Straßenverhältnisse (Schnee, Eis oder Regen) zurückzuführen. Nur selten haben die Unfälle technische Ursachen. Betrachtet man die fahrerbedingten Unfallfaktoren genauer, stellt sich heraus, dass es nur wenige Ursachen sind, die eine Vielzahl von Verkehrsunfällen auslösen können.

Quelle: Kreiszeitung Syke

» **INFO**

Auf deutschen Autobahnen stehen die Leitpfosten üblicherweise im Abstand von 50 m.

RISIKEN & ARBEITSUNFÄLLE

Abstand und Geschwindigkeit

An erster Stelle in den Unfallstatistiken stehen dabei Abstand und Geschwindigkeit. Typisch sind Auffahrunfälle im Berufsverkehr oder im Baustellenbereich. Zu geringer Mindestabstand zum Vorausfahrenden und zu knappes Ein- bzw. Ausscheren vor oder nach dem Überholvorgang sind hierbei die häufigsten Fahrfehler. Dabei sind die gesetzlichen Vorschriften eindeutig: Die zulässige Höchstgeschwindigkeit beträgt für Kraftfahrzeuge mit Schneeketten auch unter günstigen Umständen 50 km/h. Beträgt die Sichtweite durch Nebel, Schneefall oder Regen weniger als 50 m, dürfen Fahrer von Kraftfahrzeugen mit einer zulässigen Gesamtmasse über 7,5 t nicht mehr überholen (§ 5 Abs. 3a StVO). Mit einer angepassten Geschwindigkeit und einem richtig gewählten Abstand können Sie die meisten Verkehrsunfälle verhindern.

Ablenkung

Neben Abstand und Geschwindigkeit zählt auch Ablenkung zu den Hauptunfallursachen. Schätzungen gehen soweit, dass mittlerweile in bis zu 30 % aller Verkehrsunfälle mit Personenschaden Ablenkung zumindest mitursächlich ist.

Ablenkende Faktoren können dabei vielfältig sein: Essen oder Trinken, das Rauchen, die Bedienung des Radios oder das Nachlesen einer Lieferanschrift während der Fahrt.
Insbesondere aber führt die voranschreitende Digitalisierung in vielen Fällen dazu, dass Fahrer unaufmerksam sind. Es wird nicht mehr nur noch das Navigationsgerät während der Fahrt bedient oder telefoniert, inzwischen werden auch Textnachrichten gelesen oder verfasst, Bilder und Videos angesehen oder sogar eigene Videos aufgenommen, um sie gleich darauf zu verschicken. Diese Sekunden der Ablenkung sind Sekunden des Blindflugs, in denen Sie als Fahrer keine Chance haben, auf unvorhergesehene Verkehrssituationen adäquat zu reagieren.

Die folgende Grafik verdeutlicht, wenn auch sehr vereinfacht dargestellt und ohne Berücksichtigung des etwaigen Beladezustandes oder des Ladegewichts des Fahrzeugs, wie hoch die Gefahr eines Unfalls durch kurze Aufmerksamkeit ist.

Gegenübergestellt sind die geschwindigkeitsabhängigen Wegstrecken, die innerhalb der normalen Reaktionszeit von ca. einer Sekunde zurückgelegt werden und die Wegstrecken, die zurückgelegt werden, wenn der Fahrer durch das Lesen oder Tippen von Kurznachrichten abgelenkt ist. Laut Studien sind dies durchschnittlich drei bis vier Sekunden. Dabei muss man sich immer vor Augen halten, dass das eigentliche Bremsen erst nach Zurücklegen der oben angegebenen Strecken erfolgt. Ein Aufprall innerhalb der Reaktionszeit wäre ungebremst!

§ 4 StVO

(1) Der Abstand zu einem vorausfahrenden Fahrzeug muss in der Regel so groß sein, dass auch dann hinter diesem gehalten werden kann, wenn es plötzlich gebremst wird. Wer vorausfährt, darf nicht ohne zwingenden Grund stark bremsen.

(2) Wer ein Kraftfahrzeug führt, für das eine besondere Geschwindigkeitsbeschränkung gilt, sowie einen Zug führt, der länger als 7 m ist, muss außerhalb geschlossener Ortschaften ständig so großen Abstand von dem vorausfahrenden Kraftfahrzeug halten, dass ein überholendes Kraftfahrzeug einscheren kann. Das gilt nicht,

1. wenn zum Überholen ausgeschert wird und dies angekündigt wurde,
2. wenn in der Fahrtrichtung mehr als ein Fahrstreifen vorhanden ist oder
3. auf Strecken, auf denen das Überholen verboten ist.

(3) Wer einen Lastkraftwagen mit einer zulässigen Gesamtmasse über 3,5 t oder einen Kraftomnibus führt, muss auf Autobahnen, wenn die Geschwindigkeit mehr als 50 km/h beträgt, zu vorausfahrenden Fahrzeugen einen Mindestabstand von 50 m einhalten.

Einfluss von Ablenkung auf den Reaktionsweg
– Gegenüberstellung des Reaktionsweges bei normaler bzw. verzögerter Reaktion –

RISIKEN & ARBEITSUNFÄLLE

Sehen und gesehen werden – Sichtfeld
„Sehen und gesehen werden" gehört zu den Grundvoraussetzungen im Straßenverkehr. Im Vergleich zum Pkw ist der Sichtschatten, auch „toter Winkel" genannt, bei Lkw und KOM größer: Denn als Fahrer von hohen Fahrzeugen sitzen Sie nicht auf Augenhöhe mit den Fußgängern oder Radfahrern und Sie sind deshalb oft allein auf Ihre Spiegel angewiesen. Insbesondere die unzureichende Sicht direkt vor und rechts neben dem Fahrzeug wird Ihnen immer wieder Probleme bereiten. Bei jedem fünften im Straßenverkehr Getöteten handelt es sich um einen Radfahrer oder Fußgänger. Ein Teil von ihnen wird von rechts abbiegenden Fahrzeugen erfasst und überrollt. Bereits 1995 reagierte der Gesetzgeber darauf mit der Einführung des seitlichen Anfahrschutzes für alle Lkw, Zugmaschinen und Anhänger. Um Ihr Sichtfeld zu vergrößern, trat 2003 eine EU-Richtlinie in Kraft, die verbindliche Vorschriften für alle Fahrzeugklassen bezüglich der Ausstattung mit Außenspiegel und dessen Krümmungsradius (Sichtfeld) vorgibt. Diese Vorschrift gilt seit 2007 für alle Lkw über 3,5 t zGM und KOM. Seit Januar 2010 gelten erweiterte Vorschriften für Pkw und andere Fahrzeuge unter 3,5 t zGM.

Abbiegen und Seitenabstand
Seit dem 28. April 2020 dürfen Lkw und Nutzfahrzeuge über 3,5 t zGM beim Rechtsabbiegen grundsätzlich nur noch mit Schrittgeschwindigkeit fahren, um die oftmals dramatischen Rechtsabbiegeunfälle zu verhindern oder zumindest die Folgen zu verringern. Lediglich wenn überhaupt nicht mit Radverkehr zu rechnen ist, darf von dieser Regelung abgesehen werden. Darüber hinaus wurde der einzuhaltende seitliche Abstand beim Überholen von Radfahrenden, Fußgängern oder Führenden von Elektrokleinstfahrzeugen (E-Scooter) festgelegt. Hieß es bisher in der StVO, dass beim Überholen ein ausreichender seitlicher Abstand einzuhalten ist, ist dieser nun fest definiert. Außerhalb geschlossener Ortschaften muss der Abstand mindestens 2 m betragen, innerhalb geschlossener Ortschaft 1,50 m. Kann dies nicht gewährleistet werden, ist ein Überholen nicht erlaubt.

---

§ 3 Abs. 1 StVO

(1) Wer ein Fahrzeug führt, darf nur so schnell fahren, dass das Fahrzeug ständig beherrscht wird. Die Geschwindigkeit ist insbesondere den Straßen-, Verkehrs-, Sicht- und Wetterverhältnissen sowie den persönlichen Fähigkeiten und den Eigenschaften von Fahrzeug und Ladung anzupassen. Beträgt die Sichtweite durch Nebel, Schneefall oder Regen weniger als 50 m, darf nicht schneller als 50 km/h gefahren werden, wenn nicht eine geringere Geschwindigkeit geboten ist. Es darf nur so schnell gefahren werden, dass innerhalb der übersehbaren Strecke gehalten werden kann. Auf Fahrbahnen, die so schmal sind, dass dort entgegenkommende Fahrzeuge gefährdet werden könnten, muss jedoch so langsam gefahren werden, dass mindestens innerhalb der Hälfte der übersehbaren Strecke gehalten werden kann.

RISIKEN & ARBEITSUNFÄLLE

Spiegel

Die Rundumsicht ist bei Nutzfahrzeugen oft durch Aufbauten oder die Ladung eingeschränkt. Der Fahrer kann sich nach hinten und zur Seite normalerweise nur mit Hilfe von Spiegeln orientieren. Die Spiegelsicht bezeichnet man als indirekte Sicht. Bestimmte Bereiche rund um das Fahrzeug sind auch mittels Spiegel nicht oder nur schwer einsehbar, die so genannten „toten Winkel". Dazu gehören z. B. der Raum direkt hinter oder rechts neben dem Lkw, in dem Fußgänger und Radfahrer besonders gefährdet sind.

Im linken Hauptspiegel (**1**) kann man beobachten, was sich in den Fahrstreifen links neben dem Fahrzeug abspielt. An den Fahrbahnmarkierungen und am Seitenabstand zu anderen Fahrzeugen lässt sich erkennen, ob der Lkw oder der Zug in der Spur läuft.

Im rechten Hauptspiegel (**2**) kann man den Abstand zum Fahrbahnrand, zu parkenden Fahrzeugen oder zu anderen Hindernissen beobachten. In Rechtskurven kann man das Heck des Anhängers oder den Raum dahinter beobachten.

Zusätzliche Außenspiegel (**3**) verbessern die Sicht und erhöhen damit die Sicherheit. Sie sind in der Regel „weitwinklig" ausgeführt und helfen dadurch, tote Winkel zu verkleinern bzw. weitgehend auszuschalten. Im linken Weitwinkelspiegel kann man z. B. überholende Fahrzeuge im benachbarten Fahrstreifen beobachten.

RISIKEN & ARBEITSUNFÄLLE

Der weitwinklige rechte Außenspiegel (**4**) erlaubt die Sicht auf Verkehrsteilnehmer neben dem Fahrzeug, z. B. auf Radfahrer. Trotzdem kann man diese aus den Augen verlieren, wenn sie in den toten Winkel hineinfahren. Dieser Gefahr lässt sich am besten vorbeugen, indem man den rückwärtigen Verkehr in kurzen Zeitabständen beobachtet, auch bei Geradeausfahrt.

Im Anfahrspiegel (Bordsteinspiegel) (**5**) auf der Beifahrerseite kann man erkennen, was sich unmittelbar neben dem Fahrerhaus abspielt. Beim Warten an Ampeln sind z. B. Radfahrer erkennbar, die sich dicht neben dem Fahrerhaus aufhalten. Außerdem wird so der Abstand zum Bordstein einsehbar, was beim Rangieren oder Einparken von Vorteil ist.

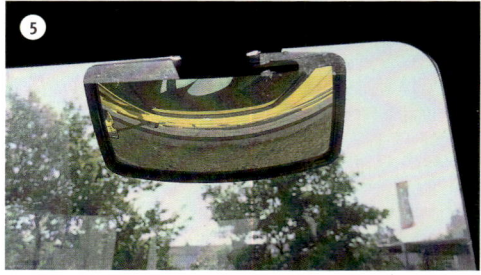

Bei hohen Lkw-Fahrerhäusern ist der tote Winkel im Bereich der vorderen Stoßstange und dem rechten seitlichen Nahfeld sehr groß. Ein zusätzlicher Weitwinkelspiegel rechts an der Frontscheibe (**6**) bedeutet einen weiteren Sicherheitsgewinn. Dieser Frontspiegel macht den Bereich vor dem Lkw einsehbar, ohne dass der Fahrer aufstehen muss.

Neue Spiegel bringen Sicht in den „toten Winkel". (**7**) Besonders die Sicht zur Seite ist in den letzten Jahren durch zusätzliche Spiegel und spezielle Oberflächen stark verbessert worden. Außerdem kommen vermehrt Videosysteme (Rückfahrkamera) zum Einsatz, die den Raum hinter dem Fahrzeug einsehbar machen. Ebenfalls ein Sicherheitsgewinn sind elektrisch verstellbare und beheizbare Spiegel. Sie lassen sich optimal auf den Fahrer einstellen und verhindern ein Beschlagen oder Vereisen.

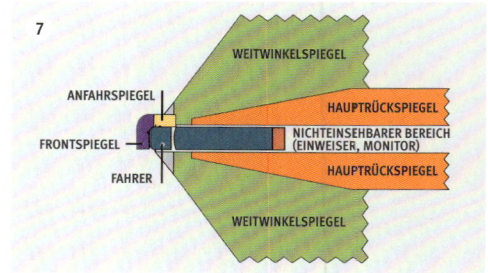

RISIKEN & ARBEITSUNFÄLLE

Verbesserungen schaffen auch Lösungen, die von Nutzfahrzeugherstellern zusätzlich angeboten werden. Dazu zählt ein weiteres Fenster bei „hochbeinigen" Baustellenfahrzeugen im unteren Bereich der Beifahrertür.

Weitwinkelkameras über der Beifahrertür oder am Heck eines Omnibusses mit Überwachungsmonitor im Führerhaus oder Radarsensoren, die den rechten Seitenraum des Lkw überwachen und den Fahrer bei Gefahr akustisch vorwarnen, sind ebenfalls erhältlich.

Obwohl diese fahrzeugtypische und bauartbedingte Sichtbehinderung ohnehin schon Probleme mit sich bringt, schränken viele Fahrer ihr Sichtfeld durch diverse Gegenstände wie selbst gebaute Ablagetische, Aschenbecher, Kaffeemaschine, Aufkleber oder Wimpel unbewusst noch zusätzlich ein.

Und nach einem Verkehrsunfall kann diese selbst geschaffene Sichtbehinderung sogar für die Klärung der Schuldfrage entscheidend sein. Ihnen als Kraftfahrer muss unbedingt bewusst sein, dass Sie dadurch Ihr Sichtfeld verringern. Die oben genannten Gegenstände haben in Ihrem Sichtfeld nichts zu suchen! Das dient nicht nur dem Schutz anderer, sondern auch Ihrer eigenen Sicherheit. Neben der Sichtbehinderung bergen viele dieser Gegenstände eine weitere Gefahr: Beim Kurvenfahren oder starken Abbremsen können sie schnell zu gefährlichen Geschossen werden.

Intakte Außenspiegel mit der richtigen Einstellung und saubere Scheiben mit freier Sicht müssen für Sie als verantwortungsvollen Fahrer selbstverständlich sein.

RISIKEN & ARBEITSUNFÄLLE

Übermüdung – die unterschätzte Gefahr

Die Unfallstatistik ist alarmierend. Von der Bundesanstalt für Straßenwesen (BASt) wurde in einer Untersuchung festgestellt, dass bei fast jedem fünften Lkw-Unfall Übermüdung die Ursache ist. Insider vermuten allerdings eine wesentlich höhere Dunkelziffer. Eine Befragung der Universität Tübingen ergab, dass 43 % aller befragten Fernfahrer innerhalb der letzten zwölf Monate mindestens einmal während der Fahrt kurz eingenickt waren.

Der unfallreichste Tag ist Montag. Besonders kritisch sind die Zeiten nachts zwischen 0 und 6 Uhr und nachmittags zwischen 14 und 17 Uhr. Das Abkommen von der Fahrbahn oder das ungebremste Auffahren auf erkennbare Hindernisse (z. B. Sicherungsanhänger der Autobahnmeisterei oder Stauende) weisen eindeutig auf Übermüdung hin. Ihre Arbeitsbedingungen mit unregelmäßigen Arbeits-, Schlaf- und Essenszeiten, Termindruck, aber auch die oft monotone Fahrtätigkeit und mangelnde Erholungsmöglichkeiten sind eine extreme körperliche Belastung und führen zu Stress. Deshalb schreiben Ihnen gesetzliche Regelungen vor, wann Sie eine Pause einzulegen oder zu schlafen haben. Ihr individueller Biorhythmus wird dabei allerdings nicht berücksichtigt. In Kombination mit dem Fahren über längere Zeit auf einer bekannten Strecke, dem stetigen Geräuschpegel im Niedrigfrequenzbereich und der Wärme im Fahrerhaus führt dies unweigerlich zu Schläfrigkeit.

Der müde werdende Fahrer weiß in der Regel um seinen Zustand und könnte durchaus durch Pausen Vorsorge vor möglichen Unfällen treffen. Aber die Müdigkeit wird von vielen nicht als bedrohlich und gefährlich wahrgenommen. Denn schließlich hat man diese Situation ja schon öfter gemeistert und es ist nichts passiert.

Wie gefährlich Übermüdung am Steuer ist, zeigt folgender typischer Ablauf: Die Konzentration lässt nach, es kommt zu falschen Einschätzungen von Geschwindigkeiten und Entfernungen. Die eigene Reaktion verzögert sich. Fahrmanöver anderer kommen dann überraschend und Sie selbst reagieren zu spät, zu heftig oder ganz falsch – also nicht mehr überlegt. Das Radio lauter zu stellen oder das Fenster zu öffnen, um frische kalte Luft zu spüren, sind nur kurzfristige Lösungen. Auch Kaffee, Cola, Zigaretten, Traubenzucker und andere „Muntermacher" putschen nur kurzzeitig auf. Anschließend ist die Müdigkeit noch größer, da Ihr Körper noch mehr leisten musste.

» **INFO**

Körperliche Anzeichen der beginnenden Müdigkeit:
- Gähnen
- Tränen der Augen
- Augenzwinkern
- Herabfallen der Augenlider
- eingeschränktes Sichtfeld – Tunnelblick
- Blendempfindlichkeit
- Verspannungen im Nackenbereich
- nachlassende Konzentration
- nachlassende Sehschärfe (ein konzentriertes Ausgleichen beschleunigt den Ermüdungsprozess)

» **INFO**

Ist der Tempomat aktiviert und Sie nicken ein, fährt Ihr Lkw mit unverminderter Geschwindigkeit weiter. Der Müdigkeit können Sie nur mit Schlaf entgegenwirken!

RISIKEN & ARBEITSUNFÄLLE

Alkohol

Die Deutschen konsumieren pro Kopf und Jahr über 150 Liter an Bier, Wein, Sekt und Spirituosen. Bei vielen Gelegenheiten wird Alkohol „selbstverständlich" angeboten und getrunken. Er wirkt vom ersten Schluck an. Schon relativ geringe Mengen machen sich bemerkbar und verändern die Fahrweise. Der Mut zu riskanterer Fahrweise steigt. Und das, obwohl die gefahrenen Geschwindigkeiten und die Entfernungen genau wie bei der Übermüdung falsch eingeschätzt werden. Dem Alkohol sind Drogen und Medikamente rechtlich gleichgestellt.

Beachten Sie: Sind Sie unter Alkohol- oder Drogeneinfluss an einem Verkehrsunfall beteiligt, wird Ihnen in der Regel eine gewisse Teilschuld zugemessen. Sie können dadurch sogar Ihren Versicherungsschutz in der Fahrzeug-, Kasko- und Unfallversicherung verlieren. Der Gesetzgeber erwartet von Ihnen als Kraftfahrer, dass Sie Ihr Fahrzeug ständig und unter allen Umständen beherrschen. Wenn Sie das – aus welchen Gründen auch immer – nicht mehr gewährleisten können, müssen Sie Ihr Fahrzeug stehen lassen.

Beispiel

Ein Lkw-Fahrer war am Lenkrad kurz eingenickt und von der Fahrbahn abgekommen. Der Sachschaden betrug knapp 38.000 Euro. Die Kaskoversicherung zahlte zuerst die Reparaturkosten, verlangte dann aber den Betrag vom Fahrer zurück. Das Landgericht Stendal gab der Versicherung Recht. Der Fahrer wurde in Regress genommen, musste den Schaden also ersetzen. Wer die Alarmsignale ignoriere, handle im besonderen Maße sorgfaltswidrig, argumentierten die Richter. „Denn ein ermüdeter Fahrer muss damit rechnen, dass er in Folge eines Sekundenschlafs die Kontrolle über sein Fahrzeug verliert und es dadurch zu erheblichen Schäden kommen kann." (Landgericht Stendal, An: 23 O 67/02 vom 04.12.2002)

Außer der zivilrechtlichen Rückforderung des Schadens vom Versicherer droht dem Fahrer noch eine Strafanzeige wegen Straßenverkehrsgefährdung (§ 315 c StGB) ggf. sogar in Tateinheit mit fahrlässiger Körperverletzung oder fahrlässiger Tötung. Geld oder Freiheitsstrafe, der Entzug der Fahrerlaubnis oder drei Punkte im Verkehrszentralregister sind dann die Folgen.

Auszug der Tilgungsfristen der Punkte beim Kraftfahrt-Bundesamt:
– Eintragungen mit 1 Punkt (Ordnungswidrigkeiten): Verjährung 2,5 Jahre
– Eintragungen mit 2 Punkten (Ordnungswidrigkeiten oder Straftaten): Verjährung 5 Jahre
– Eintragungen mit 3 Punkten (Straftaten): Verjährung 10 Jahre

» INFO

Im Gegensatz zur allgemeinen 0,5-Promillegrenze gelten bei der Fahrgastbeförderung und bei kennzeichnungspflichtigen Gefahrguttransporten 0,0 Promille. Das bedeutet: Wenn Sie unter dem Einfluss von Alkohol oder anderer beeinträchtigenden Mittel stehen, dürfen Sie die Fahrt nicht antreten!

» INFO

Nicht nur grob verkehrswidriges Verhalten und Fahren unter Alkoholeinfluss können bei einem Unfall als grob fahrlässig angesehen werden. Auch wer trotz deutlich erkennbarer Anzeichen am Steuer einschläft, handelt grob fahrlässig. Das kann dazu führen, dass Ihr Versicherungsschutz erlischt.

RISIKEN & ARBEITSUNFÄLLE

Körperliche Voraussetzungen

Viel Kaffee, viele zuckerhaltige Getränke – wenig Obst, Gemüse, Milch- und Vollkornprodukte. So sieht oftmals die Ernährung von Lkw-Fahrern aus. Eine abwechslungsreiche Ernährung hält fit und erhöht die Leistungs- und Konzentrationsfähigkeit. Gerade im Straßenverkehr ist das besonders wichtig. Ihr Beruf bringt aber auch unterschiedliche Arbeits- und Schlafzeiten während der Woche mit sich. Das zieht nach sich, dass Sie auch die Mahlzeiten zu unregelmäßigen Tageszeiten einnehmen oder ganz ausfallen lassen. Regelmäßige Pausen und mehrere kleinere Mahlzeiten am Tag können das Wohlbefinden erheblich steigern.

» **INFO**

Die ideale Zwischenmahlzeit:
- Obst, wie Bananen, Äpfel oder Birnen,
- fettarme Milchprodukte wie Joghurt oder Buttermilch,
- Rohkost,
- fettarm belegte Vollkornbrötchen.

» **BUCH**

Siehe hierzu auch Band 1 „Gesundheit & Fitness".

RISIKEN & ARBEITSUNFÄLLE

2.2.1 Anschnallpflicht

In Lkw und KOM besteht Anschnallpflicht. Obwohl viele Lkw-Fahrer bei Unfällen schwer oder sogar tödlich verletzt werden, weil sie nicht angegurtet waren, ist die Anschnallquote immer noch gering. Untersuchungen der Europäischen Kommission gehen davon aus, dass etwa 42 % aller Todesfälle von Lkw-Fahrern durch das Anlegen des Sicherheitsgurtes vermieden werden könnten.

Trotz der Zunahme des Transitverkehrs durch Deutschland und der Anzahl der zugelassenen Kraftfahrzeuge in Deutschland sind die Unfallzahlen in den Jahren 2010 – 2014 annähernd gleich hoch. In diesen Jahren ereigneten sich in Deutschland über 2,4 Mio. Verkehrsunfälle. Lediglich 1998 ereigneten sich in Deutschland zuvor mehr als 2,4 Mio. Verkehrsunfälle. 2015 wurde erstmalig die Grenze von 2,5 Mio. polizeilich gemeldeten Verkehrsunfällen überschritten.

Die Sicherung der Ladung mit Gurten ist für alle Fahrer eine Selbstverständlichkeit. Die eigene Sicherung mit Gurten leider noch nicht. Hatten Sie als Geschädigter eines Verkehrsunfalls den Sicherheitsgurt nicht angelegt bzw. als Motorradfahrer keinen Schutzhelm auf, müssen Sie mit Abzügen beim Schadensersatz und Schmerzensgeld rechnen.

Aus dem Fahrerhaus hinausgeschleudert zu werden, ist häufig mit extrem schweren Verletzungen verbunden. Berufsunfähigkeit und Invalidität sind oft die Folge. Der Sicherheitsgurt verhindert aber nicht nur, dass Sie aus dem Fahrzeug geschleudert werden. Da der Sicherheitsgurt Sie auf dem Sitz hält, werden auch Verletzungen an Knien, Brustkorb und Kopf vermieden, die beim Aufprall gegen Lenkrad, Armaturenbereich und Frontscheibe entstünden.

Unfallstudien haben eindeutig bewiesen, dass der Sicherheitsgurt bei über 80 % der schweren Unfälle die Verletzung von Lkw-Insassen vermindern oder gar ganz vermeiden kann. Die Festigkeit der modernen Fahrerhäuser und das korrekte Anlegen des Sicherheitsgurtes können Ihnen ausreichenden Schutz bieten, um schwere Verletzungen zu vermeiden.

§ 21 a StVO – Sicherheitsgurte, Rollstuhl-Rückhaltesysteme, Rollstuhlnutzer-Rückhaltesysteme, Schutzhelme

(1) Vorgeschriebene Sicherheitsgurte müssen während der Fahrt angelegt sein; dies gilt ebenfalls für vorgeschriebene Rollstuhl-Rückhaltesysteme und vorgeschriebene Rollstuhlnutzer-Rückhaltesysteme.

1. (weggefallen)
2. Personen beim Haus-zu-Haus-Verkehr, wenn sie im jeweiligen Leistungs- oder Auslieferungsbezirk regelmäßig in kurzen Zeitabständen ihr Fahrzeug verlassen müssen,
3. Fahrten mit Schrittgeschwindigkeit wie Rückwärtsfahren, Fahrten auf Parkplätzen,
4. Fahrten in Kraftomnibussen, bei denen die Beförderung stehender Fahrgäste zugelassen ist,
5. Das Betriebspersonal in Kraftomnibussen und das Begleitpersonal von besonders betreuungsbedürftigen Personengruppen während der Dienstleistungen, die ein Verlassen des Sitzplatzes erfordern,
6. Fahrgäste in Kraftomnibussen mit einer zulässigen Gesamtmasse von mehr als 3,5 t beim kurzzeitigen Verlassen des Sitzplatzes.

Dieser Fahrer war nicht angeschnallt, wurde beim Umkippen seines Fahrzeuges durch das Beifahrerfenster hinaus geschleudert und unter seinem Fahrerhaus begraben. Er verstarb noch an der Unfallstelle. Quelle: Polizei Bremen

Fahrer stieg unverletzt aus dem Fahrerhaus. Er war angeschnallt. Quelle: Polizei Bremen

RISIKEN & ARBEITSUNFÄLLE

Auch im KOM gilt der Grundsatz, dass vorgeschriebene Sicherheitsgurte angelegt werden müssen. Seit Oktober 1999 ist die Ausrüstung mit Sicherheitsgurten für Reisebusse vorgeschrieben. Hintergrund: Untersuchungen haben ergeben, dass rund zwei Drittel aller tödlich Verletzten bei Busunfällen aus dem umstürzenden Bus herausgeschleudert worden waren. Weitere schwerste Verletzungen werden durch Herumschleudern im Bus verursacht. Sicherheitsgurte schützen nicht nur bei einem Front- oder Heckaufprall, sondern auch, wenn der Bus sich überschlägt.

Gemäß § 8 Abs. 2 a BOKraft besteht für Sie als Busfahrer die Verpflichtung, vor Fahrtantritt auf die Anschnallpflicht hinzuweisen. Gemäß § 21 Abs. 2 BOKraft müssen KOM, für die Sicherheitsgurte vorgeschrieben sind, geeignete Informationseinrichtungen haben, die den Fahrgästen anzeigen, wann Sicherheitsgurte anzulegen sind. Das Nichtbeachten dieser Vorschriften stellt sowohl für den Fahrer als auch für die Fahrgäste eine Ordnungswidrigkeit dar. Als Informationseinrichtungen gelten optische oder akustische Signale wie eine blinkende Anzeige (ähnlich wie im Flugzeug) oder ein entsprechender Aufkleber am Sitzplatz. Aber es kommen auch entsprechende Durchsagen vor Fahrtantritt in Betracht.

Im KOM-Bereich gelten folgende Ausnahmen von der Gurtpflicht:
– bei Fahrten in Kraftomnibussen, bei denen die Beförderung stehender Fahrgäste zugelassen ist,
– für Fahrgäste in Kraftomnibussen mit einer zulässigen Gesamtmasse von mehr als 3,5 t beim kurzzeitigen Verlassen des Sitzplatzes (Gang zur Toilette, Bordküche),
– für Betriebspersonal in Kraftomnibussen und für Begleitpersonal von besonders betreuungsbedürftigen Personengruppen während der Dienstleistungen, die ein Verlassen des Sitzplatzes erfordern. Hier käme der Service vom zweiten Fahrer für die Fahrgäste oder die notwendige Betreuung von behinderten Fahrgästen in Betracht.

§ 34 a StVZO
Besetzung, Beladung und Kennzeichnung von Kraftomnibussen
(1) In Kraftomnibussen dürfen nicht mehr Personen und Gepäck befördert werden, als in der Zulassungsbescheinigung Teil I Sitz- und Stehplätze eingetragen sind und die jeweilige Summe der im Fahrzeug angeschriebenen Fahrgastplätze sowie die Angaben für die Höchstmasse des Gepäcks ausweisen.

§ 21 StVO
Personenbeförderung
(1) In Kraftfahrzeugen dürfen nicht mehr Personen befördert werden, als mit Sicherheitsgurten ausgerüstete Sitzplätze vorhanden sind. Abweichend von Satz 1 dürfen in Kraftfahrzeugen, für die Sicherheitsgurte nicht für alle Sitzplätze vorgeschrieben sind, so viele Personen befördert werden, wie Sitzplätze vorhanden sind. Die Sätze 1 und 2 gelten nicht in Kraftomnibussen, bei denen die Beförderung stehender Fahrgäste zugelassen ist. ...

In KOM, die im Gelegenheitsverkehr eingesetzt werden, dürfen Sie nicht mehr Personen befördern, als Sitzplätze in der Zulassungsbescheinigung angegeben sind.

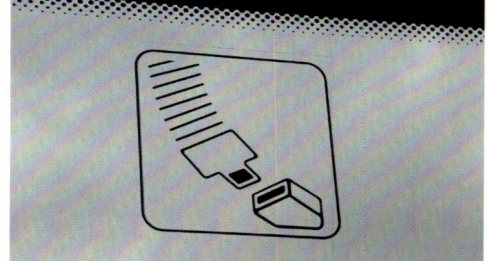

RISIKEN & ARBEITSUNFÄLLE

2.2.2 Statistiken

Während die Passagierzahlen der beförderten Personen im Linien- und Gelegenheitsverkehr in den letzten Jahren relativ konstant waren, ist der Straßengüterverkehr in den letzten Jahren stetig angestiegen. Er wird auch in den nächsten Jahren noch erheblich zunehmen. Trotz der Zunahme des Transitverkehrs durch Deutschland und der Anzahl der zugelassenen Kraftfahrzeuge in Deutschland sind die Unfallzahlen im Straßenverkehr rückläufig. Nebenstehende Zahlen sprechen allerdings für sich. Grundlage dieser jährlichen Statistik sind die von der Polizei aufgenommenen Verkehrsunfälle. Die Unfälle mit kleinen Sach- oder Personenschäden, bei denen keine Polizei hinzugezogen wird, wurden damit nicht erfasst.

VERKEHRSUNFALLSTATISTIK 2019 FÜR DEUTSCHLAND	
Jede Minute	Ereignen sich 5,1 Unfälle.
Jede Stunde	Werden 44 Personen bei Verkehrsunfällen verletzt
Jeden Tag	Sterben 8 Personen bei Verkehrsunfällen

Während Sie das lesen, hat sich gerade wieder ein Verkehrsunfall ereignet.
Quelle: www.destatis.de (Angaben aus 2019)

2.3 Arbeits- und Wegeunfälle, Berufskrankheiten

2.3.1 Wegeunfälle

Als Wegeunfälle werden Unfälle bezeichnet, die auf direktem Weg zwischen Wohnung und Arbeitsplatz verursacht werden. Der Wegeunfall ist dem Arbeitsunfall versicherungstechnisch gleichgestellt. Der Versicherungsschutz ist dabei unabhängig vom gewählten Beförderungsmittel. Sowohl zu Fuß als auch mit Fahrrad, Motorrad, Pkw, im öffentlichen Nahverkehr oder in Mietwagen und Taxi sind Sie versichert. Das gilt auch für notwendige Umwege, die im beruflichen Interesse stehen. Beispiele:
- Kinder wegbringen, damit sie während der Arbeitszeit untergebracht sind,
- Fahrgemeinschaften,
- Nutzen eines längeren Weges zur Arbeitsstelle aus vernünftigen Gründen. Das können die bessere Verkehrsanbindung, die Verkehrsdichte oder auch die Witterungsverhältnisse sein.

Private Erledigungen vor der Arbeitszeit fallen nicht darunter. Fahren Sie aus privaten Gründen einen Umweg, um zum Beispiel noch vor der Arbeit einzukaufen oder bei der Bank Geld abzuholen, sind Sie während dieser Zeit nicht versichert. Wird innerhalb von zwei Stunden der unmittelbare Weg wieder fortgesetzt, besteht wieder Versicherungsschutz. Unterbrechen Sie für mehr als zwei Stunden den direkten Weg, haben Sie sich rechtlich endgültig „vom Betrieb gelöst" und es besteht kein gesetzlicher Versicherungsschutz mehr.

RISIKEN & ARBEITSUNFÄLLE

2.3.2 Arbeitsunfälle

Durchschnittlich ereignet sich in Deutschland
- alle 18 Sekunden ein Arbeitsunfall,
- alle 8 Minuten ein schwerer Autounfall,
- alle 2,5 Stunden ein tödlicher Arbeitsunfall.

Arbeitsunfälle sind Unfälle, die während der beruflichen Tätigkeit am Arbeitsplatz oder auf Dienstwegen außerhalb des Betriebssitzes verursacht werden. Für Sie bedeutet das: Ein Unfall beim Beladen Ihres Lkw auf dem firmeneigenen Gelände, der Verkehrsunfall mit dem Lkw auf dem Weg zur Entladestelle oder auch der, der beim Entladen am Zielort auf dem Firmengelände des Empfängers verursacht wird – all das sind Arbeitsunfälle. Versichert sind Sie darüber hinaus auch bei der Teilnahme an betrieblichen Gemeinschaftsveranstaltungen, wie etwa bei einer Weihnachtsfeier vom Arbeitgeber. Rund 97 % aller Arbeitsunfälle ereignen sich bei innerbetrieblichen Tätigkeiten, also nicht auf Dienstwegen, wozu auch der Straßenverkehr zählt.

Im Nutzfahrzeugbereich kommt es oft zu Unfällen beim An- und Abkuppeln von Anhängern oder beim Auf- und Absatteln von Sattelanhängern. Arbeitsunfälle werden sehr häufig durch unsachgemäßen Umgang mit Arbeitsmitteln oder aber durch den Umgang mit Arbeitsgeräten, die nicht den Vorschriften entsprechen, verursacht.
Um Arbeitsunfälle zu vermeiden, werden von den Berufsgenossenschaften regelmäßig Unfallverhütungsvorschriften erlassen und aktualisiert. Als Beispiel im Infokasten ein Auszug aus der DGUV Vorschrift 70 – Fahrzeuge.

In einer Auflistung der unfallträchtigsten Berufsgruppen rangiert der Berufskraftfahrer an vierter Stelle – unmittelbar hinter den Maschinenmechanikern und -schlossern, den Baukonstruktionsberufen wie Maurer und Zimmerer und den Ausbauberufen wie Klempner, Elektriker und Dachdecker. Unfälle im öffentlichen Straßenverkehr sind hierbei nicht berücksichtigt worden. Der vierte Platz resultiert damit allein aus betrieblichen Tätigkeiten.

Typisch sind Verletzungen beim Be- und Entladen durch sich bewegende Ladung oder das Einklemmen von Fingern beim Öffnen bzw. Schließen der Ladebordwände. Gemeinsam mit Stolpern, Ausrutschen und Umknicken auf Treppen, Ladeflächen oder an der Rampe machen sie rund zwei Drittel aller gemeldeten Arbeitsunfälle aus. Das restliche Drittel verteilt sich auf andere Ursachen wie Rangierarbeiten auf dem Firmengelände oder Wegeunfälle. Oft stehen Personen im Sichtschatten (toten Winkel) und werden dann von rangierenden Fahrzeugen anbzw. umgefahren. Ein Einweiser kann diese Unfälle verhindern.

» **BUCH**

Für die BG Verkehr findet man im Internet eine ausführliche Vorschriftensammlung unter http://kompendium.bg-verkehr.de.

Die Unfallverhütungsvorschrift DGUV Vorschrift 70 – Fahrzeuge (alt BGV D29) besagt:

§ 41 – Besteigen, Verlassen und Begehen von Fahrzeugen

(1) Versicherte müssen zum Erreichen oder Verlassen der Plätze für Fahrzeugführer, Beifahrer und Mitfahrer sowie der Arbeitsplätze auf Fahrzeugen Aufstiege und Haltegriffe benutzen.

Dienstanweisung zu § 41 Abs. 1
Diese Forderung ist z. B. auch erfüllt, wenn zum Erreichen und Verlassen von Ladeflächen Leitern nach § 25 Abs. 3 Nr. 4 benutzt werden. Das Auf- und Absteigen über Reifen, Felgen oder Radnaben sowie das Abspringen ist somit unzulässig; (...) siehe auch § 25 Abs. 4

RISIKEN & ARBEITSUNFÄLLE

Absturz
Bei Betrachtung aller Unfallursachen fällt folgendes auf: Der Absturz ist, insbesondere auf die schweren und tödlichen Arbeitsunfälle bezogen, ein wesentlicher Unfallschwerpunkt. Rund 30 % aller tödlichen Arbeitsunfälle sind darauf zurückzuführen. Etwa 40 % aller Absturzunfälle ereignen sich von Leitern. Hier ist insbesondere das Wegrutschen von Anlegeleitern, wie zum Beispiel beim Öffnen bzw. Schließen der Planenverschlüsse, und das Umkippen von Stehleitern ursächlich.

Tipps zum richtigen Umgang mit Anlegeleitern
- Die Leiter sollte mindestens einen Meter über den zu erreichenden Punkt hinausragen, sodass man nie auf der obersten Stufe stehen muss.
- Sie sollte niemals gegen eine bewegliche, lockere oder zerbrechliche Fläche gelehnt werden.
- Das seitliche Hinauslehnen kann zum Umkippen der Leiter führen.
- Auf eine feste und ebene Standfläche achten.
- Festes Schuhwerk und saubere Schuhsohlen vermindern die Rutschgefahr auf den Sprossen.
- Farb-, Ölreste u. Ä. auf den Sprossen erhöhen die Abrutschgefahr.
- Beschädigte Leitern müssen ersetzt werden.
- Bei starkem Wind ist die Leiter durch eine weitere Person oder durch einen Zurrgurt zu sichern.
- Achten Sie auf eine rutschfeste Unterlage für die Leiterfüße. Wasser, Schnee, Eis und Öl bringen jede Leiter irgendwann ins Rutschen.
- Wichtig ist auch der richtige Anlegewinkel. Er sollte zwischen 65° und 75° Grad liegen.

Über 10 % aller Absturzunfälle ereignen sich vom Lkw. Unfallschwerpunkte sind hier der Einstieg ins Fahrerhaus und das Abstürzen von der Ladefläche. Trotz der verhältnismäßig geringen Höhe kommt es aufgrund äußerst ungünstiger Umgebungsbedingungen auch hier immer wieder zu Todesfällen.

Stolper-, Rutsch- und Sturzunfälle
In Abgrenzung zu den Absturzunfällen liegt hier aber kein Sturz in die Tiefe vor. Gemeint sind Stolperunfälle auf Treppen, das Ausrutschen auf der nassen Ladefläche oder auf der regennassen Hubladebühne. Die Folgen von Stolper-, Rutsch- und Sturzunfällen sind allerdings oft schwerwiegender als man vermuten könnte. Immerhin entfallen 25 % aller Arbeitsunfälle mit einer Rentenzahlung durch die Berufsgenossenschaft als Folge auf diese Unfallart.

Die Unfallverhütungsvorschrift DGUV Vorschrift 70 – Fahrzeuge (alt BGV D29) besagt:

§ 44 – Fahr- und Arbeitsweise

(2) Der Fahrzeugführer muss zum sicheren Führen des Fahrzeuges den Fuß umschließendes Schuhwerk tragen.

Zum sicheren Führen von Fahrzeugen sind z. B. Sandaletten (ohne Fersenriemen), Holzpantinen, Clogs oder das Fahren nur mit Socken nicht geeignet.

» **INFO**

Durch das Tragen von Sicherheitsschuhen können viele dieser Stolperunfälle von vornherein vermieden werden. Und im Fall eines Unfalls bleibt der Fuß dadurch weitgehend von Verletzungen verschont.

RISIKEN & ARBEITSUNFÄLLE

Anfahrunfälle

Abschließend sei noch der Anfahrunfall erwähnt. Daran sind mit über 50 % die Flurförderzeuge (Gabelstapler, Hubwagen) beteiligt. Ein Schwerpunkt liegt hier auf rückwärts fahrende Gabelstapler, die andere Personen anfahren oder sogar überrollen. Lkw, Pkw, KOM, Bagger, Schienenfahrzeuge etc. rangieren in der Tabelle der an Anfahrunfällen beteiligten Fahrzeuge ziemlich weit hinten. Bei dieser Unfallart liegen die Fußverletzungen mit rund 70 % unangefochten an der Spitze. (Quelle: HVBG, Hauptverband der gewerblichen Berufsgenossenschaften, Arbeitsunfallstatistik 2002)

> » **INFO**
>
> Jeder Unternehmer darf gemäß § 7 der BGV D 27 nur geeignete und ausgebildete Personen mit dem selbstständigen Steuern von Flurförderzeugen beauftragen. Diese Ausbildung wird durch den Fahrausweis nachgewiesen. Die Ausbildung dazu beinhaltet eine Prüfung in Theorie und Praxis und schließt mit einem Nachweis ab.

Tipps zum richtigen Umgang mit Gabelstaplern
- Beachten Sie die Betriebsanweisungen für das Führen des Gabelstaplers.
- Beachten Sie die Betriebsanleitung des Herstellers.
- Fahren Sie nicht ohne die vorgeschriebene Ausbildung.
- Es dürfen nur freigegebene Wege befahren werden.
- Die Mitnahme und das Hochfahren von Personen ist nur mit geeigneten Vorrichtungen zulässig.

Wenn Sie als Fahrer beim Be-/Entladen mithelfen, achten Sie auf:
- verrutschende oder herabfallende Ladung. Achten Sie dabei auf das Einhalten von Sicherheitsabständen,
- Ihre Hände (Quetschungsgefahr),
- rückwärts fahrende Stapler – das Sichtfeld des Staplerfahrers ist stark eingeschränkt.

BG VERKEHR	2015	2016	2017	2019
Anzahl der Mitgliedsunternehmen	195.676	194.944	196.000	199.631
Anzahl der Versicherten	1.267.301	1.659.086	1.702.343	1.715.677
Meldepflichtige Unfälle (Arbeitsunfähigkeit mindestens drei Kalendertagen)	63.069	79.749	81.272	81.976
– davon Arbeitsunfälle	57.722	71.986	73.302	74.118
– davon Wegeunfälle	5.347	7.763	7.970	7.858
– davon tödliche Unfälle	117	102	93	100

Quelle: BG Verkehr

RISIKEN & ARBEITSUNFÄLLE

Das Unfallgeschehen

Die meldepflichtigen Unfälle umfassen Arbeits- und Wegeunfälle. Im langfristigen Trend ist die Anzahl dieser Unfälle bei der BG Verkehr zwar rückläufig, 2010 und 2013 stiegen die Zahlen jedoch an. Nach einem Rückgang um 1,8 Prozent stieg die Zahl der meldepflichtigen Unfälle seit 2015 erneut an. 2016 um 3,4 Prozent, 2017 um 1,9 Prozent. 2017 wurden 81.272 meldepflichtige Unfälle registriert, das sind 1.523 Unfälle mehr als 2016 (79.749). 2017 entfielen von den meldepflichtigen Unfällen 73.302 auf Arbeitsunfälle, das ist ein Anstieg um 1,8 Prozent. 7.970 Unfälle geschahen auf dem Weg von und zur Arbeit (sogenannte Wegeunfälle). Der Anstieg betrug im Vergleich zum Vorjahr 2,7 Prozent. 2017 verloren 93 Versicherte Ihr Leben durch einen tödlichen Arbeits- oder Wegeunfall (2016: 102). Von diesen Unfällen sind 77 auf Arbeitsunfälle und 16 auf Wegeunfälle zurückzuführen (2016: 83 tödliche Arbeitsunfälle und 19 tödliche Wegeunfälle). Insgesamt hält der Rückgang tödlicher Unfälle an, 2015 registrierte die BG Verkehr noch 117 tödliche Unfälle. Im Vergleich dazu die Angaben aus dem Jahr 2019 (s. Tabelle). (Quelle: BG Verkehr)

Unfallmeldung

Ein Arbeitsunfall ist dann meldepflichtig, wenn er eine Ausfallzeit von mehr als drei Tagen zur Folge hat. Der Unfalltag zählt nicht mit, wohl aber Sonn- und Feiertage. Beispiel:
– Unfalltag 1.12.,
– Fristbeginn 2.12.,
– ab dem 5.12. muss Unfallanzeige erstattet werden.

Senden Sie die Unfallanzeige umgehend an die Bezirksverwaltung der für Sie zuständigen Berufsgenossenschaft (BG). Alles Weitere veranlasst Ihre Berufsgenossenschaft. Ein Durchschlag ist für das Amt für Arbeitsschutz bzw. Gewerbeaufsichtsamt bestimmt.

Arbeitsunfälle sind vermeidbar. In den meisten Fällen bildet der Mensch mit seinem Verhalten die Ursache. Unzureichende Aufmerksamkeit bzw. Konzentration gepaart mit grober Fahrlässigkeit führen eindeutig die Statistik an. Hintergründe können Zeitdruck, Stress, aber auch eine sich allmählich einschleichende Routine sein. Nicht umsonst lautet ein Kernsatz aus der Unfallverhütung: „In der Routine liegt die Gefahr." Auch die Ladung kann gefährlich sein: Achten Sie deshalb beim Einsatz von Staplern auf das Ladepersonal und schützen Sie auch sich selbst durch Sicherheitsschuhe, Handschuhe und evtl. einen Schutzhelm.

Abgesehen von dem jährlichen volkswirtschaftlichen Schaden von über 30 Milliarden Euro muss auch das menschliche Leid der Verunfallten berücksichtigt werden. Dazu zählen nicht nur der Verlust an Gesundheit, Geld, Lebensqualität und vielleicht des Arbeitsplatzes. Bei einem tödlichen Arbeitsunfall sind auch die verbleibenden Familienangehörigen betroffen.

2.3.3 Berufskrankheiten

Die Einordnung einer Erkrankung als Berufskrankheit erfolgt grundsätzlich nach einer Liste für bestimmte Berufsgruppen. Als Berufskrankheiten werden nur bestimmte Erkrankungen anerkannt. Diese müssen nach medizinischen Erkenntnissen durch besondere Einwirkungen verursacht worden sein, denen bestimmte Personengruppen durch ihre Arbeit in erheblich höherem Maß als die übrige Bevölkerung ausgesetzt sind.

Die sogenannten Volkskrankheiten wie Muskel-, Skelett- oder Herz-Kreislauf-Erkrankungen können deshalb grundsätzlich keine Berufskrankheit sein. Nur im begründeten Einzelfall ist ein Abweichen von den „starren" Listen möglich. Typische Beispiele für anerkannte Berufskrankheiten sind beispielsweise Infektionskrankheiten bei Beschäftigten im Gesundheitsdienst und Hauterkrankungen durch häufiges Händewaschen oder Tragen von Schutzhandschuhen.

Seit 1993 werden auch bandscheibenbedingte Erkrankungen der Lenden- oder Halswirbelsäule bei bestimmten Berufsgruppen als Berufskrankheit anerkannt. Das sind u. a. Fahrer von Baustellen-Lkw, land- und forstwirtschaftlichen Schleppern, von Baggern, Dumpern, Muldenkippern oder Militärfahrzeugen im Gelände, aber auch Versicherte, die regelmäßig schwere Lasten heben und tragen. Voraussetzung ist allerdings auch hier eine langjährige, außergewöhnlich starke Belastung der Wirbelsäule. In der Regel sind das zehn Jahre. Fahrer von Taxen, Lkw und KOM mit schwingungsgedämpften Fahrersitzen fallen nicht darunter.

RISIKEN & ARBEITSUNFÄLLE

2.3.4 Berufsgenossenschaft

Da viele Betriebe die finanziellen Folgen von Arbeitsunfällen und Berufskrankheiten nicht aus eigenen Mitteln tragen können, bildet die gesetzliche Unfallversicherung neben der gesetzlichen Kranken-, Arbeitslosen-, Renten- und Pflegeversicherung einen Teil der sozialen Sicherheit in Deutschland. Die BG Verkehr ist zuständiger Versicherungsträger u. a. für das straßengebundene Verkehrsgewerbe. In rund 200.000 Mitgliedsunternehmen sind mehr als 1,7 Millionen Beschäftigte gegen die Folgen eines Arbeitsunfalls und einer Berufskrankheit versichert. Ein Versicherungsfall liegt dann vor, wenn der Unfall im Zusammenhang mit einer versicherten Tätigkeit steht. Ist eine Arbeitsunfähigkeit von mehr als drei Tagen oder der Tod die Unfallfolge, ist dieser Unfall der Berufsgenossenschaft (BG) vom Arbeitgeber zu melden.

Tritt ein Versicherungsfall ein, besteht ein Anspruch an die jeweilige BG. Er bezieht sich allerdings ausschließlich auf den Personenschaden. Für den entstandenen Sachschaden haftet allein der Verursacher nach den zivilrechtlichen Vorschriften.

Da die Berufsgenossenschaften direkt mit den behandelnden Ärzten abrechnen, brauchen Sie auch ihre Versichertenkarte nicht vorlegen. Die Leistungen der Berufgenossenschaften sind in der Regel besser als die der Krankenkassen, u. a. entfällt auch die Zuzahlung für Arznei-/Hilfsmittel. Das kann auch die häusliche Krankenpflege anstelle einer stationären Behandlung sein – oder die Haushaltshilfe, wenn Sie allein nicht imstande sind, Ihren Haushalt weiterzuführen. Ist es zur Durchführung der Heilbehandlung erforderlich, werden auch die Fahrtkosten übernommen. Während der medizinischen Heilbehandlung und der Arbeitsunfähigkeit besteht ein Anspruch auf Verletztengeld und ggf. später auf das gestaffelte Übergangsgeld.

Haben Sie als Versicherter durch den Arbeits- oder Wegeunfall Ihren Arbeitsplatz verloren, tritt die BG für Leistungen zur Erlangung eines neuen Arbeitsplatzes, Berufsvorbereitungen oder Fortbildungen, Ausbildungen und Umschulungen ein. Im schlimmsten Fall, bei Verlust der gesamten Erwerbsfähigkeit, wird eine Unfallrente ausgezahlt.

RISIKEN & ARBEITSUNFÄLLE

2.4 Menschliche, materielle und finanzielle Auswirkungen eines Arbeitsunfalls

Menschliche Auswirkungen eines Arbeitsunfalls

Ein schwerer Arbeitsunfall kann vor allem für das Opfer, aber auch für unmittelbar beteiligte Kollegen, Augenzeugen und Ersthelfer ein psychisch traumatisierendes Ereignis sein. Plötzlich und unerwartet wird man aus seinem gewohnten Arbeitsalltag herausgerissen. Man fühlt sich unendlich hilflos und die Minuten bis zum Eintreffen des Rettungsdienstes dauern eine Ewigkeit. Nach der oft lang andauernden und schmerzhaften Heilbehandlung wird man wieder arbeitsfähig. Posttraumatische Belastungsstörungen können jedoch zurückbleiben. Oft können Betroffene über ihr inneres Erleben oder Leiden nicht sprechen. Sie haben Angst, Schwäche zu zeigen oder ihnen fehlt die soziale Unterstützung. Schlafstörungen mit Traumata, Gleichgültigkeit, übermäßige Schreckhaftigkeit und emotionale Abstumpfung können die Folgen sein. Das schlimme Ereignis muss verarbeitet werden. Dafür braucht jeder Mensch unterschiedlich viel Zeit und bedarf einer individuellen psychologischen Betreuung.

» **INFO**

Deutschland:
2015 haben sich knapp 836.000 Arbeiter und Angestellte am Arbeitsplatz verletzt.

Europa:
Jährlich müssen 435.000 Beschäftigte nach einem Arbeitsunfall in eine andere Tätigkeit wechseln. Etwa 300.000 Beschäftigte tragen bleibende Schäden unterschiedlicher Schwere davon. Etwa 15.000 Beschäftigte können nie wieder einer Arbeit nachgehen.

Finanzielle Auswirkungen eines Unfalls

Gerade die Folgen von Verkehrs- und Arbeitsunfällen, wie Einschränkung der Erwerbsfähigkeit, verletzungsbedingte Behandlung und Behinderung oder gar Pflegebedürftigkeit, belasten die Gesellschaft. Immer neue Generationen von Verkehrsteilnehmern mit wenig Erfahrung am/im Fahrzeug, neue Rahmenbedingungen im Verkehr und die EU-Erweiterung stellen uns alle vor neue Herausforderungen. Deshalb ist die Verbesserung der Verkehrs- und Arbeitssicherheit, auch durch gezielte Aufklärung, eine bleibende Aufgabe und Herausforderung für den Staat und alle gesellschaftlichen Gruppen. Sie kann zu einer deutlichen Kostensenkung beitragen. Bei immerhin über 90 % aller Unfälle ist der Faktor Mensch die Unfallursache.

Arbeitsschutz und Wirtschaftlichkeit sind keine Gegensätze, sondern stehen in direktem Bezug zueinander. Das Interesse jedes Unternehmens muss darin liegen, die Unfallhäufigkeit zu reduzieren, da die Aufwendungen bzw. Einbußen für Unfälle auch den Ertrag des Unternehmens schmälern. Im Jahr 2018 betrugen die volkswirtschaftlichen Kosten allein bei Straßenverkehrsunfällen 33,70 Milliarden Euro. Davon entfallen 13,08 Milliarden Euro auf Personen- und 20,62 Milliarden Euro auf Sachschäden. Den größten Anteil trägt die Gruppe der Schwerverletzten mit 7,68 Milliarden Euro, gefolgt von den Kostensätzen für Getötete mit 3,68 Milliarden Euro. (Quelle: www.bast.de / Bundesanstalt für Straßenwesen) Aber auch für den Betrieb entstehen durch den Arbeitsunfall Kosten. Insbesondere für

- den zeitlichen Ausfall und die Lohnfortzahlung,
- eine Ersatzkraft,
- den Produktionsausfall, damit verbundene Sachschäden, Lieferverzögerung, Unfallsachbearbeitung und Prämienverluste,
- Nachzahlungen an die Berufsgenossenschaft bzw. an den Haftpflicht- oder Sachversicherer.

Betrachtet man beispielsweise die berufsgenossenschaftlichen Folgekosten bei den Stolper-, Rutsch- und Sturzunfällen, kommt man zu folgendem Ergebnis: Die durchschnittlichen Kosten betrugen je Unfall mit Stehleitern 2.200 Euro, auf Treppen 1.400 Euro und auf ungeeigneten Aufstiegen 2.000 Euro. Je Lkw-Unfall entsteht dem einzelnen Betrieb bis zu 500 Euro Kosten pro Tag.

Bezogen auf die Industrie liegen die betrieblichen Kosten für einen Arbeitsunfall mit einer durchschnittlichen Arbeitsunfähigkeit von 15 Tagen bei etwa 8.000 Euro. Gesteht man jedem Unternehmen einen Gewinn am Ende des Jahres zu, müssen diese innerbetrieblichen Unfallkosten zusätzlich mit erwirtschaftet werden. Der wirtschaftliche Erfolg eines Unternehmens hängt somit auch vom Wissen und Einsatzwillen seiner Mitarbeiter ab. Der innerbetriebliche Arbeitsschutz verhindert nicht nur Leid für den Betroffenen und seine Familie, er kann neben dem Imagegewinn auch finanziell zum Überleben eines Unternehmens beitragen.

RISIKEN & ARBEITSUNFÄLLE

2.5 Versicherungsschutz bei Hilfeleistung

Die gesetzliche Unfallversicherung gewährt bei Unglücksfällen nicht nur den Beschäftigten bzw. Versicherten nachträgliche Leistungen. Auch Personen, „ . . . die bei Unglücksfällen oder gemeiner Gefahr oder Not Hilfe leisten oder einen anderen aus erheblicher gegenwärtiger Gefahr für seine Gesundheit retten" (§ 2 Abs. 1 SGB VII) sind versichert. Hintergrund dieser Regelung ist das öffentliche Interesse daran, dass Personen bei Unfällen den Verunglückten helfen.

Beispiele
- Bei einem Verkehrsunfall bergen Sie einen Verletzten. Dabei ziehen Sie sich eine tiefe Schnittwunde zu.
- Sie leisten an einer Brandstelle Hilfe, rutschen aus und brechen sich den Fußknöchel.

Der Versicherungsschutz bei diesen Hilfeleistungen gehört zur öffentlichen Unfallfürsorge. Zuständig ist der Unfallversicherungsträger des jeweiligen Bundeslandes.

> **INFO**
>
> Obwohl für einen erfahrenen Kraftfahrer die Hilfeleistung eine Selbstverständlichkeit ist, wird der Vollständigkeit halber auf folgenden Paragrafen hingewiesen: Nach § 323 c StGB wird mit Freiheitsstrafe bis zu einem Jahr oder mit Geldstrafe bestraft, wer bei Unglücksfällen, gemeiner Gefahr oder Not zumutbare Hilfeleistungen unterlässt.

PANNEN, UNFÄLLE UND NOTFÄLLE

3. Pannen, Unfälle und Notfälle

Notfälle, Pannen und Unfälle sind Ausnahmesituationen, mit denen Sie als Fahrer im Lauf Ihres Berufslebens mit hoher Wahrscheinlichkeit irgendwann konfrontiert werden. Da diese im täglichen Fahrbetrieb plötzlich auftreten, verlangt das von allen Verkehrsteilnehmern ein besonderes Verhalten.

Beherzigen Sie die wichtigen Verhaltensregeln im Straßenverkehr, lassen sich einige dieser Situationen schon im Voraus erkennen und vermeiden. Ist es aber trotzdem zu einem Notfall, einer Panne oder einem Unfall gekommen, müssen Sie wissen, was dann zu tun ist. Sei es der geplatzte Reifen, der kranke Fahrgast im Reisebus oder der Unfall auf der Autobahn: Entsprechend vorbereitet können Sie in der Ausnahmesituation richtig reagieren und verhindern damit Folgeunfälle, ausgelöst z. B. durch nicht vorschriftsmäßiges Absichern einer Unfallstelle oder Panikreaktionen bei Fahrgästen.

3.1 Notfälle

Notfälle kommen in den unterschiedlichsten Formen vor. Sie können allein, aber auch im Zusammenhang mit Pannen oder Unfällen auftreten. Das können plötzliche Erkrankungen von Fahrzeugführer oder Fahrgästen ebenso wie gewaltsame Übergriffe auf das Fahrpersonal sein. Aber auch der Ausbruch eines Brandes im oder am Fahrzeug und der Verkehrsunfall mit Verletzten zählen dazu.

In Form einer Weiterbildung erhalten Sie Kenntnis über die Erste-Hilfe-Maßnahmen. Das Mitführen einer vollständigen Notfallausrüstung ist besonders wichtig. Notfälle treten meist plötzlich und unerwartet auf. Wichtig ist deshalb, dass Sie als Fahrzeugführer umfassend darauf vorbereitet sind.

PANNEN, UNFÄLLE UND NOTFÄLLE

3.2 Pannen

Als Panne bezeichnet man einen technischen Defekt am Fahrzeug während des Fahrbetriebes. Die häufigsten Pannenursachen sind Schäden an der Bereifung, an der Beleuchtung und am Antrieb. Einige Pannen lassen sich leicht von Ihnen selbst beheben.

Das Austauschen einer defekten Sicherung oder eines Leuchtmittels etwa erfordert relativ wenig Aufwand. Bei umfangreicheren Defekten benötigen Sie Unterstützung von Pannenhilfsdiensten. Manchmal hilft dann nur noch das Abschleppen in eine Fachwerkstatt.

Technischen Defekten kann vorgebeugt werden durch:
- verantwortungsvollen und schonenden Umgang mit dem Fahrzeug,
- vorschriftsmäßige Abfahrtkontrollen,
- regelmäßige Wartung,
- rechtzeitige und sachgerechte Reparaturen.

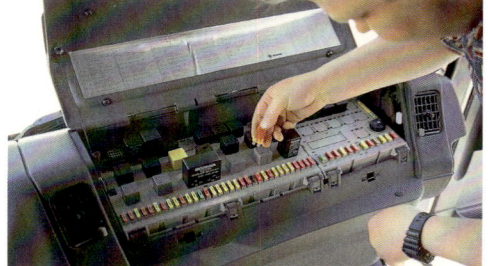

PANNEN, UNFÄLLE UND NOTFÄLLE

Abschleppen oder Schleppen?
Diese beiden Begriffe werden oft verwechselt. Dabei sind sie zwei rechtlich getrennte Bezeichnungen für das Ziehen von Kraftfahrzeugen durch andere Kraftfahrzeuge.

Abschleppen ist das Ziehen eines betriebsunfähigen Fahrzeugs im Rahmen der Nothilfe mit dem Ziel der Ortsveränderung zur Behebung der Betriebsunfähigkeit (nächstgelegene Werkstatt) oder zur Verwertung des Fahrzeugs (nahegelegener Schrottplatz). Ein Fahrzeug mit einer Panne wird also regelmäßig abgeschleppt. Grundsätzlich dürfen Kraftfahrzeuge nicht als „Anhänger" genutzt werden. Das Abschleppen aus dem Nothilfegedanken heraus ist davon ausgenommen. Für das abgeschleppte Kraftfahrzeug gelten weder die Zulassungs-, Kennzeichnungs-, Versicherungs- noch die Steuerpflicht, wie sie sonst für einen „Anhänger" gelten würden. Gemäß § 15a StVO ist beim Abschleppen eines auf der Autobahn liegengebliebenen Fahrzeugs die Autobahn an der nächsten Ausfahrt zu verlassen.

Schleppen gemäß § 33 StVZO bedeutet, ohne den Nothilfegedanken ein Kraftfahrzeug hinter einem Kraftfahrzeug zu ziehen. Da beim Schleppen das hintere Kraftfahrzeug entgegen der Vorschrift als „Anhänger" betrieben wird, ist für das Schleppen eine Ausnahmegenehmigung erforderlich. Für das geschleppte Kraftfahrzeug gelten dann auch Vorschriften, die auch für einen regulären Anhänger gelten.

Welche Fahrerlaubnis (FE) ist wann erforderlich?
Beim Abschleppen für das
- ziehende Fahrzeug: die FE für dieses Fahrzeug,
- abgeschleppte Fahrzeug: keine; der „Lenker" muss nur geeignet sein.

Beim Schleppen für das
- ziehende Fahrzeug: die FE für diesen „Zug" mit Anhänger (mindestens BE),
- geschleppte Fahrzeuge: die FE für das geschleppte Fahrzeug.

Hier wird ein Lkw mit einem technischen Defekt durch einen anderen unter Zuhilfenahme von zwei Zurrgurten aus dem Baustellenbereich abgeschleppt.

Bei der Verwendung von Abschleppstangen oder Abschleppseilen darf der lichte Abstand vom ziehenden zum gezogenen Fahrzeug nicht mehr als 5 m betragen. Abschleppstangen und Abschleppseile sind ausreichend erkennbar zu machen, zum Beispiel durch einen roten Lappen (§ 43 Abs. 3 StVZO).

PANNEN, UNFÄLLE UND NOTFÄLLE

3.3 Unfälle

Unfälle sind plötzlich eintretende Ereignisse, die verursacht werden und Personen- oder Sachschäden zur Folge haben. Bei einem Unfall, der im ursächlichen Zusammenhang mit dem öffentlichen Straßenverkehr und seinen Gefahren steht, spricht man von einem Verkehrsunfall. Ein Verkehrsunfall zieht für die beteiligten Personen besondere Pflichten nach sich. Arbeitsunfälle können auch innerhalb des Straßenverkehrs verursacht werden.

3.4 Weitere Maßnahmen am Unfallort

- Zündung des Fahrzeugs ausschalten, aber Schlüssel stecken lassen.
- Vorsicht bei nicht ausgelösten Airbags. Auch nach einem Unfall können diese zeitlich versetzt noch unbeabsichtigt auslösen.
- Festsitzende Sicherheitsgurte, wenn nötig, durchtrennen.
- Auf auslaufende Flüssigkeiten achten. Eventuell eindeichen. Durch diese schnell selbst errichteten Sperren aus Sand oder Erdreich können Sie verhindern, dass Öl, Diesel, Benzin oder andere Flüssigkeiten in die Kanalisation gelangen oder in der Erde versickern.
- Für Gefahrguttransporte können die „Schriftlichen Weisungen" (Unfallmerkblätter) das Mitführen einer Gullyabdeckplane erfordern.
- Ein Liter Öl verseucht bis zu einer Million Liter Trinkwasser!

PANNEN, UNFÄLLE UND NOTFÄLLE

3.5 Rettungsgasse

Auch wenn Sie nicht direkt an einem Unfall beteiligt oder als Ersthelfer aktiv sind, können Sie helfen. Die Bildung einer Rettungsgasse hilft den Rettungskräften an den Unfallort zu gelangen und kann Leben retten.

Wie funktioniert die Bildung einer Rettungsgasse?

Zweispurige Fahrbahnen
- Fahrzeuge auf der linken Fahrspur weichen nach links aus.
- Fahrzeuge auf der rechten Fahrspur weichen nach rechts aus.

Dreispurige Fahrbahnen
- Fahrzeuge auf der linken Fahrspur weichen nach links aus.
- Fahrzeuge auf der rechten und mittleren Fahrspur weichen nach rechts aus.

Vierspurige Fahrbahnen
- Fahrzeuge auf der linken Fahrspur weichen nach links aus.
- Fahrzeuge auf den anderen Fahrspuren weichen nach rechts aus.

Bei diesen Situationen gilt:
- Ich nähere mich einem Stauende...
  - ›› Rettungsgasse bilden!
- Der Verkehr kommt ins Stocken...
  - ›› Rettungsgasse bilden!
- Der Verkehr fließt in Schrittgeschwindigkeit...
  - ›› Rettungsgasse bilden!

Versäumen Sie es, trotz stockenden Verkehrs eine Rettungsgasse zu bilden, kann dies ein Bußgeld in Höhe von mindestens 200 €, zwei Punkte beim Kraftfahrbundesamt sowie ggf. ein Fahrverbot für Sie zur Folge haben.

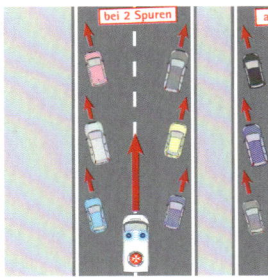 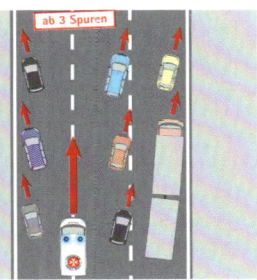

Grafik: Johanniter

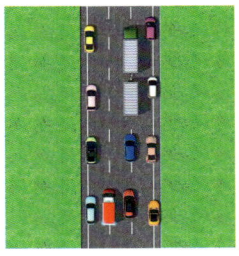 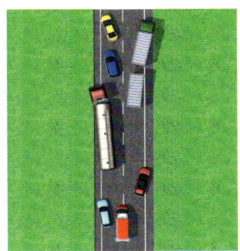

Freie Fahrt für Rettungsfahrzeuge!   Kein Durchkommen!

§ 11 Abs. 2 StVO

(2) Sobald Fahrzeuge auf Autobahnen sowie auf Außerortsstraßen mit mindestens zwei Fahrstreifen für eine Richtung mit Schrittgeschwindigkeit fahren oder sich die Fahrzeuge im Stillstand befinden, müssen diese Fahrzeuge für die Durchfahrt von Polizei- und Hilfsfahrzeugen zwischen dem äußerst linken und dem unmittelbar rechts daneben liegenden Fahrstreifen für eine Richtung eine freie Gasse bilden.

PANNEN, UNFÄLLE UND NOTFÄLLE

BESCHREIBUNG	BUSSGELD	PUNKTE	FAHRVERBOT
Sie bildeten auf einer Autobahn oder Außerortsstraße keine freie Gasse zur Durchfahrt von Polizei- oder Hilfsfahrzeugen, obwohl der Verkehr stockte	€ 200	2 Punkte	1 Monat
… mit Behinderung	€ 240	2 Punkte	1 Monat
… mit Gefährdung	€ 280	2 Punkte	1 Monat
… mit Sachbeschädigung	€ 320	2 Punkte	1 Monat
Sie unterließen es, einem Einsatzfahrzeug mit blauem Blinklicht und Martinshorn nicht sofort freie Bahn zu schaffen.	€ 240	2 Punkte	1 Monat
… mit Gefährdung	€ 280	2 Punkte	1 Monat
… mit Sachbeschädigung	€ 320	2 Punkte	1 Monat

StVO-Novelle (seit 09.11.2021 in Kraft)

» **INFO**

Mit dem Inkrafttreten der StVO-Novelle am 09.11.2021 wurde auch der Bußgeldkatalog angepasst.
Insbesondere Geschwindigkeits- und Parkverstöße, aber auch Verstöße gegen die Pflicht, eine Rettungsgasse zu bilden, sind erheblich teurer geworden bzw. sind nunmehr mit einem Fahrverbot verbunden.

VERHALTEN BEI UNFÄLLEN UND NOTFÄLLEN

4. Verhalten bei Unfällen und Notfällen

4.1 Erste-Hilfe-Material und Ausrüstungsgegenstände

Um in allen bisher genannten Situationen richtig und angepasst reagieren zu können, müssen die nachfolgend aufgeführten

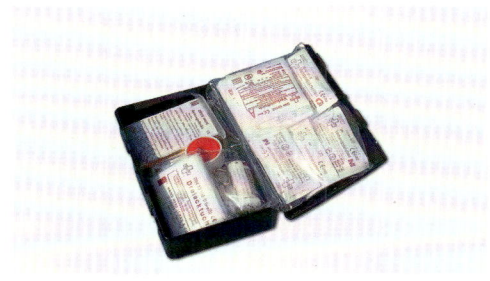

Ausrüstungsgegenstände vorhanden sein:
- ein Verbandkasten nach DIN 13164, vorgeschrieben nach § 35 h StVZO für alle Kraftfahrzeuge und KOM mit bis zu 22 Sitzplätzen, Ausnahmen:
  » Krankenfahrstühle,
  » Krafträder,
  » land- oder forstwirtschaftliche Zug- oder Arbeitsmaschinen,
  » einachsige Zug- oder Arbeitsmaschinen,
- zwei Verbandkästen in KOM mit mehr als 22 Sitzplätzen,
- ein Warndreieck, vorgeschrieben nach § 53 a StVZO, Ausnahmen:
  » Krankenfahrstühle,
  » Krafträder,
  » einachsige Zug- oder Arbeitsmaschinen,

- eine Warnleuchte (gelbes Blinklicht) bei allen Kraftfahrzeugen über 3,5 t zGM, vorgeschrieben nach § 53 a StVZO,
- eine Warnweste, vorgeschrieben nach § 31 der Berufsgenossenschaftlichen Vorschrift BGV D29 „Fahrzeuge" für gewerblich genutzte, mehrspurige Kraftfahrzeuge; geeignete Warnwesten entsprechen der DIN EN 471,
- zwei Warnwesten in Fahrzeugen, die mit einem Beifahrer besetzt sind,
- windsichere Handlampe in KOM,
- ein Feuerlöscher in KOM bzw.
- zwei Feuerlöscher in Doppeldeckfahrzeugen.

Die vorgeschriebenen Feuerlöscher in Kraftomnibussen müssen mit einer Füllmasse von jeweils 6 kg in betriebsfertigem Zustand mitgeführt werden. Der Feuerlöscher ist in unmittelbarer Nähe des Fahrersitzes unterzubringen, bei Doppeldeckern der zweite Feuerlöscher auf der oberen Fahrgastebene. In Omnibussen, die vor dem 13.02.2005 erstmals in den Verkehr gekommen sind, gilt § 35 g Abs. 1 Satz 1 und 2 in der Fassung vor dem 1.11.2003. Diese alte Regelung besagt, dass mindestens ein Feuerlöscher in betriebsfertigem Zustand mitgeführt werden muss. Ein Feuerlöscher muss an gut sichtbarer und leicht zugänglicher Stelle untergebracht sein, ein Löscher in unmittelbarer Nähe des Fahrzeugführers. Doppeldeckfahrzeuge werden hier nicht erwähnt. Als Fahrer müssen Sie mit der Handhabung der Feuerlöscher vertraut sein. Für die Wartung und Überprüfung der vorgeschriebenen Feuerlöscher ist der Fahrzeughalter verantwortlich. Die Feuerlöscher in Kraftomnibussen müssen jährlich überprüft werden, die von Gefahrgutfahrzeugen alle zwei Jahre. Die Überprüfung muss auf dem Schild des Feuerlöschers vermerkt werden.

VERHALTEN BEI UNFÄLLEN UND NOTFÄLLEN

Darüber hinaus sind besondere Ausrüstungsvorschriften für Gefahrguttransporte zu beachten.

Neben den bestehenden gesetzlichen Vorschriften sollten „für alle Fälle" mitgeführt werden:
- mindestens ein Feuerlöscher,
- eine Handleuchte bzw. Taschenlampe,
- nützliches Bordwerkzeug.

Nur eine funktionierende, vollständige und gut erreichbare Ausrüstung kann im Notfall helfen.

Bei jeder Fahrt ist die Ausrüstung Ihres Fahrzeugs den jeweiligen Straßen- und Witterungsverhältnissen anzupassen. Wenn es die Umstände angezeigt erscheinen lassen, sind
- Winterreifen,
- Schneeketten,
- Spaten und Hacke,
- Abschleppseil oder -stange

mitzuführen.

Die o. g. Vorschriften über die Ausrüstung und Beschaffenheit von Fahrzeugen gelten national. Für Fahrten im grenzüberschreitenden Verkehr können in anderen Ländern andere Vorschriften gelten. Beispiel: Winterreifenpflicht in vielen europäischen Ländern. Um eventuelle Bußgelder und Schwierigkeiten im Ausland zu vermeiden, sollten Sie sich vor der Fahrt über die entsprechenden Vorschriften in diesen Ländern informieren.

VERHALTEN BEI UNFÄLLEN UND NOTFÄLLEN

4.2 Einschätzung der Lage

Verschaffen Sie sich zunächst einen Überblick über Art und Umfang des eingetretenen Ereignisses: Handelt es sich um einen Notfall, einen Unfall oder um eine Panne? Ist Hilfe notwendig, gilt es zunächst die Unfallstelle abzusichern.

Wichtig: Ruhe bewahren und nicht hektisch reagieren!

Maßnahmen am Unfallort
1. Überblick verschaffen (Lage einschätzen)
2. Absichern der Unfallstelle (Folgeunfälle vermeiden)
3. Notruf absetzen
4. Erste Hilfe leisten

4.3 Absichern der Unfallstelle

Die Absicherung der Unfallstelle ist eine der wichtigsten Aufgaben bei der Hilfeleistung. Es kommt immer wieder vor, dass Personen, die bei einem Verkehrsunfall helfen wollen, durch den nachfolgenden Verkehr gefährdet, verletzt oder sogar getötet werden. Grundsätzlich gilt: Erst sich selbst sichern – dann anderen helfen! Nach § 34 StVO besteht für Unfallbeteiligte die Pflicht, die Unfallstelle zu sichern bzw. bei geringfügigen Schäden unverzüglich beiseite zu fahren und verletzten Personen zu helfen. Aber auch für nichtbeteiligte Personen besteht die Pflicht zur Hilfeleistung. Eine zumutbare Hilfeleistung, die unterlassen wurde, kann strafrechtlich verfolgt werden (siehe Seite 18).

» **INFO**

Absichern einer Unfallstelle und das Leisten von Erster Hilfe müssen für Sie als Berufskraftfahrer selbstverständlich sein.

VERHALTEN BEI UNFÄLLEN UND NOTFÄLLEN

Beim Abstellen und Verlassen des eigenen Fahrzeugs sind zunächst einige wichtige Punkte zu beachten:
- Schalten Sie sofort Warnblinklicht am eigenen Fahrzeug ein.
- Sichern Sie die Unfallstelle und sich selbst wenn möglich mit dem eigenen Fahrzeug ab.
- Fahren Sie nicht zu dicht an die Unfallstelle heran.
- Blockieren Sie keinesfalls den freien Zugang für die eintreffenden Rettungskräfte!
- Legen Sie vor dem Verlassen des Fahrzeugs die Warnweste an.
- Achten Sie beim Verlassen des Fahrzeugs auf den fließenden Verkehr.

Die Absicherung der Unfallstelle erfolgt in der Regel durch das Aufstellen eines Warndreiecks und einer Warnleuchte.

Das Aufstellen des Warndreiecks sollte gerade auf Autobahnen und Kraftfahrstraßen sowie an schlecht einsehbaren Unfallstellen so schnell wie möglich erfolgen, um Folgeunfälle zu vermeiden. Am ungefährlichsten ist es, mit dem aufgeklappten Warndreieck vor dem Körper am äußersten Fahrbahnrand bzw. hinter der Schutzplanke dem Verkehr entgegenzulaufen. Durch Armbewegungen kann man die entgegenkommenden Fahrzeuge auf die Gefahrenstelle aufmerksam machen.

Beim Aufstellen des Warndreiecks ist die richtige Entfernung zur Unfallstelle einzuhalten. Maßgeblich dabei ist die Geschwindigkeit des fließenden Verkehrs: Auf Autobahnen oder Schnellstraßen gilt ein Abstand von bis zu 150 m (drei Leitpfosten), auf Landstraßen etwa 100 m und in der Stadt ca. 50 m. Liegt der Unfallort an einer unübersichtlichen Stelle, z. B. hinter einer Bergkuppe oder einer Kurve, muss das Warndreieck unbedingt davor aufgestellt werden. Die Warnblinkleuchte wird zur zusätzlichen Absicherung zwischen der Unfallstelle und dem Warndreieck oder direkt vor der Gefahrenstelle platziert.

» **INFO**

Wer bei einem Verkehrsunfall ein Verkehrsschild beschädigt, muss die übrigen Verkehrsteilnehmer entsprechend warnen und selbst die Verkehrssicherung übernehmen. Erst mit dem Eintreffen der Polizei an der Unfallstelle endet diese Pflicht.

(Quelle: LG Dortmund, Urteil vom 22.03.2007, Az: 4 S 134/06)

» **INFO**

Erst wenn Sie als Ersthelfer die Unfallstelle ausreichend abgesichert haben, kehren Sie zurück und leisten weitere Hilfe. Das gilt für Verkehrsunfälle, Pannen und Notfälle gleichermaßen.

VERHALTEN BEI UNFÄLLEN UND NOTFÄLLEN

4.4 Sicherheit der Fahrgäste

Sind mit Fahrgästen besetzte Reise- oder Linienbusse von einer Panne oder einem Notfall betroffen bzw. an einem Unfall beteiligt, sind für Sie als Busfahrer besondere Verhaltensmaßnahmen und Pflichten zu beachten. Gerade als Busfahrer haben Sie Ihren Fahrgästen gegenüber eine besondere Fürsorgepflicht. Deshalb ist es besonders wichtig, dass Sie als Fahrer Ruhe bewahren, dafür sorgen, dass keine Panik ausbricht und den Fahrgästen klare Anweisungen geben.

Auf Autobahnen und Kraftfahrstraßen sieht man Reisebusse, die gerade eine Panne haben. Nicht selten verlassen dabei die Fahrgäste das Fahrzeug und befinden sich dann auf der Fahrbahn bzw. auf dem Seitenstreifen. Das gilt es unter allen Umständen zu vermeiden: Sie könnten von vorbeifahrenden Fahrzeugen erfasst und verletzt werden. Ist Ihr Fahrzeug nach einer Panne oder einem Notfall noch fahrbereit, versuchen Sie unbedingt, den nächstgelegenen Parkplatz oder die nächste Ausfahrt zu erreichen. Ist das nicht mehr möglich, halten Sie möglichst weit rechts auf dem Seitenstreifen. Sind Fahrgäste gefährdet, wenn sie im KOM verbleiben, müssen diese sich sofort nach dem Verlassen des Fahrzeugs in einen sicheren Bereich begeben. Der Fahrer sichert mit angelegter Warnweste die Personen nach hinten ab. Als ungefährlich gilt der Bereich hinter der Schutzplanke. Erst wenn das Fahrzeug abgesichert ist und sich alle Fahrgäste in nicht gefährdeten Bereichen befinden, kümmert sich der Fahrer um andere Unfallbeteiligte oder verletzte Personen.

4.5 Überblick über die Situation verschaffen

Nach dem Absichern der Unfallstelle ist es ratsam, sich einen genaueren Überblick über die Situation zu verschaffen:
– Was ist passiert? Unfall – Panne – Notfall?
– Gibt es verletzte Personen? Wenn ja – wie viele?
– Sind sie schwer oder leicht verletzt?
– Sind Personen eingeklemmt?
– Wessen Hilfe benötige ich? Polizei – Feuerwehr – Rettungsdienste?
– Gehen von den verunfallten Fahrzeugen weitere Gefahren aus? Feuer? Rauch? Kraftstoffverlust mit Explosionsgefahr? Gefahren durch die Ladung – Gefahrstoffunfall?

VERHALTEN BEI UNFÄLLEN UND NOTFÄLLEN

4.6 Verständigung und Kommunikation mit Hilfskräften

Anschließend wird über eine der Notrufnummern Feuerwehr, Polizei oder Rettungsdienst verständigt, in Deutschland unter folgenden Nummern:
- Feuerwehr/Rettungsdienste: 112
- Polizei: 110

Auch bei Mobiltelefonen ist das nahezu europaweit kostenlos möglich. Bei vielen Mobiltelefonen muss für die Anwahl des Notrufs in Deutschland keine PIN-Nummer eingegeben werden. Das spart Zeit und ermöglicht auch die Benutzung eines fremden Telefons, das z. B. an der Unfallstelle liegt.

Das Absetzen des Notrufs ist aber auch über eine Notrufsäule möglich. In Gegenden ohne Notrufsäulen hilft der „Handy-Notruf". Unter der gebührenfreien Telefonnummer 0800 NOTFON D (0800 668366 3) erreichen Sie auch Mitarbeiter der Notrufzentrale der Autoversicherer (wie beim Benutzen von Notrufsäulen). Außerdem können Sie beim Benutzen dieser leicht zu merkenden „Buchstabenwahl" mit Zustimmung geortet werden. Wichtig: Bei Unfällen mit Verletzten wählen Sie immer die 112.

Zur nächstgelegenen Notrufsäule weisen Richtungspfeile auf den Leitpfosten. Die dort eingehenden Anrufe sammeln sich bei einem Zentralruf, der die Informationen an die Rettungsdienste weitergibt.

Benötigen Sie mehrere Hilfsdienste gleichzeitig, z. B. bei einem größeren Verkehrsunfall mit verletzten Personen auf der Autobahn, ist es nicht entscheidend, ob zuerst die Feuerwehr oder die Polizei angerufen wird: Die Rettungsleitstellen informieren sich gegenseitig und leiten die erforderlichen Maßnahmen ohnehin zeitgleich und gemeinsam ein.

> » **PRAXISTIPP**
>
> Vergewissern Sie sich vor Fahrten ins Ausland über die entsprechenden Notruf-Nummern und notieren Sie sich diese. Anmerkung: In allen EU-Ländern ist mittlerweile die einheitliche Notrufnummer 112 eingeführt.

VERHALTEN BEI UNFÄLLEN UND NOTFÄLLEN

Anhand der so genannten fünf W-Sätze lässt sich das richtige Absetzen des Notrufes leicht merken:

- **Wo geschah es?** Möglichst genaue Angaben über den Unfallort ersparen den Hilfsdiensten unnötiges Suchen und eine lange Anfahrt. Auf Autobahnen und Kraftfahrstraßen ist die Angabe der Fahrtrichtung wichtig. Auf abgelegenen fremden Landstraßen können Sie vielleicht ein Navigationsgerät in einem der beteiligten Fahrzeuge zur Ortsbestimmung benutzen.

- **Was ist passiert?** Durch die Beschreibung der Unfallsituation können Rettungsleitstelle oder Polizei die richtigen Maßnahmen einleiten (z. B. Einsatz von Rettungs-, Notarzt- oder Bergefahrzeugen).
Warntafel? Ist ein Lkw mit Gefahrgut beteiligt? Falls möglich, die UN-Nummer durchgeben.

- **Wie viele Verletzte?** Die Angabe der Anzahl von Verletzten ist wichtig für die Entsendung ausreichender Rettungsmittel wie Notarzt oder Krankenwagen.

- **Welche Art von Verletzungen?** Wichtig ist die Schilderung insbesondere von lebensbedrohlichen Verletzungen, damit der Notarzt mit entsandt wird. Dabei muss unbedingt erwähnt werden, ob Verletzte ansprechbar und ob Personen in Fahrzeugen eingeklemmt sind.

- **Warten auf Rückfragen!** Es ist wichtig, auf die Bestätigung der Leitstelle zu warten, dass alle Angaben richtig verstanden wurden. Nur so ist gesichert, dass der Einsatz schnell und reibungslos abläuft. Eventuell hat die Leitstelle noch Nachfragen oder benötigt weitere Angaben, um die Rettungskräfte mit den richtigen Rettungsmitteln heranzuführen.

WO?
Auf der A2 zwischen den Anschlussstellen Hannover-Bothfeld und Hannover-Lahe, ungefähr bei km 221 in Fahrtrichtung Berlin ...

WAS?
... ist ein schwerer Verkehrsunfall passiert. Zwei Lkw und ein Pkw sind beteiligt. Der Verkehr steht ...

WIE VIELE?
... Es sind mehrere Personen verletzt. Zwei davon schwer. Ein Fahrer ist nicht ansprechbar. Er ist in seinem Lkw eingeklemmt.

WELCHE?
... Einige haben nur leicht blutende Wunden. Der eingeklemmte Fahrer atmet nicht mehr und blutet stark am Kopf ...

WARTEN.
Der Gesprächspartner gegenüber am Telefon könnte jetzt antworten: „Ich habe das alles notiert. Unsere Fahrzeuge sind unterwegs. Die Polizei weiß auch Bescheid. Sie kommt ebenfalls. Bleiben Sie bitte bei dem eingeklemmten Fahrer und leisten Erste Hilfe. Haben Sie die Unfallstelle abgesichert?"

» **INFO**

Dabei gilt: Nur Ihr Gegenüber am Notruftelefon darf das Gespräch beenden!

VERHALTEN BEI UNFÄLLEN UND NOTFÄLLEN

4.7 Sofortmaßnahmen am Unfallort

Schon bevor die Hilfskräfte von Polizei und Feuerwehr eintreffen, kann es notwendig sein, geeignete Erstmaßnahmen einzuleiten. Das können sowohl Maßnahmen bei verletzten Personen als auch solche an den betroffenen Fahrzeugen sein. Sind Personen verletzt, ist das Leisten von Erster Hilfe erforderlich. Die Kenntnisse dazu werden in speziellen, für den Erwerb einer Fahrerlaubnis vorgeschriebenen Kursen vermittelt. Daneben bieten viele Verbände auch freiwillige Erste-Hilfe-Kurse an.

Gegebenenfalls zu treffende Erstmaßnahmen: Vorrangig ist es in jedem Fall, zuerst die schwer verletzten Personen zu versorgen. Wer von ihnen braucht meine Hilfe am dringendsten? Der Ersthelfer sollte dabei möglichst ruhig bleiben und überlegt handeln. Schaffen Sie nicht alles alleine, holen Sie sich Hilfe von anderen dazu.

» **INFO**

Auch als Unbeteiligter an einem Verkehrsunfall sind Sie verpflichtet, Erste Hilfe zu leisten.

» **PRAXISTIPP**

Sprechen Sie die Umherstehenden gezielt an! „Kommen Sie mit. Ich brauche Ihre Hilfe . . ."

» **BUCH**

Wie Sie bei welchen Verletzungen richtig vorgehen, finden Sie im Kapitel „Ersthelfer-Ausbildung" in diesem Band.

4.8 Pflichten der Unfallbeteiligten bei Verkehrsunfällen

Der § 34 StVO regelt die Pflichten der an einem Verkehrsunfall Beteiligten.

Wer an einem Unfall beteiligt ist, muss auf Folgendes achten:
- Unfallstelle absichern,
- bei geringen Schäden beiseite fahren,
- über Unfallfolgen vergewissern,
- Verletzten Erste Hilfe leisten,
- anderen Beteiligten und Geschädigten auf Verlangen Namen und Anschrift mitteilen,
- am Unfallort verbleiben, bis die Feststellung seiner Personalien, seines Fahrzeugs und die Art seiner Beteiligung erfolgt ist,
- eine nach den Umständen angemessene Zeit an der Unfallstelle warten und seine Personalien dort hinterlassen, wenn eine Feststellung anders nicht möglich war,
- notwendige Feststellungen nach Ablauf der Wartefrist muss durch Unfallbeteiligten „nachträglich" ermöglicht werden (vgl. § 34 (1) 7. StVO).

Beteiligt an einem Unfall ist jeder, dessen Verhalten nach den Umständen zum Unfall beigetragen haben kann. Unfallspuren dürfen nicht beseitigt werden, bevor die notwendigen Feststellungen getroffen wurden. Entfernen Sie sich nicht vom Unfallort. Neben den strafrechtlichen Konsequenzen müssen Sie als Unfallbeteiligter auch mit einer Regressforderung von Seiten der Versicherung rechnen.

VERHALTEN BEI UNFÄLLEN UND NOTFÄLLEN

4.9 Wildunfall

Immer wieder kommt es zu Wildunfällen. In den letzten Jahren haben sich weit über 200.000 Verkehrsunfälle mit Wildbeteiligung pro Jahr auf deutschen Straßen ereignet. Neben den schwer verletzten oder gar getöteten Wildtieren sind regelmäßig auch hohe Sachschäden das Ergebnis dieser Unfälle. Bei ca. 10 % aller Kollisionen mit Wild werden auch die Insassen des beteiligten Fahrzeugs verletzt. Das liegt zum einen an der gefahrenen Geschwindigkeit – annähernd 90 % aller Wildunfälle ereignen sich in den Nachtstunden auf Landstraßen außerhalb geschlossener Ortschaften – und zum anderen an der hohen Masseenergie bei einem Aufprall, die sich überproportional zur gefahrenen Geschwindigkeit vervielfacht.

Tipps zum Vermeiden von Wildunfällen
- Nehmen Sie die Gefahrzeichen ernst. Sie stehen an Stellen, an denen es schon häufiger zu Wildunfällen gekommen ist.
- Vor allem in der Brunftzeit (Oktober bis Januar) und in der Zeit der Revierkämpfe (April bis Juni) kommt es in den frühen Abend- und Morgenstunden zu den häufigsten Wildwechseln und Verkehrsunfällen.
- Sind Sie zu diesen Zeiten unterwegs, fahren Sie mit angemessener Geschwindigkeit. Sie verringern dadurch nicht nur die Aufprallwucht und somit auch die Schäden an Ihrem Fahrzeug. Sie verkürzen damit auch Ihren Bremsweg.
- Beispiel: Bei 60 km/h ist Ihr Bremsweg nur noch halb so lang wie bei 90 km/h.
- Behalten Sie, möglichst mit Fernlicht, den Fahrbahnrand im Auge.
- Fahren Sie ohne Gegenverkehr nicht äußerst rechts. So schaffen Sie sich mehr Handlungsspielraum, wenn das Wild von rechts kommt.
- Können Sie Wild erkennen, verringern Sie sofort Ihre Geschwindigkeit und wechseln Sie von Fern- auf Abblendlicht, denn das grelle Licht verwirrt die Tiere. Sie können die Orientierung verlieren und auf die Lichtquelle zulaufen oder auf der Straße stehen bleiben.
- Gleichzeitiges mehrmaliges Hupen kann die Tiere verscheuchen.
- Halten Sie das Lenkrad mit beiden Händen fest.
- Hat ein Tier die Straße bereits überquert, kann es sich dabei um das Leittier gehandelt haben. Das bedeutet, dass weitere Tiere folgen können.
- Beachten Sie: Durch Ausweichen, gerade bei Kleintieren wie Hase oder Fuchs, können Sie unter Umständen einen schlimmeren Verkehrsunfall verursachen, als wenn Sie in Ihrem Fahrstreifen bleiben.
- Beispiele: Sie weichen in einen Bach neben der Straße aus, Sie befahren gerade eine Alleestraße mit Bäumen in kurzen Abständen, neben oder versetzt hinter Ihnen fährt jemand, der gerade überholen will, Sie gefährden den Gegenverkehr.

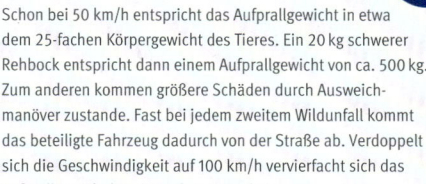

» **PRAXISTIPP**

Schon bei 50 km/h entspricht das Aufprallgewicht in etwa dem 25-fachen Körpergewicht des Tieres. Ein 20 kg schwerer Rehbock entspricht dann einem Aufprallgewicht von ca. 500 kg. Zum anderen kommen größere Schäden durch Ausweichmanöver zustande. Fast bei jedem zweiten Wildunfall kommt das beteiligte Fahrzeug dadurch von der Straße ab. Verdoppelt sich die Geschwindigkeit auf 100 km/h vervierfacht sich das Aufprallgewicht bereits auf ca. 2000 kg!

VERHALTEN BEI UNFÄLLEN UND NOTFÄLLEN

Richtiges Verhalten nach einem Wildunfall:
- Absichern der Unfallstelle. Schalten Sie Ihr Warnblinklicht ein und stellen Sie Ihr Warndreieck in ausreichender Entfernung auf.
- Fahren Sie weiter und das angefahrene Tier leidet, kann hier eine Straftat nach dem Tierschutzgesetz vorliegen.
- Verständigen Sie in diesem Fall sofort die Polizei, die dann den zuständigen Jagdpächter informiert.
- Liegt das Tier auf der Straße, muss es nicht tot sein. Halten Sie Abstand zu dem angefahrenen Tier. Die Nähe von Menschen kann bei einem verletzten Tier zu panikartigen Reaktionen wie Aufspringen und Austreten oder Beißen führen.
- Sollte das verletzte Tier weglaufen, bleiben Sie an der Unfallstelle und gehen auf keinen Fall hinterher. Das ist die Aufgabe des Jagdpächters. Ist Ihr Fahrzeug in diesem Fall noch fahrbereit, fahren Sie es an die Seite. Auf der Straße stehend ist es für den nachfolgenden Verkehr immer eine Gefahrenquelle.
- Nehmen Sie auf keinen Fall ein verunfalltes Tier mit – Sie würden damit den Straftatbestand der Wilderei erfüllen.
- Machen Sie Fotos von der Unfallstelle. Das kann für Ihre Ansprüche gegenüber Ihrer Versicherung wichtig sein. Die meisten Handys verfügen mittlerweile über gute Kamerafunktionen.

4.10 Unfallbericht

Wird keine Polizei zur Unfallaufnahme hinzugezogen, weil dies aufgrund des geringen Sachschadens nicht erforderlich ist, ist es hilfreich, einen eigenen Unfallbericht anzufertigen. Als Standard hat sich hier der einheitliche Europäische Unfallbericht durchgesetzt. Er wurde in Absprache mit Versicherungen erarbeitet und ist als Vordruck bei Automobilclubs oder im Internet als Datei zum Herunterladen erhältlich. Die Anfertigung dieses Berichtes wird sogar von einigen Versicherungen gefordert. Der Unfallbericht gehört in jedes Fahrzeug. Damit können die Unfallbeteiligten den genauen Unfallhergang schriftlich dokumentieren. Zusätzlich sollten Beschädigungen an Fahrzeugen mit einer Kamera festgehalten werden. Im Zweifelsfall tragen Unfallbericht und Fotos maßgeblich zur Schadensregulierung und Ursachenermittlung bei. Ist das gegnerische Fahrzeug im Ausland zugelassen, fragen Sie nach der grünen Versicherungskarte. Fahrzeuge aus den EU-Ländern und einigen anderen europäischen Ländern müssen diese nicht mehr mitführen. Bei Schäden durch unversicherte oder durch nicht ermittelte Fahrzeuge (Unfallflucht) oder vorsätzlicher Handlung des Verursachers (ein Fahrzeug wird als „Waffe" benutzt) zahlt die Verkehrsopferhilfe, als wäre der Schuldige mit den gesetzlichen Mindestdeckungssummen versichert. Das sind bis zu 7,5 Millionen Euro für Personenschäden und bis zu 1 Million Euro für Sachschäden. Außerdem wird Ihnen hier bei einem unverschuldeten Unfall im Ausland geholfen. Der Verein Verkehrsopferhilfe ist der gemeinsame Entschädigungsfonds der deutschen Versicherer.

> » **PRAXISTIPP**
>
> Ist Ihnen die Versicherung des Unfallgegners nicht bekannt, können Sie diese über den kostenfreien Zentralruf der Autoversicherer 0800 250 2600 oder aus dem Ausland unter der Telefonnummer +49 (0)40 300 330 300 erfragen. Dies gilt auch für im Ausland versicherte Fahrzeuge.

> » **INFO**
>
> Verkehrsopferhilfe e.V.
> Wilhelmstr. 43 in 10117 Berlin
> www.verkehrsopferhilfe.de

> » **INFO**
>
> Bei einigen Ländern ist der Versicherungnachweis im Bereich der Frontscheibe aufgeklebt.

VERHALTEN BEI UNFÄLLEN UND NOTFÄLLEN

VERKEHRSUNFALLBERICHT

1. Datum des Unfalls | Zeit | **2.** PLZ, Ort | **3.** Verletzte, einschl. Leichtverletzte — nein ☐ ja ☐

4. Sachschäden an anderen Fahrzeugen als A und B: nein ☐ ja ☐ — anderen Gegenständen als Fahrzeugen: nein ☐ ja ☐

5. Zeugen: Namen, Anschriften, Telefon

FAHRZEUG A

6. Versicherungsnehmer/Versicherter (siehe Versicherungsbescheinigung)
- NAME:
- Vorname:
- Anschrift:
- Postleitzahl: .... Land:
- Telefon oder E-Mail:

7. Fahrzeug

KRAFTFAHRZEUG	ANHÄNGER
Marke, Typ	
Amtliches Kennzeichen	Amtliches Kennzeichen
Land der Zulassung	Land der Zulassung

8. Versicherungsunternehmen (siehe Versicherungsbescheinigung)
- NAME:
- Vertragsnummer:
- Nummer der Grünen Karte:
- Versicherungsbescheinigung oder Grüne Karte gültig vom: .... bis: ....
- Geschäftsstelle (Büro oder Makler):
- NAME:
- Anschrift:
- .... Land:
- Telefon oder E-Mail:
- Sind die Sachschäden am Fahrzeug aufgrund des Vertrags versichert? nein ☐ ja ☐

9. Fahrer (siehe Führerschein)
- NAME:
- Vorname:
- Geburtsdatum:
- Anschrift:
- .... Land:
- Telefon oder E-Mail:
- Führerschein-Nr.:
- Klasse (A, B, ...):
- Führerschein gültig bis:

10. Markieren Sie die ursprüngl. Aufprallstelle am Fahrzeug A durch einen Pfeil ➡

11. Sichtbare Schäden am Fahrzeug A

12. Eigene Bemerkungen:

---

12. UNFALLUMSTÄNDE

Kreuzen Sie jeweils das entsprechende Feld an, um die Skizze zu präsentieren
A ⬇ ⬇ B
*Nicht zutreffenden Text streichen

A			B
☐	1	parkte / hielt	1 ☐
☐	2	verließ einen Parkplatz / öffnete eine Wagentür	2 ☐
☐	3	parkte ein	3 ☐
☐	4	verließ einen Parkplatz, ein privates Grundstück, einen Weg	4 ☐
☐	5	begann, in einen Parkplatz, ein privates Grundstück, einen Weg einzufahren	5 ☐
☐	6	fuhr in einen Kreisverkehr ein	6 ☐
☐	7	fuhr in einem Kreisverkehr	7 ☐
☐	8	prallte beim fahren in der gleichen Richtung und in der gleichen Kolonne auf das Heck auf	8 ☐
☐	9	fuhr in der gleichen Richtung und in einer anderen Kolonne	9 ☐
☐	10	wechselte die Kolonne	10 ☐
☐	11	überholte	11 ☐
☐	12	bog nach rechts ab	12 ☐
☐	13	bog nach links ab	13 ☐
☐	14	setzte zurück	14 ☐
☐	15	wechselte auf die Gegenfahrbahn	15 ☐
☐	16	kam von rechts (auf einer Kreuzung)	16 ☐
☐	17	hatte ein Vorfahrtszeichen oder eine rote Ampel missachtet	17 ☐

⬅ Geben Sie die Anzahl der angekreuzten Felder an ➡

Unbedingt von BEIDEN Fahrern zu unterzeichnen
Stellt keine Anerkennung der Haftung dar, sondern eine Feststellung der Identität und der Umstände, die der Beschleunigung der Regulierung dient.

13. Skizze des Unfalls zum Zeitpunkt des Aufpralls
Bitte angeben: 1. den Verlauf der Fahrspuren, 2. die Fahrtrichtung der Fahrzeuge A, B durch Pfeile, 3. ihre Position zum Zeitpunkt des Aufpralls, 4. die Verkehrszeichen, 5. die Straßennamen

15. Unterschriften der Fahrer **15.**
A .... B ....

FAHRZEUG B

6. Versicherungsnehmer/Versicherter (siehe Versicherungsbescheinigung)
- NAME:
- Vorname:
- Anschrift:
- Postleitzahl: .... Land:
- Telefon oder E-Mail:

7. Fahrzeug

KRAFTFAHRZEUG	ANHÄNGER
Marke, Typ	
Amtliches Kennzeichen	Amtliches Kennzeichen
Land der Zulassung	Land der Zulassung

8. Versicherungsunternehmen (siehe Versicherungsbescheinigung)
- NAME:
- Vertragsnummer:
- Nummer der Grünen Karte:
- Versicherungsbescheinigung oder Grüne Karte gültig vom: .... bis: ....
- Geschäftsstelle (Büro oder Makler):
- NAME:
- Anschrift:
- .... Land:
- Telefon oder E-Mail:
- Sind die Sachschäden am Fahrzeug aufgrund des Vertrags versichert? nein ☐ ja ☐

9. Fahrer (siehe Führerschein)
- NAME:
- Vorname:
- Geburtsdatum:
- Anschrift:
- .... Land:
- Telefon oder E-Mail:
- Führerschein-Nr.:
- Klasse (A, B, ...):
- Führerschein gültig bis:

10. Markieren Sie die ursprüngl. Aufprallstelle am Fahrzeug A durch einen Pfeil ➡

11. Sichtbare Schäden am Fahrzeug A

12. Eigene Bemerkungen:

VERHALTEN BEI UNFÄLLEN UND NOTFÄLLEN

4.11 Verhalten im Tunnel

Vor dem Einfahren

Vor dem Tunnel immer Abblendlicht einschalten – auch am Tage und auch wenn der Tunnel gut beleuchtet ist. Das gilt auch für Fahrzeuge mit Tagfahrlicht. Klappen Sie gegebenenfalls die Sonnenblende zurück und setzen Sie die Sonnenbrille ab. Schalten Sie Ihr Autoradio ein. Im Tunnel kann oft nur der Sender empfangen werden, über den die Tunnelüberwachung im Notfall wichtige Mitteilungen macht. Merken Sie sich die Länge des Tunnels und Ihren Kilometerstand, damit Sie im Tunnel beurteilen können, wie lange die Durchfahrt noch dauert. Tunnelfahrten können sehr lang erscheinen.

Die meisten größeren Tunnel, vor allem Autobahntunnel, haben getrennte Röhren für die beiden Fahrtrichtungen. Einfache Straßentunnel bestehen nur aus einer Röhre mit einem Fahrstreifen je Fahrtrichtung.

In Deutschland gibt es rund 300 Straßentunnel mit einer Gesamtlänge von 240 km. Sie machen extreme Steigungen oder Gefälle unnötig und kürzen Wege ab. Beim Durchfahren sind einige Regeln zu beachten. Das Verkehrszeichen „Tunnel" bedeutet immer: Abblendlicht einschalten, Wenden verboten!

VERHALTEN BEI UNFÄLLEN UND NOTFÄLLEN

Fahren im Tunnel
Orientieren Sie sich an den Markierungen auf der rechten Seite. Überfahren Sie auf keinen Fall die durchgezogene Mittellinie. Beachten Sie das Überholverbot, halten Sie Abstand und fahren Sie nicht schneller als vorgeschrieben.

Gefahren im Tunnel – Ablenkung
Der hohe Lärmpegel im Tunnel kann belasten und vom Fahren ablenken. Schließen Sie gegebenenfalls Fenster und Schiebedach. In Tunneln mit einer Röhre für beide Richtungen können die Lichter des Gegenverkehrs durch Reflexionen blenden und irritieren. Richten Sie dann Ihren Blick zum rechten Fahrbahnrand.

Gefahren im Tunnel – Stau, Panne oder Unfall
Kommt es zu Stockungen oder Staus, Warnblinklicht einschalten und Sicherheitsabstand zum Vordermann. Achten Sie auf Radio- oder Lautsprecherdurchsagen und folgen Sie den Anweisungen des Tunnelpersonals.

Wenn Sie selbst eine Panne haben, schalten sie das Warnblinklicht ein und versuchen Sie eine Pannenbucht zu erreichen. Rechnen Sie aber damit, dass dort bereits ein Fahrzeug stehen kann. Falls Sie einen Unfall bemerken oder selbst an einem Unfall beteiligt sind, informieren Sie die Notdienste über eine Notrufstation in der Pannenbucht oder am Fahrbahnrand. Ganz gleich welcher Art die Behinderung ist: Wenden ist im Tunnel grundsätzlich verboten!

Bei starker Rauchentwicklung oder einem Brand das Fahrzeug mit Warnblinklicht anhalten, Motor abstellen, Zündschlüssel stecken lassen und einen Fluchtweg suchen. Möglichst andere Verkehrsteilnehmer warnen und gegebenenfalls den Feuermelder betätigen.

VERHALTEN BEI UNFÄLLEN UND NOTFÄLLEN

Sicherheitstechnik
Neue Straßentunnel sind nach EU-Sicherheitsstandards gebaut und ausgestattet. Ältere Tunnel werden entsprechend nachgerüstet.

Ausstattung
1. Tunnelbeleuchtung Notausgänge und -einrichtungen zusätzlich mit Notbeleuchtung
2. Belüftungssysteme können im Brandfall Rauch absaugen
3. Videoüberwachung wird durch Alarm und Notruf aktiviert
4. Notausgänge zu den Fluchtwegen (alle 25 m)
5. Notrufstationen mit Feuermelder und Feuerlöschern

Mautpflichtige Tunnel
Von privaten Unternehmen betriebene Tunnel sind in der Regel für alle Fahrzeuge mautpflichtig. Gesonderte Fahrstreifen für die verschiedenen Zahlweisen beschleunigen die Abfertigung.

VERHALTEN BEI EINEM BRAND

5. Verhalten bei einem Brand

5.1 Brandklassen

Die Einteilung erfolgt durch die europäische Normung EN 2 in fünf unterschiedliche Brandklassen. Sie werden durch genormte Symbole gekennzeichnet. Als Brandklassen bezeichnet man die Einteilung der Brände nach ihrem brennbaren Stoff. Diese Einteilung ist erforderlich, um die richtige Auswahl der Löschmittel treffen zu können.

Klasse A
- Brände fester Stoffe, hauptsächlich organischer Natur, die normalerweise unter Glutbildung verbrennen.
- Beispiele: Holz, Kohle, Papier, Textilien, einige Kunststoffarten, Autoreifen.
- Löschmittel: Wasser, Schaum, Pulver, Kohlendioxid.

Klasse B
- Brände von flüssigen und flüssig werdenden Stoffen.
- Beispiele: Benzin, Dieselkraftstoff, Alkohol, Wachs, viele Kunststoffe, Lacke.
- Löschmittel: Schaum, Pulver, Kohlendioxid.

Klasse C
- Brände von Gasen.
- Beispiele: Wasserstoff, Erdgas, Propan, Acetylen.
- Löschmittel: Pulver.

Brände durch Schließen (Abschiebern) der gasführenden Leitung löschen.

VERHALTEN BEI EINEM BRAND

Klasse D
- Brände von Metallen
- Beispiele: Aluminium, Magnesium, Natrium.
- Löschmittel: Metallbrandpulver (D Pulver), trockener Sand, trockener Zement.

Klasse F
- Die Brandklasse F steht für Öl- und Fettbrände und kann in diesem Zusammenhang vernachlässigt werden.

VERHALTEN BEI EINEM BRAND

5.2 Verwendung von Feuerlöschern

Als universelles Löschmittel für alle häufiger entstehenden Brände wurde das Löschpulver entwickelt. Es ist in den meisten Handfeuerlöschern enthalten und wird durch bereits gespeicherten oder bei Inbetriebnahme erzeugten Druck ausgestoßen.

Da die gebräuchlichsten Feuerlöscher die Brandklassen A, B und C abdecken, werden sie auch ABC-Pulverlöscher genannt. ABC-Pulverlöscher haben eine kühlende, erstickende und antikatalytische Löschwirkung. Antikatalytischer Löscheffekt bedeutet, dass das Löschmittel selbst unverändert wieder aus der Reaktion hervorgeht, also selbst nicht verbraucht wird. Pulverlöscher haben eine große Löschwirkung in den auf dem Feuerlöscher angegebenen Brandklassen. Nachteilig ist allerdings die Verschmutzung der Umgebung durch das Löschpulver. An Kraftfahrzeugen kommen häufig 2- und 6-kg-Pulverlöscher (PG2 und PG6) zum Einsatz.

Für Beförderungseinheiten bei Gefahrguttransporten und für KOM sind Feuerlöscher vorgeschrieben.

Für Lkw ohne Gefahrgutladung ist kein Feuerlöscher vorgeschrieben, es sollte aber mindestens ein 6-kg-Löscher mitgeführt werden. Die Feuerlöscher sind stets griffbereit und schnell zugänglich unterzubringen. Bei Sattelzugmaschinen sind sie häufig direkt hinter der Fahrerkabine auf der Fahrerseite angebracht. An Sattelkraftfahrzeugen befinden sich die Halterungen oder Behälter für die Löscher häufig im Bereich des Aufliegers auf der Fahrerseite.

VERHALTEN BEI EINEM BRAND

Die vorgeschriebenen Feuerlöscher in Kraftomnibussen müssen mit einer Füllmasse von jeweils 6 kg in betriebsfertigem Zustand mitgeführt werden. Der Feuerlöscher ist in unmittelbarer Nähe des Fahrersitzes und in Doppeldeckerfahrzeugen der zweite Feuerlöscher auf der oberen Fahrgastebene unterzubringen.

Für die Wartung und Überprüfung der vorgeschriebenen Feuerlöscher ist der Fahrzeughalter verantwortlich. Die Feuerlöscher in Kraftomnibussen müssen jährlich und von Gefahrgutfahrzeugen alle zwei Jahre überprüft werden. Die Überprüfung muss auf dem Schild des Feuerlöschers vermerkt werden.

Sollten die Feuerlöscher durch Klappen oder Aufbauten verdeckt sein, sind gut sichtbare Piktogramme anzubringen.

Die Kennzeichnung der Feuerlöscher erfolgt durch die europäische Normung EN 3 bzw. durch die DIN 14406. Auf jedem Feuerlöscher sind fünf Schriftfelder abgebildet. Das erste Feld enthält das Wort „Feuerlöscher" mit der Angabe des Inhaltes. Das zweite Feld enthält eine Kurzbedienanleitung und die Brandklassen, für der Feuerlöscher geeignet ist. Das dritte Feld warnt vor der Anwendung bei elektrischen Anlagen. Im vierten Feld folgen weitere Hinweise zur Funktion und zur Wartung. Im fünften Feld (auf der Abb. leer) ist der Hersteller angegeben.

» **INFO**

Als Fahrer müssen Sie mit der Handhabung der Feuerlöscher vertraut sein!

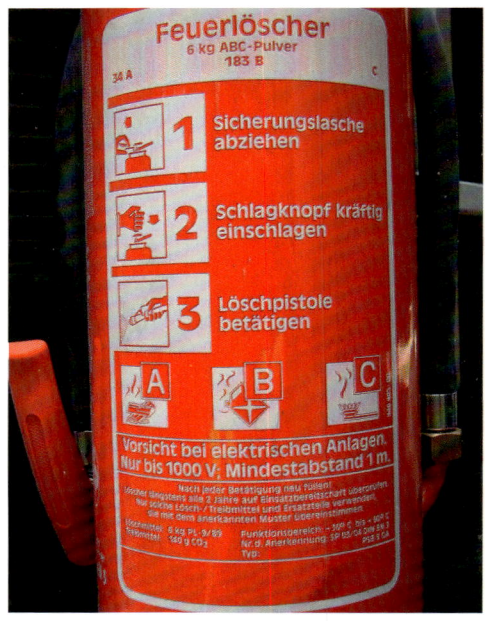

VERHALTEN BEI EINEM BRAND

Um eine Gefährdung der anwendenden Person zu vermeiden und einen Löscherfolg zu erzielen, müssen beim Einsatz von Feuerlöschern folgende grundsätzliche Hinweise beachtet werden:
- Zuerst an die Sicherheit der eigenen Person denken.
- Feuerlöscher erst am Brandherd betätigen.
- Unter Beachtung der Windrichtung immer mit dem Wind im Rücken vorgehen.
- Beginnend an der Brandwurzel und von vorn nach hinten den Brand bekämpfen.

Falls nur ein Feuerlöscher zur Verfügung steht, sorgsam benutzen und den Inhalt portionsweise verwenden, wenn der Löscherfolg dadurch nicht gefährdet wird. Löscherfolg abwarten. Bei erneuter Rückzündung weitere kurze Löschstöße nachsprühen.

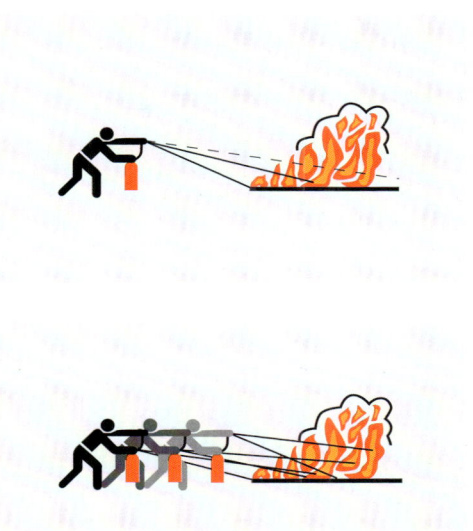

- Mehrere Feuerlöscher gleichzeitig, nicht nacheinander einsetzen.
- Tropfbrände werden von oben nach unten gelöscht, damit brennende Tropfen das Feuer nicht wieder neu entzünden.
- Bereits verwendete Feuerlöscher unverzüglich wieder bei einem Fachbetrieb neu befüllen lassen.

Beim Löschen von Feuer unbedingt auf die eigene Sicherheit achten! Rauch, entstehende Hitze und Flammen stellen eine Gefahr für die eigene Gesundheit dar.

Achten Sie im Falle eines Brandes bei einem Lkw auch auf ihre Mitfahrer, als Busfahrer auf ihre Fahrgäste: Beim Brand eines KOM sind oft mehrere Personen gleichzeitig sichtbaren, manchmal aber auch unsichtbaren Gefahren ausgesetzt. Und das meist ohne Vorwarnung und in ungewohnter Umgebung. Der entstehende Rauch und die Hitze bedeuten oft Lebensgefahr für die Fahrgäste. Bei einem Fahrzeugbrand müssen alle Personen unverzüglich das Fahrzeug verlassen.

Die Bauart von KOM, Sichtbehinderung durch Rauchentwicklung und Panikreaktionen erschweren oftmals eine Evakuierung des Omnibusses. Bereits nach knapp zwei Minuten kann die Entwicklung von giftigen Rauchgasen ein lebensgefährliches Maß erreichen. Mit zunehmender Branddauer steigt auch die Erstickungsgefahr durch die Bildung von Rauchgasen im Fahrzeuginneren. Evakuieren Sie das Fahrzeug zügig und ohne Panik. Fahrzeugbrände im Inneren müssen schnellstmöglich gelöscht werden.

© FUNKE Foto Service/Günter Blaszczyk

VERHALTEN BEI EINEM BRAND

Notausstiege in Kraftomnibussen sollen in Notfällen den Insassen ein schnelles Verlassen des Fahrzeugs ermöglichen. Zu den Notausstiegen zählen Notfenster, Notluken und Nottüren. Diese müssen entsprechend innen und außen am Fahrzeug gekennzeichnet sein und sich leicht nach außen öffnen lassen.

In Kraftomnibussen müssen Notausstiege vorhanden sein, deren Mindestanzahl untenstehender Tabelle zu entnehmen ist. Anmerkung: Bei Gelenkfahrzeugen ist jedes starre Fahrzeugteil und bei Doppeldeckerbussen jedes Fahrzeugdeck als Einzelfahrzeug anzusehen.

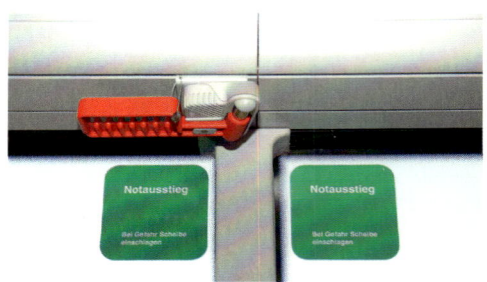

KRAFTOMNIBUSSE	NOTFENSTER ODER NOTTÜR JE FAHRZEUGLÄNGSSEITE	NOTLUKE		NOTFENSTER ODER NOTTÜR AN DER FAHRZEUGVORDER- ODER -RÜCKSEITE
mit bis zu 16 Fahrgastplätzen	1	1	oder	1
mit bis zu 22 Fahrgastplätzen	2	1		1
mit bis zu 35 Fahrgastplätzen	2	1		1
mit bis zu 50 Fahrgastplätzen	3	1		1
mit bis zu 80 Fahrgastplätzen	3	2		2
mit mehr als 80 Fahrgastplätzen	4	2		2

» INFO

Kontrollieren Sie bereits vor Fahrtantritt die Notausstiege und das Vorhandensein der Notfalleinrichtungen. Notfenster, Notluken und Nottüren müssen immer gut zugänglich sein. Achten Sie darauf, dass sie nicht durch Gepäck o. Ä. verdeckt oder versperrt werden. Machen Sie sich mit der Funktionsweise der Notausstiege rechtzeitig vertraut, damit Sie diese auch in Stresssituationen schnell und richtig öffnen können. Im Reiseverkehr informieren Sie vor Antritt der Fahrt die Fahrgäste über die Benutzung der Sicherheitsgurte, über Notausstiege und über das Verhalten bei Notfällen.

ERSTE-HILFE-AUSBILDUNG

6. Erste-Hilfe-Ausbildung

6.1. Einladung zur Erste-Hilfe-Lernreise

6.1.1 Erste Hilfe – Helfen bis der Arzt kommt …

Herzlich willkommen!
Wir gratulieren Ihnen, dass Sie sich entschlossen haben, ein fitter, motivierter Ersthelfer zu werden. Sie befinden sich damit in allerbester Gesellschaft. Wir möchten Ihnen den Weg dahin so angenehm und leicht wie möglich machen. Deshalb haben wir für Sie die Erste-Hilfe-Inhalte als kleine Reise von einer Erste-Hilfe-Lerninsel zur anderen gestaltet.

Was erwartet Sie auf unserer Erste-Hilfe-Lernreise?
Zu Anfang lernen Sie kennen, **was immer richtig und wichtig in der Ersten Hilfe ist**, und erhalten Antworten auf Fragen wie:
– Wie ist für meine Sicherheit als Ersthelfer gesorgt und was muss ich selber hierzu beachten?
– Wie gehe ich vor, wenn ich auf einen Notfall stoße?
– Gibt es Maßnahmen, die immer richtig sind?

Anschließend starten Sie zu sechs Lerninseln, auf denen Sie jeweils ein wichtiges **Leitsymptom** kennenlernen. Das ist ein Anzeichen, das Ihnen beim Eintreffen am Notfallort am stärksten „ins Auge springt" oder über andere Sinneskanäle auffällt. Zu jedem Leitsymptom erfahren Sie, mit welchem **Maßnahmenpaket** Sie auf dieses am besten reagieren können.

Das Leitsymptom tritt bei vielen unterschiedlichen Notfällen gleichermaßen auf. Deshalb würde das Maßnahmenpaket bei diesen in der Regel auch schon alleine ausreichen. Trotzdem werden Sie auf jeder Insel einzelne dieser Notfälle im Detail entdecken. So werden Sie feststellen, dass manche von ihnen zusätzliche Kennzeichen aufweisen und Sie die eine oder andere zusätzliche Maßnahme durchführen können.

Die Leitsymptome in der Übersicht:
1 nicht erweckbar,
2 keine Atmung,
3 Probleme in der Brust,
4 Verletzungen,
5 Probleme im Kopf,
6 Probleme im Bauch.

ERSTE-HILFE-AUSBILDUNG

6.2 Was immer richtig und wichtig in der Ersten Hilfe ist

Um für die Lernreise gerüstet zu sein, lernen Sie hier im „Hafen" kennen, **was in der Ersten Hilfe immer richtig und wichtig ist.** So wissen Sie anschließend, wie Sie grundsätzlich im Notfall und am Notfallort vorgehen müssen.

Ihre Aufgaben als Ersthelfer
Ihre Aufgaben als Ersthelfer lassen sich dabei kurz und knapp zusammenfassen:
- Schützen ... uns, den Betroffenen und andere Menschen im Umfeld
- Melden ... z. B. über den Notruf
- Helfen ... also alle Erste-Hilfe-Maßnahmen in der Reihenfolge nach Wichtigkeit

Und so sieht der Ablauf von Maßnahmen im Notfall aus:
1. Auf den ersten Blick: Überblick über die Situation verschaffen, Lage einschätzen
2. Eigenschutz und Fremdschutz: Absichern und Eigensicherung; Vermeidung von Nachfolgeunfällen
3. ggf. Retten aus dem Gefahrenbereich
4. Notruf; Verständigung und Kommunikation mit den Hilfskräften
5. Maßnahmen am Betroffenen
   - Diagnostischer Block und Ganzkörperuntersuchung
     » Kontrolle von Bewusstsein und Atmung
     » Ganzkörperuntersuchung: Kontrolle auf Verletzungen
   - Erste-Hilfe-Maßnahmen in der Reihenfolge ihrer Wichtigkeit
   - Das PAKET – 4 Maßnahmen, die immer richtig sind

Schützen! – Vorgehen am Notfallort
Viele Informationen zum Vorgehen am Notfallort haben Sie bereits im Kapitel „Situationsgerechtes Verhalten bei Notfällen, Pannen und Unfällen" erhalten. Deshalb wird manches nachfolgend nur kurz wiederholend angerissen und nur neue Maßnahmen werden im Detail erläutert.

Die Rettungskette
Als Rettungskette bezeichnet man die Abfolge von Maßnahmen im Notfall. Die ersten drei Glieder der Kette bilden die Aufgaben des Ersthelfers: Schützen – Melden – Helfen. Erst danach folgt die professionelle Hilfe durch Rettungsdienst und Krankenhaus. Jedes Element der Kette baut auf dem Vorherigen auf und bedingt das Darauffolgende. Daher haben die Funktionen der Ersthelfer die höchste Bedeutung innerhalb der Rettungskette.

ERSTE-HILFE-AUSBILDUNG

6.2.1 Auf den ersten Blick

Überblick verschaffen

Bewahren Sie Ruhe. Sammeln Sie sich, damit Sie ihre Nervosität, Unsicherheit oder Angst nicht auf den Betroffenen übertragen. Verschaffen Sie sich bei der Annäherung an die Unfallstelle einen Überblick.

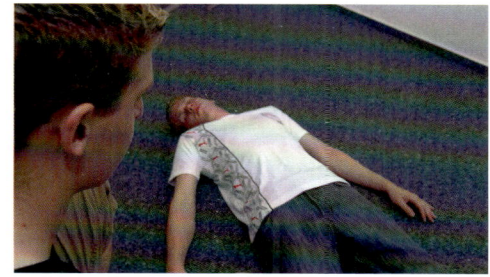

6.2.2 Eigen- und Fremdschutz

Absichern und Eigensicherung.

Sicherheit muss im Notfall großgeschrieben werden. Von Ihnen wird als Ersthelfer kein falsches Heldentum erwartet. Sie müssen genauso Ihre Grenzen kennen. So kann in manchen Fällen – wie bei Starkstromunfällen, Unfällen mit Gas – der unverzügliche Notruf, mit dem Sie schnellstmögliche technische Hilfe o. Ä. herbeiholen, die einzige Maßnahme sein, die Sie ohne erhebliche eigene Gefahr durchführen können.

» **INFO**

Grundsätzlich gehen Maßnahmen des Absicherns und der Eigensicherung Maßnahmen am Betroffenen vor. Die Sicherheit vieler – z. B. nach einem Verkehrsunfall – geht der Rettung eines Einzelnen vor.

ERSTE-HILFE-AUSBILDUNG

6.2.3 Retten

Retten aus dem Gefahrenbereich

Nicht abzuwendende Zusatzgefahren, die Sie als Ersthelfer und den Betroffenen bedrohen (z. B. Feuer, Rauch) machen es erforderlich, dass Sie (mit weiteren Helfern) den Betroffenen aus dem Gefahrenbereich retten. Als Hilfe kann hier der Rautek-Rettungsgriff dienen. Dieser kann auch vom Ersthelfer angewendet werden, um eine bewusstlose Person aus dem Auto zur richtigen Versorgung umzulagern.

Wenn der Betroffene auf dem Rücken liegt:
- Stellen Sie sich ans Kopfende des Betroffenen.
- Greifen Sie mit beiden Händen weit unter Schulter / Hals / Kopf des Betroffenen und richten Sie seinen Oberkörper mit genügend Schwung auf.
- Stützen Sie ihn in dieser Position mit Ihrem Bein ab.
- Greifen Sie unter seinen Achseln durch und umfassen Sie einen möglichst unverletzten Arm mit beiden Händen. Achten Sie dabei darauf, dass Sie mit allen Fingern (inkl. Daumen) von oben überhaken (**Affengriff**, Abb. 4) und dass Ihre Hände möglichst weit auseinanderliegen (Zugkraft auf den Arm verteilen).
- Gehen Sie leicht in die Knie und ziehen Sie dann den Betroffenen mit Schwung auf Ihr Bein. Beim Anheben des Betroffenen gehen Sie aus den Knien nach oben. Legen Sie ihn sich schnell auf einem Ihrer Beine als Stütze ab, um Ihre Wirbelsäule zu entlasten.
- Lagern Sie den Betroffenen auf einem flachen, sicheren Untergrund, wenn möglich auf einer Rettungsdecke.

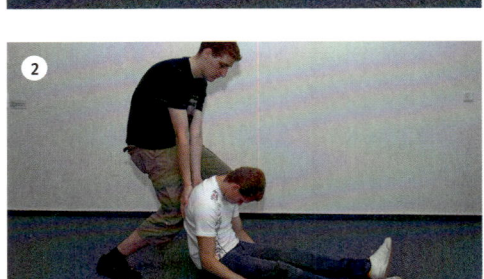

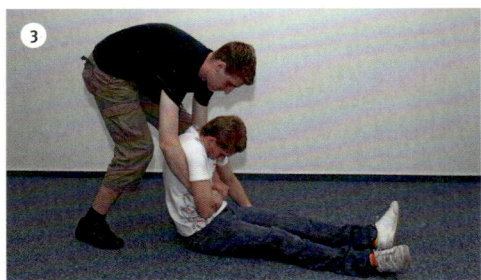

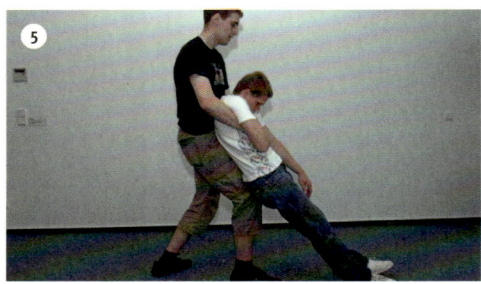

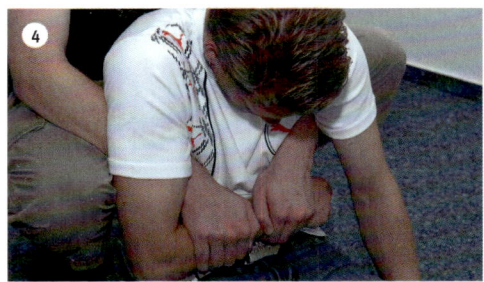

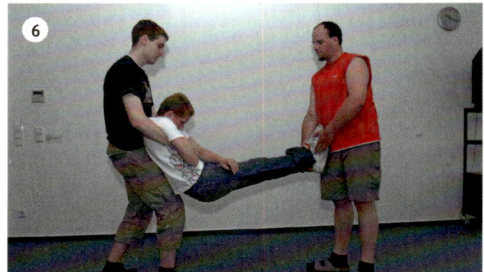

ERSTE-HILFE-AUSBILDUNG

Wenn der Betroffene im Fahrzeug sitzt:
- Airbag beachten! Da dieser auch verzögert auslösen kann, sollten Sie den Raum zwischen Lenkrad und dem Betroffenen meiden.
- Motor ausschalten.
- Handbremse anziehen.
- Eingeklemmte Füße des Betroffenen befreien.
- Sicherheitsgurt lösen, gegebenenfalls mit einem Messer durchtrennen (Gurtmesser).
- Den Betroffenen im Sitz mit dem Rücken zu sich drehen. Dazu mit einer Hand am Rücken vorbei an der fernen Hüfte fassen und ziehen, mit der anderen Hand gegen das nahe Knie drücken.
- Greifen Sie unter den Achseln des Betroffenen durch und umfassen Sie einen möglichst unverletzten Arm mit beiden Händen im Affengriff.
- Gehen Sie leicht in die Knie und ziehen Sie den Betroffenen möglichst waagerecht auf Ihr Knie. Der zweite Helfer hält und führt dabei die Beine des Betroffenen.
- Tragen Sie den Betroffenen gemeinsam mit einem zweiten Helfer zu einem sicheren Ort und legen Sie ihn auf einen flachen, sicheren Untergrund, wenn möglich auf eine Rettungsdecke.

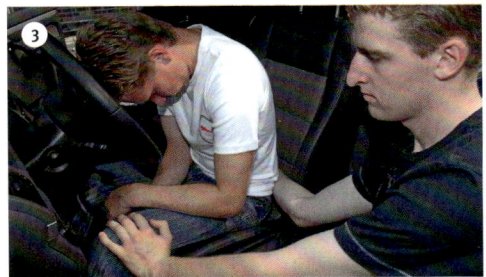

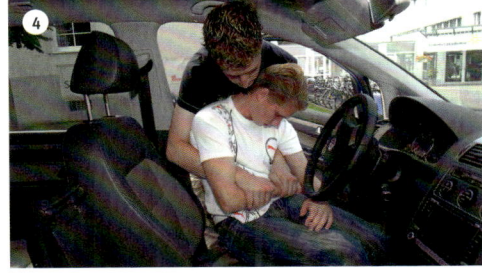

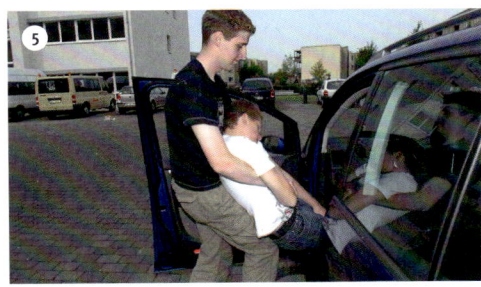

ERSTE-HILFE-AUSBILDUNG

6.2.4 Melden! – Der Notruf

Notruf 112/110
Sind Menschen verletzt oder akut erkrankt, sind sie bewusstlos oder gar ohne Atmung und Kreislauf, ist eine frühzeitige medizinische Hilfe dringend nötig. Der Notruf durch Sie oder eine weitere anwesende Person hält die Rettungskette zusammen.
Bei Unfällen auf Autobahnen oder Kraftfahrstraßen nennen Sie bitte auch die Fahrtrichtung und Straßenkilometerangabe. Pfeile auf den Begrenzungspfosten zeigen Ihnen den Weg zur nächstgelegenen Notrufsäule.

> **INFO**
>
> **Machen Sie, wenn möglich, folgende Angaben:**
> – **W**o ist es passiert?
> – **W**as ist passiert?
> – **W**ie viele Verletzte/Erkrankte?
> – **W**elche Verletzungen/Erkrankungen?
> – **W**arten Sie auf Rückfragen!

6.2.5 Helfen! – Maßnahmen am Betroffenen

Diagnostischer Block und Ganzkörperuntersuchung Kontrolle von Bewusstsein und Atmung

– **Auf den ersten Blick**
   Aussehen, Position und Verhalten des Betroffenen liefern Ihnen erste Informationen über seinen Zustand.
– **Bewusstsein?**
   Können Sie eine reglose Person durch lautes Ansprechen und leichtes Rütteln an der Schulter nicht erwecken, dann ist diese Person bewusstlos.
   » Laut um Hilfe rufen.
   » Atemwege freimachen.

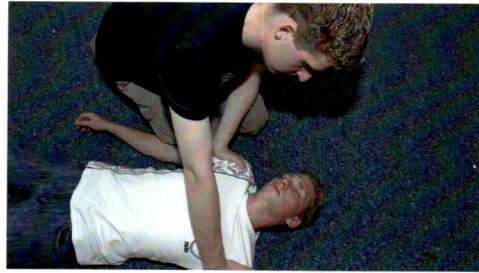

– **Atmung?**
   Ist die Person bewusstlos, beugen Sie sich zu ihr nieder und prüfen Sie ihre Atmung: Sie spüren an Ihrer Wange die Ausatemluft? Sie hören Ausatemgeräusche und Sie sehen, wie sich der Brustkorb hebt und senkt?
   » Hat der Betroffene eine normale Atmung, wird er in die stabile Seitenlage gebracht (Maßnahmenpaket „nicht erweckbar").
   » Hat der Betroffene keine normale Atmung, führen Sie die Wiederbelebung so durch, wie im Maßnahmenpaket „keine Atmung" beschrieben.

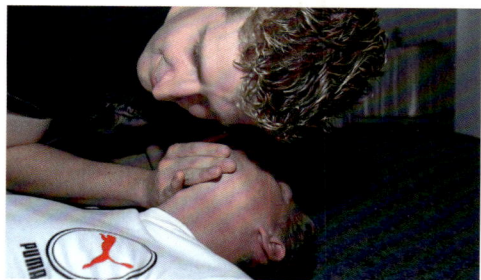

– **Ganzkörperuntersuchung: Kontrolle auf Verletzungen**
   Sind Bewusstsein und Atmung des Betroffenen vorhanden, führen Sie eine Ganzkörperuntersuchung durch, um Verletzungen oder Zeichen einer akuten Erkrankung zu erkennen. Suchen Sie den Körper des Betroffenen durch Sehen und Fühlen von Kopf bis Fuß auf Veränderungen ab (z. B. Wunden, Schwellungen, Fehlstellungen, Veränderungen der Hautfarbe). Beachten Sie bei dieser Kontrolle die Schmerzäußerungen des Betroffenen.

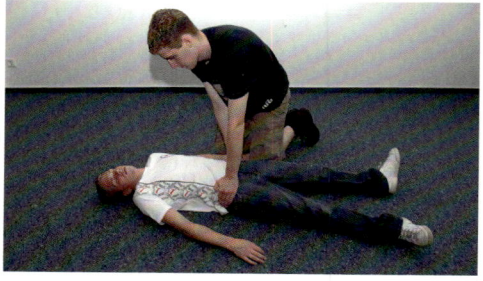

ERSTE-HILFE-AUSBILDUNG

Erste-Hilfe-Maßnahmen
(in der Reihenfolge ihrer Wichtigkeit)
Vorne an stehen Erste-Hilfe-Maßnahmen, die lebenswichtige Funktionen wie z. B. die Atmung sichern:
1. Stabile Seitenlage
2. Herz-Lungen-Wiederbelebung
3. Beatmung
4. Stillung bedrohlicher Blutungen
5. Schocklage

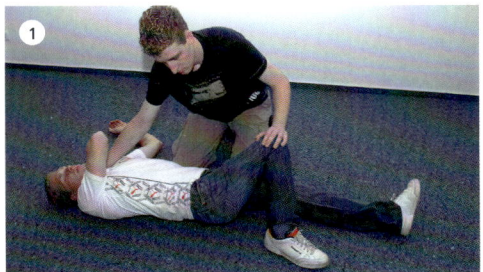
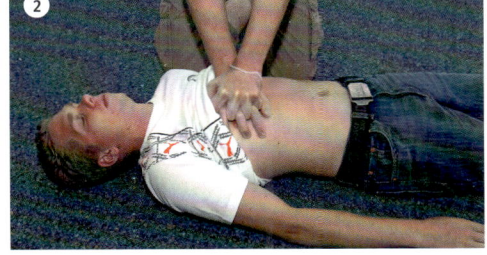
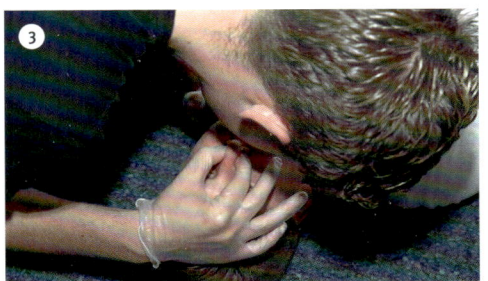
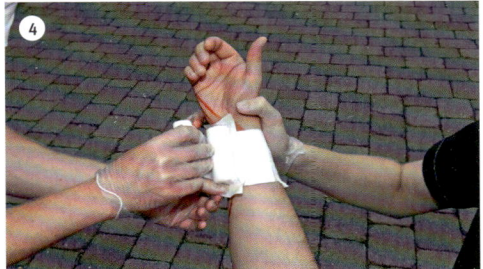
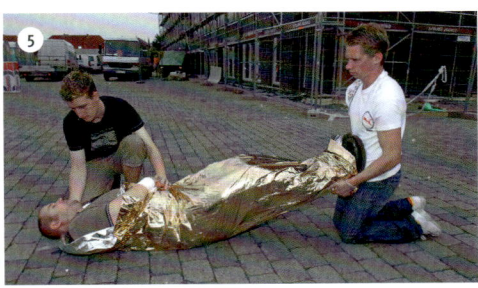

ERSTE-HILFE-AUSBILDUNG

Das PAKET – Vier Maßnahmen, die immer richtig sind!
Basismaßnahmen: Das Paket
Unabhängig von der spezifischen Notfallsituation sind nachfolgende Maßnahmen immer richtig:

- **Vitalfunktionen sichern**
  Um Änderungen der Vitalfunktionen frühzeitig festzustellen und zeitnah reagieren zu können, ist eine engmaschige Kontrolle dieser Funktionen erforderlich.
- **Notruf tätigen**
  Die frühe Alarmierung des Rettungsdienstes sichert die schnelle medizinische Versorgung des Betroffenen und erhöht seine Heilungschancen.
- **Eigenwärme erhalten**
  Schützen Sie den Betroffenen vor Wärmeverlust. Das Umhüllen mit einer Rettungsdecke hat zudem eine beschützende und beruhigende Wirkung.
- **Trösten und Betreuen**
  Durch ihre Ruhe und Zuwendung nehmen Sie dem Betroffenen Angst und Belastung und stärken somit auch seine Vitalfunktionen, selbst bei einem Bewusstlosen.

Vier Regeln zur psychischen Betreuung (nach Lasogga und Gasch)
1 Sagen Sie, dass Sie da sind und dass etwas geschieht!
2 Suchen Sie vorsichtigen Körperkontakt!
3 Schirmen Sie den Verletzten ab!
4 Sprechen Sie mit dem Betroffenen und hören Sie ihm zu!

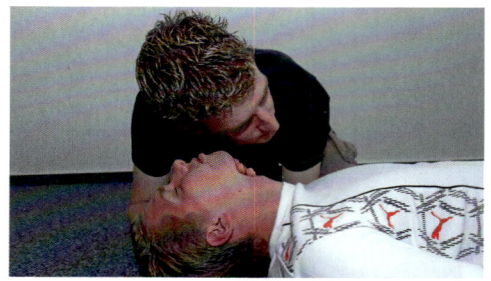

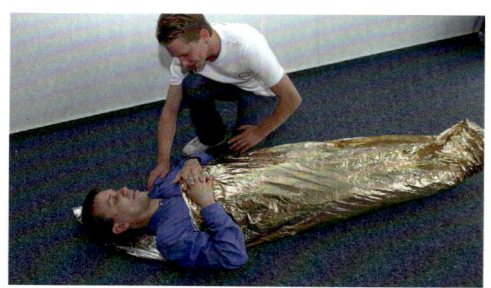

ERSTE-HILFE-AUSBILDUNG

6.3. Erste-Hilfe-Lerninsel 1

„Nicht erweckbar"

Was stellen wir fest?:
- Der Betroffene ist auch bei Ansprechen und leichtem Rütteln an den Schultern nicht erweckbar.
- Er atmet. **Diesen Zustand nennen wir auch „bewusstlos".**

Unser Maßnahmenpaket: „Nicht erweckbar"
- Stabile Seitenlage
- Das PAKET: ständige Kontrolle der Vitalfunktionen; Notruf; Eigenwärme erhalten; psychische Betreuung auch bei Bewusstlosen

Die stabile Seitenlage

Der Betroffene ist nicht erweckbar, aber atmet normal! Jetzt ist es wichtig, dass Sie ihn von der Rückenlage in die sogenannte stabile Seitenlage bringen. Diese ermöglicht, dass Flüssigkeiten wie Erbrochenes oder Speichel abfließen und verhindert, dass die Zunge die Atemwege blockiert. Folgende Schritte sind dafür nötig:
- Knien Sie seitlich neben dem Bewusstlosen.
- Vergewissern Sie sich, dass beide Beine ausgestreckt sind.
- Legen Sie den Arm, der Ihnen am nächsten ist, rechtwinklig zum Körper, den Ellenbogen angewinkelt und mit der Handfläche nach oben.
- Legen Sie den entfernt liegenden Arm über den Brustkorb und halten Sie den Handrücken gegen die Ihnen zugewandte Wange des Betroffenen.
- Greifen Sie mit Ihrer anderen Hand das entfernt liegende Bein knapp über dem Knie und ziehen Sie es hoch, wobei der Fuß auf dem Boden bleibt.
- Während Sie die Hand des Verletzten weiterhin gegen die Wange gedrückt halten, ziehen Sie am entfernt liegenden Bein und rollen Sie die Person zu Ihnen heran.
- Richten Sie das oben liegende Bein so aus, dass Hüfte und Knie jeweils rechtwinklig angewinkelt sind.
- Wenden Sie den Kopf des Bewusstlosen nach hinten, um sicherzustellen, dass der Atemweg frei bleibt.
- Richten Sie die Hand unter der Wange, wenn nötig, so aus, dass der Hals überstreckt ist und der Mund geöffnet bleibt.
- Überprüfen Sie regelmäßig die Atmung.

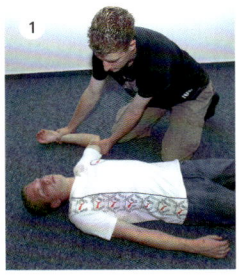
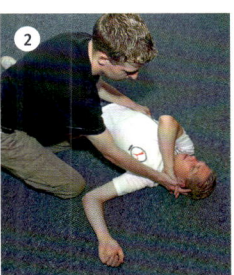
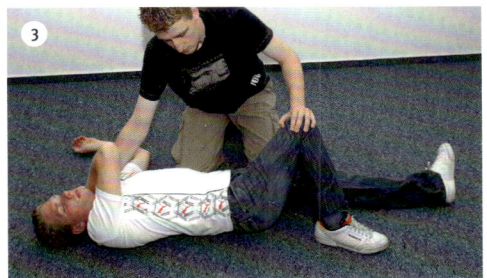
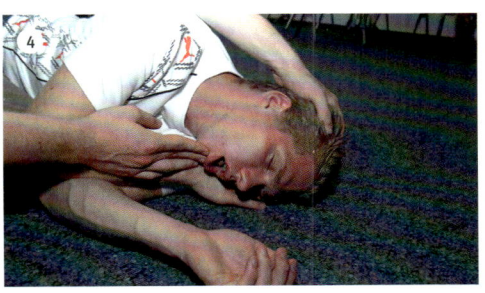

» INFO

Der geöffnete Mund muss der tiefste Punkt des Körpers und der Kopf leicht zum Nacken geneigt sein. So wird ein mögliches Ersticken verhindert.

ERSTE-HILFE-AUSBILDUNG

Besonderheiten bei Stürzen, z. B. eines Motorradfahrers
- **Helmabnahme**
  Nehmen Sie bei erkannter Bewusstlosigkeit einem verunfallten Motorradfahrer den Helm ab. Bringen Sie ihn dazu in die Rückenlage. So handeln Sie als Ersthelfer in seinem Interesse und können die weiteren Kontrollen und Maßnahmen der Hilfeleistung durchführen. Arbeiten Sie bei der Helmabnahme wenn möglich zusammen mit einem zweiten Helfer.
- **Ablauf mit zwei Helfern**
  » Helfer A kniet am Kopfende und hält Kopf und Helm des Betroffenen mit beiden Händen fest und ruhig.
  » Helfer B kniet seitlich auf Schulterhöhe, öffnet das Visier und nimmt dem Betroffenen gegebenenfalls die Brille ab.
  » Helfer B hebt das Visier an und öffnet den Helmverschluss bzw. den Kinnriemen (ggf. durchschneiden).
  » Helfer B stabilisiert die Kopflage. Dazu stützt er den Kopf des Betroffenen direkt an dessen Unterkiefer und Hinterkopf.
  » Helfer A fasst mit beiden Händen in die Helmöffnung und zieht den Helm vorsichtig mit gleichmäßiger Bewegung zu sich ab.
  » Helfer A legt den Helm zur Seite ab und übernimmt die Stabilisierung des Kopfes mit seinen Händen.
  » Für die Gesamtdauer der Helmabnahme sowie für die anschließende Lageänderung des Betroffenen (z. B. stabile Seitenlage bei vorhandener Eigenatmung des Betroffenen) ist die Stabilisierung des Kopfes sicherzustellen.

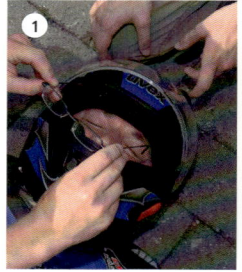

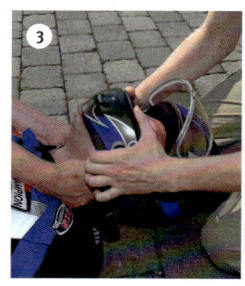
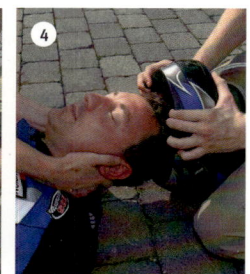
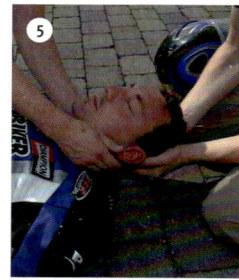
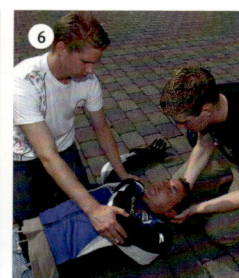

Besonderheiten bei Krampfanfällen:
- Betroffenen und Helfer schützen: Gefährliche Gegenstände aus dem Umfeld des Krampfenden entfernen; Polster unter den Kopf des Betroffenen legen.
- Krampfen lassen: Nicht versuchen, ihn festzuhalten!
- Im „Nachschlaf": Maßnahmenpaket wie oben.

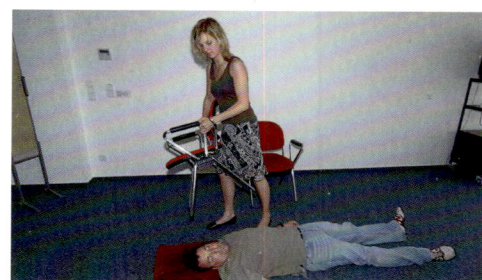

ERSTE-HILFE-AUSBILDUNG

6.4. Erste-Hilfe-Lerninsel 2

„Keine Atmung"

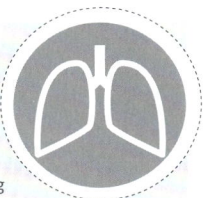

Was stellen wir fest?:
- Der Betroffene ist nicht erweckbar.
- Wir können KEINE normale Atmung und Lebenszeichen feststellen.
- Wir sehen eine blasse, gegebenenfalls blau-graue Hautfarbe.

Unser Maßnahmenpaket: „Keine Atmung"
- Herzdruckmassage und Beatmung (Herz-Lungen-Wiederbelebung)
- Ggf. Defibrillator (AED) anwenden!
- Das PAKET

1 Freimachen der Atemwege
Sie haben eine bewusstlose Person gefunden, die auf die Ansprache und Rütteln an den Schultern nicht reagiert? Sie haben laut um Hilfe gerufen, um andere Personen auf die Situation aufmerksam zu machen? Dann müssen Sie jetzt die Atemwege des Betroffenen frei machen. Ursache für einen Atemstillstand ist oft die Blockade der Atemwege durch die Zunge oder Hindernisse wie Erbrochenes oder Zahnprothesenteile.

2 Lebensrettender Handgriff
- Eine Hand an die Stirn legen und mit der anderen den Unterkiefer fassen.
- Den Kopf des Bewusstlosen vorsichtig nach hinten beugen und gleichzeitig seinen Unterkiefer nach oben ziehen. Durch die Überstreckung des Kopfes werden bei einem Bewusstlosen die erschlaffte Zunge angehoben und die Atemwege wieder frei.

3 Freimachen des Mundraumes
- Öffnen Sie den Mund des Betroffenen.
- Drehen Sie den Kopf des Betroffenen zur Seite.
- Entfernen Sie alle sichtbaren losen Behinderungen aus dem Mundraum. Fassen Sie hierbei nicht (auch nicht mit Hilfsmitteln) zwischen die Zähne der Person um eigene Verletzungen und Reizungen des Mundraums des Betroffenen zu vermeiden.

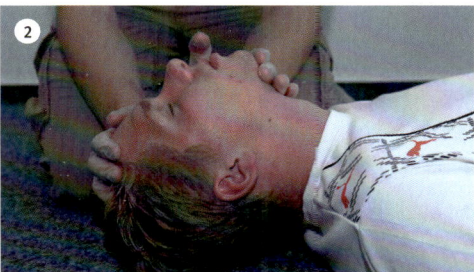

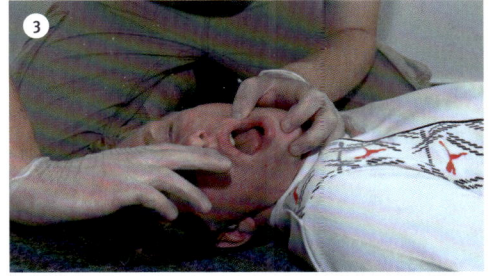

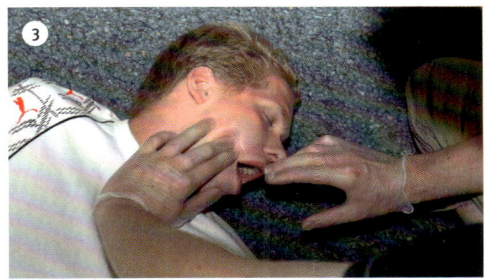

ERSTE-HILFE-AUSBILDUNG

4 Atemkontrolle
Halten Sie den Kopf der bewusstlosen Person überstreckt und beugen Sie sich zum Prüfen der Atmung wieder. Die Atemkontrolle erfolgt durch Hören, Spüren und Sehen. Hierzu müssen Sie Ohr und Wange mit nur wenigen Zentimetern Abstand direkt über Mund und Nase des Betroffenen halten. Dabei blicken Sie auf die Brust des Betroffenen. So können Sie die Ausatmung an der Wange spüren, mit dem Ohr hören und die Bewegung des Brustkorbes sehen. Die Atemkontrolle darf höchstens zehn Sekunden in Anspruch nehmen.

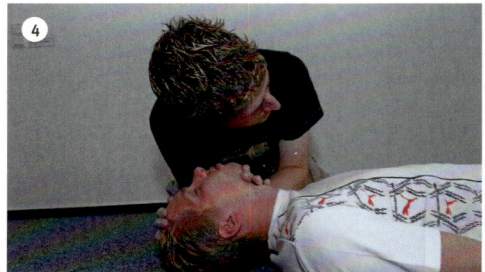

5 Herz-Lungen-Wiederbelebung
Sie haben beim Bewusstlosen keine oder nicht normale Atmung festgestellt und den Notruf schon abgesetzt. Nun müssen Sie schnellstmöglich mit der Herz-Lungen-Wiederbelebung beginnen. Vor dieser Art der Hilfestellung brauchen Sie keine Angst zu haben. Als Regel gilt: 30 x den Brustkorb drücken, 2 x beatmen.

6 Brustkorbkompressionen
– Der Betroffene muss auf dem Rücken, auf einem festen Untergrund liegen.
– Knien Sie neben dem Betroffenen und machen Sie seinen Oberkörper frei.
– Platzieren Sie eine Ihrer Hände mit dem Ballen in der Mitte des Brustkorbes. Die zweite Hand wird auf die erste aufgelegt.
– Drücken Sie nun senkrecht von oben und mit durchgestreckten Armen 6 – 7 cm tief.
– Wenn Sie ca. zweimal pro Sekunde drücken, erreichen Sie die erforderliche Frequenz von 100/min.
– Nach 30 Kompressionen wechseln Sie zur Beatmung.

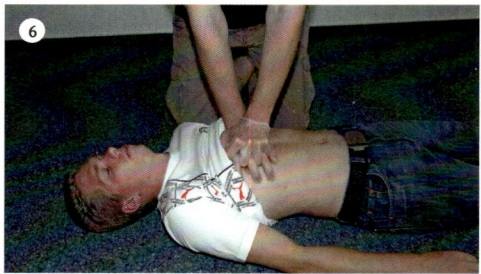

7 Beatmung
Für die nun folgende Beatmung verschließen Sie mit Daumen und Zeigefinger die Nase des Betroffenen. Dann atmen Sie normal ein, umschließen mit Ihren Lippen den Mund des Betroffenen und beatmen ihn gleichmäßig etwa eine Sekunde lang. Nach dem Zurücksinken des Brustkorbes die zweite Beatmung durchführen. Zwischen den Beatmungen wird die Überstreckung des Kopfes beibehalten. **Achtung!** Es sollen immer nur zwei Beatmungsversuche durchgeführt werden, bevor wieder mit den Brustkorbkompressionen begonnen wird. Ist eine Mund-zu-Mund-Beatmung aufgrund von Verletzungen nicht möglich, kann alternativ auch eine Mund-zu-Nase-Beatmung angewendet werden. Dafür muss mit einer Hand der Mund geschlossen und mit den Lippen die Nase des Verletzten verschlossen werden. Beenden Sie die Herz-Lungen-Wiederbelebung erst dann, wenn der Betroffene wieder selber normal atmet.

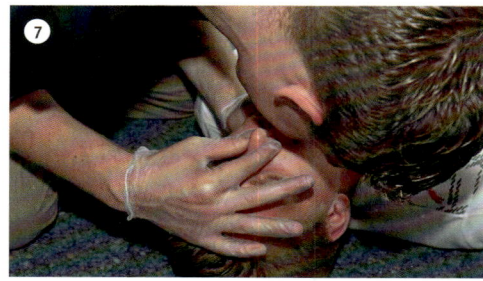

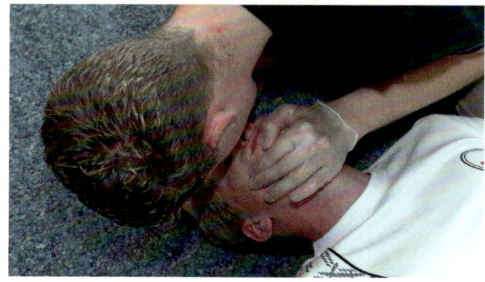

ERSTE-HILFE-AUSBILDUNG

8   **Einsatz eines automatisierten externen Defibrillators (AED)**
    In den meisten Fällen eines plötzlichen Herzversagens tritt sogenanntes Herzkammerflimmern auf. Dieses kann durch einen Stromstoß aus einem Defibrillator (AED-Gerät) unterbrochen werden, sodass das Herz anschließend wieder in seinem normalen, eigenen Rhythmus schlägt. Diese Geräte sind eine wertvolle Ergänzung zur Herz-Lungen-Wiederbelebung durch Ersthelfer! Sie ersetzt diese allerdings nicht und auch nach Abgabe eines Schocks muss die Herz-Lungen-Wiederbelebung fortgesetzt werden!

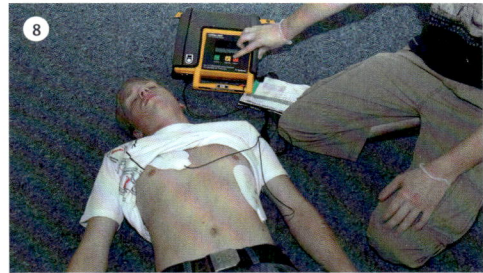

Besonderheiten beim Ertrinkungsunfall:
– Rettung sichern und Erste Hilfe leisten!
  Also: Eigenschutz geht vor und deshalb technische Hilfe durch einen Notruf herbeirufen!

Besonderheiten beim Stromunfall:
– Eigenschutz beachten und Hilfe leisten!
  Also: Stromzufuhr unterbrechen bzw. unterbrechen lassen, Rettung sicherstellen und dann weitere Maßnahmen gemäß Symptomatik.

ERSTE-HILFE-AUSBILDUNG

6.5 Erste-Hilfe-Lerninsel 3

„Probleme in der Brust"

Was stellen wir fest?:
Einzelne oder mehrere der folgenden Erkennungszeichen:
- Atemnot
- Schmerzen in der Brust
- Angst/Panik
- Veränderte Atemgeräusche
- Plötzliche Hustenattacken
- Schneller, ggf. unregelmäßiger Puls
- Blasse, ggf. blau-graue Hautfarbe
- Übelkeit/Erbrechen

Unser Maßnahmenpaket: „Probleme in der Brust"
- Lagerung mit erhöhtem Oberkörper
- Beengende Kleidung lockern
- Frischluft zuführen (Fenster öffnen)
- Das PAKET: z. B. Atemanweisungen bei der psychischen Betreuung

Besonderheiten bei Herzinfarkt/Herzmuskelschwäche
(erkennbar u. a. am Schmerz hinter dem Brustbein, der z. B. in den linken Arm strahlen kann)
- Wenn der Betroffene ein vom Arzt verordnetes Nitropräparat (meist Spray) besitzt, können Sie dieses auf Wunsch des Betroffenen anreichen. In diesem Fall ist das „Problem in der Brust" schon früher bekannt gewesen und vom Arzt behandelt worden.

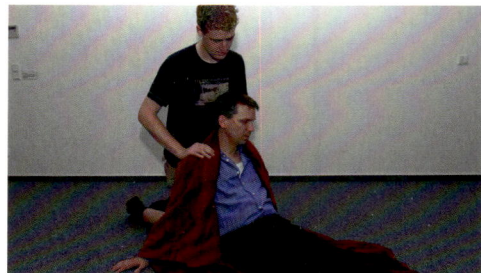

Besonderheiten bei Asthma
(Asthma ist vor allem an den rasselnden Atemgeräuschen besonders in der Ausatemphase erkennbar.)
- Bei den Atemanweisungen Lippenbremse oder Flötenatmung vorgeben!
- Wenn der Betroffene ein vom Arzt verordnetes Dosieraerosol („Asthma-Spray") besitzt, können Sie dieses auf Wunsch des Betroffenen anreichen.

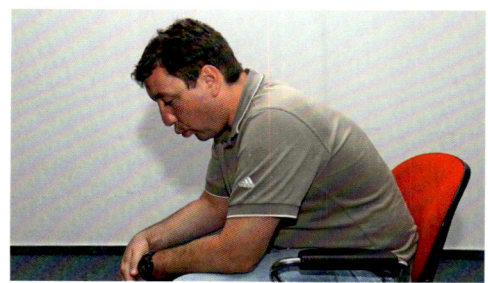

ERSTE-HILFE-AUSBILDUNG

Besonderheiten bei einem Insektenstich im Mund-Rachen-Raum
- Von innen und außen kühlen!

Besonderheiten bei einem Fremdkörper in den Atemwegen
- Betroffenen zum Husten auffordern!
- Bei Misserfolg: Schläge zwischen die Schulterblätter! Dabei wird der Oberkörper des Betroffenen tief gehalten!
- Bei Misserfolg: Oberbauchkompressionen („Heimlich-Handgriff")

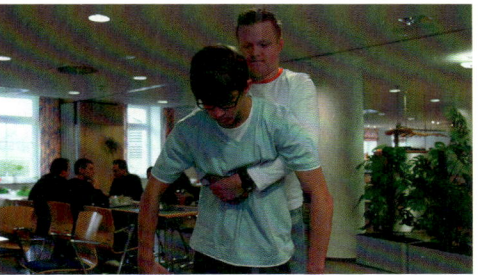

ERSTE-HILFE-AUSBILDUNG

6.6 Erste-Hilfe-Lerninsel 4

„Verletzungen"

Was stellen wir fest?:
- Wunden
- Blutungen
- Schwellung und/oder Schmerzen an Muskeln, Knochen oder Gelenken

„Wunde"?

Unser Maßnahmenpaket: „Verletzungen"
- Schutzhandschuhe tragen.
  Also: Eigenschutz beachten!
- Verband anlegen! Also keimarme/-freie Wundbedeckung mit geeignetem Verbandmaterial aufbringen und fixieren.

Wunden sind das bei Weitem häufigste Notfallereignis.
Sie gehen mit drei Gefahren einher: Schmerz, Blutverlust und Infektion.
Mit allen Maßnahmen versuchen wir, diese Gefahren auszuschalten oder zu minimieren.

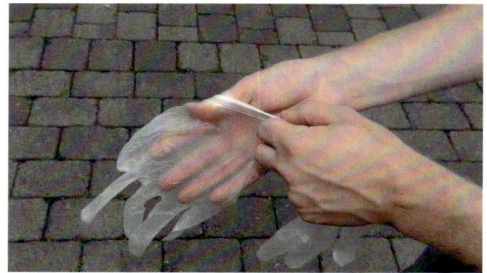

Besonderheiten bei nicht stark blutenden Wunden
Verschmutzte bzw. infektionsgefährdete Bagatellverletzungen (z. B. Schürfwunden), die nicht ärztlich versorgt werden müssen, sollten vorher gereinigt werden. Steht ein Wundantiseptikum zur Verfügung, kann dieses angewendet werden. Treten im weiteren Verlauf Veränderungen an der Wunde auf, die auf eine Wundheilungsstörung/Infektion hindeuten, sollte unverzüglich ein Arzt aufgesucht werden.
Die Schutzimpfung gegen Wundstarrkrampf (Tetanus) muss regelmäßig aufgefrischt werden.

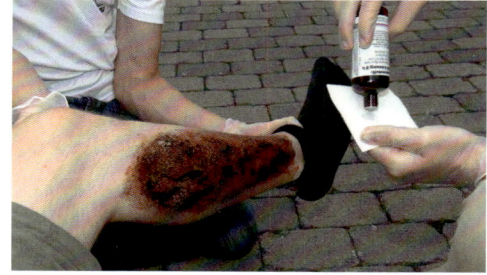

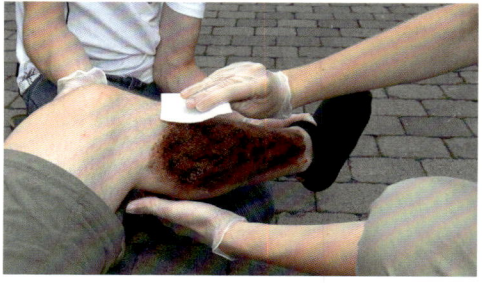

ERSTE-HILFE-AUSBILDUNG

Starke, bedrohliche Blutung?
Druck auf Wunde ausüben (Druckverband)!
Besonderheiten bei stark blutenden Wunden
- Verletzten hinlegen,
- Arm/Bein hochlagern,
- entweder: Druckverband anlegen oder
- ggf. direkt mit Wundauflage fest auf Wunde drücken/pressen (wenn z. B. kein Druckverband angelegt werden kann) oder
- wenn sonst keine Blutstillung möglich: Arm/Bein abbinden,
- das PAKET,
- Schocklagerung

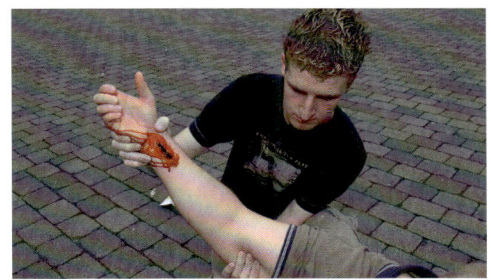

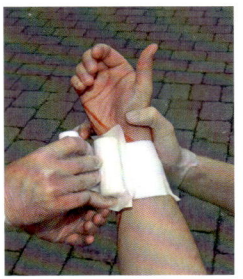 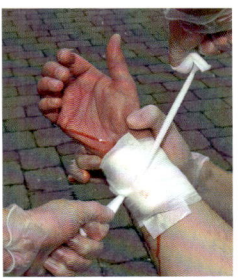

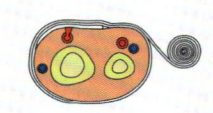 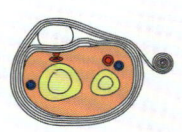

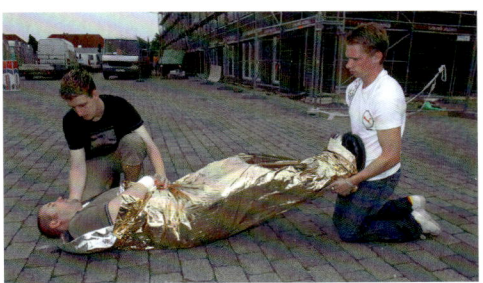

ERSTE-HILFE-AUSBILDUNG

Besonderheiten bei Nasenbluten
- Beide Nasenflügel für 5 – 10 Minuten fest zusammendrücken,
- Kühlen von Stirn und Nacken,
- das PAKET und ggf. Schocklage.

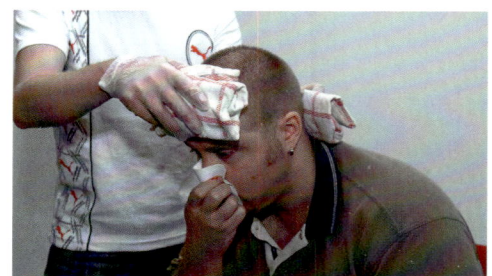

Schock

Was stellen wir fest? Schockzeichen wie blasse, kalte Haut; Schwindel; Übelkeit; schneller, schwacher Puls

Unsere Maßnahmen beim Schock:
- Wenn möglich, die Ursache beseitigen: also z. B. die Blutung stillen.
- Schocklage: Wenn keine Probleme in der Brust feststellbar sind (Herzerkrankung) und keine schweren Verletzungen (z. B. an Kopf, Brustkorb, Bauch, Becken, Beinen oder Wirbelsäule) dagegen sprechen, lagern wir den Betroffenen flach auf den Rücken und heben die Beine ein wenig an (ca. 25–30 Grad).
- Das PAKET

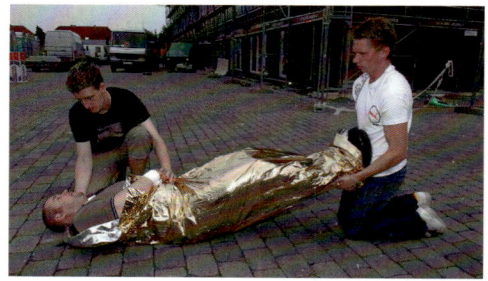

ERSTE-HILFE-AUSBILDUNG

Besonderheiten bei Fremdkörpern in Wunden
- **Bei kleinen, nicht tief sitzenden Fremdkörpern**
    » Fremdkörper vorsichtig mit einer Pinzette (Zeckenzange) entfernen,
    » Markieren Sie die Einstichstelle mit einem Kreis um Veränderungen wie z. B. Entzündungen beobachten zu können.
    » anschließend weiter wie bei nicht stark blutenden Wunden vorgehen (falls bei Betroffenem vorhanden, Antiseptikum aufbringen; Wunde keimfrei bedecken),
    » lässt sich der Fremdkörper nicht problemlos entfernen oder verbleiben Reste in der Wunde, Maßnahmen wie bei größeren, tief sitzenden Fremdkörpern,
    » das PAKET nach Bedarf.

- **Bei größeren, tief sitzenden Fremdkörpern**
    » Fremdkörper belassen und stabilisieren,
    » Fremdkörper gegebenenfalls umpolstern und in die Wundbedeckung/den Verband einbeziehen,
    » bei starker Blutung aus dieser Wunde (an Arm/Bein) Abbindung anlegen,
    » das PAKET.

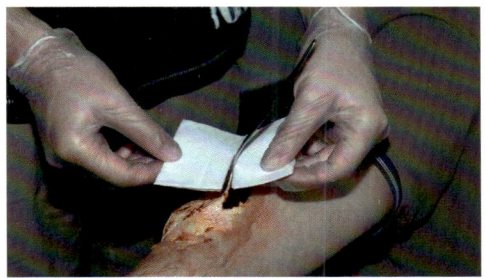

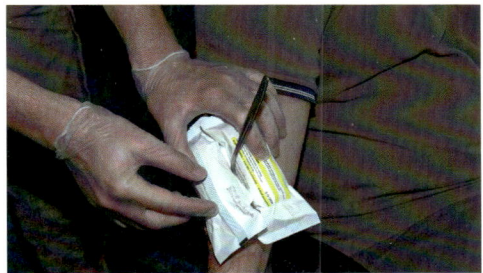

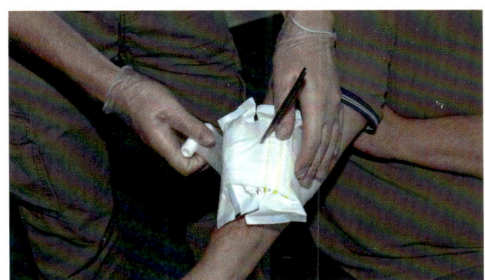

ERSTE-HILFE-AUSBILDUNG

- **Bei Fremdkörpern im Auge:**
  » Fremdkörper unter dem Oberlid: Betroffenen auffordern, kräftig zu blinzeln, Oberlid vorsichtig nach unten über das Unterlid ziehen und loslassen.
  » Andere Fremdkörper dürfen nur vom Augenarzt entfernt werden.

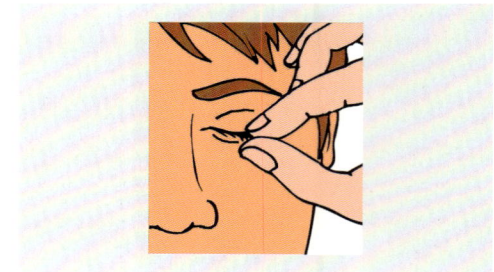

- **Bei Fremdkörpern im Auge:**
  » Kleine Fremdkörper (Insekten, Staubkörner, Wimpern etc.) können vorsichtig entfernt werden.
  » Fremdkörper unter dem Unterlid: Betroffenen nach oben schauen lassen, Unterlid vorsichtig nach unten ziehen, mit einer Kompresse (o. Ä.) die Lidinnenseite Richtung Nase austupfen.

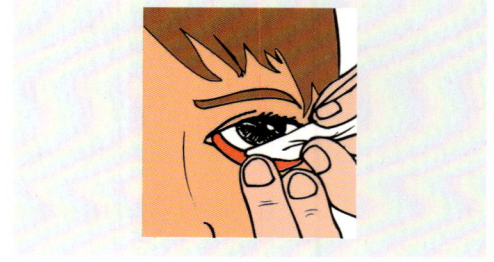

Besonderheiten bei abgetrennten Körperteilen (Amputationen)
- Blutstillung + Schocklage + Das PAKET,
- abgetrenntes Körperteil keimfrei einwickeln und möglichst kühl halten/kühlen.
- Zwei-Beutel-Methode: Amputat wird in einem wasserdichten Plastikbeutel aufbewahrt. Der Plastikbeutel ist von einem Beutel mit Eis und Wasser (1:1) umschlossen.
- Ein-Beutel-Methode: Großer Plastikbeutel wird fest um das Amputat verschlossen. Anschließend wird der Beutel umgeschlagen, mit Wasser und Eis (1:1) gefüllt und verschlossen.

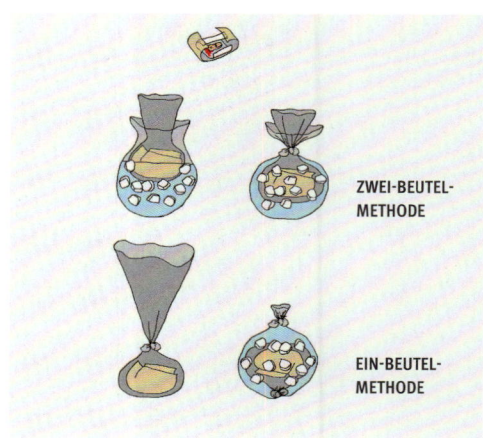

ERSTE-HILFE-AUSBILDUNG

Besonderheiten bei Verbrennungen/Verbrühungen
- Keim- und druckfrei abdecken!
- Zur Schmerzlinderung können Verbrennungen so schnell wie möglich mit Leitungswasser gekühlt werden. Wenn möglich ist das Kühlen auf die verbrannte Körperstelle zu begrenzen. Nur so lange kühlen bis:
    » es zu einer Schmerzlinderung kommt
    » der Betroffene dies als angenehm empfindet
    » keine Kälteanzeichen auftreten
  Keine Kühlung:
    » Wenn Betroffene keine Schmerzen haben
    » Bei Bewusstlosen
- Keim- und druckfreie Wundbedeckung nicht mit der Wundfläche verklebendem Verbandmaterial (Verbandtuch) verbinden.
- Schocklage + Das PAKET

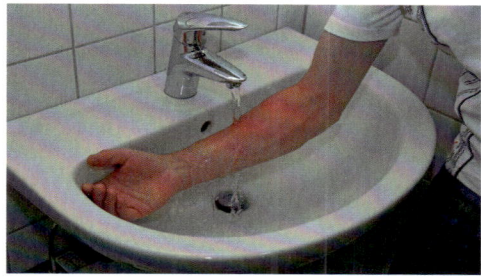

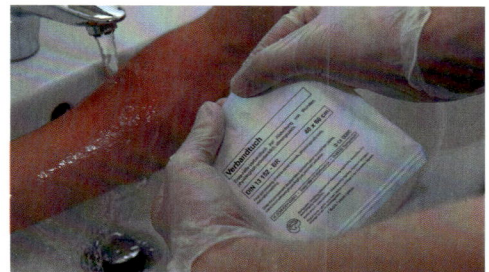

Besonderheiten bei Säuren-/Laugenverletzungen
- Eigen- / Fremdschutz beachten!
- Spülen Sie die betroffenen Körperstellen sofort ausgiebig mit fließendem Wasser! Achten Sie darauf, dass abfließendes Wasser auf dem kürzesten Weg vom Körper weggelangt, um eine Schädigung weiterer Hautpartien zu vermeiden.
- Keim- und druckfreie Wundbedeckung: Hier bietet sich das Verbandtuch an.
- Das PAKET

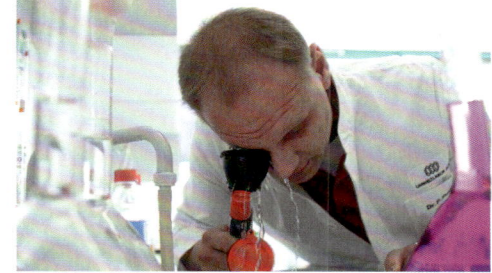

Besonderheiten bei Unterkühlung und/oder Erfrierung
Bei Erfrierung ist durch Kälte maßgeblich nur eine umschriebene Körperregion geschädigt, bei Unterkühlung ist der gesamte Organismus durch eine Absenkung der Körperkerntemperatur betroffen! Diese beiden Notfallbilder treten oft in Kombination auf. Deshalb reagieren wir wie folgt:
- Betroffenen möglichst ins Warme bringen und für trockene Kleidung sorgen.
- Warme, gezuckerte Getränke reichen (d. h. der Betroffene hält den Becher selber und führt ihn auch selbst zum Mund!).
- Bei leichten Erfrierungen: Betroffene Körperstellen durch eigene Körperwärme (des Betroffenen) anwärmen.
- Bei schweren Erfrierungen: keim- und druckfreie Wundbedeckung.
- Das PAKET

ERSTE-HILFE-AUSBILDUNG

„Verletzungen"

Was stellen wir fest?:
- Wunden
- Blutungen
- Schwellung und/oder Schmerzen an Muskeln, Knochen oder Gelenken

„Schwellung, Schmerzen an Muskeln, Knochen Gelenken?"

Unser Maßnahmenpaket: „Verletzungen"
- Ruhig stellen und kühlen

Gebote:
- Ruhigstellung: Diese muss die beiden benachbarten Gelenke des verletzten Bereichs einschließen, um wirksam zu sein.
- Unterpolstern Sie Fehlstellungen!
- Kühlen Sie betroffene Körperstellen (z. B. mit Kühlkompressen o. Eis in der Plastiktüte).
- Bei offenen Knochenbrüchen: keim- und druckfreie Wundbedeckung. Hierfür bietet sich das Verbandtuch an.
- Und natürlich die vier PAKET-Maßnahmen!

Verbote:
- Betroffene Körperstellen möglichst nicht bzw. so wenig wie möglich bewegen.
- Auch dürfen Sie keine Schmerzen durch Druck oder Zug auf den verletzten Bereich auslösen.
- Fehlstellungen dürfen Sie nicht verändern.

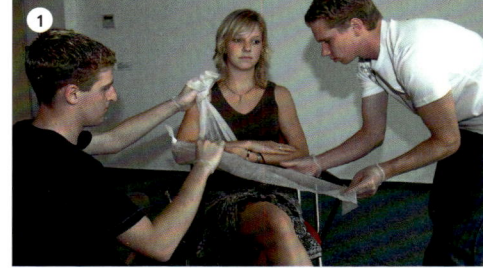

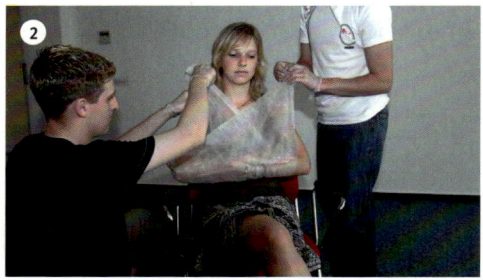

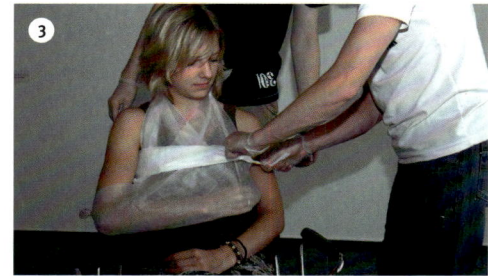

ERSTE-HILFE-AUSBILDUNG

6.7 Erste-Hilfe-Lerninsel 5

„Probleme im Kopf"

Was stellen wir fest?
- Schmerzen im Kopf
- Störungen der Steuerung des Körpers aus dem Gehirn wie z. B. Erinnerungslücken, Halbseitenlähmung, Schwindel, Übelkeit, Erbrechen,
- Verletzungen am Kopf.

Unser Maßnahmenpaket: „Probleme im Kopf"
- Oberkörper hochlagern!
- Das PAKET

Besonderheiten bei Schädel-Hirn-Verletzungen

Was stellen wir fest? Sichtbare Kopfverletzungen, Kopfschmerzen, Erinnerungslücke, Schwindel, Übelkeit, Erbrechen

Unsere Maßnahmen zusätzlich zum o. g. Maßnahmenpaket:
- Wundversorgung: Bei größeren, offenen Schädel-Hirn-Verletzungen wird mit einem Verbandtuch gearbeitet, das locker auf die Wunde gelegt wird. Darauf wird ein Polsterring, der aus einem Dreiecktuch gewickelt wird, aufgebracht, der einen Druck auf die Wunde vermeiden soll. Über diesen Polsterring wird die Befestigung des Verbandes geführt: entweder Mullbinden oder ein Dreiecktuch, das als „Kopfhaube" gestaltet wird.

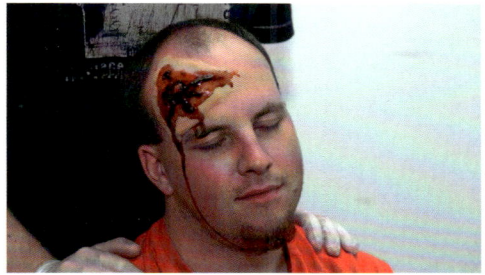

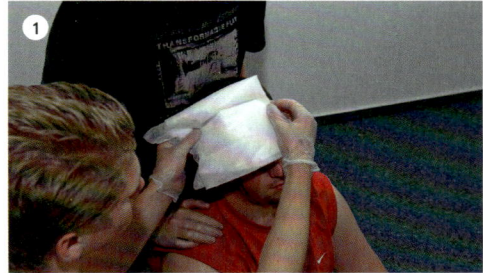

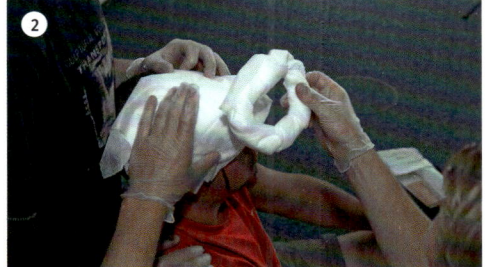

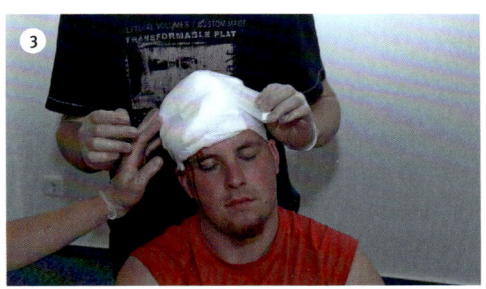

ERSTE-HILFE-AUSBILDUNG

Besonderheiten bei Schlaganfall
Was stellen wir fest?
Kopfschmerzen, Seh-, Sprachstörungen, Schwindel, Übelkeit, Erbrechen, ggf. Halbseitenlähmung (Gesicht, Arm, usw.)

Unsere Maßnahmen zusätzlich zum o. g. Maßnahmenpaket:
– Polsterung/Fixierung gelähmter Körperteile

Besonderheiten bei Sonnenstich und Hitzschlag
Was stellen wir fest?
Beim Sonnenstich: Kopf-, Nackenschmerzen; Schwindel, Übelkeit, Erbrechen; roter, heißer Kopf. Beim Hitzschlag: roter, heißer Kopf; rote, heiße, trockene Haut (Fieber); Schwindel, Übelkeit.

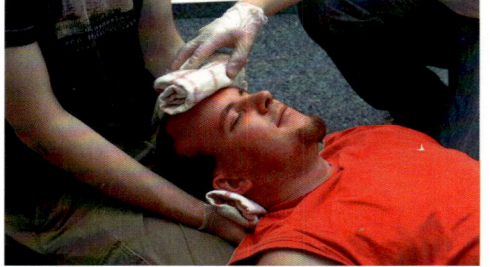

Unsere Maßnahmen zusätzlich zum o. g. Maßnahmenpaket:
– Betroffenen in den Schatten bringen.
– Kühlen: Bei Sonnenstich nur am Kopf; bei Hitzschlag am Körper von außen nach innen (z. B. mit feuchten Umschlägen oder Wadenwickel).

ERSTE-HILFE-AUSBILDUNG

6.8 Erste-Hilfe-Lerninsel 6

„Probleme im Bauch"

Was stellen wir fest?:
- Schmerzen im Bauchraum
- Verletzungen im Bauchraum

Unser Maßnahmenpaket: „Probleme im Bauch"
- Lagerung mit Knie-/Nackenrolle
- Hilfestellung beim Erbrechen
- Wundversorgung (bei offener Bauchverletzung)
- Das PAKET

**Besonderheiten bei einer Unterzuckerung
(im Rahmen einer Diabetes-Erkrankung)**
Was stellen wir fest?
Betroffener ist insulinpflichtiger Diabetiker;
Heißhunger, Schweißausbruch, Schwindel, Übelkeit, Verhaltensänderungen, Bewusstseinsstörungen

Unsere Maßnahmen zusätzlich zum o. g. Maßnahmenpaket:
- Traubenzucker oder zuckerhaltige Getränke (kein Süßstoff) anreichen.

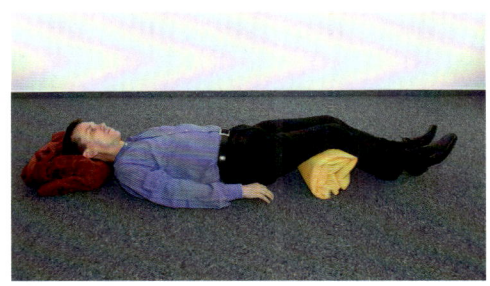

Besonderheiten bei Vergiftungen
Was stellen wir fest?
Typische Notfallsituation mit Giftresten,
Bauchschmerzen, Übelkeit, Erbrechen, Verhaltensänderungen,
Bewusstseinsstörungen

Unsere Maßnahmen zusätzlich zum o. g. Maßnahmenpaket:
- Eigen-/Fremdsicherung!
- Giftreste sicherstellen und dem Rettungsdienst übergeben.
- Gegebenenfalls Giftinformationszentrale anrufen!

ERSTE-HILFE-AUSBILDUNG

6.9 Besonderheiten

Fahrten ins Ausland
Bei Reisen ins Ausland sollte man entsprechend vorbereitet starten: Die langen Fahrten, die Temperaturschwankungen, die fremde Kost und viele andere Faktoren können Ursache für Erkrankungen oder sogar für Notfälle werden. Das gilt besonders, wenn man als Fahrer in einem Reisebus die Verantwortung für viele Menschen, oftmals höheren Alters und teils mit diversen Vorerkrankungen, übernehmen muss.

Möglichkeiten der Vorbeugung und der Vorbereitung für den Notfall:
- Pausenplanung: Regelmäßig Pausen einlegen, in denen man sich ausreichend bewegt.
- Leichte Kost und genügend trinken! Bei warmen bis heißen Umgebungstemperaturen sollte man pro Tag 1,5 bis 2 l Flüssigkeit zu sich nehmen. Besonders ältere Menschen lassen dies außer Acht, um so mehr müssen Sie bei Ihren Fahrgästen darauf achten!
- Reiseapotheke: Zur Grundausstattung des großen Erste-Hilfe-Kastens gesellen sich Mittel gegen typische Erkrankungen und gesundheitliche Probleme im Ausland. Hierzu gehören Mittel gegen Durchfall, Sonnenbrand, Allergien, Verbrennungen, Prellungen, Verstauchungen, Insektenstiche, Schmerzen und Fieber etc. Hinzu kommen Sonnen- und Insektenschutzmittel. Je nach Fahrtziel können weitere Präparate sinnvoll sein. Hierzu können Sie Ihr Arzt oder Apotheker beraten. Grundsätzlich sollten alle Medikamente in der Originalverpackung mit dem Beipackzettel mitgenommen werden. Schützen Sie die Medikamente vor großen Temperaturschwankungen: Also kühl und trocken lagern.
- Wichtig ist, dass alle individuellen Medikamente, die ein Arzt gezielt aufgrund einer bestehenden Erkrankung verschrieben hat, in ausreichender Stückzahl in Originalverpackung mit Beipackzettel mitgeführt werden. Um vor bösen Überraschungen gefeit zu sein, fragen Sie ihre Fahrgäste vor Fahrtantritt hiernach.
- Impfungen für Menschen und mitgeführte Haustiere: Da die notwendigen Impfungen je nach Zielland unterschiedlich sind, fragen Sie hierzu Ihren Arzt oder ein Tropeninstitut.

Lange Fahrten, Staus ... in Hitze und Kälte
Sicher ist sicher: Gut vorbereitet!
Kilometerlange Staus in sengender Sommerhitze oder Stillstand im Schneechaos mit Ungewissheit, wann es weiter geht. Das stellt nicht nur eine psychische Belastung für Fahrer und evtl. Fahrgäste, sondern auch eine körperliche Belastung und besonders für Vorerkrankte ein ernst zu nehmendes Risiko dar. Wie kann man hier körperlichen Belastungen und Notfällen vorbeugen und sich auf solche Problemfälle vorbereiten?

ERSTE-HILFE-AUSBILDUNG

Bei Hitze wichtig:
- Sonnenschutz,
- Kopfbedeckungen,
- atmungsaktive, leichte Kleidung, die empfindliche Körperregionen vor Sonneneinstrahlung schützt,
- Sonnenbrillen,
- Sonnenschutzmittel,
- leichte Kost,
- genügend Flüssigkeit aufnehmen: besonders wichtig sind dabei Elektrolyte und Spurenelemente wie Calcium und Magnesium („gute Mineralwasser" oder Fruchtschorlen); bei Hitze pro Tag möglichst 1,5 bis 2 l,
- körperliche Belastung einschränken oder nach Möglichkeit vermeiden.

» **PRAXISTIPP**

Medikamente wie Antihistaminika (diese werden von Allergikern genommen) können das Risiko für einen Wärmestau im Körper mit Hitzschlag erhöhen!

Bei Kälte wichtig:
- genügend Decken (hier sind auch Rettungsdecken sehr geeignet. Ihre Vorteile: Sie halten Eigenwärme sehr gut zurück und lassen sich auf kleinstem Raum verstauen),
- (chemische) Wärmepacks,
- richtige Kleidung: witterungsangepasst und feuchtigkeitsabweisend, warm, aber nicht beengend (z. B. in Stiefeln nicht mehrere Socken tragen, bis es richtig eng ist; keine „abschnürenden" Bündchen z. B. an Socken),
- warme zuckerhaltige Getränke; Traubenzucker als Energielieferant,
- kein Alkohol und nicht Rauchen!

FAHRSICHERHEIT & SICHERHEITSSYSTEME

7. Fahrsicherheit & Sicherheitssysteme

Sportliche Beschleunigung, „geschnittene" Kurven, herumfliegende Ladung oder ein ausbrechender Anhänger – all das sind Risiken, die Sie vermeiden können. Im heutigen schnelllebigen Alltag und im dichten Straßenverkehr sind Ihre Aufmerksamkeit und Vorausplanung besonders gefordert. Je umsichtiger Sie fahren und je besser Sie Ihr Fahrzeug kennen, desto besser kommen Sie „mit Sicherheit" ans Ziel. Eine situationsangepasste Fahrweise und moderne elektronische Assistenzsysteme tragen dazu bei, Gefahren rechtzeitig zu erkennen und das Schlimmste – einen Verkehrsunfall – zu verhindern. Was Sie während der Fahrt besonders beachten müssen, um eine gefährliche Situation zu meistern oder sie gar nicht erst entstehen zu lassen, wird auf den folgenden Seiten kurz erklärt.

7.1 Fahrsicherheit

7.1.1 Einfluss der Fahrgeschwindigkeit

Die Fahrgeschwindigkeit eines Fahrzeugs beeinflusst alle Fahrsituationen und Fahrmanöver und damit die Sicherheit des Fahrzeugs. Die Ladung möchte die bisherige Bewegung und deren Richtung beibehalten. Bei zu schneller Kurvenfahrt, „sportlicher" Beschleunigung oder Bremsung wirken die Trägheitskräfte. Dadurch wird die Ladung bei schneller Kurvenfahrt nach außen, beim Bremsen nach vorn gedrückt. Ist die Ladung nicht oder nur unzureichend gesichert, können Schäden durch herumfliegende Ladung entstehen. Die Ladung selbst kann aber auch bei richtiger Sicherung beschädigt werden. Seitenwind ist umso gefährlicher, je stärker der Wind, je höher die Geschwindigkeit und je seitenwindempfindlicher Ihr Fahrzeug ist. Die hohen Aufbauten Ihres LKW bieten dem Wind eine größere Angriffsfläche. Ihr Fahrzeug kann sogar bei trockener, gerader Straße seitwärts ausbrechen, wenn es bei hoher Geschwindigkeit seitlich von einer Windböe erfasst wird. Dann müssen Sie sofort langsamer fahren und zur Windseite hin gegenlenken. Seitenwind ist besonders gefährlich:

- Beim Befahren von Brücken
- Beim Vorbeifahren an Waldschneisen
- Hinter Geländeeinschnitten
- Am Ende von Lärmschutzwänden

Im Winter reicht die Haftreibung zwischen Reifen und Fahrbahn oft nicht aus, um bei Schnee und Eis
- Beschleunigungskräfte,
- Bremskräfte und
- Lenkkräfte

sicher zu übertragen.
Die Fahrzeuge sind den jeweiligen Straßen- und Witterungsverhältnissen anzupassen (§ 18 BOKraft u. § 2 Abs. 3a StVO). Auf winterlichen Fahrbahnen sorgen Winterreifen durch ihre spezielle Materialmischung und Profilgestaltung für eine gute Traktion. Trotzdem sind Schneeketten vor allem in Steigungen und Gefällen oft unentbehrlich.

FAHRSICHERHEIT & SICHERHEITSSYSTEME

7.1.2 Befahren von Kurven

Beim Kurvenfahren müssen Sie die Verkehrssituation über die Außenspiegel ständig kontrollieren. Beachten Sie die Überhänge und den Radstand Ihres Fahrzeugs und passen Sie die Fahrgeschwindigkeit der jeweiligen Situation an.

In engen Kurven müssen Sie die Fahrspur Ihres Fahrzeugs mental „vorausplanen". Deshalb ist es besonders wichtig, dass Sie das Fahrverhalten sowie Länge und Breite des Fahrzeugs genau kennen.

Um in einer Rechtskurve nicht auf den Randstreifen zu geraten, ist es für den Fahrer einer Kombination wichtig, den vorhandenen Raum im Fahrstreifen voll auszunutzen. Er muss sich deshalb der Fahrbahnmitte so weit wie möglich nähern. Der Anhänger durchfährt einen kleineren Bogen als der Lkw. Er kann ausscheren. Dabei durchläuft das kurveninnere Rad den kleinsten Bogen und ist deshalb zu beobachten. Je enger die Kurve ist, desto mehr Platz benötigt der Zug.

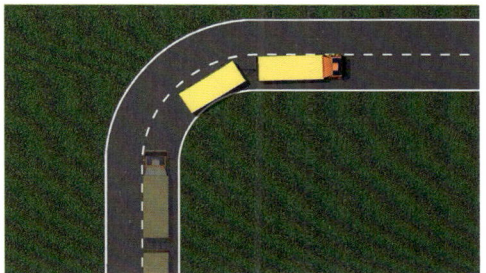

Besonders beim Rechtsabbiegen darauf achten, dass sich keine Radfahrer rechts neben dem Zug befinden und Fußgänger auf dem Gehweg oder am Fahrbahnrand nicht gefährdet werden. Das gilt bei landwirtschaftlichen Zügen mit zwei Anhängern insbesondere für den hinteren Anhänger.

Um in einer Linkskurve nicht in den Gegenverkehr zu geraten, muss sich der Fahrer einer Kombination dem Fahrbahnrand so weit wie möglich nähern, um auch hier den vorhandenen Platz voll auszunutzen. Auch hier kommt der Anhänger mit einem engeren Radius um die Kurve als der Lkw, er kann die Kurve schneiden. Das kurveninnere Rad durchläuft wieder den kleinsten Bogen und muss beobachtet werden.

Sowohl für Rechts- als auch für Linkskurven gilt: Beim Bremsen oder Beschleunigen in einer Kurve sind zusätzliche Lenkkorrekturen notwendig. Deshalb alle Kurven so durchfahren, dass weder beschleunigt noch gebremst wird.

Besonders das Rechtsabbiegen verlangt aufgrund des engen Kurvenradius viel Umsicht von Ihnen. Eine besondere Fahrtechnik und angepasste Geschwindigkeit sind dabei erforderlich.

FAHRSICHERHEIT & SICHERHEITSSYSTEME

In bestimmten Situationen müssen Sie auch ein weites Ausholen in den Gegenverkehr durchführen, um rechts nicht „anzuecken". Bei mehrspurigem Rechtsabbiegen kann es zweckmäßiger sein, den linken Fahrstreifen zu benutzen.

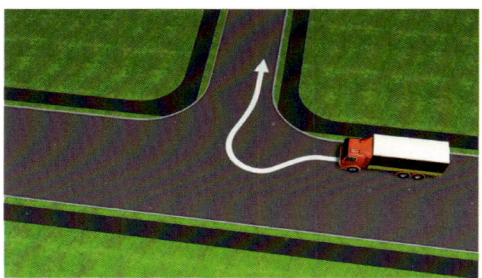

Das Rechtsabbiegen ist aufgrund des engeren Kurvenradius schon etwas schwieriger. Hier kann man nach zwei unterschiedlichen Methoden vorgehen:

Bei der einen holt man auf der Straße, von der man abbiegen will, nach links aus und biegt anschließend in weitem Bogen nach rechts ab. Dabei kann vorher ein Fahrstreifenwechsel nach links notwendig werden, der entsprechend angezeigt werden muss. Voraussetzung ist, dass das Platzangebot diese Art des Rechtsabbiegens zulässt.

Rechtsabbiegende Kraftfahrzeuge über 3,5 t dürfen aus Gründen der Verkehrssicherheit innerorts nur Schrittgeschwindigkeit (d. h. 4 bis 7 km/h, max. 11 km/h) fahren, wenn mit Rad- oder Fußverkehr zu rechnen ist.

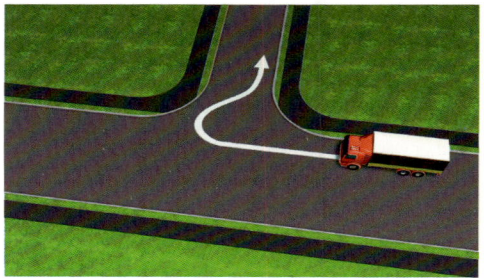

Die andere Methode bietet sich an, wenn zum Ausholen wenig Raum vorhanden ist. Zunächst fährt man geradeaus weiter bis fast zum linken Fahrbahnrand der Straße, in die abgebogen werden soll. Dann lenkt man so stark wie möglich nach rechts und fährt mit diesem Lenkeinschlag in Richtung des rechten Fahrbahnrandes zurück. Anschließend wird nach links gegengelenkt, bis der Lkw im rechten Fahrstreifen wieder geradeaus fährt.

Auch beim Linksabbiegen dürfen Sie die Kurve nicht schneiden. Ordnen Sie sich so weit wie möglich nach links (linke Fahrstreifenbegrenzung) ein und beobachten Sie im Spiegel auch das Heck des Fahrzeugs, damit auch der Anhänger keine anderen Verkehrsteilnehmer oder Gegenstände gefährden kann.

FAHRSICHERHEIT & SICHERHEITSSYSTEME

7.2 Sicherheitssysteme

7.2.1 Antiblockiersystem (ABS)

ABS (auch bekannt als Automatischer Blockierverhinderer, ABV) verhindert das Blockieren der Räder, und zwar unabhängig von der Masse der Ladung und vom Fahrbahnzustand.

ABS-Regelkreis
Das System besteht aus:
- Radsensor (1) und Impulsrad (2), die die Drehgeschwindigkeit des Rades messen,
- einem elektronischen Steuergerät (3), das die gemessenen Daten auswertet und
- dem Drucksteuerventil (4), das den Bremsdruck zwischen Motorwagenbremsventil und Bremszylinder regelt.

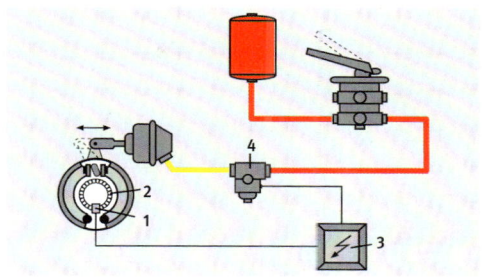

Wirkungsweise
Die Radsensoren erfassen die Drehbewegung der einzelnen Räder. Das elektronische Steuergerät wertet die von den Radsensoren gemessenen Drehzahlen anhand vorgegebener Ansprechwerte aus. Tritt an einem Rad Blockierneigung auf, gibt das elektronische Steuergerät den Befehl an das Drucksteuerventil, den Druckaufbau im Bremszylinder zu stoppen bzw. den Druck abzubauen, bis die Blockiergefahr beseitigt ist. Damit die Bremswirkung an diesem Rad nicht zu gering wird, muss der Bremsdruck erneut aufgebaut werden. Während eines Bremsvorganges wird ständig die Radbewegung kontrolliert und durch zyklische Folgen von Druckabbau, Druckhalten und Druckaufbau eine maximale Bremskraft übertragen. Der Fahrer bemerkt das Einsetzen des Systems am „pulsierenden" Pedal.

Funktionskontrolle
Eine Sicherheitsschaltung kontrolliert das System bei Fahrtantritt und während der Fahrt. Kontrolllampen informieren den Fahrer über die Betriebsbereitschaft. Eine rote Warnlampe ist für die Überwachung des Motorwagens zuständig. Sie leuchtet nach dem Einschalten der Zündung auf. Eine zweite rote Warnlampe dient zur Überwachung des Anhängers. Sie leuchtet nach dem Einschalten der Zündung aber nur auf, wenn ein Anhänger angekuppelt ist. Das Erlöschen der Warnlampen nach dem Losfahren zeigt an, dass die Anlage voll funktionsfähig ist. Erlischt die Lampe nicht oder leuchtet sie während der Fahrt auf, liegt eine Störung vor. Der Fahrer muss sich dann darauf einstellen, dass der Lkw auf herkömmliche, ungeregelte Art gebremst wird und dass die Räder beim Bremsen blockieren können.

» **INFO**

Trotz Blockierverhinderer muss sich der Fahrer bei der Wahl seiner Geschwindigkeit und seines Sicherheitsabstandes weiterhin den gegebenen Fahrbahn- und Verkehrsverhältnissen anpassen. Die Verantwortung für die Verkehrssicherheit kann ihm das ABS nicht abnehmen.

FAHRSICHERHEIT & SICHERHEITSSYSTEME

7.2.2 Antriebsschlupfregelung (ASR)

Die Antriebs-Schlupf-Regelung (ASR) verhindert das Durchdrehen der Antriebsräder beim Anfahren auf glatter Fahrbahn, in Steigungen und in Kurven. Nur wenn die Räder nicht durchdrehen, lassen sich Vortriebs- und Seitenführungskräfte übertragen. Die Fahrstabilität bleibt erhalten. Die ASR ist eine Fortentwicklung und Ergänzung des ABS. Es werden die gleichen Bauteile verwendet. Darüber hinaus sind lediglich ein erweitertes elektronisches Steuergerät und einige zusätzliche Komponenten erforderlich.

Aufbauschema ABS/ASR für einen zweiachsigen Omnibus
1 Impulsrad
2 Drucksteuerventil
3 Elektronisches Steuergerät ABS
4 ABS-Funktionskontrolle
5 ASR-Steuerventil
6 ASR-Regelventil
7 Zweiwegeventil
8 Motor-Regelventil
9 Stellzylinder
10 ASR-Funktionskontrolle

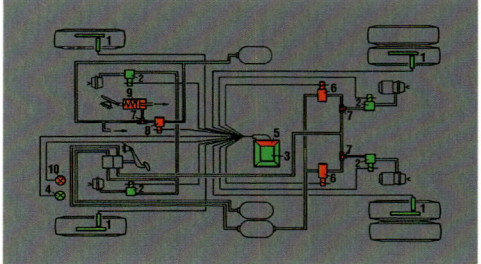

Funktionskontrolle
Das System überwacht sich selbst und informiert den Fahrer mittels Signalleuchte oder Displayanzeige über den Betriebszustand:
– Beim Einschalten der Zündung zeigt die Funktionskontrolle an, dass das System betriebsbereit ist.
– Während der Fahrt zeigen kurze Signale der Funktionskontrolle an, dass die Antriebs-Schlupf-Regelung einsetzt.
– Ein Dauersignal zeigt an, dass eine Störung vorliegt.

Wirkungsweise
Das System besteht aus einem Bremsregelkreis und einem Motorregelkreis. Das elektronische Steuergerät vergleicht die von den Radsensoren gemessenen Drehzahlen der angetriebenen und der nicht angetriebenen Räder.

Die Bremsregelung setzt ein, wenn ein Antriebsrad durchdreht. Dann wird so viel Bremsdruck aufgebaut, dass das betreffende Rad nicht mehr durchdrehen kann. Die Motorregelung setzt ein, wenn beide Antriebsräder durchdrehen. Dann wird die Motordrehzahl unabhängig von der Gaspedalstellung reduziert.

Sobald sich die Raddrehzahlen wieder angeglichen haben, werden Bremse und Motordrehzahl in kleinen Stufen wieder freigegeben.

> **» INFO**
>
> Hinweis: Die ASR-Motorregelung kann bei Geschwindigkeiten bis 15 km/h ausgeschaltet werden, wenn es zweckmäßig ist, mit durchdrehenden Rädern zu fahren, z. B. im Tiefschnee oder mit Gleitschutzketten.

FAHRSICHERHEIT & SICHERHEITSSYSTEME

7.2.3 Elektronisches Bremssystem (EBS)

Das elektronisch geregelte Bremssystem EBS für Nutzfahrzeuge hat das Ziel, den Antriebs- und Bremsvorgang zu optimieren. Das Bremssystem besteht aus den Funktionsgruppen
- Elektropneumatische Bremsanlage (ELB),
- ABS und
- Antriebsschlupfregelung (ASR).

Durch die Vernetzung der gesamten Fahrzeugelektronik (CAN = Controller Area Network) können zwischen EBS und anderen elektronischen Systemen Daten ausgetauscht werden. Die Abstimmung untereinander verbessert die Wirkung. Die Bremskraft wird nach wie vor durch Druckluft erzeugt, die Ansteuerung der Bremsventile erfolgt aber elektronisch. Bei einer Störung der Elektronik wird die Bremsung auf herkömmliche Art gesteuert.

Vorteile
- schnelleres Ansprechen
- kürzerer Bremsweg
- gleichmäßigere Bremswirkung
- gleichmäßigerer Belagverschleiß
- einfachere Wartung
- größere Wirtschaftlichkeit
- Pedalgefühl wie im Pkw

Wirkungsweise
Das Einschalten des Fahrschalters aktiviert die elektronische Bremsanlage. Nach dem Erlöschen der Kontrollleuchten ist das System betriebsbereit. Wenn der Fahrer das Betriebsbremsventil betätigt, setzt der Bremswertgeber die Pedalbewegung in ein elektrisches Signal um. Dieser Bremswunsch geht an das Zentralsteuergerät, das aus dem Signal des Bremswertgebers sowie aus den Daten der Radsensoren (via CAN- Datenbus) und des Lastsensors einen Bremsbefehl errechnet. Der Bremsbefehl geht über den CAN-Datenbus an die Druckregelmodule, die einen optimalen Bremsdruck in die Bremszylinder einleiten. Sobald Fahrstabilitätssysteme wie ABS, ASR oder ESP aktiv werden, regeln diese den Bremsdruck entsprechend mit – unabhängig vom Bremswunsch des Fahrers. Ein weiterer CAN-Datenbus überträgt Daten bzw. Bremsbefehle zwischen Zentralsteuergerät und elektronischem Anhängerbremssystem. Eine Störung der Elektronik wird durch Kontrollleuchten angezeigt. In diesem Fall arbeitet die Bremsanlage mit pneumatischer Steuerung, der Bremsweg verlängert sich entsprechend.

FAHRSICHERHEIT & SICHERHEITSSYSTEME

Aufbau und Funktion
1 Druckluftbeschaffungsanlage
2 Betriebsbremsventil mit Bremswertgeber, der den Pedalweg in ein elektrisches Signal umsetzt
3 Druckregelmodule (Baugruppe bestehend aus Magnetventilen zur Steuerung des Bremsdrucks, Relaisventil, Drucksensor und eigener Elektronik), die den elektrischen Befehl in pneumatischen Druck umwandeln
4 Bremszylinder
5 Radsensor und Impulsrad, die die Drehbewegungen der Räder erfassen
6 Lastsensor, der den Beladezustand anzeigt
7 Zentralsteuergerät zur Überwachung des EBS, das die Signale vom Bremswertgeber empfängt, die Daten der Raddrehzahlen und Achslasten auswertet und Bremsbefehle an die Druckregelmodule übermittelt
8 CAN-Datenbus zur Datenübertragung (CAN = Controller Area Network), der den Verkabelungsaufwand reduziert und eine Vernetzung mehrerer Elektronik-Systeme ermöglicht
9 Anhängersteuerventil
10 Kupplungskopf Vorrat
11 Kupplungskopf Bremse
12 EBS-Steckverbindung, die zur Datenübertragung zwischen Motorwagen und Anhänger dient

7.2.4 EBS im Anhänger/Trailer

Das System Trailer EBS E ist eine elektronisch gesteuerte Bremsanlage mit lastabhängiger Bremsdruckregelung und automatischem Blockierverhinderer.
Das Trailer EBS E besteht aus:
– einem Park-Löse-Sicherheitsventil (PREV),
– einer elektropneumatischen Regeleinheit mit einem integrierten elektronischen Steuergerät (TEBS E Modulator mit integrierten Drucksensoren und integriertem Redundanzventil),
– der Verkabelung und Verrohrung der Komponenten.

Das Anhängefahrzeug ist über die beiden Kupplungsköpfe für Vorratsdruck und Steuerdruck mit dem Zugfahrzeug verbunden. Über das Park-Löse-Sicherheitsventil (PREV) wird der Steuerdruck zum Trailer EBS E geleitet. Der Trailer EBS E-Modulator steuert die Betriebsbremsteile der Federspeicherzylinder an. Zur Sensierung der Raddrehzahlen sind mindestens zwei ABS-Drehzahlsensoren angeschlossen.

Diese Konfiguration – für den typischen Sattelanhänger – wird, je nach Anzahl der Drehzahlsensoren, als 2S/2M- bzw. 4S/2M-System bezeichnet.

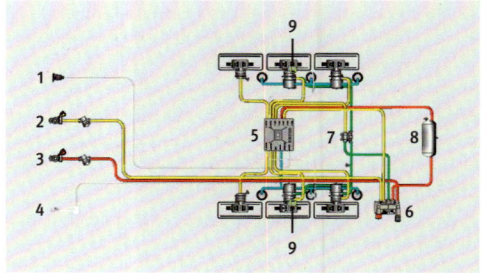

1 Spannungsversorgung über ISO 7638
2 Bremsleitung
3 Vorratsleitung
4 Stopplichtversorgung über ISO 1185 (optional)
5 TEBS E-Modulator
6 Park-Löse-Sicherheitsventil (PREV)
7 Überlastungsschutzventil
8 Behälter
9 Sensoren

FAHRSICHERHEIT & SICHERHEITSSYSTEME

7.3 Bauteile im EBS-System

EBS-Zentralmodul

Das Zentralmodul steuert und überwacht das elektronisch geregelte Bremssystem. Es ermittelt die Sollverzögerung des Fahrzeugs aus dem Signal des Bremswertgebers. Die Sollverzögerung und die Radgeschwindigkeiten, die durch die Drehzahlsensoren gemessen werden, bilden gemeinsam das Eingangssignal für die elektropneumatische Regelung. Aus dem Eingangssignal berechnet das Zentralmodul die Drucksollwerte für die Vorderachse, die Hinterachse und für das Anhängersteuerventil.

Anhängersteuerventil

Das Anhängersteuerventil steuert mit einem elektropneumatischen und einem pneumatischen Kreis das Bremsverhalten des Anhängers. Die Solldrücke empfängt es dabei von der EBS-Elektronik.

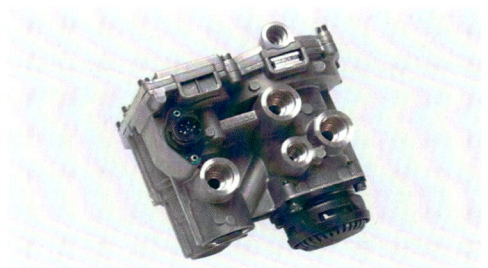

Achsmodulator

Der Achsmodulator regelt den Bremszylinderdruck auf beiden Seiten einer oder zweier Achsen. Er verfügt über zwei pneumatisch unabhängige Druckregelkreise (Ausgang A und B) mit jeweils einem Belüftungs- und Entlüftungsventil, jeweils einem Bremsdrucksensor und einer gemeinsamen Regelelektronik. Über Drehzahlsensoren erfasst der Achsmodulator die Radgeschwindigkeiten, wertet sie aus und sendet sie an das Zentralmodul, das daraufhin die Solldrücke ermittelt. ABS-Regelungen nimmt der Achsmodulator eigenständig vor. Bei Blockier- oder Durchdrehneigung modifiziert der Achsmodulator den vorgebenden Solldruck. Der Anschluss von zwei Sensoren zur Ermittlung des Belagverschleißes ist vorgesehen.

Proportional-Relaisventil

Das Proportional-Relaisventil wird im elektronisch geregelten Bremssystem als Stellglied zum Aussteuern der Bremsdrücke an der Vorderachse eingesetzt. Es besteht aus Proportional-Magnetventil, Relaisventil und Drucksensor. Die elektronische Ansteuerung und Überwachung erfolgt durch das Zentralmodul.

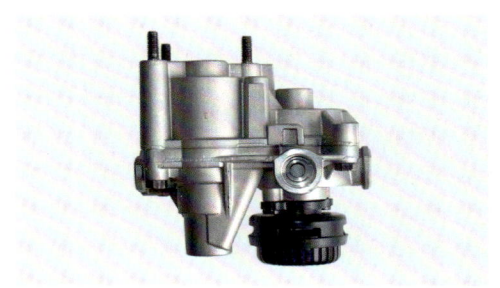

FAHRSICHERHEIT & SICHERHEITSSYSTEME

Bremswertgeber

Der Bremswertgeber erhält den Verzögerungswunsch des Fahrers über das Bremspedal und erzeugt daraufhin elektronische Signale und pneumatische Drücke zum Be- und Entlüften der Aktuatoren. Das Gerät ist zweikreisig elektronisch und zweikreisig pneumatisch aufgebaut. Bei Betätigung des Bremspedals werden zunächst innerhalb eines Leerweges zwei elektrische Schaltsignale erzeugt, die an zwei voneinander getrennte und den elektronischen Kreisen zugeordnete Stecker ausgegeben werden und zur Einleitung und Überwachung des Bremsvorgangs dienen. Die Betätigung der Schalter erfolgt mechanisch. Nach Durchfahren des Leerweges wird der Betätigungsweg von zwei Sensoren erfasst und als pulsweitenmoduliertes Signal (PWM) ebenfalls über die Stecker ausgegeben.

Redundanzventil Hinterachse (optional)

Das Redundanzventil dient zur schnellen Be- und Entlüftung der Bremszylinder an der Hinterachse im Redundanzfall und besteht aus mehreren Ventileinheiten, die u. a. folgende Funktionen erfüllen müssen:

- 3/2-Wegeventilfunktion, um den pneumatischen Anschluss bei intaktem elektropneumatischem Bremskreis wegzuschalten
- Relaisventilfunktion, um das Zeitverhalten der Redundanz zu verbessern
- Druckrückhaltung, um bei Ausfall des elektropneumatischen Kreises den Beginn der Druckaussteuerung an Vorder- und Hinterachse zu synchronisieren
- Druckreduzierung, um im Redundanzfall ein Überbremsen der Hinterachse zu verhindern.

FAHRSICHERHEIT & SICHERHEITSSYSTEME

TEBS E-Modulator
Das TEBS E regelt und überwacht die elektropneumatische Bremsanlage. Es regelt seitenabhängig die Drücke der Bremszylinder von bis zu drei Achsen. Die Kommunikation mit dem Motorwagen erfolgt bei erweiterter ISO 7638-Steckvorrichtung über die elektrische Anhängerschnittstelle nach ISO 11992 (2003-04-15). Der TEBS E-Modulator wird in der elektropneumatischen Bremsanlage zwischen Vorratsbehälter bzw. Park-Löse-Sicherheitsventil und Bremszylinder eingebaut.
Er verfügt über zwei pneumatisch unabhängige Druckregelkanäle mit je einem Belüftungs- und Entlüftungsventil, einem Drucksensor und einem gemeinsamen Redundanzventil sowie einer Regelelektronik. Die Sollverzögerung des Fahrzeuges wird mit einem integrierten Drucksensor durch Messung des pneumatischen Steuerdrucks vom Zugfahrzeug und elektronischer Anhängerschnittstelle über den CAN-Sollwert ermittelt.

Das TEBS E verfügt über einen integrierten Achslastsensor. Zusätzlich kann ein separater Achslastsensor angeschlossen werden, um z. B. bei hydraulischen Federungen einen Drucksensor mit größerem Messbereich verwenden zu können. In Abhängigkeit der Beladung des Fahrzeuges wird die Bremskraft modifiziert (lastabhängige Bremskraftverteilungsfunktion).

Zusätzlich werden die Radgeschwindigkeiten über bis zu vier Drehzahlsensoren erfasst und ausgewertet. Bei Blockierneigung wird der für die Bremszylinder vorgegebene Bremsdruck durch den Druckregelkreis reduziert. Das TEBS E verfügt über einen elektrischen Anschluss für ein ABS- oder EBS-Relaisventil. Über diesen Anschluss können die Bremszylinderdrücke einer Achse separat geregelt werden.

Park-Löse-Sicherheitsventil
Das Park-Löse-Sicherheitsventil erfüllt die Funktionen der Notbremsung bei Abriss der pneumatischen Vorratsleitung und die Funktion des Doppellöseventils. Mit dem schwarzen Betätigungsknopf (Löseknopf der Betriebsbremsanlage) kann die Betriebsbremsanlage nach einer automatischen Bremsung bei abgestelltem Fahrzeug ohne Druckluftversorgung von Hand gelöst werden, wenn ausreichender Vorratsdruck im Behälter vorhanden ist. Mit dem roten Betätigungsknopf (Betätigung der Feststellbremsanlage) kann die Parkbremse, durch Entlüften der Federspeicher, eingelegt bzw. wieder gelöst werden.

FAHRSICHERHEIT & SICHERHEITSSYSTEME

7.4 Funktionen für intelligente Trailer

Die wichtigsten Funktionen für den Bau eines wirklich intelligenten Anhängefahrzeuges sind in der unten stehenden Übersicht dargestellt.

Alle vier unten aufgeführten Blöcke stellen das Intelligent Trailer Program dar. Das Zero Accident Program als ein Teil des Intelligent Trailer Program wird durch den Block ADVANCED SAFETY repräsentiert.

7.4.1 Fahrzeug-Effizienz und Umwelt für Trailer

Fahrzeug-Effizienz

TrailerGUARD™ Telematik	Die Anhänger-Telematiklösung von dem Anhänger-Technologiespezialisten (eine ausführliche Beschreibung auf den folgenden Seiten)
Memoryniveau	Programmierbarer Speicher für verschiedene Fahrzeugniveaus
Immobilizer	Schließen Sie Ihren Anhänger mit einem PIN-Code ab
OptiLoad™	Verhindert automatisch eine Überlastung der Truck-Antriebsachse (eine ausführliche Beschreibung auf den folgenden Seiten)
MultiVolt	Verbinden Sie 12V- und 24V-Trucks ohne Konverter mit Ihrem Anhänger
Life Axle Control	Die Liftachse wird automatisch angehoben, wenn der Anhänger leer ist
NOTEBOOK	Speichern von fahrzeugbezogenen Daten im EBS

Umwelt

ECAS II integriert im EBS	Treibstoffeinsparung durch weniger Luftverbrauch und optimierten Luftwiderstand
Overload Warning	Messen der Achslast und Ausgabe einer Warnung bei Überlast
Bellow Protector	Verhindern von Schäden an den Luftfederbälgen und Reifen

FAHRSICHERHEIT & SICHERHEITSSYSTEME

7.4.2 Fahrer-Effektivität und höhere Sicherheit für Trailer

Fahrzeug-Effektivität

OptiTurn™	Optimiertes Fahrverhalten des Anhängers im Kreisverkehr und bei Kurvenfahrten (eine ausführliche Beschreibung auf den folgenden Seiten)
Trailer Remote Control	Eine in der Fahrerkabine installierte Fernbedienung um die Anhängerfunktionen zu bedienen
Return to Ride	Bringt den Anhänger nach dem Be-/Entladen automatisch zurück in das Fahrniveau
Traction Help	Verbessert das Anfahren des Fahrzeuges auf glatten Untergrund durch eine erhöhte Traktion
Operating Data Recorder	Wie bei einer Flugzeug Black Box nimmt die Anhänger Black Box alle Fahrdaten auf. Das Fahrverhalten und die Nutzung können damit anaylisiert und optimiert werden
Finisher Brake	Synchronisiert den Anhänger beim Entladen mit einem Asphaltfertiger

Höhere Sicherheit – ZERO ACCIDENT PROGRAM

TrailGUARD™	Überwachen des toten Winkels mit automatischer Einbremsfunktion. Erhältlich in vier verschiedenen Systemkonfigurationen
Emergency Brake Alert	Die Bremsleuchten blinken bei Notbremsungen automatisch auf, um folgende Fahrzeuge zu warnen, damit diese langsamer fahren
Rollover Stability Support (RSS)	Bei drohender Kippgefahr automatisches Abbremsen des Anhängers in kurvenfahrten mit erhöhter Geschwindigkeit
ABS (Anti Lock Braking System)	Der Anhänger bleibt bei Notbremsungen kontrollierbar, indem das Blockieren der Räder verhindert wird
Tilt Alert	Warnt den Fahrer, wenn das Kippfahrzeug einen kritischen Neigungswinkel erreicht hat, um das Umkippen zu verhindern
Router	Optimale Funktionalität von EBS-Systemen bei mehreren aneinander gehängten Anhängerfahrzeugen
Forklift Control	Optimale Balancierung des Gewicht bei Anfängerfahrzeugen mit Mitnahmegabelstapler
Bounce Control	Verhindert das Aufspringen des Anhängers nach Entladevorgängen

FAHRSICHERHEIT & SICHERHEITSSYSTEME

OptiLoad™
Intelligente Verteilung des Ladegewichts zwischen den Achsen von Lkw und Sattelauflieger, ohne Veränderung der Ladungsposition.
OptiLoad™ verteilt automatisch das Gewicht der Ladung über die vorhandenen Achsen der Lkw-Sattelauflieger Kombination. Wird eine Anhängerladung über mehrere Abladepunkte verteilt, kann es dadurch zu einer ungleichmäßig verteilten Teilbeladung auf dem Sattelauflieger kommen. Eine Folge kann die Überschreitung der zulässigen Achslast der Lkw-Antriebsachse sein. OptiLoad™ verteilt mit Hilfe des Trailer EBS E1 Premium und des Luftfedersystems automatisch die Belastung auf die Lkw- und Aufliegerachsen neu, ohne die Position der Ladung zu verändern. Es unterstützt somit Flotten und Lkw-Fahrer aktiv, die gesetzlichen Anforderungen an Achslasten einzuhalten und somit eine Überlastung der Lkw-Antriebsachse zu verhindern.

OptiLoad™ arbeitet in einem Beladungsbereich bis 24 t und ist in allen Geschwindigkeitsbereichen aktiv.

Vorteile
- Vermeidung erhöhter Achslast an Lkw-Antriebsachse
- Vermeidung von Beschädigung der Lkw-Antriebsachsen durch überhöhte Achslast
- Vermeidung von Bußgeldern durch erhöhte Achslast der Lkw-Antriebsachsen
- Verminderung von Reifenverschleiß

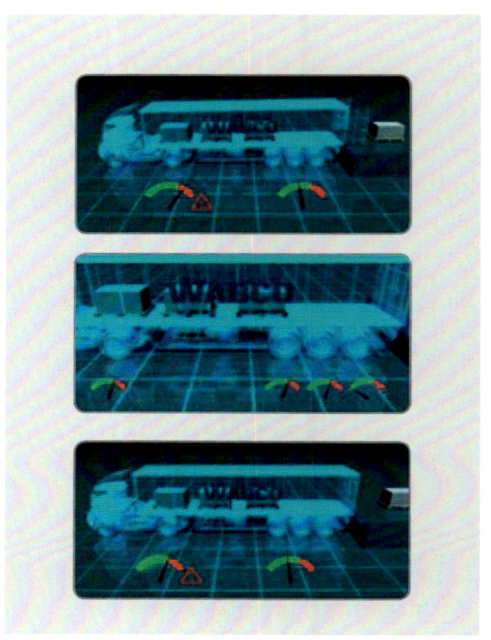

OptiTurn ™
Die intelligente Unterstützung für eine bessere Kurvenlauffähigkeit
OptiTurn™ verbessert wesentlich die Kurvenlauffähigkeit von Lkw-Sattelauflieger-Kombinationen, was ein optimales Durchfahren von Kurven und Kreisverkehren oder auch eine verbesserte Manövrierfähigkeit an Laderampen ermöglicht. Enge Straßen, Kurven und Kreisel im Stadtverkehr sowie begrenzter Platz zum Manövrieren an Laderampen sind heutzutage Alltag im Leben eines Berufskraftfahrers. OptiTurn™ unterstützt aktiv den Fahrer bei dem Meistern dieser Aufgaben, reduziert den Reifenverschleiß am Anhänger bei gleichzeitiger Erhöhung der Kurvenlauffähigkeit. OptiTurn™ erkennt automatisch enge Kurven und Kreisverkehre und entlastet oder liftet die dritte Achse des Sattelaufliegers. Durch die Verschiebung des Anhänger-Drehpunktes wird die Kurvenlauffähigkeit erhöht, so dass Reifenabrieb (Radieren der Räder) und Beschädigung an Reifenflanken (Kontakt mit Bordstein)
verhindert werden. Nach Beendigung der Kurvenfahrt wird die Achse automatisch wieder in die Ausgangsposition gebracht.
In vielen Fällen ist OptiTurn™ auch eine kostengünstige Alternative zu Lenkachsen.

Vorteile
- Reduzierung von Reifenverschleiß und Reifenflankenschäden
- Einfacheres Abbiegen an Kreuzungen und Kreisverkehren
- Weniger Achsverspannung
- Optimierte Routenplanung
- In vielen Fällen Ersatz der Lenkachse

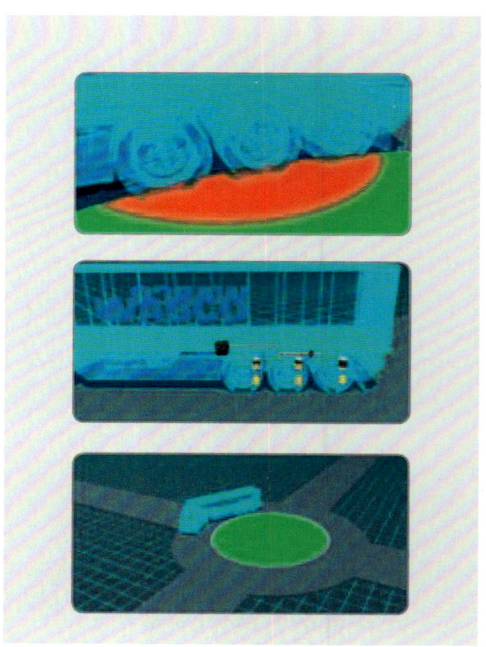

FAHRSICHERHEIT & SICHERHEITSSYSTEME

7.4.3 Telematik

TrailerGUARD™ Telematics

Der Begriff Telematik ist aus den Wörtern „Telekommunikation" und „Informatik" zusammengesetzt. Telematik beschreibt die Möglichkeit, Informationen zu verarbeiten und gleichzeitig über eine Distanz zu transportieren. Als Anwendung in der Nutzfahrzeugindustrie und dem Anhängefahrzeug ermöglicht Telematik, Daten und Informationen, die im Anhängefahrzeug sensiert werden, über eine drahtlose Verbindung auf einen Computer zu transportieren und dort weiter zu bearbeiten. In der Regel erfolgt der Zugriff auf die Informationen über ein Internetportal. Die Verwendung dieser Informationen ist sehr vielschichtig und hängt von den Geschäftsabläufen des Anwenders ab.

Einsatzgebiete für ein Trailer-Telematik-System können sein:
- Standortbestimmung des Anhängefahrzeugs und Tourverlauf,
- Dokumentation der Ladegutkonditionen, wie z. B. der Temperatur im Anhängefahrzeug, geschlossene Kühlkette,
- Überwachung der technischen Eigenschaften des Anhängefahrzeugs, z. B. den Reifendrücken, Wartungsplanung,
- Flottenmanagement, Kraftstoffverbrauch, Tourenplanung.

Ein Telematik-System besteht im Wesentlichen aus vier Systembausteinen
1. Fahrzeug-Hardware
2. Datenübertragung
3. Datenmanagement
4. Benutzerschnittstelle

Funktion der Systemkomponenten

Die im Fahrzeug verbauten Komponenten bestimmen, welche Informationen von der TTU (Trailer Telematic Unit) übermittelt werden können.

Telematik-Portal

Das Telematik-System besteht neben den Komponenten im Fahrzeug auch aus der Datenübertragung, dem Datenmanagement und der Benutzerschnittstelle. Datenmanagement und Benutzerschnittstelle sind im Telematik-Portal zusammengefasst. Die Datenübertragung erfolgt im Hintergrund und kann nur indirekt beeinflusst werden. Das Telematik-Portal ist eine internetbasierte Applikation, in der die im Fahrzeug aufgezeichneten Daten und Informationen angezeigt und verarbeitet werden können. Flottenbetreiber können mit dem telematikgestützten Internetdienst von **FleetBoard**® ihre Fahrzeuge wirtschaftlich betreiben. Die unterschiedlichen Dienste helfen die Logistikprozesse optimal abzustimmen und zu steuern, wirtschaftlich zu Fahren und Sprit zu sparen.

Quelle: FleetBoard®

- Fahrzeug-Hardware
- Datenübertragung
- Datenmanagement
- Benutzerschnittstelle

KOMPONENTE	ERFASSTE DATEN/FUNKTION
1 Trailer Telematic Unit (TTU)	Aktuelle Position als Koordinaten Datum und Uhrzeit (GMT) zu den einzelnen Informationen Start-/Zielposition, Start-/Zielzeit, Dauer, Länge, Stillstandszeit
2 Türsensor	Tür auf / zu, Anzahl der Türöffnungen/-schließungen
3 Koppelsensor	Anhängefahrzeug an-/abgekoppelt
4 WABCO Trailer EBS (ab Version T EBS D1 Premium)	Aktuelle Geschwindigkeit, gemessen in der Trailer EBS, Maximalgeschwindigkeit, Durchschnittsgeschwindigkeit Laufleistung der Trailer EBS Aggregatelast Fahrten ohne gesteckten EBS-Stecker 24N Versorgung)
5 IVTM	Bis zu 6 von IVTM gemessene Drücke der Räder und einem Reserverad
6 BVA	Status des Bremsbelags (ok/nicht ok)
7 Temperaturschreiber	Aktuelle Temperatur, Minimale, maximale und durchschnittliche Temperatur
8 Kühlgerät	Status des Kühlgeräts Betriebsstunden Abtauzyklus (An/Aus)

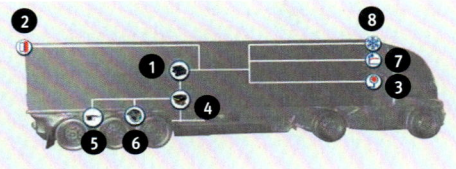

FAHRSICHERHEIT & SICHERHEITSSYSTEME

7.5 Kontrollen, Wartung und Pflege der Druckluftbremsanlage

BAUTEIL	KONTROLLE	WARTUNG UND PFLEGE
Luftpresser	- Luftfilterkontrollanzeige beobachten. - Anschlüsse der Leitungen auf Dichtheit prüfen. - Keilriemenspannung prüfen. - Bei eigener Ölschmierung Ölstand prüfen. - Fülldauer beachten.	» Luftfilter reinigen. » Betriebsanleitung beachten. » Kühlrippen des Luftpressers sauber halten.
Druckregler	- Abschaltdruck kontrollieren – das Erreichen des Abschaltdrucks lässt sich an den Zeigern des Druckmessers ablesen.	» Eventuell vorhandene Filter reinigen.
Frostschutz-einrichtung	- Einstellung auf Sommer- oder Winterbetrieb kontrollieren. Flüssigkeitsstand im Winter täglich prüfen.	» Frostschutzpumpen müssen zum Schutz vor Korrosion auch im Sommer mit Frostschutzmittel befüllt sein. » Nur vom Hersteller freigegebene Frostschutzmittel verwenden.
Lufttrockner	- Funktion des Lufttrockners an den Entwässerungsventilen der Vorratsbehälter überprüfen. Hat sich Wasser angesammelt, muss die Kartusche ausgetauscht werden.	» Austausch der Granulatkartusche nach Vorschriften des Herstellers. » Betriebsanleitung beachten.
Luftbehälter	- Sichtprüfung auf Verformung, Risse, Korrosion durchführen.	» Behälter regelmäßig entwässern (im Winter täglich).
Membran-Bremszylinder	- Fahrzeuge mit Membran-Bremszylinder haben meist automatische Gestängesteller. - Kontrolle der Belagstärke besonders wichtig. - Staubmanschetten überprüfen.	» Ohne automatische Gestängesteller das Bremsgestänge regelmäßig nachstellen lassen.
Kolbenzylinder	- Hub der Kolbenstange prüfen. Bei einer Vollbremsung dürfen die Kolbenstangen maximal zwei Drittel des gesamten Hubs ausfahren. - Staubmanschetten überprüfen.	» Kolbenstangen sauber halten, verbogene Kolbenstange auswechseln. » An den vorgesehenen Stellen abschmieren.
Bremsbeläge	- Stärke der Bremsbeläge regelmäßig an allen Rädern kontrollieren. Mindeststärke der Beläge 5 mm.	» Bei Erreichen der Mindestbelagstärke müssen die Bremsbeläge sofort erneuert werden.
Druckluft-beschaffungs-anlage	- Dichtheitsprüfung: Motor laufen lassen, bis Druckregler abschaltet. Motor abstellen. Anlage kann als dicht angesehen werden, wenn der Druckabfall innerhalb von 10 Minuten nicht mehr als 0,1 bar beträgt.	

FAHRSICHERHEIT & SICHERHEITSSYSTEME

7.5.1 Erkennen und Beseitigen von Störungen in der Bremsanlage

AGGREGAT	STÖRUNG	URSACHE	BESEITIGUNG
Kompressor	– Geringe Förderleistung, lange Füllzeit	» Rutschender Keilriemen » verschmutzter Luftfilter » undichte Anschlüsse » Kolbenverschleiß	» Keilriemen spannen » Luftfilter reinigen » Anschlüsse abdichten » Werkstatt aufsuchen
	– Sehr kurze Füllzeit	» Kondenswasser im Vorratsbehälter	» Vorratsbehälter entwässern » Lufttrockner überprüfen
Frostschutz-einrichtungen	– Vereisung der nachgeschalteten Bauteile	» Kein Frostschutzmittel in der Anlage	» Frostschutzmittel auffüllen und Frostschutzeinrichtungen nach Angaben des Herstellers betätigen.
Lufttrockner	– Ansammlung von Wasser in den Vorratsbehältern	» Granulatkartusche hat keine Wirkung.	» Kartusche austauschen
Mehrkreis-Schutzventil	– Abschaltdruck wird nicht erreicht	» Ein am Mehrkreisschutzventil angeschlossener Druckluftkreis ist undicht.	» Anschlüsse abdichten. Werkstatt aufsuchen.
Vorratsbehälter	– Hoher Druckabfall bei einer Bremsung	» Wasser in den Behältern	» Vorratsbehälter entwässern.
ALB	– Geringe Bremswirkung bei voll beladenem Fahrzeug	» Federbalg gerissen, Gestänge zwischen Bremskraftregler und Aufbau gebrochen.	» Werkstatt aufsuchen.
Bremszylinder	– Zu großer Arbeitshub	» Abgenutzte Bremsbeläge, verschlissene Bremstrommeln, ausgeschlagene Bremsgestänge	» Bremse muss überholt werden.
ABS	– ABS-Warnleuchte des Motorwagen erlischt nach Fahrtantritt nicht oder leuchtet während der Fahrt auf	» Fehler im ABS; Einzelne oder alls Räder können beim Bremsen auf glatter Fahrbahn blockieren; Normaler Bremsdruck kann beeinträchtigt sein	» Werkstatt baldmöglich aufsuchen
Rote Bremswarnleuchte	– Rote Bremswarnleuchte bzw. EBS-Warnleuchte erlischt nach Motorstart nicht oder leuchtet während der Fahrt auf	» Druck in den Vorratsbehältern zu gering oder Bremskreisausfall oder anderer schwerwiegender Fehler in der Bremsanlage	» Nach Motorstart abwarten, bis Druckbehälter aufgefüllt sind und Leuchte erlischt; erlischt diese nicht, Fahrzeug stehen lassen und Fehlerursache beseitigen lassen. Bei Aufleuchten während der Fahrt Fahrzeug anhalten und Fehlerursache beseitigen lassen.

FAHRSICHERHEIT & SICHERHEITSSYSTEME

7.5.2 Grenzen des Einsatzes der Bremsanlage und der Dauerbremsanlage

Trommelbremsen galten lange Zeit als optimale Radbremse für Nutzfahrzeuge. Die Bauweise der Bremse ist geschlossen. Sie sind gegen Nässe und Schmutz geschützt. Zum Vergleich der Effektivität der Radbremsen verwendet man den Bremsenkennwert C*. Je höher der Bremsenkennwert C* ist, umso weniger Spannkraft ist für einen Bremsvorgang notwendig. Die Spannkraft (FSp), die Kraft, mit der die Bremsbacken an die Trommel gepresst werden, setzt man ins Verhältnis zur Bremskraft (FU):

$$C^* = \frac{F_U}{F_{Sp}}$$

(U steht für Umfang, weil die Bremskraft am Radumfang gemessen wird.)

Der Bremsenkennwert liegt bei Trommelbremsen: $C^* \sim 2{,}5$

Bei starker Erwärmung verringert sich der Reibungswert zwischen Bremsbelag und Bremstrommel. Die Wärme kann nicht schnell genug abgeführt werden. Der Bremsenkennwert C* fällt ab. Das führt zum Nachlassen der Bremswirkung, dem Fading.

Bei der Scheibenbremse ist der Bremsenkennwert C* wesentlich niedriger: $C^* \sim 0{,}8$

Das bedeutet, dass die Spannkraft (FSp) bei einer vergleichbaren Bremsung mit einer Scheibenbremse höher sein muss als mit einer Trommelbremse.

Das Kennwertverhalten der Scheibenbremse ist relativ konstant, daher ist die Fadingneigung gering. Scheibenbremsen haben eine geringere Belagstandzeit und haben meist höhere Anschaffungs- und Betriebskosten. Scheibenbremsen bewältigen die bei hohen Geschwindigkeiten auf Autobahnen erforderlichen Anpassungsbremsungen besser, d.h. mit weniger Fading und geringerer Rissbildungstendenz.

Dauerbremse
Auch bei Dauerbremsanlagen liegt das Hauptproblem in der Abführung der Wärme beim Bremsvorgang.

Motorbremse mit Auspuffklappe
Zur Steigerung der Bremsleistung im unteren und mittleren Drehzahlbereich sorgt ein Druckregelventil im Bypass der Abgasleitung. Bei höheren Drehzahlen verhindert das Druckregelventil den Druckanstieg, der zu einer Gefährdung der Ventile bzw. des Ventiltriebes führen könnte.

Hydrodynamischer Retarder
Hohe thermische Belastung. Die Bewegungsenergie muss in Wärme umgewandelt werden, diese wiederum wird über den Kühlkreislauf abgeführt. Bei niedrigen Drehzahlen fällt das Bremsmoment stark ab.

Elektrodynamischer Retarder
Bei starker Erwärmung des Rotors nimmt die Bremsleistung deutlich ab. Im Gegensatz zum hydrodynamischen Retarder steht im unteren Drehzahlbereich ein hohes Bremsmoment zur Verfügung, das sich aber im oberen Drehzahlbereich verringert.

BAND 8P

Egon Matthias

UNTERNEHMENSBILD & MARKTORDNUNG

Bildnachweis –
wir danken folgenden Firmen und Institutionen für ihre Unterstützung:

berlinlinienbus.de
Berlin Transport
Berliner Verkehrsbetriebe, Donath
Carsten Müller, Busreisen für Behinderte
Daimler AG
DAU Bus
Fraunhofer-Institut
Gehle Fahrschule und Omnibusbetrieb
Leo Lautenbach Omnibusbetrieb
LüLüDü GmbH & Co. KG
Map & Guide GmbH
Markus Göppel GmbH & Co. KG
Mein Fernbus, Jörn Roßberg
NEOMAN
NEOPLAN
Niedermeyer Reisen
Polizei Niedersachsen
Scania
Verkehrsbetriebe Hannover (ÜSTRA)
Unternehmensgruppe Dr. Richard Herrmann

Autoren: Egon Matthias, Ass. jur. Uwe Zdarsky
Illustrationen: Sandra Patzenhauer
Lektorat und Beratung: Rolf Kroth

UNTERNEHMENSBILD & MARKTORDNUNG

Inhalt

Band 8 „Unternehmensbild & Marktordnung" führt Sie in die Grundlagen der Wirtschaft und Organisation im Personenkraftverkehr ein. Die Kenntnisse über die Zusammenhänge Ihrer Verhaltensweisen als Fahrer sind im Personenkraftverkehr von zentraler Bedeutung. Dieser Band stellt dar, wie wichtig ein positives Image ist, und gibt zudem Tipps für den Umgang in verschiedenen Situationen. Ein weiteres Thema ist die Marktordnung im Personenkraftverkehr.

Die Autoren

Egon Matthias, Jahrgang 1942
Ausbildung zum Techniker für Kraftfahrzeugtechnik, Studium zum Dipl.-Ing. für Kraftfahrzeugtechnik und Ingenieur für Arbeitssicherheit. Langjährige Berufserfahrung unter anderem in der Ausbildung von Fahrschülern, Berufskraftfahrern und Fahrlehrern. Moderator im Auftrag der BGF in Omnibusbetrieben zu Gesundheit und Sicherheit am Arbeitsplatz Omnibus.

Legende

» **PARAGRAPH**
Originaltext aus dem Gesetz

» **FRAGE**
Fragen aus der Praxis

» **INFO**
Merksätze

» **PRAXISTIPP/PRAXISWISSEN**
Tipps aus der Praxis

» **BUCH**
Verweise auf weitere Lektüre/Nachschlagemöglichkeiten

» **ARBEITSBLATT**
Zur Wiederholung und Vertiefung von gelernten Inhalten

INHALTSVERZEICHNIS

Unternehmensbild im Personenkraftverkehr

1.1	Qualität der Leistung der Fahrzeugführenden	8
1.1.1	Berufliche Qualifikation und Weiterbildung	8
1.1.2	Erscheinungsbild und Auftreten	11
1.1.3	Sprache, Körperhaltung und Schrift	13
1.1.4	Zuverlässigkeit und Pünktlichkeit	23
1.1.5	Sauberkeit und Service	24
1.1.6	Beförderung besonderer Fahrgastgruppen	25
1.1.7	Fahrverhalten	31
1.2	Unterschiedliche Rollen des Fahrzeugführenden	32
1.2.1	Bei Auskünften und Informationen	32
1.2.2	Der Umgang mit Fahrgästen ohne gültigen Fahrausweis	33
1.2.3	Der Fahrscheinverkauf	33
1.2.4	Schülerverkehr	34
1.2.5	Gelegenheitsverkehr	37
1.3	Konfliktmanagement	39
1.3.1	Umgang mit Konflikten	39
1.3.2	Deeskalation vorhandener Konflikte	42
1.3.3	Maßnahmen bei unlösbaren Konflikten	42
1.3.4	Umgang mit Beschwerden	43
1.3.5	Verhinderung von Gewalt und Vandalismus	44
1.4	Zusammenfassung	46

Marktordnung im Personenkraftverkehr

2.1	Personenbeförderung im Verhältnis zu den verschiedenen Verkehrsmitteln	49
2.1.1	Flexibilität von Bussen und Fahrzeugeinsatz	49
2.1.2	Gefäßgrößen	50
2.1.3	Kombinierter Verkehr	52
2.1.4	Vergleiche zu Bahn, U-Bahn und Straßenbahn	52
2.2	Tätigkeiten im Personenkraftverkehr	54
2.2.1	Linien- und Gelegenheitsverkehr	54
2.2.2	Grenzüberschreitender Personenkraftverkehr	54
2.3	Organisation der wichtigsten Arten von Verkehrsunternehmen	55
2.3.1	Rechtsformen	55
2.3.2	Aufgabenträger	58
2.3.3	Wettbewerbsrahmen in Deutschland und Europa, Ausschreibungsverfahren, Konzessionen	58
2.4	Produkte im Personenkraftverkehr	59
2.4.1	Im Linienverkehr	59
2.4.2	Im Gelegenheitsverkehr	61

Kommerzielle und finanzielle Folgen eines Rechtsstreits

3.1	Zivilrechtliche Rechtsstreite	64
3.2	Arbeitsrechtsstreite	66
3.3	Ordnungswidrigkeiten- und Strafverfahren	68
3.4	Zusammenfassung	69
3.5	Weitere kommerzielle Konsequenzen für das Unternehmen	71
3.5.1	Konsequenzen auf Kundenebene	71
3.5.2	Reduzierung des Marktanteils	71
3.5.3	Finanzielle Konsequenzen	72
3.5.4	Negatives Unternehmensimage	72

INHALTSVERZEICHNIS

Gesundheit & Fitness
4.1	Ergonomie – Gesundheitsgerechte Bewegungen und Haltungen	73
4.2	Richtiger Umgang mit Lasten!	74
4.3	Ernährung	75
4.4	Müdigkeit	77
4.5	Stress	79

Glossar 82
Schlagwortverzeichnis 83

1. Unternehmensbild im Personenkraftverkehr

Als Fahrzeugführende tragen Sie nicht nur, wie im Gütertransport, Verantwortung für Fahrzeug und Ladung, sondern in erster Linie für das Wohlergehen der Passagiere, deren Sicherheit und Unversehrtheit.

Das erfordert von Ihnen mehr als nur die Fähigkeit, das Fahrzeug unter allen Bedingungen sicher führen zu können. Ob im Linienverkehr, im Obusverkehr oder im Gelegenheitsverkehr – als Omnibusfahrer stehen Sie in ständigem Kontakt mit den Fahrgästen.

Ihr persönliches Verhalten und Ihre Fahrweise beeinflussen in starkem Maße das Wohlbefinden und das Sicherheitsgefühl Ihrer Fahrgäste. Diese kommen als zahlende Kunden mit unterschiedlichen Erwartungshaltungen zu Ihnen, an denen Sie sich orientieren müssen.

Sie sind im Omnibus in der Regel der erste und einzige Ansprechpartner des Unternehmens. Im Gelegenheitsverkehr steht Ihnen gegebenenfalls ein Reiseleiter zur Verfügung. Sie repräsentieren das Unternehmen durch
- Kompetenz,
- Verhalten,
- Auftreten und
- Ihr persönliches Erscheinungsbild.

Der Fahrgast kommt mit Problemen, Wünschen und Anfragen, aber auch mit Beschwerden und Forderungen zu Ihnen. Sie müssen darauf reagieren, obwohl Sie objektiv nicht immer in der Lage sind, das Problem zu lösen. Zeigen Sie in jedem Fall Verständnis für berechtigte Anliegen, aber machen Sie auch mit freundlichen Worten deutlich, dass Sie bestimmte Wünsche nicht erfüllen können oder dürfen. Das ist besonders wichtig, weil verschiedene Fahrgäste einander widersprechende Wünsche haben.

Als Repräsentant des Unternehmens ist es Ihre Pflicht, Schaden abzuwenden. Hierbei geht es in erster Linie nicht um Schäden materieller, sondern ideeller Art.
- Ihre Identifikation mit dem Unternehmen,
- Ihr Verhalten,
- Ihr Auftreten,
- Ihre Fähigkeit mit den Fahrgästen umzugehen,

sind Bausteine für das positive Image des Unternehmens.

Ein hohes Ansehen bedeutet Vertrauen in die Leistungen des Unternehmens. Zufriedene Fahrgäste werden auch weiterhin die Leistungen dieses Unternehmens in Anspruch nehmen. Das wiederum trägt entscheidend zur Sicherung Ihres Arbeitsplatzes bei.

» **INFO**

Ihr Ansehen und Ihr Ruf beeinflussen den weiteren Erfolg des Unternehmens! Sie müssen sich immer bewusst sein, dass Sie eine Tätigkeit im Kundendienst ausführen. Sie bieten eine Dienstleistung an.

UNTERNEHMENSBILD IM PERSONENKRAFTVERKEHR

1.1 Qualität der Leistung der Fahrzeugführenden

1.1.1 Berufliche Qualifikation und Weiterbildung

In Ihrer Ausbildung lernen Sie die grundsätzlichen Anforderungen an einen Berufskraftfahrer im Personenkraftverkehr kennen. Mit Ihrem dabei erworbenen Wissen sind Sie gut auf die Teilnahme am Straßenverkehr und auf den Umgang mit Fahrgästen vorbereitet.

Der Besitz der Fahrerlaubnis der Klassen D1, D1E, D oder DE und die erworbene Qualifikation zum Berufskraftfahrer im Personenkraftverkehr berechtigen Sie nach dem Gesetz, vom ersten Tag an alle Fahrten im Linienverkehr oder im Gelegenheitsverkehr unter Beachtung der Festlegungen in § 2 (2) des BKrFQG durchzuführen.

Um Ihren ersten Arbeitstag im Linienverkehr beginnen zu können, bedarf es zuvor jedoch noch einer ganzen Reihe anderer Einweisungen – oder auch mehrtägiger Lehrgänge.
Diese sind notwendig, um Sie mit den ganz konkreten speziellen Bedingungen in diesem Unternehmen vertraut zu machen.
Sie werden betriebsintern in Abhängigkeit von der Anzahl und von der Länge der Linien, die das Unternehmen betreut, durchgeführt.

Dazu gehören unter anderem:
- Kassiererlehrgang (in Großbetrieben eine Woche und länger, mit Prüfung),
- Einweisung in die Tarifbestimmungen (in Ballungsgebieten kann es mehr als 100 unterschiedliche Tarife und Gültigkeiten geben),
- Einweisung in die Beförderungsbedingungen,
- Einweisung in die betrieblichen Abläufe,
- Einweisung in die Besonderheiten der vorhandenen Fahrzeugtypen, verbunden mit Fahrtraining und Streckenkunde.

TICKETS

Kurzstrecken Tickets
Schnell, gut und günstig: Mit dem Kurzstrecken Ticket können Sie bis zur fünften Haltestelle fahren.

Tages Tickets 1 Person
Einen ganzen Tag Bus & Bahn fahren: Mit dem Tages Ticket können Sie bis zum Betriebsschluss Busse & Bahnen des VRM nutzen – zum Preis von weniger als zwei Einzel Tickets.

Tages Tickets 5 Personen
Diese Tickets gelten für bis zu 5 Personen für beliebig viele Fahrten bis Betriebsschluss.

Einzel Tickets
Einzel Tickets berechtigen zur einfachen Fahrt inklusive Umsteigen.
An Automaten können Sie mit der Geldkarte bezahlen und dabei Geld sparen.

Sammel Tickets
Geld sparen mit Sammeltickets: Das sind unsere preisreduzierten Tickets im 6er-Block.

Ermäßigungs Tickets
Kinder im Alter bis zu fünf Jahren können kostenlos die Busse & Bahnen des VRM nutzen. Für 6- bis 14-Jährige gibt es das Ermäßigungs Ticket. Auch wer einen Hund mitnimmt benötigt zusätzlich ein Ermäßigungs Ticket.

CARDS & ABO

VRM-MobilCard
Die VRM-MobilCard ist eine übertragbare Monatskarte, gültig ab beliebigen, von Ihnen gewählten Tag. Ab 19 Uhr am Wochenende berechtigt die VRM-MobilCard zur kostenlosen Mitnahme weiterer Personen

VRM-MobilCard Abo
Wenn Sie die VRM-MobilCards für ein halbes oder ganzes Jahr abonnieren, sparen Sie Zeit und Geld. Im Abbonement können Sie zwischen persönlichen und übertragbaren VRM-MobilCards wählen.

UNTERNEHMENSBILD IM PERSONENKRAFTVERKEHR

Weitere Kurse für Fahrzeugführende im Linien- oder Gelegenheitsverkehr zur Erhöhung Ihrer Kompetenz und Ihrer fachlichen Eignung sind:
- Typeneinweisungen in neue Fahrzeuge,
- Unterweisungen in Arbeits- und Gesundheitsschutz,
- betriebsinterne Fahrerschulungen,
- Schulungen zum Umgang mit den Fahrgästen,
- Seminare zur Verbesserung der Schulbussicherheit (Angebote: BGF, UK und GUVV Schülerunfallversicherungen),
- Sicherheitstraining zur Optimierung Ihrer Fertigkeiten beim sicheren Führen von Omnibussen,
- Anti-Stress-Trainings,
- Seminare der BG Verkehr zu den Themen
  » „Gesund und sicher, Arbeitsplatz Omnibus"
  » „Gesundheitliche Betreuung",
  » „Sicher arbeiten" (Bahnen)
  sind Maßnahmen zur Erhöhung Ihrer Kompetenz und Ihrer fachlichen Eignung.

In der gesetzlich vorgeschriebenen Weiterbildung nach dem BKrFQG können Sie Ihr Wissen zu ganz speziellen Themen für Ihre Tätigkeit erweitern.

Daneben können Sie sich beruflich weiterbilden zum/zur
- Fachkraft im Fahrbetrieb,
- Fahrmeister,
- Disponenten,
- Fahrlehrer oder
- Kraftverkehrsmeister.

Vor Ihrer ersten Fahrt als Fahrzeugführende im Gelegenheitsverkehr heißt es aber auch für Sie, sich für die direkte Tätigkeit „fit" zu machen. Eine gründliche Schulung am, im und mit dem Reisebus ist in jedem Fall wichtig. Schließlich sollen aus Unkenntnis der Bedienung der einzelnen Elemente keine Schäden entstehen.
Die perfekte Beherrschung und die optimale Ausnutzung der Möglichkeiten, die die Ausstattung eines modernen Reisebusses bietet, sichern den Fahrgästen und Ihnen angenehme Reisebedingungen. Klimaanlage, Bordküche, Unterhaltungsmedien und die Toilette sind Baugruppen, die in Verbindung mit einer angenehmen Fahrweise über das Wohlbefinden der Fahrgäste entscheiden. Es muss alles funktionieren und Sie müssen die Bedienung beherrschen. Das klappt allerdings nur, wenn Sie mit den Einzelheiten vertraut sind. Eine umfassende Einweisung nicht nur in die Bedienung, sondern auch in die Arbeitsweise der einzelnen Elemente versetzt Sie in die Lage, diese Systeme voll zu nutzen.

» **INFO**

Ausführliche Informationen zu Aufstiegs- und Weiterbildungsmöglichkeiten für Berufskraftfahrer können Sie in dem Band „Recht, Stress und Gesundheitsbalance" finden.

UNTERNEHMENSBILD IM PERSONENKRAFTVERKEHR

Was im Linienverkehr die Streckenkunde ist, ist für den Reiseverkehr die Routenplanung. Folgen schlechter Routen- und Zeitplanung können sein:
- verfahren und dadurch nicht rechtzeitig zum Mittagessen gekommen,
- die Fähre nicht rechtzeitig erreicht,
- die Durchfahrtshöhe einer Brücke nicht erkannt, wodurch ein größerer Umweg erforderlich ist,
- ungenaue Zeitberechnungen für die einzelnen Streckenabschnitte,
- weitere Ungenauigkeiten bei der Routenplanung.

All das dient nicht gerade dazu, Ihr Ansehen und Ihre Kompetenz bei den Fahrgästen und im Unternehmen zu festigen.
Bereits bei der Ausbildung zum Erwerb der Fahrerlaubnis für die Klasse D wurden Sie mit dem Inhalt der Begriffe
- Fahrtplanung,
- Streckenplanung und
- Zeitplanung

bekannt gemacht.

Moderne Reisebusse verfügen über Navigationssysteme, die Ihnen den größten Teil der Arbeit abnehmen. Das erfordert aber auch von Ihnen die Fähigkeit, die Möglichkeiten der Geräte voll ausnutzen zu können.

Die Erstellung von grafischen oder schriftlichen Streckenbeschreibungen mit Hilfe spezieller Computerprogramme ist eine weitere Möglichkeit, zeitliche „Pannen" zu vermeiden. Bei Ausfall des Navigationssystems ist es vorteilhaft, auf Streckenbeschreibungen und Straßenkarten zurückgreifen zu können.

Durch die
- Schaffung neuer Verkehrsbauten,
- Änderungen der Straßenführungen,
- Erschließung neuer Wohngebiete,
- Entstehung neuer touristischer Ziele und
- Veränderungen in der Infrastruktur Europas

sind auch solche modernen Helfer, einschließlich des Kartenmaterials, schnell veraltet.

Demzufolge sind Sie auch auf diesem Gebiet angehalten, sich ständig zu informieren und Ihre Hilfsmittel auf aktuellem Stand zu halten. Der Blick ins Internet ermöglicht Ihnen, sich über Baustellen oder Straßenwetterlagen in den zu durchfahrenden Regionen, WC-Entsorgungsmöglichkeiten für Reisebusse und andere Dienste frühzeitig zu informieren.

UNTERNEHMENSBILD IM PERSONENKRAFTVERKEHR

1.1.2 Erscheinungsbild und Auftreten

Ebenso wie der erste sprachliche Kontakt den ersten Eindruck vermittelt (zum Beispiel bei einer höflichen Begrüßung als Reisebusfahrer), wirkt Ihr weiteres Auftreten und Ihr Erscheinungsbild in der Folge positiv oder negativ auf den Fahrgast.
Ihre äußere Erscheinung hat eine erhebliche Wirkung auf den Fahrgast. Ihr Erscheinungsbild können Sie beeinflussen, insbesondere durch
- Körperhygiene/Körperpflege,
- Kleidung,
- Aussehen,
- Umgangsformen und
- Sprachgewandtheit.

» **INFO**

Als Omnibusfahrer sind Sie als Repräsentant des Unternehmens der Gastgeber und der Fahrer zugleich.

Demzufolge versteht es sich von selbst, dass Sie – egal ob im Linien- oder Gelegenheitsverkehr – den Fahrgästen sauber und korrekt gekleidet gegenübertreten. Mangelnde Körperhygiene wirkt auf den Fahrgast genauso unangenehm wie ungepflegte Kleidungsstücke oder ungeputzte Schuhe.
Das Tragen „privater Oberbekleidung" im ÖPNV ist kaum noch üblich. In den meisten städtischen Verkehrsunternehmen des ÖPNV wird Dienstkleidung zur Verfügung gestellt. Sie sind verpflichtet, diese Kleidungsstücke während des Fahrdienstes zu tragen.
Die Tragezeiten richten sich nach der Häufigkeit der Benutzung (Handschuhe nur in der Winterperiode und auf dem Arbeitsweg, Bluse oder Hemd täglich), und können zwischen einer kurzen und längeren Dauer zeitlich variieren. Üblich sind mindestens zwölf Monate.
Für den ordnungsgemäßen Zustand sind Sie selbst verantwortlich.

Die Dienstkleidung besteht aus Sommer- und Winterbekleidung und bezieht in ihrer Zusammensetzung auch den Arbeitsweg mit ein. Welche Dienstkleidung zu welcher Zeit getragen wird, ist in den betriebsabhängigen Arbeitsanweisungen oder Trageordnungen unterschiedlich festgelegt. Sie besteht (abhängig vom Unternehmen) aus:
- Hemd (kurzer/langer Ärmel),
- Bluse (kurzer/langer Ärmel),
- Krawatte,
- Halstuch,
- Weste,
- Pullover,
- Hose (Winter/Sommer),
- Rock (Winter/Sommer),
- Jacke (Winter/Sommer),
- Mütze/Kappe,
- Anorak/Mantel.

UNTERNEHMENSBILD IM PERSONENKRAFTVERKEHR

In kleineren Omnibusunternehmen mit Linienverkehr (eigene Linien oder Subunternehmer im ÖPNV) gibt es teilweise zwar keine Dienstkleidung, aber eine Kleiderordnung. Darin werden Sie verpflichtet, saubere und korrekte Kleidung zu tragen. Die Auswahl ist Ihnen zwar selbst überlassen, aber das Ansehen des Unternehmens darf dadurch nicht geschädigt werden. Zu einer korrekten Kleidung gehören:
- einfarbige Hemden oder Blusen,
- Krawatte oder Tuch,
- lange, einfarbige, dunkle Hosen oder Röcke,
- Westen, Pullover, Strickjacken in unauffälligen Mustern,
- Anorak oder Winterjacke.

Für Fahrzeugführende im Gelegenheitsverkehr stellen die Unternehmen nur in wenigen Fällen Dienstkleidung zur Verfügung. Entweder gibt es Weisungen des Unternehmers über die Kleidung und das Erscheinungsbild des Fahrers oder im Arbeitsvertrag sind entsprechende Regelungen festgelegt.

In zertifizierten Omnibusbetrieben ist das Erscheinungsbild und damit die Kleidung des Fahrers Gegenstand der darauf bezogenen Arbeits- und Verfahrensanweisungen. Es wird davon ausgegangen, dass der Fahrzeugführende sich als Gastgeber an den Erwartungen der Reisegäste orientiert. Eine Krawatte mit dem Firmenlogo ist oftmals das einzige sichtbare Kleidungsstück, welches die Zugehörigkeit zu einem Unternehmen zum Ausdruck bringt.

Eine Fahrt zu einem kulturellen Ereignis, einem Konzert oder einer Theateraufführung erfordert eine dem Anlass angemessene Kleidung des Fahrers. Ebenso wie die Fahrt mit Trauergästen. Dunkler Anzug, einfarbiges Hemd und Krawatte sowie dunkle Schuhe sind dabei die Regel.

Der Anlass der Fahrt zeigt an, welche Dienstkleidung angemessen ist.

Bei Fahrten zu Sportveranstaltungen darf auch der Reisebusfahrer etwas sportlicher gekleidet sein. Das bedeutet aber nicht, bei der Beförderung einer Faschingsgesellschaft Kleidung zu tragen, die die Verkehrssicherheit beeinträchtigen kann.

Für das zu tragende Schuhwerk gilt für alle Fahrzeugführer die berufsgenossenschaftliche Vorschrift „D 29 Fahrzeuge", wonach der Fahrzeugführer zum sicheren Führen des Fahrzeugs den Fuß umschließendes Schuhwerk zu tragen hat.

UNTERNEHMENSBILD IM PERSONENKRAFTVERKEHR

1.1.3 Sprache, Körperhaltung und Schrift

Die Sprache ist ein wichtiges Element für die Verständigung mit anderen Personen. Das gesprochene Wort hat Priorität vor dem geschriebenen Wort.

Sprachliche Umgangsform, Anrede und Begrüßung sind sehr wichtig. Unbedachte Anreden können als Beleidigungen aufgefasst werden. Da die Anrede immer mit der ersten Kontaktaufnahme verbunden ist, können in der Folgezeit Konflikte entstehen. Je besser Sie die richtige Sprache beherrschen, umso leichter können Sie sich mitteilen.

Eine sichere Gesprächsführung setzt voraus, dass Sie wissen, worüber Sie sprechen. Unsicherheiten beim Sprechen erzeugen beim Gesprächspartner häufig Zweifel an Ihrer Kompetenz. Bedenken Sie, dass
- Gebärden,
- Sprechtempo und
- Sprachfluss

Auswirkungen haben, die das Gespräch hemmen oder fördern können.

Eine natürliche Körperhaltung und Ihr Mitteilungswille sind die Voraussetzungen für ein reines, sinnvolles Sprechen. Auch mit dem Körper „sprechen" Sie. Ihre äußere Haltung ist Ausdruck dessen, was in Ihrem Inneren vor sich geht. Schauen Sie frei geradeaus, halten Sie den Kopf hoch und bleiben Sie locker: das strahlt Selbstvertrauen und Realitätssinn aus und zeigt dem Gesprächspartner, dass Sie sich wohl fühlen, was Sie ja schließlich auch von ihm erwarten.

» **INFO**

Gesprächshemmende Gebärden:
- dem Blick des Gesprächspartners ausweichen,
- heruntergezogene Mundwinkel,
- die Hand im Nacken halten,
- ein hilfloses Gesicht machen.

Gesprächsfördernde Gebärden:
- durch Nicken mit dem Kopf Zustimmung zeigen,
- dem Gesprächspartner zugewandt und aufrecht stehen,
- Interesse zeigen durch Zuhören mit fragendem Blick.

UNTERNEHMENSBILD IM PERSONENKRAFTVERKEHR

Ihre Körpersprache (nonverbale Kommunikation) sendet Signale aus, die Vertrauen, aber auch Misstrauen oder Abneigung aufbauen können. Sie begleiten damit Ihre Informationen. Diese Signale werden ausgesendet durch
- Mimik,
- Gestik,
- Körperhaltung und
- Bewegungen.

Die Mimik ist ein sehr ausdrucksstarkes Signal; Sie offenbaren damit Ihre Gefühle. Wenn Sie verärgert sind, wird es Ihnen schwerfallen, Lockerheit und Zuversicht auszustrahlen. Aus der Mimik des Gesprächspartners können Sie selbst aber auch ablesen, ob er zustimmt oder ablehnt.

Mit Gesten unterstreichen Sie den Inhalt Ihrer Worte. Wenn Sie versuchen, Ihre Gefühlsregungen durch Unterdrückung der Gesten nicht nach außen zu tragen, wirken Sie eingeschüchtert und unnatürlich. Mit Gesten zeigen Sie
- Freude,
- Begeisterung,
- Zustimmung,
- Ratlosigkeit,
- Unsicherheit,
- Nervosität,
- Aggression.

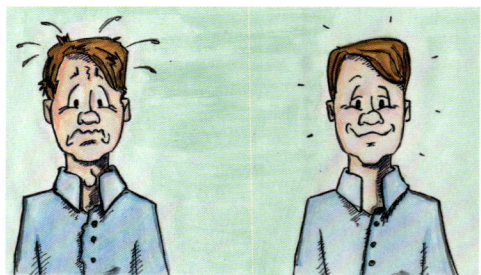

Auch die Körperbewegung ist Ausdrucksmittel von Einstellungen und Gefühlen. Neigen Sie ihren Oberkörper etwas nach vorn, drücken Sie Aufmerksamkeit aus. Desinteresse drücken Sie durch Zurücklehnen und verschränkte Arme aus.

„Denken Sie daran: Die verbale Ebene (das gesprochene Wort) und die nonverbale Ebene (Körpersprache) müssen übereinstimmen, nur dadurch entsteht Glaubwürdigkeit."

UNTERNEHMENSBILD IM PERSONENKRAFTVERKEHR

Überschreiten Sie nicht die Intimzone des Gesprächspartners, wenn Sie mit ihm nicht vertraut sind. Als Intimzone gilt der Bereich bis ca. 60 cm. Dringen Sie dort ein, missachten Sie den Gesprächspartner als Persönlichkeit, was zu Abneigung Ihnen gegenüber führen kann. Die persönliche Zone geht bis ca. 120 cm, dann folgt die soziale Zone bis ca. 360 cm.

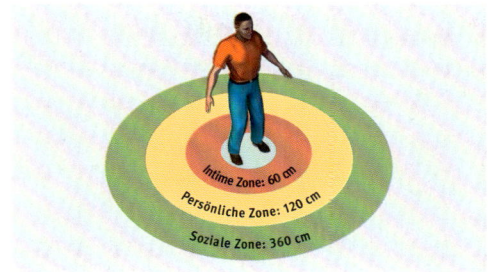

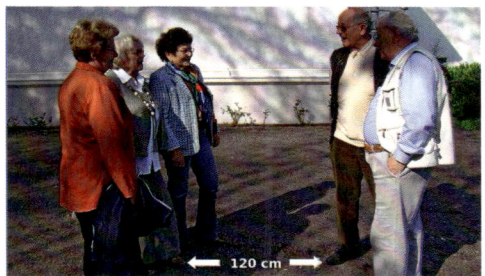

UNTERNEHMENSBILD IM PERSONENKRAFTVERKEHR

Gesprächsfördernde und gesprächshemmende Sprache und Gebärden
Gesprächshemmende Sprechweise:
- Bedienen Sie sich keiner überheblichen oder auch abweisenden Sprechweise.
- Wenn Sie keine Pausen zulassen, geben Sie dem Gesprächspartner keine Möglichkeit, seine Meinung zu äußern.
- Auch eine gleichgültige und monotone Sprechweise fördert nicht die Kommunikation zwischen den Gesprächspartnern.
- Ist Ihre Sprechweise schrill und laut, kann sich der Fahrgast in die Ecke gedrängt oder erniedrigt fühlen.

Gesprächsfördernde Sprechweise:
- Sprechen Sie freundlich mit dem Fahrgast.
- Verfallen Sie nicht in eine monotone Sprechweise, sondern sprechen Sie lebendig, mit Höhen und Tiefen in der Sprachmelodie.
- Sprechen Sie fließend, ohne zu stocken.

Gesprächshemmende Gebärden:
- dem Blick des Gesprächspartners ausweichen,
- heruntergezogene Mundwinkel,
- die Hand im Nacken halten,
- ein hilfloser Gesichtsausdruck.

Gesprächsfördernde Gebärden:
- durch Nicken mit dem Kopf Zustimmung zeigen,
- dem Gesprächspartner zugewandt und aufrecht stehen,
- Interesse zeigen durch Zuhören mit fragendem Blick.

Ihre Aussprache muss verständlich sein. Dazu gehört, dass Sie sich richtig ausdrücken und sich den unterschiedlichen Personengruppen anpassen können. Als Fahrzeugführende haben Sie immer Kontakt mit den Fahrgästen. Sei es durch das Ansagen der Haltestellen und die Durchgabe von Betriebshinweisen im Linienverkehr oder das Informieren der Fahrgäste über den Reiseablauf im Gelegenheitsverkehr. Um Vorkommnisse während des Dienstes melden zu können, müssen Sie nicht nur in der Lage sein, Formulare mit kurzen Angaben auszufüllen. Auch Beschreibungen eines Unfallhergangs, Art und Umfang eventueller Verletzungen oder materieller Schäden sind von Ihnen zu fertigen.

Gesprächshemmende Gebärden

Gesprächsfördernde Gebärden

UNTERNEHMENSBILD IM PERSONENKRAFTVERKEHR

Kommunikation im Linienverkehr
Mit Fahrgästen:
Die Kommunikation mit den Fahrgästen erfolgt vorrangig zu
- immer wiederkehrenden Durchsagen,
- Informationen zur Fahrstrecke,
- Informationen zu den Tarifen beim Fahrscheinverkauf,
- Betriebshinweisen bei Störungen,
- Informationen über Umleitungen.

Für Haltestellenankündigungen nach § 8 der BOKraft gibt es oftmals eine sichtbare Verständigungseinrichtung (§ 21 BOKraft) und eine automatische Durchsage, wenn das Fahrzeug mit einem rechnergestützten Betriebsleitsystem (RBL) oder ähnlichen Systemen ausgerüstet ist.
In Fahrzeugen ohne technische Hilfe sind Sie der Vermittler dieser Informationen und haben jede Haltestelle rechtzeitig und deutlich anzukündigen. Dabei sind Sie auch aufgefordert, auf Anschlussmöglichkeiten und auf Umsteigemöglichkeiten in andere Verkehrsmittel wie Straßenbahn, Metro, Stadt- oder Schnellbahnen hinzuweisen. In allen Fällen sind eine deutliche Aussprache und die richtige Wortwahl erforderlich. Die Informationen sind kurz und für alle verständlich zu formulieren. Das gilt besonders in großen Städten und in Gebieten mit erheblichem Fremdenverkehr, wo Sie mit Fahrgästen rechnen müssen, die die deutsche Sprache nur schlecht verstehen.

Innerbetriebliche Kommunikation
Innerbetriebliche Kommunikation kann stattfinden z. B. mit Einsatzleiter, Einsatzstelle, Leitstelle, Disponent, Unternehmer, Notruf 110. Beim Führen von Gesprächen während der Fahrt dürfen andere Verkehrsteilnehmer nicht gefährdet werden. Wenn es die Situation (Dringlichkeit) erlaubt, sind Funkgespräche bei stehendem Fahrzeug durchzuführen. Je nach der Größe des Omnibusbetriebes ist die innerbetriebliche Verständigung mit unterschiedlichen technischen Mitteln und unterschiedlicher Vorgehensweise organisiert. Für Fahrzeugführende ist in jedem Fall die Kommunikation mit dem Unternehmen am wichtigsten. Den Möglichkeiten der einzelnen Betriebe entsprechend wird diese Kommunikation mit analogem oder digitalem Sprechfunk oder über das RBL abgewickelt.

» **PRAXISTIPP**

Vermeiden Sie bei Durchsagen, im regionalen Dialekt zu sprechen. Sie können nicht davon ausgehen, dass alle Fahrgäste aus der Region stammen.

Der AFR 4 im RBL

UNTERNEHMENSBILD IM PERSONENKRAFTVERKEHR

Das **R**echnergestützte **B**etriebs**L**eitsystem – **RBL** –.
Das RBL arbeitet mit einem modernen Bündelfunknetz im Omnibus. Sprache und Daten werden auf verschiedenen Kanälen übertragen. Im Gegensatz zu analogen Funksystemen, in denen alles im Sprechverkehr abgewickelt wurde, werden viele Informationen im RBL zwischen dem Fahrzeug und der Einsatzstelle über den Datenfunk ausgetauscht. Deshalb ist der Sprechverkehr in den meisten Fällen nicht mehr erforderlich.
Es gibt verschiedene Rufarten, die am wichtigsten sind:

- **Gefahrruf:** Bestehende Gespräche werden unterbrochen, Beendigung nur durch die Leitstelle
- **Notruf:** Bestehende Gespräche werden unterbrochen, Beendigung nur durch die Leitstelle
- **Prioritätsruf:** Gleichzeitiges Sprechen nicht möglich, Beendigung nur durch die Leitstelle
- **Sprechwunsch:** Hat keine besondere Priorität, jeweils nur ein Teilnehmer kann sprechen, Beendigung nur durch die Leitstelle
- **Nahbereichsruf:** Niedrigste Priorität, alle Fahrzeuge im näheren Umkreis können am Gespräch teilnehmen, alle können hören, nur jeweils ein Teilnehmer kann sprechen, nur der anmeldende Teilnehmer kann den Ruf beenden.
- **Direktruf:** Verbindung zu einem bestimmten Teilnehmer, nur möglich bei stehendem Fahrzeug und eingeschalteter Haltestellenbremse

Weitere Informationen/Meldungen können mittels codierter Signale abgesetzt bzw. angefordert werden. Dazu können in Abhängigkeit von den betrieblichen und örtlichen Bedingungen beispielsweise gehören:
- Fahrzeugstörung,
- Wagenwechsel erforderlich,
- Taxi-Bestellung,
- Verkehrsbehinderung,
- Fahrerausfall,
- Rollstuhl befördert,
- Rollstuhl nicht befördert,
- Bitte um Information,
- Fundsache,
- keine Pause,
- keine Ablösung.

Wenn kein RBL vorhanden ist, gibt es festgelegte Anrufschemen und Verhaltensweisen, die eine für alle Teilnehmer verständliche Übermittlung der Nachrichten gewährleisten sollen. Das wichtigste Element ist auch hier eine zielgerichtete, strukturierte Sprache!

Nur wenn Sie
- langsam,
- deutlich und
- mit normaler Lautstärke

sprechen, können Sie erwarten, dass Sie auch verstanden werden.
In einigen Großbetrieben beinhalten die Einweisungen in die Tätigkeit als Linienbusfahrer auch ein Sprachtraining zur Kommunikation mit den Fahrgästen und zur innerbetrieblichen Verständigung. Auch der Inhalt der einzelnen Mitteilungen ist in vielen Unternehmen wörtlich vorgeschrieben.

UNTERNEHMENSBILD IM PERSONENKRAFTVERKEHR

Die Nutzung der Funkkanäle dient ausschließlich der Übermittlung von betriebsinternen Weisungen und Anfragen. Die Bundesnetzagentur untersagt den Nutzern unter anderem
- die Übermittlung von verschlüsselten Informationen,
- die Weitergabe von Nachrichten, die gegen geltende Gesetze verstoßen,
- die Übertragung von Musik,
- die Durchsage von Beleidigungen oder anstößiger Äußerungen,
- die Nutzung durch fremde Personen.

Als Fahrzeugführende müssen Sie aber nicht nur mit der gesprochenen Sprache umgehen können. Sie müssen auch Schreibarbeiten erledigen. Dafür ist es notwendig, die deutsche Sprache in schriftlicher Form zumindest auf diesem speziellen Gebiet zu beherrschen.

In allen Omnibusbetrieben, die Linienverkehr durchführen, gibt es dafür Meldekarten oder Meldeformulare, Wagenbegleitkarten, Fahrzettel, Fahrberichte oder einfache Meldevordrucke. Schriftlich festzuhalten ist neben den obligatorischen Angaben wie
- Ort,
- Zeit,
- Datum und
- Personalien

auch die Beschreibung des jeweiligen Vorkommnisses.

Dazu müssen Sie klare schriftliche Ausführungen machen, z. B.:
- zum Hergang oder Verlauf des Vorkommnisses,
- zu den Ursachen der Verletzung oder des Schadens,
- zu Art und Umfang der Verletzung/des Schadens und
- zu eingeleiteten Maßnahmen.

Den Verkehrsunfallbericht können Sie im Internet herunterladen.

Zusammenfassung Linienverkehr
- Ihnen sind Personen zur Beförderung anvertraut.
- Der Fahrgast ist Ihr Kunde.
- Verhalten Sie sich rücksichtsvoll und besonnen.
- Entscheiden Sie im Zweifel für den Fahrgast.
- Sprechen Sie klar und deutlich.
- Sprechen Sie nicht im Dialekt.
- Verwenden Sie kurze, einfache Sätze.
- Verwenden Sie keine Umschreibungen.
- Verwenden Sie keine Fachbegriffe oder Fremdwörter beim Sprechen mit den Fahrgästen.
- Bleiben Sie auch in schwierigen Situationen höflich.
- Machen Sie keine Unmutsäußerungen gegenüber den Fahrgästen.
- Beachten Sie die Regeln des Funkverkehrs.
- Treffen Sie eindeutige Aussagen bei Notrufen.
- Weichen Sie im Funkgespräch nicht vom Anrufschema ab.

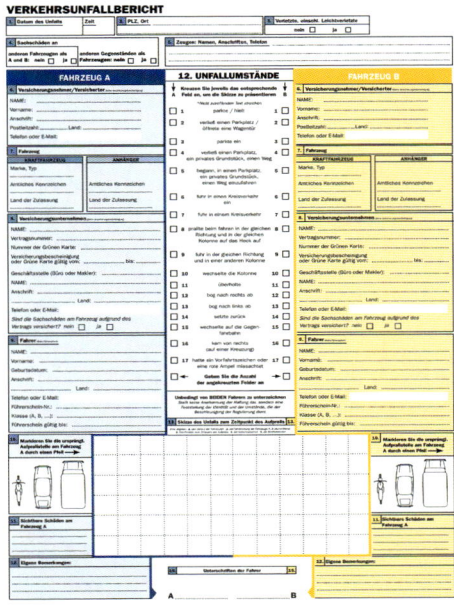

UNTERNEHMENSBILD IM PERSONENKRAFTVERKEHR

Kommunikation im Gelegenheitsverkehr

Der Gebrauch der Sprache im Gelegenheitsverkehr unterscheidet sich grundsätzlich von der im Linienverkehr. Der innerbetriebliche Kontakt beschränkt sich auf die Kommunikation mit dem Unternehmer, wenn Sie bei der Lösung von Problemen Hilfe benötigen. Mit den Fahrgästen und weiteren Personen, die an der Organisation und der Durchführung von Fahrten im Gelegenheitsverkehr beteiligt sind, sind Sie aber in ständigem Kontakt. Der Inhalt unterscheidet sich von dem, was Fahrzeugführende im Linienverkehr zu bewältigen haben.

Der direkte sprachliche Kontakt mit den Fahrgästen beginnt bereits bei deren Empfang. Er setzt sich fort bei
- der eigenen Vorstellung als Fahrer,
- der Vorstellung des Unternehmens,
- den Erläuterungen zum Omnibus und
- der Schilderung des Reiseablaufs (wenn kein Reiseleiter verpflichtet wurde).

Die Anrede ist Ausdruck der Höflichkeit. Sie geben damit zu erkennen, dass Sie die Normen der Gesellschaft und der Sprache beherrschen und sie erfüllen. In den ersten Augenblicken wird sehr oft über Sympathie oder Antipathie entschieden. Wenn Sie sich z. B. als 50-Jähriger mit den Worten „Ich bin der Peter, der Fahrer!" vorstellen, suggerieren Sie allen Fahrgästen, ob 15 Jahre oder 70 Jahre alt, dass Sie geduzt werden möchten. Einigen älteren Fahrgästen könnte das unangenehm sein. Bei jüngeren Mitreisenden könnten Sie an Respekt verlieren, der in unklaren Situationen dringend notwendig werden kann. Außerdem können einige Fahrgäste jetzt annehmen, es sei erwünscht, alle zu duzen, was schnell zu erheblichen Irritationen führt.

Die
- richtige Anrede,
- Wortwahl,
- Aussprache und
- Höflichkeit

sind für Sie als Fahrzeugführende im Gelegenheitsverkehr entscheidende Elemente in der Kommunikation mit Ihren Fahrgästen. Sind bestimmte Forderungen notwendig, formulieren Sie diese als Wünsche Ihrerseits für eine verbesserte Situation des Fahrgastes. Vermeiden Sie Fachausdrücke, die nicht zum Allgemeingut geworden sind, ebenso wie Fremdwörter, für die es auch eine eindeutige deutsche Bezeichnung gibt.

Die Forderung: „Erstens, legen Sie ihren Sicherheitsgurt an, das ist gesetzlich vorgeschrieben!" Diese Forderung als Wunsch formuliert könnte folgendermaßen lauten: „Ihre Sitze sind vorschriftsmäßig mit einem Sicherheitsgurt ausgestattet. Diesen bitte ich Sie jetzt anzulegen!"

Sehr geehrte Reisegäste,
ich freue mich, Sie im Namen des Unternehmens Dr. Herrmann-Touristik in unserem Bus begrüßen zu dürfen. Mein Name ist Egon Mustermann. Ich bin seit 10 Jahren in diesem Unternehmen tätig und habe schon viele interessante Reiseziele kennen gelernt. In den folgenden gemeinsamen Reisetagen darf ich nun Ihr Gastgeber sein. Bevor Sie sich zurücklehnen und Ihre Reise genießen, möchte ich Ihnen den Bus vorstellen, der Sie komfortabel und sicher ans Ziel bringt. Dieser Bus bietet Ihnen allen Reisekomfort und ist natürlich mit den modernsten Sicherheitseinrichtungen ausgestattet.

Ich möchte Sie jetzt mit den wichtigsten Sicherheitsregeln vertraut machen.
- Sie sitzen in diesem Bus nicht nur in einem sehr bequemen, sondern auch in einem sehr sicheren Sitz mit einer Schalenform, die Ihnen sicheren Halt gibt, und mit einem Sicherheitsgurt. Diesen bitte ich Sie nun anzulegen. Danke!
- Für Notfälle befinden sich zwei Verbandkästen und ein Feuerlöscher an Bord. Sie sind hier im vorderen Teil des Busses untergebracht. Der Feuerlöscher befinden sich unter der ersten Sitzreihe auf der linken Seite, die Verbandkästen hier links und rechts in den Gepäckklappen.
- Über jeder Ausstiegstür befindet sich ein Nothahn, der bei Gefahr in Pfeilrichtung zu drehen ist. Nur dann lässt sich die Tür aufstoßen. Auch von außen lassen sich die Türen mit einem Nothahn öffnen.
- Neben den Fensterscheiben, die als Notausstieg gekennzeichnet sind, befinden sich spezielle Nothämmer zum Einschlagen der Scheiben. Dieser Bus ist mit Doppelverglasung ausgestattet, deshalb müssen Sie zwei Scheiben nacheinander einschlagen.
- Die als Notausstieg gekennzeichneten Dachluken sind ebenfalls mechanisch zu öffnen.
- Verstauen Sie Ihre Gepäckstücke und Gegenstände in der Gepäckablage so, dass sie nicht herausfallen können. Gegenstände, die Sie nicht in der Gepäckablage unterbringen können, bringen Sie bitte im Kofferraum des Omnibusses unter.
- Die Ein- und Ausstiege sowie der Gang dürfen nicht verstellt werden.
- Bitte lesen Sie hierzu auch die beiliegende Bordinformation.

Ich wünsche Ihnen eine gute Reise in einem sicheren Bus. Lehnen Sie sich entspannt zurück, und genießen Sie die Fahrt!

Anmerkung: Weitere Hinweise können zu den Pausen, zur Benutzung der Bordtoilette, der Bedienung der Hebel für die Sitze, der Rückenlehne und der Armlehnen erfolgen.

UNTERNEHMENSBILD IM PERSONENKRAFTVERKEHR

In vielen Omnibusbetrieben sind die Texte zur Vorstellung des Fahrers, des Unternehmens und des Fahrzeugs in Anweisungen vorgeschrieben. Es ist besser, diese Texte auswendig zu lernen und nicht wie ein Gedicht mit besonderer Betonung vorzulesen. Als einfache, aber gute Methode um den Omnibus mit seinen Sicherheitselementen vorzustellen, hat sich die Raumbeschreibung erwiesen. Gehen Sie dabei chronologisch vor. Beginnen Sie z. B. vorn rechts, gehen sie gedanklich nach hinten und auf der linken Seite wieder zurück. Beschreiben Sie dabei alle für die Sicherheit relevanten Elemente. Das können Sie auch zu Hause üben. Sprechen Sie nicht von Ihrem Fahrerplatz aus, sondern wenden Sie sich den Fahrgästen zu. Bleiben Sie sichtbar für alle Fahrgäste. Wenn Sie es nicht gewohnt sind, frei vor ca. 50 Personen oder mehr zu sprechen, ist es immer vorteilhaft, sich gründlich darauf vorzubereiten.

„Sprechen sie nicht von Ihrem Fahrerplatz ..."

Üben Sie diese Texte zu Hause vor dem Spiegel oder vor Freunden. Beobachten Sie sich dabei: Was tun Sie mit den Händen? Wohin richten Sie Ihren Blick? Stehen Sie ruhig oder verlagern Sie ständig Ihr Gewicht von einem Bein auf das andere? Noch besser: Nehmen Sie Ihre Übungen mit einer Videokamera auf und schauen Sie sich das Ergebnis an.

Analysieren Sie, was Sie hören und was Sie sehen:
- Wie oft kommen solche Verlegenheitslaute wie „hm", „ahm" oder „äh" vor?
- Wie viele Sätze haben Sie beendet mit den Worten: „Wenn Sie wissen, was ich meine", oder mit: „Haben Sie das jetzt verstanden?"
- Haben Sie Ihre Aussage noch einmal erklärt mit: „Das heißt, ..." ?
- Wie oft drehen Sie sich von den Fahrgästen weg?
- Was passiert mit dem Mikrofon? Liegt es ruhig in einer Hand oder wechseln Sie es ständig von einer Hand in die andere?
- Stehen Sie ruhig vor den Fahrgästen oder „wandern" Sie hin und her? Wie oft haben Sie eine unnatürliche Pause eingelegt, um nach Worten zu suchen?

„ ...bleiben Sie sichtbar..."

Als verantwortliche Person für die Sicherheit der Fahrgäste und des Fahrzeugs müssen Sie auch in diesen Situationen Sicherheit ausstrahlen. Das wirkt beruhigend auf die Fahrgäste und bringt Ihnen Pluspunkte ein.

Als Fahrzeugführende kommen Sie an der korrekten Schriftsprache nicht vorbei. Sind Sie ohne Reisebegleiter unterwegs, erfüllen Sie auch dessen Aufgaben – mindestens auf der Hin- und Rückfahrt.

UNTERNEHMENSBILD IM PERSONENKRAFTVERKEHR

Vorkommnisse, wie z. B.
- Fahrgastsachschäden,
- Verunreinigungen des Fahrgastraumes durch Mitreisende oder
- Personenschäden

erfordern von Ihnen einen schriftlichen Bericht. In Ihrer Funktion als Reiseleiter können Sie auch aufgefordert werden, einen Reisebericht zur Auswertung der Reise anzufertigen.

Zusammenfassung Gelegenheitsverkehr
- Ihnen sind Personen zur Beförderung anvertraut.
- Der Fahrgast ist Ihr Kunde.
- Verhalten Sie sich rücksichtsvoll und besonnen.
- Achten Sie auf die richtigen, der Situationen entsprechenden Anredeformen.
- Sprechen Sie nicht zu schnell.
- Verfolgen Sie mit den Augen, ob die Fahrgäste alles verstanden haben.
- Geben Sie den Fahrgästen die Gelegenheit, Fragen zu stellen.
- Wiederholen Sie nur wesentliche Dinge, z. B. die Länge der Pause und die Abfahrtszeit.
- Sprechen Sie nicht im Dialekt, wenn Sie Fahrgäste aus anderen Regionen befördern.
- Informieren Sie sich in der Reiseliste, ob Fahrgäste mit bestimmten Titeln (Professor, Doktor u. a.) teilnehmen.
- Stellen Sie die Dinge objektiv dar.
- Diktieren Sie nicht Ihre eigene Meinung.
- Unterlassen Sie Fragen oder Bemerkungen, die den Fahrgast beleidigen könnten wie:
  » „Haben Sie das verstanden?" oder
  » „Wenn Sie wissen, was ich meine."

UNTERNEHMENSBILD IM PERSONENKRAFTVERKEHR

1.1.4 Zuverlässigkeit und Pünktlichkeit

Zuverlässigkeit, Pünktlichkeit, korrekte Bekleidung und Höflichkeit gegenüber allen Gesprächspartnern prägen Ihr Erscheinungsbild nach innen und nach außen.

Als Fahrzeugführende im Linienverkehr werden Sie von den Fahrgästen nicht ausdrücklich gelobt, wenn Sie ein oder zwei Minuten vor der planmäßigen Abfahrtszeit an der Haltestelle ankommen. Kommen Sie aber später als im Fahrplan vorgesehen, bleiben Bemerkungen der Fahrgäste oftmals nicht aus.

Vorgegebene Fahr- und Wartezeiten sind für Sie bindend. Damit gewährleisten Sie das fahrplanmäßige Umsteigen innerhalb des ÖPNV oder auch zum Regionalverkehr. Achten Sie auch auf Mitfahrwillige, die durch schnelles Gehen oder Winken ihre Absicht zum Mitfahren zu erkennen geben.

Ist die Verspätung im Schülerverkehr Ihr Verschulden, kann es im Wiederholungsfall zu Abmahnungen kommen. Oder aber das Unternehmen wird als nicht zuverlässig eingestuft und deshalb den Auftrag zur Schülerbeförderung im Extremfall nicht wieder erhalten.

Zuverlässigkeit und Pünktlichkeit werden auch innerbetrieblich als wichtige Eigenschaften von Unternehmensleitung und Kollegen angesehen, die Sie mitbringen müssen. Dazu gehört ein pünktlicher Arbeitsbeginn auf dem Betriebshof genauso wie die zuverlässige und pünktliche Ablösung auf der Strecke. Zuverlässigkeit nach innen bedeutet auch, sich eigenverantwortlich um die Gültigkeit aller persönlichen Dokumente zu kümmern. Dazu gehört unter anderem die rechtzeitige Verlängerung der Fahrerlaubnis wie auch die Teilnahme an der Weiterbildung nach dem BKrFQG.

Als Fahrzeugführende im Gelegenheitsverkehr sind Sie zwar nicht an einen engen Fahrplan gebunden, der von Ihnen fordert, minutiös jede Haltestelle zu bedienen, ohne eine genau gehende Uhr werden Sie jedoch auch hier nicht reibungslos die Hürden des Gelegenheitsverkehrs nehmen können.

Die pünktliche Abfahrt an den Einstiegsorten ist Voraussetzung für das pünktliche Erreichen des Reiseziels. Dazu ist es erforderlich, dass Sie entsprechend der Anzahl der zusteigenden Reisegäste frühzeitig am Einstiegsort ankommen, um genügend Zeit für die Formalitäten und die Verladung des Gepäcks zu haben. Die Grundlage dazu bildet die Zeitberechnung der Reise, bei der Sie Ihre Erfahrungen einbringen sollten. Die verspätete Ankunft an der Fähre kann zu unangenehmen Verzögerungen im Reiseablauf führen und damit zu Unmut bei den Reisegästen. Kommen Sie nicht rechtzeitig zum Mittagessen im bestellten Restaurant an, sind die Plätze durch eine andere Reisegruppe belegt und Sie müssen warten. Solche unnützen Wartezeiten verursachen Unmut bei den Reisegästen.

UNTERNEHMENSBILD IM PERSONENKRAFTVERKEHR

1.1.5 Sauberkeit und Service

Sauberkeit innen und außen ist die Visitenkarte Ihres Arbeitsplatzes und des Unternehmens. Das Fahrzeug ist vor Arbeitsbeginn auf Sauberkeit zu überprüfen und bei Notwendigkeit zu reinigen. Denken Sie dabei auch an die Netze an den Rückenlehnen.

Wurde der Bus innen oder außen mit erkennbaren Aufschriften politischer Inhalte beschmiert, ist vor der Nutzung die Genehmigung des Verantwortlichen einzuholen, oder das Fahrzeug darf nicht in Betrieb genommen werden, wenn es dazu Betriebsanweisungen gibt.

Sowohl im Linienverkehr als auch im Reiseverkehr ist für Sie ein Rundgang durch den Bus obligatorisch, zum Beispiel nach Beendigung der Fahrt, an der Endhaltestelle oder während eines Aufenthalts an einer Raststätte. Sind Gegenstände zurückgeblieben, die nicht sofort zurückgegeben werden können, sind diese als Fundsachen nach § 11 BOKraft zu behandeln. In den meisten Betrieben des ÖPNV gibt es dazu Regelungen.

Sowohl im Linienverkehr als auch im Gelegenheitsverkehr ist für Sie ein Rundgang durch den Bus obligatorisch, zum Beispiel nach Beendigung der Fahrt, an der Endhaltestelle oder während eines Aufenthalts an einer Raststätte.

Sind Gegenstände zurückgeblieben, die nicht sofort zurückgegeben werden können, sind diese als Fundsachen nach § 11 BOKraft zu behandeln. In den meisten Betrieben des ÖPNV gibt es dazu Regelungen.

Wenn auch in einer Vielzahl von Omnibusbetrieben das Fahrzeug nach Arbeitsende durch qualifiziertes Reinigungspersonal innen und außen gereinigt wird, obliegt Ihnen trotzdem die Sauberkeit im Innern.

Fahrzeugführende im Gelegenheitsverkehr müssen sich mehr um Sauberkeit kümmern als im Linienverkehr. Eine übel riechende Bordtoilette ohne Toilettenpapier und mit leerem Seifenspender, eine verschmutzte Bordküche oder unzureichende Abfallbeseitigung werden sehr schnell zu Kritikpunkten, die Ihr eigenes Ansehen und das des Unternehmens beeinträchtigen können.

Wenn
- die Fahrgäste einen sauberen Omnibus betreten,
- die Fenster auch von innen sauber sind,
- der Abfall ständig problemlos entsorgt werden kann,
- der Fahrer sauber und ordentlich gekleidet ist,

werden sich die Fahrgäste auch entsprechend verhalten und positive Rückschlüsse auf das Unternehmen ziehen.

» **INFO**

Sehr gute Serviceleistungen gehören heute zum Qualitätsanspruch des Unternehmens und werden in der Werbung besonders herausgestellt.

UNTERNEHMENSBILD IM PERSONENKRAFTVERKEHR

1.1.6 Beförderung besonderer Fahrgastgruppen

Ihr persönliches Auftreten als Fahrzeugführende wird auch daran gemessen, wie Sie mit unterschiedlichen Fahrgästen und Fahrgastgruppen umgehen können. Über Ihre Umgangsformen definieren Sie Respekt vor Ihren Fahrgästen.

Sie könnten eingesetzt werden
- im Linienverkehr mit ständig wechselnden Fahrgästen,
- im Schülerverkehr mit gleich bleibender Zusammensetzung,
- zur Beförderung behinderter Menschen,
- im Gelegenheitsverkehr mit unterschiedlichsten Einsätzen wie:
  » Tagesfahrten,
  » Mehrtagesfahrten,
  » Klassenfahrten,
  » Seniorenreisen,
  » Studienreisen,
  » Themenreisen,
  » Jugendreisen,
  » Vereinsreisen,
  » Erlebnisreisen.

Bestimmte Personengruppen erfordern spezielle Verhaltensweisen im persönlichen Auftreten der Fahrzeugführenden. Kinder und Jugendliche sind als Schüler eine große, gebundene Kundengruppe im ÖPNV, da in den meisten Fällen keine andere Möglichkeit als der Schulbus zur Verfügung steht.

Schülerverkehr

Im Schülerverkehr werden Sie mit anderen Problemen konfrontiert als im Linienverkehr. Besonders in ländlichen Gegenden hat der Schülerverkehr einen hohen Anteil am ÖPNV. Die Eltern erwarten vom Unternehmen und damit direkt von Ihnen, dass die Kinder sicher und pünktlich zur Schule und wieder nach Hause befördert werden. Sie tragen dadurch eine hohe Verantwortung in dreifacher Hinsicht: Neben der normalen Fahrtätigkeit und der erforderlichen Aufmerksamkeit für das Verkehrsgeschehen werden
- Geduld und
- ein besonnenes Verhalten

den Kindern gegenüber erwartet, das vorbildlich wirkt. Durch Ihr persönliches Auftreten den jungen Fahrgästen gegenüber können Sie das Verhalten der Kinder von Beginn an beeinflussen. Gehen Sie auf die Schüler zu und intensivieren Sie den Kontakt mit ihnen. Bei mehrjähriger Tätigkeit begleiten Sie die Kinder von der ersten Klasse an. Sie kennen die sehr aktiven Kinder bereits und können dadurch vorbeugend einwirken, um Sicherheit und Ordnung im Omnibus zu gewährleisten. Damit stärken Sie langfristig Ihr eigenes Nervenkostüm. Im Internet können Sie sich in einer Vielzahl von Portalen darüber informieren, welche Maßnahmen in Schulen, Vereinen, Institutionen und öffentlichen Einrichtungen durchgeführt werden, um die Sicherheit aller am Schülerverkehr Beteiligten zu verbessern.

UNTERNEHMENSBILD IM PERSONENKRAFTVERKEHR

Mobilitätseingeschränkte Fahrgäste
Der Transport mobilitätseingeschränkter Personen, meist im Rollstuhl, fordert von Ihnen Verständnis und Akzeptanz. Mobilitätseingeschränkte Menschen sind weder Hindernisse bei der Einhaltung des Fahrplanes noch Zumutungen oder Unbequemlichkeiten. Sie als Fahrzeugführende sind in betrieblichen Weisungen aufgefordert, alles zu tun, um Fahrgästen in Rollstühlen die Mitfahrt zu ermöglichen und durch persönlichen Einsatz jede erdenkliche Hilfe zu leisten. Individuelle Wünsche sind den Möglichkeiten entsprechend zu berücksichtigen.

Vergewissern Sie sich bereits beim Einfahren in die Haltestelle, ob sich Rollstuhlfahrer unter den Fahrgästen befinden.

Je nachdem, mit welchen Hilfsmitteln der Omnibus ausgestattet ist, erfordert der Transport von Rollstuhlfahrern Ihre erhöhte Aufmerksamkeit. Die Handrampe ist eine Hilfsvorrichtung, um das Ein- und Aussteigen von Fahrgästen im Rollstuhl zu ermöglichen, besonders an nicht standardgerechten Haltestellen. Dazu müssen Sie Ihren Platz verlassen, die Rampe bedienen und dem Fahrgast beim Ein- oder Aussteigen helfen. Das ist zum Teil auch mit schwerer körperlicher Arbeit verbunden. Ist der Omnibus nur mit einem breiten Ausstieg versehen, ist die Hilfe einer zweiten Person notwendig.

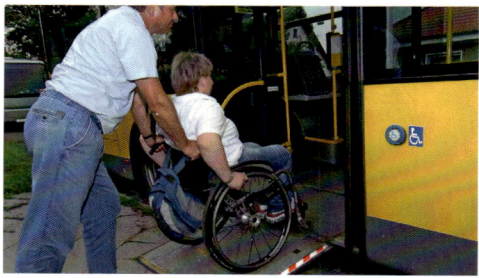

Fahrzeugführende im Linienverkehr müssen beim Anfahren Rücksicht auf schwerbehinderte Fahrgäste nehmen. Sie haben sich vor dem Abfahren zu vergewissern, dass erkennbar behinderte Personen im Wagen einen Sitzplatz oder festen Halt gefunden haben. Achten Sie darauf, dass der Rollstuhl gesichert ist, damit der Fahrgast bei einer situationsbedingt starken Bremsung nicht gefährdet wird.

Beförderung von mobilitätseingeschränkten Fahrgästen
– Überprüfen Sie vor Fahrtbeginn, welches Hubsystem oder welche Rampe vorhanden ist.
– Sind Sie mit der Bedienung des Hubsystems vertraut? Einweisung ist erforderlich!
– Überprüfen Sie die Funktion der Einrichtung vor Fahrtantritt.
– Hat der Omnibus nur einen breiten Einstieg, benötigen Sie eine zweite Person.
– Vergewissern Sie sich rechtzeitig, ob sich Rollstuhlfahrer im Haltestellenbereich aufhalten.
– Bringen Sie die Hubeinrichtung vor dem Befahren immer in die gesicherte Endlage (Rückrollsicherung).
– Überprüfen Sie die korrekte Sicherung des Rollstuhls auf dem dafür vorgesehenen Platz.
– Lassen Sie nicht zu, dass Rollstuhlfahrer ohne fremde Hilfe den Omnibus verlassen.

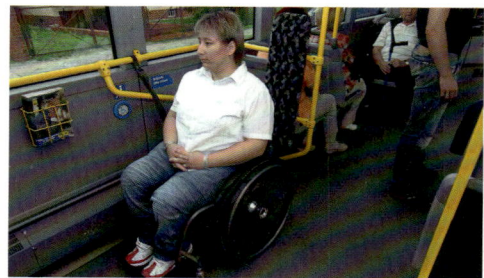

» **INFO**
Beachten Sie dabei die Regeln zum richtigen Heben und Tragen aus Band 1 „Gesundheit & Fitness".

UNTERNEHMENSBILD IM PERSONENKRAFTVERKEHR

Fahrgäste mit Kinderwagen

Erkennen Sie beim Einfahren in die Haltestelle, dass ein Kinderwagen mitgenommen werden muss, achten Sie insbesondere darauf, ob das Einsteigen mit dem Kinderwagen problemlos erfolgen kann. Fahren sie dazu besonders nah an die Bordsteinkante heran und senken den Bus auf der Türseite noch etwas ab, so dass der Ein- und Ausstieg auch ohne fremde Hilfe klappt. Die Hilfestellung beim Ein- oder Aussteigen obliegt Ihnen, wenn kein anderer Fahrgast dazu bereit und in der Lage ist.

Sorgen Sie dafür, dass der Kinderwagen nicht frei im Raum steht, sondern angelehnt an die Seitenwand und an die Schutzwand zu den Fahrgastplätzen. Warten Sie mit dem Anfahren, bis der Kinderwagen richtig platziert ist, oder geben Sie entsprechende Hinweise.

UNTERNEHMENSBILD IM PERSONENKRAFTVERKEHR

Ältere Fahrgäste

Der Anteil älterer Menschen in unserer Gesellschaft nimmt ständig zu, die Notwendigkeit der Mobilität nimmt dabei aber keineswegs ab. Einkaufen, Behördengänge, Arztbesuche und viele andere Dinge, die es zu erledigen gilt, können zu Fuß kaum noch bewältigt werden. Ältere Menschen, die nicht mehr Auto fahren wollen oder können, nutzen deshalb zunehmend den ÖPNV. Ihnen fehlen aber nach einem Leben mit dem Auto die Erfahrungen mit dem ÖPNV und seiner Nutzung. Ihnen fällt es schwerer als jüngeren Fahrgästen, mit vielen ungewohnten Situationen (Fahrkartenautomat, unüberschaubare Tarife, Haltestellenanzeige, Taktanzeigen, Fahrschein-entwerter) fertig zu werden. Es ist nicht einfach, den Fahrschein zu entwerten, wenn der Bus bereits angefahren ist und mit der anderen Hand eventuell der Gehstock gehalten werden muss. Auch das Suchen nach einem Sitzplatz gestaltet sich während der Fahrt sehr problematisch.

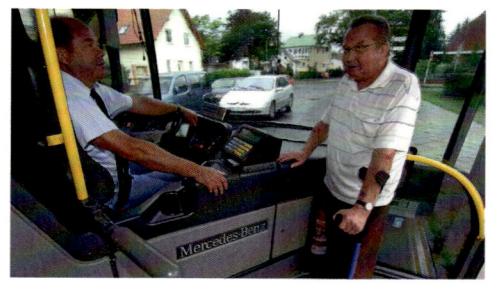

Deshalb sind ältere Menschen froh darüber, dass es trotz fortschreitender Technik noch immer Fahrzeugführende gibt, die sich auf solche Bedürfnisse einstellen und sich hilfreich verhalten.
Ältere brauchen einen Ansprechpartner, der ihnen Vertrauen signalisiert, indem er Blickkontakt sucht. Vermitteln Sie ihnen durch Geduld und ein freundliches, hilfsbereites Verhalten das Gefühl, beachtet zu werden und, wenn erforderlich, Hilfe zu bekommen. Beobachten Sie ältere und gebrechliche Personen und reagieren Sie hilfsbereit.

Als Fahrzeugführende im Gelegenheitsverkehr sind Sie besonders als Kontaktperson und Helfer in der Not gefragt. Die Treppenstufen bei fast allen Reisebussen sind für ältere Personen nicht gut geeignet, ohne Anstrengungen den Fahrgastraum zu betreten. Da ist es wichtig, einen feststehenden Tritt bereitzuhalten, um die Einstiegshöhe zu halbieren. Dieser Tritt muss ausreichend groß sein, stabil stehen und darf nicht zum Kippen neigen. Sind die Stufen im Mitteleinstieg nicht gleichmäßig breit, weisen Sie darauf hin, mit welchem Fuß begonnen werden soll.

Bei altersmäßig gemischten Reisegruppen ist es besonders wichtig, dass Sie sich bei der Übermittlung von Informationen danach richten, wie die älteren Reisenden Sie verstehen. Sprechen Sie also deutlich und verständlich und verwenden Sie keine Fremdwörter. Ihr persönliches, durch Höflichkeit und Verständnis geprägtes Auftreten sorgt von Beginn der Reise an für ein Vertrauensverhältnis zwischen Ihnen und den Fahrgästen.

UNTERNEHMENSBILD IM PERSONENKRAFTVERKEHR

Beförderung älterer Fahrgäste
- Achten Sie beim Einfahren in die Haltestelle besonders darauf, dass der Abstand zwischen Bordsteinkante und Einstiegskante gering bleibt.
- Stellen Sie im Reisebus nach Möglichkeit eine Trittstufe zur Verfügung. Machen Sie die Fahrgäste darauf aufmerksam. Helfen Sie ihnen beim Ein- und Aussteigen.
- Beobachten Sie im Linienbus das Ein- und Aussteigen.
- Geben Sie Informationen und gewünschte Auskünfte laut und deutlich.
- Bewahren Sie Geduld beim Kassieren und vergewissern Sie sich, dass jeder einen Platz gefunden hat.
- Informieren Sie rechtzeitig über die nächste Haltestelle.
- Vermeiden Sie ruckartiges Anfahren und Bremsen.

Fahrgäste aus anderen Kulturkreisen
Als Fahrzeugführende im Linienverkehr kommen Sie täglich mit Fahrgästen unterschiedlicher Kulturkreise in Kontakt. Sei es, dass sie als Touristen unterwegs sind, oder dass sie hier ihren ständigen Wohnsitz haben. In beiden Fällen sind Probleme mit der Sprache möglich. Vielleicht auch ein anderes Verhalten, als Sie es üblicherweise erwarten. Auch die Art und Weise der Nutzung öffentlicher Verkehrsmitteln ist in anderen Kulturkreisen anders, als Sie es gewohnt sind: Wie etwa beim Fahrscheinkauf, der Entwertung oder der Nutzung der Sitzplätze, beim Wunsch aussteigen zu wollen oder auch bei der Mitnahme von Tieren und Gegenständen. Akzeptieren Sie ungenaue oder unvollständige Fragen nach Preisen oder Haltestellen. Versuchen Sie bei unklarer Lage diesen Fahrgästen die Orientierung zu erleichtern. Im Mittelpunkt Ihrer Bemühungen steht der Fahrgast. Er ist Ihr Kunde.

Um Unfällen vorzubeugen, ist in diesem Fall mit "rechts" zu beginnen.

Im Gelegenheitsverkehr werden Sie in der Mehrzahl der Reisen einen Reisebegleiter aus dem entsprechenden Kulturkreis haben. Das erleichtert Ihnen die Arbeit. Besprechen Sie mit ihm wichtige Details, die speziell die Fahrt betreffen. Es handelt sich dabei um:
- Die Gestaltung der Pausen (Länge, Getränke, bestimmte örtliche Bedingungen),
- Einnahme eines Mittagessens (Anfrage im vorgesehenen Restaurant zu speziellen Gerichten oder separatem Raum)
- Unterhaltung der Fahrgäste (spezielle Musikwünsche oder Videobeiträge).

Ist es nur eine kleine Gruppe, erkundigen Sie sich dezent nach den Wünschen. Geben Sie zu verstehen, dass Sie diese Wünsche im Rahmen Ihrer Möglichkeiten zu erfüllen versuchen.

Wenn Sie genau einschätzen können, dass ein spezieller Wunsch von Ihnen nicht erfüllt werden kann, versäumen Sie aber nicht, darüber auch den Fahrgast rechtzeitig zu informieren. Nennen Sie ihm auch die Gründe.

UNTERNEHMENSBILD IM PERSONENKRAFTVERKEHR

Fahrgäste mit Tieren oder Gegenständen
Die Beförderungspflicht gilt für Personen. Wenn Fahrgäste Gegenstände wie Koffer, Kinderwagen oder auch leichtere Gegenstände bei sich haben, müssen diese so abgestellt werden können, dass andere Fahrgäste nicht belästigt werden. Im Einzelfall entscheiden Sie über die Beförderung von Sachen und Tieren.

Wenn Durchgänge sowie Ein- und Ausstiege verstellt werden, weisen Sie höflich darauf hin, dass dadurch die Sicherheit und Ordnung des Betriebes gefährdet werden kann. Sie müssen die Beförderung ablehnen, wenn unverpackte oder ungeschützte gefährliche Gegenstände Fahrgäste verletzen könnten. Dazu gehören auch übelriechende oder ätzende Stoffe (siehe § 15 BOKraft).

Insbesondere die Mitnahme von Tieren kann manchmal zu Problemen führen. Hier müssen Sie besonders auf die davon ausgehenden Gefahren für andere Fahrgäste achten. Hunde, die andere Fahrgäste gefährden könnten, müssen einen Maulkorb tragen.
Während Sie als Fahrzeugführende im ÖPNV einen Blindenführhund immer befördern müssen, wird die Mitnahme von Hunden im Gelegenheitsverkehr durch die Beförderungsbedingungen des Transportunternehmens geregelt.

UNTERNEHMENSBILD IM PERSONENKRAFTVERKEHR

1.1.7 Fahrverhalten

Die Fahrgäste vertrauen „ihren" Fahrzeugführenden, die sie sicher befördern. Es ist ihr Beruf, sie geben durch ihre Fahrweise ein Beispiel für das vorbildliche Verhalten im Straßenverkehr. Deshalb wird Fehlverhalten auch besonders registriert – von den Fahrgästen wie auch von den übrigen Verkehrsteilnehmern.

Der Fahrgast in der letzten Reihe sieht „Rot", wenn Sie gerade noch bei „Gelb" in die Kreuzung einfahren. Der stehende Fahrgast, der sich leicht an der Rückenlehne eines Sitzplatzes festhält, wird bei starkem Bremsen vor einer Ampel nach vorn geschleudert. Ein anderer, der gerade liest, stößt mit der Stirn gegen die Lehne des Vordersitzes. Ein Dritter wird während einer zügigen Kurvenfahrt unsanft gegen einen Kinderwagen oder gegen eine Fensterscheibe gedrückt.

Solche Erlebnisse führen bei den Fahrgästen regelmäßig zu Missfallensäußerungen, die Ihrem Ansehen schaden und Zweifel an Ihrer Kompetenz aufkommen lassen.

Berücksichtigen Sie: Die Fahrgäste im Linienverkehr sind nicht angeschnallt. Sie können auf unerwartet einwirkende Kräfte nicht schnell genug reagieren, was zu Stürzen oder zu Verletzungen führen kann. Vermeiden Sie demzufolge ruckartiges Bremsen, indem Sie vorausschauend fahren und die technischen Möglichkeiten für ein gleichmäßiges Bremsen (z. B. den Retarder) ausnutzen. Schnelles Befahren von engen Kurven oder starkes Beschleunigen gehört ebenfalls nicht zu den guten Qualitäten eines Berufskraftfahrers.

Verringern Sie rechtzeitig die Geschwindigkeit, um in eine Haltestelle einzufahren. Denken Sie beim Einfahren in eine Haltebucht auch daran,
- dass Querbeschleunigungen auftreten,
- dass der Überhang Wartende nicht gefährdet,
- den Zwischenraum zum Bordstein möglichst gering zu halten, um den Fahrgästen das Ein- und Aussteigen zu erleichtern.

Warten Sie beim Abfahren, bis
- ältere Fahrgäste,
- Fahrgäste mit Behinderungen,
- Rollstuhlfahrer,
- Fahrgäste mit Kinderwagen oder
- Kinder

ihren entsprechenden Platz gefunden haben.

Auch wenn der Fahrplan zeitlich knapp gehalten ist, trägt eine gleichmäßige Fahrweise dazu bei, das Risiko der Verletzung der Fahrgäste so klein wie möglich zu halten. Daraus ergibt sich im Personenkraftverkehr der Anspruch an eine ausgeglichene und komfortable Fahrweise, die die Fahrgäste nicht verunsichert, sondern ihnen ein sicheres Gefühl vermittelt.

Die BGV D 29 Fahrzeuge fordert im § 44 (3)

Der Fahrzeugführer hat die Fahrweise so einzurichten, dass er das Fahrzeug sicher beherrscht. Insbesondere muss er die
- Fahrbahn-,
- Verkehrs-,
- Sicht- und
- Witterungsverhältnisse, die
- Fahreigenschaften des Fahrzeuges sowie die
- Einflüsse durch die Ladung

berücksichtigen.

UNTERNEHMENSBILD IM PERSONENKRAFTVERKEHR

1.2 Unterschiedliche Rollen des Fahrzeugführenden

1.2.1 Bei Auskünften und Informationen

Sie als der Fahrzeugführende im Linienverkehr sind immer der erste Ansprechpartner, wenn es um Auskünfte und Informationen geht. Es erspart viel Zeit, wenn Sie bei den Auskünften keine Nachschlagewerke benötigen. Die Tarife ihrer „Hauslinie" müssen Sie genau kennen. Das gilt ebenso für Umsteigemöglichkeiten und Anschlüsse.
Bei Auskünften zu Tarifen außerhalb Ihrer „ständigen" Linien helfen Ihnen die Tarifbestimmungen, die Sie ebenso wie die Beförderungsbedingungen und die Fahrpläne nach § 10 BOKraft mitzuführen haben. Den Fahrgästen ist dazu nicht nur Auskunft zu erteilen, sondern auf Verlangen auch Einsicht zu gewähren. Verweigern Sie dies, begehen Sie eine Ordnungswidrigkeit nach § 45 (2) Nr. 6 Buchstabe b BOKraft. Ein Stadtplan oder Verkehrsatlas kann Ihnen bei Auskünften ebenfalls sehr nützlich sein. In einigen Verkehrsunternehmen gehören diese zu den mitzuführenden Unterlagen.

Die an der Strecke liegenden öffentlichen Gebäude und Einrichtungen wie z. B. Rathaus, Krankenhäuser, Sportanlagen, Theater, Gericht, Polizeidienststellen oder große Kaufhäuser und Betriebe sollten Ihnen ebenso bekannt sein wie Kirchen und Friedhöfe. An der Art und Weise, wie Sie die Auskünfte und Informationen geben, sollen die Fahrgäste erkennen, dass Sie das mit Freude anstatt mit Unbehagen tun.
Im Gelegenheitsverkehr geht es eher um Informationen zum Streckenverlauf, zu den Ankunftszeiten, zur Unterbringung am Zielort, zum Wetter in der Region oder auch zu Freizeitangeboten für die Zeit, in der kein Programm vorgesehen ist. All dem können Sie gerecht werden, wenn Sie diese Tour nicht zum ersten Mal fahren oder Sie sich entsprechend vorbereitet haben.

Das bedeutet, dass Sie sich vor jeder neuen (erstmaligen) Reise mit dieser Problematik beschäftigen müssen. Dabei können Sie sich Hilfe holen: Von Kollegen, die schon häufiger diese Tour gefahren sind, vom Reiseleiter, mit dem Sie die Fahrt durchführen, oder auch von entsprechenden Informationsseiten im Internet.

UNTERNEHMENSBILD IM PERSONENKRAFTVERKEHR

1.2.2 Der Umgang mit Fahrgästen ohne gültigen Fahrausweis

Als Linienbusfahrer gehört es zu Ihrer Aufgabe, Fahrausweise zu verkaufen oder schon vorhandene auf ihre Gültigkeit zu überprüfen. Jeder Fahrgast muss im Besitz eines gültigen Fahrausweises sein. Die Verantwortung dafür liegt bei ihm. Der Verkauf und eventuell notwendige Auskünfte dürfen nur bei stehendem Fahrzeug erfolgen. Das erfordert von Ihnen genaue Kenntnis der auf dieser Linie geltenden Tarife und genaue Streckenkenntnis, um richtige, umfassende Auskünfte geben zu können.

Der Fahrgast muss vom Antritt der Fahrt bis zu deren Ende im Besitz eines für die Fahrt gültigen Fahrausweises sein. Wird ein Fahrgast ohne gültigen Fahrausweis angetroffen, ist er zur Zahlung eines erhöhten Beförderungsentgeltes verpflichtet.

Betritt ein Fahrgast den Bus mit einem ungültigen Fahrausweis, ist er zurückzuweisen, oder es ist nachträglich Fahrgeld zu erheben. Ungültige Fahrausweise können eingezogen werden.

1.2.3 Der Fahrscheinverkauf

Der Fahrgast soll das Fahrgeld abgezählt bereithalten. Sie sind nicht verpflichtet, Geldbeträge über fünf Euro zu wechseln oder mehr als zehn Cent in Ein-Cent-Münzen anzunehmen. § 7 der BefBedV (Stand: 21.05.2015) Sollte ein Fahrgast kein passendes Fahrgeld haben, versuchen Sie zunächst, das Geld bei anderen Fahrgästen zu wechseln. Hat das keinen Erfolg, können Sie, das Einverständnis des Fahrgastes vorausgesetzt, den Wechselbetrag gegen Quittung einbehalten. Es ist Sache des Fahrgastes, sich das einbehaltene Wechselgeld beim Kunden- oder Service-Center des Verkehrsunternehmens zurückzuholen. Ist der Fahrgast mit dieser Regelung nicht einverstanden, können Sie die Beförderung zurückweisen. Gehen Sie bei der Klärung solcher „kleinen" Probleme rücksichtsvoll und besonnen vor. Entscheiden Sie im Einzelfall im Sinne des Kundendienstes für den Fahrgast. Beachten Sie den Grundsatz der Verhältnismäßigkeit, wenn ein Fahrgast aus Unwissenheit ein falsches Ticket aus dem Automaten gezogen hat. Ein vergesslicher Stammkunde kann seinen Fahrausweis an einer Kundendienststelle vorzeigen und kommt mit einer Verwaltungsgebühr davon. Den unsicheren Ortsfremden weisen Sie freundlich auf die örtlichen Beförderungsbedingungen hin. Mit einer kulanten Regelung tragen Sie entscheidend dazu bei, eventuell aufkommende Konflikte zu vermeiden. Der AFR (RBL) unterstützt Sie bei allen Handlungen zum Fahrausweisverkauf.

» **BUCH**

Die rechtlichen Grundlagen dazu finden Sie in der „Verordnung über die Allgemeinen Beförderungsbedingungen für den Straßenbahn- und Obusverkehr sowie den Linienverkehr mit Kraftfahrzeugen".

UNTERNEHMENSBILD IM PERSONENKRAFTVERKEHR

1.2.4 Schülerverkehr

Schüler sammeln schon in dieser Zeit Erfahrungen mit dem ÖPNV, die sie als Erwachsene auf die Nutzung öffentlicher Verkehrsmittel im Berufsleben und in der Freizeit auswerten. Auch hier beginnt das Kennenlernen mit der Begrüßung. Stellen Sie sich den Kindern am ersten Schultag vor. Sind Eltern dabei, die ihre Kinder zur Haltestelle bringen, stellen Sie sich auch ihnen vor. Teilen Sie ihnen dabei mit, wie Sie oder die Firma bei Notwendigkeit zu erreichen sind. Versuchen Sie, mit den Eltern in Kontakt zu kommen und ein Vertrauensverhältnis aufzubauen.

Im Laufe der Zeit kennen Sie „Ihre" Schüler und lernen mit ihnen umzugehen. Betrachten Sie die Kinder grundsätzlich als Fahrgäste, für die Sie die Verantwortung tragen. Auch sie haben Probleme und sind nicht immer gut gelaunt. Zeigen Sie Verständnis und reagieren Sie ruhig und sachlich. Durch Ihr verantwortliches Handeln können Sie die Schülerinnen und Schüler zu einem partnerschaftlichen Verhalten untereinander motivieren. Wenn Sie von sich aus auf die Schüler zugehen, halten Sie die Initiative in Ihren Händen und die Schüler müssen reagieren. Das hilft auch, den persönlichen Kontakt zu intensivieren. Versetzen Sie sich in ihre Lage. Das hilft Ihnen, sie besser zu verstehen.
Legen Sie Regeln fest für das Verhalten im Bus, beim Ein- und Aussteigen. Sollten diese nicht eingehalten werden, müssen Sie darauf reagieren und die Schüler daran erinnern, sonst verlieren die Kinder bereits am ersten Tag den Respekt vor Ihnen. Wählen Sie dabei den richtigen Ton, unterscheiden Sie auch zwischen Schülern aus den unteren Klassen und Jugendlichen. Kinder und Jugendliche möchten genau wie Sie akzeptiert werden. Der erste Schultag ist prägend für das künftige Miteinander. Wichtig ist Ihre persönliche Einstellung gegenüber den Kindern als Fahrgäste. Wenn Sie merken, dass Sie mit Kindern nicht umgehen können, sind Sie als Fahrzeugführende im Schülerverkehr ungeeignet. Versuchen Sie dann, mit Ihrem Arbeitgeber eine andere Einsatztätigkeit zu finden.

» **BUCH**

Das Bundesministerium für Verkehr und digitale Infrastruktur, (vorher: BM für Verkehr, Bau und Stadtentwicklung) hat einen „Anforderungskatalog für Kraftomnibusse und Kleinbusse, die zur Beförderung von Schülern und Kindergartenkindern besonders eingesetzt werden" herausgegeben, der als Anlage 2 folgendes „Merkblatt für die Schulung von Fahrzeugführern" enthält.

UNTERNEHMENSBILD IM PERSONENKRAFTVERKEHR

Merkblatt für die Schulung von Fahrzeugführern

Sehr geehrte Fahrerin, sehr geehrter Fahrer!

Als Fahrerin/Fahrer eines Kfz bei der Beförderung von Schülern oder Kindergartenkindern tragen Sie eine besondere Verantwortung für das Leben und die Gesundheit vieler Schüler. Die folgenden Hinweise sollen Ihnen helfen, sich Ihrer hohen Verantwortung entsprechend zu verhalten.

Grundsätzlich zeichnet sich eine gute Fahrerin und ein guter Fahrer dadurch aus, dass er im Straßenverkehr erhöhte Vorsicht walten lässt und sich sowohl gegenüber den anderen Verkehrsteilnehmern als auch gegenüber den Fahrgästen rücksichtsvoll und besonnen verhält. Ebenso wird erwartet, dass er defensiv fährt und sich in allen Situationen des Straßenverkehrs vorausschauend verhält und nicht versucht, sich gegenüber anderen Verkehrsteilnehmern rücksichtslos durchzusetzen.

Bedenken Sie bitte auch, dass Sie nicht nur durch Ihr Verhalten während der Fahrt, sondern auch schon durch die Vorbereitung der Fahrt einen wesentlichen Beitrag zur Sicherheit der Fahrgäste leisten können. Wenn Sie die jeweilige Fahrt rechtzeitig antreten, sind Sie z. B. später nicht gezwungen, etwaige Verspätungen einzuholen. Sollte es tatsächlich zu einer Verspätung kommen, ist es weder vertretbar, dass Sie die Geschwindigkeit so erhöhen, dass dies zu einer Gefährdung der Fahrzeuginsassen führt, noch dass Sie die vorgeschriebene Fahrstrecke verlassen.

Als Fahrerin/Fahrer eines Kfz zur Schülerbeförderung müssen Sie in manchen Situationen erhöhte Geduld aufbringen. Dass Sie diese zusätzliche Anforderung erfüllen, verdient besondere Anerkennung. Gerade durch Ihr ruhiges und besonnenes Verhalten können Sie ein gutes Beispiel für die Kinder geben. Führen Sie Gespräche mit den Kindern nur bei stehendem Fahrzeug und in freundlicher, sachlicher Form. Verzichten Sie auf unnötige Unterhaltung. Vor allem eine Auseinandersetzung mit einzelnen Schülern kann Ihre Aufmerksamkeit stark beeinträchtigen.

Bitte beachten Sie vor allem immer folgende Punkte:
- Überzeugen Sie sich vor Antritt der Fahrt davon, dass sich das Kfz in einem verkehrs- und betriebssicheren Zustand befindet.
- Bringen Sie die Schulbusschilder vorschriftsmäßig an. Beachten Sie, dass die Schulbusschilder nach Beendigung der Schulfahrt sofort zu entfernen oder abzudecken sind.
- Führen Sie Führerscheine und Fahrzeugpapiere mit.
- Halten Sie die Lenk- und Ruhezeiten ein.
- Halten Sie die Fahrstrecke und den Fahrplan ein. Gegenüber dem Fahrplan kürzere Fahrzeiten sind durch ein entsprechend längeres Warten an den jeweiligen Haltestellen auszugleichen.
- Fordern Sie zum Anlegen der Sicherheitsgurte bzw. zur Benutzung der Rückhalteeinrichtungen für Kinder auf.
- Zeigen Sie frühzeitig An- und Abfahren an.
- Fahren Sie erst ab, wenn die Türen geschlossen sind und die Kinder ihre Plätze eingenommen haben. Fahren Sie mit Kleinbussen nicht los, wenn Schüler stehen.
- Achten Sie darauf, dass sich während der Fahrt keine Schüler auf den Trittstufen der Ein- und Ausstiege sowie auf der freizuhaltenden Fläche neben dem Fahrzeugführer befinden.
- Überschreiten Sie nicht die zulässige Höchstgeschwindigkeit. Passen Sie die Geschwindigkeit den jeweiligen Umständen an (Verkehrsdichte, Fahrbahnzustand, Sichtverhältnisse). Für KOM, in denen mangels freier Sitzplätze Schüler stehend befördert werden, beträgt die zulässige Höchstgeschwindigkeit außerorts 60 km/h.
- Schalten Sie rechtzeitig beim Nähern an die Haltestelle und solange Kinder ein- und aussteigen das Warnblinklicht ein, wenn die Straßenverkehrsbehörde dies angeordnet hat. Im Regelfall sollte in einer Entfernung von etwa 50 m innerorts, außerorts in einer Entfernung von etwa 150 m mit dem Blinkvorgang begonnen werden.
- Fahren Sie mit äußerster Vorsicht langsam und jederzeit anhaltebereit an Haltestellen heran und aus ihnen heraus (Schrittgeschwindigkeit). Verhalten Sie sich so, dass eine Gefährdung der Kinder und der übrigen Verkehrsteilnehmer ausgeschlossen ist.
- Halten Sie in vorhandenen Haltebuchten oder an Schutzgittern.
- Öffnen Sie die Türen erst dann, wenn das Kfz steht und gefahrlos ausgestiegen werden kann.
- Weisen Sie auf geordnetes Ein- und Aussteigen hin.
- Fordern Sie die Schüler auf, die Fahrbahn erst nach Abfahren des Busses zu überqueren.
- Beobachten Sie die Einstiege vor und nach dem Schließen der Türen.
- Fahren Sie nur mit Einweiser rückwärts.
- Benutzen Sie kein Mobil- oder Autotelefon ohne Freisprecheinrichtung während der Fahrt.

UNTERNEHMENSBILD IM PERSONENKRAFTVERKEHR

Sie sind befugt, im Einzelfall Schüler nach vergeblicher Ermahnung von der Beförderung auszuschließen, wenn dies zwingend erforderlich ist, um die Sicherheit und Ordnung während der Fahrt aufrechtzuerhalten. Dies darf nur an Haltestellen und dann geschehen, wenn eine Gefährdung der Schüler nicht zu erwarten ist. Bei Schülern von Grundschulen und Schulen mit Förderschwerpunkt sollte grundsätzlich von solchen Maßnahmen abgesehen werden.

Beispiele für Verhaltensfälle, die zum Beförderungsausschluss berechtigen:
- Erhebliche Gefährdung oder Belästigung des Fahrers und der mitfahrenden Schüler,
- Beschädigung des Kfz,
- eigenmächtiges Öffnen der Türen während der Fahrt,
- aus dem Kfz werden Gegenstände geworfen oder herausgehalten.

Melden Sie Vorfälle dieser Art umgehend der Schule. Bedenken Sie jedoch, dass Sie kein Züchtigungsrecht gegenüber den Kindern haben.

Melden Sie bitte Ihrem Unternehmer:
- festgestellte Mängel, insbesondere am Kfz,
- wenn nicht alle Schüler wegen mangelnder Platzkapazität mitgenommen werden konnten,
- wenn infolge zu starker Besetzung unzumutbare Platzverhältnisse auftreten,
- Abweichungen von der Streckenführung,
- besondere Gefahrenquellen für den Betrieb auf Fahrstrecken und an Haltestellen,
- häufig aufgetretene Schwierigkeiten beim Einsteigen vor oder nach Schulschluss,
- besonders auffälliges, sicherheitswidriges Verhalten von Schülern,
- den Beförderungsausschluss von Schülern.

Bitten Sie Ihren Unternehmer um Lösung des Problems, ggf. gemeinsam mit der Schule oder dem Träger für die Schülerbeförderung.

Übrigens:
- Ihr persönliches Wohlbefinden ist die beste Voraussetzung für sicheres Fahren.
- Deshalb: keine Medikamente, die die Fahrtüchtigkeit beeinträchtigen, nicht rauchen während der Fahrt, kein Alkohol, kein Fahrantritt bei Verdacht auf Restalkohol.
- Sprechen Sie mit Ihrem Unternehmer, damit Sie an Seminaren zur Verbesserung der Schulbussicherheit teilnehmen können. Diese Seminare werden z. B. von den für die Schüler-Unfallversicherung zuständigen Trägern der öffentlichen Hand (GUVV, UK) und den für den Omnibusbetrieb zuständigen Berufsgenossenschaften angeboten.

Die Eltern sowie die mitfahrenden Kinder und Jugendlichen, die Ihnen anvertraut sind, werden Ihnen für die sichere Beförderung dankbar sein. In einzelnen Schulen existieren auch Merkblätter für das Verhalten der Schüler. Siehe dazu auch BO-Kraft § 8, Verhalten im Fahrdienst.

UNTERNEHMENSBILD IM PERSONENKRAFTVERKEHR

1.2.5 Gelegenheitsverkehr

Im Gelegenheitsverkehr kann Ihre Tätigkeit aus zwei Varianten bestehen:
1. Als Fahrzeugführende, die gleichzeitig verantwortlich für die Durchführung der Reise sind (Reiseleitung).
2. Die Zusammenarbeit als Fahrzeugführende mit der Reiseleitung. Die Aufgabenverteilung zwischen Ihnen und der Reiseleitung enthält etliche Abstufungen:
   - Sie als Fahrzeugführende, die die Tour organisieren, die Stadtführung durchführen und auch die Begleitung der Fahrgäste und der übrigen Zeit übernehmen. Alles in einer Person.
   - Sie als Fahrzeugführende, unterstützt von einer Reisebegleitung.
   - Sie als Fahrzeugführende, zeitweise unterstützt von örtlichen Fachkräften (Stadtbesichtigungen, Museumsbesuche u. a.).
   - Die Arbeitsteilung zwischen Ihnen als Fahrzeugführende im Gelegenheitsverkehr (Organisation) und fachlich-thematischer Reiseleitung durch örtliches Fachpersonal.
   - Sie als Fahrzeugführende mit externer Reiseleitung.
   - Sie, als Fahrzeugführende nur verantwortlich für das Fahrzeug und die Sicherheit der Fahrgäste während der Fahrt, während die sonstige Kompetenz und Verantwortung bei der externen Reiseleitung liegen.

Fahrzeugführende, die mit der Reiseleitung beauftragt sind

Das Erscheinungsbild und das persönliche Auftreten der Fahrzeugführenden, insbesondere im Gelegenheitsverkehr, wurden in den vorangegangenen Abschnitten bereits ausführlich behandelt. Wenn die Fahrt ohne Reiseleiter durchgeführt wird, müssen Sie zusätzlich bestimmte Pflichten eines Reiseleiters erfüllen. Sie dürfen sich dadurch aber nicht von Ihrer Fahrtätigkeit ablenken lassen. Vorträge über „Land und Leute" sind für Sie während der Fahrt unzulässig. Es gibt in der modernen Unterhaltungstechnik vielfältige Möglichkeiten, die Fahrgäste über die landschaftlichen Sehenswürdigkeiten zu informieren. Organisatorische Hinweise können nur vor Beginn der Fahrt oder während der Pausen gegeben werden.

Typische Fahrten ohne Reiseleiter können sein:
- Tagesfahrten mit Gruppen oder Vereinen im Mietomnibus,
- Tagesfahrten zu Ausstellungen, Besichtigungen und anderen kulturellen Ereignissen,
- Ferienzielreisen (Hin- bzw. Rückreise).

Insbesondere bei den Ferienzielreisen erfüllen Sie solche typischen Reiseleiteraufgaben wie:
- Überprüfen der Teilnehmerliste (Vollzähligkeit),
- Kontrolle der Reiseunterlagen,
- Hinweise/Informationen zu eventuellen Pass- und Ausweiskontrollen,
- organisatorische Hinweise zur Fahrt wie Reiseroute, Pausen, mögliche Ankunftszeit,
- Übergabe der Dokumente an die Hotelleitung,
- möglicherweise Bezahlung von bestimmten Leistungen des Hotels,
- Organisation der Zimmerverteilung,
- Bereitschaft zur Klärung von möglichen Problemen bei der Unterbringung im Hotel.

UNTERNEHMENSBILD IM PERSONENKRAFTVERKEHR

Besonders diese Reisen müssen durch Sie gut vorbereitet werden. Holen Sie sich rechtzeitig wichtige Informationen ein, zum Beispiel:
- Welche Reisedokumente müssen die Fahrgäste haben?
- Welche Einreisebestimmungen gibt es?
- Wie ist die Befahrbarkeit von Pässen?
- Sind Streckensperrungen bekannt?
- Wie wird die Wettersituation sein?
- Wie finde ich das Hotel, war ein anderer Kollege schon dort?
- Geschieht die Unterbringung in einem Haus oder in mehreren?
- Kann ich mit dem Bus direkt vor dem Eingang zum Entladen halten?

Sie behalten leichter den Überblick, wenn Sie „Hilfen" vorbereiten:
- Handzettel mit den wichtigsten Eckpunkten der Reise (Abfahrt, wie viele Pausen, ungefähre Pausenzeiten, Ort und Zeitfenster für das Mittagessen, geplante Ankunftszeit etc.),
- Informationen zum Bordservice,
- Ablauf bei der Ankunft im Hotel.

Die Zusammenarbeit der Fahrzeugführenden mit der Reiseleitung

- Reisebegleitung
  Sie werden von einer Reisebegleitung unterstützt.
  Diese kümmert sich vorrangig um
  » den Getränkeservice,
  » die Bordküche,
  » die Abfallentsorgung,
  und hilft Ihnen bei anderen organisatorischen Aufgaben während der Fahrt.

- Stadtführer/Fremdenführer
  Bei Städtereisen ist es üblich, dass Sie von Stadtführern oder Fremdenführern am Ort des Aufenthaltes unterstützt werden. Kontaktaufnahme und Treffpunkt mit dem Fremdenführer, Zeitdauer der Führung, Mittagessen oder nicht – das sind alles organisatorische Fakten, die Sie klären müssen. Auch hier obliegt Ihnen die Betreuung der Fahrgäste in organisatorischen Belangen vor und nach dem Einsatz des Fremdenführers. Sie werden als „Kenner" der Gegend auch nach Freizeitmöglichkeiten außerhalb des Hotels befragt. Der Gast erwartet von Ihnen, dass Sie ihn auch außerhalb Ihrer Fahrtätigkeit unterstützen können.

- Fachreiseleiter
  Auch die Begleitung der Reisegruppe durch einen Fachreiseleiter befreit Sie nicht von der Klärung organisatorischer Fragen über den Aufenthalt in den Hotels. Der Fachreiseleiter wird oftmals zu Studien- oder Bildungsreisen eingesetzt. Seine Hauptaufgabe besteht nicht darin, sich um das Mittagessen für die Teilnehmer zu bemühen. Er soll auf Sehenswürdigkeiten aufmerksam machen und die vielfältigen Fragen der interessierten Reisegäste beantworten.

- Reiseleiter
  Haben Sie einen ständigen Reiseleiter, der die Reise von Anfang bis Ende begleitet, ist dieser für den gesamten Ablauf verantwortlich. Seine Aufgaben umfassen
  » Leitung,
  » Betreuung,
  » Verwaltung und
  » Organisation
  des gesamten Reiseprogramms.

Für die Sicherheit des Fahrzeugs, für die sichere Fahrweise und für die Einhaltung der Sozialvorschriften sind Sie als Fahrzeugführende ganz allein verantwortlich. Da beide Verantwortungsbereiche sich ergänzen müssen, ist eine gute kollegiale Zusammenarbeit umso wichtiger.

Voraussetzung dafür ist Offenheit von beiden Seiten. Das Verhältnis zwischen Ihnen und dem Reiseleiter muss geprägt sein von der gemeinsamen Verantwortung für den reibungslosen Ablauf des Programms. Gerade wenn sich Konflikte innerhalb der Gruppe oder zwischen den Reisenden und der Reiseleitung anbahnen, kann das für den weiteren Verlauf der Reise von enormer Wichtigkeit sein. Es ist nicht Ihre Aufgabe, sich in die Organisation der Reise einzubringen. Während der Reise sind Sie beide Repräsentanten des Unternehmens. Unterschiedliche Auffassungen zu auftretenden Problemen dürfen deshalb nicht in Gegenwart der Reiseteilnehmer diskutiert werden. Achten Sie dabei auch auf höfliche Umgangsformen mit dem Reiseleiter.

Planen Sie am Vorabend gemeinsam den Fahrplan für den nächsten Tag, damit Sie die Lenk- und Ruhezeiten einhalten können. Das Mikrofon gehört dem Reiseleiter, es sei denn, Sie haben Informationen zur Verkehrs- und Betriebssicherheit in Gefahrensituationen durchzugeben. Ergänzungen zu Fahrtkommentaren oder gar Einwürfe während des Kommentars können dem Ansehen des Reiseleiters schnell schaden – und damit den weiteren Verlauf der Reise beeinträchtigen.

UNTERNEHMENSBILD IM PERSONENKRAFTVERKEHR

1.3 Konfliktmanagement

1.3.1 Umgang mit Konflikten

Unterschiedliche Interessen, Meinungen oder Auffassungen zur angebotenen Dienstleistung können zu Konflikten führen. Sie kommen nicht umhin, sich damit zu befassen. Ebenso wie Beschwerden können auch Konflikte dazu beitragen, in der Organisation der Transportleistung oder im Servicebereich neue Erkenntnisse über die Bedürfnisse der Kunden zu gewinnen. Möglicherweise tragen sie auch dazu bei, Strukturen innerhalb des Unternehmens zu verändern.

Ein schwieriger Teil Ihrer Arbeit besteht darin, Konflikte unter Fahrgästen im Ansatz zu erkennen. Dabei ist es wichtig, so einzugreifen, dass die Auseinandersetzung mit wenig Aufwand geklärt werden kann, sodass keine größeren Streitigkeiten daraus entstehen.

Zwischen den Reisegästen kann es mal zu Konflikten kommen, z. B. über die Ausflugsziele

Beispiel

In einer Mehrtagesreise ist der Besuch der Zugspitze im Reiseprospekt als Ausflugsziel (aber nicht im Reisepreis) enthalten. Der örtliche Reiseleiter hatte am Vortag von diesem Angebot abgeraten, weil die zu erwartende Wetterlage keine freie Sicht von der Zugspitze zulassen wird. Unter den Reiseteilnehmern ist vor der Abfahrt eine Diskussion entstanden, ob die Zugspitze besucht werden sollte oder nicht. Einige drängen die Fahrzeugführenden zur Einhaltung des Angebotes (Prospektgarantie), andere möchten auf Grund der tatsächlich eingetretenen Wetterlage nicht zur Zugspitze.

Diese zwischen den Reisgästen entstandene Konfliktsituation könnte durch den Fahrer wie folgt gelöst werden:

Als Busfahrer sollten Sie neutral bleiben und versuchen zwischen den Parteien zu vermitteln.

Der Fahrer erläutert noch einmal die Argumente beider Seiten
(am besten im Bus, wenn alle Platz genommen haben):
- die Prospektgarantie (Besuch der Zugspitze) auf der einen Seite,
- die Wetterlage und damit verbunden kein Erlebnis auf der Zugspitze auf der anderen Seite.

Er schlägt folgenden Kompromiss vor:
Er bietet die Fahrt zur Zugspitze für die eine Gruppe an und schlägt der anderen Gruppe vor, diese Zeit für einen Besuch des Eibsees zu nutzen. Dabei beruft er sich darauf, dass der Besuch der Zugspitze zwar im Reiseplan, die Kosten dafür aber nicht im Reisepreis enthalten sind.

Als Fahrzeugführende im Linien- oder Gelegenheitsverkehr treffen Sie mit Fahrgästen unterschiedlicher Charaktere zusammen. Im Reisebus gelingt es Ihnen, die Fahrgäste bis zu einem gewissen Maß kennenzulernen. Im Linienbus dagegen haben Sie oft nur einen wenige Sekunden dauernden Blickkontakt.

In beiden Arten des Omnibusverkehrs können Konflikte sowohl
- zwischen den Fahrgästen als auch
- zwischen Ihnen und den Fahrgästen

entstehen.

Ein Kompromiss könnte die Konfliktlösung sein – für Fahrgäste und Busfahrer.

UNTERNEHMENSBILD IM PERSONENKRAFTVERKEHR

Im Linienverkehr entstehen Konflikte aus dem Moment heraus, ohne sich lange vorher entwickelt zu haben. Meist ist der Fahrgast mit irgendetwas nicht einverstanden und bringt es Ihnen gegenüber oft in unhöflicher Form zum Ausdruck. Dabei ist für ihn weniger wichtig, wie dieser „Missstand" von anderen beurteilt wird. Er hat seine ganz persönliche Ansicht.

Ursachen für Konflikte können sein:
- Verärgerung über die Verspätung,
- Nichterteilung von Auskünften während der Fahrt,
- Unstimmigkeiten beim anzuwendenden Tarif,
- Ablehnung des Wechselns größerer Geldscheine bei einem geringen Tarif,
- unvorsichtiges Einfahren in die Haltestelle bei starkem Regen,
- grundlos starkes Bremsen,
- Ungeduld der Fahrzeugführenden bei unentschlossenen Fahrgästen (Fahrplan).

Ob diese und ähnliche Probleme sich direkt lösen lassen, ist fraglich, da der Fahrgast sich im Recht wähnt. Sie als Fahrzeugführende, haben aber meist Weisungen, Vorschriften oder sogar ein Gesetz in der „Rückhand", die Ihnen wiederum ein „gesetzliches" Recht einräumen.

Versuchen Sie in solchen Fällen, den Konflikt zu entschärfen, indem Sie sich die Beschwerde zunächst ruhig anhören und die Person dabei nicht unterbrechen. Manchmal ist es damit schon getan. Entgegnen Sie nicht sofort mit Weisungen und Vorschriften. Möglicherweise hat der Fahrgast selbst einen wenig erfolgreichen Tag gehabt und er hat jetzt seinem Ärger „Luft" gemacht.

Wenn es dem Unternehmen keinen unmittelbaren Schaden zufügt, entscheiden Sie über den weiteren Umgang mit dem Kunden. Unter ganz speziellen Voraussetzungen (Trunkenheit, Gefährdung der Sicherheit, s. BOKraft) können Sie im Rahmen Ihres Hausrechts über einen Beförderungsausschluss entscheiden.

Im Gegensatz dazu kann der Ausgangspunkt auch bei Ihnen liegen:
- Ungeduld bei unentschlossenen Fahrgästen, weil Sie sowieso schon zu spät sind,
- schlechte Laune, weil im privaten Bereich etwas schiefgelaufen ist,
- laute unhöfliche Sprache, weil es Ärger im Betrieb gab und Sie unzufrieden sind, oder
- eine andere Verhaltensweise, mit der Fahrgäste nicht einverstanden sind und dieses Ihnen gegenüber zum Ausdruck bringen.

Im Gelegenheitsverkehr liegen die Konfliktherde zwar auch im Verhalten der Menschen begründet, stellen sich aber etwas anders dar. Sie sind, im Gegensatz zum Linienverkehr, in gewissem Maße vorhersehbar.

Die Fahrgäste sind hier länger zusammen, teilweise bis zu zehn Tage oder mehr. Nach einer Eingewöhnungsphase, in der sich die bis dahin fremden Fahrgäste sozusagen abtastend kennenlernen und etwas zurückhaltend sind, werden diese sich dann von ihrer wahren Seite zeigen. Dabei schauen sie nicht nur kritisch auf andere Fahrgäste, sondern auch auf Sie, den Fremdenführer und das Unternehmen. Und sie vergleichen das Angebot mit den erbrachten Leistungen. Das schafft auch Unsicherheiten bei einzelnen Gruppen, die sich unter den Fahrgästen gebildet haben. Obwohl in den meisten Fällen die Betreuung zu Tagesausflügen, Besichtigungen, kulturellen Ereignissen und Ähnlichem von der örtlichen Reiseleitung bzw. von einem Fremdenführer durchgeführt wird, bleiben letztendlich Sie die Ansprechperson bei Reklamationen.

Sie sind auch dafür zuständig, Konflikte, die außerhalb der vom Reiseleiter betreuten Zeiten in der Reisegruppe entstehen, zu klären. Wenn Sie diese Entwicklungsphase von Beginn an beobachten und erkennen, können Sie rechtzeitig einschreiten, darauf reagieren und werden nicht in Panik verfallen. Hier besteht Ihre Aufgabe darin, bei der Klärung eines sich anbahnenden Konfliktes helfend zu vermitteln. Sie werden die Probleme, die sich zwischen den Fahrgästen ergeben, nicht endgültig lösen können. Wohl aber für die Dauer der Reise eine Situation herstellen, mit der alle zufrieden sein können. Sie sind zwar kein ausgebildeter „Schlichter", aber oftmals werden Sie als solcher akzeptiert – und manchmal auch dazu gemacht.

UNTERNEHMENSBILD IM PERSONENKRAFTVERKEHR

Innerbetriebliche Konflikte sind möglich zwischen Ihnen und
- den Kollegen,
- dem Disponenten,
- dem Werkstattpersonal oder
- dem Unternehmer.

Diese Konflikte entstehen in der Mehrzahl nicht aus einem Augenblick heraus, sondern haben eine Vorgeschichte. Der Augenblickkonflikt ist nur der Auslöser der sich seit langer Zeit entwickelnden Unstimmigkeiten zwischen Ihnen und einer oder mehreren anderen Personen. Hierbei geht es meistens nicht um eine Sache oder um einen sachlichen Streitpunkt. Es geht vielmehr um Beziehungskonflikte zwischen den Beteiligten. Ursachen sind meist Verhaltensänderungen, die aus ungelösten Sachkonflikten entstehen.

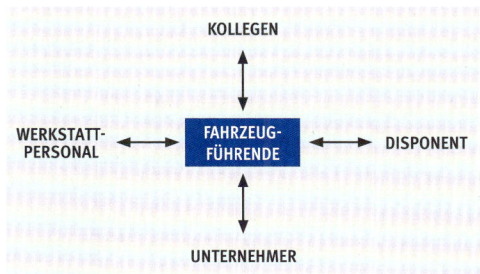

Symptome dafür können z. B. sein:
- Sie streiten sich in letzter Zeit oft über Kleinigkeiten.
- Neid entsteht.
- Die Beziehungen werden zunehmend förmlicher.
- Sie gehen sich aus dem Weg.
- Sie machen plötzlich „Dienst nach Vorschrift".
- Sie fühlen sich benachteiligt gegenüber anderen Kollegen.
- Sie suchen bei Problemen nicht die Ursache, sondern einen Schuldigen.
- Sie haben das Empfinden, dass andere Kollegen Sie weniger beachten.

UNTERNEHMENSBILD IM PERSONENKRAFTVERKEHR

1.3.2 Deeskalation vorhandener Konflikte

Deeskalation von Konflikten kann nicht dadurch erfolgen, dass sich die Fronten verhärten. Wenn Sie von vornherein auf „Sieg" setzen und damit nicht bereit sind, von Ihrem Standpunkt abzurücken, können Sie nur eine Eskalation erwarten. Ihr Gegenüber erwartet, dass seine Argumente gehört werden und wird folglich zum Gegenschlag ausholen. Der Konflikt wird damit auf eine höhere Stufe der Konfrontation gehoben. Da es hier vorrangig um Konfrontationen mit Kunden des Unternehmens geht, sind Schuldzuweisungen an den Kunden kein geeignetes Mittel zur Deeskalation. Sie führen nur zum Schlagabtausch, die Fronten verhärten sich, es wird ein Prozess in Gang gesetzt, der einer Pyramide gleich sich immer mehr zuspitzt. Eine Lösung rückt in weite Ferne. Ob im Linienverkehr oder im Gelegenheitsverkehr – die Konflikte mit den Kunden wiederholen sich in ihrer Art und Weise. Meist sind sie, der Verkehrsart entsprechend, gleich strukturiert. Für Sie kommt es darauf an, die Struktur des Konflikts zu erkennen und sich einen Überblick über die Zusammenhänge zu verschaffen. Nur so ist es möglich, diesen Eskalationsprozess zu unterbrechen und eine Zuspitzung zu verhindern. Da Konflikte auch immer mit Emotionen verbunden sind, die Ihre Gefühlswelt durcheinanderbringen, müssen Sie versuchen sich zu beherrschen. Sind Sie erregt, beurteilen Sie die Fakten anders. Ihre Fähigkeit, sachlich zu denken, wird dadurch beeinträchtigt. Reagieren Sie demzufolge nicht aus einem ersten Impuls heraus! Werden Sie im sonst ruhigen Gespräch unerwartet mit aggressiven Verhaltensweisen konfrontiert, bleiben Sie ruhig, atmen Sie tief durch und halten Sie ruhig ein paar Sekunden inne. Fragen Sie nach den Gründen. Blocken Sie nicht ab. Versuchen Sie die Gefühle des Gesprächspartners zu erkennen und zu spiegeln, indem Sie seine Sicht der Dinge noch einmal mit Ihren Worten wiederholen. Das Einräumen eigener Fehler oder auch der Fehler, die das Unternehmen zu vertreten hat, gehört genauso zur Deeskalation wie das Akzeptieren der Ursache für die Konfrontation, wenn der Kunde zweifelsfrei im Recht ist. Vermeiden Sie, jedes Argument des Konfliktpartners zu widerlegen. Das gilt auch dann, wenn es durchaus leicht möglich wäre. Er sieht darin nur die Zielrichtung, nichts gelten zu lassen. Ein „Ja, aber ..." entwertet immer die Position des Kunden.

Zur Deeskalation von Konflikten können folgende Hinweise beitragen:
- Hören Sie aktiv zu (Akzeptanz zeigen, Wahrnehmung mit eigenen Worten ausdrücken).
- Verletzen Sie den anderen nicht in seinen Gefühlen.
- Reagieren Sie einfühlsam.
- Geben Sie nicht „kontra", sondern hören Sie zu.
- Entkräften Sie nicht jeden Einwand.
- Suchen Sie nicht die Probleme, suchen Sie Lösungen.
- Streben Sie gemeinsame Problemlösungen an.
- Lösungen müssen für beide Beteiligten annehmbar sein.
- Versuchen Sie nicht, Ihre Lösung dem anderen aufzudrängen.
- Wenn dem Unternehmen ohnehin kein Schaden entsteht, berufen Sie sich nicht auf alle Richtlinien oder Weisungen, die die Konfrontation verhärten würden.

1.3.3 Maßnahmen bei unlösbaren Konflikten

Bei Konflikten zwischen den Fahrgästen, die eskalieren und von Ihnen nicht lösbar sind, handeln Sie nach den Betriebsanweisungen Ihres Verkehrsunternehmens. Diese sehen im Allgemeinen vor, die Einsatzstelle und die Polizei zu benachrichtigen.

Kann ein Konflikt zwischen Ihnen und einem Fahrgast z. B. aus Kompetenzgründen nicht gelöst werden, verweisen Sie auf die Unternehmensleitung. Informieren Sie den Kunden freundlich, an wen er sich mit seinen Problemen wenden kann. In vielen Verkehrsunternehmen existieren dazu Dialogkarten, die Sie übergeben können.

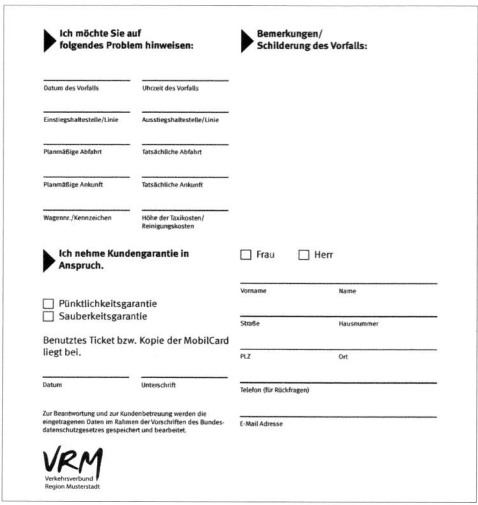

UNTERNEHMENSBILD IM PERSONENKRAFTVERKEHR

1.3.4 Umgang mit Beschwerden

Der Umgang mit Fahrgästen, die eine Beschwerde führen wollen, ist nicht immer einfach:
- Wenn der Kunde aus Ärger über die nicht angenommene oder nicht bearbeitete Beschwerde zur Konkurrenz geht, hat das Unternehmen einen Kunden verloren. Dafür einen Neuen zu gewinnen, ist oft teurer als eine kulante Behandlung seines Anliegens.
- Möglicherweise ist er gar nicht wegen des Beschwerdegrunds zur Konkurrenz gegangen, sondern nur aus Frust über die Art und Weise, wie er behandelt wurde.

Eine Beschwerde muss nicht immer etwas Negatives für das Unternehmen darstellen. Sie kann betriebliche Missstände aufdecken. Genau genommen bekommen Fahrer oder Unternehmen dadurch die Möglichkeit, ein aufgetretenes Problem lösen zu können, ohne Kunden zu verlieren. Der richtige Umgang mit der Beschwerde führt wiederum zu einem zufriedenen Kunden. Er hilft zudem, neue Erkenntnisse über die speziellen Bedürfnisse der Kunden zu gewinnen.

Das Unternehmen und Sie sollen es dem Fahrgast nicht erschweren, eine Beschwerde zu äußern, sondern so einfach wie möglich machen. Das Ziel besteht immer darin, gemeinsam mit dem Kunden eine Lösung zu finden. Den Kunden abzuweisen, um als „Sieger" vor den anderen dazustehen, ist grundsätzlich zu vermeiden. Versuchen Sie auf sachliche Art und Weise zu erfahren, aus welcher Situation die Beschwerde entstanden ist. Gehen Sie ruhig erst einmal davon aus, dass etwas falsch gelaufen sein könnte.

Versuchen Sie, sich den nachfolgend beschriebenen Umgang mit Beschwerden anzueignen:
- Subjektiv hat der Kunde immer Recht!
- Geben Sie dem Kunden Gelegenheit, sein Anliegen zu schildern, hören Sie genau zu und unterbrechen Sie ihn nicht.
- Beachten Sie dabei die Körpersprache, Ihre eigene und die des Kunden.
- Zeigen Sie Verständnis und fühlen Sie mit.
- Erfragen Sie noch einmal den Beschwerdeanlass um sicherzugehen, dass Sie alles verstanden haben. Versetzen Sie sich dabei in die Lage des Kunden.
- Fassen Sie das Problem zusammen, bringen Sie einen Lösungsvorschlag oder auch einen Kompromissvorschlag, fragen Sie nach eigenen Vorstellungen zur Lösung.
- Persönliche Abwertungen des Kunden dürfen Sie nicht machen, aber auch nicht für Ihre Person zulassen.
- „Verbrüdern" Sie sich nicht mit dem Kunden, um gegen das Unternehmen zu agieren, das kann eine Abmahnung zur Folge haben.
- Bedanken Sie sich bei dem Kunden für sein Verständnis.

UNTERNEHMENSBILD IM PERSONENKRAFTVERKEHR

1.3.5 Verhinderung von Gewalt und Vandalismus

Als Vandalismus wird die mutwillige Zerstörung oder Beschädigung fremden Eigentums bezeichnet. Der Vandalismus und die damit verbundene Unsicherheit für die Nutzer des ÖPNV beeinträchtigt nicht nur die Attraktivität des ÖPNV, sondern kann auch zum Verzicht auf die Nutzung öffentlicher Verkehrsmittel führen. Zu den mutwilligen Zerstörungen in Omnibussen gehören:
- aufgeschlitzte Sitzpolster,
- zerschlagene oder zerkratzte Scheiben,
- Farbschmierereien im und am Bus,
- demolierte Fahrkartenentwerter,
- entwendete Nothämmer,
- zerstörte Beleuchtungseinrichtungen.

Auch die Zerstörung von Haltestellenmobiliar und dessen Verschmutzung zählen dazu. Zur Verhinderung von Vandalismus im öffentlichen Raum, insbesondere in Fahrzeugen und an Haltestellen, werden verschiedenste Möglichkeiten miteinander kombiniert. Die einzelnen Maßnahmen können in folgende Gruppen eingeteilt werden:
- technische Maßnahmen,
- Gestaltungsmaßnahmen,
- organisatorische Maßnahmen,
- Personaleinsatz.

Als technische Maßnahme kommen Überwachungskameras in den Verkehrsmitteln und an den Haltestellen der öffentlichen Verkehrsmittel zum Einsatz. Die Aufstellung von Notrufsäulen an besonders gefährdeten Haltestellen kann andere Maßnahmen ergänzen. Funkverbindung mit der Leitstelle und das Vorhandensein eines versteckten Notrufschalters dienen zum schnellen Absetzen eines Hilferufes.
Ist das Fahrzeug mit einem RBL ausgerüstet, haben Sie die Möglichkeit einen „Gefahrruf" oder einen „Notruf" abzusetzen. Damit alarmieren Sie die Leitstelle, die dann alle Gespräche mithören kann, ohne dass Sie die „Gesprächstaste" betätigen müssen.

Die Gestaltungsmaßnahmen beinhalten z. B.
- helle Beleuchtung der Haltestellen und deren unmittelbarer Umgebung,
- Sichtkontakt zum Fahrer,
- die Anordnung der Sitze,
- hell beleuchtete und hell gestaltete Fahrgasträume der Fahrzeuge,
- vandalismusresistente Sitze,
- keine durchgehenden Sitzbänke an Haltestellen.

UNTERNEHMENSBILD IM PERSONENKRAFTVERKEHR

Zu den organisatorischen Maßnahmen, die helfen können, dem Vandalismus in den Fahrzeugen vorzubeugen, zählen unter anderem:
- nach 20.00 Uhr Einstieg nur beim Fahrer,
- verstärkte Kontrollen in den Fahrzeugen, besonders auch im Schulbetrieb,
- schnelle Beseitigung von Vandalismusschäden,
- nächtliche Reinigung von Haltestellen und Fahrzeugen,
- Zusammenarbeit mit der Polizei,
- Fahrscheinkontrolle im Nachtverkehr,
- Personalschulung.

Zum Personaleinsatz werden gerechnet:
- Einsatz von Sicherheitspersonal in den Fahrzeugen und an den Haltestellen,
- Einsatz ziviler Polizeistreifen,
- vermehrte Polizeistreifen,
- Schulbusbegleiter und Schüler als Fahrzeugbegleiter/Buslotse,
- Einsatz von Streetworkern bei pöbelnden Jugendlichen an Haltestellen.

Einen breiten Raum nehmen auch präventive Maßnahmen in der Öffentlichkeitsarbeit ein. Dazu gehören Aktivitäten wie:
- ÖPNV-Projekttage an Schulen,
- Infoveranstaltungen an Schulen,
- Zusammenarbeit ÖPNV-Schule-Eltern-Polizei,
- Informationstafeln an Haltestellen und in Fahrzeugen.

Dem Bedürfnis nach Sicherheit und Schutz, vor allem in den Abendstunden, wird auch durch die Möglichkeiten des „Taxirufs" durch den Fahrer und des „Haltens nach Wunsch" entsprochen.

Systemmeldungen:
1. Schauen Sie nicht weg, wenn Sie beobachten, dass jemand öffentliche Einrichtungen beschädigt. Erstatten Sie Anzeige.
2. Greifen Sie keinesfalls selbst ein! Gewalt gegen Sachen kann leicht auch zu Gewalt gegen Personen eskalieren, zumal dann, wenn Alkohol im Spiel ist oder wenn eine Gruppe von Tätern auftritt.

UNTERNEHMENSBILD IM PERSONENKRAFTVERKEHR

1.4 Zusammenfassung

Repräsentant des Unternehmens

Sie sind der erste Ansprechpartner für die Fahrgäste. Ihr Erscheinungsbild und Ihr Auftreten vermitteln dem Fahrgast ein positives Bild des Unternehmens. Ihre persönlichen Ansichten sowohl zu politischen als auch zu internen Problemen sind nicht Gegenstand von Erörterungen mit den Kunden. Auftretende Konflikte lösen Sie ruhig im Sinne des Kunden. Sie verhalten sich den Fahrgästen gegenüber rücksichtsvoll, besonnen und höflich. Berechtigte Beschwerden empfinden Sie als Möglichkeit zur Verbesserung des Kundendienstes.

Kundendienst

Im Linienverkehr wie auch im Gelegenheitsverkehr sind Sie Gastgeber und bieten gleichzeitig eine Dienstleistung an. Alle Kunden bedienen Sie gleichermaßen freundlich und haben Verständnis für Nachfragen und Wünsche, die Sie im Rahmen des Dienstleistungsangebotes erfüllen. In Zweifelsfällen entscheiden Sie für den Kunden, wenn dadurch Sicherheit und Ordnung nicht beeinträchtigt werden. Mobilitätseingeschränkten und älteren Personen gilt Ihre besondere Aufmerksamkeit. Ihnen leisten Sie jede Hilfe, wenn diese erforderlich ist.

Sicherheit

Ihnen sind Personen anvertraut, deren Sicherheit Sie garantieren. Sie erkennen frühzeitig Gefahren und Fehler anderer Verkehrsteilnehmer, auf die Sie richtig reagieren, um dadurch Gefahren für Ihre Fahrgäste abzuwenden. Auch Ihre ausgeglichene und komfortbetonte Fahrweise trägt entscheidend dazu bei, dass sich die Fahrgäste sicher und gut aufgehoben fühlen.

Fahrzeugführende

Als Berufskraftfahrer/Berufskraftfahrerinnen beherrschen Sie Ihr Fahrzeug mit all seinen zusätzlichen Systemen, die der Verkehrs- und Betriebssicherheit, aber auch dem Service für die Fahrgäste dienen. Durch Teilnahme an Fahrerschulungen, speziellen Einweisungslehrgängen, Seminaren und natürlich an der vorgeschriebenen Weiterbildung erweitern Sie ständig Ihr Wissen. Sie halten Ihren Arbeitsbereich sauber und pflegen ein kollegiales Verhältnis zu den Mitarbeitern des Unternehmens.

Verkehrsteilnehmer

Sie sind sich bewusst, dass Sie von anderen Verkehrsteilnehmern als Vorbild registriert werden. Das erfordert von Ihnen partnerschaftliches Verhalten im Straßenverkehr und eine defensive Fahrweise.
Die genaue Kenntnis der straßenverkehrsrechtlichen Bestimmungen sowie der gesetzlichen Regelungen für den Personenkraftverkehr sind eine Selbstverständlichkeit für Sie.

UNTERNEHMENSBILD IM PERSONENKRAFTVERKEHR

Umweltschutz
Durch eine ökonomische Fahrweise und umweltgerechtes Verhalten, insbesondere an den Endhaltestellen, vor Bahnübergängen, bei der Entsorgung von Abfällen und der Fäkalienentsorgung aus der Bordtoilette, tragen Sie zur Verminderung der Umweltbelastung im Rahmen der Ihnen gegebenen Möglichkeiten bei. Durch regelmäßige Dichtheitskontrollen an den entsprechenden Bauteilen verhindern Sie, dass (auslaufende) Betriebsstoffe in die Umwelt gelangen.

Unternehmensleitbild
Das Unternehmensleitbild beschreibt das Unternehmen und definiert grundlegende Ziele und Überzeugungen, die für das Unternehmen gültig sein sollen.
Es ist für alle Mitarbeiter/Mitarbeiterinnen Richtschnur für das eigene Handeln und für die Zusammenarbeit im Unternehmen. Daneben bildet es die Grundlage für die Bereinigung von Konflikten oder für konstruktive Auseinandersetzungen in problematischen Zeiten. Es beantwortet Fragen nach Tradition und Identität, nach Zielen und Visionen für das Unternehmen. Es ist damit Grundlage für die Unternehmungsentwicklung, dessen Strategie, Konzeption und Organisation. Ein Unternehmensleitbild wird nicht vom Unternehmer „herausgegeben" wie eine Betriebsanweisung. Ein Leitbild wird innerhalb des Unternehmens entwickelt. Das setzt die Mitarbeit der einzelnen Unternehmensteile und der Mitarbeiter voraus.
Die Veröffentlichung des Leitbildes (z. B. im Internet oder in Werbebroschüren) hat eine erhebliche Außenwirkung für das Ansehen des Unternehmens. Die tatsächlichen Leistungen des Unternehmens werden ständig an seinem Leitbild, also am eigenen Anspruch, gemessen.

UNTERNEHMENSLEITSÄTZE VERKEHRSVERBUND DER REGION MUSTERSTADT

Oberstes Ziel des Verkehrsverbundes der Region Musterstadt ist es, bei hoher Flexibilität Fahrdienst im Musterstädter ÖPNV mit der höchsten Qualität zu erbringen, um so einen unverzichtbaren Beitrag für den ÖPNV und für den wirtschaftlichen Erfolg des VRM zu leisten.

Kundenorientierung

Die Erfüllung der Kundenwünsche ist die Grundlage des Handelns mit Mitarbeiterinnen und Mitarbeiter des VRM.

Die Anforderungen unserer Kunden müssen allen Mitarbeiterinnen und Mitarbeitern bekannt sein.

Durch eine flexible Ausrichtung unserer Organisation können wir Änderungen von Kundenanforderungen schnell und präzise umsetzen.

Kritik ist uns nicht lästig, sondern hilft uns bei der Verbesserung unserer Leistungen.

Mitarbeiterorientierung

Unsere Mitarbeiterinnen und Mitarbeiter sind unser wichtigstes Kapital zum Erreichen unserer Ziele.

Unsere Mitarbeiterinnen und Mitarbeiter im Fahrdienst sind die Repräsentanten des VRM in der Öffentlichkeit.

Nur zufriedene Mitarbeiterinnen und Mitarbeiter sind gute Repräsentanten.

Jede Mitarbeiterin und jeder Mitarbeiter hat im Rahmen seines Tätigkeitsbereiches das Recht auf Weiterbildung.

Der VRM sieht sich verpflichtet seine Mitarbeiterinnen und Mitarbeiter für deren Tätigkeitsbereiche in der beruflichen Weiterbildung zu unterstützen und zu fördern. VRM-Mitarbeiterinnen und Mitarbeiter erkennen die Notwendigkeit ständiger Weiterbildung an.

Unternehmensziele
Die Ziele eines Unternehmens können nicht als einzelne Aufgaben betrachtet werden. Sie stellen ein geschlossenes System dar.
Dabei bilden die persönlichen Ziele des Unternehmers, seine Vision bezüglich der weiteren Entwicklung, die Basis für die strategischen Ziele. Als operative Ziele werden die Teilstrecken auf diesem Weg bezeichnet.
Der Inhalt der operativen Ziele eines Unternehmens ist durch den momentanen Zweck des Unternehmens im Groben festgelegt.
Das Verkehrsgewerbe ist ein Dienstleistungsgewerbe. Deshalb ist die bestmögliche Bedienung der Kunden das oberste Ziel.
Um dieses Ziel zu erreichen und es immer aufs Neue zu garantieren, ist das Unternehmen auf eine feste Basis zu stellen.
Diese besteht aus
– Wachstum,
– Rentabilität und
– Liquidität.
Sie sind die Garanten für das Erreichen langfristiger strategischer Ziele.

UNTERNEHMENSBILD IM PERSONENKRAFTVERKEHR

Unternehmensorganisation

Die Unternehmensorganisation beschäftigt sich mit der Art und Weise, wie die Mitarbeiter eines Unternehmens zusammenarbeiten. Dabei werden die Strukturelemente und deren Zusammenwirken im Unternehmen festgelegt. Der Ablauf der einzelnen Tätigkeiten wird also zeitlich, inhaltlich und personell definiert.

Es gibt eine Vielzahl von unterschiedlichen Organisationsmodellen. Sie unterscheiden sich vorrangig in der Struktur der Führungselemente. In kleinen Betrieben und auch in kleinen Personengesellschaften gibt es meist eine kaufmännische und eine technische Leitung, die auf der gleichen Entscheidungsebene stehen. Die Entscheidungen werden dabei innerhalb des jeweiligen Bereiches getroffen.

Es sind „kurze Wege" bei der Übermittlung von Entscheidungen zu überwinden. Die Nähe zu den Mitarbeitern ist ein Vorteil, der schnelles und unbürokratisches Arbeiten ermöglicht.

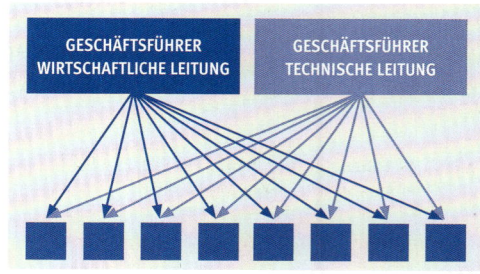

Ein anderes Modell, vorrangig für größere Unternehmen, ist eine Struktur mit mehreren Leitungsebenen, die der obersten Leitung unterstellt sind. Hier werden alle Entscheidungen getroffen. Die Informations- und Entschädigungswege sind häufig sehr lang.

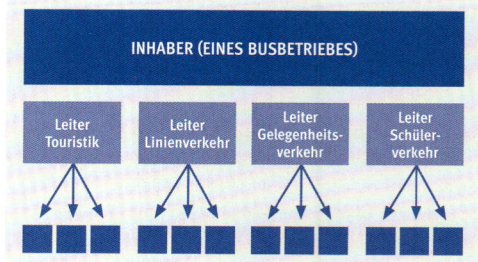

MARKTORDNUNG IM PERSONENKRAFTVERKEHR

2. Marktordnung im Personenkraftverkehr

Der Omnibus wird in Deutschland jährlich von rund fünf Milliarden Menschen genutzt. Damit ist er im öffentlichen Personennahverkehr (ÖPNV) das wichtigste Verkehrsmittel.

Ein mit modernen und vor allem auch umweltfreundlichen Omnibussen ausgestatteter Fahrzeugpark trägt mit seinen vielfältigen Einsatzmöglichkeiten zur Attraktivität dieses Verkehrsmittels bei. Innerstädtische Fahrverbote und der permanente Mangel an Parkmöglichkeiten für den Individualverkehr machen den Omnibus notwendiger denn je. In ländlichen Gegenden ist er oftmals die einzige Alternative, um mobil zu sein.

2.1 Personenbeförderung im Verhältnis zu den verschiedenen Verkehrsmitteln

2.1.1 Flexibilität von Bussen und Fahrzeugeinsatz

Die Flexibilität der Busse bezüglich der Fahrzeuggrößen und der Linienführung, die sich besser als der schienengebundene ÖPNV den sich ändernden Bedingungen anpassen kann, wird dadurch noch mehr an Bedeutung gewinnen. Gerade in ländlichen Gebieten, in denen immer mehr regionale Bahnstrecken stillgelegt werden, ist der Omnibus auf Grund der variablen Einsatzmöglichkeiten deutlich wirtschaftlicher. Der Bus ermöglicht kurzfristig auch die Beförderung kleiner Personengruppen und kann bei Bedarf die Route entsprechend der Nachfrage gestalten. In bestimmten ländlichen Regionen können sich die Fahrpläne sogar an Arbeits- und Schulzeiten orientieren. Selbst zu Ferienzeiten können die Busse auch kurzfristig auf Grund ihrer Gefäßgrößen den veränderten Bedingungen angepasst werden. Rufbussysteme, die Bestellung eines Taxis durch die Einsatzstelle oder „Halten nach Wunsch" innerhalb der Streckenführung an geeigneten Stellen können durch andere Verkehrsträger wie Straßen-, U-Bahn oder S-Bahn nicht verwirklicht werden. Der Einsatz großer Fahrzeuge bei hohem Fahrgastaufkommen oder kleiner Fahrzeuge bei geringer Fahrgastzahl erfordert einen variantenreichen Fahrzeugpark, der flexibel einsetzbar ist.

Die Vorzüge von Bahn und Bus kombiniert die AutoTram®: Sie besitzt die Transportkapazität einer Straßenbahn und ist dennoch so flexibel wie ein Bus. Zusammen mit der Hübner GmbH konzipierten Fraunhofer-Forscher ein neues Konzept für ein Großraumfahrzeug, das je nach Fahrgastaufkommen modular zusammengestellt und betrieben werden kann – entweder als Solobus oder als Großraumfahrzeug im Ein- und Zweirichtungsbetrieb.

Die AutoTram® benötigt weder Schienen noch ein teures Oberleitungsnetz. Der Gelenkzug rollt wie ein Bus auf Gummirädern durch die Straßen.

MARKTORDNUNG IM PERSONENKRAFTVERKEHR

2.1.2 Gefäßgrößen

Als Gefäßgröße wird die Transportkapazität an Fahrgästen der Fahrzeuge bezeichnet. Um die Kapazität des Platzangebotes dem jeweiligen Bedarf anzupassen, werden Fahrzeuge in unterschiedlichen Gefäßgrößen eingesetzt. Dazu gehören Kleinbusse, Standardbusse, Gelenkbusse, Doppelgelenkbusse und Doppelstockbusse. Oberleitungsbusse sind in Deutschland nur noch in wenigen Städten vorhanden. Die Anzahl der Sitz- bzw. Stehplätze richtet sich nach der Verwendung des Omnibusses. Wird er als Linienbus konzipiert, überwiegt die Anzahl der Stehplätze. Im Überlandlinienbus ist dagegen die Anzahl der Sitzplätze größer. Im Reisebus sind nur Sitzplätze vorhanden.

Beispiele für Gefäßgrößen
1. Kleinbus
2. Linienbus
3. Gelenkbus
4. Doppeldecker Linienbus
5. Reisebus
6. Überlandlinienbus

MARKTORDNUNG IM PERSONENKRAFTVERKEHR

Spezialanfertigungen:
1. Flughafenbus
2. Partybus
3. Bus für Stadtbesichtigungen
4. Oberleitungsbus

MARKTORDNUNG IM PERSONENKRAFTVERKEHR

2.1.3 Kombinierter Verkehr

Ziel ist es, die Mobilitätskette für den Fahrgast vom Ausgangsort bis zum Zielort optimal zu gestalten. Am kombinierten Verkehr sind mindestens zwei unterschiedliche Verkehrsträger beteiligt. Die bekannteste Form des kombinierten Verkehrs im ÖPNV ist der Zusammenschluss verschiedener Verkehrsträger zu einem Tarifverbund. Solche Systeme gestatten Fahrgästen mit entsprechendem Fahrausweis die unterschiedlichsten Arten von Verkehrsmitteln aller Beteiligten zu nutzen. Die gebräuchlichste Form ist z. B. die Nutzung Linienbus, Regionalbahn, S-Bahn oder U-Bahn. Mit Bus oder Straßenbahn geht es dann weiter zum Zielort. Damit wird eine Transportkette angeboten, die nahezu von Haus zu Haus geht. Um diese Form der Beförderung für den Fahrgast möglichst attraktiv zu gestalten, bedarf es optimaler Fahrplanabstimmungen. Besonders die Anschlüsse zwischen Bus und Regionalbahn müssen mit einer vertretbaren Wartezeit geplant werden. In bestimmte Verkehrsverbünde sind auch Fährlinien, die für den Berufsverkehr von Bedeutung sind, eingebunden.

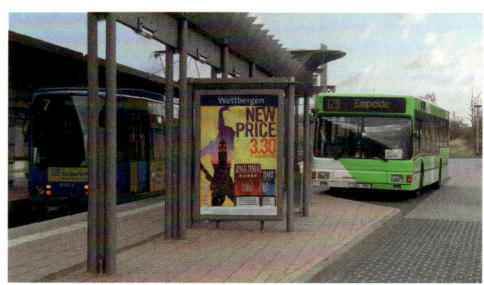

2.1.4 Vergleiche zu Bahn, U-Bahn und Straßenbahn

Bus, Straßenbahn und U-Bahn sowie der Regionalverkehr der Bahn sind Verkehrsträger des ÖPNV. Täglich werden ca. 18,4 Millionen Fahrten von allen gemeinsam durchgeführt. Der Omnibus leistet etwa die Hälfte des gesamten Verkehrsaufkommens. U-Bahn, Straßenbahn, S-Bahn und Regionalbahn sind mit rund 31 % bzw. 22 % am Verkehrsaufkommen des ÖPNV beteiligt. Etwa 82000 Omnibusse mit einer Platzkapazität für 6,85 Millionen Personen stehen hier 9000 Stadtbahn- und Straßenbahnfahrzeugen mit 1,17 Millionen Plätzen gegenüber. Der Omnibus ist wie kein anderes Verkehrsmittel in der Lage, die abgelegenen ländlichen Gemeinden zu erreichen. In den Städten bedient er die Gebiete zwischen den Straßenbahn- und U-Bahnlinien und stellt Anschlussverbindungen zum Regionalverkehr sicher. Mit dem Omnibus kann eine Vielzahl von Bedienungsformen verwirklicht werden, weil er nicht an Schienensysteme gebunden ist.

Bahnen können bei technischem Ausfall nicht überholt werden, sie blockieren das Schienennetz. Die Lösung dafür ist der Bus als Schienenersatzverkehr. Ob bei Ausfall der S- oder U-, der Straßenbahn oder auch der Regionalbahn, der Bus ist sehr schnell verfügbar und kann weitaus flexibler an den tatsächlichen Kapazitätsbedarf angepasst werden. Der Ausfall eines Busses ist schnell kompensiert.

MARKTORDNUNG IM PERSONENKRAFTVERKEHR

Verkehrsmittel im Umweltvergleich

Nach Untersuchungen des Umweltbundesamtes ist der Bus das umweltfreundlichste Verkehrsmittel. Auf einer 100 km langen Reise benötigt der Bus bei durchschnittlicher Auslastung 1,4 l Diesel (alle Werte sind zur besseren Vergleichbarkeit in Diesel umgerechnet) und belastet die Umwelt mit einem CO_2-Ausstoß von 3,2 kg pro Person. Bei der Bahn beträgt der Dieselverbrauch 2,7 l und der CO_2-Ausstoß 5,2 kg. Erheblich höher sind der Verbrauch und der Schadstoffausstoß eines Pkw und eines Flugzeuges.

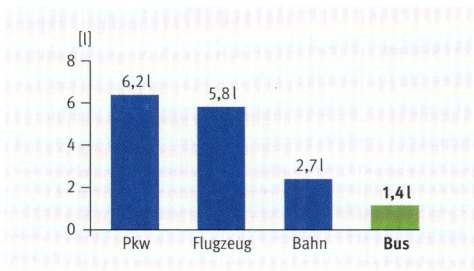

Energieverbrauch

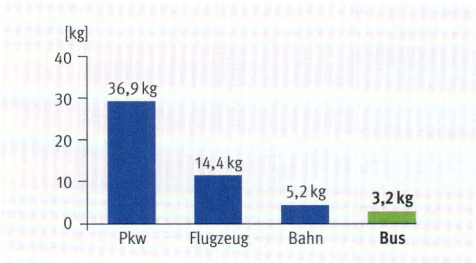

Schadstoffausstoß

Im direkten Vergleich schneidet der Bus weitaus besser ab als die Bahn. Moderne Motoren emittieren heute weit über die Hälfte weniger Stickoxyde und Kohlenwasserstoffe als noch zu Beginn der neunziger Jahre. Durch schwefelfreien Kraftstoff, Weiterentwicklung der Antriebstechnik und ständige Verbesserung der Abgasnachbehandlung werden die Schadstoffe weiterhin effizient verringert. Bei der Straßenbahn entstehen die Schadstoffemissionen im Kraftwerk. Deshalb werden sie vom Fahrgast kaum wahrgenommen. Der Aufwand für die Infrastruktur und die Herstellung fällt im Vergleich zu anderen Verkehrsträgern günstiger aus. Die moderne Straßenbahn hat weitgehend eigene Gleiskörper, fährt leise und emittiert nicht direkt Schadstoffe in die Umwelt. Ihre Investitionskosten sind auch geringer als die der U-Bahn.

MARKTORDNUNG IM PERSONENKRAFTVERKEHR

2.2 Tätigkeiten im Personenkraftverkehr

2.2.1 Linien und Gelegenheitsverkehr

Die Tätigkeiten sind im Personenbeförderungsgesetz in den §§ 42, 43 und 46 klar definiert und werden in „Band 6 – Vorschriften für den Personenkraftverkehr" eingehend behandelt. Linien- und Gelegenheitsverkehr kann auch international durchgeführt werden.

2.2.2 Grenzüberschreitender Personenkraftverkehr

Bei grenzüberschreitendem gewerblichem Omnibusverkehr muss jeder Unternehmer im Besitz einer Gemeinschaftslizenz sein. Für Sie als Omnibusfahrer sind die Dokumente wichtig, die Sie bei mögliche Kontrollen vorzeigen müssen. Bei der Vorbereitung grenzüberschreitender Verkehre müssen Sie sich mit den in einzelnen Staaten unterschiedlichen Bedingungen befassen. Dazu gehören z. B. Informationen über:

- Reisewarnungen durch das Auswärtige Amt,
- Anschriften und Kontaktdaten der Botschaft der Bundesrepublik Deutschland oder den zuständigen Konsulaten,
- Geschwindigkeiten und Vorfahrtregelungen,
- Promille-Grenze,
- Abblendlicht,
- Schneeketten,
- Parken für Busse,
- Mautgebühren,
- Devisenvorschriften,
- Verbrauchssteuern für Kraftstoffe, Umsatzsteuer,
- Alkoholausschank im KOM,
- Besteuerung von Getränken (Bordservice),
- Mitnahme von Tieren,
- Feiertage.

» **BUCH**

Siehe zum Thema „Grenzüberschreitender Verkehr" auch Band 6 „Vorschriften für den Personenkraftverkehr".

Kabotageverkehr nach EU-Recht

Wer im Besitz einer Gemeinschaftslizenz ist, darf damit auch Kabotageverkehr durchführen. Kabotage ist gewerbliche Personenbeförderung innerhalb eines anderen Staates mit Omnibussen. Der Unternehmer muss dafür keinen Sitz in dem anderen Land vorweisen. Fahrgäste werden dabei außerhalb des Zulassungslandes aufgenommen und im selben oder in einem anderen Land (nicht im Zulassungsland des KOM) wieder abgesetzt. Zugelassene Verkehre:

- Sonderformen des Linienverkehrs,
- Gelegenheitsverkehr,
- grenzüberschreitende Linienverkehre (ohne Stadt- und Vorortdienste).

Grenzüberschreitender Verkehr in Nicht-EU-Staaten

Mit einigen Staaten außerhalb der EU bestehen bilaterale Abkommen zur Durchführung des Personenkraftverkehrs. Während in den Mitgliedstaaten der EU die zoll- und devisenrechtlichen Bestimmungen weitgehend harmonisiert sind, gibt es größere Unterschiede zwischen Staaten der EU und den Drittstaaten. Informieren Sie sich zusätzlich genauer zu Themen wie:

- Abweichungen bei den Sozialvorschriften,
- Nachweise über die Fahrtätigkeit,
- Kfz-Haftpflichtversicherung,
- Fahrzeugpapiere, Pass, Visum,
- Krankenversicherung,
- Reisegepäckvorschriften und Tanken.

MARKTORDNUNG IM PERSONENKRAFTVERKEHR

2.3 Organisation der wichtigsten Arten von Verkehrsunternehmen

2.3.1 Rechtsformen

Rechts- oder Gesellschaftsformen sind juristische Organisationsformen. Das Handelsgesetzbuch (HGB) gestattet eine Vielzahl von Rechts- oder Gesellschaftsformen. Die unterschiedlichen Rechtsformen wirken sich unterschiedlich auf die Haftungsfragen und auf das Recht zur Geschäftsführung aus. Es gibt Einzelunternehmen, Personengesellschaften und Kapitalgesellschaften. Im **Einzelunternehmen** führt der Inhaber selbst die Geschäfte und haftet für entstehende Schulden. In der **Personengesellschaft** haften die Gesellschafter persönlich für die Schulden und führen einzeln oder gemeinsam die Geschäfte. In der **Kapitalgesellschaft** haften die Mitglieder nicht persönlich, ihre Mitarbeit bei der Führung der Geschäfte ist nicht notwendig. Die einmal gewählte Rechtsform kann jederzeit in eine andere umgewandelt werden, was jedoch mit Kosten und juristischem Aufwand verbunden ist. Die Verkehrsunternehmen haben neben den bekannten Rechtsformen wie AG und GmbH weitere, weniger bekannte Rechtsformen. Vor allem der ÖPNV wird häufig in öffentlicher Hand durchgeführt. Die Verkehrsunternehmen im ÖPNV haben meist eine private Rechtsform. Die Gesellschafter sind das Land oder die Kommune.

RECHTSFORM/UNTERNEHMENSFORMEN	
RECHTSFORM	**BESCHREIBUNG**
Einzelunternehmen	Wenn ein Unternehmer ohne die Beteiligung einer weiteren Person tätig wird und auch keine Kapitalgesellschaft gründet, so ist er Einzelunternehmer. Er kann als Kaufmann nach § 1 Abs. 1 HGB bzw. § 2 HGB oder auch als Kleingewerbetreibender nach § 1 Abs. 2 HGB tätig werden. In allen genannten Fällen haftet er persönlich mit seinem gesamten Vermögen, das Privatvermögen eingeschlossen. Ist der Einzelunternehmer als Kaufmann im Sinne des HGB tätig, ist er zur Buchführung und Bilanzierung verpflichtet. Er muss sich ins Handelsregister eintragen lassen. Steuern: Gewerbesteuer, Umsatzsteuer, Einkommensteuer
Eigenbetriebe	Gehören Landkreisen oder Städten und unterliegen dem Landes- und dem Haushaltsrecht. Für diese Verkehrsbetriebe gibt es Unterschiede im Steuerrecht.
Anstalt des öffentlichen Rechts (AöR)	Durch Bundes- oder Landesgesetz errichtet. Sie ist ein Instrument zur Vermeidung von Privatisierungen. Eine Beteiligung von Privateigentum ist deshalb nicht möglich. Im Gegensatz zum Eigenbetrieb kann die AöR rechtlich selbstständig sein. Organe sind entweder der Vorstand, der Verwaltungsrat, der Aufsichtsrat oder die Gewährträgerversammlung. Steuern: Keine Steuerpflicht bei hoheitlicher Aufgabenerfüllung (Hoheitsbetrieb) Steuerpflicht bei wirtschaftlicher Aufgabenerfüllung im Rahmen eines Betriebes gewerblicher Art.

MARKTORDNUNG IM PERSONENKRAFTVERKEHR

RECHTSFORM/UNTERNEHMENSFORMEN	
PERSONENGESELLSCHAFTEN	**BESCHREIBUNG**
Gesellschaft bürgerlichen Rechts (GbR)	Eine GbR entsteht, wenn zwei oder mehr Personen einen Gesellschaftsvertrag abschließen, in dem sie vereinbaren, zu einem gemeinsamen Zweck tätig zu werden. Die Gesellschafter sind an Gewinn und Verlust beteiligt. Im Innenverhältnis richtet sich der Anteil in der Regel nach der Höhe der Einlage. Nach Außen haften die Gesellschafter einer GbR grundsätzliche gesamtschuldnerisch, d. h. jeder Gesellschafter haftet unbegrenzt (ggf. auch mit seinem Privatvermögen) für die Verbindlichkeiten der GbR. Die GbR wird nach dem bürgerlichen Gesetzbuch (BGB) geführt. Kleinere Unternehmer wählen diese Form häufiger. Steuern: Gewerbesteuer, Umsatzsteuer, Einkommensteuer bzw. Körperschaftsteuer
Die offene Handelsgesellschaft (oHG)	Eine oHG wird durch mindestens zwei Gesellschafter gebildet, die einen Gewerbebetrieb gemeinsam leiten. Die Gesellschafter können auch juristische Personen oder Personengesellschaften sein. Die Gesellschafter haften persönlich und gesamtschuldnerisch für die Verbindlichkeiten der oHG. Eine oHG muss im Handelsregister angemeldet werden. Steuern: Gewerbesteuer, Umsatzsteuer, Einkommensteuer bzw. Körperschaftsteuer
Die Kommanditgesellschaft (KG)	Die KG ist der oHG ähnlich. Bei der Gründung ist kein Mindestkapital erforderlich. Die Gesellschafter werden in Komplementäre und Kommanditisten unterteilt. Der Komplementär haftet persönlich und unbeschränkt, der Kommanditist (nur) mit seiner Einlage gemäß Gesellschaftsvertrag. Die Geschäftsführung erfolgt nur durch den (die) Komplementär(e), die Kommanditisten sind von der Geschäftsführung und von der Vertretung ausgeschlossen. Eine KG muss im Handelsregister angemeldet werden. Steuern: Gewerbesteuer, Umsatzsteuer, Einkommensteuer bzw. Körperschaftsteuer

RECHTSFORM/UNTERNEHMENSFORMEN	
KAPITALGESELLSCHAFTEN	**BESCHREIBUNG**
Gesellschaft mit beschränkter Haftung (GmbH)	Die GmbH unterliegt dem GmbH-Gesetz. Sie ist eine häufig angewandte Rechtsform. Eine GmbH kann durch natürliche oder auch juristische Personen gegründet werden. Auch die Gründung durch eine Einzelperson ist möglich. Als Kapitalgesellschaft muss ein Stammkapital von mindestens 25.000 €, das sich aus den Einlagen der Gesellschafter zusammensetzt, hinterlegt werden. Nach § 7 (2) GmbH-Gesetz muss am Tag der Anmeldung der Gesamtbetrag der eingezahlten Geldeinlagen die Hälfte des Mindeststammkapitals gemäß § 5 Abs. 1 (12500 €) erreichen. Diese Einlage kann zum Teil auch aus Sacheinlagen bestehen (gemischte Einlage). Die Haftung ist auf das Gesellschaftsvermögen beschränkt. Handelnde Organe sind der (die) Geschäftsführer und die Gesellschafterversammlung. Die GmbH ist im Handelsregister anzumelden. Steuern: Gewerbesteuer, Umsatzsteuer, Körperschaftsteuer
Unternehmergesellschaft (haftungsbeschränkt) (UG (haftungsbeschränkt))	Bei der UG (haftungsbeschränkt) handelt es sich um eine besondere Form der GmbH. Für ihre Gründung ist lediglich ein Mindeststammkapital von 1 € nötig, deshalb wird die UG (haftungsbeschränkt) umgangssprachlich auch als „Mini-GmbH" oder „1-Euro-GmbH" bezeichnet. Eine Anmeldung im Handelsregister ist erforderlich und darf erst erfolgen, wenn das Stammkapital in voller Höhe von den Gesellschaftern eingezahlt wurde. Sacheinlagen sind nicht zulässig. Vom Jahresgewinn müssen 25% solange in eine gesetzliche Rücklage eingezahlt werden, bis das Mindestkapital einer „echten" GmbH von 25.000 € erreicht ist. Dann steht es der UG (haftungsbeschränkt) frei eine „GmbH" umzufirmieren. Steuern: Gewerbesteuer, Umsatzsteuer, Körperschaftsteuer
Aktiengesellschaft (AG)	Die Aktiengesellschaft unterliegt dem Aktiengesetz. Das gesetzliche Mindestkapital beträgt 50.000 €. Die Gesellschafter sind Aktionäre. Die Organe sind die Hauptversammlung (beschließendes Organ), der Vorstand (Leitung der AG) sowie der Aufsichtsrat (Überwachung des Vorstandes; mind. drei Personen). Eine AG hat einen hohen organisatorischen Aufwand, da diese drei Gremien nebeneinander arbeiten. Der Bestand einer Aktiengesellschaft ist unabhängig vom Mitgliederwechsel oder dem Tod eines oder mehrerer Aktionäre gewährleistet. Die AG ist im Handelsregister anzumelden. Steuern: Gewerbesteuer, Umsatzsteuer, Körperschaftsteuer

MARKTORDNUNG IM PERSONENKRAFTVERKEHR

RECHTSFORM/UNTERNEHMENSFORMEN	
MISCHFORMEN	**BESCHREIBUNG**
Die GmbH & Co. KG	Die GmbH & Co. KG ist eine besondere Form der KG. Der Komplementär ist dabei keine natürliche Person, sondern eine GmbH (eine juristische Person). Da die Gesellschafter einer GmbH nur beschränkt haften, haften sie in diesem Falle als Komplementär auch nur beschränkt wie der Kommanditist. Damit gibt es eine faktische Haftungsbeschränkung aller Gesellschafter. Die Firma ist im Handelsregister anzumelden.
Die Kommanditgesellschaft auf Aktien (KGaA)	Eine KGaA ist rechtlich eine juristische Person. Es gibt Gesellschafter und Kommanditaktionäre. Mindestens ein Gesellschafter ist ein persönlich haftender Gesellschafter. Die Organe sind die Hauptversammlung und der Aufsichtsrat. Es ist kein Mindestgrundkapital erforderlich. Es gelten die Vorschriften des Ersten Buchs über die Aktiengesellschaft sinngemäß und die Vorschriften des Handelsgesetzbuches. Die KGaA ist in das Handelsregister einzutragen.

MARKTORDNUNG IM PERSONENKRAFTVERKEHR

2.3.2 Aufgabenträger

Aufgabenträger im Sinne der Personenbeförderung sind Organisationen, die in staatlichem Auftrag den öffentlichen Personenkraftverkehr planen. Sie tragen die politische Verantwortung für die öffentliche Mobilität der Bürger. Diese Verantwortung ist durch das Regionalisierungsgesetz vom Bund auf die Länder übertragen worden. Diese wiederum übergeben die Verantwortung mit Hilfe der jeweiligen Landesnahverkehrsgesetze weiter an Städte und Landkreise.

Die Aufgabenträger sind dafür verantwortlich, dass der ÖPNV zu den günstigsten Bedingungen (Betriebskosten, Verwaltungskosten, optimale Gewährleistung der Mobilität der Bürger) für die Allgemeinheit bestellt wird. Er gibt vor, wann, wo und in welcher Qualität ÖPNV angeboten wird. Die Landkreise, Städte und Kommunen haben sich zum großen Teil zu
- Verkehrsgemeinschaften,
- Tarifgemeinschaften oder
- Verkehrs- und Tarifverbünden

zusammengeschlossen.

In einigen Landesnahverkehrsgesetzen wird die Bildung solcher Verbünde vorgeschrieben.

2.3.3 Wettbewerbsrahmen in Deutschland und Europa, Ausschreibungsverfahren, Konzessionen

In der EU wird durch EG-Verordnungen innerhalb des gemeinsamen Binnenmarktes auch die Liberalisierung des schienengebundenen und des nichtschienengebundenen ÖPNV-Verkehrsmarktes angestrebt.

Die Forderungen dieser künftigen Marktordnung bedingen einen Wettbewerb um einen Verkehrsvertrag für eine bestimmte Region. Dabei soll die Umweltverträglichkeit im Vergabeverfahren einen hohen Stellenwert einnehmen.

Nach einer Entscheidung des Europäischen Parlaments liegt die Verantwortung für den ÖPNV bei den kommunalen Gebietskörperschaften. Diese entscheiden, ob sie mit Eigenbetrieben vor Ort die ÖPNV-Dienstleistungen anbieten oder ob sie diese Dienstleistungen bei anderen Verkehrsunternehmen bestellen bzw. einkaufen. Nach einem EuGH-Urteil kann ein Aufgabenträger jedoch ein Verkehrsunternehmen ohne Ausschreibung mit ÖPNV-Leistungen beauftragen und bezuschussen, wenn das begünstigte Unternehmen zuvor mit einer klar definierten Verkehrsleistung betraut wurde und wenn die Beihilfe im Voraus objektiv und transparent ermittelt worden ist. Im Falle des Kaufes bei anderen Anbietern sind die Leistungen in einem Ausschreibungsverfahren auf dem Markt anzubieten. Damit können auch Anbieter aus anderen Mitgliedstaaten der EU an den Ausschreibungen teilnehmen. Die Bedingungen müssen für alle Bieter gleich sein. „Vor-Ort-Unternehmen" dürfen dabei nicht bevorzugt werden.

Die Vertragslaufzeiten für Busdienste sind nach PSO-VO (Öffentliche Personenkraftverkehrsdienste auf Schiene und Straße, „Puplic Service Obligations") auf zehn Jahre festgelegt. Wenn dabei das gesamte Verkehrsnetz ausgeschrieben wird, ist es möglich, dass der bisherige Anbieter den Zuschlag nicht erhält. Das kann für ihn den wirtschaftlichen Ruin bedeuten. Die Vergabe einzelner, kleinerer Lose kann die Marktchancen für kleinere und mittlere Betriebe verbessern.

In den Mitgliedstaaten der EU gibt es verschiedene Modelle zur Regulierung des Marktes, die sich an den Entscheidungen des Parlaments der EU durch die jeweilige nationale Gesetzgebung orientieren.

> » **BUCH**
>
> Siehe hierzu Band 6 „Vorschriften für den Personenkraftverkehr".

MARKTORDNUNG IM PERSONENKRAFTVERKEHR

2.4 Produkte im Personenkraftverkehr

2.4.1 Im Linienverkehr

Die §§ 42 und 43 des Personenbeförderungsgesetzes gestatten im Rahmen des Linienverkehrs ein breites Angebot. Das klassische Produkt ist der Verkehr mit Linienbussen. Er dient der Sicherstellung der Mobilität der Bevölkerung als ÖPNV in den entsprechenden Tarifgebieten.
Innerhalb dieses Angebotes kann die Attraktivität durch eine unterschiedliche Preisgestaltung für bestimmte Streckenabschnitte/Zonen, Personengruppen oder Zeiträume erhöht werden.

Dazu gehören z. B.:
Kurzstreckentarife, Tageskarten, Touristen-Tickets, Wochenkarte, Monatskarten, Jahreskarten, Schülerfahrkarten, Semester-Tickets, die Karte ab 60, Gruppenfahrkarten, Firmentickets, Handytickets und viele andere, die den speziellen Bedürfnissen in einem Tarifgebiet entgegenkommen. Unter „Verkehrsverbund" können Sie sich im Internet mit den verschiedensten Arten, speziell auch in Ihrer Nähe, vertraut machen.

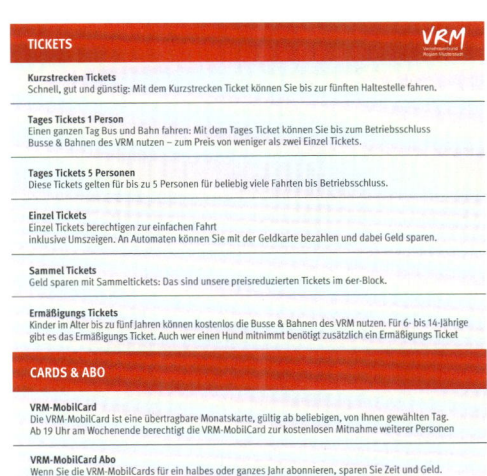

MARKTORDNUNG IM PERSONENKRAFTVERKEHR

Schnell- oder Expressverbindungen gehören zu den Produkten des Linienverkehrs:
- zwischen Bahnhöfen,
- zwischen Bahnhöfen und Flughäfen,
- zwischen Stadtzentren und Flughäfen.

Weitere Produkte im Linienverkehr sind Sonderformen, wie z. B.:
- Berufsverkehr,
- Schülerfahrten,
- Marktfahrten oder
- Theaterfahrten.

Andere Möglichkeiten, die Produktpalette zu erweitern, sind die so genannten bedarfsorientierten Angebote wie Anrufbus, Anruflinientaxi, Anrufsammeltaxi etc. Sie verkehren nur auf Anforderung.

Seit 01.01.2013 gibt es nach § 42a PBefG den Personenfernverkehr, der u. a. dann zulässig ist, wenn der Abstand zwischen den Haltestellen mehr als 50 km beträgt.

Quelle: © André Lemb

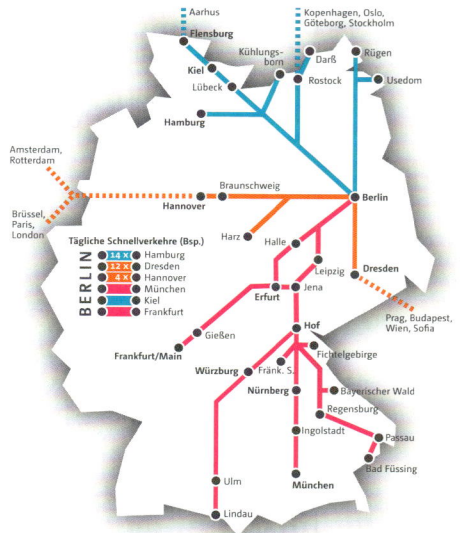

Quelle: © berlinlinienbus.de

MARKTORDNUNG IM PERSONENKRAFTVERKEHR

2.4.2 Im Gelegenheitsverkehr

Durch die Vielzahl der Gefäßgrößen und der Ausstattungsvarianten gibt es Reisebusse für nahezu jede Gelegenheit. Ob einfacher Standardreisebus oder Ausstattung mit Clubecke, eigener Bierzapfanlage oder mit Liegemöglichkeiten, es gibt die unterschiedlichsten Ausstattungsvarianten. Auch Reisebusse mit spezieller Ausrüstung für mobilitätseingeschränkte Personen sind im Angebot. Es sind nahezu keine Grenzen gesetzt. Die Produktpalette umfasst verschiedene Reisearten.
Die wichtigsten sind im Folgenden aufgeführt.

Wochenendreisen

Sie dauern zwei bis vier Tage. Die Ziele sind nicht weiter als eine dreiviertel Tagesreise entfernt.
Nutzer dieser Reisevariante sind eher Personen im mittleren Alter. Anlässe sind oftmals Feiertage wie Weihnachten, Silvester, Ostern, Pfingsten. Oft werden auch Brückentage mit eingebunden.

Kurzreisen

Reisetermine sind am Anfang der Woche, die Ziele sind nicht weit entfernt, die Fahrgäste sind durchschnittlich zwischen 50 und 65 Jahre alt. Sie führen meist in landschaftlich oder historisch interessante Regionen. Das Programm ist meist eng.

Ausflugsfahrten

Sie werden vom Busunternehmer/Reiseveranstalter nach einem eigens dafür aufgestellten Plan durchgeführt. Es handelt sich dabei meist um Ein-Tages-Fahrten zu regionalen Erholungsgebieten, kulturellen oder volkstümlichen Veranstaltungen. Sie werden für alle Teilnehmer mit dem gleichen Ziel und Ausflugszweck angeboten.

Städtereisen

Städtereisen können Zwei-Tagesreisen, aber auch Reisen von bis zu zehn Tagen sein. Die Ziele sind in der Regel europäische Hauptstädte oder Städte mit historischen oder bedeutenden Bauwerken.
Der Zeitraum ist mit Stadtrundfahrten, Besuchen ausgewählter Bauwerke, Stadtbesichtigungen, Abendprogrammen und einem kleinen Freizeitanteil gefüllt. Dabei bleibt der Omnibus am Ort und stellt die Mobilität der Reisegruppe sicher. Die Teilnehmer entstammen allen Altersgruppen.

MARKTORDNUNG IM PERSONENKRAFTVERKEHR

Rundreisen
Rundreisen werden von ca. fünf Tagen bis zu einer Dauer von mehreren Wochen durchgeführt. Die längeren Reisen führen üblicherweise durch bekannte Städte und umfassen mehrtägige Aufenthalte. Hierbei ist auch ständig ein Reiseleiter mit an Bord.
Bei den kürzeren Reisen handelt es sich oft um Tagesaufenthalte an den jeweiligen Zielorten. Für die Durchführung des Programms ist dabei tagsüber der örtliche Fremdenführer zuständig. Die Übernachtungen erfolgen in Hotels, Nachtfahrten werden kaum durchgeführt. Die Reisegäste gehören den verschiedensten Altersgruppen an.

Ferienzielreisen
Die Reisedauer beträgt eine bis drei Wochen. Die Reise beinhaltet lediglich die Hin- und Rückfahrt zum Aufenthalt an einem bestimmten Ort. Für die Reiseteilnehmer gibt es kein vorher buchbares Programm. Der Busunternehmer selbst ist dabei für den Aufenthalt nicht verantwortlich.

Erholungsreisen
Erholungsreisen können wie Ferienzielreisen nur aus Hin- und Rückfahrt bestehen. Die Betreuung obliegt dem Reiseveranstalter. Andererseits kann der Busunternehmer aber auch als Reiseveranstalter auftreten. Dann verbleibt der Omnibus am Ort und steht für die Durchführung des Reiseprogramms zur Verfügung. Dabei sind feste Fahrtermine vorgeplant. Andere können sich zusätzlich aus den örtlichen Bedingungen ergeben. Erholungsreisen sind meist Pauschalreisen, die Teilnehmergruppen sind altersmäßig gemischt. Das Gesamtentgelt beinhaltet alle Leistungen.

Studienreisen
Studienreisen umfassen eine Reisedauer von wenigen Tagen bis zu mehreren Wochen. Das Spektrum beinhaltet:
- Ein- und Mehrländerstudienreisen,
- Pilgerreisen,
- Fachstudienreisen,
- Theater- und Festspielreisen bis hin zu
- Abenteuerreisen.

Häufig werden hier kulturelle, religiöse oder künstlerisch bedeutende Orte ausgesucht. Die Reisen werden meist unter ein bestimmtes Thema gestellt. Es kann meist ein hoher Qualitätsstandard bei Unterkunft, Verpflegung und Transport erwartet werden. An den Wissensstand des Reiseleiters werden hohe Anforderungen gestellt. Die Teilnehmerzahl wird häufig vom Reiseveranstalter begrenzt und liegt meist unterhalb der Transportkapazität des Busses.

MARKTORDNUNG IM PERSONENKRAFTVERKEHR

Beispiele für spezielle Angebote
- Kurreisen,
- betreute Reisen,
- Reisen mit mobilitätseingeschränkten Personen,
- Hörerreisen,
- Leserreisen.

Zu den speziellen Angeboten gehören auch kombinierte Reisen mit Bus und Schiff. Oftmals ist dabei eine Mindestteilnehmerzahl erforderlich, um nicht in die finanzielle Verlustzone zu kommen.

Maßnahmen, die besonders in der Nebensaison die Auslastung der Reisebusse verbessern können, sind:
- Kinderermäßigungen,
- Kundenkarten,
- Rückvergütung bei einer Mindestsumme,
- Wertgutscheine und
- Abholung von zu Hause.

Reisezeiten
Die Reisezeiten haben ihren Höhepunkt zu den Ferienzeiten von Frühjahr bis Herbst. In den Wintermonaten vom November bis März werden oftmals Reisebusse abgemeldet und die Fahrer werden nach Möglichkeit auch zur Verstärkung im Linienverkehr eingesetzt, wenn das Unternehmen im ÖPNV tätig ist.
Neben Kur- und Winterreisen sind in diesen Monaten die Höhepunkte in der Vorweihnachtszeit (Weihnachtsmärkte/Christkindlmärkte mit historischen Traditionen), zu Weihnachten und Silvester und zum Osterfest. Dazu kommen Fahrten zu kulturellen Ereignissen und Wintersportveranstaltungen.

KOMMERZIELLE UND FINANZIELLE FOLGEN EINES RECHTSSTREITS

3. Kommerzielle und finanzielle Konsequenzen eines Rechtsstreits

Die Flut an Gesetzen und Verordnungen, die jeweils verschiedenste rechtliche Sachverhalte erfassen sollen, ist selbst für Juristen schwer überschaubar. Je nachdem, welcher Lebenssachverhalt (Ereignis, Vorfall oder Sachlage) vorliegt, kann dies verschiedene Rechtsgebiete berühren, und die unterschiedlichsten rechtlichen Konsequenzen haben. Führt ein solcher Lebenssachverhalt dazu, dass eine rechtliche Auseinandersetzung vor Gericht unvermeidbar wird, kann dies zu nicht unerheblichen kommerziellen und finanziellen Folgen aller Beteiligten führen. Das gilt natürlich auch im Verhältnis zwischen Berufskraftfahrer und Fuhrunternehmer.

3.1 Zivilrechtliche Rechtsstreite

Bedeutung und Gegenstand zivilrechtlicher Rechtsstreite
Das Zivilrecht umfasst sämtliche Rechtsbeziehungen zwischen Privatleuten. Hierzu zählen sowohl natürliche Personen als auch sogenannte Rechtssubjekte, wie beispielsweise Gesellschaften, Eigentümergemeinschaften und Vereine. Hiervon abzugrenzen ist das öffentliche Recht, welches das Verhältnis zwischen Staat und Bürger regelt.

Rechtsgebiete, die vom Zivilrecht erfasst werden
Das Zivilrecht ist gesetzlich in das allgemeine und das besondere Schuldrecht unterteilt, welches insbesondere die vertraglichen Beziehungen zwischen den Parteien regelt. Darüber hinaus werden die rechtlichen Sachverhalte abgedeckt, denen keine vertraglichen Beziehungen zugrunde liegen; so z. B. das sogenannte Deliktsrecht, das hauptsächlich Schadenersatzansprüche behandelt. Nachfolgend sind die am häufigsten vorkommenden Bereiche aufgezählt, die im Zusammenhang mit der Tätigkeit als Berufskraftfahrer berührt werden können.

Unfallschäden
Der Beruf des Kraftfahrers ist zwangsläufig mit einem erhöhten Unfallrisiko verbunden. Unfallschäden gehören zum Bereich des Schadenersatzrechtes. Da der Hergang eines Verkehrsunfalls häufig streitig ist, kommt es in diesem Bereich vermehrt zu gerichtlichen Auseinandersetzungen. Auf Beklagtenseite verhält es sich so, dass regelmäßig der Fahrer als auch der Halter (also der Verkehrsunternehmer) und die Haftpflichtversicherung, verklagt werden. Sollte das Unternehmen auf Klägerseite stehen, beschränkt sich die Rolle des Fahrers normalerweise auf die des Zeugen.

Frachtschäden
Zu den Frachtschäden zählen zum einen die Unfallschäden am Frachtgut, die fremd- als auch eigenverschuldet sein können, und zum anderen der Bereich der Verlade- und sonstigen Transportschäden. In diesen Bereichen geht es insbesondere darum, wer für aufgetretene Schäden die Verantwortung trägt und die daraus resultierenden Kosten zu übernehmen hat.

KOMMERZIELLE UND FINANZIELLE FOLGEN EINES RECHTSSTREITS

Vertragsstrafen (Konventionalstrafen)
In diesen Bereich fallen Schadenersatzansprüche, die entstehen, wenn vertragliche Vereinbarungen, wie zeitliche Vorgaben, nicht eingehalten werden.

Zuständige Gerichte
Für zivilrechtliche Rechtsstreitigkeiten sind die ordentlichen Gerichte zuständig. Zur ordentlichen Gerichtsbarkeit gehören das Amtsgericht (AG), das Landgericht (LG), das Oberlandesgericht (OLG) sowie der Bundesgerichtshof (BGH). Bei Streitigkeiten bis zu einem Streitwert von 5.000 Euro ist als erste Instanz das AG zuständig. Seine Urteile können mittels einer Berufung vor dem LG als zweite Instanz angefochten werden. Dessen Urteile wiederum können durch Einlegung einer Revision durch den BGH als dritte Instanz überprüft werden. Bei Streitwerten über 5.000 Euro ist das LG die erste Instanz, das OLG die zweite und der BGH die dritte Instanz.

Kosten
- Gerichtskosten
  Um einen zivilrechtlichen Rechtsstreit in Gang zu bringen, sind zunächst Gerichtskosten einzuzahlen. Diese richten sich nach der Höhe des sogenannten Streitwerts, also üblicherweise nach der Höhe der geltend gemachten Forderung. Der Unterliegende eines Rechtsstreits hat die Gerichtskosten, die eigenen Anwaltskosten und die der gegnerischen Partei zu tragen. Im Falle eines teilweisen Obsiegens werden die Kosten im Verhältnis zum Erfolg und Misserfolg geteilt.
- Anwaltskosten
  Auch die Anwaltskosten berechnen sich nach dem Streitwert. Zwar besteht auch für ein Unternehmen die Möglichkeit des Abschlusses einer Rechtsschutzversicherung, allerdings sind viele Sachverhalte in der gewerblichen Rechtsschutzversicherung ausgeschlossen (so z. B. Vertragsrechtsstreite) mit der Folge, dass der Verkehrsunternehmer sämtliche Kosten selbst tragen muss.

Bedeutung für das Unternehmen
Zivilrechtliche Auseinandersetzungen vor Gericht bergen immer ein gewisses Prozessrisiko. Das hängt damit zusammen, dass es meist darauf ankommt, wer welchen Sachverhalt beweisen kann, und es zudem nicht immer vorhersehbar ist, wie ein Richter die Beweismittel, z. B. die Glaubwürdigkeit eines Zeugen, würdigt. Wenn man einen Zivilrechtsstreit verliert, muss man nicht nur die Forderung der Gegenseite erfüllen, sondern, wie bereits oben erwähnt, auch noch deren Kosten und die eigenen Kosten tragen. So entstehen z. B. bei einem Streitwert von 10.000 Euro in der ersten Instanz Gesamtkosten von über 4.000 Euro. Geht eine Partei in Berufung, können sich die Kosten mehr als verdoppeln. Darüber hinaus können noch weitere Folgekosten entstehen, z. B. bei einem Verkehrsunfall die Kosten für die Höherstufung in der Haftpflichtversicherung.

KOMMERZIELLE UND FINANZIELLE FOLGEN EINES RECHTSSTREITS

3.2 Arbeitsrechtsstreite

Bedeutung und Gegenstand eines Rechtsstreits vor dem Arbeitsgericht

Verfahren vor den Arbeitsgerichten betreffen sämtliche Streitigkeiten im Zusammenhang mit dem Arbeitsverhältnis zwischen dem Kraftfahrer und dem Fuhrunternehmer. Überwiegend geht es vor den Arbeitsgerichten um den Bereich der Kündigung des Arbeitsverhältnisses. Vor den Arbeitsgerichten werden aber auch die Fälle verhandelt, in denen der Arbeitgeber Schadenersatzansprüche gegen seinen Arbeitnehmer geltend macht, z. B. im Falle des Diebstahls von Frachtgut.

Haftung des Arbeitnehmers
- Voraussetzungen
  Der Arbeitnehmer haftet dem Arbeitgeber für Sach- und Vermögensschäden auf Schadenersatz für den Fall einer Pflichtverletzung. Die Tätigkeit, die zu dem Schaden geführt hat, muss durch den Betrieb veranlasst und aufgrund des Arbeitsverhältnisses geleistet worden sein. Aufgrund des Umstandes, dass der Arbeitgeber die Arbeitsbedingungen mitbestimmt, hat die Rechtsprechung den Arbeitnehmern Haftungserleichterungen zugebilligt, je nach dem Grad des Verschuldens.
- Umfang der Haftungserleichterung
  » Bei **Vorsatz** (Wissen und Wollen) haftet der Arbeitnehmer voll und hat in der Regel den ganzen Schaden zu tragen (z. B. Diebstahl von Gepäck).
  » Auch bei **grober Fahrlässigkeit** haftet der Arbeitnehmer in der Regel voll. Im Einzelfall können jedoch Haftungserleichterungen eingreifen. Gemäß einem Urteil des Bundesgerichtshofes (BGH) handelt grob fahrlässig, wer die im Verkehr erforderliche Sorgfalt nach den gesamten Umständen in ungewöhnlich hohem Maße verletzt und unbeachtet lässt, was im gegebenen Fall jedem hätte einleuchten müssen (BGH, 18. Dezember 1996 – IV ZR 321/95 – NJW 1997, 1012 f.). Dazu zählen zum Beispiel Überschreitung der Zuladungsgrenzen, Sekundenschlaf, Fernsehen während der Fahrt und das Greifen nach einer heruntergefallenen Zigarette, Telefonieren oder Schreiben von SMS. Das Bundesarbeitsgericht bejahte das Vorliegen grober Fahrlässigkeit in einem Fall, in dem ein Berufskraftfahrer auf einer innerstädtischen Straße in dem Lkw seiner Arbeitgeberin einen Anruf mit einem fest installierten Mobilfunktelefon entgegennahm, im Rahmen des Gesprächs in Unterlagen blätterte, die auf dem Beifahrersitz lagen, und dann bei Rot in eine Kreuzung einfuhr und dort mit einem anderen Fahrzeug zusammenstieß (BAG, Urteil vom 12.11.1998 – Az. 8 AZR 221/97).

ARBEITNEHMERHAFTUNG

VORSATZ	Arbeitnehmer handelt mit **Wissen und Wollen**.	Arbeitnehmer muss den verursachten Schaden in **voller Höhe** ausgleichen.
GROBE FAHRLÄSSIGKEIT	Arbeitnehmer verletzt die im Verkehr **erforderliche Sorgfalt** nach den gesamten Umständen **in ungewöhnlich hohem Maße** und lässt unbeachtet, was im gegebenen Fall einem jedem hätte einleuchten müssen	Arbeitnehmer muss den verursachten Schaden in **voller Höhe** ausgleichen.
MITTLERE FAHRLÄSSIGKEIT	Arbeitnehmer lässt im Verkehr **erforderliche Sorgfalt außer acht**.	**Aufteilung** des Schadens **zwischen Arbeitnehmer (AN) und Arbeitgeber (AG)** (abhängig vom Einzelfall)
LEICHTE FAHRLÄSSIGKEIT	Arbeitnehmer handelt schuldlos oder nicht fahrlässig **(Flüchtigkeitsfehler)**	Arbeitnehmer muss den verursachten Schaden **nicht** ausgleichen.

Aufteilung des Schadens zwischen Arbeitnehmer (AN) und Arbeitgeber (AG) - abhängig vom Einzelfall:

AN	90	80	70	60	50	40	30	20	10
AG	10	20	30	40	50	60	70	80	90

KOMMERZIELLE UND FINANZIELLE FOLGEN EINES RECHTSSTREITS

» Bei **mittlerer Fahrlässigkeit** haftet der Arbeitnehmer nach einer Abwägung der Gesamtumstände. Es kommt daher immer auf den Einzelfall an. Mittlere Fahrlässigkeit ist anzunehmen, wenn der Arbeitnehmer die im Verkehr erforderliche Sorgfalt außer Acht gelassen hat, der rechtlich missbilligte Erfolg bei Anwendung der gebotenen Sorgfalt voraussehbar und vermeidbar gewesen wäre (zum Beispiel überhöhte Geschwindigkeit in einer Kurve).

» Bei **leichtester Fahrlässigkeit** haftet der Arbeitnehmer nicht. Leichteste Fahrlässigkeit kann vorliegen bei Überlastung oder Zeitdruck, in Konfliktsituationen oder in typischen Fällen des „Sich-Vertuns", „Sich-Versprechens" oder „Sich-Vergreifens". Zu berücksichtigen ist, dass eventuell ein Versicherer für den Schaden einsteht. Allerdings besteht keine Rechtspflicht des Spediteurs zum Abschluss einer Vollkaskoversicherung.

Kosten
- Gerichtskosten
  Auch bei den Arbeitsgerichten werden Gerichtskosten nach dem Wert des Streitgegenstandes erhoben. Im Gegensatz zum zivilrechtlichen Klageverfahren müssen diese nicht als Vorschuss eingezahlt werden, sondern werden erst nach Abschluss des Verfahrens fällig.
- Anwaltskosten
  Im Urteilsverfahren vor dem Arbeitsgericht besteht in der ersten Instanz kein Anspruch der obsiegenden Partei auf Erstattung der eigenen Anwaltskosten, so dass jede Partei ihre Kosten selbst tragen muss. Diese berechnen sich ebenso wie in zivilrechtlichen Verfahren nach dem Streitwert.

Bedeutung für das Unternehmen
Unabhängig vom Umstand, dass auch im Rahmen von arbeitsgerichtlichen Verfahren Anwalts- und Gerichtskosten entstehen, sind auch die weiteren Auswirkungen nicht außer Acht zu lassen. So beinhaltet jede Kündigung für den Unternehmer auch eine wirtschaftliche Komponente. Unter Umständen muss ein neuer Arbeitnehmer gefunden werden. Eventuell müssen Abfindungen gezahlt werden. Schäden, die ein Arbeitnehmer verursacht hat, die er aber z. B. aufgrund seiner finanziellen Situation nicht bezahlen kann, müssen vom Unternehmer selbst getragen werden. Aber selbst wenn es nicht um eine Kündigung geht, sondern z. B. um eine Überstundenvergütung oder Arbeitsbedingungen, führt dieses Spannungsverhältnis zwischen Arbeitgeber und Arbeitnehmer häufig dazu, dass die Arbeitsleistung darunter leidet und sich auf das wirtschaftliche Gesamtergebnis auswirkt. Das gilt insbesondere für kleinere Unternehmen.

KOMMERZIELLE UND FINANZIELLE FOLGEN EINES RECHTSSTREITS

3.3 Ordnungswidrigkeiten- und Strafverfahren

Gegenstand von Ordnungswidrigkeits- und Strafverfahren
Dieser Bereich erfasst Sachverhalte, bei denen Handlungen eines Einzelnen oder einer Gruppe gesetzlich sanktioniert (bestraft) werden, wobei je nach Schwere des Verstoßes von einer Ordnungswidrigkeit oder von einer Straftat gesprochen wird.

Verkehrsverstöße, die vom Ordnungswidrigkeitsrecht erfasst werden
Zu diesem Bereich gehören sämtliche Verkehrsverstöße, die im Bußgeldkatalog aufgeführt werden. Am häufigsten geht es um Geschwindigkeitsüberschreitungen und Abstandsverstöße, aber auch um Alkohol oder die Fahrzeugsicherheit oder Lenkzeiten. Diese Verstöße werden üblicherweise durch einen Bußgeldbescheid geahndet, der je nach Schwere des Vergehens auch ein Fahrverbot aussprechen kann. Legt man gegen einen Bußgeldbescheid Einspruch ein, entscheidet das Amtsgericht über dessen Rechtmäßigkeit. Sofern das Bußgeld über 250 Euro beträgt, kann die Entscheidung des Amtsgerichtes noch vom Oberlandesgericht überprüft werden.

Verkehrsverstöße, die vom Strafrecht erfasst werden
Die Hauptvergehen im Verkehrsstrafrecht sind das unerlaubte Entfernen vom Unfallort, Trunkenheit im Straßenverkehr, Straßenverkehrsgefährdung und die fahrlässige Körperverletzung. Kommt es zu einer Verurteilung wegen einer der oben genannten Taten, führt dies üblicherweise zu einer Geldstrafe und in der Regel zur Entziehung der Fahrerlaubnis. Die Dauer der Entziehung hängt von der Schwere der Straftat ab und liegt im Durchschnitt zwischen sechs und zwölf Monaten.

Sonstige strafbare Handlungen
Zu den sonstigen strafbaren Handlungen, die üblicherweise im Verhältnis zwischen Arbeitgeber und Arbeitnehmer auftreten können, gehören Untreue, Unterschlagung, Diebstahl und Betrug. Im Zusammenhang mit diesen Delikten ist zwangsläufig auch gleichzeitig ein arbeitsrechtliches Verfahren zu erwarten, da eine Straftat gegenüber dem Arbeitgeber das Recht zur außerordentlichen Kündigung begründet.

» **BUCH**

Ausführliche Informationen zum Thema „Fahrverbot und Entziehung der Fahrerlaubnis" können Sie in dem Band „Recht, Stress und Gesundheitsbalance" finden.

KOMMERZIELLE UND FINANZIELLE FOLGEN EINES RECHTSSTREITS

Zuständige Gerichte für die Verfolgung von Straftaten

Strafverfahren werden vor den ordentlichen Gerichten durchgeführt.

- Verfahren vor dem Amtsgericht: Das Amtsgericht ist zuständig, sofern die zu erwartende Haftstrafe 4 Jahre nicht übersteigt.
  - » Hauptverhandlung
    Grundsätzlich findet vor dem Amtsgericht eine Hauptverhandlung statt, die mit einem Urteil endet. Gegen die Entscheidung des Amtsgerichtes kann Berufung oder Revision eingelegt werden. Über die Berufung entscheidet das Landgericht und über die Revision das OLG.
  - » Strafbefehlsverfahren
    Bei leichteren Delikten, insbesondere bei Verkehrsstraftaten, kann das Amtsgericht auf Antrag der Staatsanwaltschaft auch einen sogenannten Strafbefehl erlassen, mit dem die Strafe ohne Durchführung einer Hauptverhandlung festgesetzt wird. Gegen den Strafbefehl kann Einspruch eingelegt werden, woraufhin eine mündliche Verhandlung vor dem Amtsgericht durchgeführt wird, an deren Ende ein Urteil steht. Dieses kann wiederum mit einer Berufung vor dem Landgericht angefochten werden.
- Verfahren vor dem Landgericht
  Wenn die zu erwartende Haftstrafe über 4 Jahren liegt, dann ist das Landgericht als erste Instanz zuständig. Gegen dessen Urteile ist nur eine Revision möglich, über diese entscheidet grundsätzlich der Bundesgerichtshof.

Kosten

- Gerichtskosten
  Sowohl im Bußgeldverfahren als auch im Strafverfahren entstehen Kosten, die bei einer Verurteilung der Angeklagte tragen muss. Zu den Kosten gehören sowohl Gerichtsgebühren als auch Auslagen von Zeugen und sonstige Verfahrenskosten, z. B. die Kosten eines Gutachtens zur Bestimmung des Blutalkohols. Nur bei einem Freispruch sind die Kosten durch die Staatskasse zu tragen.
- Anwaltskosten
  Die Anwaltskosten in den oben genannten Verfahren berechnen sich, anders als in zivilrechtlichen Verfahren, nach sogenannten Rahmengebühren. Der Anwalt kann je nach Schwierigkeit des Falles innerhalb eines bestimmten Gebührenrahmens für verschiedene Tätigkeiten abrechnen. Die Kosten für ein durchschnittliches Strafverfahren mit einer Hauptverhandlung liegen schnell oberhalb von 900 Euro. Auch Anwaltskosten werden nur bei einem Freispruch durch die Staatskasse getragen.

Bedeutung für das Unternehmen

Für ein Verkehrsunternehmen bedeutet ein Fahrverbot oder die Entziehung der Fahrerlaubnis eines seiner Kraftfahrer immer auch die Notwendigkeit der Entscheidung, ob das Arbeitsverhältnis fortgeführt werden kann. In den meisten Arbeitsverträgen sind bereits entsprechende Klauseln vorhanden. In einigen Fällen sind die Unternehmer rechtsschutzversichert, wodurch auch die Fahrer, zumindest was die Verfahrenskosten (Gerichts- und Anwaltskosten) angeht, abgesichert sind. Allerdings ist zu beachten, dass der Versicherungsschutz bei strafrechtlichen Verfahren in der Regel in den Versicherungsbedingungen eingeschränkt wird. So trägt die Rechtsschutzversicherung die Kosten regelmäßig nur dann, wenn die Straftat lediglich fahrlässig begangen wurde, z. B. bei einer fahrlässigen Körperverletzung oder fahrlässigen Tötung. Bei Vorsatzstraftaten, wie z. B. einer Nötigung durch zu dichtes Auffahren, besteht kein Versicherungsschutz. Geht es um Straftaten des Arbeitnehmers gegenüber dem Arbeitgeber, entstehen hierdurch meistens auch noch Vermögensschäden, die wiederum in einem gesonderten zivilrechtlichen Verfahren geltend gemacht werden müssen.

3.4 Zusammenfassung

Ein Rechtsstreit ist immer mit einem Prozessrisiko behaftet. Arbeitgeber und Arbeitnehmer sollten dabei Hand in Hand zusammenarbeiten, um bereits im Vorfeld rechtliche Auseinandersetzungen zu verhindern. Das spart nicht nur Kosten, sondern trägt auch zu einer positiven Außendarstellung bei. Rechtsstreite sind überwiegend öffentlich und können von jedermann als Zuschauer besucht werden, weshalb man als Unternehmen schnell den Ruf bekommen kann, sehr streitfreudig zu sein. Das schreckt möglicherweise potenzielle Kunden, aber auch neue kompetente Mitarbeiter ab. Sollte ein Rechtsstreit einmal unvermeidbar sein, so gilt, dass auch vor Gericht immer noch die Möglichkeit einer einvernehmlichen Einigung besteht.

KOMMERZIELLE UND FINANZIELLE FOLGEN EINES RECHTSSTREITS

	RECHTSSTREITIGKEITEN			
	ZIVILRECHT	**ARBEITSRECHT**	**ORDNUNGSWIDRIGKEITENRECHT**	**STRAFRECHT**
ART DER STREITIGKEIT	Streitigkeiten zwischen „Privatpersonen" natürliche Personen (Menschen) / juristische Personen (z. B. AG oder GmbH) aufgrund eines Vertrages oder deliktischer Handlungen	Streitigkeiten zwischen **Arbeitnehmer** und **Arbeitgeber**	Überprüfung der Rechtmäßigkeit eines **Bußgeldbescheides**	**Anklage oder Strafbefehl** wegen des Vorwurfes einer Straftat
MÖGLICHE FOLGEN EINER VERURTEILUNG	– Zahlung von Schadenersatz für Unfall- oder Frachtschäden – Zahlung von Vertragsstrafen	– Zerstörung des Vertrauensverhältnisses zwischen Arbeitgeber und Arbeitnehmer – Verlust des Arbeitsplatzes – Zahlung von Schadenersatz	– Bußgeld – Fahrverbot – Punkte im Fahreignungsregister (FAER) – ggf. Verlust des Arbeitsplatzes	– Freiheitsstrafe – Geldstrafe – Entziehung der Fahrerlaubnis – Fahrverbot – Punkte im Fahreignungsregister (FAER) – ggf. Verlust des Arbeitsplatzes
ZUSTÄNDIGE GERICHTE	**Ordentliche Gerichte** – Amtsgericht (AG) (bei Streitwerten bis 5.000 €) – Landgericht (LG) (bei Streitwerten über 5.000 €) – Oberlandesgericht (OLG) – Bundesgerichtshof (BGH)	**Arbeitsgerichte** – Arbeitsgericht (ArbG) – Landesarbeitsgericht (LAG) – Bundesarbeitsgericht (BAG)	**Ordentliche Gerichte** – Amtsgericht (AG) – Oberlandesgericht (OLG)	**Ordentliche Gerichte** – Amtsgericht (AG) (bei Strafen bis zu 4 Jahre Freiheitsentzug) – Landgericht (OLG) (bei Strafen über 4 Jahren Freiheitsentzug) – Oberlandesgericht (OLG) – Bundesgerichtshof (BGH)
KOSTENRISIKO	Gerichts- und Anwaltskosten berechnen sich nach dem Streitwert. Die unterliegende Partei trägt die Gerichtskosten sowie die eigenen und gegnerischen Anwaltskosten.	Gerichts- und Anwaltskosten berechnen sich nach dem Streitwert. In der ersten Instanz trägt jede Partei ihre Anwaltskosten selbst. Ansonsten muss wie im Zivilprozess die unterliegende Partei die Kosten tragen.	Bei einem Freispruch trägt die Staatskasse die Gerichts- und Verteidigungskosten. Ansonsten trägt der Betroffene die Kosten.	Bei einem Freispruch trägt die Staatskasse die Gerichts- und Verteidigerkosten. Bei einer Verurteilung trägt der Angeklagte die Kosten.

KOMMERZIELLE UND FINANZIELLE FOLGEN EINES RECHTSSTREITS

3.5 Weitere kommerzielle Konsequenzen für das Unternehmen

Ein Rechtsstreit kann verschiedene kommerzielle Folgen für das Busunternehmen nach sich ziehen. Insbesondere führt ein Rechtsstreit häufig zu:
- Konsequenzen auf der Kundenebene
- Reduzierung von Marktanteilen
- finanzielle Folgen wie Konventionalstrafen und Schadenersatzforderungen sowie
- einem negativen Unternehmensimage.

3.5.1 Konsequenzen auf Kundenebene

Verlust des Kunden (Gegenpartei im Rechtsstreit)
Ist der Kunde mit der erbrachten Leistung des Busunternehmens nicht oder nicht vollkommen einverstanden, steht ihm der Rechtsweg zur Durchsetzung seiner Interessen offen. Bis zur vollständigen gerichtlichen Klärung ist die Geschäftsbeziehung zwischen den beiden Parteien erst einmal blockiert. Das führt für den Busunternehmer zu einem Rückgang seiner Umsätze für diesen Kunden. Der Ausgang des Rechtsstreits ist für die weitere Zusammenarbeit beider Parteien entscheidend. Sind im Rechtsstreit die Interessen beider Beteiligten ausreichend berücksichtigt worden, kann die Geschäftsbeziehung einen neuen Anfang nehmen. Fühlt sich jedoch eine der Parteien benachteiligt, kann dies dazu führen, dass die Geschäftsbeziehung damit beendet ist.

Veränderungen im Personalbereich des Busunternehmens
- Personalabbau
  Werden durch den Verlust des Kunden die Transporte erheblich reduziert, kann dies zulasten von Arbeitsplätzen gehen. Der Arbeitsplatzabbau zieht sich dann durch verschiedene Bereiche des Unternehmens. Gewerbliches Personal, Kraftfahrer, aber auch Mitarbeiter in der Verwaltung können davon betroffen sein.
- Kündigung durch den Mitarbeiter
  Ändert sich die Situation im Unternehmen (z. B. durch Personalabbau oder Umsatzrückgang), führt dies oft dazu, dass sich Mitarbeiter beruflich neu orientieren, weil die Sicherheit des Arbeitsplatzes nicht mehr gewährleistet scheint. Verlassen qualifizierte Mitarbeiter das Unternehmen, kann es dadurch zu erneuten Umsatzeinbußen kommen. Zum einen ist es aufgrund des bestehenden Fachkräftemangels schwierig, überhaupt neue geeignete Mitarbeiter zu finden, und zum anderen kann neues Personal erst nach einer Einarbeitungszeit voll in den Arbeitsprozess integriert werden.

Reduzierung der Kooperationspartner
Auch die Kooperationspartner, die mit dem betreffenden Verkehrsunternehmen in Geschäftsbeziehung stehen, können unter den Folgen eines Kunden- und/oder Mitarbeiterverlusts leiden. Der Bedarf an Kooperationspartnern kann sich dadurch reduzieren, dass weniger Transporte durchzuführen sind. Die Reduzierung kann vonseiten des Busunternehmens veranlasst werden oder sie erfolgt auf Wunsch des Kooperationspartners, der eine lukrativere Alternative sucht.

Konsequenzen bei Behörden (Verlust von Genehmigungen)
Werden Tatbestände wie
- mangelhafte Leistung
- Fahrlässigkeit oder Vorsatz
- Verlust der Liquidität

im Gerichtsverfahren festgestellt, können dem Busunternehmen seitens der Behörden bereits erteilte Genehmigungen ganz oder teilweise für einen bestimmten Zeitraum entzogen werden. Das führt dazu, dass der Unternehmer bestimmte, auf Genehmigungen basierende Transporte nicht mehr durchführen darf.

3.5.2 Reduzierung des Marktanteils

Verlust oder Reduzierung von Dienstleistungsfeldern
Häufig ist das Busunternehmen durch die Folgen des Rechtsstreits (z. B. Verlust von Genehmigungen) nicht mehr in der Lage, die Verträge mit den Kunden zu erfüllen. Zwangsläufig wenden sich diese dann an einen anderen Anbieter. Das Unternehmen verliert somit einen Teil seines Marktsegments. Auch wenn noch andere Dienstleistungen für diese Kunden durchgeführt werden, ist der Fortbestand der Geschäftsbeziehung gefährdet, denn der Kunde könnte sich auch komplett auf den neuen Dienstleister einstellen.

KOMMERZIELLE UND FINANZIELLE FOLGEN EINES RECHTSSTREITS

3.5.3 Finanzielle Konsequenzen

Konventionalstrafe (= Vertragsstrafe)
Eine Konventionalstrafe ist eine dem Vertragspartner (Kunden, Kooperationspartner) fest zugesagte Geldsumme für den Fall, dass der Versprechende seine vertraglichen Verpflichtungen nicht oder nicht vollständig erfüllt. Das Verhängen einer Konventionalstrafe ist nicht davon abhängig, ob ein Schaden entstanden ist und wie groß er tatsächlich ist.

Beispiel: Das Unternehmen soll eine Reisegruppe vom ZOB abholen und zum Flughafen bringen. Die genauen Vorgaben (Datum und Uhrzeit der Abholung) sind dem Busunternehmen bekannt. Es ist jedoch nicht zum vereinbarten Zeitpunkt vor Ort. Für diesen Vertragsverstoß kann eine Konventionalstrafe vorab im Vertrag vereinbart werden.

Schadensersatzforderung
Hier ist ein Ausgleich für einen tatsächlich durch ein Fehlverhalten entstandenen und messbaren Schaden zu zahlen. Dieser Anspruch besteht grundsätzlich auch neben oder zusätzlich zu einer vereinbarten Konventionalstrafe.

Beispiel: Aufgrund der verspäteten Abholung der Reisegruppe verpasst diese ihren Flug und muss auf einen anderen Flug umbuchen. Die Schadensersatzforderung kann in diesem Fall genau berechnet werden.

Weitere Folgen
Die Begleichung der Konventionalstrafe und/oder Schadensersatzforderung wirkt sich nachhaltig auf die Liquidität des Busunternehmens aus. Daraus folgt, dass das Unternehmen unter Umständen seinen eigenen Verbindlichkeiten nicht fristgerecht nachkommen kann.

Geschäftspartner können daraufhin in Erwägung ziehen, die Geschäftsbeziehung zu beenden, oder darauf bestehen, dass die Vertragsinhalte zu Ungunsten des Busunternehmens geändert werden.

3.5.4 Negatives Unternehmensimage

Das Unternehmensimage ist das Bild, das sich Kunden, Mitarbeiter, Kooperationspartner und die Öffentlichkeit von einem Unternehmen machen und das unter anderem auf der Qualität der erbrachten Leistungen beruht. Wirtschaftlicher Erfolg und ein positives Unternehmensimage sind eng miteinander verknüpft. Daraus folgt, dass sich ein negatives Image auf viele Bereiche im Unternehmen ungünstig auswirken kann. Als Beispiele sind insbesondere zu nennen:
- erschwerte Neukundenakquise
- ungünstiger Verhandlungsspielraum bei Kunden und Kooperationspartnern
- schlechtere Vertragskonditionen bei Lieferanten
- qualifiziertes Personal verlässt das Unternehmen
- Mangel an geeigneten Bewerbern beim Besetzen neuer Arbeitsstellen.

Unzufriedene Kunden können ihren negativen Eindruck an andere Unternehmen weitergeben. Gerichtsverhandlungen (mündliche Verhandlungen) sind in der Regel öffentlich, d. h., sie können von jedermann und auch von der Presse besucht werden. Es können somit Inhalte des Rechtsstreits (z. B. interne Abläufe bei den beteiligten Parteien oder vertragliche Einzelheiten) an die Öffentlichkeit gelangen. Sind diese Inhalte negativer Natur, kann das dem Unternehmensimage nachhaltigen Schaden zufügen.

GESUNDHEIT & FITNESS

4. Gesundheit & Fitness

„Gesundheit ist nicht alles, aber ohne Gesundheit ist alles nichts!" (Arthur Schopenhauer).
Um sicher am Straßenverkehr teilnehmen zu können, müssen Sie geistig und körperlich in guter Verfassung sein – mit anderen Worten: Gesund sein!

Die folgenden Seiten bieten Ihnen einen Einstieg ins Thema „Gesundheit & Fitness". Die wichtigsten Belastungsfaktoren, denen Sie als Berufskraftfahrer ausgesetzt sind werden Ihnen aufgezeigt. Rückenschmerzen durch dauerhaftes und falsches Sitzen, schlechte Ernährung, Müdigkeit und Stress können Ihren Berufsalltag und Ihr Leben beeinträchtigen. Hier finden Sie Anregungen und Tipps, wie Sie Ihre Gesundheit schonen und Gesundheitsschäden vorbeugen können.

Die folgenden Seiten sind dabei lediglich ein Einstieg, ausführliche Ausarbeitungen und Tipps zu richtigen Bewegungen und Haltungen, Übungen, die Sie während der Pausen durchführen können, Grundregeln einer gesunden Ernährung, Auswirkungen von Alkohol und Drogen, sowie Vorbeugung von Müdigkeit und Stress finden Sie in Band 1 „Gesundheit & Fitness" der DEGENER BKF-Bibliothek.

4.1 Ergonomie – Gesundheitsgerechte Bewegungen und Haltungen

Die Zahl der Menschen mit Rückenschmerzen und Rückenerkrankungen steigt seit vielen Jahren weiter an. Jede fünfte Krankschreibung erfolgt auf Grund von Rückenproblemen, bei Berufskraftfahrern sogar jede Vierte. Der Rückenschmerz stellt für den Betroffenen eine Einschränkung von Lebensqualität in Beruf und Alltag dar. Für das Gesundheitssystem entstehen enorme Kosten. Hauptgründe von Rückenschmerzen sind u. a.
- allgemeiner Bewegungsmangel,
- schlechte Körperhaltung,
- ungenügende Rumpfmuskulatur,
- muskuläre Dysbalancen,
- psychische Dauerbelastungen,
- eingeschränkte Erholungszeiten.

„Ich will hier nur Sitzen!" (Loriot)

Sitzen bestimmt den überwiegenden Teil Ihrer Tätigkeit als Berufskraftfahrer. Und auch optimales Sitzen will gelernt sein. Nacken- und Rückenschmerzen, ein eingeklemmter Magen und Druckstellen am Oberschenkel – all das sind Folgen einer verkehrten Sitzhaltung und einer falschen Einstellung des Fahrersitzes.

Was bei Victor von Bülow so einfach klingt, ist für den Körper anstrengend, denn für Dauersitzen ist der menschliche Organismus nicht gemacht. Sie sollten ihre Haupttätigkeit – das Sitzen – durch kleine Pausen unterbrechen und aktiv mit Bewegungsübungen auflockern. Auch in Ihrer Freizeit gilt: Bleiben Sie in Bewegung!

GESUNDHEIT & FITNESS

Ergonomisch günstige Winkel
1. Oberarmwinkel 10 – 40°
2. Ellenbogenwinkel 95 – 135°
3. Hüftwinkel 100 – 105°
4. Kniewinkel 110 – 130°
5. Fußgelenkwinkel 90°

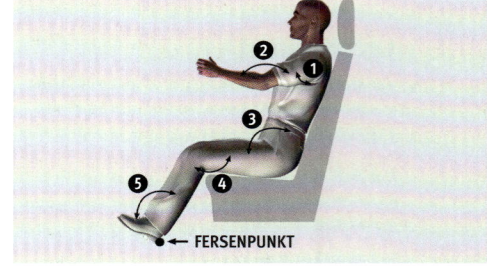

Halten Sie sich fit!
Nutzen Sie jede Gelegenheit, um sich in den Pausen an der frischen Luft zu bewegen, sich zu dehnen, zu strecken oder einfach ein wenig zu gehen. Mit Entspannungsübungen in den Pausen können Sie Anspannung und Stress abbauen. Um den Kreislauf anzuregen, genügen schon kurze Übungen, die Sie mehrmals wiederholen können.

Rückenschmerzen vorbeugen – in Kürze:
- Genügend kurze Erholungspausen und ausgleichende Übungen sind wichtig.
- Bewegen Sie sich rückengerecht und meiden Sie falsche, belastungsstarke Bewegungen und Haltungen.
- Mit speziellen Lockerungs-, Dehnungs- und Kräftigungsübungen halten Sie Ihre Muskeln und ihren Körper in Balance.
- Vermeiden Sie dauerhafte Zwangshaltungen. Bewegen Sie sich auch während ihrer Arbeitstätigkeit ausreichend. Halten Sie sich in der Freizeit mit Herz-Kreislauftraining und/oder Entspannungsübungen fit.
- Nutzen Sie an ihrem Arbeitsplatz alle ergonomischen Einstellmöglichkeiten um die Rückenbelastung so gering wie möglich zu halten.
- Bei schweren körperlichen Tätigkeiten nutzen Sie technische Hilfsmittel und Hebehilfen

» **PRAXISTIPP**

Sportanfänger über 35 Jahre und Untrainierte mit chronischen Krankheiten sollten ihren Hausarzt aufsuchen und sich beraten lassen, bevor Sie ins Bewegungstraining einsteigen.

4.2 Richtiger Umgang mit Lasten!

Als Folge der hohen Druckentwicklung im vorderen Bandscheibenbereich wird der Gallertkern nach hinten verschoben, was einen Hexenschuss oder sogar einen Bandscheibenvorfall auslösen kann. Ein Hexenschuss ist ein plötzlich einschießender Schmerz mit einhergehender starker Muskelverspannung und -verhärtung, so dass der Betroffene sich kaum bewegen kann. Beim Bandscheibenvorfall reißt der äußere Faserring der Bandscheibe und das gallertartige Material fließt aus und verengt den Spinalkanal und drückt auf den Nerv. Folgen können starke Schmerzen, Bewegungseinschränkungen, Taubheitsgefühle und sogar Lähmungserscheinungen sein.

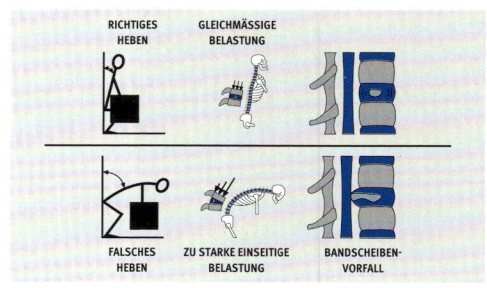

Hebetechnik

GESUNDHEIT & FITNESS

4.3 Ernährung

Fahrpläne, Schichtzeiten, Anlieferdruck bei Sammelfahrten, Reiserouten, Termine zur Bahnverladung oder auf Fähren und mangelnde Parkmöglichkeiten – für Sie als Berufskraftfahrer ist es nicht immer einfach, entsprechend den Ernährungsregeln zu essen. Dennoch braucht jeder Motor Energie, um etwas zu leisten, sowohl Ihr Körper als auch Ihr Fahrzeug brauchen „Kraftstoff".

Frühstück

Wie Sie in den Tag starten, können Sie oft selbst bestimmen. Mit einem kohlenhydratreichen Frühstück können Sie die über Nacht geleerten Energiespeicher füllen. Je größer der Anteil an Vollkornprodukten ist, desto länger wird Sie das Frühstück sättigen. Daher sollten Vollkornbrote oder Müsli einen festen Platz am Frühstückstisch haben. Um das Eisen in den Produkten gut verwerten zu können, ergänzen Sie das Frühstück mit frischen Früchten oder einem Glas Fruchtsaft. Mit Milchprodukten wie einem Joghurt können Sie gut gestärkt in Ihren Alltag starten. Können Sie morgens nicht ausgiebig frühstücken, trinken Sie zumindest ein Glas Fruchtsaft oder Milch und nehmen sich ein fettarm belegtes Vollkornbrot, Obst oder Gemüse und einen Joghurt für eine spätere Pause mit.

© monticellllo/Fotolia

Zwischenmahlzeit

Zwischenmahlzeiten am Morgen bzw. am Nachmittag helfen Ihnen, Leistungstiefs zu vermeiden und konzentriert und leistungsfähig zu bleiben. Es ist von Vorteil, die erste Zwischenmahlzeit schon zu Hause vorzubereiten. Dadurch sind Sie nicht auf das Imbissangebot der Raststätten angewiesen und können dann etwas zu sich nehmen, wenn Sie Hunger haben, z. B. während einer kleinen Pause am Endhaltepunkt.

- Obst und Gemüsestreifen lassen sich in einer Kunststoffbox gut und frisch lagern.
- Milchprodukte wie Buttermilch, Kefir oder Joghurt sind für die erste Pause noch ausreichend gekühlt. Für spätere Pausen brauchen Sie für diese Snacks eine Kühlmöglichkeit.
- Nüsse oder Laugengebäck wie z. B. Salzstangen sind ebenfalls als kleine Zwischenmahlzeit geeignet.

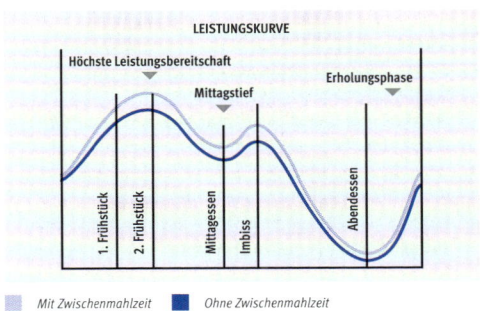

GESUNDHEIT & FITNESS

Mittagessen
- Unpaniertes Fleisch oder Fisch in der Größe Ihres Handtellers, gegrillt oder gedünstet.
- Sichtbares Fett können Sie einfach wegschneiden. Lassen Sie sich die Soße in einem Extraschälchen geben, damit Sie selber die Menge bestimmen können.
- Dazu kommt eine sättigende Beilage wie Nudeln, Reis oder Kartoffeln. Geben Sie dabei Salz- oder Pellkartoffeln den Vorzug und vermeiden Sie die zusätzliche Fettportion in gebratenen, überbackenen oder frittierten Varianten.
- Eine große Portion können Sie sich bei Gemüse oder Salat gönnen, wobei ebenfalls die Zubereitung entscheidend für die Ausgewogenheit des Essens ist.
- Pures Gemüse oder mit nur wenig Soße ist dem Rahmgemüse gegenüber vorzuziehen.
- Einen großen Salat können Sie mit einem Vollkornbrot ergänzen.

Abends
Am Abend können Sie das ausgleichen, was den Tag über zu kurz gekommen ist.

Reichlich Flüssigkeit
Auch Wasser ist absolut lebensnotwendig. Rund anderthalb Liter braucht Ihr Körper jeden Tag. Bevorzugen Sie kalorienarme Getränke. Alkoholische Getränke sollten nur gelegentlich und in kleinen Mengen konsumiert werden.

10 Regeln der deutschen Gesellschaft für Ernährung
1. Vielseitig essen
2. Reichlich Getreideprodukte und Kartoffeln
3. Gemüse und Obst – Nimm „5 am Tag"
4. Täglich Milch und Milchprodukte, ein bis zweimal in der Woche Fisch; Fleisch, Wurstwaren sowie Eier in Maßen
5. Wenig Fett und fettreiche Lebensmittel
6. Zucker und Salz in Maßen
7. Reichlich Flüssigkeit
8. Schmackhaft und schonend zubereiten
9. Nehmen Sie sich Zeit beim Essen
10. Achten Sie auf Ihr Gewicht und bleiben Sie in Bewegung!

GESUNDHEIT & FITNESS

4.4 Müdigkeit

Etwa sechs bis zehn Stunden des Tages verschläft der Mensch. Unsere „innere Uhr" sorgt zuverlässig dafür, dass wir abends müde werden und zwischen 22 Uhr und 6 Uhr morgens unser Leistungstief erreichen. Schichtarbeit und Nachtfahrten sind in Ihrem Gewerbe jedoch an der Tagesordnung – und Ihre innere Uhr gerät zwangsläufig durcheinander. Denn nachts möchte Ihr Körper schlafen.

Müde, wenn Sie…
- ständig gähnen
- Ihre Augenlider brennen
- häufig zwinkern
- Ihre Rücken- und Schultermuskeln verspannt sind
- Sie leichte Kopfschmerzen verspüren
- reizbar sind
- die Bilder wie im Film ablaufen
- den „Tunnelblick" haben
- Abstände schlecht abschätzen können
- permanent auf dem Mittelstreifen fahren
- ruckartig und unnötig lenken
- sich häufig verschalten
- unangemessen und heftig bremsen
- langsamer reagieren
- entscheidungsunfreudig sind
- sich nicht mehr konzentrieren können
- übermäßig euphorisch sind

… dann machen Sie **jetzt** eine Pause! Ihre Energiereserven sind verbraucht und die größte Gefahr stellt der „Sekundenschlaf" dar. Schlafen Sie kurzzeitig ein, fahren Sie blind und reaktionslos, im schlimmsten Fall bei eingeschaltetem Tempomat mit gleich bleibender Geschwindigkeit.

Auch so genannte Wachmacher wie Kaffee, Zigaretten, Energy-Drinks, Traubenzucker, offene Fenster und laute Musik helfen höchstens kurzfristig. Und was hilft wirklich? Ganz einfach: Schlafen! Nur so kann sich der gesamte Organismus vollständig erholen.

» INFO

Übermüdung steht bei Unfällen mit LKW und KOM in den Statistiken an vorderster Stelle! Genau wie Ihr Gehirn Hunger und Durst signalisiert, meldet es auch, wenn Ihr Körper eine Auszeit braucht.

GESUNDHEIT & FITNESS

Richtig Schlafen – ein paar Regeln für erholsames Schlafen:
- Frische Luft im Schlafraum! Sauerstoff ist gut für Ihre Lungen und Leistungsfähigkeit.
- Die optimale Temperatur liegt zwischen 14° C und 18° C.
- Ruhe! Lärm, z. B. eine laut tickende Uhr, hindert Sie am Einschlafen.
- Ein verstellbarer Lattenrost, eine gut durchlüftete Matratze und genügend Bewegungsfreiheit sind wichtige Faktoren für einen erholsamen Schlaf.
- Ein flaches Kissen und ein nicht zu schweres Oberbett fördern eine gesunde Erholungsphase.

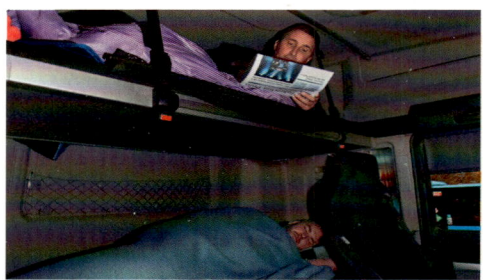

Als Berufskraftfahrer werden Sie nicht immer alles beachten können. Schichtzeiten, Verkehrsbedingungen und Nachtfahrten werden Sie zu Kompromissen zwingen. Um Kraftreserven dennoch wieder auftanken zu können, beherzigen Sie folgende Tipps:
- Cola, Kaffee und schwarzer Tee sind abends nicht geeignet.
- Meiden Sie Alkohol – Ihr Schlaf wird flacher und sie wachen häufiger auf.
- Nehmen Sie kein atemdepressives Medikament, denn es hemmt das Atem- und Hustenzentrum.
- Schauen Sie nicht auf die Uhr, wenn Sie nicht einschlafen können.
- Bleiben Sie liegen und stehen Sie nicht noch einmal auf, um zu essen und zu rauchen.
- Gehen Sie nach Möglichkeit immer zur gleichen Zeit schlafen. Ein regelmäßiger Tagesrhythmus hält Ihre biologische Uhr im Gleichgewicht.
- Aufregende Filme oder Bücher helfen nicht bei der Entspannung.

Auch wenn es Ihnen die heutige Industriegesellschaft mit ihren zeitlichen Zwängen nicht immer leicht macht, versuchen Sie diese Tipps in Ihren Lebensrhythmus einzubauen. Denn Schlaf ist ein biologisches Bedürfnis und damit lebensnotwendig!

GESUNDHEIT & FITNESS

4.5 Stress

Stress kennt jeder. Er wirkt auf den gesamten Menschen – das Denken, das Fühlen und das Handeln: Unser Gehirn sendet die Botschaft: Adrenalin ausschütten! Unser Herz schlägt schneller, der Blutdruck steigt, alle Muskeln und Organe sind zur Höchstleistung bereit – zur Flucht oder zum Kampf.

Eine Stressreaktion lässt sich in **drei** Phasen unterteilen:

1. **Alarmreaktion**
   Der Körper bereitet sich auf die Abwehr vor. Die Atmung wird beschleunigt, die Pupillen erweitern sich, der Blutdruck steigt und die für das Überleben unwichtigen Körperfunktionen werden heruntergefahren.

2. **Widerstandsphase**
   Stresshormone werden vom Körper abgebaut. Gelingt ihm das nicht, bleibt er im Alarmzustand und schädliche Folgen können auftreten. Dauert der Widerstand an, tritt die dritte Phase ein.

3. **Erschöpfung**
   Bekommt der Körper keine Gelegenheit, die erschöpften Energievorräte aufzufüllen, leidet die Gesundheit darunter. Im Extremfall kann sogar der Tod eintreten. Überall können Faktoren auf Sie einwirken, die Sie als störend und stressig empfinden. Diese so genannten „Stressoren" sind der Auslöser für die Alarmreaktion des Körpers. Ihnen entgegen wirken Ihre persönlichen Ressourcen, wie Belastbarkeit, Erfahrung, Koordinationsvermögen und Ihre Fähigkeit, Situationen vorhersehen zu können. Geraten Stressoren und Ressourcen aus dem Gleichgewicht, wird es gefährlich, sowohl Ihre Gesundheit als auch Ihre Fahrtüchtigkeit leiden unter dem Stress! Auf lange Sicht führt Stress zu Unausgeglichenheit, einer schwachen Immunabwehr, Infektionskrankheiten und sogar zu Schäden am Herz-Kreislaufsystem!

Im Straßenverkehr können Informationen nicht mehr richtig verarbeitet werden – es kommt zu Fehlreaktionen. Erkennungs- und Entscheidungsfehler sind Alarmsignale, derer Sie sich in den meisten Fällen zwar nicht bewusst sind, die aber ein großes Gefährdungspotential im Straßenverkehr darstellen! In Ihrem Beruf können vor allem die äußeren Umstände den Alltag stressig machen.

» **INFO**

Häufige Stressoren im Alltag sind z. B.:
- Stressoren im Verkehrsalltag, z. B.
  » Stau/Baustelle/Umleitungen
  » Verkehrsdichte
  » Suchfahrten
  » Wetterbedingungen
  » rücksichtslose Verkehrsteilnehmer
  » Kontrollen der Polizei und BAG
  » zugeparkte Haltestellen/Busspur
  » Abgase

- Stressoren in der Arbeitsorganisation, z. B.
  » schlecht geplante Touren,
  » unnötige Umladungen
  » eng kalkulierte Reisen
  » überraschende Schichtplanwechsel
  » Fahrpläne
  » Fahrzeugwechsel (ungewohnte Typen)

- Stressoren personeller Art, z. B.
  » Fahrgäste/Nörgler/Hotelpersonal
  » Lager- und Verladepersonal
  » ungeduldige Kunden
  » Ärger mit Kollegen/Mitarbeitern
  » Druck durch den Unternehmer
  » Telefon/Betriebs- und Verkehrsfunk
  » Ärger in der Familie

GESUNDHEIT & FITNESS

Stresstreppe

Im Straßenverkehr kommen Staus, Fahrzeugschlangen, Lärm, Abgase und die unterschiedlichen Charaktere der Fahrer auf engstem Raum zusammen und begünstigen nicht nur Stress, sondern auch aggressive Reaktionen. Zusätzlich schafft der übermäßige Adrenalinausstoß des Körpers Angriffsimpulse, die durch fehlende Erholungsphasen nicht abgebaut werden können.

Das folgende Beispiel zeigt, wie schon aus einer Mücke der sprichwörtliche Elefant werden kann:

Es ist Freitagmorgen, ein anstrengender Tag wartet auf mich. Aber heute Abend treffe ich mich mit Freunden zum Fußball. Jetzt erstmal in Ruhe frühstücken und Zeitung lesen. Doch die Zeitung ist nicht im Briefkasten. Ich bin schon etwas geladen. Der Verkehr ist eine einzige Katastrophe: Regen, dichter Verkehr und die Ampeln haben sich auch noch alle gegen mich verschworen. Obwohl ich rechtzeitig losgefahren bin, gerate ich langsam unter Zeitdruck. Am Betrieb angekommen erfahre ich, dass mein Fahrzeug in der Nacht eine Panne hatte und ich auf ein Ersatzfahrzeug ausweichen muss, das auf einem anderen Parkplatz steht. Darüber hätte man mich schon früher informieren können. Nun habe ich schon eine halbe Stunde verloren, obwohl ich noch gar nicht losgefahren bin.
Glücklicherweise ist die Autobahn frei und ich komme noch rechtzeitig bei der Ladestelle an. Dort fahre ich mein Fahrzeug an die Rampe und trinke einen Kaffee in der Kantine. Als ich zu meinem Fahrzeug zurückkomme, trifft mich fast der Schlag. Wer hat denn die Paletten gepackt? So kann ich die Ladung jedenfalls nicht sichern und auch nicht dafür sorgen, dass sie unbeschadet beim Kunden ankommt. Sie muss umgepackt werden!
Mit einer Stunde Verspätung fahre ich vom Hof. Wie soll ich das wieder reinholen? Bei der Abladestelle komme ich verspätet an und habe deshalb noch drei andere Lkw vor mir. Es dauert ewig, bis ich abladen kann. Und einen blöden Kommentar darf ich mir auch noch anhören. Als ich losfahren will, ruft der Disponent an. Er hat für mich noch einen wichtigen Auftrag eines guten Kunden. Auf der Rückfahrt ist die Autobahn dicht, Auffahrunfall in einer Baustelle. Zum Fußball schaffe ich es nicht mehr. Ich bin schon richtig sauer. Wenn jetzt nicht alles beim Abladen der Ladung klappt, dann …

» **INFO**

Am grünen Pfeil müssen Sie spätestens etwas tun, sonst nimmt das Unheil seinen Lauf. Wenden Sie hierzu Entspannungstechniken an, z. B. eine Atemübung. Wenn der rote Pfeil erreicht ist, ist es für Maßnahmen meist zu spät. Sie Stresshormone haben sich aufgebaut und es dauert mehrere Stunden, bis sie wieder abgebaut sind.

GESUNDHEIT & FITNESS

Anti-Stress-, Vermeidungs- und Bewältigungsstrategien
Persönliche Fragen, die Sie sich zum Thema Stress stellen können:
- Wie beeinflusst mein Lebensstil mein persönliches Stressempfinden?
- Wie sieht die Balance zwischen Arbeit und Erholung bei mir aus?
- Nehme ich Stresswarnsignale an mir wahr?
- Wie sehen meine persönlichen Auslöser für Stress aus?
- Was fühle ich?
- Welche Gedanken gehen mir durch den Kopf?
- Wie handle ich?
- Welche Bewältigungsmöglichkeiten habe ich?
- Welche Qualifikationen/Fähigkeiten wünsche ich mir?

Kurz- und langfristige Stressbewältigung
Stressoren verringern, vermeiden, ausschalten:
- gedankliche Vorbereitung, Problemlösungen,
- Arbeitsplatzbedingungen betrachten und gegebenenfalls ändern,
- Unterstützung suchen.

Sich verändern, Belastbarkeit erhöhen (ökonomischere Arbeitsweise):
- Fertigkeiten entwickeln (Zeitmanagement),
- Bewertungen ändern (Glas halbvoll/halbleer),
- Einstellungs- und Glaubenssätze verändern,
- Risikofaktoren abbauen (z. B. Übergewicht, Bewegungsmangel, Rauchen).

Stressreaktion „dämpfen, verringern":
- sich abreagieren,
- Entspannung,
- Kommunikation,
- Gespräche.

Wirkungen von Entspannungsverfahren
In einem tiefen Entspannungszustand schaltet der Körper von Aktivität auf Erholung um. Es passiert das Gegenteil eines gestressten Körperzustandes: Muskelspannung und Atemfrequenz lassen nach, Gefäße erweitern sich, Blutdruck und Sauerstoffverbrauch sinken, die Hirnaktivität verändert sich.
Mit gezieltem Entspannungstraining werden Erregungs- und Spannungszustände abgebaut, die Belastungsfähigkeit erhöht sich – Disstress (negativer Stress: bedrohlich, überfordernd, unangenehm) kann sich in Eustress (positiver Stress) wandeln.

Die Wege zur Entspannung sind unterschiedlich:
Entspannung kann über den Körper (Muskulatur, Atmung)
oder über Gedanken erreicht werden.

Ist der Körper entspannt, beruhigt sich auch die Psyche.
Wenn die Gedanken zur Ruhe kommen, relaxed auch der Körper.

GLOSSAR

AG	Amtsgericht	**Infrastruktur**	Alle Einrichtungen, die die Voraussetzungen für ein Funktionieren des Wirtschafssystem gewährleisten, hier: vorrangig Verkehrswege.
BG Verkehr	Berufsgenossenschaft für Transport und Verkehrswirtschaft		
BOKraft	Verordnung über den Betrieb von Kraftfahrunternehmen im Personenkraftverkehr	**Just-in-Time**	Terminierte Abholung der Waren beim Verlader mit dem Ziel diese Waren zu einem genau festgelegten Zeitpunkt beim Empfänger anzuliefern.
BGH	Bundesgerichtshof	**LG**	Landgericht
Bundesnetzagentur	Seit 13.07.2005 u. a. für den Wettbewerb in der Telekommunikation verantwortlich, aber auch für die Zuordnung von Funkfrequenzen (Frequenznutzungsplan)	**Mimik**	Ausdrucksformen für Gefühle, Stimmungen, Wünsche
		ÖPNV	Öffentlicher Personennahverkehr
Deeskalation	Verhindern von Konflikten oder sich aufschaukelnden Prozessen	**OLG**	Oberlandesgericht
Dialogkarte	Formular, Möglichkeit, z. B. mit einem Beschwerdeführer in Kontakt zu treten, um Unzufrieden-heiten z. B. der Fahrgäste klären zu können.	**Process Chain Management (dt. Prozesskettenmanagement)**	Das Process Chain Management hat das Ziel, die Abläufe der Prozesse im Unternehmen zu verbessern.
		Regionalverkehr	Im Regionalverkehr werden Städte und Gemeinden durch unterschiedliche Verkehrsträger (Straße/Bus, Schiene/Bahn) verbunden.
Disponent	Ein Disponent ist für die Zuteilung und Überwachung von Diensten und Waren in einer Organisation zuständig.		
Distribution	Die Gesamtheit aller absatzwirtschaftlichen Aktivitäten, die zur Güterübertragung dienen, werden als Distribution bezeichnet.	**Supply Chain Management (dt. Lieferkettenmanagement)**	Das Supply Chain Management zielt auf die Verbesserung der Effektivität und Effizienz der Wertschöpfungskette ab.
FAER	Fahreignungsregister („Punkteregister")	**Vandalismus**	Blinde Zerstörungswut, bewusste Zerstörung fremden Eigentums
Fuhrpark	Ein Fuhrpark bezeichnet die Gesamtheit an Fahrzeugen eines Unternehmens, einer Behörde, einer militärischen Einheit usw. Er wird gemeinsam verwaltet und von verschiedenen Fahrern genutzt.	**Warenmanipulation**	Unter Warenmanipulation versteht man alle Tätigkeiten, die an Waren mit dem Ziel durchgeführt werden, diese Waren für die Weiterverarbeitung oder den Verkauf verwendungsreif zu machen.
Gestik	Gesamtheit der Bewegungen der Hände und auch der Füße, die zur Unterstreichung des Inhaltes von Äußerungen dienen.		
GUVV	Gemeindeunfallversicherungsverband		
Image	Das Image ist das Vorstellungsbild der Kunden von dem Unternehmen. Es ist das Spiegelbild des Unternehmens.		

SCHLAGWORTVERZEICHNIS

Aktivität	49, 50, 63, 86
Ansprechpartner	7, 30, 35, 51
Ältere Fahrgäste	30, 34
Berufliche Qualifikation	8
Beschwerden	7, 43, 48, 51
Bewältigungsstrategien	86
Dialogkarte	47, 87
Entspannungsverfahren	86
Ergonomie	78
Erscheinungsbild	7, 11, 12, 24, 40, 51
Fahrausweis	36
Fahrgäste aus anderen Kulturkreisen	32
Fahrgäste mit Kinderwagen	29, 34
Fahrgäste mit Tieren	33
Fahrgäste mit Gegenständen	33
Fahrgäste ohne gültigen Fahrausweis	36
Fahrverhalten	34
Frühstück	80
Gefäßgrößen	54, 55, 65
Gesprächsfördernd	13, 16
Gesprächshemmend	13, 16
Gesprächpartner	13, 14, 15, 16, 47
Gewalt	49, 50
Grenzüberschreitender Verkehr	59
Hindernisse	28
Kabotageverkehr	59
Kleidung	11, 12
Kommunikation	16, 17, 18
Kommunikation im Linienverkehr	17, 18
Kommunikation im Gelegenheitsverkehr	20, 21
Konflikte	13, 37, 42–47, 51, 52
Konzessionen	62
Körperhaltung	13, 14, 21, 78
Mobilitätseingeschränkte Personen	28, 29, 51, 65, 67
ÖPNV	11, 12, 24, 25, 26, 27, 30, 33, 37, 49, 50, 52, 54, 57, 60, 62, 63, 67
PBefG	64
RBL	17, 18
Rechtsformen	60
Rechtsstreit	66–74
Reiseleiter	20, 23, 35, 40, 41, 42, 43, 63, 66
Routenplanung	10
Sauberkeit	25, 26
Schülerverkehr	24, 26, 27, 37, 53
Sicherheit	51
Stress	78, 79, 83, 84, 85, 86
Stressbewältigung	86
Stressreaktion	83, 86
Umwelt	52, 54, 58
Unternehmensorganisation	53
Unternehmensziele	52
Vandalismus	49, 50, 87
Verkehrsträger	54, 57, 58, 87
Weiterbildung	8, 9, 24, 51, 52
Zusammenarbeit	40, 41, 42, 50, 52, 75
Zuverlässigkeit	24
Zwischenmahlzeit	80

BAND 9

Dieter Quentin | Hartmut Schultz

FAHRPRAKTISCHE ÜBUNGEN, WARTUNG & PFLEGE

Bildnachweis –
wir danken folgenden Firmen und Institutionen für ihre Unterstützung:

ADAC Fahrsicherheitszentrum Hannover
Berufsgenossenschaft (BG Verkehr)
Daimler AG
Döpke Transportlogistik GmbH
Gehle Fahrschule und Omnibustouristik
Göttinger Verkehrsbetriebe GmbH
MAN Nutzfahrzeuge AG
NEOPLAN Omnibus GmbH, Plauen
Scania Deutschland GmbH
Scania Fahrer Akademie
VDO (Continental Automotive GmbH)
WABCO Fahrzeugsysteme GmbH

Autoren: Dieter Quentin, Hartmut Schultz

BAND 9

Dieter Quentin | Hartmut Schultz

FAHRPRAKTISCHE ÜBUNGEN, WARTUNG & PFLEGE

Bildnachweis –
wir danken folgenden Firmen und Institutionen für ihre Unterstützung:

ADAC Fahrsicherheitszentrum Hannover
Berufsgenossenschaft (BG Verkehr)
Daimler AG
Döpke Transportlogistik GmbH
Gehle Fahrschule und Omnibustouristik
Göttinger Verkehrsbetriebe GmbH
MAN Nutzfahrzeuge AG
NEOPLAN Omnibus GmbH, Plauen
Scania Deutschland GmbH
Scania Fahrer Akademie
VDO (Continental Automotive GmbH)
WABCO Fahrzeugsysteme GmbH

Autoren: Dieter Quentin, Hartmut Schultz

FAHRPRAKTISCHE ÜBUNGEN, WARTUNG & PFLEGE

Inhalt

In der (beschleunigten) Grundqualifikation und in der Weiterbildung soll der Fahrer auch fahrpraktische Übungen durchlaufen. Diese dienen dazu, das Fahrzeug sicher zu beherrschen und auch in schwierigen Verkehrssituationen sicher manövrieren zu können. Die regelmäßige Wartung und Pflege des Fahrzeugs trägt zur Verkehrssicherheit bei, Mängel werden rechtzeitig erkannt und können somit beseitigt werden.

In diesem Band werden fahrpraktische Übungen, sowie die Wartung und Pflege der Fahrzeuge dargestellt und erläutert.

Die Autoren

Dieter Quentin, Vorsitzender der Bundesvereinigung der Fahrlehrer, Fahrlehrer aller Klassen, Fahrschulunternehmer und selbstständig im Güterkraft- und Personenverkehr. Quentin ist aktiv in der Aus- und Weiterbildung von Berufskraftfahrern tätig, u. a. im Fahrlehrerprüfungsausschuss und als Mitglied des Prüfungsausschusses für Berufskraftfahrer der IHK Hannover/Göttingen.

Hartmut Schultz, Jahrgang 1961, Geologietechniker und Fahrlehrer aller Klassen. Seit 1988 als Fahrlehrer tätig, seit 1994 Fahrlehrer aller Klassen. Selbstständiger Fahrlehrer für alle Klassen und Ausbilder für Berufskraftfahrer, im Personen- und Güterkraftverkehr. Er legt als Praktiker besonderen Wert auf eine verständliche, praxisnahe Darstellung.

Legende

» **PARAGRAPH**
Originaltext aus dem Gesetz

» **FRAGE**
Fragen aus der Praxis

» **INFO**
Merksätze

» **PRAXISTIPP/PRAXISWISSEN**
Tipps aus der Praxis

» **BUCH**
Verweise auf weitere Lektüre/Nachschlagemöglichkeiten

» **ARBEITSBLATT**
Zur Wiederholung und Vertiefung von gelernten Inhalten

INHALTSVERZEICHNIS

Fahrpraktische Übungen im Güterkraftverkehr

1.1	Fahrerplatz	8
1.1.1	Einweisung in den Fahrerplatz	8
1.1.2	Fahrersitz richtig einstellen	9
1.1.3	Benutzung von Spiegeln	10
1.1.4	Bedienung des Fahrzeugs	12
1.2	Fahrwiderstände und Kräfte	12
1.3	Grundzüge der energiesparenden Fahrweise	14
1.4	Bewältigung kritischer Fahrsituationen	16
1.4.1	Bewertungskriterien beim Prüfungsteil „Kritische Fahrsituationen"	17
1.5	Fahraufgaben	18
1.5.1	Gefahrbremsung	18
1.5.2	Zielbremsung	19
1.5.3	Wenden unter engen räumlichen Bedingungen	21
1.5.4	Durchfahren einer Engstelle	23
1.5.5	Vorbeifahren an Hindernissen	25
1.5.6	Abbiegen/Wenden ohne ausreichenden Fahrraum	27
1.5.7	Slalom	29

Fahrpraktische Übungen im Personenverkehr

2.1	Fahrerplatz	31
2.1.1	Einweisung in den Fahrerplatz	31
2.1.2	Fahrersitz richtig einstellen	32
2.1.3	Benutzung von Spiegeln	33
2.1.4	Bedienung des Fahrzeugs	35
2.2	Fahrwiderstände und Kräfte	35
2.3	Grundzüge der energiesparenden Fahrweise	37
2.4	Bewältigung kritischer Fahrsituationen	39
2.4.1	Bewertungskriterien beim Prüfungsteil „Kritische Fahrsituationen"	41
2.5	Fahraufgaben	42
2.5.1	Gefahrbremsung	42
2.5.2	Zielbremsung	43
2.5.3	Wenden unter engen räumlichen Bedingungen	45
2.5.4	Durchfahren einer Engstelle	47
2.5.5	Vorbeifahren an Hindernissen	49
2.5.6	Rechtsabbiegen des Kraftomnibusses ohne ausreichenden Fahrraum	51
2.5.7	Slalom	53
2.5.8	Heranfahren an Haltestellen	54

INHALTSVERZEICHNIS

Wartung und Pflege

3.1	Wartung und Fahrzeugpflege	55
3.1.1	Verkehrs- und Betriebssicherheit	55
3.1.2	Kennzeichen, Plaketten und Papiere	55
3.2	Fahrzeug	56
3.2.1	Lichttechnische Einrichtungen	56
3.2.2	Batterie	59
3.3	Betriebsbremsanlagen	60
3.3.1	Frostschutzeinrichtungen	61
3.3.2	Feststellbremsen Zugfahrzeug	62
3.3.3	Anhängerbremse	62
3.4	Fahrwerk	63
3.4.1	Reifen	63
3.4.2	Reifenkontrolle	65
3.4.3	Federung und Dämpfung	66
3.5	Motor und Betriebsstoffe	67
3.5.1	Fahrzeugschmierung	67
3.5.2	Motor	68
3.5.3	Kraftstoffanlage	70
3.5.4	Luftfilteranlage	70
3.5.5	Keilriemen	71
3.5.6	Kupplungsflüssigkeit	71
3.5.7	Lenkung	72
3.6	Fahrerhaus und Fahrgastraum	73
3.6.1	Arbeitsplatz des Fahrers	73
3.6.2	An- und Aufbauten	77
3.6.3	Ladungsträger	79
3.6.4	Fahrzeugverbindungen	80
3.6.5	Zubehör	81
3.6.6	Zusätzliche Warneinrichtungen	82
3.6.7	Persönliche Schutzausrüstungen	83
3.6.8	Winterbetrieb	83

Schlagwortverzeichnis 84

FAHRPRAKTISCHE ÜBUNGEN IM GÜTERKRAFTVERKEHR

1. Fahrpraktische Übungen im Güterkraftverkehr

Gemäß § 2 BKrFQV müssen Sie als Bewerber für die beschleunigte Grundqualifikation mindestens 10 Fahrstunden à 60 Minuten von einem Fahrlehrer unterrichtet werden.
Das gilt auch dann, wenn Sie die entsprechende Fahrerlaubnis bereits besitzen. Obwohl der Gesetzgeber für Bewerber zur beschleunigten Grundqualifikation keine Fahrerlaubnis voraussetzt, ist davon auszugehen, dass eine Vielzahl der Bewerber die Ausbildung zum Erwerb der Fahrerlaubnis abgeschlossen hat oder diese parallel zum Erwerb der beschleunigten Grundqualifikation erfolgt.
Die zehn Fahrstunden eignen sich gut dazu, die fahrpraktischen Übungen zu trainieren. Bei den folgenden Ausbildungshinweisen wird davon ausgegangen, dass Sie bereits Grundkenntnisse im Führen von Lastkraftwagen oder Zügen erworben haben.

In den fahrpraktischen Übungen sollen Sie lernen mit Ihrem Fahrzeug auch schwierige Fahrsituationen zu bewältigen: Sei es eine enge Hofeinfahrt, eine schmale Straße mit parkenden Autos oder ein kleiner Hof, in dem Sie wenden müssen.

FAHRPRAKTISCHE ÜBUNGEN IM GÜTERKRAFTVERKEHR

1.1 Fahrerplatz

1.1.1 Einweisung in den Fahrerplatz

Der Arbeitsplatz des Fahrers hat sich in den letzten Jahren erheblich verändert. Gute Arbeitsbedingungen beugen der Ermüdung vor und schützen auf lange Sicht die Gesundheit des Fahrers.

Fahrerplatz
Die Gestaltung des Cockpits spielt bei modernen Nutzfahrzeugen eine wichtige Rolle. Hierdurch sollen Unfälle vermieden (aktive Sicherheit) bzw. Unfallfolgen gemindert werden (passive Sicherheit).

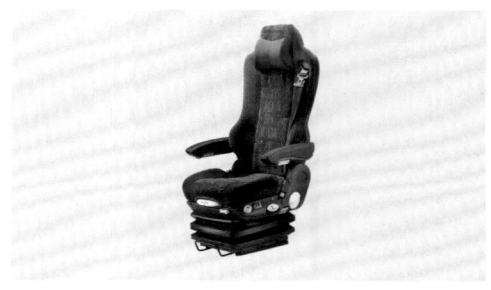

Vorhandene Rückhaltesysteme wie Dreipunktgurte sollen Verletzungen verhindern und müssen verwendet werden. Das Armaturenbrett ist aus geschäumtem Material geformt um einen eventuellen Aufprall des Fahrers abzufedern. Im Armaturenbrett befinden sich alle wichtigen Kontrollanzeigen und -leuchten, bei modernen Nutzfahrzeugen werden häufig Displays eingesetzt.

Bedienungs- und Kontrolleinrichtungen
Als Fahrer müssen Sie Ihr Fahrzeug und die Funktionsweise der Bedienungs- und Kontrolleinrichtungen kennen, dazu gehören unter anderem:
- Schalthebel
- Feststellbremse
- Scheibenwischer
- Lichtschalter
- Türbetätigung
- verschiedene Schalter
- Kontrollleuchten

FAHRPRAKTISCHE ÜBUNGEN IM GÜTERKRAFTVERKEHR

1.1.2 Fahrersitz richtig einstellen

Die richtige Sitzposition ist nicht nur für die Gesundheit wichtig, sondern trägt auch zur Verkehrssicherheit bei. Verspannungen und Müdigkeit können durch eine gute und bequeme Sitzposition vorgebeugt werden. Beim Einstellen des Sitzes empfiehlt sich ein schrittweises Vorgehen. Ausgangsstellung: Lenkrad und Instrumententräger in vorderer Position.

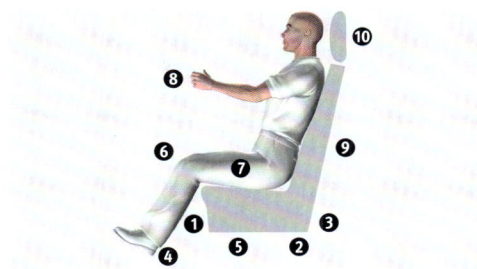

Fahrersitz richtig einstellen
1. Sitzflächentiefe
2. Neigung der Sitzfläche
3. Neigung der Rückenlehne
4. Pedalwinkel
5. Sitzhöhe und Sitzlängsverstellung
6. Kniewinkel
7. Lage der Oberschenkel
8. Lenkrad und Instrumententräger
9. Lendenwirbelstütze
10. Kopfstütze

Fahrersitz richtig einstellen

» **BUCH**

Eine detaillierte Beschreibung zum Thema „Richtige Sitzposition" finden Sie in Band 1 „Gesundheit & Fitness" der BKF-Bibliothek.

Ergonomisch günstige Winkel
1. Oberarmwinkel 10 – 40°
2. Ellenbogenwinkel 95 – 135°
3. Hüftwinkel 100 – 105°
4. Kniewinkel 110 – 130°
5. Fußgelenkwinkel 90°

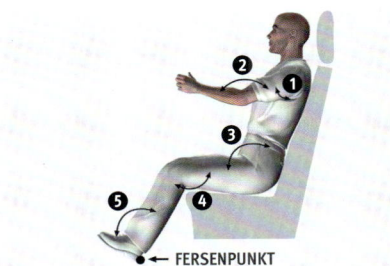

Ergonomisch günstige Winkel

FAHRPRAKTISCHE ÜBUNGEN IM GÜTERKRAFTVERKEHR

1.1.3 Benutzung von Spiegeln

Die Rundumsicht ist bei Nutzfahrzeugen oft durch Aufbauten oder Ladung eingeschränkt. Der Fahrer kann sich nach hinten und zur Seite normalerweise nur mit Hilfe der Spiegel orientieren. Die Spiegelsicht bezeichnet man als indirekte Sicht. Bestimmte Bereiche rund um das Fahrzeug sind auch mittels Spiegel nicht oder nur schwer einsehbar, die so genannten „toten Winkel". Dazu gehören z. B. der Raum direkt hinter oder rechts neben dem Lkw, in dem Fußgänger und Radfahrer besonders gefährdet sind.

Im linken Hauptspiegel kann man beobachten, was sich in den Fahrstreifen links neben dem Fahrzeug abspielt. An den Fahrbahnmarkierungen und am Seitenabstand zu anderen Fahrzeugen lässt sich erkennen, ob der Lkw oder der Zug in der Spur läuft.

Im rechten Hauptspiegel kann man den Abstand zum Fahrbahnrand, zu parkenden Fahrzeugen oder zu anderen Hindernissen beobachten. In Rechtskurven kann man des Heck des Anhängers und den Raum dahinter beobachten.

Zusätzliche Außenspiegel verbessern die Sicht und erhöhen damit die Sicherheit. Sie sind in der Regel „weitwinklig" ausgeführt und helfen dadurch, tote Winkel zu verkleinern bzw. weitgehend auszuschalten. Im linken Weitwinkelspiegel kann man z. B. überholende Fahrzeuge im benachbarten Fahrstreifen beobachten.

FAHRPRAKTISCHE ÜBUNGEN IM GÜTERKRAFTVERKEHR

Der weitwinklige rechte Außenspiegel erlaubt die Sicht auf Verkehrsteilnehmer neben dem Fahrzeug, z. B. auf Radfahrer. Trotzdem kann man diese aus den Augen verlieren, wenn sie in den toten Winkel hineinfahren. Dieser Gefahr lässt sich am besten vorbeugen, indem man den rückwärtigen Verkehr in kurzen Zeitabständen beobachtet, auch bei Geradeausfahrt.

Im Anfahrspiegel (Bordsteinspiegel) auf der Beifahrerseite kann man erkennen, was sich unmittelbar neben dem Fahrerhaus abspielt. Beim Warten an Ampeln sind z. B. Radfahrer erkennbar, die sich dicht neben dem Fahrerhaus aufhalten. Außerdem wird so der Abstand zum Bordstein einsehbar, was beim Rangieren oder Einparken von Vorteil ist.

Bei hohen Lkw-Fahrerhäusern ist der tote Winkel im Bereich der vorderen Stoßstange und dem rechten seitlichen Nahfeld sehr groß. Ein zusätzlicher Weitwinkelspiegel rechts an der Frontscheibe bedeutet einen weiteren Sicherheitsgewinn. Dieser Frontspiegel macht den Bereich vor dem Lkw einsehbar, ohne dass der Fahrer aufstehen muss.

Neue Spiegelsysteme bringen Sicht in den „toten Winkel". Besonders die Sicht zur Seite ist in den letzten Jahren durch zusätzliche Spiegel und spezielle Oberflächen stark verbessert worden. Außerdem kommen vermehrt Videosysteme (Rückfahrkamera) zum Einsatz, die den Raum direkt hinter dem Fahrzeug einsehbar machen. Ebenfalls ein Sicherheitsgewinn sind elektrisch verstellbare und beheizbare Spiegel. Sie lassen sich optimal auf den Fahrer einstellen und verhindern eine Beschlagen oder Vereisen.

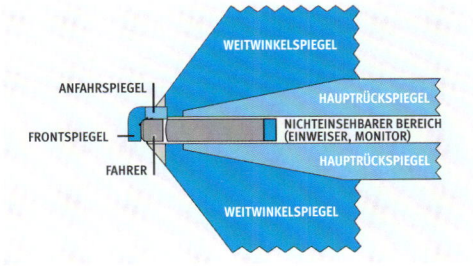

FAHRPRAKTISCHE ÜBUNGEN IM GÜTERKRAFTVERKEHR

1.1.4 Bedienung des Fahrzeugs

Bei der Einweisung in die Fahrzeugbedienung sind die herstellerspezifischen Besonderheiten des Fahrzeugs zu beachten.
- Motor anlassen
- Motor abstellen
- Anfahren
- Bedienung Schalt- /Automatikgetriebe
- Feststellbremse (ggf. Haltestellenbremse)

1.2 Fahrwiderstände und Kräfte

Der Antriebskraft des Motors wirken verschiedene Kräfte entgegen. Diese Widerstände müssen von der Antriebskraft überwunden werden, um den Lkw in Bewegung setzen und halten zu können. Die Fahrwiderstände sind:
- Rollwiderstand
- Luftwiderstand
- Steigungswiderstand

Rollwiderstand
Der Rollwiderstand entsteht durch die Verformung des Reifens auf der Fahrbahn (Walkarbeit). Der Rollwiderstand steigt
- mit zunehmender Belastung,
- mit zunehmender Geschwindigkeit,
- mit abnehmendem Reifendruck.

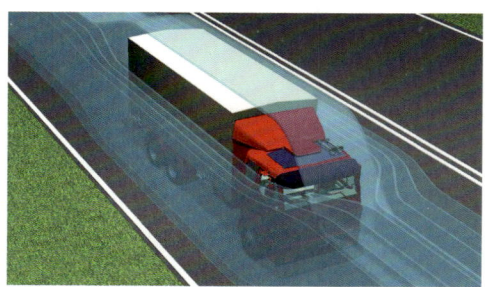

Luftwiderstand
Der Luftwiderstand entsteht durch das Verdrängen der Luft vor dem Fahrzeug. Er ist abhängig
- von der Größe der Stirnfläche,
- von der Formgebung des Lkw, ausgedrückt durch den c_W-Wert,
- von der Fahrgeschwindigkeit.

Wird die Geschwindigkeit verdoppelt, vervierfacht sich der Luftwiderstand – er steigt im Quadrat zur Geschwindigkeit.

FAHRPRAKTISCHE ÜBUNGEN IM GÜTERKRAFTVERKEHR

Steigungswiderstand
Der Steigungswiderstand entsteht durch die Erdanziehung, die den Lkw talwärts zu ziehen versucht. Der Steigungswiderstand ist abhängig
- von der Masse des Fahrzeugs,
- von der Größe der Steigungsprozente.

Die Antriebskraft muss durch Zurückschalten stufenweise dem Steigungswiderstand angepasst werden.

Fliehkraft
Die Fliehkraft entsteht beim Durchfahren einer Kurve.
Sie hat das Bestreben, den Lkw nach außen zu ziehen.
Die Fliehkraft ist umso größer,
- je enger die Kurve ist,
- je größer die Masse ist,
- je höher die Geschwindigkeit ist.

Bei doppelter Geschwindigkeit wird die Fliehkraft viermal so groß. Sie steigt im Quadrat zur Geschwindigkeit.

Die Fliehkraft greift im Schwerpunkt an. Je höher der Schwerpunkt liegt, desto größer ist die Kippgefahr.

Kippgefahr besteht auch dann, wenn die Räder seitlich auf einen Widerstand treffen.

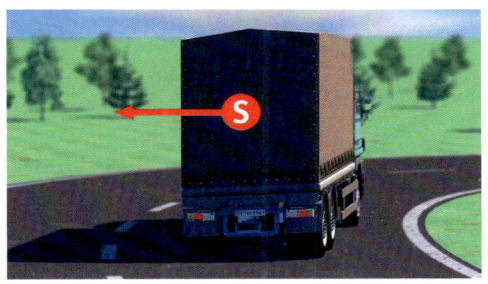

Seitenführungskraft
Die Seitenführungskraft wirkt der Fliehkraft entgegen. Sie ist eine Haftreibung, die sich zwischen Reifen und Fahrbahn aufbaut. Solange die Fliehkraft nicht größer ist als die Seitenführungskräfte der Reifen, bleibt das Fahrzeug lenkfähig und richtungsstabil.

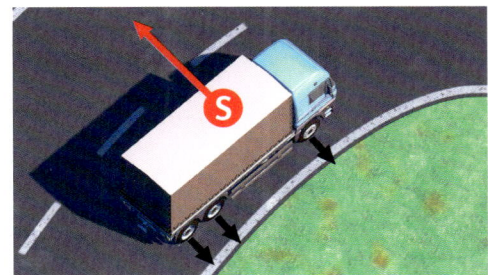

FAHRPRAKTISCHE ÜBUNGEN IM GÜTERKRAFTVERKEHR

1.3 Grundzüge der energiesparenden Fahrweise

Als Berufskraftfahrer haben Sie durch Ihre Fahrweise maßgeblichen Einfluss auf die Fahrzeugkosten. Durch eine energiesparende Fahrweise reduzieren sich neben den Kraftstoffkosten auch die Wartungs- und Reparaturkosten. Eine Senkung des Kraftstoffverbrauchs ist bereits durch Ergreifen weniger Maßnahmen möglich. Eine gleichmäßige, vorausschauende und gelassene Fahrweise trägt maßgeblich dazu bei.

Folgende Grundsätze sollten Sie beachten:
- Bei niedrigen Drehzahlen schalten und fahren,
- bei automatisierten Antriebssystemen unbedingt Herstellerempfehlungen beachten,
- zügig Fahrgeschwindigkeit erreichen,
- Abstand halten,
- Tempomat nutzen,
- nach Drehzahlmesser fahren,
- frühzeitig Gas wegnehmen,
- unnötige Stopps vermeiden,
- Schubabschaltung nutzen,
- Schwung nutzen,
- Motor abschalten, wo es sinnvoll ist,
- unnötigen Ballast entfernen,
- Reifendruck kontrollieren.

Auch bei Fahrzeugen mit Automatikgetriebe kann durchaus eine hohe Kraftstoffersparnis erreicht werden, denn abgesehen von den Schaltvorgängen kann der Fahrer auf alle anderen Faktoren Einfluss nehmen.

Praktische Ausbildung als Vergleichsfahrt
Die Schulung in energiesparender Fahrweise erfolgt in mehreren Schritten. Das Training könnte so aufgebaut werden, dass nach einer theoretischen Einweisung eine erste praktische Fahrt durchgeführt wird. Der Teilnehmer fährt dabei so, wie er normalerweise im Berufsalltag auch fährt. Anschließend wird die Fahrt besprochen und es folgt ein theoretischer Unterrichtsblock, in dem die Grundzüge der energiesparenden Fahrweise besprochen werden.

Anschließend wird die zweite praktische Fahrt durchgeführt. Dabei sollen die im Theorieteil erlernten Kenntnisse angewandt werden.

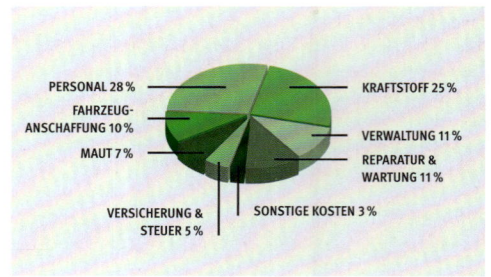

Beispiel für die Betriebskosten eines Lkw

» **BUCH**

Weitere Informationen finden Sie im Band „Wirtschaftliches Fahren".

» **BUCH**

Siehe hierzu Band 2 „Kinematische Kette, Energie & Umwelt" der BKF-Bibliothek.

FAHRPRAKTISCHE ÜBUNGEN IM GÜTERKRAFTVERKEHR

Fahrprotokoll ausfüllen

Jeder Teilnehmer soll ein Fahrprotokoll ausfüllen, in das persönliche Daten und Fahrzeugdaten eingetragen werden. Nach der ersten praktischen Fahrt werden die Daten vom Messgerät eingetragen. Nach der zweiten Fahrt werden die Daten der zweiten Fahrt eingetragen und mit den Daten der ersten Fahrt verglichen.

Verbrauchsmessgeräte

Moderne Nutzfahrzeuge bieten über Fahrerinformationssysteme die Möglichkeit den Kraftstoffverbrauch zu ermitteln. Die Anzeigemöglichkeiten sind vielfältig:
- Momentaner Kraftstoffverbrauch,
- Durchschnittsverbrauch,
- kumulierte Betriebskosten,
- Vergleich der momentanen Fahrweise mit den gespeicherten Durchschnittswerten für Stadt-, Land- und Autobahnverkehr,
- Anzeigen einer besonders wirtschaftlichen Fahrweise über ein Sparsymbol,
- Anzeigen eines Symbols für erhöhten Verbrauch.

Über fahrzeugspezifische Kabelsätze wird das Gerät direkt an die Fahrzeugelektronik angeschlossen. Der Fuhrparkleiter nutzt die Daten für eine fahrer- und fahrzeugbezogene Auswertung hinsichtlich Wirtschaftlichkeit und Fahrweise.

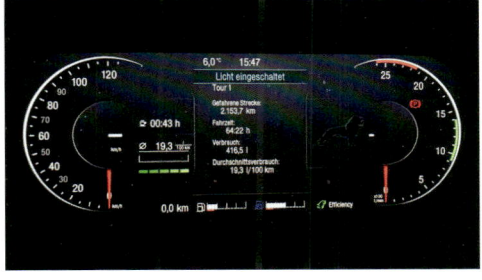

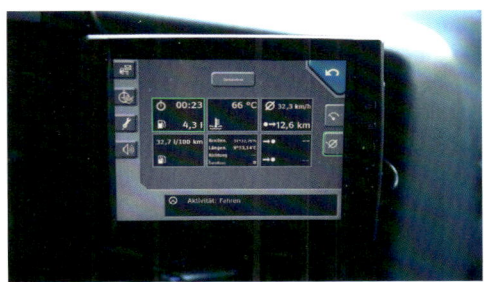

Scania Messgerät

FAHRPRAKTISCHE ÜBUNGEN IM GÜTERKRAFTVERKEHR

1.4 Bewältigung kritischer Fahrsituationen

Mit der Bewältigung der Fahraufgaben zur Grundqualifikation werden einige wesentliche Bereiche aus der Liste der Kenntnisbereiche (Anlage 1, BKrFQV) abgedeckt. Aus dem Bereich 1 „Verbesserung des rationellen Fahrverhaltens auf der Grundlage der Sicherheitsregeln" sind es die unter Lernziel 1.4 aufgeführten Punkte.

Allgemeine Hinweise
Bei der Prüfung zur Grundqualifikation muss der Prüfling „kritische Fahrsituationen" bewältigen, die als separater Prüfungsteil bewertet werden. Der Prüfer wählt die Fahraufgaben aus einem Katalog aus. Die Prüfungsaufgaben sind in den Richtlinien der Industrie- und Handelskammern festgelegt.

Verhalten beim Rückwärtsfahren
Es ist grundsätzlich ein Sicherungsposten einzuteilen.
Er hat folgende Aufgaben:
- Warnung durch Zeichen vor herannahenden Verkehrsteilnehmern,
- Warnung durch Zeichen vor Hindernissen wie z. B. Gebäudeteilen, Fahrzeugen, Gruben oder Materialstapeln.

Eine Hilfestellung in Form von Einweisen oder Warnen bei der Bewältigung der Prüfungsaufgaben ist unzulässig. Hier steht die selbstständige Fahrzeugbeherrschung im Mittelpunkt der Aufgaben.

Rückfahrhilfen
Nicht immer ist ein Sicherungsposten verfügbar, der den Fahrer einweisen kann. Dann können elektronische Systeme Abhilfe schaffen. Mit einer über dem Heck eingebauten Videokamera lässt sich der Nahbereich hinter dem Lkw überwachen.

Der Fahrer kann den Bereich hinter dem Lkw an einem Monitor einsehen und Hindernisse erkennen.
Ist am Prüfungsfahrzeug eine Rückfahrkamera eingebaut, darf diese auch bei der Prüfung genutzt werden.

Anzahl der zu bewältigenden Aufgaben
Je nach Art der Prüfung ist eine bestimmte Anzahl von Aufgaben zu absolvieren:
- Grundqualifikation = 3
- Grundqualifikation Quereinsteiger = 3
- Grundqualifikation Umsteiger = 2

Die Fahraufgaben werden vom Prüfer ausgewählt.

Bei jeder Prüfung ist entweder eine Gefahrbremsung oder eine Zielbremsung durchzuführen.

FAHRPRAKTISCHE ÜBUNGEN IM GÜTERKRAFTVERKEHR

1.4.1 Bewertungskriterien beim Prüfungsteil „Kritische Fahrsituationen"

	ANZAHL AUFGABEN	GESAMT-PUNKTZAHL	MAXIMAL-PUNKTZAHL JE AUFGABE	ABZUG BEI 2 VERSUCHEN	ABZUG BEI 3 VERSUCHEN	MINDEST-PUNKTZAHL ZUM BESTEHEN DER PRÜFUNG
Grundqualifikation (GQ)	3	30	10	2	4	6
GQ-Quereinsteiger	3	30	10	2	4	6
GQ-Umsteiger	2	20	10	2	4	4

Der Prüfling hat maximal drei Versuche pro Aufgabe. Er entscheidet selbst über einen zweiten und dritten Versuch, bei mehreren Versuchen gibt es einen Punktabzug. Es wird immer der letzte Versuch gewertet.

Eine Aufgabe wird im schlechtesten Fall mit null Punkten bewertet.

Für ein erfolgreiches Absolvieren des Prüfungsteils „Bewältigung kritischer Fahrsituationen" muss eine Mindestpunktzahl von 6 Punkten (Grundqualifikation und Grundqualifikation Quereinsteiger) beziehungsweise 4 Punkten (Grundqualifikation Umsteiger) erreicht werden (20-Prozent-Klausel).

FAHRPRAKTISCHE ÜBUNGEN IM GÜTERKRAFTVERKEHR

1.5 Fahraufgaben

1.5.1 Gefahrbremsung

Bei der Gefahrbremsung soll der Prüfungsteilnehmer unter Beweis stellen, dass er in einer Gefahrensituation sein Fahrzeug mit der größtmöglichen Bremsverzögerung zum Stehen bringen kann.

Prüfungsfahrzeug
Solofahrzeug in Abhängigkeit von der höchsten Fahrerlaubnisklasse des Prüfungsteilnehmers. Besitzt der Bewerber die Fahrerlaubnis der Klasse C1, so ist ein Fahrzeug der Klasse C1 einzusetzen. Besitzt er die Klasse CE, so ist ein Fahrzeug der Klasse C einzusetzen.

Inhalt
Die Gefahrbremsung erfolgt aus einer Geschwindigkeit von 30 km/h. Es erfolgt eine Kontrolle der Geschwindigkeit durch Prüfer oder Fahrlehrer. Der Prüfungsteilnehmer hat auf kürzestem Wege auf einer Geraden eine Schlagbremsung bis zum Stillstand des Fahrzeugs auszuführen. Die Witterung und der Fahrbahnzustand sind zu beachten.

Fehlerbewertung
Für eine Schlagbremsung und das Erreichen der notwendigen Verzögerung bei einer Ausgangsgeschwindigkeit aus 30 km/h wird die Aufgabe mit 10 Punkten bewertet. Folgende Punktabzüge sind vorzunehmen:

FEHLER	PUNKTABZUG
Nichterreichen einer konstanten Verzögerung	10
Falsche Ausgangsgeschwindigkeit	10
Abwürgen des Motors	10
Kein schlagartiges Betätigen der Betriebsbremse	10

FAHRPRAKTISCHE ÜBUNGEN IM GÜTERKRAFTVERKEHR

1.5.2 Zielbremsung

Der Prüfling soll zeigen, dass er sein Fahrzeug bei einer normalen Bremsung punktgenau zum Stehen bekommt.

Prüfungsfahrzeug
Solofahrzeug in Abhängigkeit von der höchsten Fahrerlaubnisklasse des Prüfungsteilnehmers.

Inhalt
Die Zielbremsung wird aus einer Geschwindigkeit von 30 km/h auf einer Geraden durchgeführt. Es erfolgt eine Kontrolle der Geschwindigkeit durch den Fahrlehrer. Die Anfahrstrecke beträgt 65 m. Die Bremsstrecke beträgt 10 m. Das Fahrzeug muss am definierten Ende der Bremsstrecke zum Halten kommen.

Vorbereitung
Die Darstellung der Bremsstrecke erfolgt durch Verkehrsleitkegel (ca. 50 cm Mindesthöhe). Die Leitkegel sind in geeigneter Form auf mindestens 2 m zu erhöhen (zum Beispiel mit Stangen aus PVC).

Fehlerbewertung
Es ist auf eine gleichmäßige Bremsung (keine Stotterbremse) zu achten. Eine Schlagbremsung ist nicht zulässig. Ausgangsgeschwindigkeit ist 30 km/h. Der automatische Eingriff von ABS/ABV wird nicht bewertet. 10 Punkte sind erreicht, wenn das Fahrzeug mit einer maximalen Abweichung von einem Meter vor der Ziellinie zum Stehen kommt.

FEHLER	PUNKTABZUG
Keine gleichmäßige Bremsung	6
Fahrzeugbug hält mehr als 100 cm vor der Ziellinie	6
Fahrzeugbug hält mehr als 200 cm vor der Ziellinie	8
Fahrzeugbug hält mehr als 300 cm vor der Ziellinie	10
Zu geringe Ausgangsgeschwindigkeit	10
Bremsbeginn vor der Bremsstrecke	10
Fahrzeug kommt hinter der Ziellinie zum Stehen	10
Schlagbremsung	10

FAHRPRAKTISCHE ÜBUNGEN IM GÜTERKRAFTVERKEHR

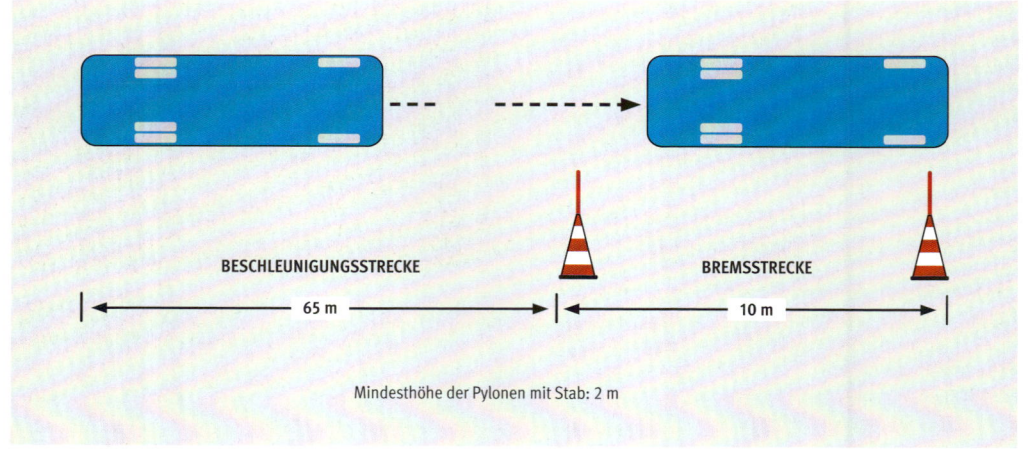

FAHRPRAKTISCHE ÜBUNGEN IM GÜTERKRAFTVERKEHR

1.5.3 Wenden unter engen räumlichen Bedingungen

Der Prüfungsteilnehmer soll sein Fahrzeug auch unter engen räumlichen Bedingungen wenden können. Kleine Betriebshöfe, enge Parkplätze oder andere örtliche Gegebenheiten erfordern vom Fahrer ein hohes Maß an Geschick beim Manövrieren seines Lkw. Er muss die Abmessungen seines Fahrzeugs sehr gut kennen, um es auch in schwierigen Situationen wenden zu können.

Prüfungsfahrzeug
Solofahrzeug in Abhängigkeit von der höchsten Fahrerlaubnisklasse des Prüfungsteilnehmers.

Inhalt
Wenden eines Solofahrzeuges um 180 Grad in einem Quadrat mit einer Seitenlänge, die die tatsächliche Fahrzeuglänge um 3,50 m übersteigt. Der Ausgangspunkt liegt außerhalb des Quadrats. Beim Ein- und Ausfahren ist eine 3,20 m breite Durchfahrt gemäß Skizze zu durchfahren.

Vorbereitung
Das Quadrat wird mit Leitkegeln (mindestens 50 cm hoch) gestellt. Die Ein- und Ausfahrten sind für den Prüfungsteilnehmer zu kennzeichnen (zum Beispiel durch PVC-Stangen oder durch farbliche Kennzeichnung).

Fehlerbewertung
Eine verkehrsgerechte und Material schonende Fahrweise wird mit 10 Punkten bewertet.

FEHLER	PUNKTABZUG
Abwürgen des Motors	2
Lenken auf der Stelle	4
Falsches Gegenlenken	4
Falsche Drehzahl (Drehzahlerhöhung)	4
Festfahren	10
Überfahren der Grenzen des Quadrats (auch mit Fahrzeugüberhang)	10
Berühren/Umwerfen eines/mehrerer Kegel bei der Ein- und/oder Ausfahrt	10

FAHRPRAKTISCHE ÜBUNGEN IM GÜTERKRAFTVERKEHR

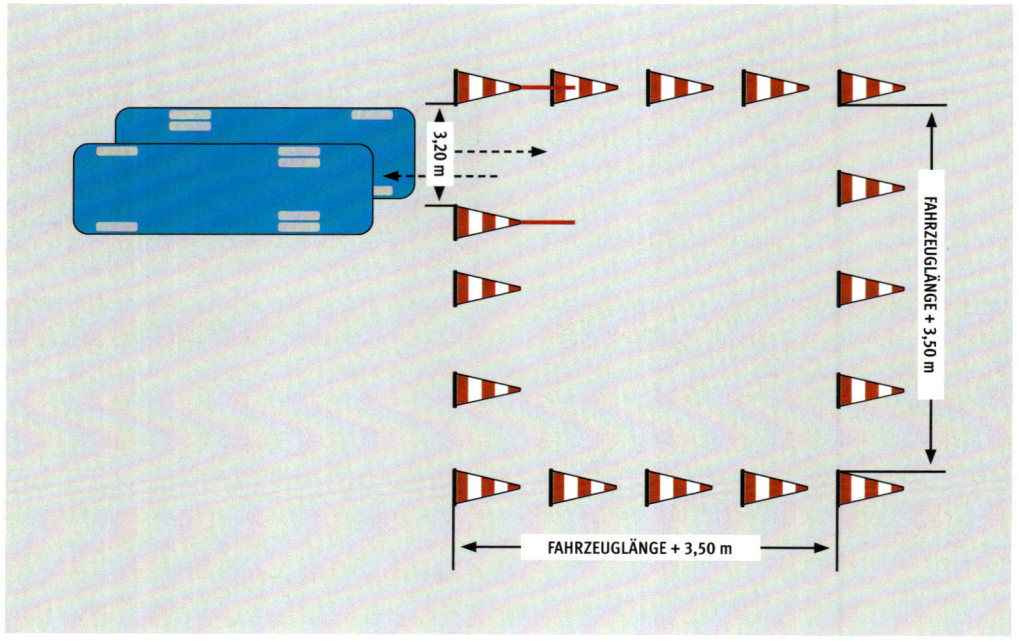

FAHRPRAKTISCHE ÜBUNGEN IM GÜTERKRAFTVERKEHR

1.5.4 Durchfahren einer Engstelle

In dieser Aufgabe soll der Prüfungsteilnehmer zeigen, dass er die Fahrzeugbreite seines Fahrzeugs richtig einschätzen kann. Er muss bereits aus einiger Entfernung abschätzen können, ob der Lkw durch eine schmale Hofeinfahrt oder Unterführung durchfahren kann, an der keine Breitenangabe angebracht ist. Um Unannehmlichkeiten bei Unterführungen, Tunnel oder sonstigen schmalen Durchfahrten zu vermeiden, ist es wichtig, die Breite und Höhe des Lkw zu kennen.

Prüfungsfahrzeug
Solofahrzeug in Abhängigkeit von der höchsten Fahrerlaubnisklasse des Prüfungsteilnehmers.

Inhalt
Das Prüfungsfahrzeug befindet sich 15 m von einer aus zylindrischen Fässern (ca. 90 cm Mindesthöhe) dargestellten 2–4 m breiten Durchfahrt entfernt. Der Prüfungsteilnehmer bestimmt vom Fahrersitz aus, ob und gegebenenfalls in welchem Maß diese Durchfahrtsbreite korrigiert werden soll. Der Prüfling kann dies mündlich oder durch Zeichen mitteilen, er darf dabei das Fahrzeug nicht verlassen. Die Position der Fässer wird von einer Hilfsperson entsprechend der Weisung des Prüfungsteilnehmers verändert. Der Abstand der Fässer darf nach dem erstmaligen Anrollen der Räder nicht mehr verändert werden. Je geringer die tatsächliche Durchfahrtsbreite gewählt wird, desto höher ist die Bewertung beim Durchfahren der Engstelle. Anstatt Fässer können auch andere Absperrungsgegenstände eingesetzt werden.

Vorbereitung
Kennzeichnungen auf der Fahrbahn sind unzulässig. Zur Messung ist ein handelsübliches Maßband geeignet.

Fehlerbewertung
Maßgrundlage ist das lichte Maß zwischen den beiden Fässern an der engsten Stelle.

FEHLER	BEWERTUNG IN PUNKTEN
Berührungsfreies Durchfahren der Engstelle bei einer Durchfahrtsbreite **Fahrzeugbreite + > 0 – 10 cm**	10
Berührungsfreies Durchfahren der Engstelle bei einer Durchfahrtsbreite **Fahrzeugbreite + > 10 – 20 cm**	8
Berührungsfreies Durchfahren der Engstelle bei einer Durchfahrtsbreite **Fahrzeugbreite + > 20 – 30 cm**	6
Berührungsfreies Durchfahren der Engstelle bei einer Durchfahrtsbreite **Fahrzeugbreite + > 30 – 40 cm**	4
Berührungsfreies Durchfahren der Engstelle bei einer Durchfahrtsbreite **Fahrzeugbreite + > 40 – 50 cm**	2
Berührungsfreies Durchfahren der Engstelle bei einer Durchfahrtsbreite **Fahrzeugbreite + > 50 cm**	0
Festfahren	0
Begrenzung anfahren	0

FAHRPRAKTISCHE ÜBUNGEN IM GÜTERKRAFTVERKEHR

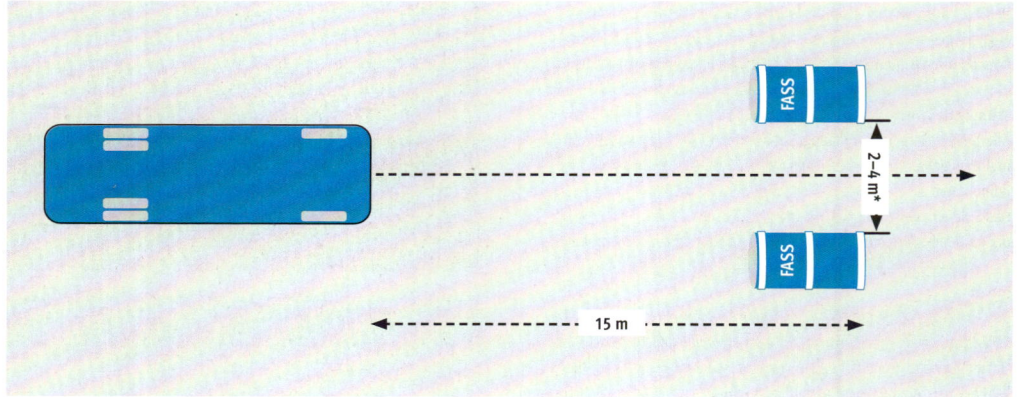

* Korrektur des Abstands der Fässer nach Vorgabe des Prüfungsteilnehmers

FAHRPRAKTISCHE ÜBUNGEN IM GÜTERKRAFTVERKEHR

1.5.5 Vorbeifahren an Hindernissen

Der Prüfungsteilnehmer soll zeigen, dass er sein Fahrzeug auch in engen Straßen mit parkenden Fahrzeugen, abgestellten Containern oder anderen Hindernissen sicher manövrieren kann.

Prüfungsfahrzeug
Gliederzug, Sattelkraftfahrzeug, Solofahrzeug (Sattelzugmaschine) in Abhängigkeit von der höchsten Fahrerlaubnisklasse des Prüfungsteilnehmers.
Das Solofahrzeug muss bei dieser Aufgabe einen Radstand von 4,60 m bis 4,80 m haben, andernfalls ist eine Ersatzaufgabe auszuwählen.

Inhalt
Das Fahrzeug hat gemäß Skizze Leitkegel zu umfahren, die parkende Fahrzeuge darstellen. Die Bordsteinbegrenzungen werden durch Holzlatten oder vergleichbar geeignete Materialien dargestellt. Die Leitkegel dürfen mit dem Fahrzeug nicht berührt und mit den Fahrzeugüberhängen nicht überfahren werden. Das Hinauslehnen bei geöffnetem Fahrzeugfenster zur Verbesserung der Sicht beim Manövrieren ist gestattet. Die Aufgabe kann nach Vorgabe des Prüfers entweder rückwärts oder vorwärts geprüft werden.

Vorbereitung
Die Darstellung der geparkten Fahrzeuge erfolgt mit üblichen Leitkegeln (ca. 50 cm Mindesthöhe). Alle der Fahrbahn zugewandten Leitkegel sind auf geeignete Weise auf mindestens zwei Meter zu erhöhen (beispielsweise durch Einstecken von PVC-Stangenrohren). Der Bordstein kann durch Holzlatten oder vergleichbare Begrenzungen markiert werden.

Fehlerbewertung
Das berührungsfreie Durchfahren der Engstelle wird mit 10 Punkten bewertet. Folgende Punktabzüge sind vorzunehmen für:

FEHLER	PUNKTABZUG
Lenken im Stand	2
Korrekturzüge (Fahrzeug bewegt sich entgegen der Fahrtrichtung der Übung) je Zug	2
Anfahren des Leitkegels	6
Über-/Anfahren des Bordsteins mit einem Rad	6
Anfahren zweier oder mehrerer Leitkegel	10
Um-/Überfahren eines Leitkegels	10
Festfahren	10

FAHRPRAKTISCHE ÜBUNGEN IM GÜTERKRAFTVERKEHR

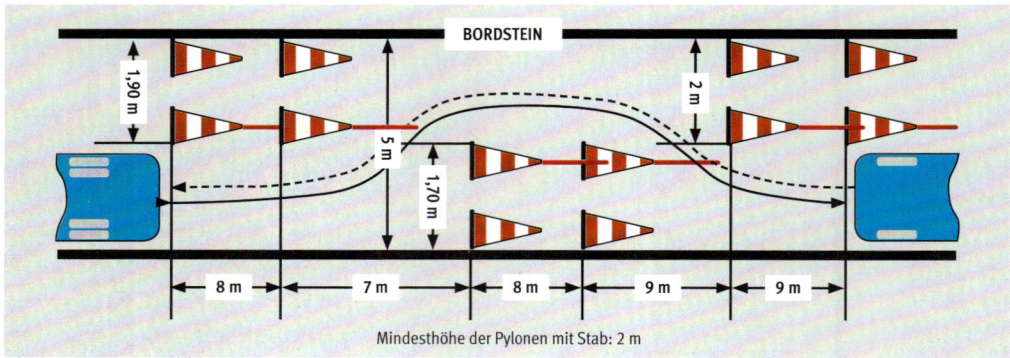

Klasse C1, C

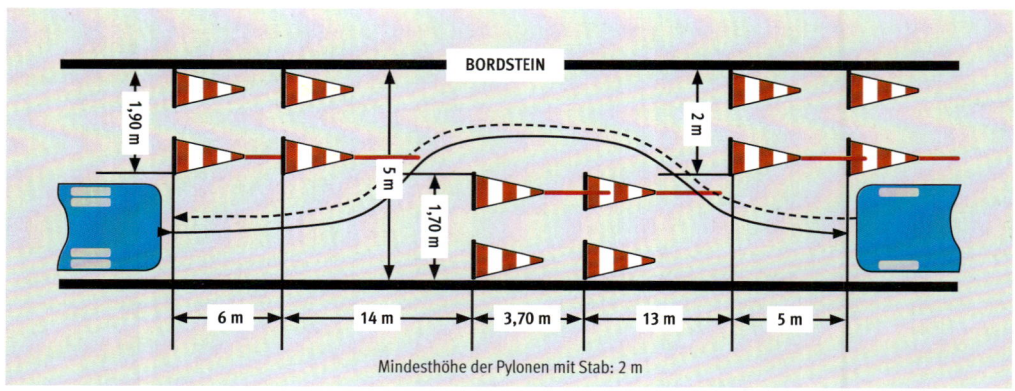

Klaxsse CE: Sattelkraftfahrzeug/Zug mit Zentralachsanhänger und Klasse C1E: Gliederung/Zug mit Zentralachs- oder Starrdeichselanhänger

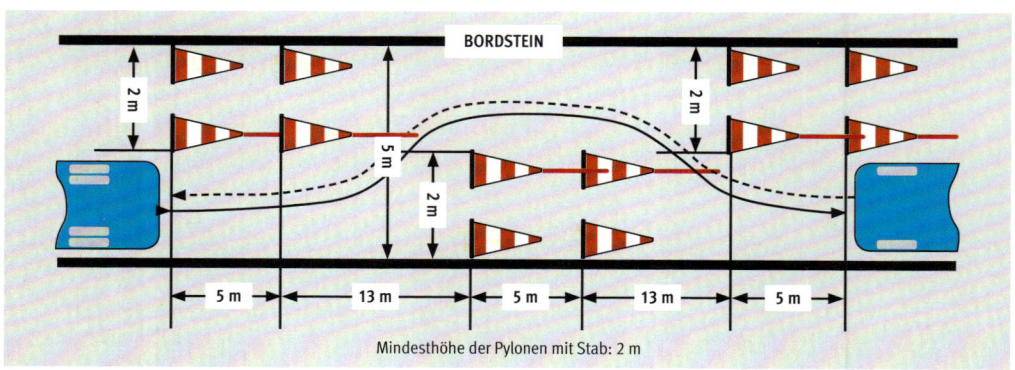

Klasse CE Gliederzug (Anhänger mit eigener Lenkung)

FAHRPRAKTISCHE ÜBUNGEN IM GÜTERKRAFTVERKEHR

1.5.6 Abbiegen/Wenden ohne ausreichenden Fahrraum

Der Prüfling soll seinen Zug auch unter schwierigen Bedingungen rangieren und wenden können. Er soll lernen, den Zug auch an engen Einmündungen, Einfahrten, Baustellen mit Hilfe von Korrekturzügen zu wenden, ohne den Zug „festzufahren". Das Gleiche gilt z. B. auch an Baustellen oder anderen baulichen Hindernissen.

Prüfungsfahrzeug
Abhängig von der Fahrerlaubnisklasse C1E oder CE. Gliederzug, auch mit Zentralachsenanhänger oder Sattelkraftfahrzeug in Abhängigkeit von der höchsten Fahrerlaubnisklasse des Prüfungsteilnehmers.

Inhalt
Mit dem Zug soll in Fahrtrichtung links abgebogen, beziehungsweise gewendet werden. Aufgrund eines Hindernisses wird der Abbiegevorgang nach dem Abbiegen um ca. 90 Grad gehemmt. Der Prüfungsteilnehmer hat daraufhin so zu korrigieren, dass er das Hindernis gemäß Skizze umfahren kann.

Vorbereitung
Die Begrenzungen werden mit üblichen Leitkegeln (circa 50 cm Mindesthöhe) dargestellt.

Bewertung
Bewertet wird die fahrtechnische Lösung nach dem Abbiegen um 90 Grad bis zur Möglichkeit zu wenden, bzw. das Hindernis zu umfahren. Ein sicheres und wirtschaftliches Fahren bei guter Fahrraumeinteilung wird mit 10 Punkten bewertet. Bis zu zwei Korrekturzüge führen nicht zu Punktabzug.

FEHLER	PUNKTABZUG
Abwürgen des Motors	2
Falsche, zu hohe Drehzahl	2
Drei bis vier Korrekturzüge	4
Kein Material schonende/verkehrsgerechte Fahrweise (zum Beispiel Lenken im Stand)	6
Mehr als vier Korrekturzüge	10
Festfahren	10

FAHRPRAKTISCHE ÜBUNGEN IM GÜTERKRAFTVERKEHR

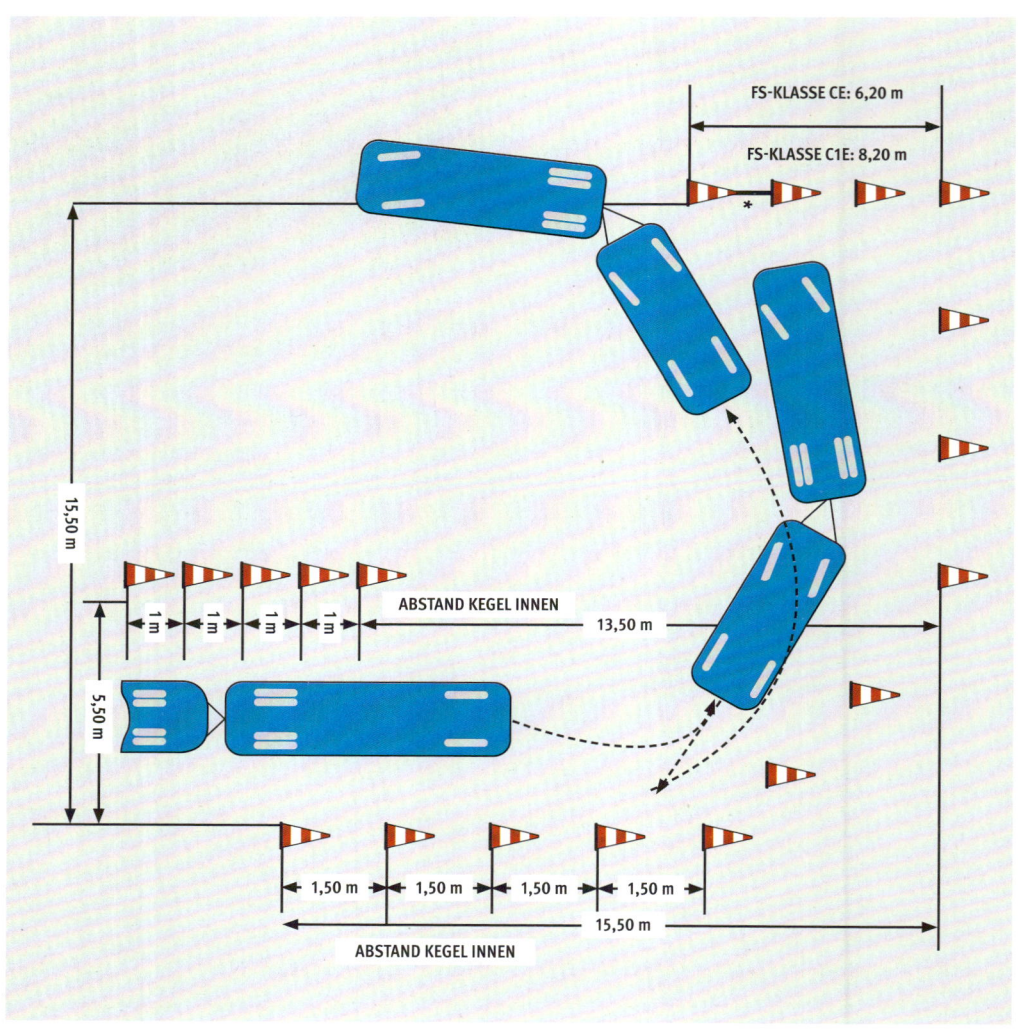

*Mindesthöhe der Pilone: 2 m

FAHRPRAKTISCHE ÜBUNGEN IM GÜTERKRAFTVERKEHR

1.5.7 Slalom

Eine weitere Aufgabe, die nicht prüfungsrelevant ist, ist der Slalom. Mit dieser Aufgabe wird insbesondere die richtige Einschätzung der Längs- und Seitwärtsbewegungen des Fahrzeugs trainiert.

Inhalt
Das Fahrzeug soll gemäß Skizze Leitkegel in einem Slalom umfahren. Die Leitkegel dürfen mit dem Fahrzeug nicht berührt oder überfahren werden. Es darf kein Leitkegel ausgelassen werden.

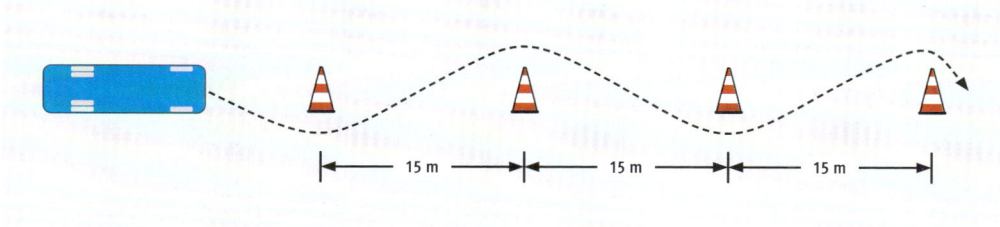

FAHRPRAKTISCHE ÜBUNGEN IM PERSONENVERKEHR

2. Fahrpraktische Übungen im Personenverkehr

Gemäß §2 BKrFQV müssen Sie als Bewerber für die beschleunigte Grundqualifikation mindestens 10 Fahrstunden à 60 Minuten von einem Fahrlehrer unterrichtet werden.
Das gilt auch dann, wenn Sie die entsprechende Fahrerlaubnis bereits besitzen. Obwohl der Gesetzgeber für Bewerber zur beschleunigten Grundqualifikation keine Fahrerlaubnis voraussetzt, ist davon auszugehen, dass eine Vielzahl der Bewerber die Ausbildung zum Erwerb der Fahrerlaubnis abgeschlossen hat oder der Erwerb der Fahrerlaubnis und der beschleunigten Grundqualifikation parallel erfolgt.
Die zehn Fahrstunden eignen sich gut dazu, die fahrpraktischen Übungen zu trainieren.

Bei den folgenden Ausbildungshinweisen wird davon ausgegangen, dass Sie bereits Grundkenntnisse im Führen von Kraftomnibussen erworben haben.
In den fahrpraktischen Übungen sollen Sie lernen mit Ihrem Fahrzeug auch schwierige Fahrsituationen zu bewältigen: Sei es eine enge Hofeinfahrt, eine schmale Straße mit parkenden Autos oder ein kleiner Hotelparkplatz, in dem Sie wenden müssen.

FAHRPRAKTISCHE ÜBUNGEN IM PERSONENVERKEHR

2.1 Fahrerplatz

2.1.1 Einweisung in den Fahrerplatz

Der Arbeitsplatz des Fahrers hat sich in den letzten Jahren erheblich verändert. Gute Arbeitsbedingungen beugen der Ermüdung vor und schützen auf lange Sicht die Gesundheit des Fahrers.

Fahrerplatz im Linienbus
Häufig wird der Fahrerplatz zur Seite und nach hinten durch Trennwände abgeschirmt.
Die Trennwände
- schützen den Fahrer vor Zugluft beim Öffnen der Vordertüren und
- wirken als Trennung gegenüber den Fahrgästen.

Fahrscheindrucker und Kasse sind so angeordnet, dass der Fahrer ohne große Änderung seiner Sitzhaltung die Fahrgäste bedienen kann.

Fahrerplatz im Reisebus
Der Fahrerplatz ist vom Fahrgastraum nicht getrennt. Der Fahrerplatz des Reisebusses ist meist komfortabler als der eines Linienbusses ausgestattet.

Bedienungs- und Kontrolleinrichtungen
Als Fahrer müssen Sie Ihr Fahrzeug und die Funktionsweise der Bedienungs- und Kontrolleinrichtungen kennen, dazu gehören unter anderem:
- Schalthebel
- Feststellbremse
- Scheibenwischer
- Lichtschalter
- Türbetätigung
- verschiedene Schalter
- Kontrollleuchten

FAHRPRAKTISCHE ÜBUNGEN IM PERSONENVERKEHR

2.1.2 Fahrersitz richtig einstellen

Die richtige Sitzposition ist nicht nur für die Gesundheit wichtig, sondern trägt auch zur Verkehrssicherheit bei. Verspannungen und Müdigkeit können durch eine gute und bequeme Sitzposition vorgebeugt werden. Beim Einstellen des Sitzes empfiehlt sich ein schrittweises Vorgehen. Ausgangsstellung: Lenkrad und Instrumententräger in vorderer Position. Da diese Position das Ein- und Aussteigen mit geschwenktem Sitz wesentlich erleichtert, sollten sie auch beim Verlassen des Arbeitsplatzes eingestellt werden.

Fahrersitz richtig einstellen
1. Sitzflächentiefe
2. Neigung der Sitzfläche
3. Neigung der Rückenlehne
4. Pedalwinkel
5. Sitzhöhe und Sitzlängsverstellung
6. Kniewinkel
7. Lage der Oberschenkel
8. Lenkrad und Instrumententräger
9. Lendenwirbelstütze
10. Kopfstütze

Ergonomisch günstige Winkel
1. Oberarmwinkel 10 – 40°
2. Ellenbogenwinkel 95 – 135°
3. Hüftwinkel 100 – 105°
4. Kniewinkel 110 – 130°
5. Fußgelenkwinkel 90°

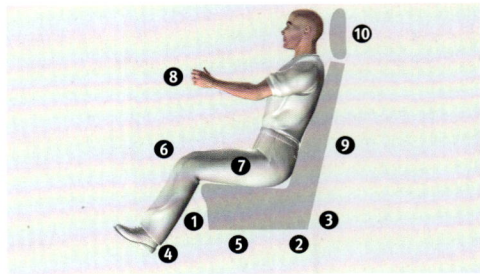

Fahrersitz richtig einstellen

» **BUCH**

Eine detaillierte Beschreibung zum Thema „Richtige Sitzposition" finden Sie in Band 1 „Gesundheit & Fitness" der BKF-Bibliothek.

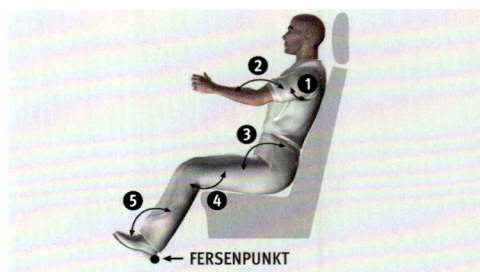

Ergonomisch günstige Winkel

FAHRPRAKTISCHE ÜBUNGEN IM PERSONENVERKEHR

2.1.3 Benutzung von Spiegeln

Die Sichtverhältnisse sind bei Omnibussen eingeschränkt. Nach hinten oder zur Seite können Sie sich nur mit Hilfe der Rückspiegel orientieren. Die Sicht über die Spiegel bezeichnet man als indirekte Sicht.

Bei modernen Reisebussen sind die Spiegel oft zu Einheiten zusammengefasst. Diese „Ausleger" ragen weit nach vorn hinaus, um die toten Winkel zu minimieren.
Omnibusse sind normalerweise ausgerüstet mit:
- je einem Hauptrückspiegel links und rechts,
- einem oder zwei Nahbereichsspiegel/Anfahrspiegel,
- einem großflächigen Innenspiegel.

Zusätzlich können angebaut sein:
- Weitwinkelspiegel
- Frontspiegel

Im rechten Außenspiegel kann man den Abstand zum Fahrbahnrand und zu anderen Fahrzeugen beobachten. Die Spiegelfläche ist meist „weitwinklig" ausgeführt und erlaubt bei Geradeausfahrt die Sicht nach hinten auf Verkehrsteilnehmer neben dem Omnibus, z. B. auf Radfahrer.

In Rechtskurven kann man das Heck des Busses und den Raum dahinter beobachten. Auch lässt sich der Seitenabstand zum Bordstein, zu parkenden Fahrzeugen oder zu anderen Hindernissen einsehen. Trotzdem kann man diese Verkehrsteilnehmer aus den Augen verlieren, wenn sie in den toten Winkel hineinfahren. Dieser Gefahr lässt sich am besten vorbeugen, indem man den rückwärtigen Verkehr in kurzen Zeitabständen beobachtet.

FAHRPRAKTISCHE ÜBUNGEN IM PERSONENVERKEHR

Im linken Hauptspiegel kann man beobachten, was sich in den Fahrstreifen links neben dem Bus abspielt. An den Fahrbahnmarkierungen und am Seitenabstand zu anderen Fahrzeugen lässt sich erkennen, ob der Bus in der Spur läuft. Deshalb sollte man regelmäßig in den linken Hauptspiegel sehen – auch bei Geradeausfahrt.

Im Nahbereichsspiegel/Anfahrspiegel kann man erkennen, was sich unmittelbar neben der Einstiegstür abspielt und den Abstand zum Bordstein einsehen.
Ist der sogenannte Rampenspiegel weit vorn angebracht, ermöglicht er auch die Sicht auf den schwer einsehbaren Raum vor dem Bus. Er hat dann die Funktion eines separaten Frontspiegels und bietet besonders im Schulbusverkehr ein Sicherheitsplus.

Ein großflächiger Innenspiegel ermöglicht die Beobachtung des Fahrgastraums und der Ein- und Ausstiege. Er ist vorgeschrieben bei automatisch betätigten Türen.
Der Fahrer muss nicht nur den Verkehr ständig beobachten, sondern auch die Fahrgäste. Das gilt sowohl beim Ein- und Aussteigen, als auch während der Fahrt.

Überprüfen Sie die Spiegel regelmäßig auf Beschädigung und Sauberkeit.

FAHRPRAKTISCHE ÜBUNGEN IM PERSONENVERKEHR

2.1.4 Bedienung des Fahrzeugs

Bei der Einweisung in die Fahrzeugbedienung sind die herstellerspezifischen Besonderheiten des Fahrzeugs zu beachten.
- Motor anlassen
- Motor abstellen
- Anfahren
- Bedienung Schalt- /Automatikgetriebe
- Feststellbremse (ggf. Haltestellenbremse)

2.2 Fahrwiderstände und Kräfte

Der Antriebskraft des Motors wirken verschiedene Kräfte entgegen. Diese Widerstände müssen von der Antriebskraft überwunden werden, um den Bus in Bewegung setzen und halten zu können. Die Fahrwiderstände sind:
- Rollwiderstand
- Luftwiderstand
- Steigungswiderstand

Rollwiderstand

Der Rollwiderstand entsteht durch die Verformung des Reifens auf der Fahrbahn (Walkarbeit).
Der Rollwiderstand steigt
- mit zunehmender Belastung,
- mit zunehmender Geschwindigkeit,
- mit abnehmendem Reifendruck.

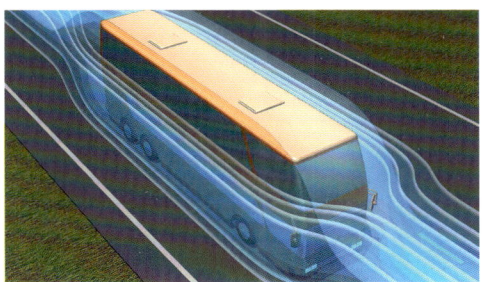

Luftwiderstand

Der Luftwiderstand entsteht durch das Verdrängen der Luft vor dem Fahrzeug. Er ist abhängig:
- von der Größe der Stirnfläche
- von der Formgebung des Busses, ausgedrückt durch den c_W-Wert.
- von der Fahrgeschwindigkeit.

Wird die Geschwindigkeit verdoppelt, vervierfacht sich der Luftwiderstand – er steigt im Quadrat zur Geschwindigkeit.

FAHRPRAKTISCHE ÜBUNGEN IM PERSONENVERKEHR

Steigungswiderstand
Der Steigungswiderstand entsteht durch die Erdanziehung, die den Bus talwärts zu ziehen versucht.

Der Steigungswiderstand ist abhängig
- von der Masse des Fahrzeugs,
- von der Größe der Steigungsprozente.

Die Antriebskraft muss durch Zurückschalten stufenweise dem Steigungswiderstand angepasst werden.

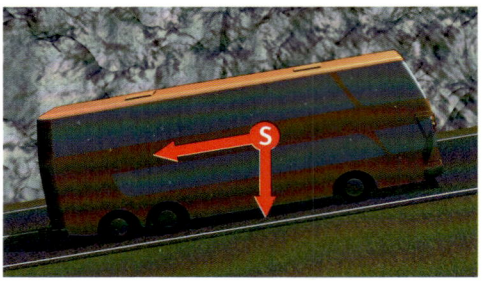

Fliehkraft
Die Fliehkraft entsteht beim Durchfahren einer Kurve. Sie hat das Bestreben, den Bus nach außen zu ziehen.
Die Fliehkraft ist umso größer,
- je enger die Kurve ist,
- je größer die Masse ist,
- je höher die Geschwindigkeit ist.

Bei doppelter Geschwindigkeit wird die Fliehkraft viermal so groß. Sie steigt im Quadrat zur Geschwindigkeit.

Die Fliehkraft greift im Schwerpunkt an. Je höher der Schwerpunkt liegt, desto größer ist die Kippgefahr. Der Schwerpunkt liegt besonders hoch bei einem Doppeldecker mit zwei Fahrgastebenen. Kippgefahr besteht auch dann, wenn die Räder seitlich auf einen Widerstand treffen.

Seitenführungskraft
Die Seitenführungskraft wirkt der Fliehkraft entgegen. Sie ist eine Haftreibung, die sich zwischen Reifen und Fahrbahn aufbaut.
Solange die Fliehkraft nicht größer ist als die Seitenführungskräfte der Reifen, bleibt das Fahrzeug lenkfähig und richtungsstabil.

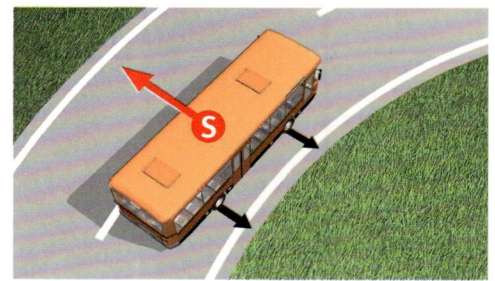

FAHRPRAKTISCHE ÜBUNGEN IM PERSONENVERKEHR

2.3 Grundzüge der energiesparenden Fahrweise

Als Berufskraftfahrer haben Sie durch Ihre Fahrweise maßgeblichen Einfluss auf die Fahrzeugkosten. Durch eine energiesparende Fahrweise reduzieren sich neben den Kraftstoffkosten auch die Wartungs- und Reparaturkosten. Eine Senkung des Kraftstoffverbrauchs ist bereits durch Ergreifen weniger Maßnahmen möglich. Eine gleichmäßige, vorausschauende und gelassene Fahrweise trägt maßgeblich dazu bei.

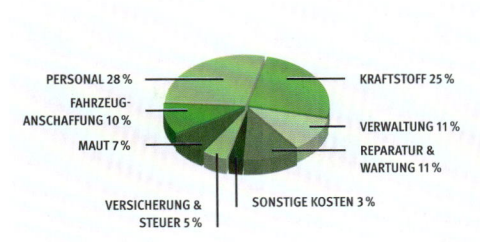

Beispiel für die Betriebskosten eines Busses

Folgende Grundsätze sollten Sie beachten:
- Bei niedrigen Drehzahlen schalten und fahren,
- bei automatisierten Antriebssystemen unbedingt Herstellerempfehlungen beachten,
- zügig Reisegeschwindigkeit erreichen,
- Abstand halten,
- Tempomat nutzen,
- nach Drehzahlmesser fahren,
- frühzeitig Gas wegnehmen,
- unnötige Stopps vermeiden,
- Schubabschaltung nutzen,
- Schwung nutzen,
- Motor abschalten, wo es sinnvoll ist,
- unnötigen Ballast entfernen,
- Reifendruck kontrollieren.

» **BUCH**

Weitere Informationen finden Sie im Band „Wirtschaftliches Fahren".

Auch bei Fahrzeugen mit Automatikgetriebe kann durchaus eine hohe Kraftstoffersparnis erreicht werden, denn abgesehen von den Schaltvorgängen kann der Fahrer auf alle anderen Faktoren Einfluss nehmen.

Praktische Ausbildung als Vergleichsfahrt

Die Schulung in energiesparender Fahrweise erfolgt in mehreren Schritten. Das Training könnte so aufgebaut werden, dass nach einer theoretischen Einweisung eine erste praktische Fahrt durchgeführt wird. Der Teilnehmer fährt dabei so, wie er normalerweise im Berufsalltag auch fährt. Anschließend wird die Fahrt besprochen und es folgt ein theoretischer Unterrichtsblock, in dem die Grundzüge der energiesparenden Fahrweise besprochen werden.

» **BUCH**

Siehe hierzu Band 2 „Kinematische Kette, Energie & Umwelt" der BKF-Bibliothek.

Anschließend wird die zweite praktische Fahrt durchgeführt. Dabei sollen die im Theorieteil erlernten Kenntnisse angewandt werden.

FAHRPRAKTISCHE ÜBUNGEN IM PERSONENVERKEHR

Fahrprotokoll ausfüllen

Jeder Teilnehmer soll ein Fahrprotokoll ausfüllen, in das persönliche Daten und Fahrzeugdaten eingetragen werden. Nach der ersten praktischen Fahrt werden die Daten vom Messgerät eingetragen. Nach der zweiten Fahrt werden die Daten der zweiten Fahrt eingetragen und mit den Daten der ersten Fahrt verglichen.

FAHRPROTOKOLL			STRECKE 1		
DATUM:	BTH über Hetjershausen Großellershausen zur Haltebucht Briefzentrum				
NAME:					
FAHRER-NR.:	STRECKE	1. FAHRT	2. FAHRT	DIFFERENZ	EINSPARUNG %
	Zeit				
FAHRZEUG:	Durchschn.-Geschw.				
	Gesamtverbrauch				

FAHRPROTOKOLL			STRECKE 1		
DATUM: 14.07.2019	BTH über Hetjershausen Großellershausen zur Haltebucht Briefzentrum				
NAME: Ina Schulz					
FAHRER-NR.: 623	STRECKE	1. FAHRT	2. FAHRT	DIFFERENZ	EINSPARUNG %
	Zeit	23 Min.	22 Min.	− 1 Min.	
FAHRZEUG: Wagen 147	Durchschn.-Geschw.	27 km/h	29 km/h	+ 2 km/h	
	Gesamtverbrauch	8,19 l	7,68 l	− 0,51 l	6 %

Verbrauchsmessgeräte

Moderne Nutzfahrzeuge bieten über Fahrerinformationssysteme die Möglichkeit den Kraftstoffverbrauch zu ermitteln. Die Anzeigemöglichkeiten sind vielfältig:
- Momentaner Kraftstoffverbrauch,
- Durchschnittsverbrauch,
- kumulierte Betriebskosten,
- Vergleich der momentanen Fahrweise mit den gespeicherten Durchschnittswerten für Stadt-, Land- und Autobahnverkehr,
- Anzeigen einer besonders wirtschaftlichen Fahrweise über ein Sparsymbol,
- Anzeigen eines Symbols für erhöhten Verbrauch.

Über fahrzeugspezifische Kabelsätze wird das Gerät direkt an die Fahrzeugelektronik angeschlossen. Der Fuhrparkleiter nutzt die Daten für eine fahrer- und fahrzeugbezogene Auswertung hinsichtlich Wirtschaftlichkeit und Fahrweise.

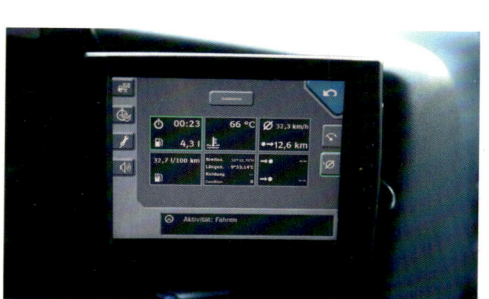

Scania Messgerät

FAHRPRAKTISCHE ÜBUNGEN IM PERSONENVERKEHR

2.4 Bewältigung kritischer Fahrsituationen

Mit der Bewältigung der Fahraufgaben zur Grundqualifikation werden einige wesentliche Bereiche aus der Liste der Kenntnisbereiche (Anlage 1, BKrFQV) abgedeckt. Aus dem Bereich 1 „Verbesserung des rationellen Fahrverhaltens auf der Grundlage der Sicherheitsregeln" sind es die unter Lernziel 1.5 aufgeführten Punkte wie
- richtige Einschätzung der Längs- und Seitwärtsbewegungen des Kraftomnibusses,
- Positionierung auf der Fahrbahn,
- sanftes Abbremsen,
- Beachtung der Überhänge.

Allgemeine Hinweise
Bei der Prüfung zur Grundqualifikation muss der Prüfling „kritische Fahrsituationen" bewältigen, die als separater Prüfungsteil bewertet werden. Der Prüfer wählt die Fahraufgaben aus einem Katalog aus. Die Prüfungsaufgaben sind in den Richtlinien der Industrie- und Handelskammern festgelegt.

Verhalten beim Rückwärtsfahren
Es ist grundsätzlich ein Sicherungsposten einzuteilen. Er hat folgende Aufgaben:
- Warnung durch Zeichen vor herannahenden Verkehrsteilnehmern,
- Warnung durch Zeichen vor Hindernissen wie z. B. Gebäudeteilen, Fahrzeugen, Gruben oder Ladegut.

Eine Hilfestellung in Form von Einweisen oder Warnen bei der Bewältigung der Prüfungsaufgaben ist unzulässig. Hier steht die selbstständige Fahrzeugbeherrschung im Mittelpunkt der Aufgaben.

FAHRPRAKTISCHE ÜBUNGEN IM PERSONENVERKEHR

Rückfahrhilfen
Nicht immer ist ein Sicherungsposten verfügbar, der den Busfahrer einweisen kann. Dann können elektronische Systeme Abhilfe schaffen. Mit einer über dem Heckfenster eingebauten Videokamera lässt sich der Nahbereich hinter dem Bus überwachen.

Der Fahrer kann den Bereich hinter dem Bus an einem Monitor einsehen und Hindernisse erkennen.
Ist am Prüfungsfahrzeug eine Rückfahrkamera eingebaut, so darf diese auch bei der Prüfung genutzt werden.

Anzahl der zu bewältigenden Aufgaben
Je nach Art der Prüfung, ist eine bestimmte Anzahl von Aufgaben zu absolvieren:
- Grundqualifikation = 3
- Grundqualifikation Quereinsteiger = 3
- Grundqualifikation Umsteiger = 2

Die Fahraufgaben werden vom Prüfer ausgewählt.

Bei jeder Prüfung ist entweder eine Gefahrbremsung oder eine Zielbremsung durchzuführen.

2.4.1 Bewertungskriterien beim Prüfungsteil „Kritische Fahrsituationen"

	ANZAHL AUFGABEN	GESAMT-PUNKTZAHL	MAXIMAL-PUNKTZAHL JE AUFGABE	ABZUG BEI 2 VERSUCHEN	ABZUG BEI 3 VERSUCHEN	MINDEST-PUNKT-ZAHL ZUM BESTEHEN DER PRÜFUNG
Grundqualifikation (GQ)	3	30	10	2	4	6
GQ-Quereinsteiger	3	30	10	2	4	6
GQ-Umsteiger	2	20	10	2	4	4

Der Prüfling hat maximal drei Versuche pro Aufgabe. Er entscheidet selbst über einen zweiten und dritten Versuch, bei mehreren Versuchen gibt es einen Punktabzug. Es wird immer der letzte Versuch gewertet.

Eine Aufgabe wird im schlechtesten Fall mit null Punkten bewertet.

Für ein erfolgreiches Absolvieren des Prüfungsteils „Bewältigung kritischer Fahrsituationen" muss eine Mindestpunktzahl von 6 Punkten (Grundqualifikation und Grundqualifikation Quereinsteiger) beziehungsweise 4 Punkten (Grundqualifikation Umsteiger) erreicht werden (20-Prozent-Klausel).

FAHRPRAKTISCHE ÜBUNGEN IM PERSONENVERKEHR

2.5 Fahraufgaben

2.5.1 Gefahrbremsung

Bei der Gefahrbremsung soll der Prüfungsteilnehmer unter Beweis stellen, dass er in einer Gefahrensituation sein Fahrzeug mit der größtmöglichen Bremsverzögerung zum Stehen bringen kann.

Prüfungsfahrzeug
Solofahrzeug in Abhängigkeit von der höchsten Fahrerlaubnisklasse des Prüfungsteilnehmers. Besitzt der Bewerber die Fahrerlaubnis der Klasse D1, so ist ein Fahrzeug der Klasse D1 einzusetzen. Besitzt er die Klasse DE, so ist ein Fahrzeug der Klasse D einzusetzen.

Inhalt
Die Gefahrbremsung erfolgt aus einer Geschwindigkeit von 30 km/h. Es erfolgt eine Kontrolle der Geschwindigkeit durch Prüfer oder Fahrlehrer. Der Prüfungsteilnehmer hat auf kürzestem Wege auf einer Geraden eine Schlagbremsung bis zum Stillstand des Fahrzeugs auszuführen. Die Witterung und der Fahrbahnzustand sind zu beachten.

Fehlerbewertung
Für eine Schlagbremsung und das Erreichen der notwendigen Verzögerung bei einer Ausgangsgeschwindigkeit aus 30 km/h wird die Aufgabe mit 10 Punkten bewertet. Folgende Punktabzüge sind vorzunehmen:

FEHLER	PUNKTABZUG
Nichterreichen einer konstanten Verzögerung	10
Falsche Ausgangsgeschwindigkeit	10
Abwürgen des Motors	10
Kein schlagartiges Betätigen der Betriebsbremse	10

FAHRPRAKTISCHE ÜBUNGEN IM PERSONENVERKEHR

2.5.2 Zielbremsung

Der Prüfling soll zeigen, dass er sein Fahrzeug bei einer normalen Bremsung punktgenau zum Stehen bekommt.

Prüfungsfahrzeug
Solofahrzeug in Abhängigkeit von der höchsten Fahrerlaubnisklasse des Prüfungsteilnehmers.

Inhalt
Die Zielbremsung wird aus einer Geschwindigkeit von 30 km/h auf einer Geraden durchgeführt. Es erfolgt eine Kontrolle der Geschwindigkeit durch den Fahrlehrer. Die Anfahrstrecke beträgt 65 m. Die Bremsstrecke beträgt 10 m. Das Fahrzeug muss am definierten Ende der Bremsstrecke zum Halten kommen.

Vorbereitung
Die Darstellung der Bremsstrecke erfolgt durch Verkehrsleitkegel (ca. 50 cm Mindesthöhe). Die Leitkegel sind in geeigneter Form auf mindestens 2 m zu erhöhen (zum Beispiel mit Stangen aus PVC).

Fehlerbewertung
Es ist auf eine gleichmäßige Bremsung (keine Stotterbremse) zu achten. Eine Schlagbremsung ist nicht zulässig. Ausgangsgeschwindigkeit ist 30 km/h. Der automatische Eingriff von ABS/ABV wird nicht bewertet. 10 Punkte sind erreicht, wenn das Fahrzeug mit einer maximalen Abweichung von einem Meter vor der Ziellinie zum Stehen kommt.

FEHLER	PUNKTABZUG
Keine gleichmäßige Bremsung	6
Fahrzeugbug hält mehr als 100 cm vor der Ziellinie	6
Fahrzeugbug hält mehr als 200 cm vor der Ziellinie	8
Fahrzeugbug hält mehr als 300 cm vor der Ziellinie	10
Zu geringe Ausgangsgeschwindigkeit	10
Bremsbeginn vor der Bremsstrecke	10
Fahrzeug kommt hinter der Ziellinie zum Stehen	10
Schlagbremsung	10

FAHRPRAKTISCHE ÜBUNGEN IM PERSONENVERKEHR

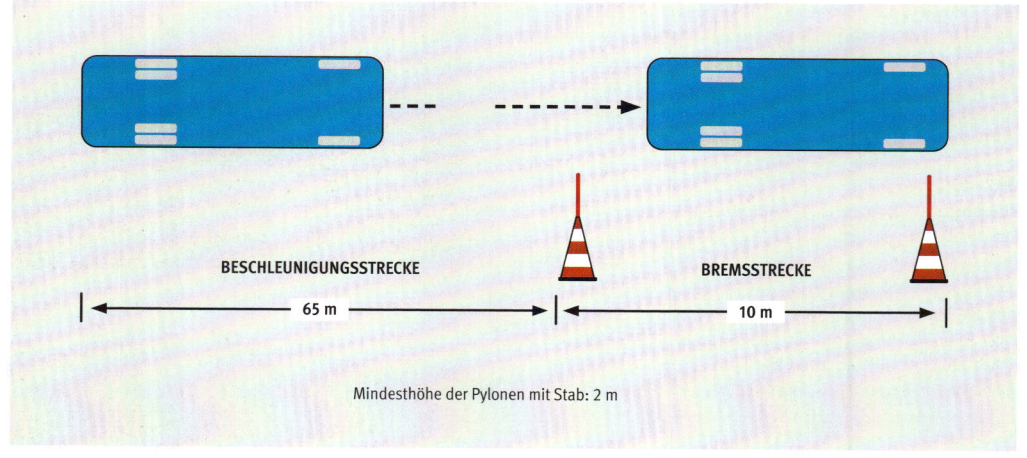

FAHRPRAKTISCHE ÜBUNGEN IM PERSONENVERKEHR

2.5.3 Wenden unter engen räumlichen Bedingungen

Der Prüfungsteilnehmer soll sein Fahrzeug auch unter engen räumlichen Bedingungen wenden können. Kleine Betriebshöfe, enge Hotelparkplätze oder andere örtliche Gegebenheiten erfordern vom Fahrer ein hohes Maß an Geschick beim Manövrieren seines Busses. Er muss die Abmessungen seines Fahrzeugs sehr gut kennen, um es auch in schwierigen Situationen wenden zu können.

Prüfungsfahrzeug
Solofahrzeug in Abhängigkeit von der höchsten Fahrerlaubnisklasse des Prüfungsteilnehmers.

Inhalt
Wenden eines Solofahrzeuges um 180 Grad in einem Quadrat mit einer Seitenlänge, die die tatsächliche Fahrzeuglänge um 3,50 m übersteigt. Der Ausgangspunkt liegt außerhalb des Quadrats. Beim Ein- und Ausfahren ist eine 3,20 m breite Durchfahrt gemäß Skizze zu durchfahren.

Vorbereitung
Das Quadrat wird mit Leitkegeln (mindestens 50 cm hoch) gestellt. Die Ein- und Ausfahrten sind für den Prüfungsteilnehmer zu kennzeichnen (zum Beispiel durch PVC-Stangen oder durch farbliche Kennzeichnung).

Fehlerbewertung
Eine verkehrsgerechte und Material schonende Fahrweise wird mit 10 Punkten bewertet.

FEHLER	PUNKTABZUG
Abwürgen des Motors	2
Lenken auf der Stelle	4
Falsches Gegenlenken	4
Falsche Drehzahl (Drehzahlerhöhung)	4
Festfahren	10
Überfahren der Grenzen des Quadrats (auch mit Fahrzeugüberhang)	10
Berühren/Umwerfen eines/mehrerer Kegel bei der Ein- und/oder Ausfahrt	10

FAHRPRAKTISCHE ÜBUNGEN IM PERSONENVERKEHR

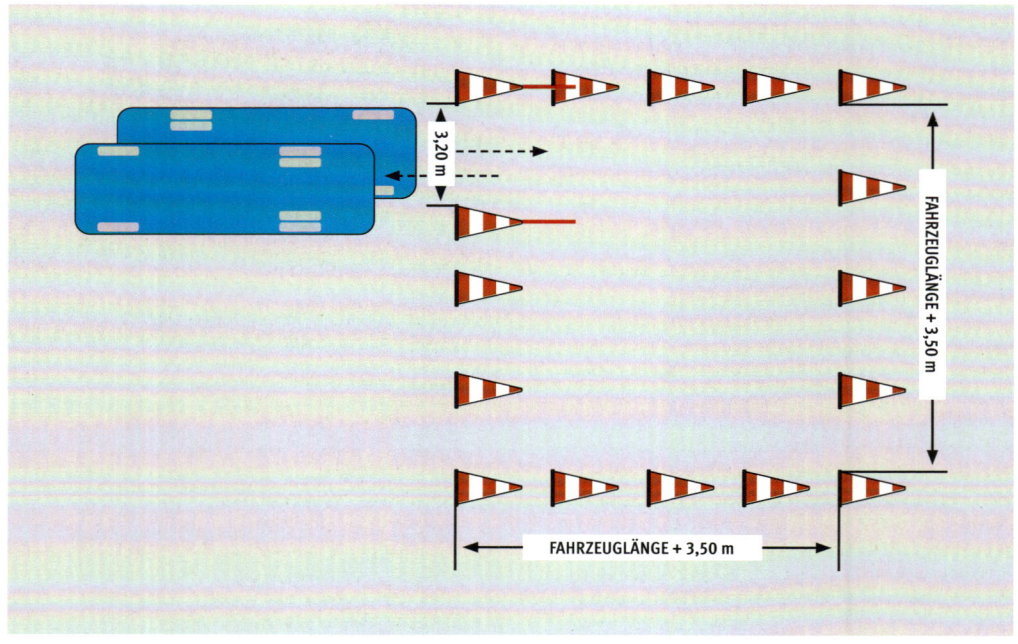

FAHRPRAKTISCHE ÜBUNGEN IM PERSONENVERKEHR

2.5.4 Durchfahren einer Engstelle

In dieser Aufgabe soll der Prüfungsteilnehmer zeigen, dass er die Fahrzeugbreite seines Fahrzeugs richtig einschätzen kann. Er muss bereits aus einiger Entfernung abschätzen können, ob der Bus durch eine schmale Hofeinfahrt oder Unterführung durchfahren kann, an der keine Breitenangabe angebracht ist.
Um Unannehmlichkeiten bei Unterführungen, Tunnel oder sonstigen schmalen Durchfahrten zu vermeiden, ist es wichtig, die Breite und Höhe des Busses zu kennen.

Prüfungsfahrzeug
Solofahrzeug in Abhängigkeit von der höchsten Fahrerlaubnisklasse des Prüfungsteilnehmers.

Inhalt
Das Prüfungsfahrzeug befindet sich 15 m von einer aus zylindrischen Fässern (ca. 90 cm Mindesthöhe) dargestellten 2–4 m breiten Durchfahrt entfernt. Der Prüfungsteilnehmer bestimmt vom Fahrersitz aus, ob und gegebenenfalls in welchem Maß diese Durchfahrtsbreite korrigiert werden soll. Der Prüfling kann dies mündlich oder durch Zeichen mitteilen, er darf dabei das Fahrzeug nicht verlassen. Die Position der Fässer wird von einer Hilfsperson entsprechend der Weisung des Prüfungsteilnehmers verändert. Der Abstand der Fässer darf nach dem erstmaligen Anrollen der Räder nicht mehr verändert werden. Je geringer die tatsächliche Durchfahrtsbreite gewählt wird, desto höher ist die Bewertung beim Durchfahren der Engstelle. Anstatt Fässer können auch andere Absperrungsgegenstände eingesetzt werden.

Vorbereitung
Kennzeichnungen auf der Fahrbahn sind unzulässig. Zur Messung ist ein handelsübliches Maßband geeignet.

Fehlerbewertung
Maßgrundlage ist das lichte Maß zwischen den beiden Fässern an der engsten Stelle.

FEHLER	BEWERTUNG IN PUNKTEN
Berührungsfreies Durchfahren der Engstelle bei einer Durchfahrtsbreite **Fahrzeugbreite + > 0 – 10 cm**	10
Berührungsfreies Durchfahren der Engstelle bei einer Durchfahrtsbreite **Fahrzeugbreite + > 10 – 20 cm**	8
Berührungsfreies Durchfahren der Engstelle bei einer Durchfahrtsbreite **Fahrzeugbreite + > 20 – 30 cm**	6
Berührungsfreies Durchfahren der Engstelle bei einer Durchfahrtsbreite **Fahrzeugbreite + > 30 – 40 cm**	4
Berührungsfreies Durchfahren der Engstelle bei einer Durchfahrtsbreite **Fahrzeugbreite + > 40 – 50 cm**	2
Berührungsfreies Durchfahren der Engstelle bei einer Durchfahrtsbreite **Fahrzeugbreite + > 50 cm**	0
Festfahren	0
Begrenzung anfahren	0

FAHRPRAKTISCHE ÜBUNGEN IM PERSONENVERKEHR

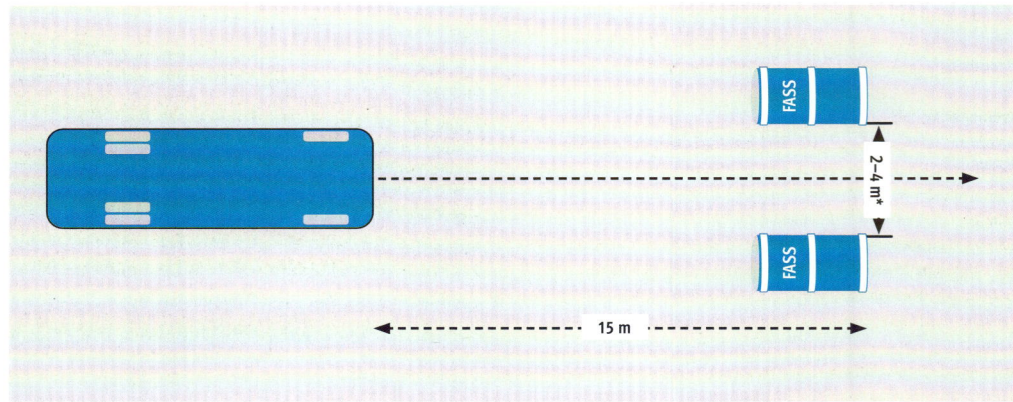

* Korrektur des Abstands der Fässer nach Vorgabe des Prüfungsteilnehmers

FAHRPRAKTISCHE ÜBUNGEN IM PERSONENVERKEHR

2.5.5 Vorbeifahren an Hindernissen

Der Prüfungsteilnehmer soll zeigen, dass er sein Fahrzeug auch in engen Straßen mit parkenden Fahrzeugen, abgestellten Containern oder anderen Hindernissen sicher manövrieren kann.

Prüfungsfahrzeug
Solofahrzeug in Abhängigkeit von der höchsten Fahrerlaubnisklasse des Prüfungsteilnehmers.

Inhalt
Das Fahrzeug hat gemäß Skizze Leitkegel zu umfahren, die parkende Fahrzeuge darstellen. Die Bordsteinbegrenzungen werden durch Holzlatten oder vergleichbar geeigneten Materialien dargestellt. Die Leitkegel dürfen mit dem Fahrzeug nicht berührt und mit den Fahrzeugüberhängen nicht überfahren werden. Das Hinauslehnen bei geöffnetem Fahrzeugfenster zur Verbesserung der Sicht beim Manövrieren ist gestattet. Die Aufgabe kann nach Vorgabe des Prüfers entweder rückwärts oder vorwärts geprüft werden.

Vorbereitung
Die Darstellung der geparkten Fahrzeuge erfolgt mit üblichen Leitkegeln (ca. 50 cm Mindesthöhe). Alle der Fahrbahn zugewandten Leitkegel sind auf geeignete Weise auf mindestens zwei Meter zu erhöhen (beispielsweise durch Einstecken von PVC-Stangenrohren). Der Bordstein kann durch Holzlatten oder vergleichbare Begrenzungen markiert werden.

Fehlerbewertung
Das berührungsfreie Durchfahren der Engstelle wird mit 10 Punkten bewertet. Folgende Punktabzüge sind vorzunehmen für:

FEHLER	PUNKTABZUG
Lenken im Stand	2
Korrekturzüge (Fahrzeug bewegt sich entgegen der Fahrtrichtung der Übung) je Zug	2
Anfahren des Leitkegels	6
Über-/Anfahren des Bordsteins mit einem Rad	6
Anfahren zweier oder mehrerer Leitkegel	10
Um-/Überfahren eines Leitkegels	10
Festfahren	10

FAHRPRAKTISCHE ÜBUNGEN IM PERSONENVERKEHR

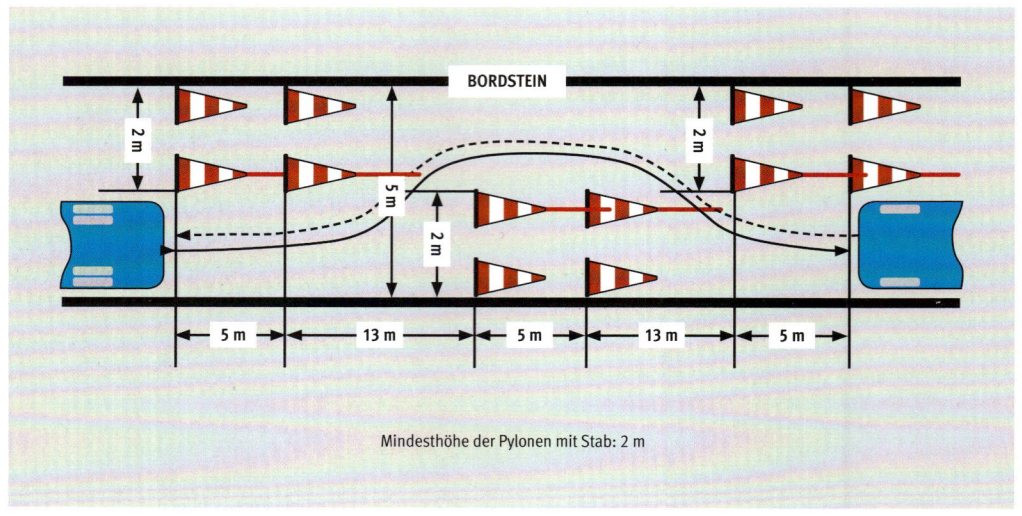

FAHRPRAKTISCHE ÜBUNGEN IM PERSONENVERKEHR

2.5.6 Rechtsabbiegen des Kraftomnibusses ohne ausreichenden Fahrraum

Der Prüfungsteilnehmer muss seinen Bus auch dann sicher manövrieren können, wenn ihm nur ein begrenzter Fahrraum zur Verfügung steht. Das kann bei engen Kreuzungen der Fall sein, oder wenn der Fahrraum durch Fahrzeuge oder Baustellen verengt ist.

Prüfungsfahrzeug
Solofahrzeug mit 12 m Länge und 2,50 m bzw. 2,55 m Breite.

Inhalt
In Fahrtrichtung rechts abbiegen in einem Quadrat mit einer Seitenlänge von 15 m. Der Ausgangspunkt liegt außerhalb des Quadrats. Eingefahren wird durch eine 2,70 m breite Durchfahrt. Mit einer möglichst geringen Anzahl von Korrekturzügen soll das Fahrzeug so in Position gebracht werden, dass das Quadrat durch eine 3 m breite Ausfahrt gerade (parallel zum Bordstein) verlassen werden kann. Dabei darf nur der Bordstein mit dem Überhang des Fahrzeugs überfahren werden. Eine Berührung mit den Rädern ist nicht zulässig. Die Ausfahrt ist als Gasse darzustellen.

Vorbereitung
Die Begrenzung des Quadrats erfolgt mit üblichen Leitkegeln (ca. 50 cm Mindesthöhe). Die Ausfahrt flankierenden Kegel sind für den Prüfungsteilnehmer erkennbar zu kennzeichnen (zum Beispiel durch das Einstecken von PVC-Stangenrohren oder farbliche Kennzeichnung). Der Bordstein kann auch durch Holzlatten oder vergleichbare Begrenzungen dargestellt werden.

Fehlerbewertung
Ein verkehrsgerechtes und Material schonendes Abbiegen wird mit 10 Punkten bewertet. Nicht verkehrsgerechte und nicht Material schonende Fahrweise führen zu Punktabzügen.

FEHLER	PUNKTABZUG
Abwürgen des Motors	2
Falsche, zu hohe Drehzahl	2
Drei bis vier Korrekturzüge	4
Kein Material schonende/verkehrsgerechte Fahrweise (zum Beispiel Lenken im Stand)	6
Mehr als vier Korrekturzüge	10
Festfahren	10

FAHRPRAKTISCHE ÜBUNGEN IM PERSONENVERKEHR

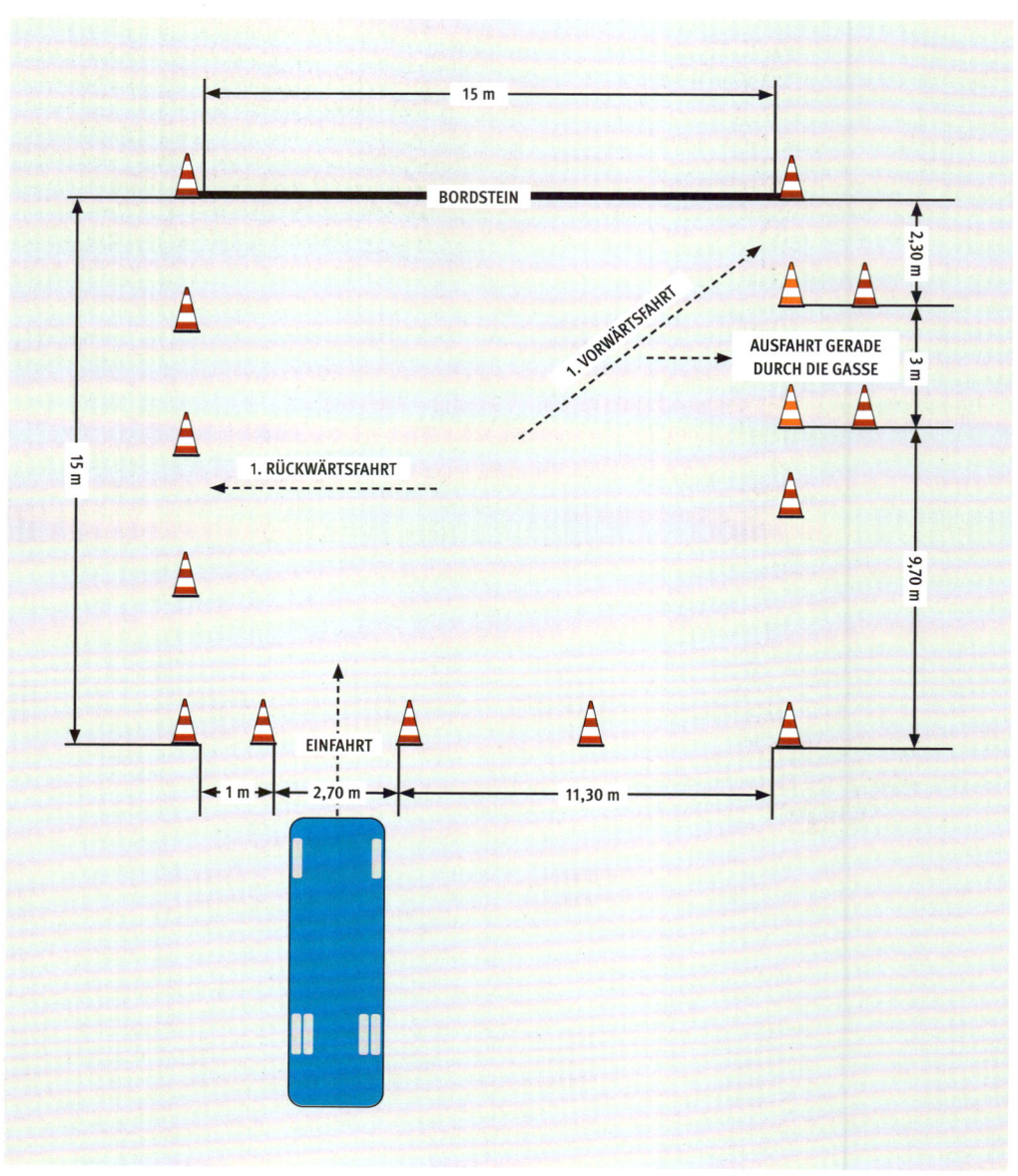

FAHRPRAKTISCHE ÜBUNGEN IM PERSONENVERKEHR

2.5.7 Slalom

Eine weitere Aufgabe, die nicht prüfungsrelevant ist, ist der Slalom. Mit dieser Aufgabe wird insbesondere die richtige Einschätzung der Längs- und Seitwärtsbewegungen des Fahrzeugs trainiert.

Inhalt

Das Fahrzeug soll gemäß Skizze Leitkegel in einem Slalom umfahren. Die Leitkegel dürfen mit dem Fahrzeug nicht berührt oder überfahren werden. Es darf kein Leitkegel ausgelassen werden.

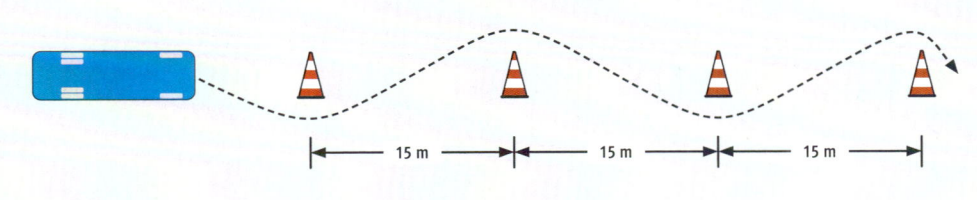

FAHRPRAKTISCHE ÜBUNGEN IM PERSONENVERKEHR

2.5.8 Heranfahren an Haltestellen

Eine weitere sinnvolle Übung zur Vorbereitung auf den Berufsalltag ist das Heranfahren an Haltestellen. Dabei sollten Sie verschiedenartige Haltestellen anfahren und deren Besonderheiten kennen lernen, z. B.:
- Haltebuchten,
- unübersichtliche oder enge Haltestellen,
- Haltestellen im Innenstadtbereich,
- Haltestellen an Bahnstationen oder
- größere Omnibusbahnhöfe.

Das Heranfahren an Haltestellen erfordert vom Fahrer besondere Aufmerksamkeit. Er muss beim Heranfahren an eine Haltestelle besonders darauf achten, dass er
- die Haltestelle rechtzeitig ankündigt,
- die Geschwindigkeit frühzeitig verringert,
- nicht scharf bremsen muss,
- die wartenden Fahrgäste im Auge behält – besonders im Schülerverkehr,
- die Fahrgäste beim Ein- und Aussteigen beobachtet.

Vor dem Abfahren müssen Sie darauf achten, dass
- alle Türen ordnungsgemäß geschlossen sind,
- jeder Fahrgast einen sicheren Platz eingenommen hat,
- sich niemand vor dem Bus aufhält.

Beim Abfahren dürfen Sie
- den Blinker erst unmittelbar vor dem Losfahren einschalten,
- das Einfädeln in den fließenden Verkehr nicht erzwingen,
- den fließenden Verkehr nicht gefährden,
- an der Haltestelle verbleibende Personen nicht gefährden.

WARTUNG UND PFLEGE

3. Wartung und Pflege

3.1 Wartung und Fahrzeugpflege

3.1.1 Verkehrs- und Betriebssicherheit

Jedes Fahrzeug ist vor Antritt der Fahrt hinsichtlich der Verkehrssicherheit und der Betriebssicherheit zu überprüfen. Diese Kontrollen sind nicht nur vor der Fahrt, sondern bei längeren Fahrten auch bei Fahrtunterbrechungen regelmäßig durchzuführen. Der Umfang der Prüfungen (Kontrollen) richtet sich nach den betrieblichen und fahrzeugtechnischen Gegebenheiten, insbesondere sind neben den Grundsätzen der Berufsgenossenschaften Betriebsanleitungen und Wartungspläne der Hersteller zu beachten. Entsprechend müssen alle Sicherheitskontrollen stattfinden und in Abhängigkeit von den Einsatzbedingungen wiederholt werden. Der Fahrzeugführer hat nach der Unfall-Verhütungsvorschrift „Fahrzeuge" (DGUV Vorschrift 70) zu Beginn jeder Arbeitsschicht, vor Inbetriebnahme eines Fahrzeuges, die Wirksamkeit der Betätigungs- und Sicherheitseinrichtungen zu prüfen und während der Arbeitsschicht den Zustand des Fahrzeuges auf augenfällige Mängel hin zu beobachten. Festgestellte Mängel hat der Fahrzeugführer dem zuständigen Aufsichtsführenden, bei Wechsel des Fahrzeugführers auch dem Kollegen, mitzuteilen. Bei Mängeln, die die Betriebssicherheit gefährden, hat der Fahrer den Fahrbetrieb einzustellen. Ebenfalls hängt die Betriebssicherheit von einer ordnungsgemäßen Vorbereitung der Fahrzeuge und der Verteilung und Sicherung der Ladung für die Fahrt ab.

» **INFO**
Nicht jede Kontrolltätigkeit am Fahrzeug kann hier erklärt werden, da die Fahrzeuge zu unterschiedlich hergestellt werden und oft mit Zusatzeinrichtungen versehen sind.

3.1.2 Kennzeichen, Plaketten und Papiere

Kontrollen vor Antritt der Fahrt
Ist das Fahrzeug für den öffentlichen Straßenverkehr zugelassen und sind alle Plaketten noch für den gesamten Zeitraum des Fahr-/Arbeitsauftrages gültig? Sind diese deutlich erkennbar?
– Kennzeichen vorn und hinten/beleuchtet hinten
– Plakette der Zulassungsstelle
– HU Plakette, die AU ist Bestandteil der HU.
– SP-Plakette

Sind die nötigen Papiere vorhanden?
– Zulassungsbescheinigung Teil I bzw. Fahrzeugschein
– Gegebenenfalls Anhängerverzeichnis
– Beförderungspapiere
– ADR-Bescheinigung und Unfallmerkblätter bei Gefahrguttransporten
– Genehmigungspapiere für den innerstaatlichen bzw. grenzüberschreitenden Verkehr, z. B. Erlaubnisurkunde oder im europäischen Binnenverkehr eine Ausfertigung der Gemeinschaftslizenz
– Betriebsanleitungen und Betriebsanweisungen vom Fahrzeughersteller bzw. Aufbauhersteller
– Betriebsanweisungen des Unternehmers

WARTUNG UND PFLEGE

3.2 Fahrzeug

3.2.1 Lichttechnische Einrichtungen

Die Beleuchtungs- und Signaleinrichtungen am Fahrzeug müssen unbeschädigt, sauber und funktionstüchtig sein. Sie müssen gewährleisten, dass wir sehen und gesehen werden. Neuere Fahrzeuge zeigen einen Ausfall der Beleuchtungseinrichtungen an.

Begrenzungsleuchten, Abblendlicht, Fernlicht, Lichthupe
Sie müssen durch Einschalten des jeweiligen Schalters und durch eine Sichtkontrolle die Funktion der Begrenzungsleuchten und des Abblendlichtes prüfen. Beachten Sie dabei den vorschriftsmäßigen Verlauf der Hell-Dunkel-Grenze. Die Funktion des Fernlichtes wird im Fahrerhaus durch eine blau leuchtende Kontrolllampe signalisiert. Bei Betätigung der Lichthupe muss die blaue Fernlichtkontrolllampe leuchten. Bei modernen Nutzfahrzeugen können Sie die Funktion der Beleuchtungseinrichtungen auch mit Hilfe einer Fernbedienung kontrollieren. Kontrolle erfolgt durch den Fahrzeugführer.

Fahrtrichtungsanzeiger, Warnblinklicht
Nach Betätigung des entsprechenden Schalters kontrollieren Sie, ob die Fahrtrichtungsanzeiger und die dazugehörigen Kontrolllampen im Fahrerhaus funktionstüchtig sind. Die Kontrollleuchten müssen im Fahrerhaus blinken. Fahrtrichtungsanzeiger, Warnblinklicht müssen am Fahrzeug oder bei einer Fahrzeugkombination synchron blinken. Ein zu schneller Blinkintervall zeigt, dass eine Glühlampe defekt ist.

Schlussleuchten, Kennzeichenbeleuchtung
Sie müssen prüfen, ob diese Beleuchtung einwandfrei funktioniert. Die Kennzeichenbeleuchtung erfolgt vielfach durch einen Lichtaustritt an der Unterseite der Schlussleuchte, der schnell verschmutzt und bei der Überprüfung tagsüber leicht übersehen wird.

Bremsleuchten
Die Bremsleuchten müssen beim Betätigen der Bremse und eingeschalteter Zündung aufleuchten. Sind Sie allein bei der Kontrolle, können Sie nach Treten des Bremspedals einen Stab einklemmen, damit das Bremspedal unten bleibt. Einige Fahrzeuge sind auch mit einer Bremslicht-Kontrollleuchte ausgerüstet, die bei einem Defekt aufleuchtet.

Moderne Fahrzeuge sind auch mit einem Lichttest ausgestattet. Die jeweiligen Schalter können hierfür betätigt und um das Fahrzeug gegangen werden, um die Glühlampen am Fahrzeug zu kontrollieren. Achtung: es werden nur die Glühlampen getestet, nicht die jeweiligen Schalter am Fahrzeug.

WARTUNG UND PFLEGE

Nebelschlussleuchte
Eine gelbe Kontrollleuchte im Fahrerhaus signalisiert Ihnen, dass die Nebelschlussleuchte eingeschaltet ist. Sie prüfen, ob sie heller ist als die Schlussleuchten des Fahrzeugs. Sie kann nur in Verbindung mit eingeschaltetem Licht geprüft werden.

Rückfahrscheinwerfer
Bei abgestelltem Motor, mit eingeschalteter Zündung, eingelegter Feststellbremse und eingelegtem Rückwärtsgang prüfen Sie durch eine Sichtkontrolle die Funktion.

Seitliche Markierungsleuchten, seitliche Rückstrahler
Die seitlichen Markierungsleuchten werden zusammen mit dem Stand- oder Abblendlicht eingeschaltet. Ob alle Leuchten funktionstüchtig sind, kann durch einen Rundgang ums Fahrzeug festgestellt werden. Bei älteren Fahrzeugen sind noch seitliche gelbe Rückstrahler zur Kenntlichmachung erlaubt.

Rückstrahler nach hinten, Zugfahrzeug
Hier müssen Sie prüfen, ob diese Rückstrahler vorhanden, sauber und nicht defekt sind. Am Zugfahrzeug dürfen die Rückstrahler nicht dreieckig sein.

Rückstrahler nach hinten, Anhänger
Die roten Rückstrahler am Anhänger sind dreieckig. Ihre Spitze zeigt nach oben. Sie überprüfen, ob die Rückstrahler vorhanden, sauber und unbeschädigt sind. Lichttechnische Einrichtungen dürfen nur für ihre Bestimmung eingesetzt werden!

WARTUNG UND PFLEGE

Zusätzliche lichttechnische Einrichtungen

Nebelscheinwerfer
Eine grüne Kontrolllampe im Fahrerhaus zeigt an, ob die Nebelscheinwerfer in Betrieb sind.

Umrissleuchten
Hier müssen Sie überprüfen, ob vorgeschriebene Umrissleuchten vorhanden, sauber und unbeschädigt sind.

Park- und Spurhalteleuchten
Sie müssen kontrollieren, ob die Parkleuchten bei der jeweiligen Einstellung (links/rechts) funktionieren. Bei Spurhalteleuchten kontrollieren Sie, ob diese nach dem Einschalten der Begrenzungsleuchten (mindestens Standlicht) funktionieren.

Damit die folgenden Beleuchtungseinrichtungen im Bedarfsfall einsatzbereit sind, überprüfen Sie nach dem Einschalten deren Funktion und die Kontrolllampen im Fahrerhaus.

Arbeitsscheinwerfer
» auf zuverlässige Funktion

Kennleuchten für gelbes Blinklicht (Rundumlicht)
» ob diese Leuchten funktionstüchtig sind

Kennleuchten für blaues Blinklicht (Rundumlicht)
» auf Funktion der Kennleuchte/n

Umrissleuchten oben – Nebelscheinwerfer unten am Fahrzeug

Parkleuchten

Arbeitsscheinwerfer

Blaues Blinklicht (Rundumlicht)

WARTUNG UND PFLEGE

3.2.2 Batterie

Beim Arbeiten an der Batterie sind offenes Feuer, Funkenbildung und Rauchen unbedingt zu vermeiden (Explosionsgefahr!). Beim Umgang mit Schwefelsäure sind Schutzbrille und Handschuhe zu tragen (Verätzungsgefahr!).

Batterien mit Wartungsbedarf (Flüssigkeitsstand)

Bei der Kontrolle des Säurestandes in den einzelnen Zellen ist äußerste Vorsicht geboten. Zum Nachfüllen darf nur destilliertes Wasser verwendet werden. Der Flüssigkeitsstand ist bei vielen Batterien von außen abzulesen. Er sollte sich zwischen den Markierungen MIN und MAX befinden. Ist der Flüssigkeitsstand nicht von außen ablesbar, müssen die Verschlusskappen mit Handschuhen geöffnet werden. Bei einer ungünstigen Einbaulage verwenden Sie eine Taschenlampe, um den jeweiligen Flüssigkeitsstand in den Zellen kontrollieren zu können. (Kein offenes Feuer!) Der richtige Flüssigkeitsstand ist ca. 1 cm über dem Plattenrand. Bei neueren Batterien ist auch oft eine Befüllungsmarkierung (Steg) vorhanden.

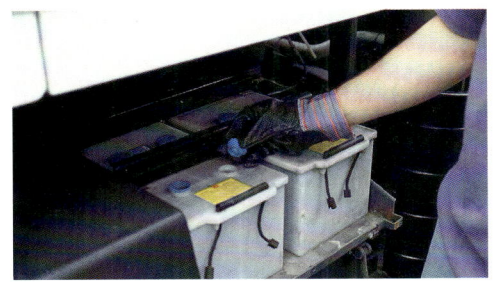

Wartungsfreie Batterie

In vielen Fällen kann der Betriebszustand durch eine Farbanzeige festgestellt werden:
- schwarz: entladen
- gelb: halb geladen
- grün: voll geladen

Befestigungen

Sie müssen kontrollieren, ob die Befestigungen ein Verrutschen verhindern, damit die Batterie nicht zerstört wird (auslaufende Säure verursacht Umweltschäden). Der feste Sitz der Batterie wird durch leichtes Hin- und Herbewegen geprüft.

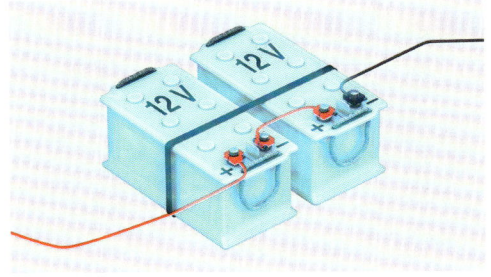

Anschlüsse

Bei der Kontrolle der Batterie ist darauf zu achten, dass die Verbindungen 1 – 5 sauber sind und einen festen Sitz haben. Korrodierte Pole oder Polklemmen müssen umweltgerecht gereinigt werden und können mit Polfett geschützt werden.

Batterieschlitten (KOM)

Batterieschlitten müssen voll funktionsfähig und gesichert sein, da sie sonst während der Fahrt gegen die Busklappe drücken und diese öffnen, wenn sie nicht fest verschlossen ist (extreme Unfallgefahr).

Batterien mit Entlüftungsschläuchen

Hier ist darauf zu achten, dass die Entlüftungsschleuche angeschlossen sind, da sonst Gase eventuell in den Fahrgastraum gelangen und Fahrgäste gefährdet werden könnten.

WARTUNG UND PFLEGE

3.3 Betriebsbremsanlagen

Eine Bremsprobe ist vor jeder Fahrt durchzuführen, damit gewährleistet ist, dass die Bremswirkung am Zugfahrzeug und am Anhänger ausreichend ist. Zusätzlich ist das Ansprechen der Bremsen durch eine Sichtkontrolle zu prüfen (Ausfahren der Gestänge an den Bremszylindern soweit sichtbar).

Hydraulische Bremsanlage
Prüfen Sie
- den Flüssigkeitsstand im Behälter,
- die Leitungen auf eventuelle Undichtigkeiten,
- den Leerweg des Bremspedals durch Niedertreten, bis Sie einen merklichen Widerstand spüren. Der vertretbare Leerweg liegt im Allgemeinen höchstens bei 1/3 des Gesamtweges vom Bremspedal. Dauerhaftes Niedertreten führt nicht zum Nachgeben des Pedals. Gibt das Pedal dennoch nach, liegt eine Undichtigkeit vor oder es ist Luft in der Bremsanlage.

Hilfskraft-Bremsanlage (Bremskraftverstärker)
Prüfen Sie die ordnungsgemäße Funktion des Bremskraftverstärkers:
1. Motor aus,
2. mehrmaliges Niederdrücken des Bremspedals, bis ein Widerstand zu spüren ist (Fuß auf dem Bremspedal belassen),
3. Motor starten – wobei das Bremspedal etwas nachgeben muss.

Außerdem prüfen Sie
- Leitungen auf Undichtheiten und
- den Flüssigkeitsstand im Vorratsbehälter.

Hilfskraftbremsanlage mit Druckluft (Kompressor)
Prüfen Sie
- den Vorratsdruck (vor und während der Fahrt am Druckmanometer),
- das Warnsignal (bei stehendem Kraftfahrzeug),
- die Dichtheit der Beschaffungsanlage bei gefüllter Anlage und abgestelltem Motor (Zischgeräusche),
- die Entwässerung der Luftbehälter,
- die Leitungen der Hydraulik auf undichte Stellen,
- den Hydraulikbehälter auf ordnungsgemäßen Flüssigkeitsstand.

Fremdkraftbremsanlage (pneumatisch/hydraulisch)
Prüfen Sie
- den Vorratsdruck etc.
  (vor und während der Fahrt am Druckmanometer),
- das Warnsignal (bei stehendem Kraftfahrzeug),
- den Druck,
- die Dichtheit der Beschaffungsanlage,
- die Entwässerung der Luftbehälter,
- die Leitungen der Hydraulik auf undichte Stellen,
- die Hydraulikbehälter auf ordnungsgemäßen Flüssigkeitsstand.

Fremdkraftbremsanlage (pneumatisch)
Prüfen Sie
- den Vorratsdruck etc.
  (vor und während der Fahrt am Druckmanometer),
- das Warnsignal (bei stehendem Kraftfahrzeug),
- die Dichtheit der Beschaffungsanlage,
- die Druckluft,
- die Entwässerung der Luftbehälter.

Überprüfungen der Druckluftbeschaffungsanlage (Vorratskreis)
Diese Überprüfungen sind notwendig, um die Betriebsbereitschaft der Druckluftbeschaffungsanlage festzustellen. Zum Beispiel mittels Druckmanometer oder durch Abschalten des Druckreglers wird überprüft, ob ausreichend Vorratsdruck (Betriebsdruck) vorhanden ist oder aufgebaut wird. Eventuelle Undichtheiten oder Funktionsstörungen können so früher erkannt werden.

Abschaltdruck (Fahrbereitschaft)
Sie müssen den Abschaltdruck prüfen um festzustellen, ob Luftpresser und Druckregler ordnungsgemäß arbeiten. Der Abschaltdruck steht in der Betriebserlaubnis des jeweiligen Fahrzeugs sowie im Fahrzeugschein. In der Zulassungsbescheinigung Teil I fehlt diese Angabe.

Fülldauer der Luftbehälter
Ursachen einer zu langen Befüllung können sein:
- rutschender Keilriemen am Luftpresser,
- verschmutzter Filter am Luftpresser,
- undichte Leitungen der Beschaffungsanlage.

Ursachen einer zu kurzen Befüllung können sein:
- zu viel Wasser in den Vorratsbehältern,
- defekter Druckregler.

Dichtheitsprüfung
Sie prüfen nach Erreichen des Abschaltdrucks und bei abgestelltem Motor bei einem Rundgang um das Fahrzeug bzw. um den Zug, ob Sie Zischgeräusche hören können.

Überprüfungen der Bremsanlage (Bremskreis)
Druckverlust in der Bremsanlage: Dieser wird geprüft durch mehrfaches Treten des Bremspedals (Vollbremsung). Bei einer Vollbremsung darf der Druckabfall nicht mehr als 0,7 bar und bei drei Vollbremsungen nicht mehr als 2 bar betragen. Angaben in der Betriebsanleitung sind zu beachten. Bei einer Teilbremsung (halber Pedalweg) darf der Druck in 3 Minuten nicht mehr als 0,3 bar abfallen.

WARTUNG UND PFLEGE

Druckwarneinrichtung
Kontrollieren Sie regelmäßig die Druckwarneinrichtung.
So müssen Sie vorgehen:
- Betätigen Sie bei ausreichendem Vorratsdruck das Bremspedal, bis die Warneinrichtung anspricht und
- bauen Sie mit leicht erhöhter Standgasdrehzahl Druck auf, bis die Warneinrichtung ausgeht.

3.3.1 Frostschutzeinrichtungen

Lufttrockner
Sie müssen darauf achten, dass der Filter (Granulatkartusche) den Vorgaben des Herstellers entsprechend erneuert wird, wenn sich Wasser in den Behältern angesammelt hat.
Eine regelmäßige Kontrolle ist durchzuführen und der Lufttrockner ist von einer Fachwerkstatt zu überprüfen.

Frostschutzpumpe
Bei der Überprüfung: Vorsicht! Der Behälter steht bei der Einstellung „Winterbetrieb" unter Druck. Vor der Überprüfung ist er auf Sommerbetrieb umzustellen. An der MIN- und MAX-Markierung des Kontrollstabes lesen Sie den Flüssigkeitsstand ab. Zur Prüfung müssen Sie diesen herausdrehen.
Beim Frostschützer (noch vorhanden bei älteren Fahrzeugen) kontrollieren Sie
- den Flüssigkeitsstand im Behälter,
- die Einstellung (Sommer/Winterbetrieb)
- und den mitgeführten Vorrat im Winterbetrieb.

WARTUNG UND PFLEGE

3.3.2 Feststellbremse Zugfahrzeug

Ob die Feststellbremse das Fahrzeug wirksam festhält, prüfen Sie durch einen Anfahrversuch mit angezogener Feststellbremse.

Mechanische Feststellbremse
Sie prüfen den Hebelweg. Die Feststellbremse muss spätestens nach der dritten Raste beim Anziehen ansprechen und das Fahrzeug spürbar halten.

Feststellbremse mit Stellmotor
Sie prüfen bei festgehaltenen Handbremsschalter und einem Anfahrversuch, ob die Bremse das Fahrzeug hält.

Federspeicher-Feststellbremse
Beim Einlegen der Feststellbremse werden die Federspeicher entlüftet, und die Speicherfeder bremst das Fahrzeug. Sie muss im Gefälle das Fahrzeug gegen Wegrollen sichern.

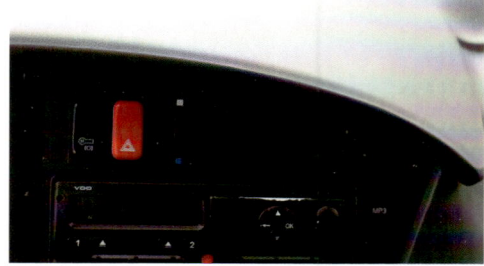

Haltestellenbremse
Die Funktion der Haltestellenbremse überprüfen Sie durch einen leichten Anfahrversuch. Die Bremswirkung muss spürbar sein.

3.3.3 Anhängerbremse

Auflaufbremse
Sie müssen prüfen, ob die Handbremse in der angezogenen Stellung bleibt (Bremsstellung) und ob bei angezogener Handbremse die Räder ausreichend gebremst werden. Dieses prüfen Sie durch einen Anfahrversuch mit angezogener Handbremse. Ein starkes Festhalten des Zugfahrzeugs muss zu spüren sein. Zusätzlich müssen Sie prüfen, ob der Anhänger mit einem Abreißseil ausgestattet ist und im angekuppelten Zustand das Seil um die Kupplung gelegt oder eingehängt wurde. Das Abreißseil bewirkt eine Bremsung, bei einem Abriss des Anhängers vom Zugfahrzeug.

Druckluftbremse und mechanische Feststellbremse
Prüfen Sie die Übertragungseinrichtungen auf Gangbarkeit und Beschädigungen.

Druckluftbremse mit Tristopzylinder
Durch einen Anfahrversuch mit angezogener Feststellbremse des Anhängers überprüfen Sie die Bremswirkung.

WARTUNG UND PFLEGE

3.4 Fahrwerk

3.4.1 Reifen

Reifen

Achten Sie darauf, dass die Reifenbezeichnung mit den Angaben im Fahrzeugschein übereinstimmen.
Wichtig: In der Zulassungsbescheinigung Teil I sind nicht zwingend alle zulässigen Reifengrößen eingetragen.

Zulässige Reifengrößen für das Fahrzeug können beim Hersteller oder bei der Fachwerkstatt erfragt werden.

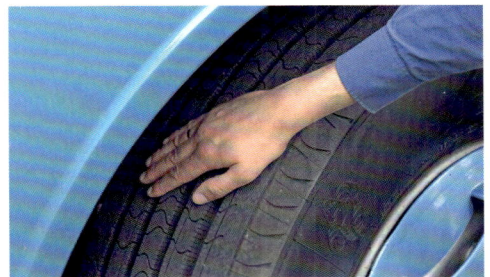

Reifenzustand/Beschädigung

Die Reifen müssen optisch in einem guten Zustand sein:
- Flanken nicht porös und ohne Fremdkörper
- Ohne Schnitte, Brüche oder Beulen, die Reifenplatzer verursachen können

Reifeninnendruck

Prüfen Sie wöchentlich die Reifen auf Druckverlust (auch das Reserverad):
- Unterwegs durch eine Sichtprobe (Reifenfüllung).
- Um sicherzustellen, dass ein ausreichender Reifenluftdruck nach den Angaben in der Betriebsanleitung vorhanden ist, muss in der Werkstatt, an der Tankstelle oder beim Reifendienst der Luftdruck in den Reifen geprüft werden.

Achten Sie unbedingt auf das Vorhandensein von Ventilkappen, die die Ventile vor Schmutz und Beschädigungen schützen.

WARTUNG UND PFLEGE

Reifenprofil
Sie müssen prüfen, ob die vom Gesetzgeber geforderten Mindestwerte eingehalten werden. Das Hauptprofil muss am ganzen Umfang eine Profiltiefe von mindestens 1,6 mm, bei Winterreifen werden 4 mm empfohlen, aufweisen; als Hauptprofil gelten dabei die breiten Profilrillen im mittleren Bereich der Lauffläche, etwa der Laufflächenbreite. Sie können
- ein Profilmessgerät benutzen oder
- am Reifen die TWI-Anzeiger suchen, die die Lage der Messstege in der Lauffläche kennzeichnen.

Bei Winterreifen sollten 4 mm nicht unterschritten werden.

Reifen müssen regelmäßig auf Schäden überprüft werden.

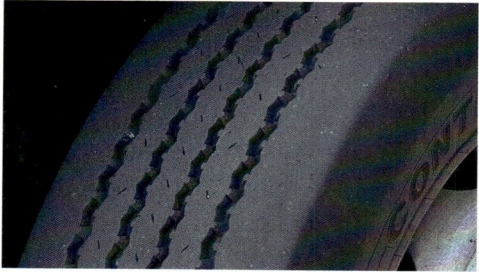

WARTUNG UND PFLEGE

3.4.2 Reifenkontrolle

Fremdkörper
Die Reifen sind regelmäßig und auch direkt nach dem Befahren von Baustellen auf Fremdkörper
- im Reifen (z. B. Nägel) und
- zwischen Zwillingsreifen (z. B. Steine) zu prüfen.

» **PRAXISTIPP**

Bei einem Reifen- oder Radwechsel nach ca. 50 km Fahrt die Radmuttern unbedingt mit dem vorgeschriebenen Drehmoment (siehe Betriebsanleitung) nachziehen und den Reifeninnendruck überprüfen.

Radmuttern
Prüfen Sie regelmäßig den festen Sitz der Räder am Fahrzeug durch Sichtkontrollen und Kontrollen mit dem Drehmomentschlüssel.

Sichtkontrolle der Radmuttern
Gelöste Radmuttern sind erkennbar an
- Laufnasen unterhalb der Radmutter („Rostnase") bzw. an der Bildung von „Scheuermehl",
- dem Abstand der Radmuttern oder des Radbolzens zur Felge (Radmutter/Radbolzen liegt nicht ganz an der Felge an),
- der Länge des sichtbaren Radbolzen-Gewindes (aber unterschiedliche Länge bei Radkappenbefestigung beachten).

Kontrolle mit dem Drehmomentschlüssel
Zum Prüfen des vorgeschriebenen Anzugsmoments ist ein Drehmomentschlüssel erforderlich. Bei Überschreitung des Anzugsmoments kann es zu Schäden an den Radbolzen, Bremstrommeln oder Bremsscheiben kommen.

Reserverad
Die Sicherung des Reserverades muss durch zwei voneinander unabhängige Einrichtungen erfolgen.

Zustand des Reserverads
Das Reserverad darf keine Beschädigungen aufweisen. Es muss
- zum Fahrzeug passen,
- mindestens 1,6 mm Profiltiefe, gesetzliche Mindestwerte beachten (Punkt 7. Reifenprofil),
- ausreichenden Reifeninnendruck aufweisen und darf nicht porös sein.

Befestigung
Bei der Wartung müssen Sie auf die Lösbarkeit der Befestigungsschrauben achten. Auch die Zugseile aus Stahl oder Kunststoff zum Herablassen des Rades sollten regelmäßig auf Schäden kontrolliert werden, da es sonst bei der Handhabung zu Verletzungen kommen kann oder dass das Zugseil nicht mehr funktioniert.

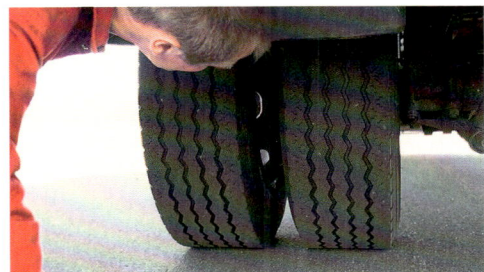

WARTUNG UND PFLEGE

3.4.3 Federung und Dämpfung

Sie müssen darauf achten, dass

- **Spiralfedern**
  - » nicht gebrochen sind,
  - » in den Halterungen sitzen und diese nicht verschlissen sind,
  - » keine Korrosion aufweisen,

- **bei Blattfedern**
  - » einzelne Federblätter nicht gebrochen sind oder sich verschoben haben,
  - » die Auflagen oder Führungen nicht durchgearbeitet sind,
  - » die Verschraubungen der Federn zur Achse fest sind,
  - » die Federblätter abgeschmiert wurden (nach Herstellerangaben),
  - » keine Korrosion vorliegt,

- **bei der Luftfederung**
  - » die Luftfederbälge optisch sauber und nicht beschädigt sind (keine Risse aufweisen),
  - » aus ihnen keine Luft entweicht (bei abgestelltem Motor hörbar),
  - » die Luftbälge je nach Beladungszustand arbeiten (je mehr Ladung, desto härter sind die Federbälge),

- **die Stoßdämpfer**
  - » kein Öl verlieren (Dichtheit),
  - » nicht korrodiert sind,
  - » keine Ausarbeitungen von Verschraubungen zeigen (Halterung, Gummi usw.),
  - » keine Auswaschungen an den Reifen verursacht haben.

WARTUNG UND PFLEGE

- **die Felgen**
    » in einem guten Zustand sind,
    » keine Beschädigung aufweisen,
    » nicht eingerissen und
    » an den Bolzenlöchern nicht ausgeschlagen sind.

Die Felge verliert bei Beschädigung ihren Rundlauf.

Rostlaufnasen können ein Zeichen sein, dass die Felge nicht mehr richtig befestigt ist.

Es muss unbedingt eine Kontrolle der Radmuttern auf festen Sitz erfolgen.

Rostlaufnasen

3.5 Motor und Betriebsstoffe

3.5.1 Fahrzeugschmierung

Zentralschmierung
Es gibt zwei Arten der Zentralschmierung:
a) die automatische und
b) die von Hand betätigte.

In jedem Fall kontrollieren Sie
- die Füllmenge des Behälters,
- die Versorgung der Schmierstellen und
- die Dichtheit der Anlage.

Abschmieren von Hand
Ist das Fahrzeug nicht mit einer Zentralschmieranlage ausgerüstet oder werden von dieser nicht alle Schmierstellen am Fahrzeug versorgt, ist das Abschmieren von Hand in regelmäßigen Abständen mit einer Druckfettpresse nach den Vorgaben der Betriebsanleitung notwendig.

WARTUNG UND PFLEGE

3.5.2 Motor

Motoröl
Bei der Kontrolle des Motorölstands muss das Fahrzeug in der Ebene (waagerecht) stehen. Die Ölstandkontrolle muss bei stehendem Motor erfolgen. Ist das Fahrzeug vorher gefahren, muss sich das Öl erst absetzen, bevor die Messung durchgeführt werden kann. Den meist rot oder gelb gekennzeichneten Ölmessstab langsam aus dem Motor herausziehen. Ein Tuch unter den Messstab halten, damit man diesen abwischen kann und kein Öl auf den Boden tropft (Umweltschutz). Messstab wieder ganz in den Motor hineinschieben und erneut herausziehen. Beim Ablesen den Stab waagerecht halten, um das Messergebnis nicht zu verfälschen.

Der Ölstand muss sich zwischen der MIN- und der MAX-Markierung befinden.

Fehlt Öl muss nach Herstellerangaben das richtige Öl nachgefüllt werden.

> » **INFO**
> Einige Fahrzeuge haben keinen Ölmessstab mehr. Der Motorölstand und das nächste Wartungsintervall werden in einem Display angezeigt und können vom Fahrer bequem über ein Menü abgerufen werden.

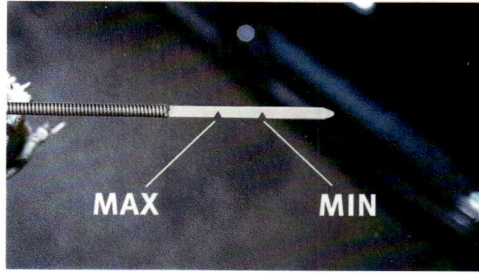

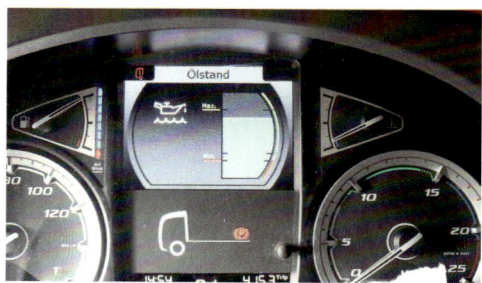

Kühlflüssigkeit
Bei einigen Fahrzeugen ist der Flüssigkeitsstand nur noch im Display zu kontrollieren. Bei einer beginnenden Überhitzung erhalten Sie eine Warnung im Display. Der Kühlflüssigkeitsstand im Ausgleichsbehälter muss sich zwischen den Markierungen MIN und MAX befinden.

Vorsicht: Bei warmem Motor steht das Kühlsystem unter Druck (Verbrühungsgefahr). Daher vor dem Öffnen des Ausgleichsbehälters erst den Druck vorsichtig entweichen lassen. Sie dürfen bei einem heißen Motor kalte Flüssigkeit nie schnell nachfüllen, sonst besteht die Gefahr eines Motorschadens.

WARTUNG UND PFLEGE

Sichtkontrolle Kühlflüssigkeit

Eine Sichtkontrolle auf Dichtheit des Kühlsystems ist regelmäßig durchzuführen. Hierbei prüfen Sie, ob am Ausgleichsbehälter, am Kühler, aus Kühlleitungen oder an den Verbindungsstellen Kühlflüssigkeit austritt und ob feuchte Stellen vorhanden sind. Nach längeren Standzeiten können sich auch bei Undichtigkeiten feuchte Flecken unter dem Fahrzeug bilden.

Fehlt Kühlflüssigkeit ist diese nach Herstellerangaben nachzufüllen.

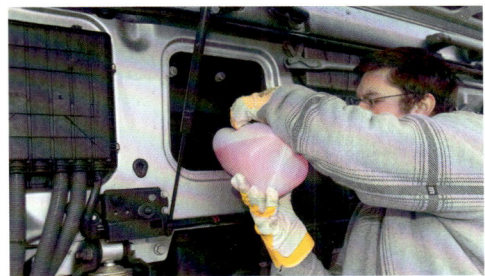

» **INFO**

Sollte während der Fahrt eine Überhitzung angezeigt werden, ist umgehend mit der nötigen Sorgfalt anzuhalten und der Motor abzustellen, um größere Motorschäden zu vermeiden.

WARTUNG UND PFLEGE

3.5.3 Kraftstoffanlage

Sichtkontrolle

Insbesondere am Tank und an den Kraftstoffleitungen müssen Sie kontrollieren, ob feuchte Stellen zu sehen oder zu fühlen sind. Treten Undichtheiten auf, sind diese in der nächsten Werkstatt umgehend zu beseitigen. Beim KOM sind lange Kraftstoffleitungen oft unvermeidbar, da der Motor hinten und der Kraftstofftank vorn angebracht sind. Sie sollten nach längeren Standzeiten eine Fahrzeuglänge nach vorn fahren, um eventuelle Flecken auf dem Boden zu erkennen.
Den Kraftstoffvorrat prüfen Sie in der Regel mit der Tankanzeige im Fahrerhaus. Ist diese defekt, können Sie mit einer Taschenlampe in den Tank hineinleuchten oder mit Hilfe eines Stabes feststellen, wie viel Kraftstoff noch vorhanden ist.

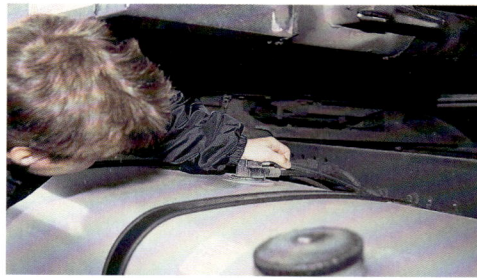

> **» INFO**
>
> Keinesfalls offenes Feuer zur Kontrolle benutzen: Explosionsgefahr! Bei Austreten von Kraftstoff ist der Umweltschutz zu beachten und eine ordentliche und sachgerechte Entsorgung durchzuführen.

Kraftstoffzusatz (AdBlue®)

Einige Fahrzeuge sind mit einem Zusatzbehälter AdBlue® ausgerüstet, um bessere Abgaswerte zu erreichen. Hier prüfen Sie, ob noch ausreichend Flüssigkeit für die nächste Fahrt vorhanden ist.
(Kontrolllampe im Fahrerhaus – Anzeige der Füllmenge)

3.5.4 Luftfilteranlage

Zur Anzeige des Verschmutzungszustandes kann am Armaturenbrett oder in der Nähe des Luftfilters ein Wartungsanzeiger eingebaut sein. Sie müssen darauf achten, dass die Anzeige nicht einen bestimmten Verschmutzungsgrad überschreitet (siehe Betriebsanleitung).
Durch Drücken von oben wird kontrolliert, ob der Anzeiger arbeitet. (Die Markierung geht je nach Verschmutzungsgrad nach oben.)
Der Wartungstermin kann auch auf einem Display rechtzeitig angekündigt werden. Oft sind die Daten in einem Menü abrufbar.

WARTUNG UND PFLEGE

3.5.5 Keilriemen

Zustand

Auch wenn der Keilriemen praktisch wartungsfrei ist, müssen Sie darauf achten, dass
- er keine Risse oder Schnitte hat,
- nicht porös ist,
- sich keine Gewebeflächen ablösen,
- und diese nicht verölt sind.

Spannung

Das Prüfen der Keilriemenspannung kann durch einen Daumendruck in der Mitte oder auf der längsten Stelle zwischen den Führungsrollen oder durch Verdrehung des Keilriemens erfolgen.
Zum Beispiel darf im Bus das Spiel ca. 2 cm – entsprechend einer Verdrehung von ca. 90° – betragen, da die Keilriemen bei Bussen meist länger sind als bei Lastkraft- oder Personenkraftwagen. In der Regel darf das Spiel nur ca. 1 cm – entsprechend einer Verdrehung von ca. 45° – betragen. Ausschlaggebend sind die Angaben in der Betriebsanleitung.

Die neuen Fahrzeuge sind mit Flach- oder Rippenriemen ausgerüstet.

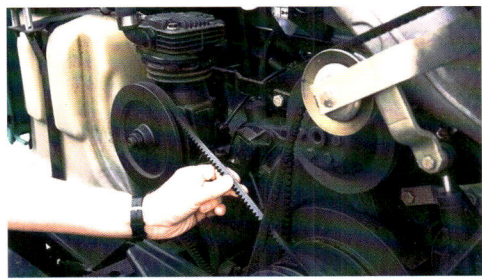

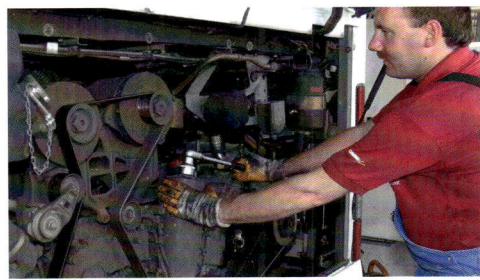

> **» INFO**
>
> Die Prüfung nur bei stehendem und abgekühltem Motor sowie entferntem Fahrzeugschlüssel durchführen. Bei angestelltem Motor kann sich dennoch ein temperaturgesteuerter Lüfter in Bewegung setzen (Verletzungsgefahr). Moderne Lkw und KOM werden überwiegend mit Flachriemen anstatt Zahnriemen ausgerüstet.

3.5.6 Kupplungsflüssigkeit

Prüfen Sie den Flüssigkeitsstand im Behälter, um eventuelle Undichtigkeiten oder Abnutzungen frühzeitig zu erkennen. Der Stand der Flüssigkeit muss sich zwischen der MIN- und der MAX-Markierung befinden. Bei neueren Fahrzeugen wird ein Verlust oder fehlende Flüssigkeit im Display angezeigt.

Achten Sie auf undichte Stellen an den Leitungen oder an den Zylindern.

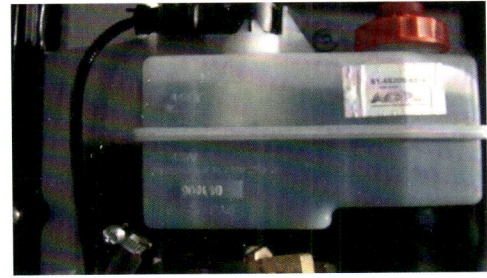

WARTUNG UND PFLEGE

3.5.7 Lenkung

Lenkhilfe (Servolenkung)
Ob die Lenkhilfe arbeitet, stellen Sie durch Drehen des Lenkrades beim Starten fest.

Die Prüfung erfolgt
- bei stehendem Motor: Lenkung muss schwergängig sein,
- bei laufendem Motor: Lenkung muss leichtgängig sein.

Ölstand der Servolenkung
Der Ölstand der Servolenkung muss regelmäßig kontrolliert werden, um Undichtigkeiten am Lenksystem zu erkennen. Er ist entsprechend der Betriebsanleitung bei stehendem oder bei laufendem Motor zu prüfen. Bei einigen Fahrzeugen mit Bordcomputer wird der Flüssigkeitsstand im Display angezeigt.

Bei **stehendem Motor** muss sich der Flüssigkeitsstand knapp über der MAX-Markierung befinden, da Öl bei stehendem Motor in den Ölbehälter zurückfließt.

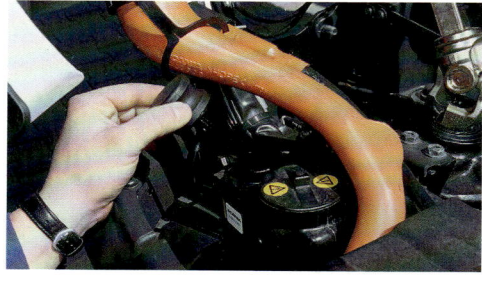

Bei **laufendem Motor** muss sich der Flüssigkeitsstand zwischen der MIN- und der MAX-Markierung befinden, da bei laufendem Motor das Öl vom Behälter in die Aggregate (z. B. in die Filter) gedrückt wird.

Vorsicht: Bei laufendem Motor besteht **Verletzungsgefahr** durch sich drehende Teile!

Lenkspiel
Prüfen Sie die Lenkung auf ungewöhnliche Geräusche, indem Sie bei abgestelltem Motor das Lenkrad stark hin- und herbewegen.

Das Lenkspiel prüfen Sie bei laufendem Motor (oder bei stehendem Motor – siehe Betriebsanleitung). Bei Lkw und Bus darf es z. B. 15° (ca. 3 cm, abhängig) am Lenkrad nicht überschreiten.

> **» INFO**
> Ist das Spiel größer, ist eine Werkstattprüfung unumgänglich.

WARTUNG UND PFLEGE

3.6 Fahrerhaus und Fahrgastraum

3.6.1 Arbeitsplatz des Fahrers

Sicherheitskontrollen in Ihrem Arbeitsbereich sind unumgänglich, da herabfallende Gegenstände den Fahrer verletzen oder bei der Bedienung des Fahrzeugs behindern können.

Befinden sich unter den Pedalen Gegenstände, können Bremse, Kupplung bzw. Gaspedal nicht mehr oder nur noch eingeschränkt betätigt werden – mit unübersehbaren Folgen!

Deshalb müssen Sie vor der Fahrt prüfen, ob die Pedale frei beweglich sind und keine Gegenstände unter sie rollen können.

Sperrige Gegenstände dürfen im Fahrgastraum nicht mitgeführt werden, wenn sie den Fahrbetrieb gefährden können.

Kontroll- und Warnlampen
Beim Einschalten der Zündung werden die wichtigsten Kontrolllampen für kurze Zeit aktiviert, damit Sie die Funktionsfähigkeit überprüfen können. Sollte eine Lampe hierbei nicht leuchten, ist der Fehler kurzfristig festzustellen und zu beseitigen. Andernfalls riskieren Sie, eine für die Verkehrs- oder Betriebssicherheit wichtige Warnung nicht zu erhalten.

Notausstiege im Bus
Durch eine Sichtprüfung oder Betätigung müssen Sie feststellen, ob die jeweilige Noteinrichtung vorhanden und funktionstüchtig ist.
Sie prüfen Notausstiege wie Notfenster, Notluken oder Nottüren auf
- deutliche Kennzeichnung,
- schnelle Erreichbarkeit,
- freien Zugang zum Ausstieg,
- offene Verriegelungen an Türen sowie
- die Funktion der Notbetätigung und deren akustisches Signal bzw. optische Anzeige.

Sie überprüfen, ob alle Nothämmer an den gekennzeichneten Notfenstern vorhanden sind.

» **INFO**

Gehen für den Fahrbetrieb Gefahren von den mitgeführten Gegenständen der Fahrgäste aus, ist die Mitnahme zu unterlassen. Fluchtwege und Notausstiege dürfen niemals durch Gegenstände blockiert werden.

WARTUNG UND PFLEGE

Warnsignale, Verständigung
Sie prüfen
- die Fahrgasttüren auf
  » ordnungsgemäßes Schließen und Öffnen,
  » Funktion der Signallampen bei geöffneten Türen,
- beim Signal für den Haltestellenwunsch die Funktion der Anzeige beim Fahrer, die optisch oder akustisch erfolgt,
- die Reversier-Einrichtung auf Funktion des Einklemmschutzes.

Kennzeichnung Linienbus/Schulbus
Hier ist von Ihnen die ordnungsgemäße Linienkennzeichnung oder Schulbuskennzeichnung vor Antritt der Fahrt zu prüfen.
(Kennzeichnung seitlich sowie an Front und Heck)

WARTUNG UND PFLEGE

Verständigungsanlage
Sie kontrollieren durch Einschalten der Anlage und Hineinsprechen ins Mikrofon, ob diese am Fahrer- und Beifahrerplatz (wenn vorhanden) funktionstüchtig ist und das Fahrermikrofon vorrangig geschaltet ist.

Sichtfeld des Fahrers
Sie haben zu prüfen, ob Ihre Sicht nach außen durch Gegenstände im Fahrerhaus (vom Fahrerplatz) oder beim Bus durch Fahrgäste eingeschränkt ist. Einschränkungen sind vor Antritt der Fahrt zu beseitigen.

Frontscheibe/Seitenscheiben
Sie müssen überprüfen, ob die Scheiben von innen und außen verschmutzt oder beschlagen sind. Die Windschutzscheibe darf im Sichtfeld des Fahrers (Scheibenwischerfläche) nicht durch Steinschlag beschädigt sein und keine Risse haben. Im Winter sind die Scheiben von Schnee und Eis zu befreien.

Scheibenwischer
Bei der Überprüfung der Wischerblätter achten Sie darauf, dass sie nicht eingerissen oder porös sind, damit bei Regen die klare Sicht erhalten bleibt. Die Scheibenwischer müssen gut an der Scheibe anliegen (Federspannung prüfen).

Scheibenwaschanlage/Vorrat
Im Sommer ist der Vorratsbehälter mit Wasser und Reinigungszusätzen und im Winter zusätzlich mit Frostschutzmittel zu befüllen, damit die Anlage nicht einfriert.

Scheibenwischerdüsen
Eine Funktionsprüfung ist erforderlich. Die Reinigung sollten Sie mit einem feinen Draht durchführen, um die Austrittslöcher von Verstopfungen zu befreien. Ist eine Scheinwerferreinigungsanlage vorhanden, ist auch diese auf Funktion zu prüfen.

WARTUNG UND PFLEGE

Heizungsanlage
Sie müssen kontrollieren:
- Gebläsebelüftung (Einstellung),
- Entlüftungsluken und -gebläse bei Bussen,
- Umluftfunktion
    » der Klimaanlage und
    » der Zusatzheizung, wenn vorhanden.

Heizungsanlage in Bussen
Im Reise- oder Linienbus müssen Sie einige zusätzliche Einstellmöglichkeiten auf Funktion überprüfen:
- Fahrerplatzklimatisierung,
- Fahrgastraumheizung/-lüftung,
- Fahrgastraumklimatisierung

Sicherheitsgurt(e)
Bei den Sicherheitsgurten haben Sie zu prüfen, ob diese
- vorhanden,
- unbeschädigt und
- funktionsfähig sind.

Sind Sicherheitsgurte vorgeschrieben, muss an allen Sitzen geprüft werden, ob sie ordnungsgemäß von den Fahrgästen benutzt werden können. Sicherheitsgurte sind nicht vorhanden bei Kraftomnibussen, die sowohl für den Einsatz im Nahverkehr als auch für stehende Fahrgäste gebaut sind (z. B. Linienbusse).

Spiegel
Sie haben zu kontrollieren, ob die Sicht auf die vorgeschriebenen Spiegel frei ist und ob diese auf Ihre Sitzposition richtig eingestellt sind. Die Spiegel dürfen auch keine Risse oder Sprünge aufweisen und müssen immer sauber sein.

Rückfahrhilfen
- Videokameras und
- Einparksysteme,

die das Rückwärtsfahren erleichtern, sollten Sie aktivieren und auf ihre Funktion prüfen.

WARTUNG UND PFLEGE

3.6.2 An- und Aufbauten

Stauklappen
Sie müssen kontrollieren, ob die Klappen von
- Stauräumen,
- Werkzeugkoffern und
- Palettenkästen

geschlossen und gegen ungewolltes Öffnen gesichert sind.

Unterfahrschutz
Hier haben Sie zu prüfen, ob die Verriegelung vorhanden und gegen unabsichtliches Öffnen gesichert ist.

Gepäckklappen
Die Gepäckklappen von Bussen müssen während der Fahrt und nach der Beladung (Diebstahlschutz) geschlossen und verriegelt sein. Sie schließen dann glatt mit der Seitenwand ab. Die Verriegelung erfolgt über einen Schlüssel. Im Cockpit zeigt eine Kontrolllampe dem Fahrer an, wenn die Klappe nicht verriegelt ist.

Hauben, Türen, Leitern, Geländer
Abdeckhauben (z. B. vom Batteriekasten) sind auf Verriegelung zu kontrollieren. Sie dürfen sich nicht unabsichtlich öffnen können. Sind Ladetüren mit Schnellverschlüssen vorhanden, müssen Sie auf Verriegelung der Verschlüsse achten. Bei einer Splintsicherung ist die Verriegelung mit einem Splint zu sichern. Dieses gilt entsprechend auch für mitgeführte Leitern oder Geländer.

Einstiegshilfen
Vor Antritt der Fahrt müssen Sie darauf achten, dass die Einstiegshilfe funktionsfähig ist, wieder in Fahrstellung steht und gesichert ist.

Spriegel – Planenaufbauten
Sie kontrollieren, ob dieser Aufbau in einem guten Zustand ist und fest in seinen Verankerungen sitzt. Der Aufbau darf nicht ausgeschlagen sein und beim Fahren keinen übermäßigen Lärm verursachen. Dieses gilt auch für Stangen, Platten oder Ketten, die für die Ladungssicherung mitgeführt und am Spriegel befestigt wurden.

WARTUNG UND PFLEGE

Bordwände und Rungen
Hier müssen Sie prüfen, ob
- die Bordwände glatt an den Rungen anliegen und
- die Verriegelung fest verschlossen ist.

Sie dürfen
- keinen Lärm verursachen und
- keine Löcher, Durchrostungen ausweisen, damit Ladung nicht herabfallen kann.

Plane
Sie müssen kontrollieren, ob die Plane an den vorgesehenen Halterungen gut verzurrt wurde. Weiterhin kontrollieren Sie die Plane und Planenbefestigungen auf Beschädigungen (z. B. Risse).

Ladeeinrichtungen und Auffahrrampen
Vor Antritt der Fahrt müssen Sie sie kontrollieren auf
- Verriegelung und
- Sicherung gegen unabsichtliches Öffnen während der Fahrt.

Ladebordwand und Hubeinrichtungen
Hier ist zu kontrollieren, ob die gelben Blinkleuchten funktionsfähig und die rot-weiß schraffierten Warntafeln angebracht sind. Vor Antritt der Fahrt kontrollieren Sie, ob die Einrichtungen geschlossen und gesichert sind.

Ladekran
Ist ein Ladekran an Ihrem Fahrzeug angebaut, müssen Sie diesen kontrollieren auf
- eingefahrene Stützen,
- auf Absenken oder auf ordnungsgemäßes Zusammenlegen des Ladekrans sowie
- auf die vorhandenen geschlossenen Sicherungen (Fahrstellung).

Mitnahmestapler
Sie müssen kontrollieren, ob ein Verrutschen und Herabfallen verhindert wird und an der Aufnahmevorrichtung Befestigungselemente durch zusätzliche Ketten oder Gurte gesichert sind. Auch die ausziehbaren Stützen müssen gegen Herausrutschen aus der Ausnahmevorrichtung gesichert sein.

WARTUNG UND PFLEGE

3.6.3 Ladungsträger

Wechselbrücken
An Träger und Fahrzeug müssen Sie prüfen, ob die Schnellwechselsysteme mit der Brücke richtig verbunden und gesichert sind. Ebenfalls ist die zweifache Sicherung der Stützen zu prüfen.

Container
Hier haben Sie ebenfalls die Verbindung sowie die Sicherung auf Vorhandensein und Funktion zu kontrollieren.

Kipp- und Absetzbehälter
Je nachdem, welche Sicherung bei Ihrem Fahrzeug vorhanden ist, müssen Sie auf die Verzurrung oder auch auf das Einrasten des Hakens sowie auf die Verriegelung achten. Die Zurrmittel müssen richtig angebracht und für das mitgeführte Gewicht ausreichend sein. (Ladungssicherung)

WARTUNG UND PFLEGE

3.6.4 Fahrzeugverbindungen

Anhänger ohne eigene Bremse
a) im angehängten Zustand:
- Kupplung geschlossen (Anzeige)
- Unterlegkeile entfernt (verstaut)
- Zusatzstützen oben
- elektrische Verbindung zum Anhänger hergestellt
- Beleuchtung am Anhänger auf Funktion prüfen

b) im abgekuppelten Zustand:
- Anhänger gegen Wegrollen gesichert (Unterlegkeile angelegt)
- Stützen herabgesenkt
- Türen am Anhänger verschlossen
- Diebstahlsicherung an der Zugstange vorhanden
- Schutzkappe am Kupplungskopf des Zugfahrzeuges vorhanden

Anhänger mit Druckluftbremse
a) im angehängten Zustand:
- Kupplung geschlossen (Anzeige)
- Druckluftanschlüsse zum Zugfahrzeug hergestellt
- elektrische Verbindung vom Anhänger zum Zugfahrzeug hergestellt
- Kupplung geschlossen und gesichert
- Schläuche und Kabel scheuern nicht und hängen nicht bis zum Boden
- Stützrad und Stützen oben und gesichert beim Tandemanhänger
- Unterlegkeile von den Rädern entfernt und sicher verstaut
- Feststellbremse gelöst
- Bremskraftregler auf den Beladungszustand des Anhängers eingestellt
- Beleuchtung am Anhänger auf Funktion prüfen
- Funktion der Bremse

b) im abgekuppelten Zustand:
- Feststellbremse eingelegt oder festgezogen
- Anhänger gegen Wegrollen gesichert (Unterlegkeile angelegt)
- Verbindungskabel und Druckluftleitungen gegen Verschmutzen gesichert
- Zuggabel des Anhängers ist bodenfrei (mindestens 200 mm)

c) vor dem Verbinden:
- Kupplungsbolzen am Fangmaul ist nicht ausgearbeitet
- Handhebel am Fangmaul lässt sich problemlos öffnen (Mechanismus)
- Höheneinstellung der Zuggabel ist funktionsfähig
- Zugöse nicht ausgearbeitet
- Zugöse auf Höhe des Fangmauls der Anhängerkupplung eingestellt
- Bremsanschlüsse des Anhängers passen zum Fahrzeug
- Dichtringe der Kupplungsköpfe sind in einwandfreiem Zustand
- elektrische Verbindungen passen (Anschlüsse und elektrische Spannung)

Anhänger mit Auflaufbremse
a) im angehängten Zustand:
- Kupplung geschlossen (Anzeige)
- elektrische Verbindung zum Anhänger hergestellt
- Abreißseil eingehängt am Zugfahrzeug
- Stützrad und Stützen oben und gesichert
- Unterlegkeile entfernt (verstaut)
- Feststellbremse gelöst
- Beleuchtung am Anhänger auf Funktion prüfen
- Funktion der Bremse

b) im abgekuppelten Zustand:
- Feststellbremse betätigt
- Anhänger gegen Wegrollen gesichert (Unterlegkeile angelegt)
- Stützen herabgesenkt
- Türen am Anhänger verschlossen
- Diebstahlsicherung an der Zugstange vorhanden
- Schutzkappe am Kupplungskopf des Zugfahrzeuges vorhanden

Auflieger mit Druckluftbremse
a) im aufgesattelten Zustand:
- Kupplung geschlossen (Verriegelung, Sicherung)
- Druckluftanschlüsse zum Auflieger hergestellt
- elektrische Verbindung vom Zugfahrzeug zum Auflieger hergestellt
- Schläuche und Kabel scheuern nicht, hängen nicht durch und sind nicht eingeklemmt
- Stützen sind oben und gesichert
- Unterlegkeile von den Rädern entfernt und sicher verstaut
- Feststellbremse gelöst
- Bremskrafthebel des Anhänger-Bremskraftreglers auf den Beladungszustand des Anhängers eingestellt
- Kupplung geschlossen und gesichert
- Luftbälge am Fahrzeug sind in Fahrstellung
- Beleuchtung am Anhänger auf Funktion prüfen
- Bremsprobe

b) im abgesattelten Zustand:
- Feststellbremse eingelegt oder festgezogen
- Unterlegkeile angelegt
- Verbindungskabel und Druckluftleitungen am Zugfahrzeug gegen Herabfallen gesichert

c) vor dem Verbinden:
- Überhangradius beachten
- Sattelkupplung auf Überhangradius einstellen
- Bremsanschlüsse passen
- Dichtringe der Kupplungsköpfe sind in einwandfreiem Zustand
- elektrische Verbindungen passen (Anschlüsse und Spannung)

WARTUNG UND PFLEGE

3.6.5 Zubehör

Unterlegkeile

Sie müssen prüfen, ob die Unterlegkeile herabfallen oder klappern können. Zu diesem Zweck sind sie am oder im Fahrzeug in speziellen Halterungen verstaut. Haken und Ketten sind nicht zulässig. Weiterhin müssen Sie kontrollieren, ob sie ausreichend wirksam und nicht durchgerostet sind, damit sie Ihre Funktion erfüllen können. Die Unterlegkeile müssen zum Radius der Reifen passen.

Verbandkasten

Sie müssen überprüfen:
- Vorhandensein der vorgeschriebenen Verbandkästen,
- den Inhalt auf Vollständigkeit, Sauberkeit, Trockenheit und das Verfallsdatum.

Fahren Sie Omnibus, benötigen Sie
- 1 Verbandkasten bei nicht mehr als 22 Fahrgastplätzen,
- 2 Verbandkästen bei mehr als 22 Fahrgastplätzen.

Fehlende Materialien müssen schnellstmöglich ersetzt werden.

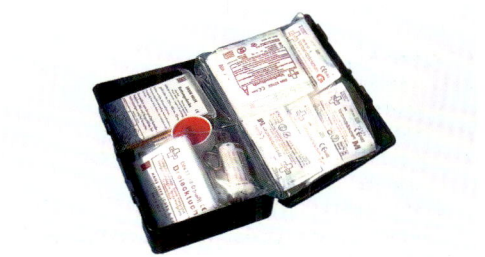

Feuerlöscher

Müssen Feuerlöscher mitgeführt werden (z. B. im Bus), haben Sie zu kontrollieren, ob sie an einer gut erreichbaren Stelle angebracht sind. Weiterhin müssen Sie für Ihr Fahrzeug kontrollieren:
- Stückzahl der Feuerlöscher,
- Füllmasse (Menge),
- Brandklassen (z. B. A-, B-, C-Löscher),
- das Datum des nächsten Prüftermins (Ablaufdatum).

Leitern

Werden Anlegeleitern mitgeführt (z. B. beim Tiertransport), haben Sie zu kontrollieren, ob diese ausreichend lang, ordnungsgemäß verstaut und gegen Herabfallen gesichert sind. Anbauleitern sind auf Beschädigung, Sicherung (Leiterbefestigung) und Trittfestigkeit (z. B. im Winter auf Eisbildung auf den Stufen) zu kontrollieren.

Hilfsmittel zur Ladungssicherung

Sind zur Ladungssicherung Hilfsmittel erforderlich, müssen Sie prüfen, ob diese unbeschädigt sind und ihre Funktion erfüllen. Dieses gilt für
- Zurrmittel,
- Ladehölzer,
- Antirutschmatten,
- Füllmittel,
- Sperrbalken usw.

WARTUNG UND PFLEGE

3.6.6 Zusätzliche Warneinrichtungen

Sie müssen prüfen
- **beim Warndreieck**
  - » Vorhandensein
  - » Sauberkeit
  - » Vorhandensein des Prüfzeichens – beispielsweise
    national: ~ K 23624
    europäisch: E8 27 R 03 9811

- **bei der Warnleuchte**
  - » das Vorhandensein bei Kraftfahrzeugen über 3,5 t zulässiger Gesamtmasse
  - » die Bauartgenehmigung (Prüfzeichen), hier z. B. ~ K 13932
  - » Sauberkeit – Standfestigkeit
  - » Batterien (Akkus) auf Zustand
  - » Funktion

- **zwei selbststehende Warnzeichen**
  - » auf Vorhandensein,
  - » reflektierende Kegel oder
  - » Warndreiecke oder
  - » orangefarbene Warnblinkleuchten,
  - » müssen unabhängig von der elektrischen Ausrüstung des Fahrzeugs sein

- **bei der Warnkleidung**
  - » Vorhandensein
  - » Sauberkeit und Zustand
  - » Eignung (z. B. DIN EN 471 „Warnkleidung")
  - » Farbe (fluoreszierendes Orange-Rot)
  - » Stückzahl und Größe – Anpassung an das Fahrpersonal (z. B. bei ständiger Fahrer- und Beifahrerbesetzung zwei Warnwesten)

gelbe und rot-weiße Warnmarkierungen
- Sauberkeit und Beschädigungen

orangefarbige Warntafeln bei Gefahrgut-Transporten
- Anbringung oder Vorhandensein vor Antritt der Fahrt
- richtige Kennzeichnung
- Sauberkeit der Tafeln.

Gelbe und rot-weiße Warnmarkierungen

Orangefarbige Warntafeln bei Gefahrgut-Transporten

WARTUNG UND PFLEGE

3.6.7 Persönliche Schutzausrüstungen

Sie sind zusätzlich je nach Art des Transportgutes oder bei Be- und Entladevorgängen erforderlich. Sie müssen diese auf Vorhandensein, Vollständigkeit und Benutzbarkeit prüfen.

3.6.8 Winterbetrieb

Wechseln Sie auf Winterreifen, bevor diese erforderlich werden. Kontrollieren Sie Schneeketten und gegebenenfalls Schleuderketten auf Vorhandensein und Funktion.

Die Ausrüstung muss den herrschenden Straßen- und Witterungsverhältnissen angepasst werden. Wenn es die Umstände angebracht erscheinen lassen, sind
- Schneeketten,
- Spaten,
- Hacke,
- Abschleppseil oder Stange

zu kontrollieren.

SCHLAGWORTVERZEICHNIS

Anhängerbremse	62
Aufbauten	10, 77
Batterie	59, 77, 82
Betriebsbremsanlage	60
Dämpfung	66
Engstelle	23, 25, 47, 49
Fahrerplatz	8, 31, 74, 76
Fahrersitz	9, 23, 32, 47
Fahrgastraum	31, 34, 73, 76
Fahrwiderstände	12, 35
Fahrzeugschmierung	67
Fahrzeugverbindungen	80
Federung	66
Felgen	67
Feststellbremse	8, 12, 31, 35, 57, 60, 80
Frostschutzeinrichtung	61
Fahrerhaus	11, 56, 57, 58, 70, 73, 75
Gefahrbremsung	16, 18, 40, 42
Haltestelle	54
Hindernisse	16, 40
Keilriemen	60, 71
Kraftstoffanlage	70
Kupplungsflüssigkeit	71
Ladungsträger	79
Lenkung	72
Licht	56, 57, 58
Luftfilteranlage	70
Motor	12, 14, 18, 21, 27, 35, 37, 42, 45, 51, 57, 60, 66 – 72
Radmuttern	65
Rechtsabbiegen	51
Reifen	12, 13, 35, 36, 63, 64, 65, 66, 81, 83
Schutzausrüstung	83
Slalom	29, 53
Spiegel	10, 11, 33, 34, 76
Warneinrichtungen	82
Wenden	21, 27, 45
Winterbetrieb	61, 83
Zielbremsung	16, 19, 40, 43
Zubehör	81

ANHANG

Personenkraftverkehr

RAHMENPLAN FÜR DIE BESCHLEUNIGTE GRUNDQUALIFIKATION

RAHMENPLAN FÜR DIE BESCHLEUNIGTE GRUNDQUALIFIKATION PERSONENKRAFTVERKEHR

Auf dieser Seite finden Sie eine Übersicht zu den Themenschwerpunkten der beschleunigten Grundqualifikation für den Personenkraftverkehr gemäß der Liste der Kenntnisbereiche gemäß Anlage 1 der Berufskraftfahrerqualifikationsverordnung.

1	**Gesundheit & Fitness**	13,5 Std.
Liste der Kenntnisbereiche		810 Min.
3.3	Ziel: Fähigkeit, Gesundheitsschäden vorzubeugenZiel: Fähigkeit zur Optimierung des Kraftstoffverbrauchs	
3.4	Ziel: Sensibilisierung für die Bedeutung einer guten körperlichen und geistigen Verfassung	

2	**Kinematische Kette	Energie & Umwelt**	18 Std.
Liste der Kenntnisbereiche		1080 Min.
1.1	Ziel: Kenntnis der Eigenschaften der kinematischen Kette für eine optimierte Nutzung	
1.3	Ziel: Fähigkeit zur Optimierung des Kraftstoffverbrauchs	
1.3a	Ziel: Fähigkeit, Risiken im Straßenverkehr vorherzusehen, zu bewerten und sich daran anzupassen	

3	**Bremsanlagen**	12 Std.
Liste der Kenntnisbereiche		720 Min.
1.2	Ziel: Kenntnis der technischen Merkmale und der Funktionsweise der Sicherheitsausstattung des Fahrzeugs	

4P	**Sicherheit der Fahrgäste**	24 Std.
Liste der Kenntnisbereiche		1440 Min.
1.5	Ziel: Fähigkeit zur Gewährleistung der Fahrgastsicherheit und des Fahrgastkomforts	
1.6	Ziel: Fähigkeit zur Sicherung der Ladung unter Anwendung der Sicherheitsvorschriften und durch richtige Benutzung des Kraftomnibusses	

5	**Sozialvorschriften**	13,5 Std.
Liste der Kenntnisbereiche		810 Min.
2.1	Ziel: Kenntnis der sozialrechtlichen Rahmenbedingungen und Vorschriften für den Kraftverkehr	

6P	**Vorschriften für den Personenkraftverkehr**	15 Std.
Liste der Kenntnisbereiche		900 Min.
2.3	Ziel: Kenntnis der Vorschriften für den Personenkraftverkehr	

7	**Pannen, Unfälle, Notfälle und Kriminalität**	16,5 Std.
Liste der Kenntnisbereiche		990 Min.
3.1	Ziel: Bewusstseinsbildung für Risiken des Straßenverkehrs und Arbeitsunfälle	
3.2	Ziel: Fähigkeit, der Kriminalität und der Schleusung illegaler Einwanderer vorzubeugen	
3.5	Ziel: Fähigkeit zur richtigen Einschätzung der Lage bei Notfällen, Verhalten in Notfällen	

8P	**Unternehmensbild & Marktordnung im Personenkraftverkehr**	16 Std.
Liste der Kenntnisbereiche		960 Min.
3.6	Ziel: Fähigkeit zu einem Verhalten, das zu einem positiven Bild des Unternehmens in der Öffentlichkeit beiträgt	
3.8	Ziel: Kenntnis des wirtschaftlichen Umfelds des Personenkraftverkehrs und der Marktordnung	

9	**Fahrpraktische Übungen, Wartung und Pflege**	11,5 Std.
		690 Min.

›› **Fettgedruckte** Unterkenntnisbereiche sind für die Straßenverkehrssicherheit relevant.

LISTE DER KENNTNISBEREICHE

Die Kenntnisse müssen sich zumindest auf die in dieser Liste angeführten Bereiche erstrecken. Bewerberinnen und Bewerber für den Beruf der Kraftfahrerin oder des Kraftfahrers müssen über das zum sicheren Führen eines Fahrzeugs der betreffenden Fahrerlaubnisklasse erforderliche Niveau von Kenntnissen und Fähigkeiten in diesen Bereichen verfügen. Das Mindestqualifikationsniveau muss mit Niveau 2 des Europäischen Qualifikationsrahmens gemäß Anhang II der Empfehlung des Europäischen Parlaments und des Rates vom 23. April 2008 zur Einrichtung des Europäischen Qualifikationsrahmens für lebenslanges Lernen (ABl. C 111 vom 6.5.2008, S. 1) vergleichbar sein.

1 Verbesserung des rationellen Fahrverhaltens auf der Grundlage der Sicherheitsregeln

Fahrerlaubnisklassen C1, C1E, C, CE, D1, D1E, D, DE

1.1* Ziel: Kenntnis der Eigenschaften der kinematischen Kette für eine optimierte Nutzung, insbesondere: Drehmomentkurven, Leistungskurven, spezifische Verbrauchskurven eines Motors, optimaler Nutzungsbereich des Drehzahlmessers und optimaler Drehzahlbereich beim Schalten.

1.2 Ziel: Kenntnis der technischen Merkmale und der Funktionsweise der Sicherheitsausstattung des Fahrzeugs, um es zu beherrschen, seinen Verschleiß möglichst gering zu halten und Fehlfunktionen vorzubeugen, insbesondere: Grenzen des Einsatzes der Bremsanlagen und der Dauerbremsanlage, kombinierter Einsatz von Brems- und Dauerbremsanlage, bestes Verhältnis zwischen Geschwindigkeit und Getriebeübersetzung, Einsatz der Trägheit des Kraftfahrzeugs, Einsatz der Bremsanlagen im Gefälle, Verhalten bei Defekten, Verwendung von elektronischen und mechanischen Geräten wie elektronisches Stabilitätsprogramm (ESP), vorausschauende Notbremssysteme (AEBS), Antiblockiersystem (ABS), Traktionskontrollsysteme (TCS) und Überwachungssysteme im Fahrzeug (IVMS) und andere zur Verwendung zugelassene Fahrerassistenz- oder Automatisierungssysteme.

1.3 Ziel: Fähigkeit zur Optimierung des Kraftstoffverbrauchs, insbesondere: Optimierung des Kraftstoffverbrauchs durch Anwendung der Kenntnisse gemäß den Nummern 1.1 und 1.2, Bedeutung der Antizipation des Verkehrsflusses, geeigneter Abstand zu anderen Fahrzeugen und Nutzung der Fahrzeugdynamik, konstante Geschwindigkeit, ausgeglichener Fahrstil und angemessener Reifendruck und Kenntnis intelligenter Verkehrssysteme, die ein effizienteres Fahren und eine bessere Routenplanung ermöglichen.

1.3a Ziel: Fähigkeit, Risiken im Straßenverkehr vorherzusehen, zu bewerten und sich daran anzupassen, insbesondere: Sich unterschiedlicher Straßen-, Verkehrs- und Witterungsbedingungen bewusst sein und sich daran anpassen, künftige Ereignisse vorhersehen, ermessen, welche Vorkehrungen für eine Fahrt bei außergewöhnlichen Witterungsbedingungen getroffen werden müssen, die Verwendung der damit verbundenen Sicherheitsausrüstung beherrschen und sich bewusst machen, wann eine Fahrt auf Grund extremer Witterungsbedingungen verschoben oder abgesagt werden muss, sich an Verkehrsrisiken anpassen, einschließlich gefährlicher Verhaltensweisen im Verkehr oder Ablenkung beim Fahren (durch die Nutzung elektronischer Geräte, Nahrungs- und Getränkeaufnahme usw.), und Gefahrensituationen erkennen, sich daran anpassen und den damit verbundenen Stress bewältigen, vor allem in Bezug auf Größe und Gewicht des Fahrzeugs und schwächere Verkehrsteilnehmer, beispielsweise Fußgänger, Radfahrer und motorisierte Zweiräder. Mögliche Gefahrensituationen erkennen und korrekte Schlüsse ziehen, wie aus dieser potenziell gefährlichen Lage Situationen entstehen können, in denen Unfälle möglicherweise nicht mehr vermieden werden können, sowie Maßnahmen auswählen und durchführen, durch die die Sicherheitsabstände so erhöht werden, dass ein Unfall noch vermieden werden kann, falls die potenziellen Gefahren auftreten sollten.

Fahrerlaubnisklassen C1, C1E, C, CE

1.4 Ziel: Fähigkeit zur Sicherung der Ladung unter Anwendung der Sicherheitsvorschriften und durch richtige Benutzung des Kraftfahrzeugs, insbesondere: bei der Fahrt auf das Kraftfahrzeug wirkende Kräfte, Einsatz der Getriebeübersetzung entsprechend der Belastung des Kraftfahrzeugs und dem Fahrbahnprofil, Nutzung von Automatikgetrieben, Berechnung der Nutzlast eines Kraftfahrzeugs oder einer Fahrzeugkombination, Berechnung des Nutzvolumens, Verteilung der Ladung, Auswirkungen der Überladung auf die Achse, Fahrzeugstabilität und Schwerpunkt, Arten von Verpackungen und Lastträgern, wichtigste Kategorien von Gütern, bei denen eine Ladungssicherung erforderlich ist, Feststell- und Verzurrtechniken, Verwendung der Zurrgurte, Überprüfung der Haltevorrichtungen, Einsatz des Umschlaggeräts und Abdecken mit einer Plane und Entfernen der Plane.

Fahrerlaubnisklassen D1, D1E, D, DE

1.5 Ziel: Fähigkeit zur Gewährleistung der Fahrgastsicherheit und des Fahrgastkomforts der Fahrgäste, insbesondere: richtige Einschätzung der Längs- und Seitwärtsbewegungen des Kraftomnibusses, rücksichtsvolles Verkehrsverhalten, Positionierung auf der Fahrbahn, sanftes Abbremsen, Beachtung der Überhänge, Nutzung spezifischer Infrastrukturen (öffentliche Verkehrsflächen, bestimmten Verkehrsteilnehmern vorbehaltene Verkehrswege), angemessene Prioritätensetzung im Hinblick auf die sichere Steuerung des Kraftomnibusses und die Erfüllung anderer dem Fahrer obliegenden Aufgaben, Umgang mit den Fahrgästen und besondere Merkmale der Beförderung bestimmter Fahrgastgruppen (Menschen mit Behinderungen, Kinder).

1.6 Ziel: Fähigkeit zur Sicherung der Ladung unter Anwendung der Sicherheitsvorschriften und durch richtige Benutzung des Kraftomnibusses, insbesondere: bei der Fahrt auf den Kraftomnibus wirkende Kräfte, Einsatz der Getriebeübersetzung entsprechend der Belastung des Fahrzeugs und dem Fahrbahnprofil, Nutzung von Automatikgetrieben, Berechnung der Nutzlast eines Kraftomnibusses oder einer Fahr-

LISTE DER KENNTNISBEREICHE

zeugkombination, Verteilung der Ladung, Auswirkungen der Überladung auf die Achse und Fahrzeugstabilität und Schwerpunkt.

2 Anwendung der Vorschriften

Fahrerlaubnisklassen C1, C1E, C, CE, D1, D1E, D, DE

2.1 Ziel: Kenntnis der sozialrechtlichen Rahmenbedingungen und Vorschriften für den Güterkraft- oder Personenkraftverkehr, insbesondere: höchstzulässige Arbeitszeiten in der Verkehrsbranche; Grundsätze, Anwendung und Auswirkungen der Verordnungen (EG) Nr. 561/2006 und (EU) Nr. 165/2014 des Europäischen Parlaments und des Rates, Sanktionen für den Fall, dass der Fahrtenschreiber nicht benutzt, falsch benutzt oder verfälscht wird und Kenntnis der sozialrechtlichen Rahmenbedingungen für den Güterkraft- oder Personenkraftverkehr: Rechte und Pflichten der Fahrerinnen und Fahrer von Kraftfahrzeugen im Bereich der Grundqualifikation und der Weiterbildung.

Fahrerlaubnisklassen C1, C1E, C, CE

2.2 Ziel: Kenntnis der Vorschriften für den Güterkraftverkehr, insbesondere: Beförderungsgenehmigungen, im Fahrzeug mitzuführende Dokumente, Fahrverbote für bestimmte Straßen, Straßenbenutzungsgebühren, Verpflichtungen im Rahmen der Musterverträge für die Güterbeförderung, Erstellen von Beförderungsdokumenten, Genehmigungen im internationalen Verkehr, Verpflichtungen im Rahmen des CMR (Übereinkommen über den Beförderungsvertrag im internationalen Straßengüterverkehr), Erstellen des internationalen Frachtbriefs, Überschreiten der Grenzen, Verkehrskommissionäre und besondere Begleitdokumente für die Güter.

Fahrerlaubnisklassen D1, D1E, D, DE

2.3 Ziel: Kenntnis der Vorschriften für den Personenkraftverkehr, insbesondere: Beförderung bestimmter Personengruppen, Sicherheitsausstattung in Kraftomnibussen, Sicherheitsgurte und Beladen des Kraftomnibusses.

3 Gesundheit, Verkehrs- und Umweltsicherheit, Dienstleistung, Logistik

Fahrerlaubnisklassen C1, C1E, C, CE, D1, D1E, D, DE

3.1* Ziel: Sensibilisierung in Bezug auf Risiken des Straßenverkehrs und Arbeitsunfälle, insbesondere: Typologie der Arbeitsunfälle in der Verkehrsbranche, Verkehrsunfallstatistiken, Beteiligung von Lastkraftwagen/Kraftomnibussen und menschliche, materielle und finanzielle Auswirkungen.

3.2* Ziel: Fähigkeit, der Kriminalität und der Schleusung illegaler Einwanderer vorzubeugen, insbesondere: allgemeine Information, Folgen für Kraftfahrerinnen und -Kraftfahrer, Vorbeugungsmaßnahmen, Checkliste für Überprüfungen und Rechtsvorschriften betreffend die Verantwortung der Kraftverkehrsunternehmer.

3.3* Ziel: Fähigkeit, Gesundheitsschäden vorzubeugen, insbesondere: Grundsätze der Ergonomie: gesundheitsbedenkliche Bewegungen und Haltungen, physische Kondition, Übungen für den Umgang mit Lasten und individueller Schutz.

3.4 Ziel: Sensibilisierung für die Bedeutung einer guten körperlichen und geistigen Verfassung, insbesondere: Grundsätze einer gesunden und ausgewogenen Ernährung, Auswirkungen von Alkohol, Arzneimitteln oder jedem Stoff, der eine Änderung des Verhaltens bewirken kann, Symptome, Ursachen, Auswirkungen von Müdigkeit und Stress und grundlegende Rolle des Zyklus von Aktivität/Ruhezeit.

3.5 Ziel: Fähigkeit zu richtiger Einschätzung der Lage bei Notfällen, insbesondere: Verhalten in Notfällen: Einschätzung der Lage, Vermeidung von Nachfolgeunfällen, Verständigung der Hilfskräfte, Bergung von Verletzten und Leistung erster Hilfe, Reaktion bei Brand, Evakuierung der Mitfahrerinnen und Mitfahrer des LKW bzw. der Fahrgäste des Omnibusses, Gewährleistung der Sicherheit aller Fahrgäste, Vorgehen bei Gewalttaten und Grundprinzipien für die Erstellung der einvernehmlichen Unfallmeldung.

3.6* Ziel: Fähigkeit zu einem Verhalten, das zu einem positiven Bild des Unternehmens beiträgt, insbesondere: Verhalten der Kraftfahrerin oder des Kraftfahrers und Ansehen des Unternehmens: Bedeutung der Qualität der Leistung der Kraftfahrerin oder des Kraftfahrers für das Unternehmen, unterschiedliche Rollen der Kraftfahrerin oder des Kraftfahrers , unterschiedliche Gesprächspartner der Kraftfahrerin oder des Kraftfahrers , Wartung des Fahrzeugs, Arbeitsorganisation und kommerzielle und finanzielle Konsequenzen eines Rechtsstreits.

Fahrerlaubnisklassen C1, C1E, C, CE

3.7* Kenntnis des wirtschaftlichen Umfelds des Güterkraftverkehrs und der Marktordnung, insbesondere: Kraftverkehr im Verhältnis zu bestimmten Verkehrsmitteln (Wettbewerb, Verlader), unterschiedliche Tätigkeiten im Kraftverkehr (gewerblicher Güterkraftverkehr, Werkverkehr, Transporthilfstätigkeiten), Organisation der wichtigsten Arten von Verkehrsunternehmen oder Transporthilfstätigkeiten, unterschiedliche Spezialisierungen (Tankwagen, temperaturgeführte Transporte, gefährliche Güter, Tiertransporte usw.) und Weiterentwicklung der Branche (Diversifizierung des Leistungsangebots, Huckepackverkehr, Subunternehmer usw.).

Fahrerlaubnisklassen D1, D1E, D, DE

3.8* Ziel: Kenntnis des wirtschaftlichen Umfelds des Personenkraftverkehrs und der Marktordnung, insbesondere: Personenkraftverkehr im Verhältnis zu den verschiedenen Verkehrsmitteln zur Beförderung

LISTE DER KENNTNISBEREICHE

von Personen (Bahn, Personenkraftwagen), unterschiedliche Tätigkeiten im Personenkraftverkehr, Sensibilisierung für die Belange von Menschen mit Behinderungen, Überschreiten der Grenzen (internationaler Personenkraftverkehr) und Organisation der wichtigsten Arten von Unternehmen im Personenkraftverkehr.

(Die Kenntnisbereiche, die grau hinterlegt sind, werden von Ihrem Ausbilder auf Ihrer Bescheinigung vermerkt. Sie dienen als Nachweis der Teilnahme an der Weiterbildung für Ihre zuständige Behörde.)

* Diese Unterkenntnisbereiche stehen nicht im Zusammenhang mit der Straßenverkehrssicherheit.